THE ASTRONOMICAL ALMANAC

FOR THE YEAR

2009

and its companion

The Astronomical Almanac Online

Data for Astronomy, Space Sciences, Geodesy,
Surveying, Navigation and other applications

WASHINGTON	LONDON
Issued by the Nautical Almanac Office United States Naval Observatory by direction of the Secretary of the Navy and under the authority of Congress	Issued by Her Majesty's Nautical Almanac Office on behalf of The United Kingdom Hydrographic Office

WASHINGTON: U.S. GOVERNMENT PRINTING OFFICE
LONDON: THE STATIONERY OFFICE

ISBN 978 0 11 887342 0

ISSN 0737-6421

UNITED STATES

For sale by the
U.S. Government Printing Office
Superintendent of Documents
Mail Stop: SSOP
Washington, DC 20402-9328

http://www.gpoaccess.gov/

UNITED KINGDOM

© *Crown Copyright 2007*

This publication is protected by international copyright law. All rights reserved. No part of this publication may be reproduced, stored in a retrieval system or transmitted in any form or by any means, electronic, mechanical, photocopying, recording or otherwise without the prior permission of Her Majesty's Nautical Almanac Office, United Kingdom Hydrographic Office, Admiralty Way, Taunton, Somerset, TA1 2DN, United Kingdom.

The following United States government work is excepted from the above notice and no copyright is claimed for it in the United States: cover, pages A78-A88, A91-A95, C1-C25, E1-E90, F1-F13, F40-F53, H1-H83, J1-J19, L1-L22, M1-M15, N1-N13.

Published by TSO (The Stationery Office) and available from:

Online
www.tsoshop.co.uk

Mail, Telephone, Fax & E-mail
TSO
PO Box 29, Norwich NR3 1GN
Telephone orders/General enquiries: 0870 600 5522
Fax orders: 0870 600 5533
E-mail: customer.services@tso.co.uk
Textphone: 0870 240 3701

TSO Shops
16 Arthur Street, Belfast BT1 4GD
028 9023 8451   Fax 028 9023 5401
71 Lothian Road, Edinburgh EH3 9AZ
0870 606 5566   Fax 0870 606 5588

TSO@Blackwell and other Accredited Agents

NOTE

Every care is taken to prevent errors in the production of this publication. As a final precaution it is recommended that the sequence of pages in this copy be examined on receipt. If faulty it should be returned for replacement.

Printed in the United States of America
by the U.S. Government Printing Office

PREFACE, 2009

Beginning with the edition for 1981, the title *The Astronomical Almanac* replaced both the title *The American Ephemeris and Nautical Almanac* and the title *The Astronomical Ephemeris*. The changes in title symbolise the unification of the two series, which until 1980 were published separately in the United States of America since 1855 and in the United Kingdom since 1767. *The Astronomical Almanac* is prepared jointly by the Nautical Almanac Office, United States Naval Observatory, and H.M. Nautical Almanac Office, United Kingdom Hydrographic Office, and is published jointly by the United States Government Printing Office and The Stationery Office; it is printed only in the United States of America using reproducible material from both offices.

By international agreement the tasks of computation and publication of astronomical ephemerides are shared among the ephemeris offices of several countries. The contributors of the basic data for this Almanac are listed on page vii. This volume was designed in consultation with other astronomers of many countries, and is intended to provide current, accurate astronomical data for use in the making and reduction of observations and for general purposes. (The other publications listed on pages viii-ix give astronomical data for particular applications, such as navigation and surveying.)

Beginning with the 1984 edition, most of the data tabulated in *The Astronomical Almanac* have been based on the fundamental ephemerides of the planets and the Moon prepared at the Jet Propulsion Laboratory. In particular, since the 2003 edition, the JPL Planetary and Lunar Ephemerides DE405/LE405 have been the basis of the tabulations. For the 2006 to 2008 editions all the relevant International Astronomical Union (IAU) resolutions up to and including those of the 2003 General Assembly were implemented throughout.

This edition, for the year 2009, implements fully the resolutions passed at the 2006 IAU General Assembly. This includes the adoption of the report by the IAU Working Group on Precession and the Ecliptic which affects a significant fraction of the tabulated data (see Section L for more details). *U.S. Naval Observatory Circular No. 179* (see page ix) gives a detailed explanation of all relevant IAU resolutions and includes the precession model that was adopted by the IAU General Assembly in 2006 for use from 2009.

The Astronomical Almanac Online is a companion to this volume. It is designed to broaden the scope of this publication. In addition to ancillary information, the data provided will appeal to specialist groups as well as those needing more precise information. Much of the material may also be downloaded.

Suggestions for further improvement of this Almanac would be welcomed; they should be sent to the Chief, Nautical Almanac Office, United States Naval Observatory or to the Head, H.M. Nautical Almanac Office, United Kingdom Hydrographic Office.

JONATHAN W. WHITE	MICHAEL S. ROBINSON
Captain, U.S. Navy,	*Chief Executive*
Superintendent, U.S. Naval Observatory,	*UK Hydrographic Office*
3450 Massachusetts Avenue NW,	*Admiralty Way, Taunton*
Washington, D.C. 20392–5420	*Somerset, TA1 2DN*
U.S.A.	*United Kingdom*

October 2007

CORRECTIONS AND CHANGES TO RECENT VOLUMES

> An up-to-date list of all errata are given on *The Astronomical Almanac Online*
> which may be found at **http://asa.usno.navy.mil** and **http://asa.hmnao.com**

Corrections to The Astronomical Almanac, 2005—2008

Page D2, Mean inclination of the lunar orbit to the ecliptic:
replace   5·145 3964   *by*   5·156 6898

Corrections to The Astronomical Almanac, 2006

Page B8, line 11:   *replace*   longitudes of the Earth and Jupiter   *by*   ecliptic longitudes of the Sun and Jupiter.

Page B67, Step B line 9:   *replace*   longitude of the Earth   *by*   ecliptic longitude of the Sun

Corrections to The Astronomical Almanac, 2007

Page B7, paragraph 4, line 7:   *replace*   longitudes of the Earth and Jupiter   *by*   ecliptic longitudes of the Sun and Jupiter

Page B60:   *replace* $a = 1/2 + Z/8$ *by* $a = 1/2 + (X^2 + Y^2)/8$

Page B70, line 7: *replace*   longitude of the Earth   *by*   ecliptic longitude of the Sun

Corrections to The Astronomical Almanac, 2008

Page B7, paragraph 4, line 7:   *replace*   longitudes of the Earth and Jupiter   *by*   ecliptic longitudes of the Sun and Jupiter

Page B26, line 10:   *replace* $\mathbf{R}_n(\theta)$ *by* $\mathbf{R}_n(\phi)$

Page B60:   *replace* $a = 1/2 + Z/8$ *by* $a = 1/2 + (X^2 + Y^2)/8$

Page B70, line 7: *replace*   longitude of the Earth   *by*   ecliptic longitude of the Sun

Page F4, Saturn satellite XIX Ymir: *replace* $= 1315\cdot21$ *by* $1315\cdot21\,\mathrm{R}$

Page F4: Pluto satellite I Charon's Inclination of Orbit should have a footnote stating "Relative to Earth's J2000·0 equator".

Changes introduced for 2009

The resolutions passed by the IAU in 2006 have been fully implemented. See Section L for more details.

Section **A**: Occultation maps included on AsA-Online.

Section **B**: Re-organized and updated to include IAU 2006 precession together, with some new material about the relationships between the equation of the equinoxes, the equation of the origins, and the transformation from the GCRS to the Celestial Intermediate Reference System.

Section **C**: Updated physical ephemeris for the Sun

Section **E**: Data from WGCCRE 2007 incorporated.

Section **F**: Data from WGCCRE 2007 incorporated; added mutual phenomena of Galilean satellites.

Section **H**: Hipparcos proper motions replaced Tycho-2 motions in star lists. Updated data for double stars, radial velocity standards, open clusters, radio flux standards, and pulsars.

Section **K**: Relevant constants updated to IAU 2006.

CONTENTS, 2009

PRELIMINARIES

	PAGE		PAGE
Preface	iii	Staff Lists	vi
Corrections and changes to recent volumes	iv	List of contributors	vii
Contents	v	Related publications	viii

Section A   PHENOMENA
Seasons: Moon's phases; principal occultations; planetary phenomena; elongations and magnitudes of planets; visibility of planets; diary of phenomena; times of sunrise, sunset, twilight, moonrise and moonset; eclipses, transits, use of Besselian elements.

Section B   TIME-SCALES AND COORDINATE SYSTEMS
Calendar; chronological cycles and eras; religious calendars; relationships between time scales; universal and sidereal times, Earth rotation angle; reduction of celestial coordinates; proper motion, annual parallax, aberration, light-deflection, precession and nutation; coordinates of the CIP & CIO, matrix elements for both frame bias, precession-nutation, and GCRS to the Celestial Intermediate Reference System, rigorous formulae for apparent and intermediate place reduction, approximate formulae for intermediate place reduction; position and velocity of the Earth; polar motion; diurnal parallax and aberration; altitude, azimuth; refraction; pole star formulae and table.

Section C   SUN
Mean orbital elements, elements of rotation; low-precision formulae for coordinates of the Sun and the equation of time; ecliptic and equatorial coordinates; heliographic coordinates, horizontal parallax, semi-diameter and time of transit; geocentric rectangular coordinates.

Section D   MOON
Phases; perigee and apogee; mean elements of orbit and rotation; lengths of mean months; geocentric, topocentric and selenographic coordinates; formulae for libration; ecliptic and equatorial coordinates, distance, horizontal parallax, semi-diameter and time of transit; physical ephemeris; low-precision formulae for geocentric and topocentric coordinates.

Section E   PLANETS AND PLUTO
Rotation elements for Mercury, Venus, Mars, Jupiter, Saturn, Uranus, Neptune and Pluto; physical ephemerides; osculating orbital elements (including the Earth-Moon barycentre); heliocentric ecliptic coordinates; geocentric equatorial coordinates; times of transit.

Section F   SATELLITES OF THE PLANETS AND PLUTO
Ephemerides and phenomena of the satellites of Mars, Jupiter, Saturn (including the rings), Uranus, Neptune and Pluto.

Section G   MINOR PLANETS AND COMETS
Osculating elements; opposition dates; geocentric equatorial coordinates, visual magnitudes, time of transit of those at opposition. Osculating elements for periodic comets.

Section H   STARS AND STELLAR SYSTEMS
Lists of bright stars, double stars, *UBVRI* standard stars, *uvby* and Hβ standard stars, radial velocity standard stars, variable stars, bright galaxies, open clusters, globular clusters, ICRF radio source positions, radio telescope flux calibrators, X-ray sources, quasars, pulsars, and gamma ray sources.

Section J   OBSERVATORIES
Index of observatory name and place; lists of optical and radio observatories.

Section K   TABLES AND DATA
Julian dates of Gregorian calendar dates; selected astronomical constants; reduction of time scales; reduction of terrestrial coordinates; interpolation methods; vectors and matrices.

Section L   NOTES AND REFERENCES   Section M   GLOSSARY   Section N   INDEX

THE ASTRONOMICAL ALMANAC ONLINE
http://asa.usno.navy.mil   &   **http://asa.hmnao.com**
Eclipse Portal; occultation maps; lunar polynomial coefficients; planetary heliocentric osculating elements of date; satellite offsets, apparent distances, position angles, orbital, physical, and photometric data; minor planet diameters; bright stars, *UBVRI* standard stars, selected X-ray and gamma ray sources, double star orbital data; Observatory search; astronomical constants; errata; glossary.

The pagination within each section is given in full on the first page of each section.

STAFF LISTS, 2009

U.S. NAVAL OBSERVATORY

Captain Jonathan W. White, *U.S.N., Superintendent*
Commander Charles L. Schilling, *U.S.N., Deputy Superintendent*
Kenneth J. Johnston, *Scientific Director*

ASTRONOMICAL APPLICATIONS DEPARTMENT

John A. Bangert, *Head*
Sean E. Urban *Chief, Nautical Almanac Office*
Alice K.B. Monet, *Chief, Software Products Division*
John A. Bangert, *Acting Chief, Science Support Division*

George H. Kaplan
William J. Tangren
Marc A. Murison
Wendy K. Puatua
Michael Efroimsky
Amy C. Fredericks
QMC (SW/AW) Robert Jerge, U.S.N.

James L. Hilton
William T. Harris
Susan G. Stewart
Mark T. Stollberg
Eric G. Barron
Yvette Hines

THE UNITED KINGDOM HYDROGRAPHIC OFFICE

Michael S. Robinson, *Chief Executive*
Stephen Godsiff, *Head, Maritime Safety Publications*

HER MAJESTY'S NAUTICAL ALMANAC OFFICE

Steven A. Bell, *Head*

Catherine Y. Hohenkerk   Donald B. Taylor

October 2007

CONTRIBUTORS, 2009

The data in this volume have been prepared as follows:

By H.M. Nautical Almanac Office, United Kingdom Hydrographic Office:

Section A—phenomena, rising, setting of Sun and Moon, lunar eclipses; B—ephemerides and tables relating to time-scales and coordinate reference frames; D—physical ephemerides and geocentric coordinates of the Moon; F—ephemerides for sixteen of the major planetary satellites; G—opposition dates, geocentric coordinates, transit times, and osculating orbital elements, of selected minor planets; K—tables and data.

By the Nautical Almanac Office, United States Naval Observatory:

Section A—eclipses of the Sun; C—physical ephemerides, geocentric and rectangular co-ordinates of the Sun; E—physical ephemerides, geocentric coordinates and transit times of the major planets; F—phenomena and ephemerides of satellites, except Jupiter I–IV; G—ephemerides of the largest and/or brightest 93 minor planets; H—data for lists of bright stars, lists of photometric standard stars, radial velocity standard stars, bright galaxies, open clusters, globular clusters, radio source positions, radio flux calibrators, X-ray sources, quasars, pulsars, variable stars, double stars and gamma ray sources; J—information on observatories; L—notes and references; M—glossary; N—index.

By the Jet Propulsion Laboratory, California Institute of Technology:

The planetary and lunar ephemerides DE405/LE405.

By the IAU Standards Of Fundamental Astronomy (SOFA) initiative

Software implementation of fundamental quantities used in sections A, B, D and G.

By the Institut de Mécanique Céleste et de Calcul des Éphémérides, Paris Observatory:

Section F—ephemerides and phenomena of satellites I–IV of Jupiter.

By The Institute for Theoretical Astrophysics, Oslo, Norway:

Section F—Galilean satellites eclipsing and occulting pairs.

By the Minor Planet Center, Cambridge, Massachusetts:

Section G—orbital elements of periodic comets.

In general the Office responsible for the preparation of the data has drafted the related explanatory notes and auxiliary material, but both have contributed to the final form of the material. The preliminaries, Section A, except the solar eclipses, and Sections B, D, G and K have been composed in the United Kingdom, while the rest of the material has been composed in the United States. The work of proofreading has been shared, but no attempt has been made to eliminate the differences in spelling and style between the contributions of the two Offices.

RELATED PUBLICATIONS

Joint publications of HM Nautical Almanac Office (UKHO) and the United States Naval Observatory

These publications are published by and available from, UKHO Distributors, and the Superintendent of Documents, U.S. Government Printing Office (USGPO) except where noted.

Astronomical Phenomena contains extracts from *The Astronomical Almanac* and is published annually in advance of the main volume. Included are dates and times of planetary and lunar phenomena and other astronomical data of general interest. This volume is available in the UK from Earth and Sky, see below.

The Nautical Almanac contains ephemerides at an interval of one hour and auxiliary astronomical data for marine navigation.

The Air Almanac contains ephemerides at an interval of ten minutes and auxiliary astronomical data for air navigation. This publication is now distributed solely on CD-ROM and is only available from USGPO.

Other publications of HM Nautical Almanac Office (UKHO)

The Star Almanac for Land Surveyors (NP 321) contains the Greenwich hour angle of Aries and the position of the Sun, tabulated for every six hours, and represented by monthly polynomial coefficients. Positions of all stars brighter than magnitude 4·0 are tabulated monthly to a precision of $0^s\!.1$ in right ascension and $1''$ in declination. A CD-ROM accompanies this book which contains the electronic edition plus coefficients, in ASCII format, representing the data.

NavPac and Compact Data for 2006–2010 contains software, algorithms and data, which are mainly in the form of polynomial coefficients, for calculating the positions of the Sun, Moon, navigational planets and bright stars. It enables navigators to compute their position at sea from sextant observations using an IBM PC or compatible for the period 1986–2010. The tabular data are also supplied as ASCII files on the CD-ROM.

Planetary and Lunar Coordinates, 2001–2020 provides low-precision astronomical data and phenomena for use well in advance of the annual ephemerides. It contains heliocentric, geocentric, spherical and rectangular coordinates of the Sun, Moon and planets, eclipse maps and auxiliary data. All the tabular ephemerides are supplied solely on CD-ROM as ASCII and Adobe's portable document format files. The full printed edition is published in the United States by Willmann-Bell Inc, PO Box 35025, Richmond VA 23235, USA.

Rapid Sight Reduction Tables for Navigation (AP 3270 / NP 303), 3 volumes, formerly entitled *Sight Reduction Tables for Air Navigation*. Volume 1, selected stars for epoch 2005·0, containing the altitude to $1'$ and true azimuth to $1°$ for the seven stars most suitable for navigation, for all latitudes and hour angles of Aries. Volumes 2 and 3 contain altitudes to $1'$ and azimuths to $1°$ for integral degrees of declination from N 29° to S 29°, for relevant latitudes and all hour angles at which the zenith distance is less than $95°$ providing for sights of the Sun, Moon and planets.

Sight Reduction Tables for Marine Navigation (NP 401), 6 volumes. This series is designed to effect all solutions of the navigational triangle and is intended for use with *The Nautical Almanac*.

The UK Air Almanac contains data useful in the planning of activities where the level of illumination is important, particularly aircraft movements, and is produced to the general requirements of the Royal Air Force.

NAO Technical Notes are issued irregularly to disseminate astronomical data concerning ephemerides or astronomical phenomena.

RELATED PUBLICATIONS

Other publications of the United States Naval Observatory

Astronomical Papers of the American Ephemeris† are issued irregularly and contain reports of research in celestial mechanics with particular relevance to ephemerides.

U.S. Naval Observatory Circulars† are issued irregularly to disseminate astronomical data concerning ephemerides or astronomical phenomena.

U.S. Naval Observatory Circular No. 179, The IAU Resolutions on Astronomical Reference Systems, Time Scales, and Earth Rotation Models explains resolutions and their effects on the data, and available at http://aa.usno.navy.mil/publications/docs/Circular_179.php.

Explanatory Supplement to The Astronomical Almanac edited by P. Kenneth Seidelmann of the U.S. Naval Observatory. This book is an authoritative source on the basis and derivation of information contained in *The Astronomical Almanac*, and it contains material that is relevant to positional and dynamical astronomy and to chronology. It includes details of the FK5 J2000·0 reference system and transformations. The publication is a collaborative work with authors from the U.S. Naval Observatory, H.M. Nautical Almanac Office, the Jet Propulsion Laboratory and the Bureau des Longitudes. It is published by, and available from, University Science Books, 55D Gate Five Road, Sausalito, CA 94965, whose UK distributor is Macmillan.

MICA is an interactive astronomical almanac for professional applications. Software for both PC systems with Intel processors and Apple Macintosh computers is provided on a single CD-ROM. *MICA* allows a user to compute, to full precision, much of the tabular data contained in *The Astronomical Almanac*, as well as data for specific times and locations. All calculations are made in real time and data are not interpolated from tables. MICA is published by, and available from, Willmann-Bell Inc. The latest version covers the interval 1800-2050.

† Many of these publications are available from the Nautical Almanac Office, U.S. Naval Observatory, Washington, DC 20392-5420, see http://aa.usno.navy.mil/ for availability.

Publications of other countries

Apparent Places of Fundamental Stars is prepared by the Astronomisches Rechen-Institut, Heidelberg (www.ari.uni-heidelberg.de). The printed version of APFS gives the data for a few fundamental stars only, together with the explanation and examples. The apparent places of stars using the FK6 or Hipparcos catalogues are provided by the on-line database ARIAPFS (www.ari.uni-heidelberg.de/ariapfs). The printed booklet also contains the so-called '10-Day-Stars' and the 'Circumpolar Stars' and is available from Verlag G. Braun, Karl-Friedrich-Strasse, 14–18, Karlsruhe, Germany.

Ephemerides of Minor Planets is prepared annually by the Institute of Applied Astronomy (www.ipa.nw.ru), and published by the Russian Academy of Sciences. Included in this volume are elements, opposition dates and opposition ephemerides of all numbered minor planets. This volume is available from the Institute of Theoretical Astronomy, Naberezhnaya Kutuzova 10, 191187 St. Petersburg, Russia.

Electronic Publications

The Astronomical Almanac Online (AsA Online): The companion publication of *The Astronomical Almanac* is available at

    http://asa.usno.navy.mil/   —   www   —   http://asa.hmnao.com/

WORLD WIDE WEB LINKS

Please refer to the relevant World Wide Web address for further details about the publications and services provided by the following organisations.

U.S. Naval Observatory

- Astronomical Applications at http://aa.usno.navy.mil
- *The Astronomical Almanac Online* (AsA-Online) at http://asa.usno.navy.mil
- *USNO Circular 179* at http://aa.usno.navy.mil/publications/docs/Circular_179.php
- USNO Julian/Calendar date conversion at http://aa.usno.navy.mil/data/docs/JulianDate.php

H.M. Nautical Almanac Office

- General information at http://www.hmnao.com
- *The Astronomical Almanac Online* (AsA-Online) at http://asa.hmnao.com
- Eclipses Online at http://www.eclipse.org.uk
- Online data services at http://websurf.hmnao.com
- MoonWatch at http://www.crescentmoonwatch.org

International Astronomical Organizations

- IAU: International Astronomical Union at http://www.iau.org
- IERS: International Earth Rotation and Reference Systems Service at http://www.iers.org
- SOFA: IAU Standards of Fundamental Astronomy at http://iau-sofa.hmnao.com
- CDS: Centre de Données astronomiques de Strasbourg at http://cdsweb.u-strasbg.fr

Products provided by International Astronomical Organizations

- IERS Earth Orientation data at http://www.iers.org/MainDisp.csl?pid=36-9
- IERS Bulletins A, B, C and D descriptions at http://www.iers.org/MainDisp.csl?pid=44-14
- IERS Technical Notes at http://www.iers.org/MainDisp.csl?pid=46-25772
- IAU 2006 series for CIP & CIO at http://cdsweb.u-strasbg.fr/cgi-bin/qcat?J/A+A/459/981
- IAU 2000A nutation series for $\Delta\psi$: http://maia.usno.navy.mil/conv2003/chapter5/tab5.3a.txt
- IAU 2000A nutation series for $\Delta\epsilon$: http://maia.usno.navy.mil/conv2003/chapter5/tab5.3b.txt

Publishers and Suppliers

- The UK Hydrographic Office (UKHO) at http://www.ukho.gov.uk
- The Stationery Office (TSO) at http://www.tso.co.uk/ and at http://www.tsoshop.co.uk
- U.S. Government Printing Office at http://www.gpo.access.gov
- University Science Books at http://www.uscibooks.com
- Willmann-Bell at http://www.willbell.com
- Earth and Sky at http://www.earthandsky.co.uk
- Macmillan Distribution at http://www.palgrave.com

PHENOMENA, 2009

CONTENTS OF SECTION A

	PAGE
Principal phenomena of Sun, Moon and planets	A1
Lunar phenomena	wMw, A2
Planetary phenomena	A3
Elongations and magnitudes of planets at 0^h UT	A4
Visibility of planets	A6
Diary of phenomena	A9
Risings, settings and twilights	A12
Examples of rising and setting phenomena	A13
Sunrise and sunset	A14
Beginning and end of civil twilight	A22
Beginning and end of nautical twilight	A30
Beginning and end of astronomical twilight	A38
Moonrise and moonset	A46
Eclipses of Sun and Moon	wMw, A78

> **wMw** This symbol indicates that these data or auxiliary material may be found on *The Astronomical Almanac Online* at **http://asa.usno.navy.mil** and **http://asa.hmnao.com**

NOTE: All the times in this section are expressed in Universal Time (UT).

THE SUN

		d h			d h m			d h m
Perigee	... Jan.	4 15	Equinoxes	... Mar.	20 11 44	... Sept.	22 21 19
Apogee	... July	4 02	Solstices	... June	21 05 46	... Dec.	21 17 47

PHASES OF THE MOON

Lunation	New Moon	First Quarter	Full Moon	Last Quarter
	d h m	d h m	d h m	d h m
1064		Jan. 4 11 56	Jan. 11 03 27	Jan. 18 02 46
1065	Jan. 26 07 55	Feb. 2 23 13	Feb. 9 14 49	Feb. 16 21 37
1066	Feb. 25 01 35	Mar. 4 07 46	Mar. 11 02 38	Mar. 18 17 47
1067	Mar. 26 16 06	Apr. 2 14 34	Apr. 9 14 56	Apr. 17 13 36
1068	Apr. 25 03 23	May 1 20 44	May 9 04 01	May 17 07 26
1069	May 24 12 11	May 31 03 22	June 7 18 12	June 15 22 15
1070	June 22 19 35	June 29 11 28	July 7 09 21	July 15 09 53
1071	July 22 02 35	July 28 22 00	Aug. 6 00 55	Aug. 13 18 55
1072	Aug. 20 10 02	Aug. 27 11 42	Sept. 4 16 03	Sept. 12 02 16
1073	Sept. 18 18 44	Sept. 26 04 50	Oct. 4 06 10	Oct. 11 08 56
1074	Oct. 18 05 33	Oct. 26 00 42	Nov. 2 19 14	Nov. 9 15 56
1075	Nov. 16 19 14	Nov. 24 21 39	Dec. 2 07 30	Dec. 9 00 13
1076	Dec. 16 12 02	Dec. 24 17 36	Dec. 31 19 13	

ECLIPSES

An annular eclipse of the Sun	Jan. 26	South Atlantic Ocean, southern Africa, part of Antartica, south-east India, south-east Asia, Indonesia and Australia except Tasmania.
A total eclipse of the Sun	Jul. 21-22	India, southern and eastern Asia, Japan, northern Indonesia, the Philippines and the western and central Pacific Ocean.
A partial eclipse of the Moon	Dec. 31	Alaska, Australia, Indonesia, Asia, Africa, Europe including the British Isles and the Arctic regions.

A penumbral eclipse of the Moon occurs on February 9, July 7 and August 5-6.

LUNAR PHENOMENA, 2009

MOON AT PERIGEE

	d h		d h		d h
Jan.	10 11	May	26 04	Oct.	13 12
Feb.	7 20	June	23 11	Nov.	7 07
Mar.	7 15	July	21 20	Dec.	4 14
Apr.	2 02	Aug.	19 05		
Apr.	28 06	Sept.	16 08		

MOON AT APOGEE

	d h		d h		d h
Jan.	23 00	June	10 16	Oct.	25 23
Feb.	19 17	July	7 22	Nov.	22 20
Mar.	19 13	Aug.	4 01	Dec.	20 15
Apr.	16 09	Aug.	31 11		
May	14 03	Sept.	28 04		

OCCULTATIONS OF PLANETS AND BRIGHT STARS BY THE MOON

Date d h	Body	Areas of Visibility
Jan 21 13	*Antares*	E. Pacific Ocean, central S. America, S. Atlantic Ocean
Feb 17 21	*Antares*	S.E. Asia, Indonesia, most of Australia, Oceania, French Polynesia
Feb 22 22	Mercury	Easternmost China, most of Japan, N.E. Siberia, Alaska, Aleutian Is.
Feb 23 01	Jupiter	Philippines, Malaysia, Guam, S.E. Asia, most of China, E. Siberia, Japan, Aleutian Is.
Feb 27 23	Venus	Southern Ocean S.W. of Chile
Mar 17 05	*Antares*	N.E. part of S. America, S. Atlantic Ocean, southern Africa except southern tip, northern Madagascar, Yemen
Apr 13 13	*Antares*	Marshall Is., Kiribati Republic, Hawaiian Is., Mexico, Guatemala
Apr 22 14	Venus	N. Mexico, United States except eastern part, Canada except eastern part most of Greenland, E. Alaska, Svalbad
May 10 21	*Antares*	N.E. Africa, S.E. Europe, Middle East, Arabia, India, S. China, S.E. Asia, N. Philippines
June 7 04	*Antares*	N. America except most of Canada, N. part of S. America, N. Atlantic Ocean, N.W. part of Africa
June 15 23	Juno	S. Indian Ocean, N.W. Australia, Malaysia, Indonesia, New Guinea, Melanesia
July 4 10	*Antares*	Japan, Guam, Marshall Is., Kiribati Republic, Hawaiian Is.
July 31 16	*Antares*	N.E. Africa, S.E. Europe, Middle East, Arabia, India, S China, S.E. Asia, N. Philippines
Aug 18 07	Vesta	N. Atlantic Ocean, Europe, N. tip of Africa, W. Russia, Middle East, India, W. China, S.E. Asia
Aug 27 22	*Antares*	N. America except most of Canada, N. part of S. America, N. Atlantic Ocean, N.W. part of Africa
Sept 13 16	Mars	Central Siberia, N. Scandinavia, Iceland, Greenland, northernmost Canada, Arctic regions
Sept 24 06	*Antares*	E. China, Taiwan, Japan, S.E. Russia, W. Pacific Ocean
Oct 12 01	Mars	S. Indian Ocean between S. Africa and Antarctica, Kerguelen Is.
Oct 21 15	*Antares*	N. Atlantic Ocean, Europe, S. Scandinavia, N.W. tip of Africa

Maps showing the areas of visibility may be found on www AsA-Online.

OCCULTATIONS OF X-RAY SOURCES BY THE MOON

Occultations occur at intervals of a lunar month between the dates given below:

Source	Dates	Source	Dates
H 2215 − 086	Jan. 01–Oct. 28	3A 2253 − 033	Jan. 02–Dec. 23
1A 0535 + 262	Jan. 09–Dec. 30	U Gem	Jan. 11–Oct. 11
GX 3 + 1	Jan. 23–Dec. 16	GX 5 − 1	May 12–Dec. 16
MXB 1803 − 24	Sep. 26–Dec. 17	GX 1 + 4	Oct. 22–Dec. 16

AVAILABILITY OF PREDICTIONS OF LUNAR OCCULTATIONS

The International Lunar Occultation Centre, Astronomical Division, Hydrographic Department, Tsukiji-5-3-1, Chuo-ku, Tokyo, 104-0045 JAPAN is responsible for the predictions and for the reductions of timings of occultations of stars by the Moon.

PLANETARY PHENOMENA, 2009

GEOCENTRIC PHENOMENA

MERCURY

	d h	d h	d h	d h
Greatest elongation East	Jan. 4 14 (19°)	Apr. 26 08 (20°)	Aug. 24 16 (27°)	Dec. 18 17 (20°)
Stationary	Jan. 11 07	May 7 16	Sept. 6 20	Dec. 26 09
Inferior conjunction	Jan. 20 16	May 18 10	Sept. 20 10	—
Stationary	Feb. 1 02	May 30 16	Sept. 28 18	—
Greatest elongation West	Feb. 13 21 (26°)	June 13 12 (23°)	Oct. 6 02 (18°)	—
Superior conjunction	Mar. 31 03	July 14 02	Nov. 5 08	—

VENUS

	d h		d h
Greatest elongation East	Jan. 14 21 (47°)	Stationary	Apr. 15 08
Greatest illuminated extent	Feb. 19 15	Greatest illuminated extent	May 2 15
Stationary	Mar. 5 01	Greatest elongation West	June 5 21 (46°)
Inferior conjunction	Mar. 27 19		

SUPERIOR PLANETS & PLUTO

	Conjunction	Stationary	Opposition	Stationary
	d h	d h	d h	d h
Mars	—	Dec. 21 16	—	—
Jupiter	Jan. 24 06	June 15 20	Aug. 14 18	Oct. 13 09
Saturn	Sept. 17 18	| Jan. 1 20	Mar. 8 20	May 17 19
Uranus	Mar. 13 01	July 1 16	Sept. 17 10	Dec. 2 05
Neptune	Feb. 12 13	May 29 11	Aug. 17 21	Nov. 4 19
Pluto	Dec. 24 18	| Apr. 4 16	June 23 08	Sept. 11 16

The vertical bars indicate where the dates for the planet are not in chronological order.

OCCULTATIONS BY PLANETS AND SATELLITES

Details of predictions of occultations of stars by planets, minor planets and satellites are given in *The Handbook of the British Astronomical Association*.

HELIOCENTRIC PHENOMENA

	Perihelion	Aphelion	Ascending Node	Greatest Lat. North	Descending Node	Greatest Lat. South
Mercury	Jan. 13	Feb. 26	Jan. 8	Jan. 23	Feb. 16	Mar. 18
	Apr. 11	May 25	Apr. 6	Apr. 21	May 15	June 14
	July 8	Aug. 21	July 3	July 18	Aug. 11	Sept. 10
	Oct. 4	Nov. 17	Sept. 29	Oct. 14	Nov. 7	Dec. 7
	Dec. 31	—	Dec. 26	—	—	—
Venus	Feb. 21	June 13	Jan. 18	Mar. 15	May 10	July 6
	Oct. 4	—	Aug. 31	Oct. 25	Dec. 20	—
Mars	Apr. 21	—	Aug. 20	—	—	| Mar. 26

Uranus: Aphelion, Feb. 27
Jupiter, Saturn, Neptune, Pluto: None in 2009

ELONGATIONS AND MAGNITUDES OF PLANETS AT 0ʰ UT

Date	Mercury Elong.	Mercury Mag.	Venus Elong.	Venus Mag.	Date	Mercury Elong.	Mercury Mag.	Venus Elong.	Venus Mag.
Jan. −1	E. 18	−0.7	E. 46	−4.4	July 3	W. 13	−1.1	W. 44	−4.2
4	E. 19	−0.7	E. 47	−4.4	8	W. 7	−1.6	W. 43	−4.2
9	E. 18	−0.2	E. 47	−4.5	13	W. 2	−2.2	W. 42	−4.1
14	E. 13	+1.3	E. 47	−4.5	18	E. 5	−1.7	W. 42	−4.1
19	E. 5	+4.5	E. 47	−4.6	23	E. 10	−1.1	W. 41	−4.1
24	W. 8	+3.4	E. 47	−4.6	28	E. 15	−0.7	W. 40	−4.0
29	W. 17	+1.2	E. 46	−4.7	Aug. 2	E. 19	−0.4	W. 39	−4.0
Feb. 3	W. 22	+0.3	E. 46	−4.7	7	E. 22	−0.2	W. 38	−4.0
8	W. 25	0.0	E. 45	−4.8	12	E. 24	−0.1	W. 37	−4.0
13	W. 26	−0.1	E. 43	−4.8	17	E. 26	+0.1	W. 36	−4.0
18	W. 26	−0.1	E. 41	−4.8	22	E. 27	+0.1	W. 35	−3.9
23	W. 25	−0.1	E. 39	−4.8	27	E. 27	+0.2	W. 33	−3.9
28	W. 23	−0.1	E. 35	−4.8	Sept. 1	E. 26	+0.4	W. 32	−3.9
Mar. 5	W. 21	−0.2	E. 32	−4.8	6	E. 23	+0.8	W. 31	−3.9
10	W. 18	−0.3	E. 27	−4.7	11	E. 18	+1.7	W. 30	−3.9
15	W. 14	−0.6	E. 21	−4.5	16	E. 10	+3.5	W. 29	−3.9
20	W. 11	−0.9	E. 15	−4.3	21	W. 3	.	W. 28	−3.9
25	W. 6	−1.3	E. 9	−4.2	26	W. 10	+2.6	W. 26	−3.9
30	W. 2	−2.0	W. 9	−4.2	Oct. 1	W. 16	+0.4	W. 25	−3.9
Apr. 4	E. 4	−1.9	W. 13	−4.2	6	W. 18	−0.6	W. 24	−3.9
9	E. 10	−1.5	W. 19	−4.4	11	W. 17	−0.9	W. 23	−3.9
14	E. 14	−1.1	W. 25	−4.6	16	W. 14	−1.0	W. 22	−3.9
19	E. 18	−0.7	W. 30	−4.7	21	W. 10	−1.1	W. 20	−3.9
24	E. 20	−0.2	W. 34	−4.7	26	W. 7	−1.2	W. 19	−3.9
29	E. 20	+0.6	W. 37	−4.7	31	W. 3	−1.3	W. 18	−3.9
May 4	E. 18	+1.6	W. 40	−4.7	Nov. 5	0	.	W. 17	−3.9
9	E. 13	+3.0	W. 42	−4.7	10	E. 3	−1.2	W. 15	−3.9
14	E. 7	+4.9	W. 43	−4.7	15	E. 6	−0.9	W. 14	−3.9
19	W. 1	.	W. 44	−4.6	20	E. 8	−0.7	W. 13	−3.9
24	W. 9	+4.4	W. 45	−4.6	25	E. 11	−0.6	W. 12	−3.9
29	W. 15	+2.8	W. 46	−4.5	30	E. 14	−0.5	W. 10	−3.9
June 3	W. 20	+1.7	W. 46	−4.5	Dec. 5	E. 16	−0.5	W. 9	−3.9
8	W. 22	+1.0	W. 46	−4.4	10	E. 18	−0.6	W. 8	−3.9
13	W. 23	+0.5	W. 46	−4.4	15	E. 20	−0.6	W. 7	−3.9
18	W. 23	0.0	W. 45	−4.3	20	E. 20	−0.5	W. 5	−3.9
23	W. 21	−0.3	W. 45	−4.3	25	E. 18	0.0	W. 4	−3.9
28	W. 17	−0.7	W. 44	−4.2	30	E. 12	+1.6	W. 3	−4.0
July 3	W. 13	−1.1	W. 44	−4.2	35	E. 3	.	W. 2	.

MINOR PLANETS

	Conjunction	Stationary	Opposition	Stationary
Ceres	Oct. 31	Jan. 17	Feb. 25	Apr. 17
Pallas	Sept. 13	—	—	Jan. 21
Juno	Jan. 18	Aug. 15	Sept. 21	Oct. 31
Vesta	June 22	—	—	—

ELONGATIONS AND MAGNITUDES OF PLANETS AND PLUTO AT 0^h UT

Date	Mars Elong.	Mars Mag.	Jupiter Elong.	Jupiter Mag.	Saturn Elong.	Saturn Mag.	Uranus Elong.	Neptune Elong.	Pluto Elong.
Jan. −1	W. 7	+1·3	E. 20	−1·9	W. 107	+1·0	E. 71	E. 44	W. 9
9	W. 9	+1·3	E. 12	−1·9	W. 117	+0·9	E. 61	E. 34	W. 18
19	W. 12	+1·3	E. 4	−1·9	W. 128	+0·9	E. 51	E. 24	W. 28
29	W. 14	+1·3	W. 4	−1·9	W. 138	+0·8	E. 41	E. 14	W. 37
Feb. 8	W. 17	+1·3	W. 12	−1·9	W. 149	+0·7	E. 31	E. 4	W. 47
18	W. 19	+1·2	W. 19	−1·9	W. 160	+0·6	E. 22	W. 5	W. 57
28	W. 21	+1·2	W. 27	−2·0	W. 170	+0·5	E. 12	W. 15	W. 67
Mar. 10	W. 24	+1·2	W. 35	−2·0	E. 177	+0·5	E. 3	W. 25	W. 76
20	W. 26	+1·2	W. 43	−2·0	E. 168	+0·5	W. 7	W. 34	W. 86
30	W. 28	+1·2	W. 51	−2·1	E. 157	+0·6	W. 16	W. 44	W. 96
Apr. 9	W. 30	+1·2	W. 59	−2·1	E. 147	+0·6	W. 25	W. 53	W. 106
19	W. 32	+1·2	W. 67	−2·2	E. 136	+0·7	W. 34	W. 63	W. 116
29	W. 34	+1·2	W. 75	−2·2	E. 126	+0·7	W. 44	W. 73	W. 125
May 9	W. 36	+1·2	W. 84	−2·3	E. 116	+0·8	W. 53	W. 82	W. 135
19	W. 38	+1·2	W. 92	−2·4	E. 107	+0·9	W. 62	W. 92	W. 145
29	W. 40	+1·2	W. 101	−2·4	E. 97	+0·9	W. 72	W. 101	W. 155
June 8	W. 42	+1·1	W. 110	−2·5	E. 88	+1·0	W. 81	W. 111	W. 164
18	W. 44	+1·1	W. 120	−2·6	E. 79	+1·0	W. 90	W. 121	W. 172
28	W. 47	+1·1	W. 130	−2·6	E. 70	+1·0	W. 100	W. 130	E. 173
July 8	W. 49	+1·1	W. 140	−2·7	E. 61	+1·1	W. 109	W. 140	E. 165
18	W. 51	+1·1	W. 150	−2·8	E. 52	+1·1	W. 119	W. 150	E. 155
28	W. 54	+1·1	W. 161	−2·8	E. 44	+1·1	W. 129	W. 159	E. 146
Aug. 7	W. 57	+1·1	W. 171	−2·8	E. 35	+1·1	W. 139	W. 169	E. 136
17	W. 60	+1·0	E. 177	−2·9	E. 27	+1·1	W. 148	W. 179	E. 126
27	W. 63	+1·0	E. 167	−2·8	E. 19	+1·1	W. 158	E. 171	E. 117
Sept. 6	W. 66	+0·9	E. 156	−2·8	E. 10	+1·1	W. 168	E. 161	E. 107
16	W. 70	+0·9	E. 145	−2·8	E. 2	+1·1	W. 178	E. 151	E. 97
26	W. 74	+0·8	E. 135	−2·7	W. 7	+1·1	E. 171	E. 141	E. 88
Oct. 6	W. 78	+0·7	E. 124	−2·6	W. 16	+1·1	E. 161	E. 131	E. 78
16	W. 83	+0·6	E. 114	−2·6	W. 24	+1·1	E. 151	E. 121	E. 68
26	W. 88	+0·5	E. 105	−2·5	W. 33	+1·1	E. 141	E. 111	E. 59
Nov. 5	W. 94	+0·4	E. 95	−2·4	W. 42	+1·1	E. 130	E. 101	E. 49
15	W. 100	+0·2	E. 86	−2·4	W. 51	+1·1	E. 120	E. 91	E. 39
25	W. 107	+0·1	E. 77	−2·3	W. 60	+1·0	E. 110	E. 81	E. 30
Dec. 5	W. 115	−0·1	E. 69	−2·2	W. 70	+1·0	E. 100	E. 71	E. 20
15	W. 124	−0·4	E. 60	−2·2	W. 79	+1·0	E. 90	E. 61	E. 11
25	W. 134	−0·6	E. 52	−2·1	W. 89	+0·9	E. 80	E. 51	W. 5
35	W. 145	−0·8	E. 43	−2·1	W. 99	+0·9	E. 70	E. 41	W. 11

Magnitudes at opposition: Uranus 5·7   Neptune 7·8   Pluto 13·9

VISUAL MAGNITUDES OF MINOR PLANETS

	Jan. 9	Feb. 18	Mar. 30	May 9	June 18	July 28	Sept. 6	Oct. 16	Nov. 25	Dec. 35
Ceres	7·7	6·9	7·4	8·1	8·6	8·8	8·8	8·6	8·7	9·0
Pallas	8·1	8·4	8·7	8·9	9·0	9·0	8·7	9·1	9·4	9·4
Juno	10·8	10·8	10·7	10·5	9·9	9·1	8·1	8·1	8·8	9·3
Vesta	7·8	8·2	8·4	8·4	8·1	8·4	8·4	8·2	7·8	7·1

VISIBILITY OF PLANETS

The planet diagram on page A7 shows, in graphical form for any date during the year, the local mean times of meridian passage of the Sun, of the five planets, Mercury, Venus, Mars, Jupiter and Saturn, and of every 2^h of right ascension. Intermediate lines, corresponding to particular stars, may be drawn in by the user if desired. The diagram is intended to provide a general picture of the availability of planets and stars for observation during the year.

On each side of the line marking the time of meridian passage of the Sun, a band 45^m wide is shaded to indicate that planets and most stars crossing the meridian within 45^m of the Sun are generally too close to the Sun for observation.

For any date the diagram provides immediately the local mean time of meridian passage of the Sun, planets and stars, and thus the following information:
  a) whether a planet or star is too close to the Sun for observation;
  b) visibility of a planet or star in the morning or evening;
  c) location of a planet or star during twilight;
  d) proximity of planets to stars or other planets.

When the meridian passage of a body occurs at midnight, it is close to opposition to the Sun and is visible all night, and may be observed in both morning and evening twilights. As the time of meridian passage decreases, the body ceases to be observable in the morning, but its altitude above the eastern horizon during evening twilight gradually increases until it is on the meridian at evening twilight. From then onwards the body is observable above the western horizon, its altitude at evening twilight gradually decreasing, until it becomes too close to the Sun for observation. When it again becomes visible, it is seen in the morning twilight, low in the east. Its altitude at morning twilight gradually increases until meridian passage occurs at the time of morning twilight, then as the time of meridian passage decreases to 0^h, the body is observable in the west in the morning twilight with a gradually decreasing altitude, until it once again reaches opposition.

Notes on the visibility of the planets are given on page A8. Further information on the visibility of planets may be obtained from the diagram below which shows, in graphical form for any date during the year, the declinations of the bodies plotted on the planet diagram on page A7.

DECLINATION OF SUN AND PLANETS, 2009

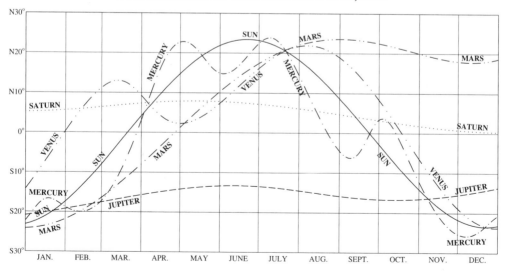

PLANETS, 2009

LOCAL MEAN TIME OF MERIDIAN PASSAGE

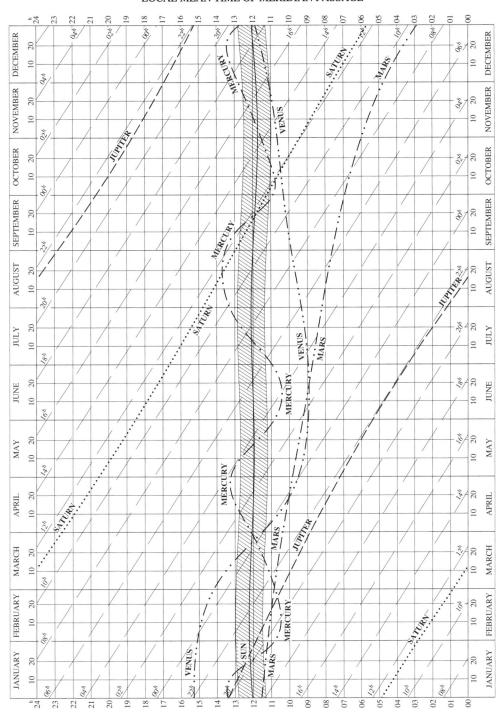

VISIBILITY OF PLANETS

MERCURY can only be seen low in the east before sunrise, or low in the west after sunset (about the time of beginning or end of civil twilight). It is visible in the mornings between the following approximate dates: January 27 to March 22, May 28 to July 6, and September 28 to October 23. The planet is brighter at the end of each period, (the best conditions in northern latitudes occur in the first half of October and in southern latitudes from the end of the first week of February to the start of March). It is visible in the evenings between the following approximate dates: January 1 to January 15, April 9 to May 9, July 22 to September 14 and November 22 to December 30. The planet is brighter at the beginning of each period, (the best conditions in northern latitudes occur from mid-April to early May and in southern latitudes from mid-August to early September).

VENUS is a brilliant object in the evening sky from the beginning of the year until the second half of March when it becomes too close to the Sun for observation. At the beginning of April it reappears in the morning sky, where it can be seen until the start of December, when it again becomes too close to the Sun for observation. Venus is in conjunction with Mars on April 18 and June 19 and with Saturn on October 13.

MARS is too close to the Sun for observation until the start of February when it appears in the morning sky in Sagittarius. Its westward elongation gradually increases as it passes through Capricornus, Aquarius, Pisces, Cetus, into Pisces again, Aries, Taurus (passing 5° N of *Aldebaran* on July 27), Gemini (passing 6° S of *Pollux* on October 5), Cancer and into Leo, where it can be seen for more than half the night. Mars is in conjunction with Mercury on January 26 and March 1, with Jupiter on February 17 and with Venus on April 18 and June 19.

JUPITER can be seen in the evening sky in Sagittarius at the beginning of January and then passes into Capricornus during the first week of January, remaining in this constellation throughout the year. In the second week of January it becomes too close to the Sun for observation and reappears in the morning sky in early February. Its westward elongation gradually increases and after mid-May it can be seen for more than half the night. It is at opposition on August 14 when it is visible throughout the night. Its eastward elongation then gradually decreases and from mid-November until the end of the year it can only be seen in the evening sky. Jupiter is in conjunction with Mars on February 17 and with Mercury on February 24.

SATURN rises shortly before midnight at the beginning of the year in Leo and is at opposition on March 8, when it can be seen throughout the night. From mid-June until the end of August it is visible only in the evening sky, and then becomes too close to the Sun for observation. It reappears in the morning sky in Virgo in early October and remains in the morning sky until late December. Saturn is in conjunction with Mercury on August 18 and October 8 and with Venus on October 13.

URANUS is visible from the beginning of the year until mid-February in the evening sky in Aquarius. It then becomes too close to the Sun for observation and reappears in early April in the morning sky in Pisces. It is at opposition on September 17. Its eastward elongation gradually decreases and passes into Aquarius once again from early October, remaining in this constellation for the rest of the year. From mid-December it can only be seen in the evening sky.

NEPTUNE is visible from the beginning of the year in the evning sky in Capricornus and remains in this constellation throughout the year. In the fourth week of January it becomes too close to the Sun for observation and reappears in early March in the morning sky. It is at opposition on August 17 and from mid-November can be seen only in the evening sky.

DO NOT CONFUSE (1) Jupiter with Mercury in early January and late February and with Mars in mid-February; on all occasions Jupiter is the brighter object. (2) Mercury with Mars from late February to early March and with Saturn in mid-August and in the second week of October; on all occasions Mercury is the brighter object. (3) Venus with Mars from mid-April to the start of May and from early June to early July and with Saturn in mid-October; on all occasions Venus is the brighter object.

VISIBILITY OF PLANETS IN MORNING AND EVENING TWILIGHT

	Morning	Evening
Venus	April 1 – December 1	January 1 – March 24
Mars	February 1 – December 31	
Jupiter		January 1 – January 11
	February 7 – August 14	August 14 – December 31
Saturn	January 1 – March 8	March 8 – August 31
	October 6 – December 31	

DIARY OF PHENOMENA, 2009

CONFIGURATIONS OF SUN, MOON AND PLANETS

	d h	
Jan.	1 20	Saturn stationary
	2 17	Uranus 5° S. of Moon
	4 12	FIRST QUARTER
	4 14	Mercury greatest elong. E. (19°)
	4 15	Earth at perihelion
	10 11	Moon at perigee
	11 03	FULL MOON
	11 07	Mercury stationary
	14 21	Venus greatest elong. E. (47°)
	15 12	Saturn 6° N. of Moon
	17 18	Ceres stationary
	18 03	LAST QUARTER
	18 22	Juno in conjunction with Sun
	20 16	Mercury in inferior conjunction
	21 13	*Antares* 0°.02 S. of Moon Occn.
	21 13	Pallas stationary
	23 00	Moon at apogee
	23 16	Venus 1°.4 N. of Uranus
	24 06	Jupiter in conjunction with Sun
	26 08	NEW MOON Eclipse
	27 18	Neptune 1°.8 S. of Moon
	30 01	Uranus 5° S. of Moon
	30 12	Venus 3° S. of Moon
Feb.	1 02	Mercury stationary
	2 23	FIRST QUARTER
	7 20	Moon at perigee
	9 15	FULL MOON Penumbral Eclipse
	11 20	Saturn 6° N. of Moon
	12 13	Neptune in conjunction with Sun
	13 21	Mercury greatest elong. W. (26°)
	16 22	LAST QUARTER
	17 10	Mars 0°.6 S. of Jupiter
	17 21	*Antares* 0°.04 S. of Moon Occn.
	19 15	Venus greatest illuminated extent
	19 17	Moon at apogee
	22 22	Mercury 1°.1 S. of Moon Occn.
	23 01	Jupiter 0°.7 S. of Moon Occn.
	23 08	Mars 1°.7 S. of Moon
	24 03	Mercury 0°.6 S. of Jupiter
	25 02	NEW MOON
	25 14	Ceres at opposition
	27 23	Venus 1°.3 N. of Moon Occn.
Mar.	1 20	Mercury 0°.6 S. of Mars
	4 08	FIRST QUARTER
	5 01	Venus stationary
	7 15	Moon at perigee
	8 04	Mars 0°.8 S. of Neptune
	8 20	Saturn at opposition
	11 03	FULL MOON

	d h	
Mar.	11 03	Saturn 6° N. of Moon
	13 01	Uranus in conjunction with Sun
	17 05	*Antares* 0°.2 S. of Moon Occn.
	18 18	LAST QUARTER
	19 13	Moon at apogee
	20 12	Equinox
	22 21	Jupiter 1°.5 S. of Moon
	23 14	Neptune 2° S. of Moon
	24 14	Mars 4° S. of Moon
	26 16	NEW MOON
	27 19	Venus in inferior conjunction
	31 03	Mercury in superior conjunction
Apr.	2 02	Moon at perigee
	2 15	FIRST QUARTER
	4 16	Pluto stationary
	7 07	Saturn 6° N. of Moon
	9 15	FULL MOON
	13 13	*Antares* 0°.4 S. of Moon Occn.
	15 04	Mars 0°.5 S. of Uranus
	15 08	Venus stationary
	16 09	Moon at apogee
	17 14	LAST QUARTER
	17 15	Ceres stationary
	18 17	Venus 6° N. of Mars
	19 16	Jupiter 2° S. of Moon
	20 00	Neptune 2° S. of Moon
	22 08	Uranus 5° S. of Moon
	22 14	Venus 1°.1 S. of Moon Occn.
	22 19	Mars 6° S. of Moon
	25 03	NEW MOON
	26 08	Mercury greatest elong. E. (20°)
	26 16	Mercury 1°.9 S. of Moon
	28 06	Moon at perigee
May	1 21	FIRST QUARTER
	2 15	Venus greatest illuminated extent
	4 11	Saturn 6° N. of Moon
	7 16	Mercury stationary
	9 04	FULL MOON
	10 21	*Antares* 0°.6 S. of Moon Occn.
	14 03	Moon at apogee
	17 07	LAST QUARTER
	17 08	Jupiter 3° S. of Moon
	17 09	Neptune 3° S. of Moon
	17 19	Saturn stationary
	18 10	Mercury in inferior conjunction
	19 20	Uranus 5° S. of Moon
	21 08	Venus 7° S. of Moon
	21 20	Mars 7° S. of Moon

DIARY OF PHENOMENA, 2009

CONFIGURATIONS OF SUN, MOON AND PLANETS

d h	
May 24 12	NEW MOON
25 13	Jupiter 0°.4 S. of Neptune
26 04	Moon at perigee
29 11	Neptune stationary
30 16	Mercury stationary
31 03	FIRST QUARTER
31 17	Saturn 6° N. of Moon
June 5 21	Venus greatest elong. W. (46°)
7 04	*Antares* 0°.6 S. of Moon Occn.
7 18	FULL MOON
10 16	Moon at apogee
13 12	Mercury greatest elong. W. (23°)
13 16	Neptune 3° S. of Moon
13 18	Jupiter 3° S. of Moon
15 20	Jupiter stationary
15 22	LAST QUARTER
15 23	Juno 0°.4 N. of Moon Occn.
16 06	Uranus 6° S. of Moon
19 14	Venus 2° S. of Mars
19 17	Mars 6° S. of Moon
19 17	Venus 8° S. of Moon
21 06	Solstice
21 09	Mercury 7° S. of Moon
22 12	Vesta in conjunction with Sun
22 14	Mercury 3° N. of *Aldebaran*
22 20	NEW MOON
23 08	Pluto at opposition
23 11	Moon at perigee
28 02	Saturn 7° N. of Moon
29 11	FIRST QUARTER
July 1 16	Uranus stationary
4 02	Earth at aphelion
4 10	*Antares* 0°.5 S. of Moon Occn.
7 09	FULL MOON Penumbral Eclipse
7 22	Moon at apogee
10 22	Jupiter 4° S. of Moon
10 22	Neptune 3° S. of Moon
13 12	Uranus 6° S. of Moon
13 19	Jupiter 0°.6 S. of Neptune
14 02	Mercury in superior conjunction
14 18	Venus 3° N. of *Aldebaran*
15 10	LAST QUARTER
18 12	Mars 5° S. of Moon
19 05	Venus 6° S. of Moon
21 20	Moon at perigee
22 03	NEW MOON Eclipse
25 15	Saturn 7° N. of Moon
27 11	Mars 5° N. of *Aldebaran*
28 22	FIRST QUARTER

d h	
July 31 16	*Antares* 0°.5 S. of Moon Occn.
Aug. 2 19	Mercury 0°.6 N. of *Regulus*
4 01	Moon at apogee
6 01	FULL MOON Penumbral Eclipse
6 22	Jupiter 3° S. of Moon
7 02	Neptune 3° S. of Moon
9 17	Uranus 6° S. of Moon
13 19	LAST QUARTER
14 18	Jupiter at opposition
15 18	Juno stationary
16 03	Mars 3° S. of Moon
17 21	Neptune at opposition
17 21	Venus 1°.7 S. of Moon
18 07	Vesta 0°.4 S. of Moon Occn.
18 21	Mercury 3° S. of Saturn
19 05	Moon at perigee
20 10	NEW MOON
22 04	Venus 7° S. of *Pollux*
22 06	Saturn 7° N. of Moon
22 12	Mercury 3° N. of Moon
24 16	Mercury greatest elong. E. (27°)
27 12	FIRST QUARTER
27 22	*Antares* 0°.6 S. of Moon Occn.
31 11	Moon at apogee
Sept. 2 21	Jupiter 3° S. of Moon
3 07	Neptune 3° S. of Moon
4 16	FULL MOON
5 21	Uranus 6° S. of Moon
6 20	Mercury stationary
11 16	Pluto stationary
12 02	LAST QUARTER
13 00	Pallas in conjunction with Sun
13 16	Mars 1°.1 S. of Moon Occn.
16 08	Moon at perigee
16 18	Venus 3° N. of Moon
17 10	Uranus at opposition
17 18	Saturn in conjunction with Sun
18 19	NEW MOON
20 10	Mercury in inferior conjunction
20 10	Venus 0°.5 N. of *Regulus*
21 08	Juno at opposition
22 21	Equinox
24 06	*Antares* 0°.8 S. of Moon Occn.
26 05	FIRST QUARTER
28 04	Moon at apogee
28 18	Mercury stationary
30 00	Jupiter 3° S. of Moon
30 13	Neptune 3° S. of Moon
Oct. 3 02	Uranus 6° S. of Moon
4 06	FULL MOON

DIARY OF PHENOMENA, 2009

CONFIGURATIONS OF SUN, MOON AND PLANETS

	d h		
Oct.	5 22	Mars 6° S. of *Pollux*	
	6 02	Mercury greatest elong. W. (18°)	
	8 09	Mercury 0°.3 S. of Saturn	
	11 09	LAST QUARTER	
	12 01	Mars 1°.2 N. of Moon	Occn.
	13 09	Jupiter stationary	
	13 12	Moon at perigee	
	13 16	Venus 0°.6 S. of Saturn	
	16 13	Saturn 7° N. of Moon	
	16 19	Venus 7° N. of Moon	
	18 06	NEW MOON	
	21 15	*Antares* 1°.0 S. of Moon	Occn.
	25 23	Moon at apogee	
	26 01	FIRST QUARTER	
	27 09	Jupiter 3° S. of Moon	
	27 21	Neptune 3° S. of Moon	
	30 09	Uranus 6° S. of Moon	
	31 10	Juno stationary	
	31 15	Ceres in conjunction with Sun	
Nov.	2 02	Venus 4° N. of *Spica*	
	2 19	FULL MOON	
	4 19	Neptune stationary	
	5 08	Mercury in superior conjunction	
	7 07	Moon at perigee	
	9 06	Mars 3° N. of Moon	
	9 16	LAST QUARTER	
	13 01	Saturn 8° N. of Moon	
	16 19	NEW MOON	

	d h		
Nov.	22 20	Moon at apogee	
	23 22	Jupiter 4° S. of Moon	
	24 06	Neptune 3° S. of Moon	
	24 22	FIRST QUARTER	
	26 18	Uranus 6° S. of Moon	
Dec.	2 05	Uranus stationary	
	2 08	FULL MOON	
	4 14	Moon at perigee	
	7 03	Mars 6° N. of Moon	
	9 00	LAST QUARTER	
	10 11	Saturn 8° N. of Moon	
	16 12	NEW MOON	
	18 08	Mercury 1°.4 S. of Moon	
	18 17	Mercury greatest elong. E. (20°)	
	20 05	Jupiter 0°.6 S. of Neptune	
	20 15	Moon at apogee	
	21 15	Jupiter 4° S. of Moon	
	21 15	Neptune 4° S. of Moon	
	21 16	Mars stationary	
	21 18	Solstice	
	24 02	Uranus 6° S. of Moon	
	24 18	FIRST QUARTER	
	24 18	Pluto in conjunction with Sun	
	26 09	Mercury stationary	
	31 19	FULL MOON	Eclipse

Arrangement and basis of the tabulations

The tabulations of risings, settings and twilights on pages A14–A77 refer to the instants when the true geocentric zenith distance of the central point of the disk of the Sun or Moon takes the value indicated in the following table. The tabular times are in universal time (UT) for selected latitudes on the meridian of Greenwich; the times for other latitudes and longitudes may be obtained by interpolation as described below and as exemplified on page A13.

	Phenomena	Zenith distance	Pages
SUN (interval 4 days):	sunrise and sunset	90° 50'	A14–A21
	civil twilight	96°	A22–A29
	nautical twilight	102°	A30–A37
	astronomical twilight	108°	A38–A45
MOON (interval 1 day):	moonrise and moonset	$90° 34' + s - \pi$	A46–A77

(s = semidiameter, π = horizontal parallax)

The zenith distance at the times for rising and setting is such that under normal conditions the upper limb of the Sun and Moon appears to be on the horizon of an observer at sea-level. The parallax of the Sun is ignored. The observed time may differ from the tabular time because of a variation of the atmospheric refraction from the adopted value (34') and because of a difference in height of the observer and the actual horizon.

Use of tabulations

The following procedure may be used to obtain times of the phenomena for a non-tabular place and date.

Step 1: Interpolate linearly for latitude. The differences between adjacent values are usually small and so the required interpolates can often be obtained by inspection.

Step 2: Interpolate linearly for date and longitude in order to obtain the local mean times of the phenomena at the longitude concerned. For the Sun the variations with longitude of the local mean times of the phenomena are small, but to obtain better precision the interpolation factor for date should be increased by

$$\text{west longitude in degrees } /1440$$

since the interval of tabulation is 4 days. For the Moon, the interpolating factor to be used is simply

$$\text{west longitude in degrees } /360$$

since the interval of tabulation is 1 day; backward interpolation should be carried out for east longitudes.

Step 3: Convert the times so obtained (which are on the scale of local mean time for the local meridian) to universal time (UT) or to the appropriate clock time, which may differ from the time of the nearest standard meridian according to the customs of the country concerned. The UT of the phenomenon is obtained from the local mean time by applying the longitude expressed in time measure (1 hour for each 15° of longitude), adding for west longitudes and subtracting for east longitudes. The times so obtained may require adjustment by 24^h; if so, the corresponding date must be changed accordingly.

Approximate formulae for direct calculation

The approximate UT of rising or setting of a body with right ascension α and declination δ at latitude ϕ and *east* longitude λ may be calculated from

$$UT = 0 \cdot 997\ 27 \{\alpha - \lambda \pm \cos^{-1}(-\tan\phi \tan\delta) - (\text{GMST at } 0^h \text{ UT})\}$$

where each term is expressed in time measure and the GMST at 0^h UT is given in the tabulations on pages B13–B20. The negative sign corresponds to rising and the positive sign to setting. The formula ignores refraction, semi-diameter and any changes in α and δ during the day. If $\tan\phi \tan\delta$ is numerically greater than 1, there is no phenomenon.

RISINGS, SETTINGS AND TWILIGHTS, 2009

Examples

The following examples of the calculations of the times of rising and setting phenomena use the procedure described on page A12.

1. To find the times of sunrise and sunset for Paris on 2009 July 20. Paris is at latitude N 48° 52′ (= +48°.87), longitude E 2° 20′ (= E 2°.33 = E 0^h 09^m), and in the summer the clocks are kept two hours in advance of UT. The relevant portions of the tabulation on page A19 and the results of the interpolation for latitude are as follows, where the interpolation factor is $(48·87 − 48)/2 = 0·43$:

	Sunrise			Sunset		
	+48°	+50°	+48°.87	+48°	+50°	+48°.87
	h m	h m	h m	h m	h m	h m
July 17	04 18	04 10	04 15	19 53	20 02	19 57
July 21	04 23	04 15	04 20	19 49	19 57	19 52

The interpolation factor for date and longitude is $(20 − 17)/4 − 2·33/1440 = 0·75$

	Sunrise	Sunset
	d h m	d h m
Interpolate to obtain local mean time:	20 04 19	20 19 53
Subtract 0^h 09^m to obtain universal time:	20 04 10	20 19 44
Add 2^h to obtain clock time:	20 06 10	20 21 44

2. To find the times of beginning and end of astronomical twilight for Canberra, Australia on 2009 November 15. Canberra is at latitude S 35° 18′ (= −35°.30), longitude E 149° 08′ (= E 149°.13 = E 9^h 57^m), and in the summer the clocks are kept eleven hours in advance of UT. The relevant portions of the tabulation on page A44 and the results of the interpolation for latitude are as follows, where the interpolation factor is $(−35·30 − (−40))/5 = 0·94$:

	Astronomical Twilight					
	beginning			end		
	−40°	−35°	−35°.30	−40°	−35°	−35°.30
	h m	h m	h m	h m	h m	h m
Nov. 14	02 46	03 09	03 08	20 44	20 21	20 22
Nov. 18	02 41	03 05	03 04	20 51	20 26	20 27

The interpolation factor for date and longitude is $(15 − 14)/4 − 149·13/1440 = 0·15$

	Astronomical Twilight	
	beginning	end
	d h m	d h m
Interpolation to obtain local mean time:	15 03 07	15 20 23
Subtract 9^h 57^m to obtain universal time:	14 17 10	15 10 26
Add 11^h to obtain clock time:	15 04 10	15 21 26

3. To find the times of moonrise and moonset for Washington, D.C. on 2009 January 9. Washington is at latitude N 38° 55′ (= +38°.92), longitude W 77° 00′ (= W 77°.00 = W 5^h 08^m), and in the winter the clocks are kept five hours behind UT. The relevant portions of the tabulation on page A46 and the results of the interpolation for latitude are as follows, where the interpolation factor is $(38·92 − 35)/5 = 0·78$:

	Moonrise			Moonset		
	+35°	+40°	+38°.92	+35°	+40°	+38°.92
	h m	h m	h m	h m	h m	h m
Jan. 9	15 12	14 54	14 58	05 31	05 50	05 46
Jan. 10	16 26	16 09	16 13	06 34	06 51	06 47

The interpolation factor for longitude is $77·0/360 = 0·21$

	Moonrise	Moonset
	d h m	d h m
Interpolate to obtain local mean time:	9 15 14	9 05 59
Add 5^h 08^m to obtain universal time:	9 20 22	9 11 07
Subtract 5^h to obtain clock time:	9 15 22	9 06 07

SUNRISE AND SUNSET, 2009
UNIVERSAL TIME FOR MERIDIAN OF GREENWICH

SUNRISE

Lat.	−55°	−50°	−45°	−40°	−35°	−30°	−20°	−10°	0°	+10°	+20°	+30°	+35°	+40°
	h m	h m	h m	h m	h m	h m	h m	h m	h m	h m	h m	h m	h m	h m
Jan. −2	3 23	3 53	4 15	4 33	4 48	5 00	5 22	5 41	5 58	6 16	6 34	6 55	7 07	7 21
2	3 27	3 56	4 18	4 36	4 51	5 03	5 25	5 43	6 00	6 17	6 36	6 56	7 08	7 22
6	3 33	4 01	4 22	4 39	4 54	5 06	5 27	5 45	6 02	6 19	6 37	6 57	7 09	7 22
10	3 39	4 06	4 27	4 43	4 57	5 09	5 30	5 48	6 04	6 20	6 37	6 57	7 08	7 22
14	3 46	4 12	4 32	4 48	5 01	5 13	5 33	5 50	6 05	6 21	6 38	6 57	7 08	7 20
18	3 54	4 18	4 37	4 52	5 05	5 16	5 35	5 52	6 07	6 22	6 38	6 56	7 07	7 19
22	4 02	4 25	4 42	4 57	5 09	5 20	5 38	5 54	6 08	6 22	6 38	6 55	7 05	7 16
26	4 10	4 31	4 48	5 02	5 13	5 23	5 40	5 55	6 09	6 23	6 37	6 53	7 03	7 14
30	4 18	4 38	4 54	5 07	5 17	5 27	5 43	5 57	6 10	6 23	6 36	6 51	7 00	7 10
Feb. 3	4 27	4 45	5 00	5 12	5 22	5 30	5 45	5 58	6 10	6 22	6 35	6 49	6 57	7 07
7	4 36	4 52	5 06	5 17	5 26	5 34	5 48	6 00	6 11	6 22	6 33	6 46	6 54	7 02
11	4 44	5 00	5 12	5 21	5 30	5 37	5 50	6 01	6 11	6 21	6 31	6 43	6 50	6 58
15	4 53	5 07	5 17	5 26	5 34	5 40	5 52	6 02	6 11	6 20	6 29	6 40	6 46	6 53
19	5 02	5 14	5 23	5 31	5 38	5 44	5 54	6 02	6 10	6 18	6 27	6 36	6 42	6 48
23	5 10	5 21	5 29	5 36	5 41	5 47	5 55	6 03	6 10	6 17	6 24	6 32	6 37	6 42
27	5 19	5 27	5 34	5 40	5 45	5 50	5 57	6 03	6 09	6 15	6 21	6 28	6 32	6 36
Mar. 3	5 27	5 34	5 40	5 45	5 49	5 52	5 58	6 04	6 09	6 13	6 18	6 24	6 27	6 30
7	5 35	5 41	5 45	5 49	5 52	5 55	6 00	6 04	6 08	6 11	6 15	6 19	6 22	6 24
11	5 43	5 47	5 51	5 53	5 56	5 58	6 01	6 04	6 07	6 09	6 12	6 15	6 16	6 18
15	5 51	5 54	5 56	5 58	5 59	6 00	6 02	6 04	6 06	6 07	6 08	6 10	6 11	6 12
19	5 59	6 00	6 01	6 02	6 02	6 03	6 04	6 04	6 04	6 05	6 05	6 05	6 05	6 05
23	6 07	6 07	6 06	6 06	6 06	6 05	6 05	6 04	6 03	6 02	6 01	6 00	5 59	5 59
27	6 15	6 13	6 11	6 10	6 09	6 08	6 06	6 04	6 02	6 00	5 58	5 55	5 54	5 52
31	6 23	6 19	6 16	6 14	6 12	6 10	6 07	6 04	6 01	5 58	5 54	5 51	5 48	5 46
Apr. 4	6 30	6 25	6 21	6 18	6 15	6 13	6 08	6 04	6 00	5 56	5 51	5 46	5 43	5 39

SUNSET

	−55°	−50°	−45°	−40°	−35°	−30°	−20°	−10°	0°	+10°	+20°	+30°	+35°	+40°
	h m	h m	h m	h m	h m	h m	h m	h m	h m	h m	h m	h m	h m	h m
Jan. −2	20 41	20 12	19 49	19 32	19 17	19 04	18 42	18 23	18 06	17 49	17 30	17 09	16 57	16 43
2	20 40	20 11	19 50	19 32	19 18	19 05	18 43	18 25	18 08	17 51	17 33	17 12	17 00	16 46
6	20 38	20 10	19 49	19 32	19 18	19 05	18 44	18 26	18 10	17 53	17 35	17 15	17 03	16 50
10	20 35	20 08	19 48	19 31	19 18	19 06	18 45	18 28	18 11	17 55	17 38	17 18	17 07	16 54
14	20 31	20 05	19 46	19 30	19 17	19 05	18 46	18 29	18 13	17 57	17 41	17 22	17 11	16 58
18	20 26	20 02	19 43	19 28	19 15	19 04	18 45	18 29	18 14	17 59	17 43	17 25	17 15	17 03
22	20 20	19 58	19 40	19 26	19 14	19 03	18 45	18 30	18 15	18 01	17 46	17 29	17 19	17 07
26	20 14	19 53	19 36	19 23	19 11	19 01	18 44	18 30	18 16	18 03	17 48	17 32	17 23	17 12
30	20 07	19 47	19 32	19 19	19 09	18 59	18 43	18 30	18 17	18 04	17 51	17 36	17 27	17 17
Feb. 3	19 59	19 41	19 27	19 15	19 06	18 57	18 42	18 29	18 17	18 06	17 53	17 39	17 31	17 22
7	19 51	19 35	19 22	19 11	19 02	18 54	18 40	18 29	18 18	18 07	17 55	17 42	17 35	17 26
11	19 43	19 28	19 16	19 06	18 58	18 51	18 38	18 28	18 18	18 08	17 57	17 46	17 39	17 31
15	19 34	19 21	19 10	19 01	18 54	18 47	18 36	18 26	18 18	18 09	17 59	17 49	17 43	17 36
19	19 25	19 13	19 04	18 56	18 49	18 44	18 34	18 25	18 17	18 09	18 01	17 52	17 47	17 41
23	19 15	19 05	18 57	18 50	18 45	18 40	18 31	18 24	18 17	18 10	18 03	17 55	17 50	17 45
27	19 05	18 57	18 50	18 44	18 40	18 35	18 28	18 22	18 16	18 10	18 04	17 58	17 54	17 50
Mar. 3	18 56	18 49	18 43	18 38	18 34	18 31	18 25	18 20	18 15	18 11	18 06	18 00	17 57	17 54
7	18 46	18 40	18 36	18 32	18 29	18 26	18 22	18 18	18 14	18 11	18 07	18 03	18 01	17 58
11	18 35	18 32	18 28	18 26	18 24	18 22	18 18	18 16	18 13	18 11	18 08	18 06	18 04	18 03
15	18 25	18 23	18 21	18 19	18 18	18 17	18 15	18 14	18 12	18 11	18 10	18 08	18 08	18 07
19	18 15	18 14	18 14	18 13	18 13	18 12	18 12	18 11	18 11	18 11	18 11	18 11	18 11	18 11
23	18 05	18 05	18 06	18 06	18 07	18 07	18 08	18 09	18 10	18 11	18 12	18 13	18 14	18 15
27	17 55	17 57	17 59	18 00	18 01	18 02	18 05	18 07	18 09	18 11	18 13	18 16	18 17	18 19
31	17 45	17 48	17 51	17 54	17 56	17 58	18 01	18 04	18 07	18 11	18 14	18 18	18 21	18 23
Apr. 4	17 35	17 40	17 44	17 47	17 50	17 53	17 58	18 02	18 06	18 10	18 15	18 21	18 24	18 27

SUNRISE AND SUNSET, 2009

UNIVERSAL TIME FOR MERIDIAN OF GREENWICH

SUNRISE

Lat.	+40°	+42°	+44°	+46°	+48°	+50°	+52°	+54°	+56°	+58°	+60°	+62°	+64°	+66°
	h m	h m	h m	h m	h m	h m	h m	h m	h m	h m	h m	h m	h m	h m
Jan. −2	7 21	7 28	7 34	7 42	7 50	7 59	8 08	8 19	8 32	8 46	9 03	9 24	9 52	10 32
2	7 22	7 28	7 35	7 42	7 50	7 58	8 08	8 19	8 31	8 45	9 02	9 22	9 48	10 26
6	7 22	7 28	7 35	7 42	7 49	7 58	8 07	8 17	8 29	8 43	8 59	9 18	9 43	10 17
10	7 22	7 27	7 34	7 40	7 48	7 56	8 05	8 15	8 26	8 39	8 54	9 13	9 36	10 07
14	7 20	7 26	7 32	7 39	7 46	7 53	8 02	8 11	8 22	8 35	8 49	9 06	9 28	9 55
18	7 19	7 24	7 30	7 36	7 43	7 50	7 58	8 07	8 17	8 29	8 43	8 59	9 18	9 43
22	7 16	7 21	7 27	7 33	7 39	7 46	7 54	8 02	8 12	8 23	8 35	8 50	9 08	9 30
26	7 14	7 18	7 24	7 29	7 35	7 41	7 49	7 57	8 05	8 15	8 27	8 41	8 57	9 17
30	7 10	7 15	7 20	7 25	7 30	7 36	7 43	7 50	7 58	8 08	8 18	8 30	8 45	9 03
Feb. 3	7 07	7 11	7 15	7 20	7 25	7 30	7 37	7 43	7 51	7 59	8 09	8 20	8 33	8 49
7	7 02	7 06	7 10	7 14	7 19	7 24	7 30	7 36	7 43	7 50	7 59	8 09	8 20	8 34
11	6 58	7 01	7 05	7 09	7 13	7 18	7 23	7 28	7 34	7 41	7 49	7 57	8 08	8 20
15	6 53	6 56	6 59	7 03	7 06	7 10	7 15	7 20	7 25	7 31	7 38	7 46	7 54	8 05
19	6 48	6 50	6 53	6 56	6 59	7 03	7 07	7 11	7 16	7 21	7 27	7 33	7 41	7 50
23	6 42	6 44	6 47	6 49	6 52	6 55	6 59	7 02	7 06	7 11	7 16	7 21	7 28	7 35
27	6 36	6 38	6 40	6 42	6 45	6 47	6 50	6 53	6 56	7 00	7 04	7 09	7 14	7 20
Mar. 3	6 30	6 32	6 34	6 35	6 37	6 39	6 41	6 44	6 46	6 49	6 52	6 56	7 00	7 05
7	6 24	6 25	6 27	6 28	6 29	6 31	6 32	6 34	6 36	6 38	6 41	6 43	6 46	6 50
11	6 18	6 19	6 19	6 20	6 21	6 22	6 23	6 24	6 26	6 27	6 29	6 30	6 32	6 35
15	6 12	6 12	6 12	6 13	6 13	6 14	6 14	6 15	6 15	6 16	6 17	6 17	6 18	6 19
19	6 05	6 05	6 05	6 05	6 05	6 05	6 05	6 05	6 05	6 05	6 05	6 04	6 04	6 04
23	5 59	5 58	5 58	5 57	5 57	5 56	5 56	5 55	5 54	5 53	5 52	5 51	5 50	5 49
27	5 52	5 51	5 50	5 50	5 49	5 48	5 46	5 45	5 44	5 42	5 40	5 38	5 36	5 33
31	5 46	5 44	5 43	5 42	5 40	5 39	5 37	5 35	5 33	5 31	5 28	5 25	5 22	5 18
Apr. 4	5 39	5 38	5 36	5 34	5 32	5 30	5 28	5 25	5 23	5 20	5 16	5 12	5 08	5 02

SUNSET

Lat.	+40°	+42°	+44°	+46°	+48°	+50°	+52°	+54°	+56°	+58°	+60°	+62°	+64°	+66°
	h m	h m	h m	h m	h m	h m	h m	h m	h m	h m	h m	h m	h m	h m
Jan. −2	16 43	16 37	16 30	16 23	16 15	16 06	15 56	15 45	15 33	15 18	15 01	14 40	14 13	13 33
2	16 46	16 40	16 34	16 26	16 19	16 10	16 00	15 50	15 38	15 24	15 07	14 46	14 20	13 43
6	16 50	16 44	16 38	16 31	16 23	16 15	16 05	15 55	15 43	15 30	15 14	14 54	14 29	13 55
10	16 54	16 48	16 42	16 35	16 28	16 20	16 11	16 01	15 50	15 37	15 21	15 03	14 40	14 09
14	16 58	16 53	16 47	16 40	16 33	16 25	16 17	16 07	15 57	15 44	15 30	15 13	14 51	14 23
18	17 03	16 57	16 52	16 45	16 39	16 31	16 23	16 14	16 04	15 52	15 39	15 23	15 04	14 39
22	17 07	17 02	16 57	16 51	16 45	16 38	16 30	16 22	16 12	16 01	15 49	15 34	15 16	14 54
26	17 12	17 07	17 02	16 57	16 51	16 44	16 37	16 29	16 20	16 10	15 59	15 45	15 29	15 09
30	17 17	17 12	17 08	17 03	16 57	16 51	16 44	16 37	16 29	16 20	16 09	15 57	15 43	15 25
Feb. 3	17 22	17 18	17 13	17 08	17 03	16 58	16 52	16 45	16 38	16 29	16 20	16 09	15 56	15 40
7	17 26	17 23	17 19	17 14	17 10	17 05	16 59	16 53	16 46	16 39	16 30	16 20	16 09	15 55
11	17 31	17 28	17 24	17 20	17 16	17 12	17 07	17 01	16 55	16 49	16 41	16 32	16 22	16 10
15	17 36	17 33	17 30	17 26	17 23	17 19	17 14	17 09	17 04	16 58	16 51	16 44	16 35	16 25
19	17 41	17 38	17 35	17 32	17 29	17 25	17 22	17 17	17 13	17 08	17 02	16 55	16 48	16 39
23	17 45	17 43	17 40	17 38	17 35	17 32	17 29	17 25	17 21	17 17	17 12	17 07	17 00	16 53
27	17 50	17 48	17 46	17 44	17 41	17 39	17 36	17 33	17 30	17 27	17 22	17 18	17 13	17 07
Mar. 3	17 54	17 53	17 51	17 49	17 48	17 46	17 43	17 41	17 39	17 36	17 33	17 29	17 25	17 20
7	17 58	17 57	17 56	17 55	17 54	17 52	17 51	17 49	17 47	17 45	17 43	17 40	17 37	17 34
11	18 03	18 02	18 01	18 00	18 00	17 59	17 58	17 57	17 55	17 54	17 53	17 51	17 49	17 47
15	18 07	18 07	18 06	18 06	18 05	18 05	18 05	18 04	18 04	18 03	18 02	18 02	18 01	18 00
19	18 11	18 11	18 11	18 11	18 11	18 11	18 12	18 12	18 12	18 12	18 12	18 13	18 13	18 13
23	18 15	18 16	18 16	18 17	18 17	18 18	18 18	18 19	18 20	18 21	18 22	18 23	18 25	18 26
27	18 19	18 20	18 21	18 22	18 23	18 24	18 25	18 27	18 28	18 30	18 32	18 34	18 37	18 39
31	18 23	18 25	18 26	18 27	18 29	18 30	18 32	18 34	18 36	18 39	18 42	18 45	18 48	18 52
Apr. 4	18 27	18 29	18 31	18 33	18 35	18 37	18 39	18 42	18 45	18 48	18 51	18 55	19 00	19 06

SUNRISE AND SUNSET, 2009
UNIVERSAL TIME FOR MERIDIAN OF GREENWICH
SUNRISE

Lat.	−55°	−50°	−45°	−40°	−35°	−30°	−20°	−10°	0°	+10°	+20°	+30°	+35°	+40°
	h m	h m	h m	h m	h m	h m	h m	h m	h m	h m	h m	h m	h m	h m
Mar. 31	6 23	6 19	6 16	6 14	6 12	6 10	6 07	6 04	6 01	5 58	5 54	5 51	5 48	5 46
Apr. 4	6 30	6 25	6 21	6 18	6 15	6 13	6 08	6 04	6 00	5 56	5 51	5 46	5 43	5 39
8	6 38	6 32	6 26	6 22	6 18	6 15	6 09	6 04	5 59	5 53	5 48	5 41	5 37	5 33
12	6 46	6 38	6 31	6 26	6 21	6 17	6 10	6 04	5 57	5 51	5 44	5 37	5 32	5 27
16	6 53	6 44	6 36	6 30	6 25	6 20	6 11	6 04	5 56	5 49	5 41	5 32	5 27	5 21
20	7 01	6 50	6 41	6 34	6 28	6 22	6 12	6 04	5 56	5 47	5 38	5 28	5 22	5 15
24	7 08	6 56	6 46	6 38	6 31	6 25	6 14	6 04	5 55	5 45	5 35	5 24	5 17	5 09
28	7 16	7 02	6 51	6 42	6 34	6 27	6 15	6 04	5 54	5 44	5 33	5 20	5 12	5 04
May 2	7 23	7 08	6 56	6 46	6 37	6 30	6 16	6 05	5 54	5 42	5 30	5 16	5 08	4 59
6	7 31	7 14	7 01	6 50	6 40	6 32	6 18	6 05	5 53	5 41	5 28	5 13	5 04	4 54
10	7 38	7 20	7 06	6 54	6 44	6 35	6 19	6 06	5 53	5 40	5 26	5 10	5 00	4 50
14	7 45	7 25	7 10	6 57	6 47	6 37	6 21	6 06	5 53	5 39	5 24	5 07	4 57	4 46
18	7 52	7 31	7 15	7 01	6 50	6 40	6 22	6 07	5 53	5 38	5 23	5 05	4 54	4 42
22	7 58	7 36	7 19	7 05	6 53	6 42	6 24	6 08	5 53	5 38	5 22	5 03	4 52	4 39
26	8 04	7 41	7 23	7 08	6 55	6 44	6 26	6 09	5 53	5 38	5 21	5 01	4 50	4 36
30	8 09	7 45	7 26	7 11	6 58	6 47	6 27	6 10	5 54	5 38	5 20	5 00	4 48	4 34
June 3	8 14	7 49	7 30	7 14	7 00	6 49	6 29	6 11	5 55	5 38	5 20	4 59	4 47	4 32
7	8 18	7 53	7 33	7 16	7 03	6 51	6 30	6 12	5 55	5 38	5 20	4 58	4 46	4 31
11	8 22	7 55	7 35	7 18	7 05	6 52	6 31	6 13	5 56	5 39	5 20	4 58	4 45	4 31
15	8 25	7 58	7 37	7 20	7 06	6 54	6 33	6 14	5 57	5 39	5 20	4 58	4 46	4 31
19	8 26	7 59	7 38	7 22	7 07	6 55	6 34	6 15	5 58	5 40	5 21	4 59	4 46	4 31
23	8 27	8 00	7 39	7 22	7 08	6 56	6 35	6 16	5 59	5 41	5 22	5 00	4 47	4 32
27	8 27	8 00	7 40	7 23	7 09	6 56	6 35	6 17	5 59	5 42	5 23	5 01	4 48	4 33
July 1	8 26	8 00	7 39	7 23	7 09	6 57	6 36	6 17	6 00	5 43	5 24	5 02	4 50	4 35
5	8 24	7 58	7 38	7 22	7 08	6 56	6 36	6 18	6 01	5 44	5 26	5 04	4 52	4 37

SUNSET

Lat.	−55°	−50°	−45°	−40°	−35°	−30°	−20°	−10°	0°	+10°	+20°	+30°	+35°	+40°
	h m	h m	h m	h m	h m	h m	h m	h m	h m	h m	h m	h m	h m	h m
Mar. 31	17 45	17 48	17 51	17 54	17 56	17 58	18 01	18 04	18 07	18 11	18 14	18 18	18 21	18 23
Apr. 4	17 35	17 40	17 44	17 47	17 50	17 53	17 58	18 02	18 06	18 10	18 15	18 21	18 24	18 27
8	17 25	17 31	17 36	17 41	17 45	17 48	17 54	18 00	18 05	18 10	18 16	18 23	18 27	18 31
12	17 15	17 23	17 29	17 35	17 40	17 44	17 51	17 58	18 04	18 10	18 17	18 25	18 30	18 35
16	17 05	17 15	17 22	17 29	17 34	17 39	17 48	17 56	18 03	18 11	18 19	18 28	18 33	18 40
20	16 56	17 07	17 16	17 23	17 30	17 35	17 45	17 54	18 02	18 11	18 20	18 30	18 37	18 44
24	16 47	16 59	17 09	17 18	17 25	17 31	17 42	17 52	18 01	18 11	18 21	18 33	18 40	18 48
28	16 38	16 52	17 03	17 12	17 20	17 27	17 40	17 51	18 01	18 11	18 23	18 35	18 43	18 52
May 2	16 30	16 45	16 57	17 08	17 16	17 24	17 37	17 49	18 00	18 12	18 24	18 38	18 46	18 56
6	16 22	16 39	16 52	17 03	17 12	17 21	17 35	17 48	18 00	18 12	18 25	18 41	18 50	19 00
10	16 14	16 32	16 47	16 59	17 09	17 18	17 33	17 47	18 00	18 13	18 27	18 43	18 53	19 04
14	16 07	16 27	16 42	16 55	17 06	17 15	17 32	17 46	18 00	18 14	18 29	18 46	18 56	19 08
18	16 01	16 22	16 38	16 51	17 03	17 13	17 30	17 46	18 00	18 15	18 30	18 48	18 59	19 11
22	15 55	16 17	16 34	16 48	17 00	17 11	17 29	17 45	18 00	18 15	18 32	18 51	19 02	19 15
26	15 50	16 13	16 31	16 46	16 58	17 09	17 28	17 45	18 01	18 16	18 33	18 53	19 05	19 18
30	15 45	16 10	16 28	16 44	16 57	17 08	17 28	17 45	18 01	18 17	18 35	18 55	19 07	19 21
June 3	15 42	16 07	16 26	16 42	16 56	17 07	17 28	17 45	18 02	18 19	18 37	18 58	19 10	19 24
7	15 39	16 05	16 25	16 41	16 55	17 07	17 28	17 46	18 03	18 20	18 38	18 59	19 12	19 27
11	15 37	16 04	16 24	16 41	16 55	17 07	17 28	17 46	18 03	18 21	18 39	19 01	19 14	19 29
15	15 36	16 03	16 24	16 41	16 55	17 07	17 28	17 47	18 04	18 22	18 41	19 03	19 16	19 31
19	15 36	16 04	16 24	16 41	16 55	17 08	17 29	17 48	18 05	18 23	18 42	19 04	19 17	19 32
23	15 37	16 05	16 25	16 42	16 56	17 09	17 30	17 48	18 06	18 24	18 43	19 05	19 18	19 33
27	15 39	16 06	16 27	16 43	16 58	17 10	17 31	17 49	18 07	18 24	18 43	19 05	19 18	19 33
July 1	15 42	16 08	16 29	16 45	16 59	17 11	17 32	17 50	18 08	18 25	18 44	19 05	19 18	19 33
5	15 45	16 11	16 31	16 47	17 01	17 13	17 33	17 51	18 08	18 25	18 44	19 05	19 17	19 32

SUNRISE AND SUNSET, 2009

UNIVERSAL TIME FOR MERIDIAN OF GREENWICH

SUNRISE

Lat.	+40°	+42°	+44°	+46°	+48°	+50°	+52°	+54°	+56°	+58°	+60°	+62°	+64°	+66°
	h m	h m	h m	h m	h m	h m	h m	h m	h m	h m	h m	h m	h m	h m
Mar. 31	5 46	5 44	5 43	5 42	5 40	5 39	5 37	5 35	5 33	5 31	5 28	5 25	5 22	5 18
Apr. 4	5 39	5 38	5 36	5 34	5 32	5 30	5 28	5 25	5 23	5 20	5 16	5 12	5 08	5 02
8	5 33	5 31	5 29	5 27	5 24	5 22	5 19	5 16	5 12	5 08	5 04	4 59	4 53	4 47
12	5 27	5 24	5 22	5 19	5 16	5 13	5 10	5 06	5 02	4 57	4 52	4 46	4 39	4 31
16	5 21	5 18	5 15	5 12	5 09	5 05	5 01	4 57	4 52	4 46	4 40	4 33	4 25	4 16
20	5 15	5 12	5 09	5 05	5 01	4 57	4 52	4 47	4 42	4 36	4 29	4 21	4 11	4 00
24	5 09	5 06	5 02	4 58	4 54	4 49	4 44	4 39	4 32	4 25	4 17	4 08	3 57	3 45
28	5 04	5 00	4 56	4 52	4 47	4 42	4 36	4 30	4 23	4 15	4 06	3 56	3 43	3 29
May 2	4 59	4 55	4 50	4 45	4 40	4 35	4 28	4 21	4 14	4 05	3 55	3 43	3 30	3 13
6	4 54	4 50	4 45	4 40	4 34	4 28	4 21	4 13	4 05	3 55	3 44	3 32	3 16	2 57
10	4 50	4 45	4 40	4 34	4 28	4 21	4 14	4 06	3 57	3 46	3 34	3 20	3 03	2 42
14	4 46	4 41	4 35	4 29	4 23	4 15	4 08	3 59	3 49	3 38	3 25	3 09	2 50	2 26
18	4 42	4 37	4 31	4 24	4 18	4 10	4 02	3 52	3 42	3 30	3 15	2 58	2 37	2 10
22	4 39	4 33	4 27	4 20	4 13	4 05	3 56	3 46	3 35	3 22	3 07	2 48	2 25	1 54
26	4 36	4 30	4 24	4 17	4 09	4 01	3 52	3 41	3 29	3 15	2 59	2 39	2 13	1 37
30	4 34	4 28	4 21	4 14	4 06	3 57	3 48	3 37	3 24	3 10	2 52	2 31	2 03	1 20
June 3	4 32	4 26	4 19	4 12	4 04	3 54	3 44	3 33	3 20	3 05	2 46	2 24	1 53	1 03
7	4 31	4 25	4 18	4 10	4 02	3 52	3 42	3 30	3 17	3 01	2 42	2 18	1 44	0 44
11	4 31	4 24	4 17	4 09	4 00	3 51	3 40	3 28	3 14	2 58	2 38	2 13	1 38	0 20
15	4 31	4 24	4 16	4 09	4 00	3 50	3 39	3 27	3 13	2 56	2 36	2 10	1 33	▭
19	4 31	4 24	4 17	4 09	4 00	3 50	3 39	3 27	3 13	2 56	2 35	2 09	1 31	▭
23	4 32	4 25	4 18	4 10	4 01	3 51	3 40	3 28	3 14	2 57	2 36	2 10	1 32	▭
27	4 33	4 26	4 19	4 11	4 02	3 53	3 42	3 30	3 16	2 59	2 39	2 13	1 35	▭
July 1	4 35	4 28	4 21	4 13	4 05	3 55	3 44	3 32	3 18	3 02	2 42	2 17	1 41	0 20
5	4 37	4 30	4 23	4 16	4 07	3 58	3 47	3 36	3 22	3 06	2 47	2 23	1 49	0 48

SUNSET

Lat.	+40°	+42°	+44°	+46°	+48°	+50°	+52°	+54°	+56°	+58°	+60°	+62°	+64°	+66°
	h m	h m	h m	h m	h m	h m	h m	h m	h m	h m	h m	h m	h m	h m
Mar. 31	18 23	18 25	18 26	18 27	18 29	18 30	18 32	18 34	18 36	18 39	18 42	18 45	18 48	18 52
Apr. 4	18 27	18 29	18 31	18 33	18 35	18 37	18 39	18 42	18 45	18 48	18 51	18 55	19 00	19 06
8	18 31	18 33	18 36	18 38	18 40	18 43	18 46	18 49	18 53	18 57	19 01	19 06	19 12	19 19
12	18 35	18 38	18 40	18 43	18 46	18 49	18 53	18 57	19 01	19 06	19 11	19 17	19 24	19 32
16	18 40	18 42	18 45	18 48	18 52	18 56	19 00	19 04	19 09	19 15	19 21	19 28	19 36	19 46
20	18 44	18 47	18 50	18 54	18 58	19 02	19 06	19 12	19 17	19 24	19 31	19 39	19 49	20 00
24	18 48	18 51	18 55	18 59	19 03	19 08	19 13	19 19	19 25	19 33	19 41	19 50	20 01	20 14
28	18 52	18 56	19 00	19 04	19 09	19 14	19 20	19 26	19 33	19 42	19 51	20 01	20 14	20 29
May 2	18 56	19 00	19 04	19 09	19 15	19 20	19 27	19 34	19 42	19 50	20 01	20 12	20 26	20 44
6	19 00	19 04	19 09	19 14	19 20	19 26	19 33	19 41	19 50	19 59	20 10	20 24	20 39	20 59
10	19 04	19 09	19 14	19 19	19 26	19 32	19 40	19 48	19 57	20 08	20 20	20 35	20 52	21 14
14	19 08	19 13	19 18	19 24	19 31	19 38	19 46	19 55	20 05	20 16	20 30	20 46	21 05	21 30
18	19 11	19 17	19 23	19 29	19 36	19 44	19 52	20 02	20 12	20 25	20 39	20 56	21 18	21 47
22	19 15	19 21	19 27	19 34	19 41	19 49	19 58	20 08	20 19	20 33	20 48	21 07	21 31	22 03
26	19 18	19 24	19 31	19 38	19 45	19 54	20 03	20 14	20 26	20 40	20 56	21 17	21 43	22 21
30	19 21	19 28	19 34	19 42	19 50	19 58	20 08	20 19	20 32	20 47	21 04	21 26	21 55	22 39
June 3	19 24	19 31	19 38	19 45	19 53	20 02	20 13	20 24	20 37	20 53	21 11	21 34	22 06	22 58
7	19 27	19 33	19 40	19 48	19 57	20 06	20 16	20 28	20 42	20 58	21 17	21 41	22 15	23 19
11	19 29	19 36	19 43	19 51	19 59	20 09	20 19	20 32	20 45	21 02	21 22	21 47	22 23	23 49
15	19 31	19 37	19 45	19 53	20 01	20 11	20 22	20 34	20 48	21 05	21 25	21 51	22 29	▭
19	19 32	19 39	19 46	19 54	20 03	20 13	20 23	20 36	20 50	21 07	21 27	21 54	22 32	▭
23	19 33	19 39	19 47	19 55	20 04	20 13	20 24	20 36	20 51	21 08	21 28	21 54	22 32	▭
27	19 33	19 40	19 47	19 55	20 04	20 13	20 24	20 36	20 50	21 07	21 27	21 53	22 30	▭
July 1	19 33	19 39	19 47	19 54	20 03	20 12	20 23	20 35	20 49	21 05	21 25	21 50	22 25	23 39
5	19 32	19 39	19 46	19 53	20 02	20 11	20 21	20 33	20 46	21 02	21 21	21 45	22 18	23 17

▭ indicates Sun continuously above horizon.

SUNRISE AND SUNSET, 2009
UNIVERSAL TIME FOR MERIDIAN OF GREENWICH
SUNRISE

Lat.	−55°	−50°	−45°	−40°	−35°	−30°	−20°	−10°	0°	+10°	+20°	+30°	+35°	+40°
	h m	h m	h m	h m	h m	h m	h m	h m	h m	h m	h m	h m	h m	h m
July 1	8 26	8 00	7 39	7 23	7 09	6 57	6 36	6 17	6 00	5 43	5 24	5 02	4 50	4 35
5	8 24	7 58	7 38	7 22	7 08	6 56	6 36	6 18	6 01	5 44	5 26	5 04	4 52	4 37
9	8 21	7 56	7 37	7 21	7 08	6 56	6 36	6 18	6 02	5 45	5 27	5 06	4 54	4 39
13	8 17	7 53	7 35	7 19	7 06	6 55	6 35	6 18	6 02	5 46	5 28	5 08	4 56	4 42
17	8 13	7 50	7 32	7 17	7 05	6 54	6 35	6 18	6 03	5 47	5 30	5 10	4 59	4 45
21	8 08	7 46	7 28	7 14	7 02	6 52	6 34	6 18	6 03	5 48	5 31	5 12	5 01	4 49
25	8 02	7 41	7 25	7 11	7 00	6 50	6 33	6 17	6 03	5 49	5 33	5 15	5 04	4 52
29	7 55	7 36	7 20	7 08	6 57	6 47	6 31	6 17	6 03	5 49	5 34	5 17	5 07	4 56
Aug. 2	7 48	7 30	7 16	7 04	6 54	6 45	6 29	6 16	6 03	5 50	5 36	5 20	5 10	4 59
6	7 40	7 24	7 10	6 59	6 50	6 42	6 27	6 14	6 02	5 50	5 37	5 22	5 13	5 03
10	7 32	7 17	7 05	6 55	6 46	6 38	6 25	6 13	6 02	5 51	5 38	5 24	5 16	5 07
14	7 24	7 10	6 59	6 49	6 42	6 35	6 22	6 11	6 01	5 51	5 40	5 27	5 19	5 11
18	7 15	7 02	6 52	6 44	6 37	6 31	6 20	6 10	6 00	5 51	5 41	5 29	5 22	5 14
22	7 06	6 55	6 46	6 38	6 32	6 26	6 17	6 08	6 00	5 51	5 42	5 31	5 25	5 18
26	6 56	6 47	6 39	6 33	6 27	6 22	6 13	6 06	5 58	5 51	5 43	5 34	5 28	5 22
30	6 46	6 38	6 32	6 27	6 22	6 18	6 10	6 04	5 57	5 51	5 44	5 36	5 31	5 26
Sept. 3	6 37	6 30	6 25	6 20	6 16	6 13	6 07	6 01	5 56	5 51	5 45	5 38	5 34	5 30
7	6 27	6 22	6 17	6 14	6 11	6 08	6 03	5 59	5 55	5 50	5 46	5 40	5 37	5 33
11	6 17	6 13	6 10	6 07	6 05	6 03	6 00	5 56	5 53	5 50	5 47	5 42	5 40	5 37
15	6 06	6 04	6 02	6 01	5 59	5 58	5 56	5 54	5 52	5 50	5 47	5 45	5 43	5 41
19	5 56	5 55	5 55	5 54	5 54	5 53	5 52	5 51	5 50	5 49	5 48	5 47	5 46	5 45
23	5 46	5 47	5 47	5 48	5 48	5 48	5 49	5 49	5 49	5 49	5 49	5 49	5 49	5 49
27	5 36	5 38	5 40	5 41	5 42	5 43	5 45	5 46	5 48	5 49	5 50	5 51	5 52	5 52
Oct. 1	5 25	5 29	5 32	5 34	5 37	5 38	5 41	5 44	5 46	5 49	5 51	5 53	5 55	5 56
5	5 15	5 20	5 24	5 28	5 31	5 33	5 38	5 42	5 45	5 48	5 52	5 56	5 58	6 00

SUNSET

Lat.	−55°	−50°	−45°	−40°	−35°	−30°	−20°	−10°	0°	+10°	+20°	+30°	+35°	+40°
	h m	h m	h m	h m	h m	h m	h m	h m	h m	h m	h m	h m	h m	h m
July 1	15 42	16 08	16 29	16 45	16 59	17 11	17 32	17 50	18 08	18 25	18 44	19 05	19 18	19 33
5	15 45	16 11	16 31	16 47	17 01	17 13	17 33	17 51	18 08	18 25	18 44	19 05	19 17	19 32
9	15 50	16 15	16 34	16 50	17 03	17 15	17 35	17 52	18 09	18 26	18 43	19 04	19 17	19 31
13	15 54	16 19	16 37	16 53	17 06	17 17	17 36	17 53	18 09	18 26	18 43	19 03	19 15	19 29
17	16 00	16 23	16 41	16 56	17 08	17 19	17 38	17 54	18 10	18 25	18 42	19 02	19 13	19 27
21	16 06	16 28	16 45	16 59	17 11	17 21	17 39	17 55	18 10	18 25	18 41	19 00	19 11	19 24
25	16 12	16 33	16 49	17 02	17 14	17 23	17 41	17 56	18 10	18 24	18 40	18 58	19 08	19 21
29	16 18	16 38	16 53	17 06	17 16	17 26	17 42	17 56	18 10	18 24	18 38	18 55	19 05	19 17
Aug. 2	16 25	16 43	16 57	17 09	17 19	17 28	17 43	17 57	18 10	18 23	18 36	18 53	19 02	19 13
6	16 32	16 49	17 02	17 13	17 22	17 30	17 45	17 57	18 09	18 21	18 34	18 49	18 58	19 08
10	16 39	16 54	17 07	17 17	17 25	17 33	17 46	17 58	18 09	18 20	18 32	18 46	18 54	19 03
14	16 46	17 00	17 11	17 20	17 28	17 35	17 47	17 58	18 08	18 18	18 29	18 42	18 50	18 58
18	16 54	17 06	17 16	17 24	17 31	17 37	17 48	17 58	18 07	18 16	18 26	18 38	18 45	18 53
22	17 01	17 12	17 20	17 28	17 34	17 40	17 49	17 58	18 06	18 15	18 23	18 34	18 40	18 47
26	17 08	17 18	17 25	17 32	17 37	17 42	17 50	17 58	18 05	18 12	18 20	18 29	18 35	18 41
30	17 16	17 23	17 30	17 35	17 40	17 44	17 51	17 58	18 04	18 10	18 17	18 25	18 29	18 35
Sept. 3	17 23	17 29	17 35	17 39	17 43	17 46	17 52	17 57	18 03	18 08	18 13	18 20	18 24	18 28
7	17 30	17 35	17 39	17 43	17 46	17 48	17 53	17 57	18 01	18 05	18 10	18 15	18 18	18 22
11	17 38	17 41	17 44	17 46	17 48	17 50	17 54	17 57	18 00	18 03	18 06	18 10	18 13	18 15
15	17 45	17 47	17 49	17 50	17 51	17 53	17 55	17 56	17 58	18 00	18 03	18 05	18 07	18 09
19	17 52	17 53	17 53	17 54	17 54	17 55	17 55	17 56	17 57	17 58	17 59	18 00	18 01	18 02
23	18 00	17 59	17 58	17 58	17 57	17 57	17 56	17 56	17 56	17 55	17 55	17 55	17 55	17 55
27	18 08	18 05	18 03	18 02	18 00	17 59	17 57	17 56	17 54	17 53	17 52	17 50	17 50	17 49
Oct. 1	18 15	18 11	18 08	18 05	18 03	18 01	17 58	17 55	17 53	17 50	17 48	17 45	17 44	17 42
5	18 23	18 17	18 13	18 09	18 06	18 04	17 59	17 55	17 52	17 48	17 45	17 41	17 38	17 36

SUNRISE AND SUNSET, 2009
UNIVERSAL TIME FOR MERIDIAN OF GREENWICH
SUNRISE

Lat.	+40°	+42°	+44°	+46°	+48°	+50°	+52°	+54°	+56°	+58°	+60°	+62°	+64°	+66°
	h m	h m	h m	h m	h m	h m	h m	h m	h m	h m	h m	h m	h m	h m
July 1	4 35	4 28	4 21	4 13	4 05	3 55	3 44	3 32	3 18	3 02	2 42	2 17	1 41	0 20
5	4 37	4 30	4 23	4 16	4 07	3 58	3 47	3 36	3 22	3 06	2 47	2 23	1 49	0 48
9	4 39	4 33	4 26	4 19	4 10	4 01	3 51	3 40	3 27	3 11	2 53	2 30	1 59	1 08
13	4 42	4 36	4 29	4 22	4 14	4 05	3 56	3 45	3 32	3 17	3 00	2 38	2 10	1 27
17	4 45	4 39	4 33	4 26	4 18	4 10	4 00	3 50	3 38	3 24	3 08	2 47	2 22	1 44
21	4 49	4 43	4 37	4 30	4 23	4 15	4 06	3 56	3 44	3 31	3 16	2 57	2 34	2 02
25	4 52	4 47	4 41	4 34	4 27	4 20	4 11	4 02	3 51	3 39	3 25	3 08	2 46	2 18
29	4 56	4 50	4 45	4 39	4 32	4 25	4 17	4 08	3 58	3 47	3 34	3 18	2 59	2 34
Aug. 2	4 59	4 54	4 49	4 44	4 37	4 31	4 23	4 15	4 06	3 55	3 43	3 29	3 11	2 50
6	5 03	4 59	4 54	4 48	4 43	4 36	4 30	4 22	4 13	4 04	3 53	3 40	3 24	3 05
10	5 07	5 03	4 58	4 53	4 48	4 42	4 36	4 29	4 21	4 12	4 02	3 51	3 37	3 20
14	5 11	5 07	5 03	4 58	4 53	4 48	4 42	4 36	4 29	4 21	4 12	4 01	3 49	3 34
18	5 14	5 11	5 07	5 03	4 59	4 54	4 49	4 43	4 37	4 30	4 22	4 12	4 01	3 48
22	5 18	5 15	5 12	5 08	5 04	5 00	4 55	4 50	4 45	4 38	4 31	4 23	4 13	4 02
26	5 22	5 19	5 16	5 13	5 10	5 06	5 02	4 58	4 53	4 47	4 41	4 34	4 25	4 16
30	5 26	5 23	5 21	5 18	5 15	5 12	5 09	5 05	5 00	4 56	4 50	4 44	4 37	4 29
Sept. 3	5 30	5 28	5 25	5 23	5 21	5 18	5 15	5 12	5 08	5 04	5 00	4 55	4 49	4 42
7	5 33	5 32	5 30	5 28	5 26	5 24	5 22	5 19	5 16	5 13	5 09	5 05	5 00	4 55
11	5 37	5 36	5 35	5 33	5 32	5 30	5 28	5 26	5 24	5 21	5 19	5 15	5 12	5 08
15	5 41	5 40	5 39	5 38	5 37	5 36	5 35	5 33	5 32	5 30	5 28	5 26	5 23	5 20
19	5 45	5 44	5 44	5 43	5 43	5 42	5 41	5 40	5 39	5 38	5 37	5 36	5 35	5 33
23	5 49	5 48	5 48	5 48	5 48	5 48	5 48	5 47	5 47	5 47	5 47	5 46	5 46	5 45
27	5 52	5 53	5 53	5 53	5 54	5 54	5 54	5 55	5 55	5 56	5 56	5 57	5 57	5 58
Oct. 1	5 56	5 57	5 58	5 58	5 59	6 00	6 01	6 02	6 03	6 04	6 06	6 07	6 09	6 11
5	6 00	6 01	6 02	6 04	6 05	6 06	6 08	6 09	6 11	6 13	6 15	6 18	6 20	6 24

SUNSET

	+40°	+42°	+44°	+46°	+48°	+50°	+52°	+54°	+56°	+58°	+60°	+62°	+64°	+66°
	h m	h m	h m	h m	h m	h m	h m	h m	h m	h m	h m	h m	h m	h m
July 1	19 33	19 39	19 47	19 54	20 03	20 12	20 23	20 35	20 49	21 05	21 25	21 50	22 25	23 39
5	19 32	19 39	19 46	19 53	20 02	20 11	20 21	20 33	20 46	21 02	21 21	21 45	22 18	23 17
9	19 31	19 37	19 44	19 51	20 00	20 09	20 19	20 30	20 43	20 58	21 16	21 39	22 09	22 58
13	19 29	19 35	19 42	19 49	19 57	20 06	20 15	20 26	20 39	20 53	21 10	21 32	21 59	22 41
17	19 27	19 33	19 39	19 46	19 53	20 02	20 11	20 21	20 33	20 47	21 03	21 23	21 48	22 24
21	19 24	19 29	19 36	19 42	19 49	19 57	20 06	20 16	20 27	20 40	20 55	21 14	21 37	22 08
25	19 21	19 26	19 32	19 38	19 45	19 52	20 01	20 10	20 21	20 33	20 47	21 04	21 24	21 52
29	19 17	19 22	19 27	19 33	19 40	19 47	19 55	20 03	20 13	20 24	20 37	20 53	21 12	21 36
Aug. 2	19 13	19 17	19 23	19 28	19 34	19 41	19 48	19 56	20 05	20 16	20 28	20 42	20 59	21 20
6	19 08	19 13	19 17	19 23	19 28	19 34	19 41	19 49	19 57	20 06	20 17	20 30	20 45	21 04
10	19 03	19 07	19 12	19 17	19 22	19 27	19 34	19 40	19 48	19 57	20 07	20 18	20 32	20 48
14	18 58	19 02	19 06	19 10	19 15	19 20	19 26	19 32	19 39	19 47	19 56	20 06	20 18	20 33
18	18 53	18 56	19 00	19 04	19 08	19 12	19 18	19 23	19 29	19 36	19 44	19 54	20 04	20 17
22	18 47	18 50	18 53	18 57	19 00	19 05	19 09	19 14	19 20	19 26	19 33	19 41	19 50	20 01
26	18 41	18 43	18 46	18 49	18 53	18 56	19 00	19 05	19 10	19 15	19 21	19 28	19 36	19 46
30	18 35	18 37	18 39	18 42	18 45	18 48	18 52	18 55	18 59	19 04	19 09	19 15	19 22	19 30
Sept. 3	18 28	18 30	18 32	18 35	18 37	18 40	18 42	18 46	18 49	18 53	18 57	19 02	19 08	19 15
7	18 22	18 23	18 25	18 27	18 29	18 31	18 33	18 36	18 39	18 42	18 45	18 49	18 54	18 59
11	18 15	18 17	18 18	18 19	18 21	18 22	18 24	18 26	18 28	18 30	18 33	18 36	18 40	18 44
15	18 09	18 10	18 10	18 11	18 12	18 13	18 15	18 16	18 17	18 19	18 21	18 23	18 25	18 28
19	18 02	18 03	18 03	18 03	18 04	18 05	18 05	18 06	18 07	18 08	18 09	18 10	18 11	18 13
23	17 55	17 56	17 56	17 56	17 56	17 56	17 56	17 56	17 56	17 56	17 57	17 57	17 57	17 57
27	17 49	17 49	17 48	17 48	17 47	17 47	17 47	17 46	17 46	17 45	17 44	17 44	17 43	17 42
Oct. 1	17 42	17 42	17 41	17 40	17 39	17 38	17 37	17 36	17 35	17 34	17 32	17 31	17 29	17 27
5	17 36	17 35	17 34	17 32	17 31	17 30	17 28	17 26	17 25	17 23	17 20	17 18	17 15	17 12

SUNRISE AND SUNSET, 2009
UNIVERSAL TIME FOR MERIDIAN OF GREENWICH
SUNRISE

Lat.	−55°	−50°	−45°	−40°	−35°	−30°	−20°	−10°	0°	+10°	+20°	+30°	+35°	+40°
	h m	h m	h m	h m	h m	h m	h m	h m	h m	h m	h m	h m	h m	h m
Oct. 1	5 25	5 29	5 32	5 34	5 37	5 38	5 41	5 44	5 46	5 49	5 51	5 53	5 55	5 56
5	5 15	5 20	5 24	5 28	5 31	5 33	5 38	5 42	5 45	5 48	5 52	5 56	5 58	6 00
9	5 05	5 12	5 17	5 22	5 25	5 29	5 34	5 39	5 44	5 48	5 53	5 58	6 01	6 04
13	4 55	5 03	5 10	5 15	5 20	5 24	5 31	5 37	5 43	5 48	5 54	6 01	6 04	6 08
17	4 45	4 55	5 03	5 09	5 15	5 20	5 28	5 35	5 42	5 49	5 55	6 03	6 08	6 13
21	4 36	4 47	4 56	5 04	5 10	5 16	5 25	5 34	5 41	5 49	5 57	6 06	6 11	6 17
25	4 26	4 39	4 49	4 58	5 05	5 12	5 22	5 32	5 41	5 49	5 58	6 09	6 15	6 21
29	4 17	4 32	4 43	4 53	5 01	5 08	5 20	5 31	5 40	5 50	6 00	6 12	6 18	6 26
Nov. 2	4 09	4 25	4 37	4 48	4 57	5 04	5 18	5 29	5 40	5 51	6 02	6 15	6 22	6 30
6	4 00	4 18	4 32	4 43	4 53	5 01	5 16	5 28	5 40	5 52	6 04	6 18	6 26	6 35
10	3 52	4 12	4 27	4 39	4 50	4 59	5 14	5 28	5 40	5 53	6 06	6 21	6 30	6 39
14	3 45	4 06	4 22	4 35	4 47	4 56	5 13	5 28	5 41	5 54	6 08	6 24	6 33	6 44
18	3 38	4 01	4 18	4 32	4 44	4 54	5 12	5 27	5 42	5 56	6 11	6 28	6 37	6 49
22	3 32	3 56	4 15	4 29	4 42	4 53	5 12	5 28	5 43	5 57	6 13	6 31	6 41	6 53
26	3 27	3 52	4 12	4 27	4 40	4 52	5 11	5 28	5 44	5 59	6 16	6 34	6 45	6 57
30	3 23	3 49	4 09	4 26	4 39	4 51	5 12	5 29	5 45	6 01	6 18	6 37	6 49	7 02
Dec. 4	3 19	3 47	4 08	4 25	4 39	4 51	5 12	5 30	5 47	6 03	6 21	6 41	6 52	7 06
8	3 17	3 46	4 07	4 24	4 39	4 52	5 13	5 31	5 48	6 05	6 23	6 44	6 56	7 09
12	3 16	3 45	4 07	4 25	4 40	4 52	5 14	5 33	5 50	6 07	6 25	6 46	6 59	7 12
16	3 15	3 45	4 08	4 26	4 41	4 54	5 16	5 34	5 52	6 09	6 28	6 49	7 01	7 15
20	3 16	3 46	4 09	4 27	4 42	4 55	5 17	5 36	5 54	6 11	6 30	6 51	7 04	7 18
24	3 18	3 49	4 11	4 29	4 44	4 57	5 19	5 38	5 56	6 13	6 32	6 53	7 06	7 20
28	3 22	3 51	4 14	4 32	4 47	5 00	5 22	5 40	5 58	6 15	6 34	6 55	7 07	7 21
32	3 26	3 55	4 17	4 35	4 50	5 02	5 24	5 43	6 00	6 17	6 35	6 56	7 08	7 22
36	3 31	4 00	4 21	4 38	4 53	5 05	5 26	5 45	6 02	6 18	6 36	6 57	7 09	7 22

SUNSET

	−55°	−50°	−45°	−40°	−35°	−30°	−20°	−10°	0°	+10°	+20°	+30°	+35°	+40°
	h m	h m	h m	h m	h m	h m	h m	h m	h m	h m	h m	h m	h m	h m
Oct. 1	18 15	18 11	18 08	18 05	18 03	18 01	17 58	17 55	17 53	17 50	17 48	17 45	17 44	17 42
5	18 23	18 17	18 13	18 09	18 06	18 04	17 59	17 55	17 52	17 48	17 45	17 41	17 38	17 36
9	18 31	18 24	18 18	18 14	18 10	18 06	18 00	17 55	17 51	17 46	17 41	17 36	17 33	17 30
13	18 39	18 30	18 23	18 18	18 13	18 09	18 01	17 55	17 50	17 44	17 38	17 31	17 28	17 23
17	18 47	18 37	18 29	18 22	18 16	18 11	18 03	17 55	17 49	17 42	17 35	17 27	17 23	17 18
21	18 55	18 43	18 34	18 26	18 20	18 14	18 04	17 56	17 48	17 40	17 32	17 23	17 18	17 12
25	19 03	18 50	18 40	18 31	18 23	18 17	18 06	17 56	17 47	17 39	17 29	17 19	17 13	17 06
29	19 12	18 57	18 45	18 35	18 27	18 20	18 08	17 57	17 47	17 37	17 27	17 15	17 09	17 01
Nov. 2	19 20	19 04	18 51	18 40	18 31	18 23	18 10	17 58	17 47	17 36	17 25	17 12	17 05	16 56
6	19 28	19 10	18 56	18 45	18 35	18 26	18 12	17 59	17 47	17 35	17 23	17 09	17 01	16 52
10	19 37	19 17	19 02	18 49	18 39	18 30	18 14	18 00	17 47	17 35	17 22	17 07	16 58	16 48
14	19 45	19 24	19 08	18 54	18 43	18 33	18 16	18 02	17 48	17 35	17 20	17 04	16 55	16 44
18	19 53	19 31	19 13	18 59	18 47	18 36	18 18	18 03	17 49	17 35	17 20	17 03	16 53	16 41
22	20 01	19 37	19 18	19 03	18 51	18 40	18 21	18 05	17 50	17 35	17 19	17 01	16 51	16 39
26	20 09	19 43	19 24	19 08	18 55	18 43	18 24	18 07	17 51	17 35	17 19	17 00	16 49	16 37
30	20 16	19 49	19 28	19 12	18 58	18 46	18 26	18 09	17 52	17 36	17 19	17 00	16 48	16 36
Dec. 4	20 22	19 54	19 33	19 16	19 02	18 50	18 29	18 11	17 54	17 37	17 20	17 00	16 48	16 35
8	20 28	19 59	19 37	19 20	19 05	18 53	18 31	18 13	17 56	17 39	17 21	17 00	16 48	16 35
12	20 32	20 03	19 41	19 23	19 08	18 55	18 34	18 15	17 58	17 40	17 22	17 01	16 49	16 35
16	20 36	20 06	19 44	19 26	19 11	18 58	18 36	18 17	17 59	17 42	17 24	17 02	16 50	16 36
20	20 39	20 09	19 46	19 28	19 13	19 00	18 38	18 19	18 01	17 44	17 25	17 04	16 52	16 38
24	20 41	20 11	19 48	19 30	19 15	19 02	18 40	18 21	18 03	17 46	17 27	17 06	16 54	16 40
28	20 41	20 12	19 49	19 31	19 16	19 04	18 42	18 23	18 05	17 48	17 30	17 09	16 56	16 42
32	20 41	20 12	19 50	19 32	19 17	19 05	18 43	18 24	18 07	17 50	17 32	17 11	16 59	16 45
36	20 39	20 11	19 49	19 32	19 18	19 05	18 44	18 26	18 09	17 52	17 35	17 14	17 02	16 49

SUNRISE AND SUNSET, 2009
UNIVERSAL TIME FOR MERIDIAN OF GREENWICH
SUNRISE

Lat.	+40°	+42°	+44°	+46°	+48°	+50°	+52°	+54°	+56°	+58°	+60°	+62°	+64°	+66°
	h m	h m	h m	h m	h m	h m	h m	h m	h m	h m	h m	h m	h m	h m
Oct. 1	5 56	5 57	5 58	5 58	5 59	6 00	6 01	6 02	6 03	6 04	6 06	6 07	6 09	6 11
5	6 00	6 01	6 02	6 04	6 05	6 06	6 08	6 09	6 11	6 13	6 15	6 18	6 20	6 24
9	6 04	6 06	6 07	6 09	6 11	6 12	6 14	6 17	6 19	6 22	6 25	6 28	6 32	6 37
13	6 08	6 10	6 12	6 14	6 16	6 19	6 21	6 24	6 27	6 31	6 35	6 39	6 44	6 50
17	6 13	6 15	6 17	6 20	6 22	6 25	6 28	6 32	6 36	6 40	6 44	6 50	6 56	7 03
21	6 17	6 19	6 22	6 25	6 28	6 32	6 35	6 39	6 44	6 49	6 54	7 01	7 08	7 17
25	6 21	6 24	6 27	6 31	6 34	6 38	6 42	6 47	6 52	6 58	7 05	7 12	7 21	7 31
29	6 26	6 29	6 33	6 36	6 40	6 45	6 50	6 55	7 01	7 07	7 15	7 23	7 33	7 45
Nov. 2	6 30	6 34	6 38	6 42	6 47	6 51	6 57	7 03	7 09	7 17	7 25	7 35	7 46	7 59
6	6 35	6 39	6 43	6 48	6 53	6 58	7 04	7 11	7 18	7 26	7 35	7 46	7 59	8 14
10	6 39	6 44	6 48	6 53	6 59	7 05	7 11	7 18	7 26	7 35	7 45	7 57	8 12	8 29
14	6 44	6 49	6 54	6 59	7 05	7 11	7 18	7 26	7 35	7 44	7 56	8 09	8 24	8 44
18	6 49	6 54	6 59	7 05	7 11	7 18	7 25	7 33	7 43	7 53	8 06	8 20	8 37	8 59
22	6 53	6 58	7 04	7 10	7 17	7 24	7 32	7 41	7 51	8 02	8 15	8 31	8 50	9 14
26	6 57	7 03	7 09	7 15	7 22	7 30	7 38	7 48	7 58	8 10	8 24	8 41	9 02	9 29
30	7 02	7 07	7 14	7 20	7 28	7 35	7 44	7 54	8 05	8 18	8 33	8 51	9 14	9 44
Dec. 4	7 06	7 12	7 18	7 25	7 32	7 41	7 50	8 00	8 12	8 25	8 41	9 00	9 24	9 58
8	7 09	7 15	7 22	7 29	7 37	7 45	7 55	8 05	8 17	8 31	8 48	9 08	9 34	10 10
12	7 12	7 19	7 25	7 33	7 41	7 49	7 59	8 10	8 22	8 37	8 54	9 15	9 42	10 21
16	7 15	7 22	7 28	7 36	7 44	7 53	8 03	8 14	8 26	8 41	8 58	9 20	9 48	10 29
20	7 18	7 24	7 31	7 38	7 47	7 55	8 05	8 16	8 29	8 44	9 01	9 23	9 52	10 34
24	7 20	7 26	7 33	7 40	7 48	7 57	8 07	8 18	8 31	8 46	9 03	9 25	9 53	10 36
28	7 21	7 27	7 34	7 42	7 50	7 58	8 08	8 19	8 32	8 46	9 04	9 25	9 52	10 33
32	7 22	7 28	7 35	7 42	7 50	7 59	8 08	8 19	8 31	8 45	9 02	9 23	9 50	10 28
36	7 22	7 28	7 35	7 42	7 49	7 58	8 07	8 18	8 30	8 43	9 00	9 19	9 45	10 20

SUNSET

Lat.	+40°	+42°	+44°	+46°	+48°	+50°	+52°	+54°	+56°	+58°	+60°	+62°	+64°	+66°
	h m	h m	h m	h m	h m	h m	h m	h m	h m	h m	h m	h m	h m	h m
Oct. 1	17 42	17 42	17 41	17 40	17 39	17 38	17 37	17 36	17 35	17 34	17 32	17 31	17 29	17 27
5	17 36	17 35	17 34	17 32	17 31	17 30	17 28	17 26	17 25	17 23	17 20	17 18	17 15	17 12
9	17 30	17 28	17 27	17 25	17 23	17 21	17 19	17 17	17 14	17 12	17 08	17 05	17 01	16 56
13	17 23	17 22	17 20	17 18	17 15	17 13	17 10	17 07	17 04	17 01	16 57	16 52	16 47	16 41
17	17 18	17 15	17 13	17 10	17 08	17 05	17 02	16 58	16 54	16 50	16 45	16 40	16 33	16 26
21	17 12	17 09	17 06	17 03	17 00	16 57	16 53	16 49	16 44	16 39	16 34	16 27	16 20	16 11
25	17 06	17 03	17 00	16 57	16 53	16 49	16 45	16 40	16 35	16 29	16 23	16 15	16 06	15 56
29	17 01	16 58	16 54	16 51	16 46	16 42	16 37	16 32	16 26	16 19	16 12	16 03	15 53	15 42
Nov. 2	16 56	16 53	16 49	16 45	16 40	16 35	16 30	16 24	16 17	16 10	16 01	15 52	15 40	15 27
6	16 52	16 48	16 44	16 39	16 34	16 29	16 23	16 16	16 09	16 01	15 51	15 40	15 28	15 12
10	16 48	16 44	16 39	16 34	16 28	16 23	16 16	16 09	16 01	15 52	15 42	15 30	15 15	14 58
14	16 44	16 40	16 35	16 29	16 23	16 17	16 10	16 02	15 54	15 44	15 33	15 19	15 04	14 44
18	16 41	16 36	16 31	16 25	16 19	16 12	16 05	15 56	15 47	15 36	15 24	15 10	14 52	14 31
22	16 39	16 34	16 28	16 22	16 15	16 08	16 00	15 51	15 41	15 30	15 16	15 01	14 42	14 17
26	16 37	16 31	16 25	16 19	16 12	16 04	15 56	15 47	15 36	15 24	15 10	14 53	14 32	14 05
30	16 36	16 30	16 24	16 17	16 10	16 02	15 53	15 43	15 32	15 19	15 04	14 46	14 23	13 53
Dec. 4	16 35	16 29	16 22	16 15	16 08	16 00	15 50	15 40	15 28	15 15	14 59	14 40	14 16	13 43
8	16 35	16 28	16 22	16 15	16 07	15 58	15 49	15 38	15 26	15 12	14 56	14 36	14 10	13 33
12	16 35	16 29	16 22	16 15	16 07	15 58	15 48	15 37	15 25	15 11	14 54	14 33	14 06	13 26
16	16 36	16 30	16 23	16 15	16 07	15 59	15 49	15 38	15 25	15 10	14 53	14 32	14 04	13 22
20	16 38	16 31	16 24	16 17	16 09	16 00	15 50	15 39	15 26	15 11	14 54	14 32	14 04	13 21
24	16 40	16 33	16 26	16 19	16 11	16 02	15 52	15 41	15 28	15 14	14 56	14 35	14 06	13 24
28	16 42	16 36	16 29	16 22	16 14	16 05	15 55	15 44	15 32	15 17	15 00	14 39	14 11	13 30
32	16 45	16 39	16 32	16 25	16 17	16 09	15 59	15 48	15 36	15 22	15 05	14 44	14 18	13 40
36	16 49	16 43	16 36	16 29	16 22	16 13	16 04	15 53	15 41	15 28	15 11	14 52	14 26	13 51

A22 CIVIL TWILIGHT, 2009
UNIVERSAL TIME FOR MERIDIAN OF GREENWICH
BEGINNING OF MORNING CIVIL TWILIGHT

Lat.	−55°	−50°	−45°	−40°	−35°	−30°	−20°	−10°	0°	+10°	+20°	+30°	+35°	+40°
	h m	h m	h m	h m	h m	h m	h m	h m	h m	h m	h m	h m	h m	h m
Jan. −2	2 25	3 08	3 38	4 00	4 18	4 33	4 58	5 18	5 36	5 53	6 10	6 29	6 39	6 51
2	2 31	3 13	3 41	4 03	4 21	4 36	5 00	5 20	5 38	5 55	6 12	6 30	6 40	6 52
6	2 38	3 18	3 46	4 07	4 24	4 39	5 03	5 23	5 40	5 56	6 13	6 31	6 41	6 52
10	2 45	3 24	3 51	4 11	4 28	4 42	5 06	5 25	5 42	5 58	6 14	6 31	6 41	6 51
14	2 54	3 30	3 56	4 16	4 32	4 46	5 08	5 27	5 43	5 59	6 14	6 31	6 40	6 51
18	3 03	3 37	4 02	4 21	4 36	4 50	5 11	5 29	5 45	6 00	6 14	6 30	6 39	6 49
22	3 13	3 45	4 08	4 26	4 41	4 53	5 14	5 31	5 46	6 00	6 14	6 29	6 38	6 47
26	3 22	3 52	4 14	4 31	4 45	4 57	5 17	5 33	5 47	6 01	6 14	6 28	6 36	6 45
30	3 33	4 00	4 20	4 37	4 50	5 01	5 20	5 35	5 48	6 01	6 13	6 26	6 34	6 42
Feb. 3	3 43	4 08	4 27	4 42	4 54	5 05	5 22	5 36	5 49	6 00	6 12	6 24	6 31	6 38
7	3 53	4 16	4 33	4 47	4 59	5 08	5 25	5 38	5 49	6 00	6 10	6 22	6 28	6 34
11	4 02	4 24	4 40	4 52	5 03	5 12	5 27	5 39	5 49	5 59	6 09	6 19	6 24	6 30
15	4 12	4 31	4 46	4 58	5 07	5 15	5 29	5 40	5 50	5 58	6 07	6 15	6 20	6 25
19	4 22	4 39	4 52	5 03	5 11	5 19	5 31	5 41	5 49	5 57	6 04	6 12	6 16	6 20
23	4 31	4 46	4 58	5 08	5 15	5 22	5 33	5 42	5 49	5 56	6 02	6 08	6 11	6 15
27	4 40	4 54	5 04	5 12	5 19	5 25	5 35	5 42	5 48	5 54	5 59	6 04	6 07	6 09
Mar. 3	4 49	5 01	5 10	5 17	5 23	5 28	5 36	5 43	5 48	5 52	5 56	6 00	6 02	6 03
7	4 58	5 08	5 16	5 22	5 27	5 31	5 38	5 43	5 47	5 50	5 53	5 55	5 56	5 57
11	5 06	5 15	5 21	5 26	5 30	5 34	5 39	5 43	5 46	5 48	5 50	5 51	5 51	5 51
15	5 15	5 21	5 26	5 31	5 34	5 36	5 40	5 43	5 45	5 46	5 46	5 46	5 45	5 45
19	5 23	5 28	5 32	5 35	5 37	5 39	5 42	5 43	5 44	5 44	5 43	5 41	5 40	5 38
23	5 31	5 34	5 37	5 39	5 40	5 41	5 43	5 43	5 43	5 41	5 39	5 36	5 34	5 32
27	5 39	5 41	5 42	5 43	5 44	5 44	5 44	5 43	5 41	5 39	5 36	5 31	5 29	5 25
31	5 46	5 47	5 47	5 47	5 47	5 46	5 45	5 43	5 40	5 37	5 32	5 27	5 23	5 18
Apr. 4	5 54	5 53	5 52	5 51	5 50	5 49	5 46	5 43	5 39	5 34	5 29	5 22	5 17	5 12

END OF EVENING CIVIL TWILIGHT

	−55°	−50°	−45°	−40°	−35°	−30°	−20°	−10°	0°	+10°	+20°	+30°	+35°	+40°
	h m	h m	h m	h m	h m	h m	h m	h m	h m	h m	h m	h m	h m	h m
Jan. −2	21 39	20 56	20 27	20 04	19 46	19 31	19 07	18 46	18 28	18 12	17 54	17 36	17 25	17 14
2	21 37	20 55	20 27	20 05	19 47	19 32	19 08	18 48	18 30	18 14	17 57	17 38	17 28	17 17
6	21 33	20 53	20 26	20 04	19 47	19 33	19 09	18 49	18 32	18 16	17 59	17 41	17 31	17 20
10	21 29	20 51	20 24	20 03	19 47	19 33	19 09	18 50	18 34	18 18	18 02	17 44	17 35	17 24
14	21 23	20 47	20 22	20 02	19 46	19 32	19 10	18 51	18 35	18 20	18 04	17 48	17 38	17 28
18	21 16	20 43	20 18	19 59	19 44	19 31	19 09	18 52	18 36	18 21	18 07	17 51	17 42	17 32
22	21 09	20 38	20 15	19 57	19 42	19 29	19 09	18 52	18 37	18 23	18 09	17 54	17 46	17 37
26	21 01	20 32	20 10	19 53	19 39	19 27	19 08	18 52	18 38	18 25	18 12	17 57	17 50	17 41
30	20 52	20 25	20 05	19 49	19 36	19 25	19 07	18 52	18 39	18 26	18 14	18 01	17 53	17 46
Feb. 3	20 43	20 19	20 00	19 45	19 33	19 22	19 05	18 51	18 39	18 27	18 16	18 04	17 57	17 50
7	20 34	20 11	19 54	19 40	19 29	19 19	19 03	18 50	18 39	18 28	18 18	18 07	18 01	17 55
11	20 24	20 04	19 48	19 35	19 25	19 16	19 01	18 49	18 39	18 29	18 20	18 10	18 05	17 59
15	20 14	19 56	19 41	19 30	19 20	19 12	18 59	18 48	18 39	18 30	18 22	18 13	18 09	18 04
19	20 04	19 47	19 35	19 24	19 16	19 08	18 56	18 47	18 38	18 31	18 23	18 16	18 12	18 08
23	19 54	19 39	19 28	19 18	19 11	19 04	18 53	18 45	18 38	18 31	18 25	18 19	18 16	18 13
27	19 44	19 30	19 20	19 12	19 05	19 00	18 50	18 43	18 37	18 31	18 27	18 22	18 19	18 17
Mar. 3	19 33	19 22	19 13	19 06	19 00	18 55	18 47	18 41	18 36	18 32	18 28	18 24	18 23	18 21
7	19 23	19 13	19 05	19 00	18 55	18 50	18 44	18 39	18 35	18 32	18 29	18 27	18 26	18 25
11	19 12	19 04	18 58	18 53	18 49	18 46	18 41	18 37	18 34	18 32	18 30	18 30	18 30	18 30
15	19 02	18 55	18 50	18 47	18 43	18 41	18 37	18 35	18 33	18 32	18 32	18 32	18 33	18 34
19	18 51	18 46	18 43	18 40	18 38	18 36	18 34	18 32	18 32	18 32	18 33	18 35	18 36	18 38
23	18 41	18 38	18 35	18 33	18 32	18 31	18 30	18 30	18 30	18 32	18 34	18 37	18 39	18 42
27	18 31	18 29	18 28	18 27	18 27	18 26	18 27	18 28	18 29	18 32	18 35	18 40	18 43	18 46
31	18 21	18 20	18 20	18 21	18 21	18 22	18 23	18 25	18 28	18 32	18 36	18 42	18 46	18 51
Apr. 4	18 11	18 12	18 13	18 14	18 16	18 17	18 20	18 23	18 27	18 32	18 37	18 45	18 49	18 55

CIVIL TWILIGHT, 2009

UNIVERSAL TIME FOR MERIDIAN OF GREENWICH
BEGINNING OF MORNING CIVIL TWILIGHT

Lat.	+40°	+42°	+44°	+46°	+48°	+50°	+52°	+54°	+56°	+58°	+60°	+62°	+64°	+66°
	h m	h m	h m	h m	h m	h m	h m	h m	h m	h m	h m	h m	h m	h m
Jan. −2	6 51	6 56	7 01	7 07	7 13	7 20	7 27	7 36	7 45	7 55	8 06	8 19	8 35	8 54
2	6 52	6 57	7 02	7 08	7 14	7 20	7 28	7 35	7 44	7 54	8 05	8 18	8 34	8 52
6	6 52	6 57	7 02	7 07	7 13	7 20	7 27	7 34	7 43	7 52	8 03	8 16	8 30	8 48
10	6 51	6 56	7 01	7 07	7 12	7 18	7 25	7 32	7 41	7 50	8 00	8 12	8 26	8 43
14	6 51	6 55	7 00	7 05	7 10	7 16	7 23	7 30	7 37	7 46	7 56	8 07	8 20	8 36
18	6 49	6 53	6 58	7 03	7 08	7 14	7 20	7 26	7 33	7 42	7 51	8 01	8 13	8 28
22	6 47	6 51	6 55	7 00	7 05	7 10	7 16	7 22	7 29	7 36	7 45	7 54	8 06	8 19
26	6 45	6 48	6 52	6 57	7 01	7 06	7 11	7 17	7 23	7 30	7 38	7 47	7 57	8 09
30	6 42	6 45	6 49	6 53	6 57	7 01	7 06	7 11	7 17	7 23	7 30	7 38	7 48	7 58
Feb. 3	6 38	6 41	6 45	6 48	6 52	6 56	7 00	7 05	7 10	7 16	7 22	7 29	7 37	7 47
7	6 34	6 37	6 40	6 43	6 46	6 50	6 54	6 58	7 03	7 08	7 13	7 20	7 27	7 35
11	6 30	6 32	6 35	6 38	6 41	6 44	6 47	6 51	6 55	6 59	7 04	7 09	7 15	7 22
15	6 25	6 27	6 30	6 32	6 34	6 37	6 40	6 43	6 46	6 50	6 54	6 58	7 04	7 09
19	6 20	6 22	6 24	6 26	6 28	6 30	6 32	6 35	6 38	6 40	6 44	6 47	6 51	6 56
23	6 15	6 16	6 18	6 19	6 21	6 23	6 24	6 26	6 28	6 31	6 33	6 36	6 39	6 42
27	6 09	6 10	6 11	6 12	6 14	6 15	6 16	6 17	6 19	6 20	6 22	6 24	6 26	6 28
Mar. 3	6 03	6 04	6 05	6 05	6 06	6 07	6 08	6 08	6 09	6 10	6 11	6 12	6 13	6 14
7	5 57	5 58	5 58	5 58	5 58	5 59	5 59	5 59	5 59	5 59	5 59	5 59	5 59	5 59
11	5 51	5 51	5 51	5 51	5 50	5 50	5 50	5 49	5 49	5 48	5 47	5 46	5 45	5 44
15	5 45	5 44	5 44	5 43	5 42	5 41	5 41	5 40	5 38	5 37	5 35	5 33	5 31	5 29
19	5 38	5 37	5 36	5 35	5 34	5 33	5 31	5 30	5 28	5 26	5 23	5 20	5 17	5 13
23	5 32	5 30	5 29	5 27	5 26	5 24	5 22	5 20	5 17	5 14	5 11	5 07	5 02	4 57
27	5 25	5 23	5 22	5 20	5 17	5 15	5 12	5 09	5 06	5 02	4 58	4 53	4 48	4 41
31	5 18	5 16	5 14	5 12	5 09	5 06	5 03	4 59	4 55	4 51	4 45	4 39	4 33	4 24
Apr. 4	5 12	5 09	5 07	5 04	5 01	4 57	4 53	4 49	4 44	4 39	4 33	4 26	4 17	4 07

END OF EVENING CIVIL TWILIGHT

Lat.	+40°	+42°	+44°	+46°	+48°	+50°	+52°	+54°	+56°	+58°	+60°	+62°	+64°	+66°
	h m	h m	h m	h m	h m	h m	h m	h m	h m	h m	h m	h m	h m	h m
Jan. −2	17 14	17 09	17 03	16 57	16 51	16 44	16 37	16 29	16 20	16 10	15 59	15 45	15 29	15 10
2	17 17	17 12	17 06	17 01	16 55	16 48	16 41	16 33	16 24	16 15	16 03	15 50	15 35	15 16
6	17 20	17 15	17 10	17 05	16 59	16 52	16 45	16 38	16 29	16 20	16 09	15 57	15 42	15 24
10	17 24	17 19	17 14	17 09	17 03	16 57	16 50	16 43	16 35	16 26	16 16	16 04	15 50	15 33
14	17 28	17 23	17 19	17 14	17 08	17 02	16 56	16 49	16 41	16 33	16 23	16 12	15 59	15 43
18	17 32	17 28	17 23	17 19	17 13	17 08	17 02	16 55	16 48	16 40	16 31	16 20	16 08	15 54
22	17 37	17 33	17 28	17 24	17 19	17 14	17 08	17 02	16 55	16 48	16 39	16 30	16 18	16 05
26	17 41	17 37	17 33	17 29	17 25	17 20	17 15	17 09	17 03	16 56	16 48	16 39	16 29	16 17
30	17 46	17 42	17 38	17 35	17 30	17 26	17 21	17 16	17 10	17 04	16 57	16 49	16 40	16 29
Feb. 3	17 50	17 47	17 44	17 40	17 36	17 32	17 28	17 24	17 18	17 13	17 07	16 59	16 51	16 42
7	17 55	17 52	17 49	17 46	17 42	17 39	17 35	17 31	17 26	17 22	17 16	17 10	17 03	16 55
11	17 59	17 57	17 54	17 51	17 48	17 45	17 42	17 39	17 35	17 30	17 26	17 20	17 14	17 07
15	18 04	18 02	17 59	17 57	17 55	17 52	17 49	17 46	17 43	17 39	17 35	17 31	17 26	17 20
19	18 08	18 06	18 05	18 03	18 01	17 58	17 56	17 54	17 51	17 48	17 45	17 42	17 38	17 33
23	18 13	18 11	18 10	18 08	18 07	18 05	18 03	18 01	17 59	17 57	17 55	17 52	17 49	17 46
27	18 17	18 16	18 15	18 14	18 13	18 11	18 10	18 09	18 08	18 06	18 05	18 03	18 01	17 59
Mar. 3	18 21	18 21	18 20	18 19	18 19	18 18	18 17	18 17	18 16	18 15	18 14	18 14	18 13	18 12
7	18 25	18 25	18 25	18 25	18 25	18 24	18 24	18 24	18 24	18 24	18 24	18 24	18 25	18 25
11	18 30	18 30	18 30	18 30	18 30	18 31	18 31	18 32	18 32	18 32	18 33	18 34	18 35	18 36	18 38
15	18 34	18 34	18 35	18 36	18 36	18 37	18 38	18 39	18 41	18 42	18 44	18 46	18 48	18 51
19	18 38	18 39	18 40	18 41	18 42	18 44	18 45	18 47	18 49	18 51	18 54	18 57	19 00	19 05
23	18 42	18 44	18 45	18 47	18 48	18 50	18 52	18 55	18 57	19 01	19 04	19 08	19 13	19 18
27	18 46	18 48	18 50	18 52	18 54	18 57	18 59	19 02	19 06	19 10	19 14	19 19	19 25	19 32
31	18 51	18 53	18 55	18 58	19 00	19 03	19 07	19 10	19 14	19 19	19 25	19 31	19 38	19 46
Apr. 4	18 55	18 57	19 00	19 03	19 06	19 10	19 14	19 18	19 23	19 29	19 35	19 42	19 51	20 01

CIVIL TWILIGHT, 2009

UNIVERSAL TIME FOR MERIDIAN OF GREENWICH
BEGINNING OF MORNING CIVIL TWILIGHT

Lat.	−55°	−50°	−45°	−40°	−35°	−30°	−20°	−10°	0°	+10°	+20°	+30°	+35°	+40°
	h m	h m	h m	h m	h m	h m	h m	h m	h m	h m	h m	h m	h m	h m
Mar. 31	5 46	5 47	5 47	5 47	5 47	5 46	5 45	5 43	5 40	5 37	5 32	5 27	5 23	5 18
Apr. 4	5 54	5 53	5 52	5 51	5 50	5 49	5 46	5 43	5 39	5 34	5 29	5 22	5 17	5 12
8	6 02	5 59	5 57	5 55	5 53	5 51	5 47	5 42	5 38	5 32	5 25	5 17	5 12	5 05
12	6 09	6 05	6 02	5 59	5 56	5 53	5 48	5 42	5 37	5 30	5 22	5 12	5 06	4 59
16	6 16	6 11	6 07	6 03	5 59	5 55	5 49	5 42	5 35	5 28	5 19	5 08	5 01	4 53
20	6 23	6 17	6 11	6 06	6 02	5 58	5 50	5 42	5 34	5 26	5 16	5 03	4 55	4 46
24	6 31	6 23	6 16	6 10	6 05	6 00	5 51	5 42	5 34	5 24	5 13	4 59	4 50	4 41
28	6 38	6 28	6 21	6 14	6 08	6 02	5 52	5 43	5 33	5 22	5 10	4 55	4 46	4 35
May 2	6 44	6 34	6 25	6 18	6 11	6 05	5 54	5 43	5 32	5 20	5 07	4 51	4 41	4 29
6	6 51	6 39	6 30	6 21	6 14	6 07	5 55	5 43	5 32	5 19	5 05	4 47	4 37	4 24
10	6 58	6 45	6 34	6 25	6 17	6 10	5 56	5 44	5 31	5 18	5 03	4 44	4 33	4 20
14	7 04	6 50	6 38	6 28	6 20	6 12	5 58	5 44	5 31	5 17	5 01	4 41	4 29	4 15
18	7 10	6 55	6 42	6 32	6 23	6 14	5 59	5 45	5 31	5 16	4 59	4 39	4 26	4 11
22	7 16	6 59	6 46	6 35	6 25	6 16	6 00	5 46	5 31	5 15	4 58	4 36	4 23	4 08
26	7 21	7 04	6 50	6 38	6 28	6 19	6 02	5 47	5 31	5 15	4 57	4 34	4 21	4 05
30	7 26	7 08	6 53	6 41	6 30	6 21	6 03	5 47	5 32	5 15	4 56	4 33	4 19	4 02
June 3	7 30	7 11	6 56	6 44	6 33	6 23	6 05	5 48	5 32	5 15	4 56	4 32	4 17	4 00
7	7 34	7 14	6 59	6 46	6 35	6 24	6 06	5 49	5 33	5 15	4 55	4 31	4 16	3 59
11	7 37	7 17	7 01	6 48	6 36	6 26	6 07	5 50	5 34	5 16	4 55	4 31	4 16	3 58
15	7 39	7 19	7 03	6 50	6 38	6 27	6 09	5 51	5 34	5 16	4 56	4 31	4 16	3 58
19	7 41	7 21	7 04	6 51	6 39	6 29	6 10	5 52	5 35	5 17	4 57	4 32	4 16	3 58
23	7 42	7 21	7 05	6 52	6 40	6 29	6 11	5 53	5 36	5 18	4 57	4 32	4 17	3 59
27	7 42	7 22	7 06	6 52	6 41	6 30	6 11	5 54	5 37	5 19	4 58	4 34	4 18	4 00
July 1	7 41	7 21	7 05	6 52	6 41	6 30	6 12	5 55	5 38	5 20	5 00	4 35	4 20	4 02
5	7 39	7 20	7 05	6 52	6 40	6 30	6 12	5 55	5 39	5 21	5 01	4 37	4 22	4 04

END OF EVENING CIVIL TWILIGHT

Lat.	−55°	−50°	−45°	−40°	−35°	−30°	−20°	−10°	0°	+10°	+20°	+30°	+35°	+40°
	h m	h m	h m	h m	h m	h m	h m	h m	h m	h m	h m	h m	h m	h m
Mar. 31	18 21	18 20	18 20	18 21	18 21	18 22	18 23	18 25	18 28	18 32	18 36	18 42	18 46	18 51
Apr. 4	18 11	18 12	18 13	18 14	18 16	18 17	18 20	18 23	18 27	18 32	18 37	18 45	18 49	18 55
8	18 01	18 04	18 06	18 08	18 10	18 12	18 17	18 21	18 26	18 32	18 39	18 47	18 53	18 59
12	17 52	17 56	17 59	18 02	18 05	18 08	18 13	18 19	18 25	18 32	18 40	18 50	18 56	19 03
16	17 42	17 48	17 52	17 56	18 00	18 04	18 10	18 17	18 24	18 32	18 41	18 52	18 59	19 08
20	17 33	17 40	17 46	17 51	17 55	18 00	18 08	18 15	18 23	18 32	18 42	18 55	19 03	19 12
24	17 25	17 33	17 40	17 45	17 51	17 56	18 05	18 14	18 23	18 33	18 44	18 58	19 06	19 16
28	17 17	17 26	17 34	17 40	17 47	17 52	18 02	18 12	18 22	18 33	18 45	19 01	19 10	19 21
May 2	17 09	17 19	17 28	17 36	17 43	17 49	18 00	18 11	18 22	18 34	18 47	19 04	19 13	19 25
6	17 01	17 13	17 23	17 31	17 39	17 46	17 58	18 10	18 22	18 34	18 49	19 06	19 17	19 30
10	16 55	17 08	17 18	17 27	17 36	17 43	17 56	18 09	18 22	18 35	18 50	19 09	19 21	19 34
14	16 48	17 02	17 14	17 24	17 33	17 41	17 55	18 08	18 22	18 36	18 52	19 12	19 24	19 38
18	16 42	16 58	17 10	17 21	17 30	17 38	17 54	18 08	18 22	18 37	18 54	19 15	19 27	19 42
22	16 37	16 54	17 07	17 18	17 28	17 37	17 53	18 08	18 22	18 38	18 56	19 17	19 31	19 46
26	16 33	16 50	17 04	17 16	17 26	17 35	17 52	18 07	18 23	18 39	18 58	19 20	19 34	19 50
30	16 29	16 47	17 02	17 14	17 25	17 34	17 52	18 08	18 23	18 40	18 59	19 22	19 37	19 53
June 3	16 26	16 45	17 00	17 13	17 24	17 34	17 51	18 08	18 24	18 41	19 01	19 25	19 39	19 57
7	16 24	16 43	16 59	17 12	17 23	17 33	17 51	18 08	18 25	18 43	19 03	19 27	19 42	19 59
11	16 22	16 42	16 58	17 11	17 23	17 33	17 52	18 09	18 26	18 44	19 04	19 29	19 44	20 02
15	16 22	16 42	16 58	17 11	17 23	17 34	17 52	18 10	18 27	18 45	19 05	19 30	19 45	20 03
19	16 22	16 42	16 58	17 12	17 24	17 34	17 53	18 10	18 28	18 46	19 06	19 31	19 47	20 05
23	16 23	16 43	16 59	17 13	17 24	17 35	17 54	18 11	18 28	18 47	19 07	19 32	19 47	20 06
27	16 25	16 45	17 01	17 14	17 26	17 36	17 55	18 12	18 29	18 47	19 08	19 32	19 48	20 06
July 1	16 27	16 47	17 02	17 16	17 27	17 38	17 56	18 13	18 30	18 48	19 08	19 33	19 48	20 05
5	16 30	16 49	17 05	17 18	17 29	17 39	17 57	18 14	18 31	18 48	19 08	19 32	19 47	20 04

CIVIL TWILIGHT, 2009 A25

UNIVERSAL TIME FOR MERIDIAN OF GREENWICH
BEGINNING OF MORNING CIVIL TWILIGHT

Lat.	+40°	+42°	+44°	+46°	+48°	+50°	+52°	+54°	+56°	+58°	+60°	+62°	+64°	+66°
	h m	h m	h m	h m	h m	h m	h m	h m	h m	h m	h m	h m	h m	h m
Mar. 31	5 18	5 16	5 14	5 12	5 09	5 06	5 03	4 59	4 55	4 51	4 45	4 39	4 33	4 24
Apr. 4	5 12	5 09	5 07	5 04	5 01	4 57	4 53	4 49	4 44	4 39	4 33	4 26	4 17	4 07
8	5 05	5 02	4 59	4 56	4 52	4 48	4 44	4 39	4 33	4 27	4 20	4 11	4 02	3 50
12	4 59	4 56	4 52	4 48	4 44	4 40	4 34	4 29	4 22	4 15	4 07	3 57	3 46	3 32
16	4 53	4 49	4 45	4 41	4 36	4 31	4 25	4 19	4 11	4 03	3 54	3 43	3 30	3 14
20	4 46	4 42	4 38	4 33	4 28	4 22	4 16	4 09	4 01	3 51	3 41	3 28	3 13	2 55
24	4 41	4 36	4 31	4 26	4 20	4 14	4 07	3 59	3 50	3 40	3 28	3 13	2 56	2 34
28	4 35	4 30	4 25	4 19	4 13	4 06	3 58	3 49	3 39	3 28	3 14	2 58	2 39	2 13
May 2	4 29	4 24	4 18	4 12	4 05	3 58	3 49	3 40	3 29	3 16	3 01	2 43	2 20	1 48
6	4 24	4 19	4 13	4 06	3 58	3 50	3 41	3 31	3 19	3 05	2 48	2 28	2 00	1 20
10	4 20	4 14	4 07	4 00	3 52	3 43	3 33	3 22	3 09	2 54	2 35	2 12	1 39	0 39
14	4 15	4 09	4 02	3 54	3 46	3 36	3 26	3 14	2 59	2 43	2 22	1 55	1 14	// //
18	4 11	4 04	3 57	3 49	3 40	3 30	3 19	3 06	2 50	2 32	2 09	1 38	0 42	// //
22	4 08	4 01	3 53	3 44	3 35	3 24	3 12	2 58	2 42	2 22	1 56	1 19	// //	// //
26	4 05	3 57	3 49	3 40	3 30	3 19	3 07	2 52	2 34	2 13	1 44	0 58	// //	// //
30	4 02	3 55	3 46	3 37	3 27	3 15	3 02	2 46	2 27	2 04	1 32	0 29	// //	// //
June 3	4 00	3 52	3 44	3 34	3 23	3 11	2 58	2 41	2 22	1 56	1 20	// //	// //	// //
7	3 59	3 51	3 42	3 32	3 21	3 09	2 54	2 37	2 17	1 50	1 09	// //	// //	// //
11	3 58	3 50	3 41	3 31	3 19	3 07	2 52	2 35	2 13	1 45	1 00	// //	// //	// //
15	3 58	3 49	3 40	3 30	3 19	3 06	2 51	2 33	2 11	1 42	0 53	// //	// //	▫
19	3 58	3 50	3 40	3 30	3 19	3 06	2 51	2 33	2 10	1 40	0 49	// //	// //	▫
23	3 59	3 51	3 41	3 31	3 20	3 06	2 51	2 33	2 11	1 41	0 50	// //	// //	▫
27	4 00	3 52	3 43	3 33	3 21	3 08	2 53	2 35	2 13	1 44	0 55	// //	// //	▫
July 1	4 02	3 54	3 45	3 35	3 24	3 11	2 56	2 39	2 17	1 49	1 03	// //	// //	// //
5	4 04	3 56	3 47	3 38	3 27	3 14	3 00	2 43	2 22	1 55	1 14	// //	// //	// //

END OF EVENING CIVIL TWILIGHT

	+40°	+42°	+44°	+46°	+48°	+50°	+52°	+54°	+56°	+58°	+60°	+62°	+64°	+66°
	h m	h m	h m	h m	h m	h m	h m	h m	h m	h m	h m	h m	h m	h m
Mar. 31	18 51	18 53	18 55	18 58	19 00	19 03	19 07	19 10	19 14	19 19	19 25	19 31	19 38	19 46
Apr. 4	18 55	18 57	19 00	19 03	19 06	19 10	19 14	19 18	19 23	19 29	19 35	19 42	19 51	20 01
8	18 59	19 02	19 05	19 09	19 12	19 16	19 21	19 26	19 32	19 38	19 46	19 54	20 04	20 16
12	19 03	19 07	19 10	19 14	19 18	19 23	19 28	19 34	19 41	19 48	19 57	20 06	20 18	20 32
16	19 08	19 11	19 15	19 20	19 25	19 30	19 36	19 42	19 50	19 58	20 08	20 19	20 33	20 49
20	19 12	19 16	19 21	19 26	19 31	19 37	19 43	19 51	19 59	20 08	20 19	20 32	20 47	21 07
24	19 16	19 21	19 26	19 31	19 37	19 44	19 51	19 59	20 08	20 19	20 31	20 45	21 03	21 26
28	19 21	19 26	19 31	19 37	19 43	19 50	19 58	20 07	20 17	20 29	20 43	20 59	21 20	21 47
May 2	19 25	19 31	19 36	19 43	19 50	19 57	20 06	20 16	20 27	20 40	20 55	21 14	21 38	22 11
6	19 30	19 35	19 42	19 48	19 56	20 04	20 13	20 24	20 36	20 50	21 07	21 29	21 57	22 41
10	19 34	19 40	19 47	19 54	20 02	20 11	20 21	20 32	20 46	21 01	21 20	21 45	22 19	23 30
14	19 38	19 45	19 52	19 59	20 08	20 17	20 28	20 41	20 55	21 12	21 33	22 01	22 45	// //
18	19 42	19 49	19 57	20 05	20 14	20 24	20 35	20 49	21 04	21 23	21 46	22 19	23 23	// //
22	19 46	19 53	20 01	20 10	20 19	20 30	20 42	20 56	21 13	21 33	22 00	22 39	// //	// //
26	19 50	19 57	20 06	20 15	20 24	20 36	20 49	21 03	21 21	21 43	22 13	23 02	// //	// //
30	19 53	20 01	20 10	20 19	20 29	20 41	20 54	21 10	21 29	21 53	22 26	23 37	// //	// //
June 3	19 57	20 04	20 13	20 23	20 34	20 46	21 00	21 16	21 36	22 02	22 39	// //	// //	// //
7	19 59	20 07	20 16	20 26	20 37	20 50	21 04	21 21	21 42	22 09	22 51	// //	// //	// //
11	20 02	20 10	20 19	20 29	20 40	20 53	21 08	21 25	21 47	22 16	23 01	// //	// //	// //
15	20 03	20 12	20 21	20 31	20 43	20 56	21 11	21 28	21 51	22 20	23 09	// //	// //	▫
19	20 05	20 13	20 22	20 33	20 44	20 57	21 12	21 30	21 53	22 23	23 14	// //	// //	▫
23	20 06	20 14	20 23	20 33	20 45	20 58	21 13	21 31	21 53	22 23	23 14	// //	// //	▫
27	20 06	20 14	20 23	20 33	20 45	20 58	21 13	21 30	21 52	22 22	23 10	// //	// //	▫
July 1	20 05	20 14	20 23	20 33	20 44	20 57	21 11	21 29	21 50	22 18	23 02	// //	// //	// //
5	20 04	20 13	20 21	20 31	20 42	20 54	21 09	21 26	21 46	22 13	22 53	// //	// //	// //

▫ indicates Sun continuously above horizon.
// // indicates continuous twilight.

CIVIL TWILIGHT, 2009

UNIVERSAL TIME FOR MERIDIAN OF GREENWICH
BEGINNING OF MORNING CIVIL TWILIGHT

Lat.	−55°	−50°	−45°	−40°	−35°	−30°	−20°	−10°	0°	+10°	+20°	+30°	+35°	+40°
	h m	h m	h m	h m	h m	h m	h m	h m	h m	h m	h m	h m	h m	h m
July 1	7 41	7 21	7 05	6 52	6 41	6 30	6 12	5 55	5 38	5 20	5 00	4 35	4 20	4 02
5	7 39	7 20	7 05	6 52	6 40	6 30	6 12	5 55	5 39	5 21	5 01	4 37	4 22	4 04
9	7 37	7 18	7 03	6 51	6 40	6 30	6 12	5 56	5 39	5 22	5 03	4 39	4 24	4 07
13	7 34	7 16	7 01	6 49	6 39	6 29	6 12	5 56	5 40	5 23	5 04	4 41	4 27	4 10
17	7 30	7 13	6 59	6 47	6 37	6 28	6 11	5 56	5 40	5 24	5 06	4 43	4 30	4 14
21	7 25	7 09	6 56	6 45	6 35	6 26	6 10	5 56	5 41	5 25	5 07	4 46	4 33	4 17
25	7 20	7 05	6 53	6 42	6 33	6 24	6 09	5 55	5 41	5 26	5 09	4 48	4 36	4 21
29	7 14	7 00	6 49	6 39	6 30	6 22	6 08	5 54	5 41	5 27	5 11	4 51	4 39	4 25
Aug. 2	7 08	6 55	6 44	6 35	6 27	6 20	6 06	5 54	5 41	5 28	5 12	4 54	4 42	4 29
6	7 01	6 49	6 39	6 31	6 23	6 17	6 04	5 53	5 41	5 28	5 14	4 56	4 46	4 33
10	6 53	6 43	6 34	6 26	6 20	6 13	6 02	5 51	5 40	5 29	5 15	4 59	4 49	4 37
14	6 45	6 36	6 28	6 21	6 15	6 10	6 00	5 50	5 40	5 29	5 17	5 02	4 52	4 42
18	6 37	6 29	6 22	6 16	6 11	6 06	5 57	5 48	5 39	5 29	5 18	5 04	4 56	4 46
22	6 28	6 22	6 16	6 11	6 06	6 02	5 54	5 46	5 38	5 30	5 19	5 07	4 59	4 50
26	6 19	6 14	6 09	6 05	6 01	5 58	5 51	5 44	5 37	5 30	5 20	5 09	5 02	4 54
30	6 10	6 06	6 02	5 59	5 56	5 53	5 48	5 42	5 36	5 30	5 22	5 11	5 05	4 58
Sept. 3	6 00	5 58	5 55	5 53	5 51	5 49	5 45	5 40	5 35	5 29	5 23	5 14	5 08	5 02
7	5 50	5 49	5 48	5 47	5 46	5 44	5 41	5 38	5 34	5 29	5 24	5 16	5 11	5 06
11	5 40	5 41	5 41	5 40	5 40	5 39	5 38	5 35	5 33	5 29	5 24	5 18	5 14	5 10
15	5 30	5 32	5 33	5 34	5 34	5 34	5 34	5 33	5 31	5 29	5 25	5 21	5 17	5 14
19	5 20	5 23	5 26	5 27	5 29	5 29	5 30	5 30	5 30	5 28	5 26	5 23	5 20	5 18
23	5 10	5 14	5 18	5 21	5 23	5 24	5 27	5 28	5 28	5 28	5 27	5 25	5 23	5 21
27	4 59	5 05	5 10	5 14	5 17	5 19	5 23	5 25	5 27	5 28	5 28	5 27	5 26	5 25
Oct. 1	4 49	4 56	5 02	5 07	5 11	5 14	5 19	5 23	5 26	5 28	5 29	5 29	5 29	5 29
5	4 38	4 48	4 55	5 01	5 05	5 09	5 16	5 21	5 24	5 27	5 30	5 32	5 33	5 33

END OF EVENING CIVIL TWILIGHT

	h m	h m	h m	h m	h m	h m	h m	h m	h m	h m	h m	h m	h m	h m
July 1	16 27	16 47	17 02	17 16	17 27	17 38	17 56	18 13	18 30	18 48	19 08	19 33	19 48	20 05
5	16 30	16 49	17 05	17 18	17 29	17 39	17 57	18 14	18 31	18 48	19 08	19 32	19 47	20 04
9	16 34	16 52	17 07	17 20	17 31	17 41	17 59	18 15	18 31	18 48	19 08	19 31	19 46	20 03
13	16 38	16 56	17 10	17 23	17 33	17 43	18 00	18 16	18 32	18 48	19 07	19 30	19 44	20 01
17	16 43	17 00	17 14	17 25	17 36	17 45	18 01	18 17	18 32	18 48	19 06	19 29	19 42	19 58
21	16 48	17 04	17 17	17 28	17 38	17 47	18 03	18 17	18 32	18 48	19 05	19 27	19 40	19 55
25	16 54	17 09	17 21	17 31	17 41	17 49	18 04	18 18	18 32	18 47	19 04	19 24	19 37	19 51
29	16 59	17 13	17 25	17 35	17 43	17 51	18 05	18 19	18 32	18 46	19 02	19 21	19 33	19 47
Aug. 2	17 06	17 18	17 29	17 38	17 46	17 53	18 07	18 19	18 31	18 45	19 00	19 18	19 30	19 43
6	17 12	17 23	17 33	17 41	17 49	17 55	18 08	18 19	18 31	18 43	18 58	19 15	19 25	19 38
10	17 18	17 29	17 37	17 45	17 52	17 58	18 09	18 19	18 30	18 42	18 55	19 11	19 21	19 33
14	17 25	17 34	17 42	17 48	17 54	18 00	18 10	18 20	18 29	18 40	18 52	19 07	19 16	19 27
18	17 32	17 39	17 46	17 52	17 57	18 02	18 11	18 19	18 28	18 38	18 49	19 03	19 11	19 21
22	17 38	17 45	17 51	17 55	18 00	18 04	18 12	18 19	18 27	18 36	18 46	18 59	19 06	19 15
26	17 45	17 51	17 55	17 59	18 03	18 06	18 13	18 19	18 26	18 34	18 43	18 54	19 01	19 09
30	17 52	17 56	17 59	18 03	18 05	18 08	18 13	18 19	18 25	18 31	18 39	18 49	18 55	19 02
Sept. 3	17 59	18 02	18 04	18 06	18 08	18 10	18 14	18 19	18 23	18 29	18 36	18 44	18 50	18 56
7	18 07	18 08	18 09	18 10	18 11	18 12	18 15	18 18	18 22	18 27	18 32	18 39	18 44	18 49
11	18 14	18 13	18 13	18 13	18 14	18 14	18 16	18 18	18 21	18 24	18 28	18 34	18 38	18 43
15	18 21	18 19	18 18	18 17	18 17	18 16	18 17	18 18	18 19	18 21	18 25	18 29	18 32	18 36
19	18 29	18 25	18 23	18 21	18 20	18 19	18 17	18 17	18 18	18 19	18 21	18 24	18 26	18 29
23	18 36	18 31	18 28	18 25	18 23	18 21	18 18	18 17	18 16	18 16	18 17	18 19	18 21	18 22
27	18 44	18 38	18 33	18 29	18 26	18 23	18 19	18 17	18 15	18 14	18 14	18 14	18 15	18 16
Oct. 1	18 52	18 44	18 38	18 33	18 29	18 25	18 20	18 16	18 14	18 12	18 10	18 09	18 09	18 09
5	19 00	18 50	18 43	18 37	18 32	18 28	18 21	18 16	18 12	18 09	18 07	18 05	18 04	18 03

CIVIL TWILIGHT, 2009

UNIVERSAL TIME FOR MERIDIAN OF GREENWICH
BEGINNING OF MORNING CIVIL TWILIGHT

Lat.	+40°	+42°	+44°	+46°	+48°	+50°	+52°	+54°	+56°	+58°	+60°	+62°	+64°	+66°
	h m	h m	h m	h m	h m	h m	h m	h m	h m	h m	h m	h m	h m	h m
July 1	4 02	3 54	3 45	3 35	3 24	3 11	2 56	2 39	2 17	1 49	1 03	// //	// //	// //
5	4 04	3 56	3 47	3 38	3 27	3 14	3 00	2 43	2 22	1 55	1 14	// //	// //	// //
9	4 07	3 59	3 51	3 41	3 30	3 18	3 04	2 48	2 28	2 03	1 26	// //	// //	// //
13	4 10	4 03	3 54	3 45	3 35	3 23	3 10	2 54	2 35	2 11	1 39	0 32	// //	// //
17	4 14	4 06	3 58	3 49	3 39	3 28	3 15	3 01	2 43	2 21	1 52	1 04	// //	// //
21	4 17	4 10	4 02	3 54	3 44	3 34	3 22	3 08	2 51	2 31	2 05	1 26	// //	// //
25	4 21	4 14	4 07	3 59	3 50	3 40	3 28	3 15	3 00	2 41	2 18	1 46	0 45	// //
29	4 25	4 19	4 12	4 04	3 55	3 46	3 35	3 23	3 09	2 52	2 31	2 03	1 21	// //
Aug. 2	4 29	4 23	4 16	4 09	4 01	3 52	3 42	3 31	3 18	3 02	2 43	2 19	1 46	0 39
6	4 33	4 27	4 21	4 15	4 07	3 59	3 50	3 39	3 27	3 13	2 56	2 35	2 07	1 24
10	4 37	4 32	4 26	4 20	4 13	4 05	3 57	3 47	3 36	3 23	3 08	2 49	2 26	1 53
14	4 42	4 37	4 31	4 25	4 19	4 12	4 04	3 55	3 45	3 34	3 20	3 04	2 43	2 16
18	4 46	4 41	4 36	4 31	4 25	4 19	4 11	4 03	3 54	3 44	3 32	3 17	2 59	2 37
22	4 50	4 46	4 41	4 36	4 31	4 25	4 19	4 11	4 03	3 54	3 43	3 30	3 15	2 55
26	4 54	4 50	4 46	4 42	4 37	4 32	4 26	4 19	4 12	4 04	3 54	3 43	3 29	3 13
30	4 58	4 55	4 51	4 47	4 43	4 38	4 33	4 27	4 21	4 13	4 05	3 55	3 43	3 29
Sept. 3	5 02	4 59	4 56	4 52	4 49	4 45	4 40	4 35	4 29	4 23	4 15	4 07	3 56	3 44
7	5 06	5 03	5 01	4 58	4 54	4 51	4 47	4 42	4 37	4 32	4 25	4 18	4 09	3 59
11	5 10	5 08	5 05	5 03	5 00	4 57	4 54	4 50	4 46	4 41	4 36	4 29	4 22	4 13
15	5 14	5 12	5 10	5 08	5 06	5 03	5 01	4 57	4 54	4 50	4 46	4 40	4 34	4 27
19	5 18	5 16	5 15	5 13	5 11	5 09	5 07	5 05	5 02	4 59	4 55	4 51	4 46	4 41
23	5 21	5 21	5 20	5 18	5 17	5 16	5 14	5 12	5 10	5 08	5 05	5 02	4 58	4 54
27	5 25	5 25	5 24	5 23	5 23	5 22	5 21	5 19	5 18	5 16	5 15	5 12	5 10	5 07
Oct. 1	5 29	5 29	5 29	5 29	5 28	5 28	5 27	5 27	5 26	5 25	5 24	5 23	5 22	5 20
5	5 33	5 33	5 34	5 34	5 34	5 34	5 34	5 34	5 34	5 34	5 34	5 34	5 33	5 32

END OF EVENING CIVIL TWILIGHT

Lat.	+40°	+42°	+44°	+46°	+48°	+50°	+52°	+54°	+56°	+58°	+60°	+62°	+64°	+66°
	h m	h m	h m	h m	h m	h m	h m	h m	h m	h m	h m	h m	h m	h m
July 1	20 05	20 14	20 23	20 33	20 44	20 57	21 11	21 29	21 50	22 18	23 02	// //	// //	// //
5	20 04	20 13	20 21	20 31	20 42	20 54	21 09	21 26	21 46	22 13	22 53	// //	// //	// //
9	20 03	20 11	20 19	20 29	20 40	20 52	21 05	21 22	21 41	22 06	22 42	// //	// //	// //
13	20 01	20 08	20 17	20 26	20 36	20 48	21 01	21 17	21 35	21 58	22 30	23 30	// //	// //
17	19 58	20 06	20 14	20 22	20 32	20 43	20 56	21 11	21 28	21 50	22 18	23 03	// //	// //
21	19 55	20 02	20 10	20 18	20 28	20 38	20 50	21 04	21 20	21 40	22 05	22 42	// //	// //
25	19 51	19 58	20 05	20 13	20 22	20 32	20 44	20 56	21 12	21 30	21 53	22 24	23 18	// //
29	19 47	19 54	20 01	20 08	20 17	20 26	20 36	20 49	21 03	21 19	21 40	22 06	22 46	// //
Aug. 2	19 43	19 49	19 55	20 02	20 10	20 19	20 29	20 40	20 53	21 08	21 27	21 50	22 22	23 19
6	19 38	19 43	19 50	19 56	20 04	20 12	20 21	20 31	20 43	20 57	21 13	21 34	22 01	22 40
10	19 33	19 38	19 44	19 50	19 57	20 04	20 13	20 22	20 33	20 45	21 00	21 18	21 41	22 13
14	19 27	19 32	19 37	19 43	19 49	19 56	20 04	20 13	20 22	20 34	20 47	21 03	21 23	21 49
18	19 21	19 26	19 30	19 36	19 41	19 48	19 55	20 03	20 12	20 22	20 34	20 48	21 05	21 27
22	19 15	19 19	19 24	19 28	19 34	19 39	19 46	19 53	20 01	20 10	20 21	20 33	20 48	21 07
26	19 09	19 13	19 16	19 21	19 26	19 31	19 36	19 43	19 50	19 58	20 08	20 19	20 32	20 48
30	19 02	19 06	19 09	19 13	19 17	19 22	19 27	19 33	19 39	19 46	19 55	20 04	20 16	20 29
Sept. 3	18 56	18 59	19 02	19 05	19 09	19 13	19 17	19 22	19 28	19 34	19 42	19 50	20 00	20 11
7	18 49	18 52	18 54	18 57	19 00	19 04	19 08	19 12	19 17	19 22	19 29	19 36	19 44	19 54
11	18 43	18 45	18 47	18 49	18 52	18 55	18 58	19 02	19 06	19 11	19 16	19 22	19 29	19 37
15	18 36	18 38	18 39	18 41	18 44	18 46	18 49	18 52	18 55	18 59	19 03	19 08	19 14	19 21
19	18 29	18 30	18 32	18 33	18 35	18 37	18 39	18 41	18 44	18 47	18 50	18 54	18 59	19 04
23	18 22	18 23	18 24	18 25	18 27	18 28	18 30	18 31	18 33	18 35	18 38	18 41	18 44	18 49
27	18 16	18 16	18 17	18 18	18 18	18 19	18 20	18 21	18 23	18 24	18 26	18 28	18 30	18 33
Oct. 1	18 09	18 09	18 10	18 10	18 10	18 10	18 11	18 11	18 12	18 13	18 14	18 15	18 16	18 18
5	18 03	18 03	18 02	18 02	18 02	18 02	18 02	18 02	18 02	18 02	18 02	18 02	18 02	18 02

// // indicates continuous twilight.

CIVIL TWILIGHT, 2009
UNIVERSAL TIME FOR MERIDIAN OF GREENWICH
BEGINNING OF MORNING CIVIL TWILIGHT

Lat.	−55°	−50°	−45°	−40°	−35°	−30°	−20°	−10°	0°	+10°	+20°	+30°	+35°	+40°
	h m	h m	h m	h m	h m	h m	h m	h m	h m	h m	h m	h m	h m	h m
Oct. 1	4 49	4 56	5 02	5 07	5 11	5 14	5 19	5 23	5 26	5 28	5 29	5 29	5 29	5 29
5	4 38	4 48	4 55	5 01	5 05	5 09	5 16	5 21	5 24	5 27	5 30	5 32	5 33	5 33
9	4 28	4 39	4 47	4 54	5 00	5 05	5 12	5 18	5 23	5 27	5 31	5 34	5 36	5 37
13	4 17	4 30	4 40	4 48	4 54	5 00	5 09	5 16	5 22	5 27	5 32	5 37	5 39	5 41
17	4 07	4 21	4 32	4 41	4 49	4 55	5 06	5 14	5 21	5 27	5 33	5 39	5 42	5 45
21	3 56	4 13	4 25	4 35	4 44	4 51	5 03	5 12	5 20	5 28	5 35	5 42	5 45	5 49
25	3 46	4 04	4 18	4 29	4 39	4 47	5 00	5 10	5 20	5 28	5 36	5 44	5 49	5 54
29	3 36	3 56	4 11	4 24	4 34	4 43	4 57	5 09	5 19	5 28	5 38	5 47	5 52	5 58
Nov. 2	3 26	3 48	4 05	4 19	4 30	4 39	4 55	5 08	5 19	5 29	5 39	5 50	5 56	6 02
6	3 16	3 41	3 59	4 14	4 26	4 36	4 53	5 07	5 19	5 30	5 41	5 53	5 59	6 06
10	3 07	3 34	3 53	4 09	4 22	4 33	4 51	5 06	5 19	5 31	5 43	5 56	6 03	6 11
14	2 58	3 27	3 48	4 05	4 19	4 30	4 50	5 05	5 19	5 32	5 45	5 59	6 07	6 15
18	2 50	3 21	3 44	4 01	4 16	4 28	4 48	5 05	5 20	5 33	5 47	6 02	6 10	6 19
22	2 43	3 16	3 40	3 58	4 14	4 26	4 48	5 05	5 21	5 35	5 50	6 05	6 14	6 24
26	2 36	3 11	3 36	3 56	4 12	4 25	4 47	5 06	5 22	5 37	5 52	6 08	6 18	6 28
30	2 30	3 07	3 33	3 54	4 10	4 24	4 47	5 06	5 23	5 38	5 54	6 11	6 21	6 32
Dec. 4	2 25	3 04	3 31	3 53	4 10	4 24	4 48	5 07	5 24	5 40	5 57	6 14	6 24	6 35
8	2 21	3 02	3 30	3 52	4 10	4 24	4 48	5 08	5 26	5 42	5 59	6 17	6 28	6 39
12	2 19	3 01	3 30	3 52	4 10	4 25	4 50	5 10	5 28	5 44	6 02	6 20	6 30	6 42
16	2 18	3 01	3 30	3 53	4 11	4 26	4 51	5 11	5 29	5 46	6 04	6 23	6 33	6 45
20	2 18	3 02	3 32	3 54	4 12	4 28	4 53	5 13	5 31	5 49	6 06	6 25	6 35	6 47
24	2 20	3 04	3 34	3 56	4 14	4 30	4 55	5 15	5 33	5 51	6 08	6 27	6 37	6 49
28	2 24	3 07	3 37	3 59	4 17	4 32	4 57	5 17	5 35	5 52	6 10	6 28	6 39	6 51
32	2 29	3 11	3 40	4 02	4 20	4 35	4 59	5 20	5 37	5 54	6 11	6 30	6 40	6 51
36	2 35	3 16	3 44	4 06	4 23	4 38	5 02	5 22	5 39	5 56	6 12	6 30	6 41	6 52

END OF EVENING CIVIL TWILIGHT

	h m	h m	h m	h m	h m	h m	h m	h m	h m	h m	h m	h m	h m	h m
Oct. 1	18 52	18 44	18 38	18 33	18 29	18 25	18 20	18 16	18 14	18 12	18 10	18 09	18 09	18 09
5	19 00	18 50	18 43	18 37	18 32	18 28	18 21	18 16	18 12	18 09	18 07	18 05	18 04	18 03
9	19 08	18 57	18 48	18 41	18 35	18 30	18 22	18 16	18 11	18 07	18 03	18 00	17 58	17 57
13	19 17	19 04	18 54	18 46	18 39	18 33	18 24	18 16	18 10	18 05	18 00	17 55	17 53	17 51
17	19 26	19 11	18 59	18 50	18 42	18 36	18 25	18 17	18 10	18 03	17 57	17 51	17 48	17 45
21	19 35	19 18	19 05	18 55	18 46	18 39	18 27	18 17	18 09	18 02	17 54	17 47	17 43	17 39
25	19 44	19 25	19 11	18 59	18 50	18 42	18 29	18 18	18 09	18 00	17 52	17 43	17 39	17 34
29	19 53	19 33	19 17	19 04	18 54	18 45	18 31	18 19	18 08	17 59	17 50	17 40	17 35	17 29
Nov. 2	20 03	19 40	19 23	19 09	18 58	18 48	18 33	18 20	18 08	17 58	17 48	17 37	17 31	17 25
6	20 13	19 48	19 29	19 14	19 02	18 52	18 35	18 21	18 09	17 57	17 46	17 34	17 28	17 20
10	20 22	19 55	19 35	19 20	19 06	18 55	18 37	18 22	18 09	17 57	17 45	17 32	17 25	17 17
14	20 32	20 03	19 42	19 25	19 11	18 59	18 40	18 24	18 10	17 57	17 44	17 30	17 22	17 13
18	20 42	20 11	19 48	19 30	19 15	19 03	18 42	18 25	18 11	17 57	17 43	17 28	17 20	17 11
22	20 51	20 18	19 54	19 35	19 19	19 06	18 45	18 27	18 12	17 57	17 43	17 27	17 18	17 08
26	21 00	20 25	19 59	19 39	19 23	19 10	18 48	18 29	18 13	17 58	17 43	17 26	17 17	17 07
30	21 09	20 31	20 05	19 44	19 27	19 13	18 50	18 31	18 15	17 59	17 43	17 26	17 16	17 06
Dec. 4	21 17	20 37	20 10	19 48	19 31	19 17	18 53	18 34	18 16	18 00	17 44	17 26	17 16	17 05
8	21 24	20 43	20 14	19 52	19 35	19 20	18 56	18 36	18 18	18 01	17 45	17 26	17 16	17 05
12	21 30	20 47	20 18	19 56	19 38	19 23	18 58	18 38	18 20	18 03	17 46	17 27	17 17	17 05
16	21 34	20 51	20 21	19 59	19 41	19 25	19 00	18 40	18 22	18 05	17 48	17 29	17 18	17 06
20	21 37	20 54	20 24	20 01	19 43	19 28	19 03	18 42	18 24	18 07	17 49	17 31	17 20	17 08
24	21 39	20 55	20 26	20 03	19 45	19 29	19 05	18 44	18 26	18 09	17 51	17 33	17 22	17 10
28	21 39	20 56	20 27	20 04	19 46	19 31	19 06	18 46	18 28	18 11	17 54	17 35	17 24	17 13
32	21 37	20 56	20 27	20 05	19 47	19 32	19 08	18 47	18 30	18 13	17 56	17 38	17 27	17 16
36	21 34	20 54	20 26	20 05	19 47	19 32	19 09	18 49	18 31	18 15	17 58	17 40	17 30	17 19

CIVIL TWILIGHT, 2009

UNIVERSAL TIME FOR MERIDIAN OF GREENWICH
BEGINNING OF MORNING CIVIL TWILIGHT

Lat.	+40°	+42°	+44°	+46°	+48°	+50°	+52°	+54°	+56°	+58°	+60°	+62°	+64°	+66°
	h m	h m	h m	h m	h m	h m	h m	h m	h m	h m	h m	h m	h m	h m
Oct. 1	5 29	5 29	5 29	5 29	5 28	5 28	5 27	5 27	5 26	5 25	5 24	5 23	5 22	5 20
5	5 33	5 33	5 34	5 34	5 34	5 34	5 34	5 34	5 34	5 34	5 34	5 33	5 33	5 32
9	5 37	5 38	5 38	5 39	5 39	5 40	5 41	5 41	5 42	5 42	5 43	5 44	5 44	5 45
13	5 41	5 42	5 43	5 44	5 45	5 46	5 47	5 49	5 50	5 51	5 53	5 54	5 56	5 58
17	5 45	5 47	5 48	5 49	5 51	5 52	5 54	5 56	5 58	6 00	6 02	6 04	6 07	6 10
21	5 49	5 51	5 53	5 55	5 57	5 59	6 01	6 03	6 06	6 08	6 11	6 15	6 18	6 23
25	5 54	5 56	5 58	6 00	6 02	6 05	6 08	6 10	6 14	6 17	6 21	6 25	6 30	6 35
29	5 58	6 00	6 03	6 05	6 08	6 11	6 14	6 18	6 21	6 26	6 30	6 35	6 41	6 48
Nov. 2	6 02	6 05	6 08	6 11	6 14	6 17	6 21	6 25	6 29	6 34	6 40	6 46	6 52	7 00
6	6 06	6 09	6 13	6 16	6 20	6 24	6 28	6 32	6 37	6 43	6 49	6 56	7 03	7 13
10	6 11	6 14	6 18	6 21	6 25	6 30	6 34	6 39	6 45	6 51	6 58	7 06	7 15	7 25
14	6 15	6 19	6 23	6 27	6 31	6 36	6 41	6 46	6 53	6 59	7 07	7 15	7 25	7 37
18	6 19	6 23	6 27	6 32	6 37	6 42	6 47	6 53	7 00	7 07	7 16	7 25	7 36	7 49
22	6 24	6 28	6 32	6 37	6 42	6 47	6 53	7 00	7 07	7 15	7 24	7 34	7 46	8 00
26	6 28	6 32	6 37	6 42	6 47	6 53	6 59	7 06	7 14	7 22	7 32	7 43	7 56	8 11
30	6 32	6 36	6 41	6 46	6 52	6 58	7 05	7 12	7 20	7 29	7 39	7 51	8 04	8 21
Dec. 4	6 35	6 40	6 45	6 51	6 57	7 03	7 10	7 17	7 26	7 35	7 46	7 58	8 13	8 30
8	6 39	6 44	6 49	6 55	7 01	7 07	7 14	7 22	7 31	7 41	7 52	8 04	8 20	8 38
12	6 42	6 47	6 52	6 58	7 04	7 11	7 18	7 26	7 35	7 45	7 57	8 10	8 26	8 45
16	6 45	6 50	6 55	7 01	7 08	7 14	7 22	7 30	7 39	7 49	8 01	8 14	8 30	8 50
20	6 47	6 52	6 58	7 04	7 10	7 17	7 24	7 33	7 42	7 52	8 04	8 17	8 33	8 53
24	6 49	6 54	7 00	7 06	7 12	7 19	7 26	7 34	7 44	7 54	8 05	8 19	8 35	8 55
28	6 51	6 56	7 01	7 07	7 13	7 20	7 27	7 35	7 44	7 55	8 06	8 20	8 35	8 55
32	6 51	6 57	7 02	7 08	7 14	7 20	7 28	7 36	7 44	7 54	8 06	8 19	8 34	8 53
36	6 52	6 57	7 02	7 08	7 14	7 20	7 27	7 35	7 43	7 53	8 04	8 17	8 31	8 50

END OF EVENING CIVIL TWILIGHT

	+40°	+42°	+44°	+46°	+48°	+50°	+52°	+54°	+56°	+58°	+60°	+62°	+64°	+66°
	h m	h m	h m	h m	h m	h m	h m	h m	h m	h m	h m	h m	h m	h m
Oct. 1	18 09	18 09	18 10	18 10	18 10	18 10	18 11	18 11	18 12	18 13	18 14	18 15	18 16	18 18
5	18 03	18 03	18 02	18 02	18 02	18 02	18 02	18 02	18 02	18 02	18 02	18 02	18 02	18 02
9	17 57	17 56	17 55	17 55	17 54	17 53	17 53	17 52	17 51	17 51	17 50	17 49	17 49	17 48
13	17 51	17 50	17 49	17 48	17 46	17 45	17 44	17 43	17 42	17 40	17 39	17 37	17 35	17 33
17	17 45	17 43	17 42	17 41	17 39	17 37	17 36	17 34	17 32	17 30	17 28	17 25	17 22	17 19
21	17 39	17 38	17 36	17 34	17 32	17 30	17 28	17 25	17 23	17 20	17 17	17 13	17 09	17 05
25	17 34	17 32	17 30	17 28	17 25	17 23	17 20	17 17	17 14	17 10	17 06	17 02	16 57	16 52
29	17 29	17 27	17 24	17 21	17 19	17 16	17 12	17 09	17 05	17 01	16 56	16 51	16 45	16 38
Nov. 2	17 25	17 22	17 19	17 16	17 13	17 09	17 05	17 01	16 57	16 52	16 47	16 41	16 34	16 26
6	17 20	17 17	17 14	17 11	17 07	17 03	16 59	16 54	16 49	16 44	16 38	16 31	16 23	16 14
10	17 17	17 13	17 10	17 06	17 02	16 58	16 53	16 48	16 42	16 36	16 29	16 21	16 12	16 02
14	17 13	17 10	17 06	17 02	16 57	16 53	16 47	16 42	16 36	16 29	16 21	16 13	16 03	15 51
18	17 11	17 07	17 02	16 58	16 53	16 48	16 43	16 37	16 30	16 22	16 14	16 05	15 54	15 41
22	17 08	17 04	17 00	16 55	16 50	16 44	16 38	16 32	16 25	16 17	16 08	15 58	15 46	15 31
26	17 07	17 02	16 58	16 52	16 47	16 41	16 35	16 28	16 20	16 12	16 02	15 51	15 38	15 23
30	17 06	17 01	16 56	16 51	16 45	16 39	16 32	16 25	16 17	16 08	15 58	15 46	15 32	15 16
Dec. 4	17 05	17 00	16 55	16 49	16 44	16 37	16 30	16 23	16 14	16 05	15 54	15 42	15 28	15 10
8	17 05	17 00	16 55	16 49	16 43	16 36	16 29	16 21	16 13	16 03	15 52	15 39	15 24	15 06
12	17 05	17 00	16 55	16 49	16 43	16 36	16 29	16 21	16 12	16 02	15 51	15 37	15 22	15 03
16	17 06	17 01	16 56	16 50	16 44	16 37	16 30	16 21	16 12	16 02	15 51	15 37	15 21	15 02
20	17 08	17 03	16 57	16 52	16 45	16 38	16 31	16 23	16 14	16 03	15 52	15 38	15 22	15 02
24	17 10	17 05	17 00	16 54	16 47	16 41	16 33	16 25	16 16	16 06	15 54	15 40	15 24	15 05
28	17 13	17 08	17 02	16 56	16 50	16 43	16 36	16 28	16 19	16 09	15 57	15 44	15 28	15 09
32	17 16	17 11	17 05	17 00	16 54	16 47	16 40	16 32	16 23	16 13	16 02	15 49	15 33	15 14
36	17 19	17 14	17 09	17 03	16 57	16 51	16 44	16 36	16 28	16 18	16 07	15 55	15 40	15 22

NAUTICAL TWILIGHT, 2009
UNIVERSAL TIME FOR MERIDIAN OF GREENWICH
BEGINNING OF MORNING NAUTICAL TWILIGHT

Lat.	−55°	−50°	−45°	−40°	−35°	−30°	−20°	−10°	0°	+10°	+20°	+30°	+35°	+40°
	h m	h m	h m	h m	h m	h m	h m	h m	h m	h m	h m	h m	h m	h m
Jan. −2	// //	2 03	2 48	3 18	3 41	4 00	4 29	4 51	5 10	5 27	5 43	5 59	6 08	6 17
2	0 20	2 09	2 52	3 22	3 45	4 03	4 31	4 53	5 12	5 28	5 44	6 00	6 09	6 18
6	0 47	2 16	2 57	3 26	3 48	4 06	4 34	4 56	5 14	5 30	5 45	6 01	6 09	6 18
10	1 07	2 23	3 03	3 31	3 52	4 10	4 37	4 58	5 16	5 31	5 46	6 01	6 09	6 18
14	1 25	2 32	3 10	3 36	3 57	4 14	4 40	5 00	5 17	5 33	5 47	6 02	6 09	6 17
18	1 41	2 41	3 16	3 42	4 01	4 18	4 43	5 03	5 19	5 34	5 47	6 01	6 08	6 16
22	1 57	2 50	3 23	3 47	4 06	4 22	4 46	5 05	5 21	5 34	5 47	6 00	6 07	6 14
26	2 12	3 00	3 31	3 53	4 11	4 26	4 49	5 07	5 22	5 35	5 47	5 59	6 05	6 12
30	2 27	3 10	3 38	3 59	4 16	4 30	4 52	5 09	5 23	5 35	5 47	5 58	6 03	6 09
Feb. 3	2 41	3 19	3 46	4 05	4 21	4 34	4 55	5 11	5 24	5 35	5 46	5 56	6 01	6 06
7	2 54	3 29	3 53	4 11	4 26	4 38	4 57	5 12	5 24	5 35	5 44	5 53	5 58	6 02
11	3 07	3 38	4 00	4 17	4 31	4 42	5 00	5 14	5 25	5 34	5 43	5 50	5 54	5 58
15	3 19	3 47	4 07	4 23	4 36	4 46	5 02	5 15	5 25	5 33	5 41	5 47	5 50	5 53
19	3 31	3 56	4 14	4 29	4 40	4 50	5 05	5 16	5 25	5 32	5 39	5 44	5 46	5 49
23	3 42	4 04	4 21	4 34	4 44	4 53	5 07	5 17	5 25	5 31	5 36	5 40	5 42	5 43
27	3 52	4 13	4 28	4 39	4 49	4 56	5 09	5 17	5 24	5 29	5 33	5 36	5 37	5 38
Mar. 3	4 03	4 20	4 34	4 44	4 53	5 00	5 10	5 18	5 24	5 28	5 31	5 32	5 32	5 32
7	4 12	4 28	4 40	4 49	4 57	5 03	5 12	5 18	5 23	5 26	5 28	5 28	5 27	5 26
11	4 22	4 36	4 46	4 54	5 00	5 06	5 13	5 19	5 22	5 24	5 24	5 23	5 22	5 20
15	4 31	4 43	4 52	4 59	5 04	5 08	5 15	5 19	5 21	5 22	5 21	5 18	5 16	5 13
19	4 40	4 50	4 57	5 03	5 08	5 11	5 16	5 19	5 20	5 19	5 17	5 13	5 10	5 07
23	4 48	4 57	5 03	5 07	5 11	5 14	5 17	5 19	5 19	5 17	5 14	5 08	5 05	5 00
27	4 56	5 03	5 08	5 12	5 14	5 16	5 18	5 19	5 17	5 15	5 10	5 03	4 59	4 53
31	5 04	5 09	5 13	5 16	5 17	5 18	5 19	5 18	5 16	5 12	5 07	4 58	4 53	4 46
Apr. 4	5 12	5 16	5 18	5 20	5 20	5 21	5 20	5 18	5 15	5 10	5 03	4 53	4 47	4 39

END OF EVENING NAUTICAL TWILIGHT

	−55°	−50°	−45°	−40°	−35°	−30°	−20°	−10°	0°	+10°	+20°	+30°	+35°	+40°
	h m	h m	h m	h m	h m	h m	h m	h m	h m	h m	h m	h m	h m	h m
Jan. −2	// //	22 00	21 16	20 46	20 23	20 05	19 36	19 13	18 55	18 38	18 22	18 06	17 57	17 48
2	23 40	21 58	21 15	20 46	20 23	20 05	19 37	19 15	18 56	18 40	18 24	18 08	18 00	17 51
6	23 20	21 55	21 14	20 45	20 23	20 05	19 38	19 16	18 58	18 42	18 27	18 11	18 03	17 54
10	23 05	21 50	21 11	20 44	20 22	20 05	19 38	19 17	19 00	18 44	18 29	18 14	18 06	17 58
14	22 50	21 45	21 08	20 41	20 21	20 04	19 38	19 18	19 01	18 46	18 31	18 17	18 09	18 01
18	22 36	21 38	21 04	20 38	20 19	20 03	19 38	19 18	19 02	18 47	18 34	18 20	18 13	18 05
22	22 23	21 31	20 59	20 35	20 16	20 01	19 37	19 18	19 03	18 49	18 36	18 23	18 17	18 10
26	22 10	21 24	20 53	20 31	20 13	19 59	19 36	19 18	19 03	18 50	18 38	18 26	18 20	18 14
30	21 57	21 15	20 47	20 26	20 10	19 56	19 34	19 18	19 04	18 52	18 40	18 29	18 24	18 18
Feb. 3	21 44	21 07	20 41	20 21	20 06	19 53	19 33	19 17	19 04	18 53	18 42	18 32	18 28	18 22
7	21 32	20 58	20 34	20 16	20 01	19 49	19 31	19 16	19 04	18 54	18 44	18 36	18 31	18 27
11	21 19	20 49	20 27	20 10	19 57	19 46	19 28	19 15	19 04	18 54	18 46	18 38	18 35	18 31
15	21 07	20 40	20 20	20 04	19 52	19 42	19 26	19 13	19 03	18 55	18 48	18 41	18 38	18 35
19	20 55	20 30	20 12	19 58	19 47	19 37	19 23	19 12	19 03	18 55	18 49	18 44	18 42	18 40
23	20 43	20 21	20 04	19 52	19 41	19 33	19 20	19 10	19 02	18 56	18 51	18 47	18 45	18 44
27	20 31	20 11	19 57	19 45	19 36	19 28	19 17	19 08	19 01	18 56	18 52	18 50	18 49	18 48
Mar. 3	20 19	20 02	19 49	19 39	19 30	19 24	19 13	19 06	19 00	18 56	18 54	18 52	18 52	18 53
7	20 08	19 52	19 41	19 32	19 25	19 19	19 10	19 03	18 59	18 56	18 55	18 55	18 56	18 57
11	19 56	19 43	19 33	19 25	19 19	19 14	19 06	19 01	18 58	18 56	18 56	18 57	18 59	19 01
15	19 45	19 34	19 25	19 18	19 13	19 09	19 03	18 59	18 57	18 56	18 57	19 00	19 02	19 05
19	19 34	19 24	19 17	19 12	19 07	19 04	18 59	18 57	18 56	18 56	18 58	19 03	19 06	19 10
23	19 23	19 15	19 09	19 05	19 02	18 59	18 56	18 54	18 54	18 56	19 00	19 05	19 09	19 14
27	19 13	19 06	19 02	18 58	18 56	18 54	18 52	18 52	18 53	18 56	19 01	19 08	19 13	19 18
31	19 03	18 58	18 54	18 52	18 50	18 49	18 49	18 50	18 52	18 56	19 02	19 10	19 16	19 23
Apr. 4	18 53	18 49	18 47	18 46	18 45	18 45	18 45	18 48	18 51	18 56	19 03	19 13	19 20	19 27

// // indicates continuous twilight.

NAUTICAL TWILIGHT, 2009

UNIVERSAL TIME FOR MERIDIAN OF GREENWICH
BEGINNING OF MORNING NAUTICAL TWILIGHT

Lat.	+40°	+42°	+44°	+46°	+48°	+50°	+52°	+54°	+56°	+58°	+60°	+62°	+64°	+66°
	h m	h m	h m	h m	h m	h m	h m	h m	h m	h m	h m	h m	h m	h m
Jan. −2	6 17	6 21	6 25	6 29	6 34	6 39	6 44	6 49	6 56	7 02	7 10	7 18	7 27	7 38
2	6 18	6 22	6 26	6 30	6 34	6 39	6 44	6 50	6 55	7 02	7 09	7 17	7 26	7 37
6	6 18	6 22	6 26	6 30	6 34	6 39	6 44	6 49	6 55	7 01	7 08	7 15	7 24	7 34
10	6 18	6 21	6 25	6 29	6 33	6 38	6 42	6 47	6 53	6 59	7 05	7 12	7 21	7 30
14	6 17	6 21	6 24	6 28	6 32	6 36	6 40	6 45	6 50	6 56	7 02	7 09	7 16	7 25
18	6 16	6 19	6 22	6 26	6 30	6 33	6 38	6 42	6 47	6 52	6 57	7 04	7 11	7 19
22	6 14	6 17	6 20	6 23	6 27	6 30	6 34	6 38	6 42	6 47	6 52	6 58	7 04	7 11
26	6 12	6 15	6 17	6 20	6 23	6 27	6 30	6 34	6 37	6 42	6 46	6 51	6 57	7 03
30	6 09	6 12	6 14	6 17	6 19	6 22	6 25	6 28	6 32	6 35	6 39	6 44	6 48	6 54
Feb. 3	6 06	6 08	6 10	6 12	6 15	6 17	6 20	6 23	6 25	6 28	6 32	6 35	6 39	6 44
7	6 02	6 04	6 06	6 08	6 10	6 12	6 14	6 16	6 18	6 21	6 24	6 26	6 30	6 33
11	5 58	5 59	6 01	6 03	6 04	6 06	6 07	6 09	6 11	6 13	6 15	6 17	6 19	6 21
15	5 53	5 55	5 56	5 57	5 58	5 59	6 00	6 02	6 03	6 04	6 05	6 07	6 08	6 09
19	5 49	5 49	5 50	5 51	5 52	5 52	5 53	5 54	5 54	5 55	5 55	5 56	5 56	5 56
23	5 43	5 44	5 44	5 45	5 45	5 45	5 45	5 45	5 45	5 45	5 45	5 45	5 44	5 43
27	5 38	5 38	5 38	5 38	5 38	5 37	5 37	5 37	5 36	5 35	5 34	5 33	5 31	5 29
Mar. 3	5 32	5 32	5 31	5 31	5 30	5 29	5 29	5 27	5 26	5 25	5 23	5 20	5 18	5 14
7	5 26	5 25	5 24	5 24	5 22	5 21	5 20	5 18	5 16	5 14	5 11	5 08	5 04	4 59
11	5 20	5 19	5 17	5 16	5 14	5 13	5 11	5 08	5 06	5 02	4 59	4 55	4 50	4 44
15	5 13	5 12	5 10	5 08	5 06	5 04	5 01	4 58	4 55	4 51	4 46	4 41	4 35	4 27
19	5 07	5 05	5 03	5 00	4 58	4 55	4 52	4 48	4 44	4 39	4 33	4 27	4 19	4 10
23	5 00	4 58	4 55	4 52	4 49	4 46	4 42	4 37	4 32	4 27	4 20	4 12	4 03	3 52
27	4 53	4 50	4 47	4 44	4 40	4 36	4 32	4 27	4 21	4 14	4 07	3 57	3 47	3 34
31	4 46	4 43	4 40	4 36	4 32	4 27	4 22	4 16	4 09	4 01	3 52	3 42	3 29	3 14
Apr. 4	4 39	4 36	4 32	4 28	4 23	4 17	4 11	4 05	3 57	3 48	3 38	3 26	3 11	2 53

END OF EVENING NAUTICAL TWILIGHT

Lat.	+40°	+42°	+44°	+46°	+48°	+50°	+52°	+54°	+56°	+58°	+60°	+62°	+64°	+66°
	h m	h m	h m	h m	h m	h m	h m	h m	h m	h m	h m	h m	h m	h m
Jan. −2	17 48	17 44	17 40	17 35	17 31	17 26	17 21	17 15	17 09	17 02	16 55	16 47	16 37	16 27
2	17 51	17 47	17 43	17 39	17 34	17 29	17 24	17 19	17 13	17 07	16 59	16 51	16 42	16 32
6	17 54	17 50	17 46	17 42	17 38	17 33	17 29	17 23	17 18	17 11	17 05	16 57	16 48	16 38
10	17 58	17 54	17 50	17 46	17 42	17 38	17 33	17 28	17 23	17 17	17 11	17 03	16 55	16 46
14	18 01	17 58	17 54	17 51	17 47	17 43	17 38	17 34	17 29	17 23	17 17	17 10	17 03	16 54
18	18 05	18 02	17 59	17 55	17 52	17 48	17 44	17 40	17 35	17 30	17 24	17 18	17 11	17 03
22	18 10	18 07	18 04	18 00	17 57	17 53	17 50	17 46	17 42	17 37	17 32	17 26	17 20	17 13
26	18 14	18 11	18 08	18 05	18 02	17 59	17 56	17 52	17 48	17 44	17 40	17 35	17 29	17 23
30	18 18	18 16	18 13	18 11	18 08	18 05	18 02	17 59	17 56	17 52	17 48	17 44	17 39	17 34
Feb. 3	18 22	18 20	18 18	18 16	18 14	18 11	18 09	18 06	18 03	18 00	17 57	17 53	17 49	17 45
7	18 27	18 25	18 23	18 21	18 19	18 17	18 15	18 13	18 11	18 08	18 06	18 03	18 00	17 57
11	18 31	18 30	18 28	18 27	18 25	18 23	18 22	18 20	18 19	18 17	18 15	18 13	18 11	18 08
15	18 35	18 34	18 33	18 32	18 31	18 30	18 29	18 28	18 26	18 25	18 24	18 23	18 22	18 20
19	18 40	18 39	18 38	18 37	18 37	18 36	18 35	18 35	18 34	18 34	18 34	18 33	18 33	18 33
23	18 44	18 44	18 43	18 43	18 43	18 42	18 42	18 42	18 42	18 43	18 43	18 44	18 44	18 45
27	18 48	18 48	18 48	18 48	18 49	18 49	18 49	18 50	18 51	18 52	18 53	18 54	18 56	18 58
Mar. 3	18 53	18 53	18 53	18 54	18 55	18 55	18 56	18 58	18 59	19 01	19 03	19 05	19 08	19 11
7	18 57	18 58	18 58	18 59	19 01	19 02	19 03	19 05	19 07	19 10	19 13	19 16	19 20	19 25
11	19 01	19 02	19 03	19 05	19 07	19 08	19 11	19 13	19 16	19 19	19 23	19 27	19 32	19 39
15	19 05	19 07	19 09	19 10	19 13	19 15	19 18	19 21	19 24	19 29	19 33	19 39	19 45	19 53
19	19 10	19 12	19 14	19 16	19 19	19 22	19 25	19 29	19 33	19 38	19 44	19 51	19 58	20 08
23	19 14	19 16	19 19	19 22	19 25	19 29	19 33	19 37	19 42	19 48	19 55	20 03	20 12	20 24
27	19 18	19 21	19 24	19 28	19 31	19 36	19 40	19 45	19 51	19 58	20 06	20 16	20 27	20 40
31	19 23	19 26	19 30	19 34	19 38	19 43	19 48	19 54	20 01	20 09	20 18	20 29	20 42	20 58
Apr. 4	19 27	19 31	19 35	19 40	19 44	19 50	19 56	20 03	20 11	20 20	20 30	20 43	20 58	21 17

NAUTICAL TWILIGHT, 2009
UNIVERSAL TIME FOR MERIDIAN OF GREENWICH
BEGINNING OF MORNING NAUTICAL TWILIGHT

Lat.	−55°	−50°	−45°	−40°	−35°	−30°	−20°	−10°	0°	+10°	+20°	+30°	+35°	+40°
	h m	h m	h m	h m	h m	h m	h m	h m	h m	h m	h m	h m	h m	h m
Mar. 31	5 04	5 09	5 13	5 16	5 17	5 18	5 19	5 18	5 16	5 12	5 07	4 58	4 53	4 46
Apr. 4	5 12	5 16	5 18	5 20	5 20	5 21	5 20	5 18	5 15	5 10	5 03	4 53	4 47	4 39
8	5 20	5 22	5 23	5 23	5 24	5 23	5 21	5 18	5 14	5 07	4 59	4 48	4 41	4 33
12	5 27	5 28	5 28	5 27	5 26	5 25	5 22	5 18	5 12	5 05	4 56	4 43	4 35	4 26
16	5 34	5 33	5 32	5 31	5 29	5 28	5 23	5 18	5 11	5 03	4 52	4 39	4 30	4 19
20	5 41	5 39	5 37	5 35	5 32	5 30	5 24	5 18	5 10	5 01	4 49	4 34	4 24	4 12
24	5 48	5 45	5 42	5 38	5 35	5 32	5 25	5 18	5 09	4 59	4 46	4 29	4 19	4 06
28	5 55	5 50	5 46	5 42	5 38	5 34	5 26	5 18	5 08	4 57	4 43	4 25	4 13	4 00
May 2	6 01	5 55	5 50	5 46	5 41	5 36	5 27	5 18	5 07	4 55	4 40	4 21	4 08	3 54
6	6 07	6 01	5 55	5 49	5 44	5 39	5 28	5 18	5 07	4 53	4 37	4 17	4 04	3 48
10	6 13	6 06	5 59	5 52	5 46	5 41	5 30	5 18	5 06	4 52	4 35	4 13	3 59	3 42
14	6 19	6 10	6 03	5 56	5 49	5 43	5 31	5 19	5 06	4 51	4 33	4 10	3 55	3 37
18	6 25	6 15	6 06	5 59	5 52	5 45	5 32	5 19	5 05	4 50	4 31	4 07	3 52	3 33
22	6 30	6 19	6 10	6 02	5 54	5 47	5 34	5 20	5 05	4 49	4 29	4 04	3 48	3 29
26	6 35	6 23	6 13	6 05	5 57	5 49	5 35	5 21	5 05	4 48	4 28	4 02	3 45	3 25
30	6 39	6 27	6 17	6 07	5 59	5 51	5 36	5 21	5 06	4 48	4 27	4 00	3 43	3 22
June 3	6 43	6 30	6 19	6 10	6 01	5 53	5 38	5 22	5 06	4 48	4 27	3 59	3 41	3 20
7	6 46	6 33	6 22	6 12	6 03	5 55	5 39	5 23	5 07	4 48	4 26	3 58	3 40	3 18
11	6 49	6 36	6 24	6 14	6 05	5 56	5 40	5 24	5 07	4 49	4 26	3 58	3 39	3 17
15	6 51	6 38	6 26	6 16	6 06	5 58	5 41	5 25	5 08	4 49	4 27	3 58	3 39	3 16
19	6 53	6 39	6 27	6 17	6 07	5 59	5 42	5 26	5 09	4 50	4 27	3 58	3 39	3 16
23	6 54	6 40	6 28	6 18	6 08	6 00	5 43	5 27	5 10	4 51	4 28	3 59	3 40	3 17
27	6 54	6 40	6 28	6 18	6 09	6 00	5 44	5 28	5 11	4 52	4 29	4 00	3 42	3 19
July 1	6 53	6 40	6 28	6 18	6 09	6 00	5 44	5 28	5 12	4 53	4 31	4 02	3 44	3 21
5	6 52	6 39	6 28	6 18	6 09	6 00	5 45	5 29	5 12	4 54	4 32	4 04	3 46	3 23

END OF EVENING NAUTICAL TWILIGHT

Lat.	−55°	−50°	−45°	−40°	−35°	−30°	−20°	−10°	0°	+10°	+20°	+30°	+35°	+40°
	h m	h m	h m	h m	h m	h m	h m	h m	h m	h m	h m	h m	h m	h m
Mar. 31	19 03	18 58	18 54	18 52	18 50	18 49	18 49	18 50	18 52	18 56	19 02	19 10	19 16	19 23
Apr. 4	18 53	18 49	18 47	18 46	18 45	18 45	18 45	18 48	18 51	18 56	19 03	19 13	19 20	19 27
8	18 43	18 41	18 40	18 39	18 40	18 40	18 42	18 46	18 50	18 56	19 05	19 16	19 23	19 32
12	18 33	18 33	18 33	18 34	18 34	18 36	18 39	18 44	18 49	18 57	19 06	19 19	19 27	19 37
16	18 24	18 25	18 26	18 28	18 30	18 32	18 36	18 42	18 48	18 57	19 07	19 22	19 31	19 41
20	18 16	18 18	18 20	18 22	18 25	18 28	18 33	18 40	18 48	18 57	19 09	19 25	19 34	19 46
24	18 07	18 11	18 14	18 17	18 21	18 24	18 31	18 39	18 47	18 58	19 11	19 28	19 38	19 51
28	17 59	18 04	18 08	18 12	18 16	18 20	18 29	18 37	18 47	18 58	19 12	19 31	19 42	19 56
May 2	17 52	17 58	18 03	18 08	18 13	18 17	18 26	18 36	18 47	18 59	19 14	19 34	19 46	20 01
6	17 45	17 52	17 58	18 04	18 09	18 14	18 25	18 35	18 47	19 00	19 16	19 37	19 50	20 06
10	17 39	17 47	17 54	18 00	18 06	18 12	18 23	18 34	18 47	19 01	19 18	19 40	19 54	20 11
14	17 33	17 42	17 50	17 57	18 03	18 09	18 22	18 34	18 47	19 02	19 20	19 43	19 58	20 16
18	17 27	17 37	17 46	17 54	18 01	18 08	18 20	18 34	18 47	19 03	19 22	19 46	20 02	20 21
22	17 23	17 34	17 43	17 51	17 59	18 06	18 20	18 33	18 48	19 04	19 24	19 49	20 06	20 25
26	17 19	17 30	17 40	17 49	17 57	18 05	18 19	18 33	18 49	19 06	19 26	19 52	20 09	20 30
30	17 16	17 28	17 38	17 47	17 56	18 04	18 19	18 34	18 49	19 07	19 28	19 55	20 12	20 34
June 3	17 13	17 26	17 37	17 46	17 55	18 03	18 19	18 34	18 50	19 08	19 30	19 58	20 15	20 37
7	17 11	17 24	17 36	17 46	17 55	18 03	18 19	18 35	18 51	19 10	19 32	20 00	20 18	20 40
11	17 10	17 24	17 35	17 45	17 54	18 03	18 19	18 35	18 52	19 11	19 33	20 02	20 20	20 43
15	17 09	17 23	17 35	17 45	17 55	18 03	18 20	18 36	18 53	19 12	19 34	20 03	20 22	20 45
19	17 10	17 24	17 35	17 46	17 55	18 04	18 21	18 37	18 54	19 13	19 35	20 05	20 23	20 46
23	17 11	17 25	17 36	17 47	17 56	18 05	18 21	18 38	18 55	19 14	19 36	20 05	20 24	20 47
27	17 12	17 26	17 38	17 48	17 57	18 06	18 22	18 39	18 55	19 14	19 37	20 06	20 24	20 47
July 1	17 14	17 28	17 40	17 50	17 59	18 07	18 24	18 39	18 56	19 15	19 37	20 06	20 24	20 47
5	17 17	17 31	17 42	17 52	18 01	18 09	18 25	18 40	18 57	19 15	19 37	20 05	20 23	20 45

NAUTICAL TWILIGHT, 2009

UNIVERSAL TIME FOR MERIDIAN OF GREENWICH
BEGINNING OF MORNING NAUTICAL TWILIGHT

Lat.	+40°	+42°	+44°	+46°	+48°	+50°	+52°	+54°	+56°	+58°	+60°	+62°	+64°	+66°
	h m	h m	h m	h m	h m	h m	h m	h m	h m	h m	h m	h m	h m	h m
Mar. 31	4 46	4 43	4 40	4 36	4 32	4 27	4 22	4 16	4 09	4 01	3 52	3 42	3 29	3 14
Apr. 4	4 39	4 36	4 32	4 28	4 23	4 17	4 11	4 05	3 57	3 48	3 38	3 26	3 11	2 53
8	4 33	4 28	4 24	4 19	4 14	4 08	4 01	3 54	3 45	3 35	3 23	3 09	2 52	2 30
12	4 26	4 21	4 16	4 11	4 05	3 58	3 51	3 42	3 32	3 21	3 08	2 51	2 31	2 04
16	4 19	4 14	4 09	4 03	3 56	3 49	3 40	3 31	3 20	3 07	2 52	2 33	2 08	1 32
20	4 12	4 07	4 01	3 54	3 47	3 39	3 30	3 19	3 07	2 52	2 35	2 12	1 41	0 46
24	4 06	4 00	3 54	3 46	3 38	3 29	3 19	3 08	2 54	2 37	2 17	1 50	1 08	// //
28	4 00	3 53	3 46	3 38	3 30	3 20	3 09	2 56	2 41	2 22	1 58	1 23	// //	// //
May 2	3 54	3 47	3 39	3 31	3 21	3 11	2 58	2 44	2 27	2 05	1 36	0 47	// //	// //
6	3 48	3 41	3 32	3 23	3 13	3 02	2 48	2 32	2 13	1 48	1 11	// //	// //	// //
10	3 42	3 35	3 26	3 16	3 05	2 53	2 38	2 21	1 59	1 29	0 35	// //	// //	// //
14	3 37	3 29	3 20	3 10	2 58	2 44	2 28	2 09	1 44	1 07	// //	// //	// //	// //
18	3 33	3 24	3 14	3 03	2 51	2 36	2 19	1 57	1 28	0 37	// //	// //	// //	// //
22	3 29	3 19	3 09	2 58	2 44	2 29	2 10	1 46	1 11	// //	// //	// //	// //	// //
26	3 25	3 15	3 05	2 52	2 38	2 22	2 01	1 34	0 52	// //	// //	// //	// //	// //
30	3 22	3 12	3 01	2 48	2 33	2 15	1 53	1 23	0 26	// //	// //	// //	// //	// //
June 3	3 20	3 09	2 58	2 44	2 29	2 10	1 46	1 13	// //	// //	// //	// //	// //	// //
7	3 18	3 07	2 55	2 41	2 25	2 06	1 41	1 03	// //	// //	// //	// //	// //	// //
11	3 17	3 06	2 53	2 39	2 23	2 03	1 36	0 55	// //	// //	// //	// //	// //	// //
15	3 16	3 05	2 53	2 38	2 21	2 01	1 33	0 48	// //	// //	// //	// //	// //	▭
19	3 16	3 05	2 53	2 38	2 21	2 00	1 32	0 45	// //	// //	// //	// //	// //	▭
23	3 17	3 06	2 53	2 39	2 22	2 01	1 33	0 46	// //	// //	// //	// //	// //	▭
27	3 19	3 08	2 55	2 41	2 24	2 03	1 36	0 50	// //	// //	// //	// //	// //	▭
July 1	3 21	3 10	2 58	2 43	2 27	2 06	1 40	0 58	// //	// //	// //	// //	// //	// //
5	3 23	3 13	3 01	2 47	2 31	2 11	1 46	1 08	// //	// //	// //	// //	// //	// //

END OF EVENING NAUTICAL TWILIGHT

Lat.	+40°	+42°	+44°	+46°	+48°	+50°	+52°	+54°	+56°	+58°	+60°	+62°	+64°	+66°
	h m	h m	h m	h m	h m	h m	h m	h m	h m	h m	h m	h m	h m	h m
Mar. 31	19 23	19 26	19 30	19 34	19 38	19 43	19 48	19 54	20 01	20 09	20 18	20 29	20 42	20 58
Apr. 4	19 27	19 31	19 35	19 40	19 44	19 50	19 56	20 03	20 11	20 20	20 30	20 43	20 58	21 17
8	19 32	19 36	19 41	19 46	19 51	19 57	20 04	20 12	20 21	20 31	20 43	20 58	21 16	21 39
12	19 37	19 41	19 46	19 52	19 58	20 05	20 12	20 21	20 31	20 43	20 57	21 13	21 35	22 04
16	19 41	19 47	19 52	19 58	20 05	20 12	20 21	20 31	20 42	20 55	21 11	21 31	21 57	22 35
20	19 46	19 52	19 58	20 05	20 12	20 20	20 30	20 41	20 53	21 08	21 26	21 50	22 23	23 31
24	19 51	19 57	20 04	20 11	20 19	20 28	20 39	20 51	21 05	21 22	21 43	22 11	22 58	// //
28	19 56	20 03	20 10	20 18	20 27	20 37	20 48	21 01	21 17	21 36	22 01	22 38	// //	// //
May 2	20 01	20 08	20 16	20 24	20 34	20 45	20 57	21 12	21 30	21 52	22 23	23 19	// //	// //
6	20 06	20 14	20 22	20 31	20 41	20 53	21 07	21 23	21 43	22 09	22 49	// //	// //	// //
10	20 11	20 19	20 28	20 38	20 49	21 02	21 17	21 34	21 57	22 28	23 33	// //	// //	// //
14	20 16	20 24	20 34	20 44	20 56	21 10	21 26	21 46	22 12	22 52	// //	// //	// //	// //
18	20 21	20 30	20 40	20 51	21 03	21 18	21 36	21 58	22 28	23 26	// //	// //	// //	// //
22	20 25	20 35	20 45	20 57	21 10	21 26	21 45	22 10	22 46	// //	// //	// //	// //	// //
26	20 30	20 39	20 50	21 03	21 17	21 34	21 55	22 22	23 07	// //	// //	// //	// //	// //
30	20 34	20 44	20 55	21 08	21 23	21 41	22 03	22 34	23 39	// //	// //	// //	// //	// //
June 3	20 37	20 48	20 59	21 13	21 29	21 47	22 11	22 46	// //	// //	// //	// //	// //	// //
7	20 40	20 51	21 03	21 17	21 33	21 53	22 18	22 57	// //	// //	// //	// //	// //	// //
11	20 43	20 54	21 06	21 20	21 37	21 57	22 24	23 06	// //	// //	// //	// //	// //	// //
15	20 45	20 56	21 09	21 23	21 40	22 01	22 28	23 14	// //	// //	// //	// //	// //	▭
19	20 46	20 58	21 10	21 25	21 42	22 03	22 31	23 18	// //	// //	// //	// //	// //	▭
23	20 47	20 58	21 11	21 25	21 42	22 04	22 31	23 18	// //	// //	// //	// //	// //	▭
27	20 47	20 58	21 11	21 25	21 42	22 03	22 30	23 14	// //	// //	// //	// //	// //	▭
July 1	20 47	20 58	21 10	21 24	21 40	22 01	22 27	23 08	// //	// //	// //	// //	// //	// //
5	20 45	20 56	21 08	21 22	21 38	21 57	22 22	22 59	// //	// //	// //	// //	// //	// //

▭ indicates Sun continuously above horizon.
// // indicates continuous twilight.

NAUTICAL TWILIGHT, 2009
UNIVERSAL TIME FOR MERIDIAN OF GREENWICH
BEGINNING OF MORNING NAUTICAL TWILIGHT

Lat.	−55°	−50°	−45°	−40°	−35°	−30°	−20°	−10°	0°	+10°	+20°	+30°	+35°	+40°
	h m	h m	h m	h m	h m	h m	h m	h m	h m	h m	h m	h m	h m	h m
July 1	6 53	6 40	6 28	6 18	6 09	6 00	5 44	5 28	5 12	4 53	4 31	4 02	3 44	3 21
5	6 52	6 39	6 28	6 18	6 09	6 00	5 45	5 29	5 12	4 54	4 32	4 04	3 46	3 23
9	6 50	6 37	6 27	6 17	6 08	6 00	5 45	5 29	5 13	4 55	4 34	4 06	3 48	3 26
13	6 47	6 35	6 25	6 16	6 07	5 59	5 44	5 30	5 14	4 56	4 35	4 08	3 51	3 30
17	6 44	6 32	6 23	6 14	6 06	5 58	5 44	5 30	5 15	4 58	4 37	4 11	3 54	3 34
21	6 40	6 29	6 20	6 12	6 04	5 57	5 43	5 30	5 15	4 59	4 39	4 14	3 58	3 38
25	6 35	6 25	6 17	6 09	6 02	5 55	5 42	5 29	5 16	5 00	4 41	4 17	4 01	3 43
29	6 30	6 21	6 13	6 06	5 59	5 53	5 41	5 29	5 16	5 01	4 43	4 20	4 05	3 47
Aug. 2	6 24	6 16	6 09	6 02	5 56	5 51	5 40	5 28	5 16	5 02	4 45	4 23	4 09	3 52
6	6 17	6 10	6 04	5 58	5 53	5 48	5 38	5 27	5 16	5 03	4 46	4 26	4 13	3 57
10	6 10	6 04	5 59	5 54	5 50	5 45	5 36	5 26	5 16	5 03	4 48	4 29	4 16	4 01
14	6 02	5 58	5 54	5 50	5 46	5 42	5 34	5 25	5 15	5 04	4 50	4 32	4 20	4 06
18	5 54	5 51	5 48	5 45	5 41	5 38	5 31	5 23	5 15	5 04	4 51	4 34	4 24	4 11
22	5 46	5 44	5 42	5 39	5 37	5 34	5 28	5 22	5 14	5 04	4 53	4 37	4 27	4 16
26	5 37	5 36	5 35	5 34	5 32	5 30	5 25	5 20	5 13	5 05	4 54	4 40	4 31	4 20
30	5 28	5 29	5 28	5 28	5 27	5 26	5 22	5 18	5 12	5 05	4 55	4 43	4 34	4 25
Sept. 3	5 18	5 20	5 21	5 22	5 22	5 21	5 19	5 16	5 11	5 05	4 56	4 45	4 38	4 29
7	5 09	5 12	5 14	5 16	5 16	5 16	5 16	5 13	5 10	5 05	4 58	4 48	4 41	4 33
11	4 59	5 03	5 07	5 09	5 11	5 12	5 12	5 11	5 09	5 05	4 59	4 50	4 44	4 38
15	4 48	4 55	4 59	5 03	5 05	5 07	5 08	5 09	5 07	5 04	5 00	4 52	4 48	4 42
19	4 38	4 46	4 51	4 56	4 59	5 02	5 05	5 06	5 06	5 04	5 01	4 55	4 51	4 46
23	4 27	4 36	4 44	4 49	4 53	4 57	5 01	5 04	5 04	5 04	5 01	4 57	4 54	4 50
27	4 16	4 27	4 36	4 42	4 47	4 51	4 57	5 01	5 03	5 03	5 02	4 59	4 57	4 54
Oct. 1	4 04	4 18	4 28	4 35	4 41	4 46	4 54	4 59	5 02	5 03	5 03	5 02	5 00	4 58
5	3 53	4 08	4 20	4 28	4 35	4 41	4 50	4 56	5 00	5 03	5 04	5 04	5 03	5 02

END OF EVENING NAUTICAL TWILIGHT

Lat.	−55°	−50°	−45°	−40°	−35°	−30°	−20°	−10°	0°	+10°	+20°	+30°	+35°	+40°
	h m	h m	h m	h m	h m	h m	h m	h m	h m	h m	h m	h m	h m	h m
July 1	17 14	17 28	17 40	17 50	17 59	18 07	18 24	18 39	18 56	19 15	19 37	20 06	20 24	20 47
5	17 17	17 31	17 42	17 52	18 01	18 09	18 25	18 40	18 57	19 15	19 37	20 05	20 23	20 45
9	17 21	17 33	17 44	17 54	18 02	18 11	18 26	18 41	18 57	19 15	19 37	20 04	20 22	20 43
13	17 25	17 37	17 47	17 56	18 04	18 12	18 27	18 42	18 58	19 15	19 36	20 03	20 20	20 41
17	17 29	17 40	17 50	17 59	18 07	18 14	18 28	18 43	18 58	19 15	19 35	20 01	20 17	20 38
21	17 34	17 44	17 53	18 01	18 09	18 16	18 30	18 43	18 58	19 14	19 33	19 59	20 14	20 34
25	17 39	17 48	17 57	18 04	18 11	18 18	18 31	18 44	18 58	19 13	19 32	19 56	20 11	20 30
29	17 44	17 53	18 00	18 07	18 14	18 20	18 32	18 44	18 57	19 12	19 30	19 53	20 07	20 25
Aug. 2	17 50	17 57	18 04	18 11	18 16	18 22	18 33	18 44	18 57	19 11	19 28	19 49	20 03	20 20
6	17 55	18 02	18 08	18 14	18 19	18 24	18 34	18 45	18 56	19 09	19 25	19 46	19 58	20 14
10	18 02	18 07	18 12	18 17	18 22	18 26	18 35	18 45	18 55	19 07	19 22	19 41	19 54	20 08
14	18 08	18 12	18 16	18 20	18 24	18 28	18 36	18 45	18 54	19 05	19 19	19 37	19 48	20 02
18	18 14	18 17	18 21	18 24	18 27	18 30	18 37	18 44	18 53	19 03	19 16	19 33	19 43	19 56
22	18 21	18 23	18 25	18 27	18 29	18 32	18 38	18 44	18 52	19 01	19 13	19 28	19 38	19 49
26	18 27	18 28	18 29	18 30	18 32	18 34	18 38	18 44	18 50	18 59	19 09	19 23	19 32	19 43
30	18 34	18 34	18 34	18 34	18 35	18 36	18 39	18 43	18 49	18 56	19 05	19 18	19 26	19 36
Sept. 3	18 41	18 39	18 38	18 37	18 38	18 38	18 40	18 43	18 48	18 54	19 02	19 13	19 20	19 29
7	18 49	18 45	18 43	18 41	18 40	18 40	18 41	18 43	18 46	18 51	18 58	19 08	19 14	19 22
11	18 56	18 51	18 47	18 45	18 43	18 42	18 41	18 42	18 45	18 48	18 54	19 02	19 08	19 15
15	19 04	18 57	18 52	18 49	18 46	18 44	18 42	18 42	18 43	18 46	18 50	18 57	19 02	19 08
19	19 11	19 03	18 57	18 52	18 49	18 46	18 43	18 42	18 42	18 43	18 47	18 52	18 56	19 01
23	19 19	19 09	19 02	18 56	18 52	18 49	18 44	18 41	18 40	18 41	18 43	18 47	18 50	18 54
27	19 28	19 16	19 07	19 01	18 55	18 51	18 45	18 41	18 39	18 38	18 39	18 42	18 44	18 47
Oct. 1	19 36	19 23	19 13	19 05	18 59	18 53	18 46	18 41	18 38	18 36	18 36	18 37	18 38	18 41
5	19 45	19 30	19 18	19 09	19 02	18 56	18 47	18 41	18 36	18 34	18 32	18 32	18 33	18 34

NAUTICAL TWILIGHT, 2009

A35

UNIVERSAL TIME FOR MERIDIAN OF GREENWICH
BEGINNING OF MORNING NAUTICAL TWILIGHT

Lat.	+40°	+42°	+44°	+46°	+48°	+50°	+52°	+54°	+56°	+58°	+60°	+62°	+64°	+66°
	h m	h m	h m	h m	h m	h m	h m	h m	h m	h m	h m	h m	h m	h m
July 1	3 21	3 10	2 58	2 43	2 27	2 06	1 40	0 58	// //	// //	// //	// //	// //	// //
5	3 23	3 13	3 01	2 47	2 31	2 11	1 46	1 08	// //	// //	// //	// //	// //	// //
9	3 26	3 16	3 04	2 51	2 35	2 17	1 53	1 19	// //	// //	// //	// //	// //	// //
13	3 30	3 20	3 09	2 56	2 41	2 23	2 01	1 31	0 30	// //	// //	// //	// //	// //
17	3 34	3 24	3 13	3 01	2 47	2 30	2 10	1 42	0 59	// //	// //	// //	// //	// //
21	3 38	3 29	3 19	3 07	2 53	2 38	2 19	1 54	1 19	// //	// //	// //	// //	// //
25	3 43	3 34	3 24	3 13	3 00	2 46	2 28	2 06	1 36	0 41	// //	// //	// //	// //
29	3 47	3 39	3 30	3 19	3 07	2 54	2 37	2 18	1 52	1 13	// //	// //	// //	// //
Aug. 2	3 52	3 44	3 35	3 25	3 14	3 02	2 47	2 29	2 07	1 36	0 35	// //	// //	// //
6	3 57	3 49	3 41	3 32	3 22	3 10	2 56	2 40	2 20	1 55	1 16	// //	// //	// //
10	4 01	3 54	3 47	3 38	3 29	3 18	3 06	2 51	2 33	2 11	1 41	0 46	// //	// //
14	4 06	4 00	3 53	3 45	3 36	3 26	3 15	3 01	2 46	2 27	2 02	1 25	// //	// //
18	4 11	4 05	3 58	3 51	3 43	3 34	3 24	3 12	2 58	2 41	2 20	1 51	1 05	// //
22	4 16	4 10	4 04	3 57	3 50	3 42	3 32	3 21	3 09	2 54	2 36	2 13	1 40	0 33
26	4 20	4 15	4 10	4 03	3 57	3 49	3 41	3 31	3 20	3 07	2 51	2 31	2 05	1 27
30	4 25	4 20	4 15	4 09	4 03	3 57	3 49	3 40	3 30	3 19	3 05	2 48	2 26	1 57
Sept. 3	4 29	4 25	4 20	4 15	4 10	4 04	3 57	3 49	3 40	3 30	3 18	3 03	2 45	2 22
7	4 33	4 30	4 26	4 21	4 16	4 11	4 05	3 58	3 50	3 41	3 30	3 18	3 02	2 43
11	4 38	4 34	4 31	4 27	4 23	4 18	4 12	4 06	3 59	3 51	3 42	3 31	3 18	3 02
15	4 42	4 39	4 36	4 32	4 29	4 24	4 20	4 14	4 08	4 01	3 53	3 44	3 33	3 19
19	4 46	4 43	4 41	4 38	4 35	4 31	4 27	4 22	4 17	4 11	4 04	3 56	3 47	3 35
23	4 50	4 48	4 46	4 43	4 41	4 38	4 34	4 30	4 26	4 21	4 15	4 08	4 00	3 51
27	4 54	4 52	4 51	4 49	4 46	4 44	4 41	4 38	4 34	4 30	4 25	4 20	4 13	4 05
Oct. 1	4 58	4 57	4 55	4 54	4 52	4 50	4 48	4 46	4 43	4 39	4 35	4 31	4 25	4 19
5	5 02	5 01	5 00	4 59	4 58	4 56	4 55	4 53	4 51	4 48	4 45	4 42	4 38	4 33

END OF EVENING NAUTICAL TWILIGHT

	h m	h m	h m	h m	h m	h m	h m	h m	h m	h m	h m	h m	h m	h m
July 1	20 47	20 58	21 10	21 24	21 40	22 01	22 27	23 08	// //	// //	// //	// //	// //	// //
5	20 45	20 56	21 08	21 22	21 38	21 57	22 22	22 59	// //	// //	// //	// //	// //	// //
9	20 43	20 54	21 05	21 19	21 34	21 53	22 16	22 49	// //	// //	// //	// //	// //	// //
13	20 41	20 51	21 02	21 15	21 30	21 47	22 09	22 39	23 33	// //	// //	// //	// //	// //
17	20 38	20 47	20 58	21 10	21 24	21 41	22 01	22 27	23 09	// //	// //	// //	// //	// //
21	20 34	20 43	20 53	21 05	21 18	21 34	21 52	22 16	22 50	// //	// //	// //	// //	// //
25	20 30	20 38	20 48	20 59	21 12	21 26	21 43	22 05	22 33	23 22	// //	// //	// //	// //
29	20 25	20 33	20 42	20 53	21 04	21 18	21 34	21 53	22 18	22 54	// //	// //	// //	// //
Aug. 2	20 20	20 28	20 36	20 46	20 57	21 09	21 24	21 41	22 03	22 32	23 24	// //	// //	// //
6	20 14	20 22	20 30	20 39	20 49	21 00	21 14	21 29	21 49	22 13	22 50	// //	// //	// //
10	20 08	20 15	20 23	20 31	20 40	20 51	21 03	21 18	21 35	21 56	22 25	23 13	// //	// //
14	20 02	20 09	20 16	20 23	20 32	20 42	20 53	21 06	21 21	21 40	22 04	22 38	// //	// //
18	19 56	20 02	20 08	20 15	20 23	20 32	20 42	20 54	21 08	21 24	21 44	22 11	22 53	// //
22	19 49	19 55	20 01	20 07	20 14	20 23	20 32	20 42	20 55	21 09	21 27	21 49	22 20	23 14
26	19 43	19 47	19 53	19 59	20 06	20 13	20 21	20 31	20 42	20 54	21 10	21 29	21 54	22 29
30	19 36	19 40	19 45	19 51	19 56	20 03	20 11	20 19	20 29	20 40	20 54	21 10	21 31	21 58
Sept. 3	19 29	19 33	19 37	19 42	19 47	19 53	20 00	20 08	20 16	20 27	20 38	20 52	21 10	21 32
7	19 22	19 25	19 29	19 34	19 38	19 44	19 50	19 57	20 04	20 13	20 23	20 36	20 50	21 09
11	19 15	19 18	19 21	19 25	19 29	19 34	19 39	19 45	19 52	20 00	20 09	20 19	20 32	20 48
15	19 08	19 11	19 14	19 17	19 21	19 25	19 29	19 34	19 40	19 47	19 55	20 04	20 15	20 28
19	19 01	19 03	19 06	19 09	19 12	19 15	19 19	19 24	19 29	19 34	19 41	19 49	19 58	20 09
23	18 54	18 56	18 58	19 00	19 03	19 06	19 09	19 13	19 17	19 22	19 28	19 34	19 42	19 51
27	18 47	18 49	18 50	18 52	18 54	18 57	19 00	19 03	19 06	19 10	19 15	19 20	19 27	19 34
Oct. 1	18 41	18 42	18 43	18 44	18 46	18 48	18 50	18 52	18 55	18 58	19 02	19 07	19 12	19 18
5	18 34	18 35	18 36	18 37	18 38	18 39	18 41	18 43	18 45	18 47	18 50	18 53	18 57	19 02

// // indicates continuous twilight.

NAUTICAL TWILIGHT, 2009
UNIVERSAL TIME FOR MERIDIAN OF GREENWICH
BEGINNING OF MORNING NAUTICAL TWILIGHT

Lat.	−55°	−50°	−45°	−40°	−35°	−30°	−20°	−10°	0°	+10°	+20°	+30°	+35°	+40°
	h m	h m	h m	h m	h m	h m	h m	h m	h m	h m	h m	h m	h m	h m
Oct. 1	4 04	4 18	4 28	4 35	4 41	4 46	4 54	4 59	5 02	5 03	5 03	5 02	5 00	4 58
5	3 53	4 08	4 20	4 28	4 35	4 41	4 50	4 56	5 00	5 03	5 04	5 04	5 03	5 02
9	3 41	3 59	4 11	4 22	4 30	4 36	4 46	4 54	4 59	5 03	5 05	5 06	5 06	5 06
13	3 30	3 49	4 03	4 15	4 24	4 31	4 43	4 51	4 58	5 03	5 06	5 09	5 09	5 10
17	3 18	3 39	3 56	4 08	4 18	4 26	4 39	4 49	4 57	5 03	5 07	5 11	5 13	5 14
21	3 06	3 30	3 48	4 01	4 13	4 22	4 36	4 47	4 56	5 03	5 09	5 14	5 16	5 18
25	2 54	3 20	3 40	3 55	4 07	4 17	4 33	4 45	4 55	5 03	5 10	5 16	5 19	5 22
29	2 41	3 11	3 32	3 49	4 02	4 13	4 30	4 44	4 54	5 03	5 12	5 19	5 22	5 26
Nov. 2	2 29	3 02	3 25	3 43	3 57	4 09	4 28	4 42	4 54	5 04	5 13	5 22	5 26	5 30
6	2 16	2 53	3 18	3 38	3 53	4 05	4 25	4 41	4 54	5 05	5 15	5 24	5 29	5 34
10	2 04	2 44	3 12	3 32	3 49	4 02	4 23	4 40	4 54	5 06	5 17	5 27	5 33	5 38
14	1 51	2 36	3 06	3 28	3 45	3 59	4 22	4 39	4 54	5 07	5 18	5 30	5 36	5 42
18	1 38	2 28	3 00	3 23	3 42	3 57	4 20	4 39	4 54	5 08	5 21	5 33	5 40	5 46
22	1 24	2 21	2 55	3 20	3 39	3 55	4 19	4 39	4 55	5 09	5 23	5 36	5 43	5 50
26	1 11	2 14	2 50	3 16	3 37	3 53	4 19	4 39	4 56	5 11	5 25	5 39	5 46	5 54
30	0 57	2 08	2 47	3 14	3 35	3 52	4 19	4 39	4 57	5 12	5 27	5 42	5 50	5 58
Dec. 4	0 41	2 03	2 44	3 12	3 34	3 51	4 19	4 40	4 58	5 14	5 29	5 45	5 53	6 02
8	0 23	1 59	2 42	3 11	3 33	3 51	4 19	4 41	5 00	5 16	5 32	5 48	5 56	6 05
12	// //	1 57	2 41	3 11	3 33	3 52	4 20	4 43	5 01	5 18	5 34	5 50	5 59	6 08
16	// //	1 56	2 41	3 11	3 34	3 53	4 22	4 44	5 03	5 20	5 36	5 53	6 01	6 11
20	// //	1 56	2 42	3 12	3 36	3 54	4 23	4 46	5 05	5 22	5 38	5 55	6 04	6 13
24	// //	1 58	2 44	3 15	3 38	3 56	4 26	4 48	5 07	5 24	5 40	5 57	6 06	6 15
28	// //	2 02	2 47	3 17	3 40	3 59	4 28	4 50	5 09	5 26	5 42	5 59	6 07	6 17
32	// //	2 07	2 51	3 21	3 43	4 02	4 30	4 53	5 11	5 28	5 44	6 00	6 08	6 18
36	0 40	2 13	2 56	3 25	3 47	4 05	4 33	4 55	5 13	5 30	5 45	6 01	6 09	6 18

END OF EVENING NAUTICAL TWILIGHT

Lat.	−55°	−50°	−45°	−40°	−35°	−30°	−20°	−10°	0°	+10°	+20°	+30°	+35°	+40°
	h m	h m	h m	h m	h m	h m	h m	h m	h m	h m	h m	h m	h m	h m
Oct. 1	19 36	19 23	19 13	19 05	18 59	18 53	18 46	18 41	18 38	18 36	18 36	18 37	18 38	18 41
5	19 45	19 30	19 18	19 09	19 02	18 56	18 47	18 41	18 36	18 34	18 32	18 32	18 33	18 34
9	19 55	19 37	19 24	19 14	19 06	18 59	18 48	18 41	18 35	18 32	18 29	18 28	18 28	18 28
13	20 05	19 45	19 30	19 19	19 09	19 02	18 50	18 41	18 35	18 30	18 26	18 23	18 22	18 22
17	20 15	19 53	19 36	19 24	19 13	19 05	18 52	18 42	18 34	18 28	18 23	18 19	18 18	18 16
21	20 26	20 01	19 43	19 29	19 17	19 08	18 53	18 42	18 33	18 26	18 20	18 15	18 13	18 11
25	20 37	20 09	19 49	19 34	19 22	19 11	18 55	18 43	18 33	18 25	18 18	18 12	18 09	18 06
29	20 48	20 18	19 56	19 39	19 26	19 15	18 57	18 44	18 33	18 24	18 16	18 08	18 05	18 01
Nov. 2	21 01	20 27	20 03	19 45	19 31	19 19	19 00	18 45	18 33	18 23	18 14	18 05	18 01	17 57
6	21 13	20 36	20 10	19 51	19 35	19 22	19 02	18 47	18 34	18 22	18 12	18 03	17 58	17 53
10	21 27	20 45	20 17	19 56	19 40	19 26	19 05	18 48	18 34	18 22	18 11	18 00	17 55	17 49
14	21 41	20 55	20 25	20 02	19 45	19 30	19 08	18 50	18 35	18 22	18 10	17 58	17 52	17 46
18	21 56	21 04	20 32	20 08	19 49	19 34	19 10	18 52	18 36	18 23	18 10	17 57	17 50	17 44
22	22 11	21 13	20 39	20 14	19 54	19 38	19 13	18 54	18 37	18 23	18 10	17 56	17 49	17 42
26	22 27	21 22	20 45	20 19	19 59	19 42	19 16	18 56	18 39	18 24	18 10	17 55	17 48	17 40
30	22 45	21 31	20 52	20 24	20 03	19 46	19 19	18 58	18 41	18 25	18 10	17 55	17 47	17 39
Dec. 4	23 04	21 39	20 58	20 29	20 07	19 50	19 22	19 00	18 42	18 26	18 11	17 56	17 47	17 39
8	23 26	21 46	21 03	20 33	20 11	19 53	19 25	19 03	18 44	18 28	18 12	17 56	17 48	17 39
12	// //	21 52	21 07	20 37	20 14	19 56	19 27	19 05	18 46	18 29	18 13	17 57	17 49	17 39
16	// //	21 56	21 11	20 40	20 17	19 59	19 30	19 07	18 48	18 31	18 15	17 59	17 50	17 41
20	// //	21 59	21 14	20 43	20 20	20 01	19 32	19 09	18 50	18 33	18 17	18 00	17 52	17 42
24	// //	22 01	21 15	20 45	20 22	20 03	19 34	19 11	18 52	18 35	18 19	18 02	17 54	17 44
28	// //	22 01	21 16	20 46	20 23	20 04	19 35	19 13	18 54	18 37	18 21	18 05	17 56	17 47
32	23 50	21 59	21 16	20 46	20 23	20 05	19 37	19 14	18 56	18 39	18 23	18 07	17 59	17 50
36	23 26	21 56	21 14	20 45	20 23	20 05	19 38	19 16	18 58	18 41	18 26	18 10	18 02	17 53

// // indicates continuous twilight.

NAUTICAL TWILIGHT, 2009

UNIVERSAL TIME FOR MERIDIAN OF GREENWICH
BEGINNING OF MORNING NAUTICAL TWILIGHT

Lat.	+40°	+42°	+44°	+46°	+48°	+50°	+52°	+54°	+56°	+58°	+60°	+62°	+64°	+66°
	h m	h m	h m	h m	h m	h m	h m	h m	h m	h m	h m	h m	h m	h m
Oct. 1	4 58	4 57	4 55	4 54	4 52	4 50	4 48	4 46	4 43	4 39	4 35	4 31	4 25	4 19
5	5 02	5 01	5 00	4 59	4 58	4 56	4 55	4 53	4 51	4 48	4 45	4 42	4 38	4 33
9	5 06	5 05	5 05	5 04	5 04	5 03	5 02	5 00	4 59	4 57	4 55	4 52	4 49	4 46
13	5 10	5 10	5 10	5 09	5 09	5 09	5 08	5 08	5 07	5 06	5 04	5 03	5 01	4 58
17	5 14	5 14	5 14	5 15	5 15	5 15	5 15	5 15	5 15	5 14	5 14	5 13	5 12	5 11
21	5 18	5 19	5 19	5 20	5 20	5 21	5 22	5 22	5 22	5 23	5 23	5 23	5 23	5 23
25	5 22	5 23	5 24	5 25	5 26	5 27	5 28	5 29	5 30	5 31	5 32	5 33	5 34	5 35
29	5 26	5 27	5 29	5 30	5 32	5 33	5 35	5 36	5 38	5 39	5 41	5 43	5 45	5 47
Nov. 2	5 30	5 32	5 34	5 35	5 37	5 39	5 41	5 43	5 45	5 47	5 50	5 52	5 55	5 58
6	5 34	5 36	5 38	5 40	5 43	5 45	5 47	5 50	5 53	5 55	5 59	6 02	6 06	6 10
10	5 38	5 41	5 43	5 45	5 48	5 51	5 54	5 57	6 00	6 03	6 07	6 11	6 16	6 21
14	5 42	5 45	5 48	5 51	5 53	5 57	6 00	6 03	6 07	6 11	6 15	6 20	6 25	6 31
18	5 46	5 49	5 52	5 55	5 59	6 02	6 06	6 10	6 14	6 18	6 23	6 29	6 35	6 42
22	5 50	5 54	5 57	6 00	6 04	6 07	6 11	6 16	6 20	6 25	6 31	6 37	6 44	6 51
26	5 54	5 58	6 01	6 05	6 09	6 13	6 17	6 21	6 26	6 32	6 38	6 44	6 52	7 00
30	5 58	6 02	6 05	6 09	6 13	6 17	6 22	6 27	6 32	6 38	6 44	6 52	7 00	7 09
Dec. 4	6 02	6 05	6 09	6 13	6 17	6 22	6 27	6 32	6 38	6 44	6 50	6 58	7 06	7 16
8	6 05	6 09	6 13	6 17	6 21	6 26	6 31	6 36	6 42	6 49	6 56	7 04	7 13	7 23
12	6 08	6 12	6 16	6 20	6 25	6 30	6 35	6 40	6 46	6 53	7 00	7 08	7 18	7 28
16	6 11	6 15	6 19	6 23	6 28	6 33	6 38	6 44	6 50	6 57	7 04	7 12	7 22	7 33
20	6 13	6 17	6 21	6 26	6 30	6 35	6 41	6 46	6 52	6 59	7 07	7 15	7 25	7 36
24	6 15	6 19	6 23	6 28	6 32	6 37	6 42	6 48	6 54	7 01	7 09	7 17	7 27	7 38
28	6 17	6 20	6 25	6 29	6 34	6 38	6 44	6 49	6 55	7 02	7 09	7 18	7 27	7 38
32	6 18	6 21	6 25	6 30	6 34	6 39	6 44	6 50	6 56	7 02	7 09	7 17	7 27	7 37
36	6 18	6 22	6 26	6 30	6 34	6 39	6 44	6 49	6 55	7 01	7 08	7 16	7 25	7 35

END OF EVENING NAUTICAL TWILIGHT

Lat.	+40°	+42°	+44°	+46°	+48°	+50°	+52°	+54°	+56°	+58°	+60°	+62°	+64°	+66°
	h m	h m	h m	h m	h m	h m	h m	h m	h m	h m	h m	h m	h m	h m
Oct. 1	18 41	18 42	18 43	18 44	18 46	18 48	18 50	18 52	18 55	18 58	19 02	19 07	19 12	19 18
5	18 34	18 35	18 36	18 37	18 38	18 39	18 41	18 43	18 45	18 47	18 50	18 53	18 57	19 02
9	18 28	18 28	18 29	18 29	18 30	18 31	18 32	18 33	18 34	18 36	18 38	18 40	18 43	18 47
13	18 22	18 22	18 22	18 22	18 22	18 23	18 23	18 24	18 24	18 25	18 27	18 28	18 30	18 32
17	18 16	18 16	18 15	18 15	18 15	18 15	18 15	18 15	18 15	18 15	18 16	18 16	18 17	18 18
21	18 11	18 10	18 09	18 09	18 08	18 07	18 07	18 06	18 06	18 05	18 05	18 05	18 05	18 04
25	18 06	18 05	18 04	18 02	18 01	18 00	17 59	17 58	17 57	17 56	17 55	17 54	17 53	17 51
29	18 01	18 00	17 58	17 57	17 55	17 54	17 52	17 50	17 49	17 47	17 45	17 43	17 41	17 39
Nov. 2	17 57	17 55	17 53	17 51	17 49	17 47	17 45	17 43	17 41	17 39	17 36	17 34	17 31	17 27
6	17 53	17 51	17 48	17 46	17 44	17 42	17 39	17 37	17 34	17 31	17 28	17 24	17 21	17 16
10	17 49	17 47	17 44	17 42	17 39	17 36	17 34	17 30	17 27	17 24	17 20	17 16	17 11	17 06
14	17 46	17 43	17 41	17 38	17 35	17 32	17 29	17 25	17 21	17 17	17 13	17 08	17 03	16 57
18	17 44	17 41	17 38	17 35	17 31	17 28	17 24	17 20	17 16	17 11	17 07	17 01	16 55	16 48
22	17 42	17 38	17 35	17 32	17 28	17 24	17 20	17 16	17 11	17 06	17 01	16 55	16 48	16 40
26	17 40	17 37	17 33	17 30	17 26	17 22	17 17	17 13	17 08	17 02	16 56	16 50	16 42	16 34
30	17 39	17 36	17 32	17 28	17 24	17 20	17 15	17 10	17 05	16 59	16 53	16 45	16 37	16 28
Dec. 4	17 39	17 35	17 31	17 27	17 23	17 18	17 13	17 08	17 03	16 56	16 50	16 42	16 34	16 24
8	17 39	17 35	17 31	17 27	17 22	17 17	17 13	17 07	17 01	16 55	16 48	16 40	16 31	16 21
12	17 39	17 35	17 31	17 27	17 23	17 18	17 13	17 07	17 01	16 54	16 47	16 39	16 30	16 19
16	17 41	17 37	17 32	17 28	17 23	17 19	17 13	17 08	17 01	16 55	16 47	16 39	16 29	16 18
20	17 42	17 38	17 34	17 30	17 25	17 20	17 15	17 09	17 03	16 56	16 49	16 40	16 30	16 19
24	17 44	17 40	17 36	17 32	17 27	17 22	17 17	17 11	17 05	16 58	16 51	16 42	16 33	16 22
28	17 47	17 43	17 39	17 34	17 30	17 25	17 20	17 14	17 08	17 01	16 54	16 46	16 36	16 25
32	17 50	17 46	17 42	17 38	17 33	17 28	17 23	17 18	17 12	17 05	16 58	16 50	16 41	16 30
36	17 53	17 49	17 45	17 41	17 37	17 32	17 27	17 22	17 16	17 10	17 03	16 55	16 46	16 36

ASTRONOMICAL TWILIGHT, 2009
UNIVERSAL TIME FOR MERIDIAN OF GREENWICH
BEGINNING OF MORNING ASTRONOMICAL TWILIGHT

Lat.	−55°	−50°	−45°	−40°	−35°	−30°	−20°	−10°	0°	+10°	+20°	+30°	+35°	+40°
	h m	h m	h m	h m	h m	h m	h m	h m	h m	h m	h m	h m	h m	h m
Jan. −2	// //	// //	1 43	2 30	3 01	3 24	3 58	4 23	4 43	5 00	5 16	5 30	5 37	5 44
2	// //	// //	1 49	2 34	3 04	3 27	4 01	4 26	4 46	5 02	5 17	5 31	5 38	5 45
6	// //	// //	1 56	2 39	3 09	3 31	4 04	4 28	4 48	5 04	5 18	5 32	5 39	5 45
10	// //	0 17	2 04	2 45	3 13	3 35	4 07	4 31	4 50	5 05	5 19	5 32	5 39	5 45
14	// //	0 54	2 12	2 51	3 18	3 39	4 10	4 33	4 52	5 07	5 20	5 33	5 39	5 45
18	// //	1 15	2 21	2 58	3 24	3 44	4 14	4 36	4 53	5 08	5 21	5 32	5 38	5 44
22	// //	1 33	2 31	3 05	3 29	3 48	4 17	4 38	4 55	5 09	5 21	5 32	5 37	5 42
26	// //	1 50	2 40	3 12	3 35	3 53	4 20	4 40	4 56	5 09	5 21	5 31	5 35	5 40
30	// //	2 05	2 49	3 19	3 40	3 58	4 24	4 43	4 58	5 10	5 20	5 29	5 33	5 37
Feb. 3	0 52	2 19	2 59	3 26	3 46	4 02	4 27	4 45	4 59	5 10	5 19	5 27	5 31	5 34
7	1 27	2 32	3 08	3 33	3 52	4 07	4 30	4 46	4 59	5 10	5 18	5 25	5 28	5 31
11	1 51	2 44	3 17	3 40	3 57	4 11	4 32	4 48	5 00	5 09	5 17	5 22	5 25	5 26
15	2 11	2 56	3 25	3 46	4 02	4 15	4 35	4 49	5 00	5 09	5 15	5 19	5 21	5 22
19	2 28	3 07	3 33	3 53	4 07	4 19	4 38	4 51	5 00	5 08	5 13	5 16	5 17	5 17
23	2 43	3 18	3 41	3 59	4 12	4 23	4 40	4 52	5 00	5 06	5 10	5 12	5 13	5 12
27	2 57	3 28	3 49	4 05	4 17	4 27	4 42	4 53	5 00	5 05	5 08	5 09	5 08	5 06
Mar. 3	3 10	3 37	3 56	4 10	4 22	4 31	4 44	4 53	4 59	5 03	5 05	5 04	5 03	5 01
7	3 22	3 46	4 03	4 16	4 26	4 34	4 46	4 54	4 59	5 01	5 02	5 00	4 58	4 54
11	3 33	3 54	4 09	4 21	4 30	4 37	4 47	4 54	4 58	4 59	4 59	4 55	4 52	4 48
15	3 44	4 02	4 16	4 26	4 34	4 40	4 49	4 54	4 57	4 57	4 55	4 50	4 47	4 41
19	3 54	4 10	4 22	4 31	4 38	4 43	4 50	4 54	4 56	4 55	4 52	4 45	4 41	4 35
23	4 03	4 17	4 28	4 35	4 41	4 46	4 51	4 54	4 55	4 53	4 48	4 40	4 35	4 28
27	4 12	4 24	4 33	4 40	4 45	4 48	4 53	4 54	4 53	4 50	4 44	4 35	4 29	4 20
31	4 21	4 31	4 39	4 44	4 48	4 51	4 54	4 54	4 52	4 48	4 41	4 30	4 22	4 13
Apr. 4	4 29	4 38	4 44	4 48	4 51	4 53	4 55	4 54	4 51	4 45	4 37	4 25	4 16	4 06

END OF EVENING ASTRONOMICAL TWILIGHT

Lat.	−55°	−50°	−45°	−40°	−35°	−30°	−20°	−10°	0°	+10°	+20°	+30°	+35°	+40°
	h m	h m	h m	h m	h m	h m	h m	h m	h m	h m	h m	h m	h m	h m
Jan. −2	// //	// //	22 21	21 34	21 03	20 40	20 06	19 41	19 21	19 04	18 49	18 35	18 28	18 21
2	// //	// //	22 19	21 33	21 03	20 41	20 07	19 42	19 23	19 06	18 51	18 37	18 31	18 24
6	// //	// //	22 15	21 32	21 03	20 40	20 08	19 43	19 24	19 08	18 54	18 40	18 33	18 27
10	// //	// //	23 45	22 10	21 29	21 01	20 40	20 08	19 44	19 26	19 10	18 56	18 43	18 37	18 30
14	// //	// //	23 19	22 05	21 26	20 59	20 39	20 08	19 45	19 27	19 11	18 58	18 46	18 40	18 34
18	// //	// //	23 02	21 58	21 22	20 57	20 37	20 07	19 45	19 28	19 13	19 00	18 49	18 43	18 38
22	// //	// //	22 46	21 51	21 18	20 54	20 34	20 06	19 45	19 28	19 14	19 03	18 52	18 47	18 42
26	// //	// //	22 32	21 43	21 12	20 50	20 32	20 04	19 44	19 29	19 16	19 05	18 55	18 50	18 46
30	// //	// //	22 19	21 36	21 07	20 45	20 28	20 03	19 44	19 29	19 17	19 07	18 58	18 54	18 50
Feb. 3	23 25	22 06	21 27	21 01	20 41	20 25	20 01	19 43	19 29	19 18	19 09	19 01	18 57	18 54
7	22 55	21 54	21 19	20 54	20 36	20 21	19 58	19 42	19 29	19 19	19 10	19 04	19 01	18 58
11	22 33	21 42	21 10	20 48	20 30	20 17	19 56	19 40	19 28	19 19	19 12	19 06	19 04	19 03
15	22 14	21 30	21 02	20 41	20 25	20 12	19 53	19 39	19 28	19 20	19 14	19 09	19 08	19 07
19	21 56	21 18	20 53	20 34	20 19	20 07	19 50	19 37	19 27	19 20	19 15	19 12	19 11	19 11
23	21 41	21 07	20 44	20 27	20 13	20 03	19 46	19 35	19 26	19 20	19 16	19 15	19 15	19 15
27	21 26	20 56	20 35	20 20	20 07	19 58	19 43	19 33	19 25	19 21	19 18	19 17	19 18	19 20
Mar. 3	21 11	20 45	20 26	20 12	20 01	19 53	19 39	19 30	19 24	19 21	19 19	19 20	19 22	19 24
7	20 58	20 34	20 18	20 05	19 55	19 47	19 36	19 28	19 23	19 21	19 20	19 23	19 25	19 28
11	20 45	20 24	20 09	19 58	19 49	19 42	19 32	19 26	19 22	19 21	19 22	19 25	19 28	19 33
15	20 32	20 14	20 01	19 51	19 43	19 37	19 28	19 23	19 21	19 21	19 23	19 28	19 32	19 37
19	20 20	20 04	19 52	19 44	19 37	19 32	19 25	19 21	19 20	19 21	19 24	19 31	19 35	19 42
23	20 08	19 54	19 44	19 37	19 31	19 27	19 21	19 19	19 18	19 21	19 25	19 33	19 39	19 46
27	19 57	19 45	19 36	19 30	19 25	19 22	19 18	19 16	19 17	19 21	19 27	19 36	19 43	19 51
31	19 46	19 36	19 29	19 23	19 20	19 17	19 14	19 14	19 16	19 21	19 28	19 39	19 47	19 56
Apr. 4	19 35	19 27	19 21	19 17	19 14	19 12	19 11	19 12	19 15	19 21	19 29	19 42	19 51	20 01

// // indicates continuous twilight.

ASTRONOMICAL TWILIGHT, 2009

UNIVERSAL TIME FOR MERIDIAN OF GREENWICH
BEGINNING OF MORNING ASTRONOMICAL TWILIGHT

Lat.	+40°	+42°	+44°	+46°	+48°	+50°	+52°	+54°	+56°	+58°	+60°	+62°	+64°	+66°
	h m	h m	h m	h m	h m	h m	h m	h m	h m	h m	h m	h m	h m	h m
Jan. −2	5 44	5 47	5 50	5 53	5 56	5 59	6 03	6 06	6 10	6 14	6 18	6 23	6 28	6 33
2	5 45	5 48	5 51	5 54	5 57	6 00	6 03	6 06	6 10	6 14	6 18	6 22	6 27	6 33
6	5 45	5 48	5 51	5 54	5 57	6 00	6 03	6 06	6 09	6 13	6 17	6 21	6 25	6 30
10	5 45	5 48	5 50	5 53	5 56	5 59	6 02	6 05	6 08	6 11	6 15	6 18	6 23	6 27
14	5 45	5 47	5 50	5 52	5 55	5 57	6 00	6 03	6 05	6 08	6 12	6 15	6 19	6 23
18	5 44	5 46	5 48	5 50	5 53	5 55	5 57	6 00	6 02	6 05	6 08	6 11	6 14	6 17
22	5 42	5 44	5 46	5 48	5 50	5 52	5 54	5 56	5 58	6 01	6 03	6 05	6 08	6 10
26	5 40	5 42	5 43	5 45	5 47	5 48	5 50	5 52	5 54	5 55	5 57	5 59	6 01	6 03
30	5 37	5 39	5 40	5 42	5 43	5 44	5 46	5 47	5 48	5 49	5 51	5 52	5 53	5 54
Feb. 3	5 34	5 35	5 36	5 38	5 39	5 40	5 40	5 41	5 42	5 43	5 43	5 44	5 44	5 44
7	5 31	5 31	5 32	5 33	5 34	5 34	5 35	5 35	5 35	5 35	5 35	5 35	5 35	5 34
11	5 26	5 27	5 28	5 28	5 28	5 28	5 28	5 28	5 28	5 27	5 27	5 26	5 24	5 22
15	5 22	5 22	5 22	5 22	5 22	5 22	5 22	5 21	5 20	5 19	5 17	5 15	5 13	5 10
19	5 17	5 17	5 17	5 16	5 16	5 15	5 14	5 13	5 11	5 10	5 07	5 05	5 01	4 57
23	5 12	5 11	5 11	5 10	5 09	5 08	5 06	5 04	5 02	5 00	4 57	4 53	4 49	4 43
27	5 06	5 06	5 05	5 03	5 02	5 00	4 58	4 56	4 53	4 49	4 45	4 41	4 35	4 28
Mar. 3	5 01	4 59	4 58	4 56	4 54	4 52	4 49	4 46	4 43	4 38	4 34	4 28	4 21	4 13
7	4 54	4 53	4 51	4 49	4 46	4 43	4 40	4 36	4 32	4 27	4 21	4 14	4 06	3 56
11	4 48	4 46	4 44	4 41	4 38	4 34	4 31	4 26	4 21	4 15	4 08	4 00	3 50	3 38
15	4 41	4 39	4 36	4 33	4 29	4 25	4 21	4 15	4 09	4 02	3 54	3 45	3 33	3 18
19	4 35	4 32	4 28	4 25	4 20	4 16	4 10	4 04	3 57	3 49	3 40	3 28	3 15	2 57
23	4 28	4 24	4 20	4 16	4 11	4 06	4 00	3 53	3 45	3 36	3 25	3 11	2 55	2 34
27	4 20	4 16	4 12	4 07	4 02	3 56	3 49	3 41	3 32	3 21	3 08	2 53	2 33	2 07
31	4 13	4 09	4 04	3 58	3 52	3 45	3 38	3 29	3 18	3 06	2 51	2 33	2 09	1 34
Apr. 4	4 06	4 01	3 55	3 49	3 43	3 35	3 26	3 16	3 04	2 50	2 33	2 11	1 40	0 41

END OF EVENING ASTRONOMICAL TWILIGHT

	h m	h m	h m	h m	h m	h m	h m	h m	h m	h m	h m	h m	h m	h m
Jan. −2	18 21	18 18	18 15	18 12	18 09	18 05	18 02	17 58	17 55	17 51	17 46	17 42	17 37	17 31
2	18 24	18 21	18 18	18 15	18 12	18 09	18 05	18 02	17 58	17 55	17 51	17 46	17 41	17 36
6	18 27	18 24	18 21	18 18	18 16	18 13	18 10	18 06	18 03	17 59	17 56	17 51	17 47	17 42
10	18 30	18 28	18 25	18 22	18 20	18 17	18 14	18 11	18 08	18 05	18 01	17 57	17 53	17 49
14	18 34	18 32	18 29	18 27	18 24	18 22	18 19	18 16	18 13	18 10	18 07	18 04	18 00	17 56
18	18 38	18 36	18 33	18 31	18 29	18 27	18 24	18 22	18 19	18 17	18 14	18 11	18 08	18 05
22	18 42	18 40	18 38	18 36	18 34	18 32	18 30	18 28	18 26	18 23	18 21	18 19	18 17	18 14
26	18 46	18 44	18 42	18 41	18 39	18 37	18 36	18 34	18 32	18 31	18 29	18 27	18 25	18 24
30	18 50	18 48	18 47	18 46	18 44	18 43	18 42	18 40	18 39	18 38	18 37	18 36	18 35	18 34
Feb. 3	18 54	18 53	18 52	18 51	18 50	18 49	18 48	18 47	18 47	18 46	18 45	18 45	18 45	18 45
7	18 58	18 58	18 57	18 56	18 55	18 55	18 54	18 54	18 54	18 54	18 54	18 54	18 55	18 56
11	19 03	19 02	19 02	19 01	19 01	19 01	19 01	19 01	19 02	19 02	19 03	19 04	19 06	19 08
15	19 07	19 07	19 07	19 07	19 07	19 07	19 08	19 08	19 09	19 11	19 12	19 14	19 17	19 20
19	19 11	19 11	19 12	19 12	19 13	19 14	19 15	19 16	19 17	19 19	19 22	19 25	19 28	19 33
23	19 15	19 16	19 17	19 18	19 19	19 20	19 22	19 23	19 26	19 28	19 32	19 35	19 40	19 46
27	19 20	19 21	19 22	19 23	19 25	19 26	19 29	19 31	19 34	19 38	19 42	19 47	19 52	19 59
Mar. 3	19 24	19 25	19 27	19 29	19 31	19 33	19 36	19 39	19 43	19 47	19 52	19 58	20 05	20 14
7	19 28	19 30	19 32	19 34	19 37	19 40	19 43	19 47	19 52	19 57	20 03	20 10	20 19	20 29
11	19 33	19 35	19 37	19 40	19 43	19 47	19 51	19 55	20 01	20 07	20 14	20 23	20 33	20 45
15	19 37	19 40	19 43	19 46	19 50	19 54	19 59	20 04	20 10	20 17	20 26	20 36	20 48	21 03
19	19 42	19 45	19 48	19 52	19 56	20 01	20 07	20 13	20 20	20 28	20 38	20 50	21 04	21 22
23	19 46	19 50	19 54	19 58	20 03	20 09	20 15	20 22	20 30	20 40	20 51	21 05	21 22	21 44
27	19 51	19 55	20 00	20 05	20 10	20 16	20 23	20 32	20 41	20 52	21 05	21 21	21 42	22 10
31	19 56	20 01	20 06	20 11	20 17	20 24	20 32	20 42	20 52	21 05	21 20	21 39	22 05	22 43
Apr. 4	20 01	20 06	20 12	20 18	20 25	20 33	20 42	20 52	21 04	21 19	21 37	22 00	22 34	// //

// // indicates continuous twilight.

ASTRONOMICAL TWILIGHT, 2009
UNIVERSAL TIME FOR MERIDIAN OF GREENWICH
BEGINNING OF MORNING ASTRONOMICAL TWILIGHT

Lat.	−55°	−50°	−45°	−40°	−35°	−30°	−20°	−10°	0°	+10°	+20°	+30°	+35°	+40°
	h m	h m	h m	h m	h m	h m	h m	h m	h m	h m	h m	h m	h m	h m
Mar. 31	4 21	4 31	4 39	4 44	4 48	4 51	4 54	4 54	4 52	4 48	4 41	4 30	4 22	4 13
Apr. 4	4 29	4 38	4 44	4 48	4 51	4 53	4 55	4 54	4 51	4 45	4 37	4 25	4 16	4 06
8	4 37	4 44	4 49	4 52	4 54	4 55	4 56	4 54	4 49	4 43	4 33	4 19	4 10	3 58
12	4 45	4 50	4 54	4 56	4 57	4 58	4 57	4 53	4 48	4 40	4 29	4 14	4 04	3 51
16	4 52	4 56	4 58	5 00	5 00	5 00	4 57	4 53	4 47	4 38	4 26	4 09	3 58	3 44
20	4 59	5 02	5 03	5 03	5 03	5 02	4 58	4 53	4 45	4 35	4 22	4 04	3 51	3 36
24	5 06	5 07	5 08	5 07	5 06	5 04	4 59	4 53	4 44	4 33	4 19	3 59	3 45	3 29
28	5 13	5 13	5 12	5 10	5 09	5 06	5 00	4 53	4 43	4 31	4 15	3 54	3 40	3 22
May 2	5 19	5 18	5 16	5 14	5 11	5 08	5 01	4 53	4 42	4 29	4 12	3 49	3 34	3 15
6	5 25	5 23	5 20	5 17	5 14	5 10	5 02	4 53	4 41	4 27	4 09	3 45	3 29	3 08
10	5 31	5 28	5 24	5 20	5 17	5 12	5 03	4 53	4 41	4 26	4 07	3 41	3 24	3 02
14	5 37	5 32	5 28	5 24	5 19	5 14	5 05	4 53	4 40	4 24	4 04	3 37	3 19	2 56
18	5 42	5 37	5 32	5 27	5 22	5 16	5 06	4 54	4 40	4 23	4 02	3 34	3 14	2 50
22	5 47	5 41	5 35	5 30	5 24	5 18	5 07	4 54	4 40	4 22	4 00	3 30	3 11	2 45
26	5 51	5 45	5 38	5 32	5 26	5 20	5 08	4 55	4 40	4 22	3 59	3 28	3 07	2 40
30	5 55	5 48	5 41	5 35	5 28	5 22	5 09	4 55	4 40	4 21	3 58	3 26	3 04	2 36
June 3	5 59	5 51	5 44	5 37	5 31	5 24	5 11	4 56	4 40	4 21	3 57	3 24	3 02	2 33
7	6 02	5 54	5 46	5 39	5 32	5 26	5 12	4 57	4 41	4 21	3 56	3 23	3 00	2 30
11	6 05	5 56	5 48	5 41	5 34	5 27	5 13	4 58	4 41	4 21	3 56	3 22	2 59	2 29
15	6 07	5 58	5 50	5 43	5 35	5 28	5 14	4 59	4 42	4 22	3 56	3 22	2 59	2 28
19	6 09	6 00	5 51	5 44	5 37	5 29	5 15	5 00	4 43	4 22	3 57	3 22	2 59	2 28
23	6 09	6 00	5 52	5 45	5 37	5 30	5 16	5 01	4 43	4 23	3 58	3 23	3 00	2 28
27	6 10	6 01	5 53	5 45	5 38	5 31	5 17	5 01	4 44	4 24	3 59	3 25	3 01	2 30
July 1	6 09	6 01	5 53	5 45	5 38	5 31	5 17	5 02	4 45	4 25	4 00	3 26	3 03	2 33
5	6 08	6 00	5 52	5 45	5 38	5 31	5 18	5 03	4 46	4 27	4 02	3 29	3 06	2 36

END OF EVENING ASTRONOMICAL TWILIGHT

	h m	h m	h m	h m	h m	h m	h m	h m	h m	h m	h m	h m	h m	h m
Mar. 31	19 46	19 36	19 29	19 23	19 20	19 17	19 14	19 14	19 16	19 21	19 28	19 39	19 47	19 56
Apr. 4	19 35	19 27	19 21	19 17	19 14	19 12	19 11	19 12	19 15	19 21	19 29	19 42	19 51	20 01
8	19 25	19 18	19 14	19 11	19 09	19 08	19 10	19 10	19 14	19 21	19 31	19 45	19 55	20 06
12	19 15	19 10	19 07	19 05	19 04	19 03	19 05	19 08	19 14	19 21	19 33	19 48	19 59	20 12
16	19 06	19 02	19 00	18 59	18 59	18 59	19 02	19 06	19 13	19 22	19 34	19 51	20 03	20 17
20	18 57	18 55	18 54	18 54	18 54	18 55	18 59	19 05	19 12	19 23	19 36	19 55	20 07	20 23
24	18 49	18 48	18 48	18 49	18 50	18 52	18 57	19 03	19 12	19 23	19 38	19 58	20 12	20 28
28	18 41	18 41	18 42	18 44	18 46	18 48	18 54	19 02	19 12	19 24	19 40	20 02	20 16	20 34
May 2	18 34	18 35	18 37	18 40	18 42	18 45	18 52	19 01	19 12	19 25	19 42	20 05	20 21	20 40
6	18 27	18 30	18 32	18 35	18 39	18 43	18 51	19 00	19 12	19 26	19 44	20 09	20 25	20 46
10	18 21	18 24	18 28	18 32	18 36	18 40	18 49	19 00	19 12	19 27	19 47	20 13	20 30	20 52
14	18 15	18 20	18 24	18 29	18 33	18 38	18 48	18 59	19 13	19 29	19 49	20 16	20 35	20 58
18	18 10	18 16	18 21	18 26	18 31	18 36	18 47	18 59	19 13	19 30	19 51	20 20	20 39	21 04
22	18 06	18 12	18 18	18 23	18 29	18 35	18 46	18 59	19 14	19 31	19 53	20 23	20 43	21 09
26	18 02	18 09	18 15	18 22	18 28	18 34	18 46	18 59	19 15	19 33	19 56	20 27	20 48	21 15
30	17 59	18 07	18 14	18 20	18 26	18 33	18 46	19 00	19 15	19 34	19 58	20 30	20 51	21 20
June 3	17 57	18 05	18 12	18 19	18 26	18 32	18 46	19 00	19 16	19 36	20 00	20 33	20 55	21 24
7	17 55	18 04	18 11	18 18	18 25	18 32	18 46	19 01	19 17	19 37	20 02	20 35	20 58	21 28
11	17 54	18 03	18 11	18 18	18 25	18 32	18 46	19 01	19 18	19 38	20 03	20 37	21 00	21 31
15	17 54	18 03	18 11	18 18	18 26	18 33	18 47	19 02	19 19	19 39	20 05	20 39	21 02	21 34
19	17 54	18 03	18 11	18 19	18 26	18 33	18 48	19 03	19 20	19 40	20 06	20 40	21 04	21 35
23	17 55	18 04	18 12	18 20	18 27	18 34	18 49	19 04	19 21	19 41	20 07	20 41	21 05	21 36
27	17 57	18 06	18 14	18 21	18 28	18 35	18 50	19 05	19 22	19 42	20 07	20 41	21 05	21 36
July 1	17 59	18 07	18 15	18 23	18 30	18 37	18 51	19 06	19 22	19 42	20 07	20 41	21 04	21 35
5	18 01	18 10	18 17	18 24	18 31	18 38	18 52	19 06	19 23	19 42	20 07	20 40	21 03	21 33

ASTRONOMICAL TWILIGHT, 2009

UNIVERSAL TIME FOR MERIDIAN OF GREENWICH
BEGINNING OF MORNING ASTRONOMICAL TWILIGHT

Lat.	+40°	+42°	+44°	+46°	+48°	+50°	+52°	+54°	+56°	+58°	+60°	+62°	+64°	+66°
	h m	h m	h m	h m	h m	h m	h m	h m	h m	h m	h m	h m	h m	h m
Mar. 31	4 13	4 09	4 04	3 58	3 52	3 45	3 38	3 29	3 18	3 06	2 51	2 33	2 09	1 34
Apr. 4	4 06	4 01	3 55	3 49	3 43	3 35	3 26	3 16	3 04	2 50	2 33	2 11	1 40	0 41
8	3 58	3 53	3 47	3 40	3 33	3 24	3 14	3 03	2 49	2 33	2 13	1 45	0 59	// //
12	3 51	3 45	3 38	3 31	3 22	3 13	3 02	2 49	2 34	2 15	1 50	1 12	// //	// //
16	3 44	3 37	3 30	3 22	3 12	3 02	2 49	2 35	2 17	1 54	1 22	// //	// //	// //
20	3 36	3 29	3 21	3 12	3 02	2 50	2 36	2 20	1 59	1 31	0 41	// //	// //	// //
24	3 29	3 21	3 13	3 03	2 51	2 38	2 23	2 04	1 39	1 01	// //	// //	// //	// //
28	3 22	3 13	3 04	2 53	2 41	2 26	2 09	1 46	1 15	// //	// //	// //	// //	// //
May 2	3 15	3 06	2 56	2 44	2 30	2 14	1 54	1 27	0 42	// //	// //	// //	// //	// //
6	3 08	2 58	2 47	2 35	2 20	2 01	1 38	1 04	// //	// //	// //	// //	// //	// //
10	3 02	2 51	2 39	2 25	2 09	1 48	1 21	0 31	// //	// //	// //	// //	// //	// //
14	2 56	2 45	2 32	2 17	1 58	1 35	1 01	// //	// //	// //	// //	// //	// //	// //
18	2 50	2 38	2 24	2 08	1 48	1 21	0 34	// //	// //	// //	// //	// //	// //	// //
22	2 45	2 32	2 17	2 00	1 37	1 05	// //	// //	// //	// //	// //	// //	// //	// //
26	2 40	2 27	2 11	1 52	1 27	0 48	// //	// //	// //	// //	// //	// //	// //	// //
30	2 36	2 22	2 05	1 45	1 17	0 24	// //	// //	// //	// //	// //	// //	// //	// //
June 3	2 33	2 18	2 01	1 38	1 07	// //	// //	// //	// //	// //	// //	// //	// //	// //
7	2 30	2 15	1 57	1 33	0 58	// //	// //	// //	// //	// //	// //	// //	// //	// //
11	2 29	2 13	1 54	1 29	0 51	// //	// //	// //	// //	// //	// //	// //	// //	// //
15	2 28	2 12	1 52	1 26	0 45	// //	// //	// //	// //	// //	// //	// //	// //	▢
19	2 28	2 11	1 52	1 25	0 42	// //	// //	// //	// //	// //	// //	// //	// //	▢
23	2 28	2 12	1 52	1 26	0 42	// //	// //	// //	// //	// //	// //	// //	// //	▢
27	2 30	2 14	1 54	1 29	0 47	// //	// //	// //	// //	// //	// //	// //	// //	▢
July 1	2 33	2 17	1 58	1 33	0 54	// //	// //	// //	// //	// //	// //	// //	// //	// //
5	2 36	2 20	2 02	1 38	1 03	// //	// //	// //	// //	// //	// //	// //	// //	// //

END OF EVENING ASTRONOMICAL TWILIGHT

Lat.	+40°	+42°	+44°	+46°	+48°	+50°	+52°	+54°	+56°	+58°	+60°	+62°	+64°	+66°
	h m	h m	h m	h m	h m	h m	h m	h m	h m	h m	h m	h m	h m	h m
Mar. 31	19 56	20 01	20 06	20 11	20 17	20 24	20 32	20 42	20 52	21 05	21 20	21 39	22 05	22 43
Apr. 4	20 01	20 06	20 12	20 18	20 25	20 33	20 42	20 52	21 04	21 19	21 37	22 00	22 34	// //
8	20 06	20 12	20 18	20 25	20 33	20 41	20 51	21 03	21 17	21 34	21 55	22 25	23 19	// //
12	20 12	20 18	20 24	20 32	20 41	20 50	21 02	21 15	21 31	21 51	22 17	22 59	// //	// //
16	20 17	20 24	20 31	20 40	20 49	21 00	21 12	21 27	21 46	22 10	22 45	// //	// //	// //
20	20 23	20 30	20 38	20 47	20 58	21 10	21 24	21 41	22 03	22 33	23 34	// //	// //	// //
24	20 28	20 36	20 45	20 55	21 07	21 20	21 36	21 56	22 22	23 04	// //	// //	// //	// //
28	20 34	20 43	20 52	21 03	21 16	21 31	21 49	22 12	22 46	// //	// //	// //	// //	// //
May 2	20 40	20 49	21 00	21 12	21 26	21 42	22 03	22 31	23 23	// //	// //	// //	// //	// //
6	20 46	20 56	21 07	21 20	21 36	21 54	22 19	22 55	// //	// //	// //	// //	// //	// //
10	20 52	21 03	21 15	21 29	21 46	22 07	22 36	23 35	// //	// //	// //	// //	// //	// //
14	20 58	21 09	21 22	21 38	21 57	22 21	22 57	// //	// //	// //	// //	// //	// //	// //
18	21 04	21 16	21 30	21 47	22 07	22 36	23 29	// //	// //	// //	// //	// //	// //	// //
22	21 09	21 22	21 37	21 55	22 18	22 52	// //	// //	// //	// //	// //	// //	// //	// //
26	21 15	21 28	21 44	22 04	22 30	23 11	// //	// //	// //	// //	// //	// //	// //	// //
30	21 20	21 34	21 51	22 12	22 41	23 41	// //	// //	// //	// //	// //	// //	// //	// //
June 3	21 24	21 39	21 57	22 19	22 51	// //	// //	// //	// //	// //	// //	// //	// //	// //
7	21 28	21 43	22 02	22 26	23 01	// //	// //	// //	// //	// //	// //	// //	// //	// //
11	21 31	21 47	22 06	22 31	23 10	// //	// //	// //	// //	// //	// //	// //	// //	// //
15	21 34	21 50	22 09	22 35	23 17	// //	// //	// //	// //	// //	// //	// //	// //	▢
19	21 35	21 51	22 11	22 38	23 21	// //	// //	// //	// //	// //	// //	// //	// //	▢
23	21 36	21 52	22 12	22 38	23 22	// //	// //	// //	// //	// //	// //	// //	// //	▢
27	21 36	21 52	22 11	22 37	23 18	// //	// //	// //	// //	// //	// //	// //	// //	▢
July 1	21 35	21 50	22 09	22 34	23 12	// //	// //	// //	// //	// //	// //	// //	// //	// //
5	21 33	21 48	22 06	22 30	23 04	// //	// //	// //	// //	// //	// //	// //	// //	// //

▢ indicates Sun continuously above horizon.
// // indicates continuous twilight.

ASTRONOMICAL TWILIGHT, 2009
UNIVERSAL TIME FOR MERIDIAN OF GREENWICH
BEGINNING OF MORNING ASTRONOMICAL TWILIGHT

Lat.	−55°	−50°	−45°	−40°	−35°	−30°	−20°	−10°	0°	+10°	+20°	+30°	+35°	+40°
	h m	h m	h m	h m	h m	h m	h m	h m	h m	h m	h m	h m	h m	h m
July 1	6 09	6 01	5 53	5 45	5 38	5 31	5 17	5 02	4 45	4 25	4 00	3 26	3 03	2 33
5	6 08	6 00	5 52	5 45	5 38	5 31	5 18	5 03	4 46	4 27	4 02	3 29	3 06	2 36
9	6 06	5 58	5 51	5 44	5 38	5 31	5 18	5 03	4 47	4 28	4 04	3 31	3 09	2 40
13	6 04	5 56	5 50	5 43	5 37	5 30	5 18	5 04	4 48	4 29	4 06	3 34	3 12	2 44
17	6 00	5 54	5 47	5 41	5 35	5 30	5 17	5 04	4 49	4 31	4 08	3 37	3 16	2 49
21	5 57	5 51	5 45	5 39	5 34	5 28	5 17	5 04	4 49	4 32	4 10	3 40	3 20	2 54
25	5 52	5 47	5 42	5 37	5 32	5 27	5 16	5 04	4 50	4 33	4 12	3 43	3 24	3 00
29	5 47	5 43	5 38	5 34	5 29	5 25	5 15	5 03	4 50	4 34	4 14	3 47	3 29	3 05
Aug. 2	5 41	5 38	5 34	5 31	5 27	5 22	5 13	5 03	4 51	4 36	4 16	3 50	3 33	3 11
6	5 35	5 32	5 30	5 27	5 23	5 20	5 12	5 02	4 51	4 36	4 18	3 54	3 37	3 17
10	5 28	5 27	5 25	5 23	5 20	5 17	5 10	5 01	4 51	4 37	4 20	3 57	3 42	3 23
14	5 21	5 20	5 20	5 18	5 16	5 14	5 08	5 00	4 50	4 38	4 22	4 01	3 46	3 28
18	5 13	5 14	5 14	5 13	5 12	5 10	5 05	4 59	4 50	4 39	4 24	4 04	3 50	3 34
22	5 04	5 07	5 08	5 08	5 07	5 06	5 03	4 57	4 49	4 39	4 26	4 07	3 55	3 39
26	4 55	4 59	5 01	5 02	5 03	5 02	5 00	4 55	4 49	4 40	4 27	4 10	3 59	3 45
30	4 46	4 51	4 54	4 57	4 58	4 58	4 57	4 53	4 48	4 40	4 29	4 13	4 03	3 50
Sept. 3	4 36	4 43	4 47	4 50	4 52	4 53	4 53	4 51	4 47	4 40	4 30	4 16	4 07	3 55
7	4 26	4 34	4 40	4 44	4 47	4 49	4 50	4 49	4 46	4 40	4 31	4 19	4 10	4 00
11	4 15	4 25	4 32	4 38	4 41	4 44	4 47	4 47	4 44	4 40	4 33	4 21	4 14	4 04
15	4 04	4 16	4 25	4 31	4 35	4 39	4 43	4 44	4 43	4 40	4 34	4 24	4 17	4 09
19	3 53	4 07	4 17	4 24	4 29	4 34	4 39	4 42	4 42	4 40	4 35	4 27	4 21	4 13
23	3 41	3 57	4 08	4 17	4 23	4 29	4 35	4 39	4 40	4 39	4 36	4 29	4 24	4 18
27	3 29	3 47	4 00	4 10	4 17	4 23	4 32	4 37	4 39	4 39	4 37	4 32	4 27	4 22
Oct. 1	3 17	3 37	3 51	4 02	4 11	4 18	4 28	4 34	4 38	4 39	4 38	4 34	4 31	4 26
5	3 04	3 26	3 43	3 55	4 05	4 13	4 24	4 31	4 36	4 39	4 39	4 36	4 34	4 30

END OF EVENING ASTRONOMICAL TWILIGHT

Lat.	−55°	−50°	−45°	−40°	−35°	−30°	−20°	−10°	0°	+10°	+20°	+30°	+35°	+40°
	h m	h m	h m	h m	h m	h m	h m	h m	h m	h m	h m	h m	h m	h m
July 1	17 59	18 07	18 15	18 23	18 30	18 37	18 51	19 06	19 22	19 42	20 07	20 41	21 04	21 35
5	18 01	18 10	18 17	18 24	18 31	18 38	18 52	19 06	19 23	19 42	20 07	20 40	21 03	21 33
9	18 05	18 12	18 20	18 26	18 33	18 40	18 53	19 07	19 23	19 42	20 06	20 39	21 01	21 30
13	18 08	18 16	18 22	18 29	18 35	18 41	18 54	19 08	19 24	19 42	20 06	20 37	20 59	21 27
17	18 12	18 19	18 25	18 31	18 37	18 43	18 55	19 08	19 24	19 42	20 04	20 35	20 56	21 22
21	18 17	18 23	18 28	18 34	18 39	18 45	18 56	19 09	19 23	19 41	20 03	20 32	20 52	21 18
25	18 22	18 27	18 32	18 37	18 42	18 47	18 57	19 09	19 23	19 40	20 01	20 29	20 48	21 12
29	18 27	18 31	18 35	18 39	18 44	18 49	18 58	19 10	19 23	19 38	19 58	20 26	20 44	21 06
Aug. 2	18 32	18 35	18 39	18 42	18 46	18 50	18 59	19 10	19 22	19 37	19 56	20 22	20 39	21 00
6	18 38	18 40	18 43	18 45	18 49	18 52	19 00	19 10	19 21	19 35	19 53	20 17	20 33	20 54
10	18 44	18 45	18 46	18 49	18 51	18 54	19 01	19 10	19 20	19 33	19 50	20 13	20 28	20 47
14	18 50	18 50	18 50	18 52	18 54	18 56	19 02	19 09	19 19	19 31	19 47	20 08	20 22	20 40
18	18 56	18 55	18 55	18 55	18 56	18 58	19 03	19 09	19 18	19 29	19 43	20 03	20 16	20 33
22	19 03	19 00	18 59	18 58	18 59	19 00	19 03	19 09	19 16	19 26	19 40	19 58	20 10	20 25
26	19 09	19 05	19 03	19 02	19 01	19 02	19 04	19 08	19 15	19 24	19 36	19 53	20 04	20 18
30	19 16	19 11	19 08	19 05	19 04	19 04	19 05	19 08	19 13	19 21	19 32	19 47	19 58	20 10
Sept. 3	19 24	19 17	19 12	19 09	19 07	19 06	19 05	19 08	19 12	19 18	19 28	19 42	19 51	20 03
7	19 31	19 23	19 17	19 13	19 10	19 08	19 06	19 07	19 10	19 16	19 24	19 36	19 45	19 55
11	19 39	19 29	19 22	19 16	19 13	19 10	19 07	19 07	19 09	19 13	19 20	19 31	19 38	19 48
15	19 47	19 35	19 27	19 20	19 16	19 12	19 08	19 06	19 07	19 10	19 16	19 26	19 32	19 40
19	19 56	19 42	19 32	19 24	19 19	19 14	19 09	19 06	19 06	19 08	19 12	19 20	19 26	19 33
23	20 05	19 49	19 37	19 29	19 22	19 17	19 10	19 06	19 04	19 05	19 08	19 15	19 20	19 26
27	20 15	19 56	19 43	19 33	19 25	19 19	19 11	19 05	19 03	19 03	19 05	19 10	19 14	19 19
Oct. 1	20 25	20 04	19 49	19 38	19 29	19 22	19 12	19 05	19 02	19 00	19 01	19 05	19 08	19 12
5	20 35	20 12	19 55	19 43	19 33	19 25	19 13	19 05	19 01	18 58	18 58	19 00	19 02	19 06

ASTRONOMICAL TWILIGHT, 2009

UNIVERSAL TIME FOR MERIDIAN OF GREENWICH
BEGINNING OF MORNING ASTRONOMICAL TWILIGHT

Lat.	+40°	+42°	+44°	+46°	+48°	+50°	+52°	+54°	+56°	+58°	+60°	+62°	+64°	+66°
	h m	h m	h m	h m	h m	h m	h m	h m	h m	h m	h m	h m	h m	h m
July 1	2 33	2 17	1 58	1 33	0 54	// //	// //	// //	// //	// //	// //	// //	// //	// //
5	2 36	2 20	2 02	1 38	1 03	// //	// //	// //	// //	// //	// //	// //	// //	// //
9	2 40	2 25	2 07	1 45	1 13	// //	// //	// //	// //	// //	// //	// //	// //	// //
13	2 44	2 30	2 13	1 52	1 24	0 28	// //	// //	// //	// //	// //	// //	// //	// //
17	2 49	2 35	2 20	2 00	1 35	0 54	// //	// //	// //	// //	// //	// //	// //	// //
21	2 54	2 41	2 27	2 09	1 46	1 13	// //	// //	// //	// //	// //	// //	// //	// //
25	3 00	2 48	2 34	2 17	1 57	1 29	0 38	// //	// //	// //	// //	// //	// //	// //
29	3 05	2 54	2 41	2 26	2 07	1 43	1 08	// //	// //	// //	// //	// //	// //	// //
Aug. 2	3 11	3 00	2 48	2 34	2 17	1 57	1 28	0 33	// //	// //	// //	// //	// //	// //
6	3 17	3 07	2 56	2 43	2 28	2 09	1 45	1 09	// //	// //	// //	// //	// //	// //
10	3 23	3 13	3 03	2 51	2 37	2 21	2 00	1 32	0 42	// //	// //	// //	// //	// //
14	3 28	3 20	3 10	2 59	2 47	2 32	2 14	1 51	1 17	// //	// //	// //	// //	// //
18	3 34	3 26	3 17	3 07	2 56	2 42	2 26	2 07	1 41	0 59	// //	// //	// //	// //
22	3 39	3 32	3 24	3 15	3 04	2 52	2 38	2 21	1 59	1 30	0 30	// //	// //	// //
26	3 45	3 38	3 30	3 22	3 13	3 02	2 49	2 34	2 16	1 52	1 17	// //	// //	// //
30	3 50	3 44	3 37	3 29	3 21	3 11	3 00	2 46	2 30	2 11	1 44	1 02	// //	// //
Sept. 3	3 55	3 49	3 43	3 36	3 28	3 20	3 09	2 58	2 44	2 27	2 05	1 36	0 41	// //
7	4 00	3 55	3 49	3 43	3 36	3 28	3 19	3 08	2 56	2 42	2 24	2 00	1 26	// //
11	4 04	4 00	3 55	3 49	3 43	3 36	3 28	3 19	3 08	2 55	2 40	2 20	1 55	1 15
15	4 09	4 05	4 00	3 55	3 50	3 44	3 36	3 28	3 19	3 08	2 54	2 38	2 17	1 49
19	4 13	4 10	4 06	4 01	3 56	3 51	3 45	3 37	3 29	3 19	3 08	2 54	2 37	2 14
23	4 18	4 15	4 11	4 07	4 03	3 58	3 53	3 46	3 39	3 31	3 21	3 09	2 54	2 36
27	4 22	4 19	4 16	4 13	4 09	4 05	4 00	3 55	3 48	3 41	3 33	3 22	3 10	2 55
Oct. 1	4 26	4 24	4 21	4 19	4 15	4 12	4 08	4 03	3 58	3 51	3 44	3 35	3 25	3 12
5	4 30	4 28	4 26	4 24	4 21	4 18	4 15	4 11	4 06	4 01	3 55	3 47	3 39	3 28

END OF EVENING ASTRONOMICAL TWILIGHT

Lat.	+40°	+42°	+44°	+46°	+48°	+50°	+52°	+54°	+56°	+58°	+60°	+62°	+64°	+66°
	h m	h m	h m	h m	h m	h m	h m	h m	h m	h m	h m	h m	h m	h m
July 1	21 35	21 50	22 09	22 34	23 12	// //	// //	// //	// //	// //	// //	// //	// //	// //
5	21 33	21 48	22 06	22 30	23 04	// //	// //	// //	// //	// //	// //	// //	// //	// //
9	21 30	21 45	22 02	22 24	22 55	// //	// //	// //	// //	// //	// //	// //	// //	// //
13	21 27	21 41	21 57	22 18	22 45	23 36	// //	// //	// //	// //	// //	// //	// //	// //
17	21 22	21 36	21 51	22 10	22 35	23 13	// //	// //	// //	// //	// //	// //	// //	// //
21	21 18	21 30	21 45	22 03	22 25	22 56	// //	// //	// //	// //	// //	// //	// //	// //
25	21 12	21 24	21 38	21 54	22 14	22 41	23 26	// //	// //	// //	// //	// //	// //	// //
29	21 06	21 18	21 30	21 45	22 04	22 27	23 00	// //	// //	// //	// //	// //	// //	// //
Aug. 2	21 00	21 11	21 23	21 36	21 53	22 13	22 40	23 28	// //	// //	// //	// //	// //	// //
6	20 54	21 04	21 15	21 27	21 42	22 00	22 23	22 57	// //	// //	// //	// //	// //	// //
10	20 47	20 56	21 06	21 18	21 31	21 48	22 08	22 34	23 18	// //	// //	// //	// //	// //
14	20 40	20 48	20 58	21 08	21 21	21 35	21 53	22 15	22 46	// //	// //	// //	// //	// //
18	20 33	20 40	20 49	20 59	21 10	21 23	21 39	21 58	22 23	23 00	// //	// //	// //	// //
22	20 25	20 32	20 40	20 49	21 00	21 11	21 25	21 42	22 02	22 31	23 20	// //	// //	// //
26	20 18	20 24	20 32	20 40	20 49	21 00	21 12	21 27	21 44	22 07	22 40	// //	// //	// //
30	20 10	20 16	20 23	20 31	20 39	20 48	20 59	21 12	21 28	21 47	22 12	22 50	// //	// //
Sept. 3	20 03	20 08	20 14	20 21	20 29	20 37	20 47	20 59	21 12	21 28	21 49	22 17	23 03	// //
7	19 55	20 00	20 06	20 12	20 19	20 26	20 35	20 45	20 57	21 11	21 29	21 51	22 23	23 24
11	19 48	19 52	19 57	20 03	20 09	20 16	20 24	20 33	20 43	20 55	21 10	21 29	21 53	22 29
15	19 40	19 44	19 49	19 54	19 59	20 05	20 12	20 20	20 29	20 40	20 53	21 09	21 29	21 55
19	19 33	19 37	19 41	19 45	19 50	19 55	20 01	20 08	20 16	20 26	20 37	20 50	21 07	21 28
23	19 26	19 29	19 32	19 36	19 40	19 45	19 51	19 57	20 04	20 12	20 22	20 33	20 47	21 05
27	19 19	19 22	19 25	19 28	19 31	19 36	19 40	19 46	19 52	19 59	20 07	20 17	20 29	20 44
Oct. 1	19 12	19 14	19 17	19 20	19 23	19 26	19 30	19 35	19 40	19 46	19 53	20 02	20 12	20 24
5	19 06	19 07	19 09	19 12	19 14	19 17	19 21	19 24	19 29	19 34	19 40	19 47	19 56	20 06

// // indicates continuous twilight.

ASTRONOMICAL TWILIGHT, 2009
UNIVERSAL TIME FOR MERIDIAN OF GREENWICH
BEGINNING OF MORNING ASTRONOMICAL TWILIGHT

Lat.	−55°	−50°	−45°	−40°	−35°	−30°	−20°	−10°	0°	+10°	+20°	+30°	+35°	+40°
	h m	h m	h m	h m	h m	h m	h m	h m	h m	h m	h m	h m	h m	h m
Oct. 1	3 17	3 37	3 51	4 02	4 11	4 18	4 28	4 34	4 38	4 39	4 38	4 34	4 31	4 26
5	3 04	3 26	3 43	3 55	4 05	4 13	4 24	4 31	4 36	4 39	4 39	4 36	4 34	4 30
9	2 50	3 16	3 34	3 48	3 59	4 07	4 20	4 29	4 35	4 38	4 40	4 39	4 37	4 34
13	2 36	3 05	3 25	3 40	3 52	4 02	4 16	4 27	4 34	4 38	4 41	4 41	4 40	4 38
17	2 21	2 54	3 16	3 33	3 46	3 57	4 13	4 24	4 32	4 38	4 42	4 43	4 43	4 42
21	2 05	2 42	3 07	3 26	3 40	3 52	4 09	4 22	4 31	4 38	4 43	4 46	4 46	4 46
25	1 48	2 31	2 58	3 19	3 34	3 47	4 06	4 20	4 30	4 38	4 44	4 48	4 50	4 50
29	1 30	2 19	2 50	3 12	3 29	3 42	4 03	4 18	4 30	4 39	4 46	4 51	4 53	4 54
Nov. 2	1 08	2 07	2 41	3 05	3 23	3 38	4 00	4 16	4 29	4 39	4 47	4 54	4 56	4 58
6	0 41	1 55	2 32	2 58	3 18	3 34	3 58	4 15	4 29	4 40	4 49	4 56	4 59	5 02
10	// //	1 42	2 24	2 52	3 13	3 30	3 55	4 14	4 28	4 40	4 50	4 59	5 03	5 06
14	// //	1 29	2 16	2 46	3 09	3 27	3 53	4 13	4 28	4 41	4 52	5 02	5 06	5 10
18	// //	1 15	2 08	2 41	3 05	3 24	3 52	4 12	4 29	4 42	4 54	5 05	5 09	5 14
22	// //	1 00	2 01	2 36	3 01	3 21	3 50	4 12	4 29	4 44	4 56	5 07	5 13	5 18
26	// //	0 43	1 54	2 32	2 58	3 19	3 49	4 12	4 30	4 45	4 58	5 10	5 16	5 22
30	// //	0 21	1 48	2 28	2 56	3 17	3 49	4 12	4 31	4 47	5 00	5 13	5 19	5 25
Dec. 4	// //	// //	1 43	2 25	2 54	3 16	3 49	4 13	4 32	4 48	5 02	5 16	5 22	5 29
8	// //	// //	1 39	2 24	2 53	3 16	3 49	4 14	4 34	4 50	5 05	5 18	5 25	5 32
12	// //	// //	1 36	2 23	2 53	3 16	3 50	4 15	4 35	4 52	5 07	5 21	5 28	5 35
16	// //	// //	1 35	2 23	2 54	3 17	3 52	4 17	4 37	4 54	5 09	5 23	5 31	5 38
20	// //	// //	1 36	2 24	2 55	3 19	3 53	4 19	4 39	4 56	5 11	5 26	5 33	5 40
24	// //	// //	1 38	2 26	2 57	3 21	3 55	4 21	4 41	4 58	5 13	5 28	5 35	5 42
28	// //	// //	1 42	2 29	3 00	3 23	3 58	4 23	4 43	5 00	5 15	5 29	5 36	5 44
32	// //	// //	1 47	2 33	3 03	3 26	4 00	4 25	4 45	5 02	5 17	5 31	5 38	5 45
36	// //	// //	1 53	2 38	3 07	3 30	4 03	4 28	4 47	5 03	5 18	5 32	5 38	5 45

END OF EVENING ASTRONOMICAL TWILIGHT

Lat.	−55°	−50°	−45°	−40°	−35°	−30°	−20°	−10°	0°	+10°	+20°	+30°	+35°	+40°
	h m	h m	h m	h m	h m	h m	h m	h m	h m	h m	h m	h m	h m	h m
Oct. 1	20 25	20 04	19 49	19 38	19 29	19 22	19 12	19 05	19 02	19 00	19 01	19 05	19 08	19 12
5	20 35	20 12	19 55	19 43	19 33	19 25	19 13	19 05	19 01	18 58	18 58	19 00	19 02	19 06
9	20 47	20 21	20 02	19 48	19 37	19 28	19 15	19 06	19 00	18 56	18 54	18 55	18 57	18 59
13	20 59	20 30	20 09	19 53	19 41	19 31	19 16	19 06	18 59	18 54	18 51	18 51	18 52	18 53
17	21 13	20 39	20 16	19 59	19 45	19 34	19 18	19 07	18 58	18 52	18 49	18 47	18 47	18 48
21	21 27	20 49	20 23	20 05	19 50	19 38	19 20	19 07	18 58	18 51	18 46	18 43	18 42	18 42
25	21 44	21 00	20 31	20 11	19 55	19 42	19 22	19 08	18 58	18 50	18 44	18 39	18 38	18 37
29	22 02	21 11	20 39	20 17	20 00	19 46	19 25	19 10	18 58	18 49	18 42	18 36	18 34	18 32
Nov. 2	22 24	21 23	20 48	20 23	20 05	19 50	19 27	19 11	18 58	18 48	18 40	18 33	18 31	18 28
6	22 54	21 35	20 57	20 30	20 10	19 54	19 30	19 12	18 59	18 48	18 38	18 31	18 27	18 24
10	// //	21 49	21 06	20 37	20 15	19 59	19 33	19 14	19 00	18 47	18 37	18 29	18 25	18 21
14	// //	22 03	21 15	20 44	20 21	20 03	19 36	19 16	19 01	18 48	18 37	18 27	18 22	18 18
18	// //	22 19	21 24	20 51	20 26	20 08	19 39	19 18	19 02	18 48	18 36	18 26	18 21	18 16
22	// //	22 36	21 33	20 57	20 32	20 12	19 42	19 20	19 03	18 49	18 36	18 25	18 19	18 14
26	// //	22 56	21 42	21 04	20 37	20 16	19 46	19 23	19 05	18 50	18 36	18 24	18 18	18 12
30	// //	23 24	21 51	21 10	20 42	20 21	19 49	19 25	19 07	18 51	18 37	18 24	18 18	18 12
Dec. 4	// //	// //	21 59	21 16	20 47	20 25	19 52	19 28	19 08	18 52	18 38	18 25	18 18	18 11
8	// //	// //	22 06	21 21	20 51	20 28	19 55	19 30	19 10	18 54	18 39	18 25	18 18	18 12
12	// //	// //	22 12	21 25	20 55	20 32	19 57	19 32	19 12	18 56	18 41	18 26	18 19	18 12
16	// //	// //	22 17	21 29	20 58	20 34	20 00	19 35	19 15	18 57	18 42	18 28	18 21	18 14
20	// //	// //	22 20	21 32	21 00	20 37	20 02	19 37	19 17	18 59	18 44	18 30	18 23	18 15
24	// //	// //	22 21	21 33	21 02	20 39	20 04	19 39	19 19	19 01	18 46	18 32	18 25	18 17
28	// //	// //	22 21	21 34	21 03	20 40	20 06	19 40	19 20	19 03	18 48	18 34	18 27	18 20
32	// //	// //	22 19	21 34	21 03	20 41	20 07	19 42	19 22	19 05	18 51	18 37	18 30	18 23
36	// //	// //	22 16	21 32	21 03	20 41	20 07	19 43	19 24	19 07	18 53	18 39	18 33	18 26

// // indicates continuous twilight.

ASTRONOMICAL TWILIGHT, 2009 — A45

UNIVERSAL TIME FOR MERIDIAN OF GREENWICH
BEGINNING OF MORNING ASTRONOMICAL TWILIGHT

Lat.	+40°	+42°	+44°	+46°	+48°	+50°	+52°	+54°	+56°	+58°	+60°	+62°	+64°	+66°
	h m	h m	h m	h m	h m	h m	h m	h m	h m	h m	h m	h m	h m	h m
Oct. 1	4 26	4 24	4 21	4 19	4 15	4 12	4 08	4 03	3 58	3 51	3 44	3 35	3 25	3 12
5	4 30	4 28	4 26	4 24	4 21	4 18	4 15	4 11	4 06	4 01	3 55	3 47	3 39	3 28
9	4 34	4 33	4 31	4 29	4 27	4 25	4 22	4 19	4 15	4 10	4 05	3 59	3 52	3 43
13	4 38	4 37	4 36	4 35	4 33	4 31	4 29	4 26	4 23	4 20	4 15	4 10	4 04	3 57
17	4 42	4 42	4 41	4 40	4 39	4 37	4 36	4 34	4 31	4 29	4 25	4 21	4 16	4 10
21	4 46	4 46	4 46	4 45	4 45	4 44	4 42	4 41	4 39	4 37	4 35	4 32	4 28	4 23
25	4 50	4 51	4 51	4 50	4 50	4 50	4 49	4 48	4 47	4 46	4 44	4 42	4 39	4 36
29	4 54	4 55	4 55	4 55	4 56	4 56	4 55	4 55	4 55	4 54	4 53	4 52	4 50	4 48
Nov. 2	4 58	4 59	5 00	5 01	5 01	5 01	5 02	5 02	5 02	5 02	5 02	5 01	5 00	4 59
6	5 02	5 04	5 05	5 06	5 06	5 07	5 08	5 09	5 09	5 10	5 10	5 10	5 10	5 10
10	5 06	5 08	5 09	5 10	5 12	5 13	5 14	5 15	5 16	5 17	5 18	5 19	5 20	5 21
14	5 10	5 12	5 14	5 15	5 17	5 18	5 20	5 22	5 23	5 25	5 26	5 28	5 29	5 31
18	5 14	5 16	5 18	5 20	5 22	5 24	5 26	5 28	5 30	5 32	5 34	5 36	5 38	5 41
22	5 18	5 20	5 22	5 25	5 27	5 29	5 31	5 34	5 36	5 38	5 41	5 44	5 47	5 50
26	5 22	5 24	5 27	5 29	5 31	5 34	5 36	5 39	5 42	5 45	5 48	5 51	5 54	5 58
30	5 25	5 28	5 31	5 33	5 36	5 39	5 41	5 44	5 47	5 51	5 54	5 58	6 01	6 06
Dec. 4	5 29	5 32	5 34	5 37	5 40	5 43	5 46	5 49	5 52	5 56	6 00	6 04	6 08	6 13
8	5 32	5 35	5 38	5 41	5 44	5 47	5 50	5 53	5 57	6 01	6 05	6 09	6 14	6 19
12	5 35	5 38	5 41	5 44	5 47	5 50	5 54	5 57	6 01	6 05	6 09	6 13	6 18	6 24
16	5 38	5 41	5 44	5 47	5 50	5 53	5 57	6 00	6 04	6 08	6 12	6 17	6 22	6 28
20	5 40	5 43	5 46	5 49	5 52	5 56	5 59	6 03	6 07	6 11	6 15	6 20	6 25	6 31
24	5 42	5 45	5 48	5 51	5 54	5 58	6 01	6 05	6 09	6 13	6 17	6 22	6 27	6 33
28	5 44	5 47	5 50	5 53	5 56	5 59	6 02	6 06	6 10	6 14	6 18	6 23	6 28	6 33
32	5 45	5 47	5 50	5 53	5 57	6 00	6 03	6 06	6 10	6 14	6 18	6 23	6 27	6 33
36	5 45	5 48	5 51	5 54	5 57	6 00	6 03	6 06	6 10	6 13	6 17	6 21	6 26	6 31

END OF EVENING ASTRONOMICAL TWILIGHT

	+40°	+42°	+44°	+46°	+48°	+50°	+52°	+54°	+56°	+58°	+60°	+62°	+64°	+66°
	h m	h m	h m	h m	h m	h m	h m	h m	h m	h m	h m	h m	h m	h m
Oct. 1	19 12	19 14	19 17	19 20	19 23	19 26	19 30	19 35	19 40	19 46	19 53	20 02	20 12	20 24
5	19 06	19 07	19 09	19 12	19 14	19 17	19 21	19 24	19 29	19 34	19 40	19 47	19 56	20 06
9	18 59	19 01	19 02	19 04	19 06	19 08	19 11	19 14	19 18	19 22	19 27	19 33	19 40	19 49
13	18 53	18 54	18 55	18 57	18 58	19 00	19 02	19 05	19 08	19 11	19 15	19 20	19 26	19 33
17	18 48	18 48	18 49	18 50	18 51	18 52	18 54	18 56	18 58	19 01	19 04	19 08	19 12	19 18
21	18 42	18 42	18 43	18 43	18 44	18 45	18 46	18 47	18 49	18 51	18 53	18 56	19 00	19 04
25	18 37	18 37	18 37	18 37	18 37	18 38	18 38	18 39	18 40	18 41	18 43	18 45	18 47	18 51
29	18 32	18 32	18 32	18 31	18 31	18 31	18 31	18 31	18 32	18 32	18 33	18 34	18 36	18 38
Nov. 2	18 28	18 27	18 27	18 26	18 25	18 25	18 24	18 24	18 24	18 24	18 24	18 25	18 25	18 26
6	18 24	18 23	18 22	18 21	18 20	18 19	18 18	18 18	18 17	18 17	18 16	18 16	18 16	18 16
10	18 21	18 20	18 18	18 17	18 16	18 14	18 13	18 12	18 11	18 10	18 09	18 08	18 07	18 06
14	18 18	18 16	18 15	18 13	18 11	18 10	18 08	18 07	18 05	18 03	18 02	18 00	17 58	17 57
18	18 16	18 14	18 12	18 10	18 08	18 06	18 04	18 02	18 00	17 58	17 56	17 54	17 51	17 49
22	18 14	18 12	18 09	18 07	18 05	18 03	18 01	17 58	17 56	17 53	17 51	17 48	17 45	17 42
26	18 12	18 10	18 08	18 05	18 03	18 00	17 58	17 55	17 52	17 49	17 46	17 43	17 40	17 36
30	18 12	18 09	18 07	18 04	18 01	17 58	17 56	17 53	17 50	17 46	17 43	17 39	17 35	17 31
Dec. 4	18 11	18 09	18 06	18 03	18 00	17 57	17 54	17 51	17 48	17 44	17 40	17 36	17 32	17 27
8	18 12	18 09	18 06	18 03	18 00	17 57	17 54	17 50	17 47	17 43	17 39	17 35	17 30	17 25
12	18 12	18 09	18 06	18 03	18 00	17 57	17 54	17 50	17 47	17 43	17 38	17 34	17 29	17 23
16	18 14	18 11	18 08	18 04	18 01	17 58	17 55	17 51	17 47	17 43	17 39	17 34	17 29	17 23
20	18 15	18 12	18 09	18 06	18 03	17 59	17 56	17 52	17 49	17 44	17 40	17 35	17 30	17 24
24	18 17	18 14	18 11	18 08	18 05	18 02	17 58	17 55	17 51	17 47	17 42	17 38	17 32	17 27
28	18 20	18 17	18 14	18 11	18 08	18 04	18 01	17 57	17 54	17 50	17 45	17 41	17 36	17 30
32	18 23	18 20	18 17	18 14	18 11	18 08	18 04	18 01	17 57	17 53	17 49	17 45	17 40	17 35
36	18 26	18 23	18 20	18 17	18 14	18 11	18 08	18 05	18 01	17 58	17 54	17 50	17 45	17 40

MOONRISE AND MOONSET, 2009
UNIVERSAL TIME FOR MERIDIAN OF GREENWICH

MOONRISE

Lat.	−55°	−50°	−45°	−40°	−35°	−30°	−20°	−10°	0°	+10°	+20°	+30°	+35°	+40°
	h m	h m	h m	h m	h m	h m	h m	h m	h m	h m	h m	h m	h m	h m
Jan. 0	7 35	7 49	8 00	8 10	8 17	8 24	8 36	8 47	8 56	9 06	9 16	9 28	9 34	9 42
1	8 52	9 00	9 06	9 12	9 16	9 20	9 27	9 33	9 39	9 44	9 50	9 57	10 01	10 05
2	10 09	10 11	10 13	10 14	10 15	10 16	10 18	10 19	10 21	10 22	10 24	10 25	10 26	10 28
3	11 28	11 24	11 21	11 18	11 15	11 13	11 10	11 07	11 04	11 01	10 58	10 54	10 52	10 50
4	12 50	12 40	12 31	12 24	12 18	12 13	12 04	11 56	11 48	11 41	11 33	11 25	11 20	11 14
5	14 17	13 59	13 45	13 34	13 24	13 16	13 01	12 48	12 37	12 25	12 13	11 59	11 51	11 41
6	15 49	15 23	15 04	14 48	14 34	14 23	14 03	13 46	13 30	13 14	12 57	12 38	12 27	12 14
7	17 22	16 48	16 23	16 03	15 47	15 33	15 08	14 48	14 28	14 09	13 49	13 25	13 12	12 56
8	18 47	18 08	17 40	17 17	16 59	16 43	16 16	15 54	15 32	15 11	14 48	14 22	14 06	13 49
9	19 52	19 14	18 46	18 24	18 06	17 50	17 23	17 00	16 39	16 17	15 54	15 28	15 12	14 54
10	20 35	20 03	19 39	19 20	19 03	18 49	18 25	18 05	17 45	17 25	17 05	16 40	16 26	16 09
11	21 01	20 38	20 19	20 04	19 51	19 40	19 20	19 03	18 47	18 31	18 14	17 54	17 43	17 29
12	21 19	21 03	20 50	20 40	20 30	20 22	20 08	19 56	19 45	19 33	19 21	19 07	18 58	18 49
13	21 31	21 22	21 15	21 09	21 04	20 59	20 51	20 44	20 37	20 30	20 23	20 15	20 10	20 04
14	21 42	21 39	21 37	21 35	21 33	21 32	21 30	21 27	21 25	21 24	21 21	21 19	21 18	21 16
15	21 51	21 54	21 57	21 59	22 01	22 03	22 06	22 09	22 11	22 14	22 17	22 20	22 22	22 25
16	22 00	22 09	22 17	22 23	22 28	22 33	22 42	22 49	22 56	23 03	23 11	23 20	23 25	23 31
17	22 11	22 26	22 38	22 48	22 57	23 05	23 18	23 30	23 41	23 52	.. ..	.. ..	.. ..	.. ..
18	22 24	22 45	23 02	23 16	23 28	23 38	23 56	.. ..	.. ..	.. ..	0 04	0 18	0 26	0 36
19	22 41	23 09	23 31	23 48	.. ..	.. ..	.. ..	0 12	0 27	0 42	0 58	1 16	1 27	1 40
20	23 06	23 40	.. ..	.. ..	0 03	0 15	0 37	0 56	1 14	1 32	1 52	2 14	2 27	2 42
21	23 42	.. ..	0 05	0 25	0 42	0 57	1 22	1 43	2 03	2 23	2 45	3 10	3 25	3 43
22	.. ..	0 20	0 48	1 09	1 27	1 43	2 09	2 32	2 54	3 15	3 38	4 04	4 20	4 38
23	0 32	1 10	1 38	2 00	2 18	2 34	3 00	3 23	3 44	4 06	4 28	4 55	5 10	5 28
24	1 35	2 10	2 36	2 56	3 13	3 28	3 53	4 15	4 34	4 54	5 16	5 40	5 55	6 12

MOONSET

Lat.	−55°	−50°	−45°	−40°	−35°	−30°	−20°	−10°	0°	+10°	+20°	+30°	+35°	+40°
	h m	h m	h m	h m	h m	h m	h m	h m	h m	h m	h m	h m	h m	h m
Jan. 0	22 18	22 08	22 00	21 53	21 47	21 42	21 32	21 24	21 17	21 09	21 01	20 51	20 46	20 39
1	22 27	22 22	22 18	22 15	22 13	22 10	22 06	22 02	21 59	21 55	21 51	21 47	21 44	21 42
2	22 35	22 36	22 37	22 37	22 38	22 39	22 39	22 40	22 41	22 42	22 43	22 43	22 44	22 44
3	22 44	22 50	22 56	23 00	23 04	23 08	23 14	23 20	23 25	23 30	23 35	23 41	23 45	23 49
4	22 54	23 07	23 17	23 26	23 33	23 40	23 51	.. ..	.. ..	.. ..	.. ..	.. ..	.. ..	.. ..
5	23 07	23 27	23 43	23 55	.. ..	.. ..	.. ..	0 01	0 11	0 20	0 31	0 42	0 49	0 57
6	23 27	23 54	.. ..	.. ..	0 06	0 16	0 33	0 48	1 01	1 15	1 30	1 47	1 57	2 09
7	23 57	.. ..	0 15	0 32	0 46	0 59	1 21	1 39	1 57	2 15	2 34	2 56	3 09	3 23
8	.. ..	0 32	0 58	1 18	1 36	1 51	2 16	2 38	2 58	3 19	3 41	4 06	4 21	4 39
9	0 47	1 26	1 55	2 17	2 36	2 52	3 19	3 42	4 04	4 25	4 49	5 15	5 31	5 50
10	2 01	2 39	3 07	3 28	3 46	4 02	4 28	4 50	5 11	5 31	5 53	6 19	6 34	6 51
11	3 35	4 06	4 29	4 47	5 02	5 15	5 38	5 57	6 15	6 33	6 52	7 14	7 26	7 41
12	5 15	5 37	5 54	6 07	6 19	6 29	6 46	7 01	7 15	7 29	7 44	8 00	8 10	8 21
13	6 52	7 06	7 16	7 25	7 33	7 40	7 51	8 01	8 10	8 19	8 29	8 40	8 46	8 53
14	8 24	8 30	8 35	8 39	8 43	8 46	8 51	8 56	9 00	9 05	9 09	9 14	9 17	9 21
15	9 50	9 50	9 49	9 49	9 49	9 49	9 48	9 48	9 48	9 47	9 47	9 46	9 46	9 46
16	11 13	11 07	11 01	10 56	10 53	10 49	10 43	10 38	10 33	10 28	10 23	10 17	10 13	10 10
17	12 35	12 21	12 11	12 02	11 55	11 48	11 37	11 27	11 18	11 08	10 59	10 48	10 41	10 34
18	13 55	13 35	13 19	13 07	12 56	12 46	12 30	12 16	12 03	11 50	11 36	11 20	11 11	11 00
19	15 14	14 47	14 26	14 10	13 56	13 44	13 24	13 06	12 49	12 33	12 15	11 55	11 44	11 30
20	16 29	15 56	15 31	15 12	14 55	14 41	14 17	13 57	13 38	13 19	12 58	12 34	12 21	12 05
21	17 36	16 59	16 31	16 10	15 52	15 37	15 11	14 48	14 27	14 07	13 44	13 18	13 03	12 45
22	18 31	17 53	17 25	17 03	16 45	16 29	16 02	15 39	15 18	14 57	14 34	14 07	13 51	13 33
23	19 13	18 37	18 11	17 50	17 32	17 17	16 52	16 29	16 09	15 48	15 26	15 00	14 44	14 26
24	19 41	19 11	18 48	18 30	18 14	18 00	17 37	17 17	16 58	16 39	16 19	15 55	15 41	15 25

.. .. indicates phenomenon will occur the next day.

MOONRISE AND MOONSET, 2009

A47

UNIVERSAL TIME FOR MERIDIAN OF GREENWICH
MOONRISE

Lat.	+40°	+42°	+44°	+46°	+48°	+50°	+52°	+54°	+56°	+58°	+60°	+62°	+64°	+66°
	h m	h m	h m	h m	h m	h m	h m	h m	h m	h m	h m	h m	h m	h m
Jan. 0	9 42	9 45	9 49	9 53	9 57	10 01	10 06	10 11	10 17	10 24	10 31	10 40	10 50	11 01
1	10 05	10 07	10 09	10 11	10 14	10 16	10 19	10 22	10 25	10 29	10 33	10 38	10 43	10 49
2	10 28	10 28	10 29	10 29	10 30	10 30	10 31	10 32	10 33	10 34	10 35	10 36	10 37	10 39
3	10 50	10 49	10 48	10 47	10 46	10 44	10 43	10 42	10 40	10 38	10 36	10 34	10 31	10 28
4	11 14	11 12	11 09	11 06	11 03	11 00	10 56	10 52	10 48	10 43	10 38	10 32	10 25	10 17
5	11 41	11 37	11 33	11 29	11 24	11 18	11 12	11 06	10 58	10 50	10 41	10 31	10 18	10 04
6	12 14	12 09	12 03	11 56	11 49	11 42	11 33	11 24	11 13	11 01	10 47	10 31	10 11	9 45
7	12 56	12 49	12 41	12 33	12 24	12 14	12 03	11 50	11 36	11 19	10 59	10 33	9 59	8 58
8	13 49	13 40	13 32	13 22	13 12	13 00	12 47	12 32	12 14	11 52	11 25	10 46	☐	☐
9	14 54	14 45	14 36	14 27	14 16	14 04	13 50	13 34	13 15	12 53	12 23	11 37	☐	☐
10	16 09	16 02	15 54	15 45	15 35	15 24	15 12	14 58	14 42	14 23	13 59	13 26	12 32	☐
11	17 29	17 23	17 17	17 10	17 02	16 54	16 44	16 34	16 22	16 08	15 51	15 31	15 06	14 30
12	18 49	18 44	18 40	18 35	18 30	18 24	18 18	18 10	18 03	17 54	17 43	17 31	17 17	16 59
13	20 04	20 02	19 59	19 57	19 54	19 50	19 47	19 43	19 39	19 34	19 28	19 22	19 15	19 06
14	21 16	21 15	21 15	21 14	21 13	21 12	21 11	21 10	21 09	21 08	21 06	21 04	21 02	21 00
15	22 25	22 26	22 27	22 28	22 29	22 30	22 32	22 33	22 35	22 37	22 39	22 42	22 45	22 48
16	23 31	23 33	23 36	23 39	23 42	23 46	23 50	23 54	23 59	.. ..	.. ..	.. ..	.. ..	.. ..
17	.. ..	.. ..	.. ..	.. ..	.. ..	.. ..	.. ..	.. ..	.. ..	0 04	0 10	0 16	0 24	0 34
18	0 36	0 40	0 44	0 49	0 54	1 00	1 06	1 13	1 21	1 29	1 39	1 51	2 05	2 22
19	1 40	1 45	1 51	1 58	2 05	2 13	2 21	2 31	2 42	2 55	3 10	3 27	3 50	4 19
20	2 42	2 49	2 57	3 05	3 14	3 23	3 34	3 47	4 01	4 18	4 39	5 05	5 43	■
21	3 43	3 50	3 59	4 08	4 18	4 30	4 43	4 57	5 15	5 36	6 03	6 41	■	■
22	4 38	4 47	4 56	5 06	5 17	5 29	5 43	5 59	6 18	6 41	7 12	8 02	■	■
23	5 28	5 37	5 45	5 55	6 06	6 18	6 31	6 47	7 05	7 28	7 57	8 41	■	■
24	6 12	6 19	6 27	6 36	6 46	6 57	7 09	7 23	7 38	7 57	8 21	8 52	9 41	■

MOONSET

	+40°	+42°	+44°	+46°	+48°	+50°	+52°	+54°	+56°	+58°	+60°	+62°	+64°	+66°
	h m	h m	h m	h m	h m	h m	h m	h m	h m	h m	h m	h m	h m	h m
Jan. 0	20 39	20 37	20 34	20 30	20 27	20 23	20 19	20 15	20 09	20 04	19 57	19 50	19 41	19 31
1	21 42	21 40	21 39	21 37	21 36	21 34	21 32	21 30	21 28	21 25	21 22	21 19	21 15	21 11
2	22 44	22 45	22 45	22 45	22 46	22 46	22 46	22 47	22 47	22 48	22 48	22 49	22 49	22 50
3	23 49	23 51	23 53	23 55	23 57	.. ..	.. ..	.. ..	.. ..	.. ..	.. ..	.. ..	.. ..	.. ..
4	.. ..	.. ..	.. ..	.. ..	.. ..	0 00	0 02	0 05	0 09	0 12	0 16	0 21	0 26	0 33
5	0 57	1 00	1 04	1 08	1 12	1 17	1 22	1 28	1 34	1 41	1 50	1 59	2 10	2 23
6	2 09	2 14	2 19	2 25	2 32	2 39	2 47	2 55	3 05	3 17	3 30	3 45	4 04	4 29
7	3 23	3 30	3 37	3 45	3 54	4 03	4 14	4 26	4 40	4 56	5 16	5 41	6 14	7 15
8	4 39	4 47	4 55	5 05	5 15	5 27	5 39	5 54	6 12	6 33	7 00	7 39	☐	☐
9	5 50	5 58	6 07	6 17	6 28	6 40	6 54	7 10	7 28	7 51	8 21	9 07	☐	☐
10	6 51	6 59	7 07	7 16	7 26	7 38	7 50	8 04	8 21	8 41	9 05	9 38	10 33	☐
11	7 41	7 47	7 54	8 02	8 10	8 19	8 29	8 40	8 53	9 07	9 25	9 46	10 12	10 49
12	8 21	8 26	8 31	8 36	8 42	8 49	8 56	9 04	9 13	9 23	9 34	9 47	10 03	10 21
13	8 53	8 56	9 00	9 03	9 07	9 11	9 16	9 20	9 26	9 32	9 39	9 46	9 55	10 06
14	9 21	9 22	9 24	9 25	9 27	9 29	9 31	9 33	9 36	9 38	9 42	9 45	9 49	9 53
15	9 46	9 45	9 45	9 45	9 45	9 45	9 45	9 44	9 44	9 44	9 43	9 43	9 43	9 42
16	10 10	10 08	10 06	10 04	10 02	10 00	9 57	9 55	9 52	9 49	9 45	9 41	9 36	9 31
17	10 34	10 31	10 27	10 24	10 20	10 16	10 11	10 06	10 00	9 54	9 47	9 39	9 30	9 19
18	11 00	10 56	10 51	10 46	10 40	10 34	10 27	10 19	10 11	10 01	9 50	9 38	9 23	9 05
19	11 30	11 24	11 18	11 11	11 03	10 55	10 46	10 36	10 24	10 11	9 55	9 37	9 14	8 43
20	12 05	11 58	11 50	11 41	11 32	11 22	11 11	10 58	10 43	10 26	10 05	9 38	9 00	■
21	12 45	12 37	12 29	12 19	12 09	11 57	11 44	11 29	11 12	10 50	10 23	9 44	■	■
22	13 33	13 24	13 15	13 05	12 54	12 42	12 28	12 12	11 53	11 30	10 59	10 09	■	■
23	14 26	14 18	14 10	14 00	13 49	13 38	13 24	13 09	12 50	12 28	11 59	11 15	■	■
24	15 25	15 18	15 10	15 01	14 52	14 41	14 30	14 16	14 00	13 42	13 19	12 48	12 00	■

☐ indicates Moon continuously above horizon.
■ indicates Moon continuously below horizon.
.. .. indicates phenomenon will occur the next day.

MOONRISE AND MOONSET, 2009
UNIVERSAL TIME FOR MERIDIAN OF GREENWICH
MOONRISE

Lat.	−55°	−50°	−45°	−40°	−35°	−30°	−20°	−10°	0°	+10°	+20°	+30°	+35°	+40°
	h m	h m	h m	h m	h m	h m	h m	h m	h m	h m	h m	h m	h m	h m
Jan. 23	0 32	1 10	1 38	2 00	2 18	2 34	3 00	3 23	3 44	4 06	4 28	4 55	5 10	5 28
24	1 35	2 10	2 36	2 56	3 13	3 28	3 53	4 15	4 34	4 54	5 16	5 40	5 55	6 12
25	2 48	3 17	3 39	3 57	4 12	4 25	4 47	5 06	5 23	5 41	6 00	6 21	6 34	6 48
26	4 05	4 27	4 45	4 59	5 11	5 22	5 40	5 55	6 10	6 24	6 40	6 58	7 08	7 19
27	5 23	5 39	5 52	6 02	6 11	6 19	6 32	6 44	6 55	7 06	7 17	7 30	7 38	7 46
28	6 41	6 50	6 58	7 05	7 10	7 15	7 24	7 31	7 38	7 45	7 52	8 00	8 05	8 11
29	7 58	8 02	8 05	8 07	8 10	8 12	8 15	8 18	8 20	8 23	8 26	8 29	8 31	8 33
30	9 17	9 14	9 12	9 11	9 09	9 08	9 06	9 04	9 03	9 01	9 00	8 58	8 57	8 55
31	10 37	10 28	10 21	10 16	10 11	10 06	9 59	9 53	9 47	9 41	9 34	9 27	9 23	9 19
Feb. 1	12 01	11 45	11 33	11 23	11 15	11 07	10 54	10 43	10 33	10 23	10 12	9 59	9 52	9 44
2	13 28	13 06	12 48	12 33	12 21	12 11	11 53	11 37	11 23	11 08	10 53	10 36	10 26	10 14
3	14 58	14 28	14 05	13 46	13 31	13 17	12 55	12 35	12 17	11 59	11 40	11 18	11 05	10 51
4	16 25	15 47	15 20	14 58	14 41	14 25	13 59	13 37	13 17	12 56	12 34	12 09	11 54	11 37
5	17 37	16 57	16 29	16 06	15 47	15 32	15 04	14 41	14 20	13 58	13 35	13 08	12 52	12 34
6	18 28	17 52	17 26	17 05	16 48	16 33	16 07	15 45	15 24	15 03	14 41	14 15	14 00	13 42
7	19 01	18 33	18 11	17 54	17 39	17 26	17 04	16 45	16 27	16 09	15 50	15 27	15 14	14 59
8	19 22	19 02	18 46	18 33	18 22	18 12	17 55	17 40	17 26	17 12	16 57	16 40	16 30	16 18
9	19 37	19 24	19 14	19 05	18 58	18 52	18 40	18 30	18 21	18 12	18 02	17 50	17 43	17 36
10	19 48	19 42	19 37	19 33	19 30	19 27	19 21	19 17	19 12	19 08	19 03	18 57	18 54	18 50
11	19 58	19 58	19 59	19 59	19 59	19 59	20 00	20 00	20 00	20 01	20 01	20 01	20 02	20 02
12	20 07	20 14	20 19	20 23	20 27	20 31	20 37	20 42	20 47	20 52	20 57	21 04	21 07	21 11
13	20 18	20 30	20 40	20 49	20 56	21 03	21 14	21 24	21 33	21 42	21 53	22 04	22 11	22 19
14	20 30	20 49	21 04	21 16	21 27	21 36	21 52	22 06	22 20	22 33	22 48	23 04	23 14	23 25
15	20 46	21 11	21 31	21 47	22 01	22 12	22 33	22 51	23 07	23 24	23 42	.. ..	.. ..	.. ..
16	21 08	21 40	22 04	22 23	22 39	22 53	23 17	23 37	23 57	.. ..	.. ..	0 03	0 16	0 30

MOONSET

Lat.	−55°	−50°	−45°	−40°	−35°	−30°	−20°	−10°	0°	+10°	+20°	+30°	+35°	+40°
	h m	h m	h m	h m	h m	h m	h m	h m	h m	h m	h m	h m	h m	h m
Jan. 23	19 13	18 37	18 11	17 50	17 32	17 17	16 52	16 29	16 09	15 48	15 26	15 00	14 44	14 26
24	19 41	19 11	18 48	18 30	18 14	18 00	17 37	17 17	16 58	16 39	16 19	15 55	15 41	15 25
25	20 01	19 37	19 19	19 03	18 50	18 39	18 19	18 02	17 46	17 30	17 12	16 52	16 40	16 27
26	20 16	19 58	19 44	19 32	19 22	19 13	18 58	18 44	18 32	18 19	18 05	17 49	17 40	17 30
27	20 27	20 15	20 06	19 58	19 51	19 45	19 34	19 25	19 16	19 07	18 57	18 46	18 40	18 32
28	20 36	20 30	20 25	20 21	20 17	20 14	20 08	20 03	19 58	19 54	19 48	19 42	19 39	19 35
29	20 45	20 44	20 44	20 43	20 43	20 42	20 42	20 41	20 41	20 40	20 39	20 39	20 38	20 38
30	20 53	20 58	21 02	21 06	21 09	21 11	21 16	21 20	21 24	21 27	21 31	21 36	21 39	21 42
31	21 03	21 13	21 22	21 30	21 36	21 42	21 51	22 00	22 08	22 16	22 25	22 35	22 41	22 48
Feb. 1	21 14	21 32	21 46	21 57	22 07	22 16	22 31	22 44	22 56	23 08	23 22	23 37	23 46	23 56
2	21 31	21 55	22 14	22 30	22 43	22 55	23 14	23 32	23 48	.. ..	.. ..	.. ..	.. ..	.. ..
3	21 55	22 27	22 51	23 10	23 27	23 41	.. ..	.. ..	.. ..	0 04	0 22	0 42	0 54	1 08
4	22 34	23 12	23 40	.. ..	.. ..	.. ..	0 05	0 25	0 45	1 04	1 25	1 50	2 04	2 21
5	23 34	.. ..	.. ..	0 02	0 20	0 35	1 02	1 25	1 46	2 08	2 31	2 57	3 13	3 31
6	.. ..	0 14	0 42	1 05	1 23	1 39	2 06	2 29	2 50	3 12	3 35	4 01	4 17	4 35
7	0 57	1 32	1 57	2 18	2 35	2 49	3 14	3 35	3 54	4 14	4 35	4 58	5 12	5 28
8	2 33	3 00	3 20	3 36	3 50	4 02	4 22	4 39	4 56	5 12	5 29	5 48	5 59	6 12
9	4 11	4 29	4 44	4 55	5 05	5 14	5 28	5 41	5 53	6 04	6 17	6 31	6 39	6 48
10	5 47	5 57	6 05	6 12	6 17	6 22	6 31	6 39	6 46	6 53	7 00	7 08	7 13	7 18
11	7 17	7 20	7 23	7 25	7 27	7 28	7 31	7 33	7 35	7 37	7 39	7 42	7 43	7 45
12	8 45	8 41	8 38	8 35	8 33	8 31	8 28	8 25	8 22	8 20	8 17	8 14	8 12	8 10
13	10 09	9 59	9 51	9 44	9 38	9 33	9 24	9 16	9 09	9 02	8 54	8 45	8 40	8 35
14	11 32	11 15	11 02	10 51	10 41	10 33	10 19	10 07	9 55	9 44	9 32	9 18	9 10	9 01
15	12 54	12 30	12 11	11 56	11 44	11 33	11 14	10 58	10 42	10 27	10 11	9 53	9 42	9 30
16	14 12	13 42	13 19	13 00	12 45	12 31	12 09	11 49	11 31	11 13	10 53	10 31	10 18	10 03

.. .. indicates phenomenon will occur the next day.

MOONRISE AND MOONSET, 2009
UNIVERSAL TIME FOR MERIDIAN OF GREENWICH
MOONRISE

Lat.	+40°	+42°	+44°	+46°	+48°	+50°	+52°	+54°	+56°	+58°	+60°	+62°	+64°	+66°
	h m	h m	h m	h m	h m	h m	h m	h m	h m	h m	h m	h m	h m	h m
Jan. 23	5 28	5 37	5 45	5 55	6 06	6 18	6 31	6 47	7 05	7 28	7 57	8 41	■	■
24	6 12	6 19	6 27	6 36	6 46	6 57	7 09	7 23	7 38	7 57	8 21	8 52	9 41	■
25	6 48	6 55	7 02	7 09	7 17	7 27	7 37	7 48	8 01	8 15	8 33	8 54	9 22	10 02
26	7 19	7 25	7 30	7 36	7 43	7 50	7 58	8 06	8 16	8 27	8 39	8 54	9 12	9 34
27	7 46	7 50	7 54	7 59	8 03	8 08	8 14	8 20	8 27	8 34	8 43	8 53	9 04	9 18
28	8 11	8 13	8 15	8 18	8 21	8 24	8 28	8 31	8 35	8 40	8 45	8 51	8 58	9 05
29	8 33	8 34	8 35	8 36	8 37	8 38	8 40	8 41	8 43	8 45	8 47	8 49	8 51	8 54
30	8 55	8 55	8 54	8 54	8 53	8 52	8 52	8 51	8 50	8 49	8 48	8 47	8 45	8 44
31	9 19	9 17	9 14	9 12	9 10	9 07	9 04	9 01	8 58	8 54	8 49	8 45	8 39	8 33
Feb. 1	9 44	9 41	9 37	9 33	9 29	9 24	9 19	9 13	9 07	9 00	8 52	8 43	8 33	8 20
2	10 14	10 09	10 04	9 58	9 51	9 45	9 37	9 29	9 19	9 09	8 56	8 42	8 25	8 04
3	10 51	10 44	10 37	10 29	10 21	10 12	10 02	9 51	9 38	9 23	9 05	8 43	8 16	7 36
4	11 37	11 29	11 20	11 11	11 01	10 50	10 38	10 24	10 07	9 47	9 23	8 50	7 55	▢
5	12 34	12 26	12 16	12 07	11 56	11 44	11 30	11 14	10 55	10 32	10 02	9 17	▢	▢
6	13 42	13 34	13 26	13 16	13 06	12 54	12 41	12 26	12 08	11 46	11 19	10 38	▢	▢
7	14 59	14 52	14 44	14 36	14 28	14 18	14 07	13 55	13 40	13 24	13 03	12 37	12 01	10 46
8	16 18	16 13	16 07	16 01	15 54	15 47	15 39	15 30	15 20	15 09	14 55	14 39	14 20	13 55
9	17 36	17 32	17 29	17 25	17 20	17 16	17 11	17 05	16 59	16 52	16 44	16 35	16 24	16 11
10	18 50	18 49	18 47	18 45	18 43	18 41	18 39	18 36	18 33	18 30	18 27	18 23	18 18	18 13
11	20 02	20 02	20 02	20 03	20 03	20 03	20 03	20 03	20 03	20 04	20 04	20 04	20 05	20 05	20 06
12	21 11	21 13	21 15	21 17	21 19	21 22	21 25	21 28	21 31	21 35	21 39	21 43	21 49	21 55
13	22 19	22 22	22 26	22 30	22 34	22 39	22 44	22 50	22 56	23 03	23 11	23 21	23 32	23 45
14	23 25	23 30	23 35	23 41	23 48	23 55	.. ..	.. ..	.. ..	.. ..	.. ..	.. ..	.. ..	.. ..
15	.. ..	.. ..	.. ..	.. ..	.. ..	.. ..	0 02	0 11	0 20	0 31	0 44	0 59	1 17	1 41
16	0 30	0 36	0 43	0 51	0 59	1 08	1 18	1 29	1 42	1 58	2 16	2 38	3 08	3 55

MOONSET

	h m	h m	h m	h m	h m	h m	h m	h m	h m	h m	h m	h m	h m	h m
Jan. 23	14 26	14 18	14 10	14 00	13 49	13 38	13 24	13 09	12 50	12 28	11 59	11 15	■	■
24	15 25	15 18	15 10	15 01	14 52	14 41	14 30	14 16	14 00	13 42	13 19	12 48	12 00	■
25	16 27	16 21	16 14	16 07	15 59	15 50	15 41	15 30	15 18	15 03	14 46	14 26	13 59	13 20
26	17 30	17 25	17 20	17 14	17 08	17 02	16 54	16 46	16 37	16 27	16 15	16 01	15 45	15 24
27	18 32	18 29	18 26	18 22	18 18	18 13	18 08	18 03	17 57	17 50	17 43	17 34	17 24	17 12
28	19 35	19 33	19 31	19 29	19 27	19 25	19 22	19 19	19 16	19 13	19 09	19 04	18 59	18 53
29	20 38	20 38	20 37	20 37	20 37	20 37	20 36	20 36	20 35	20 35	20 35	20 34	20 33	20 33
30	21 42	21 43	21 44	21 46	21 48	21 49	21 51	21 54	21 56	21 59	22 02	22 05	22 09	22 13
31	22 48	22 51	22 54	22 57	23 01	23 05	23 09	23 14	23 19	23 25	23 32	23 40	23 49	23 59
Feb. 1	23 56	.. ..	.. ..	.. ..	.. ..	.. ..	.. ..	.. ..	.. ..	.. ..	.. ..	.. ..	.. ..	.. ..
2	.. ..	0 01	0 06	0 11	0 17	0 23	0 30	0 38	0 46	0 56	1 07	1 21	1 36	1 56
3	1 08	1 14	1 21	1 28	1 36	1 44	1 54	2 05	2 17	2 31	2 48	3 09	3 36	4 15
4	2 21	2 28	2 36	2 45	2 55	3 06	3 18	3 32	3 48	4 07	4 31	5 04	5 58	▢
5	3 31	3 39	3 48	3 58	4 09	4 21	4 35	4 50	5 09	5 32	6 02	6 47	▢	▢
6	4 35	4 43	4 52	5 01	5 12	5 24	5 37	5 52	6 11	6 32	7 00	7 41	▢	▢
7	5 28	5 36	5 43	5 52	6 01	6 11	6 23	6 36	6 50	7 08	7 29	7 55	8 32	9 48
8	6 12	6 18	6 24	6 31	6 38	6 46	6 54	7 04	7 15	7 27	7 42	7 58	8 19	8 45
9	6 48	6 52	6 56	7 01	7 06	7 11	7 17	7 24	7 31	7 39	7 48	7 59	8 11	8 25
10	7 18	7 20	7 23	7 26	7 28	7 31	7 35	7 38	7 42	7 47	7 52	7 57	8 04	8 11
11	7 45	7 45	7 46	7 47	7 48	7 48	7 49	7 50	7 52	7 53	7 54	7 56	7 58	8 00
12	8 10	8 09	8 08	8 07	8 05	8 04	8 03	8 01	8 00	7 58	7 56	7 54	7 51	7 48
13	8 35	8 32	8 29	8 27	8 23	8 20	8 17	8 13	8 08	8 03	7 58	7 52	7 45	7 37
14	9 01	8 57	8 52	8 48	8 43	8 38	8 32	8 25	8 18	8 10	8 01	7 50	7 38	7 24
15	9 30	9 24	9 18	9 12	9 05	8 58	8 50	8 41	8 30	8 19	8 05	7 49	7 30	7 06
16	10 03	9 56	9 49	9 41	9 33	9 23	9 13	9 01	8 47	8 32	8 13	7 50	7 19	6 32

▢ indicates Moon continuously above horizon.
■ indicates Moon continuously below horizon.
.. .. indicates phenomenon will occur the next day.

A50 MOONRISE AND MOONSET, 2009

UNIVERSAL TIME FOR MERIDIAN OF GREENWICH

MOONRISE

Lat.	−55°	−50°	−45°	−40°	−35°	−30°	−20°	−10°	0°	+10°	+20°	+30°	+35°	+40°
	h m	h m	h m	h m	h m	h m	h m	h m	h m	h m	h m	h m	h m	h m
Feb. 15	20 46	21 11	21 31	21 47	22 01	22 12	22 33	22 51	23 07	23 24	23 42	.. ..	.. ..	.. ..
16	21 08	21 40	22 04	22 23	22 39	22 53	23 17	23 37	23 57	.. ..	.. ..	0 03	0 16	0 30
17	21 40	22 16	22 43	23 05	23 22	23 38	.. ..	.. ..	.. ..	0 16	0 37	1 01	1 16	1 32
18	22 24	23 03	23 31	23 53	.. ..	.. ..	0 04	0 26	0 47	1 08	1 31	1 57	2 12	2 30
19	23 23	23 59	.. ..	.. ..	0 11	0 27	0 54	1 16	1 38	1 59	2 22	2 49	3 05	3 23
20	.. ..	.. ..	0 26	0 47	1 05	1 20	1 46	2 08	2 28	2 49	3 11	3 36	3 51	4 09
21	0 32	1 04	1 28	1 46	2 02	2 16	2 39	2 59	3 18	3 36	3 56	4 19	4 32	4 48
22	1 48	2 13	2 33	2 48	3 01	3 13	3 32	3 49	4 05	4 21	4 38	4 57	5 08	5 21
23	3 06	3 25	3 39	3 51	4 01	4 10	4 25	4 39	4 51	5 03	5 16	5 31	5 40	5 49
24	4 25	4 37	4 47	4 55	5 01	5 07	5 18	5 27	5 35	5 43	5 52	6 02	6 08	6 15
25	5 44	5 49	5 54	5 58	6 01	6 04	6 09	6 14	6 18	6 22	6 27	6 32	6 35	6 38
26	7 03	7 02	7 02	7 02	7 02	7 02	7 02	7 01	7 01	7 01	7 01	7 01	7 01	7 01
27	8 24	8 17	8 12	8 07	8 04	8 00	7 55	7 50	7 45	7 41	7 36	7 30	7 27	7 24
28	9 47	9 34	9 23	9 15	9 07	9 01	8 50	8 40	8 31	8 22	8 13	8 02	7 56	7 49
Mar. 1	11 14	10 54	10 38	10 25	10 14	10 04	9 47	9 33	9 20	9 07	8 53	8 37	8 28	8 18
2	12 43	12 15	11 53	11 36	11 22	11 09	10 48	10 30	10 13	9 56	9 38	9 18	9 06	8 52
3	14 10	13 34	13 08	12 48	12 31	12 16	11 51	11 30	11 10	10 50	10 29	10 05	9 50	9 34
4	15 25	14 46	14 18	13 56	13 37	13 22	12 55	12 32	12 10	11 49	11 26	11 00	10 44	10 26
5	16 22	15 45	15 18	14 56	14 38	14 23	13 56	13 34	13 13	12 51	12 29	12 02	11 47	11 29
6	17 00	16 29	16 06	15 47	15 31	15 17	14 54	14 33	14 14	13 55	13 34	13 10	12 56	12 40
7	17 25	17 02	16 43	16 28	16 16	16 04	15 45	15 28	15 13	14 57	14 40	14 20	14 09	13 55
8	17 42	17 26	17 13	17 03	16 54	16 45	16 32	16 19	16 08	15 56	15 44	15 29	15 21	15 12
9	17 55	17 46	17 38	17 32	17 27	17 22	17 14	17 06	16 59	16 52	16 45	16 37	16 32	16 26
10	18 05	18 02	18 00	17 58	17 57	17 55	17 53	17 50	17 48	17 46	17 44	17 41	17 40	17 38
11	18 15	18 18	18 21	18 23	18 25	18 27	18 30	18 33	18 36	18 38	18 41	18 44	18 46	18 49

MOONSET

Lat.	−55°	−50°	−45°	−40°	−35°	−30°	−20°	−10°	0°	+10°	+20°	+30°	+35°	+40°
	h m	h m	h m	h m	h m	h m	h m	h m	h m	h m	h m	h m	h m	h m
Feb. 15	12 54	12 30	12 11	11 56	11 44	11 33	11 14	10 58	10 42	10 27	10 11	9 53	9 42	9 30
16	14 12	13 42	13 19	13 00	12 45	12 31	12 09	11 49	11 31	11 13	10 53	10 31	10 18	10 03
17	15 24	14 48	14 22	14 01	13 43	13 28	13 03	12 41	12 21	12 01	11 39	11 14	10 59	10 42
18	16 25	15 46	15 18	14 56	14 38	14 22	13 56	13 33	13 12	12 50	12 27	12 01	11 45	11 27
19	17 11	16 34	16 07	15 45	15 28	15 12	14 46	14 23	14 02	13 41	13 18	12 52	12 36	12 18
20	17 44	17 12	16 47	16 28	16 11	15 57	15 33	15 12	14 52	14 33	14 11	13 47	13 32	13 15
21	18 07	17 41	17 20	17 04	16 50	16 37	16 16	15 58	15 41	15 23	15 05	14 43	14 31	14 16
22	18 23	18 03	17 47	17 34	17 23	17 13	16 56	16 41	16 27	16 13	15 58	15 41	15 30	15 19
23	18 36	18 22	18 11	18 01	17 53	17 46	17 33	17 23	17 12	17 02	16 51	16 38	16 30	16 22
24	18 46	18 38	18 31	18 25	18 20	18 16	18 09	18 02	17 56	17 49	17 43	17 35	17 30	17 25
25	18 55	18 52	18 50	18 48	18 47	18 45	18 43	18 41	18 39	18 37	18 34	18 32	18 30	18 29
26	19 03	19 06	19 09	19 11	19 13	19 14	19 17	19 20	19 22	19 24	19 27	19 30	19 31	19 33
27	19 12	19 21	19 29	19 35	19 40	19 45	19 53	20 00	20 07	20 14	20 21	20 29	20 34	20 39
28	19 24	19 39	19 51	20 01	20 10	20 18	20 31	20 43	20 54	21 05	21 17	21 31	21 39	21 48
Mar. 1	19 39	20 01	20 18	20 32	20 45	20 55	21 14	21 30	21 45	22 00	22 16	22 35	22 46	22 59
2	20 00	20 29	20 52	21 10	21 25	21 39	22 01	22 21	22 40	22 58	23 18	23 41	23 55	.. ..
3	20 33	21 09	21 36	21 57	22 14	22 30	22 55	23 18	23 38	23 59	.. ..	.. ..	.. ..	0 10
4	21 24	22 03	22 32	22 54	23 13	23 29	23 55	.. ..	.. ..	.. ..	0 22	0 48	1 03	1 21
5	22 37	23 13	23 40	.. ..	.. ..	.. ..	.. ..	0 19	0 40	1 01	1 24	1 51	2 07	2 25
6	.. ..	.. ..	.. ..	0 01	0 19	0 34	1 00	1 22	1 42	2 02	2 24	2 49	3 04	3 21
7	0 05	0 35	0 57	1 15	1 30	1 43	2 06	2 25	2 42	3 00	3 19	3 40	3 52	4 07
8	1 40	2 01	2 18	2 32	2 43	2 53	3 11	3 25	3 39	3 53	4 08	4 24	4 34	4 44
9	3 14	3 27	3 38	3 47	3 55	4 02	4 13	4 23	4 33	4 42	4 52	5 03	5 09	5 16
10	4 45	4 51	4 57	5 01	5 05	5 08	5 13	5 18	5 23	5 27	5 32	5 37	5 40	5 44
11	6 13	6 13	6 12	6 12	6 12	6 12	6 11	6 11	6 11	6 11	6 10	6 10	6 10	6 09

.. .. indicates phenomenon will occur the next day.

MOONRISE AND MOONSET, 2009
UNIVERSAL TIME FOR MERIDIAN OF GREENWICH
MOONRISE

Lat.	+40°	+42°	+44°	+46°	+48°	+50°	+52°	+54°	+56°	+58°	+60°	+62°	+64°	+66°
	h m	h m	h m	h m	h m	h m	h m	h m	h m	h m	h m	h m	h m	h m
Feb. 15	.. ..	.. ..	.. ..	.. ..	.. ..	.. ..	0 02	0 11	0 20	0 31	0 44	0 59	1 17	1 41
16	0 30	0 36	0 43	0 51	0 59	1 08	1 18	1 29	1 42	1 58	2 16	2 38	3 08	3 55
17	1 32	1 40	1 48	1 57	2 07	2 17	2 30	2 44	3 00	3 19	3 44	4 17	5 16	■
18	2 30	2 39	2 48	2 57	3 08	3 20	3 34	3 49	4 08	4 31	5 01	5 47	■	■
19	3 23	3 31	3 40	3 50	4 01	4 13	4 27	4 43	5 02	5 25	5 55	6 43	■	■
20	4 09	4 16	4 25	4 34	4 44	4 56	5 08	5 23	5 40	6 00	6 26	7 01	8 12	■
21	4 48	4 54	5 02	5 10	5 19	5 29	5 39	5 52	6 06	6 22	6 42	7 06	7 39	8 35
22	5 21	5 26	5 32	5 39	5 46	5 54	6 03	6 12	6 23	6 35	6 50	7 07	7 28	7 54
23	5 49	5 54	5 58	6 03	6 09	6 14	6 21	6 28	6 36	6 44	6 54	7 06	7 19	7 36
24	6 15	6 17	6 21	6 24	6 27	6 31	6 35	6 40	6 45	6 51	6 57	7 04	7 12	7 22
25	6 38	6 39	6 41	6 43	6 44	6 46	6 48	6 51	6 53	6 56	6 59	7 02	7 06	7 11
26	7 01	7 01	7 01	7 01	7 01	7 01	7 00	7 00	7 00	7 00	7 00	7 00	7 00	7 00
27	7 24	7 22	7 21	7 19	7 17	7 15	7 13	7 11	7 08	7 05	7 02	6 58	6 54	6 49
28	7 49	7 46	7 43	7 39	7 36	7 31	7 27	7 22	7 17	7 11	7 04	6 57	6 48	6 38
Mar. 1	8 18	8 13	8 08	8 03	7 57	7 51	7 44	7 37	7 28	7 19	7 08	6 56	6 41	6 24
2	8 52	8 46	8 39	8 32	8 25	8 16	8 07	7 56	7 45	7 31	7 15	6 57	6 33	6 02
3	9 34	9 27	9 19	9 10	9 01	8 50	8 38	8 25	8 10	7 52	7 30	7 01	6 20	☐
4	10 26	10 18	10 09	9 59	9 49	9 37	9 24	9 08	8 50	8 28	8 00	7 18	☐	☐
5	11 29	11 21	11 12	11 02	10 51	10 39	10 26	10 10	9 52	9 30	9 00	8 17	☐	☐
6	12 40	12 33	12 25	12 16	12 06	11 56	11 44	11 30	11 15	10 56	10 33	10 02	9 13	☐
7	13 55	13 50	13 43	13 36	13 29	13 20	13 11	13 01	12 49	12 35	12 19	12 00	11 35	11 00
8	15 12	15 07	15 03	14 58	14 53	14 47	14 40	14 33	14 25	14 16	14 06	13 54	13 40	13 22
9	16 26	16 24	16 21	16 18	16 15	16 12	16 08	16 04	16 00	15 55	15 49	15 43	15 35	15 26
10	17 38	17 38	17 37	17 36	17 35	17 34	17 33	17 32	17 31	17 29	17 28	17 26	17 24	17 21
11	18 49	18 50	18 51	18 52	18 53	18 54	18 56	18 57	18 59	19 01	19 03	19 06	19 09	19 12

MOONSET

Lat.	+40°	+42°	+44°	+46°	+48°	+50°	+52°	+54°	+56°	+58°	+60°	+62°	+64°	+66°
	h m	h m	h m	h m	h m	h m	h m	h m	h m	h m	h m	h m	h m	h m
Feb. 15	9 30	9 24	9 18	9 12	9 05	8 58	8 50	8 41	8 30	8 19	8 05	7 49	7 30	7 06
16	10 03	9 56	9 49	9 41	9 33	9 23	9 13	9 01	8 47	8 32	8 13	7 50	7 19	6 32
17	10 42	10 34	10 26	10 16	10 06	9 55	9 43	9 29	9 12	8 52	8 27	7 54	6 54	■
18	11 27	11 18	11 10	11 00	10 49	10 37	10 23	10 07	9 49	9 26	8 56	8 09	■	■
19	12 18	12 10	12 01	11 51	11 41	11 28	11 15	10 59	10 40	10 17	9 47	8 59	■	■
20	13 15	13 08	12 59	12 50	12 40	12 29	12 17	12 03	11 46	11 26	11 00	10 25	9 15	■
21	14 16	14 09	14 02	13 55	13 46	13 37	13 26	13 14	13 01	12 45	12 26	12 02	11 29	10 34
22	15 19	15 13	15 08	15 01	14 55	14 47	14 39	14 30	14 20	14 08	13 55	13 39	13 19	12 53
23	16 22	16 18	16 14	16 09	16 05	15 59	15 54	15 47	15 40	15 32	15 23	15 13	15 00	14 45
24	17 25	17 23	17 20	17 18	17 15	17 12	17 08	17 05	17 01	16 56	16 51	16 45	16 38	16 30
25	18 29	18 28	18 27	18 26	18 25	18 24	18 23	18 22	18 21	18 19	18 18	18 16	18 13	18 11
26	19 33	19 34	19 35	19 36	19 37	19 38	19 39	19 40	19 42	19 43	19 45	19 47	19 50	19 52
27	20 39	20 42	20 44	20 47	20 50	20 53	20 57	21 01	21 05	21 10	21 16	21 22	21 29	21 38
28	21 48	21 52	21 56	22 01	22 06	22 11	22 18	22 24	22 32	22 40	22 50	23 01	23 15	23 31
Mar. 1	22 59	23 04	23 10	23 17	23 24	23 32	23 41	23 51	.. ..	.. ..	.. ..	.. ..	.. ..	.. ..
2	.. ..	.. ..	.. ..	.. ..	.. ..	.. ..	.. ..	.. ..	0 02	0 14	0 29	0 48	1 10	1 40
3	0 10	0 18	0 25	0 34	0 43	0 53	1 04	1 17	1 32	1 50	2 11	2 39	3 20	☐
4	1 21	1 29	1 37	1 47	1 57	2 09	2 22	2 38	2 56	3 17	3 45	4 27	☐	☐
5	2 25	2 33	2 42	2 52	3 03	3 15	3 28	3 44	4 03	4 25	4 54	5 38	☐	☐
6	3 21	3 28	3 37	3 46	3 55	4 06	4 18	4 32	4 48	5 08	5 31	6 02	6 52	☐
7	4 07	4 13	4 20	4 27	4 35	4 44	4 54	5 05	5 17	5 32	5 49	6 09	6 35	7 10
8	4 44	4 49	4 54	5 00	5 06	5 12	5 20	5 27	5 36	5 46	5 57	6 10	6 26	6 45
9	5 16	5 19	5 23	5 26	5 30	5 34	5 39	5 44	5 49	5 55	6 02	6 10	6 19	6 29
10	5 44	5 45	5 47	5 48	5 50	5 52	5 54	5 57	5 59	6 02	6 05	6 09	6 13	6 17
11	6 09	6 09	6 09	6 09	6 09	6 09	6 08	6 08	6 08	6 08	6 07	6 07	6 07	6 06

☐ indicates Moon continuously above horizon.
■ indicates Moon continuously below horizon.
.. .. indicates phenomenon will occur the next day.

MOONRISE AND MOONSET, 2009
UNIVERSAL TIME FOR MERIDIAN OF GREENWICH
MOONRISE

Lat.	−55°	−50°	−45°	−40°	−35°	−30°	−20°	−10°	0°	+10°	+20°	+30°	+35°	+40°
	h m	h m	h m	h m	h m	h m	h m	h m	h m	h m	h m	h m	h m	h m
Mar. 9	17 55	17 46	17 38	17 32	17 27	17 22	17 14	17 06	16 59	16 52	16 45	16 37	16 32	16 26
10	18 05	18 02	18 00	17 58	17 57	17 55	17 53	17 50	17 48	17 46	17 44	17 41	17 40	17 38
11	18 15	18 18	18 21	18 23	18 25	18 27	18 30	18 33	18 36	18 38	18 41	18 44	18 46	18 49
12	18 25	18 34	18 42	18 49	18 54	18 59	19 08	19 15	19 22	19 30	19 37	19 46	19 52	19 58
13	18 37	18 52	19 05	19 15	19 24	19 32	19 46	19 58	20 10	20 21	20 33	20 48	20 56	21 06
14	18 51	19 14	19 31	19 45	19 57	20 08	20 26	20 43	20 58	21 13	21 29	21 48	22 00	22 12
15	19 11	19 40	20 02	20 19	20 34	20 47	21 10	21 29	21 47	22 06	22 25	22 48	23 02	23 17
16	19 39	20 13	20 39	20 59	21 16	21 31	21 56	22 18	22 38	22 58	23 20	23 46	.. ..	.. ..
17	20 19	20 56	21 24	21 45	22 04	22 19	22 45	23 08	23 29	23 51	.. ..	.. ..	0 01	0 18
18	21 12	21 49	22 16	22 38	22 56	23 11	23 37	23 59	.. ..	.. ..	0 13	0 40	0 56	1 14
19	22 17	22 50	23 15	23 35	23 52	.. ..	.. ..	.. ..	0 20	0 41	1 04	1 30	1 45	2 03
20	23 30	23 58	.. ..	.. ..	.. ..	0 06	0 30	0 51	1 10	1 29	1 50	2 14	2 28	2 44
21	.. ..	.. ..	0 19	0 36	0 50	1 02	1 23	1 41	1 58	2 15	2 33	2 54	3 06	3 19
22	0 47	1 08	1 24	1 38	1 49	1 59	2 16	2 31	2 44	2 58	3 13	3 29	3 39	3 50
23	2 05	2 20	2 31	2 41	2 49	2 56	3 08	3 19	3 29	3 39	3 49	4 01	4 08	4 16
24	3 24	3 32	3 39	3 44	3 49	3 53	4 00	4 07	4 13	4 18	4 25	4 32	4 36	4 40
25	4 43	4 45	4 47	4 48	4 49	4 51	4 53	4 54	4 56	4 58	4 59	5 01	5 02	5 04
26	6 04	6 00	5 56	5 54	5 51	5 49	5 46	5 43	5 40	5 37	5 34	5 31	5 29	5 27
27	7 28	7 17	7 09	7 02	6 56	6 50	6 41	6 33	6 26	6 19	6 11	6 03	5 58	5 52
28	8 55	8 37	8 23	8 12	8 02	7 54	7 39	7 27	7 15	7 03	6 51	6 37	6 29	6 20
29	10 25	10 00	9 41	9 25	9 12	9 00	8 40	8 24	8 08	7 52	7 36	7 17	7 06	6 53
30	11 55	11 22	10 57	10 38	10 22	10 08	9 44	9 24	9 05	8 46	8 26	8 03	7 49	7 34
31	13 15	12 37	12 10	11 48	11 30	11 14	10 48	10 26	10 05	9 44	9 22	8 56	8 41	8 23
Apr. 1	14 18	13 40	13 13	12 51	12 33	12 17	11 51	11 28	11 07	10 45	10 23	9 56	9 41	9 23
2	15 01	14 28	14 04	13 44	13 27	13 13	12 49	12 28	12 08	11 48	11 27	11 02	10 48	10 31

MOONSET

Lat.	−55°	−50°	−45°	−40°	−35°	−30°	−20°	−10°	0°	+10°	+20°	+30°	+35°	+40°
	h m	h m	h m	h m	h m	h m	h m	h m	h m	h m	h m	h m	h m	h m
Mar. 9	3 14	3 27	3 38	3 47	3 55	4 02	4 13	4 23	4 33	4 42	4 52	5 03	5 09	5 16
10	4 45	4 51	4 57	5 01	5 05	5 08	5 13	5 18	5 23	5 27	5 32	5 37	5 40	5 44
11	6 13	6 13	6 12	6 12	6 12	6 12	6 11	6 11	6 11	6 11	6 10	6 10	6 10	6 09
12	7 39	7 32	7 26	7 22	7 18	7 14	7 08	7 03	6 58	6 53	6 48	6 42	6 38	6 34
13	9 04	8 50	8 39	8 30	8 23	8 16	8 04	7 54	7 45	7 35	7 25	7 14	7 08	7 00
14	10 28	10 07	9 51	9 38	9 27	9 17	9 00	8 46	8 32	8 19	8 05	7 49	7 39	7 28
15	11 49	11 22	11 01	10 44	10 30	10 17	9 56	9 38	9 21	9 05	8 47	8 26	8 14	8 00
16	13 05	12 32	12 07	11 47	11 31	11 16	10 52	10 31	10 12	9 52	9 31	9 08	8 53	8 37
17	14 12	13 34	13 07	12 46	12 28	12 12	11 46	11 24	11 03	10 42	10 19	9 53	9 38	9 20
18	15 05	14 27	14 00	13 38	13 20	13 04	12 38	12 15	11 54	11 33	11 10	10 44	10 28	10 10
19	15 43	15 09	14 43	14 23	14 06	13 51	13 26	13 05	12 45	12 24	12 02	11 37	11 22	11 05
20	16 10	15 41	15 19	15 01	14 46	14 33	14 11	13 52	13 34	13 15	12 56	12 33	12 19	12 04
21	16 29	16 06	15 48	15 34	15 22	15 11	14 52	14 36	14 21	14 05	13 49	13 30	13 18	13 05
22	16 42	16 26	16 13	16 02	15 53	15 45	15 30	15 18	15 06	14 54	14 41	14 27	14 18	14 08
23	16 54	16 43	16 35	16 27	16 21	16 16	16 06	15 58	15 50	15 42	15 33	15 23	15 18	15 11
24	17 03	16 58	16 54	16 51	16 48	16 45	16 41	16 37	16 33	16 29	16 25	16 21	16 18	16 15
25	17 12	17 13	17 13	17 14	17 15	17 15	17 16	17 16	17 17	17 17	17 18	17 19	17 19	17 19
26	17 21	17 28	17 33	17 38	17 42	17 45	17 51	17 57	18 02	18 07	18 12	18 18	18 22	18 26
27	17 32	17 45	17 55	18 04	18 12	18 18	18 30	18 40	18 49	18 59	19 09	19 20	19 27	19 35
28	17 46	18 06	18 21	18 34	18 45	18 55	19 11	19 26	19 40	19 53	20 08	20 25	20 35	20 46
29	18 06	18 33	18 54	19 11	19 25	19 37	19 58	20 17	20 34	20 52	21 11	21 32	21 45	22 00
30	18 36	19 10	19 35	19 55	20 12	20 27	20 51	21 13	21 33	21 53	22 15	22 40	22 54	23 12
31	19 22	20 00	20 28	20 50	21 08	21 24	21 50	22 13	22 34	22 56	23 18	23 45	.. ..	.. ..
Apr. 1	20 28	21 05	21 32	21 54	22 12	22 27	22 53	23 15	23 36	23 57	.. ..	.. ..	0 00	0 18
2	21 51	22 22	22 46	23 05	23 21	23 35	23 58	.. ..	.. ..	.. ..	0 19	0 44	0 59	1 17

.. .. indicates phenomenon will occur the next day.

MOONRISE AND MOONSET, 2009
UNIVERSAL TIME FOR MERIDIAN OF GREENWICH
MOONRISE

Lat.	+40°	+42°	+44°	+46°	+48°	+50°	+52°	+54°	+56°	+58°	+60°	+62°	+64°	+66°
	h m	h m	h m	h m	h m	h m	h m	h m	h m	h m	h m	h m	h m	h m
Mar. 9	16 26	16 24	16 21	16 18	16 15	16 12	16 08	16 04	16 00	15 55	15 49	15 43	15 35	15 26
10	17 38	17 38	17 37	17 36	17 35	17 34	17 33	17 32	17 31	17 29	17 28	17 26	17 24	17 21
11	18 49	18 50	18 51	18 52	18 53	18 54	18 56	18 57	18 59	19 01	19 03	19 06	19 09	19 12
12	19 58	20 00	20 03	20 06	20 09	20 13	20 17	20 21	20 26	20 31	20 37	20 44	20 52	21 02
13	21 06	21 10	21 14	21 19	21 25	21 30	21 37	21 44	21 52	22 01	22 11	22 23	22 38	22 56
14	22 12	22 18	22 24	22 31	22 38	22 46	22 55	23 05	23 17	23 30	23 45	.. ..	.. ..	.. ..
15	23 17	23 24	23 32	23 40	23 49	23 59	.. ..	.. ..	.. ..	.. ..	.. ..	0 04	0 27	0 59
16	.. ..	.. ..	.. ..	.. ..	.. ..	.. ..	0 10	0 23	0 38	0 56	1 17	1 45	2 25	■
17	0 18	0 26	0 35	0 44	0 54	1 06	1 19	1 34	1 52	2 13	2 40	3 20	■	■
18	1 14	1 22	1 31	1 41	1 52	2 04	2 18	2 33	2 52	3 15	3 45	4 33	■	■
19	2 03	2 11	2 19	2 29	2 39	2 51	3 04	3 19	3 37	3 58	4 25	5 05	■	■
20	2 44	2 51	2 59	3 08	3 17	3 27	3 39	3 52	4 07	4 25	4 47	5 15	5 55	■
21	3 19	3 26	3 32	3 39	3 47	3 56	4 05	4 16	4 28	4 42	4 58	5 17	5 42	6 15
22	3 50	3 55	4 00	4 05	4 11	4 18	4 25	4 33	4 42	4 52	5 04	5 17	5 33	5 53
23	4 16	4 20	4 23	4 27	4 32	4 36	4 41	4 47	4 53	5 00	5 08	5 16	5 27	5 39
24	4 40	4 43	4 45	4 47	4 49	4 52	4 55	4 58	5 02	5 06	5 10	5 15	5 21	5 27
25	5 04	5 04	5 05	5 06	5 06	5 07	5 08	5 09	5 10	5 11	5 12	5 13	5 15	5 17
26	5 27	5 26	5 25	5 24	5 23	5 22	5 20	5 19	5 17	5 16	5 14	5 12	5 09	5 06
27	5 52	5 50	5 47	5 44	5 41	5 38	5 34	5 31	5 26	5 22	5 16	5 10	5 04	4 56
28	6 20	6 16	6 12	6 07	6 02	5 57	5 51	5 44	5 37	5 29	5 20	5 10	4 58	4 43
29	6 53	6 48	6 42	6 35	6 28	6 21	6 12	6 03	5 52	5 41	5 27	5 10	4 51	4 26
30	7 34	7 27	7 19	7 11	7 02	6 52	6 41	6 29	6 15	5 59	5 39	5 15	4 42	3 47
31	8 23	8 15	8 07	7 57	7 47	7 36	7 23	7 08	6 51	6 30	6 04	5 28	4 15	☐
Apr. 1	9 23	9 15	9 06	8 56	8 45	8 33	8 20	8 05	7 46	7 24	6 55	6 12	☐	☐
2	10 31	10 23	10 15	10 06	9 56	9 45	9 33	9 19	9 02	8 43	8 18	7 44	6 45	☐

MOONSET

Lat.	+40°	+42°	+44°	+46°	+48°	+50°	+52°	+54°	+56°	+58°	+60°	+62°	+64°	+66°
	h m	h m	h m	h m	h m	h m	h m	h m	h m	h m	h m	h m	h m	h m
Mar. 9	5 16	5 19	5 23	5 26	5 30	5 34	5 39	5 44	5 49	5 55	6 02	6 10	6 19	6 29
10	5 44	5 45	5 47	5 48	5 50	5 52	5 54	5 57	5 59	6 02	6 05	6 09	6 13	6 17
11	6 09	6 09	6 09	6 09	6 09	6 09	6 08	6 08	6 08	6 08	6 07	6 07	6 07	6 06
12	6 34	6 33	6 31	6 29	6 27	6 24	6 22	6 19	6 16	6 13	6 10	6 05	6 01	5 55
13	7 00	6 57	6 53	6 50	6 46	6 41	6 37	6 31	6 26	6 19	6 12	6 04	5 54	5 43
14	7 28	7 24	7 19	7 13	7 07	7 01	6 54	6 46	6 37	6 27	6 16	6 03	5 47	5 29
15	8 00	7 54	7 48	7 40	7 33	7 24	7 15	7 04	6 52	6 39	6 23	6 03	5 39	5 06
16	8 37	8 30	8 22	8 14	8 04	7 54	7 42	7 29	7 14	6 56	6 34	6 06	5 25	■
17	9 20	9 12	9 04	8 54	8 44	8 32	8 19	8 04	7 46	7 24	6 57	6 17	■	■
18	10 10	10 01	9 52	9 43	9 32	9 20	9 06	8 50	8 31	8 08	7 38	6 51	■	■
19	11 05	10 57	10 48	10 39	10 29	10 17	10 04	9 49	9 32	9 11	8 43	8 04	■	■
20	12 04	11 57	11 49	11 41	11 32	11 22	11 11	10 58	10 43	10 26	10 05	9 37	8 57	■
21	13 05	13 00	12 53	12 47	12 39	12 31	12 22	12 12	12 01	11 47	11 32	11 13	10 49	10 17
22	14 08	14 04	13 59	13 54	13 48	13 42	13 36	13 28	13 20	13 11	13 00	12 47	12 32	12 14
23	15 11	15 08	15 05	15 02	14 58	14 54	14 50	14 45	14 40	14 34	14 27	14 20	14 11	14 00
24	16 15	16 13	16 12	16 10	16 09	16 07	16 05	16 03	16 00	15 57	15 54	15 51	15 47	15 42
25	17 19	17 20	17 20	17 20	17 20	17 20	17 21	17 21	17 21	17 22	17 22	17 23	17 23	17 24
26	18 26	18 28	18 30	18 32	18 34	18 36	18 39	18 42	18 45	18 49	18 53	18 57	19 02	19 08
27	19 35	19 38	19 42	19 46	19 50	19 55	20 00	20 06	20 12	20 19	20 27	20 36	20 47	21 00
28	20 46	20 52	20 57	21 03	21 09	21 16	21 24	21 33	21 43	21 54	22 07	22 22	22 41	23 05
29	22 00	22 06	22 13	22 21	22 30	22 39	22 49	23 01	23 15	23 31	23 50	.. ..	.. ..	.. ..
30	23 12	23 19	23 28	23 37	23 47	23 58	.. ..	.. ..	.. ..	.. ..	.. ..	0 13	0 46	1 40
31	.. ..	.. ..	.. ..	.. ..	.. ..	.. ..	0 11	0 25	0 42	1 03	1 28	2 04	3 16	☐
Apr. 1	0 18	0 27	0 36	0 45	0 56	1 08	1 21	1 37	1 55	2 18	2 46	3 29	☐	☐
2	1 17	1 24	1 33	1 42	1 52	2 03	2 16	2 30	2 47	3 07	3 32	4 06	5 06	☐

☐ indicates Moon continuously above horizon.
■ indicates Moon continuously below horizon.
.. .. indicates phenomenon will occur the next day.

MOONRISE AND MOONSET, 2009
UNIVERSAL TIME FOR MERIDIAN OF GREENWICH
MOONRISE

Lat.	−55°	−50°	−45°	−40°	−35°	−30°	−20°	−10°	0°	+10°	+20°	+30°	+35°	+40°
	h m	h m	h m	h m	h m	h m	h m	h m	h m	h m	h m	h m	h m	h m
Apr. 1	14 18	13 40	13 13	12 51	12 33	12 17	11 51	11 28	11 07	10 45	10 23	9 56	9 41	9 23
2	15 01	14 28	14 04	13 44	13 27	13 13	12 49	12 28	12 08	11 48	11 27	11 02	10 48	10 31
3	15 29	15 03	14 44	14 27	14 14	14 02	13 41	13 23	13 06	12 49	12 31	12 10	11 58	11 44
4	15 48	15 30	15 15	15 03	14 53	14 44	14 28	14 14	14 01	13 48	13 34	13 18	13 09	12 58
5	16 02	15 50	15 41	15 33	15 26	15 20	15 10	15 01	14 52	14 44	14 35	14 24	14 18	14 11
6	16 13	16 08	16 03	16 00	15 57	15 54	15 49	15 45	15 41	15 37	15 33	15 28	15 25	15 22
7	16 23	16 23	16 24	16 25	16 25	16 26	16 26	16 27	16 28	16 28	16 29	16 30	16 31	16 31
8	16 33	16 39	16 45	16 49	16 53	16 57	17 03	17 09	17 14	17 19	17 25	17 31	17 35	17 39
9	16 44	16 57	17 07	17 15	17 23	17 29	17 41	17 51	18 00	18 10	18 20	18 32	18 39	18 47
10	16 57	17 16	17 31	17 44	17 55	18 04	18 20	18 35	18 48	19 02	19 16	19 33	19 43	19 54
11	17 15	17 41	18 00	18 17	18 30	18 42	19 03	19 21	19 37	19 54	20 13	20 34	20 46	21 00
12	17 40	18 11	18 35	18 54	19 10	19 24	19 48	20 09	20 28	20 48	21 09	21 33	21 47	22 04
13	18 15	18 51	19 17	19 38	19 56	20 11	20 37	20 59	21 20	21 41	22 03	22 29	22 44	23 02
14	19 03	19 40	20 07	20 29	20 47	21 02	21 28	21 50	22 11	22 32	22 55	23 21	23 36	23 54
15	20 03	20 38	21 04	21 24	21 41	21 56	22 21	22 42	23 02	23 22	23 43	.. ..	.. ..	.. ..
16	21 14	21 43	22 06	22 23	22 38	22 52	23 14	23 33	23 51	.. ..	.. ..	0 08	0 22	0 39
17	22 28	22 52	23 10	23 25	23 37	23 48	.. ..	.. ..	.. ..	0 08	0 27	0 49	1 02	1 17
18	23 45	.. ..	.. ..	.. ..	.. ..	.. ..	0 06	0 22	0 37	0 52	1 08	1 26	1 37	1 49
19	.. ..	0 02	0 15	0 26	0 36	0 44	0 58	1 10	1 22	1 33	1 45	1 59	2 07	2 16
20	1 02	1 13	1 22	1 29	1 35	1 40	1 50	1 58	2 05	2 13	2 21	2 30	2 35	2 41
21	2 20	2 25	2 28	2 32	2 34	2 37	2 41	2 45	2 48	2 52	2 55	3 00	3 02	3 05
22	3 39	3 38	3 37	3 36	3 35	3 35	3 34	3 33	3 32	3 31	3 30	3 29	3 29	3 28
23	5 02	4 54	4 48	4 43	4 38	4 35	4 28	4 22	4 17	4 12	4 06	4 00	3 56	3 52
24	6 28	6 14	6 02	5 53	5 45	5 37	5 25	5 15	5 05	4 55	4 45	4 34	4 27	4 19
25	7 59	7 37	7 20	7 06	6 54	6 44	6 26	6 11	5 57	5 43	5 28	5 12	5 02	4 51

MOONSET

Lat.	−55°	−50°	−45°	−40°	−35°	−30°	−20°	−10°	0°	+10°	+20°	+30°	+35°	+40°
	h m	h m	h m	h m	h m	h m	h m	h m	h m	h m	h m	h m	h m	h m
Apr. 1	20 28	21 05	21 32	21 54	22 12	22 27	22 53	23 15	23 36	23 57	.. ..	.. ..	0 00	0 18
2	21 51	22 22	22 46	23 05	23 21	23 35	23 58	.. ..	.. ..	0 19	0 44	0 59	1 17
3	23 22	23 46	.. ..	.. ..	.. ..	.. ..	.. ..	0 18	0 36	0 55	1 14	1 37	1 50	2 05
4	.. ..	.. ..	0 04	0 19	0 32	0 43	1 02	1 18	1 33	1 48	2 04	2 22	2 32	2 44
5	0 53	1 10	1 23	1 33	1 42	1 50	2 03	2 15	2 26	2 37	2 48	3 01	3 08	3 17
6	2 23	2 32	2 39	2 45	2 50	2 55	3 03	3 09	3 16	3 22	3 29	3 36	3 40	3 45
7	3 49	3 52	3 54	3 55	3 57	3 58	4 00	4 02	4 03	4 05	4 07	4 08	4 10	4 11
8	5 14	5 10	5 07	5 04	5 01	4 59	4 56	4 53	4 50	4 47	4 43	4 40	4 38	4 36
9	6 38	6 27	6 19	6 12	6 06	6 00	5 51	5 43	5 36	5 29	5 21	5 12	5 07	5 01
10	8 02	7 44	7 31	7 19	7 10	7 02	6 47	6 35	6 23	6 11	5 59	5 45	5 37	5 28
11	9 24	9 00	8 41	8 26	8 14	8 02	7 43	7 27	7 12	6 56	6 40	6 21	6 11	5 58
12	10 44	10 13	9 50	9 31	9 16	9 02	8 40	8 20	8 02	7 44	7 24	7 02	6 48	6 33
13	11 55	11 20	10 53	10 33	10 15	10 00	9 35	9 13	8 53	8 33	8 11	7 46	7 31	7 14
14	12 54	12 17	11 50	11 28	11 10	10 55	10 28	10 06	9 45	9 24	9 01	8 35	8 20	8 02
15	13 38	13 03	12 37	12 16	11 59	11 44	11 19	10 57	10 36	10 15	9 53	9 28	9 12	8 55
16	14 10	13 39	13 16	12 57	12 42	12 28	12 05	11 45	11 26	11 07	10 46	10 23	10 09	9 52
17	14 32	14 07	13 48	13 32	13 19	13 07	12 47	12 30	12 13	11 57	11 39	11 19	11 07	10 53
18	14 47	14 29	14 14	14 02	13 51	13 42	13 26	13 12	12 59	12 46	12 31	12 15	12 05	11 54
19	15 00	14 47	14 37	14 28	14 20	14 14	14 02	13 52	13 43	13 33	13 23	13 11	13 04	12 56
20	15 10	15 03	14 57	14 52	14 48	14 44	14 37	14 31	14 26	14 20	14 14	14 07	14 03	13 59
21	15 19	15 17	15 16	15 15	15 14	15 13	15 12	15 10	15 09	15 08	15 06	15 04	15 03	15 02
22	15 28	15 32	15 36	15 39	15 41	15 43	15 47	15 50	15 53	15 56	15 59	16 03	16 05	16 08
23	15 39	15 49	15 57	16 04	16 10	16 15	16 24	16 32	16 39	16 47	16 55	17 04	17 10	17 16
24	15 52	16 09	16 22	16 33	16 42	16 50	17 05	17 17	17 29	17 41	17 54	18 09	18 17	18 27
25	16 10	16 34	16 52	17 07	17 20	17 31	17 51	18 08	18 24	18 40	18 57	19 16	19 28	19 41

.. .. indicates phenomenon will occur the next day.

MOONRISE AND MOONSET, 2009
UNIVERSAL TIME FOR MERIDIAN OF GREENWICH
MOONRISE

Lat.	+40°	+42°	+44°	+46°	+48°	+50°	+52°	+54°	+56°	+58°	+60°	+62°	+64°	+66°
	h m	h m	h m	h m	h m	h m	h m	h m	h m	h m	h m	h m	h m	h m
Apr. 1	9 23	9 15	9 06	8 56	8 45	8 33	8 20	8 05	7 46	7 24	6 55	6 12	▭	▭
2	10 31	10 23	10 15	10 06	9 56	9 45	9 33	9 19	9 02	8 43	8 18	7 44	6 45	▭
3	11 44	11 38	11 31	11 23	11 15	11 06	10 56	10 45	10 32	10 17	9 59	9 37	9 08	8 23
4	12 58	12 53	12 48	12 43	12 37	12 30	12 23	12 15	12 06	11 55	11 43	11 29	11 12	10 51
5	14 11	14 08	14 05	14 01	13 57	13 53	13 48	13 43	13 38	13 31	13 24	13 16	13 06	12 55
6	15 22	15 21	15 19	15 17	15 16	15 14	15 12	15 10	15 07	15 04	15 01	14 58	14 54	14 49
7	16 31	16 31	16 32	16 32	16 32	16 33	16 33	16 34	16 34	16 35	16 35	16 36	16 37	16 38
8	17 39	17 41	17 43	17 45	17 48	17 50	17 53	17 56	18 00	18 04	18 08	18 13	18 18	18 25
9	18 47	18 51	18 54	18 58	19 03	19 08	19 13	19 19	19 25	19 32	19 41	19 50	20 02	20 15
10	19 54	19 59	20 05	20 11	20 17	20 24	20 32	20 41	20 50	21 01	21 14	21 30	21 48	22 12
11	21 00	21 07	21 14	21 21	21 30	21 39	21 49	22 00	22 14	22 29	22 47	23 10	23 41	.. ..
12	22 04	22 11	22 19	22 28	22 38	22 49	23 01	23 15	23 31	23 51	.. ..	.. ..	.. ..	0 29
13	23 02	23 10	23 19	23 29	23 39	23 51	.. ..	.. ..	.. ..	.. ..	0 15	0 48	1 46	▬
14	23 54	.. ..	.. ..	.. ..	.. ..	.. ..	0 05	0 20	0 38	1 00	1 29	2 12	▬	▬
15	.. ..	0 02	0 11	0 21	0 31	0 43	0 56	1 12	1 30	1 51	2 20	3 01	▬	▬
16	0 39	0 46	0 55	1 03	1 13	1 24	1 36	1 50	2 06	2 25	2 48	3 19	4 08	▬
17	1 17	1 23	1 30	1 38	1 46	1 55	2 06	2 17	2 30	2 45	3 03	3 25	3 54	4 36
18	1 49	1 54	2 00	2 06	2 12	2 20	2 28	2 37	2 47	2 58	3 11	3 27	3 46	4 09
19	2 16	2 20	2 25	2 29	2 34	2 40	2 45	2 52	2 59	3 07	3 16	3 27	3 39	3 54
20	2 41	2 44	2 47	2 50	2 53	2 56	3 00	3 04	3 09	3 14	3 20	3 26	3 33	3 42
21	3 05	3 06	3 07	3 08	3 10	3 12	3 13	3 15	3 17	3 19	3 22	3 25	3 28	3 32
22	3 28	3 28	3 27	3 27	3 27	3 26	3 26	3 26	3 25	3 25	3 24	3 24	3 23	3 22
23	3 52	3 51	3 49	3 47	3 44	3 42	3 40	3 37	3 34	3 30	3 27	3 22	3 18	3 12
24	4 19	4 16	4 12	4 09	4 05	4 00	3 55	3 50	3 44	3 38	3 30	3 22	3 12	3 01
25	4 51	4 46	4 41	4 35	4 29	4 22	4 15	4 07	3 58	3 48	3 36	3 23	3 07	2 47

MOONSET

Lat.	+40°	+42°	+44°	+46°	+48°	+50°	+52°	+54°	+56°	+58°	+60°	+62°	+64°	+66°
	h m	h m	h m	h m	h m	h m	h m	h m	h m	h m	h m	h m	h m	h m
Apr. 1	0 18	0 27	0 36	0 45	0 56	1 08	1 21	1 37	1 55	2 18	2 46	3 29	▭	▭
2	1 17	1 24	1 33	1 42	1 52	2 03	2 16	2 30	2 47	3 07	3 32	4 06	5 06	▭
3	2 05	2 12	2 19	2 27	2 35	2 45	2 55	3 07	3 20	3 36	3 55	4 17	4 47	5 32
4	2 44	2 49	2 55	3 01	3 08	3 15	3 23	3 32	3 42	3 53	4 06	4 21	4 39	5 01
5	3 17	3 21	3 25	3 29	3 33	3 38	3 44	3 50	3 56	4 04	4 12	4 21	4 32	4 45
6	3 45	3 47	3 49	3 52	3 54	3 57	4 00	4 04	4 07	4 11	4 16	4 21	4 27	4 33
7	4 11	4 11	4 12	4 13	4 14	4 15	4 15	4 16	4 17	4 18	4 20	4 21	4 23
8	4 36	4 34	4 33	4 32	4 31	4 30	4 28	4 27	4 25	4 23	4 21	4 18	4 15	4 12
9	5 01	4 58	4 55	4 53	4 49	4 46	4 42	4 38	4 34	4 29	4 23	4 17	4 10	4 01
10	5 28	5 24	5 19	5 15	5 10	5 04	4 58	4 52	4 44	4 36	4 27	4 16	4 04	3 49
11	5 58	5 53	5 47	5 41	5 34	5 26	5 18	5 09	4 58	4 46	4 33	4 17	3 57	3 32
12	6 33	6 27	6 19	6 11	6 03	5 53	5 43	5 31	5 17	5 01	4 42	4 19	3 48	2 59
13	7 14	7 07	6 58	6 49	6 39	6 28	6 16	6 01	5 45	5 25	5 01	4 27	3 29	▬
14	8 02	7 53	7 45	7 35	7 24	7 12	6 59	6 43	6 25	6 03	5 34	4 51	▬	▬
15	8 55	8 47	8 38	8 29	8 18	8 06	7 53	7 38	7 20	6 58	6 30	5 49	▬	▬
16	9 52	9 45	9 37	9 29	9 19	9 09	8 57	8 43	8 28	8 09	7 46	7 15	6 27	▬
17	10 53	10 46	10 40	10 32	10 25	10 16	10 06	9 55	9 42	9 28	9 10	8 49	8 21	7 39
18	11 54	11 49	11 44	11 38	11 32	11 25	11 18	11 09	11 00	10 49	10 37	10 22	10 04	9 42
19	12 56	12 53	12 49	12 45	12 41	12 36	12 31	12 25	12 19	12 11	12 03	11 54	11 42	11 29
20	13 59	13 57	13 55	13 52	13 50	13 47	13 44	13 41	13 37	13 33	13 29	13 23	13 17	13 10
21	15 02	15 02	15 01	15 01	15 00	14 59	14 59	14 58	14 57	14 56	14 55	14 54	14 52	14 51
22	16 08	16 09	16 10	16 11	16 12	16 14	16 15	16 17	16 19	16 21	16 23	16 25	16 29	16 33
23	17 16	17 18	17 21	17 24	17 27	17 31	17 35	17 40	17 45	17 51	17 56	18 03	18 12	18 21
24	18 27	18 31	18 36	18 41	18 47	18 53	18 59	19 07	19 15	19 24	19 35	19 47	20 02	20 20
25	19 41	19 47	19 54	20 01	20 08	20 17	20 26	20 36	20 48	21 02	21 18	21 38	22 03	22 39

▭ indicates Moon continuously above horizon.
▬ indicates Moon continuously below horizon.
.. .. indicates phenomenon will occur the next day.

MOONRISE AND MOONSET, 2009
UNIVERSAL TIME FOR MERIDIAN OF GREENWICH

MOONRISE

Lat.	−55°	−50°	−45°	−40°	−35°	−30°	−20°	−10°	0°	+10°	+20°	+30°	+35°	+40°
	h m	h m	h m	h m	h m	h m	h m	h m	h m	h m	h m	h m	h m	h m
Apr. 24	6 28	6 14	6 02	5 53	5 45	5 37	5 25	5 15	5 05	4 55	4 45	4 34	4 27	4 19
25	7 59	7 37	7 20	7 06	6 54	6 44	6 26	6 11	5 57	5 43	5 28	5 12	5 02	4 51
26	9 31	9 01	8 39	8 21	8 06	7 53	7 31	7 12	6 54	6 36	6 17	5 56	5 44	5 29
27	10 58	10 22	9 55	9 34	9 17	9 02	8 37	8 15	7 55	7 34	7 13	6 48	6 34	6 17
28	12 09	11 31	11 04	10 42	10 24	10 08	9 42	9 19	8 58	8 37	8 14	7 48	7 33	7 15
29	12 59	12 25	12 00	11 40	11 23	11 08	10 43	10 21	10 01	9 41	9 19	8 54	8 39	8 22
30	13 32	13 05	12 44	12 27	12 12	11 59	11 38	11 19	11 01	10 44	10 25	10 03	9 50	9 35
May 1	13 54	13 33	13 18	13 04	12 53	12 43	12 27	12 12	11 58	11 44	11 29	11 11	11 01	10 50
2	14 09	13 56	13 45	13 36	13 28	13 22	13 10	12 59	12 50	12 40	12 29	12 17	12 10	12 03
3	14 21	14 14	14 08	14 03	13 59	13 55	13 49	13 44	13 38	13 33	13 27	13 21	13 17	13 13
4	14 31	14 30	14 29	14 28	14 28	14 27	14 26	14 25	14 25	14 24	14 23	14 22	14 22	14 21
5	14 41	14 45	14 49	14 53	14 55	14 58	15 02	15 06	15 10	15 14	15 18	15 22	15 25	15 28
6	14 51	15 02	15 10	15 18	15 24	15 29	15 39	15 47	15 55	16 04	16 12	16 22	16 28	16 35
7	15 04	15 20	15 34	15 45	15 54	16 03	16 17	16 30	16 42	16 54	17 07	17 22	17 31	17 41
8	15 20	15 43	16 01	16 16	16 28	16 39	16 58	17 15	17 30	17 46	18 03	18 22	18 34	18 47
9	15 42	16 11	16 33	16 51	17 06	17 20	17 42	18 02	18 20	18 39	18 59	19 22	19 35	19 51
10	16 13	16 47	17 13	17 33	17 50	18 05	18 30	18 51	19 12	19 32	19 54	20 19	20 34	20 51
11	16 56	17 33	18 00	18 21	18 39	18 54	19 20	19 42	20 03	20 24	20 47	21 13	21 28	21 46
12	17 53	18 28	18 54	19 15	19 32	19 47	20 12	20 34	20 54	21 15	21 36	22 02	22 16	22 33
13	19 00	19 31	19 54	20 13	20 29	20 42	21 05	21 25	21 44	22 02	22 22	22 45	22 58	23 14
14	20 13	20 38	20 58	21 13	21 27	21 38	21 58	22 15	22 31	22 47	23 04	23 23	23 35	23 48
15	21 28	21 47	22 02	22 14	22 25	22 34	22 50	23 03	23 16	23 29	23 42	23 58	.. ..	.. ..
16	22 44	22 57	23 07	23 16	23 23	23 29	23 41	23 50	23 59	.. ..	.. ..	.. ..	0 06	0 17
17	23 59	.. ..	.. ..	.. ..	.. ..	.. ..	.. ..	.. ..	.. ..	0 08	0 18	0 29	0 35	0 42
18	.. ..	0 06	0 12	0 17	0 21	0 25	0 31	0 36	0 42	0 47	0 52	0 58	1 02	1 06

MOONSET

Lat.	−55°	−50°	−45°	−40°	−35°	−30°	−20°	−10°	0°	+10°	+20°	+30°	+35°	+40°
	h m	h m	h m	h m	h m	h m	h m	h m	h m	h m	h m	h m	h m	h m
Apr. 24	15 52	16 09	16 22	16 33	16 42	16 50	17 05	17 17	17 29	17 41	17 54	18 09	18 17	18 27
25	16 10	16 34	16 52	17 07	17 20	17 31	17 51	18 08	18 24	18 40	18 57	19 16	19 28	19 41
26	16 36	17 07	17 31	17 50	18 06	18 19	18 43	19 03	19 22	19 41	20 02	20 26	20 40	20 56
27	17 17	17 54	18 21	18 42	19 00	19 15	19 41	20 04	20 25	20 46	21 08	21 34	21 49	22 07
28	18 18	18 56	19 24	19 45	20 03	20 19	20 45	21 07	21 28	21 49	22 11	22 37	22 52	23 10
29	19 38	20 12	20 36	20 56	21 12	21 27	21 51	22 11	22 30	22 49	23 10	23 33	23 47	.. ..
30	21 09	21 35	21 54	22 10	22 24	22 36	22 56	23 13	23 29	23 45	.. ..	.. ..	.. ..	0 02
May 1	22 40	22 59	23 13	23 25	23 35	23 43	23 58	.. ..	.. ..	.. ..	0 01	0 21	0 32	0 45
2	.. ..	.. ..	.. ..	.. ..	.. ..	.. ..	.. ..	0 11	0 23	0 35	0 47	1 02	1 10	1 19
3	0 09	0 20	0 29	0 36	0 43	0 48	0 57	1 06	1 13	1 21	1 29	1 37	1 43	1 48
4	1 35	1 39	1 43	1 46	1 48	1 50	1 54	1 57	2 01	2 03	2 07	2 10	2 12	2 14
5	2 58	2 56	2 55	2 53	2 52	2 51	2 49	2 48	2 46	2 45	2 43	2 41	2 40	2 39
6	4 21	4 12	4 06	4 00	3 55	3 51	3 44	3 37	3 32	3 26	3 19	3 12	3 08	3 04
7	5 43	5 28	5 16	5 06	4 58	4 51	4 38	4 28	4 18	4 07	3 57	3 45	3 37	3 30
8	7 05	6 43	6 26	6 13	6 01	5 51	5 34	5 19	5 05	4 51	4 36	4 19	4 09	3 58
9	8 25	7 56	7 35	7 18	7 03	6 51	6 30	6 11	5 54	5 37	5 19	4 58	4 45	4 31
10	9 39	9 05	8 40	8 20	8 04	7 50	7 25	7 04	6 45	6 25	6 04	5 40	5 26	5 10
11	10 43	10 06	9 39	9 18	9 01	8 45	8 20	7 57	7 37	7 16	6 54	6 28	6 13	5 55
12	11 33	10 57	10 30	10 09	9 52	9 37	9 11	8 49	8 28	8 07	7 45	7 19	7 04	6 46
13	12 09	11 37	11 13	10 53	10 37	10 23	9 59	9 38	9 19	8 59	8 38	8 14	7 59	7 43
14	12 34	12 07	11 47	11 30	11 16	11 04	10 43	10 24	10 07	9 50	9 31	9 09	8 57	8 42
15	12 52	12 31	12 15	12 01	11 40	11 23	11 07	10 53	10 39	10 23	10 05	9 55	9 43
16	13 05	12 50	12 39	12 29	12 20	12 12	11 59	11 48	11 37	11 26	11 14	11 01	10 53	10 44
17	13 16	13 07	12 59	12 53	12 47	12 43	12 34	12 27	12 20	12 12	12 05	11 56	11 51	11 45
18	13 26	13 22	13 19	13 16	13 14	13 12	13 08	13 05	13 02	12 59	12 55	12 52	12 49	12 47

.. .. indicates phenomenon will occur the next day.

MOONRISE AND MOONSET, 2009
UNIVERSAL TIME FOR MERIDIAN OF GREENWICH
MOONRISE

Lat.	+40°	+42°	+44°	+46°	+48°	+50°	+52°	+54°	+56°	+58°	+60°	+62°	+64°	+66°
	h m	h m	h m	h m	h m	h m	h m	h m	h m	h m	h m	h m	h m	h m
Apr. 24	4 19	4 16	4 12	4 09	4 05	4 00	3 55	3 50	3 44	3 38	3 30	3 22	3 12	3 01
25	4 51	4 46	4 41	4 35	4 29	4 22	4 15	4 07	3 58	3 48	3 36	3 23	3 07	2 47
26	5 29	5 23	5 16	5 09	5 00	4 52	4 42	4 31	4 18	4 04	3 47	3 26	3 00	2 24
27	6 17	6 09	6 01	5 52	5 42	5 32	5 19	5 06	4 50	4 31	4 08	3 37	2 50	▭
28	7 15	7 07	6 58	6 48	6 38	6 26	6 13	5 57	5 40	5 18	4 50	4 10	▭	▭
29	8 22	8 14	8 06	7 57	7 47	7 35	7 23	7 08	6 51	6 31	6 05	5 29	4 16	▭
30	9 35	9 28	9 21	9 13	9 05	8 55	8 45	8 33	8 19	8 03	7 43	7 19	6 45	5 47
May 1	10 50	10 44	10 39	10 33	10 26	10 19	10 11	10 02	9 52	9 41	9 27	9 12	8 52	8 27
2	12 03	11 59	11 55	11 51	11 47	11 42	11 37	11 31	11 24	11 17	11 09	10 59	10 48	10 34
3	13 13	13 11	13 09	13 07	13 05	13 02	12 59	12 56	12 53	12 49	12 45	12 40	12 35	12 28
4	14 21	14 21	14 21	14 20	14 20	14 20	14 20	14 19	14 19	14 18	14 18	14 17	14 17	14 16
5	15 28	15 30	15 31	15 33	15 34	15 36	15 38	15 40	15 43	15 45	15 49	15 52	15 56	16 01
6	16 35	16 38	16 41	16 44	16 48	16 52	16 56	17 01	17 06	17 12	17 19	17 27	17 36	17 47
7	17 41	17 45	17 50	17 55	18 01	18 07	18 14	18 21	18 30	18 40	18 51	19 04	19 19	19 38
8	18 47	18 53	18 59	19 06	19 13	19 22	19 31	19 41	19 53	20 07	20 23	20 42	21 07	21 41
9	19 51	19 58	20 06	20 14	20 23	20 33	20 45	20 58	21 13	21 30	21 52	22 20	23 02	■
10	20 51	20 59	21 08	21 17	21 27	21 39	21 52	22 06	22 24	22 45	23 12	23 50	■	■
11	21 46	21 54	22 03	22 12	22 23	22 35	22 48	23 03	23 21	23 43	.. ..	.. ..	■	■
12	22 33	22 41	22 49	22 59	23 09	23 20	23 32	23 46	.. ..	.. ..	0 12	0 53	■	■
13	23 14	23 20	23 28	23 36	23 45	23 54	.. ..	.. ..	0 03	0 23	0 48	1 22	2 22	■
14	23 48	23 53	23 59	.. ..	.. ..	.. ..	0 05	0 17	0 31	0 48	1 07	1 32	2 05	3 01
15	.. ..	.. ..	.. ..	0 06	0 13	0 21	0 30	0 40	0 51	1 03	1 18	1 35	1 57	2 25
16	0 17	0 21	0 26	0 31	0 36	0 43	0 49	0 57	1 05	1 14	1 24	1 36	1 51	2 08
17	0 42	0 45	0 49	0 52	0 56	1 00	1 05	1 10	1 15	1 21	1 28	1 36	1 45	1 56
18	1 06	1 07	1 09	1 11	1 13	1 16	1 18	1 21	1 24	1 27	1 31	1 35	1 40	1 46

MOONSET

	+40°	+42°	+44°	+46°	+48°	+50°	+52°	+54°	+56°	+58°	+60°	+62°	+64°	+66°
	h m	h m	h m	h m	h m	h m	h m	h m	h m	h m	h m	h m	h m	h m
Apr. 24	18 27	18 31	18 36	18 41	18 47	18 53	18 59	19 07	19 15	19 24	19 35	19 47	20 02	20 20
25	19 41	19 47	19 54	20 01	20 08	20 17	20 26	20 36	20 48	21 02	21 18	21 38	22 03	22 39
26	20 56	21 03	21 11	21 20	21 29	21 40	21 52	22 05	22 21	22 39	23 02	23 32	.. ..	▭
27	22 07	22 15	22 24	22 33	22 44	22 56	23 09	23 24	23 42	.. ..	.. ..	.. ..	0 19	▭
28	23 10	23 18	23 26	23 36	23 46	23 58	.. ..	.. ..	.. ..	0 03	0 31	1 11	▭	▭
29	.. ..	.. ..	.. ..	.. ..	.. ..	.. ..	0 10	0 25	0 42	1 03	1 29	2 05	3 19	▭
30	0 02	0 09	0 17	0 25	0 34	0 44	0 55	1 07	1 22	1 38	1 58	2 24	2 58	3 57
May 1	0 45	0 50	0 56	1 03	1 10	1 18	1 26	1 36	1 47	1 59	2 13	2 30	2 50	3 16
2	1 19	1 23	1 28	1 32	1 38	1 43	1 49	1 56	2 03	2 11	2 21	2 32	2 44	2 59
3	1 48	1 51	1 54	1 57	2 00	2 03	2 07	2 11	2 15	2 20	2 25	2 32	2 39	2 47
4	2 14	2 15	2 16	2 18	2 19	2 20	2 21	2 23	2 25	2 27	2 29	2 31	2 34	2 37
5	2 39	2 38	2 38	2 37	2 37	2 36	2 35	2 34	2 33	2 32	2 31	2 30	2 29	2 27
6	3 04	3 02	2 59	2 57	2 55	2 52	2 49	2 46	2 42	2 38	2 34	2 29	2 23	2 17
7	3 30	3 26	3 22	3 18	3 14	3 09	3 04	2 58	2 52	2 45	2 37	2 28	2 18	2 06
8	3 58	3 53	3 48	3 42	3 36	3 29	3 22	3 14	3 05	2 54	2 43	2 29	2 12	1 52
9	4 31	4 25	4 18	4 11	4 03	3 54	3 45	3 34	3 22	3 08	2 51	2 31	2 05	1 30
10	5 10	5 03	4 55	4 46	4 37	4 26	4 15	4 01	3 46	3 28	3 06	2 37	1 55	■
11	5 55	5 47	5 38	5 29	5 19	5 07	4 54	4 39	4 22	4 00	3 33	2 55	■	■
12	6 46	6 38	6 29	6 20	6 09	5 58	5 44	5 29	5 11	4 49	4 21	3 39	■	■
13	7 43	7 35	7 27	7 18	7 08	6 57	6 45	6 31	6 15	5 55	5 30	4 57	3 57	■
14	8 42	8 35	8 28	8 21	8 12	8 03	7 52	7 40	7 27	7 11	6 52	6 28	5 55	5 00
15	9 43	9 37	9 32	9 25	9 19	9 11	9 03	8 54	8 43	8 31	8 17	8 00	7 40	7 13
16	10 44	10 40	10 36	10 31	10 26	10 20	10 14	10 08	10 00	9 52	9 42	9 31	9 18	9 02
17	11 45	11 43	11 40	11 37	11 34	11 30	11 26	11 22	11 17	11 12	11 06	11 00	10 52	10 43
18	12 47	12 46	12 44	12 43	12 42	12 40	12 39	12 37	12 35	12 33	12 30	12 27	12 24	12 20

▭ indicates Moon continuously above horizon.
■ indicates Moon continuously below horizon.
.. .. indicates phenomenon will occur the next day.

MOONRISE AND MOONSET, 2009
UNIVERSAL TIME FOR MERIDIAN OF GREENWICH
MOONRISE

Lat.	−55°	−50°	−45°	−40°	−35°	−30°	−20°	−10°	0°	+10°	+20°	+30°	+35°	+40°
	h m	h m	h m	h m	h m	h m	h m	h m	h m	h m	h m	h m	h m	h m
May 17	23 59	.. ..	.. ..	.. ..	.. ..	.. ..	.. ..	.. ..	.. ..	0 08	0 18	0 29	0 35	0 42
18	.. ..	0 06	0 12	0 17	0 21	0 25	0 31	0 36	0 42	0 47	0 52	0 58	1 02	1 06
19	1 16	1 17	1 18	1 19	1 20	1 21	1 22	1 23	1 24	1 25	1 26	1 27	1 28	1 28
20	2 35	2 31	2 27	2 24	2 21	2 18	2 14	2 11	2 07	2 04	2 00	1 57	1 54	1 52
21	3 58	3 47	3 38	3 31	3 24	3 19	3 09	3 01	2 53	2 46	2 37	2 28	2 23	2 17
22	5 27	5 08	4 54	4 42	4 32	4 23	4 08	3 55	3 43	3 31	3 18	3 04	2 56	2 46
23	6 59	6 33	6 13	5 56	5 43	5 31	5 11	4 54	4 38	4 22	4 05	3 45	3 34	3 21
24	8 30	7 57	7 32	7 12	6 56	6 41	6 17	5 57	5 38	5 18	4 58	4 35	4 21	4 05
25	9 51	9 14	8 46	8 24	8 06	7 51	7 25	7 02	6 41	6 21	5 58	5 33	5 17	5 00
26	10 52	10 16	9 49	9 28	9 11	8 56	8 30	8 08	7 47	7 26	7 04	6 38	6 23	6 06
27	11 32	11 02	10 39	10 21	10 06	9 52	9 29	9 09	8 51	8 32	8 12	7 49	7 35	7 19
28	11 58	11 35	11 18	11 03	10 51	10 40	10 22	10 06	9 50	9 35	9 19	9 00	8 49	8 36
29	12 15	12 00	11 48	11 38	11 29	11 21	11 08	10 56	10 45	10 34	10 22	10 09	10 01	9 52
30	12 28	12 19	12 12	12 07	12 02	11 57	11 49	11 42	11 36	11 29	11 22	11 14	11 10	11 04
31	12 39	12 36	12 34	12 32	12 31	12 30	12 27	12 25	12 23	12 21	12 19	12 17	12 15	12 14
June 1	12 49	12 52	12 55	12 57	12 59	13 01	13 04	13 06	13 09	13 11	13 14	13 17	13 19	13 21
2	12 59	13 08	13 15	13 22	13 27	13 32	13 40	13 47	13 54	14 01	14 08	14 17	14 22	14 27
3	13 11	13 26	13 38	13 48	13 56	14 04	14 17	14 29	14 39	14 50	15 02	15 16	15 24	15 33
4	13 26	13 47	14 03	14 17	14 29	14 39	14 56	15 12	15 26	15 41	15 57	16 15	16 26	16 38
5	13 46	14 13	14 34	14 51	15 05	15 18	15 39	15 58	16 15	16 33	16 52	17 14	17 27	17 42
6	14 13	14 46	15 10	15 30	15 46	16 01	16 25	16 46	17 06	17 26	17 47	18 12	18 26	18 43
7	14 52	15 28	15 55	16 16	16 33	16 49	17 14	17 37	17 57	18 18	18 40	19 06	19 22	19 39
8	15 44	16 20	16 47	17 08	17 25	17 40	18 06	18 28	18 49	19 09	19 31	19 57	20 12	20 29
9	16 48	17 21	17 45	18 05	18 21	18 35	18 59	19 20	19 39	19 58	20 18	20 42	20 56	21 12
10	18 00	18 27	18 48	19 05	19 19	19 31	19 52	20 10	20 27	20 43	21 01	21 22	21 34	21 48

MOONSET

Lat.	−55°	−50°	−45°	−40°	−35°	−30°	−20°	−10°	0°	+10°	+20°	+30°	+35°	+40°
	h m	h m	h m	h m	h m	h m	h m	h m	h m	h m	h m	h m	h m	h m
May 17	13 16	13 07	12 59	12 53	12 47	12 43	12 34	12 27	12 20	12 12	12 05	11 56	11 51	11 45
18	13 26	13 22	13 19	13 16	13 14	13 12	13 08	13 05	13 02	12 59	12 55	12 52	12 49	12 47
19	13 35	13 36	13 38	13 39	13 40	13 40	13 42	13 43	13 44	13 46	13 47	13 48	13 49	13 50
20	13 45	13 52	13 58	14 03	14 07	14 11	14 17	14 23	14 29	14 34	14 40	14 47	14 51	14 55
21	13 56	14 10	14 21	14 30	14 37	14 44	14 56	15 07	15 16	15 26	15 37	15 49	15 56	16 04
22	14 12	14 32	14 48	15 01	15 12	15 22	15 39	15 54	16 08	16 22	16 38	16 55	17 05	17 17
23	14 34	15 02	15 23	15 40	15 55	16 07	16 29	16 48	17 06	17 23	17 42	18 04	18 17	18 32
24	15 09	15 43	16 08	16 29	16 46	17 01	17 26	17 47	18 08	18 28	18 50	19 15	19 30	19 47
25	16 02	16 40	17 07	17 29	17 47	18 03	18 29	18 52	19 13	19 34	19 56	20 22	20 38	20 55
26	17 18	17 53	18 19	18 39	18 57	19 11	19 36	19 58	20 18	20 38	20 59	21 23	21 37	21 54
27	18 48	19 17	19 38	19 56	20 10	20 23	20 44	21 03	21 20	21 37	21 55	22 16	22 28	22 41
28	20 23	20 43	20 59	21 12	21 23	21 33	21 50	22 04	22 17	22 30	22 44	23 00	23 09	23 19
29	21 55	22 08	22 18	22 27	22 34	22 40	22 51	23 01	23 10	23 18	23 28	23 38	23 44	23 51
30	23 23	23 29	23 34	23 38	23 41	23 44	23 50	23 54	23 59	.. ..	.. ..	.. ..	.. ..	.. ..
31	.. ..	.. ..	.. ..	.. ..	.. ..	.. ..	.. ..	.. ..	.. ..	0 03	0 07	0 12	0 15	0 18
June 1	0 47	0 47	0 47	0 46	0 46	0 46	0 46	0 45	0 45	0 45	0 44	0 44	0 44	0 43
2	2 09	2 03	1 57	1 53	1 49	1 46	1 40	1 35	1 30	1 25	1 20	1 15	1 11	1 08
3	3 30	3 17	3 07	2 59	2 51	2 45	2 34	2 24	2 15	2 07	1 57	1 46	1 40	1 33
4	4 51	4 32	4 16	4 04	3 53	3 44	3 28	3 15	3 02	2 49	2 35	2 20	2 11	2 01
5	6 11	5 45	5 25	5 09	4 55	4 43	4 23	4 06	3 50	3 34	3 16	2 57	2 45	2 32
6	7 27	6 55	6 31	6 12	5 56	5 42	5 19	4 58	4 40	4 21	4 01	3 37	3 24	3 08
7	8 34	7 58	7 32	7 11	6 53	6 38	6 13	5 51	5 31	5 10	4 48	4 23	4 08	3 51
8	9 28	8 52	8 25	8 04	7 46	7 31	7 05	6 43	6 22	6 01	5 39	5 13	4 58	4 40
9	10 09	9 35	9 10	8 50	8 33	8 19	7 54	7 33	7 13	6 53	6 32	6 07	5 52	5 35
10	10 37	10 09	9 47	9 29	9 14	9 02	8 39	8 20	8 02	7 44	7 25	7 02	6 49	6 33

.. .. indicates phenomenon will occur the next day.

MOONRISE AND MOONSET, 2009

UNIVERSAL TIME FOR MERIDIAN OF GREENWICH

MOONRISE

Lat.	+40°	+42°	+44°	+46°	+48°	+50°	+52°	+54°	+56°	+58°	+60°	+62°	+64°	+66°
	h m	h m	h m	h m	h m	h m	h m	h m	h m	h m	h m	h m	h m	h m
May 17	0 42	0 45	0 49	0 52	0 56	1 00	1 05	1 10	1 15	1 21	1 28	1 36	1 45	1 56
18	1 06	1 07	1 09	1 11	1 13	1 16	1 18	1 21	1 24	1 27	1 31	1 35	1 40	1 46
19	1 28	1 29	1 29	1 30	1 30	1 30	1 31	1 31	1 32	1 33	1 33	1 34	1 35	1 36
20	1 52	1 51	1 50	1 48	1 47	1 45	1 44	1 42	1 40	1 38	1 36	1 33	1 30	1 27
21	2 17	2 15	2 12	2 09	2 06	2 02	1 58	1 54	1 50	1 45	1 39	1 33	1 25	1 17
22	2 46	2 42	2 38	2 33	2 28	2 22	2 16	2 09	2 02	1 54	1 44	1 33	1 20	1 05
23	3 21	3 16	3 10	3 03	2 56	2 48	2 39	2 30	2 19	2 07	1 52	1 36	1 15	0 49
24	4 05	3 58	3 50	3 42	3 33	3 23	3 12	3 00	2 45	2 28	2 08	1 43	1 08	0 07
25	5 00	4 52	4 43	4 34	4 24	4 12	3 59	3 45	3 27	3 07	2 41	2 05	0 51	▢
26	6 06	5 58	5 49	5 40	5 29	5 18	5 05	4 50	4 32	4 11	3 44	3 05	▢	▢
27	7 19	7 12	7 05	6 56	6 47	6 37	6 25	6 12	5 58	5 40	5 18	4 50	4 09	▢
28	8 36	8 31	8 24	8 18	8 11	8 03	7 54	7 44	7 33	7 20	7 05	6 47	6 24	5 53
29	9 52	9 48	9 44	9 39	9 34	9 28	9 22	9 16	9 08	9 00	8 50	8 39	8 25	8 09
30	11 04	11 02	11 00	10 57	10 54	10 51	10 47	10 44	10 40	10 35	10 30	10 24	10 17	10 08
31	12 14	12 13	12 13	12 12	12 11	12 10	12 09	12 08	12 07	12 05	12 04	12 02	12 00	11 58
June 1	13 21	13 22	13 23	13 24	13 25	13 27	13 28	13 29	13 31	13 33	13 35	13 37	13 40	13 43
2	14 27	14 30	14 32	14 35	14 38	14 42	14 45	14 49	14 54	14 59	15 05	15 11	15 19	15 28
3	15 33	15 37	15 41	15 46	15 51	15 56	16 02	16 09	16 17	16 25	16 35	16 46	16 59	17 16
4	16 38	16 43	16 49	16 56	17 03	17 10	17 19	17 28	17 39	17 51	18 05	18 23	18 44	19 12
5	17 42	17 49	17 56	18 04	18 12	18 22	18 33	18 45	18 59	19 15	19 35	20 00	20 35	21 39
6	18 43	18 51	18 59	19 08	19 18	19 29	19 42	19 56	20 12	20 33	20 58	21 33	22 40	■
7	19 39	19 47	19 56	20 06	20 16	20 28	20 41	20 56	21 14	21 36	22 04	22 46	■	■
8	20 29	20 37	20 46	20 55	21 05	21 16	21 29	21 44	22 01	22 22	22 48	23 25	■	■
9	21 12	21 19	21 27	21 35	21 44	21 54	22 06	22 19	22 34	22 51	23 12	23 39	0 48	■
10	21 48	21 54	22 00	22 07	22 15	22 24	22 33	22 44	22 56	23 09	23 25	23 45	0 18	■

MOONSET

Lat.	+40°	+42°	+44°	+46°	+48°	+50°	+52°	+54°	+56°	+58°	+60°	+62°	+64°	+66°
	h m	h m	h m	h m	h m	h m	h m	h m	h m	h m	h m	h m	h m	h m
May 17	11 45	11 43	11 40	11 37	11 34	11 30	11 26	11 22	11 17	11 12	11 06	11 00	10 52	10 43
18	12 47	12 46	12 44	12 43	12 42	12 40	12 39	12 37	12 35	12 33	12 30	12 27	12 24	12 20
19	13 50	13 50	13 51	13 51	13 52	13 52	13 53	13 53	13 53	13 54	13 55	13 56	13 57	13 58	13 59
20	14 55	14 57	14 59	15 02	15 04	15 07	15 10	15 13	15 16	15 20	15 24	15 29	15 35	15 42
21	16 04	16 08	16 12	16 16	16 20	16 25	16 30	16 36	16 43	16 50	16 59	17 09	17 20	17 34
22	17 17	17 22	17 28	17 34	17 40	17 48	17 56	18 05	18 15	18 26	18 40	18 56	19 15	19 40
23	18 32	18 39	18 46	18 54	19 03	19 12	19 23	19 35	19 49	20 05	20 25	20 50	21 24	22 24
24	19 47	19 55	20 03	20 12	20 22	20 34	20 46	21 01	21 18	21 38	22 04	22 40	23 53	▢
25	20 55	21 03	21 12	21 22	21 32	21 44	21 57	22 12	22 30	22 51	23 18	23 57	▢	▢
26	21 54	22 01	22 09	22 18	22 27	22 38	22 50	23 03	23 18	23 37	23 59	.. ..	▢	▢
27	22 41	22 47	22 54	23 01	23 09	23 17	23 27	23 37	23 49	.. ..	.. ..	0 27	1 09	▢
28	23 19	23 24	23 29	23 34	23 40	23 46	23 53	.. ..	.. ..	0 03	0 19	0 38	1 01	1 33
29	23 51	23 54	23 57	.. ..	.. ..	.. ..	0 00	0 09	0 18	0 29	0 41	0 56	1 13
30	.. ..	.. ..	.. ..	0 01	0 04	0 08	0 12	0 17	0 22	0 28	0 35	0 42	0 51	1 00
31	0 18	0 20	0 21	0 23	0 24	0 26	0 28	0 31	0 33	0 36	0 39	0 42	0 46	0 50
June 1	0 43	0 43	0 43	0 43	0 43	0 43	0 42	0 42	0 42	0 42	0 41	0 41	0 41	0 40
2	1 08	1 06	1 04	1 03	1 01	0 58	0 56	0 54	0 51	0 48	0 44	0 40	0 36	0 31
3	1 33	1 30	1 27	1 23	1 19	1 15	1 11	1 06	1 00	0 54	0 47	0 40	0 31	0 20
4	2 01	1 56	1 51	1 46	1 40	1 34	1 28	1 20	1 12	1 03	0 52	0 40	0 25	{00 08 / 23 50}
5	2 32	2 26	2 20	2 13	2 06	1 57	1 48	1 39	1 27	1 14	0 59	0 41	0 19	23 06
6	3 08	3 01	2 54	2 46	2 37	2 27	2 16	2 03	1 49	1 32	1 12	0 46	{00 11 / 23 52}	■
7	3 51	3 43	3 35	3 25	3 15	3 04	2 51	2 37	2 20	2 00	1 34	0 59	■	■
8	4 40	4 32	4 23	4 14	4 03	3 51	3 38	3 23	3 05	2 43	2 15	1 33	■	■
9	5 35	5 27	5 19	5 09	4 59	4 48	4 35	4 21	4 04	3 43	3 17	2 41	1 18	■
10	6 33	6 26	6 19	6 11	6 02	5 52	5 41	5 28	5 14	4 57	4 36	4 09	3 31	■

▢ indicates Moon continuously above horizon.
■ indicates Moon continuously below horizon.
.. .. indicates phenomenon will occur the next day.

MOONRISE AND MOONSET, 2009
UNIVERSAL TIME FOR MERIDIAN OF GREENWICH
MOONRISE

Lat.	−55°	−50°	−45°	−40°	−35°	−30°	−20°	−10°	0°	+10°	+20°	+30°	+35°	+40°
	h m	h m	h m	h m	h m	h m	h m	h m	h m	h m	h m	h m	h m	h m
June 8	15 44	16 20	16 47	17 08	17 25	17 40	18 06	18 28	18 49	19 09	19 31	19 57	20 12	20 29
9	16 48	17 21	17 45	18 05	18 21	18 35	18 59	19 20	19 39	19 58	20 18	20 42	20 56	21 12
10	18 00	18 27	18 48	19 05	19 19	19 31	19 52	20 10	20 27	20 43	21 01	21 22	21 34	21 48
11	19 14	19 35	19 52	20 05	20 17	20 27	20 44	20 58	21 12	21 26	21 41	21 57	22 07	22 18
12	20 29	20 44	20 56	21 06	21 14	21 22	21 34	21 45	21 56	22 06	22 17	22 29	22 36	22 44
13	21 44	21 53	22 00	22 06	22 12	22 16	22 24	22 31	22 38	22 44	22 51	22 59	23 03	23 08
14	22 59	23 02	23 05	23 07	23 09	23 11	23 14	23 17	23 19	23 21	23 24	23 27	23 29	23 31
15	.. ..	.. ..	.. ..	.. ..	.. ..	.. ..	.. ..	.. ..	.. ..	23 59	23 57	23 56	23 54	23 53
16	0 15	0 13	0 11	0 09	0 08	0 06	0 04	0 03	0 01	.. ..	.. ..	.. ..	.. ..	.. ..
17	1 34	1 25	1 19	1 13	1 08	1 04	0 57	0 50	0 44	0 39	0 32	0 25	0 21	0 17
18	2 57	2 42	2 30	2 20	2 12	2 05	1 52	1 41	1 31	1 21	1 10	0 58	0 51	0 43
19	4 26	4 03	3 46	3 32	3 20	3 09	2 52	2 36	2 22	2 08	1 53	1 36	1 26	1 15
20	5 57	5 27	5 04	4 46	4 31	4 18	3 55	3 36	3 18	3 01	2 42	2 20	2 08	1 53
21	7 24	6 48	6 21	6 00	5 43	5 28	5 02	4 40	4 20	4 00	3 38	3 13	2 59	2 42
22	8 36	7 58	7 31	7 09	6 51	6 36	6 09	5 47	5 26	5 05	4 42	4 16	4 01	3 43
23	9 26	8 53	8 28	8 08	7 52	7 37	7 13	6 52	6 32	6 12	5 51	5 26	5 11	4 54
24	9 58	9 33	9 13	8 56	8 43	8 31	8 10	7 52	7 35	7 18	7 00	6 39	6 27	6 13
25	10 19	10 01	9 47	9 35	9 25	9 16	9 01	8 47	8 34	8 21	8 08	7 52	7 42	7 32
26	10 35	10 24	10 15	10 07	10 01	9 55	9 45	9 36	9 28	9 20	9 11	9 01	8 55	8 49
27	10 47	10 42	10 38	10 35	10 32	10 30	10 26	10 22	10 18	10 15	10 11	10 07	10 04	10 02
28	10 57	10 58	11 00	11 00	11 01	11 02	11 03	11 05	11 06	11 07	11 08	11 10	11 10	11 11
29	11 07	11 15	11 20	11 25	11 30	11 34	11 40	11 46	11 52	11 57	12 03	12 10	12 14	12 19
30	11 19	11 32	11 43	11 51	11 59	12 06	12 17	12 28	12 38	12 47	12 58	13 10	13 17	13 25
July 1	11 33	11 52	12 07	12 20	12 30	12 40	12 56	13 11	13 24	13 38	13 53	14 10	14 19	14 31
2	11 51	12 16	12 36	12 52	13 05	13 17	13 38	13 56	14 12	14 29	14 48	15 09	15 21	15 35

MOONSET

Lat.	−55°	−50°	−45°	−40°	−35°	−30°	−20°	−10°	0°	+10°	+20°	+30°	+35°	+40°
	h m	h m	h m	h m	h m	h m	h m	h m	h m	h m	h m	h m	h m	h m
June 8	9 28	8 52	8 25	8 04	7 46	7 31	7 05	6 43	6 22	6 01	5 39	5 13	4 58	4 40
9	10 09	9 35	9 10	8 50	8 33	8 19	7 54	7 33	7 13	6 53	6 32	6 07	5 52	5 35
10	10 37	10 09	9 47	9 29	9 14	9 02	8 39	8 20	8 02	7 44	7 25	7 02	6 49	6 33
11	10 57	10 34	10 17	10 02	9 50	9 39	9 21	9 04	8 49	8 34	8 17	7 58	7 47	7 34
12	11 12	10 55	10 42	10 31	10 21	10 13	9 58	9 45	9 33	9 21	9 08	8 53	8 45	8 35
13	11 23	11 12	11 03	10 56	10 49	10 43	10 33	10 24	10 16	10 08	9 59	9 48	9 42	9 35
14	11 33	11 27	11 23	11 19	11 15	11 12	11 07	11 02	10 58	10 53	10 48	10 43	10 39	10 36
15	11 42	11 42	11 41	11 41	11 40	11 40	11 40	11 39	11 39	11 38	11 38	11 37	11 37	11 37
16	11 51	11 56	12 00	12 04	12 06	12 09	12 14	12 18	12 21	12 25	12 29	12 34	12 36	12 39
17	12 02	12 12	12 21	12 28	12 35	12 40	12 50	12 58	13 06	13 14	13 23	13 33	13 38	13 45
18	12 15	12 32	12 45	12 57	13 06	13 15	13 30	13 43	13 55	14 07	14 20	14 35	14 44	14 54
19	12 33	12 57	13 16	13 31	13 44	13 55	14 15	14 32	14 48	15 04	15 22	15 42	15 53	16 07
20	13 00	13 32	13 55	14 14	14 30	14 44	15 08	15 28	15 47	16 06	16 27	16 51	17 05	17 21
21	13 44	14 20	14 47	15 09	15 26	15 42	16 08	16 30	16 51	17 12	17 34	18 00	18 15	18 33
22	14 49	15 26	15 54	16 15	16 33	16 48	17 14	17 36	17 57	18 18	18 40	19 05	19 20	19 38
23	16 16	16 48	17 12	17 31	17 47	18 00	18 24	18 44	19 02	19 21	19 41	20 03	20 16	20 31
24	17 53	18 17	18 35	18 50	19 03	19 14	19 33	19 49	20 04	20 19	20 35	20 53	21 03	21 15
25	19 30	19 46	19 58	20 09	20 17	20 25	20 38	20 50	21 00	21 11	21 22	21 35	21 42	21 50
26	21 03	21 11	21 18	21 24	21 29	21 33	21 40	21 46	21 52	21 58	22 04	22 11	22 15	22 20
27	22 31	22 33	22 34	22 35	22 36	22 37	22 39	22 40	22 41	22 42	22 43	22 45	22 45	22 46
28	23 56	23 51	23 47	23 44	23 41	23 39	23 35	23 31	23 28	23 24	23 21	23 17	23 14	23 11
29	.. ..	.. ..	.. ..	.. ..	.. ..	.. ..	.. ..	.. ..	.. ..	.. ..	23 58	23 48	23 43	23 37
30	1 18	1 07	0 58	0 51	0 45	0 39	0 30	0 21	0 14	0 06	.. ..	.. ..	.. ..	.. ..
July 1	2 40	2 22	2 08	1 57	1 47	1 39	1 24	1 12	1 00	0 48	0 36	0 21	0 13	0 04
2	4 00	3 36	3 17	3 02	2 49	2 38	2 19	2 03	1 47	1 32	1 16	0 57	0 46	0 34

.. .. indicates phenomenon will occur the next day.

MOONRISE AND MOONSET, 2009

UNIVERSAL TIME FOR MERIDIAN OF GREENWICH

MOONRISE

Lat.	+40°	+42°	+44°	+46°	+48°	+50°	+52°	+54°	+56°	+58°	+60°	+62°	+64°	+66°
	h m	h m	h m	h m	h m	h m	h m	h m	h m	h m	h m	h m	h m	h m
June 8	20 29	20 37	20 46	20 55	21 05	21 16	21 29	21 44	22 01	22 22	22 48	23 25	■	■
9	21 12	21 19	21 27	21 35	21 44	21 54	22 06	22 19	22 34	22 51	23 12	23 39	0 48	■
10	21 48	21 54	22 00	22 07	22 15	22 24	22 33	22 44	22 56	23 09	23 25	23 45	0 18	■
11	22 18	22 23	22 28	22 34	22 40	22 47	22 54	23 02	23 11	23 21	23 33	23 47	0 09	0 42
12	22 44	22 48	22 52	22 56	23 00	23 05	23 10	23 16	23 23	23 30	23 38	23 47	{00 03 / 23 57}	0 23
13	23 08	23 11	23 13	23 15	23 18	23 21	23 24	23 28	23 32	23 36	23 41	23 46	23 52	0 10
14	23 31	23 32	23 33	23 34	23 35	23 36	23 37	23 38	23 40	23 41	23 43	23 45	23 48	{00 00 / 23 50}
15	23 53	23 53	23 52	23 51	23 51	23 50	23 49	23 49	23 48	23 47	23 45	23 44	23 43	23 41
16	.. ..	.. ..	.. ..	.. ..	.. ..	.. ..	.. ..	.. ..	.. ..	23 56	23 52	23 48	23 43	23 38	23 32
17	0 17	0 15	0 13	0 11	0 08	0 06	0 03	0 00	.. ..	.. ..	.. ..	23 52	23 43	23 33	23 21
18	0 43	0 40	0 36	0 32	0 28	0 23	0 18	0 13	0 07	0 00	23 58	23 45	23 28	23 08
19	1 15	1 10	1 04	0 59	0 52	0 46	0 38	0 30	0 21	0 10	.. ..	23 49	23 22	22 45
20	1 53	1 47	1 40	1 32	1 24	1 15	1 05	0 54	0 42	0 27	0 10	.. ..	23 14	◻
21	2 42	2 34	2 26	2 17	2 07	1 57	1 45	1 31	1 15	0 56	0 32	0 01	◻	◻
22	3 43	3 35	3 26	3 16	3 06	2 54	2 41	2 26	2 08	1 47	1 19	0 40	◻	◻
23	4 54	4 47	4 39	4 30	4 20	4 09	3 56	3 42	3 26	3 06	2 41	2 08	1 09	◻
24	6 13	6 06	5 59	5 52	5 44	5 35	5 25	5 13	5 01	4 45	4 27	4 05	3 36	2 52
25	7 32	7 27	7 22	7 17	7 11	7 04	6 57	6 49	6 40	6 30	6 18	6 04	5 47	5 26
26	8 49	8 46	8 42	8 39	8 35	8 31	8 27	8 22	8 17	8 11	8 04	7 56	7 47	7 36
27	10 02	10 00	9 59	9 58	9 56	9 54	9 53	9 51	9 48	9 46	9 43	9 40	9 37	9 32
28	11 11	11 12	11 12	11 13	11 13	11 14	11 15	11 15	11 16	11 17	11 18	11 19	11 20	11 22
29	12 19	12 21	12 23	12 26	12 28	12 31	12 34	12 37	12 41	12 45	12 50	12 55	13 01	13 08
30	13 25	13 29	13 33	13 37	13 41	13 46	13 52	13 58	14 04	14 12	14 20	14 30	14 42	14 56
July 1	14 31	14 36	14 41	14 47	14 54	15 01	15 09	15 17	15 27	15 38	15 51	16 07	16 25	16 49
2	15 35	15 42	15 48	15 56	16 04	16 13	16 23	16 35	16 48	17 03	17 21	17 44	18 14	19 00

MOONSET

Lat.	+40°	+42°	+44°	+46°	+48°	+50°	+52°	+54°	+56°	+58°	+60°	+62°	+64°	+66°
	h m	h m	h m	h m	h m	h m	h m	h m	h m	h m	h m	h m	h m	h m
June 8	4 40	4 32	4 23	4 14	4 03	3 51	3 38	3 23	3 05	2 43	2 15	1 33	■	■
9	5 35	5 27	5 19	5 09	4 59	4 48	4 35	4 21	4 04	3 43	3 17	2 41	1 18	■
10	6 33	6 26	6 19	6 11	6 02	5 52	5 41	5 28	5 14	4 57	4 36	4 09	3 31	■
11	7 34	7 28	7 22	7 15	7 08	7 00	6 51	6 41	6 29	6 16	6 00	5 42	5 18	4 46
12	8 35	8 30	8 25	8 20	8 15	8 08	8 02	7 54	7 46	7 36	7 25	7 12	6 57	6 38
13	9 35	9 32	9 29	9 25	9 22	9 17	9 13	9 08	9 02	8 56	8 49	8 41	8 31	8 20
14	10 36	10 34	10 32	10 30	10 28	10 26	10 24	10 21	10 18	10 15	10 11	10 07	10 02	9 57
15	11 37	11 37	11 36	11 36	11 36	11 36	11 35	11 35	11 35	11 35	11 35	11 34	11 33	11 33
16	12 39	12 41	12 42	12 44	12 45	12 47	12 49	12 51	12 53	12 56	12 59	13 02	13 06	13 11
17	13 45	13 48	13 51	13 54	13 58	14 02	14 06	14 11	14 16	14 22	14 28	14 36	14 45	14 55
18	14 54	14 58	15 03	15 08	15 14	15 20	15 27	15 34	15 43	15 52	16 04	16 16	16 32	16 51
19	16 07	16 13	16 19	16 26	16 34	16 42	16 52	17 02	17 15	17 29	17 45	18 05	18 31	19 07
20	17 21	17 29	17 36	17 45	17 55	18 05	18 17	18 30	18 46	19 05	19 28	19 58	20 45	◻
21	18 33	18 41	18 50	18 59	19 10	19 22	19 35	19 50	20 08	20 29	20 56	21 36	◻	◻
22	19 38	19 45	19 54	20 03	20 13	20 24	20 37	20 51	21 08	21 28	21 53	22 27	23 26	◻
23	20 31	20 38	20 45	20 53	21 02	21 11	21 22	21 34	21 47	22 03	22 22	22 45	23 15	◻
24	21 15	21 20	21 26	21 32	21 38	21 46	21 53	22 02	22 12	22 23	22 36	22 51	23 08	{00 00 / 23 30}
25	21 50	21 54	21 58	22 02	22 06	22 11	22 16	22 22	22 28	22 35	22 43	22 53	23 03	23 16
26	22 20	22 22	22 24	22 26	22 28	22 31	22 34	22 37	22 40	22 44	22 48	22 53	22 58	23 04
27	22 46	22 47	22 47	22 48	22 48	22 48	22 49	22 50	22 50	22 51	22 52	22 52	22 53	22 55
28	23 11	23 10	23 09	23 08	23 06	23 05	23 03	23 01	22 59	22 57	22 55	22 52	22 49	22 45
29	23 37	23 34	23 31	23 28	23 25	23 21	23 18	23 13	23 09	23 03	22 58	22 51	22 44	22 35
30	.. ..	.. ..	23 55	23 51	23 45	23 40	23 34	23 27	23 20	23 11	23 02	22 51	22 38	22 23
July 1	0 04	0 00	.. ..	.. ..	.. ..	.. ..	23 53	23 44	23 34	23 22	23 08	22 52	22 32	22 07
2	0 34	0 28	0 22	0 16	0 09	0 02	.. ..	.. ..	23 53	23 37	23 19	22 55	22 25	21 38

◻ indicates Moon continuously above horizon.
■ indicates Moon continuously below horizon.
.. .. indicates phenomenon will occur the next day.

MOONRISE AND MOONSET, 2009
UNIVERSAL TIME FOR MERIDIAN OF GREENWICH
MOONRISE

Lat.	−55°	−50°	−45°	−40°	−35°	−30°	−20°	−10°	0°	+10°	+20°	+30°	+35°	+40°
	h m	h m	h m	h m	h m	h m	h m	h m	h m	h m	h m	h m	h m	h m
July 1	11 33	11 52	12 07	12 20	12 30	12 40	12 56	13 11	13 24	13 38	13 53	14 10	14 19	14 31
2	11 51	12 16	12 36	12 52	13 05	13 17	13 38	13 56	14 12	14 29	14 48	15 09	15 21	15 35
3	12 15	12 47	13 10	13 29	13 45	13 59	14 23	14 43	15 02	15 22	15 42	16 06	16 21	16 37
4	12 50	13 26	13 52	14 13	14 30	14 45	15 11	15 33	15 53	16 14	16 36	17 02	17 17	17 35
5	13 38	14 14	14 41	15 03	15 20	15 36	16 01	16 24	16 44	17 05	17 27	17 53	18 09	18 26
6	14 38	15 13	15 38	15 58	16 15	16 29	16 54	17 15	17 35	17 55	18 16	18 40	18 54	19 11
7	15 48	16 17	16 39	16 57	17 12	17 25	17 47	18 06	18 23	18 41	19 00	19 22	19 34	19 49
8	17 02	17 25	17 43	17 58	18 10	18 21	18 39	18 55	19 10	19 25	19 40	19 58	20 09	20 21
9	18 17	18 34	18 48	18 59	19 08	19 16	19 30	19 43	19 54	20 05	20 17	20 31	20 39	20 48
10	19 32	19 43	19 52	19 59	20 05	20 11	20 20	20 29	20 36	20 44	20 52	21 01	21 07	21 13
11	20 46	20 52	20 56	20 59	21 02	21 05	21 10	21 14	21 17	21 21	21 25	21 30	21 32	21 35
12	22 01	22 01	22 00	22 00	22 00	21 59	21 59	21 59	21 59	21 58	21 58	21 58	21 58	21 57
13	23 17	23 11	23 06	23 02	22 58	22 55	22 50	22 45	22 40	22 36	22 31	22 26	22 23	22 20
14	.. ..	.. ..	.. ..	.. ..	23 59	23 53	23 42	23 33	23 25	23 16	23 07	22 57	22 51	22 44
15	0 37	0 24	0 14	0 06	.. ..	.. ..	.. ..	.. ..	.. ..	.. ..	23 46	23 31	23 23	23 13
16	2 01	1 41	1 26	1 14	1 03	0 54	0 38	0 25	0 12	0 00	.. ..	.. ..	.. ..	23 47
17	3 28	3 01	2 41	2 25	2 11	1 59	1 38	1 21	1 04	0 48	0 31	0 11	0 00	.. ..
18	4 56	4 22	3 57	3 37	3 20	3 06	2 42	2 21	2 02	1 43	1 22	0 59	0 45	0 29
19	6 14	5 36	5 09	4 47	4 29	4 14	3 48	3 25	3 04	2 43	2 21	1 55	1 40	1 22
20	7 14	6 38	6 12	5 51	5 33	5 18	4 52	4 30	4 09	3 49	3 26	3 01	2 45	2 28
21	7 55	7 25	7 03	6 44	6 29	6 16	5 53	5 33	5 14	4 56	4 36	4 12	3 59	3 43
22	8 21	7 59	7 42	7 28	7 16	7 05	6 47	6 31	6 16	6 01	5 45	5 26	5 15	5 03
23	8 39	8 25	8 13	8 04	7 55	7 48	7 35	7 24	7 14	7 03	6 52	6 39	6 31	6 23
24	8 53	8 45	8 39	8 34	8 30	8 26	8 19	8 13	8 07	8 02	7 55	7 48	7 44	7 40
25	9 04	9 03	9 02	9 01	9 01	9 00	8 59	8 58	8 57	8 56	8 56	8 55	8 54	8 53

MOONSET

Lat.	−55°	−50°	−45°	−40°	−35°	−30°	−20°	−10°	0°	+10°	+20°	+30°	+35°	+40°
	h m	h m	h m	h m	h m	h m	h m	h m	h m	h m	h m	h m	h m	h m
July 1	2 40	2 22	2 08	1 57	1 47	1 39	1 24	1 12	1 00	0 48	0 36	0 21	0 13	0 04
2	4 00	3 36	3 17	3 02	2 49	2 38	2 19	2 03	1 47	1 32	1 16	0 57	0 46	0 34
3	5 17	4 46	4 24	4 05	3 50	3 37	3 14	2 54	2 36	2 18	1 59	1 36	1 23	1 08
4	6 27	5 52	5 26	5 05	4 48	4 33	4 08	3 47	3 27	3 07	2 45	2 20	2 06	1 49
5	7 25	6 48	6 21	6 00	5 42	5 27	5 01	4 39	4 18	3 57	3 35	3 09	2 53	2 36
6	8 09	7 35	7 09	6 48	6 31	6 16	5 51	5 29	5 09	4 49	4 27	4 01	3 46	3 29
7	8 41	8 11	7 48	7 29	7 14	7 00	6 37	6 17	5 59	5 40	5 20	4 56	4 42	4 26
8	9 03	8 39	8 20	8 04	7 51	7 40	7 20	7 02	6 46	6 30	6 12	5 52	5 40	5 26
9	9 19	9 01	8 46	8 34	8 24	8 14	7 58	7 45	7 31	7 18	7 04	6 48	6 38	6 27
10	9 32	9 19	9 08	9 00	8 52	8 46	8 34	8 24	8 15	8 05	7 55	7 43	7 36	7 28
11	9 42	9 34	9 28	9 23	9 19	9 15	9 08	9 02	8 56	8 50	8 44	8 37	8 33	8 28
12	9 51	9 49	9 47	9 45	9 44	9 43	9 41	9 39	9 37	9 35	9 33	9 31	9 30	9 28
13	10 00	10 03	10 05	10 07	10 09	10 11	10 14	10 16	10 18	10 21	10 23	10 26	10 28	10 29
14	10 09	10 18	10 25	10 31	10 36	10 40	10 48	10 55	11 01	11 08	11 15	11 23	11 27	11 32
15	10 21	10 35	10 47	10 57	11 05	11 12	11 25	11 36	11 47	11 57	12 09	12 22	12 29	12 38
16	10 36	10 57	11 13	11 27	11 39	11 49	12 07	12 22	12 36	12 51	13 07	13 25	13 35	13 47
17	10 58	11 26	11 47	12 05	12 19	12 32	12 54	13 13	13 31	13 49	14 08	14 31	14 44	14 59
18	11 31	12 06	12 32	12 52	13 09	13 24	13 49	14 11	14 31	14 51	15 13	15 38	15 53	16 11
19	12 24	13 02	13 30	13 51	14 09	14 25	14 51	15 14	15 35	15 56	16 19	16 45	17 00	17 18
20	13 40	14 15	14 41	15 02	15 19	15 34	15 59	16 20	16 40	17 00	17 21	17 46	18 00	18 17
21	15 13	15 42	16 03	16 20	16 35	16 47	17 09	17 27	17 44	18 01	18 19	18 40	18 51	19 05
22	16 53	17 13	17 28	17 41	17 52	18 01	18 17	18 31	18 44	18 57	19 10	19 26	19 35	19 45
23	18 30	18 42	18 52	19 00	19 07	19 12	19 23	19 31	19 40	19 48	19 56	20 06	20 11	20 18
24	20 04	20 08	20 12	20 15	20 18	20 20	20 24	20 28	20 31	20 35	20 38	20 42	20 44	20 46
25	21 33	21 31	21 29	21 28	21 26	21 25	21 23	21 22	21 20	21 19	21 17	21 15	21 14	21 13

.. .. indicates phenomenon will occur the next day.

MOONRISE AND MOONSET, 2009

UNIVERSAL TIME FOR MERIDIAN OF GREENWICH

MOONRISE

Lat.	+40°	+42°	+44°	+46°	+48°	+50°	+52°	+54°	+56°	+58°	+60°	+62°	+64°	+66°
	h m	h m	h m	h m	h m	h m	h m	h m	h m	h m	h m	h m	h m	h m
July 1	14 31	14 36	14 41	14 47	14 54	15 01	15 09	15 17	15 27	15 38	15 51	16 07	16 25	16 49
2	15 35	15 42	15 48	15 56	16 04	16 13	16 23	16 35	16 48	17 03	17 21	17 44	18 14	19 00
3	16 37	16 44	16 52	17 01	17 11	17 22	17 34	17 47	18 03	18 22	18 46	19 18	20 11	■
4	17 35	17 43	17 51	18 01	18 11	18 23	18 36	18 51	19 09	19 31	19 59	20 39	■	■
5	18 26	18 34	18 43	18 52	19 03	19 14	19 27	19 43	20 00	20 22	20 49	21 28	■	■
6	19 11	19 18	19 26	19 35	19 45	19 55	20 07	20 21	20 37	20 55	21 18	21 48	22 35	■
7	19 49	19 55	20 02	20 10	20 18	20 27	20 37	20 49	21 01	21 16	21 34	21 56	22 24	23 04
8	20 21	20 26	20 32	20 38	20 45	20 52	21 00	21 09	21 19	21 30	21 43	21 58	22 17	22 40
9	20 48	20 52	20 57	21 01	21 06	21 11	21 17	21 24	21 31	21 39	21 48	21 59	22 11	22 26
10	21 13	21 15	21 18	21 21	21 25	21 28	21 32	21 36	21 41	21 46	21 52	21 58	22 06	22 15
11	21 35	21 37	21 38	21 40	21 41	21 43	21 45	21 47	21 49	21 51	21 54	21 57	22 01	22 05
12	21 57	21 57	21 57	21 57	21 57	21 57	21 57	21 57	21 57	21 56	21 56	21 56	21 56	21 56
13	22 20	22 18	22 17	22 15	22 13	22 12	22 09	22 07	22 05	22 02	21 59	21 55	21 51	21 47
14	22 44	22 42	22 38	22 35	22 32	22 28	22 24	22 19	22 14	22 08	22 02	21 55	21 46	21 37
15	23 13	23 08	23 04	22 59	22 53	22 47	22 41	22 34	22 26	22 17	22 07	21 55	21 41	21 25
16	23 47	23 41	23 34	23 28	23 20	23 12	23 03	22 54	22 42	22 30	22 15	21 57	21 36	21 08
17	.. ..	.. ..	.. ..	.. ..	23 57	23 47	23 35	23 23	23 08	22 51	22 31	22 05	21 29	20 21
18	0 29	0 22	0 14	0 06	.. ..	.. ..	.. ..	.. ..	23 50	23 29	23 03	22 26	21 09	☐
19	1 22	1 14	1 06	0 56	0 46	0 35	0 22	0 07	.. ..	.. ..	.. ..	23 27	☐	☐
20	2 28	2 20	2 11	2 02	1 51	1 40	1 27	1 12	0 54	0 33	0 06	.. ..	☐	☐
21	3 43	3 36	3 28	3 20	3 11	3 01	2 49	2 36	2 21	2 04	1 42	1 14	0 33	☐
22	5 03	4 57	4 51	4 45	4 38	4 30	4 21	4 11	4 00	3 48	3 33	3 15	2 53	2 23
23	6 23	6 19	6 15	6 10	6 06	6 00	5 55	5 48	5 41	5 33	5 24	5 13	5 01	4 46
24	7 40	7 38	7 36	7 33	7 31	7 28	7 25	7 22	7 18	7 14	7 10	7 04	6 58	6 51
25	8 53	8 53	8 53	8 53	8 52	8 52	8 52	8 51	8 51	8 50	8 49	8 49	8 48	8 47

MOONSET

Lat.	+40°	+42°	+44°	+46°	+48°	+50°	+52°	+54°	+56°	+58°	+60°	+62°	+64°	+66°
	h m	h m	h m	h m	h m	h m	h m	h m	h m	h m	h m	h m	h m	h m
July 1	0 04	0 00	.. ..	.. ..	.. ..	.. ..	23 53	23 44	23 34	23 22	23 08	22 52	22 32	22 07
2	0 34	0 28	0 22	0 16	0 09	0 02	.. ..	.. ..	23 53	23 37	23 19	22 55	22 25	21 38
3	1 08	1 02	0 55	0 47	0 38	0 29	0 18	0 06	.. ..	.. ..	23 37	23 05	22 11	■
4	1 49	1 41	1 33	1 24	1 14	1 03	0 51	0 37	0 21	0 01	.. ..	23 30	■	■
5	2 36	2 28	2 19	2 09	1 59	1 47	1 34	1 19	1 01	0 39	0 11	.. ..	■	■
6	3 29	3 21	3 12	3 03	2 52	2 41	2 28	2 13	1 55	1 34	1 07	0 28	■	■
7	4 26	4 19	4 11	4 03	3 53	3 43	3 31	3 18	3 02	2 44	2 21	1 52	1 06	■
8	5 26	5 20	5 13	5 06	4 58	4 50	4 40	4 29	4 17	4 02	3 45	3 24	2 57	2 17
9	6 27	6 22	6 17	6 11	6 05	5 58	5 51	5 43	5 33	5 23	5 10	4 56	4 38	4 16
10	7 28	7 24	7 21	7 17	7 12	7 07	7 02	6 56	6 50	6 43	6 34	6 25	6 14	6 00
11	8 28	8 26	8 24	8 21	8 19	8 16	8 13	8 10	8 06	8 02	7 57	7 52	7 45	7 38
12	9 28	9 28	9 27	9 26	9 26	9 25	9 24	9 23	9 22	9 20	9 19	9 17	9 15	9 13
13	10 29	10 30	10 31	10 32	10 33	10 34	10 35	10 37	10 38	10 40	10 41	10 43	10 46	10 49
14	11 32	11 35	11 37	11 40	11 43	11 46	11 49	11 53	11 57	12 02	12 07	12 13	12 20	12 28
15	12 38	12 42	12 46	12 51	12 55	13 01	13 06	13 13	13 20	13 28	13 37	13 48	14 00	14 15
16	13 47	13 53	13 58	14 05	14 11	14 19	14 27	14 37	14 47	14 59	15 13	15 30	15 51	16 18
17	14 59	15 06	15 13	15 21	15 30	15 39	15 50	16 02	16 17	16 33	16 53	17 19	17 54	19 01
18	16 11	16 18	16 27	16 36	16 46	16 57	17 10	17 25	17 42	18 02	18 28	19 05	20 22	☐
19	17 18	17 26	17 35	17 44	17 54	18 06	18 19	18 34	18 52	19 13	19 41	20 19	☐	☐
20	18 17	18 24	18 32	18 41	18 50	19 01	19 12	19 26	19 41	19 59	20 21	20 50	21 31	☐
21	19 05	19 11	19 18	19 25	19 32	19 41	19 50	20 00	20 12	20 26	20 41	21 00	21 23	21 54
22	19 45	19 49	19 54	19 59	20 05	20 11	20 17	20 24	20 32	20 41	20 52	21 03	21 17	21 34
23	20 18	20 20	20 23	20 26	20 30	20 33	20 37	20 42	20 47	20 52	20 58	21 04	21 12	21 21
24	20 46	20 47	20 49	20 50	20 51	20 53	20 54	20 56	20 58	21 00	21 02	21 04	21 07	21 10
25	21 13	21 12	21 12	21 11	21 11	21 10	21 09	21 08	21 07	21 06	21 05	21 04	21 02	21 01

☐ indicates Moon continuously above horizon.
■ indicates Moon continuously below horizon.
.. .. indicates phenomenon will occur the next day.

MOONRISE AND MOONSET, 2009
UNIVERSAL TIME FOR MERIDIAN OF GREENWICH
MOONRISE

Lat.	−55°	−50°	−45°	−40°	−35°	−30°	−20°	−10°	0°	+10°	+20°	+30°	+35°	+40°
	h m	h m	h m	h m	h m	h m	h m	h m	h m	h m	h m	h m	h m	h m
July 24	8 53	8 45	8 39	8 34	8 30	8 26	8 19	8 13	8 07	8 02	7 55	7 48	7 44	7 40
25	9 04	9 03	9 02	9 01	9 01	9 00	8 59	8 58	8 57	8 56	8 56	8 55	8 54	8 53
26	9 15	9 20	9 24	9 27	9 30	9 33	9 37	9 42	9 45	9 49	9 53	9 58	10 01	10 04
27	9 26	9 37	9 46	9 54	10 00	10 06	10 16	10 24	10 33	10 41	10 50	11 00	11 06	11 13
28	9 40	9 57	10 10	10 22	10 31	10 40	10 55	11 08	11 20	11 33	11 46	12 01	12 10	12 21
29	9 56	10 20	10 38	10 53	11 06	11 17	11 36	11 53	12 09	12 25	12 42	13 02	13 13	13 27
30	10 19	10 48	11 11	11 29	11 44	11 57	12 20	12 40	12 58	13 17	13 37	14 00	14 14	14 30
31	10 50	11 24	11 50	12 10	12 27	12 42	13 07	13 29	13 49	14 10	14 31	14 57	15 12	15 29
Aug. 1	11 33	12 10	12 37	12 58	13 16	13 31	13 57	14 20	14 40	15 01	15 24	15 50	16 05	16 23
2	12 30	13 05	13 31	13 52	14 09	14 24	14 49	15 11	15 31	15 51	16 13	16 38	16 53	17 10
3	13 37	14 08	14 31	14 50	15 06	15 19	15 42	16 02	16 20	16 39	16 58	17 21	17 34	17 50
4	14 50	15 15	15 35	15 50	16 04	16 15	16 35	16 52	17 07	17 23	17 40	17 59	18 11	18 23
5	16 05	16 24	16 39	16 51	17 02	17 11	17 26	17 40	17 52	18 05	18 18	18 34	18 42	18 52
6	17 21	17 34	17 44	17 52	18 00	18 06	18 17	18 26	18 35	18 44	18 54	19 05	19 11	19 18
7	18 35	18 42	18 48	18 53	18 57	19 00	19 07	19 12	19 17	19 22	19 28	19 34	19 37	19 41
8	19 50	19 51	19 53	19 53	19 54	19 55	19 56	19 57	19 58	19 59	20 00	20 02	20 02	20 03
9	21 06	21 01	20 58	20 55	20 52	20 50	20 46	20 43	20 40	20 37	20 34	20 30	20 28	20 25
10	22 24	22 13	22 05	21 58	21 52	21 47	21 38	21 30	21 23	21 16	21 08	21 00	20 55	20 49
11	23 45	23 28	23 14	23 03	22 54	22 46	22 32	22 20	22 08	21 57	21 45	21 32	21 24	21 15
12	.. ..	.. ..	.. ..	.. ..	23 59	23 48	23 29	23 13	22 58	22 43	22 27	22 09	21 58	21 46
13	1 09	0 45	0 26	0 11	.. ..	.. ..	.. ..	.. ..	23 52	23 33	23 14	22 52	22 39	22 24
14	2 34	2 03	1 40	1 21	1 06	0 52	0 29	0 10	.. ..	.. ..	.. ..	23 43	23 28	23 11
15	3 55	3 18	2 51	2 30	2 13	1 58	1 32	1 10	0 50	0 30	0 08	.. ..	.. ..	.. ..
16	5 01	4 24	3 56	3 35	3 17	3 02	2 35	2 13	1 52	1 31	1 08	0 42	0 27	0 09
17	5 49	5 16	4 51	4 31	4 15	4 01	3 36	3 15	2 55	2 35	2 14	1 49	1 35	1 18

MOONSET

Lat.	−55°	−50°	−45°	−40°	−35°	−30°	−20°	−10°	0°	+10°	+20°	+30°	+35°	+40°
	h m	h m	h m	h m	h m	h m	h m	h m	h m	h m	h m	h m	h m	h m
July 24	20 04	20 08	20 12	20 15	20 18	20 20	20 24	20 28	20 31	20 35	20 38	20 42	20 44	20 46
25	21 33	21 31	21 29	21 28	21 26	21 25	21 23	21 22	21 20	21 19	21 17	21 15	21 14	21 13
26	22 59	22 50	22 43	22 37	22 32	22 28	22 21	22 14	22 08	22 02	21 55	21 48	21 44	21 39
27	.. ..	.. ..	23 56	23 46	23 37	23 30	23 17	23 06	22 55	22 45	22 34	22 21	22 14	22 06
28	0 23	0 08	.. ..	.. ..	.. ..	.. ..	.. ..	23 58	23 43	23 29	23 14	22 57	22 47	22 35
29	1 45	1 23	1 06	0 52	0 41	0 30	0 13	.. ..	.. ..	.. ..	23 57	23 35	23 23	23 09
30	3 05	2 36	2 15	1 57	1 43	1 30	1 08	0 50	0 32	0 15	.. ..	.. ..	.. ..	23 47
31	4 18	3 44	3 19	2 59	2 42	2 28	2 03	1 42	1 23	1 03	0 42	0 18	0 04	.. ..
Aug. 1	5 20	4 44	4 17	3 56	3 38	3 23	2 57	2 35	2 14	1 53	1 31	1 05	0 50	0 32
2	6 09	5 33	5 07	4 46	4 29	4 13	3 48	3 26	3 05	2 44	2 22	1 56	1 41	1 23
3	6 44	6 13	5 49	5 29	5 13	4 59	4 35	4 15	3 55	3 36	3 15	2 50	2 36	2 19
4	7 09	6 43	6 23	6 06	5 52	5 40	5 19	5 01	4 43	4 26	4 08	3 46	3 33	3 19
5	7 27	7 07	6 51	6 37	6 26	6 16	5 59	5 44	5 29	5 15	5 00	4 42	4 32	4 20
6	7 41	7 26	7 14	7 04	6 56	6 48	6 36	6 24	6 13	6 03	5 51	5 38	5 30	5 21
7	7 51	7 42	7 35	7 29	7 23	7 18	7 10	7 03	6 56	6 49	6 41	6 32	6 27	6 22
8	8 01	7 57	7 54	7 51	7 49	7 47	7 43	7 40	7 37	7 34	7 31	7 27	7 25	7 22
9	8 10	8 11	8 12	8 13	8 14	8 15	8 16	8 17	8 18	8 19	8 20	8 21	8 22	8 23
10	8 19	8 26	8 31	8 36	8 40	8 43	8 50	8 55	9 00	9 05	9 11	9 17	9 21	9 25
11	8 29	8 42	8 52	9 00	9 08	9 14	9 25	9 35	9 44	9 54	10 03	10 15	10 21	10 29
12	8 43	9 02	9 16	9 29	9 39	9 48	10 04	10 18	10 32	10 45	10 59	11 15	11 25	11 35
13	9 01	9 27	9 47	10 03	10 16	10 28	10 48	11 06	11 23	11 40	11 58	12 18	12 30	12 44
14	9 29	10 01	10 25	10 44	11 01	11 15	11 39	11 59	12 19	12 38	12 59	13 23	13 38	13 54
15	10 11	10 48	11 15	11 37	11 54	12 10	12 36	12 58	13 19	13 40	14 02	14 28	14 44	15 01
16	11 15	11 52	12 19	12 40	12 58	13 13	13 39	14 01	14 22	14 43	15 05	15 30	15 45	16 02
17	12 38	13 10	13 34	13 53	14 09	14 23	14 46	15 06	15 25	15 43	16 03	16 26	16 39	16 54

.. .. indicates phenomenon will occur the next day.

MOONRISE AND MOONSET, 2009

UNIVERSAL TIME FOR MERIDIAN OF GREENWICH

MOONRISE

Lat.	+40°	+42°	+44°	+46°	+48°	+50°	+52°	+54°	+56°	+58°	+60°	+62°	+64°	+66°
	h m	h m	h m	h m	h m	h m	h m	h m	h m	h m	h m	h m	h m	h m
July 24	7 40	7 38	7 36	7 33	7 31	7 28	7 25	7 22	7 18	7 14	7 10	7 04	6 58	6 51
25	8 53	8 53	8 53	8 53	8 52	8 52	8 52	8 51	8 51	8 50	8 49	8 49	8 48	8 47
26	10 04	10 06	10 07	10 09	10 11	10 13	10 15	10 17	10 19	10 22	10 25	10 29	10 33	10 38
27	11 13	11 16	11 20	11 23	11 27	11 31	11 35	11 40	11 46	11 52	11 59	12 07	12 17	12 28
28	12 21	12 25	12 30	12 35	12 41	12 48	12 55	13 02	13 11	13 21	13 32	13 46	14 02	14 22
29	13 27	13 33	13 39	13 46	13 54	14 02	14 11	14 22	14 34	14 48	15 04	15 24	15 50	16 26
30	14 30	14 37	14 45	14 53	15 02	15 13	15 24	15 37	15 52	16 10	16 33	17 01	17 45	■■
31	15 29	15 37	15 46	15 55	16 05	16 17	16 30	16 45	17 02	17 23	17 50	18 29	■■	■■
Aug. 1	16 23	16 31	16 40	16 49	17 00	17 12	17 25	17 40	17 58	18 20	18 48	19 30	■■	■■
2	17 10	17 17	17 26	17 35	17 45	17 56	18 08	18 22	18 39	18 59	19 23	19 57	20 55	■■
3	17 50	17 56	18 04	18 12	18 21	18 30	18 41	18 53	19 07	19 23	19 43	20 07	20 39	21 33
4	18 23	18 29	18 35	18 42	18 49	18 57	19 06	19 15	19 26	19 39	19 53	20 10	20 32	20 59
5	18 52	18 57	19 02	19 07	19 12	19 18	19 25	19 32	19 40	19 49	19 59	20 11	20 25	20 42
6	19 18	19 21	19 24	19 28	19 32	19 36	19 40	19 45	19 51	19 57	20 03	20 11	20 20	20 31
7	19 41	19 43	19 45	19 47	19 49	19 51	19 53	19 56	19 59	20 02	20 06	20 10	20 15	20 21
8	20 03	20 04	20 04	20 04	20 05	20 05	20 06	20 06	20 07	20 08	20 08	20 09	20 10	20 11
9	20 25	20 24	20 23	20 22	20 21	20 20	20 18	20 17	20 15	20 13	20 11	20 08	20 06	20 02
10	20 49	20 47	20 44	20 41	20 38	20 35	20 32	20 28	20 23	20 19	20 13	20 08	20 01	19 53
11	21 15	21 12	21 07	21 03	20 58	20 53	20 47	20 41	20 34	20 26	20 18	20 08	19 56	19 42
12	21 46	21 41	21 35	21 29	21 23	21 15	21 07	20 58	20 48	20 37	20 24	20 09	19 51	19 28
13	22 24	22 17	22 10	22 03	21 54	21 45	21 34	21 23	21 10	20 54	20 36	20 14	19 45	19 02
14	23 11	23 03	22 55	22 46	22 36	22 25	22 13	21 59	21 43	21 23	20 59	20 27	19 35	☐
15	.. ..	.. ..	23 52	23 43	23 32	23 21	23 08	22 52	22 35	22 13	21 46	21 06	☐	☐
16	0 09	0 01	.. ..	.. ..	.. ..	.. ..	.. ..	.. ..	23 49	23 30	23 05	22 32	21 34	☐
17	1 18	1 10	1 02	0 53	0 43	0 32	0 20	0 06	.. ..	.. ..	.. ..	.. ..	23 56	23 11

MOONSET

Lat.	+40°	+42°	+44°	+46°	+48°	+50°	+52°	+54°	+56°	+58°	+60°	+62°	+64°	+66°
	h m	h m	h m	h m	h m	h m	h m	h m	h m	h m	h m	h m	h m	h m
July 24	20 46	20 47	20 49	20 50	20 51	20 53	20 54	20 56	20 58	21 00	21 02	21 04	21 07	21 10
25	21 13	21 12	21 12	21 11	21 11	21 10	21 09	21 08	21 07	21 06	21 05	21 04	21 02	21 01
26	21 39	21 37	21 35	21 32	21 30	21 27	21 24	21 20	21 17	21 13	21 08	21 03	20 57	20 51
27	22 06	22 02	21 58	21 54	21 50	21 45	21 40	21 34	21 27	21 20	21 12	21 03	20 52	20 39
28	22 35	22 30	22 25	22 19	22 13	22 06	21 58	21 50	21 40	21 30	21 18	21 03	20 46	20 25
29	23 09	23 02	22 56	22 48	22 40	22 31	22 21	22 10	21 58	21 44	21 27	21 06	20 39	20 03
30	23 47	23 40	23 32	23 23	23 14	23 03	22 52	22 38	22 23	22 04	21 42	21 13	20 29	■■
31	.. ..	.. ..	.. ..	.. ..	23 56	23 44	23 31	23 16	22 59	22 37	22 10	21 31	■■	■■
Aug. 1	0 32	0 24	0 16	0 06	.. ..	.. ..	.. ..	.. ..	23 49	23 27	22 59	22 17	■■	■■
2	1 23	1 15	1 07	0 57	0 47	0 35	0 22	0 06	.. ..	.. ..	.. ..	23 35	22 37	■■
3	2 19	2 12	2 04	1 55	1 45	1 34	1 22	1 08	0 52	0 32	0 08	.. ..	.. ..	23 41
4	3 19	3 12	3 05	2 58	2 49	2 40	2 29	2 18	2 04	1 48	1 30	1 06	0 34	.. ..
5	4 20	4 14	4 09	4 02	3 56	3 48	3 40	3 31	3 21	3 09	2 55	2 38	2 18	1 52
6	5 21	5 17	5 13	5 08	5 03	4 58	4 52	4 45	4 38	4 29	4 20	4 09	3 56	3 40
7	6 22	6 19	6 16	6 13	6 10	6 07	6 03	5 59	5 54	5 49	5 43	5 37	5 29	5 20
8	7 22	7 21	7 20	7 18	7 17	7 16	7 14	7 12	7 10	7 08	7 06	7 03	7 00	6 56
9	8 23	8 23	8 24	8 24	8 24	8 25	8 25	8 26	8 27	8 27	8 28	8 29	8 30	8 31
10	9 25	9 27	9 29	9 31	9 33	9 35	9 38	9 41	9 44	9 48	9 52	9 57	10 02	10 08
11	10 29	10 32	10 36	10 40	10 44	10 48	10 53	10 59	11 05	11 12	11 19	11 28	11 39	11 52
12	11 35	11 40	11 46	11 51	11 57	12 04	12 11	12 20	12 29	12 39	12 52	13 06	13 23	13 45
13	12 44	12 51	12 58	13 05	13 13	13 22	13 32	13 43	13 56	14 10	14 28	14 50	15 18	16 00
14	13 54	14 02	14 10	14 18	14 28	14 39	14 51	15 05	15 21	15 40	16 03	16 35	17 27	☐
15	15 01	15 09	15 18	15 28	15 38	15 50	16 03	16 18	16 36	16 57	17 25	18 04	☐	☐
16	16 02	16 10	16 18	16 28	16 38	16 49	17 01	17 16	17 32	17 52	18 17	18 51	19 50	☐
17	16 54	17 01	17 08	17 16	17 25	17 34	17 45	17 57	18 10	18 26	18 45	19 08	19 38	20 24

☐ indicates Moon continuously above horizon.
■■ indicates Moon continuously below horizon.
.. .. indicates phenomenon will occur the next day.

MOONRISE AND MOONSET, 2009
UNIVERSAL TIME FOR MERIDIAN OF GREENWICH
MOONRISE

Lat.	−55°	−50°	−45°	−40°	−35°	−30°	−20°	−10°	0°	+10°	+20°	+30°	+35°	+40°
	h m	h m	h m	h m	h m	h m	h m	h m	h m	h m	h m	h m	h m	h m
Aug. 16	5 01	4 24	3 56	3 35	3 17	3 02	2 35	2 13	1 52	1 31	1 08	0 42	0 27	0 09
17	5 49	5 16	4 51	4 31	4 15	4 01	3 36	3 15	2 55	2 35	2 14	1 49	1 35	1 18
18	6 21	5 55	5 35	5 19	5 05	4 53	4 32	4 14	3 57	3 40	3 22	3 01	2 49	2 34
19	6 42	6 24	6 10	5 58	5 48	5 39	5 23	5 09	4 56	4 43	4 29	4 13	4 04	3 53
20	6 58	6 47	6 38	6 31	6 24	6 19	6 09	6 00	5 52	5 43	5 35	5 25	5 19	5 12
21	7 11	7 06	7 03	7 00	6 57	6 55	6 51	6 47	6 44	6 41	6 37	6 33	6 31	6 28
22	7 22	7 24	7 26	7 27	7 28	7 29	7 31	7 33	7 34	7 36	7 37	7 39	7 40	7 42
23	7 34	7 42	7 48	7 54	7 58	8 03	8 10	8 17	8 23	8 29	8 36	8 44	8 48	8 53
24	7 46	8 01	8 12	8 22	8 30	8 37	8 50	9 01	9 12	9 22	9 34	9 47	9 55	10 04
25	8 02	8 23	8 39	8 52	9 04	9 14	9 31	9 47	10 01	10 16	10 31	10 49	11 00	11 12
26	8 22	8 49	9 10	9 27	9 42	9 54	10 15	10 34	10 52	11 09	11 28	11 50	12 03	12 18
27	8 51	9 23	9 48	10 07	10 24	10 38	11 02	11 23	11 43	12 03	12 24	12 49	13 03	13 20
28	9 30	10 06	10 32	10 53	11 11	11 26	11 52	12 14	12 35	12 56	13 18	13 44	13 59	14 17
29	10 22	10 58	11 25	11 45	12 03	12 18	12 43	13 05	13 26	13 46	14 08	14 34	14 49	15 06
30	11 26	11 58	12 23	12 42	12 58	13 12	13 36	13 57	14 16	14 35	14 55	15 19	15 33	15 49
31	12 37	13 04	13 25	13 42	13 56	14 08	14 29	14 47	15 04	15 20	15 38	15 59	16 11	16 24
Sept. 1	13 52	14 13	14 29	14 43	14 54	15 04	15 21	15 36	15 49	16 03	16 18	16 34	16 44	16 55
2	15 07	15 22	15 34	15 44	15 52	15 59	16 12	16 23	16 33	16 43	16 54	17 07	17 14	17 22
3	16 22	16 31	16 39	16 45	16 50	16 54	17 02	17 09	17 16	17 22	17 29	17 36	17 41	17 46
4	17 38	17 41	17 44	17 46	17 48	17 49	17 52	17 55	17 57	18 00	18 02	18 05	18 07	18 09
5	18 54	18 51	18 49	18 47	18 46	18 45	18 43	18 41	18 39	18 37	18 36	18 34	18 32	18 31
6	20 11	20 03	19 56	19 50	19 46	19 41	19 34	19 28	19 22	19 16	19 10	19 03	18 59	18 55
7	21 32	21 17	21 05	20 55	20 47	20 40	20 28	20 17	20 07	19 57	19 47	19 35	19 28	19 20
8	22 55	22 33	22 16	22 03	21 51	21 41	21 24	21 09	20 55	20 41	20 27	20 10	20 01	19 50
9	.. ..	23 51	23 29	23 12	22 57	22 44	22 23	22 04	21 47	21 30	21 12	20 51	20 39	20 25

MOONSET

Lat.	−55°	−50°	−45°	−40°	−35°	−30°	−20°	−10°	0°	+10°	+20°	+30°	+35°	+40°
	h m	h m	h m	h m	h m	h m	h m	h m	h m	h m	h m	h m	h m	h m
Aug. 16	11 15	11 52	12 19	12 40	12 58	13 13	13 39	14 01	14 22	14 43	15 05	15 30	15 45	16 02
17	12 38	13 10	13 34	13 53	14 09	14 23	14 46	15 06	15 25	15 43	16 03	16 26	16 39	16 54
18	14 14	14 38	14 56	15 12	15 24	15 35	15 54	16 11	16 26	16 41	16 57	17 15	17 25	17 37
19	15 52	16 08	16 20	16 31	16 40	16 48	17 01	17 12	17 23	17 34	17 45	17 57	18 05	18 13
20	17 28	17 36	17 43	17 48	17 53	17 57	18 05	18 11	18 17	18 23	18 29	18 36	18 39	18 44
21	19 00	19 01	19 03	19 03	19 04	19 05	19 06	19 07	19 08	19 09	19 10	19 11	19 11	19 12
22	20 30	20 24	20 20	20 16	20 13	20 10	20 05	20 01	19 57	19 53	19 49	19 44	19 42	19 39
23	21 57	21 45	21 35	21 27	21 20	21 14	21 04	20 55	20 46	20 38	20 29	20 18	20 13	20 06
24	23 23	23 04	22 49	22 37	22 26	22 17	22 02	21 48	21 35	21 23	21 09	20 54	20 45	20 35
25	.. ..	.. ..	.. ..	.. ..	23 44	23 31	23 19	22 59	22 41	22 25	22 09	21 52	21 32	21 21	21 08
26	0 46	0 20	0 00	.. ..	.. ..	.. ..	23 55	23 35	23 16	22 58	22 37	22 14	22 01	21 45
27	2 03	1 31	1 08	0 48	0 33	0 19	.. ..	.. ..	.. ..	23 48	23 26	23 00	22 46	22 28
28	3 11	2 35	2 09	1 48	1 31	1 16	0 50	0 28	0 08	.. ..	.. ..	23 51	23 35	23 18
29	4 05	3 29	3 02	2 41	2 24	2 08	1 43	1 20	1 00	0 39	0 17	.. ..	.. ..	.. ..
30	4 45	4 12	3 47	3 27	3 10	2 56	2 31	2 10	1 50	1 30	1 09	0 44	0 29	0 12
31	5 14	4 45	4 24	4 06	3 51	3 38	3 16	2 57	2 39	2 21	2 02	1 39	1 26	1 11
Sept. 1	5 34	5 11	4 54	4 39	4 27	4 16	3 58	3 41	3 26	3 11	2 54	2 35	2 24	2 11
2	5 49	5 32	5 19	5 08	4 58	4 50	4 35	4 23	4 11	3 59	3 46	3 31	3 22	3 12
3	6 00	5 49	5 40	5 33	5 27	5 21	5 11	5 02	4 54	4 45	4 36	4 26	4 20	4 13
4	6 10	6 05	6 00	5 56	5 53	5 50	5 45	5 40	5 36	5 31	5 26	5 21	5 18	5 14
5	6 20	6 19	6 19	6 19	6 18	6 18	6 18	6 18	6 17	6 17	6 16	6 16	6 16	6 15
6	6 29	6 34	6 38	6 41	6 44	6 47	6 52	6 56	6 59	7 03	7 07	7 12	7 14	7 18
7	6 39	6 50	6 59	7 06	7 12	7 17	7 27	7 35	7 43	7 51	8 00	8 09	8 15	8 21
8	6 52	7 09	7 22	7 33	7 42	7 51	8 05	8 18	8 30	8 42	8 54	9 09	9 18	9 27
9	7 09	7 32	7 50	8 05	8 18	8 29	8 48	9 04	9 20	9 35	9 52	10 11	10 23	10 36

.. .. indicates phenomenon will occur the next day.

MOONRISE AND MOONSET, 2009
UNIVERSAL TIME FOR MERIDIAN OF GREENWICH
MOONRISE

Lat.	+40°	+42°	+44°	+46°	+48°	+50°	+52°	+54°	+56°	+58°	+60°	+62°	+64°	+66°
	h m	h m	h m	h m	h m	h m	h m	h m	h m	h m	h m	h m	h m	h m
Aug. 16	0 09	0 01	.. ..	.. ..	.. ..	.. ..	.. ..	.. ..	.. ..	23 49	23 30	23 05	22 32	21 34	☐
17	1 18	1 10	1 02	0 53	0 43	0 32	0 20	0 06	.. ..	.. ..	.. ..	.. ..	.. ..	23 56	23 11
18	2 34	2 28	2 21	2 13	2 05	1 56	1 46	1 35	1 22	1 07	0 48	0 26	.. ..	.. ..
19	3 53	3 49	3 44	3 38	3 32	3 25	3 18	3 10	3 01	2 51	2 39	2 25	2 08	1 47
20	5 12	5 09	5 06	5 02	4 59	4 55	4 50	4 45	4 40	4 34	4 27	4 19	4 10	3 59
21	6 28	6 27	6 26	6 24	6 23	6 21	6 20	6 18	6 16	6 13	6 11	6 08	6 04	6 01
22	7 42	7 42	7 43	7 44	7 44	7 45	7 46	7 47	7 48	7 49	7 51	7 52	7 54	7 56
23	8 53	8 56	8 58	9 01	9 04	9 07	9 10	9 14	9 18	9 23	9 28	9 34	9 41	9 49
24	10 04	10 08	10 12	10 16	10 21	10 27	10 32	10 39	10 46	10 55	11 04	11 15	11 28	11 44
25	11 12	11 18	11 23	11 30	11 37	11 44	11 53	12 02	12 13	12 25	12 39	12 56	13 17	13 45
26	12 18	12 25	12 32	12 40	12 49	12 58	13 09	13 21	13 35	13 51	14 11	14 36	15 11	16 15
27	13 20	13 28	13 36	13 45	13 55	14 06	14 19	14 33	14 50	15 10	15 35	16 10	17 17	■
28	14 17	14 25	14 33	14 43	14 54	15 05	15 18	15 34	15 52	16 13	16 41	17 22	■	■
29	15 06	15 14	15 23	15 32	15 42	15 53	16 06	16 21	16 38	16 58	17 24	18 01	19 19	■
30	15 49	15 56	16 03	16 12	16 21	16 31	16 43	16 55	17 10	17 28	17 49	18 16	18 54	■
31	16 24	16 31	16 37	16 44	16 52	17 00	17 10	17 20	17 32	17 46	18 02	18 21	18 46	19 18
Sept. 1	16 55	17 00	17 05	17 11	17 17	17 24	17 31	17 39	17 48	17 58	18 10	18 23	18 40	18 59
2	17 22	17 25	17 29	17 33	17 38	17 42	17 48	17 53	18 00	18 07	18 15	18 24	18 34	18 47
3	17 46	17 48	17 50	17 53	17 56	17 59	18 02	18 05	18 09	18 13	18 18	18 23	18 29	18 37
4	18 09	18 09	18 10	18 11	18 12	18 13	18 15	18 16	18 17	18 19	18 21	18 23	18 25	18 27
5	18 31	18 31	18 30	18 29	18 29	18 28	18 27	18 26	18 25	18 24	18 23	18 22	18 20	18 19
6	18 55	18 53	18 50	18 48	18 46	18 43	18 40	18 37	18 34	18 30	18 26	18 21	18 16	18 09
7	19 20	19 17	19 13	19 09	19 05	19 01	18 56	18 50	18 44	18 37	18 30	18 21	18 11	18 00
8	19 50	19 45	19 40	19 34	19 28	19 21	19 14	19 06	18 57	18 47	18 36	18 22	18 07	17 47
9	20 25	20 19	20 12	20 05	19 57	19 48	19 39	19 28	19 16	19 02	18 46	18 26	18 02	17 28

MOONSET

Lat.	+40°	+42°	+44°	+46°	+48°	+50°	+52°	+54°	+56°	+58°	+60°	+62°	+64°	+66°
	h m	h m	h m	h m	h m	h m	h m	h m	h m	h m	h m	h m	h m	h m
Aug. 16	16 02	16 10	16 18	16 28	16 38	16 49	17 01	17 16	17 32	17 52	18 17	18 51	19 50	☐
17	16 54	17 01	17 08	17 16	17 25	17 34	17 45	17 57	18 10	18 26	18 45	19 08	19 38	20 24
18	17 37	17 42	17 48	17 54	18 01	18 08	18 16	18 25	18 35	18 46	18 59	19 14	19 32	19 54
19	18 13	18 17	18 21	18 25	18 29	18 34	18 39	18 45	18 52	18 59	19 07	19 16	19 27	19 39
20	18 44	18 46	18 48	18 50	18 52	18 55	18 58	19 01	19 04	19 08	19 12	19 17	19 22	19 28
21	19 12	19 12	19 12	19 13	19 13	19 13	19 14	19 14	19 15	19 15	19 16	19 16	19 17	19 18
22	19 39	19 37	19 36	19 34	19 33	19 31	19 29	19 27	19 24	19 22	19 19	19 16	19 12	19 08
23	20 06	20 03	20 00	19 57	19 53	19 49	19 45	19 40	19 35	19 29	19 23	19 16	19 07	18 57
24	20 35	20 31	20 26	20 21	20 15	20 09	20 03	19 55	19 47	19 38	19 28	19 16	19 02	18 45
25	21 08	21 02	20 56	20 49	20 41	20 33	20 25	20 15	20 03	19 51	19 36	19 18	18 56	18 27
26	21 45	21 38	21 31	21 22	21 13	21 03	20 52	20 40	20 26	20 09	19 49	19 23	18 48	17 43
27	22 28	22 21	22 12	22 03	21 53	21 42	21 29	21 14	20 58	20 37	20 12	19 37	18 30	■
28	23 18	23 10	23 01	22 51	22 41	22 29	22 16	22 01	21 43	21 21	20 53	20 12	■	■
29	.. ..	.. ..	23 56	23 47	23 37	23 26	23 13	22 59	22 42	22 21	21 56	21 20	20 02	■
30	0 12	0 04	.. ..	.. ..	.. ..	.. ..	.. ..	.. ..	23 51	23 34	23 14	22 47	22 09	■
31	1 11	1 04	0 56	0 48	0 39	0 29	0 18	0 06	.. ..	.. ..	.. ..	.. ..	23 56	23 24
Sept. 1	2 11	2 05	1 59	1 52	1 45	1 37	1 28	1 18	1 07	0 53	0 38	0 19	.. ..	.. ..
2	3 12	3 08	3 03	2 58	2 52	2 46	2 39	2 32	2 24	2 14	2 03	1 50	1 35	1 16
3	4 13	4 10	4 07	4 03	4 00	3 56	3 51	3 46	3 40	3 34	3 27	3 19	3 10	2 59
4	5 14	5 13	5 11	5 09	5 07	5 05	5 02	5 00	4 57	4 54	4 50	4 46	4 42	4 36
5	6 15	6 15	6 15	6 15	6 15	6 15	6 14	6 14	6 14	6 14	6 13	6 13	6 12	6 12
6	7 18	7 19	7 20	7 22	7 23	7 25	7 27	7 29	7 32	7 34	7 37	7 41	7 45	7 49
7	8 21	8 24	8 27	8 31	8 34	8 38	8 42	8 47	8 52	8 58	9 04	9 12	9 20	9 31
8	9 27	9 32	9 37	9 42	9 47	9 53	10 00	10 07	10 15	10 24	10 35	10 47	11 02	11 21
9	10 36	10 41	10 48	10 54	11 02	11 10	11 19	11 29	11 41	11 54	12 10	12 29	12 52	13 25

☐ indicates Moon continuously above horizon.
■ indicates Moon continuously below horizon.
.. .. indicates phenomenon will occur the next day.

MOONRISE AND MOONSET, 2009
UNIVERSAL TIME FOR MERIDIAN OF GREENWICH
MOONRISE

Lat.	−55°	−50°	−45°	−40°	−35°	−30°	−20°	−10°	0°	+10°	+20°	+30°	+35°	+40°
	h m	h m	h m	h m	h m	h m	h m	h m	h m	h m	h m	h m	h m	h m
Sept. 8	22 55	22 33	22 16	22 03	21 51	21 41	21 24	21 09	20 55	20 41	20 27	20 10	20 01	19 50
9	.. ..	23 51	23 29	23 12	22 57	22 44	22 23	22 04	21 47	21 30	21 12	20 51	20 39	20 25
10	0 19	.. ..	.. ..	.. ..	.. ..	23 49	23 24	23 03	22 43	22 24	22 03	21 39	21 24	21 08
11	1 40	1 06	0 40	0 20	0 03	.. ..	.. ..	.. ..	23 43	23 22	23 00	22 34	22 19	22 01
12	2 51	2 13	1 46	1 25	1 07	0 52	0 26	0 03	.. ..	.. ..	.. ..	23 36	23 21	23 04
13	3 44	3 09	2 43	2 23	2 06	1 51	1 26	1 04	0 44	0 23	0 01	.. ..	.. ..	.. ..
14	4 20	3 52	3 30	3 12	2 57	2 44	2 22	2 02	1 44	1 26	1 06	0 44	0 31	0 15
15	4 45	4 24	4 07	3 53	3 41	3 31	3 13	2 57	2 42	2 28	2 12	1 54	1 43	1 31
16	5 03	4 48	4 37	4 27	4 19	4 12	3 59	3 48	3 38	3 27	3 16	3 03	2 56	2 47
17	5 17	5 09	5 03	4 58	4 53	4 49	4 42	4 36	4 31	4 25	4 19	4 12	4 08	4 03
18	5 29	5 27	5 26	5 25	5 25	5 24	5 23	5 22	5 21	5 20	5 19	5 18	5 18	5 17
19	5 40	5 45	5 49	5 52	5 55	5 58	6 03	6 07	6 11	6 14	6 19	6 24	6 26	6 30
20	5 53	6 04	6 13	6 20	6 27	6 32	6 43	6 51	7 00	7 08	7 18	7 28	7 34	7 41
21	6 07	6 25	6 39	6 50	7 00	7 09	7 24	7 37	7 50	8 03	8 16	8 32	8 41	8 52
22	6 26	6 50	7 09	7 24	7 37	7 48	8 08	8 25	8 41	8 57	9 15	9 35	9 47	10 01
23	6 51	7 21	7 44	8 03	8 18	8 32	8 55	9 15	9 33	9 52	10 12	10 36	10 50	11 06
24	7 27	8 01	8 27	8 47	9 04	9 19	9 44	10 06	10 26	10 46	11 08	11 34	11 49	12 06
25	8 14	8 50	9 17	9 38	9 55	10 10	10 36	10 58	11 18	11 39	12 01	12 26	12 42	12 59
26	9 14	9 48	10 13	10 33	10 50	11 04	11 28	11 49	12 09	12 29	12 50	13 14	13 28	13 44
27	10 23	10 52	11 14	11 32	11 47	11 59	12 21	12 40	12 58	13 15	13 34	13 56	14 08	14 23
28	11 36	12 00	12 17	12 32	12 44	12 55	13 14	13 29	13 44	13 59	14 15	14 33	14 43	14 55
29	12 51	13 08	13 22	13 33	13 42	13 51	14 05	14 17	14 29	14 40	14 52	15 06	15 14	15 24
30	14 06	14 17	14 26	14 34	14 40	14 46	14 55	15 04	15 12	15 19	15 28	15 37	15 42	15 49
Oct. 1	15 21	15 27	15 31	15 35	15 38	15 41	15 45	15 50	15 53	15 57	16 02	16 06	16 09	16 12
2	16 37	16 37	16 37	16 36	16 36	16 36	16 36	16 36	16 35	16 35	16 35	16 35	16 35	16 35

MOONSET

Lat.	−55°	−50°	−45°	−40°	−35°	−30°	−20°	−10°	0°	+10°	+20°	+30°	+35°	+40°
	h m	h m	h m	h m	h m	h m	h m	h m	h m	h m	h m	h m	h m	h m
Sept. 8	6 52	7 09	7 22	7 33	7 42	7 51	8 05	8 18	8 30	8 42	8 54	9 09	9 18	9 27
9	7 09	7 32	7 50	8 05	8 18	8 29	8 48	9 04	9 20	9 35	9 52	10 11	10 23	10 36
10	7 33	8 03	8 26	8 44	8 59	9 12	9 35	9 55	10 14	10 32	10 52	11 15	11 29	11 44
11	8 10	8 45	9 11	9 31	9 49	10 04	10 29	10 51	11 11	11 32	11 54	12 19	12 34	12 51
12	9 04	9 41	10 08	10 29	10 47	11 03	11 28	11 51	12 12	12 32	12 55	13 20	13 35	13 53
13	10 18	10 52	11 17	11 37	11 53	12 08	12 32	12 53	13 13	13 32	13 53	14 16	14 30	14 46
14	11 46	12 13	12 34	12 51	13 05	13 17	13 38	13 56	14 12	14 29	14 46	15 06	15 18	15 31
15	13 20	13 39	13 55	14 07	14 18	14 27	14 43	14 56	15 09	15 22	15 35	15 50	15 59	16 09
16	14 54	15 06	15 16	15 23	15 30	15 36	15 46	15 55	16 03	16 11	16 20	16 29	16 35	16 41
17	16 26	16 31	16 35	16 38	16 41	16 44	16 48	16 51	16 55	16 58	17 01	17 05	17 08	17 10
18	17 57	17 55	17 53	17 52	17 51	17 49	17 48	17 46	17 45	17 43	17 41	17 40	17 39	17 37
19	19 25	19 17	19 10	19 04	18 59	18 54	18 47	18 40	18 34	18 28	18 21	18 14	18 09	18 05
20	20 53	20 38	20 25	20 15	20 06	19 59	19 46	19 34	19 24	19 13	19 02	18 49	18 42	18 33
21	22 19	21 57	21 39	21 25	21 13	21 02	20 44	20 29	20 14	20 00	19 44	19 27	19 17	19 05
22	23 41	23 12	22 50	22 32	22 17	22 05	21 43	21 24	21 06	20 48	20 30	20 08	19 56	19 41
23	.. ..	.. ..	23 55	23 35	23 19	23 04	22 40	22 18	21 59	21 39	21 18	20 54	20 39	20 23
24	0 55	0 21	.. ..	.. ..	.. ..	.. ..	23 34	23 12	22 51	22 31	22 09	21 43	21 28	21 10
25	1 56	1 20	0 53	0 32	0 15	0 00	.. ..	.. ..	23 43	23 23	23 01	22 36	22 21	22 04
26	2 42	2 07	1 42	1 21	1 04	0 50	0 25	0 03	.. ..	.. ..	23 54	23 31	23 17	23 01
27	3 14	2 44	2 22	2 03	1 48	1 34	1 12	0 52	0 33	0 14	.. ..	.. ..	.. ..	.. ..
28	3 38	3 13	2 54	2 39	2 25	2 14	1 54	1 37	1 21	1 04	0 47	0 26	0 14	0 01
29	3 55	3 36	3 21	3 09	2 58	2 49	2 33	2 19	2 06	1 53	1 38	1 22	1 12	1 01
30	4 08	3 55	3 44	3 35	3 28	3 21	3 09	2 59	2 49	2 40	2 29	2 17	2 10	2 02
Oct. 1	4 18	4 11	4 05	3 59	3 55	3 51	3 44	3 38	3 32	3 26	3 19	3 12	3 08	3 03
2	4 28	4 26	4 24	4 22	4 21	4 20	4 17	4 15	4 14	4 12	4 10	4 07	4 06	4 04

.. .. indicates phenomenon will occur the next day.

MOONRISE AND MOONSET, 2009

UNIVERSAL TIME FOR MERIDIAN OF GREENWICH

MOONRISE

Lat.	+40°	+42°	+44°	+46°	+48°	+50°	+52°	+54°	+56°	+58°	+60°	+62°	+64°	+66°
	h m	h m	h m	h m	h m	h m	h m	h m	h m	h m	h m	h m	h m	h m
Sept. 8	19 50	19 45	19 40	19 34	19 28	19 21	19 14	19 06	18 57	18 47	18 36	18 22	18 07	17 47
9	20 25	20 19	20 12	20 05	19 57	19 48	19 39	19 28	19 16	19 02	18 46	18 26	18 02	17 28
10	21 08	21 01	20 53	20 44	20 35	20 25	20 13	20 00	19 45	19 27	19 05	18 37	17 56	▢
11	22 01	21 53	21 45	21 35	21 25	21 13	21 01	20 46	20 28	20 08	19 41	19 04	17 39	▢
12	23 04	22 56	22 48	22 39	22 29	22 17	22 05	21 50	21 33	21 12	20 47	20 11	18 56	▢
13	.. ..	.. ..	.. ..	23 53	23 44	23 34	23 23	23 10	22 56	22 39	22 19	21 52	21 16	19 54
14	0 15	0 08	0 01	.. ..	.. ..	.. ..	.. ..	.. ..	.. ..	.. ..	.. ..	23 46	23 25	22 57
15	1 31	1 25	1 19	1 13	1 06	0 58	0 50	0 40	0 30	0 17	0 03	.. ..	.. ..	.. ..
16	2 47	2 44	2 39	2 35	2 30	2 25	2 19	2 13	2 06	1 58	1 49	1 39	1 26	1 11
17	4 03	4 01	3 59	3 56	3 54	3 51	3 48	3 45	3 41	3 37	3 32	3 27	3 21	3 14
18	5 17	5 17	5 16	5 16	5 16	5 15	5 15	5 14	5 14	5 13	5 13	5 12	5 11	5 10
19	6 30	6 31	6 33	6 34	6 36	6 38	6 40	6 42	6 45	6 48	6 51	6 55	6 59	7 04
20	7 41	7 44	7 48	7 51	7 55	7 59	8 04	8 09	8 15	8 21	8 28	8 37	8 46	8 58
21	8 52	8 56	9 02	9 07	9 13	9 19	9 27	9 35	9 43	9 54	10 05	10 19	10 36	10 57
22	10 01	10 07	10 13	10 20	10 28	10 37	10 47	10 57	11 10	11 24	11 41	12 02	12 29	13 07
23	11 06	11 13	11 21	11 30	11 39	11 49	12 01	12 14	12 30	12 48	13 11	13 40	14 26	■
24	12 06	12 14	12 22	12 32	12 42	12 53	13 06	13 21	13 38	13 59	14 26	15 04	■	■
25	12 59	13 07	13 15	13 25	13 35	13 47	13 59	14 14	14 32	14 53	15 19	15 57	■	■
26	13 44	13 52	14 00	14 09	14 18	14 29	14 40	14 54	15 09	15 28	15 50	16 20	17 05	■
27	14 23	14 29	14 36	14 44	14 52	15 01	15 11	15 23	15 35	15 50	16 08	16 29	16 57	17 38
28	14 55	15 01	15 06	15 13	15 19	15 27	15 35	15 43	15 53	16 05	16 18	16 33	16 52	17 15
29	15 24	15 28	15 32	15 37	15 42	15 47	15 53	15 59	16 07	16 15	16 24	16 35	16 47	17 02
30	15 49	15 51	15 54	15 57	16 01	16 04	16 08	16 12	16 17	16 22	16 28	16 35	16 43	16 52
Oct. 1	16 12	16 13	16 15	16 16	16 18	16 20	16 22	16 24	16 26	16 29	16 31	16 35	16 38	16 43
2	16 35	16 35	16 35	16 35	16 35	16 35	16 35	16 35	16 34	16 34	16 34	16 34	16 34	16 34

MOONSET

Lat.	+40°	+42°	+44°	+46°	+48°	+50°	+52°	+54°	+56°	+58°	+60°	+62°	+64°	+66°
	h m	h m	h m	h m	h m	h m	h m	h m	h m	h m	h m	h m	h m	h m
Sept. 8	9 27	9 32	9 37	9 42	9 47	9 53	10 00	10 07	10 15	10 24	10 35	10 47	11 02	11 21
9	10 36	10 41	10 48	10 54	11 02	11 10	11 19	11 29	11 41	11 54	12 10	12 29	12 52	13 25
10	11 44	11 51	11 59	12 07	12 17	12 27	12 38	12 51	13 06	13 23	13 45	14 12	14 52	▢
11	12 51	12 59	13 08	13 17	13 27	13 38	13 51	14 06	14 23	14 44	15 10	15 47	17 12	▢
12	13 53	14 01	14 09	14 19	14 29	14 40	14 53	15 08	15 25	15 46	16 12	16 48	18 03	▢
13	14 46	14 54	15 01	15 10	15 19	15 29	15 41	15 53	16 08	16 26	16 47	17 13	17 51	19 13
14	15 31	15 37	15 44	15 51	15 58	16 06	16 15	16 25	16 37	16 50	17 05	17 23	17 45	18 14
15	16 09	16 13	16 18	16 23	16 29	16 34	16 41	16 48	16 56	17 05	17 15	17 27	17 40	17 57
16	16 41	16 44	16 47	16 50	16 53	16 57	17 01	17 05	17 10	17 15	17 21	17 28	17 36	17 45
17	17 10	17 11	17 12	17 14	17 15	17 16	17 18	17 20	17 21	17 24	17 26	17 28	17 31	17 35
18	17 37	17 37	17 36	17 36	17 35	17 34	17 33	17 33	17 32	17 31	17 30	17 28	17 27	17 25
19	18 05	18 02	18 00	17 58	17 55	17 52	17 49	17 46	17 42	17 38	17 33	17 28	17 22	17 16
20	18 33	18 30	18 26	18 21	18 17	18 12	18 06	18 01	17 54	17 47	17 38	17 29	17 18	17 05
21	19 05	19 00	18 54	18 48	18 42	18 35	18 27	18 18	18 09	17 58	17 45	17 30	17 13	16 51
22	19 41	19 35	19 28	19 20	19 12	19 03	18 53	18 41	18 29	18 14	17 56	17 35	17 07	16 28
23	20 23	20 15	20 07	19 58	19 49	19 38	19 26	19 13	18 57	18 38	18 15	17 45	16 59	■
24	21 10	21 02	20 54	20 44	20 34	20 23	20 10	19 55	19 37	19 16	18 49	18 11	■	■
25	22 04	21 56	21 47	21 38	21 28	21 16	21 04	20 49	20 32	20 11	19 44	19 07	■	■
26	23 01	22 54	22 46	22 37	22 28	22 18	22 06	21 53	21 38	21 20	20 57	20 28	19 44	■
27	.. ..	23 55	23 48	23 41	23 33	23 24	23 14	23 04	22 51	22 37	22 20	21 59	21 31	20 52
28	0 01	.. ..	.. ..	.. ..	.. ..	.. ..	.. ..	.. ..	.. ..	23 57	23 44	23 29	23 12	22 49
29	1 01	0 56	0 51	0 45	0 39	0 32	0 25	0 17	0 07	.. ..	.. ..	.. ..	.. ..	.. ..
30	2 02	1 59	1 55	1 51	1 46	1 42	1 36	1 30	1 24	1 16	1 08	0 58	0 47	0 33
Oct. 1	3 03	3 01	2 59	2 56	2 54	2 51	2 48	2 44	2 40	2 36	2 31	2 26	2 19	2 12
2	4 04	4 04	4 03	4 02	4 01	4 00	3 59	3 58	3 57	3 56	3 54	3 52	3 50	3 48

▢ indicates Moon continuously above horizon.
■ indicates Moon continuously below horizon.
.. .. indicates phenomenon will occur the next day.

MOONRISE AND MOONSET, 2009
UNIVERSAL TIME FOR MERIDIAN OF GREENWICH
MOONRISE

Lat.	−55°	−50°	−45°	−40°	−35°	−30°	−20°	−10°	0°	+10°	+20°	+30°	+35°	+40°
	h m	h m	h m	h m	h m	h m	h m	h m	h m	h m	h m	h m	h m	h m
Oct. 1	15 21	15 27	15 31	15 35	15 38	15 41	15 45	15 50	15 53	15 57	16 02	16 06	16 09	16 12
2	16 37	16 37	16 37	16 36	16 36	16 36	16 36	16 36	16 35	16 35	16 35	16 35	16 35	16 35
3	17 55	17 49	17 44	17 40	17 36	17 33	17 28	17 23	17 19	17 14	17 10	17 05	17 02	16 58
4	19 15	19 03	18 53	18 45	18 38	18 32	18 21	18 12	18 04	17 55	17 46	17 36	17 30	17 24
5	20 39	20 20	20 05	19 52	19 42	19 33	19 17	19 04	18 52	18 39	18 26	18 11	18 02	17 52
6	22 04	21 38	21 18	21 02	20 48	20 37	20 17	19 59	19 43	19 27	19 10	18 51	18 39	18 27
7	23 28	22 55	22 31	22 12	21 55	21 42	21 18	20 58	20 39	20 20	20 00	19 37	19 23	19 08
8	.. ..	.. ..	23 39	23 18	23 00	22 45	22 20	21 58	21 37	21 17	20 55	20 30	20 15	19 58
9	0 42	0 06	.. ..	.. ..	.. ..	23 45	23 20	22 58	22 38	22 17	21 55	21 30	21 15	20 58
10	1 40	1 04	0 38	0 18	0 00	.. ..	.. ..	23 56	23 38	23 19	22 59	22 35	22 22	22 06
11	2 20	1 50	1 27	1 09	0 53	0 40	0 16	.. ..	.. ..	.. ..	.. ..	23 43	23 32	23 18
12	2 48	2 25	2 06	1 51	1 38	1 27	1 08	0 51	0 35	0 20	0 03	.. ..	.. ..	.. ..
13	3 08	2 51	2 38	2 27	2 17	2 09	1 55	1 42	1 30	1 18	1 05	0 51	0 42	0 32
14	3 23	3 13	3 04	2 58	2 52	2 47	2 38	2 30	2 22	2 15	2 07	1 57	1 52	1 46
15	3 35	3 31	3 28	3 26	3 23	3 21	3 18	3 15	3 12	3 09	3 06	3 02	3 00	2 58
16	3 47	3 49	3 51	3 52	3 53	3 55	3 57	3 59	4 00	4 02	4 04	4 07	4 08	4 09
17	3 59	4 07	4 14	4 19	4 24	4 28	4 36	4 43	4 49	4 55	5 02	5 10	5 15	5 20
18	4 12	4 27	4 38	4 48	4 56	5 04	5 16	5 28	5 38	5 49	6 01	6 14	6 22	6 31
19	4 29	4 50	5 07	5 20	5 32	5 42	5 59	6 15	6 29	6 44	6 59	7 17	7 28	7 40
20	4 52	5 19	5 40	5 57	6 11	6 24	6 45	7 04	7 21	7 39	7 58	8 20	8 33	8 48
21	5 23	5 56	6 20	6 40	6 56	7 10	7 34	7 55	8 15	8 34	8 55	9 20	9 34	9 51
22	6 06	6 42	7 08	7 28	7 46	8 00	8 26	8 48	9 08	9 28	9 50	10 16	10 31	10 48
23	7 02	7 37	8 02	8 23	8 39	8 54	9 19	9 40	10 00	10 20	10 41	11 06	11 21	11 37
24	8 08	8 39	9 02	9 21	9 36	9 49	10 12	10 32	10 50	11 08	11 28	11 50	12 04	12 19
25	9 20	9 45	10 05	10 20	10 34	10 45	11 05	11 22	11 38	11 53	12 10	12 30	12 41	12 54

MOONSET

Lat.	−55°	−50°	−45°	−40°	−35°	−30°	−20°	−10°	0°	+10°	+20°	+30°	+35°	+40°
	h m	h m	h m	h m	h m	h m	h m	h m	h m	h m	h m	h m	h m	h m
Oct. 1	4 18	4 11	4 05	3 59	3 55	3 51	3 44	3 38	3 32	3 26	3 19	3 12	3 08	3 03
2	4 28	4 26	4 24	4 22	4 21	4 20	4 17	4 15	4 14	4 12	4 10	4 07	4 06	4 04
3	4 38	4 41	4 43	4 45	4 47	4 49	4 51	4 54	4 56	4 58	5 00	5 03	5 05	5 07
4	4 48	4 57	5 04	5 09	5 14	5 19	5 27	5 33	5 40	5 46	5 53	6 01	6 05	6 11
5	5 01	5 15	5 27	5 36	5 44	5 52	6 04	6 16	6 26	6 37	6 48	7 01	7 08	7 17
6	5 17	5 37	5 54	6 07	6 19	6 29	6 46	7 01	7 16	7 30	7 45	8 03	8 14	8 25
7	5 39	6 06	6 27	6 44	6 59	7 11	7 33	7 52	8 09	8 27	8 46	9 08	9 20	9 35
8	6 12	6 45	7 10	7 30	7 47	8 01	8 25	8 47	9 06	9 26	9 48	10 12	10 27	10 44
9	7 01	7 37	8 04	8 25	8 43	8 58	9 23	9 46	10 06	10 27	10 49	11 14	11 29	11 47
10	8 08	8 43	9 09	9 29	9 46	10 01	10 25	10 47	11 07	11 26	11 47	12 12	12 26	12 42
11	9 31	10 00	10 22	10 40	10 55	11 07	11 29	11 48	12 06	12 23	12 41	13 03	13 15	13 29
12	11 01	11 23	11 40	11 54	12 05	12 15	12 33	12 48	13 02	13 16	13 31	13 47	13 57	14 08
13	12 32	12 47	12 58	13 08	13 16	13 23	13 35	13 45	13 55	14 05	14 15	14 27	14 33	14 41
14	14 02	14 09	14 15	14 20	14 25	14 29	14 35	14 41	14 46	14 51	14 57	15 03	15 06	15 10
15	15 30	15 31	15 32	15 32	15 33	15 33	15 34	15 34	15 35	15 36	15 36	15 37	15 37	15 37
16	16 57	16 52	16 47	16 43	16 40	16 37	16 32	16 28	16 23	16 19	16 15	16 10	16 07	16 04
17	18 24	18 12	18 02	17 54	17 47	17 41	17 30	17 21	17 12	17 04	16 55	16 44	16 38	16 32
18	19 51	19 31	19 16	19 04	18 54	18 44	18 29	18 15	18 02	17 50	17 36	17 21	17 12	17 02
19	21 15	20 49	20 29	20 13	19 59	19 48	19 28	19 10	18 54	18 38	18 21	18 01	17 49	17 36
20	22 33	22 01	21 38	21 19	21 03	20 49	20 26	20 06	19 47	19 28	19 08	18 45	18 32	18 16
21	23 41	23 06	22 40	22 19	22 02	21 47	21 22	21 01	20 40	20 20	19 59	19 34	19 19	19 02
22	.. ..	23 59	23 33	23 12	22 55	22 40	22 15	21 54	21 33	21 13	20 51	20 26	20 11	19 53
23	0 33	.. ..	.. ..	23 58	23 42	23 28	23 04	22 44	22 25	22 05	21 45	21 21	21 06	20 50
24	1 12	0 40	0 17	.. ..	.. ..	.. ..	23 49	23 30	23 13	22 56	22 38	22 16	22 04	21 49
25	1 39	1 13	0 52	0 36	0 22	0 10	.. ..	.. ..	.. ..	23 45	23 30	23 12	23 02	22 50

.. .. indicates phenomenon will occur the next day.

MOONRISE AND MOONSET, 2009
UNIVERSAL TIME FOR MERIDIAN OF GREENWICH
MOONRISE

Lat.	+40°	+42°	+44°	+46°	+48°	+50°	+52°	+54°	+56°	+58°	+60°	+62°	+64°	+66°
	h m	h m	h m	h m	h m	h m	h m	h m	h m	h m	h m	h m	h m	h m
Oct. 1	16 12	16 13	16 15	16 16	16 18	16 20	16 22	16 24	16 26	16 29	16 31	16 35	16 38	16 43
2	16 35	16 35	16 35	16 35	16 35	16 35	16 35	16 35	16 34	16 34	16 34	16 34	16 34	16 34
3	16 58	16 57	16 55	16 54	16 52	16 50	16 48	16 46	16 43	16 40	16 37	16 34	16 30	16 26
4	17 24	17 21	17 18	17 14	17 11	17 07	17 03	16 58	16 53	16 48	16 41	16 34	16 26	16 17
5	17 52	17 48	17 44	17 39	17 33	17 27	17 21	17 14	17 06	16 57	16 47	16 36	16 22	16 06
6	18 27	18 21	18 15	18 08	18 01	17 53	17 44	17 34	17 24	17 11	16 57	16 39	16 18	15 51
7	19 08	19 01	18 53	18 45	18 36	18 27	18 16	18 03	17 49	17 33	17 13	16 48	16 15	15 19
8	19 58	19 50	19 42	19 33	19 23	19 12	18 59	18 45	18 29	18 09	17 44	17 11	16 13	▭
9	20 58	20 50	20 42	20 32	20 22	20 11	19 58	19 44	19 27	19 06	18 40	18 04	16 50	▭
10	22 06	21 59	21 51	21 42	21 33	21 23	21 12	20 58	20 43	20 26	20 04	19 35	18 53	▭
11	23 18	23 12	23 06	22 59	22 52	22 43	22 34	22 24	22 12	21 59	21 43	21 23	20 58	20 24
12	.. ..	.. ..	.. ..	.. ..	.. ..	.. ..	.. ..	.. ..	23 53	23 45	23 35	23 25	23 12	22 57	22 39
13	0 32	0 28	0 23	0 18	0 13	0 07	0 00	.. ..	.. ..	.. ..	.. ..	.. ..	.. ..	.. ..
14	1 46	1 43	1 40	1 37	1 34	1 30	1 26	1 22	1 17	1 12	1 05	0 58	0 50	0 40
15	2 58	2 57	2 56	2 55	2 54	2 52	2 51	2 49	2 47	2 46	2 43	2 41	2 38	2 34
16	4 09	4 10	4 11	4 12	4 12	4 13	4 14	4 15	4 17	4 18	4 19	4 21	4 23	4 25
17	5 20	5 22	5 25	5 28	5 30	5 34	5 37	5 41	5 45	5 50	5 55	6 01	6 08	6 17
18	6 31	6 34	6 39	6 43	6 48	6 54	7 00	7 06	7 13	7 22	7 31	7 42	7 55	8 11
19	7 40	7 46	7 52	7 58	8 05	8 12	8 21	8 30	8 41	8 53	9 07	9 25	9 46	10 14
20	8 48	8 55	9 02	9 10	9 18	9 28	9 39	9 51	10 05	10 21	10 41	11 06	11 40	12 42
21	9 51	9 59	10 07	10 16	10 26	10 37	10 49	11 03	11 19	11 39	12 04	12 37	13 37	■
22	10 48	10 56	11 04	11 14	11 24	11 35	11 48	12 03	12 20	12 41	13 07	13 45	■	■
23	11 37	11 45	11 53	12 02	12 12	12 23	12 35	12 49	13 05	13 24	13 48	14 20	15 11	■
24	12 19	12 26	12 33	12 41	12 50	12 59	13 10	13 22	13 35	13 51	14 11	14 35	15 06	15 58
25	12 54	12 59	13 06	13 12	13 19	13 27	13 36	13 46	13 57	14 09	14 24	14 41	15 02	15 30

MOONSET

Lat.	+40°	+42°	+44°	+46°	+48°	+50°	+52°	+54°	+56°	+58°	+60°	+62°	+64°	+66°
	h m	h m	h m	h m	h m	h m	h m	h m	h m	h m	h m	h m	h m	h m
Oct. 1	3 03	3 01	2 59	2 56	2 54	2 51	2 48	2 44	2 40	2 36	2 31	2 26	2 19	2 12
2	4 04	4 04	4 03	4 02	4 01	4 00	3 59	3 58	3 57	3 56	3 54	3 52	3 50	3 48
3	5 07	5 07	5 08	5 09	5 10	5 11	5 12	5 13	5 15	5 16	5 18	5 20	5 22	5 25
4	6 11	6 13	6 15	6 18	6 21	6 24	6 27	6 31	6 35	6 40	6 45	6 51	6 57	7 05
5	7 17	7 21	7 25	7 29	7 34	7 39	7 45	7 51	7 58	8 06	8 15	8 26	8 38	8 53
6	8 25	8 31	8 37	8 43	8 49	8 57	9 05	9 14	9 24	9 36	9 50	10 06	10 27	10 53
7	9 35	9 42	9 49	9 57	10 05	10 15	10 25	10 37	10 51	11 07	11 26	11 50	12 23	13 19
8	10 44	10 51	10 59	11 08	11 18	11 29	11 41	11 55	12 12	12 31	12 56	13 29	14 26	▭
9	11 47	11 55	12 03	12 12	12 23	12 34	12 47	13 01	13 19	13 39	14 05	14 41	15 55	▭
10	12 42	12 50	12 58	13 06	13 16	13 26	13 38	13 51	14 07	14 25	14 47	15 16	15 58	▭
11	13 29	13 35	13 42	13 49	13 57	14 06	14 16	14 27	14 39	14 53	15 10	15 30	15 55	16 30
12	14 08	14 13	14 18	14 24	14 30	14 36	14 44	14 52	15 01	15 11	15 22	15 36	15 52	16 11
13	14 41	14 44	14 48	14 52	14 56	15 00	15 05	15 10	15 16	15 23	15 30	15 38	15 48	15 59
14	15 10	15 12	15 14	15 16	15 18	15 20	15 23	15 25	15 28	15 32	15 35	15 39	15 44	15 50
15	15 37	15 37	15 38	15 38	15 38	15 38	15 38	15 39	15 39	15 39	15 40	15 40	15 40	15 41
16	16 04	16 03	16 01	15 59	15 58	15 56	15 54	15 52	15 49	15 47	15 44	15 40	15 36	15 32
17	16 32	16 29	16 26	16 22	16 19	16 15	16 10	16 06	16 00	15 55	15 48	15 41	15 32	15 22
18	17 02	16 58	16 53	16 48	16 42	16 36	16 29	16 22	16 14	16 05	15 54	15 42	15 28	15 11
19	17 36	17 30	17 24	17 17	17 10	17 02	16 53	16 43	16 32	16 19	16 04	15 46	15 24	14 55
20	18 16	18 09	18 01	17 53	17 44	17 34	17 23	17 11	16 57	16 40	16 20	15 54	15 20	14 17
21	19 02	18 54	18 46	18 37	18 27	18 16	18 03	17 49	17 32	17 12	16 48	16 14	15 14	■
22	19 53	19 46	19 37	19 28	19 18	19 06	18 53	18 39	18 22	18 01	17 34	16 57	■	■
23	20 50	20 43	20 34	20 26	20 16	20 05	19 53	19 40	19 24	19 05	18 41	18 10	17 18	■
24	21 49	21 43	21 36	21 28	21 20	21 10	21 00	20 48	20 35	20 19	20 01	19 37	19 06	18 15
25	22 50	22 44	22 38	22 32	22 25	22 18	22 10	22 00	21 50	21 38	21 24	21 08	20 47	20 20

▭ indicates Moon continuously above horizon.
■ indicates Moon continuously below horizon.
.. .. indicates phenomenon will occur the next day.

MOONRISE AND MOONSET, 2009
UNIVERSAL TIME FOR MERIDIAN OF GREENWICH
MOONRISE

Lat.	−55°	−50°	−45°	−40°	−35°	−30°	−20°	−10°	0°	+10°	+20°	+30°	+35°	+40°
	h m	h m	h m	h m	h m	h m	h m	h m	h m	h m	h m	h m	h m	h m
Oct. 24	8 08	8 39	9 02	9 21	9 36	9 49	10 12	10 32	10 50	11 08	11 28	11 50	12 04	12 19
25	9 20	9 45	10 05	10 20	10 34	10 45	11 05	11 22	11 38	11 53	12 10	12 30	12 41	12 54
26	10 34	10 53	11 08	11 21	11 31	11 41	11 56	12 10	12 23	12 35	12 49	13 04	13 13	13 23
27	11 48	12 02	12 12	12 21	12 29	12 35	12 47	12 56	13 06	13 15	13 25	13 36	13 42	13 50
28	13 03	13 10	13 16	13 21	13 26	13 30	13 36	13 42	13 48	13 53	13 59	14 05	14 09	14 13
29	14 17	14 19	14 21	14 22	14 23	14 24	14 26	14 28	14 29	14 31	14 32	14 34	14 35	14 36
30	15 34	15 30	15 27	15 24	15 22	15 20	15 17	15 14	15 12	15 09	15 06	15 03	15 02	15 00
31	16 53	16 43	16 35	16 29	16 23	16 18	16 10	16 03	15 56	15 49	15 42	15 34	15 29	15 24
Nov. 1	18 16	17 59	17 46	17 36	17 27	17 19	17 06	16 54	16 43	16 32	16 21	16 08	16 00	15 52
2	19 42	19 19	19 01	18 46	18 34	18 23	18 05	17 49	17 34	17 20	17 04	16 46	16 36	16 25
3	21 08	20 38	20 15	19 57	19 42	19 29	19 07	18 47	18 30	18 12	17 53	17 31	17 18	17 04
4	22 28	21 53	21 27	21 07	20 50	20 35	20 10	19 49	19 29	19 09	18 48	18 23	18 09	17 52
5	23 33	22 58	22 31	22 10	21 53	21 38	21 13	20 51	20 30	20 10	19 48	19 23	19 08	18 51
6	.. ..	23 48	23 24	23 05	22 49	22 35	22 12	21 51	21 32	21 13	20 52	20 28	20 14	19 58
7	0 20	.. ..	.. ..	23 51	23 37	23 25	23 05	22 48	22 31	22 14	21 57	21 36	21 24	21 10
8	0 51	0 26	0 07	.. ..	.. ..	.. ..	23 53	23 40	23 27	23 14	23 00	22 44	22 34	22 24
9	1 13	0 55	0 40	0 28	0 18	0 09	.. ..	.. ..	.. ..	.. ..	.. ..	23 50	23 44	23 37
10	1 29	1 17	1 08	1 00	0 53	0 47	0 37	0 27	0 19	0 10	0 01	.. ..	.. ..	.. ..
11	1 42	1 37	1 32	1 28	1 25	1 22	1 17	1 12	1 08	1 04	0 59	0 54	0 51	0 48
12	1 54	1 54	1 54	1 55	1 55	1 55	1 55	1 56	1 56	1 56	1 57	1 57	1 57	1 58
13	2 05	2 12	2 17	2 21	2 24	2 28	2 33	2 38	2 43	2 48	2 53	2 59	3 02	3 06
14	2 18	2 30	2 40	2 48	2 55	3 01	3 12	3 22	3 31	3 40	3 50	4 01	4 08	4 15
15	2 34	2 52	3 06	3 18	3 29	3 38	3 53	4 07	4 20	4 33	4 47	5 03	5 13	5 24
16	2 54	3 18	3 37	3 53	4 06	4 18	4 38	4 55	5 11	5 28	5 45	6 06	6 18	6 32
17	3 22	3 52	4 15	4 33	4 49	5 02	5 25	5 45	6 04	6 23	6 43	7 07	7 20	7 36

MOONSET

Lat.	−55°	−50°	−45°	−40°	−35°	−30°	−20°	−10°	0°	+10°	+20°	+30°	+35°	+40°
	h m	h m	h m	h m	h m	h m	h m	h m	h m	h m	h m	h m	h m	h m
Oct. 24	1 12	0 40	0 17	.. ..	.. ..	.. ..	23 49	23 30	23 13	22 56	22 38	22 16	22 04	21 49
25	1 39	1 13	0 52	0 36	0 22	0 10	.. ..	.. ..	.. ..	23 45	23 30	23 12	23 02	22 50
26	1 58	1 38	1 21	1 08	0 57	0 46	0 29	0 14	0 00	.. ..	.. ..	.. ..	23 59	23 50
27	2 13	1 58	1 46	1 36	1 27	1 19	1 06	0 55	0 44	0 33	0 21	0 07	.. ..	.. ..
28	2 25	2 15	2 07	2 01	1 55	1 50	1 41	1 33	1 26	1 19	1 11	1 02	0 56	0 50
29	2 35	2 31	2 27	2 24	2 21	2 19	2 15	2 11	2 08	2 04	2 00	1 56	1 53	1 51
30	2 45	2 46	2 46	2 47	2 47	2 48	2 48	2 49	2 49	2 50	2 50	2 51	2 51	2 52
31	2 55	3 01	3 06	3 10	3 14	3 17	3 23	3 28	3 32	3 37	3 42	3 48	3 51	3 55
Nov. 1	3 07	3 19	3 28	3 36	3 43	3 49	4 00	4 09	4 18	4 27	4 36	4 47	4 53	5 00
2	3 22	3 40	3 54	4 06	4 16	4 25	4 41	4 54	5 07	5 20	5 34	5 49	5 59	6 09
3	3 42	4 07	4 26	4 42	4 55	5 06	5 26	5 44	6 00	6 16	6 34	6 54	7 06	7 20
4	4 12	4 43	5 06	5 25	5 41	5 55	6 18	6 38	6 57	7 17	7 37	8 01	8 15	8 31
5	4 56	5 31	5 58	6 18	6 36	6 51	7 16	7 38	7 58	8 18	8 40	9 06	9 20	9 38
6	5 59	6 35	7 01	7 21	7 38	7 53	8 18	8 40	9 00	9 20	9 41	10 06	10 20	10 37
7	7 19	7 50	8 13	8 31	8 47	9 00	9 23	9 42	10 00	10 18	10 38	11 00	11 12	11 27
8	8 48	9 12	9 30	9 45	9 58	10 08	10 27	10 43	10 58	11 13	11 28	11 46	11 57	12 09
9	10 19	10 35	10 48	10 59	11 08	11 16	11 29	11 41	11 52	12 03	12 14	12 27	12 35	12 43
10	11 48	11 57	12 05	12 11	12 16	12 21	12 29	12 36	12 43	12 49	12 56	13 03	13 08	13 13
11	13 14	13 17	13 19	13 21	13 23	13 24	13 27	13 29	13 31	13 33	13 35	13 37	13 39	13 40
12	14 39	14 36	14 33	14 30	14 28	14 27	14 24	14 21	14 18	14 16	14 13	14 10	14 08	14 06
13	16 04	15 54	15 46	15 39	15 34	15 29	15 20	15 13	15 06	14 59	14 51	14 43	14 38	14 33
14	17 28	17 12	16 59	16 48	16 39	16 31	16 17	16 05	15 54	15 43	15 31	15 18	15 10	15 01
15	18 52	18 29	18 11	17 56	17 44	17 33	17 15	16 59	16 44	16 30	16 14	15 56	15 45	15 34
16	20 12	19 43	19 21	19 03	18 48	18 35	18 13	17 54	17 36	17 19	17 00	16 38	16 25	16 11
17	21 24	20 51	20 26	20 06	19 49	19 35	19 10	18 49	18 30	18 10	17 49	17 25	17 10	16 54

.. .. indicates phenomenon will occur the next day.

MOONRISE AND MOONSET, 2009

UNIVERSAL TIME FOR MERIDIAN OF GREENWICH

MOONRISE

Lat.	+40°	+42°	+44°	+46°	+48°	+50°	+52°	+54°	+56°	+58°	+60°	+62°	+64°	+66°
	h m	h m	h m	h m	h m	h m	h m	h m	h m	h m	h m	h m	h m	h m
Oct. 24	12 19	12 26	12 33	12 41	12 50	12 59	13 10	13 22	13 35	13 51	14 11	14 35	15 06	15 58
25	12 54	12 59	13 06	13 12	13 19	13 27	13 36	13 46	13 57	14 09	14 24	14 41	15 02	15 30
26	13 23	13 28	13 33	13 38	13 43	13 50	13 56	14 04	14 12	14 21	14 32	14 44	14 58	15 16
27	13 50	13 53	13 56	14 00	14 04	14 08	14 13	14 18	14 23	14 30	14 37	14 45	14 54	15 05
28	14 13	14 15	14 17	14 19	14 22	14 24	14 27	14 30	14 33	14 37	14 41	14 45	14 50	14 56
29	14 36	14 37	14 37	14 38	14 39	14 39	14 40	14 41	14 42	14 43	14 44	14 45	14 47	14 48
30	15 00	14 59	14 58	14 57	14 56	14 55	14 53	14 52	14 51	14 49	14 47	14 45	14 43	14 40
31	15 24	15 22	15 20	15 17	15 14	15 11	15 08	15 04	15 00	14 56	14 51	14 46	14 39	14 32
Nov. 1	15 52	15 48	15 44	15 40	15 35	15 30	15 25	15 19	15 12	15 05	14 57	14 47	14 36	14 23
2	16 25	16 19	16 14	16 08	16 01	15 54	15 47	15 38	15 28	15 17	15 05	14 50	14 33	14 11
3	17 04	16 57	16 50	16 43	16 35	16 26	16 16	16 04	15 52	15 37	15 19	14 58	14 31	13 52
4	17 52	17 45	17 37	17 28	17 18	17 08	16 56	16 42	16 27	16 08	15 46	15 16	14 31	▭
5	18 51	18 43	18 34	18 25	18 15	18 04	17 51	17 37	17 20	17 00	16 34	15 59	14 53	▭
6	19 58	19 50	19 42	19 34	19 24	19 14	19 02	18 48	18 33	18 14	17 51	17 21	16 35	▭
7	21 10	21 04	20 57	20 50	20 42	20 33	20 23	20 12	20 00	19 45	19 28	19 06	18 39	17 58
8	22 24	22 19	22 14	22 08	22 02	21 56	21 49	21 41	21 31	21 21	21 09	20 55	20 38	20 17
9	23 37	23 34	23 30	23 27	23 23	23 18	23 14	23 09	23 03	22 56	22 49	22 41	22 31	22 19
10	.. ..	.. ..	.. ..	.. ..	.. ..	.. ..	.. ..	.. ..	.. ..	.. ..	.. ..	.. ..	.. ..	.. ..
11	0 48	0 46	0 45	0 43	0 41	0 39	0 37	0 35	0 32	0 29	0 26	0 22	0 18	0 12
12	1 58	1 58	1 58	1 58	1 58	1 58	1 59	1 59	1 59	1 59	2 00	2 00	2 00	2 01
13	3 06	3 08	3 10	3 12	3 14	3 17	3 19	3 22	3 25	3 29	3 33	3 37	3 42	3 48
14	4 15	4 19	4 22	4 26	4 30	4 35	4 40	4 45	4 51	4 58	5 06	5 15	5 25	5 38
15	5 24	5 29	5 34	5 40	5 46	5 52	6 00	6 08	6 17	6 28	6 40	6 54	7 12	7 34
16	6 32	6 38	6 44	6 52	7 00	7 08	7 18	7 29	7 42	7 56	8 13	8 35	9 02	9 43
17	7 36	7 44	7 51	8 00	8 09	8 20	8 31	8 45	9 00	9 18	9 41	10 10	10 55	■

MOONSET

Lat.	+40°	+42°	+44°	+46°	+48°	+50°	+52°	+54°	+56°	+58°	+60°	+62°	+64°	+66°
	h m	h m	h m	h m	h m	h m	h m	h m	h m	h m	h m	h m	h m	h m
Oct. 24	21 49	21 43	21 36	21 28	21 20	21 10	21 00	20 48	20 35	20 19	20 01	19 37	19 06	18 15
25	22 50	22 44	22 38	22 32	22 25	22 18	22 10	22 00	21 50	21 38	21 24	21 08	20 47	20 20
26	23 50	23 46	23 42	23 37	23 32	23 26	23 20	23 13	23 06	22 57	22 48	22 36	22 23	22 06
27	.. ..	.. ..	.. ..	.. ..	.. ..	.. ..	.. ..	.. ..	.. ..	.. ..	.. ..	.. ..	23 55	23 45
28	0 50	0 48	0 45	0 42	0 38	0 35	0 31	0 26	0 21	0 16	0 10	0 03	.. ..	.. ..
29	1 51	1 49	1 48	1 46	1 45	1 43	1 41	1 39	1 37	1 35	1 32	1 29	1 25	1 21
30	2 52	2 52	2 52	2 52	2 53	2 53	2 53	2 53	2 54	2 54	2 54	2 55	2 55	2 56
31	3 55	3 57	3 58	4 00	4 02	4 04	4 07	4 10	4 12	4 16	4 19	4 24	4 28	4 34
Nov. 1	5 00	5 04	5 07	5 11	5 15	5 19	5 24	5 29	5 35	5 41	5 49	5 57	6 07	6 19
2	6 09	6 14	6 19	6 24	6 30	6 37	6 44	6 52	7 01	7 11	7 23	7 36	7 53	8 13
3	7 20	7 26	7 33	7 40	7 48	7 56	8 06	8 17	8 29	8 43	9 00	9 21	9 47	10 26
4	8 31	8 38	8 46	8 54	9 04	9 14	9 26	9 39	9 54	10 13	10 35	11 04	11 49	▭
5	9 38	9 45	9 54	10 03	10 13	10 24	10 37	10 51	11 08	11 29	11 54	12 29	13 35	▭
6	10 37	10 45	10 53	11 02	11 11	11 22	11 34	11 48	12 04	12 22	12 46	13 16	14 03	▭
7	11 27	11 34	11 41	11 49	11 57	12 06	12 16	12 28	12 41	12 56	13 14	13 36	14 04	14 45
8	12 09	12 14	12 19	12 25	12 32	12 39	12 47	12 56	13 06	13 17	13 29	13 44	14 02	14 24
9	12 43	12 47	12 51	12 55	13 00	13 05	13 10	13 16	13 23	13 30	13 38	13 48	13 59	14 12
10	13 13	13 15	13 17	13 20	13 23	13 25	13 29	13 32	13 36	13 40	13 45	13 50	13 56	14 03
11	13 40	13 41	13 41	13 42	13 43	13 44	13 45	13 46	13 47	13 48	13 49	13 51	13 52	13 54
12	14 06	14 05	14 04	14 03	14 02	14 01	14 00	13 58	13 57	13 55	13 53	13 51	13 49	13 46
13	14 33	14 30	14 28	14 25	14 22	14 19	14 15	14 12	14 08	14 03	13 58	13 52	13 45	13 37
14	15 01	14 58	14 53	14 49	14 44	14 39	14 33	14 27	14 20	14 12	14 03	13 53	13 42	13 28
15	15 34	15 28	15 23	15 16	15 10	15 03	14 55	14 46	14 36	14 25	14 12	13 56	13 38	13 15
16	16 11	16 04	15 57	15 50	15 41	15 32	15 22	15 11	14 58	14 43	14 25	14 03	13 35	12 54
17	16 54	16 47	16 39	16 30	16 20	16 10	15 58	15 44	15 29	15 10	14 47	14 18	13 32	■

▭ indicates Moon continuously above horizon.
■ indicates Moon continuously below horizon.
.. .. indicates phenomenon will occur the next day.

MOONRISE AND MOONSET, 2009
UNIVERSAL TIME FOR MERIDIAN OF GREENWICH
MOONRISE

Lat.	−55°	−50°	−45°	−40°	−35°	−30°	−20°	−10°	0°	+10°	+20°	+30°	+35°	+40°
	h m	h m	h m	h m	h m	h m	h m	h m	h m	h m	h m	h m	h m	h m
Nov. 16	2 54	3 18	3 37	3 53	4 06	4 18	4 38	4 55	5 11	5 28	5 45	6 06	6 18	6 32
17	3 22	3 52	4 15	4 33	4 49	5 02	5 25	5 45	6 04	6 23	6 43	7 07	7 20	7 36
18	4 00	4 34	4 59	5 19	5 36	5 51	6 16	6 37	6 57	7 17	7 39	8 04	8 19	8 36
19	4 51	5 26	5 51	6 12	6 29	6 44	7 09	7 30	7 50	8 10	8 32	8 57	9 12	9 29
20	5 54	6 26	6 50	7 09	7 25	7 39	8 02	8 23	8 42	9 01	9 21	9 44	9 58	10 14
21	7 04	7 31	7 52	8 09	8 23	8 35	8 56	9 14	9 30	9 47	10 05	10 25	10 37	10 51
22	8 18	8 39	8 55	9 09	9 20	9 31	9 48	10 03	10 16	10 30	10 45	11 02	11 12	11 23
23	9 31	9 47	9 59	10 09	10 18	10 25	10 38	10 49	11 00	11 11	11 22	11 34	11 42	11 50
24	10 45	10 54	11 02	11 09	11 14	11 19	11 28	11 35	11 42	11 49	11 56	12 04	12 09	12 15
25	11 58	12 02	12 05	12 08	12 11	12 13	12 17	12 20	12 23	12 26	12 29	12 33	12 35	12 37
26	13 12	13 10	13 09	13 08	13 08	13 07	13 06	13 05	13 04	13 03	13 02	13 01	13 01	13 00
27	14 28	14 21	14 15	14 11	14 07	14 03	13 57	13 52	13 47	13 42	13 37	13 31	13 27	13 24
28	15 48	15 35	15 24	15 16	15 08	15 02	14 50	14 41	14 32	14 23	14 13	14 03	13 56	13 50
29	17 12	16 52	16 37	16 24	16 13	16 04	15 48	15 34	15 21	15 08	14 54	14 39	14 30	14 19
30	18 39	18 12	17 52	17 35	17 21	17 09	16 48	16 31	16 14	15 58	15 40	15 20	15 09	14 56
Dec. 1	20 04	19 31	19 06	18 47	18 30	18 16	17 52	17 32	17 13	16 54	16 33	16 10	15 56	15 40
2	21 18	20 42	20 16	19 55	19 38	19 23	18 57	18 35	18 15	17 55	17 33	17 08	16 53	16 36
3	22 14	21 40	21 15	20 55	20 39	20 24	20 00	19 38	19 19	18 59	18 37	18 13	17 58	17 42
4	22 52	22 24	22 03	21 46	21 32	21 19	20 57	20 39	20 21	20 03	19 44	19 22	19 10	18 55
5	23 17	22 57	22 41	22 28	22 16	22 06	21 49	21 34	21 20	21 06	20 50	20 33	20 23	20 11
6	23 36	23 22	23 11	23 02	22 54	22 47	22 35	22 25	22 15	22 05	21 54	21 42	21 35	21 26
7	23 50	23 42	23 36	23 32	23 27	23 24	23 17	23 11	23 06	23 00	22 54	22 48	22 44	22 39
8	.. ..	.. ..	23 59	23 59	23 58	23 57	23 56	23 55	23 54	23 53	23 52	23 51	23 51	23 50
9	0 02	0 00	.. ..	.. ..	.. ..	.. ..	.. ..	.. ..	.. ..	.. ..	.. ..	.. ..	.. ..	.. ..
10	0 13	0 18	0 21	0 25	0 27	0 30	0 34	0 38	0 41	0 45	0 49	0 53	0 56	0 59

MOONSET

Lat.	−55°	−50°	−45°	−40°	−35°	−30°	−20°	−10°	0°	+10°	+20°	+30°	+35°	+40°
	h m	h m	h m	h m	h m	h m	h m	h m	h m	h m	h m	h m	h m	h m
Nov. 16	20 12	19 43	19 21	19 03	18 48	18 35	18 13	17 54	17 36	17 19	17 00	16 38	16 25	16 11
17	21 24	20 51	20 26	20 06	19 49	19 35	19 10	18 49	18 30	18 10	17 49	17 25	17 10	16 54
18	22 23	21 48	21 23	21 02	20 45	20 30	20 05	19 43	19 23	19 03	18 41	18 16	18 01	17 44
19	23 08	22 35	22 10	21 51	21 34	21 20	20 56	20 35	20 15	19 56	19 34	19 10	18 55	18 39
20	23 39	23 11	22 49	22 32	22 17	22 04	21 43	21 23	21 06	20 48	20 28	20 06	19 53	19 37
21	.. ..	23 39	23 21	23 06	22 54	22 43	22 25	22 08	21 53	21 38	21 21	21 02	20 51	20 38
22	0 01	.. ..	23 47	23 36	23 26	23 18	23 03	22 50	22 38	22 25	22 12	21 57	21 48	21 38
23	0 18	0 01	.. ..	.. ..	23 55	23 49	23 38	23 29	23 20	23 12	23 02	22 51	22 45	22 38
24	0 30	0 19	0 09	0 02	.. ..	.. ..	.. ..	.. ..	.. ..	23 57	23 51	23 45	23 41	23 37
25	0 41	0 35	0 30	0 25	0 21	0 18	0 12	0 07	0 02	.. ..	.. ..	.. ..	.. ..	.. ..
26	0 51	0 50	0 49	0 48	0 47	0 46	0 45	0 44	0 43	0 41	0 40	0 39	0 38	0 37
27	1 01	1 05	1 08	1 10	1 13	1 15	1 18	1 21	1 24	1 27	1 30	1 34	1 36	1 38
28	1 12	1 21	1 29	1 35	1 40	1 45	1 53	2 01	2 08	2 15	2 22	2 31	2 36	2 41
29	1 25	1 40	1 52	2 02	2 11	2 19	2 32	2 44	2 55	3 06	3 17	3 31	3 39	3 48
30	1 43	2 04	2 21	2 35	2 47	2 57	3 15	3 31	3 46	4 00	4 16	4 35	4 45	4 57
Dec. 1	2 08	2 36	2 58	3 15	3 30	3 43	4 05	4 24	4 42	4 59	5 19	5 41	5 54	6 09
2	2 46	3 19	3 45	4 05	4 22	4 36	5 01	5 22	5 42	6 02	6 23	6 48	7 03	7 20
3	3 42	4 18	4 44	5 05	5 23	5 38	6 03	6 25	6 45	7 06	7 27	7 52	8 07	8 24
4	4 59	5 32	5 56	6 15	6 32	6 46	7 09	7 30	7 49	8 08	8 28	8 51	9 04	9 20
5	6 28	6 55	7 15	7 31	7 44	7 56	8 16	8 33	8 49	9 05	9 22	9 42	9 53	10 06
6	8 02	8 21	8 35	8 47	8 57	9 06	9 21	9 34	9 46	9 58	10 11	10 26	10 34	10 44
7	9 34	9 45	9 54	10 01	10 08	10 13	10 23	10 31	10 39	10 47	10 55	11 04	11 10	11 15
8	11 02	11 10	11 11	11 13	11 16	11 18	11 22	11 26	11 29	11 32	11 35	11 39	11 41	11 44
9	12 27	12 26	12 24	12 23	12 22	12 21	12 19	12 18	12 17	12 15	12 14	12 12	12 11	12 10
10	13 51	13 43	13 37	13 31	13 27	13 22	13 15	13 09	13 04	12 58	12 52	12 45	12 41	12 36

.. .. indicates phenomenon will occur the next day.

MOONRISE AND MOONSET, 2009

UNIVERSAL TIME FOR MERIDIAN OF GREENWICH

MOONRISE

Lat.	+40°	+42°	+44°	+46°	+48°	+50°	+52°	+54°	+56°	+58°	+60°	+62°	+64°	+66°
	h m	h m	h m	h m	h m	h m	h m	h m	h m	h m	h m	h m	h m	h m
Nov. 16	6 32	6 38	6 44	6 52	7 00	7 08	7 18	7 29	7 42	7 56	8 13	8 35	9 02	9 43
17	7 36	7 44	7 51	8 00	8 09	8 20	8 31	8 45	9 00	9 18	9 41	10 10	10 55	■
18	8 36	8 44	8 52	9 01	9 12	9 23	9 35	9 50	10 07	10 27	10 53	11 29	12 42	■
19	9 29	9 36	9 45	9 54	10 04	10 15	10 27	10 41	10 58	11 18	11 43	12 16	13 16	■
20	10 14	10 21	10 28	10 37	10 46	10 56	11 07	11 20	11 34	11 51	12 12	12 38	13 15	14 35
21	10 51	10 57	11 04	11 11	11 19	11 27	11 36	11 47	11 59	12 13	12 29	12 48	13 12	13 45
22	11 23	11 28	11 33	11 39	11 45	11 52	11 59	12 07	12 16	12 27	12 39	12 52	13 09	13 29
23	11 50	11 54	11 58	12 02	12 06	12 11	12 17	12 23	12 29	12 37	12 45	12 54	13 05	13 18
24	12 15	12 17	12 19	12 22	12 25	12 28	12 32	12 35	12 40	12 44	12 49	12 55	13 02	13 10
25	12 37	12 39	12 40	12 41	12 42	12 44	12 45	12 47	12 49	12 51	12 53	12 55	12 58	13 02
26	13 00	13 00	12 59	12 59	12 59	12 58	12 58	12 58	12 57	12 57	12 56	12 55	12 55	12 54
27	13 24	13 22	13 20	13 18	13 16	13 14	13 12	13 09	13 06	13 03	13 00	12 56	12 51	12 46
28	13 50	13 46	13 43	13 40	13 36	13 32	13 27	13 23	13 17	13 11	13 04	12 57	12 48	12 38
29	14 19	14 15	14 10	14 05	13 59	13 53	13 47	13 39	13 31	13 22	13 11	12 59	12 45	12 28
30	14 56	14 50	14 43	14 37	14 29	14 21	14 12	14 02	13 51	13 38	13 23	13 05	12 43	12 14
Dec. 1	15 40	15 33	15 26	15 18	15 08	14 59	14 47	14 35	14 20	14 04	13 43	13 18	12 42	11 38
2	16 36	16 28	16 20	16 11	16 01	15 50	15 37	15 23	15 06	14 47	14 22	13 49	12 52	☐
3	17 42	17 34	17 26	17 17	17 07	16 56	16 44	16 30	16 14	15 54	15 30	14 57	14 02	☐
4	18 55	18 48	18 41	18 33	18 24	18 15	18 04	17 53	17 39	17 23	17 04	16 39	16 06	15 11
5	20 11	20 06	20 00	19 54	19 47	19 40	19 32	19 23	19 13	19 01	18 48	18 32	18 12	17 47
6	21 26	21 23	21 19	21 15	21 10	21 05	21 00	20 54	20 47	20 40	20 31	20 21	20 10	19 56
7	22 39	22 37	22 35	22 33	22 31	22 28	22 25	22 22	22 19	22 15	22 10	22 05	22 00	21 53
8	23 50	23 50	23 49	23 49	23 49	23 48	23 48	23 47	23 47	23 46	23 46	23 45	23 44	23 43
9	.. ..	.. ..	.. ..	.. ..	.. ..	.. ..	.. ..	.. ..	.. ..	.. ..	.. ..	.. ..	.. ..	.. ..
10	0 59	1 00	1 01	1 03	1 05	1 06	1 08	1 10	1 13	1 15	1 18	1 22	1 25	1 30

MOONSET

Lat.	+40°	+42°	+44°	+46°	+48°	+50°	+52°	+54°	+56°	+58°	+60°	+62°	+64°	+66°
	h m	h m	h m	h m	h m	h m	h m	h m	h m	h m	h m	h m	h m	h m
Nov. 16	16 11	16 04	15 57	15 50	15 41	15 32	15 22	15 11	14 58	14 43	14 25	14 03	13 35	12 54
17	16 54	16 47	16 39	16 30	16 20	16 10	15 58	15 44	15 29	15 10	14 47	14 18	13 32	■
18	17 44	17 36	17 27	17 18	17 08	16 57	16 44	16 30	16 13	15 52	15 26	14 51	13 37	■
19	18 39	18 31	18 23	18 14	18 04	17 53	17 41	17 27	17 10	16 51	16 26	15 53	14 53	■
20	19 37	19 31	19 23	19 15	19 06	18 57	18 46	18 33	18 19	18 02	17 42	17 16	16 39	15 20
21	20 38	20 32	20 26	20 19	20 12	20 04	19 55	19 44	19 33	19 20	19 04	18 46	18 22	17 50
22	21 38	21 34	21 29	21 23	21 18	21 12	21 05	20 57	20 49	20 39	20 28	20 15	19 59	19 40
23	22 38	22 35	22 31	22 28	22 24	22 19	22 15	22 09	22 04	21 57	21 50	21 41	21 31	21 19
24	23 37	23 36	23 34	23 31	23 29	23 27	23 24	23 21	23 18	23 14	23 10	23 06	23 00	22 54
25	.. ..	.. ..	.. ..	.. ..	.. ..	.. ..	.. ..	.. ..	.. ..	.. ..	.. ..	.. ..	.. ..	.. ..
26	0 37	0 37	0 36	0 36	0 35	0 35	0 34	0 33	0 33	0 32	0 31	0 30	0 29	0 27
27	1 38	1 39	1 40	1 41	1 43	1 44	1 45	1 47	1 49	1 51	1 53	1 56	1 58	2 02
28	2 41	2 44	2 46	2 49	2 52	2 56	2 59	3 03	3 08	3 13	3 19	3 25	3 33	3 41
29	3 48	3 52	3 56	4 01	4 06	4 11	4 17	4 24	4 31	4 40	4 49	5 00	5 14	5 29
30	4 57	5 03	5 09	5 15	5 22	5 30	5 38	5 48	5 58	6 11	6 25	6 42	7 04	7 31
Dec. 1	6 09	6 16	6 23	6 31	6 40	6 50	7 00	7 13	7 27	7 43	8 03	8 28	9 03	10 06
2	7 20	7 27	7 35	7 44	7 54	8 05	8 18	8 32	8 48	9 08	9 32	10 05	11 02	☐
3	8 24	8 32	8 40	8 49	8 59	9 10	9 23	9 37	9 53	10 13	10 37	11 10	12 05	☐
4	9 20	9 27	9 34	9 43	9 51	10 01	10 12	10 25	10 39	10 55	11 15	11 40	12 13	13 09
5	10 06	10 12	10 18	10 24	10 31	10 39	10 48	10 58	11 08	11 21	11 35	11 52	12 13	12 39
6	10 44	10 48	10 52	10 57	11 02	11 08	11 14	11 21	11 28	11 37	11 46	11 57	12 10	12 26
7	11 15	11 18	11 21	11 24	11 27	11 31	11 34	11 38	11 43	11 48	11 54	12 00	12 07	12 16
8	11 44	11 45	11 46	11 47	11 48	11 50	11 51	11 53	11 55	11 57	11 59	12 01	12 04	12 07
9	12 10	12 10	12 09	12 09	12 08	12 07	12 07	12 06	12 05	12 04	12 03	12 02	12 01	11 59
10	12 36	12 34	12 32	12 30	12 27	12 25	12 22	12 19	12 15	12 12	12 07	12 03	11 57	11 51

☐ indicates Moon continuously above horizon.
■ indicates Moon continuously below horizon.
.. .. indicates phenomenon will occur the next day.

MOONRISE AND MOONSET, 2009
UNIVERSAL TIME FOR MERIDIAN OF GREENWICH
MOONRISE

Lat.	−55°	−50°	−45°	−40°	−35°	−30°	−20°	−10°	0°	+10°	+20°	+30°	+35°	+40°
	h m	h m	h m	h m	h m	h m	h m	h m	h m	h m	h m	h m	h m	h m
Dec. 9	0 02	0 00	.. ..	.. ..	.. ..	.. ..	.. ..	.. ..	.. ..	.. ..	.. ..	.. ..	.. ..	.. ..
10	0 13	0 18	0 21	0 25	0 27	0 30	0 34	0 38	0 41	0 45	0 49	0 53	0 56	0 59
11	0 25	0 36	0 44	0 51	0 57	1 03	1 12	1 20	1 28	1 36	1 45	1 54	2 00	2 07
12	0 40	0 56	1 09	1 20	1 29	1 38	1 52	2 04	2 16	2 28	2 41	2 56	3 04	3 14
13	0 58	1 20	1 38	1 52	2 05	2 15	2 34	2 50	3 06	3 21	3 38	3 57	4 08	4 21
14	1 22	1 51	2 12	2 30	2 45	2 58	3 20	3 39	3 57	4 15	4 35	4 57	5 10	5 26
15	1 56	2 29	2 54	3 13	3 30	3 44	4 09	4 30	4 50	5 09	5 31	5 55	6 10	6 27
16	2 42	3 17	3 43	4 04	4 21	4 35	5 00	5 22	5 42	6 03	6 24	6 50	7 04	7 22
17	3 41	4 14	4 39	4 59	5 15	5 30	5 54	6 15	6 34	6 54	7 15	7 39	7 53	8 09
18	4 49	5 18	5 40	5 58	6 13	6 26	6 48	7 06	7 24	7 42	8 00	8 22	8 35	8 49
19	6 02	6 26	6 44	6 58	7 11	7 22	7 40	7 56	8 11	8 26	8 42	9 00	9 11	9 23
20	7 16	7 34	7 47	7 59	8 08	8 17	8 31	8 44	8 56	9 07	9 20	9 34	9 42	9 52
21	8 29	8 41	8 51	8 58	9 05	9 11	9 21	9 30	9 38	9 46	9 55	10 05	10 10	10 17
22	9 42	9 48	9 53	9 57	10 01	10 04	10 09	10 14	10 19	10 23	10 28	10 33	10 37	10 40
23	10 54	10 55	10 56	10 56	10 57	10 57	10 58	10 58	10 59	11 00	11 00	11 01	11 02	11 02
24	12 08	12 03	11 59	11 56	11 53	11 51	11 47	11 43	11 40	11 37	11 33	11 29	11 27	11 25
25	13 24	13 13	13 05	12 58	12 52	12 47	12 38	12 30	12 23	12 16	12 08	11 59	11 54	11 49
26	14 44	14 27	14 14	14 03	13 54	13 45	13 32	13 20	13 08	12 57	12 46	12 32	12 25	12 16
27	16 07	15 44	15 26	15 11	14 59	14 48	14 29	14 13	13 58	13 44	13 28	13 10	13 00	12 48
28	17 33	17 02	16 40	16 21	16 06	15 53	15 31	15 11	14 53	14 35	14 16	13 55	13 42	13 27
29	18 53	18 18	17 52	17 31	17 14	17 00	16 35	16 13	15 53	15 33	15 12	14 48	14 33	14 17
30	19 59	19 23	18 57	18 37	18 19	18 04	17 39	17 17	16 57	16 36	16 15	15 49	15 35	15 17
31	20 46	20 15	19 52	19 33	19 17	19 04	18 40	18 20	18 01	17 42	17 22	16 58	16 45	16 28
32	21 18	20 54	20 36	20 20	20 07	19 56	19 37	19 20	19 04	18 48	18 31	18 11	17 59	17 46
33	21 40	21 23	21 10	20 59	20 50	20 41	20 27	20 14	20 03	19 51	19 38	19 23	19 15	19 05

MOONSET

Lat.	−55°	−50°	−45°	−40°	−35°	−30°	−20°	−10°	0°	+10°	+20°	+30°	+35°	+40°
	h m	h m	h m	h m	h m	h m	h m	h m	h m	h m	h m	h m	h m	h m
Dec. 9	12 27	12 26	12 24	12 23	12 22	12 21	12 19	12 18	12 17	12 15	12 14	12 12	12 11	12 10
10	13 51	13 43	13 37	13 31	13 27	13 22	13 15	13 09	13 04	12 58	12 52	12 45	12 41	12 36
11	15 14	15 00	14 48	14 39	14 31	14 24	14 12	14 01	13 51	13 41	13 30	13 19	13 12	13 04
12	16 37	16 16	16 00	15 46	15 35	15 25	15 08	14 53	14 40	14 26	14 11	13 55	13 45	13 34
13	17 57	17 30	17 09	16 52	16 38	16 26	16 05	15 47	15 30	15 13	14 55	14 35	14 23	14 09
14	19 11	18 39	18 15	17 55	17 39	17 25	17 02	16 41	16 22	16 03	15 43	15 19	15 05	14 49
15	20 15	19 40	19 14	18 54	18 37	18 22	17 57	17 35	17 15	16 55	16 33	16 08	15 53	15 36
16	21 04	20 30	20 05	19 45	19 28	19 14	18 49	18 28	18 08	17 48	17 26	17 01	16 46	16 29
17	21 40	21 10	20 47	20 29	20 13	20 00	19 37	19 17	18 59	18 40	18 20	17 57	17 43	17 27
18	22 05	21 40	21 21	21 06	20 52	20 41	20 21	20 03	19 47	19 31	19 13	18 53	18 41	18 27
19	22 23	22 04	21 49	21 37	21 26	21 17	21 01	20 46	20 33	20 20	20 05	19 48	19 39	19 28
20	22 37	22 24	22 13	22 04	21 56	21 49	21 37	21 26	21 16	21 06	20 55	20 43	20 36	20 28
21	22 48	22 40	22 33	22 28	22 23	22 18	22 11	22 04	21 58	21 51	21 44	21 37	21 32	21 27
22	22 58	22 55	22 52	22 50	22 48	22 46	22 43	22 41	22 38	22 36	22 33	22 30	22 28	22 26
23	23 08	23 10	23 11	23 12	23 13	23 14	23 16	23 17	23 19	23 20	23 21	23 23	23 24	23 25
24	23 18	23 25	23 31	23 35	23 39	23 43	23 49	23 55	.. ..	.. ..	.. ..	.. ..	.. ..	.. ..
25	23 30	23 42	23 52	.. ..	.. ..	.. ..	.. ..	.. ..	0 00	0 05	0 11	0 18	0 21	0 25
26	23 44	.. ..	.. ..	0 01	0 08	0 14	0 25	0 35	0 44	0 53	1 03	1 15	1 21	1 29
27	.. ..	0 03	0 17	0 30	0 40	0 49	1 05	1 19	1 32	1 45	1 59	2 15	2 24	2 35
28	0 05	0 30	0 49	1 05	1 18	1 30	1 50	2 08	2 24	2 40	2 58	3 19	3 31	3 44
29	0 35	1 06	1 30	1 49	2 05	2 18	2 42	3 02	3 21	3 40	4 01	4 25	4 39	4 55
30	1 21	1 57	2 23	2 43	3 01	3 16	3 41	4 03	4 23	4 44	5 05	5 31	5 46	6 03
31	2 28	3 03	3 29	3 50	4 07	4 21	4 46	5 08	5 28	5 47	6 09	6 33	6 47	7 04
32	3 55	4 24	4 47	5 05	5 20	5 33	5 55	6 14	6 31	6 49	7 08	7 29	7 41	7 56
33	5 30	5 52	6 10	6 24	6 35	6 46	7 03	7 18	7 32	7 46	8 01	8 18	8 27	8 39

.. .. indicates phenomenon will occur the next day.

MOONRISE AND MOONSET, 2009
UNIVERSAL TIME FOR MERIDIAN OF GREENWICH
MOONRISE

Lat.	+40°	+42°	+44°	+46°	+48°	+50°	+52°	+54°	+56°	+58°	+60°	+62°	+64°	+66°
	h m	h m	h m	h m	h m	h m	h m	h m	h m	h m	h m	h m	h m	h m
Dec. 9	.. ..	.. ..	.. ..	.. ..	.. ..	.. ..	.. ..	.. ..	.. ..	.. ..	.. ..	.. ..	.. ..	.. ..
10	0 59	1 00	1 01	1 03	1 05	1 06	1 08	1 10	1 13	1 15	1 18	1 22	1 25	1 30
11	2 07	2 09	2 13	2 16	2 19	2 23	2 28	2 32	2 38	2 43	2 50	2 58	3 07	3 17
12	3 14	3 18	3 23	3 28	3 34	3 40	3 46	3 54	4 02	4 12	4 22	4 35	4 50	5 09
13	4 21	4 27	4 33	4 40	4 47	4 55	5 04	5 14	5 26	5 39	5 54	6 13	6 37	7 09
14	5 26	5 33	5 40	5 48	5 57	6 07	6 18	6 31	6 45	7 02	7 23	7 49	8 27	■
15	6 27	6 34	6 43	6 52	7 01	7 12	7 25	7 39	7 56	8 15	8 40	9 14	10 16	■
16	7 22	7 29	7 38	7 47	7 57	8 08	8 21	8 35	8 52	9 12	9 38	10 13	11 22	■
17	8 09	8 16	8 24	8 33	8 42	8 53	9 05	9 18	9 33	9 51	10 14	10 43	11 26	■
18	8 49	8 56	9 03	9 10	9 18	9 27	9 38	9 49	10 02	10 17	10 34	10 56	11 24	12 04
19	9 23	9 28	9 34	9 40	9 47	9 54	10 02	10 11	10 21	10 33	10 46	11 02	11 21	11 45
20	9 52	9 56	10 00	10 05	10 10	10 16	10 22	10 28	10 36	10 44	10 54	11 05	11 17	11 33
21	10 17	10 20	10 23	10 26	10 30	10 33	10 37	10 42	10 47	10 52	10 59	11 06	11 14	11 23
22	10 40	10 42	10 43	10 45	10 47	10 49	10 51	10 54	10 56	10 59	11 02	11 06	11 10	11 15
23	11 02	11 02	11 03	11 03	11 03	11 04	11 04	11 04	11 05	11 05	11 06	11 06	11 07	11 08
24	11 25	11 24	11 22	11 21	11 20	11 18	11 17	11 15	11 13	11 11	11 09	11 06	11 03	11 00
25	11 49	11 46	11 44	11 41	11 38	11 35	11 31	11 27	11 23	11 18	11 13	11 07	11 00	10 52
26	12 16	12 12	12 08	12 03	11 59	11 54	11 48	11 42	11 35	11 27	11 18	11 08	10 57	10 43
27	12 48	12 43	12 37	12 31	12 24	12 17	12 09	12 01	11 51	11 40	11 27	11 12	10 54	10 32
28	13 27	13 21	13 14	13 06	12 58	12 49	12 39	12 27	12 14	11 59	11 42	11 20	10 53	10 13
29	14 17	14 09	14 01	13 52	13 43	13 32	13 20	13 07	12 51	12 32	12 09	11 40	10 55	▢
30	15 17	15 10	15 01	14 52	14 42	14 31	14 18	14 04	13 47	13 27	13 02	12 27	11 24	▢
31	16 28	16 21	16 13	16 05	15 56	15 45	15 34	15 21	15 05	14 47	14 25	13 56	13 13	▢
32	17 46	17 40	17 34	17 27	17 19	17 11	17 01	16 51	16 39	16 25	16 09	15 49	15 24	14 49
33	19 05	19 01	18 56	18 51	18 46	18 40	18 33	18 26	18 18	18 08	17 58	17 45	17 30	17 12

MOONSET

Lat.	+40°	+42°	+44°	+46°	+48°	+50°	+52°	+54°	+56°	+58°	+60°	+62°	+64°	+66°
	h m	h m	h m	h m	h m	h m	h m	h m	h m	h m	h m	h m	h m	h m
Dec. 9	12 10	12 10	12 09	12 09	12 08	12 07	12 07	12 06	12 05	12 04	12 03	12 02	12 01	11 59
10	12 36	12 34	12 32	12 30	12 27	12 25	12 22	12 19	12 15	12 12	12 07	12 03	11 57	11 51
11	13 04	13 00	12 57	12 53	12 48	12 44	12 39	12 33	12 27	12 20	12 13	12 04	11 54	11 42
12	13 34	13 29	13 24	13 19	13 12	13 06	12 59	12 51	12 42	12 31	12 20	12 06	11 50	11 31
13	14 09	14 03	13 56	13 49	13 41	13 33	13 23	13 13	13 01	12 47	12 31	12 12	11 47	11 14
14	14 49	14 42	14 35	14 26	14 17	14 07	13 56	13 43	13 28	13 11	12 50	12 23	11 45	■
15	15 36	15 29	15 20	15 11	15 01	14 50	14 38	14 23	14 07	13 47	13 22	12 48	11 46	■
16	16 29	16 22	16 13	16 04	15 54	15 43	15 30	15 16	14 59	14 39	14 14	13 39	12 30	■
17	17 27	17 20	17 12	17 04	16 54	16 44	16 33	16 20	16 04	15 47	15 25	14 56	14 13	■
18	18 27	18 21	18 14	18 07	17 59	17 50	17 41	17 30	17 17	17 03	16 46	16 24	15 57	15 17
19	19 28	19 23	19 17	19 11	19 05	18 58	18 51	18 42	18 33	18 22	18 09	17 54	17 36	17 13
20	20 28	20 24	20 20	20 16	20 11	20 06	20 01	19 55	19 48	19 40	19 32	19 22	19 10	18 56
21	21 27	21 24	21 22	21 19	21 17	21 13	21 10	21 06	21 02	20 57	20 52	20 46	20 39	20 31
22	22 26	22 25	22 24	22 23	22 21	22 20	22 19	22 17	22 16	22 14	22 12	22 09	22 07	22 03
23	23 25	23 25	23 26	23 26	23 27	23 27	23 28	23 29	23 30	23 30	23 31	23 33	23 34	23 35
24	.. ..	.. ..	.. ..	.. ..	.. ..	.. ..	.. ..	.. ..	.. ..	.. ..	.. ..	.. ..	.. ..	.. ..
25	0 25	0 27	0 29	0 31	0 34	0 36	0 39	0 42	0 45	0 49	0 53	0 58	1 04	1 10
26	1 29	1 32	1 36	1 39	1 43	1 48	1 53	1 58	2 04	2 11	2 19	2 28	2 38	2 51
27	2 35	2 40	2 45	2 50	2 57	3 03	3 10	3 19	3 28	3 38	3 50	4 04	4 21	4 42
28	3 44	3 50	3 57	4 04	4 12	4 21	4 31	4 42	4 54	5 08	5 25	5 46	6 13	6 53
29	4 55	5 02	5 10	5 18	5 28	5 38	5 50	6 03	6 19	6 37	7 00	7 29	8 14	▢
30	6 03	6 10	6 19	6 28	6 38	6 49	7 02	7 16	7 33	7 53	8 19	8 53	9 56	▢
31	7 04	7 11	7 19	7 28	7 38	7 48	8 00	8 14	8 29	8 47	9 10	9 39	10 22	▢
32	7 56	8 02	8 09	8 16	8 24	8 33	8 43	8 54	9 07	9 21	9 38	9 58	10 24	11 00
33	8 39	8 43	8 49	8 54	9 00	9 07	9 14	9 22	9 31	9 41	9 53	10 07	10 22	10 42

▢ indicates Moon continuously above horizon.
■ indicates Moon continuously below horizon.
.. .. indicates phenomenon will occur the next day.

ECLIPSES, 2009

CONTENTS OF THE ECLIPSE SECTION

Explanatory Text
    General Information A79
    Lunar Eclipses A82
January 26: Annular Solar Eclipse
    Circumstances .... www, A84
    Eclipse Map .... www, A85
    Table of Path of Central Phase A86
February 9: Penumbral Lunar Eclipse .... www, A89
July 7: Penumbral Lunar Eclipse .... www, A90
July 21-22: Total Solar Eclipse
    Circumstances .... www, A91
    Eclipse Map .... www, A92
    Table of Path of Central Phase A93
August 5-6: Penumbral Lunar Eclipse .... www, A96
December 31: Partial Lunar Eclipse .... www, A97

SUMMARY OF ECLIPSES AND TRANSITS FOR 2009

There are two eclipses of the Sun and four of the Moon in 2009. All times are expressed in Universal Time using $\Delta T = +66^s.0$. There are no transits of the Sun in 2009.

I. *An annular eclipse of the Sun*, January 26. See map on page A85. The eclipse begins at $04^h\ 57^m$ and ends at $11^h\ 01^m$. The maximum duration of annularity is $07^m\ 51^s$. It is visible from northwestern Antarctica, Australia, southern Africa, southeast Asia, and the Indian Ocean.

II. *A penumbral eclipse of the Moon*, February 9. See map on page A89. The eclipse begins at $12^h\ 37^m$ and ends at $16^h\ 40^m$. It is visible from Asia, Australia, eastern Europe, western North America, and the Indian and Pacific Oceans.

III. *A penumbral eclipse of the Moon*, July 7. See map on page A90. The eclipse begins at $08^h\ 33^m$ and ends at $10^h\ 44^m$. It is visible from the Australia, the Americas, and the Pacific Ocean.

IV. *A total eclipse of the Sun*, July 21-22. See map on page A92. The eclipse begins at $23^h\ 58^m$ on July 21 and ends at $05^h\ 12^m$ on July 22; maximum duration of totality is $06^m\ 44^s$. It is visible from Asia and the western Pacific Ocean.

V. *A penumbral eclipse of the Moon*, August 5-6. See map on page A96. The eclipse begins at $23^h\ 01^m$ on August 5 and ends at $02^h\ 17^m$ on August 6. It is visible from western Asia, eastern North America, South America, Africa, Europe, and the Atlantic and Indian Oceans.

VI. *A partial eclipse of the Moon*, December 31. See map on page A97. The eclipse begins at $18^h\ 52^m$ and ends at $19^h\ 54^m$. Time of maximum eclipse is $19^h\ 23^m$. It is visible from Africa, Europe, Asia, extreme western Australia, and the Indian Ocean.

 This symbol indicates that these data or auxiliary material may also be found on *The Astronomical Almanac Online* at **http://asa.usno.navy.mil** and **http://asa.hmnao.com**

Local circumstances and animations for upcoming eclipses can be found on *The Astronomical Almanac Online* at http://asa.hmnao.com or http://asa.usno.navy.mil.

General Information

The elements and circumstances are computed according to Bessel's method from apparent right ascensions and declinations of the Sun and Moon. Semidiameters of the Sun and Moon used in the calculation of eclipses do not include irradiation. The adopted semidiameter of the Sun at unit distance is $15'59''64$ from the IAU (1976) Astronomical Constants. The apparent semidiameter of the Moon is equal to arcsin ($k \sin \pi$), where π is the Moon's horizontal parallax and k is an adopted constant. In 1982, the IAU adopted $k = 0.272\,5076$, corresponding to the mean radius of Watts' datum as determined by observations of occultations and to the adopted radius of the Earth.

Standard corrections of $+0''\!.5$ and $-0''\!.25$ have been applied to the longitude and latitude of the Moon, respectively, to help correct for the difference between center of figure and center of mass.

Refraction is neglected in calculating solar and lunar eclipses. Because the circumstances of eclipses are calculated for the surface of the ellipsoid, refraction is not included in Besselian element polynomials. For local predictions, corrections for refraction are unnecessary; they are required only in precise comparisons of theory with observation in which many other refinements are also necessary.

All time arguments are given provisionally in Universal Time, using $\Delta T(A) = +66^{s}\!.0$. Once an updated value of ΔT is known, the data on these pages may be expressed in Universal Time as follows:

Define $\delta T = \Delta T - \Delta T(A)$, in units of seconds of time.

Change the times of circumstances given in preliminary Universal Time by subtracting δT.

Correct the tabulated longitudes, $\lambda(A)$, using $\lambda = \lambda(A) + 0.00417807 \times \delta T$ (longitudes are in degrees).

Leave all other quantities unchanged.

The correction of δT is included in the Besselian elements.

Longitude is positive to the east, and negative to the west.

Explanation of Solar Eclipse Diagram

The solar eclipse diagrams in *The Astronomical Almanac* show the region over which different phases of each eclipse may be seen and the times at which these phases occur. Each diagram has a series of dashed curves that show the outline of the Moon's penumbra on the Earth's surface at one-hour intervals. Short dashes show the leading edge and long dashes show the trailing edge. Except for certain extreme cases, the shadow outline moves generally from west to east. The Moon's shadow cone first contacts the Earth's surface where "First Contact" is indicated on the diagram. "Last Contact" is where the Moon's shadow cone last contacts the Earth's surface. The path of central eclipse, whether for a total, annular, or annular-total eclipse, is marked by two closely spaced curves that cut across all of the dashed curves. These two curves mark the extent of the Moon's umbral shadow on the Earth's surface. Viewers within these boundaries will observe a total, annular, or annular-total eclipse and viewers outside these boundaries will see a partial eclipse.

Solid curves labeled "Northern" and "Southern Limit of Eclipse" represent the furthest extent north or south of the Moon's penumbra on the Earth's surface. Viewers outside of these boundaries will not experience any eclipse. When only one of these two curves appears, only part of the Moon's penumbra touches the Earth; the other part is projected into space north or south of the Earth, and the terminator defines the other limit.

Another set of solid curves appears on some diagrams as two teardrop shapes (or lobes) on either end of the eclipse path, and on other diagrams as a distorted figure eight. These lobes represent in time the intersection of the Moon's penumbra with the Earth's terminator as the eclipse progresses. As time elapses, the Earth's terminator moves east-to-west while the Moon's penumbra moves west-to-east. These lobes connect to form an elongated figure eight on a diagram when part of the Moon's penumbra stays in contact with the Earth's terminator throughout the eclipse. The lobes become two separate teardrop shapes when the Moon's penumbra breaks contact with the Earth's terminator during the beginning of the eclipse and reconnects with it near the end. In the east, the outer portion of the lobe is labeled "Eclipse begins at Sunset" and marks the first contact between the Moon's penumbra and Earth's terminator in the east. Observers on this curve just fail to see the eclipse. The inner part of the lobe is labeled "Eclipse ends at Sunset" and marks the last contact between the Moon's penumbra and the Earth's terminator in the east. Observers on this curve just see the whole eclipse. The curve bisecting this lobe is labeled "Maximum Eclipse at Sunset" and is part of the sunset terminator at maximum eclipse. Viewers in the eastern half of the lobe will see the Sun set before maximum eclipse; *i.e.* see less than half of the eclipse. Viewers in the western half of the lobe will see the Sun set after maximum eclipse; *i.e.* see more than half of the eclipse. A similar description holds for the western lobe except everything occurs at sunrise instead of sunset.

Computing Local Circumstances for Solar Eclipses

The solar eclipse maps show the path of the eclipse, beginning and ending times of the eclipse, and the region of visibility, including restrictions due to rising and setting of the Sun. The short-dash and long-dash lines show, respectively, the progress of the leading and trailing edge of the penumbra; thus, at a given location, times of first and last contact may be interpolated. If further precision is desired, Besselian elements can be utilized.

Besselian elements characterize the geometric position of the shadow of the Moon relative to the Earth. The exterior tangents to the surfaces of the Sun and Moon form the umbral cone; the interior tangents form the penumbral cone. The common axis of these two cones is the axis of the shadow. To form a system of geocentric rectangular coordinates, the geocentric plane perpendicular to the axis of the shadow is taken as the xy-plane. This is called the fundamental plane. The x-axis is the intersection of the fundamental plane with the plane of the equator; it is positive toward the east. The y-axis is positive toward the north. The z-axis is parallel to the axis of the shadow and is positive toward the Moon. The tabular values of x and y are the coordinates, in units of the Earth's equatorial radius, of the intersection of the axis of the shadow with the fundamental plane. The direction of the axis of the shadow is specified by the declination d and hour angle μ of the point on the celestial sphere toward which the axis is directed.

The radius of the umbral cone is regarded as positive for an annular eclipse and negative for a total eclipse. The angles f_1 and f_2 are the angles at which the tangents that form the penumbral and umbral cones, respectively, intersect the axis of the shadow.

To predict accurate local circumstances, calculate the geocentric coordinates $\rho \sin \phi'$ and $\rho \cos \phi'$ from the geodetic latitude ϕ and longitude λ, using the relationships given on pages K11–K12. Inclusion of the height h in this calculation is all that is necessary to obtain the local circumstances at high altitudes.

ECLIPSES

Obtain approximate times for the beginning, middle and end of the eclipse from the eclipse map. For each of these three times compute from the Besselian element polynomials, the values of x, y, $\sin d$, $\cos d$, μ and l_1 (the radius of the penumbra on the fundamental plane), except that at the approximate time of the middle of the eclipse l_2 (the radius of the umbra on the fundamental plane) is required instead of l_1 if the eclipse is central (i.e., total, annular or annular-total). The hourly variations x', y' of x and y are needed, and may be obtained by evaluating the derivative of the polynomial expressions for x and y. Values of μ', d', $\tan f_1$ and $\tan f_2$ are nearly constant throughout the eclipse and are given immediately following the Besselian polynomials.

For each of the three approximate times, calculate the coordinates ξ, η, ζ for the observer and the hourly variations ξ' and η' from

$$\xi = \rho \cos \phi' \sin \theta,$$
$$\eta = \rho \sin \phi' \cos d - \rho \cos \phi' \sin d \cos \theta,$$
$$\zeta = \rho \sin \phi' \sin d + \rho \cos \phi' \cos d \cos \theta,$$
$$\xi' = \mu' \rho \cos \phi' \cos \theta,$$
$$\eta' = \mu' \xi \sin d - \zeta d',$$

where

$$\theta = \mu + \lambda$$

for longitudes measured positive towards the east.

Next, calculate

$$\begin{aligned} u &= x - \xi & u' &= x' - \xi' \\ v &= y - \eta & v' &= y' - \eta' \\ m^2 &= u^2 + v^2 & n^2 &= u'^2 + v'^2 \end{aligned} \qquad (m, n > 0)$$

$$L_i = l_i - \zeta \tan f_i$$
$$D = uu' + vv'$$
$$\Delta = \tfrac{1}{n}(uv' - u'v)$$
$$\sin \psi = \tfrac{\Delta}{L_i}$$

where $i = 1, 2$.

At the approximate times of the beginning and end of the eclipse, L_1 is required. At the approximate time of the middle of the eclipse, L_2 is required if the eclipse is central; L_1 is required if the eclipse is partial.

Neglecting the variation of L, the correction τ to be applied to the approximate time of the middle of the eclipse to obtain the *Universal Time of greatest phase* is

$$\tau = -\frac{D}{n^2},$$

which may be expressed in minutes by multiplying by 60. The correction τ to be applied to the approximate times of the beginning and end of the eclipse to obtain the *Universal Times of the penumbral contacts* is

$$\tau = \frac{L_1}{n} \cos \psi - \frac{D}{n^2},$$

which may be expressed in minutes by multiplying by 60.

If the eclipse is central, use the approximate time for the middle of the eclipse as a first approximation to the times of umbral contact. The correction τ to be applied to obtain the *Universal Times of the umbral contacts* is

$$\tau = \frac{L_2}{n} \cos \psi - \frac{D}{n^2},$$

which may be expressed in minutes by multiplying by 60.

In the last two equations, the ambiguity in the quadrant of ψ is removed by noting that cos ψ must be *negative* for the beginning of the eclipse, for the beginning of the annular phase, or for the end of the total phase; cos ψ must be *positive* for the end of the eclipse, the end of the annular phase, or the beginning of the total phase.

For greater accuracy, the times resulting from the calculation outlined above should be used in place of the original approximate times, and the entire procedure repeated at least once. The calculations for each of the contact times and the time of greatest phase should be performed separately.

The *magnitude of greatest partial eclipse*, in units of the solar diameter is

$$M_1 = \frac{L_1 - m}{(2L_1 - 0.5459)},$$

where the value of m at the time of greatest phase is used. If the magnitude is negative at the time of greatest phase, no eclipse is visible from the location.

The *magnitude of the central phase*, in the same units is

$$M_2 = \frac{L_1 - L_2}{(L_1 + L_2)}.$$

The *position angle of a point of contact* measured eastward (counterclockwise) from the north point of the solar limb is given by

$$\tan P = \frac{u}{v},$$

where u and v are evaluated at the times of contacts computed in the final approximation. The quadrant of P is determined by noting that sin P has the algebraic sign of u, except for the contacts of the total phase, for which sin P has the opposite sign to u.

The position angle of the point of contact measured eastward from the vertex of the solar limb is given by

$$V = P - C,$$

where C, the parallactic angle, is obtained with sufficient accuracy from

$$\tan C = \frac{\xi}{\eta},$$

with sin C having the same algebraic sign as ξ, and the results of the final approximation again being used. The vertex point of the solar limb lies on a great circle arc drawn from the zenith to the center of the solar disk.

Lunar Eclipses

A calculator to produce local circumstances of recent and upcoming lunar eclipses is provided at http://aa.usno.navy.mil/data/docs/LunarEclipse.html.

ECLIPSES

In calculating lunar eclipses the radius of the geocentric shadow of the Earth is increased by one-fiftieth part to allow for the effect of the atmosphere. Refraction is neglected in calculating solar and lunar eclipses. Standard corrections of $+0''\!.5$ and $-0''\!.25$ have been applied to the longitude and latitude of the Moon, respectively, to help correct for the difference between center of figure and center of mass.

Explanation of Lunar Eclipse Diagram

Information on lunar eclipses is presented in the form of a diagram consisting of two parts. The upper panel shows the path of the Moon relative to the penumbral and umbral shadows of the Earth. The lower panel shows the visibility of the eclipse from the surface of the Earth. The title of the upper panel includes the type of eclipse, its place in the sequence of eclipses for the year and the Greenwich calendar date of the eclipse. The inner darker circle is the umbral shadow of the Earth and the outer lighter circle is that of the penumbra. The axis of the shadow of the Earth is denoted by (+) with the ecliptic shown for reference purposes. A 30-arcminute scale bar is provided on the right hand side of the diagram and the orientation is given by the cardinal points displayed on the small graphic on the left hand side of the diagram. The position angle (PA) is measured from North point of the lunar disk along the limb of the Moon to the point of contact. It is shown on the graphic by the use of an arc extending anti-clockwise (eastwards) from North terminated with an arrow head.

Moon symbols are plotted at the principal phases of the eclipse to show its position relative to the umbral and penumbral shadows. The UT times of the different phases of the eclipse to the nearest tenth of a minute are printed above or below the Moon symbols as appropriate. P1 and P4 are the first and last external contacts of the penumbra respectively and denote the beginning and end of the penumbral eclipse respectively. U1 and U4 are the first and last external contacts of the umbra denoting the beginning and end of the partial phase of the eclipse respectively. U2 and U3 are the first and last internal contacts of the umbra and denote the beginning and end of the total phase respectively. MID is the middle of the eclipse. The position angle is given for P1 and P4 for penumbral eclipses and U1 and U4 for partial and total eclipses. The UT time of the geocentric opposition in right ascension of the Sun and Moon and the magnitude of the eclipse are given above or below the Moon symbols as appropriate.

The lower panel is a cylindrical equidistant map projection showing the Earth centered on the longitude at which the Moon is in the zenith at the middle of the eclipse. The visibility of the eclipse is displayed by plotting the Moon rise/set terminator for the principal phases of the eclipse for which timing information is provided in the upper panel. The terminator for the middle of the eclipse is not plotted for the sake of clarity.

The unshaded area indicates the region of the Earth from which all the eclipse is visible whereas the darkest shading indicates the area from which the eclipse is invisible. The different shades of gray indicate regions where the Moon is either rising or setting during the principal phases of the eclipse. The Moon is rising on the left hand side of the diagram after the eclipse has started and is setting on the right hand side of the diagram before the eclipse ends. Labels are provided to this effect.

Symbols are plotted showing the locations for which the Moon is in the zenith at the principal phases of the eclipse. The points at which the Moon is in the zenith at P1 and P4 are denoted by (+), at U1 and U4 by (⊙) and at U2 and U3 by (⊕). These symbols are also plotted on the upper panel where appropriate. The value of ΔT used for the calculation of the eclipse circumstances is given below the diagram. Country boundaries are also provided to assist the user in determining the visibility of the eclipse at a particular location.

I. – Annular Eclipse of the Sun, 2009 January 26

CIRCUMSTANCES OF THE ECLIPSE

UT of geocentric conjunction in right ascension, January $26^d\ 7^h\ 46^m\ 22^s.966$
Julian Date = 2454857.8238769160

			UT		Longitude	Latitude
		d	h	m	° ′	° ′
Eclipse begins	January	26	4	56.6	+ 8 13.5	−28 54.7
Beginning of northern limit of umbra		26	6	04.5	− 10 44.5	−33 10.0
Beginning of center line; central eclipse begins		26	6	05.8	− 11 46.0	−34 33.4
Beginning of southern limit of umbra		26	6	07.2	− 12 50.2	−35 57.3
Central Eclipse at Local Apparent Noon		26	7	46.4	+ 66 32.5	−36 21.0
End of southern limit of umbra		26	9	50.2	+124 48.7	+ 2 16.3
End of center line; central eclipse ends		26	9	51.6	+123 59.6	+ 3 42.0
End of northern limit of umbra		26	9	52.9	+123 11.7	+ 5 06.9
Eclipse ends		26	11	00.7	+104 45.1	+ 9 28.4

BESSELIAN ELEMENTS

Let $t = (\text{UT}-5^h) + \delta T/3600$ in units of hours.

These equations are valid over the range $-0^h.125 \le t \le 6^h.183$. Do not use t outside the given range, and do not omit any terms in the series.

Intersection of axis of shadow with fundamental plane:
$$x = -1.32623014 + 0.47826200\,t + 0.00001351\,t^2 - 0.00000545\,t^3$$
$$y = -0.78836210 + 0.17550153\,t + 0.00014483\,t^2 - 0.00000216\,t^3$$

Direction of axis of shadow:
$$\sin d = -0.32025116 + 0.00016731\,t + 0.00000007\,t^2$$
$$\cos d = +0.94733268 + 0.00005655\,t + 0.00000001\,t^2$$
$$\mu = 251°.86537264 + 14.99900078\,t + 0.00000275\,t^2 - 0.00417807\,\delta T$$

Radius of shadow on fundamental plane:
penumbra $(l_1) = +0.57204888 - 0.00000940\,t - 0.00001010\,t^2$
umbra $(l_2) = +0.02553522 - 0.00000941\,t - 0.00001003\,t^2$

$\tan f_1 = +0.004750$
$\tan f_2 = +0.004726$
$\mu' = +0.261782$ radians per hour
$d' = +0.000177$ radians per hour

ANNULAR SOLAR ECLIPSE OF 2009 JANUARY 26

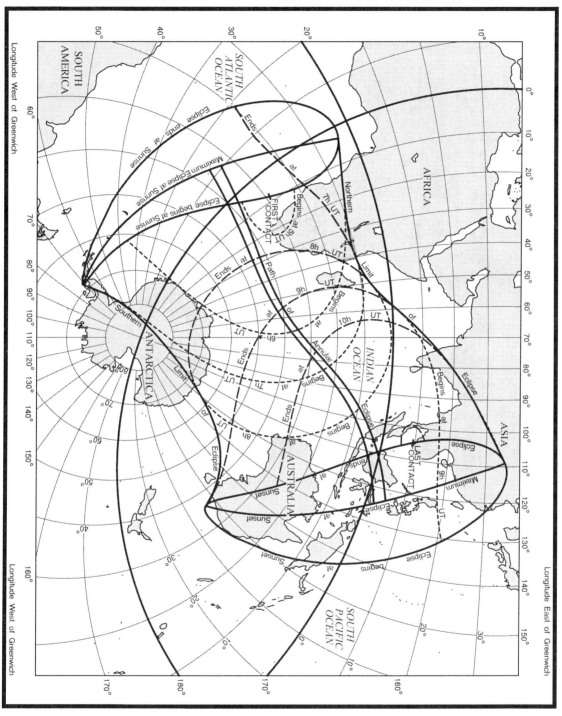

ECLIPSES, 2009

PATH OF CENTRAL PHASE: ANNULAR SOLAR ECLIPSE OF JANUARY 26

For limits, see Circumstances of the Eclipse

Longitude	Latitude of: Northern Limit	Latitude of: Central Line	Latitude of: Southern Limit	Universal Time at: Northern Limit	Universal Time at: Central Line	Universal Time at: Southern Limit	On Central Line Maximum Duration	On Central Line Sun's Alt.	On Central Line Sun's Az.
° ′	° ′	° ′	° ′	h m s	h m s	h m s	m s	°	°
− 7 00	−34 26.8	−36 10.0	−37 53.5	6 04 49.1	6 06 09.8	6 07 37.4	5 47.5	4	110
− 6 00	−34 47.2	−36 29.5	−38 12.4	6 04 55.4	6 06 19.4	6 07 48.3	5 49.1	5	109
− 5 00	−35 07.4	−36 49.0	−38 31.3	6 05 02.5	6 06 29.0	6 07 59.2	5 50.6	6	109
− 4 00	−35 27.1	−37 08.0	−38 49.7	6 05 13.8	6 06 41.6	6 08 12.9	5 52.2	7	108
− 3 00	−35 46.1	−37 26.6	−39 07.7	6 05 28.9	6 06 56.7	6 08 28.9	5 53.7	8	108
− 2 00	−36 05.0	−37 44.9	−39 25.4	6 05 44.9	6 07 13.5	6 08 46.4	5 55.4	9	107
− 1 00	−36 23.5	−38 02.8	−39 42.7	6 06 02.9	6 07 32.2	6 09 05.6	5 57.0	10	106
0 00	−36 41.7	−38 20.4	−39 59.7	6 06 22.6	6 07 52.6	6 09 26.6	5 58.7	11	106
+ 1 00	−36 59.5	−38 37.7	−40 16.3	6 06 44.3	6 08 14.8	6 09 49.3	6 00.3	11	105
+ 2 00	−37 17.0	−38 54.6	−40 32.6	6 07 07.8	6 08 38.8	6 10 13.7	6 02.0	12	104
+ 3 00	−37 34.1	−39 11.1	−40 48.5	6 07 33.3	6 09 04.6	6 10 39.8	6 03.7	13	103
+ 4 00	−37 50.9	−39 27.2	−41 03.9	6 08 00.6	6 09 32.2	6 11 07.6	6 05.5	14	103
+ 5 00	−38 07.2	−39 42.9	−41 19.0	6 08 29.8	6 10 01.6	6 11 37.0	6 07.2	15	102
+ 6 00	−38 23.2	−39 58.2	−41 33.7	6 09 00.9	6 10 32.8	6 12 08.2	6 09.0	16	101
+ 7 00	−38 38.7	−40 13.1	−41 48.0	6 09 33.8	6 11 05.7	6 12 41.0	6 10.8	17	100
+ 8 00	−38 53.8	−40 27.6	−42 01.9	6 10 08.7	6 11 40.5	6 13 15.5	6 12.6	18	100
+ 9 00	−39 08.5	−40 41.7	−42 15.3	6 10 45.4	6 12 17.0	6 13 51.7	6 14.5	19	99
+ 10 00	−39 22.8	−40 55.3	−42 28.3	6 11 24.0	6 12 55.2	6 14 29.5	6 16.3	20	98
+ 11 00	−39 36.6	−41 08.5	−42 40.9	6 12 04.5	6 13 35.3	6 15 09.0	6 18.2	20	97
+ 12 00	−39 49.9	−41 21.2	−42 53.0	6 12 46.8	6 14 17.0	6 15 50.2	6 20.1	21	97
+ 13 00	−40 02.8	−41 33.5	−43 04.6	6 13 31.1	6 15 00.6	6 16 32.9	6 22.0	22	96
+ 14 00	−40 15.2	−41 45.3	−43 15.8	6 14 17.1	6 15 45.9	6 17 17.3	6 23.9	23	95
+ 15 00	−40 27.1	−41 56.6	−43 26.5	6 15 05.1	6 16 32.9	6 18 03.4	6 25.8	24	94
+ 16 00	−40 38.6	−42 07.4	−43 36.8	6 15 54.9	6 17 21.7	6 18 51.1	6 27.8	25	93
+ 17 00	−40 49.5	−42 17.8	−43 46.5	6 16 46.6	6 18 12.2	6 19 40.4	6 29.7	26	92
+ 18 00	−40 59.9	−42 27.6	−43 55.8	6 17 40.2	6 19 04.5	6 20 31.4	6 31.7	27	91
+ 19 00	−41 09.9	−42 37.0	−44 04.6	6 18 35.6	6 19 58.6	6 21 24.0	6 33.7	28	90
+ 20 00	−41 19.3	−42 45.8	−44 12.8	6 19 32.9	6 20 54.4	6 22 18.2	6 35.7	29	90
+ 21 00	−41 28.1	−42 54.1	−44 20.6	6 20 32.2	6 21 52.0	6 23 14.1	6 37.7	30	89
+ 22 00	−41 36.4	−43 01.9	−44 27.8	6 21 33.3	6 22 51.3	6 24 11.6	6 39.8	30	88
+ 23 00	−41 44.2	−43 09.1	−44 34.6	6 22 36.3	6 23 52.4	6 25 10.8	6 41.8	31	87
+ 24 00	−41 51.4	−43 15.8	−44 40.7	6 23 41.2	6 24 55.3	6 26 11.6	6 43.8	32	86
+ 25 00	−41 58.1	−43 22.0	−44 46.4	6 24 48.0	6 26 00.0	6 27 14.1	6 45.9	33	85
+ 26 00	−42 04.1	−43 27.5	−44 51.5	6 25 56.8	6 27 06.5	6 28 18.3	6 48.0	34	84
+ 27 00	−42 09.6	−43 32.6	−44 56.0	6 27 07.6	6 28 14.9	6 29 24.2	6 50.0	35	83
+ 28 00	−42 14.5	−43 37.0	−45 00.0	6 28 20.3	6 29 25.1	6 30 31.8	6 52.1	36	82
+ 29 00	−42 18.8	−43 40.8	−45 03.4	6 29 35.0	6 30 37.1	6 31 41.2	6 54.2	37	81
+ 30 00	−42 22.4	−43 44.1	−45 06.3	6 30 51.8	6 31 51.0	6 32 52.3	6 56.3	38	80
+ 31 00	−42 25.5	−43 46.7	−45 08.5	6 32 10.6	6 33 06.9	6 34 05.2	6 58.3	39	79
+ 32 00	−42 27.9	−43 48.7	−45 10.1	6 33 31.4	6 34 24.6	6 35 19.9	7 00.4	40	77
+ 33 00	−42 29.6	−43 50.1	−45 11.2	6 34 54.4	6 35 44.4	6 36 36.4	7 02.5	41	76
+ 34 00	−42 30.7	−43 50.8	−45 11.6	6 36 19.5	6 37 06.1	6 37 54.8	7 04.6	41	75
+ 35 00	−42 31.1	−43 50.9	−45 11.4	6 37 46.8	6 38 29.9	6 39 15.1	7 06.7	42	74
+ 36 00	−42 30.8	−43 50.3	−45 10.5	6 39 16.4	6 39 55.7	6 40 37.4	7 08.8	43	73
+ 37 00	−42 29.8	−43 49.1	−45 09.0	6 40 48.1	6 41 23.7	6 42 01.6	7 10.8	44	72
+ 38 00	−42 28.1	−43 47.1	−45 06.9	6 42 22.2	6 42 53.8	6 43 27.8	7 12.9	45	70
+ 39 00	−42 25.6	−43 44.5	−45 04.0	6 43 58.7	6 44 26.1	6 44 56.0	7 14.9	46	69
+ 40 00	−42 22.4	−43 41.1	−45 00.5	6 45 37.6	6 46 00.7	6 46 26.4	7 16.9	47	68
+ 41 00	−42 18.5	−43 37.0	−44 56.2	6 47 18.9	6 47 37.6	6 47 59.0	7 19.0	48	66
+ 42 00	−42 13.7	−43 32.1	−44 51.2	6 49 02.8	6 49 16.9	6 49 33.8	7 20.9	49	65

PATH OF CENTRAL PHASE: ANNULAR SOLAR ECLIPSE OF JANUARY 26

Longitude	Latitude of:			Universal Time at:			On Central Line	
	Northern Limit	Central Line	Southern Limit	Northern Limit	Central Line	Southern Limit	Maximum Duration	Sun's Alt. Az.
° ′	° ′	° ′	° ′	h m s	h m s	h m s	m s	° °
+ 43 00	−42 08.1	−43 26.5	−44 45.5	6 50 49.3	6 50 58.6	6 51 10.8	7 22.9	50 64
+ 44 00	−42 01.7	−43 20.0	−44 39.0	6 52 38.5	6 52 42.8	6 52 50.2	7 24.9	51 62
+ 45 00	−41 54.5	−43 12.8	−44 31.7	6 54 30.4	6 54 29.6	6 54 32.0	7 26.8	52 61
+ 46 00	−41 46.4	−43 04.7	−44 23.6	6 56 25.2	6 56 19.1	6 56 16.3	7 28.7	53 59
+ 47 00	−41 37.3	−42 55.7	−44 14.8	6 58 22.9	6 58 11.3	6 58 03.2	7 30.5	54 58
+ 48 00	−41 27.4	−42 45.9	−44 05.0	7 00 23.6	7 00 06.3	6 59 52.7	7 32.3	55 56
+ 49 00	−41 16.5	−42 35.1	−43 54.4	7 02 27.3	7 02 04.2	7 01 44.9	7 34.1	56 54
+ 50 00	−41 04.6	−42 23.4	−43 42.9	7 04 34.3	7 04 05.1	7 03 40.0	7 35.8	57 52
+ 51 00	−40 51.7	−42 10.7	−43 30.5	7 06 44.6	7 06 09.1	7 05 37.9	7 37.4	58 51
+ 52 00	−40 37.7	−41 57.1	−43 17.1	7 08 58.4	7 08 16.4	7 07 38.9	7 39.0	59 49
+ 53 00	−40 22.7	−41 42.4	−43 02.7	7 11 15.6	7 10 26.9	7 09 43.0	7 40.5	60 47
+ 54 00	−40 06.5	−41 26.6	−42 47.3	7 13 36.5	7 12 40.9	7 11 50.4	7 42.0	61 44
+ 55 00	−39 49.2	−41 09.7	−42 30.9	7 16 01.1	7 14 58.4	7 14 01.1	7 43.4	62 42
+ 56 00	−39 30.7	−40 51.7	−42 13.3	7 18 29.7	7 17 19.7	7 16 15.2	7 44.6	63 40
+ 57 00	−39 10.9	−40 32.5	−41 54.7	7 21 02.2	7 19 44.7	7 18 32.9	7 45.8	64 37
+ 58 00	−38 49.8	−40 12.1	−41 34.9	7 23 38.9	7 22 13.6	7 20 54.4	7 46.9	65 34
+ 59 00	−38 27.4	−39 50.4	−41 13.9	7 26 19.9	7 24 46.6	7 23 19.7	7 47.9	66 32
+ 60 00	−38 03.6	−39 27.4	−40 51.6	7 29 05.3	7 27 23.7	7 25 48.9	7 48.8	67 28
+ 61 00	−37 38.4	−39 03.0	−40 28.0	7 31 55.1	7 30 05.2	7 28 22.3	7 49.5	68 25
+ 62 00	−37 11.7	−38 37.2	−40 03.1	7 34 49.6	7 32 51.1	7 30 59.8	7 50.1	69 21
+ 63 00	−36 43.4	−38 10.0	−39 36.8	7 37 48.8	7 35 41.5	7 33 41.7	7 50.5	70 17
+ 64 00	−36 13.6	−37 41.2	−39 09.1	7 40 52.9	7 38 36.6	7 36 28.1	7 50.8	71 13
+ 65 00	−35 42.1	−37 10.9	−38 39.9	7 44 01.8	7 41 36.4	7 39 19.0	7 50.9	71 8
+ 66 00	−35 08.9	−36 39.0	−38 09.2	7 47 15.6	7 44 41.0	7 42 14.6	7 50.9	72 3
+ 67 00	−34 34.0	−36 05.4	−37 36.9	7 50 34.4	7 47 50.5	7 45 15.0	7 50.6	73 357
+ 68 00	−33 57.3	−35 30.1	−37 02.9	7 53 58.1	7 51 04.8	7 48 20.1	7 50.2	73 351
+ 69 00	−33 18.8	−34 53.1	−36 27.4	7 57 26.7	7 54 24.0	7 51 30.0	7 49.5	73 345
+ 70 00	−32 38.5	−34 14.3	−35 50.1	8 01 00.0	7 57 48.0	7 54 44.7	7 48.7	73 339
+ 71 00	−31 56.3	−33 33.8	−35 11.1	8 04 37.8	8 01 16.7	7 58 04.1	7 47.6	73 332
+ 72 00	−31 12.3	−32 51.4	−34 30.4	8 08 19.9	8 04 49.8	8 01 28.2	7 46.3	73 325
+ 73 00	−30 26.5	−32 07.3	−33 47.9	8 12 05.9	8 08 27.2	8 04 56.7	7 44.8	73 318
+ 74 00	−29 38.9	−31 21.4	−33 03.7	8 15 55.3	8 12 08.5	8 08 29.5	7 43.1	72 312
+ 75 00	−28 49.6	−30 33.8	−32 17.8	8 19 47.8	8 15 53.3	8 12 06.1	7 41.2	71 306
+ 76 00	−27 58.6	−29 44.5	−31 30.2	8 23 42.6	8 19 41.0	8 15 46.2	7 39.0	70 300
+ 77 00	−27 06.1	−28 53.7	−30 41.0	8 27 38.9	8 23 31.1	8 19 29.2	7 36.6	69 295
+ 78 00	−26 12.2	−28 01.3	−29 50.3	8 31 36.1	8 27 22.9	8 23 14.7	7 34.0	68 291
+ 79 00	−25 17.1	−27 07.7	−28 58.2	8 35 33.2	8 31 15.6	8 27 01.9	7 31.3	67 286
+ 80 00	−24 20.9	−26 12.8	−28 04.8	8 39 29.4	8 35 08.2	8 30 50.1	7 28.4	65 282
+ 81 00	−23 23.8	−25 17.0	−27 10.3	8 43 23.5	8 39 00.0	8 34 38.3	7 25.3	64 279
+ 82 00	−22 26.1	−24 20.3	−26 14.8	8 47 14.7	8 42 50.0	8 38 25.9	7 22.1	62 276
+ 83 00	−21 28.0	−23 23.1	−25 18.6	8 51 02.1	8 46 37.2	8 42 11.7	7 18.8	60 273
+ 84 00	−20 29.7	−22 25.5	−24 21.9	8 54 44.6	8 50 20.8	8 45 55.0	7 15.4	59 271
+ 85 00	−19 31.4	−21 27.7	−23 24.8	8 58 21.6	8 53 59.7	8 49 34.8	7 11.9	57 268
+ 86 00	−18 33.3	−20 30.0	−22 27.6	9 01 52.2	8 57 33.3	8 53 10.2	7 08.4	55 266
+ 87 00	−17 35.7	−19 32.5	−21 30.4	9 05 15.9	9 01 00.8	8 56 40.5	7 04.9	53 265
+ 88 00	−16 38.6	−18 35.5	−20 33.6	9 08 32.2	9 04 21.7	9 00 05.0	7 01.4	51 263
+ 89 00	−15 42.3	−17 39.1	−19 37.2	9 11 40.6	9 07 35.2	9 03 23.0	6 57.9	49 262
+ 90 00	−14 47.0	−16 43.5	−18 41.4	9 14 40.9	9 10 41.2	9 06 34.0	6 54.4	48 260
+ 91 00	−13 52.6	−15 48.8	−17 46.5	9 17 32.8	9 13 39.3	9 09 37.6	6 51.0	46 259
+ 92 00	−12 59.3	−14 55.1	−16 52.4	9 20 16.5	9 16 29.4	9 12 33.6	6 47.6	44 258

ECLIPSES, 2009

PATH OF CENTRAL PHASE: ANNULAR SOLAR ECLIPSE OF JANUARY 26

Longitude	Latitude of:			Universal Time at:			On Central Line		
	Northern Limit	Central Line	Southern Limit	Northern Limit	Central Line	Southern Limit	Maximum Duration	Sun's Alt.	Az.
° ′	° ′	° ′	° ′	h m s	h m s	h m s	m s	°	°
+ 93 00	−12 07.2	−14 02.5	−15 59.4	9 22 51.7	9 19 11.2	9 15 21.7	6 44.3	42	257
+ 94 00	−11 16.4	−13 11.1	−15 07.4	9 25 18.6	9 21 44.9	9 18 01.9	6 41.1	41	257
+ 95 00	−10 26.8	−12 20.9	−14 16.6	9 27 37.4	9 24 10.4	9 20 34.0	6 37.9	39	256
+ 96 00	− 9 38.4	−11 31.9	−13 27.1	9 29 48.1	9 26 28.0	9 22 58.3	6 34.8	37	255
+ 97 00	− 8 51.4	−10 44.3	−12 38.8	9 31 51.1	9 28 37.7	9 25 14.7	6 31.8	35	255
+ 98 00	− 8 05.7	− 9 57.9	−11 51.7	9 33 46.5	9 30 39.8	9 27 23.3	6 28.9	34	254
+ 99 00	− 7 21.3	− 9 12.8	−11 06.0	9 35 34.6	9 32 34.4	9 29 24.5	6 26.1	32	254
+100 00	− 6 38.2	− 8 29.0	−10 21.5	9 37 15.7	9 34 21.8	9 31 18.4	6 23.3	31	253
+101 00	− 5 56.3	− 7 46.5	− 9 38.3	9 38 50.1	9 36 02.3	9 33 05.2	6 20.7	29	253
+102 00	− 5 15.6	− 7 05.2	− 8 56.4	9 40 17.9	9 37 36.2	9 34 45.1	6 18.1	28	253
+103 00	− 4 36.2	− 6 25.2	− 8 15.7	9 41 39.6	9 39 03.6	9 36 18.5	6 15.6	26	252
+104 00	− 3 58.0	− 5 46.3	− 7 36.3	9 42 55.3	9 40 24.9	9 37 45.5	6 13.1	25	252
+105 00	− 3 20.9	− 5 08.7	− 6 58.0	9 44 05.2	9 41 40.2	9 39 06.4	6 10.8	23	252
+106 00	− 2 44.9	− 4 32.2	− 6 20.9	9 45 09.8	9 42 50.0	9 40 21.5	6 08.5	22	252
+107 00	− 2 10.0	− 3 56.8	− 5 45.0	9 46 09.2	9 43 54.3	9 41 31.0	6 06.3	20	252
+108 00	− 1 36.2	− 3 22.5	− 5 10.2	9 47 03.5	9 44 53.5	9 42 35.1	6 04.1	19	251
+109 00	− 1 03.4	− 2 49.2	− 4 36.4	9 47 53.2	9 45 47.8	9 43 34.2	6 02.0	18	251
+110 00	− 0 31.7	− 2 17.0	− 4 03.7	9 48 38.3	9 46 37.3	9 44 28.3	6 00.0	16	251
+111 00	− 0 00.8	− 1 45.7	− 3 32.0	9 49 19.1	9 47 22.3	9 45 17.7	5 58.1	15	251
+112 00	+ 0 29.0	− 1 15.5	− 3 01.3	9 49 55.7	9 48 03.0	9 46 02.6	5 56.2	14	251
+113 00	+ 0 58.0	− 0 46.1	− 2 31.5	9 50 28.4	9 48 39.6	9 46 43.3	5 54.3	13	251
+114 00	+ 1 26.0	− 0 17.7	− 2 02.7	9 50 57.3	9 49 12.2	9 47 19.8	5 52.5	11	251
+115 00	+ 1 53.3	+ 0 09.8	− 1 34.8	9 51 22.7	9 49 41.1	9 47 52.4	5 50.8	10	251
+116 00	+ 2 19.7	+ 0 36.5	− 1 07.8	9 51 44.6	9 50 06.4	9 48 21.2	5 49.1	9	251
+117 00	+ 2 45.1	+ 1 02.4	− 0 41.6	9 52 02.5	9 50 28.2	9 48 46.5	5 47.5	8	251
+118 00	+ 3 09.6	+ 1 27.6	− 0 16.2	9 52 16.6	9 50 47.3	9 49 08.4	5 45.9	7	251

For limits, see Circumstances of the Eclipse

II. - Penumbral Eclipse of the Moon

2009 February 09

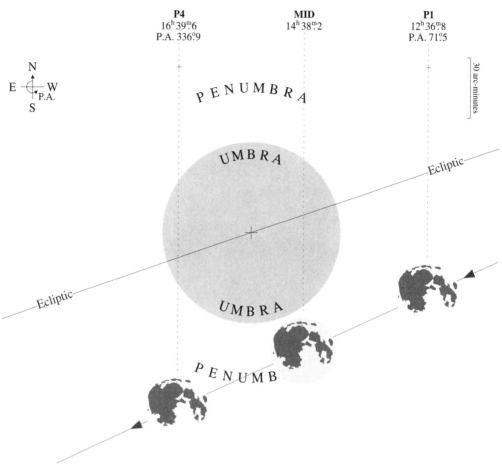

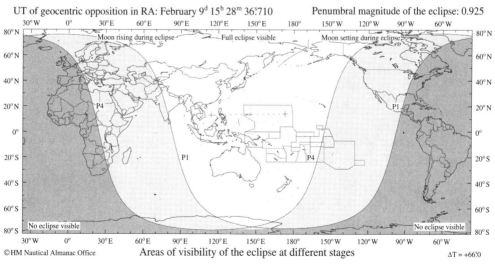

Areas of visibility of the eclipse at different stages

III. - Penumbral Eclipse of the Moon

2009 July 07

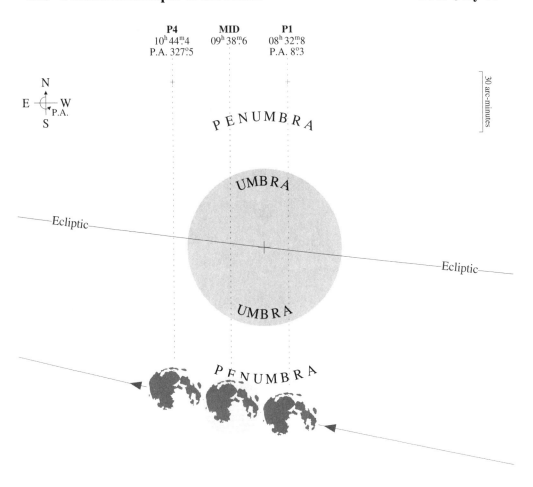

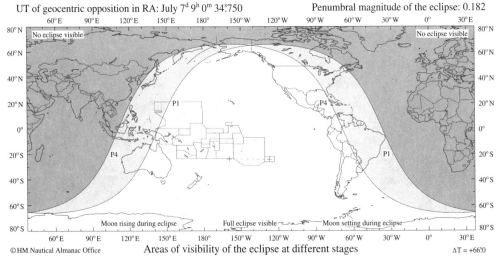

Areas of visibility of the eclipse at different stages

IV. – Total Eclipse of the Sun, 2009 July 21-22

CIRCUMSTANCES OF THE ECLIPSE

UT of geocentric conjunction in right ascension, July 22^d 2^h 33^m $0\overset{s}{.}728$
Julian Date = 2455034.6062584200

		UT			Longitude	Latitude
		d	h	m	° ′	° ′
Eclipse begins	July	21	23	58.3	+ 84 43.1	+19 02.9
Beginning of southern limit of umbra		22	0	52.5	+ 70 58.0	+19 30.8
Beginning of center line; central eclipse begins		22	0	52.8	+ 70 31.4	+20 21.5
Beginning of northern limit of umbra		22	0	53.2	+ 70 04.1	+21 12.1
Central eclipse at local apparent noon		22	2	33.0	+143 21.6	+24 36.7
End of northern limit of umbra		22	4	17.4	−157 15.8	−12 04.1
End center line; central eclipse ends		22	4	17.8	−157 41.2	−12 54.9
End southern limit of umbra		22	4	18.1	−158 06.2	−13 45.7
Eclipse ends		22	5	12.4	−171 50.9	−14 13.8

BESSELIAN ELEMENTS

Let $t = (\text{UT}-24^h) + \delta T/3600$ in units of hours. For times on 22 July, add 24^h to the UT before computing t.

These equations are valid over the range $-0\overset{h}{.}125 \leq t \leq 5\overset{h}{.}375$. Do not use t outside the given range, and do not omit any terms in the series.

Intersection of axis of shadow with fundamental plane:
$$x = -1.41917399 + 0.55648800\, t + 0.00002667\, t^2 - 0.00000942\, t^3$$
$$y = +0.52447164 - 0.17657198\, t - 0.00016276\, t^2 + 0.00000317\, t^3$$

Direction of axis of shadow:
$$\sin d = +0.34673402 - 0.00012848\, t - 0.00000007\, t^2$$
$$\cos d = +0.93796350 + 0.00004748\, t + 0.00000002\, t^2$$
$$\mu = 178°38448635 + 15.00099176\, t + 0.00000208\, t^2 - 0.00000002\, t^3 - 0.00417807\, \delta T$$

Radius of shadow on fundamental plane:
penumbra $(l_1) = +0.53031646 + 0.00008265\, t - 0.00001278\, t^2$
umbra $(l_2) = -0.01598891 + 0.00008224\, t - 0.00001272\, t^2$

$\tan f_1 = +0.004601$
$\tan f_2 = +0.004578$
$\mu' = +0.261817$ radians per hour
$d' = -0.000137$ radians per hour

TOTAL SOLAR ECLIPSE OF 2009 JULY 21-22

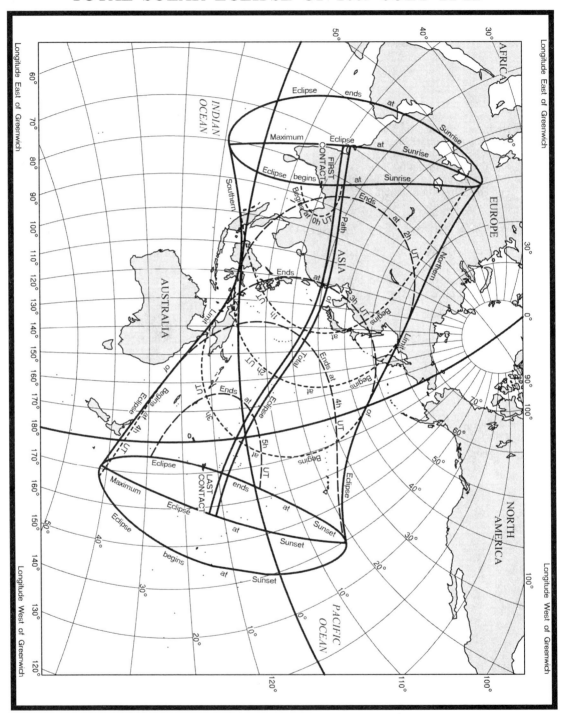

ECLIPSES, 2009

PATH OF CENTRAL PHASE: TOTAL SOLAR ECLIPSE OF JULY 21-22

For limits, see Circumstances of the Eclipse

Longitude	Latitude of:			Universal Time at:			On Central Line		
	Northern Limit	Central Line	Southern Limit	Northern Limit	Central Line	Southern Limit	Maximum Duration	Sun's Alt.	Az.
° ′	° ′	° ′	° ′	h m s	h m s	h m s	m s	°	°
+ 75 00	+23 02.0	+21 59.9	+20 58.1	0 53 38.5	0 53 12.7	0 52 50.7	3 22.9	5	70
+ 76 00	+23 23.6	+22 21.4	+21 19.6	0 53 49.4	0 53 22.0	0 52 56.9	3 25.4	6	70
+ 77 00	+23 45.2	+22 42.8	+21 40.9	0 54 00.2	0 53 31.7	0 53 04.9	3 28.0	7	71
+ 78 00	+24 06.4	+23 03.7	+22 01.7	0 54 14.6	0 53 45.2	0 53 17.5	3 30.7	8	71
+ 79 00	+24 27.1	+23 24.3	+22 22.0	0 54 31.5	0 54 01.5	0 53 33.9	3 33.4	9	72
+ 80 00	+24 47.7	+23 44.6	+22 42.1	0 54 50.2	0 54 19.5	0 53 51.1	3 36.1	10	72
+ 81 00	+25 07.8	+24 04.7	+23 01.9	0 55 11.0	0 54 39.6	0 54 10.6	3 38.9	11	72
+ 82 00	+25 27.7	+24 24.4	+23 21.5	0 55 33.9	0 55 01.8	0 54 32.1	3 41.7	12	73
+ 83 00	+25 47.2	+24 43.7	+23 40.6	0 55 58.8	0 55 26.1	0 54 55.8	3 44.6	13	73
+ 84 00	+26 06.4	+25 02.8	+23 59.5	0 56 25.8	0 55 52.5	0 55 21.6	3 47.5	14	74
+ 85 00	+26 25.2	+25 21.4	+24 18.0	0 56 54.8	0 56 21.0	0 55 49.6	3 50.5	15	74
+ 86 00	+26 43.7	+25 39.7	+24 36.2	0 57 26.0	0 56 51.7	0 56 19.8	3 53.5	16	75
+ 87 00	+27 01.7	+25 57.6	+24 53.9	0 57 59.3	0 57 24.5	0 56 52.2	3 56.5	17	75
+ 88 00	+27 19.3	+26 15.1	+25 11.3	0 58 34.7	0 57 59.5	0 57 26.9	3 59.6	18	76
+ 89 00	+27 36.6	+26 32.2	+25 28.3	0 59 12.2	0 58 36.7	0 58 03.7	4 02.7	19	76
+ 90 00	+27 53.4	+26 48.9	+25 44.8	0 59 51.8	0 59 16.1	0 58 42.8	4 05.9	20	77
+ 91 00	+28 09.7	+27 05.1	+26 00.9	1 00 33.6	0 59 57.6	0 59 24.1	4 09.1	21	77
+ 92 00	+28 25.6	+27 20.9	+26 16.6	1 01 17.4	1 00 41.3	1 00 07.7	4 12.4	23	78
+ 93 00	+28 41.0	+27 36.2	+26 31.8	1 02 03.5	1 01 27.3	1 00 53.6	4 15.7	24	79
+ 94 00	+28 55.9	+27 51.1	+26 46.5	1 02 51.6	1 02 15.4	1 01 41.7	4 19.0	25	79
+ 95 00	+29 10.4	+28 05.4	+27 00.7	1 03 41.9	1 03 05.8	1 02 32.1	4 22.4	26	80
+ 96 00	+29 24.3	+28 19.3	+27 14.5	1 04 34.3	1 03 58.4	1 03 24.9	4 25.8	27	80
+ 97 00	+29 37.7	+28 32.6	+27 27.7	1 05 28.9	1 04 53.2	1 04 19.9	4 29.3	28	81
+ 98 00	+29 50.6	+28 45.4	+27 40.4	1 06 25.6	1 05 50.3	1 05 17.3	4 32.8	29	82
+ 99 00	+30 02.9	+28 57.6	+27 52.6	1 07 24.5	1 06 49.6	1 06 17.0	4 36.3	30	82
+100 00	+30 14.7	+29 09.3	+28 04.2	1 08 25.5	1 07 51.1	1 07 19.1	4 39.9	31	83
+101 00	+30 25.9	+29 20.4	+28 15.2	1 09 28.7	1 08 54.9	1 08 23.6	4 43.4	32	83
+102 00	+30 36.5	+29 30.9	+28 25.6	1 10 34.1	1 10 01.0	1 09 30.4	4 47.1	34	84
+103 00	+30 46.5	+29 40.9	+28 35.4	1 11 41.6	1 11 09.4	1 10 39.6	4 50.7	35	85
+104 00	+30 55.9	+29 50.2	+28 44.7	1 12 51.3	1 12 20.0	1 11 51.1	4 54.4	36	85
+105 00	+31 04.7	+29 58.9	+28 53.2	1 14 03.2	1 13 33.0	1 13 05.1	4 58.1	37	86
+106 00	+31 12.8	+30 06.9	+29 01.2	1 15 17.3	1 14 48.3	1 14 21.6	5 01.8	38	87
+107 00	+31 20.3	+30 14.3	+29 08.5	1 16 33.6	1 16 05.9	1 15 40.5	5 05.5	39	88
+108 00	+31 27.1	+30 21.0	+29 15.1	1 17 52.2	1 17 25.8	1 17 01.8	5 09.2	40	88
+109 00	+31 33.2	+30 27.0	+29 21.0	1 19 12.9	1 18 48.1	1 18 25.7	5 13.0	42	89
+110 00	+31 38.7	+30 32.4	+29 26.2	1 20 35.9	1 20 12.8	1 19 52.0	5 16.7	43	90
+111 00	+31 43.4	+30 37.0	+29 30.7	1 22 01.2	1 21 39.8	1 21 20.9	5 20.5	44	91
+112 00	+31 47.4	+30 40.9	+29 34.4	1 23 28.8	1 23 09.3	1 22 52.3	5 24.3	45	91
+113 00	+31 50.7	+30 44.0	+29 37.4	1 24 58.6	1 24 41.2	1 24 26.3	5 28.0	46	92
+114 00	+31 53.2	+30 46.4	+29 39.6	1 26 30.8	1 26 15.6	1 26 02.8	5 31.8	47	93
+115 00	+31 54.9	+30 47.9	+29 41.0	1 28 05.3	1 27 52.4	1 27 42.1	5 35.5	49	94
+116 00	+31 55.9	+30 48.7	+29 41.6	1 29 42.1	1 29 31.8	1 29 23.9	5 39.3	50	95
+117 00	+31 56.1	+30 48.7	+29 41.4	1 31 21.4	1 31 13.7	1 31 08.5	5 43.0	51	96
+118 00	+31 55.4	+30 47.8	+29 40.3	1 33 03.0	1 32 58.1	1 32 55.7	5 46.6	52	96
+119 00	+31 53.9	+30 46.1	+29 38.4	1 34 47.1	1 34 45.1	1 34 45.7	5 50.3	54	97
+120 00	+31 51.5	+30 43.5	+29 35.5	1 36 33.7	1 36 34.8	1 36 38.5	5 53.9	55	98
+121 00	+31 48.3	+30 40.0	+29 31.8	1 38 22.8	1 38 27.1	1 38 34.2	5 57.4	56	99
+122 00	+31 44.2	+30 35.6	+29 27.1	1 40 14.4	1 40 22.1	1 40 32.6	6 00.9	57	100
+123 00	+31 39.1	+30 30.3	+29 21.4	1 42 08.6	1 42 19.9	1 42 34.0	6 04.4	59	101
+124 00	+31 33.1	+30 24.0	+29 14.8	1 45 05.5	1 44 20.4	1 44 38.3	6 07.7	60	102

PATH OF CENTRAL PHASE: TOTAL SOLAR ECLIPSE OF JULY 21-22

Longitude	Latitude of:			Universal Time at:			On Central Line		
	Northern Limit	Central Line	Southern Limit	Northern Limit	Central Line	Southern Limit	Maximum Duration	Sun's Alt.	Az.
° ′	° ′	° ′	° ′	h m s	h m s	h m s	m s	°	°
+125 00	+31 26.2	+30 16.7	+29 07.2	1 46 04.9	1 46 23.7	1 46 45.6	6 11.0	61	103
+126 00	+31 18.3	+30 08.4	+28 58.5	1 48 07.1	1 48 29.9	1 48 55.8	6 14.2	62	104
+127 00	+31 09.3	+29 59.1	+28 48.8	1 50 12.0	1 50 39.0	1 51 09.2	6 17.3	64	105
+128 00	+30 59.4	+29 48.7	+28 38.0	1 52 19.7	1 52 50.9	1 53 25.5	6 20.3	65	107
+129 00	+30 48.4	+29 37.3	+28 26.0	1 54 30.2	1 55 05.9	1 55 45.0	6 23.1	67	108
+130 00	+30 36.3	+29 24.7	+28 13.0	1 56 43.5	1 57 23.8	1 58 07.7	6 25.9	68	109
+131 00	+30 23.0	+29 11.0	+27 58.7	1 58 59.7	1 59 44.8	2 00 33.5	6 28.4	69	111
+132 00	+30 08.7	+28 56.1	+27 43.3	2 01 18.9	2 02 08.8	2 03 02.5	6 30.9	71	112
+133 00	+29 53.2	+28 40.0	+27 26.6	2 03 41.0	2 04 36.0	2 05 34.7	6 33.1	72	114
+134 00	+29 36.5	+28 22.7	+27 08.7	2 06 06.1	2 07 06.2	2 08 10.1	6 35.2	73	116
+135 00	+29 18.6	+28 04.2	+26 49.5	2 08 34.2	2 09 39.5	2 10 48.8	6 37.1	75	118
+136 00	+28 59.4	+27 44.3	+26 29.0	2 11 05.4	2 12 16.0	2 13 30.6	6 38.8	76	120
+137 00	+28 39.0	+27 23.2	+26 07.2	2 13 39.6	2 14 55.5	2 16 15.6	6 40.3	78	123
+138 00	+28 17.2	+27 00.7	+25 43.9	2 16 16.8	2 17 38.2	2 19 03.8	6 41.5	79	127
+139 00	+27 54.2	+26 36.9	+25 19.3	2 18 57.1	2 20 24.0	2 21 55.0	6 42.5	81	131
+140 00	+27 29.8	+26 11.7	+24 53.3	2 21 40.4	2 23 12.7	2 24 49.2	6 43.2	82	137
+141 00	+27 04.0	+25 45.1	+24 25.9	2 24 26.6	2 26 04.4	2 27 46.4	6 43.6	83	145
+142 00	+26 36.8	+25 17.1	+23 57.1	2 27 15.7	2 28 59.0	2 30 46.3	6 43.8	85	156
+143 00	+26 08.2	+24 47.6	+23 26.8	2 30 07.7	2 31 56.3	2 33 48.9	6 43.7	85	173
+144 00	+25 38.2	+24 16.8	+22 55.0	2 33 02.4	2 34 56.3	2 36 54.0	6 43.3	86	195
+145 00	+25 06.8	+23 44.5	+22 21.8	2 35 59.7	2 37 58.7	2 40 01.3	6 42.5	86	218
+146 00	+24 33.9	+23 10.7	+21 47.2	2 38 59.3	2 41 03.3	2 43 10.6	6 41.5	85	237
+147 00	+23 59.6	+22 35.5	+21 11.2	2 42 01.3	2 44 09.9	2 46 21.6	6 40.1	84	250
+148 00	+23 23.9	+21 59.0	+20 33.8	2 45 05.2	2 47 18.3	2 49 34.1	6 38.4	82	259
+149 00	+22 46.8	+21 21.0	+19 55.1	2 48 10.9	2 50 28.0	2 52 47.6	6 36.4	81	265
+150 00	+22 08.4	+20 41.8	+19 15.0	2 51 18.1	2 53 38.9	2 56 01.8	6 34.1	79	270
+151 00	+21 28.6	+20 01.2	+18 33.8	2 54 26.4	2 56 50.6	2 59 16.3	6 31.5	77	273
+152 00	+20 47.6	+19 19.5	+17 51.3	2 57 35.4	3 00 02.5	3 02 30.6	6 28.6	75	276
+153 00	+20 05.4	+18 36.6	+17 07.8	3 00 44.8	3 03 14.3	3 05 44.3	6 25.3	74	279
+154 00	+19 22.0	+17 52.6	+16 23.4	3 03 54.2	3 06 25.5	3 08 56.9	6 21.8	72	281
+155 00	+18 37.6	+17 07.7	+15 38.0	3 07 03.0	3 09 35.7	3 12 07.8	6 18.1	70	282
+156 00	+17 52.2	+16 21.9	+14 51.8	3 10 10.9	3 12 44.4	3 15 16.7	6 14.1	68	284
+157 00	+17 05.9	+15 35.3	+14 05.0	3 13 17.2	3 15 51.0	3 18 23.0	6 09.9	66	285
+158 00	+16 19.0	+14 48.1	+13 17.6	3 16 21.7	3 18 55.1	3 21 26.3	6 05.5	65	286
+159 00	+15 31.3	+14 00.3	+12 29.5	3 19 23.7	3 21 56.3	3 24 26.0	6 00.9	63	287
+160 00	+14 43.2	+13 12.2	+11 41.8	3 22 22.8	3 24 54.0	3 27 21.9	5 56.2	61	288
+161 00	+13 54.7	+12 23.7	+10 53.5	3 25 18.6	3 27 47.9	3 30 13.4	5 51.4	59	289
+162 00	+13 05.9	+11 35.1	+10 05.1	3 28 10.6	3 30 37.6	3 33 00.4	5 46.5	57	290
+163 00	+12 16.9	+10 46.4	+ 9 16.8	3 30 58.4	3 33 22.7	3 35 42.3	5 41.4	55	290
+164 00	+11 27.9	+ 9 57.8	+ 8 28.7	3 33 41.8	3 36 02.9	3 38 19.1	5 36.4	53	291
+165 00	+10 39.0	+ 9 09.4	+ 7 40.8	3 36 20.3	3 38 38.0	3 40 50.5	5 31.3	52	291
+166 00	+ 9 50.3	+ 8 21.2	+ 6 53.2	3 38 53.8	3 41 07.8	3 43 16.4	5 26.2	50	292
+167 00	+ 9 01.8	+ 7 33.4	+ 6 06.0	3 41 22.0	3 43 32.1	3 45 36.6	5 21.1	48	292
+168 00	+ 8 13.7	+ 6 46.0	+ 5 19.4	3 43 44.8	3 45 50.8	3 47 51.1	5 16.0	46	292
+169 00	+ 7 26.1	+ 5 59.1	+ 4 33.3	3 46 02.0	3 48 03.8	3 49 59.7	5 11.0	45	293
+170 00	+ 6 39.0	+ 5 12.8	+ 3 47.8	3 48 13.6	3 50 11.1	3 52 02.7	5 06.0	43	293
+171 00	+ 5 52.5	+ 4 27.1	+ 3 03.0	3 50 19.5	3 52 12.6	3 53 59.8	5 01.0	41	293
+172 00	+ 5 06.6	+ 3 42.1	+ 2 18.8	3 52 19.8	3 54 08.4	3 55 51.3	4 56.2	40	293
+173 00	+ 4 21.4	+ 2 57.8	+ 1 35.4	3 54 14.3	3 55 58.6	3 57 37.2	4 51.4	38	294
+174 00	+ 3 37.0	+ 2 14.3	+ 0 52.8	3 56 03.3	3 57 43.7	3 59 17.8	4 46.7	36	294

PATH OF CENTRAL PHASE: TOTAL SOLAR ECLIPSE OF JULY 21-22

Longitude	Latitude of:			Universal Time at:			On Central Line		
	Northern Limit	Central Line	Southern Limit	Northern Limit	Central Line	Southern Limit	Maximum Duration	Sun's Alt.	Az.
° ′	° ′	° ′	° ′	h m s	h m s	h m s	m s	°	°
+175 00	+ 2 53.3	+ 1 31.5	+ 0 11.0	3 57 46.7	3 59 22.4	4 00 52.5	4 42.1	35	294
+176 00	+ 2 10.4	+ 0 49.6	− 0 30.0	3 59 24.6	4 00 56.2	4 02 22.2	4 37.6	33	294
+177 00	+ 1 28.3	+ 0 08.4	− 1 10.3	4 00 57.3	4 02 24.7	4 03 46.7	4 33.2	32	294
+178 00	+ 0 47.0	− 0 31.9	− 1 49.7	4 02 24.7	4 03 48.2	4 05 06.3	4 28.8	30	294
+179 00	+ 0 06.6	− 1 11.4	− 2 28.3	4 03 47.0	4 05 06.6	4 06 21.1	4 24.6	29	294
180 00	− 0 33.0	− 1 50.1	− 3 06.0	4 05 04.5	4 06 20.3	4 07 31.1	4 20.5	27	294
−179 00	− 1 11.8	− 2 27.9	− 3 43.0	4 07 17.1	4 07 29.3	4 08 36.6	4 16.5	26	294
−178 00	− 1 49.7	− 3 04.9	− 4 19.1	4 07 25.0	4 08 33.8	4 09 37.7	4 12.5	24	294
−177 00	− 2 26.8	− 3 41.1	− 4 54.4	4 08 28.5	4 09 33.9	4 10 34.6	4 08.7	23	294
−176 00	− 3 03.1	− 4 16.5	− 5 29.0	4 09 27.7	4 10 29.8	4 11 27.4	4 05.0	22	294
−175 00	− 3 38.5	− 4 51.1	− 6 02.7	4 10 22.6	4 11 21.6	4 12 16.3	4 01.4	20	294
−174 00	− 4 13.1	− 5 24.9	− 6 35.7	4 11 13.5	4 12 09.5	4 13 01.4	3 57.8	19	294
−173 00	− 4 47.0	− 5 57.9	− 7 07.9	4 12 00.5	4 12 53.7	4 13 42.8	3 54.4	18	294
−172 00	− 5 20.0	− 6 30.1	− 7 39.3	4 12 43.7	4 13 34.1	4 14 20.7	3 51.0	16	293
−171 00	− 5 52.3	− 7 01.6	− 8 10.1	4 13 23.3	4 14 11.1	4 14 55.2	3 47.7	15	293
−170 00	− 6 23.8	− 7 32.3	− 8 40.0	4 13 59.4	4 14 44.8	4 15 26.4	3 44.5	14	293
−169 00	− 6 54.5	− 8 02.3	− 9 09.3	4 14 32.2	4 15 15.1	4 15 54.5	3 41.4	13	293
−168 00	− 7 24.5	− 8 31.6	− 9 37.9	4 15 01.7	4 15 42.4	4 16 19.7	3 38.4	12	293
−167 00	− 7 53.8	− 9 00.2	−10 05.8	4 15 28.1	4 16 06.6	4 16 41.9	3 35.5	10	293
−166 00	− 8 22.4	− 9 28.1	−10 33.0	4 15 51.5	4 16 28.0	4 17 01.2	3 32.6	9	292
−165 00	− 8 50.3	− 9 55.3	−10 59.7	4 16 12.1	4 16 46.7	4 17 18.4	3 29.8	8	292
−164 00	− 9 17.5	−10 21.7	−11 25.3	4 16 29.7	4 17 01.9	4 17 31.4	3 27.1	7	292
−163 00	− 9 43.7	−10 47.2	−11 50.0	4 16 43.2	4 17 13.6	4 17 40.7	3 24.5	6	292
−162 00	−10 09.8	−11 12.7	−12 14.6	4 16 56.6	4 17 25.3	4 17 50.0	3 21.9	5	292

For limits, see Circumstances of the Eclipse

V. - Penumbral Eclipse of the Moon

2009 August 05-06

UT of geocentric opposition in RA: August 6^d 1^h 44^m $56^s.077$

Penumbral magnitude of the eclipse: 0.428

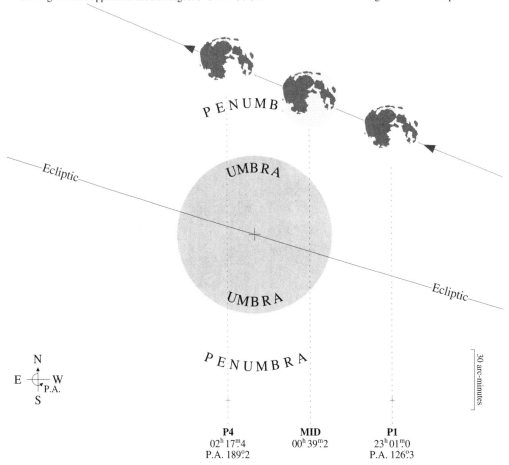

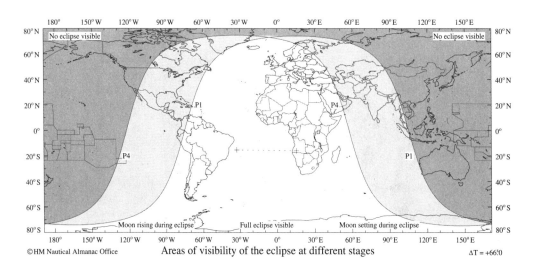

Areas of visibility of the eclipse at different stages

$\Delta T = +66^s.0$

VI. - Partial Eclipse of the Moon

UT of geocentric opposition in RA: December 31^d 19^h 4^m $46^s.055$

2009 December 31

Umbral magnitude of the eclipse: 0.082

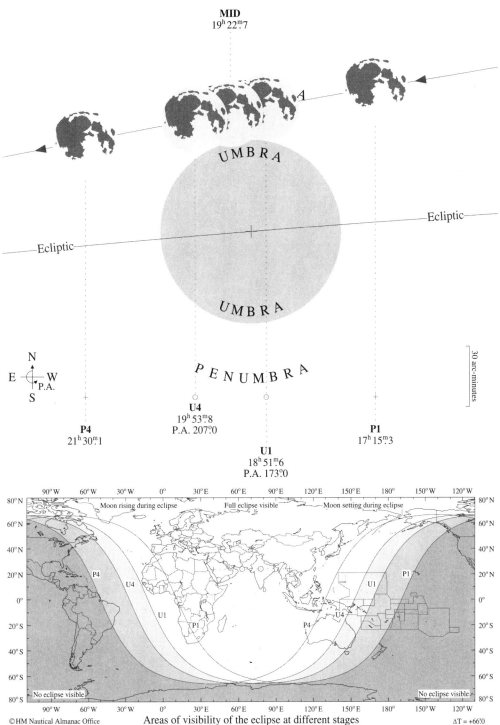

Areas of visibility of the eclipse at different stages

© HM Nautical Almanac Office $\qquad$ $\Delta T = +66^s.0$

TIME-SCALES AND COORDINATE SYSTEMS, 2009

CONTENTS OF SECTION B

	PAGE
Introduction	B2
Calendar	
Julian date	B3
Days of week, month, year; chronological cycles; religious calendars	B4
Time-scales	
Notation for time-scales and related quantities	B6
Relationships between:	
time-scales; universal time, Earth rotation angle and sidereal time	B7
origins; equation of the origins and equation of the equinoxes	B9
local time and hour angle	B11
Examples of conversions between universal and sidereal times	B12
Universal and sidereal times—*daily ephemeris*	B13
Universal time and Earth rotation angle—*daily ephemeris*	B21
Reduction of celestial coordinates	
Purpose, explanation, arrangement, notation and units	B25
Approximate reduction for proper motion	B27
Annual parallax; light-deflection, aberration	B28
GCRS & Astrometric positions	B29
Matrix for GCRS to equator and equinox of date—*daily ephemeris*	B30
Matrix for GCRS to Celestial Intermediate Reference System—*daily ephemeris*	B31
The Celestial Intermediate Reference System	B46
Pole of the Celestial Intermediate Reference System	B46
Origin of the Celestial Intermediate Reference System	B47
Reduction from GCRS, the CIP and the relationships between various origins	B48
CIO Method of reduction	B49
Equinox Method of reduction	B50
Reduction for frame bias	B50
Reduction for precession	B51
Reduction for nutation	B55
Combined reduction for frame bias, precession and nutation	B56
Differential precession and nutation	B57
Nutation, Obliquity, the CIP & CIO—*daily ephemeris*	B58
Planetary reduction overview, formulae and method	B66
example – Equinox Method	B68
example – CIO Method	B70
Solar reduction	B71
Stellar reduction overview; formulae and method	B71
example – Equinox Method	B72
example – CIO Method; approximate CIO method to altitude and azimuth	B74
Rectangular coordinates and velocity components of the Earth—*daily ephemeris*	B76
Reduction for polar motion	B84
Reduction for diurnal parallax and diurnal aberration	B85
Conversion to altitude and azimuth	B86
Correction for refraction	B87
Pole star table and formulae	
Use of Polaris table	B87
Polaris table	B88
Pole star formulae	B92

> *The Astronomical Almanac Online* may be found at
> **http://asa.usno.navy.mil** and **http://asa.hmnao.com**

Introduction

The tables and formulae in this section are produced in accordance with the recommendations of the International Astronomical Union at its General Assemblies up to and including 2006. They are intended for use with relativistic coordinate time-scales, the International Celestial Reference System (ICRS), the Geocentric Celestial Reference System (GCRS) and the standard epoch of J2000·0.

Because of its consistency with previous reference systems, implementation of the ICRS will be transparent to any applications with accuracy requirements of no better than $0''\!\!.1$ near epoch J2000·0. At this level of accuracy the distinctions between the International Celestial Reference Frame, FK5, and dynamical equator and equinox of J2000·0 are not significant.

Procedures are given to calculate both intermediate and apparent right ascension, declination and hour angle of planetary and stellar objects which are referred to the ICRS, e.g. the JPL DE405/LE405 Planetary and Lunar Ephemerides or the Hipparcos star catalogue. These procedures include the effects of the differences between time-scales, light-time and the relativistic effects of light deflection, parallax and aberration, and the rotations, i.e. frame bias and precession-nutation, to give the "of date" system.

In particular, the rotations from the GCRS to the Terrestrial Intermediate Reference System are illustrated using both equinox-based and CIO-based techniques. Both these techniques require the position of the Celestial Intermediate Pole and involve the angles for frame bias and precession-nutation, whether applied individually or amalgamated, directly or indirectly. These angles, together with their appropriate rotations and the relationships between them, are given in this section.

The equinox-based and CIO-based techniques only differ in the location of the origin for right ascension, and thus whether Greenwich apparent sidereal time or Earth rotation angle, respectively, is used to calculate hour angle. Equinox-based techniques use the equinox as the origin for right ascension and the system is usually labelled the true equator and equinox of date. CIO-based techniques use the celestial intermediate origin (CIO) and the system is labelled the Celestial Intermediate Reference System. The term "Intermediate" is used to signify that it is the system "between" the the GCRS and the International Terrestrial Reference System. It must be emphasized that the equator of date is the celestial intermediate equator, and that hour angle is independent of the origin of right ascension. However, it is essential that hour angle is calculated consistently within the system being used.

In particular, this section includes the long-standing daily tabulations of the nutation angles, $\Delta\psi$ and $\Delta\epsilon$, the true obliquity of the ecliptic, Greenwich mean and apparent sidereal time and the equation of the equinoxes, as well as the new parameters that define the Celestial Intermediate Reference System, $\mathcal{X}$, $\mathcal{Y}$, s, the Earth rotation angle and equation of the origins. Also tabulated daily are the matrices, both equinox and CIO based, for reduction from the GCRS, together with various useful formulae.

The 2006 IAU General Assembly adopted various resolutions, including the recommendations of the Working Group on Precession and the Ecliptic (WGPE), which in this section are designated IAU 2006. The WGPE report includes not only updated precession angles, but also Greenwich mean sidereal time and other related quantities. It should be noted that the IAU 2006 precession parameters are to be used with the IAU 2000A nutation series. However, the published papers indicate that for the highest precision, adjustments are required to the nutation in longitude and obliquity (see page B55). These adjustments are included in the fourth release of the IAU SOFA code which is used throughout this section.

The IAU SOFA code is available from the IAU Standards Of Fundamental Astronomy (SOFA) web site and contains code for all the fundamental quantities related to various systems (e.g., IAU 2006, IAU 2000). The IAU 2000 definitions may be found in the International Earth Rotation and Reference System Service, *IERS Conventions 2003*, Technical Note 32.

Introduction (continued)

The IAU 2000/2006 definitions involving the relationship between universal time and sidereal time contain both universal and dynamical time scales, and thus require knowledge of ΔT. However, accurate values of ΔT (see page K9) are only available in retrospect via analysis of observations from the IERS (see AsA Online). Therefore tables in this section adopt the most likely value at the time of production, and the value used, and the errors, are clearly stated in the text.

A detailed explanation and implementation of the IAU Resolutions on Astronomical Reference Systems, Time Scales, and Earth Rotation Models is published in *USNO Circular 179* (2005), which is available via AsA Online. Background information about time-scales and coordinate reference systems recommended by the IAU and adopted in this almanac, and about the changes in the procedures, are given in Section L, *Notes and References* and in Section M, *Glossary*.

Julian date

A Julian date (JD) may be associated with any time scale (see page B6). A tabulation of Julian date (JD) at 0^h UT1 against calendar date is given with the ephemeris of universal and sidereal times on pages B13–B20. Similarly, pages B21–B24 tabulate the UT1 Julian date together with the Earth rotation angle. The following relationship holds during 2009:

$$\text{UT1 Julian date} = \text{JD}_{\text{UT1}} = 245\ 4831 \cdot 5 + \text{day of year} + \text{fraction of day from } 0^h \text{ UT1}$$

$$\text{TT Julian date} = \text{JD}_{\text{TT}} = 245\ 4831 \cdot 5 + d + \text{fraction of day from } 0^h \text{ TT}$$

where the day of the year (d) for the current year of the Gregorian calendar is given on pages B4–B5. The following table gives the Julian dates at day 0 of each month of 2009:

0^h	Julian Date	0^h	Julian Date	0^h	Julian Date
Jan. 0	245 4831·5	May 0	245 4951·5	Sept. 0	245 5074·5
Feb. 0	245 4862·5	June 0	245 4982·5	Oct. 0	245 5104·5
Mar. 0	245 4890·5	July 0	245 5012·5	Nov. 0	245 5135·5
Apr. 0	245 4921·5	Aug. 0	245 5043·5	Dec. 0	245 5165·5

Tabulations of Julian date against calendar date for other years are given on pages K2–K4. Other relevant dates are:

A date may also be expressed in years as a Julian epoch, or for some purposes as a Besselian epoch, using:

$$\text{Julian epoch} = \text{J}[2000 \cdot 0 + (\text{JD}_{\text{TT}} - 245\ 1545 \cdot 0)/365 \cdot 25]$$

$$\text{Besselian epoch} = \text{B}[1900 \cdot 0 + (\text{JD}_{\text{TT}} - 241\ 5020 \cdot 313\ 52)/365 \cdot 242\ 198\ 781]$$

the prefixes J and B may be omitted only where the context, or precision, make them superfluous.

$$\text{400-day date, JD } 245\ 5200 \cdot 5 = 2010 \text{ January } 4 \cdot 0$$

$$\begin{aligned}
\text{Standard epoch B}1900 \cdot 0 &= 1899 \text{ Dec. } 31 \cdot 813\ 52 = \text{JD } 241\ 5020 \cdot 313\ 52 \text{ TT} \\
\text{B}1950 \cdot 0 &= 1950 \text{ Jan. } 0 \cdot 923 = \text{JD } 243\ 3282 \cdot 423 \text{ TT} \\
\text{B}2009 \cdot 0 &= 2009 \text{ Jan. } 0 \cdot 213 \text{ TT} = \text{JD } 245\ 4831 \cdot 713 \text{ TT}
\end{aligned}$$

$$\begin{aligned}
\text{Standard epoch J}2000 \cdot 0 &= 2000 \text{ Jan. } 1 \cdot 5 \text{ TT} = \text{JD } 245\ 1545 \cdot 0 \text{ TT} \\
\text{J}2009 \cdot 5 &= 2009 \text{ July } 2 \cdot 375 \text{ TT} = \text{JD } 245\ 5014 \cdot 875 \text{ TT}
\end{aligned}$$

For epochs B1900·0 and B1950·0 the TT time scale is used proleptically.

The *modified Julian date* (MJD) is the Julian date minus 240 0000·5 and in 2009 is given by: MJD = 54831·0 + day of year + fraction of day from 0^h in the time scale being used.

CALENDAR, 2009

Day of Month	JANUARY Day of Week	Day of Year	FEBRUARY Day of Week	Day of Year	MARCH Day of Week	Day of Year	APRIL Day of Week	Day of Year	MAY Day of Week	Day of Year	JUNE Day of Week	Day of Year
1	Thu.	1	Sun.	32	Sun.	60	Wed.	91	Fri.	121	Mon.	152
2	Fri.	2	Mon.	33	Mon.	61	Thu.	92	Sat.	122	Tue.	153
3	Sat.	3	Tue.	34	Tue.	62	Fri.	93	Sun.	123	Wed.	154
4	Sun.	4	Wed.	35	Wed.	63	Sat.	94	Mon.	124	Thu.	155
5	Mon.	5	Thu.	36	Thu.	64	Sun.	95	Tue.	125	Fri.	156
6	Tue.	6	Fri.	37	Fri.	65	Mon.	96	Wed.	126	Sat.	157
7	Wed.	7	Sat.	38	Sat.	66	Tue.	97	Thu.	127	Sun.	158
8	Thu.	8	Sun.	39	Sun.	67	Wed.	98	Fri.	128	Mon.	159
9	Fri.	9	Mon.	40	Mon.	68	Thu.	99	Sat.	129	Tue.	160
10	Sat.	10	Tue.	41	Tue.	69	Fri.	100	Sun.	130	Wed.	161
11	Sun.	11	Wed.	42	Wed.	70	Sat.	101	Mon.	131	Thu.	162
12	Mon.	12	Thu.	43	Thu.	71	Sun.	102	Tue.	132	Fri.	163
13	Tue.	13	Fri.	44	Fri.	72	Mon.	103	Wed.	133	Sat.	164
14	Wed.	14	Sat.	45	Sat.	73	Tue.	104	Thu.	134	Sun.	165
15	Thu.	15	Sun.	46	Sun.	74	Wed.	105	Fri.	135	Mon.	166
16	Fri.	16	Mon.	47	Mon.	75	Thu.	106	Sat.	136	Tue.	167
17	Sat.	17	Tue.	48	Tue.	76	Fri.	107	Sun.	137	Wed.	168
18	Sun.	18	Wed.	49	Wed.	77	Sat.	108	Mon.	138	Thu.	169
19	Mon.	19	Thu.	50	Thu.	78	Sun.	109	Tue.	139	Fri.	170
20	Tue.	20	Fri.	51	Fri.	79	Mon.	110	Wed.	140	Sat.	171
21	Wed.	21	Sat.	52	Sat.	80	Tue.	111	Thu.	141	Sun.	172
22	Thu.	22	Sun.	53	Sun.	81	Wed.	112	Fri.	142	Mon.	173
23	Fri.	23	Mon.	54	Mon.	82	Thu.	113	Sat.	143	Tue.	174
24	Sat.	24	Tue.	55	Tue.	83	Fri.	114	Sun.	144	Wed.	175
25	Sun.	25	Wed.	56	Wed.	84	Sat.	115	Mon.	145	Thu.	176
26	Mon.	26	Thu.	57	Thu.	85	Sun.	116	Tue.	146	Fri.	177
27	Tue.	27	Fri.	58	Fri.	86	Mon.	117	Wed.	147	Sat.	178
28	Wed.	28	Sat.	59	Sat.	87	Tue.	118	Thu.	148	Sun.	179
29	Thu.	29			Sun.	88	Wed.	119	Fri.	149	Mon.	180
30	Fri.	30			Mon.	89	Thu.	120	Sat.	150	Tue.	181
31	Sat.	31			Tue.	90			Sun.	151		

CHRONOLOGICAL CYCLES AND ERAS

Dominical Letter	………	D	Julian Period (year of) …… …	6722
Epact	………	3	Roman Indiction ………	2
Golden Number (Lunar Cycle)	…	XV	Solar Cycle ……………	2

All dates are given in terms of the Gregorian calendar in which
2009 January 14 corresponds to 2009 January 1 of the Julian calendar.

ERA	YEAR	BEGINS	ERA	YEAR	BEGINS
Byzantine ………	7518	Sept. 14	Japanese ………	2669	Jan. 1
Jewish (A.M.)* ……	5770	Sept. 18	Grecian (Seleucidæ) …	2321	Sept. 14
Chinese (Ji-chou) …	(4646)	Jan. 26			(or Oct. 14)
Roman (A.U.C.) ……	2762	Jan. 14	Indian (Saka) ……	1931	Mar. 22
Nabonassar ………	2758	Apr. 21	Diocletian ………	1726	Sept. 11
			Islamic (Hegira)* …	1431	Dec. 17

* Year begins at sunset

CALENDAR, 2009

	JULY		AUGUST		SEPTEMBER		OCTOBER		NOVEMBER		DECEMBER	
Day of Month	Day of Week	Day of Year	Day of Week	Day of Year	Day of Week	Day of Year	Day of Week	Day of Year	Day of Week	Day of Year	Day of Week	Day of Year
1	Wed.	182	Sat.	213	Tue.	244	Thu.	274	Sun.	305	Tue.	335
2	Thu.	183	Sun.	214	Wed.	245	Fri.	275	Mon.	306	Wed.	336
3	Fri.	184	Mon.	215	Thu.	246	Sat.	276	Tue.	307	Thu.	337
4	Sat.	185	Tue.	216	Fri.	247	Sun.	277	Wed.	308	Fri.	338
5	Sun.	186	Wed.	217	Sat.	248	Mon.	278	Thu.	309	Sat.	339
6	Mon.	187	Thu.	218	Sun.	249	Tue.	279	Fri.	310	Sun.	340
7	Tue.	188	Fri.	219	Mon.	250	Wed.	280	Sat.	311	Mon.	341
8	Wed.	189	Sat.	220	Tue.	251	Thu.	281	Sun.	312	Tue.	342
9	Thu.	190	Sun.	221	Wed.	252	Fri.	282	Mon.	313	Wed.	343
10	Fri.	191	Mon.	222	Thu.	253	Sat.	283	Tue.	314	Thu.	344
11	Sat.	192	Tue.	223	Fri.	254	Sun.	284	Wed.	315	Fri.	345
12	Sun.	193	Wed.	224	Sat.	255	Mon.	285	Thu.	316	Sat.	346
13	Mon.	194	Thu.	225	Sun.	256	Tue.	286	Fri.	317	Sun.	347
14	Tue.	195	Fri.	226	Mon.	257	Wed.	287	Sat.	318	Mon.	348
15	Wed.	196	Sat.	227	Tue.	258	Thu.	288	Sun.	319	Tue.	349
16	Thu.	197	Sun.	228	Wed.	259	Fri.	289	Mon.	320	Wed.	350
17	Fri.	198	Mon.	229	Thu.	260	Sat.	290	Tue.	321	Thu.	351
18	Sat.	199	Tue.	230	Fri.	261	Sun.	291	Wed.	322	Fri.	352
19	Sun.	200	Wed.	231	Sat.	262	Mon.	292	Thu.	323	Sat.	353
20	Mon.	201	Thu.	232	Sun.	263	Tue.	293	Fri.	324	Sun.	354
21	Tue.	202	Fri.	233	Mon.	264	Wed.	294	Sat.	325	Mon.	355
22	Wed.	203	Sat.	234	Tue.	265	Thu.	295	Sun.	326	Tue.	356
23	Thu.	204	Sun.	235	Wed.	266	Fri.	296	Mon.	327	Wed.	357
24	Fri.	205	Mon.	236	Thu.	267	Sat.	297	Tue.	328	Thu.	358
25	Sat.	206	Tue.	237	Fri.	268	Sun.	298	Wed.	329	Fri.	359
26	Sun.	207	Wed.	238	Sat.	269	Mon.	299	Thu.	330	Sat.	360
27	Mon.	208	Thu.	239	Sun.	270	Tue.	300	Fri.	331	Sun.	361
28	Tue.	209	Fri.	240	Mon.	271	Wed.	301	Sat.	332	Mon.	362
29	Wed.	210	Sat.	241	Tue.	272	Thu.	302	Sun.	333	Tue.	363
30	Thu.	211	Sun.	242	Wed.	273	Fri.	303	Mon.	334	Wed.	364
31	Fri.	212	Mon.	243			Sat.	304			Thu.	365

RELIGIOUS CALENDARS

Epiphany	Jan.	6	Ascension Day	May	21
Ash Wednesday	Feb.	25	Whit Sunday—Pentecost	May	31
Palm Sunday	Apr.	5	Trinity Sunday	June	7
Good Friday	Apr.	10	First Sunday in Advent	Nov.	29
Easter Day	Apr.	12	Christmas Day (Friday)	Dec.	25
First Day of Passover (Pesach)	Apr.	9	Day of Atonement (Yom Kippur)	Sept.	28
Feast of Weeks (Shavuot)	May	29	First day of Tabernacles (Succoth)	Oct.	3
Jewish New Year (tabular) (Rosh Hashanah)	Sept.	19	Festival of Lights (Hanukkah)	Dec.	12
First day of Ramadân (tabular)	Aug.	22	Islamic New Year	Dec.	18

The Jewish and Islamic dates above are tabular dates, which begin at sunset on the previous evening and end at sunset on the date tabulated. In practice, the dates of Islamic fasts and festivals are determined by an actual sighting of the appropriate new moon.

Notation for time-scales and related quantities

A summary of the notation for time-scales and related quantities used in this Almanac is given below. Additional information is given in the *Glossary* (section M and AsA-Online) and in the *Notes and References* (section L).

UT1	universal time (also UT); counted from 0^h (midnight); unit is second of mean solar time, affected by irregularities in the Earth's rate of rotation.
UT0	local approximation to universal time; not corrected for polar motion (rarely used).
GMST	Greenwich mean sidereal time; GHA of mean equinox of date.
GAST	Greenwich apparent sidereal time; GHA of true equinox of date.
E_e	Equation of the equinoxes: GAST − GMST.
E_o	Equation of the origins: ERA − GAST = θ − GAST.
ERA	Earth rotation angle (θ); the angle between the celestial and terrestrial intermediate origins; it is proportional to UT1.
TAI	international atomic time; unit is the SI second on the geoid.
UTC	coordinated universal time; differs from TAI by an integral number of seconds, and is the basis of most radio time signals and national and/or legal time systems.
ΔUT	= UT1−UTC; increment to be applied to UTC to give UT1.
DUT	predicted value of ΔUT, rounded to $0\overset{s}{.}1$, given in some radio time signals.
TDT	terrestrial dynamical time; TDT = TAI + $32\overset{s}{.}184$. It was used in the Almanac from 1984–2000. TDT was replaced by TT.
TDB	barycentric dynamical time; used as time-scale of ephemerides, referred to the barycentre of the solar system.
T_{eph}	the independent variable of the equations of motion used by the JPL ephemerides, in particular DE405/LE405. T_{eph} and TDB may be considered to be equivalent.
TT	terrestrial time; used as time-scale of ephemerides for observations from the Earth's surface (geoid). TT = TAI + $32\overset{s}{.}184$.
ΔT	= TT − UT1; increment to be applied to UT1 to give TT.
	= TAI + $32\overset{s}{.}184$ − UT1.
ΔAT	= TAI − UTC; increment to be applied to UTC to give TAI; an integral number of seconds.
ΔTT	= TT − UTC = ΔAT+$32\overset{s}{.}184$; increment to be applied to UTC to give TT.
JD_{TT}	= Julian date and fraction, where the time fraction is expressed in the terrestrial time scale, e.g. 2000 January 1, 12^h TT is JD 245 1545·0 TT.
JD_{UT1}	= Julian date and fraction, where the time fraction is expressed in the universal time scale, e.g. 2000 January 1, 12^h UT1 is JD 245 1545·0 UT1.

The following intervals are used in this section.

$T = (JD_{TT} - 245\,1545\cdot0)/36\,525 =$ Julian centuries of 365·25 days from J2000·0

$D = JD - 245\,1545\cdot0 =$ days and fraction from J2000·0

$D_U = JD_{UT1} - 245\,1545\cdot0 =$ days and UT1 fraction from J2000·0

$d =$ Day of the year, January 1 = 1, etc., see B4–B5

Note that the intervals above are based on different time scales. T implies the TT time scale while D_U implies the UT1 time scale. This is an important distinction when calculating Greenwich mean sidereal time. T is the number of Julian centuries from J2000·0 to the required epoch (TT), while D, D_U and d are all in days.

The name Greenwich mean time (GMT) is not used in this Almanac since it is ambiguous. It is now used, although not in astronomy, in the sense of UTC, in addition to the earlier sense of UT; prior to 1925 it was reckoned for astronomical purposes from Greenwich mean noon (12^h UT).

Relationships between time-scales

The unit of UTC is the SI second on the geoid, but step adjustments of 1 second (leap seconds) are occasionally introduced into UTC so that universal time (UT1) may be obtained directly from it with an accuracy of 1 second or better and so that international atomic time (TAI) may be obtained by the addition of an integral number of seconds. The step adjustments, when required, are usually inserted after the 60th second of the last minute of December 31 or June 30. Values of the differences ΔAT for 1972 onwards are given on page K9. Accurate values of the increment ΔUT to be applied to UTC to give UT1 are derived from observations, but predicted values are transmitted in code in some time signals. Wherever UT is used in this volume it always means UT1.

The difference between the terrestrial time scale (TT) and the barycentric dynamical time scale (TDB), or the equivalent T_{eph} of the DE405/LE405 ephemeris, is often ignored, since the two time scales differ by no more than 2 milliseconds.

An expression for the relationship between the barycentric and terrestrial time-scales (due to the variations in gravitational potential around the Earth's orbit) is:

$$\mathrm{TDB} = \mathrm{TT} + 0\overset{s}{.}001\,657 \sin g + 0\overset{s}{.}000\,022 \sin(L - L_J)$$

and
$$g = 357\overset{\circ}{.}53 + 0\cdot 985\,600\,28(\mathrm{JD} - 245\,1545\cdot 0)$$
$$L - L_J = 246\overset{\circ}{.}11 + 0\cdot 902\,517\,92(\mathrm{JD} - 245\,1545\cdot 0)$$

where g is the mean anomaly of the Earth in its orbit around the Sun, and $L - L_J$ is the difference in the mean ecliptic longitudes of the Sun and Jupiter. The above formula for TDB $-$ TT is accurate to about $\pm 30\mu$s over the period 1980 to 2050.

For 2009
$$g = 356\overset{\circ}{.}70 + 0\overset{\circ}{.}985\,60\,d \qquad \text{and} \qquad L - L_J = 332\overset{\circ}{.}24 + 0\overset{\circ}{.}902\,52\,d$$

where d is the day of the year and fraction of the day.

The TDB time scale should be used for quantities such as precession angles and the fundamental arguments. However, for these quantities, the difference between TDB and TT is negligible at the microarcsecond (μas) level.

Relationships between universal time, ERA, GMST and GAST

The following equations show the relationships between the Earth rotation angle (ERA=θ), Greenwich mean (GMST) and apparent (GAST) sidereal time, in terms of the equation of the origins (E_o) and the equation of the equinoxes (E_e):

$$\mathrm{GMST}(D_\mathrm{U}, T) = \theta(D_\mathrm{U}) + \text{polynomial part}(T)$$
$$\mathrm{GAST}(D_\mathrm{U}, T) = \theta(D_\mathrm{U}) - \text{equation of the origins}(T)$$
$$= \mathrm{GMST}(D_\mathrm{U}, T) + \text{equation of the equinoxes}(T)$$

The definition of these quantities follow. Note that ERA is a function of UT1, while GMST and GAST are functions of both UT1 and TT. A diagram showing the relationships between these concepts is given on page B9.

ERA is for use with intermediate right ascensions while GAST must be used with apparent (equinox based) right ascension.

Relationship between universal time and Earth rotation angle

The Earth rotation angle (θ) is measured in the Celestial Intermediate Reference System along its equator (the true equator of date) between the terrestrial and the celestial intermediate origins. It is proportional to UT1, and its time derivative is the Earth's adopted mean angular velocity; it is defined by the following relationship

$$\theta(D_U) = 2\pi(0 \cdot 7790\,5727\,32640 + 1 \cdot 0027\,3781\,1911\,35448\,D_U) \text{ radians}$$
$$= 360°(0 \cdot 7790\,5727\,32640 + 0 \cdot 0027\,3781\,1911\,35448\,D_U + D_U \bmod 1)$$

where D_U is the interval, in days, elapsed since the epoch 2000 January 1^d 12^h UT1 (JD 245 1545·0 UT1), and $D_U \bmod 1$ is the fraction of the UT1 day remaining after removing all the whole days. The Earth rotation angle (ERA) is tabulated daily at 0^h UT1 on pages B21–B24.

During 2009, on day d, at t^h UT1, the Earth rotation angle, expressed in arc and time, respectively, is given by:

$$\theta = 99°\!\cdot\!675\,403 + 0°\!\cdot\!985\,612\,288\,d + 15°\!\cdot\!041\,0672\,t$$
$$= 6^h\!\cdot\!645\,0269 + 0^h\!\cdot\!065\,707\,4859\,d + 1^h\!\cdot\!002\,737\,81\,t$$

Relationship between universal and sidereal time

Greenwich Mean Sidereal Time

Universal time is defined in terms of Greenwich mean sidereal time (i.e. the hour angle of the mean equinox of date) by:

$$\text{GMST}(D_U, T) = \theta(D_U) + \text{GMST}_P(T)$$
$$\text{GMST}_P(T) = 0''\!\cdot\!014\,506 + 4612''\!\cdot\!156\,534\,T + 1''\!\cdot\!391\,5817\,T^2$$
$$- 0''\!\cdot\!000\,000\,44\,T^3 - 0''\!\cdot\!000\,029\,956\,T^4 - 3''\!\cdot\!68 \times 10^{-8}\,T^5$$

where θ is the Earth rotation angle. The polynomial part, $\text{GMST}_P(T)$ is due almost entirely to the effect of precession and is given separately as it also forms part of the equation of the origins (see page B10). The time interval D_U is measured in days elapsed since the epoch 2000 January 1^d 12^h UT1 (JD 245 1545·0 UT1), whereas T is measured in the TT scale, in Julian centuries of 36 525 days, from JD 245 1545·0 TT.

The Earth rotation angle is expressed in degrees while the terms of the polynomial part (GMST_P) are in arcseconds. GMST is tabulated on pages B13–B20 and the equivalent expression in time units is

$$\text{GMST}(D_U, T) = 86400^s(0 \cdot 7790\,5727\,32640 + 0 \cdot 0027\,3781\,1911\,35448\,D_U + D_U \bmod 1)$$
$$+ 0^s\!\cdot\!000\,967\,07 + 307^s\!\cdot\!477\,102\,27\,T + 0^s\!\cdot\!092\,772\,113\,T^2$$
$$- 0^s\!\cdot\!000\,000\,0293\,T^3 - 0^s\!\cdot\!000\,001\,997\,07\,T^4 - 2^s\!\cdot\!453 \times 10^{-9}\,T^5$$

It is necessary, in this formula, to distinguish TT from UT1 only for the most precise work. The table on pages B13–B20 is calculated assuming $\Delta T = 66^s$. An error of $\pm 1^s$ in ΔT introduces differences of $\mp 1''\!\cdot\!5 \times 10^{-6}$ or equivalently $\mp 0^s\!\cdot\!10 \times 10^{-6}$ during 2009.

The following relationship holds during 2009:

on day of year d at t^h UT1, $\text{GMST} = 6^h\!\cdot\!652\,7125 + 0^h\!\cdot\!065\,709\,8244\,d + 1^h\!\cdot\!002\,737\,91\,t$

where the day of year d is tabulated on pages B4–B5. Add or subtract multiples of 24^h as necessary.

Relationship between universal and sidereal time (continued)

In 2009:
1 mean solar day = 1·002 737 909 35 mean sidereal days
= 24^h 03^m 56^{s}555 37 of mean sidereal time
1 mean sidereal day = 0·997 269 566 33 mean solar days
= 23^h 56^m 04^{s}090 53 of mean solar time

Greenwich Apparent Sidereal Time

The hour angle of the true equinox of date (GAST) is given by:

$$\text{GAST}(D_U, T) = \theta(D_U) - \text{equation of the origins} = \theta(D_U) - E_o(T)$$
$$= \text{GMST}(D_U, T) + \text{equation of the equinoxes} = \text{GMST}(D_U, T) + E_e(T)$$

where θ is the Earth rotation angle (ERA) and GMST, the Greenwich mean sidereal time are given above, while the equation of the origins (E_o) and the equation of the equinoxes (E_e) are given on page B10.

Pages B13–B20 tabulate GAST and the equation of the equinoxes daily at 0^h UT1. These quantities have been calculated using the IAU 2000A nutation model together with the tiny (μas level) amendments (see B55); they are expressed in time units and are based on a predicted $\Delta T = 66^s$. An error of $\pm 1^s$ in ΔT introduces a maximum error of $\pm 3''\!.8 \times 10^{-6}$ or equivalently $\pm 0^s\!.25 \times 10^{-6}$ during 2009.

Interpolation may be used to obtain the equation of the equinoxes for another instant, or if full precision is required.

Relationships between origins

The difference between the CIO and true equinox of date is called the equation of the origins

$$E_o(T) = \theta - \text{GAST}$$

while the difference between the true and mean equinox is called the equation of the equinoxes is given by

$$E_e(T) = \text{GAST} - \text{GMST}$$

The following schematic diagram shows the relationship between the "zero longitude" defined by the terrestrial intermediate origin, the true equinox and the celestial intermediate origin.

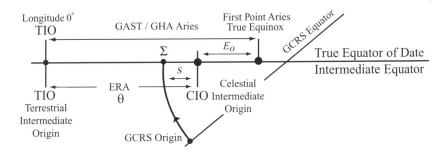

The diagram illustrates that the origin of Greenwich hour angle, the terrestrial intermediate origin (TIO), may be obtained from either Greenwich apparent sidereal time (GAST) or Earth rotation angle (ERA). The quantity s, the CIO locator, positions the GCRS origin (Σ) on the equator (see page B47). Note that the planes of intermediate equator and the true equator of date (the pole of which is the celestial intermediate pole) are identical.

Relationships between origins (continued)

Equation of the origins

The equation of the origins (E_o), the angular difference between the origin of intermediate right ascension (the CIO) and the origin of equinox right ascension (the true equinox) is defined to be

$$E_o(T) = \theta - \text{GAST} = s - \tan^{-1} \frac{\mathbf{M}_j \cdot \mathbf{R}_{\Sigma_i}}{\mathbf{M}_i \cdot \mathbf{R}_{\Sigma_i}}$$

where s is the CIO locator (see page B47). $\mathbf{M}_i$, and $\mathbf{M}_j$ are vectors formed from the top and middle rows of $\mathbf{M}$ (see page B50) which transforms positions from the GCRS to the equator and equinox of date, while the vector $\mathbf{R}_{\Sigma_i}$ which is formed from the top row of $\mathbf{R}_\Sigma$ is given on page B49. The symbol · denotes the scalar or dot product of the two vectors.

Alternatively,

$$E_o(T) = -(\text{GMST}_P(T) + E_e(T))$$

where GMST_P is the polynomial part of the Greenwich mean sidereal time formulae (see page B8), and E_e is the equation of the equinoxes given below. E_o is tabulated with the Earth rotation agnle (θ) on pages B21–B24, and is calculated in the sense

$$E_o = \theta - \text{GAST} = \alpha_i - \alpha_e$$

and therefore

$$\alpha_i = E_o + \alpha_e$$

Thus, given an apparent right ascension (α_e) and the equation of the origins, the intermediate right ascension (α_i) may be calculated so that it can be used with the Earth rotation angle (θ) to form an hour angle.

Equation of the Equinoxes

The equation of the equinoxes (E_e) is the difference between Greenwich apparent and mean sidereal time.

$$E_e(T) = \text{GAST} - \text{GMST}$$

which can be expressed, less precisely, in series form as

$$= \Delta\psi \cos\epsilon_A + \sum_k (C'_k \sin A_k + S'_k \cos A_k) + 0\overset{\prime\prime}{.}000\,000\,87\,T\,\sin\Omega$$

where GAST and GMST are the Greenwich apparent (see page B9) and mean sidereal time (see page B8). $\Delta\psi$ is the total nutation in longitude, ϵ_A is the mean obliquity of the ecliptic, and Ω is the mean longitude of the ascending node of the Moon (see B47, D2). A table containing the coefficients (C'_k, A_k) for all the terms exceeding 0.5μas during 1975-2025 (there are no S'_k coefficients in this category) is given with the coefficients for s, the CIO locator, on page B47. This series expression is accurate over this period to $\pm 0\overset{\prime\prime}{.}3 \times 10^{-5}$.

The following approximate expression for the equation of the equinoxes (in seconds), incorporates the two largest terms, and is accurate to better than $2^s \times 10^{-6}$ assuming $\Delta\psi$ and ϵ_A are supplied with sufficient accuracy.

$$E_e^s = \tfrac{1}{15}(\Delta\psi \cos\epsilon_A + 0\overset{\prime\prime}{.}002\,64\sin\Omega + 0\overset{\prime\prime}{.}000\,06\sin 2\Omega)$$

During 2009, $\Omega = 311°01 - 0°052\,953\,75\,d$, and d is the day of the year and fraction of day (see page D2).

Relationships between local time and hour angle

The local hour angle of an object is the angle between two planes: the plane containing the geocentre, the CIP, and the observer; and the plane containing the geocentre, the CIP, and the object. Hour angle increases with time and is positive when the object is west of the observer as viewed from the geocentre. The plane defining the astronomical zero ("Greenwich") meridian (from which Greenwich hour angles are measured) contains the geocentre, the CIP, and the TIO; there, the observer's longitude λ (not λ_{ITRS}) = 0. This plane is now called the TIO meridian and it is a fundamental plane of the Terrestrial Intermediate Reference System.

The following general relationships are used to relate the right ascensions of celestial objects to locations on the Earth and universal time (UT1):

    local mean solar time = universal time + east longitude
    local hour angle (h) = Greenwich hour angle (H) + east longitude (λ)

Equinox-based
    local mean sidereal time = Greenwich mean sidereal time + east longitude
local apparent sidereal time = local mean sidereal time + equation of equinoxes
                              = Greenwich apparent sidereal time + east longitude
      Greenwich hour angle = Greenwich apparent sidereal time − apparent right ascension
          local hour angle = local apparent sidereal time − apparent right ascension

CIO-based
      Greenwich hour angle = Earth rotation angle − intermediate right ascension
          local hour angle = Earth rotation angle − intermediate right ascension
                                                      + east longitude
                               = Earth rotation angle − equation of origins
                                        − apparent right ascension + east longitude

Note: ensure that the units of all quantities used are compatible.

Alternatively, use the rotation matrix $\mathbf{R}_3$ (see page K19) to rotate the equator and equinox of date system or the Celestial Intermediate Reference System about the z-axis (CIP) to the terrestrial system, resulting in either the TIO meridian and hour angle, or the local meridian and local hour angle.

Equinox-based	*CIO-based*
$\mathbf{r}_e$ = position with respect to the equator and equinox (mean or true) of date	$\mathbf{r}_i$ = position with respect to the Celestial Intermediate Reference System
$\mathbf{r} = \mathbf{R}_3(\text{LST})\,\mathbf{r}_e$ or $\mathbf{R}_3(\text{LST} + \lambda)\,\mathbf{r}_e$	$\mathbf{r} = \mathbf{R}_3(\theta)\,\mathbf{r}_i$ or $\mathbf{R}_3(\theta + \lambda)\,\mathbf{r}_i$

depending on whether the Greenwich (H) or local (h) hour angle is required, and then

$$H \text{ or } h = \tan^{-1}(-\mathbf{r}_y/\mathbf{r}_x) \quad \text{positive to the west,}$$

and $\mathbf{r}_x$, $\mathbf{r}_y$ are components of $\mathbf{r}$ (see page K18). LST is the Greenwich mean (LMST) or apparent (LAST) sidereal time, as appropriate, and θ is the Earth rotation angle. Greenwich apparent and mean sidereal times, and the equation of the equinoxes are tabulated on pages B13–B20, while Earth rotation angle and equation of the origins are tabulated on pages B21–B24. Both tables are tabulated daily at 0^h UT1.

The relationships above, which result in a position with respect to the Terrestrial Intermediate Reference System (see page B26), require corrections for polar motion (see page B84) when the reduction of very precise observations are made with respect to a standard geodetic system such as the International Terrestrial Reference System (ITRS). These small corrections are (i) the alignment of the terrestrial intermediate origin (TIO) onto the longitude origin ($\lambda_{ITRS} = 0$) of the ITRS, and (ii) for positioning the pole (CIP) within the ITRS.

Examples of the use of the ephemeris of universal and sidereal times

1. *Conversion of universal time to local sidereal time*

To find the local apparent sidereal time at $09^h\ 44^m\ 30^s$ UT on 2009 July 8 in longitude $80°\ 22'\ 55''\!.79$ west.

	h	m	s
Greenwich mean sidereal time on July 8 at 0^h UT (page B17)	19	04	18·7296
Add the equivalent mean sidereal time interval from 0^h to $09^h\ 44^m\ 30^s$ UT (multiply UT interval by 1·002 737 9094)	9	46	06·0185
Greenwich mean sidereal time at required UT:	4	50	24·7481
Add equation of equinoxes, interpolated using second-order differences to approximate UT $= 0^d\!.41$			+0·9440
Greenwich apparent sidereal time:	4	50	25·6921
Subtract west longitude (add east longitude)	5	21	31·7193
Local apparent sidereal time:	23	28	53·9728

The calculation for local mean sidereal time is similar, but omit the step which allows for the equation of the equinoxes.

2. *Conversion of local sidereal time to universal time*

To find the universal time at $23^h\ 28^m\ 53^s\!.9728$ local apparent sidereal time on 2009 July 8 in longitude $80°\ 22'\ 55''\!.79$ west.

	h	m	s
Local apparent sidereal time:	23	28	53·9728
Add west longitude (subtract east longitude)	5	21	31·7193
Greenwich apparent sidereal time:	4	50	25·6921
Subtract equation of equinoxes, interpolated using second-order differences to approximate UT $= 0^d\!.41$			+0·9440
Greenwich mean sidereal time:	4	50	24·7481
Subtract Greenwich mean sidereal time at 0^h UT	19	04	18·7296
Mean sidereal time interval from 0^h UT:	9	46	06·0185
Equivalent UT interval (multiply mean sidereal time interval by 0·997 269 5663)	9	44	30·0000

The conversion of mean sidereal time to universal time is carried out by a similar procedure; omit the step which allows for the equation of the equinoxes.

UNIVERSAL AND SIDEREAL TIMES, 2009

Date 0ʰ UT1		Julian Date	G. SIDEREAL TIME (GHA of the Equinox) Apparent	Mean	Equation of Equinoxes at 0ʰ UT1	GSD at 0ʰ GMST	UT1 at 0ʰ GMST (Greenwich Transit of the Mean Equinox)			
		245	h m s	s	s	246			h m s	
Jan.	0	4831·5	6 39 10·5838	09·7651	+0·8187	1554·0	Jan.	0	17 17 59·7187	
	1	4832·5	6 43 07·1394	06·3205	+0·8189	1555·0		1	17 14 03·8092	
	2	4833·5	6 47 03·6928	02·8758	+0·8169	1556·0		2	17 10 07·8997	
	3	4834·5	6 50 60·2447	59·4312	+0·8135	1557·0		3	17 06 11·9903	
	4	4835·5	6 54 56·7964	55·9866	+0·8098	1558·0		4	17 02 16·0808	
	5	4836·5	6 58 53·3492	52·5420	+0·8073	1559·0		5	16 58 20·1713	
	6	4837·5	7 02 49·9047	49·0973	+0·8073	1560·0		6	16 54 24·2618	
	7	4838·5	7 06 46·4640	45·6527	+0·8113	1561·0		7	16 50 28·3524	
	8	4839·5	7 10 43·0276	42·2081	+0·8195	1562·0		8	16 46 32·4429	
	9	4840·5	7 14 39·5948	38·7634	+0·8314	1563·0		9	16 42 36·5334	
	10	4841·5	7 18 36·1637	35·3188	+0·8449	1564·0		10	16 38 40·6240	
	11	4842·5	7 22 32·7315	31·8742	+0·8573	1565·0		11	16 34 44·7145	
	12	4843·5	7 26 29·2959	28·4295	+0·8664	1566·0		12	16 30 48·8050	
	13	4844·5	7 30 25·8555	24·9849	+0·8706	1567·0		13	16 26 52·8956	
	14	4845·5	7 34 22·4107	21·5403	+0·8704	1568·0		14	16 22 56·9861	
	15	4846·5	7 38 18·9628	18·0956	+0·8671	1569·0		15	16 19 01·0766	
	16	4847·5	7 42 15·5136	14·6510	+0·8626	1570·0		16	16 15 05·1672	
	17	4848·5	7 46 12·0648	11·2064	+0·8584	1571·0		17	16 11 09·2577	
	18	4849·5	7 50 08·6176	07·7617	+0·8559	1572·0		18	16 07 13·3482	
	19	4850·5	7 54 05·1728	04·3171	+0·8557	1573·0		19	16 03 17·4388	
	20	4851·5	7 58 01·7305	00·8725	+0·8580	1574·0		20	15 59 21·5293	
	21	4852·5	8 01 58·2903	57·4278	+0·8624	1575·0		21	15 55 25·6198	
	22	4853·5	8 05 54·8517	53·9832	+0·8685	1576·0		22	15 51 29·7103	
	23	4854·5	8 09 51·4139	50·5386	+0·8754	1577·0		23	15 47 33·8009	
	24	4855·5	8 13 47·9761	47·0939	+0·8821	1578·0		24	15 43 37·8914	
	25	4856·5	8 17 44·5372	43·6493	+0·8879	1579·0		25	15 39 41·9819	
	26	4857·5	8 21 41·0965	40·2047	+0·8918	1580·0		26	15 35 46·0725	
	27	4858·5	8 25 37·6534	36·7600	+0·8933	1581·0		27	15 31 50·1630	
	28	4859·5	8 29 34·2076	33·3154	+0·8921	1582·0		28	15 27 54·2535	
	29	4860·5	8 33 30·7593	29·8708	+0·8885	1583·0		29	15 23 58·3441	
	30	4861·5	8 37 27·3094	26·4261	+0·8832	1584·0		30	15 20 02·4346	
	31	4862·5	8 41 23·8588	22·9815	+0·8772	1585·0		31	15 16 06·5251	
Feb.	1	4863·5	8 45 20·4089	19·5369	+0·8720	1586·0	Feb.	1	15 12 10·6157	
	2	4864·5	8 49 16·9611	16·0923	+0·8689	1587·0		2	15 08 14·7062	
	3	4865·5	8 53 13·5167	12·6476	+0·8690	1588·0		3	15 04 18·7967	
	4	4866·5	8 57 10·0760	09·2030	+0·8730	1589·0		4	15 00 22·8872	
	5	4867·5	9 01 06·6389	05·7584	+0·8805	1590·0		5	14 56 26·9778	
	6	4868·5	9 05 03·2041	02·3137	+0·8903	1591·0		6	14 52 31·0683	
	7	4869·5	9 08 59·7694	58·8691	+0·9003	1592·0		7	14 48 35·1588	
	8	4870·5	9 12 56·3325	55·4245	+0·9081	1593·0		8	14 44 39·2494	
	9	4871·5	9 16 52·8917	51·9798	+0·9119	1594·0		9	14 40 43·3399	
	10	4872·5	9 20 49·4462	48·5352	+0·9110	1595·0		10	14 36 47·4304	
	11	4873·5	9 24 45·9968	45·0906	+0·9063	1596·0		11	14 32 51·5210	
	12	4874·5	9 28 42·5452	41·6459	+0·8993	1597·0		12	14 28 55·6115	
	13	4875·5	9 32 39·0934	38·2013	+0·8921	1598·0		13	14 24 59·7020	
	14	4876·5	9 36 35·6428	34·7567	+0·8862	1599·0		14	14 21 03·7926	
	15	4877·5	9 40 32·1945	31·3120	+0·8825	1600·0		15	14 17 07·8831	

UNIVERSAL AND SIDEREAL TIMES, 2009

Date 0ʰ UT1	Julian Date 245	G. SIDEREAL TIME (GHA of the Equinox) Apparent	Mean	Equation of Equinoxes at 0ʰ UT1 s	GSD at 0ʰ GMST 246	UT1 at 0ʰ GMST (Greenwich Transit of the Mean Equinox)
		h m s	s			h m s
Feb. 15	4877·5	9 40 32·1945	31·3120	+0·8825	1600·0	Feb. 15 14 17 07·8831
16	4878·5	9 44 28·7488	27·8674	+0·8814	1601·0	16 14 13 11·9736
17	4879·5	9 48 25·3055	24·4228	+0·8827	1602·0	17 14 09 16·0641
18	4880·5	9 52 21·8639	20·9781	+0·8858	1603·0	18 14 05 20·1547
19	4881·5	9 56 18·4234	17·5335	+0·8899	1604·0	19 14 01 24·2452
20	4882·5	10 00 14·9831	14·0889	+0·8942	1605·0	20 13 57 28·3357
21	4883·5	10 04 11·5420	10·6442	+0·8977	1606·0	21 13 53 32·4263
22	4884·5	10 08 08·0993	07·1996	+0·8996	1607·0	22 13 49 36·5168
23	4885·5	10 12 04·6543	03·7550	+0·8993	1608·0	23 13 45 40·6073
24	4886·5	10 16 01·2066	00·3103	+0·8963	1609·0	24 13 41 44·6979
25	4887·5	10 19 57·7565	56·8657	+0·8908	1610·0	25 13 37 48·7884
26	4888·5	10 23 54·3043	53·4211	+0·8832	1611·0	26 13 33 52·8789
27	4889·5	10 27 50·8512	49·9764	+0·8747	1612·0	27 13 29 56·9695
28	4890·5	10 31 47·3985	46·5318	+0·8667	1613·0	28 13 26 01·0600
Mar. 1	4891·5	10 35 43·9476	43·0872	+0·8605	1614·0	Mar. 1 13 22 05·1505
2	4892·5	10 39 40·4999	39·6426	+0·8573	1615·0	2 13 18 09·2410
3	4893·5	10 43 37·0558	36·1979	+0·8579	1616·0	3 13 14 13·3316
4	4894·5	10 47 33·6152	32·7533	+0·8619	1617·0	4 13 10 17·4221
5	4895·5	10 51 30·1770	29·3087	+0·8683	1618·0	5 13 06 21·5126
6	4896·5	10 55 26·7395	25·8640	+0·8755	1619·0	6 13 02 25·6032
7	4897·5	10 59 23·3006	22·4194	+0·8812	1620·0	7 12 58 29·6937
8	4898·5	11 03 19·8587	18·9748	+0·8839	1621·0	8 12 54 33·7842
9	4899·5	11 07 16·4126	15·5301	+0·8825	1622·0	9 12 50 37·8748
10	4900·5	11 11 12·9625	12·0855	+0·8770	1623·0	10 12 46 41·9653
11	4901·5	11 15 09·5097	08·6409	+0·8688	1624·0	11 12 42 46·0558
12	4902·5	11 19 06·0558	05·1962	+0·8596	1625·0	12 12 38 50·1464
13	4903·5	11 23 02·6027	01·7516	+0·8511	1626·0	13 12 34 54·2369
14	4904·5	11 26 59·1517	58·3070	+0·8447	1627·0	14 12 30 58·3274
15	4905·5	11 30 55·7034	54·8623	+0·8410	1628·0	15 12 27 02·4179
16	4906·5	11 34 52·2577	51·4177	+0·8400	1629·0	16 12 23 06·5085
17	4907·5	11 38 48·8143	47·9731	+0·8412	1630·0	17 12 19 10·5990
18	4908·5	11 42 45·3722	44·5284	+0·8438	1631·0	18 12 15 14·6895
19	4909·5	11 46 41·9306	41·0838	+0·8468	1632·0	19 12 11 18·7801
20	4910·5	11 50 38·4885	37·6392	+0·8494	1633·0	20 12 07 22·8706
21	4911·5	11 54 35·0452	34·1945	+0·8507	1634·0	21 12 03 26·9611
22	4912·5	11 58 31·5999	30·7499	+0·8500	1635·0	22 11 59 31·0517
23	4913·5	12 02 28·1521	27·3053	+0·8468	1636·0	23 11 55 35·1422
24	4914·5	12 06 24·7018	23·8606	+0·8412	1637·0	24 11 51 39·2327
25	4915·5	12 10 21·2494	20·4160	+0·8333	1638·0	25 11 47 43·3233
26	4916·5	12 14 17·7956	16·9714	+0·8242	1639·0	26 11 43 47·4138
27	4917·5	12 18 14·3419	13·5267	+0·8152	1640·0	27 11 39 51·5043
28	4918·5	12 22 10·8898	10·0821	+0·8077	1641·0	28 11 35 55·5948
29	4919·5	12 26 07·4407	06·6375	+0·8032	1642·0	29 11 31 59·6854
30	4920·5	12 30 03·9954	03·1929	+0·8026	1643·0	30 11 28 03·7759
31	4921·5	12 33 60·5538	59·7482	+0·8056	1644·0	31 11 24 07·8664
Apr. 1	4922·5	12 37 57·1150	56·3036	+0·8114	1645·0	Apr. 1 11 20 11·9570
2	4923·5	12 41 53·6772	52·8590	+0·8182	1646·0	2 11 16 16·0475

UNIVERSAL AND SIDEREAL TIMES, 2009 B15

Date 0ʰ UT1		Julian Date	G. SIDEREAL TIME (GHA of the Equinox) Apparent	Mean	Equation of Equinoxes at 0ʰ UT1	GSD at 0ʰ GMST	UT1 at 0ʰ GMST (Greenwich Transit of the Mean Equinox)		
		245	h m s	s	s	246		h m s	
Apr.	1	4922.5	12 37 57.1150	56.3036	+0.8114	1645.0	Apr. 1	11 20 11.9570	
	2	4923.5	12 41 53.6772	52.8590	+0.8182	1646.0	2	11 16 16.0475	
	3	4924.5	12 45 50.2384	49.4143	+0.8241	1647.0	3	11 12 20.1380	
	4	4925.5	12 49 46.7970	45.9697	+0.8273	1648.0	4	11 08 24.2286	
	5	4926.5	12 53 43.3518	42.5251	+0.8267	1649.0	5	11 04 28.3191	
	6	4927.5	12 57 39.9029	39.0804	+0.8224	1650.0	6	11 00 32.4096	
	7	4928.5	13 01 36.4510	35.6358	+0.8152	1651.0	7	10 56 36.5002	
	8	4929.5	13 05 32.9976	32.1912	+0.8065	1652.0	8	10 52 40.5907	
	9	4930.5	13 09 29.5445	28.7465	+0.7980	1653.0	9	10 48 44.6812	
	10	4931.5	13 13 26.0931	25.3019	+0.7912	1654.0	10	10 44 48.7718	
	11	4932.5	13 17 22.6443	21.8573	+0.7871	1655.0	11	10 40 52.8623	
	12	4933.5	13 21 19.1984	18.4126	+0.7858	1656.0	12	10 36 56.9528	
	13	4934.5	13 25 15.7551	14.9680	+0.7871	1657.0	13	10 33 01.0433	
	14	4935.5	13 29 12.3135	11.5234	+0.7901	1658.0	14	10 29 05.1339	
	15	4936.5	13 33 08.8728	08.0787	+0.7941	1659.0	15	10 25 09.2244	
	16	4937.5	13 37 05.4320	04.6341	+0.7979	1660.0	16	10 21 13.3149	
	17	4938.5	13 41 01.9902	01.1895	+0.8007	1661.0	17	10 17 17.4055	
	18	4939.5	13 44 58.5467	57.7448	+0.8018	1662.0	18	10 13 21.4960	
	19	4940.5	13 48 55.1009	54.3002	+0.8007	1663.0	19	10 09 25.5865	
	20	4941.5	13 52 51.6527	50.8556	+0.7971	1664.0	20	10 05 29.6771	
	21	4942.5	13 56 48.2023	47.4109	+0.7914	1665.0	21	10 01 33.7676	
	22	4943.5	14 00 44.7504	43.9663	+0.7840	1666.0	22	9 57 37.8581	
	23	4944.5	14 04 41.2980	40.5217	+0.7763	1667.0	23	9 53 41.9487	
	24	4945.5	14 08 37.8467	37.0770	+0.7696	1668.0	24	9 49 46.0392	
	25	4946.5	14 12 34.3980	33.6324	+0.7656	1669.0	25	9 45 50.1297	
	26	4947.5	14 16 30.9533	30.1878	+0.7655	1670.0	26	9 41 54.2202	
	27	4948.5	14 20 27.5127	26.7432	+0.7696	1671.0	27	9 37 58.3108	
	28	4949.5	14 24 24.0755	23.2985	+0.7770	1672.0	28	9 34 02.4013	
	29	4950.5	14 28 20.6399	19.8539	+0.7860	1673.0	29	9 30 06.4918	
	30	4951.5	14 32 17.2038	16.4093	+0.7945	1674.0	30	9 26 10.5824	
May	1	4952.5	14 36 13.7651	12.9646	+0.8004	1675.0	May 1	9 22 14.6729	
	2	4953.5	14 40 10.3227	09.5200	+0.8027	1676.0	2	9 18 18.7634	
	3	4954.5	14 44 06.8765	06.0754	+0.8011	1677.0	3	9 14 22.8540	
	4	4955.5	14 48 03.4272	02.6307	+0.7965	1678.0	4	9 10 26.9445	
	5	4956.5	14 51 59.9762	59.1861	+0.7901	1679.0	5	9 06 31.0350	
	6	4957.5	14 55 56.5250	55.7415	+0.7835	1680.0	6	9 02 35.1256	
	7	4958.5	14 59 53.0751	52.2968	+0.7783	1681.0	7	8 58 39.2161	
	8	4959.5	15 03 49.6277	48.8522	+0.7755	1682.0	8	8 54 43.3066	
	9	4960.5	15 07 46.1830	45.4076	+0.7754	1683.0	9	8 50 47.3971	
	10	4961.5	15 11 42.7410	41.9629	+0.7781	1684.0	10	8 46 51.4877	
	11	4962.5	15 15 39.3012	38.5183	+0.7829	1685.0	11	8 42 55.5782	
	12	4963.5	15 19 35.8625	35.0737	+0.7889	1686.0	12	8 38 59.6687	
	13	4964.5	15 23 32.4241	31.6290	+0.7951	1687.0	13	8 35 03.7593	
	14	4965.5	15 27 28.9849	28.1844	+0.8005	1688.0	14	8 31 07.8498	
	15	4966.5	15 31 25.5442	24.7398	+0.8044	1689.0	15	8 27 11.9403	
	16	4967.5	15 35 22.1013	21.2951	+0.8062	1690.0	16	8 23 16.0309	
	17	4968.5	15 39 18.6561	17.8505	+0.8056	1691.0	17	8 19 20.1214	

UNIVERSAL AND SIDEREAL TIMES, 2009

Date 0ʰ UT1	Julian Date 245	G. SIDEREAL TIME (GHA of the Equinox) Apparent	Mean	Equation of Equinoxes at 0ʰ UT1	GSD at 0ʰ GMST 246	UT1 at 0ʰ GMST (Greenwich Transit of the Mean Equinox)		
		h m s	s	s			h m s	
May 17	4968.5	15 39 18.6561	17.8505	+0.8056	1691.0	May	17	8 19 20.1214
18	4969.5	15 43 15.2087	14.4059	+0.8028	1692.0		18	8 15 24.2119
19	4970.5	15 47 11.7595	10.9612	+0.7983	1693.0		19	8 11 28.3025
20	4971.5	15 51 08.3095	07.5166	+0.7929	1694.0		20	8 07 32.3930
21	4972.5	15 55 04.8599	04.0720	+0.7880	1695.0		21	8 03 36.4835
22	4973.5	15 59 01.4124	00.6273	+0.7850	1696.0		22	7 59 40.5740
23	4974.5	16 02 57.9683	57.1827	+0.7856	1697.0		23	7 55 44.6646
24	4975.5	16 06 54.5285	53.7381	+0.7904	1698.0		24	7 51 48.7551
25	4976.5	16 10 51.0928	50.2935	+0.7993	1699.0		25	7 47 52.8456
26	4977.5	16 14 47.6597	46.8488	+0.8108	1700.0		26	7 43 56.9362
27	4978.5	16 18 44.2268	43.4042	+0.8226	1701.0		27	7 40 01.0267
28	4979.5	16 22 40.7918	39.9596	+0.8323	1702.0		28	7 36 05.1172
29	4980.5	16 26 37.3530	36.5149	+0.8381	1703.0		29	7 32 09.2078
30	4981.5	16 30 33.9100	33.0703	+0.8397	1704.0		30	7 28 13.2983
31	4982.5	16 34 30.4635	29.6257	+0.8378	1705.0		31	7 24 17.3888
June 1	4983.5	16 38 27.0148	26.1810	+0.8337	1706.0	June	1	7 20 21.4794
2	4984.5	16 42 23.5655	22.7364	+0.8291	1707.0		2	7 16 25.5699
3	4985.5	16 46 20.1173	19.2918	+0.8255	1708.0		3	7 12 29.6604
4	4986.5	16 50 16.6712	15.8471	+0.8240	1709.0		4	7 08 33.7509
5	4987.5	16 54 13.2276	12.4025	+0.8251	1710.0		5	7 04 37.8415
6	4988.5	16 58 09.7868	08.9579	+0.8289	1711.0		6	7 00 41.9320
7	4989.5	17 02 06.3482	05.5132	+0.8350	1712.0		7	6 56 46.0225
8	4990.5	17 06 02.9110	02.0686	+0.8424	1713.0		8	6 52 50.1131
9	4991.5	17 09 59.4743	58.6240	+0.8503	1714.0		9	6 48 54.2036
10	4992.5	17 13 56.0370	55.1793	+0.8576	1715.0		10	6 44 58.2941
11	4993.5	17 17 52.5983	51.7347	+0.8636	1716.0		11	6 41 02.3847
12	4994.5	17 21 49.1575	48.2901	+0.8675	1717.0		12	6 37 06.4752
13	4995.5	17 25 45.7145	44.8454	+0.8690	1718.0		13	6 33 10.5657
14	4996.5	17 29 42.2690	41.4008	+0.8682	1719.0		14	6 29 14.6563
15	4997.5	17 33 38.8217	37.9562	+0.8655	1720.0		15	6 25 18.7468
16	4998.5	17 37 35.3732	34.5115	+0.8616	1721.0		16	6 21 22.8373
17	4999.5	17 41 31.9246	31.0669	+0.8577	1722.0		17	6 17 26.9278
18	5000.5	17 45 28.4773	27.6223	+0.8550	1723.0		18	6 13 31.0184
19	5001.5	17 49 25.0327	24.1777	+0.8551	1724.0		19	6 09 35.1089
20	5002.5	17 53 21.5920	20.7330	+0.8590	1725.0		20	6 05 39.1994
21	5003.5	17 57 18.1556	17.2884	+0.8672	1726.0		21	6 01 43.2900
22	5004.5	18 01 14.7227	13.8438	+0.8789	1727.0		22	5 57 47.3805
23	5005.5	18 05 11.2912	10.3991	+0.8921	1728.0		23	5 53 51.4710
24	5006.5	18 09 07.8587	06.9545	+0.9042	1729.0		24	5 49 55.5616
25	5007.5	18 13 04.4227	03.5099	+0.9128	1730.0		25	5 45 59.6521
26	5008.5	18 17 00.9821	00.0652	+0.9169	1731.0		26	5 42 03.7426
27	5009.5	18 20 57.5373	56.6206	+0.9167	1732.0		27	5 38 07.8332
28	5010.5	18 24 54.0895	53.1760	+0.9135	1733.0		28	5 34 11.9237
29	5011.5	18 28 50.6407	49.7313	+0.9093	1734.0		29	5 30 16.0142
30	5012.5	18 32 47.1925	46.2867	+0.9058	1735.0		30	5 26 20.1048
July 1	5013.5	18 36 43.7461	42.8421	+0.9040	1736.0	July	1	5 22 24.1953
2	5014.5	18 40 40.3022	39.3974	+0.9048	1737.0		2	5 18 28.2858

UNIVERSAL AND SIDEREAL TIMES, 2009 B17

Date 0ʰ UT1		Julian Date	G. SIDEREAL TIME (GHA of the Equinox) Apparent	Mean	Equation of Equinoxes at 0ʰ UT1	GSD at 0ʰ GMST	UT1 at 0ʰ GMST (Greenwich Transit of the Mean Equinox)		
		245	h m s	s	s	246			h m s
July	2	5014·5	18 40 40·3022	39·3974	+0·9048	1737·0	July	2	5 18 28·2858
	3	5015·5	18 44 36·8610	35·9528	+0·9082	1738·0		3	5 14 32·3763
	4	5016·5	18 48 33·4219	32·5082	+0·9138	1739·0		4	5 10 36·4669
	5	5017·5	18 52 29·9844	29·0635	+0·9209	1740·0		5	5 06 40·5574
	6	5018·5	18 56 26·5475	25·6189	+0·9286	1741·0		6	5 02 44·6479
	7	5019·5	19 00 23·1103	22·1743	+0·9360	1742·0		7	4 58 48·7385
	8	5020·5	19 04 19·6717	18·7296	+0·9421	1743·0		8	4 54 52·8290
	9	5021·5	19 08 16·2312	15·2850	+0·9462	1744·0		9	4 50 56·9195
	10	5022·5	19 12 12·7883	11·8404	+0·9480	1745·0		10	4 47 01·0101
	11	5023·5	19 16 09·3430	08·3957	+0·9473	1746·0		11	4 43 05·1006
	12	5024·5	19 20 05·8955	04·9511	+0·9444	1747·0		12	4 39 09·1911
	13	5025·5	19 24 02·4466	01·5065	+0·9401	1748·0		13	4 35 13·2817
	14	5026·5	19 27 58·9973	58·0618	+0·9354	1749·0		14	4 31 17·3722
	15	5027·5	19 31 55·5487	54·6172	+0·9315	1750·0		15	4 27 21·4627
	16	5028·5	19 35 52·1022	51·1726	+0·9296	1751·0		16	4 23 25·5532
	17	5029·5	19 39 48·6589	47·7280	+0·9310	1752·0		17	4 19 29·6438
	18	5030·5	19 43 45·2196	44·2833	+0·9363	1753·0		18	4 15 33·7343
	19	5031·5	19 47 41·7839	40·8387	+0·9452	1754·0		19	4 11 37·8248
	20	5032·5	19 51 38·3507	37·3941	+0·9566	1755·0		20	4 07 41·9154
	21	5033·5	19 55 34·9176	33·9494	+0·9682	1756·0		21	4 03 46·0059
	22	5034·5	19 59 31·4823	30·5048	+0·9775	1757·0		22	3 59 50·0964
	23	5035·5	20 03 28·0427	27·0602	+0·9826	1758·0		23	3 55 54·1870
	24	5036·5	20 07 24·5984	23·6155	+0·9828	1759·0		24	3 51 58·2775
	25	5037·5	20 11 21·1502	20·1709	+0·9793	1760·0		25	3 48 02·3680
	26	5038·5	20 15 17·7000	16·7263	+0·9738	1761·0		26	3 44 06·4586
	27	5039·5	20 19 14·2499	13·2816	+0·9683	1762·0		27	3 40 10·5491
	28	5040·5	20 23 10·8014	09·8370	+0·9644	1763·0		28	3 36 14·6396
	29	5041·5	20 27 07·3553	06·3924	+0·9629	1764·0		29	3 32 18·7301
	30	5042·5	20 31 03·9119	02·9477	+0·9641	1765·0		30	3 28 22·8207
	31	5043·5	20 34 60·4708	59·5031	+0·9676	1766·0		31	3 24 26·9112
Aug.	1	5044·5	20 38 57·0313	56·0585	+0·9728	1767·0	Aug.	1	3 20 31·0017
	2	5045·5	20 42 53·5925	52·6138	+0·9787	1768·0		2	3 16 35·0923
	3	5046·5	20 46 50·1536	49·1692	+0·9844	1769·0		3	3 12 39·1828
	4	5047·5	20 50 46·7136	45·7246	+0·9890	1770·0		4	3 08 43·2733
	5	5048·5	20 54 43·2717	42·2799	+0·9918	1771·0		5	3 04 47·3639
	6	5049·5	20 58 39·8275	38·8353	+0·9922	1772·0		6	3 00 51·4544
	7	5050·5	21 02 36·3807	35·3907	+0·9900	1773·0		7	2 56 55·5449
	8	5051·5	21 06 32·9317	31·9460	+0·9856	1774·0		8	2 52 59·6355
	9	5052·5	21 10 29·4809	28·5014	+0·9795	1775·0		9	2 49 03·7260
	10	5053·5	21 14 26·0295	25·0568	+0·9727	1776·0		10	2 45 07·8165
	11	5054·5	21 18 22·5784	21·6121	+0·9663	1777·0		11	2 41 11·9070
	12	5055·5	21 22 19·1291	18·1675	+0·9616	1778·0		12	2 37 15·9976
	13	5056·5	21 26 15·6825	14·7229	+0·9596	1779·0		13	2 33 20·0881
	14	5057·5	21 30 12·2394	11·2783	+0·9611	1780·0		14	2 29 24·1786
	15	5058·5	21 34 08·7998	07·8336	+0·9662	1781·0		15	2 25 28·2692
	16	5059·5	21 38 05·3629	04·3890	+0·9739	1782·0		16	2 21 32·3597
	17	5060·5	21 42 01·9271	00·9444	+0·9828	1783·0		17	2 17 36·4502

UNIVERSAL AND SIDEREAL TIMES, 2009

Date 0ʰ UT1	Julian Date	G. SIDEREAL TIME (GHA of the Equinox) Apparent	Mean	Equation of Equinoxes at 0ʰ UT1	GSD at 0ʰ GMST	UT1 at 0ʰ GMST (Greenwich Transit of the Mean Equinox)		
	245	h m s	s	s	246		h m	s
Aug. 17	5060·5	21 42 01·9271	00·9444	+0·9828	1783·0	Aug. 17	2 17	36·4502
18	5061·5	21 45 58·4902	57·4997	+0·9905	1784·0	18	2 13	40·5408
19	5062·5	21 49 55·0501	54·0551	+0·9950	1785·0	19	2 09	44·6313
20	5063·5	21 53 51·6055	50·6105	+0·9950	1786·0	20	2 05	48·7218
21	5064·5	21 57 48·1565	47·1658	+0·9907	1787·0	21	2 01	52·8124
22	5065·5	22 01 44·7046	43·7212	+0·9834	1788·0	22	1 57	56·9029
23	5066·5	22 05 41·2519	40·2766	+0·9754	1789·0	23	1 54	00·9934
24	5067·5	22 09 37·8004	36·8319	+0·9684	1790·0	24	1 50	05·0839
25	5068·5	22 13 34·3512	33·3873	+0·9639	1791·0	25	1 46	09·1745
26	5069·5	22 17 30·9048	29·9427	+0·9621	1792·0	26	1 42	13·2650
27	5070·5	22 21 27·4610	26·4980	+0·9629	1793·0	27	1 38	17·3555
28	5071·5	22 25 24·0191	23·0534	+0·9657	1794·0	28	1 34	21·4461
29	5072·5	22 29 20·5781	19·6088	+0·9694	1795·0	29	1 30	25·5366
30	5073·5	22 33 17·1373	16·1641	+0·9731	1796·0	30	1 26	29·6271
31	5074·5	22 37 13·6955	12·7195	+0·9760	1797·0	31	1 22	33·7177
Sept. 1	5075·5	22 41 10·2520	09·2749	+0·9771	1798·0	Sept. 1	1 18	37·8082
2	5076·5	22 45 06·8063	05·8302	+0·9761	1799·0	2	1 14	41·8987
3	5077·5	22 49 03·3582	02·3856	+0·9725	1800·0	3	1 10	45·9893
4	5078·5	22 52 59·9076	58·9410	+0·9666	1801·0	4	1 06	50·0798
5	5079·5	22 56 56·4552	55·4963	+0·9588	1802·0	5	1 02	54·1703
6	5080·5	23 00 53·0018	52·0517	+0·9500	1803·0	6	0 58	58·2608
7	5081·5	23 04 49·5485	48·6071	+0·9415	1804·0	7	0 55	02·3514
8	5082·5	23 08 46·0967	45·1624	+0·9343	1805·0	8	0 51	06·4419
9	5083·5	23 12 42·6475	41·7178	+0·9297	1806·0	9	0 47	10·5324
10	5084·5	23 16 39·2016	38·2732	+0·9284	1807·0	10	0 43	14·6230
11	5085·5	23 20 35·7591	34·8286	+0·9305	1808·0	11	0 39	18·7135
12	5086·5	23 24 32·3193	31·3839	+0·9354	1809·0	12	0 35	22·8040
13	5087·5	23 28 28·8810	27·9393	+0·9417	1810·0	13	0 31	26·8946
14	5088·5	23 32 25·4423	24·4947	+0·9476	1811·0	14	0 27	30·9851
15	5089·5	23 36 22·0012	21·0500	+0·9512	1812·0	15	0 23	35·0756
16	5090·5	23 40 18·5564	17·6054	+0·9511	1813·0	16	0 19	39·1662
17	5091·5	23 44 15·1075	14·1608	+0·9467	1814·0	17	0 15	43·2567
18	5092·5	23 48 11·6552	10·7161	+0·9390	1815·0	18	0 11	47·3472
19	5093·5	23 52 08·2012	07·2715	+0·9297	1816·0	19	0 07	51·4377
20	5094·5	23 56 04·7477	03·8269	+0·9208	1817·0	20	0 03	55·5283
					1818·0	20	23 59	59·6188
21	5095·5	0 00 01·2962	00·3822	+0·9139	1819·0	21	23 56	03·7093
22	5096·5	0 03 57·8476	56·9376	+0·9100	1820·0	22	23 52	07·7999
23	5097·5	0 07 54·4020	53·4930	+0·9090	1821·0	23	23 48	11·8904
24	5098·5	0 11 50·9587	50·0483	+0·9103	1822·0	24	23 44	15·9809
25	5099·5	0 15 47·5168	46·6037	+0·9131	1823·0	25	23 40	20·0715
26	5100·5	0 19 44·0753	43·1591	+0·9162	1824·0	26	23 36	24·1620
27	5101·5	0 23 40·6332	39·7144	+0·9187	1825·0	27	23 32	28·2525
28	5102·5	0 27 37·1896	36·2698	+0·9198	1826·0	28	23 28	32·3431
29	5103·5	0 31 33·7440	32·8252	+0·9188	1827·0	29	23 24	36·4336
30	5104·5	0 35 30·2960	29·3805	+0·9155	1828·0	30	23 20	40·5241
Oct. 1	5105·5	0 39 26·8457	25·9359	+0·9098	1829·0	Oct. 1	23 16	44·6147

UNIVERSAL AND SIDEREAL TIMES, 2009

Date 0ʰ UT1		Julian Date	G. SIDEREAL TIME (GHA of the Equinox)		Equation of Equinoxes at 0ʰ UT1	GSD at 0ʰ GMST	UT1 at 0ʰ GMST (Greenwich Transit of the Mean Equinox)		
			Apparent	Mean					
		245	h m s	s	s	246		h m	s
Oct.	1	5105.5	0 39 26.8457	25.9359	+0.9098	1829.0	Oct. 1	23 16	44.6147
	2	5106.5	0 43 23.3934	22.4913	+0.9021	1830.0	2	23 12	48.7052
	3	5107.5	0 47 19.9398	19.0466	+0.8932	1831.0	3	23 08	52.7957
	4	5108.5	0 51 16.4862	15.6020	+0.8842	1832.0	4	23 04	56.8862
	5	5109.5	0 55 13.0337	12.1574	+0.8763	1833.0	5	23 01	00.9768
	6	5110.5	0 59 09.5837	08.7128	+0.8710	1834.0	6	22 57	05.0673
	7	5111.5	1 03 06.1370	05.2681	+0.8689	1835.0	7	22 53	09.1578
	8	5112.5	1 07 02.6939	01.8235	+0.8704	1836.0	8	22 49	13.2484
	9	5113.5	1 10 59.2538	58.3789	+0.8750	1837.0	9	22 45	17.3389
	10	5114.5	1 14 55.8154	54.9342	+0.8812	1838.0	10	22 41	21.4294
	11	5115.5	1 18 52.3769	51.4896	+0.8873	1839.0	11	22 37	25.5200
	12	5116.5	1 22 48.9366	48.0450	+0.8916	1840.0	12	22 33	29.6105
	13	5117.5	1 26 45.4930	44.6003	+0.8926	1841.0	13	22 29	33.7010
	14	5118.5	1 30 42.0456	41.1557	+0.8899	1842.0	14	22 25	37.7916
	15	5119.5	1 34 38.5948	37.7111	+0.8837	1843.0	15	22 21	41.8821
	16	5120.5	1 38 35.1420	34.2664	+0.8755	1844.0	16	22 17	45.9726
	17	5121.5	1 42 31.6889	30.8218	+0.8671	1845.0	17	22 13	50.0631
	18	5122.5	1 46 28.2374	27.3772	+0.8602	1846.0	18	22 09	54.1537
	19	5123.5	1 50 24.7886	23.9325	+0.8561	1847.0	19	22 05	58.2442
	20	5124.5	1 54 21.3429	20.4879	+0.8550	1848.0	20	22 02	02.3347
	21	5125.5	1 58 17.9001	17.0433	+0.8568	1849.0	21	21 58	06.4253
	22	5126.5	2 02 14.4592	13.5986	+0.8606	1850.0	22	21 54	10.5158
	23	5127.5	2 06 11.0191	10.1540	+0.8651	1851.0	23	21 50	14.6063
	24	5128.5	2 10 07.5788	06.7094	+0.8694	1852.0	24	21 46	18.6969
	25	5129.5	2 14 04.1373	03.2647	+0.8725	1853.0	25	21 42	22.7874
	26	5130.5	2 17 60.6939	59.8201	+0.8738	1854.0	26	21 38	26.8779
	27	5131.5	2 21 57.2483	56.3755	+0.8728	1855.0	27	21 34	30.9685
	28	5132.5	2 25 53.8004	52.9308	+0.8696	1856.0	28	21 30	35.0590
	29	5133.5	2 29 50.3504	49.4862	+0.8642	1857.0	29	21 26	39.1495
	30	5134.5	2 33 46.8990	46.0416	+0.8575	1858.0	30	21 22	43.2400
	31	5135.5	2 37 43.4472	42.5969	+0.8502	1859.0	31	21 18	47.3306
Nov.	1	5136.5	2 41 39.9961	39.1523	+0.8438	1860.0	Nov. 1	21 14	51.4211
	2	5137.5	2 45 36.5472	35.7077	+0.8395	1861.0	2	21 10	55.5116
	3	5138.5	2 49 33.1016	32.2631	+0.8385	1862.0	3	21 06	59.6022
	4	5139.5	2 53 29.6598	28.8184	+0.8414	1863.0	4	21 03	03.6927
	5	5140.5	2 57 26.2215	25.3738	+0.8477	1864.0	5	20 59	07.7832
	6	5141.5	3 01 22.7854	21.9292	+0.8562	1865.0	6	20 55	11.8738
	7	5142.5	3 05 19.3496	18.4845	+0.8651	1866.0	7	20 51	15.9643
	8	5143.5	3 09 15.9123	15.0399	+0.8724	1867.0	8	20 47	20.0548
	9	5144.5	3 13 12.4718	11.5953	+0.8765	1868.0	9	20 43	24.1454
	10	5145.5	3 17 09.0275	08.1506	+0.8769	1869.0	10	20 39	28.2359
	11	5146.5	3 21 05.5798	04.7060	+0.8738	1870.0	11	20 35	32.3264
	12	5147.5	3 25 02.1298	01.2614	+0.8684	1871.0	12	20 31	36.4169
	13	5148.5	3 28 58.6792	57.8167	+0.8624	1872.0	13	20 27	40.5075
	14	5149.5	3 32 55.2296	54.3721	+0.8575	1873.0	14	20 23	44.5980
	15	5150.5	3 36 51.7823	50.9275	+0.8549	1874.0	15	20 19	48.6885
	16	5151.5	3 40 48.3381	47.4828	+0.8553	1875.0	16	20 15	52.7791

UNIVERSAL AND SIDEREAL TIMES, 2009

Date 0ʰ UT1	Julian Date	G. SIDEREAL TIME (GHA of the Equinox) Apparent	Mean	Equation of Equinoxes at 0ʰ UT1	GSD at 0ʰ GMST	UT1 at 0ʰ GMST (Greenwich Transit of the Mean Equinox)
	245	h m s	s	s	246	h m s
Nov. 16	5151·5	3 40 48·3381	47·4828	+0·8553	1875·0	Nov. 16 20 15 52·7791
17	5152·5	3 44 44·8968	44·0382	+0·8586	1876·0	17 20 11 56·8696
18	5153·5	3 48 41·4579	40·5936	+0·8644	1877·0	18 20 08 00·9601
19	5154·5	3 52 38·0203	37·1489	+0·8714	1878·0	19 20 04 05·0507
20	5155·5	3 56 34·5828	33·7043	+0·8785	1879·0	20 20 00 09·1412
21	5156·5	4 00 31·1444	30·2597	+0·8848	1880·0	21 19 56 13·2317
22	5157·5	4 04 27·7044	26·8150	+0·8893	1881·0	22 19 52 17·3223
23	5158·5	4 08 24·2621	23·3704	+0·8917	1882·0	23 19 48 21·4128
24	5159·5	4 12 20·8176	19·9258	+0·8918	1883·0	24 19 44 25·5033
25	5160·5	4 16 17·3709	16·4811	+0·8897	1884·0	25 19 40 29·5938
26	5161·5	4 20 13·9225	13·0365	+0·8860	1885·0	26 19 36 33·6844
27	5162·5	4 24 10·4734	09·5919	+0·8815	1886·0	27 19 32 37·7749
28	5163·5	4 28 07·0245	06·1473	+0·8772	1887·0	28 19 28 41·8654
29	5164·5	4 32 03·5772	02·7026	+0·8746	1888·0	29 19 24 45·9560
30	5165·5	4 35 60·1327	59·2580	+0·8747	1889·0	30 19 20 50·0465
Dec. 1	5166·5	4 39 56·6920	55·8134	+0·8787	1890·0	Dec. 1 19 16 54·1370
2	5167·5	4 43 53·2552	52·3687	+0·8865	1891·0	2 19 12 58·2276
3	5168·5	4 47 49·8215	48·9241	+0·8974	1892·0	3 19 09 02·3181
4	5169·5	4 51 46·3889	45·4795	+0·9095	1893·0	4 19 05 06·4086
5	5170·5	4 55 42·9553	42·0348	+0·9204	1894·0	5 19 01 10·4992
6	5171·5	4 59 39·5186	38·5902	+0·9284	1895·0	6 18 57 14·5897
7	5172·5	5 03 36·0778	35·1456	+0·9322	1896·0	7 18 53 18·6802
8	5173·5	5 07 32·6331	31·7009	+0·9322	1897·0	8 18 49 22·7707
9	5174·5	5 11 29·1857	28·2563	+0·9294	1898·0	9 18 45 26·8613
10	5175·5	5 15 25·7372	24·8117	+0·9256	1899·0	10 18 41 30·9518
11	5176·5	5 19 22·2894	21·3670	+0·9224	1900·0	11 18 37 35·0423
12	5177·5	5 23 18·8435	17·9224	+0·9211	1901·0	12 18 33 39·1329
13	5178·5	5 27 15·4004	14·4778	+0·9227	1902·0	13 18 29 43·2234
14	5179·5	5 31 11·9602	11·0331	+0·9271	1903·0	14 18 25 47·3139
15	5180·5	5 35 08·5224	07·5885	+0·9339	1904·0	15 18 21 51·4045
16	5181·5	5 39 05·0861	04·1439	+0·9422	1905·0	16 18 17 55·4950
17	5182·5	5 43 01·6503	00·6992	+0·9511	1906·0	17 18 13 59·5855
18	5183·5	5 46 58·2139	57·2546	+0·9593	1907·0	18 18 10 03·6761
19	5184·5	5 50 54·7759	53·8100	+0·9659	1908·0	19 18 06 07·7666
20	5185·5	5 54 51·3358	50·3653	+0·9704	1909·0	20 18 02 11·8571
21	5186·5	5 58 47·8933	46·9207	+0·9725	1910·0	21 17 58 15·9476
22	5187·5	6 02 44·4484	43·4761	+0·9724	1911·0	22 17 54 20·0382
23	5188·5	6 06 41·0017	40·0314	+0·9703	1912·0	23 17 50 24·1287
24	5189·5	6 10 37·5539	36·5868	+0·9671	1913·0	24 17 46 28·2192
25	5190·5	6 14 34·1059	33·1422	+0·9637	1914·0	25 17 42 32·3098
26	5191·5	6 18 30·6588	29·6976	+0·9612	1915·0	26 17 38 36·4003
27	5192·5	6 22 27·2139	26·2529	+0·9610	1916·0	27 17 34 40·4908
28	5193·5	6 26 23·7722	22·8083	+0·9639	1917·0	28 17 30 44·5814
29	5194·5	6 30 20·3342	19·3637	+0·9706	1918·0	29 17 26 48·6719
30	5195·5	6 34 16·8999	15·9190	+0·9808	1919·0	30 17 22 52·7624
31	5196·5	6 38 13·4677	12·4744	+0·9934	1920·0	31 17 18 56·8530
32	5197·5	6 42 10·0357	09·0298	+1·0059	1921·0	32 17 15 00·9435

UNIVERSAL TIME AND EARTH ROTATION ANGLE, 2009

Date 0ʰ UT1		Julian Date	Earth Rotation Angle θ	Equation of Origins E_o	Date 0ʰ UT1		Julian Date	Earth Rotation Angle θ	Equation of Origins E_o
		245	° ′ ″	′ ″			245	° ′ ″	′ ″
Jan.	0	4831.5	99 40 31.4514	− 7 07.3056	Feb.	15	4877.5	145 00 48.8463	− 7 14.0716
	1	4832.5	100 39 39.6557	− 7 07.4352		16	4878.5	145 59 57.0506	− 7 14.1816
	2	4833.5	101 38 47.8599	− 7 07.5318		17	4879.5	146 59 05.2548	− 7 14.3272
	3	4834.5	102 37 56.0641	− 7 07.6068		18	4880.5	147 58 13.4590	− 7 14.5000
	4	4835.5	103 37 04.2684	− 7 07.6775		19	4881.5	148 57 21.6633	− 7 14.6883
	5	4836.5	104 36 12.4726	− 7 07.7654		20	4882.5	149 56 29.8675	− 7 14.8788
	6	4837.5	105 35 20.6769	− 7 07.8931		21	4883.5	150 55 38.0718	− 7 15.0579
	7	4838.5	106 34 28.8811	− 7 08.0785		22	4884.5	151 54 46.2760	− 7 15.2128
	8	4839.5	107 33 37.0853	− 7 08.3285		23	4885.5	152 53 54.4802	− 7 15.3338
	9	4840.5	108 32 45.2896	− 7 08.6324		24	4886.5	153 53 02.6845	− 7 15.4153
	10	4841.5	109 31 53.4938	− 7 08.9610		25	4887.5	154 52 10.8887	− 7 15.4584
	11	4842.5	110 31 01.6980	− 7 09.2744		26	4888.5	155 51 19.0929	− 7 15.4715
	12	4843.5	111 30 09.9023	− 7 09.5359		27	4889.5	156 50 27.2972	− 7 15.4704
	13	4844.5	112 29 18.1065	− 7 09.7266		28	4890.5	157 49 35.5014	− 7 15.4757
	14	4845.5	113 28 26.3107	− 7 09.8499	Mar.	1	4891.5	158 48 43.7057	− 7 15.5091
	15	4846.5	114 27 34.5150	− 7 09.9265		2	4892.5	159 47 51.9099	− 7 15.5884
	16	4847.5	115 26 42.7192	− 7 09.9841		3	4893.5	160 47 00.1141	− 7 15.7228
	17	4848.5	116 25 50.9235	− 7 10.0482		4	4894.5	161 46 08.3184	− 7 15.9093
	18	4849.5	117 24 59.1277	− 7 10.1370		5	4895.5	162 45 16.5226	− 7 16.1321
	19	4850.5	118 24 07.3319	− 7 10.2604		6	4896.5	163 44 24.7268	− 7 16.3653
	20	4851.5	119 23 15.5362	− 7 10.4206		7	4897.5	164 43 32.9311	− 7 16.5784
	21	4852.5	120 22 23.7404	− 7 10.6135		8	4898.5	165 42 41.1353	− 7 16.7446
	22	4853.5	121 21 31.9446	− 7 10.8306		9	4899.5	166 41 49.3396	− 7 16.8491
	23	4854.5	122 20 40.1489	− 7 11.0601		10	4900.5	167 40 57.5438	− 7 16.8941
	24	4855.5	123 19 48.3531	− 7 11.2882		11	4901.5	168 40 05.7480	− 7 16.8971
	25	4856.5	124 18 56.5574	− 7 11.5010		12	4902.5	169 39 13.9523	− 7 16.8848
	26	4857.5	125 18 04.7616	− 7 11.6860		13	4903.5	170 38 22.1565	− 7 16.8840
	27	4858.5	126 17 12.9658	− 7 11.8345		14	4904.5	171 37 30.3607	− 7 16.9143
	28	4859.5	127 16 21.1701	− 7 11.9432		15	4905.5	172 36 38.5650	− 7 16.9853
	29	4860.5	128 15 29.3743	− 7 12.0155		16	4906.5	173 35 46.7692	− 7 17.0965
	30	4861.5	129 14 37.5785	− 7 12.0618		17	4907.5	174 34 54.9735	− 7 17.2404
	31	4862.5	130 13 45.7828	− 7 12.0986		18	4908.5	175 34 03.1777	− 7 17.4052
Feb.	1	4863.5	131 12 53.9870	− 7 12.1463		19	4909.5	176 33 11.3819	− 7 17.5770
	2	4864.5	132 12 02.1913	− 7 12.2259		20	4910.5	177 32 19.5862	− 7 17.7421
	3	4865.5	133 11 10.3955	− 7 12.3544		21	4911.5	178 31 27.7904	− 7 17.8877
	4	4866.5	134 10 18.5997	− 7 12.5404		22	4912.5	179 30 35.9946	− 7 18.0035
	5	4867.5	135 09 26.8040	− 7 12.7796		23	4913.5	180 29 44.1989	− 7 18.0827
	6	4868.5	136 08 35.0082	− 7 13.0528		24	4914.5	181 28 52.4031	− 7 18.1240
	7	4869.5	137 07 43.2124	− 7 13.3285		25	4915.5	182 28 00.6073	− 7 18.1329
	8	4870.5	138 06 51.4167	− 7 13.5714		26	4916.5	183 27 08.8116	− 7 18.1225
	9	4871.5	139 05 59.6209	− 7 13.7543		27	4917.5	184 26 17.0158	− 7 18.1128
	10	4872.5	140 05 07.8252	− 7 13.8678		28	4918.5	185 25 25.2201	− 7 18.1271
	11	4873.5	141 04 16.0294	− 7 13.9230		29	4919.5	186 24 33.4243	− 7 18.1862
	12	4874.5	142 03 24.2336	− 7 13.9450		30	4920.5	187 23 41.6285	− 7 18.3025
	13	4875.5	143 02 32.4379	− 7 13.9628		31	4921.5	188 22 49.8328	− 7 18.4749
	14	4876.5	144 01 40.6421	− 7 14.0002	Apr.	1	4922.5	189 21 58.0370	− 7 18.6883
	15	4877.5	145 00 48.8463	− 7 14.0716		2	4923.5	190 21 06.2412	− 7 18.9168

$$\text{GHA} = \theta - \alpha_i, \qquad \alpha_i = \alpha_e + E_o$$

α_i, α_e are the right ascensions with respect to the CIO and the true equinox of date, respectively.

UNIVERSAL TIME AND EARTH ROTATION ANGLE, 2009

Date 0ʰ UT1	Julian Date	Earth Rotation Angle θ	Equation of Origins E_o	Date 0ʰ UT1	Julian Date	Earth Rotation Angle θ	Equation of Origins E_o
	245	° ′ ″	′ ″		245	° ′ ″	′ ″
Apr. 1	4922.5	189 21 58.0370	− 7 18.6883	May 17	4968.5	234 42 15.4319	− 7 24.4103
2	4923.5	190 21 06.2412	− 7 18.9168	18	4969.5	235 41 23.6362	− 7 24.4947
3	4924.5	191 20 14.4455	− 7 19.1309	19	4970.5	236 40 31.8404	− 7 24.5528
4	4925.5	192 19 22.6497	− 7 19.3048	20	4971.5	237 39 40.0446	− 7 24.5981
5	4926.5	193 18 30.8540	− 7 19.4232	21	4972.5	238 38 48.2489	− 7 24.6503
6	4927.5	194 17 39.0582	− 7 19.4848	22	4973.5	239 37 56.4531	− 7 24.7326
7	4928.5	195 16 47.2624	− 7 19.5023	23	4974.5	240 37 04.6573	− 7 24.8668
8	4929.5	196 15 55.4667	− 7 19.4978	24	4975.5	241 36 12.8616	− 7 25.0657
9	4930.5	197 15 03.6709	− 7 19.4970	25	4976.5	242 35 21.0658	− 7 25.3259
10	4931.5	198 14 11.8751	− 7 19.5217	26	4977.5	243 34 29.2700	− 7 25.6250
11	4932.5	199 13 20.0794	− 7 19.5857	27	4978.5	244 33 37.4743	− 7 25.9280
12	4933.5	200 12 28.2836	− 7 19.6929	28	4979.5	245 32 45.6785	− 7 26.1989
13	4934.5	201 11 36.4879	− 7 19.8383	29	4980.5	246 31 53.8828	− 7 26.4130
14	4935.5	202 10 44.6921	− 7 20.0107	30	4981.5	247 31 02.0870	− 7 26.5636
15	4936.5	203 09 52.8963	− 7 20.1960	31	4982.5	248 30 10.2912	− 7 26.6609
16	4937.5	204 09 01.1006	− 7 20.3797	June 1	4983.5	249 29 18.4955	− 7 26.7259
17	4938.5	205 08 09.3048	− 7 20.5482	2	4984.5	250 28 26.6997	− 7 26.7833
18	4939.5	206 07 17.5090	− 7 20.6908	3	4985.5	251 27 34.9039	− 7 26.8556
19	4940.5	207 06 25.7133	− 7 20.8000	4	4986.5	252 26 43.1082	− 7 26.9591
20	4941.5	208 05 33.9175	− 7 20.8731	5	4987.5	253 25 51.3124	− 7 27.1023
21	4942.5	209 04 42.1217	− 7 20.9130	6	4988.5	254 24 59.5167	− 7 27.2855
22	4943.5	210 03 50.3260	− 7 20.9294	7	4989.5	255 24 07.7209	− 7 27.5020
23	4944.5	211 02 58.5302	− 7 20.9394	8	4990.5	256 23 15.9251	− 7 27.7399
24	4945.5	212 02 06.7345	− 7 20.9657	9	4991.5	257 22 24.1294	− 7 27.9844
25	4946.5	213 01 14.9387	− 7 21.0320	10	4992.5	258 21 32.3336	− 7 28.2209
26	4947.5	214 00 23.1429	− 7 21.1563	11	4993.5	259 20 40.5378	− 7 28.4362
27	4948.5	214 59 31.3472	− 7 21.3434	12	4994.5	260 19 48.7421	− 7 28.6210
28	4949.5	215 58 39.5514	− 7 21.5812	13	4995.5	261 18 56.9463	− 7 28.7705
29	4950.5	216 57 47.7556	− 7 21.8431	14	4996.5	262 18 05.1506	− 7 28.8850
30	4951.5	217 56 55.9599	− 7 22.0964	15	4997.5	263 17 13.3548	− 7 28.9705
May 1	4952.5	218 56 04.1641	− 7 22.3119	16	4998.5	264 16 21.5590	− 7 29.0384
2	4953.5	219 55 12.3684	− 7 22.4722	17	4999.5	265 15 29.7633	− 7 29.1053
3	4954.5	220 54 20.5726	− 7 22.5748	18	5000.5	266 14 37.9675	− 7 29.1918
4	4955.5	221 53 28.7768	− 7 22.6311	19	5001.5	267 13 46.1717	− 7 29.3192
5	4956.5	222 52 36.9811	− 7 22.6614	20	5002.5	268 12 54.3760	− 7 29.5048
6	4957.5	223 51 45.1853	− 7 22.6896	21	5003.5	269 12 02.5802	− 7 29.7541
7	4958.5	224 50 53.3895	− 7 22.7376	22	5004.5	270 11 10.7845	− 7 30.0557
8	4959.5	225 50 01.5938	− 7 22.8211	23	5005.5	271 10 18.9887	− 7 30.3798
9	4960.5	226 49 09.7980	− 7 22.9468	24	5006.5	272 09 27.1929	− 7 30.6871
10	4961.5	227 48 18.0023	− 7 23.1132	25	5007.5	273 08 35.3972	− 7 30.9430
11	4962.5	228 47 26.2065	− 7 23.3111	26	5008.5	274 07 43.6014	− 7 31.1302
12	4963.5	229 46 34.4107	− 7 23.5273	27	5009.5	275 06 51.8056	− 7 31.2532
13	4964.5	230 45 42.6150	− 7 23.7464	28	5010.5	276 06 00.0099	− 7 31.3326
14	4965.5	231 44 50.8192	− 7 23.9543	29	5011.5	277 05 08.2141	− 7 31.3959
15	4966.5	232 43 59.0234	− 7 24.1390	30	5012.5	278 04 16.4183	− 7 31.4684
16	4967.5	233 43 07.2277	− 7 24.2922	July 1	5013.5	279 03 24.6226	− 7 31.5687
17	4968.5	234 42 15.4319	− 7 24.4103	2	5014.5	280 02 32.8268	− 7 31.7065

$$\text{GHA} = \theta - \alpha_i, \qquad \alpha_i = \alpha_e + E_o$$

α_i, α_e are the right ascensions with respect to the CIO and the true equinox of date, respectively.

UNIVERSAL TIME AND EARTH ROTATION ANGLE, 2009

Date 0ʰ UT1		Julian Date	Earth Rotation Angle θ ° ′ ″	Equation of Origins E_o ′ ″	Date 0ʰ UT1		Julian Date	Earth Rotation Angle θ ° ′ ″	Equation of Origins E_o ′ ″
		245					245		
July	1	5013.5	279 03 24.6226	− 7 31.5687	Aug.	16	5059.5	324 23 42.0175	− 7 38.4261
	2	5014.5	280 02 32.8268	− 7 31.7065		17	5060.5	325 22 50.2217	− 7 38.6850
	3	5015.5	281 01 41.0311	− 7 31.8834		18	5061.5	326 21 58.4260	− 7 38.9273
	4	5016.5	282 00 49.2353	− 7 32.0937		19	5062.5	327 21 06.6302	− 7 39.1210
	5	5017.5	282 59 57.4395	− 7 32.3268		20	5063.5	328 20 14.8344	− 7 39.2474
	6	5018.5	283 59 05.6438	− 7 32.5691		21	5064.5	329 19 23.0387	− 7 39.3087
	7	5019.5	284 58 13.8480	− 7 32.8060		22	5065.5	330 18 31.2429	− 7 39.3265
	8	5020.5	285 57 22.0522	− 7 33.0238		23	5066.5	331 17 39.4472	− 7 39.3319
	9	5021.5	286 56 30.2565	− 7 33.2120		24	5067.5	332 16 47.6514	− 7 39.3541
	10	5022.5	287 55 38.4607	− 7 33.3644		25	5068.5	333 15 55.8556	− 7 39.4118
	11	5023.5	288 54 46.6650	− 7 33.4800		26	5069.5	334 15 04.0599	− 7 39.5118
	12	5024.5	289 53 54.8692	− 7 33.5638		27	5070.5	335 14 12.2641	− 7 39.6504
	13	5025.5	290 53 03.0734	− 7 33.6259		28	5071.5	336 13 20.4683	− 7 39.8176
	14	5026.5	291 52 11.2777	− 7 33.6814		29	5072.5	337 12 28.6726	− 7 39.9996
	15	5027.5	292 51 19.4819	− 7 33.7486		30	5073.5	338 11 36.8768	− 7 40.1821
	16	5028.5	293 50 27.6861	− 7 33.8471		31	5074.5	339 10 45.0810	− 7 40.3511
	17	5029.5	294 49 35.8904	− 7 33.9939	Sept.	1	5075.5	340 09 53.2853	− 7 40.4950
	18	5030.5	295 48 44.0946	− 7 34.1990		2	5076.5	341 09 01.4895	− 7 40.6055
	19	5031.5	296 47 52.2989	− 7 34.4596		3	5077.5	342 08 09.6938	− 7 40.6786
	20	5032.5	297 47 00.5031	− 7 34.7568		4	5078.5	343 07 17.8980	− 7 40.7160
	21	5033.5	298 46 08.7073	− 7 35.0573		5	5079.5	344 06 26.1022	− 7 40.7254
	22	5034.5	299 45 16.9116	− 7 35.3229		6	5080.5	345 05 34.3065	− 7 40.7200
	23	5035.5	300 44 25.1158	− 7 35.5249		7	5081.5	346 04 42.5107	− 7 40.7173
	24	5036.5	301 43 33.3200	− 7 35.6552		8	5082.5	347 03 50.7149	− 7 40.7363
	25	5037.5	302 42 41.5243	− 7 35.7282		9	5083.5	348 02 58.9192	− 7 40.7937
	26	5038.5	303 41 49.7285	− 7 35.7717		10	5084.5	349 02 07.1234	− 7 40.9005
	27	5039.5	304 40 57.9327	− 7 35.8158		11	5085.5	350 01 15.3277	− 7 41.0583
	28	5040.5	305 40 06.1370	− 7 35.8836		12	5086.5	351 00 23.5319	− 7 41.2578
	29	5041.5	306 39 14.3412	− 7 35.9883		13	5087.5	351 59 31.7361	− 7 41.4788
	30	5042.5	307 38 22.5455	− 7 36.1325		14	5088.5	352 58 39.9404	− 7 41.6938
	31	5043.5	308 37 30.7497	− 7 36.3116		15	5089.5	353 57 48.1446	− 7 41.8740
Aug.	1	5044.5	309 36 38.9539	− 7 36.5151		16	5090.5	354 56 56.3488	− 7 41.9979
	2	5045.5	310 35 47.1582	− 7 36.7300		17	5091.5	355 56 04.5531	− 7 42.0594
	3	5046.5	311 34 55.3624	− 7 36.9420		18	5092.5	356 55 12.7573	− 7 42.0703
	4	5047.5	312 34 03.5666	− 7 37.1374		19	5093.5	357 54 20.9616	− 7 42.0567
	5	5048.5	313 33 11.7709	− 7 37.3050		20	5094.5	358 53 29.1658	− 7 42.0491
	6	5049.5	314 32 19.9751	− 7 37.4371		21	5095.5	359 52 37.3700	− 7 42.0723
	7	5050.5	315 31 28.1794	− 7 37.5315		22	5096.5	0 51 45.5743	− 7 42.1394
	8	5051.5	316 30 36.3836	− 7 37.5914		23	5097.5	1 50 53.7785	− 7 42.2508
	9	5052.5	317 29 44.5878	− 7 37.6261		24	5098.5	2 50 01.9827	− 7 42.3974
	10	5053.5	318 28 52.7921	− 7 37.6499		25	5099.5	3 49 10.1870	− 7 42.5651
	11	5054.5	319 28 00.9963	− 7 37.6803		26	5100.5	4 48 18.3912	− 7 42.7382
	12	5055.5	320 27 09.2005	− 7 37.7358		27	5101.5	5 47 26.5955	− 7 42.9021
	13	5056.5	321 26 17.4048	− 7 37.8328		28	5102.5	6 46 34.7997	− 7 43.0443
	14	5057.5	322 25 25.6090	− 7 37.9818		29	5103.5	7 45 43.0039	− 7 43.1560
	15	5058.5	323 24 33.8133	− 7 38.1834		30	5104.5	8 44 51.2082	− 7 43.2323
	16	5059.5	324 23 42.0175	− 7 38.4261	Oct.	1	5105.5	9 43 59.4124	− 7 43.2730

$$GHA = \theta - \alpha_i, \qquad \alpha_i = \alpha_e + E_o$$

α_i, α_e are the right ascensions with respect to the CIO and the true equinox of date, respectively.

UNIVERSAL TIME AND EARTH ROTATION ANGLE, 2009

Date 0^h UT1	Julian Date 245	Earth Rotation Angle θ ° ′ ″	Equation of Origins E_o ′ ″	Date 0^h UT1	Julian Date 245	Earth Rotation Angle θ ° ′ ″	Equation of Origins E_o ′ ″
Oct. 1	5105.5	9 43 59.4124	− 7 43.2730	Nov. 16	5151.5	55 04 16.8073	− 7 48.2641
2	5106.5	10 43 07.6166	− 7 43.2839	17	5152.5	56 03 25.0115	− 7 48.4412
3	5107.5	11 42 15.8209	− 7 43.2765	18	5153.5	57 02 33.2158	− 7 48.6531
4	5108.5	12 41 24.0251	− 7 43.2675	19	5154.5	58 01 41.4200	− 7 48.8845
5	5109.5	13 40 32.2293	− 7 43.2765	20	5155.5	59 00 49.6243	− 7 49.1181
6	5110.5	14 39 40.4336	− 7 43.3222	21	5156.5	59 59 57.8285	− 7 49.3382
7	5111.5	15 38 48.6378	− 7 43.4179	22	5157.5	60 59 06.0327	− 7 49.5329
8	5112.5	16 37 56.8421	− 7 43.5669	23	5158.5	61 58 14.2370	− 7 49.6950
9	5113.5	17 37 05.0463	− 7 43.7608	24	5159.5	62 57 22.4412	− 7 49.8223
10	5114.5	18 36 13.2505	− 7 43.9802	25	5160.5	63 56 30.6454	− 7 49.9175
11	5115.5	19 35 21.4548	− 7 44.1988	26	5161.5	64 55 38.8497	− 7 49.9881
12	5116.5	20 34 29.6590	− 7 44.3893	27	5162.5	65 54 47.0539	− 7 50.0464
13	5117.5	21 33 37.8632	− 7 44.5312	28	5163.5	66 53 55.2582	− 7 50.1091
14	5118.5	22 32 46.0675	− 7 44.6161	29	5164.5	67 53 03.4624	− 7 50.1953
15	5119.5	23 31 54.2717	− 7 44.6502	30	5165.5	68 52 11.6666	− 7 50.3242
16	5120.5	24 31 02.4760	− 7 44.6537	Dec. 1	5166.5	69 51 19.8709	− 7 50.5093
17	5121.5	25 30 10.6802	− 7 44.6536	2	5167.5	70 50 28.0751	− 7 50.7532
18	5122.5	26 29 18.8844	− 7 44.6764	3	5168.5	71 49 36.2793	− 7 51.0427
19	5123.5	27 28 27.0887	− 7 44.7402	4	5169.5	72 48 44.4836	− 7 51.3501
20	5124.5	28 27 35.2929	− 7 44.8513	5	5170.5	73 47 52.6878	− 7 51.6412
21	5125.5	29 26 43.4971	− 7 45.0044	6	5171.5	74 47 00.8920	− 7 51.8864
22	5126.5	30 25 51.7014	− 7 45.1865	7	5172.5	75 46 09.0963	− 7 52.0704
23	5127.5	31 24 59.9056	− 7 45.3812	8	5173.5	76 45 17.3005	− 7 52.1960
24	5128.5	32 24 08.1099	− 7 45.5719	9	5174.5	77 44 25.5048	− 7 52.2806
25	5129.5	33 23 16.3141	− 7 45.7450	10	5175.5	78 43 33.7090	− 7 52.3494
26	5130.5	34 22 24.5183	− 7 45.8903	11	5176.5	79 42 41.9132	− 7 52.4277
27	5131.5	35 21 32.7226	− 7 46.0021	12	5177.5	80 41 50.1175	− 7 52.5356
28	5132.5	36 20 40.9268	− 7 46.0792	13	5178.5	81 40 58.3217	− 7 52.6848
29	5133.5	37 19 49.1310	− 7 46.1255	14	5179.5	82 40 06.5259	− 7 52.8770
30	5134.5	38 18 57.3353	− 7 46.1503	15	5180.5	83 39 14.7302	− 7 53.1055
31	5135.5	39 18 05.5395	− 7 46.1683	16	5181.5	84 38 22.9344	− 7 53.3572
Nov. 1	5136.5	40 17 13.7438	− 7 46.1983	17	5182.5	85 37 31.1387	− 7 53.6158
2	5137.5	41 16 21.9480	− 7 46.2604	18	5183.5	86 36 39.3429	− 7 53.8650
3	5138.5	42 15 30.1522	− 7 46.3717	19	5184.5	87 35 47.5471	− 7 54.0912
4	5139.5	43 14 38.3565	− 7 46.5404	20	5185.5	88 34 55.7514	− 7 54.2852
5	5140.5	44 13 46.5607	− 7 46.7613	21	5186.5	89 34 03.9556	− 7 54.4432
6	5141.5	45 12 54.7649	− 7 47.0157	22	5187.5	90 33 12.1598	− 7 54.5666
7	5142.5	46 12 02.9692	− 7 47.2753	23	5188.5	91 32 20.3641	− 7 54.6620
8	5143.5	47 11 11.1734	− 7 47.5105	24	5189.5	92 31 28.5683	− 7 54.7401
9	5144.5	48 10 19.3776	− 7 47.6988	25	5190.5	93 30 36.7726	− 7 54.8154
10	5145.5	49 09 27.5819	− 7 47.8304	26	5191.5	94 29 44.9768	− 7 54.9051
11	5146.5	50 08 35.7861	− 7 47.9105	27	5192.5	95 28 53.1810	− 7 55.0271
12	5147.5	51 07 43.9904	− 7 47.9565	28	5193.5	96 28 01.3853	− 7 55.1972
13	5148.5	52 06 52.1946	− 7 47.9928	29	5194.5	97 27 09.5895	− 7 55.4240
14	5149.5	53 06 00.3988	− 7 48.0447	30	5195.5	98 26 17.7937	− 7 55.7041
15	5150.5	54 05 08.6031	− 7 48.1317	31	5196.5	99 25 25.9980	− 7 56.0181
16	5151.5	55 04 16.8073	− 7 48.2641	32	5197.5	100 24 34.2022	− 7 56.3333

$$\text{GHA} = \theta - \alpha_i, \qquad \alpha_i = \alpha_e + E_o$$

α_i, α_e are the right ascensions with respect to the CIO and the true equinox of date, respectively.

REDUCTION OF CELESTIAL COORDINATES

Purpose, explanation and arrangement

The formulae, tables and ephemerides in the remainder of this section are mainly intended to provide for the reduction of celestial coordinates (especially of right ascension, declination and hour angle) from one reference system to another; in particular from a position in the International Celestial Reference System (ICRS) to a geocentric apparent or intermediate position, but some of the data may be used for other purposes.

Formulae and numerical values are given for the separate steps in such reductions, i.e. for proper motion, parallax, light-deflection, aberration on pages B27–B29, and for frame bias, precession and nutation on pages B50–B56. Formulae are given for full-precision reductions using vectors and rotation matrices on pages B48–B50. The examples given use **both** the long-standing equator and equinox of date system, as well as the Celestial Intermediate Reference System (equator and CIO of date)(see pages B66–B75). Finally, formulae and numerical values are given for the reduction from geocentric to topocentric place on pages B84–B86. Background information is given in the *Notes and References* and in the *Glossary*, while vector and matrix algebra, including the rotation matrices, is given on pages K18–K19.

Notation and units

The following is a list of some frequently used coordinate systems and their designations and include the practical consequences of adoption of the ICRS, IAU 2000 resolutions B1.6, B1.7 and B1.8, and IAU 2006 resolutions 1 and 2.

1. Barycentric Celestial Reference System (BCRS): a system of barycentric space-time coordinates for the solar system within the framework of General Relativity. For all practical applications, the BCRS is assumed to be oriented according to the ICRS axes, the directions of which are realized by the International Celestial Reference Frame. The ICRS is not identical to the system defined by the dynamical mean equator and equinox of J2000·0, although the difference in orientation is only about $0\rlap{.}''02$.

2. The Geocentric Celestial Reference System (GCRS): is a system of geocentric space-time coordinates within the framework of General Relativity. The directions of the GCRS axes are obtained from those of the BCRS (ICRS) by a relativistic transformation. Positions of stars obtained from ICRS reference data, corrected for proper motion, parallax, light-bending, and aberration (for a geocentric observer) are with respect to the GCRS. The same is true for planetary positions, although the corrections are somewhat different.

3. The J2000·0 dynamical reference system; mean equator and equinox of J2000·0; a geocentric system where the origin of right ascension is the intersection of the mean ecliptic and equator of J2000·0; the system in which the IAU 2000 precession-nutation is defined. For precise applications a small rotation (frame bias, see B50) should be made to GCRS positions before precession and nutation are applied. The J2000·0 system may also be barycentric, for example as the reference system for catalogues.

4. The mean system of date (m); mean equator and equinox of date.

5. The true system of date (t); true equator and equinox of date: a geocentric system of date, the pole of which is the celestial intermediate pole (CIP), with the origin of right ascension at the equinox on the true equator of date (intermediate equator). It is a system "between" the GCRS and the Terrestrial Intermediate Reference System that separates the components labelled precession-nutation and polar motion.

6. The Celestial Intermediate Reference System (i): the IAU recommended geocentric system of date, the pole of which is the celestial intermediate pole (CIP), with the origin of right ascension at the celestial intermediate origin (CIO) which is located on the intermediate equator (true equator of date). It is a system "between" (*intermediate*) the GCRS and the Terrestrial Intermediate Reference System that separates the components labelled precession-nutation and polar motion.

REDUCTION OF CELESTIAL COORDINATES

Notation and units (continued)

7. The Terrestrial Intermediate Reference System: a rotating geocentric system of date, the pole of which is the celestial intermediate pole (CIP), with the origin of longitude the terrestrial intermediate origin (TIO), which is located on the intermediate equator (true equator of date). The plane containing the geocentre, the CIP, and TIO is the fundamental plane of this system and is called the TIO meridian and corresponds to the astronomical zero meridian.

8. The International Terrestrial Reference System (ITRS): a geodetic system realized by the International Terrestrial Reference Frame (ITRF2000), see page K11. The CIP and TIO of the Terrestrial Intermediate Reference System differ from the geodetic pole and zero-longitude point on the geodetic equator by the effects of polar motion (page B84).

Summary

No.	System	Equator/Pole	Origin on the Equator	Epoch
1	BCRS (ICRS)	ICRS equator and pole	ICRS (RA)	—
2	GCRS	ICRS (see 2 above)	ICRS (RA)	—
3	J2000·0	mean equator	mean equinox (RA)	J2000·0
4	Mean (m)	mean equator	mean equinox (RA)	date
5	True (t)	equator/CIP	true equinox (RA)	date
6	Intermediate (i)	equator/CIP	CIO (RA)	date
7	Terrestrial	equator/CIP	TIO (GHA)	date
8	ITRS	geodetic equator/pole	longitude (λ_{ITRS})	date

- The true equator of date, the intermediate equator, the instantaneous equator are all terms for the plane orthogonal to the direction of the CIP, which in this volume will be referred to as the "equator of date". Declinations, apparent or intermediate, derived using either equinox-based or CIO-based methods, respectively, are identical.

- The origin of the right ascension system may be one of five different locations (ICRS origin, J2000·0, mean equinox, true equinox, or the CIO). The notation will make it clear which is being referred to when necessary.

- The celestial intermediate origin (CIO) is the chosen origin of the Celestial Intermediate Reference System. It has no instantaneous motion along the equator as the equator's orientation is space changes, and is therefore referred to as a "non-rotating" origin. The CIO makes the relationship between UT1 and Earth rotation a simple linear function (see page B8). Right ascensions measured from this origin are called intermediate right ascensions or CIO right ascensions.

- The only difference between apparent and intermediate right ascensions is the position of the origin on the equator. When using the equator and equinox of date system, right ascension is measured from the equinox and is called apparent right ascension. When using the Celestial Intermediate Reference System, right ascension is measured from the CIO, and is called intermediate right ascension.

- Apparent right ascension is subtracted from Greenwich apparent sidereal time to give hour angle (GHA).

- Intermediate right ascension is subtracted from Earth rotation angle to give hour angle (GHA).

Matrices

$\mathbf{R}_1, \mathbf{R}_2, \mathbf{R}_3$ rotation matrices $\mathbf{R}_n(\phi)$, $n = 1, 2, 3$, where the original system is rotated about its x, y, or z-axis by the angle ϕ, counterclockwise as viewed from the $+x$, $+y$ or $+z$ direction, respectively (see page K19 for information on matrices).

$\mathbf{R}_\Sigma$ Matrix transformation of the GCRS to the equator and GCRS origin of date. An intermediary matrix which locates and relates origins, see pages B9 and B49.

Notation and units (continued)

Matrices for Equinox-Based Techniques

B   Bias matrix: transformation of the GCRS to J2000·0 system, mean equator and equinox of J2000·0, see page B50.

P   Precession matrix: transformation of the J2000·0 system to the mean equator and equinox of date, see page B51.

N   Nutation matrix: transformation of the mean equator and equinox of date to equator and equinox of date, see page B55.

M = NPB   Celestial to equator and equinox of date matrix: transformation of the GCRS to the true equator and equinox of date, see page B50.

R$_3$(GAST)   Earth rotation matrix: transformation of the true equator and equinox of date to the Terrestrial Intermediate Reference System (origin is the TIO).

Matrices for CIO-Based Techniques

C   Celestial to Intermediate matrix: transformation of the GCRS to the Celestial Intermediate Reference System (equator and CIO of date). **C** includes frame bias and precession-nutation, see page B49.

R$_3(\theta)$ Earth rotation matrix: transformation of the Celestial Intermediate Reference System to the Terrestrial Intermediate Reference System (origin is the TIO).

Other terms

t an epoch expressed in terms of the Julian year; (see page B3); the difference between two epochs represents a time-interval expressed in Julian years; subscripts zero and one are used to indicate the epoch of a catalogue place, usually the standard epoch of J2000·0, and the epoch of the middle of a Julian year (here shortened to "epoch of year"), respectively.

T an interval of time expressed in Julian centuries of 36 525 days; usually measured from J2000·0, i.e. from JD 245 1545·0 TT.

$\mathbf{r}_m, \mathbf{r}_t, \mathbf{r}_i$ column position vectors (see page K18), with respect to mean equinox, true equinox, and intermediate system, respectively.

α, δ, π right ascension, declination and annual parallax; in the formulae for computation, right ascension and related quantities are expressed in time-measure ($1^h = 15°$, etc.), while declination and related quantities, including annual parallax, are expressed in angular measure, unless the contrary is indicated.

α_e, α_i equinox and intermediate right ascensions, respectively; α_e is measured from the equinox, while α_i is measured from the CIO.

μ_α, μ_δ components of proper motion in right ascension and declination. **Check the units** carefully. Modern catalogues usually use mas/year, where the $\cos\delta$ factor has been included in μ_α.

λ, β ecliptic longitude and latitude.

Ω, i, ω orbital elements referred to the ecliptic; longitude of ascending node, inclination, argument of perihelion.

X, Y, Z rectangular coordinates of the Earth with respect to the barycentre of the solar system, referred to the ICRS and expressed in astronomical units (au).

$\dot{X}, \dot{Y}, \dot{Z}$ first derivatives of X, Y, Z with respect to time expressed in TDB days.

Approximate reduction for proper motion

In its simplest form the reduction for the proper motion is given by:

$$\alpha = \alpha_0 + (t - t_0)\mu_\alpha \quad \text{or} \quad \alpha = \alpha_0 + (t - t_0)\mu_\alpha / \cos\delta$$
$$\delta = \delta_0 + (t - t_0)\mu_\delta$$

where the rate of the proper motions are per year. In some cases it is necessary to allow also for second-order terms, radial velocity and orbital motion, but appropriate formulae are usually given in the catalogue (see page B72).

Approximate reduction for annual parallax

The reduction for annual parallax from the catalogue place (α_0, δ_0) to the geocentric place (α, δ) is given by:

$$\alpha = \alpha_0 + (\pi/15 \cos \delta_0)(X \sin \alpha_0 - Y \cos \alpha_0)$$
$$\delta = \delta_0 + \pi(X \cos \alpha_0 \sin \delta_0 + Y \sin \alpha_0 \sin \delta_0 - Z \cos \delta_0)$$

where X, Y, Z are the coordinates of the Earth tabulated on pages B76-B83. Expressions for X, Y, Z may be obtained from page C5, since $X = -x$, $Y = -y$, $Z = -z$.

The times of reception of periodic phenomena, such as pulsar signals, may be reduced to a common origin at the barycentre by adding the light-time corresponding to the component of the Earth's position vector along the direction to the object; that is by adding to the observed times $(X \cos \alpha \cos \delta + Y \sin \alpha \cos \delta + Z \sin \delta)/c$, where the velocity of light, $c = 173.14$ au/d, and the light time for 1 au, $1/c = 0^d.005\,7755$.

Approximate reduction for light-deflection

The apparent direction of a star or a body in the solar system may be significantly affected by the deflection of light in the gravitational field of the Sun. The elongation (E) from the centre of the Sun is increased by an amount (ΔE) that, for a star, depends on the elongation in the following manner:

$$\Delta E = 0''.004\,07/\tan(E/2)$$

E	$0°.25$	$0°.5$	$1°$	$2°$	$5°$	$10°$	$20°$	$50°$	$90°$
ΔE	$1''.866$	$0''.933$	$0''.466$	$0''.233$	$0''.093$	$0''.047$	$0''.023$	$0''.009$	$0''.004$

The body disappears behind the Sun when E is less than the limiting grazing value of about $0°.25$. The effects in right ascension and declination may be calculated approximately from:

$$\cos E = \sin \delta \sin \delta_0 + \cos \delta \cos \delta_0 \cos(\alpha - \alpha_0)$$
$$\Delta \alpha = 0^s.000\,271 \cos \delta_0 \sin(\alpha - \alpha_0)/(1 - \cos E) \cos \delta$$
$$\Delta \delta = 0''.004\,07[\sin \delta \cos \delta_0 \cos(\alpha - \alpha_0) - \cos \delta \sin \delta_0]/(1 - \cos E)$$

where α, δ refer to the star, and α_0, δ_0 to the Sun. See also page B67 *Step 3*.

Approximate reduction for annual aberration

The reduction for annual aberration from a geometric geocentric place (α_0, δ_0) to an apparent geocentric place (α, δ) is given by:

$$\alpha = \alpha_0 + (-\dot{X} \sin \alpha_0 + \dot{Y} \cos \alpha_0)/(c \cos \delta_0)$$
$$\delta = \delta_0 + (-\dot{X} \cos \alpha_0 \sin \delta_0 - \dot{Y} \sin \alpha_0 \sin \delta_0 + \dot{Z} \cos \delta_0)/c$$

where $c = 173.14$ au/d, and $\dot{X}, \dot{Y}, \dot{Z}$ are the velocity components of the Earth given on pages B76-B83. Alternatively, but to lower precision, it is possible to use the expressions

$$\dot{X} = +0.0172 \sin \lambda \qquad \dot{Y} = -0.0158 \cos \lambda \qquad \dot{Z} = -0.0068 \cos \lambda$$

where the apparent longitude of the Sun, λ, is given by the expression on page C5. The reduction may also be carried out by using the vector-matrix technique (see page B67 *Step 4*) when full precision is required.

Measurements of radial velocity may be reduced to a common origin at the barycentre by adding the component of the Earth's velocity in the direction of the object; that is by adding

$$\dot{X} \cos \alpha_0 \cos \delta_0 + \dot{Y} \sin \alpha_0 \cos \delta_0 + \dot{Z} \sin \delta_0$$

Traditional reduction for planetary aberration

In the case of a body in the solar system, the apparent direction at the instant of observation (t) differs from the geometric direction at that instant because of (a) the motion of the body during the light-time and (b) the motion of the Earth relative to the reference system in which light propagation is computed. The reduction may be carried out in two stages: (i) by combining the barycentric position of the body at time $t - \Delta t$, where Δt is the light-time, with the barycentric position of the Earth at time t, and then (ii) by applying the correction for annual aberration as described above. Alternatively it is possible to interpolate the geometric (geocentric) ephemeris of the body to the time $t - \Delta t$; it is usually sufficient to subtract the product of the light-time and the first derivative of the coordinate. The light-time Δt in days is given by the distance in au between the body and the Earth, multiplied by 0·005 7755; strictly, the light-time corresponds to the distance from the position of the Earth at time t to the position of the body at time $t - \Delta t$ (i.e. some iteration is required), but it is usually sufficient to use the geocentric distance at time t.

Differential aberration

The corrections for differential annual aberration to be added to the observed differences (in the sense moving object minus star) of right ascension and declination to give the true differences are:

$$\text{in right ascension} \quad a\,\Delta\alpha + b\,\Delta\delta \quad \text{in units of } 0\!\!\stackrel{s}{\cdot}001$$
$$\text{in declination} \quad c\,\Delta\alpha + d\,\Delta\delta \quad \text{in units of } 0\!\!\stackrel{''}{\cdot}01$$

where $\Delta\alpha$, $\Delta\delta$ are the observed differences in units of 1^m and $1'$ respectively, and where a, b, c, d are coefficients defined by:

$$a = -5\cdot701 \cos(H + \alpha) \sec\delta \qquad b = -0\cdot380 \sin(H + \alpha) \sec\delta \tan\delta$$
$$c = +8\cdot552 \sin(H + \alpha) \sin\delta \qquad d = -0\cdot570 \cos(H + \alpha) \cos\delta$$
$$H^h = 23\cdot4 - (\text{day of year}/15\cdot2)$$

The day of year is tabulated on pages B4–B5.

GCRS positions

For objects with reference data (catalogue coordinates or ephemerides) expressed in the ICRS, the application of corrections for proper motion and parallax (for stars), light-time (for solar system objects), light deflection, and annual aberration results in a position referred to the GCRS, which is sometimes called the *proper place*.

Astrometric positions

An astrometric place is the direction of a solar system body formed by applying the correction for the barycentric motion of this body during the light time to the geometric geocentric position referred to the ICRS. Such a position is then directly comparable with the astrometric position of a star formed by applying the corrections for proper motion and annual parallax to the ICRS (or J2000) catalog direction. The gravitational deflection of light is ignored since it will generally be similar (although not identical) for the solar system body and background stars. For high-accuracy applications, gravitational light deflection effects need to be considered, and the adopted policy declared.

MATRIX ELEMENTS FOR CONVERSION FROM GCRS TO EQUATOR AND EQUINOX OF DATE FOR 0^h TERRESTRIAL TIME

Date 0^h TT	$M_{1,1}-1$	$M_{1,2}$	$M_{1,3}$	$M_{2,1}$	$M_{2,2}-1$	$M_{2,3}$	$M_{3,1}$	$M_{3,2}$	$M_{3,3}-1$
Jan. 0	-25509	$-2071\,6457$	$-900\,0112$	$+2071\,6215$	-21462	$-27\,7658$	$+900\,0668$	$+25\,9013$	-4054
1	-25524	$-2072\,2744$	$-900\,2844$	$+2072\,2500$	-21475	$-27\,9734$	$+900\,3404$	$+26\,1077$	-4056
2	-25536	$-2072\,7429$	$-900\,4881$	$+2072\,7184$	-21485	$-28\,1296$	$+900\,5445$	$+26\,2631$	-4058
3	-25545	$-2073\,1065$	$-900\,6463$	$+2073\,0819$	-21492	$-28\,2025$	$+900\,7028$	$+26\,3354$	-4060
4	-25553	$-2073\,4491$	$-900\,7954$	$+2073\,4245$	-21499	$-28\,1718$	$+900\,8519$	$+26\,3040$	-4061
5	-25564	$-2073\,8752$	$-900\,9808$	$+2073\,8508$	-21508	$-28\,0348$	$+901\,0370$	$+26\,1662$	-4063
6	-25579	$-2074\,4939$	$-901\,2496$	$+2074\,4697$	-21521	$-27\,8122$	$+901\,3053$	$+25\,9425$	-4065
7	-25601	$-2075\,3927$	$-901\,6398$	$+2075\,3687$	-21540	$-27\,5508$	$+901\,6951$	$+25\,6795$	-4069
8	-25631	$-2076\,6044$	$-902\,1657$	$+2076\,5806$	-21565	$-27\,3182$	$+902\,2205$	$+25\,4447$	-4073
9	-25667	$-2078\,0775$	$-902\,8050$	$+2078\,0538$	-21595	$-27\,1874$	$+902\,8595$	$+25\,3113$	-4079
10	-25707	$-2079\,6709$	$-903\,4963$	$+2079\,6471$	-21628	$-27\,2108$	$+903\,5510$	$+25\,3318$	-4085
11	-25744	$-2081\,1902$	$-904\,1556$	$+2081\,1662$	-21660	$-27\,3955$	$+904\,2106$	$+25\,5137$	-4091
12	-25776	$-2082\,4584$	$-904\,7060$	$+2082\,4342$	-21687	$-27\,6958$	$+904\,7617$	$+25\,8118$	-4096
13	-25799	$-2083\,3832$	$-905\,1075$	$+2083\,3587$	-21706	$-28\,0313$	$+905\,1640$	$+26\,1455$	-4100
14	-25813	$-2083\,9811$	$-905\,3673$	$+2083\,9563$	-21718	$-28\,3193$	$+905\,4244$	$+26\,4324$	-4102
15	-25823	$-2084\,3527$	$-905\,5290$	$+2084\,3278$	-21726	$-28\,5032$	$+905\,5865$	$+26\,6158$	-4104
16	-25830	$-2084\,6321$	$-905\,6508$	$+2084\,6071$	-21732	$-28\,5640$	$+905\,7083$	$+26\,6760$	-4105
17	-25837	$-2084\,9428$	$-905\,7860$	$+2084\,9178$	-21738	$-28\,5143$	$+905\,8435$	$+26\,6257$	-4106
18	-25848	$-2085\,3733$	$-905\,9733$	$+2085\,3485$	-21747	$-28\,3870$	$+906\,0305$	$+26\,4976$	-4108
19	-25863	$-2085\,9714$	$-906\,2332$	$+2085\,9467$	-21760	$-28\,2231$	$+906\,2901$	$+26\,3327$	-4110
20	-25882	$-2086\,7477$	$-906\,5703$	$+2086\,7231$	-21776	$-28\,0633$	$+906\,6269$	$+26\,1715$	-4113
21	-25905	$-2087\,6830$	$-906\,9764$	$+2087\,6585$	-21796	$-27\,9427$	$+907\,0327$	$+26\,0491$	-4117
22	-25931	$-2088\,7355$	$-907\,4333$	$+2088\,7111$	-21817	$-27\,8880$	$+907\,4896$	$+25\,9926$	-4121
23	-25959	$-2089\,8480$	$-907\,9162$	$+2089\,8235$	-21841	$-27\,9159$	$+907\,9725$	$+26\,0184$	-4125
24	-25986	$-2090\,9539$	$-908\,3962$	$+2090\,9293$	-21864	$-28\,0313$	$+908\,4528$	$+26\,1318$	-4130
25	-26012	$-2091\,9856$	$-908\,8441$	$+2091\,9608$	-21886	$-28\,2267$	$+908\,9011$	$+26\,3253$	-4134
26	-26034	$-2092\,8828$	$-909\,2336$	$+2092\,8578$	-21904	$-28\,4823$	$+909\,2913$	$+26\,5793$	-4138
27	-26052	$-2093\,6030$	$-909\,5465$	$+2093\,5777$	-21919	$-28\,7677$	$+909\,6047$	$+26\,8634$	-4141
28	-26065	$-2094\,1301$	$-909\,7756$	$+2094\,1045$	-21931	$-29\,0454$	$+909\,8344$	$+27\,1402$	-4143
29	-26074	$-2094\,4805$	$-909\,9281$	$+2094\,4547$	-21938	$-29\,2766$	$+909\,9874$	$+27\,3707$	-4144
30	-26080	$-2094\,7049$	$-910\,0260$	$+2094\,6790$	-21943	$-29\,4273$	$+910\,0856$	$+27\,5210$	-4145
31	-26084	$-2094\,8834$	$-910\,1039$	$+2094\,8574$	-21947	$-29\,4758$	$+910\,1637$	$+27\,5692$	-4146
Feb. 1	-26090	$-2095\,1147$	$-910\,2048$	$+2095\,0888$	-21951	$-29\,4178$	$+910\,2645$	$+27\,5108$	-4147
2	-26100	$-2095\,5004$	$-910\,3726$	$+2095\,4746$	-21959	$-29\,2706$	$+910\,4320$	$+27\,3629$	-4148
3	-26115	$-2096\,1233$	$-910\,6433$	$+2096\,0977$	-21972	$-29\,0733$	$+910\,7022$	$+27\,1644$	-4151
4	-26138	$-2097\,0250$	$-911\,0348$	$+2096\,9996$	-21991	$-28\,8822$	$+911\,0933$	$+26\,9717$	-4154
5	-26166	$-2098\,1844$	$-911\,5380$	$+2098\,1590$	-22016	$-28\,7607$	$+911\,5963$	$+26\,8481$	-4159
6	-26199	$-2099\,5086$	$-912\,1127$	$+2099\,4832$	-22043	$-28\,7628$	$+912\,1711$	$+26\,8478$	-4164
7	-26233	$-2100\,8454$	$-912\,6928$	$+2100\,8199$	-22071	$-28\,9135$	$+912\,7515$	$+26\,9961$	-4169
8	-26262	$-2102\,0234$	$-913\,2041$	$+2101\,9976$	-22096	$-29\,1952$	$+913\,2635$	$+27\,2756$	-4174
9	-26284	$-2102\,9103$	$-913\,5892$	$+2102\,8841$	-22115	$-29\,5486$	$+913\,6493$	$+27\,6273$	-4178
10	-26298	$-2103\,4607$	$-913\,8284$	$+2103\,4343$	-22127	$-29\,8923$	$+913\,8893$	$+27\,9700$	-4180
11	-26305	$-2103\,7284$	$-913\,9451$	$+2103\,7017$	-22132	$-30\,1525$	$+914\,0065$	$+28\,2297$	-4181
12	-26308	$-2103\,8353$	$-913\,9920$	$+2103\,8085$	-22135	$-30\,2867$	$+914\,0537$	$+28\,3638$	-4181
13	-26310	$-2103\,9216$	$-914\,0300$	$+2103\,8948$	-22136	$-30\,2914$	$+914\,0917$	$+28\,3683$	-4182
14	-26314	$-2104\,1029$	$-914\,1092$	$+2104\,0762$	-22140	$-30\,1937$	$+914\,1707$	$+28\,2703$	-4183
15	-26323	$-2104\,4488$	$-914\,2598$	$+2104\,4222$	-22147	$-30\,0374$	$+914\,3209$	$+28\,1133$	-4184

M = NPB. Values are in units of 10^{-10}. Matrix used with GAST (B13–B20). CIP is $\mathcal{X} = M_{3,1}$, $\mathcal{Y} = M_{3,2}$.

MATRIX ELEMENTS FOR CONVERSION FROM GCRS TO EQUATOR & CELESTIAL INTERMEDIATE ORIGIN OF DATE FOR 0^h TERRESTRIAL TIME

Julian Date	$C_{1,1}-1$	$C_{1,2}$	$C_{1,3}$	$C_{2,1}$	$C_{2,2}-1$	$C_{2,3}$	$C_{3,1}$	$C_{3,2}$	$C_{3,3}-1$
245									
4831·5	− 4051	− 118	− 900 0668	− 115	− 3	− 25 9013	+ 900 0668	+ 25 9013	− 4054
4832·5	− 4053	− 118	− 900 3404	− 117	− 3	− 26 1077	+ 900 3404	+ 26 1077	− 4056
4833·5	− 4055	− 118	− 900 5445	− 118	− 3	− 26 2631	+ 900 5445	+ 26 2631	− 4058
4834·5	− 4056	− 118	− 900 7028	− 119	− 3	− 26 3354	+ 900 7028	+ 26 3354	− 4060
4835·5	− 4058	− 118	− 900 8519	− 119	− 3	− 26 3040	+ 900 8519	+ 26 3040	− 4061
4836·5	− 4059	− 118	− 901 0370	− 117	− 3	− 26 1662	+ 901 0370	+ 26 1662	− 4063
4837·5	− 4062	− 119	− 901 3053	− 115	− 3	− 25 9425	+ 901 3053	+ 25 9425	− 4065
4838·5	− 4065	− 119	− 901 6951	− 113	− 3	− 25 6795	+ 901 6951	+ 25 6795	− 4069
4839·5	− 4070	− 119	− 902 2205	− 111	− 3	− 25 4447	+ 902 2205	+ 25 4447	− 4073
4840·5	− 4076	− 119	− 902 8595	− 110	− 3	− 25 3113	+ 902 8595	+ 25 3113	− 4079
4841·5	− 4082	− 119	− 903 5510	− 110	− 3	− 25 3318	+ 903 5510	+ 25 3318	− 4085
4842·5	− 4088	− 119	− 904 2106	− 111	− 3	− 25 5137	+ 904 2106	+ 25 5137	− 4091
4843·5	− 4093	− 119	− 904 7617	− 114	− 3	− 25 8118	+ 904 7617	+ 25 8118	− 4096
4844·5	− 4097	− 119	− 905 1640	− 117	− 3	− 26 1455	+ 905 1640	+ 26 1455	− 4100
4845·5	− 4099	− 120	− 905 4244	− 120	− 3	− 26 4324	+ 905 4244	+ 26 4324	− 4102
4846·5	− 4100	− 120	− 905 5865	− 121	− 4	− 26 6158	+ 905 5865	+ 26 6158	− 4104
4847·5	− 4102	− 120	− 905 7083	− 122	− 4	− 26 6760	+ 905 7083	+ 26 6760	− 4105
4848·5	− 4103	− 120	− 905 8435	− 122	− 4	− 26 6257	+ 905 8435	+ 26 6257	− 4106
4849·5	− 4104	− 120	− 906 0305	− 120	− 4	− 26 4976	+ 906 0305	+ 26 4976	− 4108
4850·5	− 4107	− 120	− 906 2901	− 119	− 3	− 26 3327	+ 906 2901	+ 26 3327	− 4110
4851·5	− 4110	− 120	− 906 6269	− 117	− 3	− 26 1715	+ 906 6269	+ 26 1715	− 4113
4852·5	− 4114	− 120	− 907 0327	− 116	− 3	− 26 0491	+ 907 0327	+ 26 0491	− 4117
4853·5	− 4118	− 120	− 907 4896	− 116	− 3	− 25 9926	+ 907 4896	+ 25 9926	− 4121
4854·5	− 4122	− 120	− 907 9725	− 116	− 3	− 26 0184	+ 907 9725	+ 26 0184	− 4125
4855·5	− 4126	− 120	− 908 4528	− 117	− 3	− 26 1318	+ 908 4528	+ 26 1318	− 4130
4856·5	− 4131	− 120	− 908 9011	− 119	− 3	− 26 3253	+ 908 9011	+ 26 3253	− 4134
4857·5	− 4134	− 121	− 909 2913	− 121	− 4	− 26 5793	+ 909 2913	+ 26 5793	− 4138
4858·5	− 4137	− 121	− 909 6047	− 124	− 4	− 26 8634	+ 909 6047	+ 26 8634	− 4141
4859·5	− 4139	− 121	− 909 8344	− 126	− 4	− 27 1402	+ 909 8344	+ 27 1402	− 4143
4860·5	− 4140	− 121	− 909 9874	− 128	− 4	− 27 3707	+ 909 9874	+ 27 3707	− 4144
4861·5	− 4141	− 121	− 910 0856	− 130	− 4	− 27 5210	+ 910 0856	+ 27 5210	− 4145
4862·5	− 4142	− 121	− 910 1637	− 130	− 4	− 27 5692	+ 910 1637	+ 27 5692	− 4146
4863·5	− 4143	− 121	− 910 2645	− 130	− 4	− 27 5108	+ 910 2645	+ 27 5108	− 4147
4864·5	− 4144	− 121	− 910 4320	− 128	− 4	− 27 3629	+ 910 4320	+ 27 3629	− 4148
4865·5	− 4147	− 121	− 910 7022	− 126	− 4	− 27 1644	+ 910 7022	+ 27 1644	− 4151
4866·5	− 4150	− 121	− 911 0933	− 125	− 4	− 26 9717	+ 911 0933	+ 26 9717	− 4154
4867·5	− 4155	− 121	− 911 5963	− 124	− 4	− 26 8481	+ 911 5963	+ 26 8481	− 4159
4868·5	− 4160	− 121	− 912 1711	− 124	− 4	− 26 8478	+ 912 1711	+ 26 8478	− 4164
4869·5	− 4166	− 122	− 912 7515	− 125	− 4	− 26 9961	+ 912 7515	+ 26 9961	− 4169
4870·5	− 4170	− 122	− 913 2635	− 127	− 4	− 27 2756	+ 913 2635	+ 27 2756	− 4174
4871·5	− 4174	− 122	− 913 6493	− 131	− 4	− 27 6273	+ 913 6493	+ 27 6273	− 4178
4872·5	− 4176	− 122	− 913 8893	− 134	− 4	− 27 9700	+ 913 8893	+ 27 9700	− 4180
4873·5	− 4177	− 122	− 914 0065	− 136	− 4	− 28 2297	+ 914 0065	+ 28 2297	− 4181
4874·5	− 4177	− 122	− 914 0537	− 137	− 4	− 28 3638	+ 914 0537	+ 28 3638	− 4181
4875·5	− 4178	− 122	− 914 0917	− 137	− 4	− 28 3683	+ 914 0917	+ 28 3683	− 4182
4876·5	− 4179	− 122	− 914 1707	− 137	− 4	− 28 2703	+ 914 1707	+ 28 2703	− 4183
4877·5	− 4180	− 122	− 914 3209	− 135	− 4	− 28 1133	+ 914 3209	+ 28 1133	− 4184

Values are in units of 10^{-10}. Matrix used with ERA (B21–B24). CIP is $\mathcal{X} = C_{3,1}$, $\mathcal{Y} = C_{3,2}$

MATRIX ELEMENTS FOR CONVERSION FROM
GCRS TO EQUATOR AND EQUINOX OF DATE
FOR 0^h TERRESTRIAL TIME

Date 0^h TT	$M_{1,1}-1$	$M_{1,2}$	$M_{1,3}$	$M_{2,1}$	$M_{2,2}-1$	$M_{2,3}$	$M_{3,1}$	$M_{3,2}$	$M_{3,3}-1$
Feb. 15	−26323	−2104 4488	− 914 2598	+2104 4222	−22147	−30 0374	+ 914 3209	+28 1133	− 4184
16	−26336	−2104 9820	− 914 4915	+2104 9556	−22159	−29 8688	+ 914 5524	+27 9438	− 4186
17	−26354	−2105 6878	− 914 7981	+2105 6614	−22173	−29 7285	+ 914 8587	+27 8022	− 4189
18	−26375	−2106 5253	− 915 1618	+2106 4991	−22191	−29 6469	+ 915 2222	+27 7191	− 4192
19	−26398	−2107 4382	− 915 5582	+2107 4120	−22210	−29 6431	+ 915 6186	+27 7136	− 4196
20	−26421	−2108 3619	− 915 9592	+2108 3356	−22230	−29 7242	+ 916 0198	+27 7930	− 4199
21	−26443	−2109 2301	− 916 3362	+2109 2036	−22248	−29 8859	+ 916 3972	+27 9531	− 4203
22	−26461	−2109 9815	− 916 6625	+2109 9548	−22264	−30 1119	+ 916 7240	+28 1777	− 4206
23	−26476	−2110 5679	− 916 9174	+2110 5410	−22277	−30 3752	+ 916 9794	+28 4400	− 4208
24	−26486	−2110 9633	− 917 0893	+2110 9361	−22285	−30 6400	+ 917 1520	+28 7040	− 4210
25	−26491	−2111 1723	− 917 1806	+2111 1449	−22289	−30 8660	+ 917 2437	+28 9296	− 4211
26	−26493	−2111 2362	− 917 2089	+2111 2086	−22291	−31 0153	+ 917 2723	+29 0788	− 4211
27	−26493	−2111 2308	− 917 2071	+2111 2032	−22291	−31 0606	+ 917 2706	+29 1241	− 4211
28	−26494	−2111 2563	− 917 2188	+2111 2288	−22291	−30 9929	+ 917 2822	+29 0563	− 4211
Mar. 1	−26498	−2111 4181	− 917 2895	+2111 3907	−22295	−30 8265	+ 917 3525	+28 8897	− 4212
2	−26507	−2111 8025	− 917 4568	+2111 7753	−22303	−30 5989	+ 917 5193	+28 6613	− 4213
3	−26524	−2112 4538	− 917 7397	+2112 4268	−22316	−30 3644	+ 917 8018	+28 4257	− 4216
4	−26546	−2113 3577	− 918 1322	+2113 3309	−22335	−30 1832	+ 918 1939	+28 2428	− 4219
5	−26573	−2114 4382	− 918 6012	+2114 4114	−22358	−30 1065	+ 918 6628	+28 1641	− 4224
6	−26602	−2115 5688	− 919 0919	+2115 5420	−22382	−30 1624	+ 919 1537	+28 2180	− 4228
7	−26628	−2116 6018	− 919 5404	+2116 5748	−22404	−30 3453	+ 919 6025	+28 3990	− 4232
8	−26648	−2117 4077	− 919 8903	+2117 3804	−22421	−30 6142	+ 919 9531	+28 6663	− 4236
9	−26661	−2117 9148	− 920 1108	+2117 8873	−22432	−30 9023	+ 920 1742	+28 9535	− 4238
10	−26666	−2118 1330	− 920 2060	+2118 1052	−22437	−31 1372	+ 920 2699	+29 1880	− 4239
11	−26667	−2118 1476	− 920 2129	+2118 1197	−22437	−31 2632	+ 920 2771	+29 3140	− 4239
12	−26665	−2118 0879	− 920 1876	+2118 0601	−22436	−31 2568	+ 920 2518	+29 3077	− 4239
13	−26665	−2118 0839	− 920 1865	+2118 0562	−22436	−31 1297	+ 920 2504	+29 1806	− 4239
14	−26669	−2118 2310	− 920 2509	+2118 2034	−22439	−30 9194	+ 920 3143	+28 9700	− 4239
15	−26678	−2118 5749	− 920 4005	+2118 5476	−22446	−30 6745	+ 920 4635	+28 7245	− 4240
16	−26691	−2119 1140	− 920 6349	+2119 0869	−22457	−30 4421	+ 920 6973	+28 4911	− 4242
17	−26709	−2119 8116	− 920 9379	+2119 7847	−22472	−30 2593	+ 921 0000	+28 3071	− 4245
18	−26729	−2120 6102	− 921 2847	+2120 5834	−22489	−30 1502	+ 921 3466	+28 1965	− 4248
19	−26750	−2121 4433	− 921 6465	+2121 4164	−22507	−30 1252	+ 921 7083	+28 1699	− 4252
20	−26770	−2122 2436	− 921 9940	+2122 2167	−22524	−30 1824	+ 922 0560	+28 2256	− 4255
21	−26788	−2122 9497	− 922 3007	+2122 9227	−22539	−30 3085	+ 922 3630	+28 3504	− 4258
22	−26802	−2123 5112	− 922 5447	+2123 4840	−22551	−30 4800	+ 922 6074	+28 5209	− 4260
23	−26812	−2123 8955	− 922 7120	+2123 8681	−22559	−30 6648	+ 922 7750	+28 7050	− 4262
24	−26817	−2124 0960	− 922 7995	+2124 0684	−22563	−30 8243	+ 922 8629	+28 8642	− 4263
25	−26818	−2124 1391	− 922 8188	+2124 1115	−22564	−30 9188	+ 922 8824	+28 9585	− 4263
26	−26817	−2124 0889	− 922 7976	+2124 0612	−22563	−30 9146	+ 922 8612	+28 9544	− 4263
27	−26815	−2124 0418	− 922 7778	+2124 0143	−22562	−30 7937	+ 922 8411	+28 8336	− 4262
28	−26817	−2124 1108	− 922 8083	+2124 0835	−22563	−30 5620	+ 922 8711	+28 6018	− 4263
29	−26824	−2124 3974	− 922 9331	+2124 3703	−22569	−30 2527	+ 922 9953	+28 2919	− 4264
30	−26839	−2124 9610	− 923 1780	+2124 9342	−22581	−29 9211	+ 923 2395	+27 9593	− 4266
31	−26860	−2125 7966	− 923 5409	+2125 7702	−22599	−29 6318	+ 923 6018	+27 6685	− 4269
Apr. 1	−26886	−2126 8309	− 923 9899	+2126 8046	−22621	−29 4407	+ 924 0504	+27 4754	− 4273
2	−26914	−2127 9389	− 924 4708	+2127 9126	−22644	−29 3790	+ 924 5313	+27 4117	− 4278

$M = NPB$. Values are in units of 10^{-10}. Matrix used with GAST (B13–B20). CIP is $\mathcal{X} = M_{3,1}$, $\mathcal{Y} = M_{3,2}$.

FRAME BIAS, PRECESSION AND NUTATION, 2009

MATRIX ELEMENTS FOR CONVERSION FROM
GCRS TO EQUATOR & CELESTIAL INTERMEDIATE ORIGIN OF DATE
FOR 0^h TERRESTRIAL TIME

Julian Date	$C_{1,1}-1$	$C_{1,2}$	$C_{1,3}$	$C_{2,1}$	$C_{2,2}-1$	$C_{2,3}$	$C_{3,1}$	$C_{3,2}$	$C_{3,3}-1$
245									
4877.5	− 4180	− 122	− 914 3209	− 135	− 4	− 28 1133	+ 914 3209	+ 28 1133	− 4184
4878.5	− 4182	− 122	− 914 5524	− 134	− 4	− 27 9438	+ 914 5524	+ 27 9438	− 4186
4879.5	− 4185	− 122	− 914 8587	− 132	− 4	− 27 8022	+ 914 8587	+ 27 8022	− 4189
4880.5	− 4188	− 122	− 915 2222	− 132	− 4	− 27 7191	+ 915 2222	+ 27 7191	− 4192
4881.5	− 4192	− 122	− 915 6186	− 131	− 4	− 27 7136	+ 915 6186	+ 27 7136	− 4196
4882.5	− 4195	− 122	− 916 0198	− 132	− 4	− 27 7930	+ 916 0198	+ 27 7930	− 4199
4883.5	− 4199	− 123	− 916 3972	− 134	− 4	− 27 9531	+ 916 3972	+ 27 9531	− 4203
4884.5	− 4202	− 123	− 916 7240	− 136	− 4	− 28 1777	+ 916 7240	+ 28 1777	− 4206
4885.5	− 4204	− 123	− 916 9794	− 138	− 4	− 28 4400	+ 916 9794	+ 28 4400	− 4208
4886.5	− 4206	− 123	− 917 1520	− 141	− 4	− 28 7040	+ 917 1520	+ 28 7040	− 4210
4887.5	− 4207	− 123	− 917 2437	− 143	− 4	− 28 9296	+ 917 2437	+ 28 9296	− 4211
4888.5	− 4207	− 123	− 917 2723	− 144	− 4	− 29 0788	+ 917 2723	+ 29 0788	− 4211
4889.5	− 4207	− 123	− 917 2706	− 144	− 4	− 29 1241	+ 917 2706	+ 29 1241	− 4211
4890.5	− 4207	− 123	− 917 2822	− 144	− 4	− 29 0563	+ 917 2822	+ 29 0563	− 4211
4891.5	− 4208	− 123	− 917 3525	− 142	− 4	− 28 8897	+ 917 3525	+ 28 8897	− 4212
4892.5	− 4209	− 123	− 917 5193	− 140	− 4	− 28 6613	+ 917 5193	+ 28 6613	− 4213
4893.5	− 4212	− 123	− 917 8018	− 138	− 4	− 28 4257	+ 917 8018	+ 28 4257	− 4216
4894.5	− 4215	− 123	− 918 1939	− 136	− 4	− 28 2428	+ 918 1939	+ 28 2428	− 4219
4895.5	− 4220	− 123	− 918 6628	− 136	− 4	− 28 1641	+ 918 6628	+ 28 1641	− 4224
4896.5	− 4224	− 123	− 919 1537	− 136	− 4	− 28 2180	+ 919 1537	+ 28 2180	− 4228
4897.5	− 4228	− 123	− 919 6025	− 138	− 4	− 28 3990	+ 919 6025	+ 28 3990	− 4232
4898.5	− 4232	− 124	− 919 9531	− 140	− 4	− 28 6663	+ 919 9531	+ 28 6663	− 4236
4899.5	− 4234	− 124	− 920 1742	− 143	− 4	− 28 9535	+ 920 1742	+ 28 9535	− 4238
4900.5	− 4234	− 124	− 920 2699	− 145	− 4	− 29 1880	+ 920 2699	+ 29 1880	− 4239
4901.5	− 4235	− 124	− 920 2771	− 146	− 4	− 29 3140	+ 920 2771	+ 29 3140	− 4239
4902.5	− 4234	− 124	− 920 2518	− 146	− 4	− 29 3077	+ 920 2518	+ 29 3077	− 4239
4903.5	− 4234	− 124	− 920 2504	− 145	− 4	− 29 1806	+ 920 2504	+ 29 1806	− 4239
4904.5	− 4235	− 124	− 920 3143	− 143	− 4	− 28 9700	+ 920 3143	+ 28 9700	− 4239
4905.5	− 4236	− 124	− 920 4635	− 141	− 4	− 28 7245	+ 920 4635	+ 28 7245	− 4240
4906.5	− 4238	− 124	− 920 6973	− 139	− 4	− 28 4911	+ 920 6973	+ 28 4911	− 4242
4907.5	− 4241	− 124	− 921 0000	− 137	− 4	− 28 3071	+ 921 0000	+ 28 3071	− 4245
4908.5	− 4244	− 124	− 921 3466	− 136	− 4	− 28 1965	+ 921 3466	+ 28 1965	− 4248
4909.5	− 4248	− 124	− 921 7083	− 136	− 4	− 28 1699	+ 921 7083	+ 28 1699	− 4252
4910.5	− 4251	− 124	− 922 0560	− 136	− 4	− 28 2256	+ 922 0560	+ 28 2256	− 4255
4911.5	− 4254	− 124	− 922 3630	− 137	− 4	− 28 3504	+ 922 3630	+ 28 3504	− 4258
4912.5	− 4256	− 124	− 922 6074	− 139	− 4	− 28 5209	+ 922 6074	+ 28 5209	− 4260
4913.5	− 4258	− 124	− 922 7750	− 141	− 4	− 28 7050	+ 922 7750	+ 28 7050	− 4262
4914.5	− 4258	− 124	− 922 8629	− 142	− 4	− 28 8642	+ 922 8629	+ 28 8642	− 4263
4915.5	− 4259	− 124	− 922 8824	− 143	− 4	− 28 9585	+ 922 8824	+ 28 9585	− 4263
4916.5	− 4258	− 124	− 922 8612	− 143	− 4	− 28 9544	+ 922 8612	+ 28 9544	− 4263
4917.5	− 4258	− 124	− 922 8411	− 142	− 4	− 28 8336	+ 922 8411	+ 28 8336	− 4262
4918.5	− 4258	− 124	− 922 8711	− 140	− 4	− 28 6018	+ 922 8711	+ 28 6018	− 4263
4919.5	− 4260	− 124	− 922 9953	− 137	− 4	− 28 2919	+ 922 9953	+ 28 2919	− 4264
4920.5	− 4262	− 124	− 923 2395	− 134	− 4	− 27 9593	+ 923 2395	+ 27 9593	− 4266
4921.5	− 4265	− 125	− 923 6018	− 131	− 4	− 27 6685	+ 923 6018	+ 27 6685	− 4269
4922.5	− 4269	− 125	− 924 0504	− 129	− 4	− 27 4754	+ 924 0504	+ 27 4754	− 4273
4923.5	− 4274	− 125	− 924 5313	− 129	− 4	− 27 4117	+ 924 5313	+ 27 4117	− 4278

Values are in units of 10^{-10}. Matrix used with ERA (B21–B24). CIP is $\mathcal{X} = C_{3,1}$, $\mathcal{Y} = C_{3,2}$

MATRIX ELEMENTS FOR CONVERSION FROM GCRS TO EQUATOR AND EQUINOX OF DATE FOR 0^h TERRESTRIAL TIME

Date 0^h TT	$M_{1,1}-1$	$M_{1,2}$	$M_{1,3}$	$M_{2,1}$	$M_{2,2}-1$	$M_{2,3}$	$M_{3,1}$	$M_{3,2}$	$M_{3,3}-1$
Apr. 1	−26886	−2126 8309	− 923 9899	+2126 8046	−22621	−29 4407	+ 924 0504	+27 4754	− 4273
2	−26914	−2127 9389	− 924 4708	+2127 9126	−22644	−29 3790	+ 924 5313	+27 4117	− 4278
3	−26940	−2128 9770	− 924 9215	+2128 9506	−22667	−29 4446	+ 924 9821	+27 4754	− 4282
4	−26961	−2129 8202	− 925 2876	+2129 7937	−22685	−29 6026	+ 925 3486	+27 6318	− 4285
5	−26976	−2130 3943	− 925 5371	+2130 3676	−22697	−29 7945	+ 925 5985	+27 8227	− 4288
6	−26984	−2130 6933	− 925 6673	+2130 6664	−22703	−29 9547	+ 925 7290	+27 9823	− 4289
7	−26986	−2130 7780	− 925 7047	+2130 7511	−22705	−30 0270	+ 925 7665	+28 0545	− 4289
8	−26985	−2130 7565	− 925 6959	+2130 7296	−22705	−29 9793	+ 925 7577	+28 0069	− 4289
9	−26985	−2130 7523	− 925 6947	+2130 7256	−22704	−29 8096	+ 925 7561	+27 8371	− 4289
10	−26988	−2130 8720	− 925 7472	+2130 8456	−22707	−29 5433	+ 925 8081	+27 5706	− 4289
11	−26996	−2131 1824	− 925 8824	+2131 1562	−22713	−29 2236	+ 925 9425	+27 2503	− 4291
12	−27009	−2131 7019	− 926 1082	+2131 6760	−22724	−28 8991	+ 926 1677	+26 9248	− 4293
13	−27027	−2132 4064	− 926 4142	+2132 3808	−22739	−28 6125	+ 926 4731	+26 6370	− 4295
14	−27048	−2133 2423	− 926 7772	+2133 2169	−22757	−28 3945	+ 926 8356	+26 4174	− 4299
15	−27071	−2134 1409	− 927 1673	+2134 1156	−22776	−28 2609	+ 927 2256	+26 2822	− 4302
16	−27094	−2135 0312	− 927 5539	+2135 0060	−22795	−28 2133	+ 927 6121	+26 2328	− 4306
17	−27114	−2135 8484	− 927 9088	+2135 8232	−22813	−28 2408	+ 927 9670	+26 2589	− 4309
18	−27132	−2136 5398	− 928 2091	+2136 5144	−22828	−28 3226	+ 928 2675	+26 3394	− 4312
19	−27145	−2137 0695	− 928 4394	+2137 0441	−22839	−28 4297	+ 928 4980	+26 4455	− 4314
20	−27154	−2137 4240	− 928 5936	+2137 3984	−22846	−28 5268	+ 928 6525	+26 5419	− 4316
21	−27159	−2137 6172	− 928 6780	+2137 5916	−22851	−28 5760	+ 928 7370	+26 5908	− 4316
22	−27161	−2137 6969	− 928 7131	+2137 6713	−22852	−28 5415	+ 928 7720	+26 5561	− 4317
23	−27163	−2137 7456	− 928 7348	+2137 7201	−22853	−28 3975	+ 928 7934	+26 4120	− 4317
24	−27166	−2137 8729	− 928 7907	+2137 8477	−22856	−28 1376	+ 928 8487	+26 1519	− 4317
25	−27174	−2138 1943	− 928 9306	+2138 1694	−22863	−27 7828	+ 928 9879	+25 7965	− 4318
26	−27189	−2138 7967	− 929 1923	+2138 7721	−22876	−27 3829	+ 929 2488	+25 3955	− 4321
27	−27212	−2139 7034	− 929 5860	+2139 6792	−22895	−27 0063	+ 929 6417	+25 0172	− 4324
28	−27242	−2140 8561	− 930 0863	+2140 8321	−22919	−26 7204	+ 930 1414	+24 7292	− 4329
29	−27274	−2142 1260	− 930 6375	+2142 1022	−22947	−26 5688	+ 930 6923	+24 5752	− 4334
30	−27305	−2143 3539	− 931 1704	+2143 3301	−22973	−26 5570	+ 931 2252	+24 5611	− 4339
May 1	−27332	−2144 3987	− 931 6240	+2144 3748	−22995	−26 6520	+ 931 6790	+24 6541	− 4343
2	−27352	−2145 1761	− 931 9616	+2145 1521	−23012	−26 7950	+ 932 0169	+24 7957	− 4346
3	−27364	−2145 6741	− 932 1781	+2145 6500	−23023	−26 9199	+ 932 2337	+24 9197	− 4348
4	−27371	−2145 9470	− 932 2970	+2145 9228	−23029	−26 9705	+ 932 3527	+24 9698	− 4350
5	−27375	−2146 0938	− 932 3612	+2146 0697	−23032	−26 9127	+ 932 4168	+24 9117	− 4350
6	−27379	−2146 2306	− 932 4211	+2146 2066	−23035	−26 7390	+ 932 4763	+24 7378	− 4351
7	−27385	−2146 4634	− 932 5226	+2146 4396	−23040	−26 4672	+ 932 5773	+24 4655	− 4351
8	−27395	−2146 8678	− 932 6985	+2146 8443	−23048	−26 1332	+ 932 7525	+24 1307	− 4353
9	−27410	−2147 4774	− 932 9634	+2147 4543	−23061	−25 7819	+ 933 0166	+23 7783	− 4355
10	−27431	−2148 2837	− 933 3136	+2148 2609	−23078	−25 4572	+ 933 3661	+23 4521	− 4359
11	−27456	−2149 2433	− 933 7302	+2149 2207	−23099	−25 1940	+ 933 7822	+23 1872	− 4362
12	−27482	−2150 2911	− 934 1850	+2150 2687	−23121	−25 0138	+ 934 2367	+23 0050	− 4367
13	−27509	−2151 3537	− 934 6463	+2151 3314	−23144	−24 9230	+ 934 6978	+22 9122	− 4371
14	−27535	−2152 3615	− 935 0838	+2152 3392	−23166	−24 9140	+ 935 1353	+22 9014	− 4375
15	−27558	−2153 2569	− 935 4726	+2153 2345	−23185	−24 9683	+ 935 5242	+22 9540	− 4379
16	−27577	−2153 9999	− 935 7953	+2153 9774	−23201	−25 0586	+ 935 8471	+23 0428	− 4382
17	−27592	−2154 5727	− 936 0442	+2154 5501	−23214	−25 1521	+ 936 0962	+23 1353	− 4384

M = NPB. Values are in units of 10^{-10}. Matrix used with GAST (B13–B20). CIP is $\mathcal{X} = M_{3,1}$, $\mathcal{Y} = M_{3,2}$.

MATRIX ELEMENTS FOR CONVERSION FROM GCRS TO EQUATOR & CELESTIAL INTERMEDIATE ORIGIN OF DATE FOR 0^h TERRESTRIAL TIME

Julian Date	$C_{1,1}-1$	$C_{1,2}$	$C_{1,3}$	$C_{2,1}$	$C_{2,2}-1$	$C_{2,3}$	$C_{3,1}$	$C_{3,2}$	$C_{3,3}-1$
245									
4922.5	− 4269	− 125	− 924 0504	− 129	− 4	− 27 4754	+ 924 0504	+ 27 4754	− 4273
4923.5	− 4274	− 125	− 924 5313	− 129	− 4	− 27 4117	+ 924 5313	+ 27 4117	− 4278
4924.5	− 4278	− 125	− 924 9821	− 129	− 4	− 27 4754	+ 924 9821	+ 27 4754	− 4282
4925.5	− 4281	− 125	− 925 3486	− 131	− 4	− 27 6318	+ 925 3486	+ 27 6318	− 4285
4926.5	− 4284	− 125	− 925 5985	− 132	− 4	− 27 8227	+ 925 5985	+ 27 8227	− 4288
4927.5	− 4285	− 125	− 925 7290	− 134	− 4	− 27 9823	+ 925 7290	+ 27 9823	− 4289
4928.5	− 4285	− 125	− 925 7665	− 135	− 4	− 28 0545	+ 925 7665	+ 28 0545	− 4289
4929.5	− 4285	− 125	− 925 7577	− 134	− 4	− 28 0069	+ 925 7577	+ 28 0069	− 4289
4930.5	− 4285	− 125	− 925 7561	− 133	− 4	− 27 8371	+ 925 7561	+ 27 8371	− 4289
4931.5	− 4286	− 125	− 925 8081	− 130	− 4	− 27 5706	+ 925 8081	+ 27 5706	− 4289
4932.5	− 4287	− 125	− 925 9425	− 127	− 4	− 27 2503	+ 925 9425	+ 27 2503	− 4291
4933.5	− 4289	− 125	− 926 1677	− 124	− 4	− 26 9248	+ 926 1677	+ 26 9248	− 4293
4934.5	− 4292	− 125	− 926 4731	− 121	− 4	− 26 6370	+ 926 4731	+ 26 6370	− 4295
4935.5	− 4295	− 125	− 926 8356	− 119	− 3	− 26 4174	+ 926 8356	+ 26 4174	− 4299
4936.5	− 4299	− 126	− 927 2256	− 118	− 3	− 26 2822	+ 927 2256	+ 26 2822	− 4302
4937.5	− 4302	− 126	− 927 6121	− 118	− 3	− 26 2328	+ 927 6121	+ 26 2328	− 4306
4938.5	− 4306	− 126	− 927 9670	− 118	− 3	− 26 2589	+ 927 9670	+ 26 2589	− 4309
4939.5	− 4308	− 126	− 928 2675	− 119	− 3	− 26 3394	+ 928 2675	+ 26 3394	− 4312
4940.5	− 4311	− 126	− 928 4980	− 120	− 3	− 26 4455	+ 928 4980	+ 26 4455	− 4314
4941.5	− 4312	− 126	− 928 6525	− 121	− 4	− 26 5419	+ 928 6525	+ 26 5419	− 4316
4942.5	− 4313	− 126	− 928 7370	− 121	− 4	− 26 5908	+ 928 7370	+ 26 5908	− 4316
4943.5	− 4313	− 126	− 928 7720	− 121	− 4	− 26 5561	+ 928 7720	+ 26 5561	− 4317
4944.5	− 4313	− 126	− 928 7934	− 119	− 3	− 26 4120	+ 928 7934	+ 26 4120	− 4317
4945.5	− 4314	− 126	− 928 8487	− 117	− 3	− 26 1519	+ 928 8487	+ 26 1519	− 4317
4946.5	− 4315	− 126	− 928 9879	− 114	− 3	− 25 7965	+ 928 9879	+ 25 7965	− 4318
4947.5	− 4318	− 126	− 929 2488	− 110	− 3	− 25 3955	+ 929 2488	+ 25 3955	− 4321
4948.5	− 4321	− 126	− 929 6417	− 106	− 3	− 25 0172	+ 929 6417	+ 25 0172	− 4324
4949.5	− 4326	− 126	− 930 1414	− 104	− 3	− 24 7292	+ 930 1414	+ 24 7292	− 4329
4950.5	− 4331	− 126	− 930 6923	− 102	− 3	− 24 5752	+ 930 6923	+ 24 5752	− 4334
4951.5	− 4336	− 127	− 931 2252	− 102	− 3	− 24 5611	+ 931 2252	+ 24 5611	− 4339
4952.5	− 4340	− 127	− 931 6790	− 103	− 3	− 24 6541	+ 931 6790	+ 24 6541	− 4343
4953.5	− 4343	− 127	− 932 0169	− 104	− 3	− 24 7957	+ 932 0169	+ 24 7957	− 4346
4954.5	− 4345	− 127	− 932 2337	− 105	− 3	− 24 9197	+ 932 2337	+ 24 9197	− 4348
4955.5	− 4346	− 127	− 932 3527	− 106	− 3	− 24 9698	+ 932 3527	+ 24 9698	− 4350
4956.5	− 4347	− 127	− 932 4168	− 105	− 3	− 24 9117	+ 932 4168	+ 24 9117	− 4350
4957.5	− 4348	− 127	− 932 4763	− 104	− 3	− 24 7378	+ 932 4763	+ 24 7378	− 4351
4958.5	− 4349	− 127	− 932 5773	− 101	− 3	− 24 4655	+ 932 5773	+ 24 4655	− 4351
4959.5	− 4350	− 127	− 932 7525	− 98	− 3	− 24 1307	+ 932 7525	+ 24 1307	− 4353
4960.5	− 4353	− 127	− 933 0166	− 95	− 3	− 23 7783	+ 933 0166	+ 23 7783	− 4355
4961.5	− 4356	− 127	− 933 3661	− 92	− 3	− 23 4521	+ 933 3661	+ 23 4521	− 4359
4962.5	− 4360	− 127	− 933 7822	− 89	− 3	− 23 1872	+ 933 7822	+ 23 1872	− 4362
4963.5	− 4364	− 127	− 934 2367	− 88	− 3	− 23 0050	+ 934 2367	+ 23 0050	− 4367
4964.5	− 4368	− 127	− 934 6978	− 87	− 3	− 22 9122	+ 934 6978	+ 22 9122	− 4371
4965.5	− 4372	− 128	− 935 1353	− 87	− 3	− 22 9014	+ 935 1353	+ 22 9014	− 4375
4966.5	− 4376	− 128	− 935 5242	− 87	− 3	− 22 9540	+ 935 5242	+ 22 9540	− 4379
4967.5	− 4379	− 128	− 935 8471	− 88	− 3	− 23 0429	+ 935 8471	+ 23 0428	− 4382
4968.5	− 4381	− 128	− 936 0962	− 89	− 3	− 23 1353	+ 936 0962	+ 23 1353	− 4384

Values are in units of 10^{-10}. Matrix used with ERA (B21–B24). CIP is $\mathcal{X} = C_{3,1}$, $\mathcal{Y} = C_{3,2}$

MATRIX ELEMENTS FOR CONVERSION FROM GCRS TO EQUATOR AND EQUINOX OF DATE FOR 0^h TERRESTRIAL TIME

Date 0^h TT	$M_{1,1}-1$	$M_{1,2}$	$M_{1,3}$	$M_{2,1}$	$M_{2,2}-1$	$M_{2,3}$	$M_{3,1}$	$M_{3,2}$	$M_{3,3}-1$
May 17	−27592	−2154 5727	− 936 0442	+2154 5501	−23214	−25 1521	+ 936 0962	+23 1353	− 4384
18	−27602	−2154 9820	− 936 2223	+2154 9594	−23222	−25 2134	+ 936 2744	+23 1958	− 4386
19	−27610	−2155 2635	− 936 3449	+2155 2408	−23229	−25 2081	+ 936 3970	+23 1900	− 4387
20	−27615	−2155 4833	− 936 4408	+2155 4607	−23233	−25 1081	+ 936 4927	+23 0896	− 4388
21	−27622	−2155 7363	− 936 5511	+2155 7140	−23239	−24 8985	+ 936 6026	+22 8795	− 4389
22	−27632	−2156 1353	− 936 7246	+2156 1132	−23247	−24 5864	+ 936 7755	+22 5666	− 4390
23	−27649	−2156 7858	− 937 0072	+2156 7641	−23261	−24 2065	+ 937 0573	+22 1855	− 4393
24	−27673	−2157 7499	− 937 4258	+2157 7285	−23282	−23 8202	+ 937 4750	+21 7975	− 4397
25	−27706	−2159 0108	− 937 9730	+2158 9897	−23309	−23 5018	+ 938 0215	+21 4766	− 4402
26	−27743	−2160 4610	− 938 6023	+2160 4401	−23340	−23 3130	+ 938 6505	+21 2851	− 4408
27	−27781	−2161 9301	− 939 2398	+2161 9092	−23372	−23 2791	+ 939 2880	+21 2485	− 4414
28	−27814	−2163 2434	− 939 8098	+2163 2224	−23400	−23 3777	+ 939 8581	+21 3446	− 4419
29	−27841	−2164 2816	− 940 2604	+2164 2604	−23423	−23 5490	+ 940 3092	+21 5140	− 4423
30	−27860	−2165 0122	− 940 5778	+2164 9908	−23439	−23 7190	+ 940 6269	+21 6826	− 4426
31	−27872	−2165 4842	− 940 7830	+2165 4627	−23449	−23 8238	+ 940 8324	+21 7865	− 4428
June 1	−27880	−2165 7995	− 940 9203	+2165 7780	−23456	−23 8240	+ 940 9697	+21 7861	− 4429
2	−27887	−2166 0777	− 941 0415	+2166 0564	−23462	−23 7097	+ 941 0907	+21 6713	− 4431
3	−27896	−2166 4280	− 941 1940	+2166 4069	−23469	−23 4961	+ 941 2426	+21 4570	− 4432
4	−27909	−2166 9297	− 941 4121	+2166 9088	−23480	−23 2162	+ 941 4602	+21 1762	− 4434
5	−27927	−2167 6238	− 941 7136	+2167 6032	−23495	−22 9119	+ 941 7610	+20 8706	− 4437
6	−27950	−2168 5120	− 942 0992	+2168 4916	−23514	−22 6258	+ 942 1460	+20 5828	− 4440
7	−27977	−2169 5614	− 942 5547	+2169 5412	−23537	−22 3939	+ 942 6011	+20 3490	− 4445
8	−28007	−2170 7144	− 943 0552	+2170 6944	−23562	−22 2411	+ 943 1013	+20 1940	− 4449
9	−28037	−2171 9002	− 943 5699	+2171 8802	−23588	−22 1782	+ 943 6158	+20 1288	− 4454
10	−28067	−2173 0466	− 944 0675	+2173 0266	−23613	−22 2019	+ 944 1135	+20 1503	− 4459
11	−28094	−2174 0907	− 944 5207	+2174 0706	−23635	−22 2961	+ 944 5670	+20 2425	− 4463
12	−28117	−2174 9868	− 944 9098	+2174 9666	−23655	−22 4352	+ 944 9564	+20 3800	− 4467
13	−28136	−2175 7116	− 945 2246	+2175 6912	−23671	−22 5875	+ 945 2715	+20 5310	− 4470
14	−28150	−2176 2669	− 945 4660	+2176 2464	−23683	−22 7189	+ 945 5132	+20 6612	− 4472
15	−28161	−2176 6814	− 945 6462	+2176 6608	−23692	−22 7962	+ 945 6936	+20 7377	− 4474
16	−28170	−2177 0105	− 945 7895	+2176 9900	−23699	−22 7918	+ 945 8369	+20 7327	− 4475
17	−28178	−2177 3349	− 945 9307	+2177 3144	−23706	−22 6883	+ 945 9779	+20 6287	− 4476
18	−28189	−2177 7540	− 946 1130	+2177 7337	−23715	−22 4846	+ 946 1598	+20 4242	− 4478
19	−28205	−2178 3718	− 946 3815	+2178 3518	−23729	−22 2017	+ 946 4276	+20 1400	− 4481
20	−28228	−2179 2711	− 946 7719	+2179 2513	−23748	−21 8855	+ 946 8174	+19 8222	− 4484
21	−28259	−2180 4798	− 947 2965	+2180 4603	−23774	−21 6026	+ 947 3414	+19 5370	− 4489
22	−28297	−2181 9416	− 947 9309	+2181 9223	−23806	−21 4234	+ 947 9753	+19 3551	− 4495
23	−28338	−2183 5130	− 948 6127	+2183 4937	−23841	−21 3964	+ 948 6571	+19 3251	− 4502
24	−28377	−2185 0031	− 949 2593	+2184 9836	−23873	−21 5247	+ 949 3041	+19 4505	− 4508
25	−28409	−2186 2438	− 949 7978	+2186 2241	−23900	−21 7612	+ 949 8431	+19 6846	− 4513
26	−28433	−2187 1517	− 950 1920	+2187 1318	−23920	−22 0269	+ 950 2379	+19 9486	− 4517
27	−28448	−2187 7482	− 950 4511	+2187 7280	−23933	−22 2427	+ 950 4975	+20 1633	− 4519
28	−28458	−2188 1334	− 950 6188	+2188 1132	−23942	−22 3548	+ 950 6654	+20 2747	− 4521
29	−28466	−2188 4401	− 950 7523	+2188 4199	−23948	−22 3451	+ 950 7989	+20 2644	− 4522
30	−28475	−2188 7917	− 950 9053	+2188 7715	−23956	−22 2265	+ 950 9517	+20 1451	− 4524
July 1	−28488	−2189 2778	− 951 1166	+2189 2578	−23967	−22 0329	+ 951 1626	+19 9506	− 4526
2	−28505	−2189 9459	− 951 4069	+2189 9261	−23981	−21 8072	+ 951 4524	+19 7236	− 4528

$M = NPB$. Values are in units of 10^{-10}. Matrix used with GAST (B13–B20). CIP is $\mathcal{X} = M_{3,1}$, $\mathcal{Y} = M_{3,2}$.

MATRIX ELEMENTS FOR CONVERSION FROM GCRS TO EQUATOR & CELESTIAL INTERMEDIATE ORIGIN OF DATE FOR 0^h TERRESTRIAL TIME

Julian Date	$C_{1,1}-1$	$C_{1,2}$	$C_{1,3}$	$C_{2,1}$	$C_{2,2}-1$	$C_{2,3}$	$C_{3,1}$	$C_{3,2}$	$C_{3,3}-1$
245									
4968.5	− 4381	− 128	− 936 0962	− 89	− 3	− 23 1353	+ 936 0962	+ 23 1353	− 4384
4969.5	− 4383	− 128	− 936 2744	− 89	− 3	− 23 1958	+ 936 2744	+ 23 1958	− 4386
4970.5	− 4384	− 128	− 936 3970	− 89	− 3	− 23 1900	+ 936 3970	+ 23 1900	− 4387
4971.5	− 4385	− 128	− 936 4927	− 88	− 3	− 23 0896	+ 936 4927	+ 23 0896	− 4388
4972.5	− 4386	− 128	− 936 6026	− 86	− 3	− 22 8795	+ 936 6026	+ 22 8795	− 4389
4973.5	− 4388	− 128	− 936 7755	− 84	− 3	− 22 5666	+ 936 7755	+ 22 5666	− 4390
4974.5	− 4390	− 128	− 937 0573	− 80	− 2	− 22 1855	+ 937 0573	+ 22 1855	− 4393
4975.5	− 4394	− 128	− 937 4750	− 76	− 2	− 21 7975	+ 937 4750	+ 21 7975	− 4397
4976.5	− 4399	− 128	− 938 0215	− 73	− 2	− 21 4766	+ 938 0215	+ 21 4766	− 4402
4977.5	− 4405	− 128	− 938 6505	− 72	− 2	− 21 2851	+ 938 6505	+ 21 2851	− 4408
4978.5	− 4411	− 128	− 939 2880	− 71	− 2	− 21 2485	+ 939 2880	+ 21 2485	− 4414
4979.5	− 4417	− 129	− 939 8581	− 72	− 2	− 21 3446	+ 939 8581	+ 21 3446	− 4419
4980.5	− 4421	− 129	− 940 3092	− 74	− 2	− 21 5140	+ 940 3092	+ 21 5140	− 4423
4981.5	− 4424	− 129	− 940 6269	− 75	− 2	− 21 6826	+ 940 6269	+ 21 6826	− 4426
4982.5	− 4426	− 129	− 940 8324	− 76	− 2	− 21 7865	+ 940 8324	+ 21 7865	− 4428
4983.5	− 4427	− 129	− 940 9697	− 76	− 2	− 21 7861	+ 940 9697	+ 21 7861	− 4429
4984.5	− 4428	− 129	− 941 0907	− 75	− 2	− 21 6713	+ 941 0907	+ 21 6713	− 4431
4985.5	− 4430	− 129	− 941 2426	− 73	− 2	− 21 4570	+ 941 2426	+ 21 4570	− 4432
4986.5	− 4432	− 129	− 941 4602	− 70	− 2	− 21 1762	+ 941 4602	+ 21 1762	− 4434
4987.5	− 4435	− 129	− 941 7610	− 68	− 2	− 20 8706	+ 941 7610	+ 20 8706	− 4437
4988.5	− 4438	− 129	− 942 1460	− 65	− 2	− 20 5828	+ 942 1460	+ 20 5828	− 4440
4989.5	− 4442	− 129	− 942 6011	− 63	− 2	− 20 3490	+ 942 6011	+ 20 3490	− 4445
4990.5	− 4447	− 129	− 943 1013	− 61	− 2	− 20 1940	+ 943 1013	+ 20 1940	− 4449
4991.5	− 4452	− 129	− 943 6158	− 61	− 2	− 20 1289	+ 943 6158	+ 20 1288	− 4454
4992.5	− 4457	− 129	− 944 1135	− 61	− 2	− 20 1503	+ 944 1135	+ 20 1503	− 4459
4993.5	− 4461	− 130	− 944 5670	− 62	− 2	− 20 2425	+ 944 5670	+ 20 2425	− 4463
4994.5	− 4465	− 130	− 944 9564	− 63	− 2	− 20 3800	+ 944 9564	+ 20 3800	− 4467
4995.5	− 4468	− 130	− 945 2715	− 64	− 2	− 20 5310	+ 945 2715	+ 20 5310	− 4470
4996.5	− 4470	− 130	− 945 5132	− 66	− 2	− 20 6612	+ 945 5132	+ 20 6612	− 4472
4997.5	− 4472	− 130	− 945 6936	− 66	− 2	− 20 7377	+ 945 6936	+ 20 7377	− 4474
4998.5	− 4473	− 130	− 945 8369	− 66	− 2	− 20 7327	+ 945 8369	+ 20 7327	− 4475
4999.5	− 4474	− 130	− 945 9779	− 65	− 2	− 20 6287	+ 945 9779	+ 20 6287	− 4476
5000.5	− 4476	− 130	− 946 1598	− 63	− 2	− 20 4242	+ 946 1598	+ 20 4242	− 4478
5001.5	− 4479	− 130	− 946 4276	− 61	− 2	− 20 1400	+ 946 4276	+ 20 1400	− 4481
5002.5	− 4482	− 130	− 946 8174	− 58	− 2	− 19 8222	+ 946 8174	+ 19 8222	− 4484
5003.5	− 4487	− 130	− 947 3414	− 55	− 2	− 19 5370	+ 947 3414	+ 19 5370	− 4489
5004.5	− 4493	− 130	− 947 9753	− 53	− 2	− 19 3551	+ 947 9753	+ 19 3551	− 4495
5005.5	− 4500	− 130	− 948 6571	− 53	− 2	− 19 3251	+ 948 6571	+ 19 3251	− 4502
5006.5	− 4506	− 130	− 949 3041	− 54	− 2	− 19 4505	+ 949 3041	+ 19 4505	− 4508
5007.5	− 4511	− 131	− 949 8431	− 56	− 2	− 19 6846	+ 949 8431	+ 19 6846	− 4513
5008.5	− 4515	− 131	− 950 2379	− 59	− 2	− 19 9486	+ 950 2379	+ 19 9486	− 4517
5009.5	− 4517	− 131	− 950 4975	− 61	− 2	− 20 1633	+ 950 4975	+ 20 1633	− 4519
5010.5	− 4519	− 131	− 950 6654	− 62	− 2	− 20 2747	+ 950 6654	+ 20 2747	− 4521
5011.5	− 4520	− 131	− 950 7989	− 62	− 2	− 20 2644	+ 950 7989	+ 20 2644	− 4522
5012.5	− 4522	− 131	− 950 9517	− 61	− 2	− 20 1451	+ 950 9517	+ 20 1451	− 4524
5013.5	− 4524	− 131	− 951 1626	− 59	− 2	− 19 9506	+ 951 1626	+ 19 9506	− 4526
5014.5	− 4526	− 131	− 951 4524	− 57	− 2	− 19 7236	+ 951 4524	+ 19 7236	− 4528

Values are in units of 10^{-10}. Matrix used with ERA (B21–B24). CIP is $\mathcal{X} = C_{3,1}$, $\mathcal{Y} = C_{3,2}$

MATRIX ELEMENTS FOR CONVERSION FROM GCRS TO EQUATOR AND EQUINOX OF DATE FOR 0^h TERRESTRIAL TIME

Date 0^h TT	$M_{1,1}-1$	$M_{1,2}$	$M_{1,3}$	$M_{2,1}$	$M_{2,2}-1$	$M_{2,3}$	$M_{3,1}$	$M_{3,2}$	$M_{3,3}-1$
July 1	−28488	−2189 2778	− 951 1166	+2189 2578	−23967	−22 0329	+ 951 1626	+19 9506	− 4526
2	−28505	−2189 9459	− 951 4069	+2189 9261	−23981	−21 8072	+ 951 4524	+19 7236	− 4528
3	−28528	−2190 8030	− 951 7791	+2190 7834	−24000	−21 5923	+ 951 8241	+19 5071	− 4532
4	−28554	−2191 8224	− 952 2216	+2191 8030	−24022	−21 4251	+ 952 2663	+19 3380	− 4536
5	−28584	−2192 9527	− 952 7122	+2192 9334	−24047	−21 3319	+ 952 7567	+19 2426	− 4541
6	−28614	−2194 1276	− 953 2222	+2194 1082	−24073	−21 3264	+ 953 2667	+19 2349	− 4545
7	−28644	−2195 2759	− 953 7206	+2195 2565	−24098	−21 4087	+ 953 7653	+19 3150	− 4550
8	−28672	−2196 3321	− 954 1791	+2196 3125	−24121	−21 5662	+ 954 2241	+19 4704	− 4555
9	−28696	−2197 2446	− 954 5753	+2197 2249	−24141	−21 7753	+ 954 6208	+19 6778	− 4558
10	−28715	−2197 9835	− 954 8962	+2197 9634	−24158	−22 0051	+ 954 9422	+19 9062	− 4562
11	−28729	−2198 5443	− 955 1399	+2198 5241	−24170	−22 2215	+ 955 1865	+20 1215	− 4564
12	−28740	−2198 9505	− 955 3166	+2198 9301	−24179	−22 3911	+ 955 3635	+20 2903	− 4566
13	−28748	−2199 2517	− 955 4478	+2199 2313	−24186	−22 4860	+ 955 4949	+20 3847	− 4567
14	−28755	−2199 5207	− 955 5650	+2199 5002	−24192	−22 4884	+ 955 6122	+20 3866	− 4568
15	−28764	−2199 8465	− 955 7068	+2199 8261	−24199	−22 3943	+ 955 7538	+20 2918	− 4569
16	−28776	−2200 3236	− 955 9143	+2200 3034	−24209	−22 2176	+ 955 9608	+20 1142	− 4571
17	−28795	−2201 0351	− 956 2233	+2201 0151	−24225	−21 9927	+ 956 2694	+19 8880	− 4574
18	−28821	−2202 0293	− 956 6549	+2202 0094	−24247	−21 7731	+ 956 7005	+19 6664	− 4578
19	−28854	−2203 2927	− 957 2033	+2203 2730	−24274	−21 6226	+ 957 2486	+19 5135	− 4584
20	−28891	−2204 7337	− 957 8286	+2204 7140	−24306	−21 5988	+ 957 8738	+19 4870	− 4590
21	−28930	−2206 1906	− 958 4608	+2206 1708	−24338	−21 7295	+ 958 5064	+19 6150	− 4596
22	−28963	−2207 4784	− 959 0196	+2207 4583	−24367	−21 9953	+ 959 0659	+19 8782	− 4601
23	−28989	−2208 4577	− 959 4448	+2208 4373	−24388	−22 3306	+ 959 4918	+20 2117	− 4605
24	−29006	−2209 0900	− 959 7195	+2209 0693	−24403	−22 6485	+ 959 7672	+20 5284	− 4608
25	−29015	−2209 4439	− 959 8735	+2209 4229	−24410	−22 8744	+ 959 9217	+20 7536	− 4609
26	−29021	−2209 6549	− 959 9656	+2209 6339	−24415	−22 9702	+ 960 0140	+20 8489	− 4610
27	−29026	−2209 8685	− 960 0588	+2209 8475	−24420	−22 9389	+ 960 1071	+20 8172	− 4611
28	−29035	−2210 1974	− 960 2020	+2210 1766	−24427	−22 8133	+ 960 2501	+20 6910	− 4613
29	−29048	−2210 7045	− 960 4224	+2210 6838	−24438	−22 6403	+ 960 4701	+20 5171	− 4615
30	−29067	−2211 4038	− 960 7262	+2211 3833	−24454	−22 4676	+ 960 7735	+20 3430	− 4617
31	−29089	−2212 2716	− 961 1030	+2212 2512	−24473	−22 3351	+ 961 1501	+20 2088	− 4621
Aug. 1	−29115	−2213 2584	− 961 5314	+2213 2381	−24495	−22 2714	+ 961 5784	+20 1432	− 4625
2	−29143	−2214 3003	− 961 9837	+2214 2799	−24518	−22 2921	+ 962 0307	+20 1619	− 4630
3	−29170	−2215 3281	− 962 4299	+2215 3075	−24540	−22 3999	+ 962 4771	+20 2677	− 4634
4	−29195	−2216 2756	− 962 8412	+2216 2548	−24562	−22 5848	+ 962 8889	+20 4509	− 4638
5	−29216	−2217 0879	− 963 1940	+2217 0670	−24580	−22 8262	+ 963 2422	+20 6907	− 4641
6	−29233	−2217 7288	− 963 4724	+2217 7076	−24594	−23 0947	+ 963 5213	+20 9579	− 4644
7	−29245	−2218 1863	− 963 6714	+2218 1649	−24604	−23 3560	+ 963 7208	+21 2184	− 4646
8	−29253	−2218 4769	− 963 7980	+2218 4553	−24611	−23 5756	+ 963 8479	+21 4374	− 4647
9	−29257	−2218 6454	− 963 8716	+2218 6235	−24614	−23 7237	+ 963 9218	+21 5852	− 4648
10	−29260	−2218 7606	− 963 9221	+2218 7387	−24617	−23 7804	+ 963 9725	+21 6416	− 4649
11	−29264	−2218 9080	− 963 9866	+2218 8861	−24620	−23 7399	+ 964 0369	+21 6008	− 4649
12	−29271	−2219 1772	− 964 1039	+2219 1555	−24626	−23 6135	+ 964 1539	+21 4740	− 4650
13	−29284	−2219 6473	− 964 3083	+2219 6258	−24636	−23 4308	+ 964 3580	+21 2903	− 4652
14	−29303	−2220 3692	− 964 6219	+2220 3478	−24652	−23 2369	+ 964 6711	+21 0950	− 4655
15	−29329	−2221 3467	− 965 0462	+2221 3254	−24674	−23 0872	+ 965 0951	+20 9435	− 4659
16	−29360	−2222 5228	− 965 5567	+2222 5016	−24700	−23 0358	+ 965 6056	+20 8898	− 4664

$M = NPB$. Values are in units of 10^{-10}. Matrix used with GAST (B13–B20). CIP is $\mathcal{X} = M_{3,1}$, $\mathcal{Y} = M_{3,2}$.

MATRIX ELEMENTS FOR CONVERSION FROM
GCRS TO EQUATOR & CELESTIAL INTERMEDIATE ORIGIN OF DATE
FOR 0^h TERRESTRIAL TIME

Julian Date	$C_{1,1}-1$	$C_{1,2}$	$C_{1,3}$	$C_{2,1}$	$C_{2,2}-1$	$C_{2,3}$	$C_{3,1}$	$C_{3,2}$	$C_{3,3}-1$
245									
5013.5	− 4524	− 131	− 951 1626	− 59	− 2	− 19 9506	+ 951 1626	+ 19 9506	− 4526
5014.5	− 4526	− 131	− 951 4524	− 57	− 2	− 19 7236	+ 951 4524	+ 19 7236	− 4528
5015.5	− 4530	− 131	− 951 8241	− 55	− 2	− 19 5071	+ 951 8241	+ 19 5071	− 4532
5016.5	− 4534	− 131	− 952 2663	− 53	− 2	− 19 3380	+ 952 2663	+ 19 3380	− 4536
5017.5	− 4539	− 131	− 952 7567	− 52	− 2	− 19 2427	+ 952 7567	+ 19 2426	− 4541
5018.5	− 4544	− 131	− 953 2667	− 52	− 2	− 19 2349	+ 953 2667	+ 19 2349	− 4545
5019.5	− 4548	− 131	− 953 7653	− 53	− 2	− 19 3150	+ 953 7653	+ 19 3150	− 4550
5020.5	− 4553	− 131	− 954 2241	− 54	− 2	− 19 4704	+ 954 2241	+ 19 4704	− 4555
5021.5	− 4557	− 132	− 954 6208	− 56	− 2	− 19 6778	+ 954 6208	+ 19 6778	− 4558
5022.5	− 4560	− 132	− 954 9422	− 59	− 2	− 19 9062	+ 954 9422	+ 19 9062	− 4562
5023.5	− 4562	− 132	− 955 1865	− 61	− 2	− 20 1215	+ 955 1865	+ 20 1215	− 4564
5024.5	− 4564	− 132	− 955 3635	− 62	− 2	− 20 2903	+ 955 3635	+ 20 2903	− 4566
5025.5	− 4565	− 132	− 955 4949	− 63	− 2	− 20 3847	+ 955 4949	+ 20 3847	− 4567
5026.5	− 4566	− 132	− 955 6122	− 63	− 2	− 20 3866	+ 955 6122	+ 20 3866	− 4568
5027.5	− 4567	− 132	− 955 7538	− 62	− 2	− 20 2918	+ 955 7538	+ 20 2918	− 4569
5028.5	− 4569	− 132	− 955 9608	− 61	− 2	− 20 1143	+ 955 9608	+ 20 1142	− 4571
5029.5	− 4572	− 132	− 956 2694	− 58	− 2	− 19 8880	+ 956 2694	+ 19 8880	− 4574
5030.5	− 4576	− 132	− 956 7005	− 56	− 2	− 19 6664	+ 956 7005	+ 19 6664	− 4578
5031.5	− 4582	− 132	− 957 2486	− 55	− 2	− 19 5136	+ 957 2486	+ 19 5135	− 4584
5032.5	− 4588	− 132	− 957 8738	− 55	− 2	− 19 4870	+ 957 8738	+ 19 4870	− 4590
5033.5	− 4594	− 132	− 958 5064	− 56	− 2	− 19 6150	+ 958 5064	+ 19 6150	− 4596
5034.5	− 4599	− 132	− 959 0659	− 58	− 2	− 19 8782	+ 959 0659	+ 19 8782	− 4601
5035.5	− 4603	− 132	− 959 4918	− 61	− 2	− 20 2117	+ 959 4918	+ 20 2117	− 4605
5036.5	− 4606	− 133	− 959 7672	− 64	− 2	− 20 5284	+ 959 7672	+ 20 5284	− 4608
5037.5	− 4607	− 133	− 959 9217	− 67	− 2	− 20 7536	+ 959 9217	+ 20 7536	− 4609
5038.5	− 4608	− 133	− 960 0140	− 68	− 2	− 20 8489	+ 960 0140	+ 20 8489	− 4610
5039.5	− 4609	− 133	− 960 1071	− 67	− 2	− 20 8172	+ 960 1071	+ 20 8172	− 4611
5040.5	− 4610	− 133	− 960 2501	− 66	− 2	− 20 6910	+ 960 2501	+ 20 6910	− 4613
5041.5	− 4613	− 133	− 960 4701	− 64	− 2	− 20 5171	+ 960 4701	+ 20 5171	− 4615
5042.5	− 4615	− 133	− 960 7735	− 63	− 2	− 20 3430	+ 960 7735	+ 20 3430	− 4617
5043.5	− 4619	− 133	− 961 1501	− 61	− 2	− 20 2088	+ 961 1501	+ 20 2088	− 4621
5044.5	− 4623	− 133	− 961 5784	− 61	− 2	− 20 1432	+ 961 5784	+ 20 1432	− 4625
5045.5	− 4628	− 133	− 962 0307	− 61	− 2	− 20 1619	+ 962 0307	+ 20 1619	− 4630
5046.5	− 4632	− 133	− 962 4771	− 62	− 2	− 20 2677	+ 962 4771	+ 20 2677	− 4634
5047.5	− 4636	− 133	− 962 8889	− 64	− 2	− 20 4509	+ 962 8889	+ 20 4509	− 4638
5048.5	− 4639	− 133	− 963 2422	− 66	− 2	− 20 6907	+ 963 2422	+ 20 6907	− 4641
5049.5	− 4642	− 133	− 963 5213	− 69	− 2	− 20 9579	+ 963 5213	+ 20 9579	− 4644
5050.5	− 4644	− 133	− 963 7208	− 71	− 2	− 21 2184	+ 963 7208	+ 21 2184	− 4646
5051.5	− 4645	− 133	− 963 8479	− 73	− 2	− 21 4374	+ 963 8479	+ 21 4374	− 4647
5052.5	− 4646	− 133	− 963 9218	− 75	− 2	− 21 5852	+ 963 9218	+ 21 5852	− 4648
5053.5	− 4646	− 133	− 963 9725	− 75	− 2	− 21 6416	+ 963 9725	+ 21 6416	− 4649
5054.5	− 4647	− 133	− 964 0369	− 75	− 2	− 21 6008	+ 964 0369	+ 21 6008	− 4649
5055.5	− 4648	− 133	− 964 1539	− 74	− 2	− 21 4740	+ 964 1539	+ 21 4740	− 4650
5056.5	− 4650	− 133	− 964 3580	− 72	− 2	− 21 2903	+ 964 3580	+ 21 2903	− 4652
5057.5	− 4653	− 134	− 964 6711	− 70	− 2	− 21 0950	+ 964 6711	+ 21 0950	− 4655
5058.5	− 4657	− 134	− 965 0951	− 68	− 2	− 20 9435	+ 965 0951	+ 20 9435	− 4659
5059.5	− 4662	− 134	− 965 6056	− 68	− 2	− 20 8898	+ 965 6056	+ 20 8898	− 4664

Values are in units of 10^{-10}. Matrix used with ERA (B21–B24). CIP is $\mathcal{X} = C_{3,1}$, $\mathcal{Y} = C_{3,2}$

MATRIX ELEMENTS FOR CONVERSION FROM
GCRS TO EQUATOR AND EQUINOX OF DATE
FOR 0ʰ TERRESTRIAL TIME

Date 0ʰ TT	$M_{1,1}-1$	$M_{1,2}$	$M_{1,3}$	$M_{2,1}$	$M_{2,2}-1$	$M_{2,3}$	$M_{3,1}$	$M_{3,2}$	$M_{3,3}-1$
Aug. 16	−29360	−2222 5228	− 965 5567	+2222 5016	−24700	−23 0358	+ 965 6056	+20 8898	− 4664
17	−29393	−2223 7784	− 966 1016	+2223 7571	−24728	−23 1192	+ 966 1507	+20 9707	− 4669
18	−29424	−2224 9529	− 966 6114	+2224 9314	−24754	−23 3396	+ 966 6610	+21 1889	− 4674
19	−29449	−2225 8922	− 967 0193	+2225 8704	−24775	−23 6570	+ 967 0695	+21 5045	− 4678
20	−29465	−2226 5055	− 967 2857	+2226 4834	−24789	−23 9964	+ 967 3368	+21 8427	− 4681
21	−29473	−2226 8030	− 967 4153	+2226 7806	−24796	−24 2745	+ 967 4670	+22 1202	− 4682
22	−29475	−2226 8892	− 967 4533	+2226 8666	−24798	−24 4303	+ 967 5053	+22 2759	− 4683
23	−29476	−2226 9156	− 967 4653	+2226 8930	−24798	−24 4446	+ 967 5173	+22 2901	− 4683
24	−29479	−2227 0228	− 967 5124	+2227 0003	−24801	−24 3389	+ 967 5642	+22 1842	− 4683
25	−29486	−2227 3025	− 967 6342	+2227 2801	−24807	−24 1603	+ 967 6856	+22 0051	− 4684
26	−29499	−2227 7870	− 967 8449	+2227 7648	−24818	−23 9630	+ 967 8958	+21 8068	− 4686
27	−29517	−2228 4592	− 968 1369	+2228 4372	−24833	−23 7944	+ 968 1875	+21 6369	− 4689
28	−29538	−2229 2695	− 968 4888	+2229 2476	−24851	−23 6886	+ 968 5392	+21 5296	− 4693
29	−29562	−2230 1521	− 968 8720	+2230 1303	−24870	−23 6647	+ 968 9224	+21 5039	− 4696
30	−29585	−2231 0366	− 969 2560	+2231 0146	−24890	−23 7274	+ 969 3065	+21 5649	− 4700
31	−29607	−2231 8561	− 969 6119	+2231 8340	−24908	−23 8690	+ 969 6627	+21 7049	− 4704
Sept. 1	−29625	−2232 5540	− 969 9150	+2232 5317	−24924	−24 0710	+ 969 9664	+21 9056	− 4707
2	−29639	−2233 0897	− 970 1479	+2233 0672	−24936	−24 3065	+ 970 1998	+22 1400	− 4709
3	−29649	−2233 4444	− 970 3023	+2233 4216	−24944	−24 5422	+ 970 3547	+22 3751	− 4710
4	−29654	−2233 6259	− 970 3815	+2233 6029	−24948	−24 7430	+ 970 4344	+22 5755	− 4711
5	−29655	−2233 6712	− 970 4018	+2233 6481	−24949	−24 8763	+ 970 4549	+22 7087	− 4711
6	−29654	−2233 6450	− 970 3910	+2233 6219	−24948	−24 9182	+ 970 4443	+22 7507	− 4711
7	−29654	−2233 6321	− 970 3860	+2233 6090	−24948	−24 8592	+ 970 4391	+22 6916	− 4711
8	−29656	−2233 7241	− 970 4265	+2233 7012	−24950	−24 7075	+ 970 4793	+22 5398	− 4712
9	−29664	−2234 0024	− 970 5478	+2233 9797	−24956	−24 4906	+ 970 6000	+22 3224	− 4713
10	−29677	−2234 5198	− 970 7727	+2234 4973	−24968	−24 2518	+ 970 8244	+22 0825	− 4715
11	−29698	−2235 2846	− 971 1048	+2235 2623	−24985	−24 0433	+ 971 1561	+21 8726	− 4718
12	−29723	−2236 2516	− 971 5246	+2236 2294	−25007	−23 9158	+ 971 5757	+21 7431	− 4722
13	−29752	−2237 3232	− 971 9898	+2237 3011	−25030	−23 9056	+ 972 0409	+21 7309	− 4727
14	−29780	−2238 3656	− 972 4423	+2238 3433	−25054	−24 0230	+ 972 4936	+21 8462	− 4731
15	−29803	−2239 2392	− 972 8216	+2239 2167	−25073	−24 2437	+ 972 8735	+22 0653	− 4735
16	−29819	−2239 8403	− 973 0828	+2239 8175	−25087	−24 5115	+ 973 1353	+22 3319	− 4737
17	−29827	−2240 1385	− 973 2127	+2240 1155	−25094	−24 7519	+ 973 2657	+22 5717	− 4739
18	−29828	−2240 1916	− 973 2363	+2240 1684	−25095	−24 8959	+ 973 2896	+22 7156	− 4739
19	−29827	−2240 1256	− 973 2083	+2240 1025	−25093	−24 9037	+ 973 2616	+22 7235	− 4739
20	−29826	−2240 0888	− 973 1929	+2240 0657	−25093	−24 7756	+ 973 2460	+22 5955	− 4739
21	−29829	−2240 2014	− 973 2423	+2240 1785	−25095	−24 5477	+ 973 2949	+22 3674	− 4739
22	−29837	−2240 5264	− 973 3838	+2240 5038	−25102	−24 2746	+ 973 4358	+22 0937	− 4740
23	−29852	−2241 0661	− 973 6184	+2241 0438	−25114	−24 0116	+ 973 6698	+21 8296	− 4743
24	−29871	−2241 7767	− 973 9271	+2241 7546	−25130	−23 8018	+ 973 9780	+21 6185	− 4746
25	−29892	−2242 5897	− 974 2801	+2242 5677	−25148	−23 6714	+ 974 3308	+21 4864	− 4749
26	−29915	−2243 4292	− 974 6446	+2243 4072	−25167	−23 6292	+ 974 6952	+21 4426	− 4752
27	−29936	−2244 2237	− 974 9897	+2244 2017	−25185	−23 6697	+ 975 0403	+21 4816	− 4756
28	−29954	−2244 9136	− 975 2894	+2244 8914	−25201	−23 7764	+ 975 3403	+21 5869	− 4759
29	−29969	−2245 4552	− 975 5248	+2245 4330	−25213	−23 9239	+ 975 5760	+21 7334	− 4761
30	−29979	−2245 8249	− 975 6856	+2245 8025	−25221	−24 0813	+ 975 7373	+21 8900	− 4763
Oct. 1	−29984	−2246 0226	− 975 7719	+2246 0000	−25226	−24 2140	+ 975 8239	+22 0223	− 4764

M = **NPB**. Values are in units of 10^{-10}. Matrix used with GAST (B13–B20). CIP is $\mathcal{X} = M_{3,1}$, $\mathcal{Y} = M_{3,2}$.

MATRIX ELEMENTS FOR CONVERSION FROM
GCRS TO EQUATOR & CELESTIAL INTERMEDIATE ORIGIN OF DATE
FOR 0^h TERRESTRIAL TIME

Julian Date	$C_{1,1}-1$	$C_{1,2}$	$C_{1,3}$	$C_{2,1}$	$C_{2,2}-1$	$C_{2,3}$	$C_{3,1}$	$C_{3,2}$	$C_{3,3}-1$
245									
5059.5	− 4662	− 134	− 965 6056	− 68	− 2	− 20 8898	+ 965 6056	+20 8898	− 4664
5060.5	− 4667	− 134	− 966 1507	− 69	− 2	− 20 9707	+ 966 1507	+20 9707	− 4669
5061.5	− 4672	− 134	− 966 6610	− 71	− 2	− 21 1889	+ 966 6610	+21 1889	− 4674
5062.5	− 4676	− 134	− 967 0695	− 74	− 2	− 21 5045	+ 967 0695	+21 5045	− 4678
5063.5	− 4679	− 134	− 967 3368	− 77	− 2	− 21 8427	+ 967 3368	+21 8427	− 4681
5064.5	− 4680	− 134	− 967 4670	− 80	− 2	− 22 1202	+ 967 4670	+22 1202	− 4682
5065.5	− 4680	− 134	− 967 5053	− 81	− 2	− 22 2759	+ 967 5053	+22 2759	− 4683
5066.5	− 4680	− 134	− 967 5173	− 82	− 2	− 22 2901	+ 967 5173	+22 2901	− 4683
5067.5	− 4681	− 134	− 967 5642	− 80	− 2	− 22 1842	+ 967 5642	+22 1842	− 4683
5068.5	− 4682	− 134	− 967 6856	− 79	− 2	− 22 0051	+ 967 6856	+22 0051	− 4684
5069.5	− 4684	− 134	− 967 8958	− 77	− 2	− 21 8068	+ 967 8958	+21 8068	− 4686
5070.5	− 4687	− 134	− 968 1875	− 75	− 2	− 21 6369	+ 968 1875	+21 6369	− 4689
5071.5	− 4690	− 134	− 968 5392	− 74	− 2	− 21 5296	+ 968 5392	+21 5296	− 4693
5072.5	− 4694	− 134	− 968 9224	− 74	− 2	− 21 5039	+ 968 9224	+21 5039	− 4696
5073.5	− 4698	− 135	− 969 3065	− 75	− 2	− 21 5649	+ 969 3065	+21 5649	− 4700
5074.5	− 4701	− 135	− 969 6627	− 76	− 2	− 21 7049	+ 969 6627	+21 7049	− 4704
5075.5	− 4704	− 135	− 969 9664	− 78	− 2	− 21 9056	+ 969 9664	+21 9056	− 4707
5076.5	− 4706	− 135	− 970 1998	− 80	− 2	− 22 1400	+ 970 1998	+22 1400	− 4709
5077.5	− 4708	− 135	− 970 3547	− 82	− 3	− 22 3751	+ 970 3547	+22 3751	− 4710
5078.5	− 4709	− 135	− 970 4344	− 84	− 3	− 22 5755	+ 970 4344	+22 5755	− 4711
5079.5	− 4709	− 135	− 970 4549	− 86	− 3	− 22 7087	+ 970 4549	+22 7087	− 4711
5080.5	− 4709	− 135	− 970 4443	− 86	− 3	− 22 7507	+ 970 4443	+22 7507	− 4711
5081.5	− 4709	− 135	− 970 4391	− 85	− 3	− 22 6916	+ 970 4391	+22 6916	− 4711
5082.5	− 4709	− 135	− 970 4793	− 84	− 3	− 22 5398	+ 970 4793	+22 5398	− 4712
5083.5	− 4710	− 135	− 970 6000	− 82	− 2	− 22 3224	+ 970 6000	+22 3224	− 4713
5084.5	− 4713	− 135	− 970 8244	− 80	− 2	− 22 0825	+ 970 8244	+22 0825	− 4715
5085.5	− 4716	− 135	− 971 1561	− 77	− 2	− 21 8726	+ 971 1561	+21 8726	− 4718
5086.5	− 4720	− 135	− 971 5757	− 76	− 2	− 21 7431	+ 971 5757	+21 7431	− 4722
5087.5	− 4724	− 135	− 972 0409	− 76	− 2	− 21 7309	+ 972 0409	+21 7309	− 4727
5088.5	− 4729	− 135	− 972 4936	− 77	− 2	− 21 8462	+ 972 4936	+21 8462	− 4731
5089.5	− 4732	− 135	− 972 8735	− 79	− 2	− 22 0653	+ 972 8735	+22 0653	− 4735
5090.5	− 4735	− 135	− 973 1353	− 82	− 2	− 22 3319	+ 973 1353	+22 3319	− 4737
5091.5	− 4736	− 135	− 973 2657	− 84	− 3	− 22 5717	+ 973 2657	+22 5717	− 4739
5092.5	− 4736	− 135	− 973 2896	− 86	− 3	− 22 7157	+ 973 2896	+22 7156	− 4739
5093.5	− 4736	− 135	− 973 2616	− 86	− 3	− 22 7235	+ 973 2616	+22 7235	− 4739
5094.5	− 4736	− 135	− 973 2460	− 85	− 3	− 22 5955	+ 973 2460	+22 5955	− 4739
5095.5	− 4737	− 135	− 973 2949	− 82	− 3	− 22 3674	+ 973 2949	+22 3674	− 4739
5096.5	− 4738	− 135	− 973 4358	− 80	− 2	− 22 0937	+ 973 4358	+22 0937	− 4740
5097.5	− 4740	− 135	− 973 6698	− 77	− 2	− 21 8296	+ 973 6698	+21 8296	− 4743
5098.5	− 4743	− 136	− 973 9780	− 75	− 2	− 21 6185	+ 973 9780	+21 6185	− 4746
5099.5	− 4747	− 136	− 974 3308	− 74	− 2	− 21 4864	+ 974 3308	+21 4864	− 4749
5100.5	− 4750	− 136	− 974 6952	− 73	− 2	− 21 4426	+ 974 6952	+21 4426	− 4752
5101.5	− 4754	− 136	− 975 0403	− 74	− 2	− 21 4816	+ 975 0403	+21 4816	− 4756
5102.5	− 4756	− 136	− 975 3403	− 75	− 2	− 21 5869	+ 975 3403	+21 5869	− 4759
5103.5	− 4759	− 136	− 975 5760	− 76	− 2	− 21 7334	+ 975 5760	+21 7334	− 4761
5104.5	− 4760	− 136	− 975 7373	− 78	− 2	− 21 8900	+ 975 7373	+21 8900	− 4763
5105.5	− 4761	− 136	− 975 8239	− 79	− 2	− 22 0223	+ 975 8239	+22 0223	− 4764

Values are in units of 10^{-10}. Matrix used with ERA (B21–B24). CIP is $\mathcal{X} = \mathbf{C}_{3,1}$, $\mathcal{Y} = \mathbf{C}_{3,2}$

MATRIX ELEMENTS FOR CONVERSION FROM GCRS TO EQUATOR AND EQUINOX OF DATE FOR 0^h TERRESTRIAL TIME

Date 0^h TT	$M_{1,1}-1$	$M_{1,2}$	$M_{1,3}$	$M_{2,1}$	$M_{2,2}-1$	$M_{2,3}$	$M_{3,1}$	$M_{3,2}$	$M_{3,3}-1$
Oct. 1	−29984	−2246 0226	− 975 7719	+2246 0000	−25226	−24 2140	+ 975 8239	+22 0223	− 4764
2	−29985	−2246 0755	− 975 7955	+2246 0529	−25227	−24 2882	+ 975 8476	+22 0965	− 4764
3	−29984	−2246 0397	− 975 7805	+2246 0170	−25226	−24 2761	+ 975 8326	+22 0844	− 4764
4	−29983	−2245 9959	− 975 7622	+2245 9734	−25225	−24 1617	+ 975 8140	+21 9701	− 4763
5	−29984	−2246 0394	− 975 7816	+2246 0171	−25226	−23 9472	+ 975 8330	+21 7555	− 4764
6	−29990	−2246 2610	− 975 8783	+2246 2390	−25231	−23 6556	+ 975 9289	+21 4634	− 4764
7	−30003	−2246 7245	− 976 0798	+2246 7028	−25241	−23 3295	+ 976 1298	+21 1365	− 4766
8	−30022	−2247 4467	− 976 3935	+2247 4253	−25257	−23 0232	+ 976 4428	+20 8287	− 4769
9	−30047	−2248 3868	− 976 8017	+2248 3656	−25278	−22 7899	+ 976 8504	+20 5937	− 4773
10	−30075	−2249 4505	− 977 2634	+2249 4295	−25302	−22 6685	+ 977 3119	+20 4701	− 4778
11	−30104	−2250 5100	− 977 7233	+2250 4889	−25326	−22 6713	+ 977 7719	+20 4709	− 4782
12	−30128	−2251 4341	− 978 1245	+2251 4129	−25347	−22 7798	+ 978 1733	+20 5775	− 4786
13	−30147	−2252 1224	− 978 4235	+2252 1010	−25362	−22 9465	+ 978 4727	+20 7430	− 4789
14	−30158	−2252 5337	− 978 6024	+2252 5122	−25372	−23 1072	+ 978 6520	+20 9028	− 4791
15	−30162	−2252 6996	− 978 6750	+2252 6780	−25376	−23 1971	+ 978 7247	+20 9923	− 4792
16	−30163	−2252 7163	− 978 6828	+2252 6947	−25376	−23 1697	+ 978 7325	+20 9650	− 4792
17	−30163	−2252 7159	− 978 6832	+2252 6944	−25376	−23 0103	+ 978 7326	+20 8055	− 4792
18	−30166	−2252 8263	− 978 7316	+2252 8051	−25378	−22 7381	+ 978 7804	+20 5332	− 4792
19	−30174	−2253 1355	− 978 8663	+2253 1146	−25385	−22 3984	+ 978 9143	+20 1928	− 4793
20	−30188	−2253 6737	− 979 1003	+2253 6532	−25397	−22 0467	+ 979 1475	+19 8400	− 4796
21	−30208	−2254 4160	− 979 4226	+2254 3958	−25414	−21 7334	+ 979 4691	+19 5253	− 4799
22	−30232	−2255 2990	− 979 8060	+2255 2790	−25434	−21 4939	+ 979 8520	+19 2841	− 4802
23	−30257	−2256 2426	− 980 2157	+2256 2228	−25455	−21 3446	+ 980 2614	+19 1330	− 4806
24	−30282	−2257 1676	− 980 6173	+2257 1478	−25476	−21 2846	+ 980 6628	+19 0712	− 4810
25	−30305	−2258 0068	− 980 9817	+2257 9870	−25495	−21 2993	+ 981 0273	+19 0842	− 4814
26	−30324	−2258 7114	− 981 2878	+2258 6915	−25511	−21 3649	+ 981 3335	+19 1484	− 4817
27	−30338	−2259 2534	− 981 5233	+2259 2334	−25523	−21 4515	+ 981 5693	+19 2340	− 4819
28	−30348	−2259 6272	− 981 6860	+2259 6072	−25531	−21 5263	+ 981 7321	+19 3080	− 4821
29	−30354	−2259 8519	− 981 7840	+2259 8318	−25537	−21 5561	+ 981 8302	+19 3373	− 4822
30	−30357	−2259 9724	− 981 8368	+2259 9524	−25539	−21 5114	+ 981 8830	+19 2925	− 4822
31	−30360	−2260 0595	− 981 8752	+2260 0396	−25541	−21 3713	+ 981 9210	+19 1522	− 4823
Nov. 1	−30364	−2260 2045	− 981 9387	+2260 1849	−25544	−21 1293	+ 981 9839	+18 9098	− 4823
2	−30372	−2260 5057	− 982 0698	+2260 4864	−25551	−20 7992	+ 982 1143	+18 5792	− 4824
3	−30386	−2261 0453	− 982 3044	+2261 0263	−25563	−20 4177	+ 982 3480	+18 1966	− 4827
4	−30408	−2261 8628	− 982 6594	+2261 8442	−25582	−20 0395	+ 982 7022	+17 8168	− 4830
5	−30437	−2262 9336	− 983 1242	+2262 9153	−25606	−19 7250	+ 983 1663	+17 5002	− 4835
6	−30470	−2264 1667	− 983 6594	+2264 1486	−25634	−19 5225	+ 983 7010	+17 2953	− 4840
7	−30504	−2265 4254	− 984 2056	+2265 4073	−25662	−19 4525	+ 984 2472	+17 2228	− 4845
8	−30535	−2266 5660	− 984 7007	+2266 5479	−25688	−19 4999	+ 984 7424	+17 2679	− 4850
9	−30559	−2267 4789	− 985 0971	+2267 4607	−25709	−19 6184	+ 985 1390	+17 3847	− 4854
10	−30577	−2268 1174	− 985 3745	+2268 0990	−25723	−19 7447	+ 985 4167	+17 5097	− 4857
11	−30587	−2268 5058	− 985 5434	+2268 4874	−25732	−19 8159	+ 985 5859	+17 5802	− 4858
12	−30593	−2268 7286	− 985 6406	+2268 7102	−25737	−19 7856	+ 985 6830	+17 5494	− 4859
13	−30598	−2268 9048	− 985 7176	+2268 8866	−25741	−19 6340	+ 985 7596	+17 3975	− 4860
14	−30605	−2269 1562	− 985 8272	+2269 1382	−25747	−19 3713	+ 985 8686	+17 1342	− 4861
15	−30616	−2269 5782	− 986 0108	+2269 5605	−25756	−19 0320	+ 986 0514	+16 7941	− 4863
16	−30633	−2270 2199	− 986 2895	+2270 2025	−25771	−18 6653	+ 986 3294	+16 4261	− 4866

$M = NPB$. Values are in units of 10^{-10}. Matrix used with GAST (B13–B20). CIP is $\mathcal{X} = M_{3,1}$, $\mathcal{Y} = M_{3,2}$.

FRAME BIAS, PRECESSION AND NUTATION, 2009

MATRIX ELEMENTS FOR CONVERSION FROM GCRS TO EQUATOR & CELESTIAL INTERMEDIATE ORIGIN OF DATE FOR 0^h TERRESTRIAL TIME

Julian Date	$C_{1,1}-1$	$C_{1,2}$	$C_{1,3}$	$C_{2,1}$	$C_{2,2}-1$	$C_{2,3}$	$C_{3,1}$	$C_{3,2}$	$C_{3,3}-1$
245									
5105.5	− 4761	− 136	− 975 8239	− 79	− 2	− 22 0223	+ 975 8239	+ 22 0223	− 4764
5106.5	− 4761	− 136	− 975 8476	− 80	− 2	− 22 0965	+ 975 8476	+ 22 0965	− 4764
5107.5	− 4761	− 136	− 975 8326	− 80	− 2	− 22 0844	+ 975 8326	+ 22 0844	− 4764
5108.5	− 4761	− 136	− 975 8140	− 78	− 2	− 21 9701	+ 975 8140	+ 21 9701	− 4763
5109.5	− 4761	− 136	− 975 8330	− 76	− 2	− 21 7555	+ 975 8330	+ 21 7555	− 4764
5110.5	− 4762	− 136	− 975 9289	− 73	− 2	− 21 4634	+ 975 9289	+ 21 4634	− 4764
5111.5	− 4764	− 136	− 976 1298	− 70	− 2	− 21 1365	+ 976 1298	+ 21 1365	− 4766
5112.5	− 4767	− 136	− 976 4428	− 67	− 2	− 20 8287	+ 976 4428	+ 20 8287	− 4769
5113.5	− 4771	− 136	− 976 8504	− 65	− 2	− 20 5937	+ 976 8504	+ 20 5937	− 4773
5114.5	− 4776	− 136	− 977 3119	− 64	− 2	− 20 4701	+ 977 3119	+ 20 4701	− 4778
5115.5	− 4780	− 136	− 977 7719	− 64	− 2	− 20 4709	+ 977 7719	+ 20 4709	− 4782
5116.5	− 4784	− 136	− 978 1733	− 65	− 2	− 20 5775	+ 978 1733	+ 20 5775	− 4786
5117.5	− 4787	− 136	− 978 4727	− 66	− 2	− 20 7430	+ 978 4727	+ 20 7430	− 4789
5118.5	− 4789	− 137	− 978 6520	− 68	− 2	− 20 9028	+ 978 6520	+ 20 9028	− 4791
5119.5	− 4790	− 137	− 978 7247	− 69	− 2	− 20 9923	+ 978 7247	+ 20 9923	− 4792
5120.5	− 4790	− 137	− 978 7325	− 69	− 2	− 20 9650	+ 978 7325	+ 20 9650	− 4792
5121.5	− 4790	− 137	− 978 7326	− 67	− 2	− 20 8055	+ 978 7326	+ 20 8055	− 4792
5122.5	− 4790	− 137	− 978 7804	− 64	− 2	− 20 5332	+ 978 7804	+ 20 5332	− 4792
5123.5	− 4791	− 137	− 978 9143	− 61	− 2	− 20 1928	+ 978 9143	+ 20 1928	− 4793
5124.5	− 4794	− 137	− 979 1475	− 58	− 2	− 19 8400	+ 979 1475	+ 19 8400	− 4796
5125.5	− 4797	− 137	− 979 4691	− 55	− 2	− 19 5253	+ 979 4691	+ 19 5253	− 4799
5126.5	− 4801	− 137	− 979 8520	− 52	− 2	− 19 2841	+ 979 8520	+ 19 2841	− 4802
5127.5	− 4805	− 137	− 980 2614	− 51	− 2	− 19 1330	+ 980 2614	+ 19 1330	− 4806
5128.5	− 4808	− 137	− 980 6628	− 50	− 2	− 19 0712	+ 980 6628	+ 19 0712	− 4810
5129.5	− 4812	− 137	− 981 0273	− 50	− 2	− 19 0842	+ 981 0273	+ 19 0842	− 4814
5130.5	− 4815	− 137	− 981 3335	− 51	− 2	− 19 1484	+ 981 3335	+ 19 1484	− 4817
5131.5	− 4817	− 137	− 981 5693	− 52	− 2	− 19 2340	+ 981 5693	+ 19 2340	− 4819
5132.5	− 4819	− 137	− 981 7321	− 52	− 2	− 19 3080	+ 981 7321	+ 19 3080	− 4821
5133.5	− 4820	− 137	− 981 8302	− 53	− 2	− 19 3373	+ 981 8302	+ 19 3373	− 4822
5134.5	− 4820	− 137	− 981 8830	− 52	− 2	− 19 2925	+ 981 8830	+ 19 2925	− 4822
5135.5	− 4821	− 137	− 981 9210	− 51	− 2	− 19 1522	+ 981 9210	+ 19 1522	− 4823
5136.5	− 4821	− 137	− 981 9839	− 48	− 2	− 18 9098	+ 981 9839	+ 18 9098	− 4823
5137.5	− 4823	− 137	− 982 1143	− 45	− 2	− 18 5792	+ 982 1143	+ 18 5792	− 4824
5138.5	− 4825	− 137	− 982 3480	− 41	− 2	− 18 1966	+ 982 3480	+ 18 1966	− 4827
5139.5	− 4829	− 137	− 982 7022	− 38	− 2	− 17 8168	+ 982 7022	+ 17 8168	− 4830
5140.5	− 4833	− 137	− 983 1663	− 35	− 2	− 17 5002	+ 983 1663	+ 17 5002	− 4835
5141.5	− 4838	− 137	− 983 7010	− 33	− 1	− 17 2953	+ 983 7010	+ 17 2953	− 4840
5142.5	− 4844	− 138	− 984 2472	− 32	− 1	− 17 2228	+ 984 2472	+ 17 2228	− 4845
5143.5	− 4849	− 138	− 984 7424	− 32	− 1	− 17 2679	+ 984 7424	+ 17 2679	− 4850
5144.5	− 4852	− 138	− 985 1390	− 34	− 2	− 17 3847	+ 985 1390	+ 17 3847	− 4854
5145.5	− 4855	− 138	− 985 4167	− 35	− 2	− 17 5097	+ 985 4167	+ 17 5097	− 4857
5146.5	− 4857	− 138	− 985 5859	− 35	− 2	− 17 5802	+ 985 5859	+ 17 5802	− 4858
5147.5	− 4858	− 138	− 985 6830	− 35	− 2	− 17 5494	+ 985 6830	+ 17 5494	− 4859
5148.5	− 4859	− 138	− 985 7596	− 34	− 2	− 17 3975	+ 985 7596	+ 17 3975	− 4860
5149.5	− 4860	− 138	− 985 8686	− 31	− 1	− 17 1342	+ 985 8686	+ 17 1342	− 4861
5150.5	− 4861	− 138	− 986 0514	− 28	− 1	− 16 7941	+ 986 0514	+ 16 7941	− 4863
5151.5	− 4864	− 138	− 986 3294	− 24	− 1	− 16 4261	+ 986 3294	+ 16 4261	− 4866

Values are in units of 10^{-10}. Matrix used with ERA (B21–B24). CIP is $\mathcal{X} = C_{3,1}$, $\mathcal{Y} = C_{3,2}$

MATRIX ELEMENTS FOR CONVERSION FROM GCRS TO EQUATOR AND EQUINOX OF DATE FOR 0^h TERRESTRIAL TIME

Date 0^h TT	$M_{1,1}-1$	$M_{1,2}$	$M_{1,3}$	$M_{2,1}$	$M_{2,2}-1$	$M_{2,3}$	$M_{3,1}$	$M_{3,2}$	$M_{3,3}-1$
Nov. 16	−30633	−2270 2199	− 986 2895	+2270 2025	−25771	−18 6653	+ 986 3294	+16 4261	− 4866
17	−30657	−2271 0781	− 986 6622	+2271 0611	−25790	−18 3217	+ 986 7013	+16 0809	− 4869
18	−30684	−2272 1056	− 987 1082	+2272 0889	−25814	−18 0423	+ 987 1467	+15 7995	− 4874
19	−30715	−2273 2273	− 987 5951	+2273 2108	−25839	−17 8515	+ 987 6331	+15 6064	− 4878
20	−30745	−2274 3597	− 988 0866	+2274 3432	−25865	−17 7553	+ 988 1245	+15 5080	− 4883
21	−30774	−2275 4269	− 988 5499	+2275 4105	−25889	−17 7436	+ 988 5877	+15 4942	− 4888
22	−30800	−2276 3711	− 988 9598	+2276 3546	−25911	−17 7943	+ 988 9978	+15 5430	− 4892
23	−30821	−2277 1572	− 989 3012	+2277 1406	−25928	−17 8783	+ 989 3394	+15 6254	− 4895
24	−30838	−2277 7743	− 989 5694	+2277 7577	−25943	−17 9632	+ 989 6077	+15 7092	− 4898
25	−30850	−2278 2357	− 989 7700	+2278 2190	−25953	−18 0170	+ 989 8085	+15 7620	− 4900
26	−30859	−2278 5781	− 989 9190	+2278 5614	−25961	−18 0104	+ 989 9575	+15 7547	− 4901
27	−30867	−2278 8611	− 990 0423	+2278 8444	−25967	−17 9208	+ 990 0805	+15 6646	− 4903
28	−30875	−2279 1647	− 990 1745	+2279 1482	−25974	−17 7361	+ 990 2123	+15 4793	− 4904
29	−30887	−2279 5827	− 990 3563	+2279 5665	−25984	−17 4604	+ 990 3935	+15 2027	− 4906
30	−30903	−2280 2072	− 990 6277	+2280 1914	−25998	−17 1180	+ 990 6641	+14 8592	− 4908
Dec. 1	−30928	−2281 1048	− 991 0174	+2281 0893	−26018	−16 7554	+ 991 0530	+14 4947	− 4912
2	−30960	−2282 2869	− 991 5305	+2282 2717	−26045	−16 4339	+ 991 5654	+14 1709	− 4917
3	−30998	−2283 6901	− 992 1394	+2283 6751	−26077	−16 2143	+ 992 1738	+13 9485	− 4923
4	−31038	−2285 1807	− 992 7862	+2285 1658	−26111	−16 1345	+ 992 8204	+13 8658	− 4929
5	−31077	−2286 5921	− 993 3986	+2286 5771	−26144	−16 1936	+ 993 4331	+13 9220	− 4936
6	−31109	−2287 7807	− 993 9145	+2287 7656	−26171	−16 3489	+ 993 9493	+14 0751	− 4941
7	−31133	−2288 6731	− 994 3020	+2288 6578	−26191	−16 5322	+ 994 3372	+14 2565	− 4945
8	−31150	−2289 2823	− 994 5667	+2289 2669	−26205	−16 6725	+ 994 6023	+14 3956	− 4947
9	−31161	−2289 6927	− 994 7452	+2289 6772	−26215	−16 7174	+ 994 7809	+14 4397	− 4949
10	−31170	−2290 0259	− 994 8903	+2290 0105	−26222	−16 6445	+ 994 9258	+14 3661	− 4950
11	−31181	−2290 4055	− 995 0554	+2290 3902	−26231	−16 4610	+ 995 0905	+14 1819	− 4952
12	−31195	−2290 9288	− 995 2829	+2290 9138	−26243	−16 1981	+ 995 3174	+13 9179	− 4954
13	−31214	−2291 6517	− 995 5969	+2291 6370	−26259	−15 9004	+ 995 6307	+13 6188	− 4957
14	−31240	−2292 5834	− 996 0014	+2292 5690	−26281	−15 6155	+ 996 0346	+13 3320	− 4961
15	−31270	−2293 6911	− 996 4822	+2293 6769	−26306	−15 3849	+ 996 5149	+13 0992	− 4966
16	−31303	−2294 9114	− 997 0119	+2294 8974	−26334	−15 2370	+ 997 0442	+12 9489	− 4971
17	−31338	−2296 1652	− 997 5560	+2296 1512	−26363	−15 1839	+ 997 5882	+12 8933	− 4977
18	−31370	−2297 3735	− 998 0804	+2297 3594	−26390	−15 2209	+ 998 1127	+12 9279	− 4982
19	−31400	−2298 4702	− 998 5564	+2298 4560	−26416	−15 3298	+ 998 5890	+13 0346	− 4987
20	−31426	−2299 4109	− 998 9649	+2299 3966	−26437	−15 4830	+ 998 9978	+13 1859	− 4991
21	−31447	−2300 1769	− 999 2976	+2300 1625	−26455	−15 6480	+ 999 3309	+13 3494	− 4994
22	−31463	−2300 7756	− 999 5577	+2300 7609	−26469	−15 7924	+ 999 5914	+13 4926	− 4997
23	−31476	−2301 2380	− 999 7588	+2301 2233	−26479	−15 8869	+ 999 7927	+13 5862	− 4999
24	−31486	−2301 6167	− 999 9235	+2301 6019	−26488	−15 9086	+ 999 9575	+13 6072	− 5001
25	−31496	−2301 9818	−1000 0824	+2301 9671	−26497	−15 8439	+1000 1162	+13 5417	− 5002
26	−31508	−2302 4165	−1000 2714	+2302 4019	−26507	−15 6915	+1000 3049	+13 3884	− 5004
27	−31525	−2303 0078	−1000 5284	+2302 9935	−26520	−15 4660	+1000 5614	+13 1618	− 5006
28	−31547	−2303 8320	−1000 8863	+2303 8180	−26539	−15 2008	+1000 9187	+12 8949	− 5010
29	−31577	−2304 9317	−1001 3636	+2304 9179	−26564	−14 9470	+1001 3954	+12 6389	− 5015
30	−31614	−2306 2895	−1001 9529	+2306 2759	−26596	−14 7655	+1001 9843	+12 4547	− 5021
31	−31656	−2307 8119	−1002 6135	+2307 7983	−26631	−14 7100	+1002 6448	+12 3961	− 5027
32	−31698	−2309 3399	−1003 2765	+2309 3262	−26666	−14 8042	+1003 3080	+12 4872	− 5034

M = NPB. Values are in units of 10^{-10}. Matrix used with GAST (B13–B20). CIP is $\mathcal{X} = M_{3,1}$, $\mathcal{Y} = M_{3,2}$.

MATRIX ELEMENTS FOR CONVERSION FROM GCRS TO EQUATOR & CELESTIAL INTERMEDIATE ORIGIN OF DATE FOR 0^h TERRESTRIAL TIME

Julian Date	$C_{1,1}-1$	$C_{1,2}$	$C_{1,3}$	$C_{2,1}$	$C_{2,2}-1$	$C_{2,3}$	$C_{3,1}$	$C_{3,2}$	$C_{3,3}-1$
245									
5151.5	− 4864	− 138	− 986 3294	− 24	− 1	− 16 4261	+ 986 3294	+16 4261	− 4866
5152.5	− 4868	− 138	− 986 7013	− 21	− 1	− 16 0809	+ 986 7013	+16 0809	− 4869
5153.5	− 4872	− 138	− 987 1467	− 18	− 1	− 15 7995	+ 987 1467	+15 7995	− 4874
5154.5	− 4877	− 138	− 987 6331	− 16	− 1	− 15 6064	+ 987 6331	+15 6064	− 4878
5155.5	− 4882	− 138	− 988 1245	− 15	− 1	− 15 5080	+ 988 1245	+15 5080	− 4883
5156.5	− 4887	− 138	− 988 5877	− 15	− 1	− 15 4942	+ 988 5877	+15 4942	− 4888
5157.5	− 4891	− 138	− 988 9978	− 15	− 1	− 15 5430	+ 988 9978	+15 5430	− 4892
5158.5	− 4894	− 138	− 989 3394	− 16	− 1	− 15 6254	+ 989 3394	+15 6254	− 4895
5159.5	− 4897	− 138	− 989 6077	− 17	− 1	− 15 7092	+ 989 6077	+15 7092	− 4898
5160.5	− 4899	− 138	− 989 8085	− 18	− 1	− 15 7620	+ 989 8085	+15 7620	− 4900
5161.5	− 4900	− 139	− 989 9575	− 17	− 1	− 15 7547	+ 989 9575	+15 7547	− 4901
5162.5	− 4901	− 139	− 990 0805	− 17	− 1	− 15 6646	+ 990 0805	+15 6646	− 4903
5163.5	− 4903	− 139	− 990 2123	− 15	− 1	− 15 4793	+ 990 2123	+15 4793	− 4904
5164.5	− 4904	− 139	− 990 3935	− 12	− 1	− 15 2028	+ 990 3935	+15 2027	− 4906
5165.5	− 4907	− 139	− 990 6641	− 9	− 1	− 14 8592	+ 990 6641	+14 8592	− 4908
5166.5	− 4911	− 139	− 991 0530	− 5	− 1	− 14 4948	+ 991 0530	+14 4947	− 4912
5167.5	− 4916	− 139	− 991 5654	− 2	− 1	− 14 1709	+ 991 5654	+14 1709	− 4917
5168.5	− 4922	− 139	− 992 1738	0	− 1	− 13 9485	+ 992 1738	+13 9485	− 4923
5169.5	− 4928	− 139	− 992 8204	+ 1	− 1	− 13 8658	+ 992 8204	+13 8658	− 4929
5170.5	− 4935	− 139	− 993 4331	+ 1	− 1	− 13 9220	+ 993 4331	+13 9220	− 4936
5171.5	− 4940	− 139	− 993 9493	− 1	− 1	− 14 0751	+ 993 9493	+14 0751	− 4941
5172.5	− 4944	− 139	− 994 3372	− 3	− 1	− 14 2565	+ 994 3372	+14 2565	− 4945
5173.5	− 4946	− 139	− 994 6023	− 4	− 1	− 14 3956	+ 994 6023	+14 3956	− 4947
5174.5	− 4948	− 139	− 994 7809	− 4	− 1	− 14 4397	+ 994 7809	+14 4397	− 4949
5175.5	− 4949	− 139	− 994 9258	− 4	− 1	− 14 3661	+ 994 9258	+14 3661	− 4950
5176.5	− 4951	− 139	− 995 0905	− 2	− 1	− 14 1819	+ 995 0905	+14 1819	− 4952
5177.5	− 4953	− 139	− 995 3174	+ 1	− 1	− 13 9179	+ 995 3174	+13 9179	− 4954
5178.5	− 4956	− 139	− 995 6307	+ 4	− 1	− 13 6188	+ 995 6307	+13 6188	− 4957
5179.5	− 4960	− 139	− 996 0346	+ 7	− 1	− 13 3320	+ 996 0346	+13 3320	− 4961
5180.5	− 4965	− 139	− 996 5149	+ 9	− 1	− 13 0993	+ 996 5149	+13 0992	− 4966
5181.5	− 4970	− 140	− 997 0442	+ 10	− 1	− 12 9489	+ 997 0442	+12 9489	− 4971
5182.5	− 4976	− 140	− 997 5882	+ 11	− 1	− 12 8933	+ 997 5882	+12 8933	− 4977
5183.5	− 4981	− 140	− 998 1127	+ 11	− 1	− 12 9279	+ 998 1127	+12 9279	− 4982
5184.5	− 4986	− 140	− 998 5890	+ 10	− 1	− 13 0346	+ 998 5890	+13 0346	− 4987
5185.5	− 4990	− 140	− 998 9978	+ 8	− 1	− 13 1859	+ 998 9978	+13 1859	− 4991
5186.5	− 4993	− 140	− 999 3309	+ 6	− 1	− 13 3494	+ 999 3309	+13 3494	− 4994
5187.5	− 4996	− 140	− 999 5914	+ 5	− 1	− 13 4926	+ 999 5914	+13 4926	− 4997
5188.5	− 4998	− 140	− 999 7927	+ 4	− 1	− 13 5862	+ 999 7927	+13 5862	− 4999
5189.5	− 5000	− 140	− 999 9575	+ 4	− 1	− 13 6072	+ 999 9575	+13 6072	− 5001
5190.5	− 5001	− 140	− 1000 1162	+ 4	− 1	− 13 5417	+ 1000 1162	+13 5417	− 5002
5191.5	− 5003	− 140	− 1000 3049	+ 6	− 1	− 13 3884	+ 1000 3049	+13 3884	− 5004
5192.5	− 5006	− 140	− 1000 5614	+ 8	− 1	− 13 1618	+ 1000 5614	+13 1618	− 5006
5193.5	− 5009	− 140	− 1000 9187	+ 11	− 1	− 12 8949	+ 1000 9187	+12 8949	− 5010
5194.5	− 5014	− 140	− 1001 3954	+ 14	− 1	− 12 6389	+ 1001 3954	+12 6389	− 5015
5195.5	− 5020	− 140	− 1001 9843	+ 15	− 1	− 12 4547	+ 1001 9843	+12 4547	− 5021
5196.5	− 5026	− 140	− 1002 6448	+ 16	− 1	− 12 3961	+ 1002 6448	+12 3961	− 5027
5197.5	− 5033	− 140	− 1003 3080	+ 15	− 1	− 12 4872	+ 1003 3080	+12 4872	− 5034

Values are in units of 10^{-10}. Matrix used with ERA (B21–B24). CIP is $\mathcal{X} = C_{3,1}$, $\mathcal{Y} = C_{3,2}$

The Celestial Intermediate Reference System

The IAU 2000 and 2006 resolutions very precisely define the Celestial Intermediate Reference System by the direction of its pole (CIP) and the location of its origin of right ascension (CIO) at any date in the Geocentric Celestial Reference System (GCRS). This system is often denoted as the "equator and CIO of date" which has the same pole and equator as the equator and equinox of date, however, they have different origins for right ascension. This section includes the transformations using both origins and the relationships between them.

Pole of the Celestial Intermediate Reference System

The direction of the celestial intermediate pole (CIP), which is the pole of the Celestial Intermediate Reference System (the true celestial pole of date), at any instant is defined by the transformation from the GCRS that involves the rotations for frame bias and precession-nutation.

The unit vector components of the CIP (in radians) are given by elements one and two from the third row of the following rotation matrices, namely

$$\mathcal{X} = \mathbf{C}_{3,1} = \mathbf{M}_{3,1} \quad \text{and} \quad \mathcal{Y} = \mathbf{C}_{3,2} = \mathbf{M}_{3,2}$$

and the equations for calculating $\mathbf{C}$ are given on page B49, while those for $\mathbf{M}$ are given on page B50. Alternatively, $\mathcal{X}$ and $\mathcal{Y}$ may be calculated directly using

$$\mathcal{X} = \sin\epsilon \sin\psi \cos\bar{\gamma} - (\sin\epsilon \cos\psi \cos\bar{\phi} - \cos\epsilon \sin\bar{\phi}) \sin\bar{\gamma}$$
$$\mathcal{Y} = \sin\epsilon \sin\psi \sin\bar{\gamma} + (\sin\epsilon \cos\psi \cos\bar{\phi} - \cos\epsilon \sin\bar{\phi}) \cos\bar{\gamma}$$

where $\bar{\gamma}$, $\bar{\phi}$, ψ and ϵ include the effects of frame bias, precession and nutation (see page B56). $\mathcal{X}$ and $\mathcal{Y}$ are tabulated, in radians, at 0^h TT on even pages B30–B44, on odd pages B31–B45, and in arcseconds on pages B58–B65. The equations above may also be used to calculate the coordinates of the mean pole by ignoring nutation, that is by replacing ψ by $\bar{\psi}$ and ϵ by ϵ_A.

The position ($\mathcal{X}$, $\mathcal{Y}$) of the CIP, expressed in arcseconds, accurate to $0\rlap{.}''0001$, may also be calculated from the following series expansions,

$$\mathcal{X} = -0\rlap{.}''016\,617 + 2004\rlap{.}''191\,898\,T - 0\rlap{.}''429\,7829\,T^2$$
$$- 0\rlap{.}''198\,618\,34\,T^3 + 7\rlap{.}''578 \times 10^{-6}\,T^4 + 5\rlap{.}''9285 \times 10^{-6}\,T^5$$
$$+ \sum_{j,i} [(a_{s,j})_i \, T^j \sin(\text{ARGUMENT}) + (a_{c,j})_i \, T^j \cos(\text{ARGUMENT})] + \cdots$$

$$\mathcal{Y} = -0\rlap{.}''006\,951 - 0\rlap{.}''025\,896\,T - 22\rlap{.}''407\,2747\,T^2$$
$$+ 0\rlap{.}''001\,900\,59\,T^3 + 0\rlap{.}''001\,112\,526\,T^4 + 0\rlap{.}''1358 \times 10^{-6}\,T^5$$
$$+ \sum_{j,i} [(b_{c,j})_i \, T^j \cos(\text{ARGUMENT}) + (b_{s,j})_i \, T^j \sin(\text{ARGUMENT})] + \cdots$$

where T is measured in TT Julian centuries from J2000·0 and the coefficients and arguments may be downloaded from the CDS (see AsA-Online for the web link).

Approximate formulae for the Celestial Intermediate Pole

The following formulae may be used to compute $\mathcal{X}$ and $\mathcal{Y}$ to a precision of $0\rlap{.}''2$ during 2009:

$$\mathcal{X} = 180\rlap{.}''31 + 0\rlap{.}''0549\,d \qquad\qquad \mathcal{Y} = -0\rlap{.}''19$$
$$\phantom{\mathcal{X} =} -6\rlap{.}''8 \sin\Omega - 0\rlap{.}''5 \sin 2L \qquad\qquad \phantom{\mathcal{Y} =} +9\rlap{.}''2 \cos\Omega + 0\rlap{.}''6 \cos 2L$$

where $\Omega = 311\rlap{.}°0 - 0\cdot053\,d$, $L = 279\rlap{.}°8 + 0\cdot986\,d$ and d is the day of the year and fraction of the day in the TT time scale.

Origin of the Celestial Intermediate Reference System

The CIO locator s, positions the celestial intermediate origin (CIO) on the equator of the Celestial Intermediate Reference System. It is the difference in the right ascension of the node of the equators in the GCRS and the Celestial Intermediate Reference System (see page B9). The CIO locator s is tabulated daily at 0^h TT, in arcseconds, on pages B58–B65.

The location of the CIO may be represented by $s + \mathcal{X}\mathcal{Y}/2$, the series of which is downloadable from the CDS (see AsA-Online for the web link). However, the definition and table below include all terms exceeding 0.5μas during the interval 1975–2025.

$$s = -\mathcal{X}\mathcal{Y}/2 + 94'' \times 10^{-6} + \sum_k C_k \sin A_k$$
$$+ (+0\rlap{.}''003\,808\,65 + 1\rlap{.}''73 \times 10^{-6} \sin \Omega + 3\rlap{.}''57 \times 10^{-6} \cos 2\Omega)\, T$$
$$+ (-0\rlap{.}''000\,122\,68 + 743\rlap{.}''52 \times 10^{-6} \sin \Omega - 8\rlap{.}''85 \times 10^{-6} \sin 2\Omega$$
$$+ 56\rlap{.}''91 \times 10^{-6} \sin 2(F - D + \Omega) + 9\rlap{.}''84 \times 10^{-6} \sin 2(F + \Omega))\, T^2$$
$$- 0\rlap{.}''072\,574\,11\, T^3 + 27\rlap{.}''98 \times 10^{-6}\, T^4 + 15\rlap{.}''62 \times 10^{-6}\, T^5$$

where $\mathcal{X}, \mathcal{Y}$ (expressed in radians) is the position of the CIP at the required TT instant, and T is the interval in TT Julian centuries from J2000·0. Also tabulated are the "complementary" terms C'_k, part of the equation of the equinoxes, (see page B10) which contribute to Greenwich apparent sidereal time.

	Terms for the Series Parts of s and the Equation of the Equinoxes					
k	Coefficient C_k for s ''	Argument A_k	Coefficient C'_k for E_e ''	k	Coefficient C_k, C'_k for s, E_e ''	Argument A_k
1	$-0.002\,640\,73$	Ω	$-0.002\,640\,96$	7	$-0.000\,001\,98$	$2F + \Omega$
2	$-0.000\,063\,53$	2Ω	$-0.000\,063\,52$	8	$+0.000\,001\,72$	3Ω
3	$-0.000\,011\,75$	$2F - 2D + 3\Omega$	$-0.000\,011\,75$	9	$+0.000\,001\,41$	$l' + \Omega$
4	$-0.000\,011\,21$	$2F - 2D + \Omega$	$-0.000\,011\,21$	10	$+0.000\,001\,26$	$l' - \Omega$
5	$+0.000\,004\,57$	$2F - 2D + 2\Omega$	$+0.000\,004\,55$	11	$+0.000\,000\,63$	$l + \Omega$
6	$-0.000\,002\,02$	$2F + 3\Omega$	$-0.000\,002\,02$	12	$+0.000\,000\,63$	$l - \Omega$

where the expressions for the fundamental arguments are

$l = 134\rlap{.}°963\,402\,51 + 1\,717\,915\,923\rlap{.}''2178T + 31\rlap{.}''8792T^2 + 0\rlap{.}''051\,635T^3 - 0\rlap{.}''000\,244\,70T^4$

$l' = 357\rlap{.}°529\,109\,18 + 129\,596\,581\rlap{.}''0481T - 0\rlap{.}''5532T^2 + 0\rlap{.}''000\,136T^3 - 0\rlap{.}''000\,011\,49T^4$

$F = 93\rlap{.}°272\,090\,62 + 1\,739\,527\,262\rlap{.}''8478T - 12\rlap{.}''7512T^2 - 0\rlap{.}''001\,037T^3 + 0\rlap{.}''000\,004\,17T^4$

$D = 297\rlap{.}°850\,195\,47 + 1\,602\,961\,601\rlap{.}''2090T - 6\rlap{.}''3706T^2 + 0\rlap{.}''006\,593T^3 - 0\rlap{.}''000\,031\,69T^4$

$\Omega = 125\rlap{.}°044\,555\,01 - 6\,962\,890\rlap{.}''5431T + 7\rlap{.}''4722T^2 + 0\rlap{.}''007\,702T^3 - 0\rlap{.}''000\,059\,39T^4$

Approximate position of the Celestial Intermediate Origin

The CIO locator s may be ignored (i.e. set $s = 0$) in the interval 1963 to 2031 if accuracies no better than $0\rlap{.}''01$ are acceptable.

During 2009, $s + \mathcal{X}\mathcal{Y}/2$ may be computed to a precision of 3×10^{-5} arcseconds from

$$s + \mathcal{X}\mathcal{Y}/2 = 0\rlap{.}''000\,38 - 0\rlap{.}''0026 \sin(311\rlap{.}°0 - 0.053\,d) - 0\rlap{.}''0001 \sin(262\rlap{.}°0 - 0.106\,d)$$

where $\mathcal{X}$ and $\mathcal{Y}$ are expressed in radians (page B46 gives an approximation) and d is the day of the year and fraction of the day in the TT time scale.

Reduction from the GCRS

The transformation from the GCRS to the terrestrial reference system applies rotations for frame bias, the effects of precession and nutation, and Earth rotation. It is only the origin of right ascension and whether ERA or GAST is used to obtain a position with respect to the terrestrial system, that differ.

The following shows the matrix transformations to both the Celestial Intermediate Reference System (based on the CIP and CIO) and the traditional equator and equinox of date system (based on the CIP and equinox). This is followed by considering frame bias, precession, nutation, and the angles and rotations that represent these effects.

Summary of the CIP and the relationships between various origins

The CIP is the pole of both the Celestial Intermediate Reference System and the system of the the equator and equinox of date. The transformation from the GCRS to either of these systems and to the Terrestrial Intermediate Reference System may be represented by

$$\mathbf{R}_\beta = \mathbf{R}_3(-\beta)\,\mathbf{R}_\Sigma$$

where the matrix $\mathbf{R}_\Sigma$ transforms position vectors from the GCRS equator and origin (see diagram on page B9) to the "of date" system defined by the CIP and β determines the origin to be used and thus the method (see Capitaine, N., and Wallace, P.T., *Astron. & Astro.* **450**, 855-872, 2006). Thus listing the matrix relationships by method (i.e. value of β) gives:

CIO Method	Equinox Method
$\beta = s$	$\beta = s - E_o$
$\mathbf{R}_\beta = \mathbf{R}_3(-s)\,\mathbf{R}_\Sigma$	$\mathbf{R}_\beta = \mathbf{R}_3(-s + E_o)\,\mathbf{R}_\Sigma$
$= \mathbf{C}$	$= \mathbf{M} \equiv \mathbf{NPB}$

where s is the CIO locator (see page B47), E_o is the equation of the origins (see page B10), and the matrices $\mathbf{C}$, $\mathbf{R}_\Sigma$ and $\mathbf{M}$ are defined on pages B49 and B50, respectively.

When β includes the Earth Rotation angle, or Greenwich apparent sidereal time, then coordinates with respect to the terrestrial intermediate origin are the result. Finally, longitude may be included, then the coordinates will be relative to the observers prime meridian.

CIO Method	Equinox Method
$\beta = s - \theta - \lambda$	$\beta = s - E_o - \text{GAST} - \lambda$
$\mathbf{R}_\beta = \mathbf{R}_3(\lambda + \theta - s)\,\mathbf{R}_\Sigma$	$\mathbf{R}_\beta = \mathbf{R}_3(\lambda + \text{GAST} - s + E_o)\,\mathbf{R}_\Sigma$
$= \mathbf{R}_3(\lambda + \theta)\,\mathbf{C}$	$= \mathbf{R}_3(\lambda + \text{GAST})\,\mathbf{M}$
$= \mathbf{Q}$	$= \mathbf{Q}$

where east longitudes are positive. The above ignores the small corrections for polar motion that are required in the reduction of very precise observations; they are (i) alignment of the terrestrial intermediate origin onto the longitude origin ($\lambda_{\text{ITRS}} = 0$) of the International Terrestrial Reference System, and (ii) for the positioning of the CIP within ITRS, (see page B84).

The equation of the origins, the relationship between the two systems may be calculated using

$$\mathbf{M} = \mathbf{R}_3(-s + E_o)\,\mathbf{R}_\Sigma \quad \text{and thus} \quad E_o = s - \tan^{-1}\frac{\mathbf{M}_j \cdot \mathbf{R}_{\Sigma_i}}{\mathbf{M}_i \cdot \mathbf{R}_{\Sigma_i}}$$

where $\mathbf{M}_i$ and $\mathbf{M}_j$ are the first two rows of $\mathbf{M}$, $\mathbf{R}_{\Sigma_i}$ is the first row of $\mathbf{R}_\Sigma$ and $\cdot$ denotes the dot or scalar product. See also page B10 for an alternative method.

CIO Method of Reduction from the GCRS — rigorous formulae

Given an equatorial geocentric position vector **r** of an object with respect to the GCRS, then $\mathbf{r}_i$, its position with respect to the Celestial Intermediate Reference System, is given by

$$\mathbf{r}_i = \mathbf{C}\,\mathbf{r} \quad \text{and} \quad \mathbf{r} = \mathbf{C}^{-1}\,\mathbf{r}_i = \mathbf{C}'\,\mathbf{r}_i$$

The matrix **C** is tabulated daily at 0^h TT on odd numbered pages B31–B45, and is calculated thus

$$\mathbf{C}(\mathcal{X}, \mathcal{Y}, s) = \mathbf{R}_3(-[E+s])\,\mathbf{R}_2(d)\,\mathbf{R}_3(E) = \mathbf{R}_3(-s)\,\mathbf{R}_\Sigma$$

where the quantities $\mathcal{X}, \mathcal{Y}$, are the coordinates of the CIP, (expressed in radians), and the relationships between $\mathcal{X}, \mathcal{Y}, \mathcal{Z}, E$ and d are:

$$\mathcal{X} = \sin d \cos E = \mathbf{M}_{3,1} = \mathbf{C}_{3,1} \qquad E = \tan^{-1}(\mathcal{Y}/\mathcal{X})$$
$$\mathcal{Y} = \sin d \sin E = \mathbf{M}_{3,2} = \mathbf{C}_{3,2}$$
$$\mathcal{Z} = \cos d = \sqrt{(1 - \mathcal{X}^2 - \mathcal{Y}^2)} \qquad d = \tan^{-1}\left(\frac{\mathcal{X}^2 + \mathcal{Y}^2}{1 - \mathcal{X}^2 - \mathcal{Y}^2}\right)^{\frac{1}{2}}$$

$\mathcal{X}, \mathcal{Y}$ and s are given on pages B46-B47 and tabulated, in arcseconds, daily at 0^h TT on pages B58–B65.

The matrix **C** transforms positions to the Celestial Intermediate Reference System, with the CIO being located by the rotation $\mathbf{R}_3(-s)$, and $\mathbf{R}_\Sigma$, the transformation from the GCRS equator to the equator of date being given by

$$\mathbf{R}_\Sigma = \begin{pmatrix} 1 - a\mathcal{X}^2 & -a\mathcal{X}\mathcal{Y} & -\mathcal{X} \\ -a\mathcal{X}\mathcal{Y} & 1 - a\mathcal{Y}^2 & -\mathcal{Y} \\ \mathcal{X} & \mathcal{Y} & 1 - a(\mathcal{X}^2 + \mathcal{Y}^2) \end{pmatrix} = \begin{pmatrix} \mathbf{R}_{\Sigma_i} \\ \mathbf{R}_{\Sigma_k} \times \mathbf{R}_{\Sigma_i} \\ \mathbf{R}_{\Sigma_k} \end{pmatrix}$$

where $a = 1/(1 + \mathcal{Z})$. $\mathbf{R}_{\Sigma_i}$ is the unit vector pointing towards Σ (see diagram on page B9) that is obtained from the elements of the first row of $\mathbf{R}_\Sigma$ and similarly $\mathbf{R}_{\Sigma_k}$ is the unit vector pointing towards the CIP. Note that $\mathbf{R}_{\Sigma_k} = \mathbf{M}_k$ (see page B50).

Approximate reduction from GCRS to the Celestial Intermediate Reference System

The matrix **C** given below together with the approximate formulae for $\mathcal{X}$ and $\mathcal{Y}$ on page B46 (expressed in radians) may be used when the resulting position is required to no better than $0\rlap{.}''2$ during 2009:

$$\mathbf{C} = \begin{pmatrix} 1 - \mathcal{X}^2/2 & 0 & -\mathcal{X} \\ 0 & 1 & -\mathcal{Y} \\ \mathcal{X} & \mathcal{Y} & 1 - \mathcal{X}^2/2 \end{pmatrix}$$

Thus the position vector $\mathbf{r}_i = (x_i, y_i, z_i)$ with respect to the Celestial Intermediate Reference System (equator and CIO of date) may be calculated from the geocentric position vector $\mathbf{r} = (r_x, r_y, r_z)$ with respect to the GCRS using

$$\mathbf{r}_i = \mathbf{C}\,\mathbf{r}$$

therefore using the approximate matrix

$$x_i = (1 - \mathcal{X}^2/2)\,r_x \qquad\qquad\qquad - \mathcal{X}\,r_z$$
$$y_i = \qquad\qquad\qquad r_y \qquad - \mathcal{Y}\,r_z$$
$$z_i = \qquad \mathcal{X}\,r_x + \mathcal{Y}\,r_y + (1 - \mathcal{X}^2/2)\,r_z$$

and thus

$$\alpha_i = \tan^{-1}(y_i/x_i) \qquad \delta = \tan^{-1}\left(z_i/\sqrt{(x_i^2 + y_i^2)}\right)$$

where α_i, δ, are the intermediate right ascension and declination, and the quadrant of α_i is determined by the signs of x_i and y_i.

During 2009, the $\mathcal{X}^2$ term may be dropped without significant loss of accuracy.

Equinox Method of reduction from the GCRS — rigorous formulae

The reduction from a geocentric position $\mathbf{r}$ with respect to the Geocentric Celestial Reference System (GCRS) to a position $\mathbf{r}_t$ with respect to the equator and equinox of date, and vice versa, is given by:

$$\mathbf{r}_t = \mathbf{M}\,\mathbf{r} \quad \text{and} \quad \mathbf{r} = \mathbf{M}^{-1}\,\mathbf{r}_t = \mathbf{M}'\,\mathbf{r}_t$$

Using the 4-rotation Fukishma-Willams (F-W) method, the rotation matrix $\mathbf{M}$ may be written as

$$\mathbf{M} = \mathbf{R}_1(-[\epsilon_A + \Delta\epsilon])\,\mathbf{R}_3(-[\bar{\psi} + \Delta\psi])\,\mathbf{R}_1(\bar{\phi})\,\mathbf{R}_3(\bar{\gamma}) = \begin{pmatrix} \mathbf{M}_i \\ \mathbf{M}_j \\ \mathbf{M}_k \end{pmatrix} = \mathbf{N}\,\mathbf{P}\,\mathbf{B}$$

where the angles $\bar{\gamma}$, $\bar{\phi}$, $\bar{\psi}$ combine the frame bias with the effects of precession (see page B56). Nutation is applied by adding the nutations in longitude ($\delta\psi$) and obliquity ($\Delta\epsilon$) (see page B55) to $\bar{\psi}$ and ϵ_A, respectively. Pages B50–B56 give the formulae for calculating the matrices $\mathbf{B}$, $\mathbf{P}$ and $\mathbf{N}$ individually using the traditional angles and rotations.

The elements of the rows of $\mathbf{M}$ represent unit vectors pointing in the directions of the x, y and z axes of the equator and equinox of date system. Thus the elements of the first row are the components of the unit vector in the direction of the true equinox,

$$\mathbf{M}_i = \begin{pmatrix} \mathbf{M}_{1,1} \\ \mathbf{M}_{1,2} \\ \mathbf{M}_{1,3} \end{pmatrix} = \begin{pmatrix} \cos\psi\cos\bar{\gamma} + \sin\psi\cos\bar{\phi}\sin\bar{\gamma} \\ \cos\psi\sin\bar{\gamma} - \sin\psi\cos\bar{\phi}\cos\bar{\gamma} \\ -\sin\psi\sin\bar{\phi} \end{pmatrix}$$

The second row of elements defines the unit vector in the direction of the y-axis, in the plane $90°$ from the x-z plane, i.e. the plane of the equator of date, and is given by

$$\mathbf{M}_j = \mathbf{M}_k \times \mathbf{M}_i$$

$$= \begin{pmatrix} \mathbf{M}_{2,1} \\ \mathbf{M}_{2,2} \\ \mathbf{M}_{2,3} \end{pmatrix} = \begin{pmatrix} \cos\epsilon\sin\psi\cos\bar{\gamma} - (\cos\epsilon\cos\psi\cos\bar{\phi} + \sin\epsilon\sin\bar{\phi})\sin\bar{\gamma} \\ \cos\epsilon\sin\psi\sin\bar{\gamma} + (\cos\epsilon\cos\psi\cos\bar{\phi} + \sin\epsilon\sin\bar{\phi})\cos\bar{\gamma} \\ \cos\epsilon\cos\psi\sin\bar{\phi} - \sin\epsilon\cos\bar{\phi} \end{pmatrix}$$

Lastly, the elements of the third row are the components of the unit vector pointing in the direction of the celestial intermediate pole, thus

$$\mathbf{M}_k = \begin{pmatrix} \mathbf{M}_{3,1} \\ \mathbf{M}_{3,2} \\ \mathbf{M}_{3,3} \end{pmatrix} = \begin{pmatrix} \mathcal{X} \\ \mathcal{Y} \\ \mathcal{Z} \end{pmatrix} = \begin{pmatrix} \sin\epsilon\sin\psi\cos\bar{\gamma} - (\sin\epsilon\cos\psi\cos\bar{\phi} - \cos\epsilon\sin\bar{\phi})\sin\bar{\gamma} \\ \sin\epsilon\sin\psi\sin\bar{\gamma} + (\sin\epsilon\cos\psi\cos\bar{\phi} - \cos\epsilon\sin\bar{\phi})\cos\bar{\gamma} \\ \sin\epsilon\cos\psi\cos\bar{\phi} + \cos\epsilon\cos\bar{\phi} \end{pmatrix}$$

Reduction from GCRS to J2000 — frame bias — rigorous formulae

Positions of objects with respect to the GCRS must be rotated to the J2000·0 dynamical system before precession and nutation are applied. Objects whose positions are given with respect to another system, e.g. FK5, may first be transformed to the GCRS before using the methods given here. An GCRS position $\mathbf{r}$ may be transformed to a J2000·0 or FK5 position $\mathbf{r}_0$ and vice versa, as follows,

$$\mathbf{r}_0 = \mathbf{B}\,\mathbf{r} \quad \text{and} \quad \mathbf{r} = \mathbf{B}^{-1}\,\mathbf{r}_0 = \mathbf{B}'\,\mathbf{r}_0$$

where $\mathbf{B}$ is the frame bias matrix.

REDUCTION OF CELESTIAL COORDINATES

Reduction from GCRS to J2000 — frame bias — rigorous formulae (continued)

There are two sets of parameters that may be used to generate **B**. There are η_0, ξ_0 and $d\alpha_0$ which appeared in the literature first, or those consistent with the Fukishma-Williams precession parameterization, γ_B, ϕ_b and ψ_B.

Offsets of the Pole and Origin at J2000·0

Rotation From	η_0 mas	ξ_0 mas	$d\alpha_0$ mas	F-W IAU 2006 γ_B mas	ϕ_B mas	ψ_B mas
GCRS to J2000·0	− 6·8192	−16·617	−14·6	52·928	6·891	41·775
GCRS to FK5	−19·9	+ 9·1	−22·9			

where η_0, ξ_0 are the offsets from the pole together with the shift in right ascension origin ($d\alpha_0$). The IAU 2006 offsets, γ_B, ϕ_b and ψ_B are extracted from the IAU WGPE report and are consistent with F-W method of rotations:

$$\mathbf{B} = \mathbf{R}_3(-\psi_B)\,\mathbf{R}_1(\phi_B)\,\mathbf{R}_3(\gamma_B)$$

Alternatively

$$\mathbf{B} = \mathbf{R}_1(-\eta_0)\,\mathbf{R}_2(\xi_0)\,\mathbf{R}_3(d\alpha_0) \qquad \mathbf{B}^{-1} = \mathbf{R}_3(-d\alpha_0)\,\mathbf{R}_2(-\xi_0)\,\mathbf{R}_1(+\eta_0)$$
$$= \mathbf{R}_1(-\delta\epsilon_0)\,\mathbf{R}_2(\delta\psi_0 \sin\epsilon_0)\,\mathbf{R}_3(d\alpha_0) \qquad = \mathbf{R}_3(-d\alpha_0)\,\mathbf{R}_2(-\delta\psi_0 \sin\epsilon_0)\,\mathbf{R}_1(+\delta\epsilon_0)$$

where the second equation is in terms of corrections provided by the IAU 2000 precession-nutation theory, and $\xi_0 = \delta\psi_0 \sin\epsilon_0 = -41·775 \sin(23° 26' 21\rlap{.}''448) = -16·617$ mas.

Evaluating the matrix for GCRS to J2000·0 gives

$$\mathbf{B} = \begin{pmatrix} +0·9999\,9999\,9999\,9942 & -0·0000\,0007\,1 & +0·0000\,0008\,056 \\ +0·0000\,0007\,1 & +0·9999\,9999\,9999\,9969 & +0·0000\,0003\,306 \\ -0·0000\,0008\,056 & -0·0000\,0003\,306 & +0·9999\,9999\,9999\,9962 \end{pmatrix}$$

where the number of digits is determined by the accuracy of the offsets.

Approximate reduction from GCRS to J2000

Since the rotations to orient the GCRS to J2000·0 system are small the following approximate matrix, accurate to 1×10^{-14} radians, may be used:

$$\mathbf{B} = \begin{pmatrix} 1 & d\alpha_0 & -\xi_0 \\ -d\alpha_0 & 1 & -\eta_0 \\ \xi_0 & \eta_0 & 1 \end{pmatrix}$$

where η_0, ξ_0 and $d\alpha_0$ are the offsets of the pole and the origin (expressed in radians) from J2000·0 given in the table above.

Reduction for precession—rigorous formulae

Rigorous formulae for the reduction of mean equatorial positions from J2000·0 (t_0) to epoch of date t, and vice versa, are as follows:

For equatorial rectangular coordinates (x_0, y_0, z_0), or direction cosines ($\mathbf{r}_0$),

$$\mathbf{r}_m = \mathbf{P}\,\mathbf{r}_0 \qquad \mathbf{r}_0 = \mathbf{P}^{-1}\,\mathbf{r}_m = \mathbf{P}'\mathbf{r}_m$$

where

$$\mathbf{P} = \mathbf{R}_1(-\epsilon_A)\,\mathbf{R}_3(-\psi_J)\,\mathbf{R}_1(\phi_J)\,\mathbf{R}_3(\gamma_J)$$
$$= \mathbf{R}_3(\chi_A)\,\mathbf{R}_1(-\omega_A)\,\mathbf{R}_3(-\psi_A)\,\mathbf{R}_1(\epsilon_0)$$
$$= \mathbf{R}_3(-z_A)\,\mathbf{R}_2(\theta_A)\,\mathbf{R}_3(-\zeta_A)$$

and $\mathbf{r}_m$ is the position vector precessed from t_0 to the mean equinox at t.

The angles given in this section precess positions from J2000·0 to date and therefore do not include the frame bias, which is only needed when positions are with respect to the GCRS.

Reduction for precession—rigorous formulae (continued)

The 4-rotation Fukushima-Williams (F-W) method using the angles γ_J, ϕ_J, ψ_J, and ϵ_A, are

$$\gamma_J = 10\overset{''}{.}556\,403\,T + 0\overset{''}{.}493\,2044\,T^2 - 0\overset{''}{.}000\,312\,38\,T^3$$
$$- 2\overset{''}{.}788 \times 10^{-6}\,T^4 + 2\overset{''}{.}60 \times 10^{-8}\,T^5$$

$$\phi_J = \epsilon_0 - 46\overset{''}{.}811\,015\,T + 0\overset{''}{.}051\,1269\,T^2 + 0\overset{''}{.}000\,532\,89\,T^3$$
$$- 0\overset{''}{.}440 \times 10^{-6}\,T^4 - 1\overset{''}{.}76 \times 10^{-8}\,T^5$$

$$\psi_J = 5038\overset{''}{.}481\,507\,T + 1\overset{''}{.}558\,4176\,T^2 - 0\overset{''}{.}000\,185\,22\,T^3$$
$$- 26\overset{''}{.}452 \times 10^{-6}\,T^4 - 1\overset{''}{.}48 \times 10^{-8}\,T^5$$

and the obliquity of the ecliptic with respect to the mean equator of date is given by

$$\epsilon_A = \epsilon_0 - 46\overset{''}{.}836\,769\,T - 0\overset{''}{.}000\,1831\,T^2 + 0\overset{''}{.}002\,003\,40\,T^3$$
$$- 0\overset{''}{.}576 \times 10^{-6}\,T^4 - 4\overset{''}{.}34 \times 10^{-8}\,T^5$$

$$\epsilon_A = 23\overset{\circ}{.}439\,279\,4444 - 0\overset{\circ}{.}013\,010\,213\,61\,T - 5\overset{\circ}{.}0861 \times 10^{-8}\,T^2$$
$$+ 5\overset{\circ}{.}565 \times 10^{-7}\,T^3 - 1\overset{\circ}{.}6 \times 10^{-10}\,T^4 - 1\overset{\circ}{.}2056 \times 10^{-11}\,T^5$$

where $\epsilon_0 = 23° 26' 21\overset{''}{.}406 = 84\,381\overset{''}{.}406$ is the obliquity of the ecliptic with respect to the dynamical equinox at J2000. The precession matrix for the F-W precession angles, which includes how to incorporate the frame bias and nutation, is described on page B56.

For all the precession angles given in this section the time argument T is given by

$$T = (t - 2000\cdot 0)/100 = (JD_{TT} - 245\,1545\cdot 0)/36\,525$$

which is a function of TT. Strictly speaking precession angles should be a function of TDB, but this makes no significant difference.

The Capitaine *et al.* method, the formulation of which cleanly separates precession of the equator from precession of the ecliptic, is via the precession angles χ_A, ω_A, ψ_A, which are

$$\psi_A = 5038\overset{''}{.}481\,507\,T - 1\overset{''}{.}079\,0069\,T^2 - 0\overset{''}{.}001\,140\,45\,T^3$$
$$+ 0\overset{''}{.}000\,132\,851\,T^4 - 9\overset{''}{.}51 \times 10^{-8}\,T^5$$

$$\omega_A = \epsilon_0 - 0\overset{''}{.}025\,754\,T + 0\overset{''}{.}051\,2623\,T^2 - 0\overset{''}{.}007\,725\,03\,T^3$$
$$- 0\overset{''}{.}000\,000\,467\,T^4 + 33\overset{''}{.}37 \times 10^{-8}\,T^5$$

$$\chi_A = 10\overset{''}{.}556\,403\,T - 2\overset{''}{.}381\,4292\,T^2 - 0\overset{''}{.}001\,211\,97\,T^3$$
$$+ 0\overset{''}{.}000\,170\,663\,T^4 - 5\overset{''}{.}60 \times 10^{-8}\,T^5$$

where the precession matrix using χ_A, ω_A, ψ_A and ϵ_0 is

$$\mathbf{P} = \begin{pmatrix} C_4C_2 - S_2S_4C_3 & C_4S_2C_1 + S_4C_3C_2C_1 - S_1S_4S_3 & C_4S_2S_1 + S_4C_3C_2S_1 + C_1S_4S_3 \\ -S_4C_2 - S_2C_4C_3 & -S_4S_2C_1 + C_4C_3C_2C_1 - S_1C_4S_3 & -S_4S_2S_1 + C_4C_3C_2S_1 + C_1C_4S_3 \\ S_2S_3 & -S_3C_2C_1 - S_1C_3 & -S_3C_2S_1 + C_3C_1 \end{pmatrix}$$

where
$$S_1 = \sin\epsilon_0 \quad S_2 = \sin(-\psi_A) \quad S_3 = \sin(-\omega_A) \quad S_4 = \sin\chi_A$$
$$C_1 = \cos\epsilon_0 \quad C_2 = \cos(-\psi_A) \quad C_3 = \cos(-\omega_A) \quad C_4 = \cos\chi_A$$

The traditional equatorial precession angles ζ_A, z_A, θ_A are

$$\zeta_A = +2\overset{''}{.}650\,545 + 2306\overset{''}{.}083\,227\,T + 0\overset{''}{.}298\,8499\,T^2 + 0\overset{''}{.}018\,018\,28\,T^3$$
$$- 5\overset{''}{.}971 \times 10^{-6}\,T^4 - 3\overset{''}{.}173 \times 10^{-7}\,T^5$$

$$z_A = -2\overset{''}{.}650\,545 + 2306\overset{''}{.}077\,181\,T + 1\overset{''}{.}092\,7348\,T^2 + 0\overset{''}{.}018\,268\,37\,T^3$$
$$- 28\overset{''}{.}596 \times 10^{-6}\,T^4 - 2\overset{''}{.}904 \times 10^{-7}\,T^5$$

$$\theta_A = 2004\overset{''}{.}191\,903\,T - 0\overset{''}{.}429\,4934\,T^2 - 0\overset{''}{.}041\,822\,64\,T^3$$
$$- 7\overset{''}{.}089 \times 10^{-6}\,T^4 - 1\overset{''}{.}274 \times 10^{-7}\,T^5$$

Reduction for precession—rigorous formulae (continued)

The precession matrix using ζ_A, z_A, θ_A is

$$\mathbf{P} = \begin{pmatrix} \cos\zeta_A \cos\theta_A \cos z_A - \sin\zeta_A \sin z_A & -\sin\zeta_A \cos\theta_A \cos z_A - \cos\zeta_A \sin z_A & -\sin\theta_A \cos z_A \\ \cos\zeta_A \cos\theta_A \sin z_A + \sin\zeta_A \cos z_A & -\sin\zeta_A \cos\theta_A \sin z_A + \cos\zeta_A \cos z_A & -\sin\theta_A \sin z_A \\ \cos\zeta_A \sin\theta_A & -\sin\zeta_A \sin\theta_A & \cos\theta_A \end{pmatrix}$$

For right ascension and declination in terms of ζ_A, z_A, θ_A:

$$\sin(\alpha - z_A)\cos\delta = \sin(\alpha_0 + \zeta_A)\cos\delta_0$$
$$\cos(\alpha - z_A)\cos\delta = \cos(\alpha_0 + \zeta_A)\cos\theta_A \cos\delta_0 - \sin\theta_A \sin\delta_0$$
$$\sin\delta = \cos(\alpha_0 + \zeta_A)\sin\theta_A \cos\delta_0 + \cos\theta_A \sin\delta_0$$

$$\sin(\alpha_0 + \zeta_A)\cos\delta_0 = \sin(\alpha - z_A)\cos\delta$$
$$\cos(\alpha_0 + \zeta_A)\cos\delta_0 = \cos(\alpha - z_A)\cos\theta_A \cos\delta + \sin\theta_A \sin\delta$$
$$\sin\delta_0 = -\cos(\alpha - z_A)\sin\theta_A \cos\delta + \cos\theta_A \sin\delta$$

where ζ_A, z_A, θ_A, given above, are angles that serve to specify the position of the mean equator and equinox of date with respect to the mean equator and equinox of J2000·0.

Values of all the angles and the elements of $\mathbf{P}$ for reduction from J2000·0 to epoch and mean equinox of the middle of the year (J2009·5) are as follows:

F-W Precession Angles γ_J, ϕ_J, ψ_J, and ϵ_A

$\gamma_J = +1''01 = +0°000\,280$ $\qquad \phi_J = +843\,76''96 = +23°438\,044$
$\psi_J = +478''67 = +0°132\,964$ $\qquad \epsilon_A = 23°\,26'\,16''96 = 23°438\,043$

Precession Angles ζ_A, z_A, θ_A $\qquad\qquad$ Precession Angles ψ_A, ω_A, χ_A

$\zeta_A = +221''73 = +0°061\,592$ $\qquad \psi_A = +478''65 = +0°132\,957$
$z_A = +216''44 = +0°060\,121$ $\qquad \omega_A = +843\,81''40 = +23°439\,279$
$\theta_A = +190''39 = +0°052\,887$ $\qquad \chi_A = +0''98 = +0°000\,273$

The rotation matrix for precession from J2000·0 to J2009·5 is

$$\mathbf{P} = \begin{pmatrix} +0·999\,997\,318 & -0·002\,124\,296 & -0·000\,923\,057 \\ +0·002\,124\,296 & +0·999\,997\,744 & -0·000\,000\,969 \\ +0·000\,923\,057 & -0·000\,000\,992 & +0·999\,999\,574 \end{pmatrix}$$

The precessional motion of the ecliptic is specified by the inclination (π_A) and longitude of the node (Π_A) of the ecliptic of date with respect to the ecliptic and equinox of J2000·0; they are given by:

$$\sin\pi_A \sin\Pi_A = +\ 4''199\,094\,T + 0''193\,9873\,T^2 - 0''000\,224\,66\,T^3$$
$$- 9''12 \times 10^{-7}\,T^4 + 1''20 \times 10^{-8}\,T^5$$
$$\sin\pi_A \cos\Pi_A = -46''811\,015\,T + 0''051\,0283\,T^2 + 0''000\,524\,13\,T^3$$
$$- 6''46 \times 10^{-7}\,T^4 - 1''72 \times 10^{-8}\,T^5$$

π_A is a small angle, and often π_A replaces $\sin\pi_A$.

For epoch J2009·5 $\qquad \pi_A = +4''465 = 0°001\,2402$
$\qquad\qquad\qquad\qquad \Pi_A = 174°\,51'·1 = 174°851$

Reduction for precession—approximate formulae

Approximate formulae for the reduction of coordinates and orbital elements referred to the mean equinox and equator or ecliptic of date (t) are as follows:

For reduction to J2000·0

$$\alpha_0 = \alpha - M - N \sin \alpha_m \tan \delta_m$$
$$\delta_0 = \delta - N \cos \alpha_m$$
$$\lambda_0 = \lambda - a + b \cos (\lambda + c') \tan \beta_0$$
$$\beta_0 = \beta - b \sin (\lambda + c')$$
$$\Omega_0 = \Omega - a + b \sin (\Omega + c') \cot i_0$$
$$i_0 = i - b \cos (\Omega + c')$$
$$\omega_0 = \omega - b \sin (\Omega + c') \operatorname{cosec} i_0$$

For reduction from J2000·0

$$\alpha = \alpha_0 + M + N \sin \alpha_m \tan \delta_m$$
$$\delta = \delta_0 + N \cos \alpha_m$$
$$\lambda = \lambda_0 + a - b \cos (\lambda_0 + c) \tan \beta$$
$$\beta = \beta_0 + b \sin (\lambda_0 + c)$$
$$\Omega = \Omega_0 + a - b \sin (\Omega_0 + c) \cot i$$
$$i = i_0 + b \cos (\Omega_0 + c)$$
$$\omega = \omega_0 + b \sin (\Omega_0 + c) \operatorname{cosec} i$$

where the subscript zero refers to epoch J2000·0 and α_m, δ_m refer to the mean epoch; with sufficient accuracy:

$$\alpha_m = \alpha - \tfrac{1}{2}(M + N \sin \alpha \tan \delta)$$
$$\delta_m = \delta - \tfrac{1}{2} N \cos \alpha_m$$

or

$$\alpha_m = \alpha_0 + \tfrac{1}{2}(M + N \sin \alpha_0 \tan \delta_0)$$
$$\delta_m = \delta_0 + \tfrac{1}{2} N \cos \alpha_m$$

The precessional constants M, N, etc., are given by:

$$M = 1°.2811\ 5566\ 889\ T + 0°.0003\ 8655\ 1306\ T^2 + 0°.0000\ 1007\ 96250\ T^3$$
$$\quad - 9°.60194 \times 10^{-9}\ T^4 - 1°.68806 \times 10^{-10}\ T^5$$

$$N = 0°.5567\ 1997\ 306\ T - 0°.0001\ 1930\ 3722\ T^2 - 0°.0000\ 1161\ 74000\ T^3$$
$$\quad - 1°.96917 \times 10^{-9}\ T^4 - 3°.5389 \times 10^{-11}\ T^5$$

$$a = 1°.3968\ 8783\ 194\ T + 0°.0003\ 0706\ 5222\ T^2 + 2°.21222 \times 10^{-8}\ T^3$$
$$\quad - 6°.62694 \times 10^{-9}\ T^4 + 1°.0639 \times 10^{-11}\ T^5$$

$$b = 0°.0130\ 5527\ 0278\ T - 0°.0000\ 0930\ 3500\ T^2 + 0°.0000\ 0003\ 48861\ T^3$$
$$\quad + 3°.13889 \times 10^{-11}\ T^4 - 6°.11 \times 10^{-13}\ T^5$$

$$c = 5°.1258\ 9067 + 0°.8189\ 93580\ T + 0°.0001\ 0425\ 6094\ T^2 - 0°.0001\ 0415\ 56056\ T^3$$
$$\quad - 2°.480\ 66 \times 10^{-9}\ T^4 + 4°.694 \times 10^{-12}\ T^5$$

$$c' = 5°.1258\ 9067 - 0°.5778\ 94252\ T - 0°.0001\ 6450\ 4278\ T^2 - 0°.0001\ 0417\ 77278\ T^3$$
$$\quad + 4°.146\ 28 \times 10^{-9}\ T^4 - 5°.944 \times 10^{-12}\ T^5$$

Formulae for the reduction from the mean equinox and equator or ecliptic of the middle of year (t_1) to date (t) are as follows:

$$\alpha = \alpha_1 + \tau(m + n \sin \alpha_1 \tan \delta_1) \qquad \delta = \delta_1 + \tau n \cos \alpha_1$$
$$\lambda = \lambda_1 + \tau(p - \pi \cos (\lambda_1 + 6°)) \tan \beta) \qquad \beta = \beta_1 + \tau \pi \sin (\lambda_1 + 6°)$$
$$\Omega = \Omega_1 + \tau(p - \pi \sin (\Omega_1 + 6°) \cot i) \qquad i = i_1 + \tau \pi \cos (\Omega_1 + 6°)$$
$$\omega = \omega_1 + \tau \pi \sin (\Omega_1 + 6°) \operatorname{cosec} i$$

where $\tau = t - t_1$ and π is the annual rate of rotation of the ecliptic.

Reduction for precession—approximate formulae (continued)

The precessional constants p, m, etc., are as follows:

	Epoch J2009·5		Epoch J2009·5
Annual			
general precession	$p = +0^{\!\!s}\!\cdot\!013\,9695$	Annual rate of rotation	$\pi = +0^{\!\!\circ}\!\cdot\!000\,1305$
precession in R.A.	$m = +0^{\!\!s}\!\cdot\!012\,8123$	Longitude of axis	$\Pi = +174^{\!\!\circ}\!\cdot\!8512$
precession in Dec.	$n = +0^{\!\!s}\!\cdot\!005\,5670$		$\gamma = 180^\circ - \Pi = +5^{\!\!\circ}\!\cdot\!1488$

where Π is the longitude of the instantaneous rotation axis of the ecliptic, measured from the mean equinox of date.

Reduction for nutation — rigorous formulae

Nutations in longitude ($\Delta\psi$) and obliquity ($\Delta\epsilon$) have been calculated using the IAU 2000A series definitions (order of 1μas) with the following adjustments which are required for use at the highest precision with the IAU 2006 precession, viz:

$$\Delta\psi = \Delta\psi_{2000A} + (0\!\cdot\!4697 \times 10^{-6} - 2\!\cdot\!7774 \times 10^{-6}\,T)\,\Delta\psi_{2000A}$$
$$\Delta\epsilon = \Delta\epsilon_{2000A} - 2\!\cdot\!7774 \times 10^{-6}\,T\,\Delta\epsilon_{2000A}$$

where T is measured in Julian centuries from 245 1545·0 TT. $\Delta\psi$ and $\Delta\epsilon$ together with the true obliquity of the ecliptic (ϵ) are tabulated, daily at 0^h TT, on pages B58–B65. Web links for the IAU 2000A series representing $\Delta\psi_{2000A}$ and $\Delta\epsilon_{2000A}$ may be found via AsA-Online.

A mean place ($\mathbf{r}_m$) may be transformed to a true place ($\mathbf{r}_t$), and vice versa, as follows:

$$\mathbf{r}_t = \mathbf{N}\,\mathbf{r}_m \qquad \mathbf{r}_m = \mathbf{N}^{-1}\,\mathbf{r}_t = \mathbf{N}'\,\mathbf{r}_t$$

where
$$\mathbf{N} = \mathbf{R}_1(-\epsilon)\,\mathbf{R}_3(-\Delta\psi)\,\mathbf{R}_1(+\epsilon_A)$$
$$\epsilon = \epsilon_A + \Delta\epsilon$$

and ϵ_A is given on page B52. The matrix for nutation is given by

$$\mathbf{N} = \begin{pmatrix} \cos\Delta\psi & -\sin\Delta\psi\cos\epsilon_A & -\sin\Delta\psi\sin\epsilon_A \\ \sin\Delta\psi\cos\epsilon & \cos\Delta\psi\cos\epsilon_A\cos\epsilon + \sin\epsilon_A\sin\epsilon & \cos\Delta\psi\sin\epsilon_A\cos\epsilon - \cos\epsilon_A\sin\epsilon \\ \sin\Delta\psi\sin\epsilon & \cos\Delta\psi\cos\epsilon_A\sin\epsilon - \sin\epsilon_A\cos\epsilon & \cos\Delta\psi\sin\epsilon_A\sin\epsilon + \cos\epsilon_A\cos\epsilon \end{pmatrix}$$

Approximate reduction for nutation

To first order, the contributions of the nutations in longitude ($\Delta\psi$) and in obliquity ($\Delta\epsilon$) to the reduction from mean place to true place are given by:

$$\Delta\alpha = (\cos\epsilon + \sin\epsilon\,\sin\alpha\,\tan\delta)\,\Delta\psi - \cos\alpha\,\tan\delta\,\Delta\epsilon \qquad \Delta\lambda = \Delta\psi$$
$$\Delta\delta = \sin\epsilon\,\cos\alpha\,\Delta\psi + \sin\alpha\,\Delta\epsilon \qquad \Delta\beta = 0$$

The following formulae may be used to compute $\Delta\psi$ and $\Delta\epsilon$ to a precision of about $0^{\!\!\circ}\!\cdot\!0002$ (1″) during 2009.

$$\Delta\psi = -0^{\!\!\circ}\!\cdot\!0048\,\sin(311^{\!\!\circ}\!\cdot\!0 - 0\!\cdot\!053\,d) \qquad \Delta\epsilon = +0^{\!\!\circ}\!\cdot\!0026\,\cos(311^{\!\!\circ}\!\cdot\!0 - 0\!\cdot\!053\,d)$$
$$\qquad -0^{\!\!\circ}\!\cdot\!0004\,\sin(199^{\!\!\circ}\!\cdot\!6 + 1\!\cdot\!971\,d) \qquad \qquad +0^{\!\!\circ}\!\cdot\!0002\,\cos(199^{\!\!\circ}\!\cdot\!6 + 1\!\cdot\!971\,d)$$

where $d = \text{JD}_{TT} - 245\,4831\!\cdot\!5$ is the day of the year and fraction; for this precision

$$\epsilon = 23^{\!\!\circ}\!\cdot\!44 \qquad \cos\epsilon = 0\!\cdot\!917 \qquad \sin\epsilon = 0\!\cdot\!398$$

Approximate reduction for nutation (continued)

The corrections to be added to the mean rectangular coordinates (x, y, z) to produce the true rectangular coordinates are given by:

$$\Delta x = -(y \cos \epsilon + z \sin \epsilon) \Delta \psi \quad \Delta y = +x \Delta \psi \cos \epsilon - z \Delta \epsilon \quad \Delta z = +x \Delta \psi \sin \epsilon + y \Delta \epsilon$$

where $\Delta \psi$ and $\Delta \epsilon$ are expressed in radians. The corresponding rotation matrix is

$$\mathbf{N} = \begin{pmatrix} 1 & -\Delta\psi \cos \epsilon & -\Delta\psi \sin \epsilon \\ +\Delta\psi \cos \epsilon & 1 & -\Delta\epsilon \\ +\Delta\psi \sin \epsilon & +\Delta\epsilon & 1 \end{pmatrix}$$

Combined reduction for frame bias, precession and nutation — rigorous formulae

The angles $\bar{\gamma}, \bar{\phi}, \bar{\psi}$ which combine frame bias with the effects of precession are given by

$$\bar{\gamma} = -0\rlap{.}{''}052\,928 + 10\rlap{.}{''}556\,378\,T + 0\rlap{.}{''}493\,2044\,T^2 - 0\rlap{.}{''}000\,312\,38\,T^3$$
$$- 2\rlap{.}{''}788 \times 10^{-6}\,T^4 + 2\rlap{.}{''}60 \times 10^{-8}\,T^5$$

$$\bar{\phi} = 84381\rlap{.}{''}412\,819 - 46\rlap{.}{''}811\,016\,T + 0\rlap{.}{''}051\,1268\,T^2 + 0\rlap{.}{''}000\,532\,89\,T^3$$
$$- 0\rlap{.}{''}440 \times 10^{-6}\,T^4 - 1\rlap{.}{''}76 \times 10^{-8}\,T^5$$

$$\bar{\psi} = -0\rlap{.}{''}041\,775 + 5038\rlap{.}{''}481\,484\,T + 1\rlap{.}{''}558\,4175\,T^2 - 0\rlap{.}{''}000\,185\,22\,T^3$$
$$- 26\rlap{.}{''}452 \times 10^{-6}\,T^4 - 1\rlap{.}{''}48 \times 10^{-8}\,T^5$$

Nutation (see page B55) is applied by adding the nutations in longitude ($\Delta\psi$) and obliquity ($\Delta\epsilon$) thus

$$\psi = \bar{\psi} + \Delta\psi \quad \text{and} \quad \epsilon = \epsilon_A + \Delta\epsilon$$

Values for $\Delta\psi$ and $\Delta\epsilon$ are tabulated daily on pages B58–B65 with ϵ, the true obliquity of the ecliptic, while ϵ_A is given on page B52.

Thus the reduction from a geocentric position $\mathbf{r}$ with respect to the GCRS to a position $\mathbf{r}_t$ with respect to the (true) equator and equinox of date, and vice versa, is given by:

$$\mathbf{r}_t = \mathbf{M}\,\mathbf{r} = \mathbf{N}\,\mathbf{P}\,\mathbf{B}\,\mathbf{r} \quad \mathbf{r} = \mathbf{B}^{-1}\,\mathbf{P}^{-1}\,\mathbf{N}^{-1}\,\mathbf{r}_t = \mathbf{B}'\,\mathbf{P}'\,\mathbf{N}'\,\mathbf{r}_t$$

or where
$$\mathbf{M} = \mathbf{R}_1(-\epsilon)\,\mathbf{R}_3(-\psi)\,\mathbf{R}_1(\bar{\phi})\,\mathbf{R}_3(\bar{\gamma})$$

and the matrices $\mathbf{B}$, $\mathbf{P}$ and $\mathbf{N}$ are defined in the preceding sections. The combined matrix $\mathbf{M}$ (see page B50) is tabulated daily at 0^h TT on even numbered pages B30–B44. There should be no significant difference between the various methods of calculating $\mathbf{M}$.

Values for the middle of the year, epoch J2009·5 for $\bar{\gamma}, \bar{\phi}, \bar{\psi}, \epsilon_A$, and the combined bias and precession matrices are

F-W Bias and Precession Angles $\bar{\gamma}, \bar{\phi}, \bar{\psi}$, and ϵ_A

$$\bar{\gamma} = +0\rlap{.}{''}95 = +0\rlap{.}{°}000\,265 \qquad \bar{\phi} = +843\,76\rlap{.}{''}97 = +23\rlap{.}{°}438\,046$$
$$\bar{\psi} = +478\rlap{.}{''}63 = +0\rlap{.}{°}132\,952 \qquad \epsilon_A = 23°\,26'\,16\rlap{.}{''}96 = 23\rlap{.}{°}438\,043$$

$$\mathbf{PB} = \begin{pmatrix} +0\cdot999\,997\,318 & -0\cdot002\,124\,366 & -0\cdot000\,922\,977 \\ +0\cdot002\,124\,366 & +0\cdot999\,997\,744 & -0\cdot000\,000\,935 \\ +0\cdot000\,922\,976 & -0\cdot000\,001\,025 & +0\cdot999\,999\,574 \end{pmatrix}$$

where the combined frame bias and precession matrix has been calculated by ignoring the terms $\Delta\psi$ and $\Delta\epsilon$

REDUCTION OF CELESTIAL COORDINATES

Approximate reduction for precession and nutation

The following formulae and table may be used for the approximate reduction from the equator and equinox of J2000·0 (or from the GCRS if the small frame bias correction is ignored) to the true equator and equinox of date during 2009:

$$\alpha = \alpha_0 + f + g \sin(G + \alpha_0) \tan \delta_0$$
$$\delta = \delta_0 + g \cos(G + \alpha_0)$$

where the units of the correction to α_0 and δ_0 are seconds and arcminutes, respectively.

Date		f	g	g	G		Date	f	g	g	G
		s	s	′	h m			s	s	′	h m
Jan.	−1	+28·5	12·4	3·09	23 53		July 8	+30·2	13·1	3·28	23 55
	9*	+28·6	12·4	3·11	23 54		18	+30·3	13·2	3·29	23 55
	19	+28·7	12·5	3·12	23 53		28*	+30·4	13·2	3·30	23 55
	29	+28·8	12·5	3·13	23 53		Aug. 7	+30·5	13·3	3·31	23 55
Feb.	8	+28·9	12·6	3·14	23 53		17	+30·6	13·3	3·32	23 55
	18*	+29·0	12·6	3·15	23 53		27	+30·6	13·3	3·33	23 55
	28	+29·0	12·6	3·16	23 53		Sept. 6*	+30·7	13·3	3·34	23 55
Mar.	10	+29·1	12·7	3·17	23 53		16	+30·8	13·4	3·35	23 55
	20	+29·2	12·7	3·17	23 53		26	+30·8	13·4	3·35	23 55
	30*	+29·2	12·7	3·18	23 53		Oct. 6	+30·9	13·4	3·36	23 55
Apr.	9	+29·3	12·7	3·18	23 53		16*	+31·0	13·5	3·37	23 55
	19	+29·4	12·8	3·19	23 53		26	+31·1	13·5	3·37	23 56
	29	+29·5	12·8	3·20	23 54		Nov. 5	+31·1	13·5	3·38	23 56
May	9*	+29·5	12·8	3·21	23 54		15	+31·2	13·6	3·39	23 56
	19	+29·6	12·9	3·22	23 54		25*	+31·3	13·6	3·40	23 56
	29	+29·8	12·9	3·23	23 55		Dec. 5	+31·4	13·7	3·42	23 57
June	8	+29·8	13·0	3·24	23 55		15	+31·5	13·7	3·43	23 57
	18*	+29·9	13·0	3·25	23 55		25	+31·7	13·8	3·44	23 57
	28	+30·1	13·1	3·27	23 55		35*†	+31·8	13·8	3·45	23 57
July	8	+30·2	13·1	3·28	23 55						

* 40-day date   † 400-day date for osculation epoch

Differential precession and nutation

The corrections for differential precession and nutation are given below. These are to be added to the observed differences of the right ascension and declination, $\Delta\alpha$ and $\Delta\delta$, of an object relative to a comparison star to obtain the differences in the mean place for a standard epoch (e.g. J2000·0 or the beginning of the year). The differences $\Delta\alpha$ and $\Delta\delta$ are measured in the sense "object − comparison star", and the corrections are in the same units as $\Delta\alpha$ and $\Delta\delta$.

In the correction to right ascension the same units must be used for $\Delta\alpha$ and $\Delta\delta$.

$$\text{correction to right ascension} \quad e \tan \delta \, \Delta\alpha - f \sec^2 \delta \, \Delta\delta$$
$$\text{correction to declination} \quad f \, \Delta\alpha$$

where
$$e = -\cos\alpha \, (nt + \sin\epsilon \, \Delta\psi) - \sin\alpha \, \Delta\epsilon$$
$$f = +\sin\alpha \, (nt + \sin\epsilon \, \Delta\psi) - \cos\alpha \, \Delta\epsilon$$
$$\epsilon = 23°44, \sin\epsilon = 0·3978, \text{ and } n = 0·000\,0972 \text{ radians for epoch J2009·5}$$

t is the time in years *from* the standard epoch *to* the time of observation. $\Delta\psi$, $\Delta\epsilon$ are nutations in longitude and obliquity at the time of observation, *expressed in radians*. ($1'' = 0·000\,004\,8481$ rad).

The errors in arc units caused by using these formulae are of order $10^{-8} \, t^2 \sec^2 \delta$ multiplied by the displacement in arc from the comparison star.

NUTATION, OBLIQUITY & INTERMEDIATE SYSTEM, 2009
FOR 0^h TERRESTRIAL TIME

Date 0^h TT	NUTATION in Long. $\Delta\psi$	in Obl. $\Delta\epsilon$	True Obl. of Ecliptic ϵ 23° 26′	Julian Date 0^h TT 245	CELESTIAL INTERMEDIATE Pole X	Y	Origin s
	″	″	″		″	″	″
Jan. 0	+13·3869	+ 5·5440	22·7356	4831·5	+ 185·6521	+ 5·3425	0·0000
1	+13·3906	+ 5·5867	22·7770	4832·5	+ 185·7085	+ 5·3851	0·0000
2	+13·3583	+ 5·6188	22·8079	4833·5	+ 185·7506	+ 5·4171	0·0000
3	+13·3024	+ 5·6338	22·8216	4834·5	+ 185·7833	+ 5·4321	0·0000
4	+13·2418	+ 5·6274	22·8139	4835·5	+ 185·8140	+ 5·4256	0·0000
5	+13·2000	+ 5·5990	22·7843	4836·5	+ 185·8522	+ 5·3972	0·0000
6	+13·2014	+ 5·5530	22·7370	4837·5	+ 185·9076	+ 5·3510	0·0000
7	+13·2658	+ 5·4989	22·6816	4838·5	+ 185·9880	+ 5·2968	+ 0·0001
8	+13·4006	+ 5·4507	22·6321	4839·5	+ 186·0963	+ 5·2483	+ 0·0001
9	+13·5941	+ 5·4235	22·6036	4840·5	+ 186·2281	+ 5·2208	+ 0·0001
10	+13·8147	+ 5·4280	22·6068	4841·5	+ 186·3708	+ 5·2251	+ 0·0001
11	+14·0186	+ 5·4658	22·6434	4842·5	+ 186·5068	+ 5·2626	+ 0·0001
12	+14·1661	+ 5·5275	22·7038	4843·5	+ 186·6205	+ 5·3241	+ 0·0001
13	+14·2364	+ 5·5965	22·7715	4844·5	+ 186·7035	+ 5·3929	0·0000
14	+14·2332	+ 5·6558	22·8295	4845·5	+ 186·7572	+ 5·4521	0·0000
15	+14·1791	+ 5·6937	22·8661	4846·5	+ 186·7906	+ 5·4899	0·0000
16	+14·1043	+ 5·7062	22·8773	4847·5	+ 186·8158	+ 5·5023	0·0000
17	+14·0365	+ 5·6959	22·8657	4848·5	+ 186·8436	+ 5·4919	0·0000
18	+13·9956	+ 5·6695	22·8381	4849·5	+ 186·8822	+ 5·4655	0·0000
19	+13·9925	+ 5·6356	22·8029	4850·5	+ 186·9357	+ 5·4315	0·0000
20	+14·0293	+ 5·6025	22·7685	4851·5	+ 187·0052	+ 5·3983	0·0000
21	+14·1019	+ 5·5775	22·7422	4852·5	+ 187·0889	+ 5·3730	0·0000
22	+14·2009	+ 5·5660	22·7294	4853·5	+ 187·1832	+ 5·3614	0·0000
23	+14·3134	+ 5·5715	22·7337	4854·5	+ 187·2828	+ 5·3667	0·0000
24	+14·4244	+ 5·5951	22·7560	4855·5	+ 187·3818	+ 5·3901	0·0000
25	+14·5187	+ 5·6352	22·7948	4856·5	+ 187·4743	+ 5·4300	0·0000
26	+14·5828	+ 5·6878	22·8461	4857·5	+ 187·5548	+ 5·4824	0·0000
27	+14·6070	+ 5·7465	22·9036	4858·5	+ 187·6194	+ 5·5410	0·0000
28	+14·5879	+ 5·8037	22·9595	4859·5	+ 187·6668	+ 5·5981	− 0·0001
29	+14·5290	+ 5·8513	23·0058	4860·5	+ 187·6984	+ 5·6456	− 0·0001
30	+14·4419	+ 5·8824	23·0356	4861·5	+ 187·7186	+ 5·6766	− 0·0001
31	+14·3443	+ 5·8924	23·0443	4862·5	+ 187·7347	+ 5·6865	− 0·0001
Feb. 1	+14·2587	+ 5·8804	23·0310	4863·5	+ 187·7555	+ 5·6745	− 0·0001
2	+14·2078	+ 5·8499	22·9993	4864·5	+ 187·7901	+ 5·6440	− 0·0001
3	+14·2102	+ 5·8091	22·9572	4865·5	+ 187·8458	+ 5·6031	− 0·0001
4	+14·2753	+ 5·7695	22·9163	4866·5	+ 187·9265	+ 5·5633	0·0000
5	+14·3983	+ 5·7443	22·8897	4867·5	+ 188·0302	+ 5·5378	0·0000
6	+14·5583	+ 5·7444	22·8886	4868·5	+ 188·1488	+ 5·5378	0·0000
7	+14·7212	+ 5·7753	22·9182	4869·5	+ 188·2685	+ 5·5683	0·0000
8	+14·8484	+ 5·8332	22·9748	4870·5	+ 188·3741	+ 5·6260	− 0·0001
9	+14·9102	+ 5·9059	23·0462	4871·5	+ 188·4537	+ 5·6985	− 0·0001
10	+14·8963	+ 5·9767	23·1157	4872·5	+ 188·5032	+ 5·7692	− 0·0001
11	+14·8188	+ 6·0303	23·1681	4873·5	+ 188·5274	+ 5·8228	− 0·0001
12	+14·7052	+ 6·0579	23·1945	4874·5	+ 188·5371	+ 5·8504	− 0·0002
13	+14·5870	+ 6·0589	23·1941	4875·5	+ 188·5450	+ 5·8514	− 0·0002
14	+14·4901	+ 6·0387	23·1727	4876·5	+ 188·5612	+ 5·8312	− 0·0002
15	+14·4302	+ 6·0064	23·1391	4877·5	+ 188·5922	+ 5·7988	− 0·0001

NUTATION, OBLIQUITY & INTERMEDIATE SYSTEM, 2009

FOR 0ʰ TERRESTRIAL TIME

Date 0ʰ TT	NUTATION in Long. $\Delta\psi$	in Obl. $\Delta\epsilon$	True Obl. of Ecliptic ϵ 23° 26′	Julian Date 0ʰ TT 245	CELESTIAL INTERMEDIATE Pole X	Y	Origin s
	″	″	″		″	″	″
Feb. 15	+14.4302	+ 6.0064	23.1391	4877.5	+ 188.5922	+ 5.7988	− 0.0001
16	+14.4125	+ 5.9715	23.1029	4878.5	+ 188.6400	+ 5.7638	− 0.0001
17	+14.4335	+ 5.9425	23.0726	4879.5	+ 188.7031	+ 5.7346	− 0.0001
18	+14.4841	+ 5.9255	23.0543	4880.5	+ 188.7781	+ 5.7175	− 0.0001
19	+14.5517	+ 5.9245	23.0521	4881.5	+ 188.8599	+ 5.7163	− 0.0001
20	+14.6218	+ 5.9411	23.0673	4882.5	+ 188.9427	+ 5.7327	− 0.0001
21	+14.6793	+ 5.9743	23.0992	4883.5	+ 189.0205	+ 5.7657	− 0.0001
22	+14.7106	+ 6.0207	23.1444	4884.5	+ 189.0879	+ 5.8121	− 0.0001
23	+14.7048	+ 6.0749	23.1974	4885.5	+ 189.1406	+ 5.8662	− 0.0002
24	+14.6560	+ 6.1295	23.2506	4886.5	+ 189.1762	+ 5.9206	− 0.0002
25	+14.5654	+ 6.1761	23.2959	4887.5	+ 189.1951	+ 5.9672	− 0.0002
26	+14.4421	+ 6.2068	23.3254	4888.5	+ 189.2010	+ 5.9979	− 0.0002
27	+14.3033	+ 6.2162	23.3335	4889.5	+ 189.2007	+ 6.0073	− 0.0002
28	+14.1714	+ 6.2022	23.3182	4890.5	+ 189.2030	+ 5.9933	− 0.0002
Mar. 1	+14.0701	+ 6.1679	23.2826	4891.5	+ 189.2175	+ 5.9589	− 0.0002
2	+14.0189	+ 6.1208	23.2343	4892.5	+ 189.2519	+ 5.9118	− 0.0002
3	+14.0277	+ 6.0724	23.1845	4893.5	+ 189.3102	+ 5.8632	− 0.0002
4	+14.0932	+ 6.0348	23.1457	4894.5	+ 189.3911	+ 5.8255	− 0.0001
5	+14.1985	+ 6.0188	23.1284	4895.5	+ 189.4878	+ 5.8093	− 0.0001
6	+14.3150	+ 6.0301	23.1384	4896.5	+ 189.5891	+ 5.8204	− 0.0001
7	+14.4096	+ 6.0676	23.1747	4897.5	+ 189.6816	+ 5.8577	− 0.0001
8	+14.4532	+ 6.1229	23.2287	4898.5	+ 189.7539	+ 5.9129	− 0.0002
9	+14.4296	+ 6.1823	23.2867	4899.5	+ 189.7996	+ 5.9721	− 0.0002
10	+14.3410	+ 6.2307	23.3339	4900.5	+ 189.8193	+ 6.0205	− 0.0002
11	+14.2066	+ 6.2567	23.3586	4901.5	+ 189.8208	+ 6.0464	− 0.0002
12	+14.0556	+ 6.2554	23.3560	4902.5	+ 189.8156	+ 6.0451	− 0.0002
13	+13.9170	+ 6.2292	23.3285	4903.5	+ 189.8153	+ 6.0189	− 0.0002
14	+13.8124	+ 6.1857	23.2838	4904.5	+ 189.8284	+ 5.9755	− 0.0002
15	+13.7521	+ 6.1352	23.2319	4905.5	+ 189.8592	+ 5.9249	− 0.0002
16	+13.7357	+ 6.0871	23.1826	4906.5	+ 189.9075	+ 5.8767	− 0.0002
17	+13.7549	+ 6.0493	23.1435	4907.5	+ 189.9699	+ 5.8388	− 0.0001
18	+13.7968	+ 6.0266	23.1196	4908.5	+ 190.0414	+ 5.8159	− 0.0001
19	+13.8464	+ 6.0213	23.1130	4909.5	+ 190.1160	+ 5.8105	− 0.0001
20	+13.8887	+ 6.0330	23.1233	4910.5	+ 190.1877	+ 5.8220	− 0.0001
21	+13.9098	+ 6.0588	23.1479	4911.5	+ 190.2510	+ 5.8477	− 0.0001
22	+13.8984	+ 6.0941	23.1819	4912.5	+ 190.3014	+ 5.8829	− 0.0002
23	+13.8472	+ 6.1322	23.2187	4913.5	+ 190.3360	+ 5.9208	− 0.0002
24	+13.7546	+ 6.1650	23.2502	4914.5	+ 190.3541	+ 5.9537	− 0.0002
25	+13.6267	+ 6.1845	23.2684	4915.5	+ 190.3582	+ 5.9731	− 0.0002
26	+13.4777	+ 6.1836	23.2663	4916.5	+ 190.3538	+ 5.9723	− 0.0002
27	+13.3295	+ 6.1587	23.2401	4917.5	+ 190.3496	+ 5.9474	− 0.0002
28	+13.2074	+ 6.1109	23.1910	4918.5	+ 190.3558	+ 5.8995	− 0.0002
29	+13.1342	+ 6.0471	23.1259	4919.5	+ 190.3814	+ 5.8356	− 0.0001
30	+13.1232	+ 5.9786	23.0561	4920.5	+ 190.4318	+ 5.7670	− 0.0001
31	+13.1735	+ 5.9187	22.9950	4921.5	+ 190.5065	+ 5.7070	− 0.0001
Apr. 1	+13.2684	+ 5.8791	22.9541	4922.5	+ 190.5991	+ 5.6672	0.0000
2	+13.3798	+ 5.8662	22.9399	4923.5	+ 190.6983	+ 5.6541	0.0000

NUTATION, OBLIQUITY & INTERMEDIATE SYSTEM, 2009

FOR 0ʰ TERRESTRIAL TIME

Date 0ʰ TT	NUTATION in Long. $\Delta\psi$	NUTATION in Obl. $\Delta\epsilon$	True Obl. of Ecliptic ϵ 23° 26′	Julian Date 0ʰ TT 245	CELESTIAL INTERMEDIATE Pole X	CELESTIAL INTERMEDIATE Pole Y	CELESTIAL INTERMEDIATE Origin s
	″	″	″		″	″	″
Apr. 1	+13·2684	+ 5·8791	22·9541	4922·5	+ 190·5991	+ 5·6672	0·0000
2	+13·3798	+ 5·8662	22·9399	4923·5	+ 190·6983	+ 5·6541	0·0000
3	+13·4755	+ 5·8795	22·9519	4924·5	+ 190·7912	+ 5·6672	0·0000
4	+13·5275	+ 5·9119	22·9831	4925·5	+ 190·8668	+ 5·6995	− 0·0001
5	+13·5189	+ 5·9514	23·0213	4926·5	+ 190·9184	+ 5·7388	− 0·0001
6	+13·4485	+ 5·9844	23·0530	4927·5	+ 190·9453	+ 5·7718	− 0·0001
7	+13·3299	+ 5·9993	23·0666	4928·5	+ 190·9531	+ 5·7867	− 0·0001
8	+13·1874	+ 5·9895	23·0555	4929·5	+ 190·9512	+ 5·7768	− 0·0001
9	+13·0488	+ 5·9545	23·0192	4930·5	+ 190·9509	+ 5·7418	− 0·0001
10	+12·9381	+ 5·8995	22·9629	4931·5	+ 190·9616	+ 5·6868	− 0·0001
11	+12·8703	+ 5·8335	22·8957	4932·5	+ 190·9894	+ 5·6208	0·0000
12	+12·8494	+ 5·7665	22·8273	4933·5	+ 191·0358	+ 5·5536	0·0000
13	+12·8702	+ 5·7072	22·7668	4934·5	+ 191·0988	+ 5·4943	0·0000
14	+12·9204	+ 5·6621	22·7204	4935·5	+ 191·1736	+ 5·4490	+ 0·0001
15	+12·9848	+ 5·6344	22·6914	4936·5	+ 191·2540	+ 5·4211	+ 0·0001
16	+13·0474	+ 5·6244	22·6801	4937·5	+ 191·3337	+ 5·4109	+ 0·0001
17	+13·0934	+ 5·6299	22·6844	4938·5	+ 191·4069	+ 5·4163	+ 0·0001
18	+13·1112	+ 5·6467	22·6998	4939·5	+ 191·4689	+ 5·4329	+ 0·0001
19	+13·0927	+ 5·6686	22·7205	4940·5	+ 191·5165	+ 5·4548	+ 0·0001
20	+13·0347	+ 5·6886	22·7392	4941·5	+ 191·5483	+ 5·4747	+ 0·0001
21	+12·9405	+ 5·6987	22·7480	4942·5	+ 191·5657	+ 5·4847	+ 0·0001
22	+12·8208	+ 5·6916	22·7396	4943·5	+ 191·5730	+ 5·4776	+ 0·0001
23	+12·6941	+ 5·6619	22·7086	4944·5	+ 191·5774	+ 5·4479	+ 0·0001
24	+12·5851	+ 5·6082	22·6537	4945·5	+ 191·5888	+ 5·3942	+ 0·0001
25	+12·5197	+ 5·5350	22·5792	4946·5	+ 191·6175	+ 5·3209	+ 0·0001
26	+12·5175	+ 5·4524	22·4953	4947·5	+ 191·6713	+ 5·2382	+ 0·0002
27	+12·5837	+ 5·3745	22·4162	4948·5	+ 191·7524	+ 5·1602	+ 0·0002
28	+12·7052	+ 5·3154	22·3557	4949·5	+ 191·8554	+ 5·1008	+ 0·0002
29	+12·8531	+ 5·2838	22·3229	4950·5	+ 191·9691	+ 5·0690	+ 0·0002
30	+12·9915	+ 5·2812	22·3189	4951·5	+ 192·0790	+ 5·0661	+ 0·0003
May 1	+13·0887	+ 5·3006	22·3371	4952·5	+ 192·1726	+ 5·0853	+ 0·0002
2	+13·1259	+ 5·3299	22·3651	4953·5	+ 192·2423	+ 5·1145	+ 0·0002
3	+13·1002	+ 5·3556	22·3895	4954·5	+ 192·2870	+ 5·1401	+ 0·0002
4	+13·0239	+ 5·3660	22·3986	4955·5	+ 192·3115	+ 5·1504	+ 0·0002
5	+12·9193	+ 5·3540	22·3854	4956·5	+ 192·3248	+ 5·1384	+ 0·0002
6	+12·8124	+ 5·3182	22·3483	4957·5	+ 192·3371	+ 5·1025	+ 0·0002
7	+12·7271	+ 5·2621	22·2908	4958·5	+ 192·3579	+ 5·0464	+ 0·0003
8	+12·6803	+ 5·1931	22·2206	4959·5	+ 192·3940	+ 4·9773	+ 0·0003
9	+12·6798	+ 5·1205	22·1467	4960·5	+ 192·4485	+ 4·9046	+ 0·0003
10	+12·7234	+ 5·0534	22·0783	4961·5	+ 192·5206	+ 4·8373	+ 0·0004
11	+12·8015	+ 4·9989	22·0226	4962·5	+ 192·6064	+ 4·7827	+ 0·0004
12	+12·8994	+ 4·9615	21·9839	4963·5	+ 192·7001	+ 4·7451	+ 0·0004
13	+13·0007	+ 4·9426	21·9637	4964·5	+ 192·7953	+ 4·7260	+ 0·0004
14	+13·0896	+ 4·9406	21·9604	4965·5	+ 192·8855	+ 4·7237	+ 0·0004
15	+13·1533	+ 4·9516	21·9701	4966·5	+ 192·9657	+ 4·7346	+ 0·0004
16	+13·1827	+ 4·9701	21·9873	4967·5	+ 193·0323	+ 4·7529	+ 0·0004
17	+13·1738	+ 4·9892	22·0052	4968·5	+ 193·0837	+ 4·7720	+ 0·0004

NUTATION, OBLIQUITY & INTERMEDIATE SYSTEM, 2009

FOR 0ʰ TERRESTRIAL TIME

Date 0ʰ TT	NUTATION in Long. $\Delta\psi$	NUTATION in Obl. $\Delta\epsilon$	True Obl. of Ecliptic ϵ 23° 26′	Julian Date 0ʰ TT 245	CELESTIAL INTERMEDIATE Pole $\mathcal{X}$	CELESTIAL INTERMEDIATE Pole $\mathcal{Y}$	Origin s
	″	″	″		″	″	″
May 17	+13.1738	+ 4.9892	22.0052	4968.5	+ 193.0837	+ 4.7720	+ 0.0004
18	+13.1282	+ 5.0018	22.0165	4969.5	+ 193.1205	+ 4.7845	+ 0.0004
19	+13.0538	+ 5.0007	22.0141	4970.5	+ 193.1458	+ 4.7833	+ 0.0004
20	+12.9656	+ 4.9800	21.9921	4971.5	+ 193.1655	+ 4.7626	+ 0.0004
21	+12.8848	+ 4.9367	21.9476	4972.5	+ 193.1881	+ 4.7192	+ 0.0004
22	+12.8369	+ 4.8723	21.8818	4973.5	+ 193.2238	+ 4.6547	+ 0.0005
23	+12.8455	+ 4.7938	21.8021	4974.5	+ 193.2819	+ 4.5761	+ 0.0005
24	+12.9246	+ 4.7139	21.7209	4975.5	+ 193.3681	+ 4.4961	+ 0.0005
25	+13.0704	+ 4.6480	21.6537	4976.5	+ 193.4808	+ 4.4299	+ 0.0006
26	+13.2588	+ 4.6088	21.6132	4977.5	+ 193.6106	+ 4.3904	+ 0.0006
27	+13.4515	+ 4.6015	21.6046	4978.5	+ 193.7420	+ 4.3828	+ 0.0006
28	+13.6091	+ 4.6216	21.6234	4979.5	+ 193.8597	+ 4.4026	+ 0.0006
29	+13.7048	+ 4.6567	21.6573	4980.5	+ 193.9527	+ 4.4376	+ 0.0006
30	+13.7315	+ 4.6916	21.6909	4981.5	+ 194.0182	+ 4.4724	+ 0.0006
31	+13.6999	+ 4.7132	21.7112	4982.5	+ 194.0606	+ 4.4938	+ 0.0005
June 1	+13.6332	+ 4.7131	21.7099	4983.5	+ 194.0889	+ 4.4937	+ 0.0005
2	+13.5581	+ 4.6895	21.6850	4984.5	+ 194.1139	+ 4.4700	+ 0.0006
3	+13.4992	+ 4.6454	21.6396	4985.5	+ 194.1452	+ 4.4258	+ 0.0006
4	+13.4744	+ 4.5876	21.5804	4986.5	+ 194.1901	+ 4.3679	+ 0.0006
5	+13.4928	+ 4.5247	21.5163	4987.5	+ 194.2522	+ 4.3049	+ 0.0006
6	+13.5548	+ 4.4655	21.4558	4988.5	+ 194.3316	+ 4.2455	+ 0.0007
7	+13.6531	+ 4.4174	21.4065	4989.5	+ 194.4254	+ 4.1973	+ 0.0007
8	+13.7747	+ 4.3857	21.3735	4990.5	+ 194.5286	+ 4.1653	+ 0.0007
9	+13.9036	+ 4.3725	21.3590	4991.5	+ 194.6347	+ 4.1519	+ 0.0007
10	+14.0237	+ 4.3771	21.3623	4992.5	+ 194.7374	+ 4.1563	+ 0.0007
11	+14.1208	+ 4.3964	21.3803	4993.5	+ 194.8309	+ 4.1753	+ 0.0007
12	+14.1846	+ 4.4249	21.4075	4994.5	+ 194.9112	+ 4.2037	+ 0.0007
13	+14.2099	+ 4.4562	21.4375	4995.5	+ 194.9762	+ 4.2348	+ 0.0007
14	+14.1971	+ 4.4832	21.4632	4996.5	+ 195.0261	+ 4.2617	+ 0.0007
15	+14.1527	+ 4.4990	21.4778	4997.5	+ 195.0633	+ 4.2775	+ 0.0007
16	+14.0890	+ 4.4981	21.4756	4998.5	+ 195.0929	+ 4.2764	+ 0.0007
17	+14.0243	+ 4.4767	21.4529	4999.5	+ 195.1219	+ 4.2550	+ 0.0007
18	+13.9809	+ 4.4346	21.4095	5000.5	+ 195.1595	+ 4.2128	+ 0.0007
19	+13.9821	+ 4.3761	21.3497	5001.5	+ 195.2147	+ 4.1542	+ 0.0007
20	+14.0467	+ 4.3107	21.2831	5002.5	+ 195.2951	+ 4.0886	+ 0.0007
21	+14.1808	+ 4.2521	21.2232	5003.5	+ 195.4032	+ 4.0298	+ 0.0008
22	+14.3718	+ 4.2149	21.1847	5004.5	+ 195.5340	+ 3.9923	+ 0.0008
23	+14.5874	+ 4.2090	21.1775	5005.5	+ 195.6746	+ 3.9861	+ 0.0008
24	+14.7848	+ 4.2352	21.2024	5006.5	+ 195.8080	+ 4.0120	+ 0.0008
25	+14.9261	+ 4.2837	21.2496	5007.5	+ 195.9192	+ 4.0602	+ 0.0008
26	+14.9925	+ 4.3383	21.3030	5008.5	+ 196.0006	+ 4.1147	+ 0.0007
27	+14.9890	+ 4.3827	21.3461	5009.5	+ 196.0542	+ 4.1590	+ 0.0007
28	+14.9380	+ 4.4058	21.3679	5010.5	+ 196.0888	+ 4.1820	+ 0.0007
29	+14.8693	+ 4.4037	21.3645	5011.5	+ 196.1164	+ 4.1798	+ 0.0007
30	+14.8107	+ 4.3792	21.3387	5012.5	+ 196.1479	+ 4.1552	+ 0.0007
July 1	+14.7823	+ 4.3391	21.2974	5013.5	+ 196.1914	+ 4.1151	+ 0.0007
2	+14.7949	+ 4.2924	21.2494	5014.5	+ 196.2511	+ 4.0683	+ 0.0008

NUTATION, OBLIQUITY & INTERMEDIATE SYSTEM, 2009

FOR 0^h TERRESTRIAL TIME

Date 0^h TT	NUTATION in Long. $\Delta\psi$ "	NUTATION in Obl. $\Delta\epsilon$ "	True Obl. of Ecliptic ϵ 23° 26' "	Julian Date 0^h TT 245	CELESTIAL INTERMEDIATE Pole $\mathcal{X}$ "	CELESTIAL INTERMEDIATE Pole $\mathcal{Y}$ "	Origin s "
July 1	+ 14.7823	+ 4.3391	21.2974	5013.5	+ 196.1914	+ 4.1151	+ 0.0007
2	+ 14.7949	+ 4.2924	21.2494	5014.5	+ 196.2511	+ 4.0683	+ 0.0008
3	+ 14.8499	+ 4.2480	21.2037	5015.5	+ 196.3278	+ 4.0236	+ 0.0008
4	+ 14.9415	+ 4.2133	21.1677	5016.5	+ 196.4190	+ 3.9887	+ 0.0008
5	+ 15.0579	+ 4.1938	21.1470	5017.5	+ 196.5202	+ 3.9691	+ 0.0008
6	+ 15.1844	+ 4.1925	21.1443	5018.5	+ 196.6254	+ 3.9675	+ 0.0008
7	+ 15.3050	+ 4.2092	21.1598	5019.5	+ 196.7282	+ 3.9840	+ 0.0008
8	+ 15.4048	+ 4.2415	21.1908	5020.5	+ 196.8229	+ 4.0161	+ 0.0008
9	+ 15.4723	+ 4.2844	21.2324	5021.5	+ 196.9047	+ 4.0588	+ 0.0008
10	+ 15.5007	+ 4.3317	21.2784	5022.5	+ 196.9710	+ 4.1060	+ 0.0008
11	+ 15.4892	+ 4.3762	21.3217	5023.5	+ 197.0214	+ 4.1504	+ 0.0007
12	+ 15.4429	+ 4.4111	21.3553	5024.5	+ 197.0579	+ 4.1852	+ 0.0007
13	+ 15.3730	+ 4.4307	21.3735	5025.5	+ 197.0850	+ 4.2047	+ 0.0007
14	+ 15.2958	+ 4.4311	21.3727	5026.5	+ 197.1092	+ 4.2050	+ 0.0007
15	+ 15.2314	+ 4.4116	21.3519	5027.5	+ 197.1384	+ 4.1855	+ 0.0007
16	+ 15.2010	+ 4.3751	21.3141	5028.5	+ 197.1811	+ 4.1489	+ 0.0007
17	+ 15.2233	+ 4.3286	21.2663	5029.5	+ 197.2447	+ 4.1022	+ 0.0008
18	+ 15.3092	+ 4.2830	21.2195	5030.5	+ 197.3337	+ 4.0565	+ 0.0008
19	+ 15.4556	+ 4.2518	21.1869	5031.5	+ 197.4467	+ 4.0250	+ 0.0008
20	+ 15.6419	+ 4.2466	21.1805	5032.5	+ 197.5757	+ 4.0195	+ 0.0008
21	+ 15.8318	+ 4.2732	21.2059	5033.5	+ 197.7061	+ 4.0459	+ 0.0008
22	+ 15.9837	+ 4.3278	21.2591	5034.5	+ 197.8215	+ 4.1002	+ 0.0008
23	+ 16.0662	+ 4.3968	21.3268	5035.5	+ 197.9094	+ 4.1690	+ 0.0007
24	+ 16.0707	+ 4.4622	21.3910	5036.5	+ 197.9662	+ 4.2343	+ 0.0007
25	+ 16.0126	+ 4.5087	21.4362	5037.5	+ 197.9981	+ 4.2807	+ 0.0007
26	+ 15.9224	+ 4.5285	21.4547	5038.5	+ 198.0171	+ 4.3004	+ 0.0007
27	+ 15.8328	+ 4.5220	21.4469	5039.5	+ 198.0363	+ 4.2939	+ 0.0007
28	+ 15.7691	+ 4.4960	21.4197	5040.5	+ 198.0658	+ 4.2678	+ 0.0007
29	+ 15.7455	+ 4.4602	21.3826	5041.5	+ 198.1112	+ 4.2320	+ 0.0007
30	+ 15.7651	+ 4.4245	21.3455	5042.5	+ 198.1738	+ 4.1960	+ 0.0007
31	+ 15.8225	+ 4.3969	21.3167	5043.5	+ 198.2514	+ 4.1684	+ 0.0007
Aug. 1	+ 15.9067	+ 4.3836	21.3021	5044.5	+ 198.3398	+ 4.1548	+ 0.0007
2	+ 16.0033	+ 4.3877	21.3049	5045.5	+ 198.4331	+ 4.1587	+ 0.0007
3	+ 16.0968	+ 4.4097	21.3257	5046.5	+ 198.5252	+ 4.1805	+ 0.0007
4	+ 16.1721	+ 4.4477	21.3623	5047.5	+ 198.6101	+ 4.2183	+ 0.0007
5	+ 16.2171	+ 4.4973	21.4107	5048.5	+ 198.6830	+ 4.2678	+ 0.0007
6	+ 16.2236	+ 4.5526	21.4647	5049.5	+ 198.7405	+ 4.3229	+ 0.0007
7	+ 16.1888	+ 4.6064	21.5172	5050.5	+ 198.7817	+ 4.3766	+ 0.0006
8	+ 16.1165	+ 4.6516	21.5611	5051.5	+ 198.8079	+ 4.4218	+ 0.0006
9	+ 16.0167	+ 4.6821	21.5904	5052.5	+ 198.8232	+ 4.4523	+ 0.0006
10	+ 15.9050	+ 4.6938	21.6008	5053.5	+ 198.8336	+ 4.4639	+ 0.0006
11	+ 15.8005	+ 4.6854	21.5911	5054.5	+ 198.8469	+ 4.4555	+ 0.0006
12	+ 15.7233	+ 4.6593	21.5637	5055.5	+ 198.8710	+ 4.4293	+ 0.0006
13	+ 15.6914	+ 4.6215	21.5246	5056.5	+ 198.9131	+ 4.3914	+ 0.0006
14	+ 15.7160	+ 4.5814	21.4832	5057.5	+ 198.9777	+ 4.3512	+ 0.0007
15	+ 15.7982	+ 4.5503	21.4509	5058.5	+ 199.0652	+ 4.3199	+ 0.0007
16	+ 15.9250	+ 4.5395	21.4387	5059.5	+ 199.1704	+ 4.3088	+ 0.0007

NUTATION, OBLIQUITY & INTERMEDIATE SYSTEM, 2009

FOR 0ʰ TERRESTRIAL TIME

Date 0ʰ TT	NUTATION in Long. $\Delta\psi$	in Obl. $\Delta\epsilon$	True Obl. of Ecliptic ϵ 23° 26′	Julian Date 0ʰ TT 245	CELESTIAL INTERMEDIATE Pole X	Y	Origin s
	″	″	″		″	″	″
Aug. 16	+15·9250	+ 4·5395	21·4387	5059·5	+ 199·1704	+ 4·3088	+ 0·0007
17	+16·0696	+ 4·5564	21·4544	5060·5	+ 199·2829	+ 4·3255	+ 0·0007
18	+16·1960	+ 4·6017	21·4984	5061·5	+ 199·3881	+ 4·3705	+ 0·0007
19	+16·2695	+ 4·6669	21·5624	5062·5	+ 199·4724	+ 4·4356	+ 0·0006
20	+16·2698	+ 4·7368	21·6310	5063·5	+ 199·5275	+ 4·5054	+ 0·0006
21	+16·1990	+ 4·7941	21·6870	5064·5	+ 199·5544	+ 4·5626	+ 0·0006
22	+16·0808	+ 4·8262	21·7178	5065·5	+ 199·5623	+ 4·5947	+ 0·0005
23	+15·9490	+ 4·8292	21·7195	5066·5	+ 199·5648	+ 4·5977	+ 0·0005
24	+15·8355	+ 4·8074	21·6964	5067·5	+ 199·5744	+ 4·5758	+ 0·0006
25	+15·7607	+ 4·7705	21·6582	5068·5	+ 199·5995	+ 4·5389	+ 0·0006
26	+15·7320	+ 4·7297	21·6161	5069·5	+ 199·6428	+ 4·4980	+ 0·0006
27	+15·7455	+ 4·6948	21·5799	5070·5	+ 199·7030	+ 4·4629	+ 0·0006
28	+15·7901	+ 4·6728	21·5567	5071·5	+ 199·7755	+ 4·4408	+ 0·0006
29	+15·8508	+ 4·6677	21·5503	5072·5	+ 199·8546	+ 4·4355	+ 0·0006
30	+15·9120	+ 4·6804	21·5618	5073·5	+ 199·9338	+ 4·4481	+ 0·0006
31	+15·9586	+ 4·7095	21·5895	5074·5	+ 200·0073	+ 4·4770	+ 0·0006
Sept. 1	+15·9779	+ 4·7510	21·6298	5075·5	+ 200·0699	+ 4·5184	+ 0·0006
2	+15·9607	+ 4·7995	21·6769	5076·5	+ 200·1181	+ 4·5667	+ 0·0006
3	+15·9028	+ 4·8480	21·7242	5077·5	+ 200·1500	+ 4·6152	+ 0·0005
4	+15·8060	+ 4·8894	21·7643	5078·5	+ 200·1665	+ 4·6565	+ 0·0005
5	+15·6785	+ 4·9169	21·7905	5079·5	+ 200·1707	+ 4·6840	+ 0·0005
6	+15·5350	+ 4·9255	21·7979	5080·5	+ 200·1685	+ 4·6927	+ 0·0005
7	+15·3944	+ 4·9134	21·7844	5081·5	+ 200·1674	+ 4·6805	+ 0·0005
8	+15·2775	+ 4·8821	21·7518	5082·5	+ 200·1757	+ 4·6492	+ 0·0005
9	+15·2024	+ 4·8373	21·7058	5083·5	+ 200·2006	+ 4·6043	+ 0·0005
10	+15·1811	+ 4·7879	21·6551	5084·5	+ 200·2469	+ 4·5549	+ 0·0006
11	+15·2154	+ 4·7447	21·6107	5085·5	+ 200·3153	+ 4·5115	+ 0·0006
12	+15·2952	+ 4·7182	21·5829	5086·5	+ 200·4019	+ 4·4848	+ 0·0006
13	+15·3984	+ 4·7159	21·5793	5087·5	+ 200·4978	+ 4·4823	+ 0·0006
14	+15·4951	+ 4·7399	21·6020	5088·5	+ 200·5912	+ 4·5061	+ 0·0006
15	+15·5539	+ 4·7853	21·6461	5089·5	+ 200·6696	+ 4·5513	+ 0·0006
16	+15·5514	+ 4·8404	21·6999	5090·5	+ 200·7236	+ 4·6063	+ 0·0006
17	+15·4808	+ 4·8899	21·7482	5091·5	+ 200·7505	+ 4·6558	+ 0·0005
18	+15·3551	+ 4·9196	21·7766	5092·5	+ 200·7554	+ 4·6854	+ 0·0005
19	+15·2026	+ 4·9212	21·7769	5093·5	+ 200·7496	+ 4·6871	+ 0·0005
20	+15·0567	+ 4·8948	21·7492	5094·5	+ 200·7464	+ 4·6607	+ 0·0005
21	+14·9444	+ 4·8478	21·7009	5095·5	+ 200·7565	+ 4·6136	+ 0·0005
22	+14·8798	+ 4·7914	21·6432	5096·5	+ 200·7855	+ 4·5571	+ 0·0006
23	+14·8635	+ 4·7370	21·5876	5097·5	+ 200·8338	+ 4·5027	+ 0·0006
24	+14·8856	+ 4·6936	21·5429	5098·5	+ 200·8974	+ 4·4591	+ 0·0006
25	+14·9308	+ 4·6666	21·5146	5099·5	+ 200·9701	+ 4·4319	+ 0·0006
26	+14·9818	+ 4·6577	21·5044	5100·5	+ 201·0453	+ 4·4228	+ 0·0006
27	+15·0228	+ 4·6659	21·5113	5101·5	+ 201·1165	+ 4·4309	+ 0·0006
28	+15·0403	+ 4·6878	21·5319	5102·5	+ 201·1784	+ 4·4526	+ 0·0006
29	+15·0244	+ 4·7181	21·5610	5103·5	+ 201·2270	+ 4·4828	+ 0·0006
30	+14·9699	+ 4·7505	21·5921	5104·5	+ 201·2603	+ 4·5151	+ 0·0006
Oct. 1	+14·8767	+ 4·7778	21·6181	5105·5	+ 201·2781	+ 4·5424	+ 0·0006

NUTATION, OBLIQUITY & INTERMEDIATE SYSTEM, 2009

FOR 0ʰ TERRESTRIAL TIME

Date 0ʰ TT	NUTATION in Long. $\Delta\psi$	NUTATION in Obl. $\Delta\epsilon$	True Obl. of Ecliptic ϵ 23° 26′	Julian Date 0ʰ TT 245	CELESTIAL INTERMEDIATE Pole X	CELESTIAL INTERMEDIATE Pole Y	Origin s
	″	″	″		″	″	″
Oct. 1	+14.8767	+ 4.7778	21.6181	5105.5	+ 201.2781	+ 4.5424	+ 0.0006
2	+14.7510	+ 4.7931	21.6321	5106.5	+ 201.2830	+ 4.5577	+ 0.0006
3	+14.6053	+ 4.7906	21.6283	5107.5	+ 201.2799	+ 4.5552	+ 0.0006
4	+14.4578	+ 4.7670	21.6035	5108.5	+ 201.2761	+ 4.5317	+ 0.0006
5	+14.3299	+ 4.7228	21.5579	5109.5	+ 201.2800	+ 4.4874	+ 0.0006
6	+14.2421	+ 4.6626	21.4965	5110.5	+ 201.2998	+ 4.4272	+ 0.0006
7	+14.2087	+ 4.5952	21.4278	5111.5	+ 201.3412	+ 4.3597	+ 0.0007
8	+14.2334	+ 4.5319	21.3632	5112.5	+ 201.4058	+ 4.2962	+ 0.0007
9	+14.3071	+ 4.4836	21.3136	5113.5	+ 201.4899	+ 4.2477	+ 0.0007
10	+14.4086	+ 4.4583	21.2871	5114.5	+ 201.5851	+ 4.2223	+ 0.0007
11	+14.5092	+ 4.4587	21.2862	5115.5	+ 201.6799	+ 4.2224	+ 0.0007
12	+14.5793	+ 4.4809	21.3071	5116.5	+ 201.7627	+ 4.2444	+ 0.0007
13	+14.5964	+ 4.5152	21.3401	5117.5	+ 201.8245	+ 4.2785	+ 0.0007
14	+14.5512	+ 4.5482	21.3718	5118.5	+ 201.8615	+ 4.3115	+ 0.0007
15	+14.4509	+ 4.5667	21.3891	5119.5	+ 201.8765	+ 4.3300	+ 0.0007
16	+14.3170	+ 4.5611	21.3821	5120.5	+ 201.8781	+ 4.3243	+ 0.0007
17	+14.1792	+ 4.5282	21.3480	5121.5	+ 201.8781	+ 4.2915	+ 0.0007
18	+14.0664	+ 4.4720	21.2905	5122.5	+ 201.8879	+ 4.2353	+ 0.0007
19	+13.9983	+ 4.4019	21.2191	5123.5	+ 201.9156	+ 4.1651	+ 0.0008
20	+13.9817	+ 4.3292	21.1452	5124.5	+ 201.9637	+ 4.0923	+ 0.0008
21	+14.0109	+ 4.2645	21.0791	5125.5	+ 202.0300	+ 4.0274	+ 0.0008
22	+14.0718	+ 4.2149	21.0283	5126.5	+ 202.1090	+ 3.9776	+ 0.0009
23	+14.1463	+ 4.1839	20.9960	5127.5	+ 202.1934	+ 3.9465	+ 0.0009
24	+14.2166	+ 4.1713	20.9822	5128.5	+ 202.2762	+ 3.9337	+ 0.0009
25	+14.2676	+ 4.1742	20.9837	5129.5	+ 202.3514	+ 3.9364	+ 0.0009
26	+14.2884	+ 4.1876	20.9958	5130.5	+ 202.4146	+ 3.9497	+ 0.0009
27	+14.2726	+ 4.2054	21.0123	5131.5	+ 202.4632	+ 3.9673	+ 0.0009
28	+14.2190	+ 4.2207	21.0264	5132.5	+ 202.4968	+ 3.9826	+ 0.0009
29	+14.1319	+ 4.2268	21.0312	5133.5	+ 202.5170	+ 3.9886	+ 0.0009
30	+14.0213	+ 4.2176	21.0207	5134.5	+ 202.5279	+ 3.9794	+ 0.0009
31	+13.9033	+ 4.1886	20.9905	5135.5	+ 202.5357	+ 3.9504	+ 0.0009
Nov. 1	+13.7982	+ 4.1387	20.9392	5136.5	+ 202.5487	+ 3.9004	+ 0.0009
2	+13.7283	+ 4.0706	20.8698	5137.5	+ 202.5756	+ 3.8322	+ 0.0009
3	+13.7120	+ 3.9918	20.7897	5138.5	+ 202.6238	+ 3.7533	+ 0.0010
4	+13.7581	+ 3.9136	20.7103	5139.5	+ 202.6969	+ 3.6750	+ 0.0010
5	+13.8612	+ 3.8485	20.6439	5140.5	+ 202.7926	+ 3.6097	+ 0.0011
6	+14.0008	+ 3.8065	20.6006	5141.5	+ 202.9029	+ 3.5674	+ 0.0011
7	+14.1461	+ 3.7918	20.5846	5142.5	+ 203.0156	+ 3.5525	+ 0.0011
8	+14.2649	+ 3.8013	20.5929	5143.5	+ 203.1177	+ 3.5618	+ 0.0011
9	+14.3325	+ 3.8256	20.6159	5144.5	+ 203.1995	+ 3.5858	+ 0.0011
10	+14.3384	+ 3.8515	20.6405	5145.5	+ 203.2568	+ 3.6116	+ 0.0011
11	+14.2881	+ 3.8661	20.6538	5146.5	+ 203.2917	+ 3.6262	+ 0.0011
12	+14.2006	+ 3.8598	20.6463	5147.5	+ 203.3117	+ 3.6198	+ 0.0011
13	+14.1025	+ 3.8285	20.6137	5148.5	+ 203.3275	+ 3.5885	+ 0.0011
14	+14.0214	+ 3.7743	20.5582	5149.5	+ 203.3500	+ 3.5342	+ 0.0011
15	+13.9786	+ 3.7042	20.4868	5150.5	+ 203.3877	+ 3.4640	+ 0.0011
16	+13.9853	+ 3.6284	20.4097	5151.5	+ 203.4450	+ 3.3881	+ 0.0012

NUTATION, OBLIQUITY & INTERMEDIATE SYSTEM, 2009

FOR 0ʰ TERRESTRIAL TIME

Date 0ʰ TT	NUTATION in Long. $\Delta\psi$	in Obl. $\Delta\epsilon$	True Obl. of Ecliptic ϵ 23° 26′	Julian Date 0ʰ TT 245	CELESTIAL INTERMEDIATE Pole X	Y	Origin s
	″	″	″		″	″	″
Nov. 16	+13.9853	+ 3.6284	20.4097	5151.5	+ 203.4450	+ 3.3881	+ 0.0012
17	+14.0406	+ 3.5574	20.3374	5152.5	+ 203.5217	+ 3.3169	+ 0.0012
18	+14.1339	+ 3.4996	20.2783	5153.5	+ 203.6136	+ 3.2589	+ 0.0012
19	+14.2484	+ 3.4600	20.2374	5154.5	+ 203.7140	+ 3.2191	+ 0.0013
20	+14.3654	+ 3.4399	20.2161	5155.5	+ 203.8153	+ 3.1988	+ 0.0013
21	+14.4677	+ 3.4373	20.2122	5156.5	+ 203.9109	+ 3.1959	+ 0.0013
22	+14.5423	+ 3.4475	20.2212	5157.5	+ 203.9954	+ 3.2060	+ 0.0013
23	+14.5814	+ 3.4647	20.2370	5158.5	+ 204.0659	+ 3.2230	+ 0.0013
24	+14.5825	+ 3.4821	20.2531	5159.5	+ 204.1212	+ 3.2402	+ 0.0013
25	+14.5486	+ 3.4931	20.2629	5160.5	+ 204.1627	+ 3.2511	+ 0.0012
26	+14.4879	+ 3.4917	20.2601	5161.5	+ 204.1934	+ 3.2496	+ 0.0012
27	+14.4139	+ 3.4731	20.2403	5162.5	+ 204.2188	+ 3.2310	+ 0.0013
28	+14.3445	+ 3.4350	20.2009	5163.5	+ 204.2460	+ 3.1928	+ 0.0013
29	+14.3009	+ 3.3780	20.1427	5164.5	+ 204.2833	+ 3.1358	+ 0.0013
30	+14.3036	+ 3.3073	20.0706	5165.5	+ 204.3391	+ 3.0649	+ 0.0013
Dec. 1	+14.3678	+ 3.2323	19.9944	5166.5	+ 204.4194	+ 2.9898	+ 0.0014
2	+14.4959	+ 3.1657	19.9265	5167.5	+ 204.5250	+ 2.9230	+ 0.0014
3	+14.6737	+ 3.1201	19.8797	5168.5	+ 204.6505	+ 2.8771	+ 0.0014
4	+14.8712	+ 3.1034	19.8616	5169.5	+ 204.7839	+ 2.8600	+ 0.0014
5	+15.0508	+ 3.1153	19.8722	5170.5	+ 204.9103	+ 2.8716	+ 0.0014
6	+15.1804	+ 3.1471	19.9028	5171.5	+ 205.0168	+ 2.9032	+ 0.0014
7	+15.2434	+ 3.1847	19.9391	5172.5	+ 205.0968	+ 2.9406	+ 0.0014
8	+15.2427	+ 3.2135	19.9666	5173.5	+ 205.1514	+ 2.9693	+ 0.0014
9	+15.1974	+ 3.2227	19.9745	5174.5	+ 205.1883	+ 2.9784	+ 0.0014
10	+15.1346	+ 3.2076	19.9581	5175.5	+ 205.2182	+ 2.9632	+ 0.0014
11	+15.0823	+ 3.1697	19.9189	5176.5	+ 205.2522	+ 2.9252	+ 0.0014
12	+15.0623	+ 3.1153	19.8633	5177.5	+ 205.2990	+ 2.8708	+ 0.0014
13	+15.0872	+ 3.0538	19.8005	5178.5	+ 205.3636	+ 2.8091	+ 0.0015
14	+15.1590	+ 2.9948	19.7402	5179.5	+ 205.4469	+ 2.7499	+ 0.0015
15	+15.2704	+ 2.9470	19.6912	5180.5	+ 205.5460	+ 2.7019	+ 0.0015
16	+15.4071	+ 2.9163	19.6591	5181.5	+ 205.6551	+ 2.6709	+ 0.0015
17	+15.5514	+ 2.9051	19.6466	5182.5	+ 205.7673	+ 2.6594	+ 0.0016
18	+15.6854	+ 2.9124	19.6527	5183.5	+ 205.8755	+ 2.6666	+ 0.0015
19	+15.7943	+ 2.9347	19.6737	5184.5	+ 205.9738	+ 2.6886	+ 0.0015
20	+15.8681	+ 2.9661	19.7038	5185.5	+ 206.0581	+ 2.7198	+ 0.0015
21	+15.9027	+ 3.0000	19.7364	5186.5	+ 206.1268	+ 2.7535	+ 0.0015
22	+15.8997	+ 3.0296	19.7648	5187.5	+ 206.1805	+ 2.7830	+ 0.0015
23	+15.8660	+ 3.0490	19.7829	5188.5	+ 206.2220	+ 2.8023	+ 0.0015
24	+15.8135	+ 3.0534	19.7860	5189.5	+ 206.2560	+ 2.8067	+ 0.0015
25	+15.7579	+ 3.0400	19.7713	5190.5	+ 206.2888	+ 2.7932	+ 0.0015
26	+15.7180	+ 3.0085	19.7385	5191.5	+ 206.3277	+ 2.7616	+ 0.0015
27	+15.7133	+ 2.9619	19.6906	5192.5	+ 206.3806	+ 2.7148	+ 0.0015
28	+15.7610	+ 2.9070	19.6344	5193.5	+ 206.4543	+ 2.6598	+ 0.0016
29	+15.8705	+ 2.8544	19.5806	5194.5	+ 206.5526	+ 2.6070	+ 0.0016
30	+16.0382	+ 2.8167	19.5416	5195.5	+ 206.6741	+ 2.5690	+ 0.0016
31	+16.2428	+ 2.8049	19.5285	5196.5	+ 206.8103	+ 2.5569	+ 0.0016
32	+16.4487	+ 2.8240	19.5464	5197.5	+ 206.9471	+ 2.5757	+ 0.0016

Planetary reduction overview

Data and formulae are provided for the precise computation of the geocentric apparent right ascension, intermediate right ascension, declination, and hour angle, at an instant of time, for an object within the solar system, ignoring polar motion (see page B84), from a barycentric ephemeris in rectangular coordinates and relativistic coordinate time referred to the International Celestial Reference System (ICRS).

1. Given an instant for which the position of the planet is required, obtain the dynamical time (TDB) to use with the ephemeris. If the position is required at a given Universal Time (UT1), or the hour angle is required, then obtain a value for ΔT, which may have to be predicted.

2. Calculate the geocentric rectangular coordinates of the planet from barycentric ephemerides of the planet and the Earth at coordinate time argument TDB, allowing for light time calculated from heliocentric coordinates.

3. Calculate the geocentric direction of the planet by allowing for light deflection due to solar gravitation.

4. Calculate the proper direction of the planet by applying the correction for the Earth's orbital velocity about the barycentre (i.e. annual aberration). The resulting vector (from steps 2-4) is in the Geocentric Celestial Reference System (GCRS).

Equinox Method	*CIO Method*
5. Apply frame bias, precession and nutation to convert from the GCRS to the system defined by the true equator and equinox of date.	5. Rotate from the GCRS to the intermediate system using $\mathcal{X}, \mathcal{Y}$ and s to apply frame bias and precession-nutation.
6. Convert to spherical coordinates, giving the geocentric apparent right ascension and declination with respect to the true equator and equinox of date.	6. Convert to spherical coordinates, giving the geocentric intermediate right ascension and declination with respect to the CIO and equator of date.
7. Calculate Greenwich apparent sidereal time and form the Greenwich hour angle for the given UT1.	7. Calculate the Earth rotation angle and form the Greenwich hour angle for the given UT1.

Alternatively, if right ascension is not required, combine Steps 5 and 7

*5. Apply frame bias, precession, nutation, and Greenwich apparent sidereal time to convert from the GCRS to the Terrestrial Intermediate Reference System; with origin of longitude at the TIO, and the equator of date.	*5. Rotate, using $\mathcal{X}, \mathcal{Y}, s$ and θ to apply frame bias, precession-nutation and Earth rotation, from the GCRS to the Terrestrial Intermediate Reference System; with origin of longitude at the TIO, and equator of date.

*6. Convert to spherical coordinates, giving the Greenwich hour angle (H) and declination (δ) with respect Terrestrial Intermediate Reference System (TIO and equator of date).

Note: In *Steps* 7 and *Steps* *5 the effects of polar motion (see page B84) have been ignored; they are the very small difference between the International Terrestrial Reference Frame (ITRF) zero meridian and the TIO, and the position of the CIP within the ITRS.

Formulae and method for planetary reduction

Step 1. Depending on the instant at which the planetary position is required, obtain the terrestrial or proper time (TT) and the barycentric dynamical time (TDB). Terrestrial time is related to UT1, whereas TDB is used as the time argument for the barycentric ephemeris. For calculating an apparent place the following approximate formulae are sufficient for converting from UT1 to TT and TDB:

$$\text{TT} = \text{UT1} + \Delta T, \qquad \text{TDB} = \text{TT} + 0^{s}\!.001\,657 \sin g + 0.000\,022 \sin(L - L_J)$$
$$g = 357^{\circ}\!.53 + 0.985\,600\,28\, D \quad \text{and} \quad L - L_J = 246^{\circ}\!.11 + 0.902\,517\,92\, D$$

where $D = \text{JD} - 245\,1545.0$ and ΔT may be obtained from page K9 and JD is the Julian date to two decimals of a day. The difference between TT and TDB may be ignored.

Step 2. Obtain the Earth's barycentric position $\mathbf{E}_B(t)$ in au and velocity $\dot{\mathbf{E}}_B(t)$ in au/d, at coordinate time $t = \text{TDB}$, referred to the ICRS.

Using an ephemeris, obtain the barycentric ICRS position of the planet $\mathbf{Q}_B$ in au at time $(t - \tau)$ where τ is the light time, so that light emitted by the planet at the event $\mathbf{Q}_B(t - \tau)$ arrives at the Earth at the event $\mathbf{E}_B(t)$.

The light time equation is solved iteratively using the heliocentric position of the Earth ($\mathbf{E}$) and the planet ($\mathbf{Q}$), starting with the approximation $\tau = 0$, as follows:

Form $\mathbf{P}$, the vector from the Earth to the planet from the equation:

$$\mathbf{P} = \mathbf{Q}_B(t - \tau) - \mathbf{E}_B(t)$$

Form $\mathbf{E}$ and $\mathbf{Q}$ from the equations:
$$\mathbf{E} = \mathbf{E}_B(t) - \mathbf{S}_B(t)$$
$$\mathbf{Q} = \mathbf{Q}_B(t - \tau) - \mathbf{S}_B(t - \tau)$$

where $\mathbf{S}_B$ is the barycentric position of the Sun.

Calculate τ from: $\quad c\tau = P + (2\mu/c^2)\ln[(E + P + Q)/(E - P + Q)]$

where the light time (τ) includes the effect of gravitational retardation due to the Sun, and

$\mu = GM_0$ $\qquad\qquad$ $c = $ velocity of light $= 173.1446$ au/d
$G = $ the gravitational constant $\qquad$ $\mu/c^2 = 9.87 \times 10^{-9}$ au
$M_0 = $ mass of Sun $\qquad\qquad$ $P = |\mathbf{P}|,\ Q = |\mathbf{Q}|,\ E = |\mathbf{E}|$

where $|\ |$ means calculate the square root of the sum of the squares of the components.

After convergence, form unit vectors $\mathbf{p},\ \mathbf{q},\ \mathbf{e}$ by dividing $\mathbf{P},\ \mathbf{Q},\ \mathbf{E}$ by $P,\ Q,\ E$ respectively.

Step 3. Calculate the geocentric direction ($\mathbf{p}_1$) of the planet, corrected for light deflection due to solar gravitation, from:

$$\mathbf{p}_1 = \mathbf{p} + (2\mu/c^2 E)((\mathbf{p}\cdot\mathbf{q})\mathbf{e} - (\mathbf{e}\cdot\mathbf{p})\mathbf{q})/(1 + \mathbf{q}\cdot\mathbf{e})$$

where the dot indicates a scalar product.

The vector $\mathbf{p}_1$ is a unit vector to order μ/c^2.

Step 4. Calculate the proper direction of the planet ($\mathbf{p}_2$) in the GCRS that is moving with the instantaneous velocity ($\mathbf{V}$) of the Earth, from:

$$\mathbf{p}_2 = (\beta^{-1}\mathbf{p}_1 + (1 + (\mathbf{p}_1\cdot\mathbf{V})/(1 + \beta^{-1}))\mathbf{V})/(1 + \mathbf{p}_1\cdot\mathbf{V})$$

where $\mathbf{V} = \dot{\mathbf{E}}_B/c = 0.005\,7755\,\dot{\mathbf{E}}_B$ and $\beta = (1 - V^2)^{-1/2}$; the velocity ($\mathbf{V}$) is expressed in units of the velocity of light and is equal to the Earth's velocity in the barycentric frame to order V^2.

REDUCTION OF CELESTIAL COORDINATES

Formulae and method for planetary reduction (continued)

Equinox method

Step 5. Apply frame bias, precession and nutation to the proper direction ($\mathbf{p}_2$) by multiplying by the rotation matrix $\mathbf{M} = \mathbf{NPB}$ given on the even pages B30–B44 to obtain the apparent direction $\mathbf{p}_3$ from:

$$\mathbf{p}_3 = \mathbf{M}\,\mathbf{p}_2$$

CIO method

Step 5. Apply the rotation from the GCRS to the Celestial Intermediate System by multiplying the proper direction ($\mathbf{p}_2$) by the matrix $\mathbf{C}(\mathcal{X}, \mathcal{Y}, s)$ given on the odd pages B31–B45 to obtain the intermediate direction $\mathbf{p}_3$ from:

$$\mathbf{p}_3 = \mathbf{C}\,\mathbf{p}_2$$

Step 6. Convert to spherical coordinates α_e, δ using:

$$\alpha_e = \tan^{-1}(\eta/\xi) \quad \delta = \tan^{-1}(\zeta/\beta)$$

Step 6. Convert to spherical coordinates α_i, δ using:

$$\alpha_i = \tan^{-1}(\eta/\xi) \quad \delta = \tan^{-1}(\zeta/\beta)$$

where $\mathbf{p}_3 = (\xi, \eta, \zeta)$, $\beta = \sqrt{(\xi^2 + \eta^2)}$ and the quadrant of α_e or α_i is determined by the signs of ξ and η.

Step 7. Calculate Greenwich apparent sidereal time (GAST) for the required UT1 (B13–B20), and then form

$$H = \text{GAST} - \alpha_e$$

Step 7. Calculate the Earth rotation angle (θ) for the required UT1 (B21–B24), and then form

$$H = \theta - \alpha_i$$

Note: H is usually given in arc measure, while GAST and right ascension are given in units of time.

Note: H and θ are usually given in arc measure, while right ascension is given in units of time.

Alternatively combining steps 5 and 7 before forming spherical coordinates

Step *5. Apply frame bias, precession, nutation, and sidereal time, to the proper direction ($\mathbf{p}_2$) by multiplying by the rotation matrix $\mathbf{R}_3(\text{GAST})\mathbf{M}$ to obtain the position ($\mathbf{p}_4$) measured relative to the Terrestrial Intermediate Reference System:

$$\mathbf{p}_4 = \mathbf{R}_3(\text{GAST})\mathbf{M}\,\mathbf{p}_2$$

Step *5. Apply the rotation from the GCRS to the terrestrial system by multiplying the proper direction ($\mathbf{p}_2$) by the matrix $\mathbf{R}_3(\theta)\mathbf{C}(\mathcal{X}, \mathcal{Y}, s)$ to obtain the position ($\mathbf{p}_4$) measured with respect to the Terrestrial Intermediate Reference System:

$$\mathbf{p}_4 = \mathbf{R}_3(\theta)\,\mathbf{C}\,\mathbf{p}_2$$

Step *6. Convert to spherical coordinates Greenwich hour angle (H) and declination δ using:

$$H = \tan^{-1}(-\eta/\xi), \quad \delta = \tan^{-1}(\zeta/\beta)$$

where $\mathbf{p}_4 = (\xi, \eta, \zeta)$, $\beta = \sqrt{(\xi^2 + \eta^2)}$, and H is measured from the TIO meridian positive to the west, and the quadrant is determined by the signs of ξ and $-\eta$.

Example of planetary reduction: Equinox Method

Calculate the apparent place, the apparent right ascension (right ascension with respect to the equinox) and declination and the Greenwich hour angle, of Venus on 2009 October 18 at $12^\text{h}\,00^\text{m}\,00^\text{s}$ UT1. Assume that $\Delta T = 66\overset{\text{s}}{.}0$.

REDUCTION OF CELESTIAL COORDINATES B69

Example of planetary reduction: Equinox Method (continued)

Step 1. From page B19, on 2009 October 18 the tabular JD = 245 5122·5 UT1.
$$\Delta T = TT - UT1 = 66\overset{s}{\cdot}0 = 7\cdot638\,889 \times 10^{-4} \text{ days},$$
and hence evaluating g and $L - L_J$ for the required time gives
$$g = 284°01, \qquad L - L_J = 235°32$$
$$\text{thus} \qquad TDB - TT = -18\cdot82 \times 10^{-9} \text{ days}.$$
Therefore the instant required is JD 245 512 3·000 76 TT, and the difference between TDB and TT may be neglected.

Step 2. Tabular values, taken from the JPL DE405/LE405 barycentric ephemeris, referred to the ICRS at J2000·0, which are required for the calculation, are as follows:

Vector	Julian date (0^h TDB)	x	y	z
$\mathbf{E}_B$	245 5122·5	+0·902 377 240	+0·383 806 141	+0·166 388 734
$\dot{\mathbf{E}}_B$	245 5122·5	−0·007 450 997	+0·014 293 058	+0·006 196 602
$\mathbf{Q}_B$	245 5120·5	−0·628 761 645	+0·309 682 035	+0·178 846 056
	245 5121·5	−0·638 521 145	+0·293 162 143	+0·172 030 957
	245 5122·5	−0·647 774 530	+0·276 411 037	+0·165 079 805
	245 5123·5	−0·656 514 536	+0·259 442 109	+0·157 998 166
	245 5124·5	−0·664 734 321	+0·242 268 923	+0·150 791 708
$\mathbf{S}_B$	245 5121·5	−0·003 494 692	+0·003 057 058	+0·001 323 979
	245 5122·5	−0·003 498 316	+0·003 052 321	+0·001 322 011
	245 5123·5	−0·003 501 933	+0·003 047 579	+0·001 320 042

Hence for instant JD 245 512 3·000 76 TT
$$\mathbf{E} = (+0\cdot902\,112\,052, \quad +0\cdot387\,899\,196, \quad +0\cdot168\,164\,461) \qquad E = 0\cdot996\,268\,651$$

The first iteration, with $\tau = 0$, gives:
$$\mathbf{P} = (-1\cdot550\,827\,742, \quad -0\cdot123\,009\,148, \quad -0\cdot007\,935\,951) \qquad P = 1\cdot555\,718\,778$$
$$\mathbf{Q} = (-0\cdot648\,715\,691, \quad +0\cdot264\,890\,048, \quad +0\cdot160\,228\,510) \qquad Q = 0\cdot718\,798\,971$$
$$\tau = 0\overset{d}{\cdot}008\,985\,0827$$

The second iteration, with $\tau = 0\overset{d}{\cdot}008\,985\,0827$ using Stirling's central-difference formula up to δ^4 to interpolate $\mathbf{Q}_B$, and up to δ^2 to interpolate $\mathbf{S}_B$, gives:
$$\mathbf{P} = (-1\cdot550\,749\,193, \quad -0\cdot122\,856\,683, \quad -0\cdot007\,872\,324) \qquad P = 1\cdot555\,628\,104$$
$$\mathbf{Q} = (-0\cdot648\,637\,174, \quad +0\cdot265\,042\,471, \quad +0\cdot160\,292\,119) \qquad Q = 0\cdot718\,798\,482$$
$$\tau = 0\overset{d}{\cdot}008\,984\,5590$$

Iterate until P changes by less than 10^{-9}. Hence the unit vectors are:
$$\mathbf{p} = (-0\cdot996\,863\,703, \quad -0\cdot078\,975\,618, \quad -0\cdot005\,060\,546)$$
$$\mathbf{q} = (-0\cdot902\,390\,857, \quad +0\cdot368\,729\,857, \quad +0\cdot223\,000\,075)$$
$$\mathbf{e} = (+0\cdot905\,490\,753, \quad +0\cdot389\,352\,004, \quad +0\cdot168\,794\,291)$$

Step 3. Calculate the scalar products:
$$\mathbf{p}\cdot\mathbf{q} = +0\cdot869\,311\,521 \quad \mathbf{e}\cdot\mathbf{p} = -0\cdot934\,254\,372 \quad \mathbf{q}\cdot\mathbf{e} = -0\cdot635\,899\,728 \qquad \text{then}$$
$$\frac{(2\mu/c^2 E)}{1 + \mathbf{q}\cdot\mathbf{e}}((\mathbf{p}\cdot\mathbf{q})\mathbf{e} - (\mathbf{e}\cdot\mathbf{p})\mathbf{q}) = (-0\cdot000\,000\,003, \quad +0\cdot000\,000\,037, \quad +0\cdot000\,000\,019)$$
$$\text{and} \quad \mathbf{p}_1 = (-0\cdot996\,863\,706, \quad -0\cdot078\,975\,581, \quad -0\cdot005\,060\,527)$$

REDUCTION OF CELESTIAL COORDINATES

Example of planetary reduction: Equinox Method (continued)

Step 4. Take $\dot{\mathbf{E}}_B$ from the table in *Step* 2 and calculate:

$\mathbf{V} = 0{\cdot}005\ 775\ 518\ \dot{\mathbf{E}}_B = (-0{\cdot}000\ 043\ 820,\ \ +0{\cdot}000\ 082\ 215,\ \ +0{\cdot}000\ 035\ 643)$

Then $V = 0{\cdot}000\ 099\ 750$, $\beta = 1{\cdot}000\ 000\ 005$ and $\beta^{-1} = 0{\cdot}999\ 999\ 995$

Calculate the scalar product $\mathbf{p}_1 \cdot \mathbf{V} = +0{\cdot}000\ 037\ 009$

Then $1 + (\mathbf{p}_1 \cdot \mathbf{V})/(1 + \beta^{-1}) = 1{\cdot}000\ 018\ 505$

Hence $\mathbf{p}_2 = (-0{\cdot}996\ 870\ 629,\ \ -0{\cdot}078\ 890\ 444,\ \ -0{\cdot}005\ 024\ 697)$

Step 5. From page B42, the bias, precession and nutation matrix $\mathbf{M}$, interpolated to the required instant JD 245 512 3·000 76 TT, is given by:

$$\mathbf{M} = \mathbf{NPB} = \begin{bmatrix} +0{\cdot}999\ 996\ 983 & -0{\cdot}002\ 252\ 953 & -0{\cdot}000\ 978\ 787 \\ +0{\cdot}002\ 252\ 932 & +0{\cdot}999\ 997\ 462 & -0{\cdot}000\ 022\ 573 \\ +0{\cdot}000\ 978\ 835 & +0{\cdot}000\ 020\ 368 & +0{\cdot}999\ 999\ 521 \end{bmatrix}$$

Hence $\mathbf{p}_3 = \mathbf{M}\,\mathbf{p}_2 = (-0{\cdot}996\ 684\ 967,\ -0{\cdot}081\ 136\ 012,\ -0{\cdot}006\ 002\ 074)$

Step 6. Converting to spherical coordinates $\alpha_e = 12^h\ 18^m\ 36\overset{s}{\cdot}9482$, $\delta = -0°\ 20'\ 38{\cdot}''024$.

Step 7. From page B19, interpolating in the daily values to the required UT1 instant gives

$\text{GAST} - \text{UT1} = 1^h\ 48^m\ 26\overset{s}{\cdot}5126,\qquad$ and thus

$H = (\text{GAST} - \text{UT1}) - \alpha_e + \text{UT1}$

$\quad = 1^h\ 48^m\ 26\overset{s}{\cdot}5126 - 12^h\ 18^m\ 36\overset{s}{\cdot}9482 + 12^h\ 00^m\ 00^s$

$\quad = 22°\ 27'\ 23{\cdot}''466$

where H, the Greenwich hour angle of Venus, is expressed in angular measure.

Example of planetary reduction: CIO Method

Step 1-4. Repeat Steps 1-4 of the planetary reduction given on page B66, calculating the proper direction of the planet ($\mathbf{p}_2$) in the GCRS, hence

$\mathbf{p}_2 = (-0{\cdot}996\ 870\ 629,\ \ -0{\cdot}078\ 890\ 444,\ \ -0{\cdot}005\ 024\ 697)$

Step 5. From pages B43 extract $\mathbf{C}$, interpolated to the required TT time, that rotates the GCRS to the Celestial Intermediate Reference System, viz:

$$\mathbf{C} = \begin{bmatrix} +0{\cdot}999\ 999\ 521 & -0{\cdot}000\ 000\ 014 & -0{\cdot}000\ 978\ 835 \\ -0{\cdot}000\ 000\ 006 & +1{\cdot}000\ 000\ 000 & -0{\cdot}000\ 020\ 368 \\ +0{\cdot}000\ 978\ 835 & +0{\cdot}000\ 020\ 368 & +0{\cdot}999\ 999\ 521 \end{bmatrix}$$

Hence $\mathbf{p}_3 = \mathbf{C}\,\mathbf{p}_2 = (-0{\cdot}996\ 865\ 232,\ -0{\cdot}078\ 890\ 336,\ -0{\cdot}006\ 002\ 074)$

Step 6. Converting to spherical coordinates $\alpha_i = 12^h\ 18^m\ 05\overset{s}{\cdot}9680$, $\delta = -0°\ 20'\ 38{\cdot}''024$.

Step 7. From page B24, interpolating to the required UT1, gives

$\theta - \text{UT1} = 26°\ 58'\ 52{\cdot}''987$

and thus the Greenwich hour angle (H) of Venus is

$H = (\theta - \text{UT1}) - \alpha_i + \text{UT1} = 26°\ 58'\ 52{\cdot}''987 - (12^h\ 18^m\ 05\overset{s}{\cdot}9680 + 12^h\ 00^m\ 00^s) \times 15$

$\quad = 22°\ 27'\ 23{\cdot}''466$

REDUCTION OF CELESTIAL COORDINATES

Summary of planetary reduction examples

Thus on 2009 October 18 at $12^h\ 00^m\ 00^s$ UT1, Venus's position is

$H = 22°\ 27'\ 23''\!.466$ is the Greenwich hour angle ignoring polar motion,

$\delta = -0°\ 20'\ 38''\!.024$ is the apparent and intermediate declination,

$\alpha_e = 12^h\ 18^m\ 36^s\!.9482$ is the apparent (equinox) right ascension, and

$\alpha_i = 12^h\ 18^m\ 05^s\!.9680$ is the intermediate right ascension

The geometric distance between the Earth and Venus at time $t = \text{JD}\ 245\ 512\ 3.000\ 76\ \text{TT}$ is the value of $P = 1.555\ 718\ 778$ au in the first iteration in *Step 2*, where $\tau = 0$. The distance between the Earth at time t and Venus at time $(t - \tau)$ is the value of $P = 1.555\ 628\ 109$ au in the final iteration in *Step 2*, where $\tau = 0^d\!.008\ 984\ 5590$.

Solar reduction

The method for solar reduction is identical to the method for planetary reduction, except for the following differences:

In *Step 2* set $\mathbf{Q}_B = \mathbf{S}_B$ and hence $\mathbf{P} = \mathbf{S}_B(t - \tau) - \mathbf{E}_B(t)$. Calculate the light time (τ) by iteration from $\tau = P/c$ and form the unit vector $\mathbf{p}$ only.

In *Step 3* set $\mathbf{p}_1 = \mathbf{p}$ since there is no light deflection from the centre of the Sun's disk.

Stellar reduction overview

The method for planetary reduction may be applied with some modification to the calculation of the apparent places of stars.

The barycentric direction of a star at a particular epoch is calculated from its right ascension, declination and space motion at the catalogue epoch with respect to the ICRS. If the position of the star is not on the ICRS, and the accuracy of the data warrants it, convert it to the ICRS. See page B50 for FK5 to ICRS conversion.

The main modifications to the planetary reduction in the stellar case are: in *Step 1*, the distinction between TDB and TT is not significant; in *Step 2*, the space motion of the star is included but light time is ignored; in *Step 3*, the relativity term for light deflection is modified to the asymptotic case where the star is assumed to be at infinity.

Formulae and method for stellar reduction

The steps in the stellar reduction are as follows:

Step 1. Set TDB = TT.

Step 2. Obtain the Earth's barycentric position $\mathbf{E}_B$ in au and velocity $\dot{\mathbf{E}}_B$ in au/d, at coordinate time $t = \text{TDB}$, referred to the ICRS.

The barycentric direction ($\mathbf{q}$) of a star at epoch J2000·0, referred to the ICRS, is given by:

$$\mathbf{q} = (\cos\alpha_0 \cos\delta_0,\ \sin\alpha_0 \cos\delta_0,\ \sin\delta_0)$$

where α_0 and δ_0 are the ICRS right ascension and declination at epoch J2000·0.

Formulae and method for stellar reduction (continued)

The space motion vector $\mathbf{m} = (m_x, m_y, m_z)$ of the star, expressed in radians per century, is given by:

$$m_x = -\mu_\alpha \sin\alpha_0 - \mu_\delta \sin\delta_0 \cos\alpha_0 + v\pi \cos\delta_0 \cos\alpha_0$$
$$m_y = \mu_\alpha \cos\alpha_0 - \mu_\delta \sin\delta_0 \sin\alpha_0 + v\pi \cos\delta_0 \sin\alpha_0$$
$$m_z = \mu_\delta \cos\delta_0 + v\pi \sin\delta_0$$

where (μ_α, μ_δ), the proper motion in right ascension and declination, are in radians/century; μ_α is the measurement on the celestial sphere and **includes** the $15\cos\delta_0$ factor. Note: catalogues give proper motions in various units, e.g., arcseconds per century ("/cy), milliarcseonds per year (mas/yr). Use the factor 1/10 to convert from mas/yr to "/cy. The radial velocity (v) is in au/century (1 km/s = 21·095 au/century), measured positively away from the Earth.

Calculate $\mathbf{P}$, the geocentric vector of the star at the required epoch, from:

$$\mathbf{P} = \mathbf{q} + T\mathbf{m} - \pi \mathbf{E}_B$$

where $T = (\text{JD}_{TT} - 245\,1545\cdot0)/36\,525$, which is the interval in Julian centuries from J2000·0, and JD_{TT} is the Julian date to one decimal of a day.

Form the heliocentric position of the Earth ($\mathbf{E}$) from:

$$\mathbf{E} = \mathbf{E}_B - \mathbf{S}_B$$

where $\mathbf{S}_B$ is the barycentric position of the Sun at time t.

Form the geocentric direction ($\mathbf{p}$) of the star and the unit vector ($\mathbf{e}$) from $\mathbf{p} = \mathbf{P}/|\mathbf{P}|$ and $\mathbf{e} = \mathbf{E}/|\mathbf{E}|$.

Step 3. Calculate the geocentric direction ($\mathbf{p}_1$) of the star, corrected for light deflection, from:

$$\mathbf{p}_1 = \mathbf{p} + (2\mu/c^2 E)(\mathbf{e} - (\mathbf{p}\cdot\mathbf{e})\mathbf{p})/(1 + \mathbf{p}\cdot\mathbf{e})$$

where the dot indicates a scalar product, $\mu/c^2 = 9\cdot87 \times 10^{-9}$ au and $E = |\mathbf{E}|$. Note that the expression is derived from the planetary case by substituting $\mathbf{q} = \mathbf{p}$ in the equation for light deflection (*Step 3*) given on page B67.

The vector $\mathbf{p}_1$ is a unit vector to order μ/c^2.

Step 4. Calculate the proper direction ($\mathbf{p}_2$) in the GCRS that is moving with the instantaneous velocity ($\mathbf{V}$) of the Earth, from:

$$\mathbf{p}_2 = (\beta^{-1}\mathbf{p}_1 + (1 + (\mathbf{p}_1\cdot\mathbf{V})/(1 + \beta^{-1}))\mathbf{V})/(1 + \mathbf{p}_1\cdot\mathbf{V})$$

where $\mathbf{V} = \dot{\mathbf{E}}_B/c = 0\cdot005\,7755\,\dot{\mathbf{E}}_B$ and $\beta = (1 - V^2)^{-1/2}$; the velocity ($\mathbf{V}$) is expressed in units of velocity of light and is equal to the Earth's velocity in the barycentric frame to order V^2.

Equinox method	*CIO method*
Step 5. Follow the left-hand *Steps 5–7* or *Steps *5–*6* on page B68.	*Step 5.* Follow the right-hand *Steps 5–7* or *Steps *5–*6* on page B68.

Example of stellar reduction: Equinox Method

Calculate the apparent position of a fictitious star on 2009 January 1 at $0^h\,00^m\,00^s$ TT. The ICRS right ascension (α_0), declination (δ_0), proper motions (μ_α, μ_δ), parallax (π) and radial velocity (v) of the star at J2000·0 are given by:

Example of stellar reduction: Equinox Method (continued)

$\alpha_0 = 14^h\ 39^m\ 36\overset{s}{.}4958$ $\delta_0 = -60°\ 50'\ 02\overset{''}{.}309$ $\pi = 0\overset{''}{.}742 = 3\cdot5973 \times 10^{-6}$ rad
$\mu_\alpha = -367\ 8\cdot06$ mas/yr $\mu_\delta = +482\cdot87$ mas/yr $v = -21\cdot6$ km/s
     $= -0\cdot001\ 783\ 174$ rad/cy, $= +0\cdot000\ 234\ 102$ rad/cy, $v\pi = -0\cdot001\ 639\ 121$ rad/cy

Note: $\mu_\alpha = -367\ 8\cdot06$ mas/yr is the arc proper motion in right ascension in milliarcseconds per year that includes the $15 \cos \delta_0$ factor.

Step 1.   TDB = TT = JD 245 4832·5 TT.

Step 2.   Tabular values of $\mathbf{E}_B$, $\dot{\mathbf{E}}_B$ and $\mathbf{S}_B$, taken from the JPL DE405/LE405 barycentric ephemeris, referred to the ICRS, which are required for the calculation, are as follows:

Vector	Julian date (0^h TDB)	Rectangular components		
		x	y	z
$\mathbf{E}_B$	245 4832·5	−0·182 588 678	+0·891 001 709	+0·386 244 176
$\dot{\mathbf{E}}_B$	245 4832·5	−0·017 201 790	−0·002 964 136	−0·001 285 515
$\mathbf{S}_B$	245 4832·5	−0·002 120 162	+0·004 153 998	+0·001 769 057

From the positional data, calculate:
$$\mathbf{q} = (-0\cdot373\ 860\ 494,\ -0\cdot312\ 618\ 798,\ -0\cdot873\ 211\ 210)$$
$$\mathbf{m} = (-0\cdot000\ 687\ 882,\ +0\cdot001\ 749\ 237,\ +0\cdot001\ 545\ 387)$$

Form $\mathbf{P} = \mathbf{q} + T\mathbf{m} - \pi \mathbf{E}_B = (-0\cdot373\ 921\ 752,\ -0\cdot312\ 464\ 560,\ -0\cdot873\ 073\ 504)$

where $T = (245\ 4832\cdot5 - 245\ 1545\cdot0)/36\ 525 = +0\cdot090\ 006\ 845$,

and form $\mathbf{E} = \mathbf{E}_B - \mathbf{S}_B = (-0\cdot180\ 468\ 516,\ +0\cdot886\ 847\ 711,\ +0\cdot384\ 475\ 119)$,
     $E = 0\cdot983\ 305\ 072$

Hence the unit vectors are:
$$\mathbf{p} = (-0\cdot373\ 976\ 184,\ -0\cdot312\ 510\ 046,\ -0\cdot873\ 200\ 598)$$
$$\mathbf{e} = (-0\cdot183\ 532\ 579,\ +0\cdot901\ 904\ 949,\ +0\cdot391\ 002\ 884)$$

Step 3.   Calculate the scalar product $\mathbf{p} \cdot \mathbf{e} = -0\cdot554\ 641\ 496$, then

$$\frac{(2\mu/c^2 E)}{(1 + \mathbf{p} \cdot \mathbf{e})} (\mathbf{e} - (\mathbf{p} \cdot \mathbf{e})\mathbf{p}) = (-0\cdot000\ 000\ 018,\ +0\cdot000\ 000\ 033,\ -0\cdot000\ 000\ 004)$$

and $\mathbf{p}_1 = (-0\cdot373\ 976\ 201,\ -0\cdot312\ 510\ 013,\ -0\cdot873\ 200\ 603)$

Step 4.   Using $\dot{\mathbf{E}}_B$ given in the table in *Step* 2, calculate

$\mathbf{V} = 0\cdot005\ 775\ 518\ \dot{\mathbf{E}}_B = (-0\cdot000\ 099\ 349,\ -0\cdot000\ 017\ 119,\ -0\cdot000\ 007\ 425)$

Then $V = 0\cdot000\ 101\ 086$, $\beta = 1\cdot000\ 000\ 005$ and $\beta^{-1} = 0\cdot999\ 999\ 995$

Calculate the scalar product $\mathbf{p}_1 \cdot \mathbf{V} = +0\cdot000\ 048\ 987$

Then $1 + (\mathbf{p}_1 \cdot \mathbf{V})/(1 + \beta^{-1}) = 1\cdot000\ 024\ 494$

Hence $\mathbf{p}_2 = (-0\cdot374\ 057\ 227,\ -0\cdot312\ 511\ 822,\ -0\cdot873\ 165\ 249)$

Step 5.   From page B30, the bias, precession and nutation matrix $\mathbf{M}$ is given by:

$$\mathbf{M} = \mathbf{NPB} = \begin{bmatrix} +0\cdot999\ 997\ 448 & -0\cdot002\ 072\ 274 & -0\cdot000\ 900\ 284 \\ +0\cdot002\ 072\ 250 & +0\cdot999\ 997\ 852 & -0\cdot000\ 027\ 973 \\ +0\cdot000\ 900\ 340 & +0\cdot000\ 026\ 108 & +0\cdot999\ 999\ 594 \end{bmatrix}$$

hence $\mathbf{p}_3 = \mathbf{M}\mathbf{p}_2 = (-0\cdot372\ 622\ 565,\ -0\cdot313\ 261\ 866,\ -0\cdot873\ 509\ 832)$

Step 6.   Converting to spherical coordinates: $\alpha_e = 14^h\ 40^m\ 12\overset{s}{.}8622$, $\delta = -60°\ 52'\ 08\overset{''}{.}769$

B74 REDUCTION OF CELESTIAL COORDINATES

Example of stellar reduction: CIO Method

Steps 1–4. Repeat Steps 1–4 above, calculating the proper direction of the star (p_2) in the GCRS. Hence

$$p_2 = (-0.374\,057\,227,\quad -0.312\,511\,822,\quad -0.873\,165\,249)$$

Step 5. From page B31 extract C that rotates the GCRS to the CIO and equator of date,

$$C = \begin{bmatrix} +0.999\,999\,595 & -0.000\,000\,012 & -0.000\,900\,340 \\ -0.000\,000\,012 & +1.000\,000\,000 & -0.000\,026\,108 \\ +0.000\,900\,340 & +0.000\,026\,108 & +0.999\,999\,594 \end{bmatrix}$$

hence $\quad p_3 = C\,p_2 = (-0.373\,270\,926,\ -0.312\,489\,021,\ -0.873\,509\,832)$

Step 6. Converting to spherical coordinates $\alpha_i = 14^h\ 39^m\ 44\overset{s}{.}3666$, $\delta = -60°\ 52'\ 08\overset{''}{.}769$.

Note: the intermediate right ascension (α_i) may also be calculated thus

$$\alpha_i = \alpha_e + E_o = 14^h\ 40^m\ 12\overset{s}{.}8622 - 28\overset{s}{.}4957$$

where α_e is the apparent (equinox) right ascension and E_o is the equation of the origins, which is tabulated daily at 0^h UT1 on pages B21–B24.

Approximate reduction to apparent geocentric altitude and azimuth

The following example illustrates an approximate procedure based on the CIO method for calculating the altitude and azimuth of a star for a specified UT1 instant. The procedure given is accurate to about ±1″. It is valid for 2009 as it uses the relevant annual equations given earlier in this section. Strictly, all the parameters, except the Earth rotation angle (θ), should be evaluated for the equivalent TT (UT1+ΔT) instant.

Example On 2009 January 1 at $8^h\ 20^m\ 47^s$ UT1 calculate the local hour angle (h), declination (δ), and altitude and azimuth of the fictitious star given in the example on page B72, for an observer at W $60°\!.0$, S $30°\!.0$.

Step A The day of the year is 1; the time is $8^h\,346\,39$ UT1; the ICRS barycentric direction (q) and space motion (m) of the star at epoch J2000·0 (see page B73) are

$$q = (-0.373\,860\,494,\ -0.312\,618\,798,\ -0.873\,211\,210),$$
$$m = (-0.000\,687\,882,\ +0.001\,749\,237,\ +0.001\,545\,387).$$

Apply space motion and ignore parallax to give the approximate geocentric position of the star at the epoch of date with respect to the GCRS

$$p = q + T m = (-0.373\,922\,415,\ -0.312\,461\,338,\ -0.873\,072\,100)$$

where $T = +0.0900$ centuries from 245 1545·0 TT and $p = (p_x, p_y, p_z)$ is a column vector.

Step B Apply aberration and precession-nutation to form

$$\begin{aligned}
x_i &= v_x + (1 - \mathcal{X}^2/2)\,p_x & & & \mathcal{X}\,p_z &= -0.373\,234 \\
y_i &= v_y + & & p_y - & \mathcal{Y}\,p_z &= -0.312\,457 \\
z_i &= v_z + & \mathcal{X}\,p_x + \mathcal{Y}\,p_y + (1 - \mathcal{X}^2/2)\,p_z &= -0.873\,424
\end{aligned}$$

where

$$v = \frac{1}{c}(0.0172 \sin L,\ -0.0158 \cos L,\ -0.0068 \cos L)$$

$$= \frac{1}{173 \cdot 14}(-0.016\,88,\ -0.003\,05,\ -0.001\,31)$$

where v in au/day is the approximate barycentric velocity of the Earth, $L = 281°\!.1$ is the ecliptic longitude of the Sun, and the speed of light is given by $c = 173\cdot14$ au/d.

REDUCTION OF CELESTIAL COORDINATES

Approximate reduction to apparent geocentric altitude and azimuth (continued)

X, Y are the approximate coordinates of the CIP, given in radians, and are evaluated using the approximate formulae on page B46, with arguments $\Omega = 310°.9$ and $2L = 202°.3$, thus giving

$$X = +0\cdot000\ 900 \quad \text{and} \quad Y = +0\cdot000\ 026$$

Therefore (x_i, y_i, z_i) is the position vector of the star with respect to the equator and CIO of date, i.e., the position of the star in the Celestial Intermediate Reference System.

Converting to spherical coordinates gives $\alpha_i = 14^\text{h}\ 39^\text{m}\ 44^\text{s}.3$ and $\delta = -60°\ 52'\ 09''$ (see page B68 *Step* 6).

Step C Transform from the celestial intermediate origin and equator of date to the observer's meridian at longitude $\lambda = -60°.0$ (west longitudes are negative):

$$\begin{aligned}
x_g &= +x_i \cos(\theta + \lambda) + y_i \sin(\theta + \lambda) = +0\cdot287\ 926 \\
y_g &= -x_i \sin(\theta + \lambda) + y_i \cos(\theta + \lambda) = +0\cdot392\ 468 \\
z_g &= +z_i = -0\cdot873\ 424
\end{aligned}$$

where the Earth rotation angle (see page B8) is

$$\begin{aligned}
\theta &= 99°.675\ 403 + 0°.985\ 6123 \times \text{day of year} + 15°.041\ 067 \times \text{UT1} \\
&= 226°.199\ 610
\end{aligned}$$

Thus the local hour angle (h) and declination (δ) are calculated using

$$\begin{aligned}
h &= \tan^{-1}(-y_g/x_g) \\
&= 306°\ 15'\ 53'' \\
\delta &= -60°\ 52'\ 09''
\end{aligned}$$

h is measured positive to the west of the local meridian and the declination is unchanged (from Step B) by the rotation.

Step D Transform to altitude and azimuth (also see page B86), for the observer at latitude $\phi = -30°.0$:

$$\begin{aligned}
x_t &= -x_g \sin\phi + z_g \cos\phi = -0\cdot612\ 444 \\
y_t &= +y_g = +0\cdot392\ 468 \\
z_t &= +x_g \cos\phi + z_g \sin\phi = +0\cdot686\ 063
\end{aligned}$$

Thus

$$\text{Altitude} = \tan^{-1}\left(\frac{z_t}{\sqrt{x_t^2 + y_t^2}}\right) = +43°\ 19'\ 29''$$

$$\text{Azimuth} = \tan^{-1}\left(\frac{y_t}{x_t}\right) = 147°\ 20'\ 50''$$

where azimuth is measured from north through east in the plane of the horizon.

POSITION AND VELOCITY OF THE EARTH, 2009

ICRS, ORIGIN AT SOLAR SYSTEM BARYCENTRE
FOR 0ʰ BARYCENTRIC DYNAMICAL TIME

Date 0ʰ TDB		X	Y	Z	$\dot{X}$	$\dot{Y}$	$\dot{Z}$
Jan.	0	−0.165 359 062	+0.893 827 276	+0.387 469 638	−1725 6514	− 268 6819	− 116 5327
	1	−0.182 588 678	+0.891 001 709	+0.386 244 176	−1720 1790	− 296 4136	− 128 5515
	2	−0.199 760 793	+0.887 899 385	+0.384 898 785	−1714 1522	− 324 0309	− 140 5174
	3	−0.216 869 899	+0.884 521 516	+0.383 434 022	−1707 5783	− 351 5206	− 152 4250
	4	−0.233 910 564	+0.880 869 439	+0.381 850 496	−1700 4657	− 378 8704	− 164 2692
	5	−0.250 877 451	+0.876 944 614	+0.380 148 865	−1692 8246	− 406 0685	− 176 0452
	6	−0.267 765 333	+0.872 748 608	+0.378 329 832	−1684 6666	− 433 1050	− 187 7494
	7	−0.284 569 102	+0.868 283 080	+0.376 394 126	−1676 0045	− 459 9717	− 199 3791
	8	−0.301 283 788	+0.863 549 757	+0.374 342 501	−1666 8520	− 486 6636	− 210 9333
	9	−0.317 904 551	+0.858 550 397	+0.372 175 710	−1657 2220	− 513 1791	− 222 4126
	10	−0.334 426 670	+0.853 286 758	+0.369 894 491	−1647 1248	− 539 5201	− 233 8192
	11	−0.350 845 509	+0.847 760 562	+0.367 499 557	−1636 5663	− 565 6911	− 245 1562
	12	−0.367 156 462	+0.841 973 485	+0.364 991 590	−1625 5473	− 591 6970	− 256 4263
	13	−0.383 354 906	+0.835 927 162	+0.362 371 249	−1614 0634	− 617 5407	− 267 6310
	14	−0.399 436 155	+0.829 623 214	+0.359 639 189	−1602 1071	− 643 2217	− 278 7699
	15	−0.415 395 445	+0.823 063 286	+0.356 796 081	−1589 6701	− 668 7353	− 289 8400
	16	−0.431 227 930	+0.816 249 092	+0.353 842 632	−1576 7451	− 694 0735	− 300 8371
	17	−0.446 928 702	+0.809 182 436	+0.350 779 601	−1563 3268	− 719 2256	− 311 7555
	18	−0.462 492 812	+0.801 865 241	+0.347 607 804	−1549 4124	− 744 1795	− 322 5891
	19	−0.477 915 294	+0.794 299 550	+0.344 328 121	−1535 0011	− 768 9226	− 333 3317
	20	−0.493 191 180	+0.786 487 535	+0.340 941 493	−1520 0937	− 793 4422	− 343 9772
	21	−0.508 315 521	+0.778 431 493	+0.337 448 922	−1504 6923	− 817 7258	− 354 5194
	22	−0.523 283 391	+0.770 133 847	+0.333 851 470	−1488 8002	− 841 7609	− 364 9524
	23	−0.538 089 903	+0.761 597 144	+0.330 150 256	−1472 4214	− 865 5351	− 375 2705
	24	−0.552 730 212	+0.752 824 056	+0.326 346 461	−1455 5606	− 889 0360	− 385 4679
	25	−0.567 199 526	+0.743 817 378	+0.322 441 321	−1438 2235	− 912 2510	− 395 5387
	26	−0.581 493 118	+0.734 580 030	+0.318 436 129	−1420 4171	− 935 1677	− 405 4772
	27	−0.595 606 330	+0.725 115 059	+0.314 332 237	−1402 1493	− 957 7737	− 415 2778
	28	−0.609 534 596	+0.715 425 633	+0.310 131 051	−1383 4294	− 980 0566	− 424 9351
	29	−0.623 273 446	+0.705 515 042	+0.305 834 030	−1364 2680	−1002 0049	− 434 4440
	30	−0.636 818 525	+0.695 386 689	+0.301 442 680	−1344 6772	−1023 6075	− 443 8000
	31	−0.650 165 602	+0.685 044 079	+0.296 958 553	−1324 6701	−1044 8544	− 452 9990
Feb.	1	−0.663 310 586	+0.674 490 815	+0.292 383 235	−1304 2611	−1065 7370	− 462 0376
	2	−0.676 249 534	+0.663 730 577	+0.287 718 343	−1283 4654	−1086 2481	− 470 9135
	3	−0.688 978 659	+0.652 767 110	+0.282 965 514	−1262 2991	−1106 3820	− 479 6249
	4	−0.701 494 335	+0.641 604 204	+0.278 126 395	−1240 7784	−1126 1358	− 488 1715
	5	−0.713 793 099	+0.630 245 664	+0.273 202 631	−1218 9193	−1145 5088	− 496 5541
	6	−0.725 871 641	+0.618 695 291	+0.268 195 853	−1196 7363	−1164 5030	− 504 7747
	7	−0.737 726 786	+0.606 956 851	+0.263 107 666	−1174 2414	−1183 1232	− 512 8366
	8	−0.749 355 458	+0.595 034 052	+0.257 939 638	−1151 4427	−1201 3758	− 520 7434
	9	−0.760 754 640	+0.582 930 539	+0.252 693 304	−1128 3437	−1219 2671	− 528 4983
	10	−0.771 921 329	+0.570 649 897	+0.247 370 171	−1104 9437	−1236 8020	− 536 1035
	11	−0.782 852 498	+0.558 195 681	+0.241 971 733	−1081 2391	−1253 9821	− 543 5592
	12	−0.793 545 081	+0.545 571 445	+0.236 499 491	−1057 2256	−1270 8052	− 550 8637
	13	−0.803 995 968	+0.532 780 786	+0.230 954 973	−1032 8995	−1287 2656	− 558 0136
	14	−0.814 202 025	+0.519 827 369	+0.225 339 748	−1008 2595	−1303 3552	− 565 0043
	15	−0.824 160 115	+0.506 714 950	+0.219 655 434	− 983 3066	−1319 0644	− 571 8308

$\dot{X}, \dot{Y}, \dot{Z}$ are in units of 10^{-9} au / d.

POSITION AND VELOCITY OF THE EARTH, 2009

ICRS, ORIGIN AT SOLAR SYSTEM BARYCENTRE
FOR 0ʰ BARYCENTRIC DYNAMICAL TIME

Date 0ʰ TDB	X	Y	Z	$\dot{X}$	$\dot{Y}$	$\dot{Z}$
Feb. 15	−0.824 160 115	+0.506 714 950	+0.219 655 434	− 983 3066	−1319 0644	− 571 8308
16	−0.833 867 125	+0.493 447 382	+0.213 903 698	− 958 0441	−1334 3833	− 578 4879
17	−0.843 319 982	+0.480 028 617	+0.208 086 258	− 932 4771	−1349 3022	− 584 9707
18	−0.852 515 673	+0.466 462 704	+0.202 204 880	− 906 6121	−1363 8114	− 591 2746
19	−0.861 451 254	+0.452 753 785	+0.196 261 377	− 880 4563	−1377 9020	− 597 3951
20	−0.870 123 857	+0.438 906 089	+0.190 257 603	− 854 0179	−1391 5651	− 603 3282
21	−0.878 530 698	+0.424 923 935	+0.184 195 451	− 827 3054	−1404 7923	− 609 0697
22	−0.886 669 083	+0.410 811 726	+0.178 076 860	− 800 3282	−1417 5748	− 614 6156
23	−0.894 536 414	+0.396 573 951	+0.171 903 804	− 773 0966	−1429 9040	− 619 9619
24	−0.902 130 205	+0.382 215 185	+0.165 678 300	− 745 6220	−1441 7715	− 625 1047
25	−0.909 448 086	+0.367 740 088	+0.159 402 400	− 717 9170	−1453 1689	− 630 0404
26	−0.916 487 824	+0.353 153 400	+0.153 078 192	− 689 9959	−1464 0885	− 634 7658
27	−0.923 247 336	+0.338 459 933	+0.146 707 794	− 661 8745	−1474 5237	− 639 2783
28	−0.929 724 703	+0.323 664 557	+0.140 293 343	− 633 5698	−1484 4695	− 643 5760
Mar. 1	−0.935 918 180	+0.308 772 185	+0.133 836 991	− 605 0995	−1493 9226	− 647 6584
2	−0.941 826 203	+0.293 787 752	+0.127 340 893	− 576 4820	−1502 8818	− 651 5256
3	−0.947 447 389	+0.278 716 192	+0.120 807 191	− 547 7351	−1511 3484	− 655 1793
4	−0.952 780 531	+0.263 562 416	+0.114 238 011	− 518 8759	−1519 3258	− 658 6218
5	−0.957 824 585	+0.248 331 289	+0.107 635 448	− 489 9199	−1526 8196	− 661 8566
6	−0.962 578 651	+0.233 027 612	+0.101 001 558	− 460 8803	−1533 8373	− 664 8879
7	−0.967 041 948	+0.217 656 102	+0.094 338 352	− 431 7676	−1540 3876	− 667 7204
8	−0.971 213 782	+0.202 221 386	+0.087 647 797	− 402 5886	−1546 4799	− 670 3586
9	−0.975 093 512	+0.186 728 001	+0.080 931 814	− 373 3469	−1552 1228	− 672 8065
10	−0.978 680 512	+0.171 180 404	+0.074 192 292	− 344 0427	−1557 3233	− 675 0668
11	−0.981 974 152	+0.155 582 996	+0.067 431 099	− 314 6744	−1562 0854	− 677 1410
12	−0.984 973 780	+0.139 940 153	+0.060 650 095	− 285 2398	−1566 4103	− 679 0285
13	−0.987 678 721	+0.124 256 254	+0.053 851 156	− 255 7371	−1570 2960	− 680 7276
14	−0.990 088 296	+0.108 535 712	+0.047 036 180	− 226 1668	−1573 7381	− 682 2356
15	−0.992 201 839	+0.092 782 988	+0.040 207 093	− 196 5313	−1576 7313	− 683 5490
16	−0.994 018 720	+0.077 002 602	+0.033 365 860	− 166 8353	−1579 2695	− 684 6645
17	−0.995 538 365	+0.061 199 134	+0.026 514 474	− 137 0853	−1581 3468	− 685 5790
18	−0.996 760 272	+0.045 377 220	+0.019 654 960	− 107 2890	−1582 9579	− 686 2895
19	−0.997 684 021	+0.029 541 547	+0.012 789 371	− 77 4552	−1584 0977	− 686 7937
20	−0.998 309 282	+0.013 696 851	+0.005 919 782	− 47 5931	−1584 7619	− 687 0891
21	−0.998 635 821	−0.002 152 091	−0.000 951 709	− 17 7124	−1584 9461	− 687 1738
22	−0.998 663 503	−0.018 000 458	−0.007 822 984	+ 12 1766	−1584 6463	− 687 0456
23	−0.998 392 298	−0.033 843 390	−0.014 691 905	+ 42 0629	−1583 8582	− 686 7026
24	−0.997 822 294	−0.049 675 982	−0.021 556 313	+ 71 9345	−1582 5778	− 686 1429
25	−0.996 953 701	−0.065 493 291	−0.028 414 035	+ 101 7781	−1580 8011	− 685 3648
26	−0.995 786 875	−0.081 290 338	−0.035 262 878	+ 131 5787	−1578 5247	− 684 3671
27	−0.994 322 326	−0.097 062 113	−0.042 100 643	+ 161 3196	−1575 7467	− 683 1493
28	−0.992 560 740	−0.112 803 598	−0.048 925 132	+ 190 9830	−1572 4667	− 681 7119
29	−0.990 502 986	−0.128 509 782	−0.055 734 155	+ 220 5501	−1568 6872	− 680 0568
30	−0.988 150 120	−0.144 175 693	−0.062 525 551	+ 250 0026	−1564 4132	− 678 1870
31	−0.985 503 375	−0.159 796 423	−0.069 297 196	+ 279 3231	−1559 6523	− 676 1072
Apr. 1	−0.982 564 148	−0.175 367 151	−0.076 047 013	+ 308 4968	−1554 4149	− 673 8227
2	−0.979 333 970	−0.190 883 170	−0.082 772 987	+ 337 5113	−1548 7124	− 671 3394

$\dot{X}, \dot{Y}, \dot{Z}$ are in units of 10^{-9} au / d.

POSITION AND VELOCITY OF THE EARTH, 2009

ICRS, ORIGIN AT SOLAR SYSTEM BARYCENTRE
FOR 0^h BARYCENTRIC DYNAMICAL TIME

Date 0^h TDB	X	Y	Z	$\dot{X}$	$\dot{Y}$	$\dot{Z}$
Apr. 1	−0·982 564 148	−0·175 367 151	−0·076 047 013	+ 308 4968	−1554 4149	− 673 8227
2	−0·979 333 970	−0·190 883 170	−0·082 772 987	+ 337 5113	−1548 7124	− 671 3394
3	−0·975 814 482	−0·206 339 891	−0·089 473 160	+ 366 3576	−1542 5575	− 668 6636
4	−0·972 007 398	−0·221 732 854	−0·096 145 637	+ 395 0297	−1535 9627	− 665 8012
5	−0·967 914 479	−0·237 057 718	−0·102 788 579	+ 423 5245	−1528 9397	− 662 7573
6	−0·963 537 502	−0·252 310 255	−0·109 400 193	+ 451 8413	−1521 4988	− 659 5363
7	−0·958 878 243	−0·267 486 328	−0·115 978 726	+ 479 9813	−1513 6483	− 656 1415
8	−0·953 938 458	−0·282 581 874	−0·122 522 449	+ 507 9468	−1505 3940	− 652 5746
9	−0·948 719 881	−0·297 592 873	−0·129 029 646	+ 535 7400	−1496 7392	− 648 8363
10	−0·943 224 227	−0·312 515 328	−0·135 498 602	+ 563 3623	−1487 6851	− 644 9262
11	−0·937 453 205	−0·327 345 243	−0·141 927 593	+ 590 8135	−1478 2310	− 640 8430
12	−0·931 408 534	−0·342 078 608	−0·148 314 880	+ 618 0918	−1468 3749	− 636 5852
13	−0·925 091 959	−0·356 711 393	−0·154 658 709	+ 645 1933	−1458 1146	− 632 1511
14	−0·918 505 275	−0·371 239 544	−0·160 957 308	+ 672 1125	−1447 4478	− 627 5390
15	−0·911 650 339	−0·385 658 987	−0·167 208 892	+ 698 8428	−1436 3727	− 622 7479
16	−0·904 529 075	−0·399 965 631	−0·173 411 665	+ 725 3765	−1424 8878	− 617 7766
17	−0·897 143 491	−0·414 155 374	−0·179 563 822	+ 751 7055	−1412 9922	− 612 6246
18	−0·889 495 677	−0·428 224 104	−0·185 663 554	+ 777 8212	−1400 6853	− 607 2915
19	−0·881 587 809	−0·442 167 706	−0·191 709 046	+ 803 7145	−1387 9665	− 601 7767
20	−0·873 422 160	−0·455 982 059	−0·197 698 482	+ 829 3758	−1374 8354	− 596 0801
21	−0·865 001 102	−0·469 663 038	−0·203 630 041	+ 854 7945	−1361 2914	− 590 2014
22	−0·856 327 118	−0·483 206 511	−0·209 501 902	+ 879 9588	−1347 3343	− 584 1405
23	−0·847 402 818	−0·496 608 348	−0·215 312 245	+ 904 8553	−1332 9644	− 577 8980
24	−0·838 230 955	−0·509 864 426	−0·221 059 260	+ 929 4687	−1318 1830	− 571 4749
25	−0·828 814 442	−0·522 970 649	−0·226 741 150	+ 953 7824	−1302 9940	− 564 8737
26	−0·819 156 363	−0·535 922 970	−0·232 356 152	+ 977 7791	−1287 4039	− 558 0981
27	−0·809 259 972	−0·548 717 422	−0·237 902 548	+1001 4422	−1271 4225	− 551 1536
28	−0·799 128 680	−0·561 350 158	−0·243 378 683	+1024 7570	−1255 0629	− 544 0470
29	−0·788 766 029	−0·573 817 470	−0·248 782 973	+1047 7125	−1238 3404	− 536 7860
30	−0·778 175 652	−0·586 115 812	−0·254 113 915	+1070 3015	−1221 2716	− 529 3786
May 1	−0·767 361 233	−0·598 241 801	−0·259 370 082	+1092 5207	−1203 8725	− 521 8321
2	−0·756 326 472	−0·610 192 210	−0·264 550 116	+1114 3700	−1186 1579	− 514 1532
3	−0·745 075 059	−0·621 963 951	−0·269 652 722	+1135 8517	−1168 1407	− 506 3470
4	−0·733 610 652	−0·633 554 051	−0·274 676 647	+1156 9694	−1149 8314	− 498 4179
5	−0·721 936 870	−0·644 959 633	−0·279 620 679	+1177 7274	−1131 2382	− 490 3686
6	−0·710 057 289	−0·656 177 890	−0·284 483 625	+1198 1299	−1112 3674	− 482 2011
7	−0·697 975 446	−0·667 206 069	−0·289 264 311	+1218 1803	−1093 2231	− 473 9164
8	−0·685 694 847	−0·678 041 449	−0·293 961 564	+1237 8813	−1073 8079	− 465 5148
9	−0·673 218 980	−0·688 681 329	−0·298 574 216	+1257 2340	−1054 1232	− 456 9961
10	−0·660 551 329	−0·699 123 018	−0·303 101 094	+1276 2381	−1034 1698	− 448 3599
11	−0·647 695 387	−0·709 363 829	−0·307 541 020	+1294 8917	−1013 9476	− 439 6056
12	−0·634 654 674	−0·719 401 076	−0·311 892 811	+1313 1916	− 993 4571	− 430 7328
13	−0·621 432 748	−0·729 232 078	−0·316 155 281	+1331 1336	− 972 6987	− 421 7415
14	−0·608 033 212	−0·738 854 160	−0·320 327 246	+1348 7124	− 951 6732	− 412 6317
15	−0·594 459 729	−0·748 264 657	−0·324 407 522	+1365 9222	− 930 3819	− 403 4038
16	−0·580 716 019	−0·757 460 918	−0·328 394 931	+1382 7567	− 908 8265	− 394 0584
17	−0·566 805 870	−0·766 440 311	−0·332 288 301	+1399 2090	− 887 0086	− 384 5962

$\dot{X}, \dot{Y}, \dot{Z}$ are in units of 10^{-9} au / d.

POSITION AND VELOCITY OF THE EARTH, 2009

ICRS, ORIGIN AT SOLAR SYSTEM BARYCENTRE
FOR 0ʰ BARYCENTRIC DYNAMICAL TIME

Date 0ʰ TDB	X	Y	Z	$\dot{X}$	$\dot{Y}$	$\dot{Z}$
May 17	−0·566 805 870	−0·766 440 311	−0·332 288 301	+1399 2090	− 887 0086	− 384 5962
18	−0·552 733 137	−0·775 200 221	−0·336 086 469	+1415 2720	− 864 9302	− 375 0180
19	−0·538 501 755	−0·783 738 053	−0·339 788 278	+1430 9374	− 842 5932	− 365 3248
20	−0·524 115 744	−0·792 051 232	−0·343 392 586	+1446 1960	− 819 9999	− 355 5178
21	−0·509 579 227	−0·800 137 206	−0·346 898 260	+1461 0370	− 797 1530	− 345 5985
22	−0·494 896 439	−0·807 993 459	−0·350 304 189	+1475 4478	− 774 0564	− 335 5693
23	−0·480 071 750	−0·815 617 523	−0·353 609 290	+1489 4147	− 750 7164	− 325 4337
24	−0·465 109 673	−0·823 007 006	−0·356 812 524	+1502 9230	− 727 1422	− 315 1968
25	−0·450 014 863	−0·830 159 629	−0·359 912 912	+1515 9592	− 703 3467	− 304 8656
26	−0·434 792 100	−0·837 073 257	−0·362 909 550	+1528 5122	− 679 3463	− 294 4483
27	−0·419 446 251	−0·843 745 935	−0·365 801 623	+1540 5756	− 655 1599	− 283 9542
28	−0·403 982 226	−0·850 175 899	−0·368 588 408	+1552 1476	− 630 8067	− 273 3922
29	−0·388 404 927	−0·856 361 573	−0·371 269 267	+1563 2312	− 606 3047	− 262 7703
30	−0·372 719 209	−0·862 301 549	−0·373 843 635	+1573 8327	− 581 6695	− 252 0950
31	−0·356 929 855	−0·867 994 560	−0·376 311 004	+1583 9597	− 556 9134	− 241 3710
June 1	−0·341 041 569	−0·873 439 446	−0·378 670 905	+1593 6205	− 532 0459	− 230 6018
2	−0·325 058 973	−0·878 635 129	−0·380 922 898	+1602 8228	− 507 0740	− 219 7896
3	−0·308 986 619	−0·883 580 595	−0·383 066 558	+1611 5732	− 482 0029	− 208 9357
4	−0·292 828 997	−0·888 274 869	−0·385 101 475	+1619 8771	− 456 8363	− 198 0409
5	−0·276 590 552	−0·892 717 012	−0·387 027 243	+1627 7386	− 431 5770	− 187 1058
6	−0·260 275 689	−0·896 906 108	−0·388 843 457	+1635 1607	− 406 2271	− 176 1304
7	−0·243 888 796	−0·900 841 258	−0·390 549 716	+1642 1451	− 380 7883	− 165 1149
8	−0·227 434 245	−0·904 521 582	−0·392 145 621	+1648 6921	− 355 2619	− 154 0594
9	−0·210 916 412	−0·907 946 210	−0·393 630 772	+1654 8013	− 329 6494	− 142 9642
10	−0·194 339 684	−0·911 114 288	−0·395 004 773	+1660 4709	− 303 9524	− 131 8296
11	−0·177 708 468	−0·914 024 982	−0·396 267 234	+1665 6985	− 278 1727	− 120 6562
12	−0·161 027 197	−0·916 677 474	−0·397 417 771	+1670 4811	− 252 3125	− 109 4449
13	−0·144 300 342	−0·919 070 972	−0·398 456 010	+1674 8148	− 226 3744	− 98 1968
14	−0·127 532 410	−0·921 204 711	−0·399 381 589	+1678 6956	− 200 3612	− 86 9132
15	−0·110 727 956	−0·923 077 955	−0·400 194 160	+1682 1185	− 174 2758	− 75 5954
16	−0·093 891 584	−0·924 689 999	−0·400 893 389	+1685 0781	− 148 1218	− 64 2451
17	−0·077 027 959	−0·926 040 173	−0·401 478 960	+1687 5678	− 121 9025	− 52 8643
18	−0·060 141 820	−0·927 127 846	−0·401 950 580	+1689 5798	− 95 6225	− 41 4553
19	−0·043 237 987	−0·927 952 438	−0·402 307 982	+1691 1048	− 69 2873	− 30 0212
20	−0·026 321 382	−0·928 513 433	−0·402 550 935	+1692 1325	− 42 9045	− 18 5664
21	−0·009 397 032	−0·928 810 405	−0·402 679 259	+1692 6520	− 16 4850	− 7 0966
22	+0·007 529 931	−0·928 843 057	−0·402 692 841	+1692 6535	+ 9 9571	+ 4 3807
23	+0·024 454 289	−0·928 611 248	−0·402 591 649	+1692 1303	+ 36 4037	+ 15 8565
24	+0·041 370 781	−0·928 115 034	−0·402 375 747	+1691 0804	+ 62 8349	+ 27 3212
25	+0·058 274 153	−0·927 354 670	−0·402 045 294	+1689 5073	+ 89 2302	+ 38 7654
26	+0·075 159 212	−0·926 330 610	−0·401 600 534	+1687 4197	+ 115 5714	+ 50 1813
27	+0·092 020 871	−0·925 043 473	−0·401 041 783	+1684 8293	+ 141 8435	+ 61 5629
28	+0·108 854 165	−0·923 494 006	−0·400 369 404	+1681 7490	+ 168 0358	+ 72 9064
29	+0·125 654 258	−0·921 683 049	−0·399 583 790	+1678 1911	+ 194 1406	+ 84 2095
30	+0·142 416 432	−0·919 611 501	−0·398 685 352	+1674 1667	+ 220 1533	+ 95 4711
July 1	+0·159 136 067	−0·917 280 302	−0·397 674 508	+1669 6847	+ 246 0704	+ 106 6908
2	+0·175 808 625	−0·914 690 419	−0·396 551 678	+1664 7524	+ 271 8897	+ 117 8682

$\dot{X}, \dot{Y}, \dot{Z}$ are in units of 10^{-9} au / d.

POSITION AND VELOCITY OF THE EARTH, 2009

ICRS, ORIGIN AT SOLAR SYSTEM BARYCENTRE
FOR 0^h BARYCENTRIC DYNAMICAL TIME

Date 0^h TDB	X	Y	Z	$\dot{X}$	$\dot{Y}$	$\dot{Z}$
July 1	+0·159 136 067	−0·917 280 302	−0·397 674 508	+1669 6847	+ 246 0704	+ 106 6908
2	+0·175 808 625	−0·914 690 419	−0·396 551 678	+1664 7524	+ 271 8897	+ 117 8682
3	+0·192 429 634	−0·911 842 841	−0·395 317 285	+1659 3758	+ 297 6092	+ 129 0033
4	+0·208 994 676	−0·908 738 572	−0·393 971 753	+1653 5596	+ 323 2275	+ 140 0960
5	+0·225 499 373	−0·905 378 634	−0·392 515 507	+1647 3074	+ 348 7429	+ 151 1461
6	+0·241 939 380	−0·901 764 062	−0·390 948 973	+1640 6219	+ 374 1540	+ 162 1534
7	+0·258 310 372	−0·897 895 906	−0·389 272 583	+1633 5049	+ 399 4594	+ 173 1175
8	+0·274 608 043	−0·893 775 233	−0·387 486 769	+1625 9575	+ 424 6573	+ 184 0380
9	+0·290 828 089	−0·889 403 124	−0·385 591 971	+1617 9800	+ 449 7460	+ 194 9142
10	+0·306 966 206	−0·884 780 683	−0·383 588 635	+1609 5717	+ 474 7236	+ 205 7453
11	+0·323 018 084	−0·879 909 032	−0·381 477 219	+1600 7316	+ 499 5875	+ 216 5301
12	+0·338 979 393	−0·874 789 321	−0·379 258 191	+1591 4578	+ 524 3350	+ 227 2674
13	+0·354 845 786	−0·869 422 731	−0·376 932 035	+1581 7479	+ 548 9629	+ 237 9555
14	+0·370 612 886	−0·863 810 475	−0·374 499 252	+1571 5986	+ 573 4675	+ 248 5925
15	+0·386 276 280	−0·857 953 805	−0·371 960 364	+1561 0060	+ 597 8446	+ 259 1760
16	+0·401 831 512	−0·851 854 024	−0·369 315 920	+1549 9652	+ 622 0890	+ 269 7032
17	+0·417 274 070	−0·845 512 490	−0·366 566 500	+1538 4703	+ 646 1940	+ 280 1704
18	+0·432 599 383	−0·838 930 637	−0·363 712 726	+1526 5148	+ 670 1512	+ 290 5731
19	+0·447 802 810	−0·832 109 997	−0·360 755 273	+1514 0922	+ 693 9492	+ 300 9051
20	+0·462 879 652	−0·825 052 231	−0·357 694 884	+1501 1973	+ 717 5736	+ 311 1590
21	+0·477 825 173	−0·817 759 162	−0·354 532 382	+1487 8279	+ 741 0068	+ 321 3261
22	+0·492 634 637	−0·810 232 797	−0·351 268 682	+1473 9867	+ 764 2294	+ 331 3971
23	+0·507 303 362	−0·802 475 341	−0·347 904 789	+1459 6819	+ 787 2219	+ 341 3632
24	+0·521 826 772	−0·794 489 183	−0·344 441 790	+1444 9265	+ 809 9672	+ 351 2174
25	+0·536 200 445	−0·786 276 864	−0·340 880 832	+1429 7370	+ 832 4523	+ 360 9546
26	+0·550 420 121	−0·777 841 033	−0·337 223 098	+1414 1302	+ 854 6685	+ 370 5721
27	+0·564 481 712	−0·769 184 406	−0·333 469 791	+1398 1222	+ 876 6110	+ 380 0691
28	+0·578 381 274	−0·760 309 733	−0·329 622 118	+1381 7267	+ 898 2776	+ 389 4456
29	+0·592 114 992	−0·751 219 777	−0·325 681 280	+1364 9549	+ 919 6675	+ 398 7022
30	+0·605 679 149	−0·741 917 307	−0·321 648 471	+1347 8161	+ 940 7806	+ 407 8397
31	+0·619 070 115	−0·732 405 089	−0·317 524 881	+1330 3177	+ 961 6168	+ 416 8586
Aug. 1	+0·632 284 327	−0·722 685 895	−0·313 311 693	+1312 4663	+ 982 1759	+ 425 7594
2	+0·645 318 281	−0·712 762 495	−0·309 010 087	+1294 2671	+1002 4576	+ 434 5422
3	+0·658 168 526	−0·702 637 668	−0·304 621 241	+1275 7251	+1022 4614	+ 443 2073
4	+0·670 831 653	−0·692 314 196	−0·300 146 334	+1256 8442	+1042 1867	+ 451 7545
5	+0·683 304 291	−0·681 794 865	−0·295 586 545	+1237 6278	+1061 6329	+ 460 1837
6	+0·695 583 100	−0·671 082 470	−0·290 943 054	+1218 0786	+1080 7994	+ 468 4948
7	+0·707 664 761	−0·660 179 813	−0·286 217 045	+1198 1985	+1099 6851	+ 476 6872
8	+0·719 545 971	−0·649 089 708	−0·281 409 708	+1177 9885	+1118 2889	+ 484 7603
9	+0·731 223 432	−0·637 814 981	−0·276 522 240	+1157 4488	+1136 6089	+ 492 7131
10	+0·742 693 846	−0·626 358 482	−0·271 555 851	+1136 5789	+1154 6429	+ 500 5443
11	+0·753 953 907	−0·614 723 086	−0·266 511 766	+1115 3778	+1172 3877	+ 508 2519
12	+0·765 000 291	−0·602 911 705	−0·261 391 232	+1093 8435	+1189 8392	+ 515 8336
13	+0·775 829 659	−0·590 927 298	−0·256 195 523	+1071 9739	+1206 9920	+ 523 2864
14	+0·786 438 643	−0·578 772 884	−0·250 925 946	+1049 7663	+1223 8392	+ 530 6064
15	+0·796 823 850	−0·566 451 561	−0·245 583 852	+1027 2181	+1240 3722	+ 537 7890
16	+0·806 981 864	−0·553 966 524	−0·240 170 644	+1004 3276	+1256 5799	+ 544 8282

$\dot{X}, \dot{Y}, \dot{Z}$ are in units of 10^{-9} au / d.

POSITION AND VELOCITY OF THE EARTH, 2009

ICRS, ORIGIN AT SOLAR SYSTEM BARYCENTRE
FOR 0ʰ BARYCENTRIC DYNAMICAL TIME

Date 0ʰ TDB	X	Y	Z	$\dot{X}$	$\dot{Y}$	$\dot{Z}$
Aug. 16	+0·806 981 864	−0·553 966 524	−0·240 170 644	+1004 3276	+1256 5799	+ 544 8282
17	+0·816 909 258	−0·541 321 093	−0·234 687 789	+ 981 0944	+1272 4486	+ 551 7172
18	+0·826 602 619	−0·528 518 734	−0·229 136 827	+ 957 5216	+1287 9627	+ 558 4482
19	+0·836 058 583	−0·515 563 077	−0·223 519 378	+ 933 6165	+1303 1052	+ 565 0134
20	+0·845 273 882	−0·502 457 923	−0·217 837 137	+ 909 3912	+1317 8596	+ 571 4054
21	+0·854 245 395	−0·489 207 226	−0·212 091 867	+ 884 8624	+1332 2118	+ 577 6185
22	+0·862 970 182	−0·475 815 061	−0·206 285 375	+ 860 0494	+1346 1519	+ 583 6493
23	+0·871 445 501	−0·462 285 581	−0·200 419 494	+ 834 9720	+1359 6742	+ 589 4964
24	+0·879 668 802	−0·448 622 976	−0·194 496 058	+ 809 6487	+1372 7769	+ 595 1603
25	+0·887 637 709	−0·434 831 438	−0·188 516 893	+ 784 0955	+1385 4612	+ 600 6425
26	+0·895 349 990	−0·420 915 140	−0·182 483 806	+ 758 3256	+1397 7292	+ 605 9450
27	+0·902 803 534	−0·406 878 231	−0·176 398 585	+ 732 3497	+1409 5839	+ 611 0697
28	+0·909 996 328	−0·392 724 833	−0·170 262 999	+ 706 1768	+1421 0276	+ 616 0182
29	+0·916 926 440	−0·378 459 041	−0·164 078 804	+ 679 8147	+1432 0627	+ 620 7918
30	+0·923 592 013	−0·364 084 936	−0·157 847 742	+ 653 2702	+1442 6908	+ 625 3917
31	+0·929 991 258	−0·349 606 576	−0·151 571 546	+ 626 5498	+1452 9137	+ 629 8187
Sept. 1	+0·936 122 443	−0·335 028 008	−0·145 251 941	+ 599 6593	+1462 7327	+ 634 0736
2	+0·941 983 895	−0·320 353 264	−0·138 890 644	+ 572 6039	+1472 1492	+ 638 1571
3	+0·947 573 987	−0·305 586 360	−0·132 489 367	+ 545 3882	+1481 1647	+ 642 0698
4	+0·952 891 137	−0·290 731 301	−0·126 049 816	+ 518 0159	+1489 7805	+ 645 8122
5	+0·957 933 792	−0·275 792 079	−0·119 573 691	+ 490 4897	+1497 9975	+ 649 3843
6	+0·962 700 423	−0·260 772 680	−0·113 062 697	+ 462 8113	+1505 8160	+ 652 7862
7	+0·967 189 514	−0·245 677 089	−0·106 518 537	+ 434 9816	+1513 2357	+ 656 0171
8	+0·971 399 552	−0·230 509 301	−0·099 942 929	+ 407 0008	+1520 2549	+ 659 0756
9	+0·975 329 025	−0·215 273 335	−0·093 337 606	+ 378 8687	+1526 8706	+ 661 9598
10	+0·978 976 420	−0·199 973 249	−0·086 704 324	+ 350 5849	+1533 0782	+ 664 6668
11	+0·982 340 219	−0·184 613 152	−0·080 044 872	+ 322 1498	+1538 8714	+ 667 1931
12	+0·985 418 914	−0·169 197 229	−0·073 361 080	+ 293 5642	+1544 2421	+ 669 5340
13	+0·988 211 009	−0·153 729 752	−0·066 654 826	+ 264 8307	+1549 1804	+ 671 6847
14	+0·990 715 051	−0·138 215 101	−0·059 928 041	+ 235 9543	+1553 6748	+ 673 6391
15	+0·992 929 645	−0·122 657 777	−0·053 182 717	+ 206 9428	+1557 7128	+ 675 3915
16	+0·994 853 495	−0·107 062 409	−0·046 420 905	+ 177 8078	+1561 2817	+ 676 9359
17	+0·996 485 441	−0·091 433 746	−0·039 644 709	+ 148 5648	+1564 3698	+ 678 2674
18	+0·997 824 494	−0·075 776 646	−0·032 856 277	+ 119 2326	+1566 9680	+ 679 3828
19	+0·998 869 864	−0·060 096 038	−0·026 057 780	+ 89 8318	+1569 0708	+ 680 2804
20	+0·999 620 971	−0·044 396 886	−0·019 251 394	+ 60 3834	+1570 6769	+ 680 9608
21	+1·000 077 439	−0·028 684 150	−0·012 439 282	+ 30 9069	+1571 7881	+ 681 4260
22	+1·000 239 072	−0·012 962 757	−0·005 623 581	+ 1 4193	+1572 4093	+ 681 6791
23	+1·000 105 834	+0·002 762 422	+0·001 193 605	− 28 0654	+1572 5463	+ 681 7236
24	+0·999 677 814	+0·018 486 576	+0·008 010 206	− 57 5354	+1572 2055	+ 681 5627
25	+0·998 955 208	+0·034 204 958	+0·014 824 186	− 86 9810	+1571 3929	+ 681 1997
26	+0·997 938 303	+0·049 912 880	+0·021 633 536	− 116 3940	+1570 1141	+ 680 6373
27	+0·996 627 462	+0·065 605 702	+0·028 436 274	− 145 7667	+1568 3740	+ 679 8777
28	+0·995 023 126	+0·081 278 839	+0·035 230 440	− 175 0922	+1566 1775	+ 678 9231
29	+0·993 125 799	+0·096 927 745	+0·042 014 094	− 204 3637	+1563 5289	+ 677 7756
30	+0·990 936 051	+0·112 547 924	+0·048 785 316	− 233 5754	+1560 4327	+ 676 4370
Oct. 1	+0·988 454 509	+0·128 134 923	+0·055 542 204	− 262 7218	+1556 8935	+ 674 9093

$\dot{X}, \dot{Y}, \dot{Z}$ are in units of 10^{-9} au / d.

POSITION AND VELOCITY OF THE EARTH, 2009

ICRS, ORIGIN AT SOLAR SYSTEM BARYCENTRE
FOR 0ʰ BARYCENTRIC DYNAMICAL TIME

Date 0ʰ TDB		X	Y	Z	$\dot{X}$	$\dot{Y}$	$\dot{Z}$
Oct.	1	+0·988 454 509	+0·128 134 923	+0·055 542 204	− 262 7218	+1556 8935	+ 674 9093
	2	+0·985 681 848	+0·143 684 333	+0·062 282 877	− 291 7983	+1552 9158	+ 673 1942
	3	+0·982 618 786	+0·159 191 791	+0·069 005 469	− 320 8018	+1548 5037	+ 671 2933
	4	+0·979 266 064	+0·174 652 972	+0·075 708 127	− 349 7299	+1543 6609	+ 669 2076
	5	+0·975 624 442	+0·190 063 581	+0·082 389 007	− 378 5817	+1538 3898	+ 666 9377
	6	+0·971 694 685	+0·205 419 343	+0·089 046 266	− 407 3570	+1532 6915	+ 664 4832
	7	+0·967 477 558	+0·220 715 984	+0·095 678 053	− 436 0556	+1526 5650	+ 661 8430
	8	+0·962 973 829	+0·235 949 207	+0·102 282 499	− 464 6772	+1520 0075	+ 659 0147
	9	+0·958 184 277	+0·251 114 680	+0·108 857 709	− 493 2199	+1513 0139	+ 655 9953
	10	+0·953 109 705	+0·266 208 011	+0·115 401 756	− 521 6803	+1505 5778	+ 652 7812
	11	+0·947 750 965	+0·281 224 735	+0·121 912 670	− 550 0523	+1497 6914	+ 649 3683
	12	+0·942 108 983	+0·296 160 309	+0·128 388 445	− 578 3271	+1489 3463	+ 645 7525
	13	+0·936 184 787	+0·311 010 107	+0·134 827 031	− 606 4929	+1480 5347	+ 641 9302
	14	+0·929 979 537	+0·325 769 424	+0·141 226 349	− 634 5351	+1471 2493	+ 637 8983
	15	+0·923 494 555	+0·340 433 495	+0·147 584 293	− 662 4363	+1461 4848	+ 633 6551
	16	+0·916 731 345	+0·354 997 514	+0·153 898 745	− 690 1775	+1451 2386	+ 629 2000
	17	+0·909 691 606	+0·369 456 661	+0·160 167 590	− 717 7385	+1440 5110	+ 624 5342
	18	+0·902 377 240	+0·383 806 141	+0·166 388 734	− 745 0997	+1429 3058	+ 619 6602
	19	+0·894 790 339	+0·398 041 206	+0·172 560 114	− 772 2429	+1417 6295	+ 614 5821
	20	+0·886 933 163	+0·412 157 189	+0·178 679 712	− 799 1521	+1405 4909	+ 609 3046
	21	+0·878 808 121	+0·426 149 515	+0·184 745 558	− 825 8141	+1392 8998	+ 603 8326
	22	+0·870 417 742	+0·440 013 712	+0·190 755 733	− 852 2179	+1379 8666	+ 598 1713
	23	+0·861 764 652	+0·453 745 407	+0·196 708 368	− 878 3548	+1366 4013	+ 592 3253
	24	+0·852 851 561	+0·467 340 329	+0·202 601 639	− 904 2172	+1352 5134	+ 586 2990
	25	+0·843 681 245	+0·480 794 296	+0·208 433 760	− 929 7985	+1338 2117	+ 580 0963
	26	+0·834 256 547	+0·494 103 213	+0·214 202 989	− 955 0929	+1323 5049	+ 573 7209
	27	+0·824 580 363	+0·507 263 070	+0·219 907 615	− 980 0947	+1308 4009	+ 567 1764
	28	+0·814 655 644	+0·520 269 936	+0·225 545 964	−1004 7991	+1292 9081	+ 560 4661
	29	+0·804 485 388	+0·533 119 963	+0·231 116 396	−1029 2016	+1277 0345	+ 553 5935
	30	+0·794 072 631	+0·545 809 383	+0·236 617 304	−1053 2988	+1260 7883	+ 546 5618
	31	+0·783 420 437	+0·558 334 512	+0·242 047 112	−1077 0886	+1244 1773	+ 539 3741
Nov.	1	+0·772 531 886	+0·570 691 739	+0·247 404 274	−1100 5702	+1227 2090	+ 532 0330
	2	+0·761 410 058	+0·582 877 521	+0·252 687 267	−1123 7441	+1209 8894	+ 524 5405
	3	+0·750 058 023	+0·594 888 370	+0·257 894 582	−1146 6120	+1192 2227	+ 516 8975
	4	+0·738 478 832	+0·606 720 825	+0·263 024 715	−1169 1756	+1174 2108	+ 509 1039
	5	+0·726 675 523	+0·618 371 432	+0·268 076 153	−1191 4357	+1155 8528	+ 501 1582
	6	+0·714 651 132	+0·629 836 717	+0·273 047 365	−1213 3914	+1137 1457	+ 493 0582
	7	+0·702 408 723	+0·641 113 167	+0·277 936 793	−1235 0384	+1118 0848	+ 484 8010
	8	+0·689 951 416	+0·652 197 217	+0·282 742 853	−1256 3695	+1098 6649	+ 476 3841
	9	+0·677 282 423	+0·663 085 253	+0·287 463 935	−1277 3737	+1078 8815	+ 467 8053
	10	+0·664 405 076	+0·673 773 624	+0·292 098 415	−1298 0377	+1058 7314	+ 459 0634
	11	+0·651 322 854	+0·684 258 656	+0·296 644 659	−1318 3460	+1038 2136	+ 450 1585
	12	+0·638 039 397	+0·694 536 676	+0·301 101 045	−1338 2819	+1017 3297	+ 441 0919
	13	+0·624 558 515	+0·704 604 042	+0·305 465 966	−1357 8282	+ 996 0836	+ 431 8662
	14	+0·610 884 188	+0·714 457 163	+0·309 737 851	−1376 9680	+ 974 4820	+ 422 4853
	15	+0·597 020 562	+0·724 092 527	+0·313 915 171	−1395 6857	+ 952 5340	+ 412 9541
	16	+0·582 971 930	+0·733 506 725	+0·317 996 450	−1413 9669	+ 930 2508	+ 403 2783

$\dot{X}, \dot{Y}, \dot{Z}$ are in units of 10^{-9} au / d.

POSITION AND VELOCITY OF THE EARTH, 2009

ICRS, ORIGIN AT SOLAR SYSTEM BARYCENTRE
FOR 0^h BARYCENTRIC DYNAMICAL TIME

Date 0^h TDB		X	Y	Z	$\dot{X}$	$\dot{Y}$	$\dot{Z}$
Nov.	16	+0·582 971 930	+0·733 506 725	+0·317 996 450	−1413 9669	+ 930 2508	+ 403 2783
	17	+0·568 742 718	+0·742 696 466	+0·321 980 275	−1431 7997	+ 907 6448	+ 393 4642
	18	+0·554 337 463	+0·751 658 590	+0·325 865 294	−1449 1742	+ 884 7296	+ 383 5181
	19	+0·539 760 789	+0·760 390 072	+0·329 650 220	−1466 0826	+ 861 5188	+ 373 4467
	20	+0·525 017 384	+0·768 888 026	+0·333 333 830	−1482 5192	+ 838 0261	+ 363 2559
	21	+0·510 111 992	+0·777 149 697	+0·336 914 959	−1498 4795	+ 814 2643	+ 352 9516
	22	+0·495 049 392	+0·785 172 458	+0·340 392 501	−1513 9604	+ 790 2461	+ 342 5391
	23	+0·479 834 392	+0·792 953 803	+0·343 765 398	−1528 9591	+ 765 9832	+ 332 0236
	24	+0·464 471 825	+0·800 491 344	+0·347 032 646	−1543 4736	+ 741 4871	+ 321 4099
	25	+0·448 966 540	+0·807 782 806	+0·350 193 285	−1557 5025	+ 716 7692	+ 310 7027
	26	+0·433 323 398	+0·814 826 025	+0·353 246 404	−1571 0448	+ 691 8405	+ 299 9066
	27	+0·417 547 265	+0·821 618 950	+0·356 191 137	−1584 1007	+ 666 7121	+ 289 0261
	28	+0·401 643 001	+0·828 159 638	+0·359 026 659	−1596 6714	+ 641 3948	+ 278 0654
	29	+0·385 615 445	+0·834 446 251	+0·361 752 190	−1608 7596	+ 615 8989	+ 267 0283
	30	+0·369 469 403	+0·840 477 049	+0·364 366 982	−1620 3695	+ 590 2331	+ 255 9179
Dec.	1	+0·353 209 631	+0·846 250 369	+0·366 870 312	−1631 5066	+ 564 4043	+ 244 7363
	2	+0·336 840 829	+0·851 764 606	+0·369 261 473	−1642 1764	+ 538 4168	+ 233 4841
	3	+0·320 367 643	+0·857 018 179	+0·371 539 756	−1652 3838	+ 512 2713	+ 222 1606
	4	+0·303 794 688	+0·862 009 500	+0·373 704 441	−1662 1306	+ 485 9661	+ 210 7640
	5	+0·287 126 573	+0·866 736 957	+0·375 754 786	−1671 4150	+ 459 4978	+ 199 2923
	6	+0·270 367 950	+0·871 198 899	+0·377 690 031	−1680 2307	+ 432 8627	+ 187 7437
	7	+0·253 523 555	+0·875 393 649	+0·379 509 401	−1688 5677	+ 406 0591	+ 176 1174
	8	+0·236 598 234	+0·879 319 522	+0·381 212 124	−1696 4134	+ 379 0877	+ 164 4146
	9	+0·219 596 970	+0·882 974 858	+0·382 797 446	−1703 7541	+ 351 9527	+ 152 6377
	10	+0·202 524 882	+0·886 358 053	+0·384 264 645	−1710 5760	+ 324 6609	+ 140 7908
	11	+0·185 387 221	+0·889 467 585	+0·385 613 046	−1716 8667	+ 297 2220	+ 128 8789
	12	+0·168 189 357	+0·892 302 040	+0·386 842 027	−1722 6147	+ 269 6475	+ 116 9081
	13	+0·150 936 767	+0·894 860 126	+0·387 951 033	−1727 8107	+ 241 9505	+ 104 8849
	14	+0·133 635 010	+0·897 140 689	+0·388 939 573	−1732 4467	+ 214 1453	+ 92 8161
	15	+0·116 289 718	+0·899 142 721	+0·389 807 228	−1736 5171	+ 186 2468	+ 80 7091
	16	+0·098 906 567	+0·900 865 365	+0·390 553 650	−1740 0178	+ 158 2704	+ 68 5708
	17	+0·081 491 267	+0·902 307 920	+0·391 178 563	−1742 9467	+ 130 2315	+ 56 4083
	18	+0·064 049 541	+0·903 469 837	+0·391 681 759	−1745 3031	+ 102 1452	+ 44 2284
	19	+0·046 587 112	+0·904 350 715	+0·392 063 095	−1747 0877	+ 74 0262	+ 32 0375
	20	+0·029 109 687	+0·904 950 299	+0·392 322 491	−1748 3025	+ 45 8886	+ 19 8416
	21	+0·011 622 951	+0·905 268 471	+0·392 459 928	−1748 9502	+ 17 7459	+ 7 6464
	22	−0·005 867 439	+0·905 305 243	+0·392 475 440	−1749 0342	− 10 3891	− 4 5427
	23	−0·023 355 867	+0·905 060 756	+0·392 369 113	−1748 5584	− 38 5039	− 16 7205
	24	−0·040 836 757	+0·904 535 272	+0·392 141 084	−1747 5275	− 66 5865	− 28 8822
	25	−0·058 304 585	+0·903 729 174	+0·391 791 539	−1745 9469	− 94 6250	− 41 0231
	26	−0·075 753 885	+0·902 642 957	+0·391 320 707	−1743 8232	− 122 6082	− 53 1387
	27	−0·093 179 263	+0·901 277 228	+0·390 728 861	−1741 1639	− 150 5256	− 65 2252
	28	−0·110 575 408	+0·899 632 695	+0·390 016 310	−1737 9783	− 178 3679	− 77 2794
	29	−0·127 937 108	+0·897 710 145	+0·389 183 389	−1734 2765	− 206 1278	− 89 2990
	30	−0·145 259 254	+0·895 510 428	+0·388 230 448	−1730 0692	− 233 8010	− 101 2833
	31	−0·162 536 840	+0·893 034 419	+0·387 157 839	−1725 3659	− 261 3864	− 113 2329
	32	−0·179 764 942	+0·890 282 986	+0·385 965 899	−1720 1733	− 288 8861	− 125 1498

$\dot{X}, \dot{Y}, \dot{Z}$ are in units of 10^{-9} au / d.

Reduction for polar motion

The rotation of the Earth can be represented by a diurnal rotation about a reference axis whose motion with respect to a space-fixed system is given by the theories of precession and nutation plus very small (< 1 mas) corrections from observations. The pole of the reference axis is the celestial intermediate pole (CIP) and the system within which it moves is the GCRS (see page B25). The equator of date is orthogonal to the axis of the CIP. The axis of the CIP also moves with respect to the standard geodetic coordinate system, the ITRS (see below), which is fixed (in a specifically defined sense) with respect to the crust of the Earth. The motion of the CIP within the ITRS is known as polar motion; the path of the pole is quasi-circular with a maximum radius of about 10 m (0″.3) and principal periods of 365 and 428 days. The longer period component is the Chandler wobble, which corresponds in rigid-body rotational dynamics to the motion of the axis of figure with respect to the axis of rotation. The annual component is driven by seasonal effects. Polar motion as a whole is affected by unpredictable geophysical forces and must be determined continuously from various kinds of observations.

The origin of the International Terrestrial Reference System (ITRS) is the geocentre and the directions of its axes are defined implicitly by the adoption of a set of coordinates of stations (instruments) used to determine UT1 and polar motion from observations. The ITRS is systematically within a few centimetres of WGS 84, the geodetic system provided by GPS. The orientation of the Terrestrial Intermediate Reference System (see page B26) with respect to the ITRS is given by successive rotations through the three small angles y, x, and $-s'$. The celestial reference system is then obtained by a rotation about the z-axis, either by Greenwich apparent sidereal time (GAST) if the celestial coordinates are with respect to the true equator and equinox of date; or by the Earth rotation angle (θ) if the celestial coordinates are with respect to the Celestial Intermediate Reference System.

The small angle s', called the TIO locator, is a measure of the secular drift of the terrestrial intermediate origin (TIO), with respect to geodetic zero longitude, that is, the very slow systematic rotation of the Terrestrial Intermediate Reference System with respect to the ITRS (due to polar motion). The value of s' (see below) is very tiny and may be set to zero unless very precise results are needed.

The quantities x, y correspond to the coordinates of the CIP with respect to the ITRS, measured along the meridians at longitudes 0° and 270° (90° west). Current values of the coordinates, x, y, of the pole for use in the reduction of observations are published by the Central Bureau of the IERS (see AsA-Online for web links). Previous values, from 1970 January 1 onwards, are given on page K10 at 3-monthly intervals. For precise work the values at 5-day intervals from the IERS should be used. The coordinates x and y are usually measured in arcseconds.

The longitude and latitude of a terrestrial observer, λ and ϕ, used in astronomical formulae (e.g., for hour angle or the determination of astronomical time), should be expressed in the Terrestrial Intermediate Reference System, that is, corrected for polar motion:

$$\lambda = \lambda_{ITRS} + \left(x \sin \lambda_{ITRS} + y \cos \lambda_{ITRS}\right) \tan \phi_{ITRS}$$

$$\phi = \phi_{ITRS} + \left(x \cos \lambda_{ITRS} - y \sin \lambda_{ITRS}\right)$$

where λ_{ITRS} and ϕ_{ITRS} are the ITRS (geodetic) longitude and latitude of the observer, and x and y are the ITRS coordinates of the CIP, in the same units as λ and ϕ. These formulae are approximate and should not be used for places at polar latitudes.

Reduction for polar motion (continued)

The rigorous transformation of a vector $\mathbf{p}_3$ with respect to the celestial system to the corresponding vector $\mathbf{p}_4$ with respect to the ITRS is given by the formula:

$$\mathbf{p}_4 = \mathbf{R}_1(-y)\,\mathbf{R}_2(-x)\,\mathbf{R}_3(s')\,\mathbf{R}_3(\beta)\,\mathbf{p}_3$$

and conversely,

$$\mathbf{p}_3 = \mathbf{R}_3(-\beta)\,\mathbf{R}_3(-s')\,\mathbf{R}_2(x)\,\mathbf{R}_1(y)\,\mathbf{p}_4$$

where the TIO locator

$$s' = -0\rlap{.}{''}000\,047\,T$$

and T is measured in Julian centuries of 365 25 days from 245 1545·0 TT. Some previous values of x and y are tabulated on page K10. Note, the standard rotation matrices $\mathbf{R}_1, \mathbf{R}_2, \mathbf{R}_3$ are given on page K19 and correspond to rotations about the x, y and z axes, respectively.

The method to form the vector $\mathbf{p}_3$ for celestial objects is given on page B68. However, the vectors given above could represent, for example, the coordinates of a point on the Earth's surface or of a satellite in orbit around the Earth. The quantity β depends on whether the true equinox or the celestial intermediate origin (CIO) is used, viz:

Equinox method	*CIO method*
where $\beta = $ GAST, Greenwich apparent sidereal time, tabulated daily at 0^{h} UT1 on pages B13–B20. GAST must be used if $\mathbf{p}_3$ is an equinox based position,	or $\beta = \theta$, the Earth rotation angle, tabulated daily at 0^{h} UT1 on pages B21–B24. ERA must be used when $\mathbf{p}_3$ is a CIO based position.

Reduction for diurnal parallax and diurnal aberration

The computation of diurnal parallax and aberration due to the displacement of the observer from the centre of the Earth requires a knowledge of the geocentric coordinates (ρ, geocentric distance in units of the Earth's equatorial radius, and ϕ', geocentric latitude, see the explanation beginning on page K11) of the place of observation, and the local hour angle (h).

For bodies whose equatorial horizontal parallax (π) normally amounts to only a few arcseconds the corrections for diurnal parallax in right ascension and declination (in the sense geocentric place *minus* topocentric place) are given by:

$$\Delta\alpha = \pi(\rho\cos\phi'\sin h \sec\delta)$$
$$\Delta\delta = \pi(\rho\sin\phi'\cos\delta - \rho\cos\phi'\cos h \sin\delta)$$

and

$$h = \mathrm{GAST} - \alpha_e + \lambda$$
$$= \theta - \alpha_i + \lambda$$

where λ is the longitude. $\mathrm{GAST} - \alpha_e$ is the hour angle calculated from the Greenwich apparent sidereal time and the equinox right ascension, whereas $\theta - \alpha_i$ is the hour angle formed from the Earth rotation angle and the CIO right ascension. π may be calculated from $8\rlap{.}{''}794$ divided by the geocentric distance of the body (in au). For the Moon (and other very close bodies) more precise formulae are required (see page D3).

The corrections for diurnal aberration in right ascension and declination (in the sense apparent place *minus* mean place) are given by:

$$\Delta\alpha = 0\rlap{.}^{\mathrm{s}}0213\,\rho\,\cos\phi'\,\cos h\,\sec\delta$$
$$\Delta\delta = 0\rlap{.}{''}319\,\rho\,\cos\phi'\,\sin h\,\sin\delta$$

Reduction for diurnal parallax and diurnal aberration (continued)

For a body at transit the local hour angle (h) is zero and so $\Delta\delta$ is zero, but
$$\Delta\alpha = \pm 0\overset{s}{\cdot}0213\,\rho\,\cos\phi'\,\sec\delta$$
where the plus and minus signs are used for the upper and lower transits, respectively; this may be regarded as a correction to the time of transit.

Alternatively, the effects may be computed in rectangular coordinates using the following expressions for the geocentric coordinates and velocity components of the observer with respect to the celestial equatorial reference system:

position: $(a_e\rho\cos\phi'\cos\beta,\ a_e\rho\cos\phi'\sin\beta,\ a_e\rho\sin\phi')$
velocity: $(-a_e\omega\rho\cos\phi'\sin\beta,\ a_e\omega\rho\cos\phi'\cos\beta,\ 0)$

where β is the local sidereal time (mean or apparent) or the Earth rotation angle (as appropriate), a_e is the equatorial radius of the Earth and ω the angular velocity of the Earth.

β = Greenwich sidereal time or Earth rotation angle + east longitude

$a\omega = 0.464$ km/s $= 0.268 \times 10^{-3}$ au/d $\qquad c = 2.998 \times 10^5$ km/s $= 173.14$ au/d

$a\omega/c = 1.55 \times 10^{-6}$ rad $= 0\overset{\prime\prime}{\cdot}319 = 0\overset{s}{\cdot}0213$

These geocentric position and velocity vectors of the observer are added to the barycentric position and velocity of the Earth's centre, respectively, to obtain the corresponding barycentric vectors of the observer. Then, the procedures on pages B66–B75 may be followed using the barycentric position and velocity of the observer rather than $\mathbf{E}_B$ and $\dot{\mathbf{E}}_B$.

Conversion to altitude and azimuth

It is convenient to use the local hour angle (h) as an intermediary in the conversion from the right ascension (α_e or α_i) and declination (δ) to the azimuth (A_z) and altitude (a).

In order to determine the local hour angle (see page B11) corresponding to the UT1 of the observation, first obtain either Greenwich apparent sidereal time (GAST), see pages B13–B20, or the Earth rotation angle (θ) tabulated on pages B21–B24. This choice depends on whether the right ascension is with respect to the equinox or the CIO, respectively. The formulae are:

Then $\qquad h = \text{GAST} + \lambda - \alpha_e = \theta + \lambda - \alpha_i$

$$\cos a \sin A_z = -\cos\delta\sin h$$
$$\cos a \cos A_z = \sin\delta\cos\phi - \cos\delta\cos h\sin\phi$$
$$\sin a = \sin\delta\sin\phi + \cos\delta\cos h\cos\phi$$

where azimuth (A_z) is measured from the north through east in the plane of the horizon, altitude (a) is measured perpendicular to the horizon, and λ, ϕ are the astronomical values (see page K13) of the east longitude and latitude of the place of observation. The plane of the horizon is defined to be perpendicular to the apparent direction of gravity. Zenith distance is given by $z = 90° - a$.

For most purposes the values of the geodetic longitude and latitude may be used but in some cases the effects of local gravity anomalies and polar motion (see page B84) must be included. For full precision, the values of α, δ must be corrected for diurnal parallax and diurnal aberration. The inverse formulae are:

$$\cos\delta\sin h = -\cos a\sin A_z$$
$$\cos\delta\cos h = \sin a\cos\phi - \cos a\cos A_z\sin\phi$$
$$\sin\delta = \sin a\sin\phi + \cos a\cos A_z\cos\phi$$

Correction for refraction

For most astronomical purposes the effect of refraction in the Earth's atmosphere is to decrease the zenith distance (computed by the formulae of the previous section) by an amount R that depends on the zenith distance and on the meteorological conditions at the site. A simple expression for R for zenith distances less than $75°$ (altitudes greater than $15°$) is:

$$R = 0°\!.00452\, P \tan z/(273 + T)$$
$$= 0°\!.00452\, P/((273 + T)\tan a)$$

where T is the temperature (°C) and P is the barometric pressure (millibars). This formula is usually accurate to about $0\!.''1$ for altitudes above $15°$, but the error increases rapidly at lower altitudes, especially in abnormal meteorological conditions. For observed apparent altitudes below $15°$ use the approximate formula:

$$R = P(0\cdot1594 + 0\cdot0196a + 0\cdot00002a^2)/[(273 + T)(1 + 0\cdot505a + 0\cdot0845a^2)]$$

where the altitude a is in degrees.

DETERMINATION OF LATITUDE AND AZIMUTH

Use of the Polaris Table

The table on pages B88-B91 gives data for obtaining latitude from an observed altitude of Polaris (suitably corrected for instrumental errors and refraction) and the azimuth of this star (measured from north, positive to the east and negative to the west), for all hour angles and northern latitudes. The six tabulated quantities, each given to a precision of $0\!.''1$, are a_0, a_1, a_2, referring to the correction to altitude, and b_0, b_1, b_2, to the azimuth.

$$\text{latitude} = \text{corrected observed altitude} + a_0 + a_1 + a_2$$
$$\text{azimuth} = (b_0 + b_1 + b_2)/\cos(\text{latitude})$$

The table is to be entered with the local apparent sidereal time of observation (LAST), and gives the values of a_0, b_0 directly; interpolation, with maximum differences of $0\!.''7$, can be done mentally. To the precision of these tables local mean sidereal time may be used instead of LAST. In the same vertical column, the values of a_1, b_1 are found with the latitude, and those of a_2, b_2 with the date, as argument. Thus all six quantities can, if desired, be extracted together. The errors due to the adoption of a mean value of the local sidereal time for each of the subsidiary tables have been reduced to a minimum, and the total error is not likely to exceed $0\!.''2$. Interpolation between columns should not be attempted.

The observed altitude must be corrected for refraction before being used to determine the astronomical latitude of the place of observation. Both the latitude and the azimuth so obtained are affected by local gravity anomalies if the altitude is measured with respect to a plane orthogonal to the local gravity vector, e.g., a liquid surface.

POLARIS TABLE, 2009

LST	0^h		1^h		2^h		3^h		4^h		5^h	
	a_0	b_0	a_0	b_0	a_0	b_0	a_0	b_0	a_0	b_0	a_0	b_0
m	′	′	′	′	′	′	′	′	′	′	′	′
0	−31.3	+27.4	−37.3	+18.3	−40.8	+7.9	−41.4	−3.1	−39.2	−13.8	−34.2	−23.6
3	31.6	27.0	37.5	17.8	40.9	7.4	41.3	3.6	39.0	14.3	33.9	24.0
6	32.0	26.6	37.8	17.3	40.9	6.8	41.3	4.2	38.8	14.9	33.6	24.5
9	32.3	26.2	38.0	16.8	41.0	6.3	41.2	4.7	38.6	15.4	33.3	24.9
12	32.7	25.7	38.2	16.3	41.1	5.7	41.2	5.3	38.4	15.9	33.0	25.4
15	−33.0	+25.3	−38.4	+15.8	−41.2	+5.2	−41.1	−5.8	−38.2	−16.4	−32.6	−25.8
18	33.3	24.9	38.6	15.3	41.2	4.6	41.0	6.4	38.0	16.9	32.3	26.2
21	33.7	24.4	38.8	14.8	41.3	4.1	40.9	6.9	37.7	17.4	31.9	26.7
24	34.0	24.0	39.0	14.3	41.4	3.5	40.8	7.4	37.5	17.9	31.6	27.1
27	34.3	23.5	39.2	13.7	41.4	3.0	40.7	8.0	37.3	18.4	31.2	27.5
30	−34.6	+23.1	−39.4	+13.2	−41.4	+2.4	−40.6	−8.5	−37.0	−18.9	−30.9	−27.9
33	34.9	22.6	39.5	12.7	41.5	1.9	40.5	9.1	36.8	19.4	30.5	28.3
36	35.2	22.1	39.7	12.2	41.5	1.3	40.4	9.6	36.5	19.9	30.1	28.7
39	35.5	21.7	39.9	11.6	41.5	0.8	40.3	10.1	36.2	20.3	29.7	29.1
42	35.8	21.2	40.0	11.1	41.5	0.2	40.1	10.7	36.0	20.8	29.4	29.5
45	−36.0	+20.7	−40.1	+10.6	−41.5	−0.3	−40.0	−11.2	−35.7	−21.3	−29.0	−29.9
48	36.3	20.3	40.3	10.0	41.5	0.9	39.8	11.7	35.4	21.8	28.6	30.2
51	36.6	19.8	40.4	9.5	41.5	1.4	39.7	12.3	35.1	22.2	28.2	30.6
54	36.8	19.3	40.5	9.0	41.5	2.0	39.5	12.8	34.8	22.7	27.8	31.0
57	37.1	18.8	40.6	8.4	41.4	2.5	39.3	13.3	34.5	23.1	27.4	31.3
60	−37.3	+18.3	−40.8	+7.9	−41.4	−3.1	−39.2	−13.8	−34.2	−23.6	−27.0	−31.7

Lat.	a_1	b_1	a_1	b_1	a_1	b_1	a_1	b_1	a_1	b_1	a_1	b_1
°												
0	−.1	−.3	.0	−.2	.0	.0	.0	+.1	−.1	+.2	−.1	+.3
10	−.1	−.2	.0	−.2	.0	.0	.0	+.1	−.1	+.2	−.1	+.3
20	−.1	−.2	.0	−.1	.0	.0	.0	+.1	.0	+.2	−.1	+.2
30	.0	−.1	.0	−.1	.0	.0	.0	+.1	.0	+.1	−.1	+.2
40	.0	−.1	.0	−.1	.0	.0	.0	.0	.0	+.1	.0	+.1
45	.0	.0	.0	.0	.0	.0	.0	.0	.0	.0	.0	.0
50	.0	.0	.0	.0	.0	.0	.0	.0	.0	.0	.0	.0
55	.0	+.1	.0	.0	.0	.0	.0	.0	.0	.0	.0	−.1
60	.0	+.1	.0	+.1	.0	.0	.0	−.1	.0	−.1	+.1	−.1
62	+.1	+.2	.0	+.1	.0	.0	.0	−.1	.0	−.1	+.1	−.2
64	+.1	+.2	.0	+.1	.0	.0	.0	−.1	.0	−.2	+.1	−.2
66	+.1	+.2	.0	+.2	.0	.0	.0	−.1	+.1	−.2	+.1	−.3

Month	a_2	b_2	a_2	b_2	a_2	b_2	a_2	b_2	a_2	b_2	a_2	b_2
Jan.	+.1	−.1	+.1	−.1	+.1	−.1	+.1	.0	+.1	.0	+.1	+.1
Feb.	.0	−.2	+.1	−.2	+.1	−.2	+.2	−.2	+.2	−.1	+.2	.0
Mar.	−.1	−.3	.0	−.3	+.1	−.3	+.1	−.3	+.2	−.3	+.3	−.2
Apr.	−.3	−.3	−.2	−.3	−.1	−.4	.0	−.4	+.1	−.4	+.2	−.3
May	−.4	−.2	−.3	−.3	−.2	−.3	−.1	−.4	.0	−.4	+.1	−.4
June	−.4	.0	−.4	−.1	−.3	−.2	−.3	−.3	−.2	−.4	−.1	−.4
July	−.4	+.1	−.4	.0	−.4	−.1	−.3	−.2	−.3	−.3	−.2	−.3
Aug.	−.2	+.3	−.3	+.2	−.3	+.1	−.3	.0	−.3	−.1	−.3	−.2
Sept.	−.1	+.3	−.2	+.3	−.2	+.2	−.3	+.2	−.3	+.1	−.3	.0
Oct.	+.1	+.3	.0	+.4	−.1	+.3	−.2	+.3	−.2	+.3	−.3	+.2
Nov.	+.3	+.3	+.2	+.3	+.1	+.4	.0	+.4	−.1	+.4	−.2	+.4
Dec.	+.4	+.1	+.4	+.3	+.3	+.3	+.2	+.4	+.1	+.4	.0	+.4

Latitude = Corrected observed altitude of *Polaris* + $a_0 + a_1 + a_2$

Azimuth of *Polaris* = $(b_0 + b_1 + b_2) / \cos(\text{latitude})$

POLARIS TABLE, 2009

LST	6ʰ		7ʰ		8ʰ		9ʰ		10ʰ		11ʰ	
	a_0	b_0	a_0	b_0	a_0	b_0	a_0	b_0	a_0	b_0	a_0	b_0
m	′	′	′	′	′	′	′	′	′	′	′	′
0	−27.0	−31.7	−17.8	−37.6	−7.5	−40.9	+3.3	−41.3	+13.9	−39.0	+23.5	−34.0
3	26.5	32.1	17.3	37.8	7.0	41.0	3.9	41.3	14.4	38.8	24.0	33.7
6	26.1	32.4	16.8	38.0	6.4	41.0	4.4	41.2	14.9	38.6	24.4	33.4
9	25.7	32.7	16.3	38.3	5.9	41.1	5.0	41.2	15.4	38.4	24.8	33.1
12	25.3	33.1	15.8	38.5	5.3	41.2	5.5	41.1	15.9	38.2	25.3	32.8
15	−24.8	−33.4	−15.3	−38.7	−4.8	−41.3	+6.0	−41.0	+16.4	−38.0	+25.7	−32.4
18	24.4	33.7	14.8	38.9	4.3	41.3	6.6	40.9	16.9	37.8	26.1	32.1
21	23.9	34.0	14.3	39.1	3.7	41.4	7.1	40.8	17.4	37.6	26.5	31.8
24	23.5	34.4	13.8	39.2	3.2	41.4	7.6	40.7	17.9	37.3	27.0	31.4
27	23.0	34.7	13.3	39.4	2.6	41.4	8.2	40.6	18.4	37.1	27.4	31.1
30	−22.6	−35.0	−12.8	−39.6	−2.1	−41.5	+8.7	−40.5	+18.9	−36.8	+27.8	−30.7
33	22.1	35.2	12.2	39.7	1.6	41.5	9.2	40.4	19.4	36.6	28.2	30.3
36	21.7	35.5	11.7	39.9	1.0	41.5	9.8	40.3	19.8	36.3	28.6	30.0
39	21.2	35.8	11.2	40.0	−0.5	41.5	10.3	40.1	20.3	36.1	29.0	29.6
42	20.7	36.1	10.7	40.2	+0.1	41.5	10.8	40.0	20.8	35.8	29.3	29.2
45	−20.2	−36.4	−10.2	−40.3	+0.6	−41.5	+11.3	−39.8	+21.2	−35.5	+29.7	−28.8
48	19.8	36.6	9.6	40.4	1.2	41.5	11.8	39.7	21.7	35.2	30.1	28.4
51	19.3	36.9	9.1	40.6	1.7	41.5	12.4	39.5	22.2	34.9	30.5	28.0
54	18.8	37.1	8.6	40.7	2.2	41.4	12.9	39.4	22.6	34.7	30.8	27.6
57	18.3	37.4	8.0	40.8	2.8	41.4	13.4	39.2	23.1	34.4	31.2	27.2
60	−17.8	−37.6	−7.5	−40.9	+3.3	−41.3	+13.9	−39.0	+23.5	−34.0	+31.5	−26.8

Lat.	a_1	b_1	a_1	b_1	a_1	b_1	a_1	b_1	a_1	b_1	a_1	b_1
°												
0	−.2	+.3	−.3	+.2	−.3	.0	−.3	−.1	−.2	−.2	−.2	−.3
10	−.2	+.2	−.2	+.2	−.3	.0	−.2	−.1	−.2	−.2	−.1	−.3
20	−.1	+.2	−.2	+.1	−.2	.0	−.2	−.1	−.2	−.2	−.1	−.2
30	−.1	+.1	−.1	+.1	−.2	.0	−.1	−.1	−.1	−.1	−.1	−.2
40	−.1	+.1	−.1	+.1	−.1	.0	−.1	.0	−.1	−.1	.0	−.1
45	.0	.0	.0	.0	.0	.0	.0	.0	.0	.0	.0	.0
50	.0	.0	.0	.0	.0	.0	.0	.0	.0	.0	.0	.0
55	.0	−.1	+.1	.0	+.1	.0	+.1	.0	.0	.0	.0	+.1
60	+.1	−.1	+.1	−.1	+.1	.0	+.1	+.1	+.1	+.1	+.1	+.1
62	+.1	−.2	+.2	−.1	+.2	.0	+.2	+.1	+.1	+.1	+.1	+.2
64	+.2	−.2	+.2	−.1	+.2	.0	+.2	+.1	+.2	+.2	+.1	+.2
66	+.2	−.2	+.2	−.2	+.3	.0	+.3	+.1	+.2	+.2	+.1	+.3

Month	a_2	b_2	a_2	b_2	a_2	b_2	a_2	b_2	a_2	b_2	a_2	b_2
Jan.	+.1	+.1	+.1	+.1	+.1	+.1	.0	+.1	.0	+.1	−.1	+.1
Feb.	+.2	.0	+.2	+.1	+.2	+.1	+.2	+.2	+.1	+.2	.0	+.2
Mar.	+.3	−.1	+.3	.0	+.3	+.1	+.3	+.1	+.3	+.2	+.2	+.3
Apr.	+.3	−.3	+.3	−.2	+.4	−.1	+.4	.0	+.4	+.1	+.3	+.2
May	+.2	−.4	+.3	−.3	+.3	−.2	+.4	−.1	+.4	.0	+.4	+.1
June	.0	−.4	+.1	−.4	+.2	−.3	+.3	−.3	+.4	−.2	+.4	−.1
July	−.1	−.4	.0	−.4	+.1	−.4	+.2	−.3	+.3	−.3	+.3	−.2
Aug.	−.3	−.2	−.2	−.3	−.1	−.3	.0	−.3	+.1	−.3	+.2	−.3
Sept.	−.3	−.1	−.3	−.2	−.2	−.2	−.2	−.3	−.1	−.3	.0	−.3
Oct.	−.3	+.1	−.4	.0	−.3	−.1	−.3	−.2	−.3	−.2	−.2	−.3
Nov.	−.3	+.3	−.3	+.2	−.4	+.1	−.4	.0	−.4	−.1	−.4	−.2
Dec.	−.1	+.4	−.3	+.4	−.3	+.3	−.4	+.2	−.4	+.1	−.4	.0

Latitude = Corrected observed altitude of *Polaris* + $a_0 + a_1 + a_2$

Azimuth of *Polaris* = $(b_0 + b_1 + b_2) / \cos(\text{latitude})$

POLARIS TABLE, 2009

LST	12^h		13^h		14^h		15^h		16^h		17^h	
	a_0	b_0	a_0	b_0	a_0	b_0	a_0	b_0	a_0	b_0	a_0	b_0
m	′	′	′	′	′	′	′	′	′	′	′	′
0	+31·5	−26·8	+37·4	−17·8	+40·8	− 7·7	+41·4	+ 3·0	+39·2	+13·5	+34·4	+23·0
3	31·9	26·4	37·6	17·3	40·9	7·1	41·3	3·5	39·0	14·0	34·1	23·5
6	32·2	26·0	37·9	16·9	41·0	6·6	41·3	4·1	38·9	14·5	33·8	23·9
9	32·6	25·6	38·1	16·4	41·0	6·1	41·2	4·6	38·7	15·0	33·5	24·4
12	32·9	25·2	38·3	15·9	41·1	5·6	41·2	5·1	38·5	15·5	33·2	24·8
15	+33·2	−24·7	+38·5	−15·4	+41·2	− 5·0	+41·1	+ 5·7	+38·3	+16·0	+32·8	+25·2
18	33·5	24·3	38·7	14·9	41·3	4·5	41·0	6·2	38·1	16·5	32·5	25·7
21	33·9	23·9	38·9	14·4	41·3	4·0	40·9	6·7	37·8	16·9	32·2	26·1
24	34·2	23·4	39·1	13·9	41·4	3·4	40·9	7·2	37·6	17·4	31·8	26·5
27	34·5	23·0	39·3	13·4	41·4	2·9	40·8	7·8	37·4	17·9	31·5	26·9
30	+34·8	−22·5	+39·4	−12·9	+41·4	− 2·4	+40·7	+ 8·3	+37·1	+18·4	+31·1	+27·3
33	35·1	22·1	39·6	12·3	41·5	1·8	40·5	8·8	36·9	18·9	30·8	27·7
36	35·4	21·6	39·8	11·8	41·5	1·3	40·4	9·3	36·6	19·4	30·4	28·1
39	35·6	21·1	39·9	11·3	41·5	0·8	40·3	9·9	36·4	19·8	30·0	28·5
42	35·9	20·7	40·0	10·8	41·5	0·2	40·2	10·4	36·1	20·3	29·7	28·9
45	+36·2	−20·2	+40·2	−10·3	+41·5	+ 0·3	+40·0	+10·9	+35·9	+20·8	+29·3	+29·3
48	36·4	19·7	40·3	9·8	41·5	0·9	39·9	11·4	35·6	21·2	28·9	29·7
51	36·7	19·3	40·4	9·2	41·5	1·4	39·7	11·9	35·3	21·7	28·5	30·0
54	36·9	18·8	40·6	8·7	41·5	1·9	39·6	12·4	35·0	22·1	28·1	30·4
57	37·2	18·3	40·7	8·2	41·4	2·5	39·4	12·9	34·7	22·6	27·7	30·8
60	+37·4	−17·8	+40·8	− 7·7	+41·4	+ 3·0	+39·2	+13·5	+34·4	+23·0	+27·3	+31·1
Lat.	a_1	b_1	a_1	b_1	a_1	b_1	a_1	b_1	a_1	b_1	a_1	b_1
°												
0	−·1	−·3	·0	−·2	·0	·0	·0	+·1	−·1	+·2	−·1	+·3
10	−·1	−·2	·0	−·2	·0	·0	·0	+·1	−·1	+·2	−·1	+·3
20	−·1	−·2	·0	−·1	·0	·0	·0	+·1	·0	+·2	−·1	+·2
30	·0	−·1	·0	−·1	·0	·0	·0	+·1	·0	+·1	−·1	+·2
40	·0	−·1	·0	−·1	·0	·0	·0	·0	·0	+·1	·0	+·1
45	·0	·0	·0	·0	·0	·0	·0	·0	·0	·0	·0	·0
50	·0	·0	·0	·0	·0	·0	·0	·0	·0	·0	·0	·0
55	·0	+·1	·0	·0	·0	·0	·0	·0	·0	·0	·0	−·1
60	·0	+·1	·0	+·1	·0	·0	·0	−·1	·0	−·1	+·1	−·1
62	+·1	+·2	·0	+·1	·0	·0	·0	−·1	·0	−·1	+·1	−·2
64	+·1	+·2	·0	+·1	·0	·0	·0	−·1	·0	−·2	+·1	−·2
66	+·1	+·2	·0	+·2	·0	·0	·0	−·1	+·1	−·2	+·1	−·3
Month	a_2	b_2	a_2	b_2	a_2	b_2	a_2	b_2	a_2	b_2	a_2	b_2
Jan.	−·1	+·1	−·1	+·1	−·1	+·1	−·1	·0	−·1	·0	−·1	−·1
Feb.	·0	+·2	−·1	+·2	−·1	+·2	−·2	+·2	−·2	+·1	−·2	·0
Mar.	+·1	+·3	·0	+·3	−·1	+·3	−·1	+·3	−·2	+·3	−·3	+·2
Apr.	+·3	+·3	+·2	+·3	+·1	+·4	·0	+·4	−·1	+·4	−·2	+·3
May	+·4	+·2	+·3	+·3	+·2	+·3	+·1	+·4	·0	+·4	−·1	+·4
June	+·4	·0	+·4	+·1	+·3	+·2	+·3	+·3	+·2	+·4	+·1	+·4
July	+·4	−·1	+·4	·0	+·4	+·1	+·3	+·2	+·3	+·3	+·2	+·3
Aug.	+·2	−·3	+·3	−·2	+·3	−·1	+·3	·0	+·3	+·1	+·3	+·2
Sept.	+·1	−·3	+·2	−·3	+·2	−·2	+·3	−·2	+·3	−·1	+·3	·0
Oct.	−·1	−·3	·0	−·4	+·1	−·3	+·2	−·3	+·2	−·3	+·3	−·2
Nov.	−·3	−·3	−·2	−·3	−·1	−·4	·0	−·4	+·1	−·4	+·2	−·4
Dec.	−·4	−·1	−·4	−·3	−·3	−·3	−·2	−·4	−·1	−·4	·0	−·4

Latitude = Corrected observed altitude of *Polaris* + $a_0 + a_1 + a_2$
Azimuth of *Polaris* = $(b_0 + b_1 + b_2) / \cos(\text{latitude})$

POLARIS TABLE, 2009

LST	18^h		19^h		20^h		21^h		22^h		23^h	
	a_0	b_0	a_0	b_0	a_0	b_0	a_0	b_0	a_0	b_0	a_0	b_0
m	′	′	′	′	′	′	′	′	′	′	′	′
0	+27·3	+31·1	+18·3	+37·1	+ 8·1	+40·7	− 2·7	+41·4	−13·4	+39·4	−23·1	+34·6
3	26·9	31·5	17·8	37·4	7·5	40·8	3·3	41·4	13·9	39·2	23·6	34·3
6	26·5	31·8	17·3	37·6	7·0	40·9	3·8	41·4	14·4	39·0	24·0	34·0
9	26·1	32·2	16·8	37·8	6·5	40·9	4·4	41·3	14·9	38·8	24·5	33·7
12	25·6	32·5	16·3	38·0	5·9	41·0	4·9	41·2	15·4	38·6	24·9	33·3
15	+25·2	+32·8	+15·8	+38·3	+ 5·4	+41·1	− 5·4	+41·2	−15·9	+38·4	−25·3	+33·0
18	24·8	33·2	15·3	38·5	4·9	41·2	6·0	41·1	16·4	38·2	25·8	32·7
21	24·3	33·5	14·8	38·7	4·3	41·2	6·5	41·0	16·9	38·0	26·2	32·3
24	23·9	33·8	14·3	38·9	3·8	41·3	7·1	40·9	17·4	37·8	26·6	32·0
27	23·4	34·1	13·8	39·0	3·2	41·4	7·6	40·9	17·9	37·6	27·0	31·6
30	+23·0	+34·4	+13·3	+39·2	+ 2·7	+41·4	− 8·1	+40·8	−18·4	+37·3	−27·4	+31·3
33	22·5	34·7	12·8	39·4	2·2	41·4	8·7	40·7	18·9	37·1	27·8	30·9
36	22·1	35·0	12·3	39·6	1·6	41·5	9·2	40·5	19·4	36·8	28·2	30·6
39	21·6	35·3	11·8	39·7	1·1	41·5	9·7	40·4	19·9	36·6	28·6	30·2
42	21·2	35·6	11·2	39·9	0·5	41·5	10·2	40·3	20·3	36·3	29·0	29·8
45	+20·7	+35·8	+10·7	+40·0	0·0	+41·5	−10·8	+40·2	−20·8	+36·0	−29·4	+29·4
48	20·2	36·1	10·2	40·2	− 0·6	41·5	11·3	40·0	21·3	35·8	29·8	29·0
51	19·8	36·4	9·7	40·3	1·1	41·5	11·8	39·9	21·7	35·5	30·2	28·6
54	19·3	36·6	9·1	40·4	1·7	41·5	12·3	39·7	22·2	35·2	30·6	28·2
57	18·8	36·9	8·6	40·5	2·2	41·5	12·9	39·5	22·7	34·9	30·9	27·8
60	+18·3	+37·1	+ 8·1	+40·7	− 2·7	+41·4	−13·4	+39·4	−23·1	+34·6	−31·3	+27·4

Lat.	a_1	b_1	a_1	b_1	a_1	b_1	a_1	b_1	a_1	b_1	a_1	b_1
°												
0	−·2	+·3	−·3	+·2	−·3	·0	−·3	−·1	−·2	−·2	−·2	−·3
10	−·2	+·2	−·2	+·2	−·3	·0	−·2	−·1	−·2	−·2	−·1	−·3
20	−·1	+·2	−·2	+·1	−·2	·0	−·2	−·1	−·2	−·2	−·1	−·2
30	−·1	+·1	−·1	+·1	−·2	·0	−·1	−·1	−·1	−·1	−·1	−·2
40	−·1	+·1	−·1	+·1	−·1	·0	−·1	·0	−·1	−·1	·0	−·1
45	·0	·0	·0	·0	·0	·0	·0	·0	·0	·0	·0	·0
50	·0	·0	·0	·0	·0	·0	·0	·0	·0	·0	·0	·0
55	·0	−·1	+·1	·0	+·1	·0	+·1	·0	·0	·0	·0	+·1
60	+·1	−·1	+·1	−·1	+·1	·0	+·1	+·1	+·1	+·1	+·1	+·1
62	+·1	−·2	+·2	−·1	+·2	·0	+·2	+·1	+·1	+·1	+·1	+·2
64	+·2	−·2	+·2	−·1	+·2	·0	+·2	+·1	+·2	+·2	+·1	+·2
66	+·2	−·2	+·2	−·2	+·3	·0	+·3	+·1	+·2	+·2	+·1	+·3

Month	a_2	b_2	a_2	b_2	a_2	b_2	a_2	b_2	a_2	b_2	a_2	b_2
Jan.	−·1	−·1	−·1	−·1	−·1	−·1	·0	−·1	·0	−·1	+·1	−·1
Feb.	−·2	·0	−·2	−·1	−·2	−·1	−·2	−·2	−·1	−·2	·0	−·2
Mar.	−·3	+·1	−·3	·0	−·3	−·1	−·3	−·1	−·3	−·2	−·2	−·3
Apr.	−·3	+·3	−·3	+·2	−·4	+·1	−·4	·0	−·4	−·1	−·3	−·2
May	−·2	+·4	−·3	+·3	−·3	+·2	−·4	+·1	−·4	·0	−·4	−·1
June	·0	+·4	−·1	+·4	−·2	+·3	−·3	+·3	−·4	+·2	−·4	+·1
July	+·1	+·4	·0	+·4	−·1	+·4	−·2	+·3	−·3	+·3	−·3	+·2
Aug.	+·3	+·2	+·2	+·3	+·1	+·3	·0	+·3	−·1	+·3	−·2	+·3
Sept.	+·3	+·1	+·3	+·2	+·2	+·2	+·2	+·3	+·1	+·3	·0	+·3
Oct.	+·3	−·1	+·4	·0	+·3	+·1	+·3	+·2	+·3	+·2	+·2	+·3
Nov.	+·3	−·3	+·3	−·2	+·4	−·1	+·4	·0	+·4	+·1	+·4	+·2
Dec.	+·1	−·4	+·3	−·4	+·3	−·3	+·4	−·2	+·4	−·1	+·4	·0

Latitude = Corrected observed altitude of *Polaris* + $a_0 + a_1 + a_2$

Azimuth of *Polaris* = $(b_0 + b_1 + b_2)$ / cos (latitude)

Pole Star formulae

The formulae below provide a method for obtaining latitude from the observed altitude of one of the pole stars, *Polaris* or σ Octantis, and an assumed *east* longitude of the observer λ. In addition, the azimuth of a pole star may be calculated from an assumed *east* longitude λ and the observed altitude a, or from λ and an assumed latitude ϕ. An error of $0°002$ in a or $0°1$ in λ will produce an error of about $0°002$ in the calculated latitude. Likewise an error of $0°03$ in λ, a or ϕ will produce an error of about $0°002$ in the calculated azimuth for latitudes below $70°$.

Step 1. Calculate the hour angle HA and polar distance p, in degrees, from expressions of the form:

$$HA = a_0 + a_1 L + a_2 \sin L + a_3 \cos L + 15 t$$
$$p = a_0 + a_1 L + a_2 \sin L + a_3 \cos L$$

where
$$L = 0°985\,65\,d$$
$$d = \text{day of year (from pages B4–B5)} + t/24$$

and where the coefficients a_0, a_1, a_2, a_3 are given in the table below, t is the universal time in hours, d is the interval in days from 2009 January 0 at 0^h UT1 to the time of observation, and the quantity L is in degrees. In the above formulae d is required to two decimals of a day, L to two decimals of a degree and t to three decimals of an hour.

Step 2. Calculate the local hour angle *LHA* from:

$$LHA = HA + \lambda \quad \text{(add or subtract multiples of } 360°\text{)}$$

where λ is the assumed longitude measured east from the Greenwich meridian.

Form the quantities: $\quad S = p \sin(LHA) \quad C = p \cos(LHA)$

Step 3. The latitude of the place of observation, in degrees, is given by:

$$\text{latitude} = a - C + 0.0087\, S^2 \tan a$$

where a is the observed altitude of the pole star after correction for instrument error and atmospheric refraction.

Step 4. The azimuth of the pole star, in degrees, is given by:

$$\text{azimuth of Polaris} = -S/\cos a$$
$$\text{azimuth of } \sigma \text{ Octantis} = 180° + S/\cos a$$

where azimuth is measured eastwards around the horizon from north.

In *Step* 4, if a has not been observed, use the quantity:

$$a = \phi + C - 0.0087\, S^2 \tan \phi$$

where ϕ is an assumed latitude, taken to be positive in either hemisphere.

POLE STAR COEFFICIENTS FOR 2009

	Polaris		σ Octantis	
	GHA	p	GHA	p
	°	°	°	°
a_0	59·21	0·6947	140·55	1·0810
a_1	0·998 92	−0·0000 097	0·999 50	0·0000 128
a_2	0·37	−0·0024	0·18	0·0039
a_3	−0·25	−0·0048	0·23	−0·0037

SUN, 2009

CONTENTS OF SECTION C

Notes and formulas
- Mean orbital elements of the Sun C1
- Lengths of principal years C2
- Apparent ecliptic coordinates of the Sun C2
- Time of transit of the Sun C2
- Equation of time C2
- ICRS Geocentric rectangular coordinates of the Sun C3
- Elements of rotation of the Sun C3
- Heliographic coordinates C3
- Synodic rotation numbers C4
- Low-precision formulas for the Sun's coordinates and the equation of time C5
- Ecliptic and equatorial coordinates of the Sun—daily ephemeris C6
- Heliographic coordinates, horizontal parallax, semidiameter and time of ephemeris transit—daily ephemeris C7
- ICRS Geocentric rectangular coordinates of the Sun—daily ephemeris C22

See also
- Phenomena A1
- Sunrise, sunset and twilight A12
- Solar eclipses A79
- Position and velocity of the Earth with respect to the solar system barycenter B76

NOTES AND FORMULAS

Mean orbital elements of the Sun

Mean elements of the orbit of the Sun, referred to the mean equinox and ecliptic of date, are given by the following expressions. The time argument d is the interval in days from 2009 January 0, 0^h TT. These expressions are intended for use only during the year of this volume.

d = JD − 245 4831.5 = day of year (from B4–B5) + fraction of day from 0^h TT.

Geometric mean longitude:	$279°.796\,494 + 0.985\,647\,36\,d$
Mean longitude of perigee:	$283°.092\,061 + 0.000\,047\,08\,d$
Mean anomaly:	$356°.704\,434 + 0.985\,600\,28\,d$
Eccentricity:	$0.016\,704\,85 - 0.000\,000\,0012\,d$
Mean obliquity of the ecliptic:	$23°.438\,109 - 0.000\,000\,36\,d$ (w.r.t. mean equator of date)

The position of the ecliptic of date with respect to the ecliptic of the standard epoch is given by formulas on page B53. Osculating elements of the Earth/Moon barycenter are on page E5.

SUN, 2009

NOTES AND FORMULAS

Lengths of principal years

The lengths of the principal years at 2009.0 as derived from the Sun's mean motion are:

		d	d h m s
tropical year	(equinox to equinox)	365.242 190	365 05 48 45.2
sidereal year	(fixed star to fixed star)	365.256 363	365 06 09 09.8
anomalistic year	(perigee to perigee)	365.259 636	365 06 13 52.6
eclipse year	(node to node)	346.620 079	346 14 52 54.8

Apparent ecliptic coordinates of the Sun

The apparent ecliptic longitude may be computed from the geometric ecliptic longitude tabulated on pages C6–C20 using:

apparent longitude = tabulated longitude + nutation in longitude $(\Delta\psi) - 20''\!.496/R$

where $\Delta\psi$ is tabulated on pages B58–B65 and R is the true geocentric distance tabulated on pages C6–C20. The apparent ecliptic latitude is equal to the geometric ecliptic latitude found on pages C6–C20 to the precision of tabulation.

Time of transit of the Sun

The quantity tabulated as "Ephemeris Transit" on pages C7–C21 is the TT of transit of the Sun over the ephemeris meridian, which is at the longitude $1.002\,738\,\Delta T$ east of the prime (Greenwich) meridian; in this expression ΔT is the difference TT − UT. The TT of transit of the Sun over a local meridian is obtained by interpolation where the first differences are about 24 hours. The interpolation factor p is given by:

$$p = -\lambda + 1.002\,738\,\Delta T$$

where λ is the east longitude and the right-hand side of the equation is expressed in days. (Divide longitude in degrees by 360 and ΔT in seconds by 86 400). During 2009 it is expected that ΔT will be about 66 seconds, so that the second term is about +0.000 77 days.

The UT of transit is obtained by subtracting ΔT from the TT of transit obtained by interpolation.

Equation of time

Apparent solar time is a measure of time based on the diurnal motion of the true Sun. The rate of diurnal motion of the Sun undergoes seasonal variation caused by the obliquity of the ecliptic and by the eccentricity of the Earth's orbit. Additional small variations result from irregularities in the rotation of the Earth on its axis. Mean solar time is a measure of time based conceptually on the diurnal motion of a fiducial point, called the fictitious mean Sun, with uniform motion along the celestial equator. The difference is known as the equation of time. The equation of time is defined so that:

Equation of Time = apparent solar time − mean solar time

To obtain the equation of time to a precision of about 1 second it is sufficient to use:

equation of time at 12^h UT = 12^h − tabulated value of ephemeris transit found on C7–C21.

SUN, 2009

NOTES AND FORMULAS

Equation of time (continued)

Alternatively, equation of time may be calculated for any instant during 2009 in seconds of time to a precision of about 3 seconds directly from the expression:

$$\text{equation of time} = -108.5 \sin L + 596.0 \sin 2L + 4.5 \sin 3L - 12.7 \sin 4L \\ - 428.2 \cos L - 2.1 \cos 2L + 19.3 \cos 3L$$

where L is the mean longitude of the Sun, corrected for aberration, given by:

$$L = 279°.791 + 0.985\,647\,d$$

and where d is the interval in days from 2009 January 0 at 0^h UT, given by:

$$d = \text{day of year (from B4–B5)} + \text{fraction of day from } 0^h \text{ UT.}$$

ICRS Geocentric rectangular coordinates of the Sun

The ICRS geocentric equatorial rectangular coordinates of the Sun are given, in AU, on pages C22–C25 and are referred to the ICRS axes. The direction of these axes are determined by the IERS, which observes several hundred extragalactic radio sources for this purpose. See pages B66–B71 for a rigorous method of forming an apparent place of an object in the solar system.

Elements of the rotation of the Sun

The mean elements of the rotation of the Sun during 2009 are given by:

Longitude of the ascending node of the solar equator:
  on the ecliptic of date = 75°.89
  on the mean equator of date = 16°.14
Inclination of the solar equator:
  on the ecliptic of date = 7°.25
  on the mean equator of date = 26°.11
Right ascension of the pole of the solar equator = 286°.14
Declination of the pole of the solar equator = 63°.89
Sidereal period of rotation of the prime meridian = 25.38 days.
Mean synodic period of rotation of the prime meridian = 27.2753 days.

These data are derived from elements originally given by R. C. Carrington (*Observations of the Spots on the Sun*, p. 244, 1863). They have been updated using values from Seidelmann et al. (*Explanatory Supplement to the Astronomical Almanac*), p. 397 1992.

Heliographic coordinates

The quantities on the right-hand pages of C7–C21, except for Ephemeris Transit, are tabulated for 0^h TT. However, except for L_0, the values are essentially the same for 0^h UT, to the accuracy given. The value of L_0 at 0^h UT may be approximately obtained from the value tabulated at 0^h TT by subtracting 0.01 degree.

NOTES AND FORMULAS

Heliographic coordinates (continued)

If ρ_1, θ are the observed angular distance and position angle of a sunspot from the center of the disk of the Sun as seen from the Earth, and ρ is the heliocentric angular distance of the spot on the solar surface from the center of the Sun's disk, then

$$\sin(\rho + \rho_1) = \rho_1/S$$

where S is the semidiameter of the Sun. The position angle is measured from the north point of the disk towards the east.

The formulas for the computation of the heliographic coordinates (L, B) of a sunspot (or other feature on the surface of the Sun) from (ρ, θ) are as follows:

$$\sin B = \sin B_0 \cos \rho + \cos B_0 \sin \rho \cos(P - \theta)$$
$$\cos B \sin(L - L_0) = \sin \rho \sin(P - \theta)$$
$$\cos B \cos(L - L_0) = \cos \rho \cos B_0 - \sin B_0 \sin \rho \cos(P - \theta)$$

where B is measured positive to the north of the solar equator and L is measured from $0°$ to $360°$ in the direction of rotation of the Sun, i.e., westwards on the apparent disk as seen from the Earth. Daily values for B_0 and L_0 are tabulated on pages C7–C21.

SYNODIC ROTATION NUMBERS, 2009

Number	Date of Commencement			Number	Date of Commencement		
2078	2008	Dec.	17.61	2086	2009	July	23.80
2079	2009	Jan.	13.94	2087		Aug.	20.02
2080		Feb.	10.28	2088		Sept	16.28
2081		Mar.	9.62	2089		Oct.	13.56
2082		Apr.	5.92	2090		Nov.	9.86
2083		May	3.18	2091	2009	Dec.	7.17
2084		May	30.40	2092	2010	Jan.	3.50
2085		June	26.59				

At the date of commencement of each synodic rotation period the value of L_0 is zero; that is, the prime meridian passes through the central point of the disk.

NOTES AND FORMULAS

Low precision formulas for the Sun

The following formulas give the apparent coordinates of the Sun to a precision of $0°.01$ and the equation of time to a precision of $0^m.1$ between 1950 and 2050; on this page the time argument n is the number of days from J2000.0.

n = JD − 2451545.0 = 3286.5 + day of year (from B4–B5) + fraction of day from 0^h UT
Mean longitude of Sun, corrected for aberration: $L = 280°.460 + 0°.985\,6474\,n$
Mean anomaly: $g = 357°.528 + 0°.985\,6003\,n$

Put L and g in the range $0°$ to $360°$ by adding multiples of $360°$.

Ecliptic longitude: $\lambda = L + 1°.915 \sin g + 0°.020 \sin 2g$
Ecliptic latitude: $\beta = 0°$
Obliquity of ecliptic: $\epsilon = 23°.439 - 0°.000\,0004\,n$
Right ascension: $\alpha = \tan^{-1}(\cos \epsilon \tan \lambda)$; ($\alpha$ in same quadrant as λ)

Alternatively, right ascension, α, may be calculated directly from:

Right ascension: $\alpha = \lambda - ft \sin 2\lambda + (f/2)t^2 \sin 4\lambda$
where $f = 180/\pi$ and $t = \tan^2(\epsilon/2)$
Declination: $\delta = \sin^{-1}(\sin \epsilon \sin \lambda)$

Distance of Sun from Earth, R, in AU:

$R = 1.000\,14 - 0.016\,71 \cos g - 0.000\,14 \cos 2g$

Equatorial rectangular coordinates of the Sun, in AU:

$x = R \cos \lambda$
$y = R \cos \epsilon \sin \lambda$
$z = R \sin \epsilon \sin \lambda$

Equation of time, in minutes:

E = $(L - \alpha)$, in degrees, multiplied by 4.

Other useful quantities:

Horizontal parallax: $0°.0024$
Semidiameter: $0°.2666/R$
Light-time: $0^d.0058$

SUN, 2009
FOR 0ʰ TERRESTRIAL TIME

Date	Julian Date	Geometric Ecliptic Coords. Mean Equinox & Ecliptic of Date		Apparent R. A.	Apparent Declination	True Geocentric Distance
		Longitude	Latitude			
	245	° ′ ″	″	h m s	° ′ ″	
Jan. 0	4831.5	279 40 54.39	−0.30	18 42 07.59	−23 05 11.5	0.983 3242
1	4832.5	280 42 04.77	−0.18	18 46 32.73	−23 00 30.8	0.983 3051
2	4833.5	281 43 15.03	−0.07	18 50 57.54	−22 55 22.5	0.983 2902
3	4834.5	282 44 25.10	+0.03	18 55 21.98	−22 49 46.8	0.983 2798
4	4835.5	283 45 34.92	+0.10	18 59 46.02	−22 43 43.9	0.983 2741
5	4836.5	284 46 44.41	+0.15	19 04 09.65	−22 37 14.0	0.983 2734
6	4837.5	285 47 53.54	+0.17	19 08 32.82	−22 30 17.2	0.983 2779
7	4838.5	286 49 02.26	+0.15	19 12 55.51	−22 22 53.9	0.983 2880
8	4839.5	287 50 10.58	+0.10	19 17 17.70	−22 15 04.1	0.983 3040
9	4840.5	288 51 18.48	+0.02	19 21 39.36	−22 06 48.3	0.983 3263
10	4841.5	289 52 25.99	−0.09	19 26 00.47	−21 58 06.6	0.983 3550
11	4842.5	290 53 33.15	−0.22	19 30 21.01	−21 48 59.2	0.983 3904
12	4843.5	291 54 40.01	−0.37	19 34 40.96	−21 39 26.4	0.983 4324
13	4844.5	292 55 46.61	−0.52	19 39 00.31	−21 29 28.5	0.983 4811
14	4845.5	293 56 53.00	−0.66	19 43 19.02	−21 19 05.7	0.983 5363
15	4846.5	294 57 59.18	−0.79	19 47 37.10	−21 08 18.1	0.983 5976
16	4847.5	295 59 05.18	−0.90	19 51 54.53	−20 57 06.3	0.983 6649
17	4848.5	297 00 10.96	−0.98	19 56 11.29	−20 45 30.3	0.983 7377
18	4849.5	298 01 16.52	−1.03	20 00 27.37	−20 33 30.5	0.983 8158
19	4850.5	299 02 21.81	−1.05	20 04 42.75	−20 21 07.4	0.983 8988
20	4851.5	300 03 26.78	−1.05	20 08 57.41	−20 08 21.1	0.983 9866
21	4852.5	301 04 31.37	−1.01	20 13 11.35	−19 55 12.0	0.984 0787
22	4853.5	302 05 35.52	−0.95	20 17 24.55	−19 41 40.6	0.984 1751
23	4854.5	303 06 39.17	−0.86	20 21 37.00	−19 27 47.1	0.984 2755
24	4855.5	304 07 42.24	−0.76	20 25 48.67	−19 13 32.0	0.984 3797
25	4856.5	305 08 44.65	−0.64	20 29 59.56	−18 58 55.7	0.984 4876
26	4857.5	306 09 46.33	−0.51	20 34 09.66	−18 43 58.5	0.984 5990
27	4858.5	307 10 47.18	−0.37	20 38 18.96	−18 28 40.8	0.984 7138
28	4859.5	308 11 47.13	−0.24	20 42 27.44	−18 13 03.0	0.984 8321
29	4860.5	309 12 46.08	−0.12	20 46 35.10	−17 57 05.6	0.984 9538
30	4861.5	310 13 43.95	−0.01	20 50 41.94	−17 40 48.9	0.985 0789
31	4862.5	311 14 40.66	+0.08	20 54 47.95	−17 24 13.3	0.985 2076
Feb. 1	4863.5	312 15 36.13	+0.14	20 58 53.12	−17 07 19.4	0.985 3400
2	4864.5	313 16 30.28	+0.17	21 02 57.46	−16 50 07.4	0.985 4762
3	4865.5	314 17 23.07	+0.16	21 07 00.97	−16 32 37.8	0.985 6165
4	4866.5	315 18 14.44	+0.13	21 11 03.65	−16 14 51.1	0.985 7612
5	4867.5	316 19 04.36	+0.06	21 15 05.50	−15 56 47.6	0.985 9106
6	4868.5	317 19 52.82	−0.03	21 19 06.53	−15 38 27.8	0.986 0648
7	4869.5	318 20 39.82	−0.15	21 23 06.74	−15 19 52.0	0.986 2244
8	4870.5	319 21 25.40	−0.29	21 27 06.13	−15 01 00.8	0.986 3893
9	4871.5	320 22 09.59	−0.43	21 31 04.73	−14 41 54.4	0.986 5598
10	4872.5	321 22 52.44	−0.58	21 35 02.53	−14 22 33.3	0.986 7359
11	4873.5	322 23 34.01	−0.71	21 38 59.56	−14 02 57.8	0.986 9176
12	4874.5	323 24 14.33	−0.82	21 42 55.82	−13 43 08.4	0.987 1046
13	4875.5	324 24 53.44	−0.91	21 46 51.34	−13 23 05.2	0.987 2968
14	4876.5	325 25 31.37	−0.97	21 50 46.12	−13 02 48.9	0.987 4937
15	4877.5	326 26 08.10	−1.00	21 54 40.18	−12 42 19.7	0.987 6952

SUN, 2009

FOR 0ʰ TERRESTRIAL TIME

Date		Pos. Angle of Axis P	Heliographic Latitude B_0	Heliographic Longitude L_0	Horiz. Parallax	Semi-Diameter	Ephemeris Transit
		°	°	°	″	′ ″	h m s
Jan.	0	+ 2.47	− 2.92	183.59	8.94	16 15.92	12 03 11.40
	1	+ 1.99	− 3.04	170.42	8.94	16 15.94	12 03 39.83
	2	+ 1.50	− 3.15	157.25	8.94	16 15.95	12 04 07.92
	3	+ 1.02	− 3.27	144.08	8.94	16 15.96	12 04 35.62
	4	+ 0.53	− 3.38	130.91	8.94	16 15.97	12 05 02.91
	5	+ 0.05	− 3.50	117.74	8.94	16 15.97	12 05 29.76
	6	− 0.44	− 3.61	104.57	8.94	16 15.97	12 05 56.15
	7	− 0.92	− 3.72	91.40	8.94	16 15.96	12 06 22.03
	8	− 1.40	− 3.83	78.23	8.94	16 15.94	12 06 47.40
	9	− 1.88	− 3.94	65.06	8.94	16 15.92	12 07 12.23
	10	− 2.36	− 4.05	51.89	8.94	16 15.89	12 07 36.49
	11	− 2.84	− 4.15	38.72	8.94	16 15.85	12 08 00.18
	12	− 3.31	− 4.26	25.56	8.94	16 15.81	12 08 23.27
	13	− 3.79	− 4.36	12.39	8.94	16 15.76	12 08 45.75
	14	− 4.26	− 4.46	359.22	8.94	16 15.71	12 09 07.59
	15	− 4.73	− 4.56	346.05	8.94	16 15.65	12 09 28.80
	16	− 5.20	− 4.66	332.88	8.94	16 15.58	12 09 49.34
	17	− 5.66	− 4.76	319.72	8.94	16 15.51	12 10 09.21
	18	− 6.12	− 4.86	306.55	8.94	16 15.43	12 10 28.39
	19	− 6.58	− 4.95	293.38	8.94	16 15.35	12 10 46.85
	20	− 7.04	− 5.05	280.22	8.94	16 15.26	12 11 04.60
	21	− 7.49	− 5.14	267.05	8.94	16 15.17	12 11 21.61
	22	− 7.94	− 5.23	253.88	8.94	16 15.08	12 11 37.87
	23	− 8.38	− 5.32	240.72	8.93	16 14.98	12 11 53.36
	24	− 8.83	− 5.40	227.55	8.93	16 14.87	12 12 08.08
	25	− 9.27	− 5.49	214.38	8.93	16 14.77	12 12 22.01
	26	− 9.70	− 5.57	201.22	8.93	16 14.66	12 12 35.15
	27	− 10.13	− 5.65	188.05	8.93	16 14.54	12 12 47.48
	28	− 10.56	− 5.73	174.89	8.93	16 14.42	12 12 58.99
	29	− 10.98	− 5.81	161.72	8.93	16 14.30	12 13 09.68
	30	− 11.40	− 5.89	148.55	8.93	16 14.18	12 13 19.55
	31	− 11.81	− 5.96	135.39	8.93	16 14.05	12 13 28.58
Feb.	1	− 12.22	− 6.03	122.22	8.92	16 13.92	12 13 36.78
	2	− 12.63	− 6.10	109.06	8.92	16 13.79	12 13 44.15
	3	− 13.03	− 6.17	95.89	8.92	16 13.65	12 13 50.68
	4	− 13.42	− 6.24	82.72	8.92	16 13.51	12 13 56.37
	5	− 13.81	− 6.30	69.56	8.92	16 13.36	12 14 01.24
	6	− 14.20	− 6.37	56.39	8.92	16 13.21	12 14 05.28
	7	− 14.58	− 6.43	43.22	8.92	16 13.05	12 14 08.51
	8	− 14.96	− 6.48	30.06	8.92	16 12.89	12 14 10.94
	9	− 15.33	− 6.54	16.89	8.91	16 12.72	12 14 12.57
	10	− 15.69	− 6.60	3.72	8.91	16 12.54	12 14 13.42
	11	− 16.05	− 6.65	350.56	8.91	16 12.37	12 14 13.51
	12	− 16.41	− 6.70	337.39	8.91	16 12.18	12 14 12.84
	13	− 16.75	− 6.75	324.22	8.91	16 11.99	12 14 11.43
	14	− 17.10	− 6.79	311.05	8.91	16 11.80	12 14 09.30
	15	− 17.44	− 6.84	297.88	8.90	16 11.60	12 14 06.44

SUN, 2009
FOR 0ʰ TERRESTRIAL TIME

Date	Julian Date	Geometric Ecliptic Coords. Mean Equinox & Ecliptic of Date		Apparent R. A.	Apparent Declination	True Geocentric Distance
		Longitude	Latitude			
	245	° ′ ″	″	h m s	° ′ ″	
Feb. 15	4877.5	326 26 08.10	−1.00	21 54 40.18	−12 42 19.7	0.987 6952
16	4878.5	327 26 43.65	−1.00	21 58 33.54	−12 21 38.1	0.987 9008
17	4879.5	328 27 17.98	−0.97	22 02 26.20	−12 00 44.5	0.988 1103
18	4880.5	329 27 51.08	−0.91	22 06 18.19	−11 39 39.3	0.988 3233
19	4881.5	330 28 22.90	−0.83	22 10 09.50	−11 18 23.0	0.988 5395
20	4882.5	331 28 53.41	−0.72	22 14 00.15	−10 56 55.9	0.988 7587
21	4883.5	332 29 22.56	−0.60	22 17 50.16	−10 35 18.5	0.988 9806
22	4884.5	333 29 50.29	−0.47	22 21 39.54	−10 13 31.2	0.989 2049
23	4885.5	334 30 16.54	−0.34	22 25 28.30	− 9 51 34.5	0.989 4314
24	4886.5	335 30 41.25	−0.21	22 29 16.44	− 9 29 28.7	0.989 6598
25	4887.5	336 31 04.35	−0.08	22 33 03.99	− 9 07 14.3	0.989 8901
26	4888.5	337 31 25.77	+0.04	22 36 50.96	− 8 44 51.8	0.990 1221
27	4889.5	338 31 45.41	+0.13	22 40 37.37	− 8 22 21.5	0.990 3557
28	4890.5	339 32 03.21	+0.20	22 44 23.22	− 7 59 43.9	0.990 5909
Mar. 1	4891.5	340 32 19.09	+0.24	22 48 08.53	− 7 36 59.3	0.990 8277
2	4892.5	341 32 32.97	+0.25	22 51 53.33	− 7 14 08.3	0.991 0663
3	4893.5	342 32 44.80	+0.23	22 55 37.63	− 6 51 11.2	0.991 3068
4	4894.5	343 32 54.53	+0.17	22 59 21.43	− 6 28 08.4	0.991 5494
5	4895.5	344 33 02.11	+0.09	23 03 04.77	− 6 05 00.3	0.991 7944
6	4896.5	345 33 07.54	−0.02	23 06 47.66	− 5 41 47.4	0.992 0420
7	4897.5	346 33 10.81	−0.14	23 10 30.11	− 5 18 30.0	0.992 2925
8	4898.5	347 33 11.95	−0.28	23 14 12.14	− 4 55 08.5	0.992 5461
9	4899.5	348 33 10.99	−0.41	23 17 53.79	− 4 31 43.3	0.992 8030
10	4900.5	349 33 07.97	−0.54	23 21 35.06	− 4 08 14.6	0.993 0634
11	4901.5	350 33 02.96	−0.66	23 25 15.99	− 3 44 42.9	0.993 3273
12	4902.5	351 32 56.03	−0.75	23 28 56.60	− 3 21 08.5	0.993 5945
13	4903.5	352 32 47.21	−0.82	23 32 36.92	− 2 57 31.7	0.993 8650
14	4904.5	353 32 36.57	−0.85	23 36 16.97	− 2 33 52.9	0.994 1385
15	4905.5	354 32 24.14	−0.86	23 39 56.77	− 2 10 12.3	0.994 4147
16	4906.5	355 32 09.96	−0.84	23 43 36.36	− 1 46 30.5	0.994 6934
17	4907.5	356 31 54.03	−0.79	23 47 15.75	− 1 22 47.6	0.994 9743
18	4908.5	357 31 36.37	−0.72	23 50 54.96	− 0 59 04.2	0.995 2570
19	4909.5	358 31 16.97	−0.62	23 54 34.01	− 0 35 20.5	0.995 5412
20	4910.5	359 30 55.84	−0.51	23 58 12.92	− 0 11 36.9	0.995 8266
21	4911.5	0 30 32.95	−0.39	0 01 51.72	+ 0 12 06.1	0.996 1128
22	4912.5	1 30 08.28	−0.26	0 05 30.41	+ 0 35 48.2	0.996 3996
23	4913.5	2 29 41.82	−0.13	0 09 09.02	+ 0 59 29.1	0.996 6866
24	4914.5	3 29 13.51	−0.01	0 12 47.57	+ 1 23 08.3	0.996 9737
25	4915.5	4 28 43.32	+0.11	0 16 26.08	+ 1 46 45.5	0.997 2604
26	4916.5	5 28 11.19	+0.20	0 20 04.56	+ 2 10 20.2	0.997 5466
27	4917.5	6 27 37.07	+0.27	0 23 43.03	+ 2 33 52.2	0.997 8320
28	4918.5	7 27 00.88	+0.31	0 27 21.51	+ 2 57 21.0	0.998 1166
29	4919.5	8 26 22.57	+0.33	0 31 00.02	+ 3 20 46.3	0.998 4004
30	4920.5	9 25 42.05	+0.31	0 34 38.57	+ 3 44 07.7	0.998 6832
31	4921.5	10 24 59.28	+0.26	0 38 17.18	+ 4 07 24.8	0.998 9652
Apr. 1	4922.5	11 24 14.21	+0.18	0 41 55.87	+ 4 30 37.2	0.999 2466
2	4923.5	12 23 26.79	+0.07	0 45 34.64	+ 4 53 44.6	0.999 5276

SUN, 2009

FOR 0ʰ TERRESTRIAL TIME

Date		Pos. Angle of Axis P	Heliographic		Horiz. Parallax	Semi-Diameter	Ephemeris Transit
			Latitude B_0	Longitude L_0			
		°	°	°	″	′ ″	h m s
Feb.	15	− 17.44	− 6.84	297.88	8.90	16 11.60	12 14 06.44
	16	− 17.77	− 6.88	284.72	8.90	16 11.40	12 14 02.89
	17	− 18.10	− 6.92	271.55	8.90	16 11.19	12 13 58.65
	18	− 18.42	− 6.95	258.38	8.90	16 10.98	12 13 53.73
	19	− 18.73	− 6.99	245.21	8.90	16 10.77	12 13 48.15
	20	− 19.04	− 7.02	232.04	8.89	16 10.56	12 13 41.91
	21	− 19.34	− 7.05	218.87	8.89	16 10.34	12 13 35.04
	22	− 19.64	− 7.08	205.70	8.89	16 10.12	12 13 27.54
	23	− 19.93	− 7.11	192.53	8.89	16 09.90	12 13 19.44
	24	− 20.22	− 7.13	179.36	8.89	16 09.67	12 13 10.73
	25	− 20.50	− 7.15	166.19	8.88	16 09.45	12 13 01.43
	26	− 20.77	− 7.17	153.02	8.88	16 09.22	12 12 51.57
	27	− 21.04	− 7.19	139.85	8.88	16 08.99	12 12 41.14
	28	− 21.30	− 7.21	126.68	8.88	16 08.76	12 12 30.17
Mar.	1	− 21.55	− 7.22	113.51	8.88	16 08.53	12 12 18.67
	2	− 21.80	− 7.23	100.33	8.87	16 08.30	12 12 06.66
	3	− 22.04	− 7.24	87.16	8.87	16 08.06	12 11 54.15
	4	− 22.28	− 7.25	73.99	8.87	16 07.82	12 11 41.16
	5	− 22.51	− 7.25	60.81	8.87	16 07.58	12 11 27.70
	6	− 22.73	− 7.25	47.64	8.86	16 07.34	12 11 13.80
	7	− 22.95	− 7.25	34.46	8.86	16 07.10	12 10 59.48
	8	− 23.16	− 7.25	21.29	8.86	16 06.85	12 10 44.76
	9	− 23.36	− 7.24	8.11	8.86	16 06.60	12 10 29.67
	10	− 23.56	− 7.24	354.93	8.86	16 06.35	12 10 14.22
	11	− 23.75	− 7.23	341.76	8.85	16 06.09	12 09 58.44
	12	− 23.93	− 7.22	328.58	8.85	16 05.83	12 09 42.35
	13	− 24.11	− 7.20	315.40	8.85	16 05.57	12 09 25.99
	14	− 24.28	− 7.19	302.22	8.85	16 05.30	12 09 09.36
	15	− 24.44	− 7.17	289.04	8.84	16 05.03	12 08 52.51
	16	− 24.60	− 7.15	275.86	8.84	16 04.76	12 08 35.44
	17	− 24.75	− 7.13	262.68	8.84	16 04.49	12 08 18.18
	18	− 24.89	− 7.10	249.49	8.84	16 04.22	12 08 00.75
	19	− 25.03	− 7.08	236.31	8.83	16 03.94	12 07 43.18
	20	− 25.16	− 7.05	223.13	8.83	16 03.67	12 07 25.47
	21	− 25.28	− 7.02	209.95	8.83	16 03.39	12 07 07.66
	22	− 25.39	− 6.98	196.76	8.83	16 03.11	12 06 49.76
	23	− 25.50	− 6.95	183.58	8.82	16 02.84	12 06 31.79
	24	− 25.60	− 6.91	170.39	8.82	16 02.56	12 06 13.78
	25	− 25.70	− 6.87	157.20	8.82	16 02.28	12 05 55.72
	26	− 25.79	− 6.83	144.02	8.82	16 02.01	12 05 37.65
	27	− 25.87	− 6.79	130.83	8.81	16 01.73	12 05 19.58
	28	− 25.94	− 6.74	117.64	8.81	16 01.46	12 05 01.53
	29	− 26.01	− 6.69	104.45	8.81	16 01.18	12 04 43.51
	30	− 26.07	− 6.65	91.26	8.81	16 00.91	12 04 25.54
	31	− 26.12	− 6.59	78.07	8.80	16 00.64	12 04 07.63
Apr.	1	− 26.16	− 6.54	64.88	8.80	16 00.37	12 03 49.80
	2	− 26.20	− 6.49	51.69	8.80	16 00.10	12 03 32.07

SUN, 2009
FOR 0ʰ TERRESTRIAL TIME

Date		Julian Date	Geometric Ecliptic Coords. Mean Equinox & Ecliptic of Date		Apparent R. A.	Apparent Declination	True Geocentric Distance
			Longitude	Latitude			
		245	° ′ ″	″	h m s	° ′ ″	
Apr.	1	4922.5	11 24 14.21	+0.18	0 41 55.87	+ 4 30 37.2	0.999 2466
	2	4923.5	12 23 26.79	+0.07	0 45 34.64	+ 4 53 44.6	0.999 5276
	3	4924.5	13 22 37.01	−0.05	0 49 13.53	+ 5 16 46.7	0.999 8084
	4	4925.5	14 21 44.88	−0.18	0 52 52.53	+ 5 39 43.0	1.000 0893
	5	4926.5	15 20 50.40	−0.31	0 56 31.67	+ 6 02 33.2	1.000 3706
	6	4927.5	16 19 53.62	−0.44	1 00 10.98	+ 6 25 17.1	1.000 6524
	7	4928.5	17 18 54.58	−0.56	1 03 50.47	+ 6 47 54.2	1.000 9350
	8	4929.5	18 17 53.35	−0.65	1 07 30.17	+ 7 10 24.3	1.001 2184
	9	4930.5	19 16 49.99	−0.72	1 11 10.09	+ 7 32 47.1	1.001 5028
	10	4931.5	20 15 44.58	−0.77	1 14 50.26	+ 7 55 02.2	1.001 7879
	11	4932.5	21 14 37.17	−0.79	1 18 30.71	+ 8 17 09.5	1.002 0738
	12	4933.5	22 13 27.85	−0.77	1 22 11.46	+ 8 39 08.4	1.002 3603
	13	4934.5	23 12 16.65	−0.73	1 25 52.51	+ 9 00 58.9	1.002 6471
	14	4935.5	24 11 03.64	−0.67	1 29 33.90	+ 9 22 40.4	1.002 9341
	15	4936.5	25 09 48.86	−0.58	1 33 15.64	+ 9 44 12.6	1.003 2209
	16	4937.5	26 08 32.34	−0.48	1 36 57.74	+10 05 35.3	1.003 5072
	17	4938.5	27 07 14.10	−0.36	1 40 40.22	+10 26 48.1	1.003 7928
	18	4939.5	28 05 54.17	−0.24	1 44 23.10	+10 47 50.7	1.004 0773
	19	4940.5	29 04 32.55	−0.11	1 48 06.39	+11 08 42.6	1.004 3604
	20	4941.5	30 03 09.26	0.00	1 51 50.10	+11 29 23.6	1.004 6418
	21	4942.5	31 01 44.30	+0.11	1 55 34.25	+11 49 53.3	1.004 9212
	22	4943.5	32 00 17.64	+0.20	1 59 18.85	+12 10 11.4	1.005 1982
	23	4944.5	32 58 49.27	+0.28	2 03 03.90	+12 30 17.5	1.005 4726
	24	4945.5	33 57 19.15	+0.32	2 06 49.43	+12 50 11.2	1.005 7441
	25	4946.5	34 55 47.24	+0.33	2 10 35.44	+13 09 52.3	1.006 0124
	26	4947.5	35 54 13.48	+0.32	2 14 21.94	+13 29 20.4	1.006 2774
	27	4948.5	36 52 37.81	+0.27	2 18 08.93	+13 48 35.0	1.006 5390
	28	4949.5	37 51 00.18	+0.19	2 21 56.42	+14 07 36.0	1.006 7972
	29	4950.5	38 49 20.53	+0.09	2 25 44.41	+14 26 23.0	1.007 0522
	30	4951.5	39 47 38.83	−0.03	2 29 32.90	+14 44 55.6	1.007 3041
May	1	4952.5	40 45 55.06	−0.16	2 33 21.90	+15 03 13.4	1.007 5531
	2	4953.5	41 44 09.21	−0.29	2 37 11.42	+15 21 16.2	1.007 7996
	3	4954.5	42 42 21.30	−0.41	2 41 01.45	+15 39 03.7	1.008 0438
	4	4955.5	43 40 31.36	−0.53	2 44 52.01	+15 56 35.5	1.008 2859
	5	4956.5	44 38 39.44	−0.62	2 48 43.10	+16 13 51.3	1.008 5262
	6	4957.5	45 36 45.61	−0.70	2 52 34.73	+16 30 50.9	1.008 7649
	7	4958.5	46 34 49.92	−0.74	2 56 26.92	+16 47 34.0	1.009 0021
	8	4959.5	47 32 52.46	−0.76	3 00 19.67	+17 04 00.4	1.009 2378
	9	4960.5	48 30 53.30	−0.75	3 04 12.98	+17 20 09.6	1.009 4721
	10	4961.5	49 28 52.52	−0.71	3 08 06.87	+17 36 01.6	1.009 7048
	11	4962.5	50 26 50.20	−0.64	3 12 01.33	+17 51 35.9	1.009 9360
	12	4963.5	51 24 46.40	−0.56	3 15 56.38	+18 06 52.3	1.010 1654
	13	4964.5	52 22 41.19	−0.45	3 19 52.00	+18 21 50.5	1.010 3928
	14	4965.5	53 20 34.63	−0.34	3 23 48.21	+18 36 30.2	1.010 6181
	15	4966.5	54 18 26.78	−0.21	3 27 45.00	+18 50 51.2	1.010 8410
	16	4967.5	55 16 17.68	−0.09	3 31 42.37	+19 04 53.1	1.011 0612
	17	4968.5	56 14 07.37	+0.03	3 35 40.32	+19 18 35.7	1.011 2785

SUN, 2009

FOR 0ʰ TERRESTRIAL TIME

Date		Pos. Angle of Axis P	Heliographic		Horiz. Parallax	Semi-Diameter		Ephemeris Transit		
			Latitude B_0	Longitude L_0						
		°	°	°	″	′	″	h	m	s
Apr.	1	−26.16	−6.54	64.88	8.80	16	00.37	12	03	49.80
	2	−26.20	−6.49	51.69	8.80	16	00.10	12	03	32.07
	3	−26.23	−6.43	38.49	8.80	15	59.83	12	03	14.45
	4	−26.25	−6.37	25.30	8.79	15	59.56	12	02	56.97
	5	−26.27	−6.31	12.10	8.79	15	59.29	12	02	39.65
	6	−26.28	−6.25	358.91	8.79	15	59.02	12	02	22.50
	7	−26.28	−6.18	345.71	8.79	15	58.75	12	02	05.54
	8	−26.28	−6.12	332.51	8.78	15	58.48	12	01	48.81
	9	−26.26	−6.05	319.31	8.78	15	58.20	12	01	32.31
	10	−26.24	−5.98	306.11	8.78	15	57.93	12	01	16.07
	11	−26.21	−5.91	292.91	8.78	15	57.66	12	01	00.11
	12	−26.18	−5.84	279.71	8.77	15	57.39	12	00	44.46
	13	−26.14	−5.76	266.51	8.77	15	57.11	12	00	29.13
	14	−26.09	−5.69	253.31	8.77	15	56.84	12	00	14.13
	15	−26.03	−5.61	240.10	8.77	15	56.56	11	59	59.49
	16	−25.97	−5.53	226.90	8.76	15	56.29	11	59	45.22
	17	−25.90	−5.45	213.69	8.76	15	56.02	11	59	31.35
	18	−25.82	−5.37	200.49	8.76	15	55.75	11	59	17.88
	19	−25.73	−5.28	187.28	8.76	15	55.48	11	59	04.82
	20	−25.64	−5.20	174.07	8.75	15	55.21	11	58	52.20
	21	−25.54	−5.11	160.87	8.75	15	54.95	11	58	40.02
	22	−25.43	−5.02	147.66	8.75	15	54.68	11	58	28.30
	23	−25.31	−4.93	134.45	8.75	15	54.42	11	58	17.05
	24	−25.19	−4.84	121.24	8.74	15	54.16	11	58	06.27
	25	−25.06	−4.75	108.03	8.74	15	53.91	11	57	55.97
	26	−24.92	−4.65	94.81	8.74	15	53.66	11	57	46.15
	27	−24.77	−4.56	81.60	8.74	15	53.41	11	57	36.83
	28	−24.62	−4.46	68.39	8.73	15	53.17	11	57	28.01
	29	−24.46	−4.36	55.17	8.73	15	52.92	11	57	19.69
	30	−24.30	−4.27	41.96	8.73	15	52.69	11	57	11.87
May	1	−24.12	−4.17	28.74	8.73	15	52.45	11	57	04.57
	2	−23.94	−4.06	15.53	8.73	15	52.22	11	56	57.78
	3	−23.75	−3.96	2.31	8.72	15	51.99	11	56	51.52
	4	−23.56	−3.86	349.09	8.72	15	51.76	11	56	45.79
	5	−23.35	−3.75	335.87	8.72	15	51.53	11	56	40.61
	6	−23.14	−3.65	322.65	8.72	15	51.31	11	56	35.97
	7	−22.93	−3.54	309.43	8.72	15	51.08	11	56	31.88
	8	−22.70	−3.44	296.21	8.71	15	50.86	11	56	28.36
	9	−22.47	−3.33	282.99	8.71	15	50.64	11	56	25.40
	10	−22.23	−3.22	269.77	8.71	15	50.42	11	56	23.01
	11	−21.99	−3.11	256.54	8.71	15	50.20	11	56	21.20
	12	−21.74	−3.00	243.32	8.71	15	49.99	11	56	19.98
	13	−21.48	−2.89	230.10	8.70	15	49.77	11	56	19.33
	14	−21.22	−2.77	216.87	8.70	15	49.56	11	56	19.27
	15	−20.94	−2.66	203.64	8.70	15	49.35	11	56	19.79
	16	−20.67	−2.55	190.42	8.70	15	49.15	11	56	20.89
	17	−20.38	−2.43	177.19	8.70	15	48.94	11	56	22.57

SUN, 2009
FOR 0ʰ TERRESTRIAL TIME

Date	Julian Date	Geometric Ecliptic Coords. Mean Equinox & Ecliptic of Date		Apparent R. A.	Apparent Declination	True Geocentric Distance
		Longitude	Latitude			
	245	° ′ ″	″	h m s	° ′ ″	
May 17	4968.5	56 14 07.37	+0.03	3 35 40.32	+19 18 35.7	1.011 2785
18	4969.5	57 11 55.90	+0.14	3 39 38.84	+19 31 58.7	1.011 4926
19	4970.5	58 09 43.28	+0.24	3 43 37.94	+19 45 01.8	1.011 7031
20	4971.5	59 07 29.55	+0.32	3 47 37.60	+19 57 44.7	1.011 9097
21	4972.5	60 05 14.69	+0.37	3 51 37.82	+20 10 07.1	1.012 1122
22	4973.5	61 02 58.71	+0.39	3 55 38.59	+20 22 08.9	1.012 3102
23	4974.5	62 00 41.60	+0.38	3 59 39.91	+20 33 49.7	1.012 5033
24	4975.5	62 58 23.30	+0.34	4 03 41.75	+20 45 09.4	1.012 6914
25	4976.5	63 56 03.78	+0.26	4 07 44.11	+20 56 07.6	1.012 8743
26	4977.5	64 53 42.99	+0.17	4 11 46.97	+21 06 44.1	1.013 0518
27	4978.5	65 51 20.87	+0.05	4 15 50.30	+21 16 58.8	1.013 2241
28	4979.5	66 48 57.38	−0.08	4 19 54.09	+21 26 51.3	1.013 3912
29	4980.5	67 46 32.48	−0.21	4 23 58.31	+21 36 21.5	1.013 5533
30	4981.5	68 44 06.17	−0.34	4 28 02.96	+21 45 29.2	1.013 7108
31	4982.5	69 41 38.45	−0.46	4 32 08.00	+21 54 14.1	1.013 8640
June 1	4983.5	70 39 09.36	−0.56	4 36 13.44	+22 02 36.1	1.014 0131
2	4984.5	71 36 38.93	−0.63	4 40 19.26	+22 10 35.0	1.014 1584
3	4985.5	72 34 07.21	−0.68	4 44 25.44	+22 18 10.6	1.014 3002
4	4986.5	73 31 34.27	−0.69	4 48 31.97	+22 25 22.9	1.014 4386
5	4987.5	74 29 00.19	−0.68	4 52 38.84	+22 32 11.7	1.014 5738
6	4988.5	75 26 25.03	−0.64	4 56 46.02	+22 38 36.8	1.014 7059
7	4989.5	76 23 48.89	−0.58	5 00 53.51	+22 44 38.1	1.014 8350
8	4990.5	77 21 11.83	−0.49	5 05 01.29	+22 50 15.5	1.014 9611
9	4991.5	78 18 33.94	−0.39	5 09 09.34	+22 55 28.9	1.015 0841
10	4992.5	79 15 55.30	−0.27	5 13 17.64	+23 00 18.2	1.015 2039
11	4993.5	80 13 15.99	−0.14	5 17 26.17	+23 04 43.2	1.015 3205
12	4994.5	81 10 36.07	−0.02	5 21 34.92	+23 08 43.9	1.015 4337
13	4995.5	82 07 55.61	+0.11	5 25 43.86	+23 12 20.1	1.015 5433
14	4996.5	83 05 14.69	+0.23	5 29 52.98	+23 15 31.8	1.015 6492
15	4997.5	84 02 33.34	+0.33	5 34 02.24	+23 18 18.8	1.015 7510
16	4998.5	84 59 51.63	+0.41	5 38 11.65	+23 20 41.2	1.015 8485
17	4999.5	85 57 09.60	+0.47	5 42 21.16	+23 22 38.8	1.015 9415
18	5000.5	86 54 27.28	+0.50	5 46 30.76	+23 24 11.6	1.016 0296
19	5001.5	87 51 44.69	+0.50	5 50 40.44	+23 25 19.5	1.016 1125
20	5002.5	88 49 01.84	+0.47	5 54 50.15	+23 26 02.6	1.016 1899
21	5003.5	89 46 18.71	+0.40	5 58 59.89	+23 26 20.9	1.016 2615
22	5004.5	90 43 35.27	+0.31	6 03 09.61	+23 26 14.3	1.016 3270
23	5005.5	91 40 51.50	+0.20	6 07 19.29	+23 25 43.0	1.016 3863
24	5006.5	92 38 07.32	+0.06	6 11 28.89	+23 24 46.8	1.016 4392
25	5007.5	93 35 22.70	−0.07	6 15 38.39	+23 23 25.9	1.016 4859
26	5008.5	94 32 37.59	−0.21	6 19 47.74	+23 21 40.3	1.016 5265
27	5009.5	95 29 51.97	−0.33	6 23 56.93	+23 19 30.0	1.016 5612
28	5010.5	96 27 05.82	−0.44	6 28 05.93	+23 16 55.2	1.016 5904
29	5011.5	97 24 19.15	−0.52	6 32 14.72	+23 13 55.8	1.016 6144
30	5012.5	98 21 32.01	−0.57	6 36 23.28	+23 10 32.1	1.016 6335
July 1	5013.5	99 18 44.42	−0.60	6 40 31.58	+23 06 44.0	1.016 6480
2	5014.5	100 15 56.43	−0.59	6 44 39.61	+23 02 31.7	1.016 6582

SUN, 2009

FOR 0ʰ TERRESTRIAL TIME

Date		Pos. Angle of Axis P	Heliographic Latitude B_0	Heliographic Longitude L_0	Horiz. Parallax	Semi-Diameter	Ephemeris Transit
		°	°	°	″	′ ″	h m s
May	17	− 20.38	− 2.43	177.19	8.70	15 48.94	11 56 22.57
	18	− 20.09	− 2.32	163.97	8.69	15 48.74	11 56 24.83
	19	− 19.79	− 2.20	150.74	8.69	15 48.54	11 56 27.65
	20	− 19.49	− 2.09	137.51	8.69	15 48.35	11 56 31.04
	21	− 19.18	− 1.97	124.28	8.69	15 48.16	11 56 34.99
	22	− 18.87	− 1.85	111.05	8.69	15 47.97	11 56 39.48
	23	− 18.54	− 1.74	97.82	8.69	15 47.79	11 56 44.50
	24	− 18.22	− 1.62	84.59	8.68	15 47.62	11 56 50.04
	25	− 17.88	− 1.50	71.36	8.68	15 47.45	11 56 56.09
	26	− 17.54	− 1.38	58.13	8.68	15 47.28	11 57 02.62
	27	− 17.20	− 1.26	44.90	8.68	15 47.12	11 57 09.61
	28	− 16.85	− 1.14	31.67	8.68	15 46.96	11 57 17.06
	29	− 16.49	− 1.02	18.44	8.68	15 46.81	11 57 24.94
	30	− 16.13	− 0.90	5.21	8.68	15 46.67	11 57 33.23
	31	− 15.77	− 0.78	351.97	8.67	15 46.52	11 57 41.92
June	1	− 15.40	− 0.66	338.74	8.67	15 46.38	11 57 51.00
	2	− 15.02	− 0.54	325.51	8.67	15 46.25	11 58 00.45
	3	− 14.64	− 0.42	312.27	8.67	15 46.12	11 58 10.26
	4	− 14.26	− 0.30	299.04	8.67	15 45.99	11 58 20.40
	5	− 13.87	− 0.18	285.80	8.67	15 45.86	11 58 30.87
	6	− 13.47	− 0.06	272.57	8.67	15 45.74	11 58 41.65
	7	− 13.07	+ 0.06	259.33	8.67	15 45.62	11 58 52.73
	8	− 12.67	+ 0.18	246.10	8.66	15 45.50	11 59 04.08
	9	− 12.27	+ 0.30	232.86	8.66	15 45.38	11 59 15.70
	10	− 11.86	+ 0.43	219.62	8.66	15 45.27	11 59 27.56
	11	− 11.44	+ 0.55	206.39	8.66	15 45.16	11 59 39.64
	12	− 11.03	+ 0.67	193.15	8.66	15 45.06	11 59 51.93
	13	− 10.61	+ 0.79	179.91	8.66	15 44.96	12 00 04.41
	14	− 10.18	+ 0.91	166.68	8.66	15 44.86	12 00 17.05
	15	− 9.76	+ 1.03	153.44	8.66	15 44.76	12 00 29.84
	16	− 9.33	+ 1.14	140.20	8.66	15 44.67	12 00 42.75
	17	− 8.90	+ 1.26	126.97	8.66	15 44.59	12 00 55.76
	18	− 8.46	+ 1.38	113.73	8.66	15 44.50	12 01 08.85
	19	− 8.02	+ 1.50	100.49	8.65	15 44.43	12 01 21.99
	20	− 7.58	+ 1.62	87.26	8.65	15 44.36	12 01 35.16
	21	− 7.14	+ 1.73	74.02	8.65	15 44.29	12 01 48.33
	22	− 6.70	+ 1.85	60.79	8.65	15 44.23	12 02 01.47
	23	− 6.25	+ 1.97	47.55	8.65	15 44.17	12 02 14.55
	24	− 5.81	+ 2.08	34.31	8.65	15 44.12	12 02 27.53
	25	− 5.36	+ 2.20	21.08	8.65	15 44.08	12 02 40.40
	26	− 4.91	+ 2.31	7.84	8.65	15 44.04	12 02 53.12
	27	− 4.46	+ 2.43	354.60	8.65	15 44.01	12 03 05.67
	28	− 4.01	+ 2.54	341.37	8.65	15 43.98	12 03 18.02
	29	− 3.55	+ 2.65	328.13	8.65	15 43.96	12 03 30.14
	30	− 3.10	+ 2.76	314.89	8.65	15 43.94	12 03 42.02
July	1	− 2.65	+ 2.88	301.66	8.65	15 43.93	12 03 53.64
	2	− 2.19	+ 2.99	288.42	8.65	15 43.92	12 04 04.97

SUN, 2009
FOR 0ʰ TERRESTRIAL TIME

Date		Julian Date	Geometric Ecliptic Coords. Mean Equinox & Ecliptic of Date		Apparent R. A.	Apparent Declination	True Geocentric Distance
			Longitude	Latitude			
		245	° ′ ″	″	h m s	° ′ ″	
July	1	5013.5	99 18 44.42	−0.60	6 40 31.58	+23 06 44.0	1.016 6480
	2	5014.5	100 15 56.43	−0.59	6 44 39.61	+23 02 31.7	1.016 6582
	3	5015.5	101 13 08.12	−0.56	6 48 47.35	+22 57 55.3	1.016 6642
	4	5016.5	102 10 19.55	−0.50	6 52 54.79	+22 52 54.9	1.016 6664
	5	5017.5	103 07 30.80	−0.41	6 57 01.89	+22 47 30.7	1.016 6648
	6	5018.5	104 04 41.93	−0.31	7 01 08.65	+22 41 42.8	1.016 6596
	7	5019.5	105 01 53.03	−0.19	7 05 15.05	+22 35 31.4	1.016 6508
	8	5020.5	105 59 04.19	−0.06	7 09 21.07	+22 28 56.4	1.016 6385
	9	5021.5	106 56 15.47	+0.07	7 13 26.69	+22 21 58.2	1.016 6226
	10	5022.5	107 53 26.96	+0.20	7 17 31.91	+22 14 36.9	1.016 6032
	11	5023.5	108 50 38.74	+0.32	7 21 36.70	+22 06 52.6	1.016 5801
	12	5024.5	109 47 50.88	+0.43	7 25 41.06	+21 58 45.4	1.016 5532
	13	5025.5	110 45 03.46	+0.52	7 29 44.97	+21 50 15.6	1.016 5225
	14	5026.5	111 42 16.53	+0.58	7 33 48.42	+21 41 23.4	1.016 4876
	15	5027.5	112 39 30.16	+0.62	7 37 51.40	+21 32 08.8	1.016 4484
	16	5028.5	113 36 44.40	+0.63	7 41 53.91	+21 22 32.1	1.016 4047
	17	5029.5	114 33 59.29	+0.61	7 45 55.92	+21 12 33.5	1.016 3561
	18	5030.5	115 31 14.86	+0.56	7 49 57.42	+21 02 13.3	1.016 3023
	19	5031.5	116 28 31.10	+0.47	7 53 58.42	+20 51 31.7	1.016 2430
	20	5032.5	117 25 48.03	+0.37	7 57 58.88	+20 40 28.8	1.016 1780
	21	5033.5	118 23 05.60	+0.24	8 01 58.80	+20 29 05.1	1.016 1070
	22	5034.5	119 20 23.78	+0.10	8 05 58.15	+20 17 20.7	1.016 0297
	23	5035.5	120 17 42.52	−0.04	8 09 56.93	+20 05 16.0	1.015 9463
	24	5036.5	121 15 01.75	−0.17	8 13 55.11	+19 52 51.2	1.015 8567
	25	5037.5	122 12 21.45	−0.29	8 17 52.69	+19 40 06.5	1.015 7611
	26	5038.5	123 09 41.57	−0.38	8 21 49.66	+19 27 02.3	1.015 6599
	27	5039.5	124 07 02.12	−0.45	8 25 46.02	+19 13 38.8	1.015 5533
	28	5040.5	125 04 23.08	−0.48	8 29 41.76	+18 59 56.3	1.015 4417
	29	5041.5	126 01 44.50	−0.48	8 33 36.88	+18 45 55.1	1.015 3253
	30	5042.5	126 59 06.39	−0.46	8 37 31.38	+18 31 35.5	1.015 2047
	31	5043.5	127 56 28.80	−0.40	8 41 25.25	+18 16 57.8	1.015 0799
Aug.	1	5044.5	128 53 51.79	−0.33	8 45 18.51	+18 02 02.2	1.014 9513
	2	5045.5	129 51 15.42	−0.23	8 49 11.14	+17 46 49.1	1.014 8192
	3	5046.5	130 48 39.74	−0.11	8 53 03.16	+17 31 18.7	1.014 6837
	4	5047.5	131 46 04.83	+0.01	8 56 54.56	+17 15 31.2	1.014 5450
	5	5048.5	132 43 30.76	+0.14	9 00 45.35	+16 59 27.1	1.014 4033
	6	5049.5	133 40 57.61	+0.27	9 04 35.53	+16 43 06.5	1.014 2587
	7	5050.5	134 38 25.44	+0.40	9 08 25.11	+16 26 29.8	1.014 1111
	8	5051.5	135 35 54.34	+0.51	9 12 14.11	+16 09 37.2	1.013 9608
	9	5052.5	136 33 24.39	+0.60	9 16 02.52	+15 52 28.9	1.013 8076
	10	5053.5	137 30 55.67	+0.68	9 19 50.36	+15 35 05.4	1.013 6514
	11	5054.5	138 28 28.24	+0.72	9 23 37.64	+15 17 26.8	1.013 4923
	12	5055.5	139 26 02.17	+0.74	9 27 24.36	+14 59 33.4	1.013 3300
	13	5056.5	140 23 37.52	+0.73	9 31 10.55	+14 41 25.5	1.013 1644
	14	5057.5	141 21 14.35	+0.68	9 34 56.21	+14 23 03.5	1.012 9953
	15	5058.5	142 18 52.70	+0.61	9 38 41.34	+14 04 27.6	1.012 8223
	16	5059.5	143 16 32.59	+0.51	9 42 25.97	+13 45 38.2	1.012 6452

SUN, 2009

FOR 0^h TERRESTRIAL TIME

Date		Pos. Angle of Axis P	Heliographic		Horiz. Parallax	Semi-Diameter	Ephemeris Transit
			Latitude B_0	Longitude L_0			
		°	°	°	"	′ "	h m s
July	1	− 2.65	+ 2.88	301.66	8.65	15 43.93	12 03 53.64
	2	− 2.19	+ 2.99	288.42	8.65	15 43.92	12 04 04.97
	3	− 1.74	+ 3.10	275.18	8.65	15 43.92	12 04 16.00
	4	− 1.29	+ 3.20	261.95	8.65	15 43.91	12 04 26.71
	5	− 0.83	+ 3.31	248.71	8.65	15 43.91	12 04 37.08
	6	− 0.38	+ 3.42	235.48	8.65	15 43.92	12 04 47.10
	7	+ 0.07	+ 3.52	222.24	8.65	15 43.93	12 04 56.75
	8	+ 0.52	+ 3.63	209.01	8.65	15 43.94	12 05 06.01
	9	+ 0.98	+ 3.73	195.77	8.65	15 43.95	12 05 14.87
	10	+ 1.43	+ 3.84	182.54	8.65	15 43.97	12 05 23.32
	11	+ 1.88	+ 3.94	169.30	8.65	15 43.99	12 05 31.35
	12	+ 2.32	+ 4.04	156.07	8.65	15 44.02	12 05 38.93
	13	+ 2.77	+ 4.14	142.83	8.65	15 44.05	12 05 46.06
	14	+ 3.22	+ 4.24	129.60	8.65	15 44.08	12 05 52.73
	15	+ 3.66	+ 4.33	116.37	8.65	15 44.12	12 05 58.92
	16	+ 4.10	+ 4.43	103.14	8.65	15 44.16	12 06 04.62
	17	+ 4.54	+ 4.52	89.90	8.65	15 44.20	12 06 09.82
	18	+ 4.98	+ 4.62	76.67	8.65	15 44.25	12 06 14.50
	19	+ 5.42	+ 4.71	63.44	8.65	15 44.31	12 06 18.67
	20	+ 5.85	+ 4.80	50.21	8.65	15 44.37	12 06 22.29
	21	+ 6.28	+ 4.89	36.98	8.65	15 44.43	12 06 25.36
	22	+ 6.71	+ 4.98	23.75	8.66	15 44.50	12 06 27.86
	23	+ 7.14	+ 5.07	10.52	8.66	15 44.58	12 06 29.78
	24	+ 7.57	+ 5.15	357.29	8.66	15 44.67	12 06 31.11
	25	+ 7.99	+ 5.24	344.06	8.66	15 44.75	12 06 31.83
	26	+ 8.41	+ 5.32	330.83	8.66	15 44.85	12 06 31.94
	27	+ 8.82	+ 5.40	317.61	8.66	15 44.95	12 06 31.44
	28	+ 9.23	+ 5.48	304.38	8.66	15 45.05	12 06 30.31
	29	+ 9.64	+ 5.56	291.15	8.66	15 45.16	12 06 28.56
	30	+ 10.05	+ 5.64	277.92	8.66	15 45.27	12 06 26.19
	31	+ 10.45	+ 5.71	264.70	8.66	15 45.39	12 06 23.19
Aug.	1	+ 10.85	+ 5.79	251.47	8.66	15 45.51	12 06 19.57
	2	+ 11.25	+ 5.86	238.25	8.67	15 45.63	12 06 15.33
	3	+ 11.64	+ 5.93	225.02	8.67	15 45.76	12 06 10.48
	4	+ 12.02	+ 6.00	211.80	8.67	15 45.89	12 06 05.01
	5	+ 12.41	+ 6.07	198.57	8.67	15 46.02	12 05 58.94
	6	+ 12.79	+ 6.13	185.35	8.67	15 46.15	12 05 52.26
	7	+ 13.17	+ 6.19	172.12	8.67	15 46.29	12 05 45.00
	8	+ 13.54	+ 6.26	158.90	8.67	15 46.43	12 05 37.15
	9	+ 13.91	+ 6.32	145.68	8.67	15 46.57	12 05 28.72
	10	+ 14.27	+ 6.38	132.46	8.68	15 46.72	12 05 19.73
	11	+ 14.63	+ 6.43	119.24	8.68	15 46.87	12 05 10.18
	12	+ 14.98	+ 6.49	106.02	8.68	15 47.02	12 05 00.08
	13	+ 15.33	+ 6.54	92.80	8.68	15 47.18	12 04 49.45
	14	+ 15.68	+ 6.59	79.58	8.68	15 47.33	12 04 38.28
	15	+ 16.02	+ 6.64	66.36	8.68	15 47.50	12 04 26.60
	16	+ 16.36	+ 6.69	53.14	8.68	15 47.66	12 04 14.41

SUN, 2009

FOR 0ʰ TERRESTRIAL TIME

Date		Julian Date	Geometric Ecliptic Coords. Mean Equinox & Ecliptic of Date		Apparent R. A.	Apparent Declination	True Geocentric Distance
			Longitude	Latitude			
		245	° ′ ″	″	h m s	° ′ ″	
Aug.	16	5059.5	143 16 32.59	+0.51	9 42 25.97	+13 45 38.2	1.012 6452
	17	5060.5	144 14 14.02	+0.39	9 46 10.09	+13 26 35.5	1.012 4637
	18	5061.5	145 11 56.98	+0.26	9 49 53.72	+13 07 20.1	1.012 2775
	19	5062.5	146 09 41.45	+0.12	9 53 36.85	+12 47 52.0	1.012 0864
	20	5063.5	147 07 27.37	−0.02	9 57 19.50	+12 28 11.9	1.011 8903
	21	5064.5	148 05 14.70	−0.14	10 01 01.66	+12 08 19.8	1.011 6892
	22	5065.5	149 03 03.37	−0.24	10 04 43.35	+11 48 16.4	1.011 4830
	23	5066.5	150 00 53.33	−0.32	10 08 24.58	+11 28 01.7	1.011 2721
	24	5067.5	150 58 44.54	−0.37	10 12 05.37	+11 07 36.2	1.011 0567
	25	5068.5	151 56 36.99	−0.38	10 15 45.72	+10 47 00.3	1.010 8371
	26	5069.5	152 54 30.67	−0.37	10 19 25.64	+10 26 14.2	1.010 6137
	27	5070.5	153 52 25.59	−0.32	10 23 05.15	+10 05 18.3	1.010 3867
	28	5071.5	154 50 21.76	−0.25	10 26 44.27	+ 9 44 13.0	1.010 1566
	29	5072.5	155 48 19.21	−0.16	10 30 23.01	+ 9 22 58.4	1.009 9236
	30	5073.5	156 46 17.97	−0.05	10 34 01.39	+ 9 01 35.1	1.009 6881
	31	5074.5	157 44 18.10	+0.07	10 37 39.42	+ 8 40 03.1	1.009 4504
Sept.	1	5075.5	158 42 19.64	+0.19	10 41 17.11	+ 8 18 23.0	1.009 2106
	2	5076.5	159 40 22.64	+0.32	10 44 54.50	+ 7 56 35.0	1.008 9690
	3	5077.5	160 38 27.17	+0.44	10 48 31.59	+ 7 34 39.3	1.008 7259
	4	5078.5	161 36 33.27	+0.55	10 52 08.41	+ 7 12 36.4	1.008 4813
	5	5079.5	162 34 41.04	+0.65	10 55 44.97	+ 6 50 26.4	1.008 2355
	6	5080.5	163 32 50.52	+0.72	10 59 21.31	+ 6 28 09.7	1.007 9885
	7	5081.5	164 31 01.81	+0.77	11 02 57.44	+ 6 05 46.6	1.007 7405
	8	5082.5	165 29 14.97	+0.80	11 06 33.38	+ 5 43 17.3	1.007 4913
	9	5083.5	166 27 30.06	+0.79	11 10 09.16	+ 5 20 42.2	1.007 2409
	10	5084.5	167 25 47.16	+0.75	11 13 44.80	+ 4 58 01.6	1.006 9892
	11	5085.5	168 24 06.32	+0.68	11 17 20.32	+ 4 35 15.8	1.006 7361
	12	5086.5	169 22 27.58	+0.59	11 20 55.75	+ 4 12 25.0	1.006 4813
	13	5087.5	170 20 50.98	+0.48	11 24 31.10	+ 3 49 29.7	1.006 2245
	14	5088.5	171 19 16.53	+0.35	11 28 06.38	+ 3 26 30.2	1.005 9656
	15	5089.5	172 17 44.23	+0.21	11 31 41.62	+ 3 03 26.8	1.005 7043
	16	5090.5	173 16 14.05	+0.08	11 35 16.84	+ 2 40 19.9	1.005 4402
	17	5091.5	174 14 45.96	−0.05	11 38 52.04	+ 2 17 09.8	1.005 1733
	18	5092.5	175 13 19.89	−0.16	11 42 27.25	+ 1 53 57.0	1.004 9033
	19	5093.5	176 11 55.79	−0.24	11 46 02.48	+ 1 30 41.8	1.004 6304
	20	5094.5	177 10 33.60	−0.30	11 49 37.75	+ 1 07 24.5	1.004 3544
	21	5095.5	178 09 13.25	−0.32	11 53 13.08	+ 0 44 05.4	1.004 0758
	22	5096.5	179 07 54.69	−0.32	11 56 48.49	+ 0 20 45.1	1.003 7946
	23	5097.5	180 06 37.88	−0.28	12 00 23.99	− 0 02 36.3	1.003 5112
	24	5098.5	181 05 22.81	−0.22	12 03 59.60	− 0 25 58.3	1.003 2259
	25	5099.5	182 04 09.45	−0.14	12 07 35.34	− 0 49 20.6	1.002 9390
	26	5100.5	183 02 57.81	−0.04	12 11 11.23	− 1 12 42.9	1.002 6509
	27	5101.5	184 01 47.89	+0.08	12 14 47.28	− 1 36 04.7	1.002 3620
	28	5102.5	185 00 39.70	+0.20	12 18 23.53	− 1 59 25.8	1.002 0724
	29	5103.5	185 59 33.26	+0.32	12 21 59.97	− 2 22 45.7	1.001 7826
	30	5104.5	186 58 28.60	+0.44	12 25 36.65	− 2 46 04.3	1.001 4927
Oct.	1	5105.5	187 57 25.75	+0.55	12 29 13.58	− 3 09 21.1	1.001 2032

SUN, 2009

FOR 0^h TERRESTRIAL TIME

Date		Pos. Angle of Axis P	Heliographic Latitude B_0	Heliographic Longitude L_0	Horiz. Parallax	Semi-Diameter	Ephemeris Transit
		°	°	°	″	′ ″	h m s
Aug.	16	+ 16.36	+ 6.69	53.14	8.68	15 47.66	12 04 14.41
	17	+ 16.69	+ 6.74	39.92	8.69	15 47.83	12 04 01.72
	18	+ 17.02	+ 6.78	26.71	8.69	15 48.01	12 03 48.54
	19	+ 17.34	+ 6.82	13.49	8.69	15 48.18	12 03 34.87
	20	+ 17.66	+ 6.86	0.27	8.69	15 48.37	12 03 20.72
	21	+ 17.98	+ 6.90	347.06	8.69	15 48.56	12 03 06.10
	22	+ 18.28	+ 6.94	333.84	8.69	15 48.75	12 02 51.02
	23	+ 18.59	+ 6.97	320.63	8.70	15 48.95	12 02 35.48
	24	+ 18.89	+ 7.01	307.42	8.70	15 49.15	12 02 19.49
	25	+ 19.18	+ 7.04	294.20	8.70	15 49.36	12 02 03.08
	26	+ 19.47	+ 7.07	280.99	8.70	15 49.57	12 01 46.24
	27	+ 19.75	+ 7.09	267.78	8.70	15 49.78	12 01 29.01
	28	+ 20.03	+ 7.12	254.57	8.71	15 50.00	12 01 11.38
	29	+ 20.30	+ 7.14	241.36	8.71	15 50.22	12 00 53.38
	30	+ 20.57	+ 7.16	228.14	8.71	15 50.44	12 00 35.02
	31	+ 20.83	+ 7.18	214.93	8.71	15 50.66	12 00 16.33
Sept.	1	+ 21.08	+ 7.19	201.72	8.71	15 50.89	11 59 57.32
	2	+ 21.33	+ 7.21	188.52	8.72	15 51.11	11 59 38.00
	3	+ 21.58	+ 7.22	175.31	8.72	15 51.34	11 59 18.41
	4	+ 21.82	+ 7.23	162.10	8.72	15 51.57	11 58 58.55
	5	+ 22.05	+ 7.24	148.89	8.72	15 51.81	11 58 38.46
	6	+ 22.28	+ 7.25	135.68	8.72	15 52.04	11 58 18.15
	7	+ 22.50	+ 7.25	122.48	8.73	15 52.27	11 57 57.64
	8	+ 22.72	+ 7.25	109.27	8.73	15 52.51	11 57 36.95
	9	+ 22.93	+ 7.25	96.06	8.73	15 52.75	11 57 16.11
	10	+ 23.13	+ 7.25	82.86	8.73	15 52.98	11 56 55.14
	11	+ 23.33	+ 7.24	69.65	8.74	15 53.22	11 56 34.06
	12	+ 23.52	+ 7.24	56.45	8.74	15 53.47	11 56 12.89
	13	+ 23.71	+ 7.23	43.25	8.74	15 53.71	11 55 51.64
	14	+ 23.89	+ 7.22	30.04	8.74	15 53.95	11 55 30.35
	15	+ 24.06	+ 7.21	16.84	8.74	15 54.20	11 55 09.03
	16	+ 24.23	+ 7.19	3.64	8.75	15 54.45	11 54 47.68
	17	+ 24.39	+ 7.17	350.44	8.75	15 54.71	11 54 26.34
	18	+ 24.55	+ 7.16	337.24	8.75	15 54.96	11 54 05.02
	19	+ 24.70	+ 7.13	324.04	8.75	15 55.22	11 53 43.73
	20	+ 24.84	+ 7.11	310.84	8.76	15 55.48	11 53 22.49
	21	+ 24.98	+ 7.09	297.64	8.76	15 55.75	11 53 01.31
	22	+ 25.11	+ 7.06	284.44	8.76	15 56.02	11 52 40.21
	23	+ 25.23	+ 7.03	271.24	8.76	15 56.29	11 52 19.21
	24	+ 25.35	+ 7.00	258.04	8.77	15 56.56	11 51 58.33
	25	+ 25.46	+ 6.96	244.84	8.77	15 56.83	11 51 37.59
	26	+ 25.56	+ 6.93	231.64	8.77	15 57.11	11 51 17.00
	27	+ 25.66	+ 6.89	218.45	8.77	15 57.38	11 50 56.60
	28	+ 25.75	+ 6.85	205.25	8.78	15 57.66	11 50 36.39
	29	+ 25.83	+ 6.81	192.05	8.78	15 57.94	11 50 16.40
	30	+ 25.90	+ 6.76	178.86	8.78	15 58.21	11 49 56.65
Oct.	1	+ 25.97	+ 6.72	165.66	8.78	15 58.49	11 49 37.17

SUN, 2009

FOR 0ʰ TERRESTRIAL TIME

Date		Julian Date	Geometric Ecliptic Coords. Mean Equinox & Ecliptic of Date		Apparent R. A.	Apparent Declination	True Geocentric Distance
			Longitude	Latitude			
		245	° ′ ″	″	h m s	° ′ ″	
Oct.	1	5105.5	187 57 25.75	+0.55	12 29 13.58	− 3 09 21.1	1.001 2032
	2	5106.5	188 56 24.75	+0.65	12 32 50.78	− 3 32 35.8	1.000 9143
	3	5107.5	189 55 25.65	+0.72	12 36 28.28	− 3 55 48.1	1.000 6261
	4	5108.5	190 54 28.50	+0.77	12 40 06.10	− 4 18 57.6	1.000 3390
	5	5109.5	191 53 33.37	+0.80	12 43 44.26	− 4 42 04.0	1.000 0530
	6	5110.5	192 52 40.31	+0.79	12 47 22.80	− 5 05 07.1	0.999 7682
	7	5111.5	193 51 49.39	+0.75	12 51 01.73	− 5 28 06.4	0.999 4847
	8	5112.5	194 51 00.67	+0.69	12 54 41.08	− 5 51 01.7	0.999 2025
	9	5113.5	195 50 14.21	+0.60	12 58 20.87	− 6 13 52.5	0.998 9215
	10	5114.5	196 49 30.05	+0.48	13 02 01.13	− 6 36 38.6	0.998 6414
	11	5115.5	197 48 48.23	+0.36	13 05 41.86	− 6 59 19.5	0.998 3621
	12	5116.5	198 48 08.76	+0.22	13 09 23.10	− 7 21 54.8	0.998 0833
	13	5117.5	199 47 31.64	+0.09	13 13 04.85	− 7 44 24.3	0.997 8049
	14	5118.5	200 46 56.86	−0.04	13 16 47.14	− 8 06 47.4	0.997 5264
	15	5119.5	201 46 24.36	−0.15	13 20 29.98	− 8 29 03.8	0.997 2477
	16	5120.5	202 45 54.11	−0.24	13 24 13.40	− 8 51 13.1	0.996 9686
	17	5121.5	203 45 26.04	−0.30	13 27 57.39	− 9 13 14.8	0.996 6891
	18	5122.5	204 45 00.07	−0.33	13 31 41.99	− 9 35 08.6	0.996 4091
	19	5123.5	205 44 36.13	−0.33	13 35 27.20	− 9 56 54.1	0.996 1286
	20	5124.5	206 44 14.14	−0.30	13 39 13.03	−10 18 30.8	0.995 8478
	21	5125.5	207 43 54.05	−0.25	13 42 59.51	−10 39 58.4	0.995 5669
	22	5126.5	208 43 35.79	−0.17	13 46 46.63	−11 01 16.4	0.995 2861
	23	5127.5	209 43 19.32	−0.07	13 50 34.42	−11 22 24.5	0.995 0058
	24	5128.5	210 43 04.60	+0.04	13 54 22.88	−11 43 22.2	0.994 7262
	25	5129.5	211 42 51.60	+0.16	13 58 12.02	−12 04 09.2	0.994 4476
	26	5130.5	212 42 40.31	+0.28	14 02 01.87	−12 24 44.9	0.994 1704
	27	5131.5	213 42 30.69	+0.40	14 05 52.42	−12 45 09.1	0.993 8948
	28	5132.5	214 42 22.76	+0.51	14 09 43.69	−13 05 21.4	0.993 6212
	29	5133.5	215 42 16.50	+0.61	14 13 35.70	−13 25 21.3	0.993 3499
	30	5134.5	216 42 11.93	+0.68	14 17 28.46	−13 45 08.5	0.993 0812
	31	5135.5	217 42 09.06	+0.73	14 21 21.98	−14 04 42.5	0.992 8153
Nov.	1	5136.5	218 42 07.91	+0.76	14 25 16.28	−14 24 03.0	0.992 5527
	2	5137.5	219 42 08.53	+0.75	14 29 11.37	−14 43 09.7	0.992 2935
	3	5138.5	220 42 10.96	+0.71	14 33 07.26	−15 02 02.1	0.992 0379
	4	5139.5	221 42 15.24	+0.65	14 37 03.97	−15 20 39.8	0.991 7860
	5	5140.5	222 42 21.44	+0.56	14 41 01.51	−15 39 02.6	0.991 5380
	6	5141.5	223 42 29.61	+0.44	14 44 59.89	−15 57 09.9	0.991 2937
	7	5142.5	224 42 39.78	+0.31	14 48 59.12	−16 15 01.5	0.991 0531
	8	5143.5	225 42 52.00	+0.17	14 52 59.20	−16 32 36.8	0.990 8161
	9	5144.5	226 43 06.28	+0.03	14 57 00.14	−16 49 55.5	0.990 5822
	10	5145.5	227 43 22.63	−0.10	15 01 01.95	−17 06 57.1	0.990 3514
	11	5146.5	228 43 41.01	−0.21	15 05 04.61	−17 23 41.3	0.990 1233
	12	5147.5	229 44 01.40	−0.31	15 09 08.15	−17 40 07.6	0.989 8977
	13	5148.5	230 44 23.75	−0.37	15 13 12.56	−17 56 15.6	0.989 6744
	14	5149.5	231 44 47.98	−0.41	15 17 17.83	−18 12 04.9	0.989 4531
	15	5150.5	232 45 14.03	−0.42	15 21 23.96	−18 27 35.1	0.989 2338
	16	5151.5	233 45 41.80	−0.39	15 25 30.95	−18 42 45.8	0.989 0164

SUN, 2009

FOR 0ʰ TERRESTRIAL TIME

Date		Pos. Angle of Axis P	Heliographic Latitude B_0	Heliographic Longitude L_0	Horiz. Parallax	Semi-Diameter	Ephemeris Transit
		°	°	°	"	′ ″	h m s
Oct.	1	+ 25.97	+ 6.72	165.66	8.78	15 58.49	11 49 37.17
	2	+ 26.04	+ 6.67	152.46	8.79	15 58.77	11 49 17.97
	3	+ 26.09	+ 6.62	139.27	8.79	15 59.04	11 48 59.08
	4	+ 26.14	+ 6.57	126.07	8.79	15 59.32	11 48 40.52
	5	+ 26.18	+ 6.51	112.88	8.79	15 59.59	11 48 22.32
	6	+ 26.22	+ 6.46	99.68	8.80	15 59.87	11 48 04.50
	7	+ 26.24	+ 6.40	86.49	8.80	16 00.14	11 47 47.08
	8	+ 26.26	+ 6.34	73.30	8.80	16 00.41	11 47 30.09
	9	+ 26.27	+ 6.28	60.10	8.80	16 00.68	11 47 13.55
	10	+ 26.28	+ 6.22	46.91	8.81	16 00.95	11 46 57.48
	11	+ 26.28	+ 6.15	33.72	8.81	16 01.22	11 46 41.90
	12	+ 26.27	+ 6.08	20.53	8.81	16 01.49	11 46 26.83
	13	+ 26.25	+ 6.01	7.33	8.81	16 01.76	11 46 12.30
	14	+ 26.23	+ 5.94	354.14	8.82	16 02.02	11 45 58.31
	15	+ 26.20	+ 5.87	340.95	8.82	16 02.29	11 45 44.88
	16	+ 26.16	+ 5.80	327.76	8.82	16 02.56	11 45 32.03
	17	+ 26.11	+ 5.72	314.57	8.82	16 02.83	11 45 19.77
	18	+ 26.06	+ 5.64	301.38	8.83	16 03.10	11 45 08.12
	19	+ 25.99	+ 5.56	288.19	8.83	16 03.37	11 44 57.08
	20	+ 25.92	+ 5.48	275.00	8.83	16 03.65	11 44 46.68
	21	+ 25.85	+ 5.40	261.81	8.83	16 03.92	11 44 36.91
	22	+ 25.76	+ 5.31	248.63	8.84	16 04.19	11 44 27.80
	23	+ 25.67	+ 5.23	235.44	8.84	16 04.46	11 44 19.35
	24	+ 25.57	+ 5.14	222.25	8.84	16 04.73	11 44 11.59
	25	+ 25.46	+ 5.05	209.06	8.84	16 05.00	11 44 04.51
	26	+ 25.34	+ 4.96	195.87	8.85	16 05.27	11 43 58.15
	27	+ 25.22	+ 4.86	182.68	8.85	16 05.54	11 43 52.50
	28	+ 25.09	+ 4.77	169.50	8.85	16 05.81	11 43 47.58
	29	+ 24.95	+ 4.67	156.31	8.85	16 06.07	11 43 43.40
	30	+ 24.80	+ 4.58	143.12	8.86	16 06.33	11 43 39.99
	31	+ 24.64	+ 4.48	129.93	8.86	16 06.59	11 43 37.34
Nov.	1	+ 24.48	+ 4.38	116.75	8.86	16 06.85	11 43 35.47
	2	+ 24.31	+ 4.28	103.56	8.86	16 07.10	11 43 34.40
	3	+ 24.13	+ 4.17	90.37	8.86	16 07.35	11 43 34.13
	4	+ 23.94	+ 4.07	77.19	8.87	16 07.59	11 43 34.69
	5	+ 23.75	+ 3.96	64.00	8.87	16 07.83	11 43 36.08
	6	+ 23.55	+ 3.86	50.82	8.87	16 08.07	11 43 38.30
	7	+ 23.34	+ 3.75	37.63	8.87	16 08.31	11 43 41.38
	8	+ 23.12	+ 3.64	24.45	8.88	16 08.54	11 43 45.32
	9	+ 22.89	+ 3.53	11.26	8.88	16 08.77	11 43 50.13
	10	+ 22.66	+ 3.42	358.08	8.88	16 08.99	11 43 55.80
	11	+ 22.42	+ 3.30	344.89	8.88	16 09.22	11 44 02.34
	12	+ 22.17	+ 3.19	331.71	8.88	16 09.44	11 44 09.75
	13	+ 21.91	+ 3.08	318.53	8.89	16 09.66	11 44 18.03
	14	+ 21.65	+ 2.96	305.34	8.89	16 09.87	11 44 27.18
	15	+ 21.38	+ 2.84	292.16	8.89	16 10.09	11 44 37.18
	16	+ 21.10	+ 2.73	278.98	8.89	16 10.30	11 44 48.03

SUN, 2009

FOR 0ʰ TERRESTRIAL TIME

Date		Julian Date	Geometric Ecliptic Coords. Mean Equinox & Ecliptic of Date		Apparent R. A.	Apparent Declination	True Geocentric Distance
			Longitude	Latitude			
		245	° ′ ″	″	h m s	° ′ ″	
Nov.	16	5151.5	233 45 41.80	−0.39	15 25 30.95	−18 42 45.8	0.989 0164
	17	5152.5	234 46 11.22	−0.34	15 29 38.79	−18 57 36.6	0.988 8009
	18	5153.5	235 46 42.20	−0.26	15 33 47.46	−19 12 07.1	0.988 5874
	19	5154.5	236 47 14.66	−0.16	15 37 56.96	−19 26 16.9	0.988 3761
	20	5155.5	237 47 48.53	−0.05	15 42 07.28	−19 40 05.7	0.988 1671
	21	5156.5	238 48 23.74	+0.07	15 46 18.40	−19 53 33.1	0.987 9606
	22	5157.5	239 49 00.22	+0.19	15 50 30.31	−20 06 38.6	0.987 7569
	23	5158.5	240 49 37.93	+0.31	15 54 42.99	−20 19 22.0	0.987 5562
	24	5159.5	241 50 16.82	+0.43	15 58 56.44	−20 31 42.9	0.987 3588
	25	5160.5	242 50 56.83	+0.52	16 03 10.63	−20 43 41.0	0.987 1650
	26	5161.5	243 51 37.95	+0.60	16 07 25.56	−20 55 15.8	0.986 9751
	27	5162.5	244 52 20.14	+0.66	16 11 41.21	−21 06 27.2	0.986 7893
	28	5163.5	245 53 03.39	+0.69	16 15 57.57	−21 17 14.7	0.986 6080
	29	5164.5	246 53 47.68	+0.68	16 20 14.62	−21 27 38.2	0.986 4315
	30	5165.5	247 54 33.03	+0.65	16 24 32.35	−21 37 37.2	0.986 2601
Dec.	1	5166.5	248 55 19.44	+0.59	16 28 50.73	−21 47 11.5	0.986 0941
	2	5167.5	249 56 06.95	+0.49	16 33 09.76	−21 56 20.9	0.985 9337
	3	5168.5	250 56 55.60	+0.38	16 37 29.43	−22 05 05.1	0.985 7790
	4	5169.5	251 57 45.44	+0.24	16 41 49.69	−22 13 23.8	0.985 6301
	5	5170.5	252 58 36.51	+0.09	16 46 10.55	−22 21 16.8	0.985 4870
	6	5171.5	253 59 28.84	−0.05	16 50 31.97	−22 28 43.8	0.985 3496
	7	5172.5	255 00 22.47	−0.19	16 54 53.94	−22 35 44.5	0.985 2176
	8	5173.5	256 01 17.40	−0.32	16 59 16.42	−22 42 18.8	0.985 0907
	9	5174.5	257 02 13.62	−0.42	17 03 39.40	−22 48 26.3	0.984 9687
	10	5175.5	258 03 11.08	−0.49	17 08 02.86	−22 54 06.9	0.984 8513
	11	5176.5	259 04 09.76	−0.54	17 12 26.75	−22 59 20.3	0.984 7381
	12	5177.5	260 05 09.57	−0.55	17 16 51.05	−23 04 06.5	0.984 6290
	13	5178.5	261 06 10.46	−0.53	17 21 15.73	−23 08 25.2	0.984 5237
	14	5179.5	262 07 12.34	−0.48	17 25 40.75	−23 12 16.2	0.984 4220
	15	5180.5	263 08 15.12	−0.41	17 30 06.09	−23 15 39.6	0.984 3240
	16	5181.5	264 09 18.71	−0.31	17 34 31.69	−23 18 35.1	0.984 2295
	17	5182.5	265 10 23.03	−0.20	17 38 57.52	−23 21 02.6	0.984 1385
	18	5183.5	266 11 27.98	−0.08	17 43 23.55	−23 23 02.1	0.984 0512
	19	5184.5	267 12 33.47	+0.05	17 47 49.74	−23 24 33.5	0.983 9675
	20	5185.5	268 13 39.44	+0.17	17 52 16.04	−23 25 36.7	0.983 8875
	21	5186.5	269 14 45.79	+0.29	17 56 42.42	−23 26 11.7	0.983 8116
	22	5187.5	270 15 52.46	+0.39	18 01 08.85	−23 26 18.4	0.983 7398
	23	5188.5	271 16 59.38	+0.48	18 05 35.28	−23 25 56.9	0.983 6723
	24	5189.5	272 18 06.49	+0.54	18 10 01.69	−23 25 07.2	0.983 6094
	25	5190.5	273 19 13.73	+0.58	18 14 28.03	−23 23 49.2	0.983 5513
	26	5191.5	274 20 21.06	+0.59	18 18 54.28	−23 22 03.1	0.983 4983
	27	5192.5	275 21 28.45	+0.56	18 23 20.41	−23 19 48.8	0.983 4507
	28	5193.5	276 22 35.86	+0.51	18 27 46.37	−23 17 06.5	0.983 4087
	29	5194.5	277 23 43.28	+0.42	18 32 12.14	−23 13 56.1	0.983 3727
	30	5195.5	278 24 50.72	+0.31	18 36 37.69	−23 10 18.0	0.983 3429
	31	5196.5	279 25 58.21	+0.17	18 41 03.00	−23 06 12.0	0.983 3196
	32	5197.5	280 27 05.76	+0.02	18 45 28.02	−23 01 38.5	0.983 3029

SUN, 2009

FOR 0ʰ TERRESTRIAL TIME

Date		Pos. Angle of Axis P	Heliographic		Horiz. Parallax	Semi-Diameter	Ephemeris Transit
			Latitude B_0	Longitude L_0			
		°	°	°	″	′ ″	h m s
Nov.	16	+ 21.10	+ 2.73	278.98	8.89	16 10.30	11 44 48.03
	17	+ 20.81	+ 2.61	265.80	8.89	16 10.51	11 44 59.72
	18	+ 20.52	+ 2.49	252.62	8.90	16 10.72	11 45 12.24
	19	+ 20.22	+ 2.37	239.43	8.90	16 10.93	11 45 25.58
	20	+ 19.91	+ 2.25	226.25	8.90	16 11.14	11 45 39.73
	21	+ 19.59	+ 2.13	213.07	8.90	16 11.34	11 45 54.68
	22	+ 19.27	+ 2.00	199.89	8.90	16 11.54	11 46 10.42
	23	+ 18.94	+ 1.88	186.71	8.90	16 11.74	11 46 26.92
	24	+ 18.60	+ 1.76	173.53	8.91	16 11.93	11 46 44.19
	25	+ 18.26	+ 1.63	160.35	8.91	16 12.12	11 47 02.20
	26	+ 17.91	+ 1.51	147.17	8.91	16 12.31	11 47 20.93
	27	+ 17.55	+ 1.38	133.99	8.91	16 12.49	11 47 40.39
	28	+ 17.19	+ 1.26	120.81	8.91	16 12.67	11 48 00.54
	29	+ 16.82	+ 1.13	107.63	8.92	16 12.84	11 48 21.37
	30	+ 16.44	+ 1.01	94.45	8.92	16 13.01	11 48 42.87
Dec.	1	+ 16.06	+ 0.88	81.27	8.92	16 13.18	11 49 05.03
	2	+ 15.67	+ 0.75	68.09	8.92	16 13.34	11 49 27.81
	3	+ 15.28	+ 0.62	54.91	8.92	16 13.49	11 49 51.21
	4	+ 14.88	+ 0.50	41.73	8.92	16 13.64	11 50 15.21
	5	+ 14.48	+ 0.37	28.55	8.92	16 13.78	11 50 39.79
	6	+ 14.07	+ 0.24	15.37	8.92	16 13.91	11 51 04.93
	7	+ 13.65	+ 0.11	2.20	8.93	16 14.04	11 51 30.61
	8	+ 13.23	− 0.02	349.02	8.93	16 14.17	11 51 56.80
	9	+ 12.81	− 0.14	335.84	8.93	16 14.29	11 52 23.47
	10	+ 12.38	− 0.27	322.67	8.93	16 14.41	11 52 50.60
	11	+ 11.94	− 0.40	309.49	8.93	16 14.52	11 53 18.15
	12	+ 11.50	− 0.53	296.31	8.93	16 14.63	11 53 46.10
	13	+ 11.06	− 0.66	283.14	8.93	16 14.73	11 54 14.41
	14	+ 10.61	− 0.78	269.96	8.93	16 14.83	11 54 43.04
	15	+ 10.16	− 0.91	256.79	8.93	16 14.93	11 55 11.96
	16	+ 9.71	− 1.04	243.61	8.94	16 15.02	11 55 41.12
	17	+ 9.25	− 1.17	230.44	8.94	16 15.11	11 56 10.51
	18	+ 8.79	− 1.29	217.27	8.94	16 15.20	11 56 40.07
	19	+ 8.32	− 1.42	204.09	8.94	16 15.28	11 57 09.76
	20	+ 7.86	− 1.54	190.92	8.94	16 15.36	11 57 39.56
	21	+ 7.39	− 1.67	177.74	8.94	16 15.44	11 58 09.42
	22	+ 6.91	− 1.79	164.57	8.94	16 15.51	11 58 39.31
	23	+ 6.44	− 1.92	151.40	8.94	16 15.57	11 59 09.20
	24	+ 5.96	− 2.04	138.23	8.94	16 15.64	11 59 39.03
	25	+ 5.48	− 2.17	125.05	8.94	16 15.69	12 00 08.79
	26	+ 5.01	− 2.29	111.88	8.94	16 15.75	12 00 38.44
	27	+ 4.52	− 2.41	98.71	8.94	16 15.79	12 01 07.94
	28	+ 4.04	− 2.53	85.54	8.94	16 15.84	12 01 37.26
	29	+ 3.56	− 2.65	72.37	8.94	16 15.87	12 02 06.37
	30	+ 3.08	− 2.77	59.19	8.94	16 15.90	12 02 35.25
	31	+ 2.59	− 2.89	46.02	8.94	16 15.92	12 03 03.85
	32	+ 2.11	− 3.01	32.85	8.94	16 15.94	12 03 32.17

SUN, 2009

ICRS GEOCENTRIC RECTANGULAR COORDINATES

Date 0^h TT		x	y	z	Date 0^h TT		x	y	z
Jan.	0	+0.163 2445	−0.889 6705	−0.385 6995	Feb.	15	+0.821 7948	−0.502 6910	−0.217 9376
	1	+0.180 4685	−0.886 8477	−0.384 4751		16	+0.831 4965	−0.489 4265	−0.212 1870
	2	+0.197 6351	−0.883 7481	−0.383 1308		17	+0.840 9440	−0.476 0108	−0.206 3708
	3	+0.214 7386	−0.880 3730	−0.381 6671		18	+0.850 1344	−0.462 4479	−0.200 4906
	4	+0.231 7737	−0.876 7237	−0.380 0847		19	+0.859 0646	−0.448 7420	−0.194 5483
	5	+0.248 7351	−0.872 8017	−0.378 3841		20	+0.867 7319	−0.434 8974	−0.188 5457
	6	+0.265 6174	−0.868 6085	−0.376 5662		21	+0.876 1334	−0.420 9183	−0.182 4848
	7	+0.282 4157	−0.864 1457	−0.374 6316		22	+0.884 2664	−0.406 8092	−0.176 3674
	8	+0.299 1248	−0.859 4152	−0.372 5811		23	+0.892 1285	−0.392 5745	−0.170 1956
	9	+0.315 7401	−0.854 4187	−0.370 4154		24	+0.899 7169	−0.378 2188	−0.163 9713
	10	+0.332 2567	−0.849 1578	−0.368 1353		25	+0.907 0295	−0.363 7468	−0.157 6966
	11	+0.348 6700	−0.843 6344	−0.365 7414		26	+0.914 0639	−0.349 1632	−0.151 3737
	12	+0.364 9755	−0.837 8502	−0.363 2346		27	+0.920 8181	−0.334 4728	−0.145 0045
	13	+0.381 1684	−0.831 8067	−0.360 6153		28	+0.927 2902	−0.319 6805	−0.138 5913
	14	+0.397 2442	−0.825 5056	−0.357 8844	Mar.	1	+0.933 4784	−0.304 7913	−0.132 1362
	15	+0.413 1980	−0.818 9485	−0.355 0424		2	+0.939 3811	−0.289 8100	−0.125 6413
	16	+0.429 0250	−0.812 1371	−0.352 0901		3	+0.944 9970	−0.274 7416	−0.119 1088
	17	+0.444 7203	−0.805 0733	−0.349 0281		4	+0.950 3249	−0.259 5909	−0.112 5409
	18	+0.460 2789	−0.797 7590	−0.345 8575		5	+0.955 3636	−0.244 3629	−0.105 9396
	19	+0.475 6959	−0.790 1961	−0.342 5789		6	+0.960 1124	−0.229 0624	−0.099 3069
	20	+0.490 9664	−0.782 3870	−0.339 1934		7	+0.964 5704	−0.213 6941	−0.092 6450
	21	+0.506 0852	−0.774 3338	−0.335 7020		8	+0.968 7370	−0.198 2625	−0.085 9557
	22	+0.521 0477	−0.766 0391	−0.332 1056		9	+0.972 6115	−0.182 7723	−0.079 2410
	23	+0.535 8487	−0.757 5052	−0.328 4056		10	+0.976 1932	−0.167 2279	−0.072 5027
	24	+0.550 4836	−0.748 7350	−0.324 6029		11	+0.979 4816	−0.151 6337	−0.065 7428
	25	+0.564 9475	−0.739 7313	−0.320 6989		12	+0.982 4759	−0.135 9940	−0.058 9631
	26	+0.579 2356	−0.730 4968	−0.316 6949		13	+0.985 1756	−0.120 3133	−0.052 1654
	27	+0.593 3434	−0.721 0347	−0.312 5921		14	+0.987 5800	−0.104 5960	−0.045 3517
	28	+0.607 2662	−0.711 3482	−0.308 3921		15	+0.989 6883	−0.088 8465	−0.038 5239
	29	+0.620 9997	−0.701 4406	−0.304 0962		16	+0.991 4999	−0.073 0693	−0.031 6839
	30	+0.634 5393	−0.691 3151	−0.299 7060		17	+0.993 0143	−0.057 2691	−0.024 8338
	31	+0.647 8810	−0.680 9755	−0.295 2230		18	+0.994 2310	−0.041 4504	−0.017 9756
Feb.	1	+0.661 0206	−0.670 4251	−0.290 6489		19	+0.995 1495	−0.025 6180	−0.011 1113
	2	+0.673 9541	−0.659 6678	−0.285 9851		20	+0.995 7695	−0.009 7766	−0.004 2430
	3	+0.686 6779	−0.648 7073	−0.281 2335		21	+0.996 0908	+0.006 0691	+0.002 6272
	4	+0.699 1881	−0.637 5474	−0.276 3955		22	+0.996 1133	+0.021 9142	+0.009 4971
	5	+0.711 4815	−0.626 1918	−0.271 4729		23	+0.995 8369	+0.037 7539	+0.016 3647
	6	+0.723 5547	−0.614 6444	−0.266 4673		24	+0.995 2617	+0.053 5832	+0.023 2278
	7	+0.735 4044	−0.602 9089	−0.261 3803		25	+0.994 3879	+0.069 3972	+0.030 0842
	8	+0.747 0277	−0.590 9891	−0.256 2134		26	+0.993 2158	+0.085 1909	+0.036 9318
	9	+0.758 4215	−0.578 8886	−0.250 9683		27	+0.991 7461	+0.100 9594	+0.043 7682
	10	+0.769 5828	−0.566 6109	−0.245 6463		28	+0.989 9793	+0.116 6975	+0.050 5914
	11	+0.780 5086	−0.554 1597	−0.240 2491		29	+0.987 9164	+0.132 4004	+0.057 3991
	12	+0.791 1959	−0.541 5385	−0.234 7780		30	+0.985 5583	+0.148 0630	+0.064 1891
	13	+0.801 6414	−0.528 7508	−0.229 2347		31	+0.982 9064	+0.163 6804	+0.070 9594
	14	+0.811 8421	−0.515 8004	−0.223 6207	Apr.	1	+0.979 9620	+0.179 2477	+0.077 7079
	15	+0.821 7948	−0.502 6910	−0.217 9376		2	+0.976 7266	+0.194 7604	+0.084 4326

SUN, 2009

ICRS GEOCENTRIC RECTANGULAR COORDINATES

Date 0^h TT		x	y	z	Date 0^h TT		x	y	z
Apr.	1	+0.979 9620	+0.179 2477	+0.077 7079	May	17	+0.563 9705	+0.770 1579	+0.333 8837
	2	+0.976 7266	+0.194 7604	+0.084 4326		18	+0.549 8928	+0.778 9140	+0.337 6804
	3	+0.973 2020	+0.210 2138	+0.091 1314		19	+0.535 6565	+0.787 4481	+0.341 3807
	4	+0.969 3897	+0.225 6033	+0.097 8025		20	+0.521 2655	+0.795 7575	+0.344 9835
	5	+0.965 2917	+0.240 9248	+0.104 4441		21	+0.506 7241	+0.803 8397	+0.348 4876
	6	+0.960 9095	+0.256 1740	+0.111 0544		22	+0.492 0364	+0.811 6921	+0.351 8920
	7	+0.956 2451	+0.271 3467	+0.117 6315		23	+0.477 2068	+0.819 3124	+0.355 1956
	8	+0.951 3002	+0.286 4388	+0.124 1739		24	+0.462 2398	+0.826 6981	+0.358 3973
	9	+0.946 0765	+0.301 4464	+0.130 6797		25	+0.447 1401	+0.833 8469	+0.361 4961
	10	+0.940 5757	+0.316 3654	+0.137 1473		26	+0.431 9124	+0.840 7567	+0.364 4912
	11	+0.934 7995	+0.331 1919	+0.143 5749		27	+0.416 5617	+0.847 4255	+0.367 3817
	12	+0.928 7497	+0.345 9218	+0.149 9608		28	+0.401 0928	+0.853 8517	+0.370 1670
	13	+0.922 4280	+0.360 5512	+0.156 3033		29	+0.385 5106	+0.860 0335	+0.372 8463
	14	+0.915 8362	+0.375 0759	+0.162 6005		30	+0.369 8200	+0.865 9696	+0.375 4191
	15	+0.908 9762	+0.389 4918	+0.168 8507		31	+0.354 0258	+0.871 6587	+0.377 8849
	16	+0.901 8498	+0.403 7950	+0.175 0521	June	1	+0.338 1326	+0.877 0997	+0.380 2432
	17	+0.894 4591	+0.417 9813	+0.181 2028		2	+0.322 1452	+0.882 2915	+0.382 4936
	18	+0.886 8062	+0.432 0465	+0.187 3012		3	+0.306 0680	+0.887 2331	+0.384 6357
	19	+0.878 8932	+0.445 9866	+0.193 3453		4	+0.289 9056	+0.891 9235	+0.386 6690
	20	+0.870 7225	+0.459 7975	+0.199 3333		5	+0.273 6623	+0.896 3617	+0.388 5932
	21	+0.862 2963	+0.473 4749	+0.205 2635		6	+0.257 3426	+0.900 5469	+0.390 4078
	22	+0.853 6173	+0.487 0149	+0.211 1339		7	+0.240 9509	+0.904 4781	+0.392 1125
	23	+0.844 6879	+0.500 4132	+0.216 9428		8	+0.224 4915	+0.908 1545	+0.393 7068
	24	+0.835 5109	+0.513 6658	+0.222 6884		9	+0.207 9689	+0.911 5751	+0.395 1903
	25	+0.826 0894	+0.526 7684	+0.228 3689		10	+0.191 3874	+0.914 7393	+0.396 5627
	26	+0.816 4262	+0.539 7172	+0.233 9825		11	+0.174 7514	+0.917 6460	+0.397 8236
	27	+0.806 5248	+0.552 5081	+0.239 5274		12	+0.158 0654	+0.920 2945	+0.398 9725
	28	+0.796 3884	+0.565 1373	+0.245 0021		13	+0.141 3337	+0.922 6840	+0.400 0091
	29	+0.786 0207	+0.577 6010	+0.250 4050		14	+0.124 5610	+0.924 8138	+0.400 9331
	30	+0.775 4253	+0.589 8957	+0.255 7345		15	+0.107 7518	+0.926 6830	+0.401 7440
May	1	+0.764 6058	+0.602 0181	+0.260 9892		16	+0.090 9107	+0.928 2910	+0.402 4416
	2	+0.753 5660	+0.613 9649	+0.266 1678		17	+0.074 0424	+0.929 6372	+0.403 0255
	3	+0.742 3096	+0.625 7331	+0.271 2689		18	+0.057 1515	+0.930 7208	+0.403 4955
	4	+0.730 8401	+0.637 3195	+0.276 2914		19	+0.040 2430	+0.931 5414	+0.403 8513
	5	+0.719 1613	+0.648 7215	+0.281 2340		20	+0.023 3217	+0.932 0983	+0.404 0926
	6	+0.707 2767	+0.659 9361	+0.286 0955		21	+0.006 3926	+0.932 3912	+0.404 2192
	7	+0.695 1899	+0.670 9606	+0.290 8747		22	−0.010 5390	+0.932 4198	+0.404 2312
	8	+0.682 9043	+0.681 7923	+0.295 5705		23	−0.027 4681	+0.932 1839	+0.404 1283
	9	+0.670 4234	+0.692 4286	+0.300 1816		24	−0.044 3892	+0.931 6836	+0.403 9107
	10	+0.657 7508	+0.702 8666	+0.304 7070		25	−0.061 2973	+0.930 9192	+0.403 5786
	11	+0.644 8898	+0.713 1037	+0.309 1455		26	−0.078 1870	+0.929 8910	+0.403 1322
	12	+0.631 8441	+0.723 1372	+0.313 4958		27	−0.095 0533	+0.928 5998	+0.402 5718
	13	+0.618 6172	+0.732 9645	+0.317 7567		28	−0.111 8912	+0.927 0462	+0.401 8977
	14	+0.605 2127	+0.742 5829	+0.321 9272		29	−0.128 6959	+0.925 2311	+0.401 1104
	15	+0.591 6343	+0.751 9897	+0.326 0060		30	−0.145 4627	+0.923 1555	+0.400 2103
	16	+0.577 8856	+0.761 1822	+0.329 9919	July	1	−0.162 1870	+0.920 8201	+0.399 1977
	17	+0.563 9705	+0.770 1579	+0.333 8837		2	−0.178 8641	+0.918 2261	+0.398 0732

SUN, 2009
ICRS GEOCENTRIC RECTANGULAR COORDINATES

Date 0ʰ TT		x	y	z	Date 0ʰ TT		x	y	z
July	1	−0.162 1870	+0.920 8201	+0.399 1977	Aug.	16	−0.810 2349	+0.557 3087	+0.241 6127
	2	−0.178 8641	+0.918 2261	+0.398 0732		17	−0.820 1665	+0.544 6588	+0.236 1280
	3	−0.195 4897	+0.915 3744	+0.396 8371		18	−0.829 8640	+0.531 8520	+0.230 5752
	4	−0.212 0594	+0.912 2659	+0.395 4899		19	−0.839 3241	+0.518 8919	+0.224 9559
	5	−0.228 5686	+0.908 9018	+0.394 0319		20	−0.848 5436	+0.505 7823	+0.219 2718
	6	−0.245 0132	+0.905 2831	+0.392 4637		21	−0.857 5192	+0.492 5271	+0.213 5247
	7	−0.261 3887	+0.901 4108	+0.390 7856		22	−0.866 2481	+0.479 1305	+0.207 7164
	8	−0.277 6910	+0.897 2859	+0.388 9981		23	−0.874 7276	+0.465 5965	+0.201 8487
	9	−0.293 9155	+0.892 9096	+0.387 1016		24	−0.882 9550	+0.451 9294	+0.195 9234
	10	−0.310 0582	+0.888 2830	+0.385 0965		25	−0.890 9280	+0.438 1334	+0.189 9424
	11	−0.326 1146	+0.883 4071	+0.382 9834		26	−0.898 6444	+0.424 2126	+0.183 9074
	12	−0.342 0804	+0.878 2832	+0.380 7626		27	−0.906 1020	+0.410 1712	+0.177 8203
	13	−0.357 9513	+0.872 9124	+0.378 4347		28	−0.913 2989	+0.396 0133	+0.171 6829
	14	−0.373 7229	+0.867 2959	+0.376 0002		29	−0.920 2330	+0.381 7430	+0.165 4968
	15	−0.389 3908	+0.861 4350	+0.373 4596		30	−0.926 9027	+0.367 3644	+0.159 2639
	16	−0.404 9505	+0.855 3309	+0.370 8134		31	−0.933 3060	+0.352 8815	+0.152 9858
	17	−0.420 3975	+0.848 9852	+0.368 0622	Sept.	1	−0.939 4412	+0.338 2984	+0.146 6644
	18	−0.435 7272	+0.842 3991	+0.365 2067		2	−0.945 3067	+0.323 6191	+0.140 3012
	19	−0.450 9351	+0.835 5741	+0.362 2475		3	−0.950 9008	+0.308 8477	+0.133 8980
	20	−0.466 0164	+0.828 5121	+0.359 1854		4	−0.956 2219	+0.293 9881	+0.127 4566
	21	−0.480 9663	+0.821 2148	+0.356 0211		5	−0.961 2686	+0.279 0443	+0.120 9786
	22	−0.495 7802	+0.813 6841	+0.352 7557		6	−0.966 0392	+0.264 0203	+0.114 4657
	23	−0.510 4533	+0.805 9224	+0.349 3900		7	−0.970 5323	+0.248 9202	+0.107 9197
	24	−0.524 9812	+0.797 9319	+0.345 9252		8	−0.974 7463	+0.233 7478	+0.101 3422
	25	−0.539 3592	+0.789 7153	+0.342 3625		9	−0.978 6797	+0.218 5073	+0.094 7350
	26	−0.553 5833	+0.781 2752	+0.338 7030		10	−0.982 3311	+0.203 2026	+0.088 0998
	27	−0.567 6492	+0.772 6142	+0.334 9479		11	−0.985 6988	+0.187 8380	+0.081 4384
	28	−0.581 5532	+0.763 7352	+0.331 0985		12	−0.988 7815	+0.172 4175	+0.074 7528
	29	−0.595 2912	+0.754 6409	+0.327 1559		13	−0.991 5775	+0.156 9454	+0.068 0446
	30	−0.608 8597	+0.745 3341	+0.323 1213		14	−0.994 0854	+0.141 4262	+0.061 3159
	31	−0.622 2550	+0.735 8176	+0.318 9959		15	−0.996 3040	+0.125 8642	+0.054 5687
Aug.	1	−0.635 4736	+0.726 0940	+0.314 7809		16	−0.998 2317	+0.110 2643	+0.047 8050
	2	−0.648 5119	+0.716 1663	+0.310 4775		17	−0.999 8675	+0.094 6310	+0.041 0269
	3	−0.661 3664	+0.706 0371	+0.306 0869		18	−1.001 2105	+0.078 9693	+0.034 2365
	4	−0.674 0338	+0.695 7092	+0.301 6102		19	−1.002 2597	+0.063 2841	+0.027 4361
	5	−0.686 5108	+0.685 1855	+0.297 0486		20	−1.003 0147	+0.047 5803	+0.020 6278
	6	−0.698 7938	+0.674 4688	+0.292 4033		21	−1.003 4750	+0.031 8629	+0.013 8138
	7	−0.710 8798	+0.663 5617	+0.287 6755		22	−1.003 6405	+0.016 1369	+0.006 9962
	8	−0.722 7652	+0.652 4672	+0.282 8663		23	−1.003 5111	+0.000 4071	+0.000 1771
	9	−0.734 4470	+0.641 1881	+0.277 9771		24	−1.003 0869	−0.015 3217	−0.006 6415
	10	−0.745 9216	+0.629 7272	+0.273 0089		25	−1.002 3681	−0.031 0447	−0.013 4574
	11	−0.757 1859	+0.618 0874	+0.267 9630		26	−1.001 3550	−0.046 7573	−0.020 2687
	12	−0.768 2365	+0.606 2716	+0.262 8406		27	−1.000 0480	−0.062 4548	−0.027 0733
	13	−0.779 0701	+0.594 2828	+0.257 6431		28	−0.998 4474	−0.078 1326	−0.033 8694
	14	−0.789 6833	+0.582 1239	+0.252 3717		29	−0.996 5539	−0.093 7861	−0.040 6550
	15	−0.800 0727	+0.569 7982	+0.247 0277		30	−0.994 3679	−0.109 4110	−0.047 4282
	16	−0.810 2349	+0.557 3087	+0.241 6127	Oct.	1	−0.991 8901	−0.125 0026	−0.054 1870

ICRS GEOCENTRIC RECTANGULAR COORDINATES

Date 0ʰ TT		x	y	z	Date 0ʰ TT		x	y	z
Oct.	1	−0.991 8901	−0.125 0026	−0.054 1870	Nov.	16	−0.586 5720	−0.730 5938	−0.316 7324
	2	−0.989 1212	−0.140 5567	−0.060 9296		17	−0.572 3462	−0.739 7884	−0.320 7182
	3	−0.986 0619	−0.156 0688	−0.067 6541		18	−0.557 9443	−0.748 7554	−0.324 6053
	4	−0.982 7129	−0.171 5347	−0.074 3587		19	−0.543 3710	−0.757 4918	−0.328 3923
	5	−0.979 0750	−0.186 9500	−0.081 0416		20	−0.528 6309	−0.765 9946	−0.332 0779
	6	−0.975 1490	−0.202 3105	−0.087 7008		21	−0.513 7289	−0.774 2612	−0.335 6611
	7	−0.970 9356	−0.217 6118	−0.094 3345		22	−0.498 6697	−0.782 2889	−0.339 1407
	8	−0.966 4355	−0.232 8497	−0.100 9409		23	−0.483 4580	−0.790 0751	−0.342 5156
	9	−0.961 6497	−0.248 0199	−0.107 5181		24	−0.468 0988	−0.797 6176	−0.345 7849
	10	−0.956 5788	−0.263 1179	−0.114 0641		25	−0.452 5968	−0.804 9140	−0.348 9476
	11	−0.951 2237	−0.278 1393	−0.120 5769		26	−0.436 9570	−0.811 9621	−0.352 0028
	12	−0.945 5854	−0.293 0796	−0.127 0547		27	−0.421 1841	−0.818 7600	−0.354 9495
	13	−0.939 6649	−0.307 9341	−0.133 4952		28	−0.405 2832	−0.825 3056	−0.357 7871
	14	−0.933 4633	−0.322 6982	−0.139 8965		29	−0.389 2589	−0.831 5971	−0.360 5147
	15	−0.926 9820	−0.337 3670	−0.146 2564		30	−0.373 1162	−0.837 6329	−0.363 1316
	16	−0.920 2224	−0.351 9357	−0.152 5728	Dec.	1	−0.356 8597	−0.843 4111	−0.365 6370
	17	−0.913 1863	−0.366 3996	−0.158 8436		2	−0.340 4941	−0.848 9303	−0.368 0302
	18	−0.905 8756	−0.380 7538	−0.165 0667		3	−0.324 0242	−0.854 1889	−0.370 3105
	19	−0.898 2923	−0.394 9936	−0.171 2401		4	−0.307 4545	−0.859 1851	−0.372 4773
	20	−0.890 4387	−0.409 1144	−0.177 3616		5	−0.290 7896	−0.863 9176	−0.374 5297
	21	−0.882 3173	−0.423 1114	−0.183 4295		6	−0.274 0342	−0.868 3845	−0.376 4670
	22	−0.873 9305	−0.436 9804	−0.189 4416		7	−0.257 1931	−0.872 5842	−0.378 2885
	23	−0.865 2810	−0.450 7168	−0.195 3962		8	−0.240 2709	−0.876 5151	−0.379 9933
	24	−0.856 3715	−0.464 3165	−0.201 2915		9	−0.223 2729	−0.880 1754	−0.381 5807
	25	−0.847 2047	−0.477 7753	−0.207 1256		10	−0.206 2040	−0.883 5636	−0.383 0500
	26	−0.837 7836	−0.491 0889	−0.212 8968		11	−0.189 0695	−0.886 6781	−0.384 4005
	27	−0.828 1110	−0.504 2536	−0.218 6034		12	−0.171 8748	−0.889 5176	−0.385 6315
	28	−0.818 1898	−0.517 2652	−0.224 2437		13	−0.154 6254	−0.892 0807	−0.386 7426
	29	−0.808 0231	−0.530 1200	−0.229 8162		14	−0.137 3268	−0.894 3663	−0.387 7333
	30	−0.797 6138	−0.542 8143	−0.235 3191		15	−0.119 9847	−0.896 3733	−0.388 6030
	31	−0.786 9652	−0.555 3442	−0.240 7509		16	−0.102 6047	−0.898 1010	−0.389 3515
Nov.	1	−0.776 0801	−0.567 7062	−0.246 1100		17	−0.085 1925	−0.899 5486	−0.389 9786
	2	−0.764 9618	−0.579 8968	−0.251 3950		18	−0.067 7539	−0.900 7155	−0.390 4839
	3	−0.753 6133	−0.591 9125	−0.256 6043		19	−0.050 2946	−0.901 6014	−0.390 8673
	4	−0.742 0376	−0.603 7497	−0.261 7365		20	−0.032 8203	−0.902 2061	−0.391 1288
	5	−0.730 2378	−0.615 4052	−0.266 7899		21	−0.015 3366	−0.902 5293	−0.391 2684
	6	−0.718 2168	−0.626 8753	−0.271 7631		22	+0.002 1507	−0.902 5711	−0.391 2860
	7	−0.705 9779	−0.638 1565	−0.276 6546		23	+0.019 6360	−0.902 3317	−0.391 1818
	8	−0.693 5241	−0.649 2454	−0.281 4626		24	+0.037 1138	−0.901 8113	−0.390 9559
	9	−0.680 8585	−0.660 1383	−0.286 1857		25	+0.054 5786	−0.901 0102	−0.390 6084
	10	−0.667 9846	−0.670 8315	−0.290 8222		26	+0.072 0248	−0.899 9291	−0.390 1397
	11	−0.654 9058	−0.681 3214	−0.295 3705		27	+0.089 4472	−0.898 5684	−0.389 5500
	12	−0.641 6258	−0.691 6043	−0.299 8289		28	+0.106 8403	−0.896 9290	−0.388 8396
	13	−0.628 1483	−0.701 6765	−0.304 1958		29	+0.124 1990	−0.895 0115	−0.388 0088
	14	−0.614 4774	−0.711 5345	−0.308 4697		30	+0.141 5181	−0.892 8169	−0.387 0580
	15	−0.600 6172	−0.721 1747	−0.312 6491		31	+0.158 7927	−0.890 3460	−0.385 9875
	16	−0.586 5720	−0.730 5938	−0.316 7324		32	+0.176 0178	−0.887 5997	−0.384 7977

MOON, 2009

CONTENTS OF SECTION D

	PAGE
Phases of the Moon. Perigee and Apogee	D1
Mean elements of the orbit of the Moon	D2
Mean elements of the rotation of the Moon	D2
Lengths of mean months	D2
Use of the ephemerides	D3
Appearance of the Moon; selenographic coordinates	D4
Formulae for libration	D5
Ecliptic and equatorial coordinates of the Moon—daily ephemeris	D6
Physical ephemeris of the Moon—daily ephemeris	D7
Low-precision formulae for geocentric and topocentric coordinates of the Moon	D22

See also

Occultations by the Moon	www, A2
Moonrise and moonset	A46
Eclipses of the Moon	A82
Physical and photometric data	E4
Lunar polynomial coefficients for R.A., Dec. and H.P.—daily ephemeris	www

> www This symbol indicates that these data or auxiliary material may be found on *The Astronomical Almanac Online* at **http://asa.usno.navy.mil** and **http://asa.hmnao.com**

NOTE: All the times on this page are expressed in Universal Time (UT1).

PHASES OF THE MOON

Lunation	New Moon			First Quarter			Full Moon			Last Quarter		
	d	h	m	d	h	m	d	h	m	d	h	m
1064				Jan. 4	11	56	Jan. 11	03	27	Jan. 18	02	46
1065	Jan. 26	07	55	Feb. 2	23	13	Feb. 9	14	49	Feb. 16	21	37
1066	Feb. 25	01	35	Mar. 4	07	46	Mar. 11	02	38	Mar. 18	17	47
1067	Mar. 26	16	06	Apr. 2	14	34	Apr. 9	14	56	Apr. 17	13	36
1068	Apr. 25	03	23	May 1	20	44	May 9	04	01	May 17	07	26
1069	May 24	12	11	May 31	03	22	June 7	18	12	June 15	22	15
1070	June 22	19	35	June 29	11	28	July 7	09	21	July 15	09	53
1071	July 22	02	35	July 28	22	00	Aug. 6	00	55	Aug. 13	18	55
1072	Aug. 20	10	02	Aug. 27	11	42	Sept. 4	16	03	Sept. 12	02	16
1073	Sept. 18	18	44	Sept. 26	04	50	Oct. 4	06	10	Oct. 11	08	56
1074	Oct. 18	05	33	Oct. 26	00	42	Nov. 2	19	14	Nov. 9	15	56
1075	Nov. 16	19	14	Nov. 24	21	39	Dec. 2	07	30	Dec. 9	00	13
1076	Dec. 16	12	02	Dec. 24	17	36	Dec. 31	19	13			

MOON AT PERIGEE

	d	h		d	h		d	h
Jan.	10	11	May	26	04	Oct.	13	12
Feb.	7	20	June	23	11	Nov.	7	07
Mar.	7	15	July	21	20	Dec.	4	14
Apr.	2	02	Aug.	19	05			
Apr.	28	06	Sept.	16	08			

MOON AT APOGEE

	d	h		d	h		d	h
Jan.	23	00	June	10	16	Oct.	25	23
Feb.	19	17	July	7	22	Nov.	22	20
Mar.	19	13	Aug.	4	01	Dec.	20	15
Apr.	16	09	Aug.	31	11			
May	14	03	Sept.	28	04			

NOTES AND FORMULAE

Mean elements of the orbit of the Moon

The following expressions for the mean elements of the Moon are based on the fundamental arguments developed by Simon *et al.* (*Astron. & Astrophys.*, **282**, 663, 1994). The angular elements are referred to the mean equinox and ecliptic of date. The time argument (d) is the interval in days from 2009 January 0 at 0^h TT. These expressions are intended for use during 2009 only.

$$d = JD - 245\,4831 \cdot 5 = \text{day of year (from B4–B5)} + \text{fraction of day from } 0^h \text{ TT}$$

Mean longitude of the Moon, measured in the ecliptic to the mean ascending node and then along the mean orbit:
$$L' = 322°\!\cdot\!543\,644 + 13 \cdot 176\,396\,47\,d$$

Mean longitude of the lunar perigee, measured as for L':
$$\Gamma' = 89°\!\cdot\!480\,834 + 0 \cdot 111\,403\,47\,d$$

Mean longitude of the mean ascending node of the lunar orbit on the ecliptic:
$$\Omega = 311°\!\cdot\!012\,024 - 0 \cdot 052\,953\,75\,d$$

Mean elongation of the Moon from the Sun:
$$D = L' - L = 42°\!\cdot\!747\,150 + 12 \cdot 190\,749\,11\,d$$

Mean inclination of the lunar orbit to the ecliptic: $5°\!\cdot\!156\,6898$.

Mean elements of the rotation of the Moon

The following expressions give the mean elements of the mean equator of the Moon, referred to the true equator of the Earth, during 2009 to a precision of about $0°\!\cdot\!001$; the time-argument d is as defined above for the orbital elements.

Inclination of the mean equator of the Moon to the true equator of the Earth:
$$i = 22°\!\cdot\!4554 + 0 \cdot 001\,134\,d + 0 \cdot 000\,000\,317\,d^2$$

Arc of the mean equator of the Moon from its ascending node on the true equator of the Earth to its ascending node on the ecliptic of date:
$$\Delta = 128°\!\cdot\!2089 - 0 \cdot 055\,082\,d + 0 \cdot 000\,001\,477\,d^2$$

Arc of the true equator of the Earth from the true equinox of date to the ascending node of the mean equator of the Moon:
$$\Omega' = +3°\!\cdot\!0479 + 0 \cdot 002\,326\,d - 0 \cdot 000\,001\,592\,d^2$$

The inclination (I) of the mean lunar equator to the ecliptic: $1° \; 32' \; 33''\!\cdot\!6$

The ascending node of the mean lunar equator on the ecliptic is at the descending node of the mean lunar orbit on the ecliptic, that is at longitude $\Omega + 180°$.

Lengths of mean months

The lengths of the mean months at 2009·0, as derived from the mean orbital elements are:

		d	d h m s
synodic month	(new moon to new moon)	29·530 589	29 12 44 02·9
tropical month	(equinox to equinox)	27·321 582	27 07 43 04·7
sidereal month	(fixed star to fixed star)	27·321 662	27 07 43 11·6
anomalistic month	(perigee to perigee)	27·554 550	27 13 18 33·1
draconic month	(node to node)	27·212 221	27 05 05 35·9

NOTES AND FORMULAE

Geocentric coordinates

The apparent longitude (λ) and latitude (β) of the Moon given on pages D6–D20 are referred to the ecliptic of date: the apparent right ascension (α) and declination (δ) are referred to the true equator of date. These coordinates are primarily intended for planning purposes. The true distance (r) is expressed in Earth-radii.

The maximum errors which may result if Bessel's second-order interpolation formula is used are as follows:

λ	β	α	δ	r	π	s
$\pm 0°\!.02$	$\pm 0°\!.02$	$\pm 2^s\!.4$	$\pm 24''$	$\pm 0·002$	$\pm 0''\!.07$	$\pm 0''\!.02$

More precise values of right ascension, declination and horizontal parallax may be obtained by using the polynomial coefficients given on AsA-Online. Precise values of true distance and semi-diameter may be obtained from the parallax using:

$$r = 6\,378·1366 / \sin\pi \text{ km} \qquad \sin s = 0·272\,399 \sin\pi$$

The tabulated values are all referred to the centre of the Earth, and may differ from the topocentric values by up to about 1 degree in angle and 2 per cent in distance.

Time of transit of the Moon

The TT of upper (or lower) transit of the Moon over a local meridian may be obtained by interpolation in the tabulation of the time of upper (or lower) transit over the ephemeris meridian given on pages D6–D20, where the first differences are about 25 hours. The interpolation factor p is given by:

$$p = -\lambda + 1·002\,738\,\Delta T$$

where λ is the *east* longitude and the right-hand side is expressed in days. (Divide longitude in degrees by 360 and ΔT in seconds by 86 400). During 2009 it is expected that ΔT will be about 66 seconds, so that the second term is about $+0·000\,76$ days. In general, second-order differences are sufficient to give times to a few seconds, but higher-order differences must be taken into account if a precision of better than 1 second is required. The UT1 of transit is obtained by subtracting ΔT from the TT of transit, which is obtained by interpolation.

Topocentric coordinates

The topocentric equatorial rectangular coordinates of the Moon (x', y', z'), referred to the true equinox of date, are equal to the geocentric equatorial rectangular coordinates of the Moon *minus* the geocentric equatorial rectangular coordinates of the observer. Hence, the topocentric right ascension (α'), declination (δ') and distance (r') of the Moon may be calculated from the formulae:

$$\begin{aligned} x' &= r' \cos\delta' \cos\alpha' = r \cos\delta \cos\alpha - \rho \cos\phi' \cos\theta_0 \\ y' &= r' \cos\delta' \sin\alpha' = r \cos\delta \sin\alpha - \rho \cos\phi' \sin\theta_0 \\ z' &= r' \sin\delta' = r \sin\delta - \rho \sin\phi' \end{aligned}$$

where θ_0 is the local apparent sidereal time (see B11) and ρ and ϕ' are the geocentric distance and latitude of the observer.

Then
$$r'^2 = x'^2 + y'^2 + z'^2, \qquad \alpha' = \tan^{-1}(y'/x'), \qquad \delta' = \sin^{-1}(z'/r')$$

The topocentric hour angle (h') may be calculated from $h' = \theta_0 - \alpha'$.

Physical ephemeris

See page D4 for notes on the physical ephemeris of the Moon on pages D7–D21.

NOTES AND FORMULAE

Appearance of the Moon

The quantities tabulated in the ephemeris for physical observations of the Moon on odd pages D7–D21 represent the geocentric aspect and illumination of the Moon's disk. For most purposes it is sufficient to regard the instant of tabulation as 0^h universal time. The fraction illuminated (or phase) is the ratio of the illuminated area to the total area of the lunar disk; it is also the fraction of the diameter illuminated perpendicular to the line of cusps. This quantity indicates the general aspect of the Moon, while the precise times of the four principal phases are given on pages A1 and D1; they are the times when the apparent longitudes of the Moon and Sun differ by $0°$, $90°$, $180°$ and $270°$.

The position angle of the bright limb is measured anticlockwise around the disk from the north point (of the hour circle through the centre of the apparent disk) to the midpoint of the bright limb. Before full moon the morning terminator is visible and the position angle of the northern cusp is $90°$ greater than the position angle of the bright limb; after full moon the evening terminator is visible and the position angle of the northern cusp is $90°$ less than the position angle of the bright limb.

The brightness of the Moon is determined largely by the fraction illuminated, but it also depends on the distance of the Moon, on the nature of the part of the lunar surface that is illuminated, and on other factors. The integrated visual magnitude of the full Moon at mean distance is about $-12\cdot7$. The crescent Moon is not normally visible to the naked eye when the phase is less than $0\cdot01$, but much depends on the conditions of observation.

Selenographic coordinates

The positions of points on the Moon's surface are specified by a system of selenographic coordinates, in which latitude is measured positively to the north from the equator of the pole of rotation, and longitude is measured positively to the east on the selenocentric celestial sphere from the lunar meridian through the mean centre of the apparent disk. Selenographic longitudes are measured positive to the west (towards Mare Crisium) on the apparent disk; this sign convention implies that the longitudes of the Sun and of the terminators are decreasing functions of time, and so for some purposes it is convenient to use colongitude which is $90°$ (or $450°$) minus longitude.

The tabulated values of the Earth's selenographic longitude and latitude specify the sub-terrestrial point on the Moon's surface (that is, the centre of the apparent disk). The position angle of the axis of rotation is measured anticlockwise from the north point, and specifies the orientation of the lunar meridian through the sub-terrestrial point, which is the pole of the great circle that corresponds to the limb of the Moon.

The tabulated values of the Sun's selenographic colongitude and latitude specify the sub-solar point of the Moon's surface (that is at the pole of the great circle that bounds the illuminated hemisphere). The following relations hold approximately:

$$\text{longitude of morning terminator} = 360° - \text{colongitude of Sun}$$
$$\text{longitude of evening terminator} = 180° \text{ (or } 540°\text{)} - \text{colongitude of Sun}$$

The altitude (a) of the Sun above the lunar horizon at a point at selenographic longitude and latitude (l, b) may be calculated from:

$$\sin a = \sin b_0 \sin b + \cos b_0 \cos b \sin (c_0 + l)$$

where (c_0, b_0) are the Sun's colongitude and latitude at the time.

NOTES AND FORMULAE

Librations of the Moon

On average the same hemisphere of the Moon is always turned to the Earth but there is a periodic oscillation or libration of the apparent position of the lunar surface that allows about 59 per cent of the surface to be seen from the Earth. The libration is due partly to a physical libration, which is an oscillation of the actual rotational motion about its mean rotation, but mainly to the much larger geocentric optical libration, which results from the non-uniformity of the revolution of the Moon around the centre of the Earth. Both of these effects are taken into account in the computation of the Earth's selenographic longitude (l) and latitude (b) and of the position angle (C) of the axis of rotation. The contributions due to the physical libration are tabulated separately. There is a further contribution to the optical libration due to the difference between the viewpoints of the observer on the surface of the Earth and of the hypothetical observer at the centre of the Earth. These topocentric optical librations may be as much as 1° and have important effects on the apparent contour of the limb.

When the libration in longitude, that is the selenographic longitude of the Earth, is positive the mean centre of the disk is displaced eastwards on the celestial sphere, exposing to view a region on the west limb. When the libration in latitude, or selenographic latitude of the Earth, is positive the mean centre of the disk is displaced towards the south, and a region on the north limb is exposed to view. In a similar way the selenographic coordinates of the Sun show which regions of the lunar surface are illuminated.

Differential corrections to be applied to the tabular geocentric librations to form the topocentric librations may be computed from the following formulae:

$$\Delta l = -\pi' \sin(Q - C) \sec b$$
$$\Delta b = +\pi' \cos(Q - C)$$
$$\Delta C = +\sin(b + \Delta b) \Delta l - \pi' \sin Q \tan \delta$$

where Q is the geocentric parallactic angle of the Moon and π' is the topocentric horizontal parallax. The latter is obtained from the geocentric horizontal parallax (π), which is tabulated on even pages D6–D20 by using:

$$\pi' = \pi (\sin z + 0.0084 \sin 2z)$$

where z is the geocentric zenith distance of the Moon. The values of z and Q may be calculated from the geocentric right ascension (α) and declination (δ) of the Moon by using:

$$\sin z \sin Q = \cos \phi \sin h$$
$$\sin z \cos Q = \cos \delta \sin \phi - \sin \delta \cos \phi \cos h$$
$$\cos z = \sin \delta \sin \phi + \cos \delta \cos \phi \cos h$$

where ϕ is the geocentric latitude of the observer and h is the local hour angle of the Moon, given by:

$$h = \text{local apparent sidereal time} - \alpha$$

Second differences must be taken into account in the interpolation of the tabular geocentric librations to the time of observation.

MOON, 2009

FOR 0ʰ TERRESTRIAL TIME

Date 0ʰ TT	Apparent Long. °	Apparent Lat. °	Apparent R.A. h m s	Apparent Dec. ° ′ ″	True Dist.	Horiz. Parallax ′ ″	Semi-diameter ′ ″	Ephemeris Transit Upper h	Ephemeris Transit Lower h
Jan. 0	317.61	+0.75	21 19 16.19	−14 50 43.4	62.847	54 42.17	14 54.03	15.1072	02.7487
1	329.76	+1.82	22 04 50.77	− 9 50 54.2	62.359	55 07.84	15 01.02	15.8117	03.4608
2	342.11	+2.83	22 49 41.51	− 4 23 45.8	61.757	55 40.07	15 09.80	16.5139	04.1619
3	354.73	+3.73	23 34 44.71	+ 1 19 58.0	61.046	56 19.00	15 20.40	17.2333	04.8701
4	7.68	+4.46	0 21 06.18	+ 7 08 40.4	60.239	57 04.25	15 32.72	17.9922	05.6063
5	21.01	+4.98	1 09 58.33	+12 48 30.3	59.368	57 54.52	15 46.42	18.8142	06.3939
6	34.76	+5.23	2 02 34.00	+18 01 47.4	58.478	58 47.42	16 00.82	19.7200	07.2556
7	48.95	+5.18	2 59 51.63	+22 25 55.1	57.631	59 39.24	16 14.94	20.7194	08.2082
8	63.56	+4.79	4 02 07.57	+25 34 10.2	56.901	60 25.15	16 27.44	21.7982	09.2510
9	78.49	+4.08	5 08 22.97	+27 00 24.0	56.363	60 59.75	16 36.86	22.9128	10.3547
10	93.64	+3.07	6 16 15.41	+26 27 42.0	56.082	61 18.13	16 41.87	...	11.4647
11	108.85	+1.84	7 22 45.23	+23 56 24.2	56.097	61 17.15	16 41.60	00.0036	12.5246
12	123.94	+0.49	8 25 32.81	+19 44 49.7	56.415	60 56.38	16 35.95	01.0245	13.5022
13	138.78	−0.87	9 23 42.63	+14 22 04.2	57.009	60 18.31	16 25.58	01.9584	14.3945
14	153.24	−2.15	10 17 33.16	+ 8 18 55.8	57.818	59 27.68	16 11.79	02.8131	15.2169
15	167.26	−3.25	11 08 03.48	+ 2 02 07.9	58.764	58 30.23	15 56.14	03.6088	15.9918
16	180.82	−4.14	11 56 25.79	− 4 07 26.6	59.763	57 31.53	15 40.15	04.3687	16.7422
17	193.95	−4.78	12 43 50.45	− 9 54 03.0	60.738	56 36.14	15 25.07	05.1147	17.4884
18	206.68	−5.16	13 31 18.98	−15 05 30.6	61.623	55 47.36	15 11.78	05.8653	18.2470
19	219.09	−5.28	14 19 39.78	−19 31 40.1	62.372	55 07.16	15 00.83	06.6347	19.0292
20	231.25	−5.17	15 09 23.53	−23 03 25.6	62.956	54 36.47	14 52.47	07.4309	19.8394
21	243.22	−4.83	16 00 38.12	−25 32 32.4	63.364	54 15.37	14 46.73	08.2540	20.6734
22	255.08	−4.29	16 53 05.47	−26 52 14.4	63.599	54 03.36	14 43.45	09.0958	21.5191
23	266.89	−3.57	17 46 04.26	−26 58 24.0	63.673	53 59.55	14 42.42	09.9412	22.3598
24	278.71	−2.70	18 38 40.93	−25 50 39.4	63.608	54 02.86	14 43.32	10.7730	23.1793
25	290.57	−1.70	19 30 05.76	−23 32 49.0	63.426	54 12.18	14 45.86	11.5776	23.9673
26	302.52	−0.62	20 19 47.00	−20 12 20.1	63.149	54 26.47	14 49.75	12.3484	...
27	314.59	+0.49	21 07 37.35	−15 59 09.3	62.794	54 44.91	14 54.77	13.0873	00.7215
28	326.81	+1.60	21 53 52.90	−11 04 30.3	62.376	55 06.95	15 00.78	13.8024	01.4471
29	339.20	+2.65	22 39 08.08	− 5 40 06.0	61.900	55 32.35	15 07.69	14.5072	02.1551
30	351.79	+3.58	23 24 10.59	+ 0 02 07.1	61.371	56 01.08	15 15.52	15.2183	02.8608
31	4.60	+4.36	0 09 57.46	+ 5 49 42.8	60.790	56 33.23	15 24.27	15.9550	03.5822
Feb. 1	17.68	+4.92	0 57 32.00	+11 29 02.6	60.161	57 08.73	15 33.94	16.7378	04.3393
2	31.03	+5.24	1 47 59.27	+16 44 17.0	59.494	57 47.14	15 44.41	17.5863	05.1527
3	44.69	+5.27	2 42 16.43	+21 16 31.9	58.812	58 27.39	15 55.37	18.5143	06.0400
4	58.67	+4.99	3 40 54.57	+24 43 50.6	58.147	59 07.47	16 06.28	19.5206	07.0086
5	72.94	+4.41	4 43 33.42	+26 43 25.5	57.547	59 44.46	16 16.36	20.5816	08.0467
6	87.49	+3.53	5 48 44.57	+26 56 51.4	57.067	60 14.64	16 24.58	21.6531	09.1192
7	102.23	+2.41	6 54 07.85	+25 16 47.5	56.762	60 34.06	16 29.87	22.6885	10.1777
8	117.07	+1.12	7 57 24.27	+21 50 51.7	56.679	60 39.34	16 31.31	23.6581	11.1824
9	131.89	−0.24	8 57 08.08	+16 59 41.2	56.847	60 28.58	16 28.38	...	12.1156
10	146.57	−1.57	9 53 01.70	+11 10 43.9	57.266	60 02.05	16 21.15	00.5561	12.9813
11	161.00	−2.78	10 45 37.97	+ 4 52 07.2	57.907	59 22.19	16 10.29	01.3935	13.7952
12	175.07	−3.79	11 35 54.52	− 1 31 10.2	58.716	58 33.11	15 56.93	02.1891	14.5776
13	188.75	−4.55	12 24 55.01	− 7 38 39.5	59.623	57 39.65	15 42.37	02.9632	15.3480
14	202.00	−5.04	13 13 38.45	−13 14 09.5	60.552	56 46.55	15 27.90	03.7341	16.1230
15	214.85	−5.25	14 02 52.87	−18 04 52.0	61.432	55 57.76	15 14.61	04.5163	16.9147

EPHEMERIS FOR PHYSICAL OBSERVATIONS
FOR 0ʰ TERRESTRIAL TIME

Date 0ʰ TT	The Earth's Selenographic Long.	Lat.	Physical Libration Lg. (0°.001)	Lt.	P.A.	The Sun's Selenographic Colong.	Lat.	Position Angle Axis	Bright Limb	Fraction Illum.
Jan. 0	−4.972	−0.873	−11	+50	+9	312.97	−0.85	343.847	251.35	0.106
1	−6.029	−2.270	−12	+50	+9	325.14	−0.82	341.057	248.01	0.173
2	−6.874	−3.584	−14	+49	+10	337.32	−0.80	339.018	246.08	0.254
3	−7.442	−4.751	−15	+48	+11	349.49	−0.77	337.785	245.45	0.347
4	−7.667	−5.707	−16	+47	+12	1.65	−0.73	337.449	246.12	0.448
5	−7.492	−6.386	−16	+46	+13	13.81	−0.70	338.153	248.16	0.555
6	−6.879	−6.722	−16	+44	+15	25.95	−0.67	340.075	251.69	0.663
7	−5.822	−6.662	−16	+43	+17	38.09	−0.63	343.377	256.83	0.766
8	−4.360	−6.172	−16	+42	+18	50.23	−0.59	348.088	263.57	0.857
9	−2.579	−5.255	−15	+41	+20	62.36	−0.56	353.958	271.82	0.931
10	−0.606	−3.957	−14	+40	+21	74.48	−0.52	0.402	282.05	0.979
11	+1.401	−2.371	−13	+40	+22	86.61	−0.48	6.670	320.14	0.999
12	+3.283	−0.625	−11	+40	+23	98.73	−0.45	12.140	101.34	0.989
13	+4.900	+1.138	−10	+40	+24	110.86	−0.41	16.488	109.79	0.950
14	+6.152	+2.787	−9	+40	+24	122.98	−0.38	19.638	113.66	0.887
15	+6.979	+4.221	−8	+40	+24	135.12	−0.35	21.634	115.36	0.806
16	+7.365	+5.371	−8	+41	+23	147.26	−0.33	22.543	115.44	0.713
17	+7.330	+6.201	−8	+42	+22	159.41	−0.30	22.410	114.18	0.614
18	+6.916	+6.699	−9	+43	+21	171.56	−0.28	21.261	111.72	0.513
19	+6.181	+6.870	−10	+44	+19	183.72	−0.26	19.116	108.19	0.414
20	+5.192	+6.728	−11	+44	+18	195.88	−0.25	16.023	103.70	0.321
21	+4.014	+6.296	−13	+45	+16	208.06	−0.23	12.088	98.43	0.236
22	+2.714	+5.598	−15	+46	+14	220.24	−0.21	7.501	92.60	0.161
23	+1.351	+4.667	−16	+46	+13	232.42	−0.20	2.533	86.53	0.098
24	−0.023	+3.538	−18	+47	+12	244.60	−0.18	357.500	80.51	0.049
25	−1.359	+2.253	−20	+47	+11	256.79	−0.16	352.701	74.72	0.016
26	−2.617	+0.862	−22	+47	+10	268.98	−0.14	348.370	67.12	0.001
27	−3.760	−0.579	−23	+47	+10	281.17	−0.11	344.660	249.34	0.004
28	−4.753	−2.010	−25	+46	+11	293.37	−0.09	341.657	245.44	0.026
29	−5.564	−3.364	−26	+46	+11	305.55	−0.06	339.410	243.48	0.068
30	−6.162	−4.576	−27	+45	+12	317.74	−0.03	337.970	242.78	0.127
31	−6.517	−5.580	−28	+44	+13	329.92	0.00	337.409	243.28	0.203
Feb. 1	−6.600	−6.314	−29	+43	+14	342.10	+0.03	337.835	245.00	0.294
2	−6.387	−6.723	−30	+42	+16	354.27	+0.07	339.388	248.02	0.396
3	−5.864	−6.764	−30	+41	+17	6.43	+0.10	342.204	252.37	0.505
4	−5.031	−6.407	−29	+40	+18	18.59	+0.14	346.337	258.02	0.616
5	−3.906	−5.649	−29	+40	+20	30.74	+0.18	351.651	264.70	0.724
6	−2.534	−4.516	−28	+39	+21	42.88	+0.22	357.742	271.85	0.823
7	−0.985	−3.068	−27	+39	+22	55.02	+0.26	3.988	278.65	0.904
8	+0.649	−1.402	−26	+39	+22	67.15	+0.30	9.758	283.98	0.963
9	+2.256	+0.358	−24	+39	+23	79.28	+0.34	14.608	284.52	0.995
10	+3.724	+2.080	−23	+39	+23	91.42	+0.38	18.333	126.57	0.998
11	+4.947	+3.640	−22	+39	+23	103.55	+0.42	20.893	120.37	0.973
12	+5.839	+4.941	−21	+39	+23	115.68	+0.45	22.311	119.47	0.925
13	+6.346	+5.922	−21	+40	+23	127.82	+0.48	22.620	118.01	0.857
14	+6.447	+6.554	−21	+40	+22	139.97	+0.50	21.842	115.58	0.775
15	+6.154	+6.834	−22	+41	+21	152.12	+0.52	20.004	112.16	0.684

MOON, 2009

FOR 0ʰ TERRESTRIAL TIME

Date 0ʰ TT	Apparent Long.	Apparent Lat.	Apparent R.A.	Apparent Dec.	True Dist.	Horiz. Parallax	Semi-diameter	Ephemeris Transit for date Upper	Ephemeris Transit for date Lower
	°	°	h m s	° ′ ″		′ ″	′ ″	h	h
Feb. 15	214.85	−5.25	14 02 52.87	−18 04 52.0	61.432	55 57.76	15 14.61	04.5163	16.9147
16	227.34	−5.22	14 53 10.38	−22 00 26.3	62.201	55 16.25	15 03.31	05.3189	17.7289
17	239.54	−4.94	15 44 42.48	−24 52 28.0	62.813	54 43.92	14 54.50	06.1442	18.5640
18	251.53	−4.45	16 37 17.22	−26 34 34.2	63.241	54 21.73	14 48.46	06.9867	19.4108
19	263.39	−3.78	17 30 21.22	−27 02 57.0	63.472	54 09.85	14 45.22	07.8344	20.2554
20	275.19	−2.95	18 23 08.56	−26 17 03.7	63.511	54 07.85	14 44.68	08.6721	21.0830
21	287.02	−1.99	19 14 54.44	−24 19 52.9	63.375	54 14.79	14 46.57	09.4869	21.8831
22	298.94	−0.94	20 05 08.05	−21 17 34.9	63.092	54 29.39	14 50.55	10.2714	22.6520
23	311.01	+0.16	20 53 39.64	−17 18 46.2	62.695	54 50.09	14 56.18	11.0256	23.3931
24	323.26	+1.27	21 40 40.81	−12 33 41.0	62.220	55 15.23	15 03.03	11.7558	...
25	335.74	+2.34	22 26 40.79	− 7 13 40.4	61.700	55 43.19	15 10.65	12.4733	00.1153
26	348.46	+3.31	23 12 21.73	− 1 31 01.7	61.163	56 12.53	15 18.64	13.1928	00.8318
27	1.41	+4.13	23 58 34.72	+ 4 20 52.9	60.631	56 42.13	15 26.70	13.9314	01.5586
28	14.59	+4.74	0 46 16.27	+10 07 16.1	60.116	57 11.25	15 34.63	14.7073	02.3135
Mar. 1	27.99	+5.11	1 36 23.75	+15 31 28.9	59.626	57 39.47	15 42.32	15.5377	03.1147
2	41.59	+5.20	2 29 46.96	+20 14 45.4	59.163	58 06.57	15 49.70	16.4352	03.9776
3	55.37	+4.99	3 26 53.64	+23 56 37.2	58.730	58 32.27	15 56.70	17.4010	04.9101
4	69.32	+4.48	4 27 30.28	+26 16 44.2	58.335	58 56.04	16 03.17	18.4188	05.9052
5	83.41	+3.71	5 30 28.93	+26 58 40.4	57.994	59 16.84	16 08.84	19.4549	06.9371
6	97.64	+2.69	6 33 57.48	+25 54 35.6	57.730	59 33.11	16 13.27	20.4698	07.9672
7	111.96	+1.51	7 35 57.62	+23 08 16.8	57.573	59 42.85	16 15.92	21.4341	08.9594
8	126.34	+0.22	8 35 07.54	+18 54 21.6	57.554	59 44.04	16 16.24	22.3373	09.8933
9	140.71	−1.07	9 31 00.62	+13 34 27.9	57.698	59 35.06	16 13.80	23.1852	10.7674
10	154.99	−2.29	10 23 56.93	+ 7 32 53.1	58.019	59 15.27	16 08.41	23.9926	11.5928
11	169.12	−3.35	11 14 43.71	+ 1 13 26.7	58.512	58 45.35	16 00.26	...	12.3868
12	182.99	−4.19	12 04 18.05	− 5 02 09.1	59.151	58 07.27	15 49.89	00.7778	13.1677
13	196.56	−4.77	12 53 35.55	−10 54 58.4	59.893	57 24.06	15 38.12	01.5584	13.9516
14	209.79	−5.08	13 43 22.75	−16 08 56.9	60.682	56 39.25	15 25.91	02.3488	14.7509
15	222.65	−5.13	14 34 11.23	−20 30 44.9	61.458	55 56.35	15 14.23	03.1586	15.5720
16	235.19	−4.92	15 26 12.29	−23 49 46.2	62.159	55 18.46	15 03.91	03.9906	16.4137
17	247.43	−4.49	16 19 13.86	−25 58 21.3	62.735	54 48.04	14 55.62	04.8399	17.2676
18	259.45	−3.86	17 12 42.58	−26 52 13.1	63.142	54 26.80	14 49.84	05.6949	18.1198
19	271.32	−3.08	18 05 52.69	−26 30 46.8	63.357	54 15.73	14 46.82	06.5407	18.9558
20	283.13	−2.17	18 57 59.79	−24 57 02.3	63.368	54 15.16	14 46.67	07.3640	19.7646
21	294.97	−1.16	19 48 33.61	−22 16 53.4	63.181	54 24.78	14 49.29	08.1572	20.5420
22	306.93	−0.10	20 37 24.91	−18 38 11.6	62.818	54 43.69	14 54.44	08.9196	21.2909
23	319.08	+0.98	21 24 45.63	−14 10 00.5	62.310	55 10.43	15 01.72	09.6572	22.0200
24	331.49	+2.04	22 11 05.08	− 9 02 16.5	61.702	55 43.05	15 10.61	10.3810	22.7421
25	344.19	+3.02	22 57 05.33	− 3 25 59.6	61.042	56 19.20	15 20.45	11.1053	23.4729
26	357.21	+3.87	23 43 37.21	+ 2 26 16.8	60.379	56 56.32	15 30.56	11.8471	...
27	10.55	+4.52	0 31 36.77	+ 8 19 47.1	59.757	57 31.87	15 40.25	12.6242	00.2301
28	24.16	+4.93	1 22 00.63	+13 57 02.4	59.212	58 03.68	15 48.91	13.4540	01.0316
29	38.00	+5.07	2 15 37.42	+18 57 46.5	58.765	58 30.16	15 56.12	14.3489	01.8928
30	52.01	+4.90	3 12 53.07	+22 59 49.5	58.427	58 50.49	16 01.66	15.3109	02.8221
31	66.11	+4.43	4 13 31.80	+25 41 35.1	58.195	59 04.55	16 05.49	16.3244	03.8129
Apr. 1	80.26	+3.70	5 16 23.77	+26 46 10.0	58.061	59 12.75	16 07.72	17.3565	04.8406
2	94.41	+2.73	6 19 36.39	+26 05 57.8	58.013	59 15.66	16 08.52	18.3679	05.8670

EPHEMERIS FOR PHYSICAL OBSERVATIONS
FOR 0ʰ TERRESTRIAL TIME

Date 0ʰ TT	The Earth's Selenographic Long.	Lat.	Physical Libration Lg. (0°.001)	Lt.	P.A.	The Sun's Selenographic Colong.	Lat.	Position Angle Axis	Bright Limb	Fraction Illum.
Feb. 15	+6·154	+6·834	− 22	+ 41	+ 21	152·12	+0·52	20·004	112·16	0·684
16	+5·506	+6·781	− 22	+ 41	+ 19	164·28	+0·54	17·159	107·83	0·589
17	+4·561	+6·421	− 24	+ 42	+ 18	176·44	+0·56	13·416	102·75	0·492
18	+3·392	+5·786	− 25	+ 43	+ 16	188·61	+0·58	8·962	97·15	0·397
19	+2·077	+4·912	− 26	+ 43	+ 15	200·79	+0·59	4·057	91·35	0·307
20	+0·697	+3·834	− 28	+ 43	+ 14	212·97	+0·61	359·007	85·73	0·224
21	−0·672	+2·593	− 29	+ 43	+ 13	225·16	+0·62	354·110	80·70	0·150
22	−1·959	+1·233	− 31	+ 43	+ 12	237·35	+0·63	349·612	76·71	0·089
23	−3·104	−0·195	− 32	+ 43	+ 12	249·55	+0·65	345·686	74·51	0·042
24	−4·057	−1·633	− 33	+ 43	+ 12	261·75	+0·67	342·438	76·78	0·012
25	−4·783	−3·015	− 34	+ 42	+ 12	273·95	+0·69	339·937	140·25	0·000
26	−5·261	−4·270	− 35	+ 42	+ 13	286·15	+0·71	338·243	230·40	0·010
27	−5·485	−5·328	− 36	+ 41	+ 14	298·35	+0·73	337·432	236·81	0·041
28	−5·461	−6·120	− 37	+ 40	+ 15	310·55	+0·75	337·609	240·26	0·093
Mar. 1	−5·208	−6·591	− 37	+ 39	+ 17	322·75	+0·78	338·901	243·95	0·164
2	−4·748	−6·698	− 37	+ 38	+ 18	334·94	+0·81	341·426	248·52	0·252
3	−4·106	−6·420	− 37	+ 38	+ 19	347·12	+0·84	345·228	254·14	0·354
4	−3·308	−5·760	− 37	+ 37	+ 20	359·30	+0·87	350·191	260·65	0·464
5	−2·377	−4·745	− 36	+ 37	+ 21	11·47	+0·90	355·977	267·64	0·578
6	−1·337	−3·427	− 35	+ 37	+ 21	23·64	+0·93	2·053	274·46	0·689
7	−0·216	−1·885	− 33	+ 37	+ 22	35·80	+0·97	7·846	280·38	0·790
8	+0·947	−0·218	− 32	+ 37	+ 22	47·95	+1·00	12·908	284·68	0·877
9	+2·102	+1·463	− 31	+ 37	+ 22	60·10	+1·04	16·985	286·44	0·942
10	+3·182	+3·042	− 30	+ 38	+ 23	72·25	+1·07	19·979	282·58	0·984
11	+4·113	+4·416	− 29	+ 38	+ 22	84·39	+1·10	21·869	226·18	0·999
12	+4·819	+5·505	− 28	+ 39	+ 22	96·54	+1·13	22·652	133·36	0·989
13	+5·235	+6·257	− 28	+ 39	+ 22	108·68	+1·15	22·324	123·43	0·955
14	+5·314	+6·653	− 28	+ 39	+ 21	120·84	+1·18	20·886	117·96	0·902
15	+5·041	+6·700	− 28	+ 40	+ 20	132·99	+1·19	18·371	112·78	0·833
16	+4·428	+6·422	− 29	+ 40	+ 19	145·15	+1·21	14·876	107·25	0·753
17	+3·515	+5·856	− 30	+ 41	+ 17	157·32	+1·22	10·581	101·33	0·664
18	+2·365	+5·040	− 31	+ 41	+ 16	169·50	+1·23	5·748	95·23	0·571
19	+1·056	+4·018	− 32	+ 41	+ 15	181·68	+1·23	0·687	89·26	0·477
20	−0·325	+2·830	− 33	+ 41	+ 14	193·86	+1·24	355·708	83·76	0·384
21	−1·686	+1·520	− 34	+ 41	+ 13	206·06	+1·24	351·067	79·01	0·294
22	−2·937	+0·135	− 35	+ 41	+ 13	218·26	+1·25	346·945	75·32	0·211
23	−3·997	−1·275	− 36	+ 41	+ 13	230·46	+1·25	343·460	72·98	0·137
24	−4·797	−2·649	− 37	+ 40	+ 13	242·67	+1·26	340·686	72·53	0·077
25	−5·287	−3·922	− 38	+ 39	+ 14	254·88	+1·27	338·693	75·57	0·032
26	−5·444	−5·020	− 38	+ 38	+ 15	267·10	+1·28	337·563	91·48	0·006
27	−5·272	−5·869	− 39	+ 38	+ 16	279·32	+1·29	337·413	198·92	0·003
28	−4·805	−6·403	− 39	+ 37	+ 17	291·53	+1·30	338·386	232·06	0·023
29	−4·102	−6·571	− 39	+ 36	+ 19	303·75	+1·31	340·618	241·80	0·067
30	−3·236	−6·348	− 38	+ 35	+ 20	315·96	+1·32	344·173	249·27	0·134
31	−2·279	−5·737	− 37	+ 34	+ 21	328·17	+1·34	348·951	256·68	0·220
Apr. 1	−1·297	−4·771	− 36	+ 34	+ 21	340·37	+1·36	354·622	264·25	0·321
2	−0·333	−3·511	− 35	+ 34	+ 22	352·57	+1·38	0·658	271·57	0·432

MOON, 2009

FOR 0^h TERRESTRIAL TIME

Date 0^h TT	Apparent Long.	Apparent Lat.	Apparent R.A.	Apparent Dec.	True Dist.	Horiz. Parallax	Semi-diameter	Ephemeris Transit for date Upper	Ephemeris Transit for date Lower
	°	°	h m s	° ′ ″		′ ″	′ ″	h	h
Apr. 1	80.26	+3.70	5 16 23.77	+26 46 10.0	58.061	59 12.75	16 07.72	17.3565	04.8406
2	94.41	+2.73	6 19 36.39	+26 05 57.8	58.013	59 15.66	16 08.52	18.3679	05.8670
3	108.53	+1.61	7 21 12.70	+23 44 57.8	58.044	59 13.78	16 08.00	19.3286	06.8557
4	122.60	+0.38	8 19 53.11	+19 57 09.7	58.150	59 07.32	16 06.24	20.2272	07.7856
5	136.62	−0.86	9 15 13.00	+15 02 23.4	58.333	58 56.14	16 03.20	21.0687	08.6543
6	150.56	−2.04	10 07 33.80	+ 9 22 16.8	58.601	58 39.97	15 58.79	21.8680	09.4725
7	164.39	−3.08	10 57 43.83	+ 3 17 53.5	58.960	58 18.57	15 52.97	22.6436	10.2576
8	178.08	−3.94	11 46 41.61	− 2 51 08.8	59.410	57 52.08	15 45.75	23.4138	11.0283
9	191.59	−4.56	12 35 24.96	− 8 46 44.6	59.943	57 21.17	15 37.33	...	11.8019
10	204.87	−4.92	13 24 43.67	−14 12 17.0	60.541	56 47.18	15 28.08	00.1944	12.5924
11	217.88	−5.02	14 15 13.25	−18 52 44.4	61.173	56 11.99	15 18.49	00.9968	13.4079
12	230.62	−4.86	15 07 08.71	−22 35 07.8	61.799	55 37.84	15 09.19	01.8255	14.2490
13	243.07	−4.47	16 00 19.79	−25 09 18.7	62.374	55 07.06	15 00.81	02.6769	15.1077
14	255.28	−3.88	16 54 11.43	−26 28 57.1	62.852	54 41.88	14 53.95	03.5392	15.9693
15	267.28	−3.13	17 47 52.47	−26 32 12.8	63.193	54 24.17	14 49.12	04.3958	16.8167
16	279.15	−2.24	18 40 30.97	−25 21 41.3	63.363	54 15.43	14 46.74	05.2305	17.6362
17	290.96	−1.27	19 31 29.67	−23 03 26.7	63.340	54 16.60	14 47.06	06.0331	18.4213
18	302.80	−0.23	20 20 34.67	−19 45 36.4	63.117	54 28.13	14 50.20	06.8011	19.1734
19	314.77	+0.82	21 07 56.13	−15 37 07.4	62.701	54 49.80	14 56.10	07.5395	19.9009
20	326.95	+1.86	21 54 03.75	−10 47 09.5	62.116	55 20.77	15 04.54	08.2593	20.6168
21	339.42	+2.82	22 39 41.35	− 5 25 12.1	61.402	55 59.42	15 15.07	08.9754	21.3374
22	352.25	+3.68	23 25 42.56	+ 0 18 13.5	60.609	56 43.36	15 27.04	09.7053	22.0814
23	5.47	+4.36	0 13 07.51	+ 6 10 29.3	59.798	57 29.50	15 39.60	10.4684	22.8686
24	19.08	+4.82	1 02 58.97	+11 55 40.7	59.033	58 14.22	15 51.78	11.2844	23.7178
25	33.06	+5.00	1 56 14.64	+17 13 48.7	58.373	58 53.77	16 02.55	12.1701	...
26	47.33	+4.88	2 53 32.13	+21 41 08.9	57.864	59 24.85	16 11.02	13.1321	00.6417
27	61.78	+4.45	3 54 46.33	+24 52 35.5	57.535	59 45.19	16 16.56	14.1592	01.6391
28	76.31	+3.73	4 58 49.57	+26 26 45.1	57.396	59 53.89	16 18.93	15.2179	02.6874
29	90.81	+2.77	6 03 37.10	+26 12 16.6	57.434	59 51.50	16 18.28	16.2621	03.7447
30	105.21	+1.63	7 06 49.35	+24 11 43.1	57.624	59 39.68	16 15.06	17.2529	04.7658
May 1	119.44	+0.41	8 06 45.72	+20 39 59.4	57.931	59 20.68	16 09.88	18.1727	05.7219
2	133.49	−0.83	9 02 50.59	+15 58 45.6	58.323	58 56.77	16 03.37	19.0243	06.6062
3	147.35	−2.00	9 55 24.22	+10 30 53.9	58.770	58 29.88	15 56.04	19.8234	07.4292
4	161.02	−3.04	10 45 19.07	+ 4 37 24.6	59.252	58 01.34	15 48.27	20.5901	08.2095
5	174.50	−3.89	11 33 39.67	− 1 23 16.4	59.755	57 32.00	15 40.28	21.3450	08.9678
6	187.81	−4.52	12 21 30.40	− 7 14 46.5	60.273	57 02.31	15 32.20	22.1064	09.7239
7	200.93	−4.90	13 09 48.32	−12 42 01.3	60.801	56 32.62	15 24.11	22.8887	10.4943
8	213.85	−5.02	13 59 17.38	−17 30 45.5	61.330	56 03.33	15 16.13	23.7000	11.2905
9	226.56	−4.88	14 50 22.07	−21 27 40.0	61.850	55 35.06	15 08.43	...	12.1169
10	239.05	−4.52	15 43 01.14	−24 21 10.0	62.342	55 08.76	15 01.27	00.5403	12.9688
11	251.34	−3.94	16 36 44.91	−26 02 45.0	62.781	54 45.62	14 54.96	01.4002	13.8324
12	263.43	−3.20	17 30 40.98	−26 28 21.1	63.138	54 27.02	14 49.90	02.2629	14.6892
13	275.37	−2.32	18 23 49.27	−25 38 58.1	63.382	54 14.43	14 46.47	03.1092	15.5212
14	287.20	−1.35	19 15 20.50	−23 40 04.8	63.484	54 09.24	14 45.06	03.9241	16.3175
15	299.00	−0.32	20 04 49.24	−20 40 05.7	63.417	54 12.64	14 45.98	04.7012	17.0758
16	310.83	+0.73	20 52 17.24	−16 48 36.5	63.167	54 25.51	14 49.49	05.4424	17.8023
17	322.78	+1.76	21 38 09.46	−12 15 12.6	62.730	54 48.30	14 55.70	06.1571	18.5087

MOON, 2009

EPHEMERIS FOR PHYSICAL OBSERVATIONS
FOR 0ʰ TERRESTRIAL TIME

Date 0ʰ TT	The Earth's Selenographic Long.	The Earth's Selenographic Lat.	Physical Libration Lg.	Physical Libration Lt.	P.A.	The Sun's Selenographic Colong.	The Sun's Selenographic Lat.	Position Angle Axis	Bright Limb	Fraction Illum.
	°	°	(0°.01)			°	°	°	°	
Apr. 1	−1·297	−4·771	− 36	+ 34	+ 21	340·37	+ 1·36	354·622	264·25	0·321
2	−0·333	−3·511	− 35	+ 34	+ 22	352·57	+ 1·38	0·658	271·57	0·432
3	+0·587	−2·037	− 34	+ 34	+ 22	4·76	+ 1·40	6·487	278·08	0·546
4	+1·451	−0·441	− 32	+ 35	+ 22	16·94	+ 1·42	11·662	283·31	0·658
5	+2·254	+1·176	− 31	+ 35	+ 22	29·12	+ 1·44	15·925	286·90	0·760
6	+2·986	+2·713	− 30	+ 36	+ 22	41·29	+ 1·47	19·172	288·57	0·849
7	+3·628	+4·080	− 29	+ 36	+ 22	53·46	+ 1·49	21·378	287·82	0·919
8	+4·145	+5·196	− 28	+ 37	+ 22	65·62	+ 1·51	22·530	282·89	0·968
9	+4·494	+6·005	− 27	+ 38	+ 21	77·79	+ 1·52	22·608	262·72	0·994
10	+4·626	+6·475	− 27	+ 38	+ 20	89·95	+ 1·54	21·585	158·65	0·997
11	+4·499	+6·597	− 27	+ 39	+ 19	102·11	+ 1·55	19·458	125·69	0·977
12	+4·090	+6·387	− 28	+ 39	+ 19	114·28	+ 1·56	16·284	114·77	0·939
13	+3·395	+5·876	− 28	+ 40	+ 18	126·45	+ 1·56	12·212	106·81	0·883
14	+2·436	+5·104	− 29	+ 40	+ 17	138·63	+ 1·56	7·491	99·61	0·814
15	+1·262	+4·118	− 30	+ 40	+ 16	150·81	+ 1·56	2·439	92·86	0·734
16	−0·063	+2·965	− 31	+ 40	+ 15	162·99	+ 1·56	357·386	86·67	0·647
17	−1·454	+1·690	− 32	+ 40	+ 15	175·19	+ 1·55	352·612	81·24	0·555
18	−2·821	+0·340	− 33	+ 40	+ 14	187·39	+ 1·54	348·318	76·74	0·460
19	−4·065	−1·037	− 34	+ 39	+ 14	199·59	+ 1·53	344·625	73·32	0·366
20	−5·093	−2·388	− 34	+ 39	+ 14	211·80	+ 1·53	341·608	71·10	0·275
21	−5·817	−3·655	− 35	+ 38	+ 15	224·02	+ 1·52	339·326	70·27	0·191
22	−6·171	−4·772	− 35	+ 37	+ 16	236·24	+ 1·51	337·855	71·20	0·117
23	−6·115	−5·667	− 35	+ 36	+ 17	248·47	+ 1·51	337·311	74·84	0·058
24	−5·648	−6·267	− 35	+ 35	+ 18	260·70	+ 1·50	337·848	84·96	0·019
25	−4·809	−6·511	− 34	+ 34	+ 19	272·93	+ 1·50	339·642	139·11	0·002
26	−3·681	−6·357	− 34	+ 33	+ 21	285·17	+ 1·49	342·819	230·29	0·012
27	−2·374	−5·794	− 33	+ 32	+ 22	297·40	+ 1·49	347·353	248·54	0·048
28	−1·006	−4·853	− 31	+ 31	+ 22	309·63	+ 1·49	352·960	259·28	0·110
29	+0·316	−3·596	− 30	+ 31	+ 23	321·85	+ 1·49	359·101	268·20	0·193
30	+1·512	−2·116	− 28	+ 31	+ 23	334·07	+ 1·50	5·136	275·82	0·293
May 1	+2·537	−0·515	− 26	+ 31	+ 23	346·29	+ 1·50	10·549	281·98	0·403
2	+3·373	+1·099	− 25	+ 32	+ 23	358·50	+ 1·51	15·045	286·52	0·517
3	+4·024	+2·629	− 23	+ 33	+ 23	10·70	+ 1·52	18·516	289·39	0·627
4	+4·500	+3·988	− 22	+ 34	+ 23	22·89	+ 1·53	20·952	290·60	0·730
5	+4·809	+5·106	− 21	+ 34	+ 22	35·08	+ 1·53	22·362	290·09	0·820
6	+4·953	+5·931	− 20	+ 35	+ 21	47·27	+ 1·54	22·736	287·61	0·894
7	+4·922	+6·432	− 20	+ 36	+ 21	59·45	+ 1·54	22·049	282·31	0·949
8	+4·698	+6·595	− 20	+ 37	+ 20	71·63	+ 1·55	20·278	270·54	0·984
9	+4·266	+6·428	− 21	+ 37	+ 19	83·81	+ 1·54	17·443	218·96	0·998
10	+3·611	+5·954	− 21	+ 38	+ 18	95·99	+ 1·54	13·647	128·01	0·992
11	+2·735	+5·210	− 22	+ 38	+ 17	108·17	+ 1·53	9·099	108·36	0·966
12	+1·654	+4·242	− 23	+ 39	+ 16	120·36	+ 1·52	4·104	98·01	0·924
13	+0·403	+3·098	− 24	+ 39	+ 16	132·55	+ 1·51	359·004	90·12	0·866
14	−0·964	+1·829	− 25	+ 39	+ 15	144·74	+ 1·49	354·113	83·60	0·796
15	−2·379	+0·485	− 25	+ 39	+ 15	156·94	+ 1·47	349·658	78·26	0·715
16	−3·758	−0·884	− 26	+ 39	+ 15	169·14	+ 1·46	345·782	74·05	0·626
17	−5·010	−2·228	− 27	+ 38	+ 15	181·35	+ 1·44	342·560	70·98	0·531

MOON, 2009

FOR 0ʰ TERRESTRIAL TIME

Date 0ʰ TT	Apparent Long.	Apparent Lat.	Apparent R.A.	Apparent Dec.	True Dist.	Horiz. Parallax	Semi-diameter	Ephemeris Transit for date Upper	Ephemeris Transit for date Lower
	°	°	h m s	° ′ ″		′ ″	′ ″	h	h
May 17	322.78	+1.76	21 38 09.46	−12 15 12.6	62.730	54 48.30	14 55.70	06.1571	18.5087
18	334.95	+2.73	22 23 07.80	− 7 09 06.6	62.115	55 20.86	15 04.56	06.8593	19.2111
19	347.42	+3.60	23 08 05.88	− 1 39 33.7	61.349	56 02.31	15 15.85	07.5666	19.9284
20	0.26	+4.30	23 54 05.72	+ 4 03 07.5	60.476	56 50.83	15 29.07	08.2990	20.6814
21	13.54	+4.81	0 42 15.06	+ 9 46 10.0	59.555	57 43.60	15 43.44	09.0783	21.4922
22	27.27	+5.06	1 33 42.36	+15 12 46.0	58.655	58 36.74	15 57.91	09.9256	22.3802
23	41.43	+5.01	2 29 25.09	+20 01 07.8	57.851	59 25.61	16 11.23	10.8568	23.3551
24	55.97	+4.64	3 29 47.31	+23 45 11.1	57.213	60 05.40	16 22.06	11.8728	...
25	70.75	+3.96	4 34 10.43	+25 58 34.5	56.795	60 31.95	16 29.29	12.9495	00.4062
26	85.66	+3.00	5 40 39.18	+26 22 06.2	56.627	60 42.72	16 32.23	14.0388	01.4961
27	100.55	+1.84	6 46 31.41	+24 51 14.2	56.711	60 37.31	16 30.75	15.0882	02.5713
28	115.28	+0.56	7 49 24.22	+21 37 57.9	57.022	60 17.48	16 25.35	16.0641	03.5864
29	129.78	−0.73	8 48 04.86	+17 05 30.3	57.514	59 46.54	16 16.93	16.9596	04.5214
30	143.99	−1.96	9 42 34.19	+11 40 24.7	58.131	59 08.46	16 06.55	17.7870	05.3806
31	157.89	−3.04	10 33 40.34	+ 5 47 04.8	58.817	58 27.03	15 55.27	18.5674	06.1816
June 1	171.48	−3.93	11 22 31.32	− 0 14 09.9	59.525	57 45.32	15 43.91	19.3232	06.9470
2	184.79	−4.58	12 10 17.83	− 6 06 40.7	60.218	57 05.48	15 33.06	20.0755	07.6986
3	197.85	−4.98	12 58 04.31	−11 36 16.6	60.870	56 28.77	15 23.06	20.8414	08.4559
4	210.67	−5.13	13 46 43.39	−16 30 05.7	61.468	55 55.79	15 14.08	21.6332	09.2336
5	223.27	−5.02	14 36 50.22	−20 35 59.6	62.005	55 26.72	15 06.16	22.4552	10.0405
6	235.69	−4.67	15 28 36.02	−23 42 46.2	62.477	55 01.57	14 59.31	23.3029	10.8765
7	247.93	−4.11	16 21 43.25	−25 41 12.1	62.881	54 40.37	14 53.54	...	11.7323
8	260.02	−3.37	17 15 27.26	−26 25 33.1	63.210	54 23.33	14 48.89	00.1624	12.5906
9	271.98	−2.49	18 08 47.76	−25 54 50.3	63.452	54 10.86	14 45.50	01.0145	13.4319
10	283.84	−1.50	19 00 47.35	−24 13 01.1	63.593	54 03.66	14 43.54	01.8411	14.2409
11	295.63	−0.46	19 50 48.12	−21 27 55.0	63.614	54 02.57	14 43.24	02.6307	15.0106
12	307.42	+0.61	20 38 39.46	−17 49 27.6	63.497	54 08.54	14 44.86	03.3810	15.7430
13	319.26	+1.66	21 24 36.51	−13 28 03.2	63.226	54 22.48	14 48.66	04.0978	16.4471
14	331.23	+2.65	22 09 14.22	− 8 33 39.9	62.790	54 45.12	14 54.83	04.7928	17.1369
15	343.39	+3.53	22 53 21.28	− 3 15 43.1	62.190	55 16.83	15 03.47	05.4819	17.8299
16	355.84	+4.28	23 37 56.23	+ 2 16 19.2	61.438	55 57.42	15 14.52	06.1838	18.5461
17	8.64	+4.83	0 24 05.05	+ 7 51 48.9	60.564	56 45.89	15 27.72	06.9196	19.3073
18	21.87	+5.15	1 12 58.50	+13 17 27.6	59.614	57 40.19	15 42.51	07.7120	20.1362
19	35.55	+5.19	2 05 45.39	+18 15 42.0	58.650	58 37.06	15 58.00	08.5821	21.0511
20	49.70	+4.93	3 03 16.80	+22 23 53.3	57.747	59 32.03	16 12.97	09.5434	22.0574
21	64.28	+4.34	4 05 38.32	+25 15 37.8	56.986	60 19.76	16 25.97	10.5900	23.1360
22	79.18	+3.45	5 11 40.77	+26 26 03.9	56.439	60 54.84	16 35.53	11.6886	...
23	94.28	+2.31	6 18 59.10	+25 40 27.0	56.161	61 12.94	16 40.46	12.7844	00.2405
24	109.42	+1.00	7 24 42.81	+23 01 06.3	56.177	61 11.89	16 40.17	13.8266	01.3146
25	124.46	−0.38	8 26 47.38	+18 46 55.5	56.478	60 52.30	16 34.84	14.7892	02.3183
26	139.25	−1.70	9 24 29.42	+13 25 59.9	57.025	60 17.31	16 25.31	15.6730	03.2402
27	153.70	−2.89	10 18 13.21	+ 7 27 21.1	57.753	59 31.67	16 12.87	16.4948	04.0903
28	167.77	−3.87	11 08 59.17	+ 1 16 06.5	58.592	58 40.51	15 58.94	17.2771	04.8895
29	181.45	−4.60	11 57 58.85	− 4 47 42.4	59.472	57 48.46	15 44.76	18.0423	05.6605
30	194.74	−5.06	12 46 20.99	−10 28 20.1	60.331	56 59.03	15 31.30	18.8098	06.4247
July 1	207.70	−5.25	13 35 04.17	−15 32 50.7	61.126	56 14.57	15 19.19	19.5945	07.1993
2	220.35	−5.18	14 24 51.38	−19 49 56.4	61.826	55 36.35	15 08.78	20.4047	07.9962

MOON, 2009

EPHEMERIS FOR PHYSICAL OBSERVATIONS
FOR 0^h TERRESTRIAL TIME

Date 0^h TT	The Earth's Selenographic Long.	Lat.	Physical Libration Lg.	Lt.	P.A.	The Sun's Selenographic Colong.	Lat.	Position Angle Axis	Bright Limb	Fraction Illum.
	°	°	(0°.001)			°	°	°	°	
May 17	−5·010	−2·228	− 27	+ 38	+ 15	181·35	+ 1·44	342·560	70·98	0·531
18	−6·041	−3·494	− 27	+ 37	+ 16	193·56	+ 1·42	340·041	69·08	0·434
19	−6·758	−4·625	− 28	+ 37	+ 17	205·79	+ 1·40	338·280	68·40	0·337
20	−7·084	−5·557	− 28	+ 36	+ 18	218·01	+ 1·38	337·368	69·09	0·243
21	−6·961	−6·223	− 28	+ 34	+ 19	230·25	+ 1·36	337·445	71·43	0·158
22	−6·372	−6·557	− 27	+ 33	+ 20	242·49	+ 1·34	338·694	76·01	0·086
23	−5·344	−6·505	− 26	+ 32	+ 21	254·73	+ 1·32	341·300	84·59	0·034
24	−3·953	−6·035	− 25	+ 31	+ 23	266·97	+ 1·30	345·349	109·28	0·005
25	−2·319	−5·154	− 23	+ 30	+ 23	279·22	+ 1·29	350·696	231·62	0·005
26	−0·587	−3·914	− 21	+ 29	+ 24	291·47	+ 1·27	356·875	260·21	0·033
27	+1·102	−2·405	− 19	+ 28	+ 25	303·71	+ 1·26	3·202	271·95	0·089
28	+2·630	−0·745	− 17	+ 28	+ 25	315·95	+ 1·25	9·028	280·03	0·169
29	+3·915	+0·941	− 15	+ 29	+ 25	328·18	+ 1·24	13·936	285·83	0·266
30	+4·915	+2·539	− 13	+ 29	+ 25	340·41	+ 1·23	17·765	289·70	0·374
31	+5·618	+3·954	− 12	+ 30	+ 24	352·64	+ 1·22	20·497	291·84	0·486
June 1	+6·034	+5·115	− 11	+ 31	+ 24	4·85	+ 1·22	22·164	292·41	0·595
2	+6·182	+5·975	− 10	+ 31	+ 23	17·06	+ 1·21	22·786	291·53	0·697
3	+6·085	+6·506	− 9	+ 32	+ 22	29·27	+ 1·20	22·359	289·22	0·789
4	+5·761	+6·701	− 9	+ 33	+ 21	41·47	+ 1·19	20·870	285·41	0·866
5	+5·227	+6·566	− 10	+ 34	+ 20	53·66	+ 1·18	18·326	279·81	0·926
6	+4·496	+6·123	− 10	+ 35	+ 18	65·85	+ 1·17	14·799	271·40	0·969
7	+3·579	+5·404	− 11	+ 35	+ 18	78·05	+ 1·16	10·457	253·82	0·993
8	+2·493	+4·450	− 12	+ 36	+ 17	90·24	+ 1·14	5·570	145·99	0·999
9	+1·263	+3·309	− 13	+ 36	+ 16	102·43	+ 1·12	0·471	99·25	0·985
10	−0·080	+2·034	− 14	+ 36	+ 16	114·62	+ 1·10	355·490	87·30	0·955
11	−1·490	+0·676	− 15	+ 36	+ 15	126·82	+ 1·07	350·891	79·99	0·908
12	−2·912	−0·710	− 16	+ 36	+ 15	139·02	+ 1·05	346·843	74·71	0·846
13	−4·279	−2·073	− 17	+ 36	+ 16	151·22	+ 1·02	343·438	70·87	0·772
14	−5·514	−3·359	− 17	+ 36	+ 16	163·43	+ 0·99	340·722	68·29	0·687
15	−6·537	−4·514	− 18	+ 35	+ 17	175·65	+ 0·96	338·736	66·89	0·593
16	−7·263	−5·485	− 18	+ 34	+ 18	187·87	+ 0·94	337·543	66·67	0·494
17	−7·616	−6·211	− 18	+ 33	+ 19	200·10	+ 0·91	337·247	67·70	0·392
18	−7·536	−6·634	− 18	+ 32	+ 21	212·33	+ 0·88	338·004	70·10	0·291
19	−6·988	−6·699	− 17	+ 31	+ 22	224·57	+ 0·85	340·002	74·07	0·196
20	−5·976	−6·364	− 16	+ 30	+ 23	236·81	+ 0·82	343·395	79·87	0·114
21	−4·554	−5·612	− 15	+ 29	+ 24	249·06	+ 0·79	348·189	88·01	0·050
22	−2·819	−4·465	− 13	+ 28	+ 25	261·31	+ 0·77	354·103	101·62	0·011
23	−0·908	−2·991	− 11	+ 27	+ 25	273·57	+ 0·74	0·543	230·36	0·001
24	+1·029	−1·299	− 8	+ 26	+ 26	285·82	+ 0·72	6·782	274·97	0·021
25	+2·846	+0·475	− 6	+ 26	+ 26	298·07	+ 0·69	12·237	284·38	0·071
26	+4·423	+2·193	− 4	+ 26	+ 26	310·32	+ 0·67	16·602	289·77	0·145
27	+5·679	+3·734	− 2	+ 26	+ 26	322·56	+ 0·65	19·795	292·87	0·238
28	+6·568	+5·009	0	+ 27	+ 25	334·80	+ 0·63	21·837	294·19	0·341
29	+7·079	+5·961	+ 1	+ 27	+ 24	347·03	+ 0·62	22·767	294·00	0·450
30	+7·226	+6·565	+ 2	+ 28	+ 24	359·25	+ 0·60	22·607	292·46	0·557
July 1	+7·037	+6·816	+ 2	+ 29	+ 22	11·47	+ 0·58	21·366	289·70	0·658
2	+6·552	+6·728	+ 2	+ 29	+ 21	23·68	+ 0·57	19·064	285·81	0·751

MOON, 2009

FOR 0ʰ TERRESTRIAL TIME

Date 0ʰ TT	Apparent Long.	Apparent Lat.	Apparent R.A.	Apparent Dec.	True Dist.	Horiz. Parallax	Semi-diameter	Ephemeris Transit for date Upper	Ephemeris Transit for date Lower
	°	°	h m s	° ′ ″		′ ″	′ ″	h	h
July 1	207·70	−5·25	13 35 04·17	−15 32 50·7	61·126	56 14·57	15 19·19	19·5945	07·1993
2	220·35	−5·18	14 24 51·38	−19 49 56·4	61·826	55 36·35	15 08·78	20·4047	07·9962
3	232·76	−4·86	15 16 04·20	−23 09 28·1	62·416	55 04·80	15 00·19	21·2404	08·8197
4	244·96	−4·33	16 08 37·64	−25 22 46·8	62·891	54 39·86	14 53·40	22·0925	09·6653
5	257·01	−3·61	17 01 59·30	−26 23 49·6	63·252	54 21·16	14 48·30	22·9447	10·5198
6	268·94	−2·74	17 55 16·81	−26 10 26·2	63·503	54 08·26	14 44·79	23·7789	11·3651
7	280·79	−1·75	18 47 33·30	−24 45 00·1	63·649	54 00·81	14 42·76	...	12·1845
8	292·59	−0·70	19 38 04·57	−22 14 04·6	63·691	53 58·67	14 42·18	00·5808	12·9674
9	304·39	+0·39	20 26 29·94	−18 47 03·6	63·627	54 01·93	14 43·07	01·3443	13·7119
10	316·22	+1·46	21 12 54·12	−14 34 37·4	63·450	54 10·94	14 45·52	02·0712	14·4234
11	328·13	+2·48	21 57 42·89	− 9 47 31·2	63·154	54 26·21	14 49·68	02·7701	15·1130
12	340·17	+3·40	22 41 37·26	− 4 36 03·2	62·729	54 48·34	14 55·71	03·4541	15·7957
13	352·40	+4·18	23 25 28·81	+ 0 49 48·8	62·172	55 17·82	15 03·73	04·1398	16·4891
14	4·88	+4·79	0 10 16·94	+ 6 19 48·4	61·486	55 54·84	15 13·82	04·8460	17·2131
15	17·67	+5·17	0 57 06·87	+11 42 16·5	60·686	56 39·06	15 25·86	05·5933	17·9890
16	30·83	+5·29	1 47 05·82	+16 42 51·4	59·801	57 29·33	15 39·55	06·4030	18·8372
17	44·39	+5·13	2 41 13·64	+21 03 16·2	58·879	58 23·40	15 54·28	07·2932	19·7716
18	58·39	+4·67	3 40 03·74	+24 21 07·8	57·979	59 17·77	16 09·09	08·2715	20·7905
19	72·81	+3·90	4 43 15·60	+26 12 15·8	57·175	60 07·79	16 22·71	09·3244	21·8676
20	87·59	+2·86	5 49 15·59	+26 16 38·3	56·544	60 48·08	16 33·69	10·4134	22·9550
21	102·63	+1·60	6 55 34·17	+24 26 09·2	56·153	61 13·48	16 40·60	11·4866	...
22	117·80	+0·22	7 59 43·77	+20 49 13·7	56·049	61 20·29	16 42·46	12·5030	00·0036
23	132·94	−1·17	9 00 15·32	+15 48 23·6	56·247	61 07·32	16 38·93	13·4460	00·9837
24	147·91	−2·47	9 56 53·01	+ 9 53 04·0	56·728	60 36·24	16 30·46	14·3214	01·8912
25	162·56	−3·57	10 50 13·67	+ 3 32 33·0	57·439	59 51·19	16 18·19	15·1470	02·7391
26	176·83	−4·43	11 41 18·80	− 2 47 55·8	58·310	58 57·53	16 03·58	15·9439	03·5477
27	190·65	−4·99	12 31 14·71	− 8 48 14·4	59·261	58 00·77	15 48·12	16·7321	04·3380
28	204·03	−5·26	13 21 01·13	−14 12 41·0	60·216	57 05·56	15 33·08	17·5277	05·1282
29	217·01	−5·26	14 11 24·29	−18 48 49·2	61·112	56 15·36	15 19·41	18·3414	05·9319
30	229·62	−4·99	15 02 51·20	−22 26 31·8	61·900	55 32·37	15 07·70	19·1759	06·7562
31	241·94	−4·51	15 55 24·79	−24 57 44·8	62·551	54 57·69	14 58·25	20·0260	07·5997
Aug. 1	254·04	−3·82	16 48 42·51	−26 16 53·3	63·050	54 31·59	14 51·14	20·8790	08·4532
2	265·97	−2·99	17 42 01·50	−26 21 41·3	63·395	54 13·77	14 46·29	21·7187	09·3015
3	277·81	−2·02	18 34 31·01	−25 13 47·5	63·594	54 03·60	14 43·52	22·5310	10·1290
4	289·60	−0·98	19 25 27·83	−22 58 39·0	63·659	54 00·27	14 42·61	23·3078	10·9241
5	301·40	+0·11	20 14 27·64	−19 44 39·4	63·606	54 02·99	14 43·35	...	11·6824
6	313·26	+1·19	21 01 28·95	−15 41 55·9	63·447	54 11·10	14 45·56	00·0484	12·4068
7	325·20	+2·23	21 46 50·55	−11 01 16·9	63·194	54 24·15	14 49·12	00·7587	13·1058
8	337·26	+3·18	22 31 06·56	− 5 53 33·4	62·851	54 41·93	14 53·96	01·4496	13·7920
9	349·47	+4·00	23 15 01·70	− 0 29 31·6	62·423	55 04·47	15 00·10	02·1351	14·4808
10	1·87	+4·64	23 59 28·21	+ 4 59 50·5	61·908	55 31·94	15 07·58	02·8315	15·1895
11	14·49	+5·07	0 45 23·53	+10 22 47·0	61·309	56 04·52	15 16·45	03·5571	15·9366
12	27·37	+5·25	1 33 47·31	+15 25 52·8	60·631	56 42·14	15 26·70	04·3305	16·7407
13	40·53	+5·17	2 25 35·13	+19 53 11·8	59·888	57 24·31	15 38·19	05·1691	17·6168
14	54·02	+4·81	3 21 25·69	+23 25 54·5	59·108	58 09·78	15 50·57	06·0841	18·5702
15	67·86	+4·16	4 21 21·06	+25 43 19·3	58·330	58 56·33	16 03·25	07·0729	19·5889
16	82·04	+3·24	5 24 27·88	+26 26 16·5	57·608	59 40·69	16 15·33	08·1134	20·6410

MOON, 2009

EPHEMERIS FOR PHYSICAL OBSERVATIONS
FOR 0^h TERRESTRIAL TIME

Date 0^h TT	The Earth's Selenographic Long.	Lat.	Physical Libration Lg.	Lt.	P.A.	The Sun's Selenographic Colong.	Lat.	Position Angle Axis	Bright Limb	Fraction Illum.
	°	°	(0°.001)			°	°	°	°	
July 1	+7·037	+6·816	+ 2	+ 29	+ 22	11·47	+0·58	21·366	289·70	0·658
2	+6·552	+6·728	+ 2	+ 29	+ 21	23·68	+0·57	19·064	285·81	0·751
3	+5·812	+6·325	+ 2	+ 30	+ 20	35·89	+0·55	15·766	280·88	0·831
4	+4·859	+5·641	+ 1	+ 31	+ 19	48·10	+0·53	11·617	275·06	0·898
5	+3·734	+4·715	0	+ 31	+ 18	60·30	+0·51	6·856	268·41	0·948
6	+2·477	+3·591	− 1	+ 32	+ 17	72·49	+0·49	1·795	260·45	0·982
7	+1·127	+2·321	− 2	+ 32	+ 16	84·69	+0·46	356·762	242·86	0·998
8	−0·276	+0·956	− 3	+ 32	+ 16	96·88	+0·44	352·040	86·50	0·997
9	−1·690	−0·449	− 4	+ 32	+ 16	109·08	+0·41	347·828	75·03	0·977
10	−3·068	−1·839	− 5	+ 32	+ 16	121·28	+0·38	344·242	70·02	0·940
11	−4·360	−3·157	− 6	+ 32	+ 17	133·48	+0·35	341·342	66·92	0·887
12	−5·509	−4·350	− 7	+ 32	+ 17	145·68	+0·32	339·164	65·14	0·819
13	−6·456	−5·363	− 8	+ 31	+ 18	157·89	+0·28	337·756	64·52	0·738
14	−7·139	−6·143	− 8	+ 31	+ 19	170·10	+0·25	337·194	65·05	0·645
15	−7·497	−6·640	− 8	+ 30	+ 21	182·32	+0·22	337·597	66·78	0·545
16	−7·480	−6·807	− 8	+ 29	+ 22	194·55	+0·19	339·121	69·77	0·439
17	−7·049	−6·603	− 7	+ 28	+ 23	206·78	+0·16	341·919	74·12	0·332
18	−6·195	−6·005	− 6	+ 27	+ 24	219·02	+0·12	346·070	79·78	0·230
19	−4·940	−5·015	− 4	+ 26	+ 24	231·26	+0·09	351·452	86·55	0·140
20	−3·342	−3·670	− 2	+ 25	+ 25	243·51	+0·06	357·657	93·90	0·067
21	−1·502	−2·047	0	+ 25	+ 26	255·76	+0·03	4·038	101·15	0·019
22	+0·453	−0·266	+ 2	+ 24	+ 26	268·01	0·00	9·933	109·72	0·000
23	+2·379	+1·533	+ 5	+ 24	+ 26	280·26	−0·03	14·879	291·56	0·012
24	+4·136	+3·208	+ 7	+ 24	+ 26	292·52	−0·05	18·662	294·90	0·054
25	+5·605	+4·637	+ 9	+ 24	+ 26	304·76	−0·08	21·232	296·54	0·120
26	+6·699	+5·739	+ 11	+ 24	+ 25	317·01	−0·10	22·607	296·68	0·205
27	+7·372	+6·471	+ 12	+ 24	+ 24	329·24	−0·13	22·813	295·47	0·303
28	+7·615	+6·823	+ 12	+ 25	+ 24	341·48	−0·15	21·873	293·03	0·406
29	+7·449	+6·813	+ 13	+ 25	+ 22	353·70	−0·17	19·822	289·52	0·510
30	+6·919	+6·472	+ 12	+ 26	+ 21	5·92	−0·19	16·735	285·07	0·610
31	+6·084	+5·838	+ 12	+ 26	+ 20	18·13	−0·21	12·755	279·91	0·704
Aug. 1	+5·008	+4·955	+ 11	+ 27	+ 19	30·34	−0·23	8·109	274·32	0·788
2	+3·759	+3·868	+ 10	+ 27	+ 18	42·54	−0·25	3·092	268·69	0·861
3	+2·399	+2·624	+ 9	+ 28	+ 17	54·74	−0·28	358·027	263·46	0·919
4	+0·989	+1·275	+ 8	+ 28	+ 17	66·94	−0·30	353·202	259·26	0·963
5	−0·419	−0·128	+ 7	+ 28	+ 17	79·13	−0·33	348·837	257·80	0·990
6	−1·776	−1·529	+ 6	+ 28	+ 17	91·32	−0·35	345·067	323·90	1·000
7	−3·040	−2·872	+ 5	+ 28	+ 17	103·51	−0·38	341·972	58·77	0·991
8	−4·172	−4·098	+ 4	+ 28	+ 18	115·70	−0·41	339·597	60·41	0·964
9	−5·137	−5·151	+ 3	+ 27	+ 19	127·90	−0·44	337·988	60·83	0·919
10	−5·901	−5·979	+ 2	+ 27	+ 20	140·09	−0·47	337·212	61·75	0·857
11	−6·432	−6·532	+ 2	+ 26	+ 21	152·29	−0·49	337·365	63·54	0·779
12	−6·698	−6·769	+ 2	+ 25	+ 22	164·50	−0·52	338·572	66·38	0·688
13	−6·670	−6·659	+ 2	+ 25	+ 22	176·71	−0·55	340·961	70·35	0·586
14	−6·324	−6·181	+ 3	+ 24	+ 23	188·92	−0·58	344·614	75·47	0·478
15	−5·648	−5·336	+ 4	+ 23	+ 24	201·14	−0·61	349·472	81·58	0·368
16	−4·642	−4·146	+ 6	+ 23	+ 24	213·37	−0·64	355·260	88·25	0·261

MOON, 2009

FOR 0ʰ TERRESTRIAL TIME

Date 0ʰ TT	Apparent Long.	Apparent Lat.	Apparent R.A.	Apparent Dec.	True Dist.	Horiz. Parallax	Semi-diameter	Ephemeris Transit for date Upper	Ephemeris Transit for date Lower
	°	°	h m s	° ′ ″		′ ″	′ ″	h	h
Aug. 16	82·04	+3·24	5 24 27·88	+26 26 16·5	57·608	59 40·69	16 15·33	08·1134	20·6410
17	96·54	+2·10	6 28 58·16	+25 22 41·2	57·003	60 18·68	16 25·68	09·1663	21·6842
18	111·32	+0·80	7 32 42·68	+22 32 38·5	56·580	60 45·75	16 33·05	10·1909	22·6837
19	126·27	−0·56	8 34 00·13	+18 09 35·4	56·392	60 57·89	16 36·36	11·1613	23·6238
20	141·27	−1·90	9 32 06·61	+12 36 54·7	56·473	60 52·64	16 34·93	12·0720	...
21	156·18	−3·09	10 27 12·61	+ 6 22 24·7	56·827	60 29·89	16 28·73	12·9329	00·5077
22	170·86	−4·06	11 20 02·34	− 0 06 24·7	57·426	59 52·01	16 18·42	13·7611	01·3499
23	185·20	−4·74	12 11 33·07	− 6 25 10·7	58·216	59 03·25	16 05·14	14·5752	02·1688
24	199·13	−5·12	13 02 40·70	−12 13 40·7	59·126	58 08·75	15 50·29	15·3911	02·9821
25	212·61	−5·21	13 54 10·43	−17 15 49·9	60·077	57 13·52	15 35·25	16·2199	03·8034
26	225·65	−5·02	14 46 29·81	−21 19 12·8	60·996	56 21·77	15 21·15	17·0658	04·6408
27	238·29	−4·58	15 39 43·72	−24 14 43·0	61·822	55 36·60	15 08·85	17·9250	05·4943
28	250·61	−3·95	16 33 32·86	−25 56 35·5	62·508	54 59·97	14 58·87	18·7865	06·3563
29	262·67	−3·15	17 27 18·57	−26 22 44·6	63·026	54 32·83	14 51·48	19·6357	07·2135
30	274·57	−2·22	18 20 14·27	−25 34 53·1	63·364	54 15·38	14 46·73	20·4590	08·0512
31	286·37	−1·21	19 11 39·56	−23 38 11·5	63·523	54 07·20	14 44·50	21·2481	08·8581
Sept. 1	298·16	−0·15	20 01 11·12	−20 40 26·6	63·518	54 07·47	14 44·57	22·0016	09·6292
2	310·01	+0·92	20 48 46·63	−16 51 00·2	63·369	54 15·09	14 46·65	22·7243	10·3663
3	321·96	+1·96	21 34 42·88	−12 20 00·3	63·103	54 28·85	14 50·40	23·4259	11·0770
4	334·06	+2·92	22 19 31·21	− 7 17 57·1	62·745	54 47·51	14 55·48	...	11·7726
5	346·34	+3·76	23 03 52·97	− 1 55 40·8	62·319	55 09·98	15 01·60	00·1190	12·4671
6	358·82	+4·43	23 48 36·24	+ 3 35 22·1	61·845	55 35·36	15 08·51	00·8188	13·1762
7	11·50	+4·89	0 34 33·26	+ 9 02 44·0	61·336	56 03·03	15 16·05	01·5415	13·9167
8	24·39	+5·11	1 22 37·37	+14 12 26·0	60·801	56 32·62	15 24·11	02·3039	14·7049
9	37·50	+5·08	2 13 37·37	+18 48 33·8	60·246	57 03·87	15 32·62	03·1214	15·5543
10	50·83	+4·77	3 08 07·18	+22 33 18·5	59·677	57 36·54	15 41·52	04·0043	16·4708
11	64·37	+4·19	4 06 10·64	+25 07 58·0	59·103	58 10·10	15 50·66	04·9524	17·4467
12	78·14	+3·36	5 07 07·26	+26 15 30·2	58·542	58 43·55	15 59·77	05·9501	18·4585
13	92·15	+2·32	6 09 31·80	+25 44 30·3	58·021	59 15·20	16 08·39	06·9673	19·4722
14	106·37	+1·12	7 11 37·63	+23 32 51·5	57·576	59 42·65	16 15·86	07·9695	20·4563
15	120·80	−0·17	8 11 54·49	+19 49 01·5	57·251	60 02·97	16 21·40	08·9310	21·3930
16	135·38	−1·45	9 09 35·88	+14 50 13·7	57·090	60 13·19	16 24·18	09·8427	22·2811
17	150·03	−2·65	10 04 42·51	+ 8 58 59·9	57·126	60 10·90	16 23·56	10·7099	23·1310
18	164·65	−3·66	10 57 48·64	+ 2 39 53·0	57·378	59 54·99	16 19·23	11·5466	23·9588
19	179·13	−4·43	11 49 44·87	− 3 42 54·9	57·843	59 26·10	16 11·36	12·3697	...
20	193·35	−4·90	12 41 23·95	− 9 47 02·2	58·492	58 46·56	16 00·59	13·1951	00·7813
21	207·22	−5·08	13 33 30·44	−15 12 53·9	59·274	58 00·00	15 47·91	14·0344	01·6125
22	220·70	−4·96	14 26 32·29	−19 44 16·8	60·127	57 10·64	15 34·46	14·8925	02·4611
23	233·76	−4·58	15 20 34·38	−23 08 50·4	60·982	56 22·54	15 21·36	15·7662	03·3280
24	246·43	−3·99	16 15 15·96	−25 18 36·3	61·774	55 39·19	15 09·56	16·6440	04·2055
25	258·76	−3·22	17 09 55·26	−26 10 21·7	62·446	55 03·24	14 59·76	17·5103	05·0796
26	270·83	−2·32	18 03 41·80	−25 45 35·8	62·957	54 36·42	14 52·46	18·3501	05·9343
27	282·73	−1·34	18 55 52·00	−24 09 42·8	63·281	54 19·66	14 47·90	19·1539	06·7569
28	294·53	−0·30	19 46 00·92	−21 30 44·1	63·407	54 13·16	14 46·13	19·9195	07·5414
29	306·34	+0·75	20 34 06·31	−17 57 57·5	63·342	54 16·52	14 47·04	20·6517	08·2893
30	318·23	+1·77	21 20 26·08	−13 41 01·8	63·104	54 28·80	14 50·38	21·3602	09·0082
Oct. 1	330·28	+2·72	22 05 33·02	− 8 49 38·6	62·723	54 48·66	14 55·79	22·0580	09·7096

MOON, 2009

EPHEMERIS FOR PHYSICAL OBSERVATIONS
FOR 0ʰ TERRESTRIAL TIME

Date 0ʰ TT	The Earth's Selenographic Long.	Lat.	Physical Libration Lg. (0°.001)	Lt.	P.A.	The Sun's Selenographic Colong.	Lat.	Position Angle Axis	Bright Limb	Fraction Illum.
Aug. 16	−4.642	−4.146	+ 6	+ 23	+ 24	213.37	−0.64	355.260	88.25	0.261
17	−3.331	−2.666	+ 8	+ 23	+ 25	225.60	−0.66	1.473	94.79	0.164
18	−1.767	−0.983	+10	+ 22	+ 25	237.84	−0.69	7.504	100.20	0.085
19	−0.035	+0.787	+12	+ 22	+ 25	250.09	−0.72	12.833	102.78	0.030
20	+1.754	+2.508	+14	+ 22	+ 25	262.33	−0.75	17.139	90.67	0.003
21	+3.469	+4.048	+16	+ 22	+ 25	274.58	−0.77	20.276	312.23	0.006
22	+4.977	+5.296	+18	+ 22	+ 25	286.82	−0.80	22.200	303.15	0.037
23	+6.165	+6.180	+19	+ 22	+ 24	299.06	−0.82	22.902	300.18	0.093
24	+6.948	+6.669	+20	+ 23	+ 23	311.30	−0.84	22.385	297.19	0.168
25	+7.289	+6.769	+21	+ 23	+ 23	323.53	−0.87	20.676	293.46	0.257
26	+7.187	+6.512	+21	+ 23	+ 22	335.75	−0.88	17.848	288.92	0.353
27	+6.680	+5.943	+21	+ 23	+ 21	347.97	−0.90	14.049	283.70	0.453
28	+5.828	+5.111	+20	+ 24	+ 20	0.19	−0.92	9.507	278.05	0.551
29	+4.711	+4.068	+19	+ 24	+ 19	12.39	−0.94	4.523	272.29	0.646
30	+3.411	+2.864	+19	+ 24	+ 18	24.59	−0.96	359.421	266.82	0.734
31	+2.012	+1.548	+18	+ 24	+ 18	36.79	−0.98	354.498	262.00	0.813
Sept. 1	+0.595	+0.170	+16	+ 24	+ 17	48.98	−0.99	349.984	258.25	0.881
2	−0.770	−1.218	+15	+ 24	+ 17	61.16	−1.01	346.029	256.12	0.935
3	−2.024	−2.562	+14	+ 24	+ 18	73.35	−1.03	342.724	257.07	0.974
4	−3.118	−3.804	+13	+ 24	+ 18	85.53	−1.05	340.128	269.89	0.995
5	−4.021	−4.886	+12	+ 23	+ 19	97.70	−1.07	338.293	22.36	0.998
6	−4.710	−5.752	+12	+ 23	+ 20	109.88	−1.09	337.289	50.73	0.981
7	−5.179	−6.348	+11	+ 22	+ 21	122.06	−1.11	337.208	57.25	0.944
8	−5.427	−6.633	+11	+ 21	+ 22	134.24	−1.13	338.168	61.75	0.888
9	−5.459	−6.577	+11	+ 21	+ 22	146.43	−1.14	340.284	66.43	0.814
10	−5.280	−6.165	+11	+ 20	+ 23	158.62	−1.16	343.624	71.83	0.724
11	−4.891	−5.404	+12	+ 20	+ 23	170.81	−1.18	348.140	78.00	0.622
12	−4.291	−4.319	+13	+ 20	+ 24	183.01	−1.20	353.600	84.70	0.512
13	−3.479	−2.959	+15	+ 20	+ 24	195.22	−1.22	359.576	91.43	0.399
14	−2.457	−1.395	+16	+ 20	+ 24	207.43	−1.24	5.536	97.55	0.289
15	−1.244	+0.278	+18	+ 20	+ 24	219.65	−1.26	10.988	102.37	0.189
16	+0.122	+1.950	+20	+ 20	+ 23	231.87	−1.28	15.588	105.17	0.106
17	+1.572	+3.500	+22	+ 20	+ 23	244.10	−1.30	19.142	104.56	0.045
18	+3.011	+4.817	+23	+ 21	+ 23	256.33	−1.32	21.558	93.69	0.010
19	+4.324	+5.810	+25	+ 21	+ 22	268.56	−1.33	22.783	349.94	0.002
20	+5.398	+6.423	+26	+ 21	+ 22	280.79	−1.35	22.779	309.55	0.022
21	+6.134	+6.640	+26	+ 21	+ 21	293.02	−1.37	21.530	300.55	0.065
22	+6.469	+6.479	+27	+ 22	+ 21	305.24	−1.38	19.076	294.25	0.128
23	+6.382	+5.980	+26	+ 22	+ 20	317.46	−1.39	15.538	288.18	0.205
24	+5.890	+5.198	+26	+ 22	+ 20	329.68	−1.40	11.139	281.96	0.293
25	+5.045	+4.192	+25	+ 22	+ 19	341.89	−1.41	6.191	275.72	0.386
26	+3.924	+3.019	+25	+ 22	+ 18	354.09	−1.42	1.039	269.72	0.482
27	+2.614	+1.732	+24	+ 22	+ 18	6.28	−1.43	356.005	264.28	0.577
28	+1.211	+0.381	+23	+ 22	+ 18	18.47	−1.44	351.334	259.67	0.668
29	−0.191	−0.984	+22	+ 22	+ 18	30.66	−1.45	347.192	256.09	0.754
30	−1.504	−2.314	+20	+ 22	+ 18	42.83	−1.46	343.674	253.77	0.830
Oct. 1	−2.652	−3.554	+19	+ 21	+ 19	55.00	−1.46	340.841	253.05	0.896

MOON, 2009

FOR 0ʰ TERRESTRIAL TIME

Date 0ʰ TT	Apparent Long.	Apparent Lat.	Apparent R.A.	Apparent Dec.	True Dist.	Horiz. Parallax	Semi-diameter	Ephemeris Transit for date Upper	Ephemeris Transit for date Lower
	°	°	h m s	° ′ ″		′ ″	′ ″	h	h
Oct. 1	330·28	+2·72	22 05 33·02	− 8 49 38·6	62·723	54 48·66	14 55·79	22·0580	09·7096
2	342·54	+3·56	22 50 09·80	− 3 33 44·5	62·236	55 14·39	15 02·80	22·7603	10·4076
3	355·05	+4·25	23 35 05·42	+ 1 55 56·1	61·683	55 44·10	15 10·89	23·4834	11·1182
4	7·82	+4·74	0 21 12·48	+ 7 27 10·2	61·104	56 15·81	15 19·53	...	11·8581
5	20·86	+4·99	1 09 24·07	+12 45 39·2	60·532	56 47·70	15 28·22	00·2441	12·6435
6	34·13	+4·98	2 00 27·92	+17 34 37·6	59·994	57 18·26	15 36·54	01·0576	13·4878
7	47·61	+4·70	2 54 56·00	+21 35 12·3	59·507	57 46·41	15 44·21	01·9343	14·3969
8	61·26	+4·14	3 52 49·61	+24 27 49·1	59·078	58 11·54	15 51·05	02·8741	15·3637
9	75·05	+3·34	4 53 25·97	+25 55 10·2	58·711	58 33·40	15 57·01	03·8621	16·3654
10	88·95	+2·33	5 55 19·18	+25 46 11·1	58·403	58 51·90	16 02·04	04·8690	17·3688
11	102·94	+1·18	6 56 44·21	+23 59 10·2	58·157	59 06·87	16 06·12	05·8608	18·3424
12	117·02	−0·05	7 56 13·76	+20 42 16·5	57·978	59 17·84	16 09·11	06·8118	19·2683
13	131·18	−1·29	8 53 04·14	+16 11 05·8	57·878	59 23·94	16 10·77	07·7122	20·1446
14	145·39	−2·44	9 47 17·92	+10 45 16·4	57·877	59 24·00	16 10·79	08·5670	20·9813
15	159·62	−3·45	10 39 30·75	+ 4 45 50·2	57·994	59 16·81	16 08·83	09·3899	21·7948
16	173·82	−4·24	11 30 35·00	− 1 26 10·1	58·246	59 01·47	16 04·65	10·1985	22·6029
17	187·90	−4·76	12 21 26·65	− 7 30 16·4	58·637	58 37·81	15 58·20	11·0101	23·4215
18	201·79	−4·99	13 12 55·27	−13 06 58·1	59·162	58 06·61	15 49·71	11·8386	...
19	215·42	−4·93	14 05 35·31	−17 58 18·3	59·795	57 29·67	15 39·65	12·6918	00·2619
20	228·73	−4·60	14 59 37·89	−21 48 53·7	60·499	56 49·55	15 28·72	13·5686	01·1277
21	241·69	−4·04	15 54 45·26	−24 27 14·3	61·223	56 09·23	15 17·74	14·4585	02·0129
22	254·31	−3·29	16 50 12·77	−25 47 01·3	61·912	55 31·70	15 07·52	15·3438	02·9030
23	266·62	−2·40	17 45 00·92	−25 47 44·7	62·514	54 59·66	14 58·79	16·2054	03·7786
24	278·69	−1·42	18 38 14·07	−24 34 10·4	62·979	54 35·28	14 52·15	17·0295	04·6227
25	290·58	−0·39	19 29 16·60	−22 14 41·4	63·271	54 20·15	14 48·03	17·8108	05·4255
26	302·38	+0·66	20 17 59·66	−18 59 19·0	63·367	54 15·20	14 46·68	18·5526	06·1862
27	314·20	+1·67	21 04 38·91	−14 58 11·9	63·259	54 20·75	14 48·19	19·2643	06·9114
28	326·11	+2·62	21 49 48·02	−10 20 54·8	62·955	54 36·50	14 52·48	19·9595	07·6130
29	338·20	+3·47	22 34 12·25	− 5 16 35·1	62·479	55 01·50	14 59·29	20·6542	08·3058
30	350·55	+4·17	23 18 44·17	+ 0 05 26·5	61·867	55 34·17	15 08·19	21·3661	09·0069
31	3·22	+4·68	0 04 20·83	+ 5 34 36·6	61·167	56 12·31	15 18·58	22·1136	09·7343
Nov. 1	16·23	+4·97	0 52 01·08	+10 58 02·5	60·435	56 53·17	15 29·71	22·9146	10·5064
2	29·57	+5·00	1 42 40·38	+15 59 37·7	59·725	57 33·71	15 40·75	23·7830	11·3398
3	43·23	+4·75	2 37 00·39	+20 19 48·8	59·090	58 10·86	15 50·87	...	12·2445
4	57·14	+4·21	3 35 11·84	+23 36 48·5	58·568	58 41·99	15 59·34	00·7232	13·2172
5	71·23	+3·41	4 36 36·09	+25 29 58·1	58·183	59 05·26	16 05·68	01·7229	14·2361
6	85·42	+2·39	5 39 40·50	+25 44 55·4	57·945	59 19·87	16 09·66	02·7515	15·2639
7	99·65	+1·22	6 42 22·67	+24 18 11·3	57·844	59 26·04	16 11·34	03·7687	16·2620
8	113·86	−0·03	7 42 55·33	+21 18 09·2	57·865	59 24·78	16 11·00	04·7414	17·2056
9	128·02	−1·27	8 40 21·17	+17 01 53·2	57·984	59 17·44	16 09·00	05·6546	18·0892
10	142·10	−2·44	9 34 38·18	+11 50 16·3	58·182	59 05·31	16 05·70	06·5112	18·9226
11	156·10	−3·44	10 26 23·84	+ 6 04 21·3	58·445	58 49·38	16 01·36	07·3257	19·7230
12	170·00	−4·24	11 16 35·58	+ 0 03 47·1	58·764	58 30·20	15 56·13	08·1172	20·5106
13	183·78	−4·78	12 06 16·10	− 5 53 15·2	59·139	58 07·96	15 50·08	08·9055	21·3039
14	197·42	−5·04	12 56 23·50	−11 29 34·2	59·570	57 42·73	15 43·20	09·7077	22·1181
15	210·88	−5·02	13 47 43·27	−16 28 39·9	60·056	57 14·69	15 35·57	10·5361	22·9618
16	224·12	−4·73	14 40 39·90	−20 35 04·4	60·591	56 44·36	15 27·31	11·3948	23·8341

MOON, 2009

EPHEMERIS FOR PHYSICAL OBSERVATIONS
FOR 0ʰ TERRESTRIAL TIME

Date 0ʰ TT	The Earth's Selenographic		Physical Libration			The Sun's Selenographic		Position Axis	Angle Bright Limb	Fraction Illum.
	Long.	Lat.	Lg.	Lt.	P.A.	Colong.	Lat.			
	°	°	(0°.001)			°	°	°	°	
Oct. 1	−2·652	−3·554	+19	+21	+19	55·00	−1·46	340·841	253·05	0·896
2	−3·575	−4·650	+18	+21	+19	67·17	−1·47	338·747	254·79	0·947
3	−4·235	−5·544	+18	+20	+20	79·34	−1·48	337·466	262·22	0·982
4	−4·616	−6·179	+17	+19	+21	91·50	−1·48	337·096	303·47	0·998
5	−4·726	−6·506	+17	+18	+22	103·66	−1·49	337·766	38·74	0·992
6	−4·592	−6·490	+17	+18	+23	115·82	−1·49	339·604	57·22	0·964
7	−4·256	−6·114	+17	+17	+23	127·98	−1·49	342·695	66·25	0·915
8	−3·762	−5·385	+18	+17	+24	140·15	−1·50	347·003	73·94	0·844
9	−3·147	−4·336	+18	+16	+24	152·32	−1·50	352·305	81·46	0·756
10	−2·438	−3·020	+20	+16	+24	164·49	−1·50	358·183	88·78	0·654
11	−1·648	−1·513	+21	+16	+23	176·67	−1·51	4·115	95·49	0·544
12	−0·779	+0·097	+22	+17	+23	188·86	−1·51	9·620	101·13	0·430
13	+0·166	+1·709	+24	+17	+23	201·05	−1·52	14·360	105·32	0·319
14	+1·177	+3·222	+25	+18	+22	213·25	−1·52	18·144	107·78	0·217
15	+2·221	+4·536	+26	+18	+22	225·46	−1·53	20·879	108·17	0·131
16	+3·247	+5·566	+27	+19	+21	237·67	−1·54	22·505	105·69	0·064
17	+4·178	+6·248	+28	+19	+21	249·88	−1·54	22·963	97·13	0·021
18	+4·929	+6·550	+29	+20	+20	262·10	−1·55	22·204	52·99	0·003
19	+5·418	+6·472	+29	+20	+19	274·31	−1·55	20·211	316·68	0·009
20	+5·580	+6·040	+29	+20	+19	286·52	−1·56	17·048	297·65	0·038
21	+5·384	+5·304	+28	+21	+18	298·73	−1·56	12·894	287·93	0·087
22	+4·831	+4·323	+27	+21	+18	310·94	−1·56	8·045	280·08	0·151
23	+3·956	+3·162	+26	+21	+18	323·14	−1·56	2·863	273·05	0·228
24	+2·819	+1·879	+25	+21	+18	335·34	−1·56	357·708	266·79	0·314
25	+1·502	+0·532	+24	+21	+18	347·53	−1·55	352·866	261·39	0·405
26	+0·097	−0·829	+23	+21	+18	359·71	−1·55	348·527	256·98	0·499
27	−1·297	−2·154	+22	+20	+18	11·89	−1·54	344·796	253·63	0·592
28	−2·585	−3·395	+21	+20	+19	24·06	−1·54	341·731	251·42	0·683
29	−3·676	−4·502	+20	+19	+20	36·22	−1·53	339·376	250·43	0·769
30	−4·496	−5·421	+19	+19	+20	48·38	−1·52	337·793	250·89	0·846
31	−4·989	−6·099	+18	+18	+21	60·53	−1·51	337·077	253·26	0·911
Nov. 1	−5·129	−6·480	+17	+17	+22	72·68	−1·50	337·361	258·94	0·960
2	−4·923	−6·522	+17	+16	+23	84·83	−1·49	338·801	274·92	0·990
3	−4·409	−6·195	+17	+15	+24	96·97	−1·48	341·528	10·06	0·998
4	−3·652	−5·497	+18	+14	+24	109·11	−1·47	345·568	61·49	0·981
5	−2·731	−4·455	+19	+14	+24	121·26	−1·45	350·747	75·60	0·939
6	−1·725	−3·128	+20	+13	+24	133·40	−1·44	356·655	85·30	0·873
7	−0·701	−1·601	+21	+13	+24	145·55	−1·42	2·728	93·34	0·788
8	+0·297	+0·027	+22	+13	+24	157·71	−1·41	8·426	99·96	0·687
9	+1·241	+1·650	+24	+14	+23	169·87	−1·40	13·369	105·04	0·577
10	+2·122	+3·166	+25	+14	+22	182·04	−1·39	17·360	108·52	0·463
11	+2·933	+4·484	+26	+15	+22	194·22	−1·38	20·319	110·38	0·352
12	+3·664	+5·527	+26	+16	+21	206·40	−1·37	22·210	110·59	0·250
13	+4·293	+6·239	+27	+17	+20	218·59	−1·36	22·994	109·07	0·161
14	+4·789	+6·589	+27	+17	+19	230·78	−1·36	22·623	105·45	0·089
15	+5·108	+6·568	+27	+18	+18	242·98	−1·35	21·056	98·56	0·038
16	+5·207	+6·193	+26	+18	+18	255·18	−1·34	18·308	81·87	0·009

MOON, 2009

FOR 0ʰ TERRESTRIAL TIME

Date 0ʰ TT	Apparent Long.	Apparent Lat.	Apparent R.A.	Apparent Dec.	True Dist.	Horiz. Parallax	Semi-diameter	Ephemeris Transit for date Upper	Ephemeris Transit for date Lower
	°	°	h m s	° ′ ″		′ ″	′ ″	h	h
Nov. 16	224.12	−4.73	14 40 39.90	−20 35 04.4	60.591	56 44.36	15 27.31	11.3948	23.8341
17	237.12	−4.19	15 35 08.92	−23 35 29.8	61.159	56 12.73	15 18.69	12.2779	...
18	249.85	−3.45	16 30 33.90	−25 20 34.0	61.735	55 41.25	15 10.12	13.1693	00.7238
19	262.32	−2.56	17 25 53.93	−25 46 29.7	62.286	55 11.71	15 02.07	14.0476	01.6114
20	274.54	−1.57	18 20 01.96	−24 55 37.7	62.772	54 46.07	14 55.09	14.8933	02.4754
21	286.56	−0.51	19 12 05.80	−22 55 24.1	63.153	54 26.26	14 49.69	15.6952	03.3001
22	298.43	+0.55	20 01 41.13	−19 56 12.5	63.390	54 14.02	14 46.36	16.4518	04.0789
23	310.22	+1.59	20 48 52.92	−16 09 12.9	63.454	54 10.77	14 45.47	17.1700	04.8151
24	322.02	+2.56	21 34 09.19	−11 44 56.9	63.323	54 17.48	14 47.30	17.8623	05.5185
25	333.91	+3.43	22 18 13.28	−6 52 52.2	62.991	54 34.63	14 51.97	18.5444	06.2036
26	345.99	+4.15	23 01 58.12	−1 41 44.5	62.468	55 02.05	14 59.44	19.2345	06.8873
27	358.33	+4.71	23 46 22.92	+3 39 27.8	61.780	55 38.86	15 09.47	19.9520	07.5885
28	11.02	+5.05	0 32 31.12	+9 00 18.5	60.968	56 23.31	15 21.57	20.7173	08.3274
29	24.10	+5.14	1 21 27.18	+14 07 29.8	60.091	57 12.73	15 35.03	21.5496	09.1240
30	37.59	+4.96	2 14 08.95	+18 43 42.4	59.215	58 03.50	15 48.86	22.4620	09.9954
Dec. 1	51.49	+4.48	3 11 11.93	+22 27 27.1	58.412	58 51.39	16 01.90	23.4533	10.9486
2	65.73	+3.72	4 12 25.79	+24 55 09.4	57.749	59 31.96	16 12.95	...	11.9723
3	80.23	+2.70	5 16 35.31	+25 46 20.6	57.277	60 01.36	16 20.96	00.5005	13.0321
4	94.88	+1.49	6 21 29.27	+24 50 31.8	57.028	60 17.08	16 25.24	01.5608	14.0810
5	109.56	+0.18	7 24 46.79	+22 11 39.8	57.006	60 18.49	16 25.63	02.5882	15.0794
6	124.17	−1.14	8 24 51.49	+18 06 36.2	57.191	60 06.80	16 22.44	03.5532	16.0096
7	138.63	−2.37	9 21 14.32	+12 59 08.6	57.544	59 44.64	16 16.41	04.4496	16.8751
8	152.89	−3.44	10 14 21.33	+7 13 57.2	58.019	59 15.28	16 08.41	05.2883	17.6919
9	166.91	−4.29	11 05 09.05	+1 13 12.8	58.569	58 41.91	15 59.32	06.0886	18.4810
10	180.68	−4.87	11 54 44.36	−4 44 08.7	59.154	58 07.11	15 49.84	06.8719	19.2635
11	194.21	−5.17	12 44 12.10	−10 21 46.6	59.743	57 32.67	15 40.46	07.6581	20.0574
12	207.51	−5.18	13 34 26.99	−15 24 57.1	60.321	56 59.61	15 31.46	08.4630	20.8757
13	220.58	−4.92	14 26 06.16	−19 39 58.6	60.877	56 28.39	15 22.96	09.2960	21.7236
14	233.43	−4.42	15 19 21.37	−22 54 25.1	61.407	55 59.13	15 14.99	10.1575	22.5960
15	246.06	−3.71	16 13 53.20	−24 58 16.0	61.908	55 31.92	15 07.58	11.0371	23.4781
16	258.49	−2.83	17 08 52.87	−25 45 37.8	62.375	55 06.97	15 00.78	11.9164	...
17	270.74	−1.83	18 03 15.08	−25 16 05.7	62.797	54 44.79	14 54.74	12.7741	00.3491
18	282.81	−0.76	18 55 58.56	−23 34 48.6	63.154	54 26.18	14 49.67	13.5939	01.1894
19	294.74	+0.33	19 46 23.80	−20 51 05.9	63.426	54 12.21	14 45.87	14.3686	01.9870
20	306.56	+1.40	20 34 20.33	−17 16 19.4	63.584	54 04.13	14 43.66	15.1000	02.7393
21	318.34	+2.41	21 20 04.01	−13 02 00.5	63.601	54 03.22	14 43.42	15.7973	03.4521
22	330.14	+3.32	22 04 09.80	−8 18 45.7	63.455	54 10.69	14 45.45	16.4740	04.1372
23	342.02	+4.09	22 47 24.93	−3 16 04.0	63.129	54 27.50	14 50.03	17.1468	04.8098
24	354.06	+4.70	23 30 44.65	+1 57 14.8	62.617	54 54.20	14 57.30	17.8339	05.4873
25	6.34	+5.10	0 15 09.96	+7 12 03.8	61.930	55 30.76	15 07.26	18.5555	06.1891
26	18.95	+5.27	1 01 45.83	+12 17 43.3	61.093	56 16.38	15 19.69	19.3322	06.9357
27	31.95	+5.19	1 51 37.27	+17 00 35.4	60.152	57 09.23	15 34.08	20.1831	07.7474
28	45.38	+4.82	2 45 39.38	+21 02 56.6	59.167	58 06.29	15 49.62	21.1194	08.6404
29	59.27	+4.16	3 44 18.27	+24 03 01.8	58.216	59 03.27	16 05.14	22.1353	09.6186
30	73.59	+3.22	4 47 05.53	+25 37 46.9	57.379	59 54.95	16 19.22	23.2020	10.6650
31	88.28	+2.05	5 52 23.93	+25 28 53.4	56.735	60 35.79	16 30.34	...	11.7398
32	103.23	+0.72	6 57 48.86	+23 30 05.5	56.344	61 01.03	16 37.21	00.2723	12.7941

MOON, 2009

EPHEMERIS FOR PHYSICAL OBSERVATIONS
FOR 0ʰ TERRESTRIAL TIME

Date 0ʰ TT	The Earth's Selenographic Long.	Lat.	Physical Libration Lg.	Lt.	P.A.	The Sun's Selenographic Colong.	Lat.	Position Angle Axis	Bright Limb	Fraction Illum.
	°	°	(0°.001)			°	°	°	°	
Nov. 16	+5.207	+6.193	+ 26	+ 18	+ 18	255.18	−1.34	18.308	81.87	0.009
17	+5.047	+5.501	+ 25	+ 19	+ 17	267.38	−1.33	14.492	344.28	0.002
18	+4.608	+4.546	+ 25	+ 19	+ 17	279.58	−1.32	9.847	292.23	0.016
19	+3.888	+3.389	+ 23	+ 19	+ 17	291.77	−1.31	4.717	278.73	0.050
20	+2.911	+2.096	+ 22	+ 19	+ 17	303.97	−1.30	359.482	270.11	0.100
21	+1.719	+0.728	+ 21	+ 19	+ 17	316.16	−1.29	354.477	263.40	0.165
22	+0.376	−0.657	+ 19	+ 19	+ 17	328.34	−1.27	349.934	258.04	0.241
23	−1.040	−2.006	+ 18	+ 19	+ 18	340.52	−1.26	345.988	253.89	0.325
24	−2.442	−3.270	+ 16	+ 19	+ 18	352.70	−1.24	342.701	250.88	0.416
25	−3.738	−4.404	+ 15	+ 18	+ 19	4.86	−1.23	340.109	248.97	0.511
26	−4.837	−5.359	+ 14	+ 18	+ 20	17.02	−1.21	338.252	248.18	0.606
27	−5.652	−6.088	+ 13	+ 17	+ 21	29.18	−1.18	337.202	248.56	0.700
28	−6.113	−6.541	+ 12	+ 16	+ 22	41.33	−1.16	337.071	250.26	0.788
29	−6.175	−6.672	+ 11	+ 15	+ 23	53.47	−1.14	338.015	253.54	0.866
30	−5.821	−6.441	+ 11	+ 14	+ 24	65.61	−1.11	340.203	258.97	0.930
Dec. 1	−5.076	−5.828	+ 11	+ 13	+ 25	77.74	−1.09	343.746	268.43	0.976
2	−3.999	−4.842	+ 12	+ 12	+ 25	89.87	−1.06	348.592	301.02	0.998
3	−2.683	−3.527	+ 13	+ 12	+ 25	102.00	−1.03	354.428	69.61	0.993
4	−1.236	−1.965	+ 14	+ 11	+ 25	114.13	−1.00	0.694	88.60	0.961
5	+0.233	−0.267	+ 16	+ 11	+ 25	126.26	−0.97	6.754	98.02	0.902
6	+1.631	+1.445	+ 17	+ 11	+ 24	138.40	−0.94	12.105	104.54	0.821
7	+2.885	+3.049	+ 18	+ 11	+ 23	150.54	−0.91	16.471	109.01	0.723
8	+3.949	+4.442	+ 19	+ 12	+ 23	162.69	−0.89	19.747	111.71	0.615
9	+4.797	+5.546	+ 20	+ 12	+ 22	174.84	−0.87	21.912	112.81	0.502
10	+5.417	+6.309	+ 20	+ 13	+ 21	187.01	−0.85	22.959	112.43	0.392
11	+5.805	+6.705	+ 20	+ 13	+ 20	199.18	−0.83	22.867	110.66	0.289
12	+5.962	+6.732	+ 20	+ 14	+ 19	211.35	−0.81	21.616	107.51	0.198
13	+5.887	+6.406	+ 19	+ 15	+ 18	223.53	−0.79	19.209	102.98	0.122
14	+5.582	+5.761	+ 18	+ 15	+ 17	235.72	−0.77	15.722	96.89	0.063
15	+5.049	+4.843	+ 17	+ 15	+ 16	247.90	−0.76	11.337	88.36	0.023
16	+4.296	+3.708	+ 16	+ 16	+ 16	260.09	−0.74	6.351	68.57	0.003
17	+3.339	+2.417	+ 14	+ 16	+ 16	272.28	−0.72	1.127	287.84	0.003
18	+2.202	+1.034	+ 12	+ 16	+ 16	284.47	−0.70	356.017	267.03	0.021
19	+0.920	−0.381	+ 11	+ 16	+ 16	296.66	−0.68	351.298	259.10	0.057
20	−0.461	−1.768	+ 9	+ 16	+ 17	308.85	−0.66	347.144	253.86	0.108
21	−1.884	−3.075	+ 7	+ 16	+ 17	321.03	−0.64	343.643	250.15	0.174
22	−3.282	−4.253	+ 5	+ 16	+ 18	333.20	−0.61	340.835	247.67	0.251
23	−4.583	−5.257	+ 4	+ 16	+ 19	345.37	−0.59	338.748	246.30	0.337
24	−5.706	−6.044	+ 2	+ 15	+ 21	357.54	−0.56	337.429	246.00	0.430
25	−6.573	−6.571	+ 1	+ 15	+ 22	9.70	−0.53	336.958	246.79	0.528
26	−7.109	−6.800	0	+ 14	+ 23	21.85	−0.50	337.458	248.73	0.627
27	−7.252	−6.691	− 1	+ 13	+ 24	34.00	−0.47	339.084	251.92	0.724
28	−6.963	−6.218	− 1	+ 12	+ 25	46.13	−0.44	341.986	256.47	0.814
29	−6.231	−5.370	0	+ 11	+ 25	58.27	−0.40	346.222	262.42	0.893
30	−5.084	−4.165	+ 1	+ 11	+ 25	70.40	−0.37	351.651	269.77	0.953
31	−3.589	−2.656	+ 2	+ 10	+ 25	82.52	−0.33	357.852	279.55	0.990
32	−1.851	−0.940	+ 3	+ 9	+ 25	94.64	−0.29	4.197	81.12	0.999

NOTES AND FORMULAE

Low-precision formulae for geocentric coordinates of the Moon

The following formulae give approximate geocentric coordinates of the Moon. The errors will rarely exceed $0°\!.3$ in ecliptic longitude (λ), $0°\!.2$ in ecliptic latitude (β), $0°\!.003$ in horizontal parallax (π), $0°\!.001$ in semidiameter (SD), 0·2 Earth radii in distance (r), $0°\!.3$ in right ascension (α) and $0°\!.2$ in declination (δ).

On this page the time argument T is the number of Julian centuries from J2000·0.

$$T = (\text{JD} - 245\ 1545\!\cdot\!0)/36\ 525 = (3286\!\cdot\!5 + \text{day of year} + \text{UT1}/24)/36\ 525$$

where day of year is given on pages B4–B5 and UT1 is the universal time in hours.

$$\lambda = 218°\!.32 + 481\ 267°\!.881\ T$$
$$+\ 6°\!.29\ \sin(135°\!.0 + 477\ 198°\!.87\ T) - 1°\!.27\ \sin(259°\!.3 - 413\ 335°\!.36\ T)$$
$$+\ 0°\!.66\ \sin(235°\!.7 + 890\ 534°\!.22\ T) + 0°\!.21\ \sin(269°\!.9 + 954\ 397°\!.74\ T)$$
$$-\ 0°\!.19\ \sin(357°\!.5 + 35\ 999°\!.05\ T) - 0°\!.11\ \sin(186°\!.5 + 966\ 404°\!.03\ T)$$

$$\beta = +5°\!.13\ \sin(93°\!.3 + 483\ 202°\!.02\ T) + 0°\!.28\ \sin(228°\!.2 + 960\ 400°\!.89\ T)$$
$$-\ 0°\!.28\ \sin(318°\!.3 + 6\ 003°\!.15\ T) - 0°\!.17\ \sin(217°\!.6 - 407\ 332°\!.21\ T)$$

$$\pi = +0°\!.9508$$
$$+\ 0°\!.0518\ \cos(135°\!.0 + 477\ 198°\!.87\ T) + 0°\!.0095\ \cos(259°\!.3 - 413\ 335°\!.36\ T)$$
$$+\ 0°\!.0078\ \cos(235°\!.7 + 890\ 534°\!.22\ T) + 0°\!.0028\ \cos(269°\!.9 + 954\ 397°\!.74\ T)$$

$$SD = 0\!\cdot\!2724\ \pi$$
$$r = 1/\sin\pi$$

Form the geocentric direction cosines (l, m, n) from:

$$l = \cos\beta\ \cos\lambda = \cos\delta\ \cos\alpha$$
$$m = +0\!\cdot\!9175\ \cos\beta\ \sin\lambda - 0\!\cdot\!3978\ \sin\beta = \cos\delta\ \sin\alpha$$
$$n = +0\!\cdot\!3978\ \cos\beta\ \sin\lambda + 0\!\cdot\!9175\ \sin\beta = \sin\delta$$

Then
$$\alpha = \tan^{-1}(m/l) \quad \text{and} \quad \delta = \sin^{-1}(n)$$

where the quadrant of α is determined by the signs of l and m, and where α, δ are referred to the mean equator and equinox of date.

Low-precision formulae for topocentric coordinates of the Moon

The following formulae give approximate topocentric values of right ascension (α'), declination (δ'), distance (r'), parallax (π') and semi-diameter (SD').

Form the geocentric rectangular coordinates (x, y, z) from:

$$x = rl = r\ \cos\delta\ \cos\alpha$$
$$y = rm = r\ \cos\delta\ \sin\alpha$$
$$z = rn = r\ \sin\delta$$

Form the topocentric rectangular coordinates (x', y', z') from:

$$x' = x - \cos\phi'\ \cos\theta_0$$
$$y' = y - \cos\phi'\ \sin\theta_0$$
$$z' = z - \sin\phi'$$

where ϕ' is the observer's geocentric latitude and θ_0 is the local sidereal time.

$$\theta_0 = 100°\!.46 + 36\ 000°\!.77\ T + \lambda' + 15\ \text{UT1}$$

where λ' is the observer's east longitude.

Then
$$r' = (x'^2 + y'^2 + z'^2)^{1/2} \quad \alpha' = \tan^{-1}(y'/x') \quad \delta' = \sin^{-1}(z'/r')$$
$$\pi' = \sin^{-1}(1/r') \quad SD' = 0\!\cdot\!2724\pi'$$

PLANETS AND PLUTO, 2009

CONTENTS OF SECTION E

	Mercury	Venus	Earth	Mars	Jupiter	Saturn	Uranus	Neptune	Pluto
Orbital elements: J2000.0....	E5	E5	E5	E6	E6	E6	E6	E6	E6
Heliocentric coordinates and velocities..............	E7	E7	E7	E7	E7	E7	E7	E7	E7
Heliocentric ecliptic coordinates.................	E8	E12	—	E14	E15	E15	E15	E15	E44
Geocentric equatorial coordinates.................	E16	E20	—	E24	E28	E32	E36	E40	E44
Time of ephemeris transit....	E46	E46	—	E46	E46	E46	E46	E46	E46
Physical ephemeris..............	E56	E64	—	E68	E72	E76	E80	E81	E82
Central meridian	—	—	—	E83	E83	E83	—	—	—

Orbital elements of date have been moved to *The Astronomical Almanac Online*. www

NOTES

1. Other data, explanatory notes and formulas are given on the following pages:

Orbital elements...	E2
Heliocentric and geocentric coordinates.......................................	E2
Rotation elements, definitions and formulas	E3
Physical and photometric data...	E4
Conversion to Other Osculating Orbital Elements	E5
Conversion to Heliocentric Rectangular Coordinates	E5
Semidiameter and horizontal parallax	E45
Times of transit, rising and setting...	E45
Physical Ephemeris..	E54

2. Other data on the planets are given on the following pages:

Occultations of planets by the Moon	A2
Geocentric and heliocentric phenomena	A3
Elongations and magnitudes at 0^h UT	A4
Visibility of planets	A6
Diary of phenomena	A9

www This symbol indicates that these data or auxiliary material may also be found on *The Astronomical Almanac Online* at **http://asa.usno.navy.mil** and **http://asa.hmnao.com**

Orbital elements

The heliocentric osculating orbital elements for the Earth given on page E7 and the heliocentric coordinates and velocity of the Earth on page E9 actually refer to the Earth/Moon barycenter. The heliocentric coordinates and velocity of the Earth itself are given by:

(Earth's center) = (Earth/Moon barycenter) − (0.000 0312 cos L, 0.000 0286 sin L,
   0.000 0124 sin L, −0.000 00718 sin L, 0.000 00657 cos L, 0.000 00285 cos L)

where $L = 218° + 481\,268°\,T$, with T in Julian centuries from JD 245 1545.0. This estimate is accurate to the fifth decimal palace in position and the sixth decimal place in velocity. The units of position are in AU and the units of velocity are in AU/day. The position and velocity are in the mean equator and equinox coordinate system.

Linear interpolation of the heliocentric osculating orbital elements usually leads to errors of about $1''$ or $2''$ in the resulting geocentric positions of the Sun and planets; the errors may, however, reach about $7''$ for Venus at inferior conjunction and about $3''$ for Mars at opposition.

Heliocentric coordinates

The heliocentric ecliptic coordinates of the Earth may be obtained from the geocentric ecliptic coordinates of the Sun given on pages C6–C20 by adding $\pm 180°$ to the longitude, and reversing the sign of the latitude.

Geocentric coordinates

Precise values of apparent semidiameter and horizontal parallax may be computed from the formulas and values given on page E45. Values of apparent diameter are tabulated in the ephemerides for physical observations on pages E56 onwards.

Times of transit, rising and setting

Formulas for obtaining the universal times of transit, rising and setting of the planets are given on page E45.

Ephemerides for physical observations

A description of the planetographic coordinates used for the physical ephemerides is on pages E54-E55. Information is also given in the Notes and References (Section L).

Invariable plane of the solar system

Approximate coordinates of the north pole of the invariable plane for J2000.0 are:

$$\alpha_0 = 273°\!.8527 \quad \delta_0 = 66°\!.9911$$

This is the direction of the total angular momentum vector of the Solar System (Sun and major planets) with respect to the ICRS coordinate axes.

ROTATION ELEMENTS FOR MEAN EQUINOX AND EQUATOR OF DATE
2009 JANUARY 0, 0^h TT

Planet	North Pole Right Ascension α_1	North Pole Declination δ_1	Argument of Prime Meridian at epoch W_0	Argument of Prime Meridian var./day $\dot{W}$	Longitude of Central Meridian λ_e	Inclination of Equator to Orbit
	°	°	°	°	°	°
Mercury	281.03	+ 61.46	343.84	+ 6.1385338	235.65	+ 0.01
Venus	272.76	+ 67.16	331.81	− 1.4813296	171.82	+ 2.64
Mars	317.74	+ 52.92	303.19	+350.8919993	248.32	+25.19
Jupiter I	268.07	+ 64.49	245.57	+877.9000354	94.51	+ 3.12
II	268.07	+ 64.49	345.77	+870.2700354	194.98	+ 3.12
III	268.07	+ 64.49	23.74	+870.5366774	232.94	+ 3.12
Saturn	40.99	+ 83.57	352.77	+810.7938131	88.04	+26.73
Uranus	257.44	− 15.19	141.22	−501.1600774	334.12	+82.23
Neptune	299.47	+ 42.98	285.40	+536.3128554	72.05	+28.33
Pluto	313.10	+ 6.20	41.91	− 56.3625113	338.35	+60.41

These data were derived from the "Report of the IAU/IAG Working Group on Cartographic Coordinates and Rotational Elements: 2006" (Seidelmann et al., Celest. Mech., **98**, 155, 2007).

DEFINITIONS AND FORMULAS

α_1, δ_1 right ascension and declination of the north pole of the planet; variations during one year are negligible.

W_0 the angle measured from the planet's equator in the positive sense with respect to the planet's north pole from the ascending node of the planet's equator on the Earth's mean equator of date to the prime meridian of the planet.

$\dot{W}$ the daily rate of change of W_0. Sidereal periods of rotation are given on page E4.

α, δ, Δ apparent right ascension, declination and true distance of the planet at the time of observation (pages E16–E44).

W_1 argument of the prime meridian at the time of observation antedated by the light-time from the planet to the Earth.

$$W_1 = W_0 + \dot{W}(d - 0.005\,7755\Delta)$$

where d is the interval in days from Jan. 0 at 0^h TT.

β_e planetocentric declination of the Earth, positive in the planet's northern hemisphere:

$$\sin\beta_e = -\sin\delta_1 \sin\delta - \cos\delta_1 \cos\delta \cos(\alpha_1 - \alpha), \text{ where } -90° < \beta_e < 90°.$$

p_n position angle of the central meridian, also called the position angle of the axis, measured eastwards from the north point:

$$\cos\beta_e \sin p_n = \cos\delta_1 \sin(\alpha_1 - \alpha)$$
$$\cos\beta_e \cos p_n = \sin\delta_1 \cos\delta - \cos\delta_1 \sin\delta \cos(\alpha_1 - \alpha), \text{ where } \cos\beta_e > 0.$$

λ_e planetographic longitude of the central meridian measured in the direction opposite to the direction of rotation:

$$\lambda_e = W_1 - K, \text{ if } \dot{W} \text{ is positive}$$
$$\lambda_e = K - W_1, \text{ if } \dot{W} \text{ is negative}$$

where K is given by

$$\cos\beta_e \sin K = -\cos\delta_1 \sin\delta + \sin\delta_1 \cos\delta \cos(\alpha_1 - \alpha)$$
$$\cos\beta_e \cos K = \cos\delta \sin(\alpha_1 - \alpha), \text{ where } \cos\beta_e > 0.$$

λ, φ planetographic longitude (measured in the direction opposite to the rotation) and latitude (measured positive to the planet's north) of a feature on the planet's surface (see page E54).

s apparent semidiameter of the planet (see page E45).

$\Delta\alpha, \Delta\delta$ displacements in right ascension and declination of the feature (λ, φ) from the center of the planet:

$$\Delta\alpha \cos\delta = X \cos p_n + Y \sin p_n$$
$$\Delta\delta = -X \sin p_n + Y \cos p_n$$

where

$$X = s \cos\varphi \sin(\lambda - \lambda_e), \text{ if } \dot{W} > 0; \quad X = -s \cos\varphi \sin(\lambda - \lambda_e), \text{ if } \dot{W} < 0;$$
$$Y = s(\sin\varphi \cos\beta_e - \cos\varphi \sin\beta_e \cos(\lambda - \lambda_e)).$$

PLANETS AND PLUTO
PHYSICAL AND PHOTOMETRIC DATA

Planet	Mass[1] (kg)	Mean Equatorial Radius (km)	Minimum Geocentric Distance[2] (AU)	Flattening[3,4] (geometric)	Coefficients of the Potential		
					$10^3 J_2$	$10^6 J_3$	$10^6 J_4$
Mercury	$3.302\ 2 \times 10^{23}$	2 439.7	0.549	0	—	—	—
Venus	$4.869\ 0 \times 10^{24}$	6 051.8	0.265	0	0.027	—	—
Earth	$5.974\ 2 \times 10^{24}$	6 378.14	—	0.003 353 64	1.082 63	− 2.64	− 1.61
(Moon)	$7.348\ 3 \times 10^{22}$	1 737.4	0.002 38	0	0.202 7	—	—
Mars	$6.419\ 1 \times 10^{23}$	3 396.2	0.373	0.006 772 / 0.005 000	1.964	36	—
Jupiter	$1.898\ 8 \times 10^{27}$	71 492	3.949	0.064 874	14.75	—	− 580
Saturn	$5.685\ 2 \times 10^{26}$	60 268	8.032	0.097 962	16.45	—	− 1 000
Uranus	$8.684\ 0 \times 10^{25}$	25 559	17.292	0.022 927	12	—	—
Neptune	$1.024\ 5 \times 10^{26}$	24 764	28.814	0.017 081	4	—	—
Pluto	1.3×10^{22}	1 195	28.687	0	—	—	—

Planet	Sidereal Period of Rotation[5] (d)	Mean Density (g/cm³)	Maximum Angular Diameter[6] (″)	Geometric Albedo[7]	Visual Magnitude[8]		Color Indices	
					$V(1,0)$	V_0	B − V	U − B
Mercury	+ 58.646 2	5.43	12.3	0.106	− 0.42	—	0.93	0.41
Venus	− 243.018 5	5.24	63.0	0.65	− 4.40	—	0.82	0.50
Earth	+ 0.997 269 63	5.515	—	0.367	− 3.86	—	—	—
(Moon)	+ 27.321 66	3.35	2 010.7	0.12	+ 0.21	− 12.74	0.92	0.46
Mars	+ 1.025 956 76	3.94	25.1	0.150	− 1.52	− 2.01	1.36	0.58
Jupiter	+ 0.413 54 (System III)	1.33	49.9	0.52	− 9.40	− 2.70	0.83	0.48
Saturn	+ 0.444 01 (System III)	0.69	20.7	0.47	− 8.88	+ 0.67	1.04	0.58
Uranus	− 0.718 33	1.27	4.1	0.51	− 7.19	+ 5.52	0.56	0.28
Neptune	+ 0.671 25	1.64	2.4	0.41	− 6.87	+ 7.84	0.41	0.21
Pluto	− 6.387 2	1.8	0.11	0.3	− 1.0	+ 15.12	0.80	0.31

[1] Values for the masses include the atmospheres but exclude satellites.

[2] The tabulated Minimum Geocentric Distance applies to the interval 1950 to 2050.

[3] The Flattening is the ratio of the difference of the equatorial and polar radii to the equatorial radius.

[4] Two flattening values are given for Mars. The first number is determined using the north polar radius and the second one using the south polar radius.

[5] The Sidereal Period of Rotation is the rotation at the equator with respect to a fixed frame of reference. A negative sign indicates that the rotation is retrograde with respect to the pole that lies north of the invariable plane of the solar system. The period is measured in days of 86 400 SI seconds. Rotation elements are tabulated on page E3.

[6] The tabulated Maximum Angular Diameter is based on the equatorial diameter when the planet is at the tabulated Minimum Geocentric Distance.

[7] The Geometric Albedo is the ratio of the illumination of the planet at zero phase angle to the illumination produced by a plane, absolutely white Lambert surface of the same radius and position as the planet.

[8] $V(1,0)$ is the visual magnitude of the planet reduced to a distance of 1 AU from both the Sun and Earth and with phase angle zero. V_0 is the mean opposition magnitude. For Saturn the photometric quantities refer to the disk only.

Data for the Mean Equatorial Radius, Flattening and Sidereal Period of Rotation are based on the "Report of the IAU/IAG Working Group on Cartographic Coordinates and Rotational Elements: 2006" (Seidelmann et al., Celest. Mech., **98**, 155, 2007).

PLANETS AND PLUTO, 2009
HELIOCENTRIC OSCULATING ORBITAL ELEMENTS
REFERRED TO THE MEAN EQUINOX AND ECLIPTIC OF J2000.0

Julian Date 245	Inclination i	Longitude Asc. Node Ω	Longitude Perihelion ϖ	Mean Distance a	Daily Motion n	Eccentricity e	Mean Longitude L
MERCURY	°	°	°		°		°
4840.5	7.004 42	48.3199	77.4723	0.387 0974	4.092 359	0.205 6409	58.554 40
4865.5	7.004 41	48.3197	77.4714	0.387 0969	4.092 367	0.205 6413	160.863 19
4890.5	7.004 41	48.3197	77.4713	0.387 0974	4.092 359	0.205 6389	263.172 48
4915.5	7.004 40	48.3195	77.4713	0.387 0980	4.092 349	0.205 6351	5.480 98
4940.5	7.004 40	48.3195	77.4714	0.387 0976	4.092 356	0.205 6343	107.789 75
4965.5	7.004 40	48.3194	77.4716	0.387 0980	4.092 349	0.205 6336	210.098 61
4990.5	7.004 35	48.3191	77.4724	0.387 1002	4.092 314	0.205 6260	312.406 39
5015.5	7.004 35	48.3187	77.4738	0.387 0983	4.092 344	0.205 6225	54.714 19
5040.5	7.004 35	48.3186	77.4738	0.387 0990	4.092 334	0.205 6245	157.022 53
5065.5	7.004 35	48.3186	77.4735	0.387 0986	4.092 340	0.205 6252	259.330 97
5090.5	7.004 35	48.3184	77.4735	0.387 0991	4.092 332	0.205 6223	1.639 12
5115.5	7.004 35	48.3183	77.4740	0.387 0988	4.092 337	0.205 6221	103.947 58
5140.5	7.004 37	48.3181	77.4731	0.387 0982	4.092 346	0.205 6270	206.255 57
5165.5	7.004 36	48.3181	77.4726	0.387 0978	4.092 352	0.205 6280	308.564 50
5190.5	7.004 37	48.3180	77.4726	0.387 0978	4.092 353	0.205 6267	50.873 17
VENUS							
4840.5	3.394 49	76.6569	131.746	0.723 3257	1.602 152	0.006 7640	61.804 81
4865.5	3.394 47	76.6568	131.693	0.723 3317	1.602 132	0.006 7694	101.858 37
4890.5	3.394 44	76.6563	131.643	0.723 3384	1.602 110	0.006 7778	141.910 90
4915.5	3.394 44	76.6543	131.589	0.723 3426	1.602 096	0.006 7886	181.962 22
4940.5	3.394 50	76.6526	131.476	0.723 3352	1.602 121	0.006 7946	222.013 77
4965.5	3.394 53	76.6524	131.427	0.723 3308	1.602 136	0.006 7968	262.066 95
4990.5	3.394 52	76.6523	131.442	0.723 3318	1.602 132	0.006 7960	302.120 16
5015.5	3.394 51	76.6521	131.476	0.723 3298	1.602 139	0.006 7980	342.173 13
5040.5	3.394 52	76.6519	131.527	0.723 3246	1.602 156	0.006 8022	22.226 73
5065.5	3.394 52	76.6519	131.533	0.723 3242	1.602 157	0.006 8043	62.280 88
5090.5	3.394 51	76.6519	131.497	0.723 3283	1.602 144	0.006 8083	102.334 68
5115.5	3.394 50	76.6517	131.468	0.723 3324	1.602 130	0.006 8134	142.387 79
5140.5	3.394 50	76.6515	131.442	0.723 3319	1.602 132	0.006 8143	182.440 72
5165.5	3.394 51	76.6514	131.405	0.723 3288	1.602 142	0.006 8139	222.494 03
5190.5	3.394 50	76.6514	131.394	0.723 3281	1.602 144	0.006 8130	262.547 75
EARTH*							
4840.5	0.001 08	171.7	102.9706	1.000 0162	0.985 586 5	0.016 7463	108.538 10
4865.5	0.001 08	171.6	102.9634	1.000 0161	0.985 586 6	0.016 7468	133.177 53
4890.5	0.001 10	171.2	102.9407	1.000 0062	0.985 601 2	0.016 7395	157.817 41
4915.5	0.001 18	171.4	102.9038	0.999 9914	0.985 623 2	0.016 7264	182.458 65
4940.5	0.001 25	172.7	102.8949	0.999 9891	0.985 626 6	0.016 7139	207.100 71
4965.5	0.001 26	172.9	102.8917	0.999 9923	0.985 621 9	0.016 7046	231.742 33
4990.5	0.001 25	172.8	102.8890	0.999 9983	0.985 612 9	0.016 6960	256.383 45
5015.5	0.001 26	172.7	102.8932	1.000 0076	0.985 599 2	0.016 6865	281.023 73
5040.5	0.001 26	172.3	102.9067	1.000 0162	0.985 586 5	0.016 6767	305.662 90
5065.5	0.001 27	172.1	102.9333	1.000 0163	0.985 586 4	0.016 6711	330.301 46
5090.5	0.001 28	172.0	102.9806	1.000 0052	0.985 602 7	0.016 6698	354.940 37
5115.5	0.001 29	172.1	103.0367	0.999 9892	0.985 626 4	0.016 6682	19.580 32
5140.5	0.001 30	172.4	103.0729	0.999 9780	0.985 643 0	0.016 6646	44.221 15
5165.5	0.001 31	172.6	103.0791	0.999 9762	0.985 645 7	0.016 6639	68.862 33
5190.5	0.001 31	172.4	103.0686	0.999 9822	0.985 636 8	0.016 6691	93.503 26

*Values labelled for the Earth are actually for the Earth/Moon barycenter (see note on page E2).
Distances are in astronomical units.

FORMULAS

Mean anomaly, $M = L - \varpi$

Argument of perihelion, measured from node, $\omega = \varpi - \Omega$

True anomaly, $\nu = M + (2e - e^3/4)\sin M + (5e^2/4)\sin 2M + (13e^3/12)\sin 3M + \ldots$ in radians.

True distance, $r = a(1 - e^2)/(1 + e \cos \nu)$

Heliocentric rectangular coordinates, referred to the ecliptic, may be computed from these elements by:

$$x = r\{\cos(\nu + \omega)\cos\Omega - \sin(\nu + \omega)\cos i \sin\Omega\}$$
$$y = r\{\cos(\nu + \omega)\sin\Omega + \sin(\nu + \omega)\cos i \cos\Omega\}$$
$$z = r\sin(\nu + \omega)\sin i$$

PLANETS AND PLUTO, 2009
HELIOCENTRIC OSCULATING ORBITAL ELEMENTS
REFERRED TO THE MEAN EQUINOX AND ECLIPTIC OF J2000.0

Julian Date 245	Inclination i	Longitude Asc. Node Ω	Longitude Perihelion ϖ	Mean Distance a	Daily Motion n	Eccentricity e	Mean Longitude L
MARS	°	°	°		°		°
4840.5	1.848 95	49.5313	336.1119	1.523 6595	0.524 050 9	0.093 4531	282.400 87
4877.5	1.848 92	49.5301	336.0880	1.523 7018	0.524 029 1	0.093 4516	301.787 41
4914.5	1.848 91	49.5285	336.0683	1.523 7121	0.524 023 8	0.093 4436	321.172 91
4951.5	1.848 91	49.5274	336.0545	1.523 6833	0.524 038 6	0.093 4240	340.559 44
4988.5	1.848 93	49.5268	336.0460	1.523 6476	0.524 057 0	0.093 4052	359.948 35
5025.5	1.848 94	49.5265	336.0437	1.523 6225	0.524 070 0	0.093 3891	19.339 44
5062.5	1.848 94	49.5265	336.0466	1.523 6165	0.524 073 1	0.093 3765	38.731 55
5099.5	1.848 93	49.5265	336.0548	1.523 6317	0.524 065 2	0.093 3671	58.123 45
5136.5	1.848 92	49.5262	336.0623	1.523 6504	0.524 055 6	0.093 3590	77.514 41
5173.5	1.848 91	49.5259	336.0708	1.523 6726	0.524 044 2	0.093 3530	96.904 13
JUPITER							
4840.5	1.303 80	100.5090	14.5919	5.202 504	0.083 098 64	0.048 9044	308.198 86
4877.5	1.303 81	100.5093	14.5888	5.202 490	0.083 099 00	0.048 8922	311.272 11
4914.5	1.303 82	100.5094	14.5674	5.202 568	0.083 097 11	0.048 8894	314.345 59
4951.5	1.303 82	100.5096	14.5411	5.202 688	0.083 094 24	0.048 8957	317.419 55
4988.5	1.303 82	100.5094	14.5204	5.202 813	0.083 091 25	0.048 9110	320.494 42
5025.5	1.303 80	100.5090	14.5211	5.202 841	0.083 090 57	0.048 9205	323.569 69
5062.5	1.303 81	100.5091	14.5288	5.202 814	0.083 091 23	0.048 9203	326.644 50
5099.5	1.303 81	100.5093	14.5378	5.202 757	0.083 092 59	0.048 9131	329.718 85
5136.5	1.303 83	100.5102	14.5367	5.202 724	0.083 093 37	0.048 9040	332.792 49
5173.5	1.303 84	100.5106	14.5269	5.202 758	0.083 092 56	0.048 9051	335.866 32
SATURN							
4840.5	2.488 02	113.6421	90.3079	9.517 862	0.033 586 56	0.053 2927	160.374 65
4877.5	2.488 01	113.6418	90.2256	9.517 283	0.033 589 62	0.053 3309	161.610 90
4914.5	2.488 01	113.6419	90.1241	9.516 508	0.033 593 73	0.053 3627	162.847 65
4951.5	2.488 01	113.6419	90.0074	9.515 598	0.033 598 55	0.053 3979	164.084 05
4988.5	2.488 02	113.6423	89.8768	9.514 584	0.033 603 92	0.053 4451	165.319 28
5025.5	2.488 02	113.6424	89.7639	9.513 751	0.033 608 33	0.053 5116	166.553 14
5062.5	2.488 01	113.6418	89.6758	9.513 130	0.033 611 62	0.053 5844	167.787 07
5099.5	2.487 99	113.6410	89.6070	9.512 663	0.033 614 10	0.053 6594	169.021 31
5136.5	2.487 95	113.6395	89.5479	9.512 253	0.033 616 27	0.053 7283	170.256 58
5173.5	2.487 93	113.6386	89.4765	9.511 717	0.033 619 11	0.053 7973	171.491 93
URANUS							
4840.5	0.771 90	74.0429	172.4122	19.225 67	0.011 699 35	0.045 4167	351.748 44
4913.5	0.771 89	74.0476	172.2913	19.229 95	0.011 695 45	0.045 1842	352.613 76
4986.5	0.771 88	74.0501	172.1323	19.235 72	0.011 690 19	0.044 8725	353.481 64
5059.5	0.771 89	74.0466	171.8873	19.240 35	0.011 685 97	0.044 6273	354.356 63
5132.5	0.771 89	74.0489	171.6524	19.243 14	0.011 683 42	0.044 4850	355.230 40
NEPTUNE							
4840.5	1.768 77	131.7722	21.217	30.186 27	0.005 946 769	0.009 3138	324.508 44
4913.5	1.768 67	131.7715	21.017	30.191 05	0.005 945 358	0.009 5484	324.962 89
4986.5	1.768 49	131.7702	20.714	30.197 64	0.005 943 411	0.009 8582	325.422 99
5059.5	1.768 30	131.7688	21.288	30.199 79	0.005 942 777	0.010 1274	325.888 68
5132.5	1.768 28	131.7687	22.188	30.198 84	0.005 943 057	0.010 3070	326.349 73
PLUTO							
4840.5	17.112 82	110.3370	224.8239	39.672 78	0.003 946 902	0.251 2582	252.142 59
4913.5	17.113 28	110.3364	224.8225	39.659 58	0.003 948 872	0.250 9675	252.448 39
4986.5	17.113 77	110.3358	224.8222	39.642 92	0.003 951 363	0.250 5954	252.759 99
5059.5	17.115 49	110.3338	224.7887	39.617 88	0.003 955 109	0.250 1131	253.067 68
5132.5	17.117 62	110.3313	224.7442	39.594 43	0.003 958 623	0.249 6910	253.368 48

Distances are in astronomical units.

WWW Heliocentric Osculating Orbital Elements Referred to the Mean Equinox and Ecliptic of Date previously located on pages E6-E7 in the 2007 edition have been moved to *The Astronomical Almanac Online* at http://asa.usno.navy.mil and http://www.hmnao.com

PLANETS AND PLUTO, 2009
HELIOCENTRIC COORDINATES AND VELOCITY COMPONENTS REFERRED TO THE MEAN EQUATOR AND EQUINOX OF J2000.0

	x	y	z	$\dot{x}$	$\dot{y}$	$\dot{z}$
MERCURY						
4840.5	+ 0.207 9640	+ 0.215 9995	+0.093 8180	−0.026 663 16	+0.016 545 34	+0.011 602 75
4877.5	− 0.318 8819	− 0.290 2690	−0.121 9901	+0.014 039 59	−0.016 071 15	−0.010 040 54
4914.5	+ 0.353 3992	− 0.114 4443	−0.097 7763	+0.005 124 96	+0.024 373 45	+0.012 488 29
4951.5	− 0.380 6732	+ 0.005 5596	+0.042 4408	−0.007 471 84	−0.024 058 79	−0.012 076 87
4988.5	+ 0.149 7254	− 0.366 4475	−0.211 2715	+0.020 865 48	+0.010 379 15	+0.003 380 82
5025.5	− 0.081 1396	+ 0.263 6817	+0.149 2654	−0.032 811 75	−0.006 756 91	−0.000 207 28
5062.5	− 0.156 8518	− 0.393 4050	−0.193 8843	+0.020 834 62	−0.006 398 78	−0.005 578 32
5099.5	+ 0.311 9558	+ 0.114 4949	+0.028 8154	−0.015 306 28	+0.023 873 95	+0.014 339 93
5136.5	− 0.373 7923	− 0.200 6186	−0.068 4093	+0.008 053 52	−0.020 290 45	−0.011 673 72
5173.5	+ 0.308 1834	− 0.225 1664	−0.152 2326	+0.012 866 51	+0.020 452 06	+0.009 590 96
VENUS						
4840.5	+ 0.348 7226	+ 0.584 1637	+0.240 7551	−0.017 772 11	+0.008 424 20	+0.004 914 76
4877.5	− 0.368 5634	+ 0.553 4234	+0.272 3139	−0.017 425 94	−0.009 973 02	−0.003 384 28
4914.5	− 0.718 8353	− 0.027 6313	+0.033 0547	+0.000 223 73	−0.018 520 92	−0.008 346 98
4951.5	− 0.357 9861	− 0.583 0010	−0.239 6492	+0.017 446 51	−0.008 794 27	−0.005 060 69
4988.5	+ 0.353 0935	− 0.572 0627	−0.279 7243	+0.017 547 91	+0.009 292 30	+0.003 070 35
5025.5	+ 0.724 8795	− 0.010 4957	−0.050 5917	+0.000 739 87	+0.018 364 08	+0.008 215 51
5062.5	+ 0.395 7345	+ 0.559 6932	+0.226 7744	−0.016 980 52	+0.009 641 82	+0.005 412 53
5099.5	− 0.320 4402	+ 0.578 7023	+0.280 6455	−0.018 169 61	−0.008 752 78	−0.002 788 28
5136.5	− 0.717 3488	+ 0.022 3921	+0.055 4674	−0.001 314 44	−0.018 526 72	−0.008 252 33
5173.5	− 0.404 0174	− 0.557 6405	−0.225 3271	+0.016 646 41	−0.009 991 65	−0.005 548 79
EARTH*						
4840.5	− 0.315 7342	+ 0.854 4440	+0.370 4286	−0.016 574 24	−0.005 127 55	−0.002 222 90
4877.5	− 0.821 8209	+ 0.502 6756	+0.217 9277	−0.009 824 08	−0.013 193 09	−0.005 719 58
4914.5	− 0.995 2336	− 0.053 5977	−0.023 2328	+0.000 727 60	−0.015 816 92	−0.006 857 09
4951.5	− 0.775 4330	− 0.589 8697	−0.255 7222	+0.010 700 82	−0.012 210 52	−0.005 293 62
4988.5	− 0.257 3608	− 0.900 5703	−0.390 4208	+0.016 362 01	−0.004 062 22	−0.001 761 13
5025.5	+ 0.357 9831	− 0.872 9172	−0.378 4343	+0.015 822 56	+0.005 500 04	+0.002 384 37
5062.5	+ 0.839 3069	− 0.518 8701	−0.224 9469	+0.009 334 16	+0.013 031 63	+0.005 649 53
5099.5	+ 1.002 3617	+ 0.031 0165	+0.013 4430	−0.000 859 33	+0.015 716 85	+0.006 813 67
5136.5	+ 0.776 1101	+ 0.567 7131	+0.246 1159	−0.011 004 55	+0.012 283 10	+0.005 325 08
5173.5	+ 0.240 2442	+ 0.876 5284	+0.379 9970	−0.016 964 53	+0.003 790 13	+0.001 643 18
MARS						
4840.5	+ 0.079 728	− 1.314 038	−0.604 865	+0.014 501 702	+0.001 935 829	+0.000 496 179
4913.5	+ 1.021 543	− 0.842 740	−0.414 134	+0.009 996 755	+0.010 558 352	+0.004 572 797
4986.5	+ 1.391 724	+ 0.092 434	+0.004 806	−0.000 332 026	+0.013 781 074	+0.006 329 975
5059.5	+ 0.998 922	+ 0.984 953	+0.424 790	−0.009 706 852	+0.009 659 597	+0.004 692 786
5132.5	+ 0.116 694	+ 1.414 583	+0.645 679	−0.013 423 348	+0.001 900 492	+0.001 234 272
JUPITER						
4840.5	+ 2.779 047	− 3.918 010	−1.747 038	+0.006 244 988	+0.004 159 791	+0.001 630 968
4913.5	+ 3.217 541	− 3.591 704	−1.617 849	+0.005 755 457	+0.004 772 751	+0.001 905 617
4986.5	+ 3.617 479	− 3.222 369	−1.469 278	+0.005 189 355	+0.005 337 199	+0.002 161 339
5059.5	+ 3.973 446	− 2.813 875	−1.302 852	+0.004 551 791	+0.005 844 062	+0.002 394 120
5132.5	+ 4.280 471	− 2.370 744	−1.120 388	+0.003 849 757	+0.006 284 859	+0.002 600 147
SATURN						
4840.5	− 9.094 071	+ 1.918 928	+1.184 115	−0.001 623 677	−0.005 042 597	−0.002 012 717
4913.5	− 9.203 873	+ 1.549 115	+1.036 107	−0.001 384 374	−0.005 087 563	−0.002 041 594
4986.5	− 9.296 168	+ 1.176 390	+0.886 143	−0.001 144 150	−0.005 122 412	−0.002 066 329
5059.5	− 9.370 914	+ 0.801 481	+0.734 521	−0.000 903 680	−0.005 147 454	−0.002 087 028
5132.5	− 9.428 104	+ 0.425 095	+0.581 533	−0.000 663 169	−0.005 162 870	−0.002 103 763
URANUS						
4840.5	+19.891 84	− 2.521 20	−1.385 49	+0.000 536 606	+0.003 403 664	+0.001 483 080
4962.5	+19.951 86	− 2.105 25	−1.204 17	+0.000 447 360	+0.003 414 822	+0.001 489 222
5084.5	+20.000 96	− 1.688 05	−1.022 15	+0.000 357 350	+0.003 424 124	+0.001 494 573
NEPTUNE						
4840.5	+24.175 13	−16.273 97	−7.262 91	+0.001 847 173	+0.002 375 940	+0.000 926 586
4962.5	+24.398 47	−15.982 74	−7.149 26	+0.001 814 221	+0.002 398 358	+0.000 936 594
5084.5	+24.617 76	−15.688 79	−7.034 39	+0.001 780 455	+0.002 420 390	+0.000 946 471
PLUTO						
4840.5	+ 0.485 77	−30.101 04	−9.539 79	+0.003 201 435	−0.000 156 211	−0.001 011 445
4962.5	+ 0.876 27	−30.117 95	−9.662 49	+0.003 200 133	−0.000 120 859	−0.001 000 068
5084.5	+ 1.266 56	−30.130 54	−9.783 80	+0.003 197 882	−0.000 085 699	−0.000 988 600

*Values labelled for the Earth are actually for the Earth/Moon barycenter (see note on page E2).
Distances are in astronomical units. Velocity components are in astronomical units per day.

MERCURY, 2009
HELIOCENTRIC POSITIONS FOR 0ʰ TERRESTRIAL TIME
MEAN EQUINOX AND ECLIPTIC OF DATE

Date		Longitude	Latitude	True Heliocentric Distance	Date		Longitude	Latitude	True Heliocentric Distance
		° ′ ″	° ′ ″	au			° ′ ″	° ′ ″	au
Jan.	0	359 53 28.6	− 5 15 42.4	0.355 4311	Feb.	15	224 45 43.8	+ 0 27 05.5	0.448 1332
	1	4 43 11.3	− 4 51 14.2	0.349 8075		16	227 42 29.0	+ 0 05 23.5	0.451 1578
	2	9 41 52.0	− 4 23 49.4	0.344 3288		17	230 36 58.7	− 0 16 02.7	0.453 9233
	3	14 49 38.4	− 3 53 28.0	0.339 0416		18	233 29 28.2	− 0 37 11.6	0.456 4257
	4	20 06 32.8	− 3 20 13.4	0.333 9952		19	236 20 12.1	− 0 58 01.9	0.458 6613
	5	25 32 30.8	− 2 44 13.2	0.329 2406		20	239 09 24.6	− 1 18 32.4	0.460 6274
	6	31 07 20.5	− 2 05 40.2	0.324 8300		21	241 57 19.5	− 1 38 41.8	0.462 3212
	7	36 50 41.1	− 1 24 52.4	0.320 8156		22	244 44 10.1	− 1 58 29.2	0.463 7409
	8	42 42 02.0	− 0 42 13.7	0.317 2482		23	247 30 09.3	− 2 17 53.4	0.464 8846
	9	48 40 42.4	+ 0 01 46.3	0.314 1761		24	250 15 30.1	− 2 36 53.4	0.465 7509
	10	54 45 50.8	+ 0 46 32.4	0.311 6431		25	253 00 24.8	− 2 55 28.2	0.466 3390
	11	60 56 25.0	+ 1 31 25.2	0.309 6872		26	255 45 05.9	− 3 13 36.8	0.466 6482
	12	67 11 13.3	+ 2 15 42.1	0.308 3387		27	258 29 45.6	− 3 31 18.0	0.466 6781
	13	73 28 55.8	+ 2 58 39.1	0.307 6191		28	261 14 36.2	− 3 48 30.6	0.466 4286
	14	79 48 06.0	+ 3 39 33.1	0.307 5402	Mar.	1	263 59 49.7	− 4 05 13.4	0.465 9001
	15	86 07 13.7	+ 4 17 43.7	0.308 1032		2	266 45 38.6	− 4 21 25.1	0.465 0931
	16	92 24 47.9	+ 4 52 35.5	0.309 2990		3	269 32 15.0	− 4 37 04.2	0.464 0086
	17	98 39 19.7	+ 5 23 39.2	0.311 1084		4	272 19 51.6	− 4 52 09.0	0.462 6478
	18	104 49 24.8	+ 5 50 33.4	0.313 5030		5	275 08 40.9	− 5 06 37.8	0.461 0124
	19	110 53 47.0	+ 6 13 04.2	0.316 4466		6	277 58 55.9	− 5 20 28.6	0.459 1044
	20	116 51 19.1	+ 6 31 06.0	0.319 8967		7	280 50 49.9	− 5 33 39.3	0.456 9261
	21	122 41 04.9	+ 6 44 40.0	0.323 8061		8	283 44 36.4	− 5 46 07.5	0.454 4805
	22	128 22 20.0	+ 6 53 54.0	0.328 1243		9	286 40 29.3	− 5 57 50.6	0.451 7710
	23	133 54 31.2	+ 6 59 00.4	0.332 7993		10	289 38 43.2	− 6 08 45.7	0.448 8014
	24	139 17 16.6	+ 7 00 15.7	0.337 7789		11	292 39 32.9	− 6 18 49.6	0.445 5764
	25	144 30 24.1	+ 6 57 58.5	0.343 0117		12	295 43 13.8	− 6 27 58.9	0.442 1010
	26	149 33 50.9	+ 6 52 29.1	0.348 4478		13	298 50 02.0	− 6 36 09.6	0.438 3813
	27	154 27 41.6	+ 6 44 07.9	0.354 0400		14	302 00 14.2	− 6 43 17.5	0.434 4240
	28	159 12 07.1	+ 6 33 15.3	0.359 7438		15	305 14 07.7	− 6 49 18.0	0.430 2369
	29	163 47 23.1	+ 6 20 10.7	0.365 5177		16	308 32 00.6	− 6 54 06.0	0.425 8289
	30	168 13 49.3	+ 6 05 12.4	0.371 3233		17	311 54 11.4	− 6 57 36.1	0.421 2097
	31	172 31 48.1	+ 5 48 37.3	0.377 1259		18	315 20 59.7	− 6 59 42.1	0.416 3909
Feb.	1	176 41 43.6	+ 5 30 40.5	0.382 8933		19	318 52 45.7	− 7 00 17.7	0.411 3850
	2	180 44 01.2	+ 5 11 36.0	0.388 5969		20	322 29 50.1	− 6 59 15.9	0.406 2064
	3	184 39 06.7	+ 4 51 36.1	0.394 2105		21	326 12 34.3	− 6 56 29.2	0.400 8714
	4	188 27 26.0	+ 4 30 51.5	0.399 7110		22	330 01 20.4	− 6 51 49.9	0.395 3981
	5	192 09 24.9	+ 4 09 31.8	0.405 0773		23	333 56 30.6	− 6 45 09.7	0.389 8070
	6	195 45 28.5	+ 3 47 45.3	0.410 2909		24	337 58 27.4	− 6 36 20.2	0.384 1207
	7	199 16 01.0	+ 3 25 39.2	0.415 3351		25	342 07 33.4	− 6 25 12.7	0.378 3648
	8	202 41 26.3	+ 3 03 19.9	0.420 1952		26	346 24 10.7	− 6 11 38.7	0.372 5674
	9	206 02 06.8	+ 2 40 52.7	0.424 8582		27	350 48 40.5	− 5 55 30.0	0.366 7597
	10	209 18 24.4	+ 2 18 22.4	0.429 3123		28	355 21 22.9	− 5 36 38.9	0.360 9762
	11	212 30 39.8	+ 1 55 52.8	0.433 5475		29	0 02 36.0	− 5 14 59.0	0.355 2542
	12	215 39 12.9	+ 1 33 27.6	0.437 5547		30	4 52 35.4	− 4 50 25.3	0.349 6347
	13	218 44 22.7	+ 1 11 09.6	0.441 3259		31	9 51 33.0	− 4 22 54.9	0.344 1614
	14	221 46 27.2	+ 0 49 01.5	0.444 8541	Apr.	1	14 59 36.5	− 3 52 28.0	0.338 8812
	15	224 45 43.8	+ 0 27 05.5	0.448 1332		2	20 16 47.8	− 3 19 08.1	0.333 8434

MERCURY, 2009

HELIOCENTRIC POSITIONS FOR 0ʰ TERRESTRIAL TIME
MEAN EQUINOX AND ECLIPTIC OF DATE

Date		Longitude	Latitude	True Heliocentric Distance	Date		Longitude	Latitude	True Heliocentric Distance
		° ′ ″	° ′ ″	au			° ′ ″	° ′ ″	au
Apr.	1	14 59 36.5	− 3 52 28.0	0.338 8812	May	17	233 34 58.6	− 0 37 50.8	0.456 4977
	2	20 16 47.8	− 3 19 08.1	0.333 8434		18	236 25 39.6	− 0 58 40.5	0.458 7250
	3	25 43 02.6	− 2 43 03.0	0.329 0989		19	239 14 49.6	− 1 19 10.3	0.460 6827
	4	31 18 08.4	− 2 04 25.4	0.324 7001		20	242 02 42.3	− 1 39 19.1	0.462 3681
	5	37 01 44.3	− 1 23 33.8	0.320 6991		21	244 49 31.2	− 1 59 05.8	0.463 7792
	6	42 53 19.4	− 0 40 52.1	0.317 1467		22	247 35 29.2	− 2 18 29.2	0.464 9143
	7	48 52 12.5	+ 0 03 09.8	0.314 0909		23	250 20 49.0	− 2 37 28.5	0.465 7721
	8	54 57 31.7	+ 0 47 56.7	0.311 5756		24	253 05 43.3	− 2 56 02.5	0.466 3516
	9	61 08 14.6	+ 1 32 49.0	0.309 6383		25	255 50 24.2	− 3 14 10.3	0.466 6522
	10	67 23 09.3	+ 2 17 04.0	0.308 3092		26	258 35 04.2	− 3 31 50.6	0.466 6735
	11	73 40 55.5	+ 2 59 57.8	0.307 6096		27	261 19 55.3	− 3 49 02.3	0.466 4154
	12	80 00 06.6	+ 3 40 47.3	0.307 5508		28	264 05 09.9	− 4 05 44.2	0.465 8784
	13	86 19 12.4	+ 4 18 52.2	0.308 1337		29	266 51 00.1	− 4 21 54.9	0.465 0629
	14	92 36 41.9	+ 4 53 37.2	0.309 3490		30	269 37 38.3	− 4 37 32.9	0.463 9699
	15	98 51 06.2	+ 5 24 33.4	0.311 1770		31	272 25 17.0	− 4 52 36.6	0.462 6008
	16	105 01 01.5	+ 5 51 19.5	0.313 5892	June	1	275 14 08.8	− 5 07 04.3	0.460 9571
	17	111 05 11.5	+ 6 13 42.0	0.316 5492		2	278 04 26.8	− 5 20 53.9	0.459 0408
	18	117 02 29.5	+ 6 31 35.4	0.320 0142		3	280 56 24.1	− 5 34 03.3	0.456 8544
	19	122 51 59.8	+ 6 45 01.2	0.323 9369		4	283 50 14.3	− 5 46 30.1	0.454 4008
	20	128 32 58.2	+ 6 54 07.2	0.328 2669		5	286 46 11.5	− 5 58 11.8	0.451 6834
	21	134 04 51.8	+ 6 59 06.2	0.332 9520		6	289 44 29.9	− 6 09 05.3	0.448 7060
	22	139 27 19.1	+ 7 00 14.5	0.337 9400		7	292 45 24.7	− 6 19 07.6	0.445 4734
	23	144 40 08.5	+ 6 57 51.1	0.343 1796		8	295 49 11.2	− 6 28 15.0	0.441 9906
	24	149 43 17.1	+ 6 52 16.0	0.348 6211		9	298 56 05.5	− 6 36 23.8	0.438 2637
	25	154 36 50.0	+ 6 43 49.9	0.354 2173		10	302 06 24.3	− 6 43 29.7	0.434 2995
	26	159 20 58.0	+ 6 32 52.9	0.359 9236		11	305 20 24.9	− 6 49 28.0	0.430 1058
	27	163 55 57.2	+ 6 19 44.5	0.365 6988		12	308 38 25.3	− 6 54 13.7	0.425 6913
	28	168 22 07.2	+ 6 04 43.0	0.371 5047		13	312 00 44.4	− 6 57 41.2	0.421 0662
	29	172 39 50.6	+ 5 48 05.0	0.377 3064		14	315 27 41.5	− 6 59 44.5	0.416 2417
	30	176 49 31.5	+ 5 30 06.0	0.383 0721		15	318 59 36.9	− 7 00 17.1	0.411 2306
May	1	180 51 35.2	+ 5 10 59.6	0.388 7730		16	322 36 51.3	− 6 59 12.1	0.406 0473
	2	184 46 27.7	+ 4 50 58.1	0.394 3833		17	326 19 46.2	− 6 56 22.1	0.400 7081
	3	188 34 34.9	+ 4 30 12.3	0.399 8797		18	330 08 43.6	− 6 51 39.1	0.395 2313
	4	192 16 22.4	+ 4 08 51.6	0.405 2414		19	334 04 05.7	− 6 44 55.1	0.389 6372
	5	195 52 15.4	+ 3 47 04.4	0.410 4498		20	338 06 15.2	− 6 36 01.4	0.383 9488
	6	199 22 38.1	+ 3 24 57.9	0.415 4884		21	342 15 34.5	− 6 24 49.5	0.378 1915
	7	202 47 54.2	+ 3 02 38.2	0.420 3424		22	346 32 25.6	− 6 11 10.8	0.372 3936
	8	206 08 26.4	+ 2 40 10.9	0.424 9989		23	350 57 09.9	− 5 54 57.2	0.366 5866
	9	209 24 36.2	+ 2 17 40.5	0.429 4463		24	355 30 07.3	− 5 36 01.0	0.360 8046
	10	212 36 44.5	+ 1 55 11.0	0.433 6744		25	0 11 35.9	− 5 14 15.8	0.355 0855
	11	215 45 11.1	+ 1 32 45.9	0.437 6743		26	5 01 51.2	− 4 49 36.7	0.349 4701
	12	218 50 14.9	+ 1 10 28.2	0.441 4379		27	10 01 04.9	− 4 22 01.0	0.344 0023
	13	221 52 14.1	+ 0 48 20.4	0.444 9584		28	15 09 24.5	− 3 51 28.7	0.338 7291
	14	224 51 25.8	+ 0 26 24.8	0.448 2296		29	20 26 52.0	− 3 18 03.7	0.333 6996
	15	227 48 06.7	+ 0 04 43.3	0.451 2463		30	25 53 22.6	− 2 41 53.7	0.328 9652
	16	230 42 32.5	− 0 16 42.4	0.454 0036	July	1	31 28 43.7	− 2 03 11.9	0.324 5779
	17	233 34 58.6	− 0 37 50.8	0.456 4977		2	37 12 34.0	− 1 22 16.6	0.320 5899

MERCURY, 2009

HELIOCENTRIC POSITIONS FOR 0ʰ TERRESTRIAL TIME
MEAN EQUINOX AND ECLIPTIC OF DATE

Date		Longitude	Latitude	True Heliocentric Distance	Date		Longitude	Latitude	True Heliocentric Distance
		° ′ ″	° ′ ″	au			° ′ ″	° ′ ″	au
July	1	31 28 43.7	− 2 03 11.9	0.324 5779	Aug.	16	242 08 00.4	− 1 39 56.0	0.462 4118
	2	37 12 34.0	− 1 22 16.6	0.320 5899		17	244 54 47.7	− 1 59 42.0	0.463 8146
	3	43 04 22.4	− 0 39 32.0	0.317 0520		18	247 40 44.4	− 2 19 04.8	0.464 9414
	4	49 03 27.3	+ 0 04 31.7	0.314 0121		19	250 26 03.5	− 2 38 03.3	0.465 7909
	5	55 08 56.6	+ 0 49 19.3	0.311 5138		20	253 10 57.2	− 2 56 36.5	0.466 3620
	6	61 19 47.5	+ 1 34 11.0	0.309 5945		21	255 55 38.1	− 3 14 43.5	0.466 6542
	7	67 34 48.0	+ 2 18 24.0	0.308 2841		22	258 40 18.3	− 3 32 22.9	0.466 6671
	8	73 52 37.3	+ 3 01 14.6	0.307 6036		23	261 25 10.2	− 3 49 33.8	0.466 4006
	9	80 11 48.9	+ 3 41 59.5	0.307 5641		24	264 10 25.7	− 4 06 14.7	0.465 8552
	10	86 30 52.5	+ 4 19 58.7	0.308 1661		25	266 56 17.3	− 4 22 24.4	0.465 0314
	11	92 48 17.1	+ 4 54 37.1	0.309 3999		26	269 42 57.3	− 4 38 01.4	0.463 9301
	12	99 02 33.9	+ 5 25 26.0	0.311 2457		27	272 30 38.1	− 4 53 04.0	0.462 5526
	13	105 12 19.3	+ 5 52 04.1	0.313 6747		28	275 19 32.5	− 5 07 30.5	0.460 9007
	14	111 16 17.4	+ 6 14 18.5	0.316 6502		29	278 09 53.4	− 5 21 18.9	0.458 9763
	15	117 13 21.7	+ 6 32 03.6	0.320 1294		30	281 01 54.0	− 5 34 27.1	0.456 7818
	16	123 02 36.8	+ 6 45 21.4	0.324 0647		31	283 55 47.9	− 5 46 52.5	0.454 3202
	17	128 43 18.9	+ 6 54 19.7	0.328 4057	Sept.	1	286 51 49.2	− 5 58 32.7	0.451 5949
	18	134 14 55.5	+ 6 59 11.4	0.333 1003		2	289 50 12.3	− 6 09 24.7	0.448 6098
	19	139 37 05.4	+ 7 00 13.1	0.338 0963		3	292 51 12.2	− 6 19 25.4	0.445 3695
	20	144 49 37.1	+ 6 57 43.5	0.343 3423		4	295 55 04.2	− 6 28 31.1	0.441 8793
	21	149 52 28.3	+ 6 52 03.0	0.348 7887		5	299 02 04.5	− 6 36 38.0	0.438 1451
	22	154 45 43.9	+ 6 43 31.9	0.354 3885		6	302 12 29.8	− 6 43 41.9	0.434 1738
	23	159 29 35.1	+ 6 32 30.7	0.360 0971		7	305 26 37.5	− 6 49 38.0	0.429 9733
	24	164 04 18.1	+ 6 19 18.6	0.365 8734		8	308 44 45.7	− 6 54 21.4	0.425 5523
	25	168 30 12.6	+ 6 04 13.9	0.371 6794		9	312 07 13.0	− 6 57 46.3	0.420 9210
	26	172 47 41.2	+ 5 47 33.3	0.377 4801		10	315 34 18.9	− 6 59 47.0	0.416 0906
	27	176 57 08.0	+ 5 29 32.0	0.383 2440		11	319 06 23.7	− 7 00 16.7	0.411 0741
	28	180 58 58.6	+ 5 10 23.7	0.388 9423		12	322 43 48.3	− 6 59 08.6	0.405 8859
	29	184 53 38.6	+ 4 50 20.7	0.394 5493		13	326 26 54.0	− 6 56 15.2	0.400 5422
	30	188 41 34.2	+ 4 29 33.7	0.400 0417		14	330 16 02.8	− 6 51 28.6	0.395 0615
	31	192 23 10.8	+ 4 08 12.1	0.405 3989		15	334 11 37.1	− 6 44 40.7	0.389 4642
Aug.	1	195 58 53.6	+ 3 46 24.1	0.410 6022		16	338 13 59.4	− 6 35 42.9	0.383 7733
	2	199 29 06.9	+ 3 24 17.1	0.415 6353		17	342 23 32.2	− 6 24 26.6	0.378 0144
	3	202 54 14.3	+ 3 01 57.1	0.420 4834		18	346 40 37.5	− 6 10 43.3	0.372 2159
	4	206 14 38.4	+ 2 39 29.6	0.425 1337		19	351 05 36.6	− 5 54 24.7	0.366 4091
	5	209 30 40.8	+ 2 16 59.1	0.429 5745		20	355 38 49.4	− 5 35 23.5	0.360 6285
	6	212 42 42.3	+ 1 54 29.7	0.433 7958		21	0 20 33.9	− 5 13 33.0	0.354 9120
	7	215 51 02.7	+ 1 32 04.8	0.437 7886		22	5 11 05.4	− 4 48 48.5	0.349 3005
	8	218 56 00.9	+ 1 09 47.3	0.441 5449		23	10 10 35.8	− 4 21 07.3	0.343 8380
	9	221 57 54.9	+ 0 47 39.8	0.445 0579		24	15 19 12.2	− 3 50 29.7	0.338 5715
	10	224 57 02.0	+ 0 25 44.6	0.448 3215		25	20 36 56.3	− 3 16 59.4	0.333 5504
	11	227 53 38.7	+ 0 04 03.5	0.451 3303		26	26 03 43.3	− 2 40 44.6	0.328 8258
	12	230 48 00.9	− 0 17 21.7	0.454 0798		27	31 39 20.3	− 2 01 58.3	0.324 4500
	13	233 40 23.8	− 0 38 29.6	0.456 5659		28	37 23 25.7	− 1 20 59.3	0.320 4751
	14	236 31 01.9	− 0 59 18.7	0.458 7851		29	43 15 28.1	− 0 38 11.8	0.316 9518
	15	239 20 09.6	− 1 19 47.9	0.460 7346		30	49 14 45.6	+ 0 05 53.8	0.313 9279
	16	242 08 00.4	− 1 39 56.0	0.462 4118	Oct.	1	55 20 25.6	+ 0 50 42.1	0.311 4468

MERCURY, 2009

HELIOCENTRIC POSITIONS FOR 0ʰ TERRESTRIAL TIME
MEAN EQUINOX AND ECLIPTIC OF DATE

Date		Longitude	Latitude	True Heliocentric Distance	Date		Longitude	Latitude	True Heliocentric Distance
		° ′ ″	° ′ ″	au			° ′ ″	° ′ ″	au
Oct.	1	55 20 25.6	+ 0 50 42.1	0.311 4468	Nov.	16	253 16 11.0	− 2 57 10.4	0.466 3752
	2	61 31 25.3	+ 1 35 33.3	0.309 5457		17	256 00 51.7	− 3 15 16.5	0.466 6588
	3	67 46 32.0	+ 2 19 44.4	0.308 2544		18	258 45 32.1	− 3 32 55.1	0.466 6631
	4	74 04 25.1	+ 3 02 31.7	0.307 5934		19	261 30 24.4	− 3 50 05.1	0.466 3881
	5	80 23 37.7	+ 3 43 12.2	0.307 5735		20	264 15 40.9	− 4 06 45.1	0.465 8340
	6	86 42 39.6	+ 4 21 05.7	0.308 1951		21	267 01 33.8	− 4 22 53.8	0.465 0016
	7	92 59 59.7	+ 4 55 37.4	0.309 4480		22	269 48 15.4	− 4 38 29.8	0.463 8918
	8	99 14 09.3	+ 5 26 18.9	0.311 3121		23	272 35 58.3	− 4 53 31.3	0.462 5059
	9	105 23 45.1	+ 5 52 49.1	0.313 7583		24	275 24 55.1	− 5 07 56.7	0.460 8455
	10	111 27 31.4	+ 6 14 55.2	0.316 7499		25	278 15 18.8	− 5 21 43.9	0.458 9126
	11	117 24 22.1	+ 6 32 32.1	0.320 2437		26	281 07 22.7	− 5 34 50.7	0.456 7098
	12	123 13 22.1	+ 6 45 41.8	0.324 1922		27	284 01 20.3	− 5 47 14.9	0.454 2400
	13	128 53 47.8	+ 6 54 32.3	0.328 5447		28	286 57 25.8	− 5 58 53.6	0.451 5066
	14	134 25 07.4	+ 6 59 16.7	0.333 2493		29	289 55 53.5	− 6 09 44.1	0.448 5135
	15	139 46 59.6	+ 7 00 11.6	0.338 2536		30	292 56 58.3	− 6 19 43.1	0.445 2654
	16	144 59 13.6	+ 6 57 35.9	0.343 5064	Dec.	1	296 00 55.9	− 6 28 47.1	0.441 7675
	17	150 01 47.0	+ 6 51 49.8	0.348 9582		2	299 08 02.3	− 6 36 52.1	0.438 0258
	18	154 54 45.1	+ 6 43 13.8	0.354 5619		3	302 18 34.2	− 6 43 54.0	0.434 0473
	19	159 38 19.3	+ 6 32 08.3	0.360 2732		4	305 32 49.0	− 6 49 48.0	0.429 8397
	20	164 12 45.8	+ 6 18 52.5	0.366 0510		5	308 51 04.9	− 6 54 29.0	0.425 4120
	21	168 38 24.5	+ 6 03 44.6	0.371 8572		6	312 13 40.5	− 6 57 51.5	0.420 7743
	22	172 55 38.0	+ 5 47 01.2	0.377 6573		7	315 40 55.4	− 6 59 49.4	0.415 9379
	23	177 04 50.5	+ 5 28 57.7	0.383 4196		8	319 13 09.8	− 7 00 16.2	0.410 9157
	24	181 06 27.5	+ 5 09 47.6	0.389 1155		9	322 50 44.5	− 6 59 05.0	0.405 7223
	25	185 00 54.8	+ 4 49 43.0	0.394 7193		10	326 34 01.1	− 6 56 08.2	0.400 3740
	26	188 48 38.3	+ 4 28 54.8	0.400 2079		11	330 23 21.5	− 6 51 18.0	0.394 8892
	27	192 30 03.7	+ 4 07 32.2	0.405 5606		12	334 19 08.1	− 6 44 26.2	0.389 2886
	28	196 05 36.1	+ 3 45 43.6	0.410 7590		13	338 21 43.5	− 6 35 24.3	0.383 5950
	29	199 35 39.7	+ 3 23 36.1	0.415 7866		14	342 31 30.0	− 6 24 03.6	0.377 8343
	30	203 00 38.1	+ 3 01 15.8	0.420 6289		15	346 48 49.7	− 6 10 15.6	0.372 0349
	31	206 20 53.8	+ 2 38 48.1	0.425 2729		16	351 14 03.8	− 5 53 52.2	0.366 2282
Nov.	1	209 36 48.6	+ 2 16 17.6	0.429 7072		17	355 47 32.3	− 5 34 45.8	0.360 4489
	2	212 48 43.0	+ 1 53 48.2	0.433 9216		18	0 29 33.1	− 5 12 50.0	0.354 7348
	3	215 56 56.9	+ 1 31 23.5	0.437 9073		19	5 20 21.3	− 4 48 00.0	0.349 1271
	4	219 01 49.1	+ 1 09 06.3	0.441 6563		20	10 20 08.6	− 4 20 13.4	0.343 6698
	5	222 03 37.7	+ 0 46 59.2	0.445 1618		21	15 29 02.1	− 3 49 30.3	0.338 4100
	6	225 02 40.0	+ 0 25 04.3	0.448 4177		22	20 47 03.4	− 3 15 54.7	0.333 3971
	7	227 59 12.4	+ 0 03 23.7	0.451 4186		23	26 14 07.3	− 2 39 35.0	0.328 6824
	8	230 53 30.6	− 0 18 01.0	0.454 1601		24	31 50 00.7	− 2 00 44.3	0.324 3181
	9	233 45 50.0	− 0 39 08.3	0.456 6381		25	37 34 21.7	− 1 19 41.4	0.320 3563
	10	236 36 25.2	− 0 59 56.9	0.458 8491		26	43 26 38.5	− 0 36 51.0	0.316 8477
	11	239 25 30.2	− 1 20 25.4	0.460 7902		27	49 26 09.0	+ 0 07 16.5	0.313 8399
	12	242 13 18.9	− 1 40 32.9	0.462 4590		28	55 32 00.3	+ 0 52 05.6	0.311 3763
	13	245 00 04.4	− 2 00 18.2	0.463 8534		29	61 43 09.1	+ 1 36 56.2	0.309 4937
	14	247 45 59.8	− 2 19 40.2	0.464 9717		30	67 58 22.6	+ 2 21 05.5	0.308 2217
	15	250 31 17.9	− 2 38 38.0	0.465 8126		31	74 16 19.8	+ 3 03 49.6	0.307 5805
	16	253 16 11.0	− 2 57 10.4	0.466 3752		32	80 35 33.8	+ 3 44 25.4	0.307 5806

VENUS, 2009

HELIOCENTRIC POSITIONS FOR 0ʰ TERRESTRIAL TIME
MEAN EQUINOX AND ECLIPTIC OF DATE

Date	Longitude	Latitude	True Heliocentric Distance	Date	Longitude	Latitude	True Heliocentric Distance
	° ′ ″	° ′ ″	au		° ′ ″	° ′ ″	au
Jan. −1	45 10 49.0	− 1 46 45.8	0.723 0141	Apr. 1	194 02 02.5	+ 3 01 04.9	0.721 0323
1	48 23 08.7	− 1 36 53.5	0.722 7415	3	197 15 38.5	+ 2 55 33.1	0.721 2790
3	51 35 35.1	− 1 26 42.5	0.722 4707	5	200 29 04.5	+ 2 49 28.1	0.721 5321
5	54 48 08.5	− 1 16 14.8	0.722 2024	7	203 42 20.2	+ 2 42 51.3	0.721 7909
7	58 00 48.7	− 1 05 32.3	0.721 9376	9	206 55 25.2	+ 2 35 44.0	0.722 0545
9	61 13 36.1	− 0 54 36.9	0.721 6769	11	210 08 19.5	+ 2 28 07.6	0.722 3220
11	64 26 30.5	− 0 43 30.8	0.721 4214	13	213 21 02.9	+ 2 20 03.7	0.722 5927
13	67 39 32.1	− 0 32 16.0	0.721 1718	15	216 33 35.3	+ 2 11 33.8	0.722 8656
15	70 52 40.9	− 0 20 54.6	0.720 9288	17	219 45 56.8	+ 2 02 39.6	0.723 1399
17	74 05 56.9	− 0 09 28.8	0.720 6934	19	222 58 07.2	+ 1 53 22.7	0.723 4147
19	77 19 20.2	+ 0 01 59.3	0.720 4661	21	226 10 06.9	+ 1 43 45.1	0.723 6892
21	80 32 50.6	+ 0 13 27.4	0.720 2478	23	229 21 55.8	+ 1 33 48.6	0.723 9625
23	83 46 28.3	+ 0 24 53.3	0.720 0391	25	232 33 34.2	+ 1 23 35.0	0.724 2337
25	87 00 13.1	+ 0 36 14.9	0.719 8408	27	235 45 02.4	+ 1 13 06.4	0.724 5020
27	90 14 05.0	+ 0 47 30.0	0.719 6534	29	238 56 20.7	+ 1 02 24.6	0.724 7666
29	93 28 03.8	+ 0 58 36.3	0.719 4776	May 1	242 07 29.3	+ 0 51 31.7	0.725 0266
31	96 42 09.3	+ 1 09 31.7	0.719 3140	3	245 18 28.6	+ 0 40 29.7	0.725 2812
Feb. 2	99 56 21.5	+ 1 20 14.2	0.719 1630	5	248 29 19.2	+ 0 29 20.7	0.725 5297
4	103 10 39.9	+ 1 30 41.5	0.719 0251	7	251 40 01.4	+ 0 18 06.7	0.725 7713
6	106 25 04.5	+ 1 40 51.6	0.718 9009	9	254 50 35.7	+ 0 06 49.8	0.726 0052
8	109 39 34.9	+ 1 50 42.6	0.718 7907	11	258 01 02.6	− 0 04 27.9	0.726 2308
10	112 54 10.8	+ 2 00 12.6	0.718 6949	13	261 11 22.6	− 0 15 44.4	0.726 4473
12	116 08 51.7	+ 2 09 19.5	0.718 6138	15	264 21 36.3	− 0 26 57.6	0.726 6540
14	119 23 37.4	+ 2 18 01.7	0.718 5476	17	267 31 44.3	− 0 38 05.4	0.726 8505
16	122 38 27.2	+ 2 26 17.5	0.718 4966	19	270 41 47.1	− 0 49 06.0	0.727 0359
18	125 53 20.8	+ 2 34 05.1	0.718 4610	21	273 51 45.3	− 0 59 57.2	0.727 2099
20	129 08 17.6	+ 2 41 23.1	0.718 4408	23	277 01 39.5	− 1 10 37.1	0.727 3718
22	132 23 17.1	+ 2 48 10.0	0.718 4361	25	280 11 30.2	− 1 21 03.9	0.727 5212
24	135 38 18.6	+ 2 54 24.5	0.718 4470	27	283 21 18.1	− 1 31 15.6	0.727 6576
26	138 53 21.6	+ 3 00 05.4	0.718 4735	29	286 31 03.7	− 1 41 10.4	0.727 7806
28	142 08 25.5	+ 3 05 11.5	0.718 5153	31	289 40 47.6	− 1 50 46.5	0.727 8899
Mar. 2	145 23 29.4	+ 3 09 41.9	0.718 5725	June 2	292 50 30.2	− 2 00 02.3	0.727 9851
4	148 38 32.9	+ 3 13 35.7	0.718 6447	4	296 00 12.2	− 2 08 56.0	0.728 0659
6	151 53 35.1	+ 3 16 52.2	0.718 7319	6	299 09 54.1	− 2 17 26.1	0.728 1321
8	155 08 35.4	+ 3 19 30.6	0.718 8337	8	302 19 36.3	− 2 25 31.0	0.728 1835
10	158 23 33.1	+ 3 21 30.7	0.718 9497	10	305 29 19.4	− 2 33 09.3	0.728 2199
12	161 38 27.4	+ 3 22 51.9	0.719 0797	12	308 39 03.8	− 2 40 19.7	0.728 2413
14	164 53 17.7	+ 3 23 34.0	0.719 2231	14	311 48 49.8	− 2 47 00.8	0.728 2475
16	168 08 03.3	+ 3 23 37.1	0.719 3796	16	314 58 38.0	− 2 53 11.3	0.728 2386
18	171 22 43.5	+ 3 23 01.0	0.719 5486	18	318 08 28.6	− 2 58 50.3	0.728 2146
20	174 37 17.7	+ 3 21 46.1	0.719 7296	20	321 18 22.1	− 3 03 56.7	0.728 1755
22	177 51 45.2	+ 3 19 52.5	0.719 9220	22	324 28 18.8	− 3 08 29.4	0.728 1214
24	181 06 05.3	+ 3 17 20.8	0.720 1252	24	327 38 18.9	− 3 12 27.8	0.728 0526
26	184 20 17.7	+ 3 14 11.4	0.720 3385	26	330 48 22.8	− 3 15 51.0	0.727 9692
28	187 34 21.6	+ 3 10 25.1	0.720 5613	28	333 58 30.7	− 3 18 38.4	0.727 8715
30	190 48 16.7	+ 3 06 02.6	0.720 7928	30	337 08 42.9	− 3 20 49.5	0.727 7598
Apr. 1	194 02 02.5	+ 3 01 04.9	0.721 0323	July 2	340 18 59.4	− 3 22 23.8	0.727 6344

VENUS, 2009
HELIOCENTRIC POSITIONS FOR 0ʰ TERRESTRIAL TIME
MEAN EQUINOX AND ECLIPTIC OF DATE

Date		Longitude	Latitude	True Heliocentric Distance	Date		Longitude	Latitude	True Heliocentric Distance
		° ′ ″	° ′ ″	au			° ′ ″	° ′ ″	au
July	2	340 18 59.4	− 3 22 23.8	0.727 6344	Oct.	2	128 00 27.7	+ 2 38 54.0	0.718 4135
	4	343 29 20.6	− 3 23 21.0	0.727 4956		4	131 15 27.4	+ 2 45 52.0	0.718 4042
	6	346 39 46.7	− 3 23 40.9	0.727 3440		6	134 30 29.2	+ 2 52 18.0	0.718 4105
	8	349 50 17.7	− 3 23 23.3	0.727 1799		8	137 45 32.7	+ 2 58 10.7	0.718 4325
	10	353 00 53.8	− 3 22 28.4	0.727 0039		10	141 00 37.2	+ 3 03 29.1	0.718 4700
	12	356 11 35.1	− 3 20 56.2	0.726 8165		12	144 15 42.1	+ 3 08 12.1	0.718 5229
	14	359 22 21.8	− 3 18 46.8	0.726 6182		14	147 30 46.7	+ 3 12 18.8	0.718 5911
	16	2 33 13.9	− 3 16 00.8	0.726 4096		16	150 45 50.2	+ 3 15 48.3	0.718 6742
	18	5 44 11.6	− 3 12 38.4	0.726 1914		18	154 00 52.0	+ 3 18 40.1	0.718 7722
	20	8 55 15.0	− 3 08 40.4	0.725 9643		20	157 15 51.4	+ 3 20 53.5	0.718 8845
	22	12 06 24.1	− 3 04 07.2	0.725 7289		22	160 30 47.6	+ 3 22 28.3	0.719 0110
	24	15 17 39.0	− 2 58 59.8	0.725 4860		24	163 45 40.0	+ 3 23 24.1	0.719 1511
	26	18 28 59.9	− 2 53 19.0	0.725 2363		26	167 00 27.9	+ 3 23 40.8	0.719 3044
	28	21 40 26.7	− 2 47 05.7	0.724 9805		28	170 15 10.6	+ 3 23 18.3	0.719 4704
	30	24 51 59.6	− 2 40 21.1	0.724 7195		30	173 29 47.4	+ 3 22 16.9	0.719 6486
Aug.	1	28 03 38.7	− 2 33 06.4	0.724 4541	Nov.	1	176 44 17.7	+ 3 20 36.7	0.719 8384
	3	31 15 24.1	− 2 25 22.8	0.724 1850		3	179 58 40.9	+ 3 18 18.2	0.720 0392
	5	34 27 15.8	− 2 17 11.8	0.723 9131		5	183 12 56.4	+ 3 15 21.8	0.720 2503
	7	37 39 13.9	− 2 08 34.7	0.723 6393		7	186 27 03.6	+ 3 11 48.3	0.720 4710
	9	40 51 18.6	− 1 59 33.2	0.723 3644		9	189 41 02.1	+ 3 07 38.3	0.720 7008
	11	44 03 29.8	− 1 50 08.9	0.723 0892		11	192 54 51.4	+ 3 02 52.8	0.720 9387
	13	47 15 47.8	− 1 40 23.6	0.722 8147		13	196 08 31.1	+ 2 57 32.7	0.721 1841
	15	50 28 12.6	− 1 30 18.9	0.722 5416		15	199 22 00.8	+ 2 51 39.1	0.721 4362
	17	53 40 44.3	− 1 19 56.8	0.722 2709		17	202 35 20.2	+ 2 45 13.3	0.721 6941
	19	56 53 23.0	− 1 09 19.2	0.722 0034		19	205 48 29.1	+ 2 38 16.4	0.721 9571
	21	60 06 08.7	− 0 58 28.0	0.721 7399		21	209 01 27.2	+ 2 30 50.0	0.722 2243
	23	63 19 01.5	− 0 47 25.4	0.721 4813		23	212 14 14.5	+ 2 22 55.5	0.722 4949
	25	66 32 01.5	− 0 36 13.3	0.721 2284		25	215 26 50.7	+ 2 14 34.4	0.722 7680
	27	69 45 08.7	− 0 24 53.9	0.720 9820		27	218 39 16.0	+ 2 05 48.5	0.723 0427
	29	72 58 23.2	− 0 13 29.3	0.720 7429		29	221 51 30.3	+ 1 56 39.4	0.723 3182
	31	76 11 44.9	− 0 02 01.7	0.720 5119	Dec.	1	225 03 33.6	+ 1 47 08.8	0.723 5937
Sept.	2	79 25 13.9	+ 0 09 26.7	0.720 2896		3	228 15 26.2	+ 1 37 18.7	0.723 8682
	4	82 38 50.2	+ 0 20 53.7	0.720 0769		5	231 27 08.2	+ 1 27 10.8	0.724 1410
	6	85 52 33.6	+ 0 32 17.1	0.719 8743		7	234 38 39.8	+ 1 16 47.2	0.724 4111
	8	89 06 24.1	+ 0 43 34.8	0.719 6826		9	237 50 01.4	+ 1 06 09.7	0.724 6777
	10	92 20 21.6	+ 0 54 44.5	0.719 5023		11	241 01 13.1	+ 0 55 20.5	0.724 9400
	12	95 34 25.9	+ 1 05 44.1	0.719 3341		13	244 12 15.5	+ 0 44 21.5	0.725 1972
	14	98 48 36.9	+ 1 16 31.3	0.719 1785		15	247 23 09.0	+ 0 33 14.7	0.725 4485
	16	102 02 54.3	+ 1 27 04.2	0.719 0360		17	250 33 53.8	+ 0 22 02.2	0.725 6931
	18	105 17 17.9	+ 1 37 20.7	0.718 9070		19	253 44 30.6	+ 0 10 46.1	0.725 9303
	20	108 31 47.5	+ 1 47 18.7	0.718 7920		21	256 54 59.8	− 0 00 31.5	0.726 1593
	22	111 46 22.6	+ 1 56 56.2	0.718 6914		23	260 05 22.0	− 0 11 48.7	0.726 3794
	24	115 01 02.9	+ 2 06 11.5	0.718 6055		25	263 15 37.6	− 0 23 03.2	0.726 5901
	26	118 15 48.0	+ 2 15 02.6	0.718 5345		27	266 25 47.3	− 0 34 13.2	0.726 7905
	28	121 30 37.6	+ 2 23 27.8	0.718 4787		29	269 35 51.6	− 0 45 16.5	0.726 9802
	30	124 45 31.0	+ 2 31 25.5	0.718 4383		31	272 45 51.0	− 0 56 11.1	0.727 1586
Oct.	2	128 00 27.7	+ 2 38 54.0	0.718 4135		33	275 55 46.3	− 1 06 55.2	0.727 3250

MARS, 2009

HELIOCENTRIC POSITIONS FOR 0ʰ TERRESTRIAL TIME
MEAN EQUINOX AND ECLIPTIC OF DATE

Date	Longitude	Latitude	True Heliocentric Distance	Date	Longitude	Latitude	True Heliocentric Distance
	° ′ ″	° ′ ″	au		° ′ ″	° ′ ″	au
Jan. −3	266 25 26.1	− 1 06 29.3	1.463 1372	July 4	22 05 17.7	− 0 51 19.6	1.418 1656
1	268 41 40.7	− 1 09 57.4	1.458 2635	8	24 29 25.0	− 0 47 09.4	1.421 9959
5	270 58 49.9	− 1 13 20.2	1.453 4694	12	26 52 44.6	− 0 42 55.7	1.425 9716
9	273 16 53.5	− 1 16 37.3	1.448 7632	16	29 15 15.3	− 0 38 38.9	1.430 0849
13	275 35 50.8	− 1 19 48.2	1.444 1529	20	31 36 55.9	− 0 34 19.7	1.434 3281
17	277 55 41.4	− 1 22 52.4	1.439 6468	24	33 57 45.4	− 0 29 58.6	1.438 6931
21	280 16 24.3	− 1 25 49.5	1.435 2531	28	36 17 43.0	− 0 25 36.1	1.443 1719
25	282 37 58.8	− 1 28 38.9	1.430 9798	Aug. 1	38 36 47.9	− 0 21 12.7	1.447 7565
29	285 00 23.7	− 1 31 20.2	1.426 8349	5	40 54 59.3	− 0 16 49.0	1.452 4386
Feb. 2	287 23 38.0	− 1 33 52.9	1.422 8264	9	43 12 16.9	− 0 12 25.3	1.457 2101
6	289 47 40.3	− 1 36 16.7	1.418 9619	13	45 28 40.1	− 0 08 02.2	1.462 0627
10	292 12 29.2	− 1 38 31.0	1.415 2491	17	47 44 08.8	− 0 03 40.1	1.466 9885
14	294 38 03.2	− 1 40 35.4	1.411 6954	21	49 58 42.7	+ 0 00 40.6	1.471 9791
18	297 04 20.6	− 1 42 29.6	1.408 3079	25	52 12 21.7	+ 0 04 59.4	1.477 0266
22	299 31 19.5	− 1 44 13.1	1.405 0937	29	54 25 05.8	+ 0 09 16.1	1.482 1230
26	301 58 57.9	− 1 45 45.5	1.402 0593	Sept. 2	56 36 55.2	+ 0 13 30.1	1.487 2603
Mar. 2	304 27 13.8	− 1 47 06.6	1.399 2113	6	58 47 50.1	+ 0 17 41.2	1.492 4308
6	306 56 05.0	− 1 48 16.0	1.396 5556	10	60 57 50.7	+ 0 21 49.1	1.497 6267
10	309 25 29.2	− 1 49 13.4	1.394 0979	14	63 06 57.4	+ 0 25 53.4	1.502 8405
14	311 55 23.8	− 1 49 58.5	1.391 8437	18	65 15 10.6	+ 0 29 53.8	1.508 0647
18	314 25 46.4	− 1 50 31.2	1.389 7978	22	67 22 30.8	+ 0 33 50.1	1.513 2920
22	316 56 34.3	− 1 50 51.3	1.387 9647	26	69 28 58.6	+ 0 37 42.0	1.518 5152
26	319 27 44.7	− 1 50 58.6	1.386 3487	30	71 34 34.6	+ 0 41 29.3	1.523 7274
30	321 59 14.9	− 1 50 52.9	1.384 9532	Oct. 4	73 39 19.6	+ 0 45 11.8	1.528 9216
Apr. 3	324 31 01.9	− 1 50 34.4	1.383 7814	8	75 43 14.1	+ 0 48 49.2	1.534 0912
7	327 03 02.7	− 1 50 02.8	1.382 8360	12	77 46 19.2	+ 0 52 21.4	1.539 2296
11	329 35 14.4	− 1 49 18.3	1.382 1191	16	79 48 35.5	+ 0 55 48.3	1.544 3305
15	332 07 33.9	− 1 48 20.9	1.381 6324	20	81 50 03.9	+ 0 59 09.5	1.549 3878
19	334 39 58.2	− 1 47 10.7	1.381 3769	24	83 50 45.4	+ 1 02 25.1	1.554 3953
23	337 12 24.0	− 1 45 47.8	1.381 3533	28	85 50 40.8	+ 1 05 34.9	1.559 3473
27	339 44 48.4	− 1 44 12.5	1.381 5615	Nov. 1	87 49 51.3	+ 1 08 38.7	1.564 2382
May 1	342 17 08.2	− 1 42 25.0	1.382 0011	5	89 48 17.7	+ 1 11 36.5	1.569 0625
5	344 49 20.4	− 1 40 25.5	1.382 6710	9	91 46 01.2	+ 1 14 28.1	1.573 8148
9	347 21 21.9	− 1 38 14.4	1.383 5697	13	93 43 02.7	+ 1 17 13.6	1.578 4900
13	349 53 09.7	− 1 35 52.0	1.384 6952	17	95 39 23.3	+ 1 19 52.7	1.583 0833
17	352 24 40.8	− 1 33 18.6	1.386 0447	21	97 35 04.2	+ 1 22 25.5	1.587 5899
21	354 55 52.5	− 1 30 34.7	1.387 6154	25	99 30 06.5	+ 1 24 51.9	1.592 0051
25	357 26 41.7	− 1 27 40.8	1.389 4036	29	101 24 31.2	+ 1 27 11.9	1.596 3246
29	359 57 06.0	− 1 24 37.3	1.391 4053	Dec. 3	103 18 19.5	+ 1 29 25.3	1.600 5441
June 2	2 27 02.5	− 1 21 24.6	1.393 6160	7	105 11 32.6	+ 1 31 32.3	1.604 6595
6	4 56 28.8	− 1 18 03.4	1.396 0309	11	107 04 11.6	+ 1 33 32.6	1.608 6670
10	7 25 22.5	− 1 14 34.0	1.398 6448	15	108 56 17.7	+ 1 35 26.4	1.612 5627
14	9 53 41.2	− 1 10 57.2	1.401 4519	19	110 47 52.0	+ 1 37 13.7	1.616 3431
18	12 21 22.7	− 1 07 13.3	1.404 4463	23	112 38 55.9	+ 1 38 54.3	1.620 0048
22	14 48 25.0	− 1 03 23.1	1.407 6216	27	114 29 30.3	+ 1 40 28.4	1.623 5444
26	17 14 46.1	− 0 59 27.0	1.410 9712	31	116 19 36.5	+ 1 41 55.8	1.626 9589
30	19 40 24.3	− 0 55 25.7	1.414 4883	35	118 09 15.8	+ 1 43 16.7	1.630 2454

JUPITER, SATURN, URANUS, NEPTUNE, 2009
HELIOCENTRIC POSITIONS FOR 0^h TERRESTRIAL TIME
MEAN EQUINOX AND ECLIPTIC OF DATE

Date		Longitude	Latitude	True Heliocentric Distance	Date		Longitude	Latitude	True Heliocentric Distance
\multicolumn{5}{c}{JUPITER}	\multicolumn{5}{c}{SATURN}

Date		Longitude	Latitude	True Heliocentric Distance	Date		Longitude	Latitude	True Heliocentric Distance
		° ′ ″	° ′ ″	au			° ′ ″	° ′ ″	au
Jan.	−1	302 12 13.7	− 0 28 49.1	5.114 879	Jan.	−1	165 59 31.3	+ 1 58 02.0	9.366 562
	9	303 03 47.8	− 0 29 54.4	5.111 364		9	166 20 19.3	+ 1 58 34.9	9.369 447
	19	303 55 26.3	− 0 30 59.3	5.107 867		19	166 41 06.5	+ 1 59 07.7	9.372 338
	29	304 47 08.9	− 0 32 03.9	5.104 387		29	167 01 53.0	+ 1 59 40.1	9.375 234
Feb.	8	305 38 55.8	− 0 33 08.1	5.100 928	Feb.	8	167 22 38.8	+ 2 00 12.2	9.378 135
	18	306 30 46.9	− 0 34 12.0	5.097 488		18	167 43 23.7	+ 2 00 44.1	9.381 041
	28	307 22 42.3	− 0 35 15.5	5.094 069		28	168 04 07.9	+ 2 01 15.7	9.383 952
Mar.	10	308 14 41.8	− 0 36 18.5	5.090 673	Mar.	10	168 24 51.3	+ 2 01 47.0	9.386 867
	20	309 06 45.5	− 0 37 21.2	5.087 298		20	168 45 33.9	+ 2 02 18.0	9.389 787
	30	309 58 53.4	− 0 38 23.5	5.083 947		30	169 06 15.8	+ 2 02 48.7	9.392 711
Apr.	9	310 51 05.4	− 0 39 25.3	5.080 620	Apr.	9	169 26 56.9	+ 2 03 19.2	9.395 639
	19	311 43 21.5	− 0 40 26.6	5.077 318		19	169 47 37.2	+ 2 03 49.3	9.398 572
	29	312 35 41.7	− 0 41 27.5	5.074 041		29	170 08 16.7	+ 2 04 19.2	9.401 508
May	9	313 28 06.0	− 0 42 27.8	5.070 791	May	9	170 28 55.5	+ 2 04 48.8	9.404 449
	19	314 20 34.4	− 0 43 27.6	5.067 568		19	170 49 33.5	+ 2 05 18.1	9.407 394
	29	315 13 06.7	− 0 44 26.9	5.064 373		29	171 10 10.7	+ 2 05 47.1	9.410 342
June	8	316 05 43.1	− 0 45 25.7	5.061 206	June	8	171 30 47.1	+ 2 06 15.8	9.413 294
	18	316 58 23.4	− 0 46 23.9	5.058 069		18	171 51 22.7	+ 2 06 44.2	9.416 251
	28	317 51 07.7	− 0 47 21.5	5.054 962		28	172 11 57.6	+ 2 07 12.3	9.419 211
July	8	318 43 55.8	− 0 48 18.5	5.051 885	July	8	172 32 31.7	+ 2 07 40.2	9.422 174
	18	319 36 47.8	− 0 49 14.9	5.048 841		18	172 53 05.0	+ 2 08 07.7	9.425 141
	28	320 29 43.6	− 0 50 10.6	5.045 828		28	173 13 37.5	+ 2 08 35.0	9.428 112
Aug.	7	321 22 43.3	− 0 51 05.8	5.042 850	Aug.	7	173 34 09.2	+ 2 09 02.0	9.431 086
	17	322 15 46.7	− 0 52 00.2	5.039 905		17	173 54 40.2	+ 2 09 28.7	9.434 063
	27	323 08 53.8	− 0 52 54.0	5.036 994		27	174 15 10.4	+ 2 09 55.0	9.437 043
Sept.	6	324 02 04.6	− 0 53 47.0	5.034 120	Sept.	6	174 35 39.8	+ 2 10 21.1	9.440 027
	16	324 55 19.0	− 0 54 39.4	5.031 281		16	174 56 08.5	+ 2 10 46.9	9.443 013
	26	325 48 37.0	− 0 55 31.0	5.028 480		26	175 16 36.3	+ 2 11 12.4	9.446 001
Oct.	6	326 41 58.6	− 0 56 21.9	5.025 717	Oct.	6	175 37 03.4	+ 2 11 37.6	9.448 993
	16	327 35 23.7	− 0 57 12.0	5.022 992		16	175 57 29.8	+ 2 12 02.6	9.451 987
	26	328 28 52.3	− 0 58 01.4	5.020 306		26	176 17 55.3	+ 2 12 27.2	9.454 983
Nov.	5	329 22 24.4	− 0 58 49.9	5.017 660	Nov.	5	176 38 20.1	+ 2 12 51.5	9.457 981
	15	330 15 59.8	− 0 59 37.7	5.015 055		15	176 58 44.1	+ 2 13 15.5	9.460 981
	25	331 09 38.5	− 1 00 24.6	5.012 491		25	177 19 07.3	+ 2 13 39.3	9.463 983
Dec.	5	332 03 20.6	− 1 01 10.7	5.009 969	Dec.	5	177 39 29.8	+ 2 14 02.7	9.466 987
	15	332 57 05.9	− 1 01 56.0	5.007 490		15	177 59 51.5	+ 2 14 25.8	9.469 992
	25	333 50 54.4	− 1 02 40.3	5.005 053		25	178 20 12.4	+ 2 14 48.7	9.473 000
	35	334 44 46.0	− 1 03 23.8	5.002 661		35	178 40 32.5	+ 2 15 11.2	9.476 009

Date		Longitude	Latitude	True Heliocentric Distance	Date		Longitude	Latitude	True Heliocentric Distance
\multicolumn{5}{c}{URANUS}	\multicolumn{5}{c}{NEPTUNE}

Date		Longitude	Latitude	True Heliocentric Distance	Date		Longitude	Latitude	True Heliocentric Distance
		° ′ ″	° ′ ″	au			° ′ ″	° ′ ″	au
Jan.	−31	351 30 10.5	− 0 45 56.3	20.098 68	Jan.	−31	323 29 22.1	− 0 21 22.2	30.034 77
Jan.	9	351 55 56.0	− 0 45 53.6	20.098 79	Jan.	9	323 43 52.2	− 0 21 48.3	30.033 79
Feb.	18	352 21 41.7	− 0 45 50.7	20.098 83	Feb.	18	323 58 22.4	− 0 22 14.5	30.032 80
Mar.	30	352 47 27.4	− 0 45 47.6	20.098 82	Mar.	30	324 12 52.7	− 0 22 40.6	30.031 80
May	9	353 13 13.2	− 0 45 44.4	20.098 74	May	9	324 27 23.1	− 0 23 06.7	30.030 79
June	18	353 38 59.2	− 0 45 41.0	20.098 59	June	18	324 41 53.6	− 0 23 32.7	30.029 77
July	28	354 04 45.4	− 0 45 37.5	20.098 39	July	28	324 56 24.2	− 0 23 58.8	30.028 73
Sept.	6	354 30 31.6	− 0 45 33.8	20.098 11	Sept.	6	325 10 54.9	− 0 24 24.8	30.027 67
Oct.	16	354 56 18.1	− 0 45 30.0	20.097 76	Oct.	16	325 25 25.6	− 0 24 50.8	30.026 60
Nov.	25	355 22 04.6	− 0 45 26.0	20.097 35	Nov.	25	325 39 56.3	− 0 25 16.7	30.025 52
Dec.	35	355 47 51.3	− 0 45 21.9	20.096 87	Dec.	35	325 54 27.2	− 0 25 42.7	30.024 42

MERCURY, 2009

GEOCENTRIC COORDINATES FOR 0^h TERRESTRIAL TIME

Date	Apparent Right Ascension	Apparent Declination	True Geocentric Distance	Date	Apparent Right Ascension	Apparent Declination	True Geocentric Distance
	h m s	° ′ ″			h m s	° ′ ″	
Jan. 0	20 02 30.480	−22 11 35.58	1.100 7364	Feb. 15	20 10 03.390	−19 52 28.54	0.998 6279
1	20 07 56.984	−21 48 05.12	1.077 3510	16	20 14 40.522	−19 47 58.37	1.014 2617
2	20 13 07.180	−21 23 45.94	1.053 2123	17	20 19 26.534	−19 42 13.65	1.029 5949
3	20 17 58.753	−20 58 48.61	1.028 3789	18	20 24 20.648	−19 35 13.78	1.044 6198
4	20 22 29.145	−20 33 25.41	1.002 9284	19	20 29 22.161	−19 26 58.30	1.059 3309
5	20 26 35.553	−20 07 50.52	0.976 9608	20	20 34 30.439	−19 17 26.82	1.073 7241
6	20 30 14.950	−19 42 19.99	0.950 6007	21	20 39 44.908	−19 06 39.04	1.087 7967
7	20 33 24.118	−19 17 11.76	0.924 0002	22	20 45 05.048	−18 54 34.71	1.101 5470
8	20 35 59.714	−18 52 45.47	0.897 3407	23	20 50 30.393	−18 41 13.68	1.114 9742
9	20 37 58.365	−18 29 22.17	0.870 8336	24	20 56 00.523	−18 26 35.84	1.128 0779
10	20 39 16.811	−18 07 23.80	0.844 7198	25	21 01 35.062	−18 10 41.11	1.140 8582
11	20 39 52.088	−17 47 12.51	0.819 2676	26	21 07 13.671	−17 53 29.48	1.153 3156
12	20 39 41.756	−17 29 09.68	0.794 7674	27	21 12 56.052	−17 35 00.97	1.165 4503
13	20 38 44.179	−17 13 34.86	0.771 5256	28	21 18 41.938	−17 15 15.63	1.177 2629
14	20 36 58.809	−17 00 44.54	0.749 8544	Mar. 1	21 24 31.094	−16 54 13.55	1.188 7536
15	20 34 26.482	−16 50 50.90	0.730 0607	2	21 30 23.315	−16 31 54.84	1.199 9223
16	20 31 09.660	−16 44 00.77	0.712 4320	3	21 36 18.423	−16 08 19.63	1.210 7686
17	20 27 12.572	−16 40 14.86	0.697 2225	4	21 42 16.262	−15 43 28.10	1.221 2916
18	20 22 41.229	−16 39 27.57	0.684 6394	5	21 48 16.703	−15 17 20.41	1.231 4896
19	20 17 43.237	−16 41 27.32	0.674 8309	6	21 54 19.638	−14 49 56.77	1.241 3602
20	20 12 27.443	−16 45 57.54	0.667 8781	7	22 00 24.980	−14 21 17.38	1.250 9001
21	20 07 03.413	−16 52 38.07	0.663 7917	8	22 06 32.663	−13 51 22.47	1.260 1050
22	20 01 40.824	−17 01 06.84	0.662 5136	9	22 12 42.641	−13 20 12.27	1.268 9693
23	19 56 28.861	−17 11 01.42	0.663 9236	10	22 18 54.888	−12 47 47.03	1.277 4863
24	19 51 35.693	−17 22 00.36	0.667 8501	11	22 25 09.397	−12 14 07.02	1.285 6476
25	19 47 08.110	−17 33 44.03	0.674 0835	12	22 31 26.178	−11 39 12.55	1.293 4434
26	19 43 11.330	−17 45 55.14	0.682 3895	13	22 37 45.254	−11 03 03.97	1.300 8621
27	19 39 48.983	−17 58 18.76	0.692 5223	14	22 44 06.666	−10 25 41.68	1.307 8903
28	19 37 03.224	−18 10 42.23	0.704 2354	15	22 50 30.465	− 9 47 06.14	1.314 5125
29	19 34 54.932	−18 22 54.88	0.717 2910	16	22 56 56.716	− 9 07 17.87	1.320 7112
30	19 33 23.954	−18 34 47.67	0.731 4654	17	23 03 25.494	− 8 26 17.49	1.326 4665
31	19 32 29.348	−18 46 12.93	0.746 5530	18	23 09 56.885	− 7 44 05.69	1.331 7559
Feb. 1	19 32 09.612	−18 57 04.09	0.762 3690	19	23 16 30.985	− 7 00 43.29	1.336 5543
2	19 32 22.875	−19 07 15.46	0.778 7491	20	23 23 07.899	− 6 16 11.23	1.340 8337
3	19 33 07.052	−19 16 42.12	0.795 5491	21	23 29 47.735	− 5 30 30.62	1.344 5630
4	19 34 19.966	−19 25 19.72	0.812 6445	22	23 36 30.609	− 4 43 42.76	1.347 7079
5	19 35 59.432	−19 33 04.47	0.829 9278	23	23 43 16.636	− 3 55 49.17	1.350 2307
6	19 38 03.320	−19 39 53.00	0.847 3075	24	23 50 05.929	− 3 06 51.63	1.352 0901
7	19 40 29.593	−19 45 42.34	0.864 7061	25	23 56 58.597	− 2 16 52.28	1.353 2415
8	19 43 16.334	−19 50 29.86	0.882 0583	26	0 03 54.738	− 1 25 53.58	1.353 6365
9	19 46 21.756	−19 54 13.25	0.899 3093	27	0 10 54.432	− 0 33 58.46	1.353 2237
10	19 49 44.212	−19 56 50.45	0.916 4136	28	0 17 57.736	+ 0 18 49.66	1.351 9483
11	19 53 22.187	−19 58 19.67	0.933 3335	29	0 25 04.679	+ 1 12 26.78	1.349 7532
12	19 57 14.298	−19 58 39.34	0.950 0379	30	0 32 15.246	+ 2 06 48.22	1.346 5792
13	20 01 19.283	−19 57 48.11	0.966 5013	31	0 39 29.376	+ 3 01 48.59	1.342 3661
14	20 05 35.995	−19 55 44.84	0.982 7035	Apr. 1	0 46 46.940	+ 3 57 21.81	1.337 0537
15	20 10 03.390	−19 52 28.54	0.998 6279	2	0 54 07.735	+ 4 53 20.65	1.330 5837

MERCURY, 2009

GEOCENTRIC COORDINATES FOR 0^h TERRESTRIAL TIME

Date	Apparent Right Ascension	Apparent Declination	True Geocentric Distance	Date	Apparent Right Ascension	Apparent Declination	True Geocentric Distance
	h m s	° ′ ″			h m s	° ′ ″	
Apr. 1	0 46 46.940	+ 3 57 21.81	1.337 0537	May 17	3 45 11.562	+19 18 13.18	0.555 7219
2	0 54 07.735	+ 4 53 20.65	1.330 5837	18	3 43 05.650	+18 53 24.34	0.552 9658
3	1 01 31.484	+ 5 49 37.10	1.322 9010	19	3 40 58.365	+18 28 30.35	0.551 3962
4	1 08 57.813	+ 6 46 02.20	1.313 9562	20	3 38 52.072	+18 03 48.91	0.551 0001
5	1 16 26.241	+ 7 42 26.04	1.303 7078	21	3 36 49.056	+17 39 37.66	0.551 7593
6	1 23 56.179	+ 8 38 37.76	1.292 1245	22	3 34 51.478	+17 16 13.65	0.553 6511
7	1 31 26.919	+ 9 34 25.72	1.279 1881	23	3 33 01.343	+16 53 53.03	0.556 6484
8	1 38 57.637	+10 29 37.55	1.264 8957	24	3 31 20.465	+16 32 50.68	0.560 7207
9	1 46 27.394	+11 24 00.41	1.249 2616	25	3 29 50.456	+16 13 19.90	0.565 8346
10	1 53 55.145	+12 17 21.21	1.232 3186	26	3 28 32.713	+15 55 32.24	0.571 9545
11	2 01 19.756	+13 09 26.85	1.214 1188	27	3 27 28.418	+15 39 37.37	0.579 0433
12	2 08 40.018	+14 00 04.56	1.194 7334	28	3 26 38.545	+15 25 43.02	0.587 0631
13	2 15 54.669	+14 49 02.17	1.174 2511	29	3 26 03.874	+15 13 55.04	0.595 9755
14	2 23 02.425	+15 36 08.36	1.152 7762	30	3 25 45.004	+15 04 17.46	0.605 7424
15	2 30 01.995	+16 21 12.93	1.130 4259	31	3 25 42.376	+14 56 52.61	0.616 3262
16	2 36 52.108	+17 04 06.94	1.107 3266	June 1	3 25 56.288	+14 51 41.31	0.627 6904
17	2 43 31.531	+17 44 42.82	1.083 6108	2	3 26 26.916	+14 48 42.98	0.639 7993
18	2 49 59.084	+18 22 54.38	1.059 4132	3	3 27 14.335	+14 47 55.86	0.652 6189
19	2 56 13.648	+18 58 36.82	1.034 8680	4	3 28 18.538	+14 49 17.15	0.666 1165
20	3 02 14.174	+19 31 46.61	1.010 1056	5	3 29 39.450	+14 52 43.19	0.680 2610
21	3 07 59.680	+20 02 21.37	0.985 2510	6	3 31 16.952	+14 58 09.61	0.695 0225
22	3 13 29.256	+20 30 19.74	0.960 4221	7	3 33 10.889	+15 05 31.42	0.710 3728
23	3 18 42.054	+20 55 41.21	0.935 7286	8	3 35 21.087	+15 14 43.21	0.726 2848
24	3 23 37.292	+21 18 25.93	0.911 2718	9	3 37 47.362	+15 25 39.15	0.742 7324
25	3 28 14.243	+21 38 34.62	0.887 1442	10	3 40 29.532	+15 38 13.13	0.759 6906
26	3 32 32.234	+21 56 08.35	0.863 4304	11	3 43 27.425	+15 52 18.83	0.777 1348
27	3 36 30.645	+22 11 08.50	0.840 2070	12	3 46 40.882	+16 07 49.70	0.795 0406
28	3 40 08.909	+22 23 36.59	0.817 5440	13	3 50 09.767	+16 24 39.08	0.813 3837
29	3 43 26.516	+22 33 34.26	0.795 5049	14	3 53 53.966	+16 42 40.14	0.832 1395
30	3 46 23.020	+22 41 03.18	0.774 1478	15	3 57 53.392	+17 01 45.93	0.851 2821
May 1	3 48 58.049	+22 46 05.06	0.753 5262	16	4 02 07.987	+17 21 49.35	0.870 7849
2	3 51 11.317	+22 48 41.68	0.733 6896	17	4 06 37.721	+17 42 43.18	0.890 6191
3	3 53 02.637	+22 48 54.89	0.714 6841	18	4 11 22.589	+18 04 19.99	0.910 7537
4	3 54 31.942	+22 46 46.69	0.696 5528	19	4 16 22.610	+18 26 32.18	0.931 1549
5	3 55 39.296	+22 42 19.36	0.679 3363	20	4 21 37.825	+18 49 11.90	0.951 7855
6	3 56 24.917	+22 35 35.52	0.663 0731	21	4 27 08.288	+19 12 11.02	0.972 6043
7	3 56 49.195	+22 26 38.35	0.647 7995	22	4 32 54.059	+19 35 21.10	0.993 5653
8	3 56 52.711	+22 15 31.67	0.633 5496	23	4 38 55.202	+19 58 33.36	1.014 6174
9	3 56 36.248	+22 02 20.21	0.620 3555	24	4 45 11.767	+20 21 38.58	1.035 7035
10	3 56 00.809	+21 47 09.70	0.608 2470	25	4 51 43.788	+20 44 27.14	1.056 7602
11	3 55 07.623	+21 30 07.15	0.597 2510	26	4 58 31.262	+21 06 48.96	1.077 7172
12	3 53 58.144	+21 11 20.90	0.587 3916	27	5 05 34.141	+21 28 33.52	1.098 4968
13	3 52 34.046	+20 51 00.82	0.578 6895	28	5 12 52.306	+21 49 29.83	1.119 0139
14	3 50 57.209	+20 29 18.33	0.571 1614	29	5 20 25.551	+22 09 26.56	1.139 1764
15	3 49 09.691	+20 06 26.39	0.564 8198	30	5 28 13.561	+22 28 12.00	1.158 8851
16	3 47 13.703	+19 42 39.44	0.559 6724	July 1	5 36 15.887	+22 45 34.26	1.178 0354
17	3 45 11.562	+19 18 13.18	0.555 7219	2	5 44 31.932	+23 01 21.37	1.196 5181

MERCURY, 2009

GEOCENTRIC COORDINATES FOR 0ʰ TERRESTRIAL TIME

Date	Apparent Right Ascension	Apparent Declination	True Geocentric Distance	Date	Apparent Right Ascension	Apparent Declination	True Geocentric Distance
	h m s	° ′ ″			h m s	° ′ ″	
July 1	5 36 15.887	+22 45 34.26	1.178 0354	Aug. 16	11 18 57.201	+ 3 37 04.67	1.046 4844
2	5 44 31.932	+23 01 21.37	1.196 5181	17	11 23 21.313	+ 2 58 32.39	1.032 6287
3	5 53 00.933	+23 15 21.49	1.214 2218	18	11 27 37.673	+ 2 20 35.18	1.018 6419
4	6 01 41.949	+23 27 23.16	1.231 0351	19	11 31 46.133	+ 1 43 16.62	1.004 5292
5	6 10 33.863	+23 37 15.54	1.246 8498	20	11 35 46.507	+ 1 06 40.41	0.990 2962
6	6 19 35.380	+23 44 48.70	1.261 5637	21	11 39 38.565	+ 0 30 50.46	0.975 9493
7	6 28 45.048	+23 49 53.94	1.275 0841	22	11 43 22.038	− 0 04 09.12	0.961 4957
8	6 38 01.281	+23 52 24.02	1.287 3310	23	11 46 56.608	− 0 38 13.97	0.946 9438
9	6 47 22.391	+23 52 13.40	1.298 2396	24	11 50 21.912	− 1 11 19.45	0.932 3031
10	6 56 46.631	+23 49 18.39	1.307 7625	25	11 53 37.530	− 1 43 20.57	0.917 5852
11	7 06 12.240	+23 43 37.26	1.315 8709	26	11 56 42.992	− 2 14 11.97	0.902 8033
12	7 15 37.486	+23 35 10.20	1.322 5550	27	11 59 37.769	− 2 43 47.87	0.887 9730
13	7 25 00.711	+23 23 59.27	1.327 8231	28	12 02 21.273	− 3 12 02.01	0.873 1122
14	7 34 20.370	+23 10 08.19	1.331 7005	29	12 04 52.858	− 3 38 47.62	0.858 2423
15	7 43 35.052	+22 53 42.12	1.334 2273	30	12 07 11.814	− 4 03 57.34	0.843 3877
16	7 52 43.505	+22 34 47.61	1.335 4556	31	12 09 17.375	− 4 27 23.22	0.828 5772
17	8 01 44.653	+22 13 32.07	1.335 4472	Sept. 1	12 11 08.716	− 4 48 56.61	0.813 8439
18	8 10 37.590	+21 50 03.67	1.334 2708	2	12 12 44.958	− 5 08 28.19	0.799 2261
19	8 19 21.580	+21 24 31.00	1.331 9992	3	12 14 05.181	− 5 25 47.90	0.784 7681
20	8 27 56.043	+20 57 02.94	1.328 7072	4	12 15 08.430	− 5 40 44.97	0.770 5207
21	8 36 20.545	+20 27 48.44	1.324 4698	5	12 15 53.736	− 5 53 07.95	0.756 5420
22	8 44 34.783	+19 56 56.33	1.319 3605	6	12 16 20.139	− 6 02 44.81	0.742 8982
23	8 52 38.565	+19 24 35.28	1.313 4503	7	12 16 26.717	− 6 09 23.05	0.729 6645
24	9 00 31.802	+18 50 53.63	1.306 8067	8	12 16 12.628	− 6 12 49.96	0.716 9257
25	9 08 14.485	+18 15 59.39	1.299 4930	9	12 15 37.157	− 6 12 52.91	0.704 7765
26	9 15 46.674	+17 40 00.17	1.291 5683	10	12 14 39.779	− 6 09 19.85	0.693 3227
27	9 23 08.481	+17 03 03.18	1.283 0871	11	12 13 20.224	− 6 01 59.89	0.682 6805
28	9 30 20.061	+16 25 15.23	1.274 0991	12	12 11 38.561	− 5 50 44.03	0.672 9770
29	9 37 21.596	+15 46 42.73	1.264 6497	13	12 09 35.278	− 5 35 26.11	0.664 3487
30	9 44 13.292	+15 07 31.68	1.254 7796	14	12 07 11.371	− 5 16 03.83	0.656 9410
31	9 50 55.365	+14 27 47.75	1.244 5258	15	12 04 28.421	− 4 52 39.83	0.650 9053
Aug. 1	9 57 28.038	+13 47 36.23	1.233 9212	16	12 01 28.658	− 4 25 22.86	0.646 3963
2	10 03 51.536	+13 07 02.10	1.222 9949	17	11 58 14.999	− 3 54 28.66	0.643 5680
3	10 10 06.080	+12 26 10.05	1.211 7731	18	11 54 51.045	− 3 20 20.64	0.642 5692
4	10 16 11.885	+11 45 04.49	1.200 2788	19	11 51 21.034	− 2 43 30.10	0.643 5376
5	10 22 09.153	+11 03 49.60	1.188 5322	20	11 47 49.744	− 2 04 35.80	0.646 5946
6	10 27 58.077	+10 22 29.35	1.176 5512	21	11 44 22.341	− 1 24 22.97	0.651 8390
7	10 33 38.832	+ 9 41 07.52	1.164 3514	22	11 41 04.192	− 0 43 41.66	0.659 3418
8	10 39 11.576	+ 8 59 47.74	1.151 9464	23	11 38 00.644	− 0 03 24.58	0.669 1417
9	10 44 36.451	+ 8 18 33.47	1.139 3482	24	11 35 16.805	+ 0 35 35.23	0.681 2416
10	10 49 53.574	+ 7 37 28.11	1.126 5673	25	11 32 57.325	+ 1 12 26.87	0.695 6069
11	10 55 03.044	+ 6 56 34.95	1.113 6126	26	11 31 06.227	+ 1 46 23.65	0.712 1652
12	11 00 04.933	+ 6 15 57.21	1.100 4922	27	11 29 46.764	+ 2 16 44.85	0.730 8073
13	11 04 59.288	+ 5 35 38.11	1.087 2132	28	11 29 01.346	+ 2 42 56.85	0.751 3899
14	11 09 46.130	+ 4 55 40.83	1.073 7818	29	11 28 51.508	+ 3 04 33.72	0.773 7391
15	11 14 25.448	+ 4 16 08.60	1.060 2038	30	11 29 17.927	+ 3 21 17.32	0.797 6547
16	11 18 57.201	+ 3 37 04.67	1.046 4844	Oct. 1	11 30 20.486	+ 3 32 57.02	0.822 9156

MERCURY, 2009

GEOCENTRIC COORDINATES FOR 0ʰ TERRESTRIAL TIME

Date	Apparent Right Ascension	Apparent Declination	True Geocentric Distance	Date	Apparent Right Ascension	Apparent Declination	True Geocentric Distance
	h m s	° ′ ″			h m s	° ′ ″	
Oct. 1	11 30 20.486	+ 3 32 57.02	0.822 9156	Nov. 16	15 50 16.410	−21 04 44.21	1.436 6812
2	11 31 58.356	+ 3 39 29.05	0.849 2859	17	15 56 43.397	−21 30 09.48	1.433 2689
3	11 34 10.106	+ 3 40 55.82	0.876 5203	18	16 03 11.630	−21 54 30.99	1.429 3004
4	11 36 53.819	+ 3 37 24.97	0.904 3710	19	16 09 41.110	−22 17 47.42	1.424 7751
5	11 40 07.215	+ 3 29 08.51	0.932 5935	20	16 16 11.824	−22 39 57.41	1.419 6912
6	11 43 47.766	+ 3 16 21.95	0.960 9528	21	16 22 43.744	−23 00 59.62	1.414 0461
7	11 47 52.807	+ 2 59 23.40	0.989 2282	22	16 29 16.829	−23 20 52.68	1.407 8362
8	11 52 19.632	+ 2 38 32.78	1.017 2177	23	16 35 51.020	−23 39 35.21	1.401 0568
9	11 57 05.578	+ 2 14 11.12	1.044 7415	24	16 42 26.241	−23 57 05.86	1.393 7025
10	12 02 08.091	+ 1 46 39.86	1.071 6434	25	16 49 02.393	−24 13 23.25	1.385 7670
11	12 07 24.778	+ 1 16 20.34	1.097 7921	26	16 55 39.360	−24 28 26.00	1.377 2429
12	12 12 53.439	+ 0 43 33.35	1.123 0808	27	17 02 16.999	−24 42 12.78	1.368 1220
13	12 18 32.090	+ 0 08 38.74	1.147 4258	28	17 08 55.143	−24 54 42.23	1.358 3955
14	12 24 18.970	− 0 28 04.78	1.170 7653	29	17 15 33.595	−25 05 53.06	1.348 0536
15	12 30 12.541	− 1 06 19.84	1.193 0563	30	17 22 12.126	−25 15 43.98	1.337 0859
16	12 36 11.477	− 1 45 50.46	1.214 2727	Dec. 1	17 28 50.473	−25 24 13.77	1.325 4812
17	12 42 14.650	− 2 26 22.13	1.234 4027	2	17 35 28.332	−25 31 21.28	1.313 2280
18	12 48 21.116	− 3 07 41.72	1.253 4458	3	17 42 05.356	−25 37 05.42	1.300 3139
19	12 54 30.088	− 3 49 37.45	1.271 4112	4	17 48 41.146	−25 41 25.19	1.286 7264
20	13 00 40.925	− 4 31 58.82	1.288 3152	5	17 55 15.250	−25 44 19.72	1.272 4528
21	13 06 53.110	− 5 14 36.46	1.304 1797	6	18 01 47.154	−25 45 48.25	1.257 4802
22	13 13 06.235	− 5 57 22.11	1.319 0303	7	18 08 16.275	−25 45 50.23	1.241 7962
23	13 19 19.981	− 6 40 08.42	1.332 8953	8	18 14 41.952	−25 44 25.30	1.225 3892
24	13 25 34.110	− 7 22 48.91	1.345 8048	9	18 21 03.438	−25 41 33.38	1.208 2484
25	13 31 48.449	− 8 05 17.87	1.357 7892	10	18 27 19.884	−25 37 14.71	1.190 3652
26	13 38 02.881	− 8 47 30.24	1.368 8793	11	18 33 30.328	−25 31 29.89	1.171 7331
27	13 44 17.335	− 9 29 21.54	1.379 1053	12	18 39 33.679	−25 24 19.98	1.152 3492
28	13 50 31.776	−10 10 47.79	1.388 4964	13	18 45 28.698	−25 15 46.56	1.132 2147
29	13 56 46.202	−10 51 45.48	1.397 0810	14	18 51 13.987	−25 05 51.79	1.111 3365
30	14 03 00.635	−11 32 11.44	1.404 8859	15	18 56 47.962	−24 54 38.54	1.089 7284
31	14 09 15.117	−12 12 02.85	1.411 9365	16	19 02 08.835	−24 42 10.48	1.067 4130
Nov. 1	14 15 29.706	−12 51 17.16	1.418 2566	17	19 07 14.599	−24 28 32.16	1.044 4236
2	14 21 44.473	−13 29 52.07	1.423 8685	18	19 12 03.001	−24 13 49.15	1.020 8067
3	14 27 59.495	−14 07 45.45	1.428 7926	19	19 16 31.533	−23 58 08.14	0.996 6240
4	14 34 14.857	−14 44 55.34	1.433 0479	20	19 20 37.419	−23 41 37.01	0.971 9561
5	14 40 30.647	−15 21 19.70	1.436 6516	21	19 24 17.621	−23 24 24.90	0.946 9048
6	14 46 46.995	−15 56 57.84	1.439 6192	22	19 27 28.850	−23 06 42.25	0.921 5965
7	14 53 03.898	−16 31 47.03	1.441 9648	23	19 30 07.613	−22 48 40.72	0.896 1851
8	14 59 21.504	−17 05 46.06	1.443 7008	24	19 32 10.285	−22 30 33.06	0.870 8545
9	15 05 39.888	−17 38 53.50	1.444 8381	25	19 33 33.226	−22 12 32.89	0.845 8201
10	15 11 59.130	−18 11 07.91	1.445 3865	26	19 34 12.951	−21 54 54.27	0.821 3292
11	15 18 19.306	−18 42 27.90	1.445 3540	27	19 34 06.362	−21 37 51.29	0.797 6597
12	15 24 40.487	−19 12 52.09	1.444 7477	28	19 33 11.039	−21 21 37.38	0.775 1154
13	15 31 02.736	−19 42 19.14	1.443 5733	29	19 31 25.586	−21 06 24.69	0.754 0197
14	15 37 26.110	−20 10 47.72	1.441 8352	30	19 28 50.013	−20 52 23.50	0.734 7041
15	15 43 50.656	−20 38 16.52	1.439 5371	31	19 25 26.089	−20 39 41.69	0.717 4952
16	15 50 16.410	−21 04 44.21	1.436 6812	32	19 21 17.626	−20 28 24.62	0.702 6976

VENUS, 2009

GEOCENTRIC COORDINATES FOR 0ʰ TERRESTRIAL TIME

Date	Apparent Right Ascension	Apparent Declination	True Geocentric Distance	Date	Apparent Right Ascension	Apparent Declination	True Geocentric Distance
	h m s	° ′ ″			h m s	° ′ ″	
Jan. 0	21 55 44.017	−14 15 11.87	0.795 1647	Feb. 15	0 26 01.570	+ 6 51 01.74	0.459 2921
1	21 59 53.724	−13 49 08.51	0.787 8456	16	0 28 00.955	+ 7 14 30.92	0.452 4512
2	22 04 01.377	−13 22 48.70	0.780 5155	17	0 29 55.282	+ 7 37 31.89	0.445 6637
3	22 08 06.965	−12 56 13.32	0.773 1750	18	0 31 44.365	+ 8 00 03.10	0.438 9331
4	22 12 10.479	−12 29 23.21	0.765 8245	19	0 33 28.007	+ 8 22 02.94	0.432 2629
5	22 16 11.911	−12 02 19.24	0.758 4645	20	0 35 06.005	+ 8 43 29.71	0.425 6566
6	22 20 11.250	−11 35 02.26	0.751 0958	21	0 36 38.151	+ 9 04 21.61	0.419 1181
7	22 24 08.486	−11 07 33.15	0.743 7190	22	0 38 04.227	+ 9 24 36.77	0.412 6516
8	22 28 03.607	−10 39 52.75	0.736 3349	23	0 39 24.014	+ 9 44 13.22	0.406 2611
9	22 31 56.602	−10 12 01.93	0.728 9446	24	0 40 37.286	+10 03 08.90	0.399 9514
10	22 35 47.457	− 9 44 01.53	0.721 5488	25	0 41 43.813	+10 21 21.64	0.393 7270
11	22 39 36.159	− 9 15 52.40	0.714 1486	26	0 42 43.365	+10 38 49.17	0.387 5931
12	22 43 22.696	− 8 47 35.35	0.706 7450	27	0 43 35.710	+10 55 29.11	0.381 5551
13	22 47 07.056	− 8 19 11.17	0.699 3387	28	0 44 20.619	+11 11 18.97	0.375 6184
14	22 50 49.229	− 7 50 40.65	0.691 9307	Mar. 1	0 44 57.865	+11 26 16.17	0.369 7893
15	22 54 29.204	− 7 22 04.57	0.684 5216	2	0 45 27.229	+11 40 18.03	0.364 0740
16	22 58 06.968	− 6 53 23.70	0.677 1121	3	0 45 48.501	+11 53 21.77	0.358 4793
17	23 01 42.508	− 6 24 38.83	0.669 7029	4	0 46 01.487	+12 05 24.52	0.353 0122
18	23 05 15.803	− 5 55 50.78	0.662 2946	5	0 46 06.009	+12 16 23.37	0.347 6803
19	23 08 46.832	− 5 27 00.34	0.654 8877	6	0 46 01.915	+12 26 15.37	0.342 4915
20	23 12 15.568	− 4 58 08.36	0.647 4830	7	0 45 49.082	+12 34 57.53	0.337 4537
21	23 15 41.980	− 4 29 15.65	0.640 0811	8	0 45 27.424	+12 42 26.94	0.332 5755
22	23 19 06.035	− 4 00 23.08	0.632 6827	9	0 44 56.897	+12 48 40.71	0.327 8656
23	23 22 27.692	− 3 31 31.51	0.625 2886	10	0 44 17.504	+12 53 36.10	0.323 3327
24	23 25 46.910	− 3 02 41.79	0.617 8994	11	0 43 29.302	+12 57 10.49	0.318 9858
25	23 29 03.641	− 2 33 54.83	0.610 5161	12	0 42 32.402	+12 59 21.49	0.314 8338
26	23 32 17.832	− 2 05 11.51	0.603 1395	13	0 41 26.974	+13 00 06.92	0.310 8857
27	23 35 29.428	− 1 36 32.75	0.595 7706	14	0 40 13.250	+12 59 24.92	0.307 1503
28	23 38 38.367	− 1 07 59.47	0.588 4104	15	0 38 51.524	+12 57 13.95	0.303 6363
29	23 41 44.583	− 0 39 32.61	0.581 0600	16	0 37 22.154	+12 53 32.89	0.300 3524
30	23 44 48.003	− 0 11 13.13	0.573 7206	17	0 35 45.567	+12 48 21.06	0.297 3069
31	23 47 48.551	+ 0 16 58.00	0.566 3937	18	0 34 02.257	+12 41 38.33	0.294 5079
Feb. 1	23 50 46.143	+ 0 44 59.79	0.559 0805	19	0 32 12.783	+12 33 25.17	0.291 9631
2	23 53 40.692	+ 1 12 51.23	0.551 7827	20	0 30 17.769	+12 23 42.66	0.289 6798
3	23 56 32.102	+ 1 40 31.29	0.544 5020	21	0 28 17.900	+12 12 32.59	0.287 6649
4	23 59 20.271	+ 2 07 58.91	0.537 2403	22	0 26 13.917	+11 59 57.47	0.285 9246
5	0 02 05.092	+ 2 35 13.02	0.529 9996	23	0 24 06.609	+11 46 00.55	0.284 4644
6	0 04 46.448	+ 3 02 12.52	0.522 7822	24	0 21 56.804	+11 30 45.79	0.283 2892
7	0 07 24.221	+ 3 28 56.30	0.515 5904	25	0 19 45.362	+11 14 17.91	0.282 4030
8	0 09 58.284	+ 3 55 23.21	0.508 4266	26	0 17 33.164	+10 56 42.27	0.281 8092
9	0 12 28.510	+ 4 21 32.13	0.501 2936	27	0 15 21.098	+10 38 04.90	0.281 5101
10	0 14 54.765	+ 4 47 21.90	0.494 1939	28	0 13 10.055	+10 18 32.36	0.281 5074
11	0 17 16.916	+ 5 12 51.37	0.487 1303	29	0 11 00.911	+ 9 58 11.73	0.281 8016
12	0 19 34.822	+ 5 37 59.34	0.480 1055	30	0 08 54.522	+ 9 37 10.44	0.282 3927
13	0 21 48.337	+ 6 02 44.58	0.473 1223	31	0 06 51.711	+ 9 15 36.25	0.283 2796
14	0 23 57.307	+ 6 27 05.83	0.466 1835	Apr. 1	0 04 53.265	+ 8 53 37.10	0.284 4604
15	0 26 01.570	+ 6 51 01.74	0.459 2921	2	0 02 59.922	+ 8 31 21.00	0.285 9323

VENUS, 2009

GEOCENTRIC COORDINATES FOR 0^h TERRESTRIAL TIME

Date	Apparent Right Ascension	Apparent Declination	True Geocentric Distance	Date	Apparent Right Ascension	Apparent Declination	True Geocentric Distance
	h m s	° ′ ″			h m s	° ′ ″	
Apr. 1	0 04 53.265	+ 8 53 37.10	0.284 4604	May 17	0 46 08.897	+ 4 02 00.45	0.543 0015
2	0 02 59.922	+ 8 31 21.00	0.285 9323	18	0 49 09.345	+ 4 13 53.24	0.550 7812
3	0 01 12.369	+ 8 08 55.97	0.287 6918	19	0 52 12.589	+ 4 26 14.68	0.558 5891
4	23 59 31.237	+ 7 46 29.90	0.289 7345	20	0 55 18.530	+ 4 39 03.44	0.566 4227
5	23 57 57.092	+ 7 24 10.47	0.292 0553	21	0 58 27.071	+ 4 52 18.22	0.574 2801
6	23 56 30.439	+ 7 02 05.05	0.294 6483	22	1 01 38.121	+ 5 05 57.75	0.582 1592
7	23 55 11.712	+ 6 40 20.62	0.297 5068	23	1 04 51.594	+ 5 20 00.77	0.590 0581
8	23 54 01.282	+ 6 19 03.70	0.300 6238	24	1 08 07.408	+ 5 34 26.04	0.597 9752
9	23 52 59.446	+ 5 58 20.29	0.303 9915	25	1 11 25.485	+ 5 49 12.36	0.605 9089
10	23 52 06.436	+ 5 38 15.81	0.307 6019	26	1 14 45.753	+ 6 04 18.55	0.613 8580
11	23 51 22.419	+ 5 18 55.13	0.311 4465	27	1 18 08.144	+ 6 19 43.43	0.621 8210
12	23 50 47.499	+ 5 00 22.46	0.315 5167	28	1 21 32.595	+ 6 35 25.89	0.629 7970
13	23 50 21.723	+ 4 42 41.47	0.319 8035	29	1 24 59.054	+ 6 51 24.84	0.637 7849
14	23 50 05.087	+ 4 25 55.24	0.324 2982	30	1 28 27.472	+ 7 07 39.21	0.645 7835
15	23 49 57.538	+ 4 10 06.28	0.328 9918	31	1 31 57.808	+ 7 24 07.97	0.653 7920
16	23 49 58.986	+ 3 55 16.62	0.333 8756	June 1	1 35 30.027	+ 7 40 50.12	0.661 8091
17	23 50 09.303	+ 3 41 27.81	0.338 9409	2	1 39 04.097	+ 7 57 44.67	0.669 8339
18	23 50 28.331	+ 3 28 40.96	0.344 1792	3	1 42 39.989	+ 8 14 50.63	0.677 8652
19	23 50 55.890	+ 3 16 56.79	0.349 5822	4	1 46 17.676	+ 8 32 07.04	0.685 9018
20	23 51 31.776	+ 3 06 15.68	0.355 1420	5	1 49 57.133	+ 8 49 32.91	0.693 9426
21	23 52 15.769	+ 2 56 37.67	0.360 8506	6	1 53 38.338	+ 9 07 07.29	0.701 9864
22	23 53 07.636	+ 2 48 02.56	0.366 7008	7	1 57 21.268	+ 9 24 49.21	0.710 0320
23	23 54 07.137	+ 2 40 29.88	0.372 6852	8	2 01 05.902	+ 9 42 37.70	0.718 0782
24	23 55 14.022	+ 2 33 58.97	0.378 7970	9	2 04 52.221	+10 00 31.81	0.726 1238
25	23 56 28.039	+ 2 28 29.00	0.385 0298	10	2 08 40.206	+10 18 30.57	0.734 1677
26	23 57 48.934	+ 2 23 58.97	0.391 3775	11	2 12 29.840	+10 36 33.04	0.742 2086
27	23 59 16.455	+ 2 20 27.79	0.397 8342	12	2 16 21.107	+10 54 38.26	0.750 2454
28	0 00 50.353	+ 2 17 54.28	0.404 3945	13	2 20 13.993	+11 12 45.28	0.758 2770
29	0 02 30.382	+ 2 16 17.18	0.411 0533	14	2 24 08.483	+11 30 53.18	0.766 3022
30	0 04 16.307	+ 2 15 35.20	0.417 8059	15	2 28 04.566	+11 49 01.03	0.774 3200
May 1	0 06 07.899	+ 2 15 47.01	0.424 6474	16	2 32 02.229	+12 07 07.89	0.782 3292
2	0 08 04.937	+ 2 16 51.26	0.431 5737	17	2 36 01.460	+12 25 12.87	0.790 3289
3	0 10 07.213	+ 2 18 46.60	0.438 5802	18	2 40 02.251	+12 43 15.05	0.798 3181
4	0 12 14.524	+ 2 21 31.66	0.445 6631	19	2 44 04.588	+13 01 13.54	0.806 2958
5	0 14 26.678	+ 2 25 05.05	0.452 8181	20	2 48 08.462	+13 19 07.45	0.814 2612
6	0 16 43.490	+ 2 29 25.37	0.460 0415	21	2 52 13.860	+13 36 55.90	0.822 2133
7	0 19 04.780	+ 2 34 31.24	0.467 3293	22	2 56 20.768	+13 54 38.03	0.830 1517
8	0 21 30.375	+ 2 40 21.22	0.474 6780	23	3 00 29.173	+14 12 12.97	0.838 0756
9	0 24 00.110	+ 2 46 53.89	0.482 0840	24	3 04 39.060	+14 29 39.86	0.845 9847
10	0 26 33.823	+ 2 54 07.83	0.489 5437	25	3 08 50.419	+14 46 57.86	0.853 8785
11	0 29 11.359	+ 3 02 01.58	0.497 0538	26	3 13 03.240	+15 04 06.13	0.861 7569
12	0 31 52.568	+ 3 10 33.72	0.504 6111	27	3 17 17.518	+15 21 03.85	0.869 6195
13	0 34 37.306	+ 3 19 42.81	0.512 2125	28	3 21 33.251	+15 37 50.25	0.877 4660
14	0 37 25.436	+ 3 29 27.43	0.519 8551	29	3 25 50.438	+15 54 24.52	0.885 2961
15	0 40 16.827	+ 3 39 46.17	0.527 5359	30	3 30 09.077	+16 10 45.90	0.893 1095
16	0 43 11.354	+ 3 50 37.64	0.535 2522	July 1	3 34 29.168	+16 26 53.63	0.900 9058
17	0 46 08.897	+ 4 02 00.45	0.543 0015	2	3 38 50.707	+16 42 46.93	0.908 6843

VENUS, 2009

GEOCENTRIC COORDINATES FOR 0ʰ TERRESTRIAL TIME

Date	Apparent Right Ascension	Apparent Declination	True Geocentric Distance	Date	Apparent Right Ascension	Apparent Declination	True Geocentric Distance
	h m s	° ′ ″			h m s	° ′ ″	
July 1	3 34 29.168	+16 26 53.63	0.900 9058	Aug. 16	7 14 51.640	+21 29 05.16	1.231 5251
2	3 38 50.707	+16 42 46.93	0.908 6843	17	7 19 54.050	+21 23 04.25	1.237 9466
3	3 43 13.691	+16 58 25.05	0.916 4447	18	7 24 56.402	+21 16 27.64	1.244 3287
4	3 47 38.116	+17 13 47.22	0.924 1864	19	7 29 58.644	+21 09 15.40	1.250 6710
5	3 52 03.975	+17 28 52.67	0.931 9088	20	7 35 00.728	+21 01 27.67	1.256 9732
6	3 56 31.261	+17 43 40.65	0.939 6113	21	7 40 02.606	+20 53 04.57	1.263 2353
7	4 00 59.964	+17 58 10.40	0.947 2932	22	7 45 04.237	+20 44 06.28	1.269 4573
8	4 05 30.075	+18 12 21.17	0.954 9539	23	7 50 05.581	+20 34 32.96	1.275 6392
9	4 10 01.583	+18 26 12.20	0.962 5927	24	7 55 06.599	+20 24 24.85	1.281 7811
10	4 14 34.474	+18 39 42.75	0.970 2089	25	8 00 07.257	+20 13 42.18	1.287 8830
11	4 19 08.736	+18 52 52.10	0.977 8018	26	8 05 07.520	+20 02 25.21	1.293 9451
12	4 23 44.353	+19 05 39.50	0.985 3707	27	8 10 07.354	+19 50 34.22	1.299 9673
13	4 28 21.309	+19 18 04.26	0.992 9148	28	8 15 06.728	+19 38 09.52	1.305 9497
14	4 32 59.585	+19 30 05.67	1.000 4335	29	8 20 05.613	+19 25 11.42	1.311 8923
15	4 37 39.162	+19 41 43.03	1.007 9260	30	8 25 03.979	+19 11 40.25	1.317 7948
16	4 42 20.018	+19 52 55.69	1.015 3916	31	8 30 01.801	+18 57 36.37	1.323 6573
17	4 47 02.129	+20 03 42.98	1.022 8296	Sept. 1	8 34 59.053	+18 43 00.15	1.329 4797
18	4 51 45.468	+20 14 04.28	1.030 2393	2	8 39 55.714	+18 27 51.96	1.335 2617
19	4 56 30.005	+20 23 58.96	1.037 6202	3	8 44 51.763	+18 12 12.20	1.341 0031
20	5 01 15.707	+20 33 26.41	1.044 9717	4	8 49 47.183	+17 56 01.29	1.346 7039
21	5 06 02.536	+20 42 26.05	1.052 2933	5	8 54 41.958	+17 39 19.66	1.352 3636
22	5 10 50.455	+20 50 57.31	1.059 5848	6	8 59 36.075	+17 22 07.75	1.357 9820
23	5 15 39.425	+20 58 59.61	1.066 8459	7	9 04 29.522	+17 04 26.02	1.363 5588
24	5 20 29.411	+21 06 32.42	1.074 0766	8	9 09 22.291	+16 46 14.96	1.369 0937
25	5 25 20.376	+21 13 35.21	1.081 2767	9	9 14 14.372	+16 27 35.06	1.374 5861
26	5 30 12.287	+21 20 07.49	1.088 4462	10	9 19 05.760	+16 08 26.85	1.380 0358
27	5 35 05.110	+21 26 08.79	1.095 5851	11	9 23 56.448	+15 48 50.85	1.385 4422
28	5 39 58.812	+21 31 38.67	1.102 6933	12	9 28 46.431	+15 28 47.64	1.390 8049
29	5 44 53.355	+21 36 36.69	1.109 7707	13	9 33 35.703	+15 08 17.79	1.396 1234
30	5 49 48.703	+21 41 02.46	1.116 8171	14	9 38 24.260	+14 47 21.88	1.401 3973
31	5 54 44.817	+21 44 55.58	1.123 8323	15	9 43 12.098	+14 26 00.53	1.406 6262
Aug. 1	5 59 41.657	+21 48 15.68	1.130 8160	16	9 47 59.216	+14 04 14.34	1.411 8098
2	6 04 39.181	+21 51 02.39	1.137 7679	17	9 52 45.615	+13 42 03.93	1.416 9479
3	6 09 37.347	+21 53 15.40	1.144 6877	18	9 57 31.298	+13 19 29.93	1.422 0402
4	6 14 36.112	+21 54 54.37	1.151 5751	19	10 02 16.272	+12 56 32.96	1.427 0869
5	6 19 35.432	+21 55 59.03	1.158 4297	20	10 07 00.546	+12 33 13.66	1.432 0879
6	6 24 35.263	+21 56 29.08	1.165 2510	21	10 11 44.132	+12 09 32.67	1.437 0434
7	6 29 35.559	+21 56 24.29	1.172 0386	22	10 16 27.041	+11 45 30.63	1.441 9535
8	6 34 36.276	+21 55 44.43	1.178 7920	23	10 21 09.288	+11 21 08.21	1.446 8185
9	6 39 37.368	+21 54 29.29	1.185 5107	24	10 25 50.887	+10 56 26.05	1.451 6384
10	6 44 38.790	+21 52 38.72	1.192 1943	25	10 30 31.856	+10 31 24.82	1.456 4134
11	6 49 40.496	+21 50 12.55	1.198 8421	26	10 35 12.212	+10 06 05.19	1.461 1437
12	6 54 42.439	+21 47 10.69	1.205 4536	27	10 39 51.976	+ 9 40 27.80	1.465 8295
13	6 59 44.574	+21 43 33.06	1.212 0282	28	10 44 31.169	+ 9 14 33.33	1.470 4707
14	7 04 46.851	+21 39 19.59	1.218 5653	29	10 49 09.814	+ 8 48 22.45	1.475 0676
15	7 09 49.224	+21 34 30.29	1.225 0645	30	10 53 47.936	+ 8 21 55.81	1.479 6201
16	7 14 51.640	+21 29 05.16	1.231 5251	Oct. 1	10 58 25.561	+ 7 55 14.09	1.484 1283

VENUS, 2009

GEOCENTRIC COORDINATES FOR 0ʰ TERRESTRIAL TIME

Date	Apparent Right Ascension	Apparent Declination	True Geocentric Distance	Date	Apparent Right Ascension	Apparent Declination	True Geocentric Distance
	h m s	° ′ ″			h m s	° ′ ″	
Oct. 1	10 58 25.561	+ 7 55 14.09	1.484 1283	Nov. 16	14 31 59.113	−13 38 40.49	1.642 3503
2	11 03 02.717	+ 7 28 17.94	1.488 5923	17	14 36 51.855	−14 03 31.75	1.644 7297
3	11 07 39.435	+ 7 01 08.05	1.493 0120	18	14 41 45.695	−14 28 02.09	1.647 0641
4	11 12 15.744	+ 6 33 45.08	1.497 3873	19	14 46 40.649	−14 52 10.71	1.649 3536
5	11 16 51.678	+ 6 06 09.69	1.501 7182	20	14 51 36.732	−15 15 56.80	1.651 5986
6	11 21 27.269	+ 5 38 22.58	1.506 0046	21	14 56 33.958	−15 39 19.54	1.653 7994
7	11 26 02.552	+ 5 10 24.42	1.510 2462	22	15 01 32.338	−16 02 18.15	1.655 9561
8	11 30 37.559	+ 4 42 15.90	1.514 4428	23	15 06 31.883	−16 24 51.81	1.658 0693
9	11 35 12.323	+ 4 13 57.74	1.518 5941	24	15 11 32.603	−16 46 59.74	1.660 1391
10	11 39 46.878	+ 3 45 30.65	1.522 6998	25	15 16 34.506	−17 08 41.15	1.662 1659
11	11 44 21.254	+ 3 16 55.35	1.526 7595	26	15 21 37.598	−17 29 55.25	1.664 1501
12	11 48 55.485	+ 2 48 12.58	1.530 7730	27	15 26 41.884	−17 50 41.29	1.666 0919
13	11 53 29.601	+ 2 19 23.06	1.534 7399	28	15 31 47.368	−18 10 58.48	1.667 9917
14	11 58 03.638	+ 1 50 27.56	1.538 6598	29	15 36 54.050	−18 30 46.09	1.669 8498
15	12 02 37.627	+ 1 21 26.79	1.542 5328	30	15 42 01.932	−18 50 03.38	1.671 6667
16	12 07 11.606	+ 0 52 21.49	1.546 3584	Dec. 1	15 47 11.009	−19 08 49.60	1.673 4424
17	12 11 45.609	+ 0 23 12.42	1.550 1369	2	15 52 21.275	−19 27 04.05	1.675 1773
18	12 16 19.673	− 0 05 59.71	1.553 8681	3	15 57 32.723	−19 44 46.01	1.676 8716
19	12 20 53.833	− 0 35 14.14	1.557 5521	4	16 02 45.339	−20 01 54.76	1.678 5252
20	12 25 28.127	− 1 04 30.14	1.561 1892	5	16 07 59.107	−20 18 29.61	1.680 1382
21	12 30 02.588	− 1 33 46.95	1.564 7796	6	16 13 14.009	−20 34 29.84	1.681 7105
22	12 34 37.253	− 2 03 03.83	1.568 3234	7	16 18 30.025	−20 49 54.78	1.683 2419
23	12 39 12.158	− 2 32 20.02	1.571 8211	8	16 23 47.131	−21 04 43.73	1.684 7321
24	12 43 47.339	− 3 01 34.79	1.575 2728	9	16 29 05.303	−21 18 56.06	1.686 1811
25	12 48 22.833	− 3 30 47.38	1.578 6788	10	16 34 24.513	−21 32 31.13	1.687 5884
26	12 52 58.677	− 3 59 57.04	1.582 0394	11	16 39 44.730	−21 45 28.34	1.688 9540
27	12 57 34.909	− 4 29 03.03	1.585 3548	12	16 45 05.919	−21 57 47.12	1.690 2778
28	13 02 11.569	− 4 58 04.58	1.588 6253	13	16 50 28.041	−22 09 26.89	1.691 5596
29	13 06 48.693	− 5 27 00.97	1.591 8511	14	16 55 51.056	−22 20 27.15	1.692 7994
30	13 11 26.323	− 5 55 51.42	1.595 0325	15	17 01 14.917	−22 30 47.37	1.693 9972
31	13 16 04.496	− 6 24 35.21	1.598 1696	16	17 06 39.577	−22 40 27.09	1.695 1530
Nov. 1	13 20 43.253	− 6 53 11.57	1.601 2626	17	17 12 04.986	−22 49 25.83	1.696 2670
2	13 25 22.634	− 7 21 39.76	1.604 3117	18	17 17 31.092	−22 57 43.17	1.697 3393
3	13 30 02.677	− 7 49 59.03	1.607 3171	19	17 22 57.839	−23 05 18.71	1.698 3700
4	13 34 43.423	− 8 18 08.61	1.610 2786	20	17 28 25.173	−23 12 12.07	1.699 3594
5	13 39 24.906	− 8 46 07.75	1.613 1964	21	17 33 53.036	−23 18 22.92	1.700 3077
6	13 44 07.163	− 9 13 55.66	1.616 0702	22	17 39 21.372	−23 23 50.93	1.701 2152
7	13 48 50.226	− 9 41 31.55	1.618 9000	23	17 44 50.122	−23 28 35.84	1.702 0821
8	13 53 34.128	−10 08 54.62	1.621 6854	24	17 50 19.226	−23 32 37.39	1.702 9086
9	13 58 18.900	−10 36 04.07	1.624 4264	25	17 55 48.624	−23 35 55.38	1.703 6952
10	14 03 04.572	−11 02 59.07	1.627 1226	26	18 01 18.257	−23 38 29.63	1.704 4420
11	14 07 51.175	−11 29 38.83	1.629 7738	27	18 06 48.063	−23 40 20.00	1.705 1495
12	14 12 38.737	−11 56 02.52	1.632 3798	28	18 12 17.981	−23 41 26.39	1.705 8179
13	14 17 27.287	−12 22 09.34	1.634 9405	29	18 17 47.950	−23 41 48.74	1.706 4476
14	14 22 16.850	−12 47 58.48	1.637 4558	30	18 23 17.907	−23 41 27.01	1.707 0389
15	14 27 07.452	−13 13 29.13	1.639 9257	31	18 28 47.791	−23 40 21.20	1.707 5920
16	14 31 59.113	−13 38 40.49	1.642 3503	32	18 34 17.537	−23 38 31.34	1.708 1072

MARS, 2009

GEOCENTRIC COORDINATES FOR 0^h TERRESTRIAL TIME

Date	Apparent Right Ascension	Apparent Declination	True Geocentric Distance	Date	Apparent Right Ascension	Apparent Declination	True Geocentric Distance
	h m s	° ′ ″			h m s	° ′ ″	
Jan. 0	18 12 07.613	−24 06 06.74	2.430 7436	Feb. 15	20 42 51.424	−19 15 21.92	2.312 7888
1	18 15 25.402	−24 05 33.12	2.428 5670	16	20 46 02.526	−19 03 28.62	2.309 9559
2	18 18 43.337	−24 04 43.79	2.426 3664	17	20 49 13.267	−18 51 23.02	2.307 1164
3	18 22 01.404	−24 03 38.71	2.424 1424	18	20 52 23.642	−18 39 05.29	2.304 2703
4	18 25 19.588	−24 02 17.87	2.421 8957	19	20 55 33.647	−18 26 35.61	2.301 4176
5	18 28 37.875	−24 00 41.25	2.419 6270	20	20 58 43.275	−18 13 54.14	2.298 5585
6	18 31 56.252	−23 58 48.84	2.417 3370	21	21 01 52.521	−18 01 01.08	2.295 6929
7	18 35 14.706	−23 56 40.63	2.415 0265	22	21 05 01.381	−17 47 56.60	2.292 8210
8	18 38 33.223	−23 54 16.65	2.412 6962	23	21 08 09.849	−17 34 40.88	2.289 9431
9	18 41 51.789	−23 51 36.90	2.410 3469	24	21 11 17.921	−17 21 14.10	2.287 0591
10	18 45 10.390	−23 48 41.40	2.407 9791	25	21 14 25.595	−17 07 36.46	2.284 1695
11	18 48 29.008	−23 45 30.15	2.405 5934	26	21 17 32.867	−16 53 48.12	2.281 2745
12	18 51 47.630	−23 42 03.17	2.403 1903	27	21 20 39.736	−16 39 49.28	2.278 3743
13	18 55 06.242	−23 38 20.45	2.400 7698	28	21 23 46.201	−16 25 40.12	2.275 4695
14	18 58 24.830	−23 34 22.00	2.398 3323	Mar. 1	21 26 52.262	−16 11 20.82	2.272 5603
15	19 01 43.385	−23 30 07.82	2.395 8779	2	21 29 57.919	−15 56 51.59	2.269 6474
16	19 05 01.894	−23 25 37.94	2.393 4065	3	21 33 03.173	−15 42 12.61	2.266 7311
17	19 08 20.345	−23 20 52.40	2.390 9183	4	21 36 08.024	−15 27 24.09	2.263 8121
18	19 11 38.727	−23 15 51.24	2.388 4134	5	21 39 12.472	−15 12 26.22	2.260 8909
19	19 14 57.024	−23 10 34.51	2.385 8918	6	21 42 16.517	−14 57 19.20	2.257 9680
20	19 18 15.224	−23 05 02.29	2.383 3537	7	21 45 20.159	−14 42 03.22	2.255 0438
21	19 21 33.312	−22 59 14.62	2.380 7992	8	21 48 23.400	−14 26 38.48	2.252 1189
22	19 24 51.273	−22 53 11.60	2.378 2287	9	21 51 26.242	−14 11 05.14	2.249 1934
23	19 28 09.091	−22 46 53.29	2.375 6422	10	21 54 28.690	−13 55 23.38	2.246 2676
24	19 31 26.751	−22 40 19.77	2.373 0401	11	21 57 30.749	−13 39 33.36	2.243 3416
25	19 34 44.239	−22 33 31.13	2.370 4226	12	22 00 32.426	−13 23 35.27	2.240 4154
26	19 38 01.539	−22 26 27.45	2.367 7902	13	22 03 33.728	−13 07 29.27	2.237 4890
27	19 41 18.638	−22 19 08.82	2.365 1431	14	22 06 34.660	−12 51 15.56	2.234 5622
28	19 44 35.521	−22 11 35.34	2.362 4818	15	22 09 35.228	−12 34 54.31	2.231 6349
29	19 47 52.177	−22 03 47.10	2.359 8068	16	22 12 35.436	−12 18 25.75	2.228 7068
30	19 51 08.593	−21 55 44.20	2.357 1186	17	22 15 35.287	−12 01 50.06	2.225 7779
31	19 54 24.759	−21 47 26.74	2.354 4178	18	22 18 34.785	−11 45 07.45	2.222 8478
Feb. 1	19 57 40.665	−21 38 54.84	2.351 7049	19	22 21 33.933	−11 28 18.14	2.219 9166
2	20 00 56.301	−21 30 08.60	2.348 9806	20	22 24 32.733	−11 11 22.33	2.216 9840
3	20 04 11.660	−21 21 08.16	2.346 2456	21	22 27 31.189	−10 54 20.23	2.214 0499
4	20 07 26.732	−21 11 53.63	2.343 5005	22	22 30 29.304	−10 37 12.06	2.211 1142
5	20 10 41.510	−21 02 25.16	2.340 7460	23	22 33 27.081	−10 19 58.01	2.208 1768
6	20 13 55.983	−20 52 42.88	2.337 9829	24	22 36 24.525	−10 02 38.31	2.205 2376
7	20 17 10.144	−20 42 46.92	2.335 2115	25	22 39 21.638	− 9 45 13.15	2.202 2966
8	20 20 23.984	−20 32 37.42	2.332 4326	26	22 42 18.427	− 9 27 42.74	2.199 3539
9	20 23 37.495	−20 22 14.50	2.329 6465	27	22 45 14.896	− 9 10 07.29	2.196 4094
10	20 26 50.672	−20 11 38.27	2.326 8535	28	22 48 11.051	− 8 52 27.00	2.193 4633
11	20 30 03.510	−20 00 48.85	2.324 0538	29	22 51 06.898	− 8 34 42.08	2.190 5159
12	20 33 16.008	−19 49 46.36	2.321 2475	30	22 54 02.443	− 8 16 52.73	2.187 5673
13	20 36 28.161	−19 38 30.95	2.318 4346	31	22 56 57.690	− 7 58 59.17	2.184 6180
14	20 39 39.968	−19 27 02.75	2.315 6150	Apr. 1	22 59 52.645	− 7 41 01.60	2.181 6682
15	20 42 51.424	−19 15 21.92	2.312 7888	2	23 02 47.312	− 7 23 00.24	2.178 7182

MARS, 2009

GEOCENTRIC COORDINATES FOR 0ʰ TERRESTRIAL TIME

Date	Apparent Right Ascension	Apparent Declination	True Geocentric Distance	Date	Apparent Right Ascension	Apparent Declination	True Geocentric Distance
	h m s	° ′ ″			h m s	° ′ ″	
Apr. 1	22 59 52.645	− 7 41 01.60	2.181 6682	May 17	1 10 51.568	+ 6 22 33.41	2.044 5025
2	23 02 47.312	− 7 23 00.24	2.178 7182	18	1 13 40.999	+ 6 40 07.19	2.041 4240
3	23 05 41.696	− 7 04 55.28	2.175 7686	19	1 16 30.477	+ 6 57 36.18	2.038 3366
4	23 08 35.802	− 6 46 46.93	2.172 8194	20	1 19 20.006	+ 7 15 00.22	2.035 2396
5	23 11 29.639	− 6 28 35.38	2.169 8710	21	1 22 09.593	+ 7 32 19.14	2.032 1328
6	23 14 23.213	− 6 10 20.80	2.166 9235	22	1 24 59.241	+ 7 49 32.77	2.029 0156
7	23 17 16.535	− 5 52 03.38	2.163 9771	23	1 27 48.956	+ 8 06 40.95	2.025 8876
8	23 20 09.614	− 5 33 43.27	2.161 0316	24	1 30 38.739	+ 8 23 43.51	2.022 7487
9	23 23 02.462	− 5 15 20.66	2.158 0870	25	1 33 28.594	+ 8 40 40.29	2.019 5986
10	23 25 55.089	− 4 56 55.72	2.155 1431	26	1 36 18.520	+ 8 57 31.12	2.016 4372
11	23 28 47.505	− 4 38 28.63	2.152 1997	27	1 39 08.518	+ 9 14 15.82	2.013 2646
12	23 31 39.718	− 4 19 59.57	2.149 2564	28	1 41 58.587	+ 9 30 54.22	2.010 0809
13	23 34 31.737	− 4 01 28.73	2.146 3129	29	1 44 48.730	+ 9 47 26.17	2.006 8860
14	23 37 23.568	− 3 42 56.32	2.143 3689	30	1 47 38.950	+10 03 51.51	2.003 6801
15	23 40 15.218	− 3 24 22.53	2.140 4239	31	1 50 29.253	+10 20 10.10	2.000 4631
16	23 43 06.694	− 3 05 47.56	2.137 4777	June 1	1 53 19.644	+10 36 21.80	1.997 2351
17	23 45 58.002	− 2 47 11.62	2.134 5298	2	1 56 10.130	+10 52 26.48	1.993 9958
18	23 48 49.148	− 2 28 34.89	2.131 5799	3	1 59 00.718	+11 08 24.04	1.990 7452
19	23 51 40.139	− 2 09 57.59	2.128 6278	4	2 01 51.413	+11 24 14.33	1.987 4829
20	23 54 30.980	− 1 51 19.91	2.125 6729	5	2 04 42.221	+11 39 57.24	1.984 2086
21	23 57 21.678	− 1 32 42.05	2.122 7151	6	2 07 33.145	+11 55 32.64	1.980 9219
22	0 00 12.241	− 1 14 04.21	2.119 7540	7	2 10 24.189	+12 11 00.40	1.977 6224
23	0 03 02.674	− 0 55 26.58	2.116 7893	8	2 13 15.356	+12 26 20.38	1.974 3096
24	0 05 52.986	− 0 36 49.35	2.113 8210	9	2 16 06.648	+12 41 32.45	1.970 9829
25	0 08 43.183	− 0 18 12.72	2.110 8487	10	2 18 58.066	+12 56 36.46	1.967 6418
26	0 11 33.270	+ 0 00 23.12	2.107 8726	11	2 21 49.613	+13 11 32.28	1.964 2857
27	0 14 23.256	+ 0 18 57.99	2.104 8925	12	2 24 41.289	+13 26 19.78	1.960 9141
28	0 17 13.143	+ 0 37 31.67	2.101 9087	13	2 27 33.096	+13 40 58.81	1.957 5263
29	0 20 02.936	+ 0 56 03.98	2.098 9212	14	2 30 25.033	+13 55 29.23	1.954 1217
30	0 22 52.640	+ 1 14 34.71	2.095 9303	15	2 33 17.103	+14 09 50.91	1.950 6997
May 1	0 25 42.259	+ 1 33 03.69	2.092 9361	16	2 36 09.306	+14 24 03.72	1.947 2598
2	0 28 31.801	+ 1 51 30.72	2.089 9388	17	2 39 01.642	+14 38 07.54	1.943 8012
3	0 31 21.272	+ 2 09 55.65	2.086 9385	18	2 41 54.110	+14 52 02.23	1.940 3235
4	0 34 10.682	+ 2 28 18.29	2.083 9352	19	2 44 46.711	+15 05 47.67	1.936 8261
5	0 37 00.042	+ 2 46 38.51	2.080 9288	20	2 47 39.442	+15 19 23.75	1.933 3085
6	0 39 49.360	+ 3 04 56.15	2.077 9193	21	2 50 32.300	+15 32 50.35	1.929 7702
7	0 42 38.648	+ 3 23 11.04	2.074 9063	22	2 53 25.280	+15 46 07.35	1.926 2110
8	0 45 27.915	+ 3 41 23.05	2.071 8896	23	2 56 18.376	+15 59 14.64	1.922 6306
9	0 48 17.169	+ 3 59 32.01	2.068 8689	24	2 59 11.579	+16 12 12.07	1.919 0290
10	0 51 06.419	+ 4 17 37.74	2.065 8438	25	3 02 04.884	+16 24 59.54	1.915 4061
11	0 53 55.671	+ 4 35 40.10	2.062 8137	26	3 04 58.286	+16 37 36.92	1.911 7620
12	0 56 44.932	+ 4 53 38.90	2.059 7782	27	3 07 51.783	+16 50 04.11	1.908 0967
13	0 59 34.208	+ 5 11 33.97	2.056 7369	28	3 10 45.374	+17 02 21.02	1.904 4103
14	1 02 23.504	+ 5 29 25.13	2.053 6892	29	3 13 39.059	+17 14 27.55	1.900 7027
15	1 05 12.826	+ 5 47 12.21	2.050 6346	30	3 16 32.838	+17 26 23.65	1.896 9738
16	1 08 02.179	+ 6 04 55.03	2.047 5725	July 1	3 19 26.712	+17 38 09.22	1.893 2235
17	1 10 51.568	+ 6 22 33.41	2.044 5025	2	3 22 20.678	+17 49 44.21	1.889 4514

MARS, 2009

GEOCENTRIC COORDINATES FOR 0ʰ TERRESTRIAL TIME

Date	Apparent Right Ascension	Apparent Declination	True Geocentric Distance	Date	Apparent Right Ascension	Apparent Declination	True Geocentric Distance
	h m s	° ′ ″			h m s	° ′ ″	
July 1	3 19 26.712	+17 38 09.22	1.893 2235	Aug. 16	5 32 40.501	+23 13 18.40	1.690 6413
2	3 22 20.678	+17 49 44.21	1.889 4514	17	5 35 30.798	+23 15 59.77	1.685 4637
3	3 25 14.734	+18 01 08.54	1.885 6574	18	5 38 20.764	+23 18 29.78	1.680 2477
4	3 28 08.879	+18 12 22.13	1.881 8410	19	5 41 10.378	+23 20 48.50	1.674 9931
5	3 31 03.108	+18 23 24.91	1.878 0019	20	5 43 59.626	+23 22 55.97	1.669 7001
6	3 33 57.417	+18 34 16.81	1.874 1395	21	5 46 48.490	+23 24 52.26	1.664 3688
7	3 36 51.803	+18 44 57.74	1.870 2535	22	5 49 36.960	+23 26 37.45	1.658 9994
8	3 39 46.260	+18 55 27.63	1.866 3433	23	5 52 25.025	+23 28 11.61	1.653 5921
9	3 42 40.784	+19 05 46.39	1.862 4083	24	5 55 12.674	+23 29 34.84	1.648 1473
10	3 45 35.370	+19 15 53.96	1.858 4480	25	5 57 59.898	+23 30 47.24	1.642 6650
11	3 48 30.011	+19 25 50.26	1.854 4619	26	6 00 46.686	+23 31 48.92	1.637 1456
12	3 51 24.703	+19 35 35.21	1.850 4492	27	6 03 33.028	+23 32 39.97	1.631 5889
13	3 54 19.441	+19 45 08.76	1.846 4094	28	6 06 18.913	+23 33 20.50	1.625 9952
14	3 57 14.218	+19 54 30.83	1.842 3419	29	6 09 04.330	+23 33 50.60	1.620 3643
15	4 00 09.027	+20 03 41.37	1.838 2462	30	6 11 49.267	+23 34 10.39	1.614 6963
16	4 03 03.863	+20 12 40.34	1.834 1215	31	6 14 33.714	+23 34 19.96	1.608 9910
17	4 05 58.717	+20 21 27.67	1.829 9673	Sept. 1	6 17 17.659	+23 34 19.41	1.603 2482
18	4 08 53.579	+20 30 03.34	1.825 7832	2	6 20 01.093	+23 34 08.85	1.597 4680
19	4 11 48.440	+20 38 27.30	1.821 5686	3	6 22 44.004	+23 33 48.37	1.591 6500
20	4 14 43.285	+20 46 39.51	1.817 3232	4	6 25 26.382	+23 33 18.09	1.585 7940
21	4 17 38.100	+20 54 39.95	1.813 0467	5	6 28 08.217	+23 32 38.11	1.579 8998
22	4 20 32.871	+21 02 28.55	1.808 7390	6	6 30 49.500	+23 31 48.55	1.573 9670
23	4 23 27.584	+21 10 05.28	1.804 4002	7	6 33 30.221	+23 30 49.52	1.567 9955
24	4 26 22.228	+21 17 30.09	1.800 0302	8	6 36 10.369	+23 29 41.15	1.561 9848
25	4 29 16.792	+21 24 42.97	1.795 6291	9	6 38 49.933	+23 28 23.58	1.555 9347
26	4 32 11.271	+21 31 43.90	1.791 1971	10	6 41 28.902	+23 26 56.94	1.549 8447
27	4 35 05.657	+21 38 32.87	1.786 7343	11	6 44 07.262	+23 25 21.39	1.543 7148
28	4 37 59.944	+21 45 09.89	1.782 2405	12	6 46 44.998	+23 23 37.08	1.537 5445
29	4 40 54.125	+21 51 34.97	1.777 7159	13	6 49 22.093	+23 21 44.16	1.531 3338
30	4 43 48.191	+21 57 48.12	1.773 1602	14	6 51 58.531	+23 19 42.80	1.525 0825
31	4 46 42.134	+22 03 49.35	1.768 5732	15	6 54 34.293	+23 17 33.16	1.518 7907
Aug. 1	4 49 35.944	+22 09 38.66	1.763 9548	16	6 57 09.362	+23 15 15.39	1.512 4585
2	4 52 29.613	+22 15 16.07	1.759 3047	17	6 59 43.721	+23 12 49.64	1.506 0861
3	4 55 23.131	+22 20 41.58	1.754 6225	18	7 02 17.356	+23 10 16.07	1.499 6739
4	4 58 16.488	+22 25 55.20	1.749 9079	19	7 04 50.255	+23 07 34.84	1.493 2224
5	5 01 09.673	+22 30 56.95	1.745 1606	20	7 07 22.407	+23 04 46.12	1.486 7320
6	5 04 02.677	+22 35 46.83	1.740 3800	21	7 09 53.801	+23 01 50.08	1.480 2032
7	5 06 55.490	+22 40 24.86	1.735 5657	22	7 12 24.427	+22 58 46.91	1.473 6365
8	5 09 48.102	+22 44 51.06	1.730 7174	23	7 14 54.275	+22 55 36.78	1.467 0325
9	5 12 40.504	+22 49 05.44	1.725 8344	24	7 17 23.334	+22 52 19.88	1.460 3915
10	5 15 32.684	+22 53 08.03	1.720 9162	25	7 19 51.593	+22 48 56.37	1.453 7139
11	5 18 24.634	+22 56 58.87	1.715 9624	26	7 22 19.041	+22 45 26.44	1.447 0001
12	5 21 16.341	+23 00 38.00	1.710 9725	27	7 24 45.669	+22 41 50.26	1.440 2503
13	5 24 07.795	+23 04 05.46	1.705 9458	28	7 27 11.464	+22 38 08.00	1.433 4648
14	5 26 58.983	+23 07 21.30	1.700 8820	29	7 29 36.418	+22 34 19.84	1.426 6439
15	5 29 49.890	+23 10 25.60	1.695 7807	30	7 32 00.519	+22 30 25.95	1.419 7877
16	5 32 40.501	+23 13 18.40	1.690 6413	Oct. 1	7 34 23.760	+22 26 26.50	1.412 8964

MARS, 2009

GEOCENTRIC COORDINATES FOR 0ʰ TERRESTRIAL TIME

Date	Apparent Right Ascension	Apparent Declination	True Geocentric Distance	Date	Apparent Right Ascension	Apparent Declination	True Geocentric Distance
	h m s	° ′ ″			h m s	° ′ ″	
Oct. 1	7 34 23.760	+22 26 26.50	1.412 8964	Nov. 16	9 04 35.315	+18 45 55.81	1.065 1403
2	7 36 46.129	+22 22 21.67	1.405 9702	17	9 06 00.506	+18 41 54.04	1.057 2068
3	7 39 07.619	+22 18 11.64	1.399 0092	18	9 07 23.922	+18 37 58.80	1.049 2768
4	7 41 28.220	+22 13 56.58	1.392 0134	19	9 08 45.532	+18 34 10.39	1.041 3523
5	7 43 47.922	+22 09 36.70	1.384 9830	20	9 10 05.303	+18 30 29.12	1.033 4352
6	7 46 06.715	+22 05 12.17	1.377 9178	21	9 11 23.205	+18 26 55.27	1.025 5276
7	7 48 24.589	+22 00 43.22	1.370 8181	22	9 12 39.206	+18 23 29.15	1.017 6314
8	7 50 41.530	+21 56 10.05	1.363 6837	23	9 13 53.273	+18 20 11.05	1.009 7485
9	7 52 57.523	+21 51 32.89	1.356 5148	24	9 15 05.376	+18 17 01.25	1.001 8810
10	7 55 12.551	+21 46 51.97	1.349 3115	25	9 16 15.482	+18 14 00.05	0.994 0307
11	7 57 26.597	+21 42 07.52	1.342 0740	26	9 17 23.557	+18 11 07.73	0.986 1997
12	7 59 39.641	+21 37 19.78	1.334 8026	27	9 18 29.570	+18 08 24.58	0.978 3900
13	8 01 51.664	+21 32 28.97	1.327 4977	28	9 19 33.487	+18 05 50.89	0.970 6035
14	8 04 02.646	+21 27 35.33	1.320 1599	29	9 20 35.274	+18 03 26.94	0.962 8424
15	8 06 12.571	+21 22 39.09	1.312 7899	30	9 21 34.896	+18 01 13.03	0.955 1085
16	8 08 21.422	+21 17 40.47	1.305 3882	Dec. 1	9 22 32.316	+17 59 09.47	0.947 4038
17	8 10 29.184	+21 12 39.71	1.297 9560	2	9 23 27.496	+17 57 16.56	0.939 7305
18	8 12 35.841	+21 07 37.05	1.290 4939	3	9 24 20.392	+17 55 34.64	0.932 0904
19	8 14 41.380	+21 02 32.72	1.283 0031	4	9 25 10.959	+17 54 04.05	0.924 4859
20	8 16 45.785	+20 57 26.98	1.275 4845	5	9 25 59.148	+17 52 45.11	0.916 9191
21	8 18 49.042	+20 52 20.06	1.267 9391	6	9 26 44.908	+17 51 38.17	0.909 3924
22	8 20 51.135	+20 47 12.21	1.260 3679	7	9 27 28.188	+17 50 43.56	0.901 9085
23	8 22 52.049	+20 42 03.66	1.252 7717	8	9 28 08.938	+17 50 01.58	0.894 4702
24	8 24 51.769	+20 36 54.65	1.245 1515	9	9 28 47.107	+17 49 32.56	0.887 0803
25	8 26 50.279	+20 31 45.43	1.237 5082	10	9 29 22.646	+17 49 16.77	0.879 7422
26	8 28 47.563	+20 26 36.21	1.229 8426	11	9 29 55.508	+17 49 14.49	0.872 4591
27	8 30 43.607	+20 21 27.23	1.222 1555	12	9 30 25.644	+17 49 26.00	0.865 2345
28	8 32 38.396	+20 16 18.74	1.214 4478	13	9 30 53.007	+17 49 51.55	0.858 0719
29	8 34 31.914	+20 11 10.96	1.206 7202	14	9 31 17.550	+17 50 31.37	0.850 9749
30	8 36 24.145	+20 06 04.12	1.198 9736	15	9 31 39.229	+17 51 25.67	0.843 9474
31	8 38 15.075	+20 00 58.48	1.191 2086	16	9 31 57.999	+17 52 34.64	0.836 9930
Nov. 1	8 40 04.688	+19 55 54.26	1.183 4261	17	9 32 13.817	+17 53 58.47	0.830 1156
2	8 41 52.967	+19 50 51.73	1.175 6267	18	9 32 26.641	+17 55 37.28	0.823 3190
3	8 43 39.895	+19 45 51.15	1.167 8110	19	9 32 36.432	+17 57 31.19	0.816 6072
4	8 45 25.452	+19 40 52.79	1.159 9799	20	9 32 43.153	+17 59 40.30	0.809 9841
5	8 47 09.615	+19 35 56.94	1.152 1339	21	9 32 46.770	+18 02 04.65	0.803 4535
6	8 48 52.359	+19 31 03.89	1.144 2738	22	9 32 47.248	+18 04 44.29	0.797 0194
7	8 50 33.657	+19 26 13.96	1.136 4004	23	9 32 44.560	+18 07 39.22	0.790 6859
8	8 52 13.480	+19 21 27.46	1.128 5147	24	9 32 38.677	+18 10 49.42	0.784 4568
9	8 53 51.796	+19 16 44.69	1.120 6177	25	9 32 29.575	+18 14 14.82	0.778 3361
10	8 55 28.575	+19 12 05.96	1.112 7106	26	9 32 17.233	+18 17 55.34	0.772 3278
11	8 57 03.788	+19 07 31.59	1.104 7948	27	9 32 01.632	+18 21 50.88	0.766 4358
12	8 58 37.404	+19 03 01.88	1.096 8718	28	9 31 42.756	+18 26 01.29	0.760 6642
13	9 00 09.394	+18 58 37.13	1.088 9430	29	9 31 20.593	+18 30 26.41	0.755 0169
14	9 01 39.729	+18 54 17.66	1.081 0103	30	9 30 55.130	+18 35 06.05	0.749 4977
15	9 03 08.379	+18 50 03.78	1.073 0755	31	9 30 26.356	+18 40 00.01	0.744 1107
16	9 04 35.315	+18 45 55.81	1.065 1403	32	9 29 54.262	+18 45 08.05	0.738 8597

JUPITER, 2009

GEOCENTRIC COORDINATES FOR 0ʰ TERRESTRIAL TIME

Date	Apparent Right Ascension	Apparent Declination	True Geocentric Distance	Date	Apparent Right Ascension	Apparent Declination	True Geocentric Distance
	h m s	° ′ ″			h m s	° ′ ″	
Jan. 0	20 03 37.938	−20 49 19.96	6.034 1147	Feb. 15	20 48 14.136	−18 20 18.11	6.035 1599
1	20 04 35.758	−20 46 34.49	6.038 8611	16	20 49 10.674	−18 16 41.85	6.030 2700
2	20 05 33.676	−20 43 47.46	6.043 4016	17	20 50 07.062	−18 13 05.09	6.025 1779
3	20 06 31.688	−20 40 58.90	6.047 7357	18	20 51 03.294	−18 09 27.87	6.019 8844
4	20 07 29.787	−20 38 08.80	6.051 8627	19	20 51 59.364	−18 05 50.22	6.014 3899
5	20 08 27.969	−20 35 17.18	6.055 7823	20	20 52 55.265	−18 02 12.20	6.008 6954
6	20 09 26.228	−20 32 24.05	6.059 4941	21	20 53 50.992	−17 58 33.85	6.002 8016
7	20 10 24.560	−20 29 29.44	6.062 9980	22	20 54 46.536	−17 54 55.19	5.996 7094
8	20 11 22.960	−20 26 33.37	6.066 2938	23	20 55 41.892	−17 51 16.27	5.990 4197
9	20 12 21.422	−20 23 35.86	6.069 3812	24	20 56 37.054	−17 47 37.12	5.983 9337
10	20 13 19.937	−20 20 36.96	6.072 2603	25	20 57 32.014	−17 43 57.78	5.977 2523
11	20 14 18.498	−20 17 36.67	6.074 9307	26	20 58 26.769	−17 40 18.27	5.970 3769
12	20 15 17.097	−20 14 35.03	6.077 3923	27	20 59 21.313	−17 36 38.64	5.963 3088
13	20 16 15.727	−20 11 32.02	6.079 6446	28	21 00 15.642	−17 32 58.90	5.956 0495
14	20 17 14.385	−20 08 27.65	6.081 6872	Mar. 1	21 01 09.752	−17 29 19.11	5.948 6004
15	20 18 13.065	−20 05 21.92	6.083 5196	2	21 02 03.639	−17 25 39.29	5.940 9633
16	20 19 11.766	−20 02 14.84	6.085 1412	3	21 02 57.299	−17 21 59.49	5.933 1397
17	20 20 10.483	−19 59 06.41	6.086 5513	4	21 03 50.726	−17 18 19.75	5.925 1315
18	20 21 09.213	−19 55 56.67	6.087 7495	5	21 04 43.914	−17 14 40.13	5.916 9403
19	20 22 07.951	−19 52 45.63	6.088 7352	6	21 05 36.857	−17 11 00.68	5.908 5681
20	20 23 06.691	−19 49 33.32	6.089 5079	7	21 06 29.549	−17 07 21.43	5.900 0164
21	20 24 05.428	−19 46 19.77	6.090 0674	8	21 07 21.982	−17 03 42.42	5.891 2871
22	20 25 04.156	−19 43 05.02	6.090 4133	9	21 08 14.152	−17 00 03.69	5.882 3817
23	20 26 02.873	−19 39 49.16	6.090 5453	10	21 09 06.054	−16 56 25.25	5.873 3018
24	20 27 01.564	−19 36 32.66	6.090 4632	11	21 09 57.685	−16 52 47.12	5.864 0489
25	20 28 00.154	−19 33 14.20	6.090 1670	12	21 10 49.042	−16 49 09.34	5.854 6242
26	20 28 58.772	−19 29 54.63	6.089 6567	13	21 11 40.124	−16 45 31.93	5.845 0292
27	20 29 57.342	−19 26 34.19	6.088 9322	14	21 12 30.927	−16 41 54.92	5.835 2652
28	20 30 55.856	−19 23 12.74	6.087 9938	15	21 13 21.447	−16 38 18.36	5.825 3336
29	20 31 54.311	−19 19 50.29	6.086 8417	16	21 14 11.678	−16 34 42.29	5.815 2357
30	20 32 52.701	−19 16 26.83	6.085 4762	17	21 15 01.616	−16 31 06.78	5.804 9729
31	20 33 51.022	−19 13 02.39	6.083 8979	18	21 15 51.254	−16 27 31.85	5.794 5469
Feb. 1	20 34 49.269	−19 09 37.00	6.082 1073	19	21 16 40.585	−16 23 57.58	5.783 9590
2	20 35 47.439	−19 06 10.67	6.080 1050	20	21 17 29.603	−16 20 24.00	5.773 2111
3	20 36 45.526	−19 02 43.44	6.077 8917	21	21 18 18.301	−16 16 51.16	5.762 3047
4	20 37 43.526	−18 59 15.34	6.075 4682	22	21 19 06.673	−16 13 19.10	5.751 2416
5	20 38 41.434	−18 55 46.42	6.072 8354	23	21 19 54.712	−16 09 47.88	5.740 0238
6	20 39 39.244	−18 52 16.70	6.069 9942	24	21 20 42.413	−16 06 17.54	5.728 6530
7	20 40 36.949	−18 48 46.24	6.066 9453	25	21 21 29.768	−16 02 48.11	5.717 1314
8	20 41 34.541	−18 45 15.06	6.063 6896	26	21 22 16.773	−15 59 19.64	5.705 4611
9	20 42 32.014	−18 41 43.18	6.060 2278	27	21 23 03.424	−15 55 52.17	5.693 6442
10	20 43 29.363	−18 38 10.62	6.056 5606	28	21 23 49.716	−15 52 25.73	5.681 6832
11	20 44 26.584	−18 34 37.38	6.052 6885	29	21 24 35.645	−15 49 00.37	5.669 5804
12	20 45 23.675	−18 31 03.50	6.048 6119	30	21 25 21.206	−15 45 36.14	5.657 3384
13	20 46 20.633	−18 27 28.97	6.044 3314	31	21 26 06.394	−15 42 13.10	5.644 9598
14	20 47 17.454	−18 23 53.83	6.039 8472	Apr. 1	21 26 51.202	−15 38 51.29	5.632 4472
15	20 48 14.136	−18 20 18.11	6.035 1599	2	21 27 35.624	−15 35 30.78	5.619 8032

JUPITER, 2009

GEOCENTRIC COORDINATES FOR 0ʰ TERRESTRIAL TIME

Date	Apparent Right Ascension	Apparent Declination	True Geocentric Distance	Date	Apparent Right Ascension	Apparent Declination	True Geocentric Distance
	h m s	° ′ ″			h m s	° ′ ″	
Apr. 1	21 26 51.202	−15 38 51.29	5.632 4472	May 17	21 52 46.696	−13 39 15.83	4.956 4654
2	21 27 35.624	−15 35 30.78	5.619 8032	18	21 53 07.407	−13 37 42.63	4.940 6878
3	21 28 19.653	−15 32 11.62	5.607 0304	19	21 53 27.468	−13 36 12.81	4.924 9157
4	21 29 03.282	−15 28 53.84	5.594 1314	20	21 53 46.874	−13 34 46.39	4.909 1530
5	21 29 46.506	−15 25 37.50	5.581 1088	21	21 54 05.620	−13 33 23.40	4.893 4034
6	21 30 29.319	−15 22 22.61	5.567 9648	22	21 54 23.702	−13 32 03.90	4.877 6710
7	21 31 11.718	−15 19 09.20	5.554 7019	23	21 54 41.116	−13 30 47.89	4.861 9597
8	21 31 53.699	−15 15 57.32	5.541 3223	24	21 54 57.857	−13 29 35.44	4.846 2738
9	21 32 35.260	−15 12 46.98	5.527 8283	25	21 55 13.920	−13 28 26.58	4.830 6175
10	21 33 16.398	−15 09 38.23	5.514 2221	26	21 55 29.300	−13 27 21.35	4.814 9951
11	21 33 57.108	−15 06 31.11	5.500 5058	27	21 55 43.990	−13 26 19.81	4.799 4110
12	21 34 37.386	−15 03 25.67	5.486 6817	28	21 55 57.983	−13 25 21.98	4.783 8694
13	21 35 17.225	−15 00 21.96	5.472 7519	29	21 56 11.274	−13 24 27.89	4.768 3744
14	21 35 56.620	−14 57 20.04	5.458 7189	30	21 56 23.860	−13 23 37.56	4.752 9303
15	21 36 35.564	−14 54 19.96	5.444 5848	31	21 56 35.737	−13 22 50.99	4.737 5410
16	21 37 14.049	−14 51 21.78	5.430 3522	June 1	21 56 46.906	−13 22 08.19	4.722 2104
17	21 37 52.069	−14 48 25.55	5.416 0235	2	21 56 57.363	−13 21 29.17	4.706 9423
18	21 38 29.616	−14 45 31.32	5.401 6012	3	21 57 07.110	−13 20 53.94	4.691 7407
19	21 39 06.684	−14 42 39.14	5.387 0880	4	21 57 16.143	−13 20 22.51	4.676 6092
20	21 39 43.265	−14 39 49.05	5.372 4866	5	21 57 24.461	−13 19 54.90	4.661 5515
21	21 40 19.354	−14 37 01.12	5.357 7997	6	21 57 32.061	−13 19 31.13	4.646 5716
22	21 40 54.945	−14 34 15.37	5.343 0303	7	21 57 38.940	−13 19 11.23	4.631 6730
23	21 41 30.032	−14 31 31.85	5.328 1813	8	21 57 45.095	−13 18 55.22	4.616 8597
24	21 42 04.611	−14 28 50.61	5.313 2557	9	21 57 50.522	−13 18 43.12	4.602 1355
25	21 42 38.676	−14 26 11.69	5.298 2569	10	21 57 55.217	−13 18 34.96	4.587 5043
26	21 43 12.223	−14 23 35.13	5.283 1880	11	21 57 59.176	−13 18 30.74	4.572 9699
27	21 43 45.246	−14 21 01.00	5.268 0526	12	21 58 02.397	−13 18 30.49	4.558 5364
28	21 44 17.738	−14 18 29.35	5.252 8541	13	21 58 04.877	−13 18 34.21	4.544 2079
29	21 44 49.693	−14 16 00.23	5.237 5959	14	21 58 06.613	−13 18 41.90	4.529 9885
30	21 45 21.102	−14 13 33.71	5.222 2816	15	21 58 07.605	−13 18 53.59	4.515 8822
May 1	21 45 51.959	−14 11 09.83	5.206 9145	16	21 58 07.850	−13 19 09.25	4.501 8935
2	21 46 22.258	−14 08 48.63	5.191 4981	17	21 58 07.349	−13 19 28.89	4.488 0265
3	21 46 51.992	−14 06 30.14	5.176 0356	18	21 58 06.103	−13 19 52.50	4.474 2858
4	21 47 21.159	−14 04 14.39	5.160 5302	19	21 58 04.111	−13 20 20.08	4.460 6757
5	21 47 49.754	−14 02 01.40	5.144 9850	20	21 58 01.375	−13 20 51.62	4.447 2008
6	21 48 17.775	−13 59 51.21	5.129 4032	21	21 57 57.896	−13 21 27.11	4.433 8658
7	21 48 45.218	−13 57 43.85	5.113 7878	22	21 57 53.674	−13 22 06.55	4.420 6753
8	21 49 12.079	−13 55 39.35	5.098 1419	23	21 57 48.709	−13 22 49.94	4.407 6341
9	21 49 38.354	−13 53 37.77	5.082 4683	24	21 57 43.000	−13 23 37.28	4.394 7467
10	21 50 04.037	−13 51 39.15	5.066 7704	25	21 57 36.548	−13 24 28.54	4.382 0178
11	21 50 29.122	−13 49 43.54	5.051 0510	26	21 57 29.356	−13 25 23.69	4.369 4517
12	21 50 53.602	−13 47 50.98	5.035 3133	27	21 57 21.427	−13 26 22.67	4.357 0528
13	21 51 17.471	−13 46 01.54	5.019 5606	28	21 57 12.769	−13 27 25.45	4.344 8251
14	21 51 40.722	−13 44 15.26	5.003 7961	29	21 57 03.387	−13 28 31.97	4.332 7726
15	21 52 03.347	−13 42 32.19	4.988 0231	30	21 56 53.288	−13 29 42.17	4.320 8993
16	21 52 25.341	−13 40 52.36	4.972 2451	July 1	21 56 42.481	−13 30 56.03	4.309 2089
17	21 52 46.696	−13 39 15.83	4.956 4654	2	21 56 30.970	−13 32 13.48	4.297 7051

JUPITER, 2009

GEOCENTRIC COORDINATES FOR 0ʰ TERRESTRIAL TIME

Date	Apparent Right Ascension	Apparent Declination	True Geocentric Distance	Date	Apparent Right Ascension	Apparent Declination	True Geocentric Distance
	h m s	° ′ ″			h m s	° ′ ″	
July 1	21 56 42.481	−13 30 56.03	4.309 2089	Aug. 16	21 38 32.662	−15 13 50.50	4.027 9308
2	21 56 30.970	−13 32 13.48	4.297 7051	17	21 38 02.026	−15 16 28.99	4.028 3377
3	21 56 18.763	−13 33 34.50	4.286 3918	18	21 37 31.415	−15 19 06.75	4.029 0436
4	21 56 05.864	−13 34 59.04	4.275 2725	19	21 37 00.850	−15 21 43.68	4.030 0485
5	21 55 52.280	−13 36 27.07	4.264 3510	20	21 36 30.356	−15 24 19.65	4.031 3523
6	21 55 38.016	−13 37 58.53	4.253 6308	21	21 35 59.955	−15 26 54.53	4.032 9543
7	21 55 23.078	−13 39 33.40	4.243 1156	22	21 35 29.673	−15 29 28.18	4.034 8540
8	21 55 07.473	−13 41 11.61	4.232 8090	23	21 34 59.537	−15 32 00.47	4.037 0503
9	21 54 51.206	−13 42 53.12	4.222 7147	24	21 34 29.573	−15 34 31.28	4.039 5420
10	21 54 34.286	−13 44 37.87	4.212 8362	25	21 33 59.805	−15 37 00.52	4.042 3276
11	21 54 16.721	−13 46 25.79	4.203 1772	26	21 33 30.256	−15 39 28.06	4.045 4056
12	21 53 58.520	−13 48 16.82	4.193 7413	27	21 33 00.949	−15 41 53.83	4.048 7744
13	21 53 39.692	−13 50 10.89	4.184 5323	28	21 32 31.904	−15 44 17.74	4.052 4321
14	21 53 20.248	−13 52 07.92	4.175 5536	29	21 32 03.142	−15 46 39.70	4.056 3769
15	21 53 00.201	−13 54 07.84	4.166 8090	30	21 31 34.683	−15 48 59.62	4.060 6067
16	21 52 39.561	−13 56 10.56	4.158 3021	31	21 31 06.546	−15 51 17.43	4.065 1197
17	21 52 18.342	−13 58 16.01	4.150 0366	Sept. 1	21 30 38.749	−15 53 33.04	4.069 9137
18	21 51 56.557	−14 00 24.10	4.142 0162	2	21 30 11.313	−15 55 46.38	4.074 9864
19	21 51 34.219	−14 02 34.77	4.134 2445	3	21 29 44.255	−15 57 57.36	4.080 3358
20	21 51 11.340	−14 04 47.92	4.126 7250	4	21 29 17.594	−16 00 05.90	4.085 9595
21	21 50 47.933	−14 07 03.48	4.119 4614	5	21 28 51.350	−16 02 11.92	4.091 8551
22	21 50 24.010	−14 09 21.37	4.112 4569	6	21 28 25.540	−16 04 15.35	4.098 0204
23	21 49 59.586	−14 11 41.47	4.105 7148	7	21 28 00.184	−16 06 16.11	4.104 4528
24	21 49 34.677	−14 14 03.67	4.099 2381	8	21 27 35.301	−16 08 14.13	4.111 1500
25	21 49 09.302	−14 16 27.84	4.093 0294	9	21 27 10.908	−16 10 09.34	4.118 1095
26	21 48 43.481	−14 18 53.87	4.087 0913	10	21 26 47.024	−16 12 01.68	4.125 3288
27	21 48 17.233	−14 21 21.63	4.081 4259	11	21 26 23.665	−16 13 51.09	4.132 8052
28	21 47 50.580	−14 23 50.99	4.076 0355	12	21 26 00.847	−16 15 37.53	4.140 5362
29	21 47 23.541	−14 26 21.85	4.070 9220	13	21 25 38.585	−16 17 20.93	4.148 5189
30	21 46 56.134	−14 28 54.11	4.066 0873	14	21 25 16.893	−16 19 01.26	4.156 7505
31	21 46 28.380	−14 31 27.65	4.061 5330	15	21 24 55.786	−16 20 38.45	4.165 2281
Aug. 1	21 46 00.295	−14 34 02.38	4.057 2609	16	21 24 35.276	−16 22 12.46	4.173 9483
2	21 45 31.899	−14 36 38.19	4.053 2726	17	21 24 15.380	−16 23 43.21	4.182 9077
3	21 45 03.210	−14 39 14.97	4.049 5694	18	21 23 56.111	−16 25 10.64	4.192 1029
4	21 44 34.246	−14 41 52.62	4.046 1529	19	21 23 37.486	−16 26 34.69	4.201 5301
5	21 44 05.026	−14 44 31.03	4.043 0243	20	21 23 19.521	−16 27 55.30	4.211 1851
6	21 43 35.570	−14 47 10.08	4.040 1850	21	21 23 02.230	−16 29 12.42	4.221 0640
7	21 43 05.898	−14 49 49.67	4.037 6361	22	21 22 45.626	−16 30 26.02	4.231 1624
8	21 42 36.029	−14 52 29.67	4.035 3787	23	21 22 29.720	−16 31 36.08	4.241 4762
9	21 42 05.986	−14 55 09.98	4.033 4139	24	21 22 14.522	−16 32 42.58	4.252 0011
10	21 41 35.790	−14 57 50.46	4.031 7428	25	21 22 00.040	−16 33 45.49	4.262 7326
11	21 41 05.463	−15 00 30.99	4.030 3662	26	21 21 46.281	−16 34 44.81	4.273 6665
12	21 40 35.028	−15 03 11.47	4.029 2852	27	21 21 33.251	−16 35 40.52	4.284 7985
13	21 40 04.507	−15 05 51.77	4.028 5004	28	21 21 20.959	−16 36 32.60	4.296 1242
14	21 39 33.925	−15 08 31.78	4.028 0126	29	21 21 09.408	−16 37 21.04	4.307 6393
15	21 39 03.302	−15 11 11.39	4.027 8226	30	21 20 58.606	−16 38 05.83	4.319 3395
16	21 38 32.662	−15 13 50.50	4.027 9308	Oct. 1	21 20 48.557	−16 38 46.95	4.331 2205

JUPITER, 2009

GEOCENTRIC COORDINATES FOR 0^h TERRESTRIAL TIME

Date	Apparent Right Ascension	Apparent Declination	True Geocentric Distance	Date	Apparent Right Ascension	Apparent Declination	True Geocentric Distance
	h m s	° ′ ″			h m s	° ′ ″	
Oct. 1	21 20 48.557	−16 38 46.95	4.331 2205	Nov. 16	21 27 04.467	−16 04 10.34	4.998 7367
2	21 20 39.267	−16 39 24.38	4.343 2782	17	21 27 29.843	−16 02 02.91	5.014 2550
3	21 20 30.740	−16 39 58.12	4.355 5082	18	21 27 55.869	−15 59 52.22	5.029 7498
4	21 20 22.983	−16 40 28.15	4.367 9064	19	21 28 22.535	−15 57 38.32	5.045 2172
5	21 20 16.000	−16 40 54.46	4.380 4687	20	21 28 49.832	−15 55 21.23	5.060 6531
6	21 20 09.796	−16 41 17.03	4.393 1909	21	21 29 17.752	−15 53 00.98	5.076 0537
7	21 20 04.375	−16 41 35.88	4.406 0691	22	21 29 46.284	−15 50 37.60	5.091 4150
8	21 19 59.741	−16 41 51.00	4.419 0991	23	21 30 15.421	−15 48 11.12	5.106 7335
9	21 19 55.896	−16 42 02.39	4.432 2770	24	21 30 45.154	−15 45 41.55	5.122 0053
10	21 19 52.840	−16 42 10.07	4.445 5987	25	21 31 15.474	−15 43 08.92	5.137 2270
11	21 19 50.576	−16 42 14.03	4.459 0600	26	21 31 46.373	−15 40 33.25	5.152 3951
12	21 19 49.103	−16 42 14.28	4.472 6569	27	21 32 17.844	−15 37 54.56	5.167 5062
13	21 19 48.421	−16 42 10.82	4.486 3849	28	21 32 49.880	−15 35 12.87	5.182 5569
14	21 19 48.531	−16 42 03.64	4.500 2399	29	21 33 22.473	−15 32 28.19	5.197 5443
15	21 19 49.436	−16 41 52.71	4.514 2171	30	21 33 55.617	−15 29 40.55	5.212 4650
16	21 19 51.137	−16 41 38.03	4.528 3121	Dec. 1	21 34 29.304	−15 26 49.97	5.227 3163
17	21 19 53.637	−16 41 19.59	4.542 5201	2	21 35 03.526	−15 23 56.48	5.242 0952
18	21 19 56.938	−16 40 57.37	4.556 8363	3	21 35 38.277	−15 21 00.13	5.256 7988
19	21 20 01.040	−16 40 31.40	4.571 2559	4	21 36 13.545	−15 18 00.93	5.271 4245
20	21 20 05.943	−16 40 01.68	4.585 7739	5	21 36 49.321	−15 14 58.92	5.285 9694
21	21 20 11.644	−16 39 28.23	4.600 3856	6	21 37 25.597	−15 11 54.12	5.300 4308
22	21 20 18.140	−16 38 51.08	4.615 0862	7	21 38 02.364	−15 08 46.55	5.314 8056
23	21 20 25.427	−16 38 10.24	4.629 8708	8	21 38 39.615	−15 05 36.21	5.329 0910
24	21 20 33.500	−16 37 25.74	4.644 7348	9	21 39 17.346	−15 02 23.11	5.343 2838
25	21 20 42.354	−16 36 37.59	4.659 6736	10	21 39 55.550	−14 59 07.25	5.357 3810
26	21 20 51.985	−16 35 45.82	4.674 6826	11	21 40 34.222	−14 55 48.64	5.371 3793
27	21 21 02.386	−16 34 50.45	4.689 7573	12	21 41 13.358	−14 52 27.31	5.385 2757
28	21 21 13.553	−16 33 51.48	4.704 8933	13	21 41 52.950	−14 49 03.27	5.399 0668
29	21 21 25.482	−16 32 48.94	4.720 0863	14	21 42 32.992	−14 45 36.56	5.412 7497
30	21 21 38.167	−16 31 42.83	4.735 3319	15	21 43 13.475	−14 42 07.21	5.426 3211
31	21 21 51.604	−16 30 33.16	4.750 6261	16	21 43 54.391	−14 38 35.24	5.439 7780
Nov. 1	21 22 05.788	−16 29 19.97	4.765 9646	17	21 44 35.731	−14 35 00.70	5.453 1175
2	21 22 20.715	−16 28 03.24	4.781 3436	18	21 45 17.485	−14 31 23.62	5.466 3366
3	21 22 36.381	−16 26 43.01	4.796 7591	19	21 45 59.645	−14 27 44.03	5.479 4325
4	21 22 52.781	−16 25 19.30	4.812 2072	20	21 46 42.202	−14 24 01.95	5.492 4025
5	21 23 09.909	−16 23 52.14	4.827 6843	21	21 47 25.147	−14 20 17.43	5.505 2439
6	21 23 27.758	−16 22 21.54	4.843 1864	22	21 48 08.473	−14 16 30.47	5.517 9543
7	21 23 46.320	−16 20 47.55	4.858 7100	23	21 48 52.171	−14 12 41.11	5.530 5311
8	21 24 05.589	−16 19 10.17	4.874 2512	24	21 49 36.234	−14 08 49.37	5.542 9720
9	21 24 25.556	−16 17 29.43	4.889 8061	25	21 50 20.656	−14 04 55.27	5.555 2747
10	21 24 46.217	−16 15 45.32	4.905 3708	26	21 51 05.429	−14 00 58.84	5.567 4371
11	21 25 07.565	−16 13 57.86	4.920 9414	27	21 51 50.548	−13 57 00.09	5.579 4571
12	21 25 29.596	−16 12 07.04	4.936 5137	28	21 52 36.005	−13 52 59.07	5.591 3328
13	21 25 52.307	−16 10 12.86	4.952 0836	29	21 53 21.794	−13 48 55.79	5.603 0622
14	21 26 15.692	−16 08 15.34	4.967 6469	30	21 54 07.908	−13 44 50.29	5.614 6435
15	21 26 39.748	−16 06 14.50	4.983 1993	31	21 54 54.339	−13 40 42.61	5.626 0752
16	21 27 04.467	−16 04 10.34	4.998 7367	32	21 55 41.077	−13 36 32.79	5.637 3556

SATURN, 2009

GEOCENTRIC COORDINATES FOR 0ʰ TERRESTRIAL TIME

Date	Apparent Right Ascension	Apparent Declination	True Geocentric Distance	Date	Apparent Right Ascension	Apparent Declination	True Geocentric Distance
	h m s	° ′ ″			h m s	° ′ ″	
Jan. 0	11 32 59.230	+ 5 08 37.68	9.017 6488	Feb. 15	11 26 55.326	+ 5 59 24.34	8.467 3707
1	11 32 59.774	+ 5 08 52.21	9.001 9167	16	11 26 40.134	+ 6 01 12.26	8.460 8911
2	11 32 59.906	+ 5 09 09.37	8.986 2821	17	11 26 24.737	+ 6 03 01.19	8.454 6999
3	11 32 59.627	+ 5 09 29.12	8.970 7501	18	11 26 09.141	+ 6 04 51.07	8.448 7997
4	11 32 58.941	+ 5 09 51.45	8.955 3259	19	11 25 53.356	+ 6 06 41.86	8.443 1931
5	11 32 57.848	+ 5 10 16.34	8.940 0148	20	11 25 37.388	+ 6 08 33.49	8.437 8825
6	11 32 56.353	+ 5 10 43.76	8.924 8217	21	11 25 21.246	+ 6 10 25.92	8.432 8701
7	11 32 54.458	+ 5 11 13.70	8.909 7515	22	11 25 04.938	+ 6 12 19.07	8.428 1581
8	11 32 52.165	+ 5 11 46.13	8.894 8090	23	11 24 48.473	+ 6 14 12.89	8.423 7485
9	11 32 49.475	+ 5 12 21.04	8.879 9990	24	11 24 31.859	+ 6 16 07.31	8.419 6433
10	11 32 46.388	+ 5 12 58.44	8.865 3259	25	11 24 15.107	+ 6 18 02.28	8.415 8440
11	11 32 42.903	+ 5 13 38.33	8.850 7944	26	11 23 58.227	+ 6 19 57.70	8.412 3522
12	11 32 39.018	+ 5 14 20.70	8.836 4090	27	11 23 41.229	+ 6 21 53.51	8.409 1693
13	11 32 34.735	+ 5 15 05.54	8.822 1742	28	11 23 24.125	+ 6 23 49.64	8.406 2963
14	11 32 30.055	+ 5 15 52.84	8.808 0948	Mar. 1	11 23 06.928	+ 6 25 45.99	8.403 7342
15	11 32 24.982	+ 5 16 42.56	8.794 1755	2	11 22 49.648	+ 6 27 42.51	8.401 4837
16	11 32 19.518	+ 5 17 34.69	8.780 4211	3	11 22 32.296	+ 6 29 39.12	8.399 5452
17	11 32 13.668	+ 5 18 29.18	8.766 8367	4	11 22 14.882	+ 6 31 35.75	8.397 9192
18	11 32 07.436	+ 5 19 26.00	8.753 4271	5	11 21 57.415	+ 6 33 32.35	8.396 6056
19	11 32 00.825	+ 5 20 25.14	8.740 1973	6	11 21 39.904	+ 6 35 28.87	8.395 6044
20	11 31 53.838	+ 5 21 26.56	8.727 1523	7	11 21 22.356	+ 6 37 25.27	8.394 9154
21	11 31 46.479	+ 5 22 30.24	8.714 2970	8	11 21 04.779	+ 6 39 21.48	8.394 5384
22	11 31 38.749	+ 5 23 36.15	8.701 6364	9	11 20 47.182	+ 6 41 17.45	8.394 4731
23	11 31 30.654	+ 5 24 44.27	8.689 1753	10	11 20 29.573	+ 6 43 13.12	8.394 7190
24	11 31 22.194	+ 5 25 54.56	8.676 9186	11	11 20 11.964	+ 6 45 08.43	8.395 2758
25	11 31 13.375	+ 5 27 07.00	8.664 8709	12	11 19 54.364	+ 6 47 03.30	8.396 1431
26	11 31 04.200	+ 5 28 21.56	8.653 0370	13	11 19 36.786	+ 6 48 57.66	8.397 3205
27	11 30 54.672	+ 5 29 38.19	8.641 4215	14	11 19 19.239	+ 6 50 51.46	8.398 8076
28	11 30 44.798	+ 5 30 56.86	8.630 0289	15	11 19 01.734	+ 6 52 44.62	8.400 6039
29	11 30 34.582	+ 5 32 17.52	8.618 8635	16	11 18 44.280	+ 6 54 37.09	8.402 7088
30	11 30 24.032	+ 5 33 40.13	8.607 9296	17	11 18 26.887	+ 6 56 28.82	8.405 1217
31	11 30 13.153	+ 5 35 04.61	8.597 2313	18	11 18 09.562	+ 6 58 19.75	8.407 8418
Feb. 1	11 30 01.955	+ 5 36 30.94	8.586 7725	19	11 17 52.315	+ 7 00 09.83	8.410 8681
2	11 29 50.444	+ 5 37 59.03	8.576 5571	20	11 17 35.154	+ 7 01 59.01	8.414 1998
3	11 29 38.628	+ 5 39 28.84	8.566 5887	21	11 17 18.089	+ 7 03 47.23	8.417 8355
4	11 29 26.514	+ 5 41 00.32	8.556 8707	22	11 17 01.127	+ 7 05 34.43	8.421 7740
5	11 29 14.110	+ 5 42 33.42	8.547 4064	23	11 16 44.277	+ 7 07 20.57	8.426 0139
6	11 29 01.421	+ 5 44 08.10	8.538 1990	24	11 16 27.550	+ 7 09 05.58	8.430 5536
7	11 28 48.452	+ 5 45 44.33	8.529 2515	25	11 16 10.955	+ 7 10 49.39	8.435 3913
8	11 28 35.207	+ 5 47 22.06	8.520 5667	26	11 15 54.502	+ 7 12 31.95	8.440 5251
9	11 28 21.691	+ 5 49 01.27	8.512 1475	27	11 15 38.202	+ 7 14 13.19	8.445 9529
10	11 28 07.910	+ 5 50 41.90	8.503 9968	28	11 15 22.066	+ 7 15 53.04	8.451 6724
11	11 27 53.873	+ 5 52 23.90	8.496 1174	29	11 15 06.104	+ 7 17 31.45	8.457 6810
12	11 27 39.586	+ 5 54 07.21	8.488 5122	30	11 14 50.326	+ 7 19 08.35	8.463 9762
13	11 27 25.060	+ 5 55 51.76	8.481 1841	31	11 14 34.742	+ 7 20 43.70	8.470 5549
14	11 27 10.304	+ 5 57 37.49	8.474 1360	Apr. 1	11 14 19.358	+ 7 22 17.47	8.477 4141
15	11 26 55.326	+ 5 59 24.34	8.467 3707	2	11 14 04.181	+ 7 23 49.61	8.484 5508

SATURN, 2009

GEOCENTRIC COORDINATES FOR 0^h TERRESTRIAL TIME

Date	Apparent Right Ascension	Apparent Declination	True Geocentric Distance	Date	Apparent Right Ascension	Apparent Declination	True Geocentric Distance
	h m s	° ′ ″			h m s	° ′ ″	
Apr. 1	11 14 19.358	+ 7 22 17.47	8.477 4141	May 17	11 07 48.800	+ 7 56 49.66	9.034 3469
2	11 14 04.181	+ 7 23 49.61	8.484 5508	18	11 07 48.688	+ 7 56 39.12	9.050 1428
3	11 13 49.216	+ 7 25 20.11	8.491 9617	19	11 07 48.960	+ 7 56 26.13	9.066 0249
4	11 13 34.471	+ 7 26 48.92	8.499 6434	20	11 07 49.618	+ 7 56 10.68	9.081 9886
5	11 13 19.950	+ 7 28 16.01	8.507 5926	21	11 07 50.663	+ 7 55 52.76	9.098 0292
6	11 13 05.660	+ 7 29 41.35	8.515 8061	22	11 07 52.097	+ 7 55 32.38	9.114 1420
7	11 12 51.609	+ 7 31 04.89	8.524 2805	23	11 07 53.922	+ 7 55 09.52	9.130 3223
8	11 12 37.805	+ 7 32 26.59	8.533 0125	24	11 07 56.138	+ 7 54 44.18	9.146 5650
9	11 12 24.255	+ 7 33 46.40	8.541 9989	25	11 07 58.745	+ 7 54 16.39	9.162 8653
10	11 12 10.968	+ 7 35 04.28	8.551 2364	26	11 08 01.740	+ 7 53 46.16	9.179 2181
11	11 11 57.951	+ 7 36 20.19	8.560 7218	27	11 08 05.122	+ 7 53 13.52	9.195 6184
12	11 11 45.210	+ 7 37 34.11	8.570 4518	28	11 08 08.885	+ 7 52 38.49	9.212 0611
13	11 11 32.751	+ 7 38 46.00	8.580 4232	29	11 08 13.027	+ 7 52 01.10	9.228 5415
14	11 11 20.579	+ 7 39 55.84	8.590 6325	30	11 08 17.545	+ 7 51 21.36	9.245 0546
15	11 11 08.699	+ 7 41 03.61	8.601 0764	31	11 08 22.439	+ 7 50 39.29	9.261 5959
16	11 10 57.115	+ 7 42 09.28	8.611 7513	June 1	11 08 27.706	+ 7 49 54.88	9.278 1608
17	11 10 45.833	+ 7 43 12.83	8.622 6537	2	11 08 33.348	+ 7 49 08.14	9.294 7450
18	11 10 34.857	+ 7 44 14.23	8.633 7799	3	11 08 39.363	+ 7 48 19.08	9.311 3441
19	11 10 24.193	+ 7 45 13.46	8.645 1262	4	11 08 45.750	+ 7 47 27.71	9.327 9539
20	11 10 13.844	+ 7 46 10.48	8.656 6886	5	11 08 52.508	+ 7 46 34.05	9.344 5703
21	11 10 03.817	+ 7 47 05.27	8.668 4634	6	11 08 59.635	+ 7 45 38.12	9.361 1894
22	11 09 54.117	+ 7 47 57.80	8.680 4464	7	11 09 07.128	+ 7 44 39.92	9.377 8069
23	11 09 44.751	+ 7 48 48.04	8.692 6335	8	11 09 14.984	+ 7 43 39.49	9.394 4191
24	11 09 35.723	+ 7 49 35.95	8.705 0204	9	11 09 23.200	+ 7 42 36.85	9.411 0219
25	11 09 27.042	+ 7 50 21.49	8.717 6028	10	11 09 31.773	+ 7 41 32.02	9.427 6114
26	11 09 18.711	+ 7 51 04.65	8.730 3759	11	11 09 40.700	+ 7 40 25.01	9.444 1837
27	11 09 10.737	+ 7 51 45.41	8.743 3352	12	11 09 49.978	+ 7 39 15.85	9.460 7349
28	11 09 03.121	+ 7 52 23.76	8.756 4758	13	11 09 59.604	+ 7 38 04.54	9.477 2609
29	11 08 55.867	+ 7 52 59.69	8.769 7930	14	11 10 09.577	+ 7 36 51.11	9.493 7580
30	11 08 48.973	+ 7 53 33.22	8.783 2816	15	11 10 19.894	+ 7 35 35.56	9.510 2220
May 1	11 08 42.442	+ 7 54 04.34	8.796 9370	16	11 10 30.554	+ 7 34 17.91	9.526 6491
2	11 08 36.274	+ 7 54 33.06	8.810 7543	17	11 10 41.556	+ 7 32 58.15	9.543 0352
3	11 08 30.471	+ 7 54 59.36	8.824 7286	18	11 10 52.898	+ 7 31 36.30	9.559 3763
4	11 08 25.036	+ 7 55 23.23	8.838 8554	19	11 11 04.580	+ 7 30 12.36	9.575 6683
5	11 08 19.971	+ 7 55 44.66	8.853 1299	20	11 11 16.602	+ 7 28 46.35	9.591 9070
6	11 08 15.280	+ 7 56 03.63	8.867 5477	21	11 11 28.960	+ 7 27 18.28	9.608 0882
7	11 08 10.965	+ 7 56 20.14	8.882 1043	22	11 11 41.651	+ 7 25 48.17	9.624 2076
8	11 08 07.030	+ 7 56 34.19	8.896 7953	23	11 11 54.671	+ 7 24 16.07	9.640 2610
9	11 08 03.475	+ 7 56 45.75	8.911 6163	24	11 12 08.013	+ 7 22 42.02	9.656 2441
10	11 08 00.302	+ 7 56 54.85	8.926 5631	25	11 12 21.673	+ 7 21 06.04	9.672 1527
11	11 07 57.511	+ 7 57 01.48	8.941 6313	26	11 12 35.646	+ 7 19 28.16	9.687 9826
12	11 07 55.103	+ 7 57 05.64	8.956 8166	27	11 12 49.926	+ 7 17 48.41	9.703 7301
13	11 07 53.078	+ 7 57 07.34	8.972 1146	28	11 13 04.514	+ 7 16 06.80	9.719 3914
14	11 07 51.434	+ 7 57 06.60	8.987 5211	29	11 13 19.405	+ 7 14 23.34	9.734 9628
15	11 07 50.174	+ 7 57 03.40	9.003 0315	30	11 13 34.599	+ 7 12 38.05	9.750 4409
16	11 07 49.295	+ 7 56 57.75	9.018 6416	July 1	11 13 50.093	+ 7 10 50.94	9.765 8224
17	11 07 48.800	+ 7 56 49.66	9.034 3469	2	11 14 05.884	+ 7 09 02.03	9.781 1039

SATURN, 2009

GEOCENTRIC COORDINATES FOR 0^h TERRESTRIAL TIME

Date	Apparent Right Ascension	Apparent Declination	True Geocentric Distance	Date	Apparent Right Ascension	Apparent Declination	True Geocentric Distance
	h m s	° ′ ″			h m s	° ′ ″	
July 1	11 13 50.093	+ 7 10 50.94	9.765 8224	Aug. 16	11 30 04.795	+ 5 22 36.50	10.317 7006
2	11 14 05.884	+ 7 09 02.03	9.781 1039	17	11 30 30.315	+ 5 19 49.92	10.325 3516
3	11 14 21.969	+ 7 07 11.36	9.796 2824	18	11 30 55.960	+ 5 17 02.65	10.332 7837
4	11 14 38.343	+ 7 05 18.94	9.811 3547	19	11 31 21.723	+ 5 14 14.73	10.339 9948
5	11 14 55.002	+ 7 03 24.80	9.826 3177	20	11 31 47.601	+ 5 11 26.18	10.346 9831
6	11 15 11.943	+ 7 01 28.97	9.841 1684	21	11 32 13.588	+ 5 08 37.05	10.353 7468
7	11 15 29.161	+ 6 59 31.48	9.855 9037	22	11 32 39.681	+ 5 05 47.33	10.360 2843
8	11 15 46.651	+ 6 57 32.34	9.870 5208	23	11 33 05.879	+ 5 02 57.06	10.366 5941
9	11 16 04.409	+ 6 55 31.60	9.885 0166	24	11 33 32.178	+ 5 00 06.24	10.372 6750
10	11 16 22.432	+ 6 53 29.26	9.899 3882	25	11 33 58.577	+ 4 57 14.90	10.378 5260
11	11 16 40.716	+ 6 51 25.35	9.913 6326	26	11 34 25.070	+ 4 54 23.07	10.384 1459
12	11 16 59.259	+ 6 49 19.89	9.927 7469	27	11 34 51.655	+ 4 51 30.76	10.389 5338
13	11 17 18.057	+ 6 47 12.88	9.941 7280	28	11 35 18.326	+ 4 48 38.02	10.394 6889
14	11 17 37.109	+ 6 45 04.33	9.955 5729	29	11 35 45.079	+ 4 45 44.88	10.399 6104
15	11 17 56.413	+ 6 42 54.28	9.969 2787	30	11 36 11.909	+ 4 42 51.36	10.404 2975
16	11 18 15.966	+ 6 40 42.71	9.982 8423	31	11 36 38.811	+ 4 39 57.50	10.408 7493
17	11 18 35.767	+ 6 38 29.65	9.996 2606	Sept. 1	11 37 05.780	+ 4 37 03.33	10.412 9653
18	11 18 55.813	+ 6 36 15.12	10.009 5304	2	11 37 32.813	+ 4 34 08.87	10.416 9447
19	11 19 16.101	+ 6 33 59.14	10.022 6485	3	11 37 59.905	+ 4 31 14.14	10.420 6867
20	11 19 36.627	+ 6 31 41.75	10.035 6118	4	11 38 27.053	+ 4 28 19.18	10.424 1908
21	11 19 57.383	+ 6 29 22.98	10.048 4170	5	11 38 54.255	+ 4 25 23.99	10.427 4562
22	11 20 18.365	+ 6 27 02.88	10.061 0610	6	11 39 21.506	+ 4 22 28.60	10.430 4823
23	11 20 39.566	+ 6 24 41.47	10.073 5406	7	11 39 48.806	+ 4 19 33.02	10.433 2683
24	11 21 00.981	+ 6 22 18.80	10.085 8529	8	11 40 16.151	+ 4 16 37.26	10.435 8135
25	11 21 22.606	+ 6 19 54.87	10.097 9951	9	11 40 43.540	+ 4 13 41.34	10.438 1172
26	11 21 44.440	+ 6 17 29.70	10.109 9645	10	11 41 10.970	+ 4 10 45.29	10.440 1786
27	11 22 06.481	+ 6 15 03.32	10.121 7588	11	11 41 38.438	+ 4 07 49.13	10.441 9968
28	11 22 28.724	+ 6 12 35.72	10.133 3756	12	11 42 05.939	+ 4 04 52.88	10.443 5711
29	11 22 51.168	+ 6 10 06.95	10.144 8126	13	11 42 33.468	+ 4 01 56.59	10.444 9005
30	11 23 13.809	+ 6 07 37.02	10.156 0678	14	11 43 01.021	+ 3 59 00.29	10.445 9843
31	11 23 36.643	+ 6 05 05.96	10.167 1392	15	11 43 28.590	+ 3 56 04.03	10.446 8217
Aug. 1	11 23 59.664	+ 6 02 33.81	10.178 0246	16	11 43 56.171	+ 3 53 07.87	10.447 4120
2	11 24 22.868	+ 6 00 00.58	10.188 7221	17	11 44 23.755	+ 3 50 11.82	10.447 7545
3	11 24 46.251	+ 5 57 26.32	10.199 2299	18	11 44 51.339	+ 3 47 15.88	10.447 8489
4	11 25 09.808	+ 5 54 51.04	10.209 5459	19	11 45 18.922	+ 3 44 20.02	10.447 6948
5	11 25 33.535	+ 5 52 14.78	10.219 6684	20	11 45 46.506	+ 3 41 24.29	10.447 2921
6	11 25 57.427	+ 5 49 37.56	10.229 5954	21	11 46 14.087	+ 3 38 28.74	10.446 6409
7	11 26 21.481	+ 5 46 59.40	10.239 3251	22	11 46 41.660	+ 3 35 33.41	10.445 7414
8	11 26 45.693	+ 5 44 20.32	10.248 8556	23	11 47 09.220	+ 3 32 38.32	10.444 5937
9	11 27 10.061	+ 5 41 40.34	10.258 1851	24	11 47 36.763	+ 3 29 43.50	10.443 1984
10	11 27 34.582	+ 5 38 59.47	10.267 3117	25	11 48 04.284	+ 3 26 48.98	10.441 5559
11	11 27 59.254	+ 5 36 17.73	10.276 2334	26	11 48 31.777	+ 3 23 54.80	10.439 6666
12	11 28 24.075	+ 5 33 35.13	10.284 9483	27	11 48 59.237	+ 3 21 00.99	10.437 5311
13	11 28 49.042	+ 5 30 51.68	10.293 4545	28	11 49 26.661	+ 3 18 07.57	10.435 1499
14	11 29 14.154	+ 5 28 07.41	10.301 7500	29	11 49 54.042	+ 3 15 14.58	10.432 5237
15	11 29 39.406	+ 5 25 22.34	10.309 8327	30	11 50 21.378	+ 3 12 22.05	10.429 6530
16	11 30 04.795	+ 5 22 36.50	10.317 7006	Oct. 1	11 50 48.663	+ 3 09 29.99	10.426 5385

SATURN, 2009

GEOCENTRIC COORDINATES FOR 0ʰ TERRESTRIAL TIME

Date	Apparent Right Ascension	Apparent Declination	True Geocentric Distance	Date	Apparent Right Ascension	Apparent Declination	True Geocentric Distance
	h m s	° ′ ″			h m s	° ′ ″	
Oct. 1	11 50 48.663	+ 3 09 29.99	10.426 5385	Nov. 16	12 09 43.255	+ 1 13 43.39	10.037 3196
2	11 51 15.896	+ 3 06 38.43	10.423 1808	17	12 10 03.722	+ 1 11 43.86	10.024 1609
3	11 51 43.072	+ 3 03 47.39	10.419 5806	18	12 10 23.943	+ 1 09 46.11	10.010 8409
4	11 52 10.190	+ 3 00 56.89	10.415 7386	19	12 10 43.912	+ 1 07 50.16	9.997 3631
5	11 52 37.247	+ 2 58 06.94	10.411 6553	20	12 11 03.625	+ 1 05 56.06	9.983 7309
6	11 53 04.241	+ 2 55 17.56	10.407 3314	21	12 11 23.077	+ 1 04 03.83	9.969 9480
7	11 53 31.168	+ 2 52 28.77	10.402 7675	22	12 11 42.261	+ 1 02 13.49	9.956 0181
8	11 53 58.026	+ 2 49 40.59	10.397 9640	23	12 12 01.174	+ 1 00 25.09	9.941 9446
9	11 54 24.811	+ 2 46 53.05	10.392 9216	24	12 12 19.812	+ 0 58 38.64	9.927 7314
10	11 54 51.516	+ 2 44 06.20	10.387 6407	25	12 12 38.170	+ 0 56 54.16	9.913 3822
11	11 55 18.137	+ 2 41 20.06	10.382 1219	26	12 12 56.247	+ 0 55 11.68	9.898 9006
12	11 55 44.667	+ 2 38 34.68	10.376 3658	27	12 13 14.038	+ 0 53 31.20	9.884 2904
13	11 56 11.101	+ 2 35 50.10	10.370 3731	28	12 13 31.541	+ 0 51 52.75	9.869 5553
14	11 56 37.433	+ 2 33 06.34	10.364 1444	29	12 13 48.755	+ 0 50 16.33	9.854 6990
15	11 57 03.660	+ 2 30 23.45	10.357 6808	30	12 14 05.677	+ 0 48 41.96	9.839 7254
16	11 57 29.779	+ 2 27 41.44	10.350 9832	Dec. 1	12 14 22.304	+ 0 47 09.65	9.824 6379
17	11 57 55.786	+ 2 25 00.33	10.344 0529	2	12 14 38.633	+ 0 45 39.42	9.809 4403
18	11 58 21.678	+ 2 22 20.14	10.336 8912	3	12 14 54.660	+ 0 44 11.29	9.794 1361
19	11 58 47.453	+ 2 19 40.90	10.329 4997	4	12 15 10.380	+ 0 42 45.30	9.778 7289
20	11 59 13.106	+ 2 17 02.64	10.321 8800	5	12 15 25.786	+ 0 41 21.49	9.763 2222
21	11 59 38.632	+ 2 14 25.37	10.314 0339	6	12 15 40.874	+ 0 39 59.88	9.747 6196
22	12 00 04.026	+ 2 11 49.15	10.305 9633	7	12 15 55.637	+ 0 38 40.51	9.731 9249
23	12 00 29.282	+ 2 09 14.00	10.297 6700	8	12 16 10.073	+ 0 37 23.41	9.716 1418
24	12 00 54.396	+ 2 06 39.97	10.289 1561	9	12 16 24.178	+ 0 36 08.59	9.700 2744
25	12 01 19.361	+ 2 04 07.07	10.280 4237	10	12 16 37.950	+ 0 34 56.07	9.684 3266
26	12 01 44.174	+ 2 01 35.35	10.271 4747	11	12 16 51.387	+ 0 33 45.85	9.668 3029
27	12 02 08.829	+ 1 59 04.83	10.262 3112	12	12 17 04.487	+ 0 32 37.95	9.652 2076
28	12 02 33.324	+ 1 56 35.53	10.252 9355	13	12 17 17.245	+ 0 31 32.39	9.636 0452
29	12 02 57.652	+ 1 54 07.49	10.243 3495	14	12 17 29.660	+ 0 30 29.18	9.619 8204
30	12 03 21.813	+ 1 51 40.72	10.233 5556	15	12 17 41.726	+ 0 29 28.34	9.603 5379
31	12 03 45.802	+ 1 49 15.25	10.223 5558	16	12 17 53.439	+ 0 28 29.90	9.587 2025
Nov. 1	12 04 09.617	+ 1 46 51.08	10.213 3524	17	12 18 04.796	+ 0 27 33.89	9.570 8192
2	12 04 33.255	+ 1 44 28.24	10.202 9474	18	12 18 15.791	+ 0 26 40.31	9.554 3928
3	12 04 56.715	+ 1 42 06.74	10.192 3430	19	12 18 26.422	+ 0 25 49.20	9.537 9282
4	12 05 19.992	+ 1 39 46.60	10.181 5414	20	12 18 36.684	+ 0 25 00.57	9.521 4305
5	12 05 43.082	+ 1 37 27.85	10.170 5444	21	12 18 46.575	+ 0 24 14.44	9.504 9047
6	12 06 05.981	+ 1 35 10.53	10.159 3543	22	12 18 56.092	+ 0 23 30.81	9.488 3556
7	12 06 28.682	+ 1 32 54.67	10.147 9730	23	12 19 05.234	+ 0 22 49.70	9.471 7884
8	12 06 51.179	+ 1 30 40.32	10.136 4026	24	12 19 14.000	+ 0 22 11.10	9.455 2079
9	12 07 13.467	+ 1 28 27.51	10.124 6453	25	12 19 22.387	+ 0 21 35.03	9.438 6191
10	12 07 35.539	+ 1 26 16.28	10.112 7034	26	12 19 30.395	+ 0 21 01.47	9.422 0270
11	12 07 57.392	+ 1 24 06.65	10.100 5793	27	12 19 38.024	+ 0 20 30.44	9.405 4364
12	12 08 19.023	+ 1 21 58.66	10.088 2754	28	12 19 45.272	+ 0 20 01.92	9.388 8522
13	12 08 40.428	+ 1 19 52.32	10.075 7946	29	12 19 52.140	+ 0 19 35.92	9.372 2792
14	12 09 01.604	+ 1 17 47.64	10.063 1397	30	12 19 58.625	+ 0 19 12.45	9.355 7221
15	12 09 22.547	+ 1 15 44.66	10.050 3136	31	12 20 04.725	+ 0 18 51.52	9.339 1855
16	12 09 43.255	+ 1 13 43.39	10.037 3196	32	12 20 10.436	+ 0 18 33.14	9.322 6740

URANUS, 2009

GEOCENTRIC COORDINATES FOR 0^h TERRESTRIAL TIME

Date	Apparent Right Ascension	Apparent Declination	True Geocentric Distance	Date	Apparent Right Ascension	Apparent Declination	True Geocentric Distance
	h m s	° ′ ″			h m s	° ′ ″	
Jan. 0	23 21 30.488	− 4 57 50.17	20.421 556	Feb. 15	23 28 38.043	− 4 10 52.80	20.991 723
1	23 21 36.650	− 4 57 08.50	20.437 717	16	23 28 49.810	− 4 09 36.24	20.998 982
2	23 21 42.977	− 4 56 25.80	20.453 768	17	23 29 01.646	− 4 08 19.25	21.005 981
3	23 21 49.468	− 4 55 42.05	20.469 706	18	23 29 13.548	− 4 07 01.86	21.012 720
4	23 21 56.124	− 4 54 57.28	20.485 525	19	23 29 25.514	− 4 05 44.09	21.019 196
5	23 22 02.943	− 4 54 11.47	20.501 221	20	23 29 37.539	− 4 04 25.96	21.025 407
6	23 22 09.924	− 4 53 24.64	20.516 790	21	23 29 49.620	− 4 03 07.50	21.031 351
7	23 22 17.069	− 4 52 36.79	20.532 227	22	23 30 01.753	− 4 01 48.73	21.037 028
8	23 22 24.374	− 4 51 47.94	20.547 528	23	23 30 13.936	− 4 00 29.67	21.042 434
9	23 22 31.838	− 4 50 58.10	20.562 690	24	23 30 26.164	− 3 59 10.33	21.047 570
10	23 22 39.456	− 4 50 07.29	20.577 708	25	23 30 38.436	− 3 57 50.74	21.052 433
11	23 22 47.225	− 4 49 15.55	20.592 580	26	23 30 50.748	− 3 56 30.92	21.057 022
12	23 22 55.139	− 4 48 22.91	20.607 300	27	23 31 03.100	− 3 55 10.86	21.061 336
13	23 23 03.196	− 4 47 29.38	20.621 865	28	23 31 15.490	− 3 53 50.58	21.065 374
14	23 23 11.394	− 4 46 34.96	20.636 272	Mar. 1	23 31 27.915	− 3 52 30.10	21.069 136
15	23 23 19.733	− 4 45 39.65	20.650 517	2	23 31 40.376	− 3 51 09.41	21.072 621
16	23 23 28.213	− 4 44 43.46	20.664 595	3	23 31 52.868	− 3 49 48.54	21.075 828
17	23 23 36.834	− 4 43 46.38	20.678 503	4	23 32 05.391	− 3 48 27.51	21.078 757
18	23 23 45.594	− 4 42 48.42	20.692 236	5	23 32 17.939	− 3 47 06.35	21.081 408
19	23 23 54.494	− 4 41 49.60	20.705 791	6	23 32 30.509	− 3 45 45.08	21.083 781
20	23 24 03.531	− 4 40 49.91	20.719 164	7	23 32 43.095	− 3 44 23.73	21.085 876
21	23 24 12.702	− 4 39 49.38	20.732 351	8	23 32 55.694	− 3 43 02.32	21.087 693
22	23 24 22.006	− 4 38 48.03	20.745 347	9	23 33 08.303	− 3 41 40.89	21.089 232
23	23 24 31.439	− 4 37 45.88	20.758 150	10	23 33 20.918	− 3 40 19.45	21.090 493
24	23 24 40.998	− 4 36 42.94	20.770 754	11	23 33 33.541	− 3 38 58.00	21.091 477
25	23 24 50.680	− 4 35 39.25	20.783 157	12	23 33 46.173	− 3 37 36.62	21.092 182
26	23 25 00.482	− 4 34 34.80	20.795 355	13	23 33 58.795	− 3 36 15.61	21.092 610
27	23 25 10.400	− 4 33 29.64	20.807 345	14	23 34 11.394	− 3 34 53.94	21.092 760
28	23 25 20.432	− 4 32 23.77	20.819 122	15	23 34 24.026	− 3 33 32.30	21.092 633
29	23 25 30.576	− 4 31 17.20	20.830 684	16	23 34 36.658	− 3 32 10.82	21.092 228
30	23 25 40.829	− 4 30 09.95	20.842 028	17	23 34 49.285	− 3 30 49.42	21.091 544
31	23 25 51.191	− 4 29 02.03	20.853 150	18	23 35 01.904	− 3 29 28.11	21.090 584
Feb. 1	23 26 01.660	− 4 27 53.44	20.864 047	19	23 35 14.511	− 3 28 06.90	21.089 345
2	23 26 12.234	− 4 26 44.19	20.874 718	20	23 35 27.104	− 3 26 45.82	21.087 830
3	23 26 22.913	− 4 25 34.30	20.885 158	21	23 35 39.678	− 3 25 24.89	21.086 038
4	23 26 33.694	− 4 24 23.78	20.895 366	22	23 35 52.231	− 3 24 04.12	21.083 969
5	23 26 44.575	− 4 23 12.65	20.905 339	23	23 36 04.760	− 3 22 43.53	21.081 624
6	23 26 55.552	− 4 22 00.93	20.915 076	24	23 36 17.261	− 3 21 23.15	21.079 004
7	23 27 06.619	− 4 20 48.66	20.924 574	25	23 36 29.732	− 3 20 02.98	21.076 109
8	23 27 17.773	− 4 19 35.86	20.933 831	26	23 36 42.172	− 3 18 43.05	21.072 940
9	23 27 29.009	− 4 18 22.56	20.942 845	27	23 36 54.579	− 3 17 23.35	21.069 499
10	23 27 40.323	− 4 17 08.78	20.951 615	28	23 37 06.952	− 3 16 03.89	21.065 786
11	23 27 51.715	− 4 15 54.53	20.960 138	29	23 37 19.289	− 3 14 44.69	21.061 802
12	23 28 03.184	− 4 14 39.80	20.968 413	30	23 37 31.590	− 3 13 25.76	21.057 550
13	23 28 14.729	− 4 13 24.59	20.976 436	31	23 37 43.850	− 3 12 07.12	21.053 030
14	23 28 26.349	− 4 12 08.93	20.984 207	Apr. 1	23 37 56.067	− 3 10 48.78	21.048 245
15	23 28 38.043	− 4 10 52.80	20.991 723	2	23 38 08.236	− 3 09 30.79	21.043 196

URANUS, 2009

GEOCENTRIC COORDINATES FOR 0ʰ TERRESTRIAL TIME

Date	Apparent Right Ascension	Apparent Declination	True Geocentric Distance	Date	Apparent Right Ascension	Apparent Declination	True Geocentric Distance
	h m s	° ′ ″			h m s	° ′ ″	
Apr. 1	23 37 56.067	− 3 10 48.78	21.048 245	May 17	23 45 48.954	− 2 20 49.29	20.578 610
2	23 38 08.236	− 3 09 30.79	21.043 196	18	23 45 56.523	− 2 20 02.19	20.564 019
3	23 38 20.353	− 3 08 13.16	21.037 886	19	23 46 03.946	− 2 19 16.06	20.549 295
4	23 38 32.413	− 3 06 55.93	21.032 316	20	23 46 11.221	− 2 18 30.90	20.534 441
5	23 38 44.415	− 3 05 39.10	21.026 488	21	23 46 18.350	− 2 17 46.71	20.519 461
6	23 38 56.354	− 3 04 22.71	21.020 404	22	23 46 25.330	− 2 17 03.50	20.504 359
7	23 39 08.229	− 3 03 06.74	21.014 066	23	23 46 32.164	− 2 16 21.26	20.489 138
8	23 39 20.041	− 3 01 51.21	21.007 476	24	23 46 38.848	− 2 15 40.00	20.473 805
9	23 39 31.788	− 3 00 36.13	21.000 637	25	23 46 45.383	− 2 14 59.74	20.458 362
10	23 39 43.470	− 2 59 21.48	20.993 549	26	23 46 51.764	− 2 14 20.50	20.442 814
11	23 39 55.086	− 2 58 07.29	20.986 215	27	23 46 57.989	− 2 13 42.29	20.427 166
12	23 40 06.633	− 2 56 53.56	20.978 636	28	23 47 04.053	− 2 13 05.13	20.411 423
13	23 40 18.110	− 2 55 40.32	20.970 814	29	23 47 09.953	− 2 12 29.06	20.395 589
14	23 40 29.513	− 2 54 27.58	20.962 752	30	23 47 15.689	− 2 11 54.07	20.379 669
15	23 40 40.839	− 2 53 15.36	20.954 450	31	23 47 21.259	− 2 11 20.16	20.363 667
16	23 40 52.085	− 2 52 03.69	20.945 912	June 1	23 47 26.665	− 2 10 47.34	20.347 587
17	23 41 03.248	− 2 50 52.58	20.937 139	2	23 47 31.906	− 2 10 15.59	20.331 435
18	23 41 14.325	− 2 49 42.05	20.928 133	3	23 47 36.984	− 2 09 44.91	20.315 214
19	23 41 25.313	− 2 48 32.13	20.918 897	4	23 47 41.899	− 2 09 15.29	20.298 929
20	23 41 36.209	− 2 47 22.83	20.909 432	5	23 47 46.651	− 2 08 46.75	20.282 584
21	23 41 47.011	− 2 46 14.16	20.899 741	6	23 47 51.239	− 2 08 19.28	20.266 182
22	23 41 57.718	− 2 45 06.13	20.889 827	7	23 47 55.661	− 2 07 52.89	20.249 729
23	23 42 08.329	− 2 43 58.75	20.879 692	8	23 47 59.917	− 2 07 27.59	20.233 227
24	23 42 18.842	− 2 42 52.03	20.869 340	9	23 48 04.003	− 2 07 03.40	20.216 682
25	23 42 29.256	− 2 41 45.96	20.858 772	10	23 48 07.920	− 2 06 40.33	20.200 098
26	23 42 39.572	− 2 40 40.57	20.847 992	11	23 48 11.664	− 2 06 18.38	20.183 478
27	23 42 49.786	− 2 39 35.86	20.837 003	12	23 48 15.234	− 2 05 57.57	20.166 828
28	23 42 59.895	− 2 38 31.85	20.825 808	13	23 48 18.630	− 2 05 37.89	20.150 150
29	23 43 09.897	− 2 37 28.57	20.814 411	14	23 48 21.851	− 2 05 19.37	20.133 450
30	23 43 19.786	− 2 36 26.05	20.802 815	15	23 48 24.895	− 2 05 01.99	20.116 733
May 1	23 43 29.559	− 2 35 24.31	20.791 025	16	23 48 27.764	− 2 04 45.75	20.100 001
2	23 43 39.213	− 2 34 23.36	20.779 042	17	23 48 30.457	− 2 04 30.67	20.083 261
3	23 43 48.746	− 2 33 23.22	20.766 872	18	23 48 32.976	− 2 04 16.72	20.066 516
4	23 43 58.156	− 2 32 23.90	20.754 517	19	23 48 35.320	− 2 04 03.90	20.049 771
5	23 44 07.443	− 2 31 25.39	20.741 981	20	23 48 37.491	− 2 03 52.21	20.033 032
6	23 44 16.608	− 2 30 27.70	20.729 266	21	23 48 39.488	− 2 03 41.66	20.016 302
7	23 44 25.649	− 2 29 30.82	20.716 378	22	23 48 41.311	− 2 03 32.25	19.999 587
8	23 44 34.568	− 2 28 34.76	20.703 317	23	23 48 42.956	− 2 03 23.99	19.982 893
9	23 44 43.361	− 2 27 39.53	20.690 089	24	23 48 44.421	− 2 03 16.90	19.966 223
10	23 44 52.028	− 2 26 45.14	20.676 696	25	23 48 45.704	− 2 03 10.99	19.949 584
11	23 45 00.567	− 2 25 51.61	20.663 142	26	23 48 46.803	− 2 03 06.28	19.932 980
12	23 45 08.975	− 2 24 58.95	20.649 429	27	23 48 47.719	− 2 03 02.76	19.916 417
13	23 45 17.248	− 2 24 07.17	20.635 561	28	23 48 48.453	− 2 03 00.40	19.899 899
14	23 45 25.386	− 2 23 16.31	20.621 542	29	23 48 49.007	− 2 02 59.21	19.883 430
15	23 45 33.384	− 2 22 26.36	20.607 375	30	23 48 49.384	− 2 02 59.16	19.867 017
16	23 45 41.241	− 2 21 37.35	20.593 063	July 1	23 48 49.586	− 2 03 00.25	19.850 662
17	23 45 48.954	− 2 20 49.29	20.578 610	2	23 48 49.612	− 2 03 02.46	19.834 371

URANUS, 2009

GEOCENTRIC COORDINATES FOR 0ʰ TERRESTRIAL TIME

Date	Apparent Right Ascension	Apparent Declination	True Geocentric Distance	Date	Apparent Right Ascension	Apparent Declination	True Geocentric Distance
	h m s	° ′ ″			h m s	° ′ ″	
July 1	23 48 49.586	− 2 03 00.25	19.850 662	Aug. 16	23 46 00.580	− 2 22 48.36	19.237 478
2	23 48 49.612	− 2 03 02.46	19.834 371	17	23 45 53.586	− 2 23 35.04	19.228 706
3	23 48 49.464	− 2 03 05.80	19.818 148	18	23 45 46.482	− 2 24 22.39	19.220 185
4	23 48 49.142	− 2 03 10.26	19.801 997	19	23 45 39.269	− 2 25 10.40	19.211 920
5	23 48 48.645	− 2 03 15.84	19.785 923	20	23 45 31.950	− 2 25 59.07	19.203 912
6	23 48 47.973	− 2 03 22.55	19.769 929	21	23 45 24.527	− 2 26 48.36	19.196 166
7	23 48 47.126	− 2 03 30.39	19.754 021	22	23 45 17.005	− 2 27 38.24	19.188 683
8	23 48 46.103	− 2 03 39.36	19.738 203	23	23 45 09.389	− 2 28 28.68	19.181 468
9	23 48 44.903	− 2 03 49.47	19.722 478	24	23 45 01.685	− 2 29 19.64	19.174 521
10	23 48 43.528	− 2 04 00.71	19.706 851	25	23 44 53.898	− 2 30 11.10	19.167 845
11	23 48 41.977	− 2 04 13.07	19.691 327	26	23 44 46.030	− 2 31 03.03	19.161 443
12	23 48 40.252	− 2 04 26.56	19.675 909	27	23 44 38.086	− 2 31 55.40	19.155 317
13	23 48 38.353	− 2 04 41.15	19.660 603	28	23 44 30.068	− 2 32 48.21	19.149 467
14	23 48 36.282	− 2 04 56.85	19.645 412	29	23 44 21.978	− 2 33 41.43	19.143 896
15	23 48 34.041	− 2 05 13.63	19.630 341	30	23 44 13.818	− 2 34 35.06	19.138 606
16	23 48 31.633	− 2 05 31.49	19.615 395	31	23 44 05.592	− 2 35 29.07	19.133 599
17	23 48 29.058	− 2 05 50.41	19.600 578	Sept. 1	23 43 57.301	− 2 36 23.45	19.128 875
18	23 48 26.320	− 2 06 10.38	19.585 895	2	23 43 48.949	− 2 37 18.18	19.124 436
19	23 48 23.417	− 2 06 31.40	19.571 350	3	23 43 40.537	− 2 38 13.24	19.120 284
20	23 48 20.350	− 2 06 53.47	19.556 948	4	23 43 32.071	− 2 39 08.61	19.116 420
21	23 48 17.119	− 2 07 16.58	19.542 694	5	23 43 23.552	− 2 40 04.26	19.112 845
22	23 48 13.721	− 2 07 40.76	19.528 593	6	23 43 14.987	− 2 41 00.17	19.109 561
23	23 48 10.157	− 2 08 06.00	19.514 649	7	23 43 06.378	− 2 41 56.30	19.106 569
24	23 48 06.427	− 2 08 32.29	19.500 867	8	23 42 57.731	− 2 42 52.63	19.103 870
25	23 48 02.533	− 2 08 59.61	19.487 252	9	23 42 49.050	− 2 43 49.13	19.101 465
26	23 47 58.481	− 2 09 27.94	19.473 808	10	23 42 40.340	− 2 44 45.77	19.099 356
27	23 47 54.272	− 2 09 57.25	19.460 538	11	23 42 31.603	− 2 45 42.52	19.097 543
28	23 47 49.911	− 2 10 27.52	19.447 448	12	23 42 22.843	− 2 46 39.38	19.096 029
29	23 47 45.401	− 2 10 58.73	19.434 540	13	23 42 14.062	− 2 47 36.33	19.094 813
30	23 47 40.744	− 2 11 30.87	19.421 818	14	23 42 05.261	− 2 48 33.35	19.093 898
31	23 47 35.941	− 2 12 03.92	19.409 287	15	23 41 56.443	− 2 49 30.43	19.093 283
Aug. 1	23 47 30.994	− 2 12 37.88	19.396 950	16	23 41 47.610	− 2 50 27.56	19.092 971
2	23 47 25.903	− 2 13 12.73	19.384 810	17	23 41 38.766	− 2 51 24.71	19.092 961
3	23 47 20.671	− 2 13 48.48	19.372 870	18	23 41 29.914	− 2 52 21.84	19.093 255
4	23 47 15.297	− 2 14 25.11	19.361 135	19	23 41 21.061	− 2 53 18.93	19.093 851
5	23 47 09.783	− 2 15 02.62	19.349 608	20	23 41 12.212	− 2 54 15.93	19.094 751
6	23 47 04.131	− 2 15 40.99	19.338 292	21	23 41 03.374	− 2 55 12.80	19.095 955
7	23 46 58.343	− 2 16 20.21	19.327 190	22	23 40 54.552	− 2 56 09.51	19.097 461
8	23 46 52.420	− 2 17 00.27	19.316 306	23	23 40 45.748	− 2 57 06.05	19.099 269
9	23 46 46.366	− 2 17 41.15	19.305 643	24	23 40 36.968	− 2 58 02.38	19.101 379
10	23 46 40.184	− 2 18 22.82	19.295 205	25	23 40 28.212	− 2 58 58.50	19.103 791
11	23 46 33.877	− 2 19 05.27	19.284 994	26	23 40 19.485	− 2 59 54.38	19.106 502
12	23 46 27.448	− 2 19 48.47	19.275 015	27	23 40 10.789	− 3 00 50.01	19.109 512
13	23 46 20.901	− 2 20 32.39	19.265 270	28	23 40 02.126	− 3 01 45.37	19.112 820
14	23 46 14.240	− 2 21 17.02	19.255 764	29	23 39 53.501	− 3 02 40.44	19.116 425
15	23 46 07.465	− 2 22 02.35	19.246 499	30	23 39 44.915	− 3 03 35.20	19.120 325
16	23 46 00.580	− 2 22 48.36	19.237 478	Oct. 1	23 39 36.372	− 3 04 29.63	19.124 520

URANUS, 2009

GEOCENTRIC COORDINATES FOR 0^h TERRESTRIAL TIME

Date	Apparent Right Ascension	Apparent Declination	True Geocentric Distance	Date	Apparent Right Ascension	Apparent Declination	True Geocentric Distance
	h m s	° ′ ″			h m s	° ′ ″	
Oct. 1	23 39 36.372	− 3 04 29.63	19.124 520	Nov. 16	23 34 49.432	− 3 34 01.12	19.598 737
2	23 39 27.877	− 3 05 23.70	19.129 008	17	23 34 46.541	− 3 34 17.26	19.613 952
3	23 39 19.433	− 3 06 17.38	19.133 788	18	23 34 43.830	− 3 34 32.23	19.629 310
4	23 39 11.046	− 3 07 10.65	19.138 858	19	23 34 41.298	− 3 34 46.03	19.644 806
5	23 39 02.719	− 3 08 03.47	19.144 216	20	23 34 38.946	− 3 34 58.65	19.660 435
6	23 38 54.457	− 3 08 55.83	19.149 863	21	23 34 36.774	− 3 35 10.10	19.676 191
7	23 38 46.265	− 3 09 47.68	19.155 795	22	23 34 34.782	− 3 35 20.37	19.692 069
8	23 38 38.145	− 3 10 39.01	19.162 012	23	23 34 32.971	− 3 35 29.46	19.708 064
9	23 38 30.102	− 3 11 29.81	19.168 511	24	23 34 31.341	− 3 35 37.38	19.724 171
10	23 38 22.137	− 3 12 20.06	19.175 293	25	23 34 29.893	− 3 35 44.11	19.740 384
11	23 38 14.251	− 3 13 09.75	19.182 354	26	23 34 28.629	− 3 35 49.64	19.756 698
12	23 38 06.446	− 3 13 58.87	19.189 693	27	23 34 27.550	− 3 35 53.97	19.773 109
13	23 37 58.725	− 3 14 47.40	19.197 309	28	23 34 26.657	− 3 35 57.09	19.789 610
14	23 37 51.090	− 3 15 35.33	19.205 199	29	23 34 25.952	− 3 35 58.99	19.806 197
15	23 37 43.545	− 3 16 22.63	19.213 361	30	23 34 25.437	− 3 35 59.65	19.822 865
16	23 37 36.095	− 3 17 09.27	19.221 793	Dec. 1	23 34 25.113	− 3 35 59.08	19.839 609
17	23 37 28.745	− 3 17 55.20	19.230 492	2	23 34 24.981	− 3 35 57.27	19.856 423
18	23 37 21.501	− 3 18 40.41	19.239 456	3	23 34 25.040	− 3 35 54.22	19.873 303
19	23 37 14.367	− 3 19 24.86	19.248 682	4	23 34 25.288	− 3 35 49.96	19.890 245
20	23 37 07.346	− 3 20 08.53	19.258 166	5	23 34 25.724	− 3 35 44.49	19.907 243
21	23 37 00.443	− 3 20 51.40	19.267 905	6	23 34 26.345	− 3 35 37.82	19.924 293
22	23 36 53.658	− 3 21 33.46	19.277 897	7	23 34 27.151	− 3 35 29.96	19.941 389
23	23 36 46.994	− 3 22 14.70	19.288 136	8	23 34 28.143	− 3 35 20.90	19.958 527
24	23 36 40.453	− 3 22 55.11	19.298 621	9	23 34 29.321	− 3 35 10.63	19.975 702
25	23 36 34.037	− 3 23 34.68	19.309 347	10	23 34 30.688	− 3 34 59.14	19.992 908
26	23 36 27.748	− 3 24 13.39	19.320 311	11	23 34 32.245	− 3 34 46.42	20.010 141
27	23 36 21.587	− 3 24 51.23	19.331 508	12	23 34 33.994	− 3 34 32.47	20.027 394
28	23 36 15.558	− 3 25 28.19	19.342 936	13	23 34 35.936	− 3 34 17.27	20.044 662
29	23 36 09.663	− 3 26 04.24	19.354 591	14	23 34 38.070	− 3 34 00.83	20.061 940
30	23 36 03.905	− 3 26 39.38	19.366 468	15	23 34 40.397	− 3 33 43.15	20.079 222
31	23 35 58.287	− 3 27 13.57	19.378 564	16	23 34 42.914	− 3 33 24.25	20.096 503
Nov. 1	23 35 52.814	− 3 27 46.80	19.390 875	17	23 34 45.620	− 3 33 04.14	20.113 777
2	23 35 47.488	− 3 28 19.04	19.403 398	18	23 34 48.514	− 3 32 42.83	20.131 038
3	23 35 42.312	− 3 28 50.28	19.416 128	19	23 34 51.594	− 3 32 20.33	20.148 281
4	23 35 37.290	− 3 29 20.50	19.429 062	20	23 34 54.859	− 3 31 56.64	20.165 500
5	23 35 32.424	− 3 29 49.69	19.442 195	21	23 34 58.307	− 3 31 31.78	20.182 691
6	23 35 27.713	− 3 30 17.85	19.455 525	22	23 35 01.939	− 3 31 05.75	20.199 847
7	23 35 23.159	− 3 30 44.98	19.469 048	23	23 35 05.751	− 3 30 38.55	20.216 964
8	23 35 18.761	− 3 31 11.07	19.482 759	24	23 35 09.747	− 3 30 10.19	20.234 035
9	23 35 14.520	− 3 31 36.13	19.496 655	25	23 35 13.924	− 3 29 40.67	20.251 057
10	23 35 10.437	− 3 32 00.14	19.510 731	26	23 35 18.283	− 3 29 09.98	20.268 024
11	23 35 06.515	− 3 32 23.09	19.524 984	27	23 35 22.824	− 3 28 38.14	20.284 931
12	23 35 02.757	− 3 32 44.95	19.539 409	28	23 35 27.546	− 3 28 05.14	20.301 773
13	23 34 59.166	− 3 33 05.71	19.554 001	29	23 35 32.448	− 3 27 30.98	20.318 545
14	23 34 55.746	− 3 33 25.33	19.568 757	30	23 35 37.530	− 3 26 55.69	20.335 244
15	23 34 52.501	− 3 33 43.81	19.583 670	31	23 35 42.789	− 3 26 19.27	20.351 863
16	23 34 49.432	− 3 34 01.12	19.598 737	32	23 35 48.221	− 3 25 41.76	20.368 400

NEPTUNE, 2009

GEOCENTRIC COORDINATES FOR 0^h TERRESTRIAL TIME

Date	Apparent Right Ascension	Apparent Declination	True Geocentric Distance	Date	Apparent Right Ascension	Apparent Declination	True Geocentric Distance
	h m s	° ′ ″			h m s	° ′ ″	
Jan. 0	21 39 30.618	−14 22 46.77	30.748 991	Feb. 15	21 45 51.662	−13 50 58.13	31.019 657
1	21 39 37.649	−14 22 11.80	30.760 642	16	21 46 00.538	−13 50 13.35	31.018 965
2	21 39 44.760	−14 21 36.40	30.772 071	17	21 46 09.408	−13 49 28.59	31.017 984
3	21 39 51.952	−14 21 00.60	30.783 276	18	21 46 18.271	−13 48 43.87	31.016 715
4	21 39 59.223	−14 20 24.37	30.794 252	19	21 46 27.124	−13 47 59.20	31.015 156
5	21 40 06.572	−14 19 47.73	30.804 997	20	21 46 35.964	−13 47 14.60	31.013 309
6	21 40 14.000	−14 19 10.69	30.815 509	21	21 46 44.788	−13 46 30.07	31.011 174
7	21 40 21.506	−14 18 33.24	30.825 784	22	21 46 53.594	−13 45 45.64	31.008 751
8	21 40 29.088	−14 17 55.40	30.835 820	23	21 47 02.377	−13 45 01.32	31.006 042
9	21 40 36.745	−14 17 17.19	30.845 615	24	21 47 11.137	−13 44 17.11	31.003 046
10	21 40 44.472	−14 16 38.65	30.855 166	25	21 47 19.869	−13 43 33.02	30.999 765
11	21 40 52.265	−14 15 59.78	30.864 471	26	21 47 28.574	−13 42 49.06	30.996 201
12	21 41 00.120	−14 15 20.62	30.873 528	27	21 47 37.250	−13 42 05.22	30.992 353
13	21 41 08.033	−14 14 41.16	30.882 335	28	21 47 45.896	−13 41 21.51	30.988 225
14	21 41 16.003	−14 14 01.39	30.890 889	Mar. 1	21 47 54.512	−13 40 37.94	30.983 816
15	21 41 24.028	−14 13 21.33	30.899 187	2	21 48 03.096	−13 39 54.51	30.979 129
16	21 41 32.110	−14 12 40.95	30.907 228	3	21 48 11.649	−13 39 11.23	30.974 167
17	21 41 40.248	−14 12 00.26	30.915 008	4	21 48 20.167	−13 38 28.13	30.968 930
18	21 41 48.442	−14 11 19.28	30.922 525	5	21 48 28.648	−13 37 45.23	30.963 420
19	21 41 56.691	−14 10 38.00	30.929 778	6	21 48 37.088	−13 37 02.55	30.957 641
20	21 42 04.993	−14 09 56.44	30.936 762	7	21 48 45.484	−13 36 20.10	30.951 594
21	21 42 13.346	−14 09 14.62	30.943 478	8	21 48 53.831	−13 35 37.91	30.945 281
22	21 42 21.747	−14 08 32.55	30.949 921	9	21 49 02.127	−13 34 55.98	30.938 704
23	21 42 30.193	−14 07 50.26	30.956 091	10	21 49 10.370	−13 34 14.30	30.931 865
24	21 42 38.682	−14 07 07.74	30.961 984	11	21 49 18.559	−13 33 32.89	30.924 767
25	21 42 47.211	−14 06 25.03	30.967 601	12	21 49 26.695	−13 32 51.72	30.917 412
26	21 42 55.775	−14 05 42.13	30.972 938	13	21 49 34.777	−13 32 10.81	30.909 800
27	21 43 04.373	−14 04 59.06	30.977 994	14	21 49 42.806	−13 31 30.15	30.901 935
28	21 43 13.003	−14 04 15.81	30.982 768	15	21 49 50.781	−13 30 49.76	30.893 819
29	21 43 21.661	−14 03 32.41	30.987 259	16	21 49 58.700	−13 30 09.66	30.885 453
30	21 43 30.346	−14 02 48.84	30.991 465	17	21 50 06.561	−13 29 29.85	30.876 839
31	21 43 39.058	−14 02 05.11	30.995 385	18	21 50 14.361	−13 28 50.37	30.867 980
Feb. 1	21 43 47.795	−14 01 21.23	30.999 020	19	21 50 22.097	−13 28 11.21	30.858 878
2	21 43 56.557	−14 00 37.21	31.002 367	20	21 50 29.768	−13 27 32.41	30.849 536
3	21 44 05.344	−13 59 53.04	31.005 426	21	21 50 37.370	−13 26 53.96	30.839 956
4	21 44 14.153	−13 59 08.75	31.008 198	22	21 50 44.901	−13 26 15.88	30.830 140
5	21 44 22.982	−13 58 24.35	31.010 682	23	21 50 52.357	−13 25 38.19	30.820 092
6	21 44 31.829	−13 57 39.87	31.012 878	24	21 50 59.739	−13 25 00.88	30.809 814
7	21 44 40.690	−13 56 55.33	31.014 785	25	21 51 07.043	−13 24 23.95	30.799 309
8	21 44 49.559	−13 56 10.75	31.016 404	26	21 51 14.269	−13 23 47.42	30.788 581
9	21 44 58.433	−13 55 26.15	31.017 735	27	21 51 21.417	−13 23 11.28	30.777 632
10	21 45 07.311	−13 54 41.52	31.018 777	28	21 51 28.486	−13 22 35.53	30.766 466
11	21 45 16.193	−13 53 56.88	31.019 530	29	21 51 35.477	−13 22 00.18	30.755 086
12	21 45 25.096	−13 53 12.43	31.019 995	30	21 51 42.388	−13 21 25.24	30.743 497
13	21 45 33.894	−13 52 28.19	31.020 172	31	21 51 49.220	−13 20 50.72	30.731 701
14	21 45 42.781	−13 51 42.97	31.020 059	Apr. 1	21 51 55.968	−13 20 16.64	30.719 703
15	21 45 51.662	−13 50 58.13	31.019 657	2	21 52 02.630	−13 19 43.03	30.707 507

NEPTUNE, 2009

GEOCENTRIC COORDINATES FOR 0ʰ TERRESTRIAL TIME

Date	Apparent Right Ascension	Apparent Declination	True Geocentric Distance	Date	Apparent Right Ascension	Apparent Declination	True Geocentric Distance
	h m s	° ′ ″			h m s	° ′ ″	
Apr. 1	21 51 55.968	−13 20 16.64	30.719 703	May 17	21 55 13.283	−13 04 03.44	30.017 073
2	21 52 02.630	−13 19 43.03	30.707 507	18	21 55 14.794	−13 03 56.98	30.000 146
3	21 52 09.203	−13 19 09.90	30.695 116	19	21 55 16.178	−13 03 51.19	29.983 222
4	21 52 15.682	−13 18 37.26	30.682 534	20	21 55 17.433	−13 03 46.07	29.966 305
5	21 52 22.067	−13 18 05.13	30.669 765	21	21 55 18.561	−13 03 41.60	29.949 400
6	21 52 28.355	−13 17 33.49	30.656 813	22	21 55 19.565	−13 03 37.79	29.932 512
7	21 52 34.546	−13 17 02.35	30.643 681	23	21 55 20.444	−13 03 34.62	29.915 646
8	21 52 40.640	−13 16 31.70	30.630 373	24	21 55 21.201	−13 03 32.11	29.898 807
9	21 52 46.638	−13 16 01.53	30.616 894	25	21 55 21.835	−13 03 30.25	29.882 001
10	21 52 52.540	−13 15 31.86	30.603 245	26	21 55 22.344	−13 03 29.07	29.865 232
11	21 52 58.346	−13 15 02.67	30.589 431	27	21 55 22.727	−13 03 28.58	29.848 506
12	21 53 04.056	−13 14 33.99	30.575 456	28	21 55 22.982	−13 03 28.78	29.831 828
13	21 53 09.668	−13 14 05.83	30.561 322	29	21 55 23.106	−13 03 29.68	29.815 203
14	21 53 15.180	−13 13 38.20	30.547 035	30	21 55 23.099	−13 03 31.27	29.798 636
15	21 53 20.590	−13 13 11.12	30.532 596	31	21 55 22.963	−13 03 33.54	29.782 132
16	21 53 25.896	−13 12 44.59	30.518 011	June 1	21 55 22.699	−13 03 36.47	29.765 694
17	21 53 31.095	−13 12 18.63	30.503 283	2	21 55 22.310	−13 03 40.04	29.749 329
18	21 53 36.187	−13 11 53.24	30.488 416	3	21 55 21.797	−13 03 44.25	29.733 039
19	21 53 41.168	−13 11 28.44	30.473 414	4	21 55 21.162	−13 03 49.10	29.716 830
20	21 53 46.037	−13 11 04.22	30.458 282	5	21 55 20.407	−13 03 54.57	29.700 706
21	21 53 50.794	−13 10 40.59	30.443 023	6	21 55 19.533	−13 04 00.68	29.684 671
22	21 53 55.438	−13 10 17.55	30.427 641	7	21 55 18.538	−13 04 07.42	29.668 729
23	21 53 59.969	−13 09 55.09	30.412 142	8	21 55 17.424	−13 04 14.80	29.652 885
24	21 54 04.388	−13 09 33.21	30.396 529	9	21 55 16.189	−13 04 22.82	29.637 142
25	21 54 08.694	−13 09 11.91	30.380 808	10	21 55 14.834	−13 04 31.49	29.621 506
26	21 54 12.889	−13 08 51.19	30.364 983	11	21 55 13.357	−13 04 40.80	29.605 980
27	21 54 16.972	−13 08 31.07	30.349 059	12	21 55 11.759	−13 04 50.75	29.590 569
28	21 54 20.942	−13 08 11.56	30.333 041	13	21 55 10.040	−13 05 01.34	29.575 276
29	21 54 24.796	−13 07 52.68	30.316 934	14	21 55 08.200	−13 05 12.56	29.560 107
30	21 54 28.531	−13 07 34.45	30.300 742	15	21 55 06.241	−13 05 24.40	29.545 066
May 1	21 54 32.145	−13 07 16.87	30.284 471	16	21 55 04.163	−13 05 36.85	29.530 156
2	21 54 35.635	−13 06 59.95	30.268 126	17	21 55 01.969	−13 05 49.90	29.515 383
3	21 54 39.001	−13 06 43.68	30.251 711	18	21 54 59.661	−13 06 03.53	29.500 750
4	21 54 42.242	−13 06 28.06	30.235 230	19	21 54 57.241	−13 06 17.74	29.486 263
5	21 54 45.361	−13 06 13.08	30.218 689	20	21 54 54.711	−13 06 32.51	29.471 926
6	21 54 48.357	−13 05 58.73	30.202 092	21	21 54 52.073	−13 06 47.85	29.457 743
7	21 54 51.233	−13 05 45.01	30.185 443	22	21 54 49.328	−13 07 03.77	29.443 720
8	21 54 53.989	−13 05 31.92	30.168 746	23	21 54 46.474	−13 07 20.26	29.429 860
9	21 54 56.625	−13 05 19.45	30.152 007	24	21 54 43.510	−13 07 37.35	29.416 168
10	21 54 59.140	−13 05 07.63	30.135 229	25	21 54 40.434	−13 07 55.03	29.402 648
11	21 55 01.535	−13 04 56.45	30.118 417	26	21 54 37.247	−13 08 13.29	29.389 306
12	21 55 03.807	−13 04 45.93	30.101 574	27	21 54 33.951	−13 08 32.11	29.376 144
13	21 55 05.955	−13 04 36.08	30.084 707	28	21 54 30.547	−13 08 51.48	29.363 166
14	21 55 07.978	−13 04 26.90	30.067 818	29	21 54 27.039	−13 09 11.36	29.350 377
15	21 55 09.874	−13 04 18.40	30.050 913	30	21 54 23.431	−13 09 31.74	29.337 779
16	21 55 11.642	−13 04 10.58	30.033 997	July 1	21 54 19.725	−13 09 52.62	29.325 376
17	21 55 13.283	−13 04 03.44	30.017 073	2	21 54 15.924	−13 10 13.98	29.313 172

NEPTUNE, 2009

GEOCENTRIC COORDINATES FOR 0^h TERRESTRIAL TIME

Date	Apparent Right Ascension	Apparent Declination	True Geocentric Distance	Date	Apparent Right Ascension	Apparent Declination	True Geocentric Distance
	h m s	° ′ ″			h m s	° ′ ″	
July 1	21 54 19.725	−13 09 52.62	29.325 376	Aug. 16	21 50 11.498	−13 32 21.32	29.016 112
2	21 54 15.924	−13 10 13.98	29.313 172	17	21 50 05.177	−13 32 54.91	29.015 871
3	21 54 12.029	−13 10 35.82	29.301 170	18	21 49 58.851	−13 33 28.51	29.015 925
4	21 54 08.042	−13 10 58.13	29.289 373	19	21 49 52.520	−13 34 02.12	29.016 276
5	21 54 03.963	−13 11 20.93	29.277 784	20	21 49 46.187	−13 34 35.71	29.016 923
6	21 53 59.793	−13 11 44.19	29.266 407	21	21 49 39.852	−13 35 09.28	29.017 868
7	21 53 55.533	−13 12 07.93	29.255 244	22	21 49 33.521	−13 35 42.79	29.019 109
8	21 53 51.182	−13 12 32.14	29.244 298	23	21 49 27.197	−13 36 16.20	29.020 647
9	21 53 46.742	−13 12 56.80	29.233 574	24	21 49 20.886	−13 36 49.51	29.022 481
10	21 53 42.214	−13 13 21.92	29.223 073	25	21 49 14.592	−13 37 22.69	29.024 609
11	21 53 37.598	−13 13 47.47	29.212 799	26	21 49 08.317	−13 37 55.74	29.027 031
12	21 53 32.898	−13 14 13.45	29.202 755	27	21 49 02.064	−13 38 28.65	29.029 747
13	21 53 28.115	−13 14 39.84	29.192 945	28	21 48 55.836	−13 39 01.41	29.032 755
14	21 53 23.251	−13 15 06.62	29.183 370	29	21 48 49.632	−13 39 34.03	29.036 054
15	21 53 18.310	−13 15 33.78	29.174 035	30	21 48 43.456	−13 40 06.49	29.039 643
16	21 53 13.295	−13 16 01.29	29.164 942	31	21 48 37.307	−13 40 38.78	29.043 521
17	21 53 08.208	−13 16 29.16	29.156 094	Sept. 1	21 48 31.187	−13 41 10.91	29.047 687
18	21 53 03.054	−13 16 57.37	29.147 494	2	21 48 25.099	−13 41 42.85	29.052 138
19	21 52 57.832	−13 17 25.92	29.139 147	3	21 48 19.044	−13 42 14.59	29.056 875
20	21 52 52.545	−13 17 54.80	29.131 053	4	21 48 13.023	−13 42 46.12	29.061 895
21	21 52 47.191	−13 18 24.04	29.123 218	5	21 48 07.041	−13 43 17.42	29.067 198
22	21 52 41.771	−13 18 53.61	29.115 642	6	21 48 01.099	−13 43 48.48	29.072 782
23	21 52 36.283	−13 19 23.53	29.108 330	7	21 47 55.202	−13 44 19.26	29.078 645
24	21 52 30.731	−13 19 53.76	29.101 283	8	21 47 49.352	−13 44 49.77	29.084 786
25	21 52 25.116	−13 20 24.28	29.094 504	9	21 47 43.554	−13 45 19.97	29.091 203
26	21 52 19.443	−13 20 55.07	29.087 994	10	21 47 37.809	−13 45 49.87	29.097 896
27	21 52 13.716	−13 21 26.09	29.081 756	11	21 47 32.122	−13 46 19.46	29.104 862
28	21 52 07.940	−13 21 57.34	29.075 792	12	21 47 26.493	−13 46 48.73	29.112 100
29	21 52 02.117	−13 22 28.80	29.070 102	13	21 47 20.924	−13 47 17.69	29.119 609
30	21 51 56.250	−13 23 00.47	29.064 688	14	21 47 15.414	−13 47 46.33	29.127 386
31	21 51 50.341	−13 23 32.33	29.059 552	15	21 47 09.964	−13 48 14.65	29.135 430
Aug. 1	21 51 44.392	−13 24 04.39	29.054 696	16	21 47 04.575	−13 48 42.64	29.143 738
2	21 51 38.404	−13 24 36.63	29.050 119	17	21 46 59.249	−13 49 10.29	29.152 308
3	21 51 32.378	−13 25 09.06	29.045 824	18	21 46 53.988	−13 49 37.56	29.161 139
4	21 51 26.315	−13 25 41.66	29.041 812	19	21 46 48.796	−13 50 04.44	29.170 226
5	21 51 20.217	−13 26 14.42	29.038 084	20	21 46 43.678	−13 50 30.90	29.179 568
6	21 51 14.086	−13 26 47.34	29.034 641	21	21 46 38.637	−13 50 56.92	29.189 160
7	21 51 07.922	−13 27 20.40	29.031 484	22	21 46 33.678	−13 51 22.49	29.199 001
8	21 51 01.729	−13 27 53.57	29.028 614	23	21 46 28.802	−13 51 47.62	29.209 086
9	21 50 55.509	−13 28 26.86	29.026 032	24	21 46 24.011	−13 52 12.30	29.219 413
10	21 50 49.266	−13 29 00.22	29.023 740	25	21 46 19.305	−13 52 36.53	29.229 978
11	21 50 43.002	−13 29 33.66	29.021 738	26	21 46 14.686	−13 53 00.31	29.240 777
12	21 50 36.722	−13 30 07.14	29.020 027	27	21 46 10.154	−13 53 23.63	29.251 807
13	21 50 30.428	−13 30 40.66	29.018 608	28	21 46 05.710	−13 53 46.49	29.263 065
14	21 50 24.125	−13 31 14.20	29.017 482	29	21 46 01.356	−13 54 08.88	29.274 547
15	21 50 17.814	−13 31 47.75	29.016 650	30	21 45 57.091	−13 54 30.79	29.286 250
16	21 50 11.498	−13 32 21.32	29.016 112	Oct. 1	21 45 52.919	−13 54 52.21	29.298 169

NEPTUNE, 2009

GEOCENTRIC COORDINATES FOR 0ʰ TERRESTRIAL TIME

Date		Apparent Right Ascension	Apparent Declination	True Geocentric Distance	Date		Apparent Right Ascension	Apparent Declination	True Geocentric Distance
		h m s	° ′ ″				h m s	° ′ ″	
Oct.	1	21 45 52.919	−13 54 52.21	29.298 169	Nov.	16	21 44 45.608	−14 00 28.74	30.010 124
	2	21 45 48.840	−13 55 13.12	29.310 302		17	21 44 47.162	−14 00 20.54	30.027 389
	3	21 45 44.858	−13 55 33.52	29.322 645		18	21 44 48.852	−14 00 11.65	30.044 650
	4	21 45 40.974	−13 55 53.38	29.335 194		19	21 44 50.677	−14 00 02.09	30.061 899
	5	21 45 37.192	−13 56 12.70	29.347 946		20	21 44 52.636	−13 59 51.85	30.079 132
	6	21 45 33.514	−13 56 31.46	29.360 898		21	21 44 54.726	−13 59 40.95	30.096 342
	7	21 45 29.943	−13 56 49.65	29.374 044		22	21 44 56.947	−13 59 29.40	30.113 526
	8	21 45 26.481	−13 57 07.28	29.387 383		23	21 44 59.297	−13 59 17.19	30.130 676
	9	21 45 23.129	−13 57 24.34	29.400 910		24	21 45 01.776	−13 59 04.32	30.147 789
	10	21 45 19.886	−13 57 40.84	29.414 623		25	21 45 04.384	−13 58 50.80	30.164 858
	11	21 45 16.754	−13 57 56.78	29.428 516		26	21 45 07.119	−13 58 36.62	30.181 879
	12	21 45 13.731	−13 58 12.17	29.442 586		27	21 45 09.982	−13 58 21.77	30.198 847
	13	21 45 10.816	−13 58 27.00	29.456 830		28	21 45 12.974	−13 58 06.26	30.215 756
	14	21 45 08.012	−13 58 41.25	29.471 242		29	21 45 16.094	−13 57 50.08	30.232 602
	15	21 45 05.319	−13 58 54.91	29.485 820		30	21 45 19.345	−13 57 33.23	30.249 380
	16	21 45 02.740	−13 59 07.97	29.500 558	Dec.	1	21 45 22.726	−13 57 15.72	30.266 086
	17	21 45 00.279	−13 59 20.40	29.515 451		2	21 45 26.236	−13 56 57.55	30.282 714
	18	21 44 57.938	−13 59 32.18	29.530 495		3	21 45 29.874	−13 56 38.74	30.299 260
	19	21 44 55.721	−13 59 43.32	29.545 686		4	21 45 33.637	−13 56 19.30	30.315 720
	20	21 44 53.628	−13 59 53.81	29.561 017		5	21 45 37.523	−13 55 59.27	30.332 088
	21	21 44 51.661	−14 00 03.65	29.576 484		6	21 45 41.528	−13 55 38.63	30.348 362
	22	21 44 49.820	−14 00 12.85	29.592 083		7	21 45 45.651	−13 55 17.40	30.364 535
	23	21 44 48.105	−14 00 21.42	29.607 807		8	21 45 49.890	−13 54 55.57	30.380 603
	24	21 44 46.515	−14 00 29.35	29.623 652		9	21 45 54.245	−13 54 33.13	30.396 561
	25	21 44 45.050	−14 00 36.64	29.639 613		10	21 45 58.719	−13 54 10.06	30.412 405
	26	21 44 43.710	−14 00 43.30	29.655 685		11	21 46 03.311	−13 53 46.38	30.428 129
	27	21 44 42.496	−14 00 49.31	29.671 862		12	21 46 08.022	−13 53 22.08	30.443 729
	28	21 44 41.406	−14 00 54.68	29.688 141		13	21 46 12.851	−13 52 57.16	30.459 199
	29	21 44 40.443	−14 00 59.40	29.704 515		14	21 46 17.800	−13 52 31.64	30.474 535
	30	21 44 39.608	−14 01 03.45	29.720 980		15	21 46 22.864	−13 52 05.52	30.489 731
	31	21 44 38.901	−14 01 06.83	29.737 532		16	21 46 28.043	−13 51 38.83	30.504 783
Nov.	1	21 44 38.324	−14 01 09.53	29.754 164		17	21 46 33.335	−13 51 11.57	30.519 686
	2	21 44 37.880	−14 01 11.55	29.770 873		18	21 46 38.736	−13 50 43.76	30.534 436
	3	21 44 37.569	−14 01 12.87	29.787 654		19	21 46 44.244	−13 50 15.41	30.549 027
	4	21 44 37.394	−14 01 13.50	29.804 501		20	21 46 49.857	−13 49 46.52	30.563 456
	5	21 44 37.354	−14 01 13.45	29.821 411		21	21 46 55.574	−13 49 17.10	30.577 717
	6	21 44 37.448	−14 01 12.72	29.838 378		22	21 47 01.392	−13 48 47.16	30.591 808
	7	21 44 37.675	−14 01 11.34	29.855 398		23	21 47 07.310	−13 48 16.70	30.605 723
	8	21 44 38.032	−14 01 09.30	29.872 466		24	21 47 13.329	−13 47 45.71	30.619 458
	9	21 44 38.520	−14 01 06.61	29.889 577		25	21 47 19.446	−13 47 14.20	30.633 011
	10	21 44 39.136	−14 01 03.26	29.906 726		26	21 47 25.662	−13 46 42.17	30.646 376
	11	21 44 39.881	−14 00 59.24	29.923 908		27	21 47 31.976	−13 46 09.63	30.659 550
	12	21 44 40.758	−14 00 54.54	29.941 118		28	21 47 38.388	−13 45 36.57	30.672 530
	13	21 44 41.767	−14 00 49.15	29.958 349		29	21 47 44.897	−13 45 03.02	30.685 312
	14	21 44 42.911	−14 00 43.05	29.975 598		30	21 47 51.502	−13 44 28.98	30.697 893
	15	21 44 44.191	−14 00 36.25	29.992 858		31	21 47 58.199	−13 43 54.48	30.710 269
	16	21 44 45.608	−14 00 28.74	30.010 124		32	21 48 04.984	−13 43 19.54	30.722 439

PLUTO, 2009

GEOCENTRIC POSITIONS FOR 0ʰ TERRESTRIAL TIME

Date	Astrometric Right Ascension	Astrometric Declination	True Geocentric Distance	Date	Astrometric Right Ascension	Astrometric Declination	True Geocentric Distance
	h m s	° ′ ″	au		h m s	° ′ ″	au
Jan. −4	18 03 58.393	−17 44 12.18	32.549056	July 5	18 06 27.321	−17 41 32.28	30.677904
1	18 04 43.984	−17 44 29.64	32.540930	10	18 05 56.259	−17 42 21.78	30.700576
6	18 05 29.038	−17 44 41.79	32.525595	15	18 05 26.182	−17 43 15.34	30.730188
11	18 06 13.285	−17 44 48.82	32.503215	20	18 04 57.367	−17 44 12.83	30.766571
16	18 06 56.484	−17 44 50.92	32.473983	25	18 04 30.099	−17 45 14.05	30.809502
21	18 07 38.388	−17 44 48.28	32.438093	30	18 04 04.653	−17 46 18.73	30.858659
26	18 08 18.741	−17 44 41.18	32.395793	Aug. 4	18 03 41.264	−17 47 26.59	30.913658
31	18 08 57.289	−17 44 29.95	32.347410	9	18 03 20.140	−17 48 37.38	30.974110
Feb. 5	18 09 33.795	−17 44 15.00	32.293348	14	18 03 01.476	−17 49 50.85	31.039617
10	18 10 08.057	−17 43 56.74	32.234057	19	18 02 45.460	−17 51 06.71	31.109757
15	18 10 39.895	−17 43 35.53	32.169977	24	18 02 32.279	−17 52 24.63	31.184042
20	18 11 09.123	−17 43 11.79	32.101558	29	18 02 22.078	−17 53 44.20	31.261907
25	18 11 35.563	−17 42 45.95	32.029306	Sept. 3	18 02 14.960	−17 55 05.08	31.342784
Mar. 2	18 11 59.053	−17 42 18.54	31.953791	8	18 02 11.006	−17 56 26.90	31.426120
7	18 12 19.466	−17 41 50.06	31.875627	13	18 02 10.281	−17 57 49.35	31.511365
12	18 12 36.717	−17 41 20.98	31.795423	18	18 02 12.849	−17 59 12.01	31.597948
17	18 12 50.732	−17 40 51.73	31.713752	23	18 02 18.746	−18 00 34.44	31.685234
22	18 13 01.441	−17 40 22.75	31.631203	28	18 02 27.964	−18 01 56.22	31.772572
27	18 13 08.793	−17 39 54.54	31.548405	Oct. 3	18 02 40.460	−18 03 16.95	31.859347
Apr. 1	18 13 12.766	−17 39 27.57	31.466021	8	18 02 56.176	−18 04 36.27	31.944976
6	18 13 13.387	−17 39 02.31	31.384708	13	18 03 15.050	−18 05 53.80	32.028897
11	18 13 10.714	−17 38 39.10	31.305066	18	18 03 37.007	−18 07 09.11	32.110515
16	18 13 04.807	−17 38 18.30	31.227658	23	18 04 01.939	−18 08 21.78	32.189216
21	18 12 55.742	−17 38 00.27	31.153058	28	18 04 29.697	−18 09 31.45	32.264424
26	18 12 43.616	−17 37 45.37	31.081851	Nov. 2	18 05 00.117	−18 10 37.79	32.335622
May 1	18 12 28.572	−17 37 33.94	31.014618	7	18 05 33.027	−18 11 40.51	32.402349
6	18 12 10.789	−17 37 26.21	30.951879	12	18 06 08.257	−18 12 39.31	32.464152
11	18 11 50.461	−17 37 22.38	30.894074	17	18 06 45.621	−18 13 33.87	32.520568
16	18 11 27.780	−17 37 22.63	30.841614	22	18 07 24.897	−18 14 23.94	32.571163
21	18 11 02.953	−17 37 27.14	30.794904	27	18 08 05.841	−18 15 09.32	32.615577
26	18 10 36.215	−17 37 36.11	30.754336	Dec. 2	18 08 48.206	−18 15 49.90	32.653528
31	18 10 07.838	−17 37 49.62	30.720253	7	18 09 31.753	−18 16 25.55	32.684787
June 5	18 09 38.111	−17 38 07.72	30.692899	12	18 10 16.247	−18 16 56.18	32.709131
10	18 09 07.311	−17 38 30.39	30.672449	17	18 11 01.428	−18 17 21.69	32.726353
15	18 08 35.715	−17 38 57.66	30.659055	22	18 11 47.016	−18 17 42.11	32.736318
20	18 08 03.606	−17 39 29.55	30.652850	27	18 12 32.729	−18 17 57.52	32.738983
25	18 07 31.291	−17 40 06.02	30.653933	32	18 13 18.293	−18 18 08.04	32.734376
30	18 06 59.093	−17 40 46.99	30.662314	37	18 14 03.458	−18 18 13.82	32.722566

HELIOCENTRIC POSITIONS FOR 0ʰ TERRESTRIAL TIME

MEAN EQUINOX AND ECLIPTIC OF DATE

Date	Longitude	Latitude	True Heliocentric Distance	Date	Longitude	Latitude	True Heliocentric Distance
	° ′ ″	° ′ ″	au		° ′ ″	° ′ ″	au
Jan. −31	270 46 38.6	+ 5 55 10.6	31.56020	July 28	272 10 46.6	+ 5 31 04.7	31.68193
Jan. 9	271 00 43.2	+ 5 51 09.7	31.58032	Sept. 6	272 24 43.3	+ 5 27 03.7	31.70246
Feb. 18	271 14 46.5	+ 5 47 08.7	31.60050	Oct. 16	272 38 38.6	+ 5 23 02.7	31.72306
Mar. 30	271 28 48.5	+ 5 43 07.7	31.62075	Nov. 25	272 52 32.6	+ 5 19 01.7	31.74373
May 9	271 42 49.2	+ 5 39 06.7	31.64108	Dec. 35	273 06 25.2	+ 5 15 00.8	31.76447
June 18	271 56 48.6	+ 5 35 05.7	31.66147				

PLANETS AND PLUTO

NOTES AND FORMULAS

Semidiameter and parallax

The apparent angular semidiameter, s, of a planet is given by:

$$s = \text{semidiameter at unit distance} / \text{true distance}$$

where the true distance is given in the daily geocentric ephemeris on pages E16–E44, and the adopted semidiameter at unit distance is given by:

	$''$			$''$			$''$
Mercury	3.36	Jupiter:	equatorial	98.57	Uranus	35.24
Venus	8.34		polar	92.18	Neptune	34.14
Mars	4.68	Saturn:	equatorial	83.10	Pluto	1.65
			polar	74.96		

The difference in transit times of the limb and center of a planet in seconds of time is given approximately by:

$$\text{difference in transit time} = (s \text{ in seconds of arc}) / 15 \cos \delta$$

where the sidereal motion of the planet is ignored.

The equatorial horizontal parallax of a planet is given by $8''.794\,143$ divided by its true geocentric distance; formulas for the corrections for diurnal parallax are given on page B85.

Time of transit of a planet

The transit times that are tabulated on pages E46–E53 are expressed in terrestrial time (TT) and refer to the transits over the ephemeris meridian; for most purposes this may be regarded as giving the universal time (UT) of transit over the Greenwich meridian.

The UT of transit over a local meridian is given by:

$$\text{time of ephemeris transit} - (\lambda/24) * \text{first difference}$$

with an error that is usually less than 1 second, where λ is the *east* longitude in hours and the first difference is about 24 hours.

Times of rising and setting

Approximate times of the rising and setting of a planet at a place with latitude φ may be obtained from the time of transit by applying the value of the hour angle h of the point on the horizon at the same declination as the planet; h is given by:

$$\cos h = -\tan \varphi \tan \delta$$

This ignores the sidereal motion of the planet during the interval between transit and rising or setting. Similarly, the time at which a planet reaches a zenith distance z may be obtained by determining the corresponding hour angle h from:

$$\cos h = -\tan \varphi \tan \delta + \sec \varphi \sec \delta \cos z$$

and applying h to the time of transit.

TIMES OF EPHEMERIS TRANSIT, 2009

Date	Mercury	Venus	Mars	Jupiter	Saturn	Uranus	Neptune	Pluto
	h m s	h m s	h m s	h m s	h m s	h m s	h m s	h m s
Jan. 0	13 24 12	15 16 42	11 32 38	13 22 48	4 53 01	16 39 40	14 57 57	11 24 07
1	13 25 33	15 16 54	11 32 00	13 19 49	4 49 05	16 35 50	14 54 08	11 20 20
2	13 26 37	15 17 04	11 31 21	13 16 51	4 45 09	16 32 01	14 50 19	11 16 33
3	13 27 20	15 17 11	11 30 43	13 13 53	4 41 13	16 28 11	14 46 31	11 12 47
4	13 27 41	15 17 17	11 30 04	13 10 55	4 37 16	16 24 22	14 42 42	11 09 00
5	13 27 36	15 17 21	11 29 26	13 07 57	4 33 19	16 20 33	14 38 53	11 05 13
6	13 27 02	15 17 22	11 28 48	13 04 59	4 29 22	16 16 44	14 35 05	11 01 26
7	13 25 57	15 17 21	11 28 10	13 02 01	4 25 24	16 12 56	14 31 16	10 57 39
8	13 24 16	15 17 19	11 27 32	12 59 04	4 21 26	16 09 07	14 27 28	10 53 52
9	13 21 56	15 17 14	11 26 54	12 56 06	4 17 27	16 05 19	14 23 40	10 50 04
10	13 18 54	15 17 07	11 26 16	12 53 08	4 13 28	16 01 31	14 19 52	10 46 17
11	13 15 09	15 16 57	11 25 38	12 50 11	4 09 29	15 57 42	14 16 04	10 42 30
12	13 10 37	15 16 46	11 25 00	12 47 13	4 05 29	15 53 54	14 12 15	10 38 43
13	13 05 18	15 16 32	11 24 22	12 44 15	4 01 28	15 50 07	14 08 27	10 34 56
14	12 59 12	15 16 17	11 23 44	12 41 18	3 57 28	15 46 19	14 04 40	10 31 08
15	12 52 20	15 15 59	11 23 06	12 38 20	3 53 27	15 42 31	14 00 52	10 27 21
16	12 44 47	15 15 38	11 22 28	12 35 23	3 49 25	15 38 44	13 57 04	10 23 34
17	12 36 37	15 15 16	11 21 50	12 32 26	3 45 24	15 34 57	13 53 16	10 19 46
18	12 27 58	15 14 51	11 21 12	12 29 28	3 41 21	15 31 10	13 49 28	10 15 59
19	12 18 56	15 14 24	11 20 34	12 26 31	3 37 19	15 27 23	13 45 41	10 12 11
20	12 09 42	15 13 55	11 19 55	12 23 33	3 33 16	15 23 36	13 41 53	10 08 23
21	12 00 25	15 13 23	11 19 17	12 20 36	3 29 13	15 19 49	13 38 05	10 04 36
22	11 51 13	15 12 49	11 18 38	12 17 38	3 25 09	15 16 03	13 34 18	10 00 48
23	11 42 16	15 12 13	11 17 59	12 14 41	3 21 05	15 12 16	13 30 30	9 57 00
24	11 33 41	15 11 34	11 17 20	12 11 43	3 17 01	15 08 30	13 26 43	9 53 12
25	11 25 34	15 10 53	11 16 41	12 08 46	3 12 56	15 04 44	13 22 56	9 49 24
26	11 17 59	15 10 09	11 16 02	12 05 48	3 08 51	15 00 58	13 19 08	9 45 36
27	11 10 59	15 09 22	11 15 22	12 02 50	3 04 45	14 57 12	13 15 21	9 41 48
28	11 04 36	15 08 33	11 14 43	11 59 53	3 00 40	14 53 26	13 11 34	9 38 00
29	10 58 50	15 07 41	11 14 03	11 56 55	2 56 34	14 49 40	13 07 46	9 34 12
30	10 53 40	15 06 46	11 13 22	11 53 57	2 52 27	14 45 54	13 03 59	9 30 23
31	10 49 06	15 05 48	11 12 42	11 50 59	2 48 20	14 42 09	13 00 12	9 26 35
Feb. 1	10 45 05	15 04 47	11 12 01	11 48 01	2 44 13	14 38 23	12 56 25	9 22 47
2	10 41 37	15 03 43	11 11 20	11 45 03	2 40 06	14 34 38	12 52 37	9 18 58
3	10 38 38	15 02 36	11 10 39	11 42 05	2 35 58	14 30 53	12 48 50	9 15 09
4	10 36 06	15 01 26	11 09 57	11 39 07	2 31 50	14 27 08	12 45 03	9 11 21
5	10 34 00	15 00 12	11 09 15	11 36 08	2 27 42	14 23 23	12 41 16	9 07 32
6	10 32 18	14 58 54	11 08 33	11 33 10	2 23 33	14 19 38	12 37 29	9 03 43
7	10 30 57	14 57 33	11 07 51	11 30 11	2 19 25	14 15 53	12 33 42	8 59 54
8	10 29 55	14 56 09	11 07 08	11 27 13	2 15 15	14 12 08	12 29 55	8 56 05
9	10 29 12	14 54 40	11 06 25	11 24 14	2 11 06	14 08 23	12 26 08	8 52 16
10	10 28 45	14 53 07	11 05 41	11 21 15	2 06 56	14 04 39	12 22 20	8 48 26
11	10 28 33	14 51 30	11 04 57	11 18 16	2 02 46	14 00 54	12 18 33	8 44 37
12	10 28 34	14 49 49	11 04 13	11 15 17	1 58 36	13 57 10	12 14 46	8 40 47
13	10 28 48	14 48 03	11 03 28	11 12 18	1 54 26	13 53 25	12 10 59	8 36 58
14	10 29 13	14 46 13	11 02 44	11 09 18	1 50 15	13 49 41	12 07 12	8 33 08
15	10 29 48	14 44 18	11 01 58	11 06 19	1 46 05	13 45 57	12 03 25	8 29 18

TIMES OF EPHEMERIS TRANSIT, 2009

Date	Mercury	Venus	Mars	Jupiter	Saturn	Uranus	Neptune	Pluto
	h m s	h m s	h m s	h m s	h m s	h m s	h m s	h m s
Feb. 15	10 29 48	14 44 18	11 01 58	11 06 19	1 46 05	13 45 57	12 03 25	8 29 18
16	10 30 32	14 42 18	11 01 13	11 03 19	1 41 54	13 42 13	11 59 38	8 25 28
17	10 31 26	14 40 13	11 00 27	11 00 19	1 37 42	13 38 29	11 55 51	8 21 38
18	10 32 26	14 38 02	10 59 40	10 57 19	1 33 31	13 34 45	11 52 04	8 17 48
19	10 33 34	14 35 46	10 58 54	10 54 19	1 29 19	13 31 01	11 48 17	8 13 58
20	10 34 49	14 33 24	10 58 07	10 51 19	1 25 07	13 27 17	11 44 30	8 10 08
21	10 36 10	14 30 56	10 57 19	10 48 18	1 20 55	13 23 33	11 40 42	8 06 17
22	10 37 36	14 28 22	10 56 31	10 45 17	1 16 43	13 19 49	11 36 55	8 02 27
23	10 39 07	14 25 42	10 55 43	10 42 16	1 12 31	13 16 05	11 33 08	7 58 36
24	10 40 42	14 22 55	10 54 55	10 39 15	1 08 19	13 12 22	11 29 21	7 54 45
25	10 42 22	14 20 01	10 54 06	10 36 14	1 04 06	13 08 38	11 25 34	7 50 54
26	10 44 06	14 17 00	10 53 16	10 33 12	0 59 53	13 04 54	11 21 46	7 47 03
27	10 45 54	14 13 52	10 52 26	10 30 11	0 55 41	13 01 11	11 17 59	7 43 12
28	10 47 45	14 10 36	10 51 36	10 27 09	0 51 28	12 57 27	11 14 12	7 39 21
Mar. 1	10 49 39	14 07 13	10 50 45	10 24 07	0 47 15	12 53 44	11 10 24	7 35 30
2	10 51 36	14 03 42	10 49 54	10 21 04	0 43 02	12 50 00	11 06 37	7 31 38
3	10 53 36	14 00 02	10 49 03	10 18 02	0 38 48	12 46 17	11 02 50	7 27 47
4	10 55 39	13 56 14	10 48 11	10 14 59	0 34 35	12 42 33	10 59 02	7 23 55
5	10 57 44	13 52 18	10 47 19	10 11 56	0 30 22	12 38 50	10 55 15	7 20 03
6	10 59 52	13 48 13	10 46 26	10 08 52	0 26 09	12 35 06	10 51 27	7 16 11
7	11 02 02	13 43 59	10 45 33	10 05 49	0 21 55	12 31 23	10 47 40	7 12 19
8	11 04 14	13 39 37	10 44 40	10 02 45	0 17 42	12 27 40	10 43 52	7 08 27
9	11 06 29	13 35 05	10 43 46	9 59 41	0 13 28	12 23 56	10 40 04	7 04 34
10	11 08 46	13 30 25	10 42 51	9 56 37	0 09 15	12 20 13	10 36 17	7 00 42
11	11 11 05	13 25 37	10 41 57	9 53 32	0 05 02	12 16 30	10 32 29	6 56 49
12	11 13 26	13 20 39	10 41 02	9 50 27	0 00 48	12 12 46	10 28 41	6 52 57
13	11 15 50	13 15 34	10 40 06	9 47 22	23 52 21	12 09 03	10 24 53	6 49 04
14	11 18 17	13 10 20	10 39 11	9 44 16	23 48 08	12 05 19	10 21 05	6 45 11
15	11 20 45	13 04 59	10 38 15	9 41 11	23 43 55	12 01 36	10 17 17	6 41 18
16	11 23 16	12 59 30	10 37 18	9 38 05	23 39 42	11 57 53	10 13 29	6 37 24
17	11 25 50	12 53 55	10 36 21	9 34 58	23 35 29	11 54 09	10 09 41	6 33 31
18	11 28 26	12 48 13	10 35 24	9 31 52	23 31 15	11 50 26	10 05 53	6 29 37
19	11 31 06	12 42 25	10 34 27	9 28 45	23 27 02	11 46 43	10 02 04	6 25 44
20	11 33 48	12 36 33	10 33 29	9 25 37	23 22 50	11 42 59	9 58 16	6 21 50
21	11 36 33	12 30 35	10 32 31	9 22 30	23 18 37	11 39 16	9 54 28	6 17 56
22	11 39 21	12 24 35	10 31 32	9 19 22	23 14 24	11 35 32	9 50 39	6 14 02
23	11 42 12	12 18 31	10 30 33	9 16 14	23 10 12	11 31 49	9 46 51	6 10 08
24	11 45 07	12 12 25	10 29 34	9 13 05	23 05 59	11 28 05	9 43 02	6 06 14
25	11 48 05	12 06 18	10 28 34	9 09 56	23 01 47	11 24 22	9 39 14	6 02 19
26	11 51 07	12 00 11	10 27 34	9 06 47	22 57 35	11 20 38	9 35 25	5 58 25
27	11 54 12	11 54 04	10 26 34	9 03 37	22 53 23	11 16 55	9 31 36	5 54 30
28	11 57 21	11 47 59	10 25 34	9 00 27	22 49 11	11 13 11	9 27 47	5 50 35
29	12 00 34	11 41 56	10 24 33	8 57 17	22 44 59	11 09 28	9 23 58	5 46 40
30	12 03 50	11 35 56	10 23 32	8 54 06	22 40 48	11 05 44	9 20 09	5 42 45
31	12 07 10	11 30 00	10 22 31	8 50 55	22 36 37	11 02 00	9 16 20	5 38 50
Apr. 1	12 10 33	11 24 09	10 21 29	8 47 44	22 32 26	10 58 16	9 12 31	5 34 54
2	12 13 59	11 18 23	10 20 27	8 44 32	22 28 15	10 54 33	9 08 41	5 30 59

Second transit: Saturn, Mar. $12^d 23^h 56^m 35^s$.

TIMES OF EPHEMERIS TRANSIT, 2009

Date	Mercury	Venus	Mars	Jupiter	Saturn	Uranus	Neptune	Pluto
	h m s	h m s	h m s	h m s	h m s	h m s	h m s	h m s
Apr. 1	12 10 33	11 24 09	10 21 29	8 47 44	22 32 26	10 58 16	9 12 31	5 34 54
2	12 13 59	11 18 23	10 20 27	8 44 32	22 28 15	10 54 33	9 08 41	5 30 59
3	12 17 28	11 12 44	10 19 25	8 41 20	22 24 04	10 50 49	9 04 52	5 27 03
4	12 21 00	11 07 10	10 18 22	8 38 07	22 19 54	10 47 05	9 01 02	5 23 07
5	12 24 33	11 01 44	10 17 19	8 34 54	22 15 44	10 43 21	8 57 13	5 19 11
6	12 28 08	10 56 26	10 16 16	8 31 40	22 11 34	10 39 37	8 53 23	5 15 15
7	12 31 42	10 51 15	10 15 13	8 28 27	22 07 24	10 35 53	8 49 33	5 11 19
8	12 35 17	10 46 13	10 14 09	8 25 12	22 03 15	10 32 08	8 45 43	5 07 23
9	12 38 49	10 41 20	10 13 06	8 21 58	21 59 06	10 28 24	8 41 54	5 03 26
10	12 42 20	10 36 35	10 12 02	8 18 43	21 54 57	10 24 40	8 38 03	4 59 30
11	12 45 46	10 32 00	10 10 58	8 15 27	21 50 48	10 20 55	8 34 13	4 55 33
12	12 49 07	10 27 33	10 09 53	8 12 11	21 46 40	10 17 11	8 30 23	4 51 36
13	12 52 22	10 23 15	10 08 49	8 08 55	21 42 32	10 13 26	8 26 33	4 47 39
14	12 55 30	10 19 07	10 07 44	8 05 38	21 38 24	10 09 42	8 22 42	4 43 42
15	12 58 28	10 15 07	10 06 39	8 02 20	21 34 17	10 05 57	8 18 52	4 39 45
16	13 01 16	10 11 16	10 05 34	7 59 03	21 30 10	10 02 12	8 15 01	4 35 48
17	13 03 53	10 07 34	10 04 29	7 55 44	21 26 03	9 58 28	8 11 10	4 31 50
18	13 06 18	10 04 01	10 03 23	7 52 26	21 21 56	9 54 43	8 07 19	4 27 53
19	13 08 28	10 00 36	10 02 18	7 49 06	21 17 50	9 50 58	8 03 28	4 23 55
20	13 10 24	9 57 19	10 01 12	7 45 47	21 13 44	9 47 13	7 59 37	4 19 57
21	13 12 05	9 54 10	10 00 06	7 42 27	21 09 38	9 43 27	7 55 46	4 15 59
22	13 13 29	9 51 09	9 59 00	7 39 06	21 05 33	9 39 42	7 51 55	4 12 01
23	13 14 35	9 48 16	9 57 54	7 35 45	21 01 28	9 35 57	7 48 03	4 08 03
24	13 15 24	9 45 29	9 56 48	7 32 23	20 57 24	9 32 11	7 44 12	4 04 05
25	13 15 54	9 42 50	9 55 41	7 29 01	20 53 19	9 28 26	7 40 20	4 00 06
26	13 16 05	9 40 17	9 54 35	7 25 38	20 49 16	9 24 40	7 36 28	3 56 08
27	13 15 56	9 37 51	9 53 28	7 22 15	20 45 12	9 20 54	7 32 36	3 52 09
28	13 15 26	9 35 31	9 52 22	7 18 51	20 41 09	9 17 08	7 28 44	3 48 10
29	13 14 35	9 33 17	9 51 15	7 15 27	20 37 06	9 13 22	7 24 52	3 44 11
30	13 13 24	9 31 09	9 50 08	7 12 02	20 33 04	9 09 36	7 21 00	3 40 12
May 1	13 11 50	9 29 06	9 49 01	7 08 37	20 29 01	9 05 50	7 17 08	3 36 13
2	13 09 55	9 27 09	9 47 54	7 05 11	20 25 00	9 02 03	7 13 15	3 32 14
3	13 07 38	9 25 17	9 46 47	7 01 44	20 20 58	8 58 17	7 09 23	3 28 15
4	13 04 59	9 23 30	9 45 40	6 58 17	20 16 57	8 54 30	7 05 30	3 24 15
5	13 01 58	9 21 47	9 44 33	6 54 50	20 12 57	8 50 44	7 01 37	3 20 16
6	12 58 36	9 20 09	9 43 26	6 51 22	20 08 57	8 46 57	6 57 44	3 16 16
7	12 54 53	9 18 36	9 42 18	6 47 53	20 04 57	8 43 10	6 53 51	3 12 16
8	12 50 50	9 17 07	9 41 11	6 44 23	20 00 57	8 39 23	6 49 58	3 08 16
9	12 46 28	9 15 41	9 40 04	6 40 54	19 56 58	8 35 36	6 46 04	3 04 17
10	12 41 47	9 14 20	9 38 57	6 37 23	19 52 59	8 31 48	6 42 11	3 00 16
11	12 36 49	9 13 03	9 37 49	6 33 52	19 49 01	8 28 01	6 38 17	2 56 16
12	12 31 37	9 11 49	9 36 42	6 30 20	19 45 03	8 24 13	6 34 24	2 52 16
13	12 26 10	9 10 38	9 35 35	6 26 48	19 41 05	8 20 25	6 30 30	2 48 16
14	12 20 32	9 09 31	9 34 28	6 23 15	19 37 08	8 16 38	6 26 36	2 44 15
15	12 14 45	9 08 27	9 33 21	6 19 41	19 33 11	8 12 50	6 22 42	2 40 15
16	12 08 51	9 07 26	9 32 13	6 16 07	19 29 15	8 09 01	6 18 48	2 36 14
17	12 02 51	9 06 29	9 31 06	6 12 32	19 25 19	8 05 13	6 14 53	2 32 14

TIMES OF EPHEMERIS TRANSIT, 2009

Date	Mercury	Venus	Mars	Jupiter	Saturn	Uranus	Neptune	Pluto
	h m s	h m s	h m s	h m s	h m s	h m s	h m s	h m s
May 17	12 02 51	9 06 29	9 31 06	6 12 32	19 25 19	8 05 13	6 14 53	2 32 14
18	11 56 49	9 05 34	9 29 59	6 08 57	19 21 23	8 01 25	6 10 59	2 28 13
19	11 50 47	9 04 41	9 28 52	6 05 21	19 17 28	7 57 36	6 07 04	2 24 12
20	11 44 47	9 03 52	9 27 45	6 01 44	19 13 33	7 53 47	6 03 10	2 20 11
21	11 38 52	9 03 05	9 26 38	5 58 06	19 09 38	7 49 59	5 59 15	2 16 10
22	11 33 02	9 02 20	9 25 32	5 54 28	19 05 44	7 46 10	5 55 20	2 12 09
23	11 27 21	9 01 38	9 24 25	5 50 50	19 01 50	7 42 20	5 51 25	2 08 08
24	11 21 50	9 00 58	9 23 18	5 47 10	18 57 57	7 38 31	5 47 30	2 04 07
25	11 16 30	9 00 21	9 22 11	5 43 30	18 54 04	7 34 42	5 43 34	2 00 05
26	11 11 23	8 59 45	9 21 05	5 39 49	18 50 11	7 30 52	5 39 39	1 56 04
27	11 06 30	8 59 12	9 19 58	5 36 08	18 46 19	7 27 02	5 35 43	1 52 03
28	11 01 51	8 58 40	9 18 52	5 32 26	18 42 27	7 23 12	5 31 48	1 48 01
29	10 57 28	8 58 11	9 17 46	5 28 43	18 38 35	7 19 22	5 27 52	1 44 00
30	10 53 21	8 57 44	9 16 39	5 24 59	18 34 44	7 15 32	5 23 56	1 39 58
31	10 49 29	8 57 18	9 15 33	5 21 15	18 30 54	7 11 42	5 20 00	1 35 56
June 1	10 45 55	8 56 54	9 14 27	5 17 30	18 27 03	7 07 51	5 16 04	1 31 55
2	10 42 37	8 56 33	9 13 21	5 13 44	18 23 13	7 04 00	5 12 07	1 27 53
3	10 39 36	8 56 13	9 12 15	5 09 58	18 19 23	7 00 09	5 08 11	1 23 51
4	10 36 51	8 55 54	9 11 10	5 06 11	18 15 34	6 56 18	5 04 14	1 19 49
5	10 34 23	8 55 38	9 10 04	5 02 23	18 11 45	6 52 27	5 00 18	1 15 47
6	10 32 11	8 55 23	9 08 58	4 58 35	18 07 57	6 48 36	4 56 21	1 11 45
7	10 30 16	8 55 10	9 07 53	4 54 45	18 04 09	6 44 44	4 52 24	1 07 43
8	10 28 37	8 54 59	9 06 48	4 50 56	18 00 21	6 40 52	4 48 27	1 03 41
9	10 27 14	8 54 49	9 05 42	4 47 05	17 56 33	6 37 00	4 44 30	0 59 39
10	10 26 06	8 54 41	9 04 37	4 43 13	17 52 46	6 33 08	4 40 32	0 55 37
11	10 25 14	8 54 35	9 03 33	4 39 21	17 48 59	6 29 16	4 36 35	0 51 35
12	10 24 38	8 54 30	9 02 28	4 35 29	17 45 13	6 25 24	4 32 37	0 47 33
13	10 24 17	8 54 27	9 01 23	4 31 35	17 41 27	6 21 31	4 28 40	0 43 31
14	10 24 11	8 54 26	9 00 19	4 27 41	17 37 41	6 17 38	4 24 42	0 39 29
15	10 24 21	8 54 26	8 59 14	4 23 46	17 33 56	6 13 45	4 20 44	0 35 26
16	10 24 45	8 54 28	8 58 10	4 19 50	17 30 11	6 09 52	4 16 46	0 31 24
17	10 25 25	8 54 31	8 57 06	4 15 53	17 26 26	6 05 59	4 12 48	0 27 22
18	10 26 20	8 54 36	8 56 02	4 11 56	17 22 42	6 02 06	4 08 50	0 23 20
19	10 27 30	8 54 42	8 54 58	4 07 58	17 18 58	5 58 12	4 04 52	0 19 17
20	10 28 55	8 54 50	8 53 54	4 03 59	17 15 14	5 54 18	4 00 53	0 15 15
21	10 30 36	8 54 59	8 52 51	4 00 00	17 11 30	5 50 24	3 56 55	0 11 13
22	10 32 32	8 55 10	8 51 47	3 55 59	17 07 47	5 46 30	3 52 56	0 07 10
23	10 34 44	8 55 23	8 50 44	3 51 58	17 04 05	5 42 36	3 48 57	0 03 08
24	10 37 11	8 55 37	8 49 40	3 47 57	17 00 22	5 38 41	3 44 58	23 55 03
25	10 39 53	8 55 52	8 48 37	3 43 54	16 56 40	5 34 47	3 40 59	23 51 01
26	10 42 52	8 56 09	8 47 34	3 39 51	16 52 58	5 30 52	3 37 00	23 46 59
27	10 46 05	8 56 27	8 46 31	3 35 47	16 49 17	5 26 57	3 33 01	23 42 56
28	10 49 34	8 56 47	8 45 28	3 31 43	16 45 36	5 23 01	3 29 02	23 38 54
29	10 53 18	8 57 08	8 44 26	3 27 37	16 41 55	5 19 06	3 25 02	23 34 52
30	10 57 17	8 57 31	8 43 23	3 23 31	16 38 14	5 15 10	3 21 03	23 30 50
July 1	11 01 30	8 57 55	8 42 20	3 19 24	16 34 34	5 11 15	3 17 03	23 26 47
2	11 05 56	8 58 20	8 41 18	3 15 17	16 30 54	5 07 19	3 13 03	23 22 45

Second transit: Pluto, June $23^d 23^h 59^m 06^s$.

TIMES OF EPHEMERIS TRANSIT, 2009

Date	Mercury	Venus	Mars	Jupiter	Saturn	Uranus	Neptune	Pluto
	h m s	h m s	h m s	h m s	h m s	h m s	h m s	h m s
July 1	11 01 30	8 57 55	8 42 20	3 19 24	16 34 34	5 11 15	3 17 03	23 26 47
2	11 05 56	8 58 20	8 41 18	3 15 17	16 30 54	5 07 19	3 13 03	23 22 45
3	11 10 35	8 58 47	8 40 15	3 11 09	16 27 14	5 03 23	3 09 04	23 18 43
4	11 15 26	8 59 15	8 39 13	3 07 00	16 23 35	4 59 26	3 05 04	23 14 41
5	11 20 27	8 59 45	8 38 11	3 02 50	16 19 56	4 55 30	3 01 04	23 10 39
6	11 25 37	9 00 17	8 37 09	2 58 40	16 16 17	4 51 33	2 57 04	23 06 36
7	11 30 55	9 00 49	8 36 06	2 54 29	16 12 38	4 47 37	2 53 03	23 02 34
8	11 36 18	9 01 23	8 35 04	2 50 18	16 09 00	4 43 40	2 49 03	22 58 32
9	11 41 46	9 01 59	8 34 02	2 46 06	16 05 22	4 39 42	2 45 03	22 54 30
10	11 47 15	9 02 36	8 33 01	2 41 53	16 01 44	4 35 45	2 41 02	22 50 28
11	11 52 46	9 03 14	8 31 59	2 37 40	15 58 06	4 31 48	2 37 02	22 46 26
12	11 58 15	9 03 54	8 30 57	2 33 25	15 54 29	4 27 50	2 33 01	22 42 24
13	12 03 41	9 04 34	8 29 55	2 29 11	15 50 52	4 23 52	2 29 01	22 38 23
14	12 09 03	9 05 17	8 28 53	2 24 55	15 47 15	4 19 54	2 25 00	22 34 21
15	12 14 19	9 06 00	8 27 52	2 20 40	15 43 39	4 15 56	2 20 59	22 30 19
16	12 19 29	9 06 45	8 26 50	2 16 23	15 40 02	4 11 58	2 16 58	22 26 17
17	12 24 30	9 07 31	8 25 48	2 12 06	15 36 26	4 07 59	2 12 57	22 22 16
18	12 29 23	9 08 18	8 24 47	2 07 48	15 32 50	4 04 01	2 08 56	22 18 14
19	12 34 07	9 09 07	8 23 45	2 03 30	15 29 15	4 00 02	2 04 55	22 14 13
20	12 38 40	9 09 56	8 22 43	1 59 11	15 25 40	3 56 03	2 00 54	22 10 11
21	12 43 03	9 10 47	8 21 42	1 54 52	15 22 04	3 52 04	1 56 53	22 06 10
22	12 47 16	9 11 39	8 20 40	1 50 33	15 18 29	3 48 04	1 52 51	22 02 08
23	12 51 19	9 12 32	8 19 38	1 46 12	15 14 55	3 44 05	1 48 50	21 58 07
24	12 55 10	9 13 26	8 18 36	1 41 52	15 11 20	3 40 05	1 44 49	21 54 06
25	12 58 51	9 14 20	8 17 34	1 37 30	15 07 46	3 36 05	1 40 47	21 50 05
26	13 02 22	9 15 16	8 16 32	1 33 09	15 04 12	3 32 05	1 36 45	21 46 04
27	13 05 42	9 16 13	8 15 30	1 28 47	15 00 38	3 28 05	1 32 44	21 42 03
28	13 08 52	9 17 10	8 14 28	1 24 24	14 57 05	3 24 05	1 28 42	21 38 02
29	13 11 52	9 18 09	8 13 25	1 20 02	14 53 31	3 20 05	1 24 41	21 34 01
30	13 14 42	9 19 08	8 12 23	1 15 38	14 49 58	3 16 04	1 20 39	21 30 00
31	13 17 22	9 20 08	8 11 20	1 11 15	14 46 25	3 12 03	1 16 37	21 26 00
Aug. 1	13 19 54	9 21 08	8 10 18	1 06 51	14 42 52	3 08 02	1 12 35	21 21 59
2	13 22 16	9 22 10	8 09 15	1 02 27	14 39 19	3 04 01	1 08 33	21 17 59
3	13 24 29	9 23 11	8 08 12	0 58 02	14 35 47	3 00 00	1 04 31	21 13 58
4	13 26 34	9 24 14	8 07 08	0 53 38	14 32 14	2 55 59	1 00 29	21 09 58
5	13 28 30	9 25 17	8 06 05	0 49 13	14 28 42	2 51 58	0 56 27	21 05 58
6	13 30 18	9 26 20	8 05 01	0 44 47	14 25 10	2 47 56	0 52 25	21 01 57
7	13 31 58	9 27 24	8 03 58	0 40 22	14 21 38	2 43 54	0 48 23	20 57 57
8	13 33 30	9 28 29	8 02 54	0 35 56	14 18 06	2 39 53	0 44 21	20 53 57
9	13 34 54	9 29 34	8 01 50	0 31 31	14 14 35	2 35 51	0 40 19	20 49 58
10	13 36 10	9 30 39	8 00 45	0 27 05	14 11 03	2 31 49	0 36 17	20 45 58
11	13 37 18	9 31 44	7 59 40	0 22 39	14 07 32	2 27 46	0 32 15	20 41 58
12	13 38 20	9 32 49	7 58 36	0 18 13	14 04 01	2 23 44	0 28 13	20 37 59
13	13 39 13	9 33 55	7 57 30	0 13 46	14 00 30	2 19 42	0 24 11	20 33 59
14	13 39 59	9 35 01	7 56 25	0 09 20	13 56 59	2 15 39	0 20 08	20 30 00
15	13 40 38	9 36 07	7 55 19	0 04 54	13 53 28	2 11 36	0 16 06	20 26 01
16	13 41 08	9 37 13	7 54 13	0 00 27	13 49 58	2 07 34	0 12 04	20 22 02

Second transit: Jupiter, Aug. $16^d23^h56^m01^s$.

TIMES OF EPHEMERIS TRANSIT, 2009

Date	Mercury	Venus	Mars	Jupiter	Saturn	Uranus	Neptune	Pluto
	h m s	h m s	h m s	h m s	h m s	h m s	h m s	h m s
Aug. 16	13 41 08	9 37 13	7 54 13	0 00 27	13 49 58	2 07 34	0 12 04	20 22 02
17	13 41 32	9 38 19	7 53 07	23 51 34	13 46 27	2 03 31	0 08 02	20 18 03
18	13 41 47	9 39 24	7 52 00	23 47 08	13 42 57	1 59 28	0 04 00	20 14 04
19	13 41 54	9 40 30	7 50 53	23 42 42	13 39 27	1 55 25	23 55 55	20 10 05
20	13 41 53	9 41 36	7 49 46	23 38 16	13 35 57	1 51 21	23 51 53	20 06 06
21	13 41 44	9 42 41	7 48 38	23 33 50	13 32 27	1 47 18	23 47 51	20 02 08
22	13 41 26	9 43 46	7 47 30	23 29 24	13 28 57	1 43 15	23 43 49	19 58 09
23	13 40 59	9 44 51	7 46 22	23 24 58	13 25 27	1 39 11	23 39 46	19 54 11
24	13 40 22	9 45 55	7 45 13	23 20 33	13 21 57	1 35 08	23 35 44	19 50 13
25	13 39 35	9 46 59	7 44 03	23 16 07	13 18 28	1 31 04	23 31 42	19 46 15
26	13 38 38	9 48 03	7 42 53	23 11 42	13 14 58	1 27 00	23 27 40	19 42 17
27	13 37 30	9 49 06	7 41 43	23 07 18	13 11 29	1 22 57	23 23 38	19 38 19
28	13 36 11	9 50 08	7 40 32	23 02 53	13 07 59	1 18 53	23 19 36	19 34 21
29	13 34 39	9 51 10	7 39 21	22 58 29	13 04 30	1 14 49	23 15 34	19 30 23
30	13 32 54	9 52 12	7 38 09	22 54 05	13 01 01	1 10 45	23 11 32	19 26 26
31	13 30 55	9 53 13	7 36 57	22 49 41	12 57 32	1 06 41	23 07 30	19 22 29
Sept. 1	13 28 42	9 54 14	7 35 44	22 45 18	12 54 03	1 02 36	23 03 28	19 18 31
2	13 26 13	9 55 14	7 34 31	22 40 55	12 50 34	0 58 32	22 59 26	19 14 34
3	13 23 27	9 56 13	7 33 17	22 36 33	12 47 05	0 54 28	22 55 24	19 10 37
4	13 20 24	9 57 12	7 32 03	22 32 11	12 43 36	0 50 24	22 51 22	19 06 40
5	13 17 03	9 58 09	7 30 48	22 27 49	12 40 07	0 46 19	22 47 20	19 02 44
6	13 13 23	9 59 07	7 29 33	22 23 28	12 36 39	0 42 15	22 43 19	18 58 47
7	13 09 22	10 00 03	7 28 17	22 19 08	12 33 10	0 38 10	22 39 17	18 54 51
8	13 05 01	10 00 59	7 27 00	22 14 47	12 29 41	0 34 06	22 35 15	18 50 54
9	13 00 18	10 01 55	7 25 43	22 10 28	12 26 13	0 30 01	22 31 14	18 46 58
10	12 55 13	10 02 49	7 24 26	22 06 08	12 22 44	0 25 57	22 27 12	18 43 02
11	12 49 46	10 03 43	7 23 07	22 01 50	12 19 15	0 21 52	22 23 10	18 39 06
12	12 43 58	10 04 36	7 21 48	21 57 32	12 15 47	0 17 47	22 19 09	18 35 10
13	12 37 49	10 05 29	7 20 29	21 53 14	12 12 18	0 13 43	22 15 08	18 31 14
14	12 31 20	10 06 20	7 19 09	21 48 57	12 08 50	0 09 38	22 11 06	18 27 19
15	12 24 33	10 07 12	7 17 48	21 44 41	12 05 21	0 05 33	22 07 05	18 23 23
16	12 17 31	10 08 02	7 16 26	21 40 25	12 01 53	0 01 29	22 03 04	18 19 28
17	12 10 18	10 08 51	7 15 04	21 36 10	11 58 24	23 53 19	21 59 03	18 15 33
18	12 02 56	10 09 40	7 13 41	21 31 55	11 54 56	23 49 15	21 55 02	18 11 38
19	11 55 30	10 10 28	7 12 17	21 27 42	11 51 27	23 45 10	21 51 01	18 07 43
20	11 48 06	10 11 16	7 10 52	21 23 28	11 47 59	23 41 05	21 47 00	18 03 48
21	11 40 48	10 12 03	7 09 27	21 19 16	11 44 31	23 37 01	21 42 59	17 59 53
22	11 33 42	10 12 49	7 08 01	21 15 04	11 41 02	23 32 56	21 38 58	17 55 59
23	11 26 52	10 13 34	7 06 34	21 10 53	11 37 34	23 28 51	21 34 57	17 52 05
24	11 20 25	10 14 19	7 05 06	21 06 43	11 34 05	23 24 47	21 30 57	17 48 10
25	11 14 23	10 15 03	7 03 38	21 02 33	11 30 37	23 20 42	21 26 56	17 44 16
26	11 08 51	10 15 47	7 02 09	20 58 24	11 27 08	23 16 38	21 22 56	17 40 22
27	11 03 52	10 16 30	7 00 39	20 54 16	11 23 39	23 12 33	21 18 55	17 36 28
28	10 59 27	10 17 12	6 59 08	20 50 08	11 20 11	23 08 29	21 14 55	17 32 35
29	10 55 38	10 17 54	6 57 36	20 46 02	11 16 42	23 04 24	21 10 55	17 28 41
30	10 52 24	10 18 35	6 56 03	20 41 56	11 13 13	23 00 20	21 06 55	17 24 48
Oct. 1	10 49 47	10 19 16	6 54 30	20 37 50	11 09 44	22 56 15	21 02 55	17 20 54

Second transits: Jupiter, Aug. $16^d23^h56^m01^s$; Neptune, Aug. $18^d23^h59^m57^s$; Uranus, Sept. $16^d23^h57^m24^s$.

TIMES OF EPHEMERIS TRANSIT, 2009

Date	Mercury	Venus	Mars	Jupiter	Saturn	Uranus	Neptune	Pluto
	h m s	h m s	h m s	h m s	h m s	h m s	h m s	h m s
Oct. 1	10 49 47	10 19 16	6 54 30	20 37 50	11 09 44	22 56 15	21 02 55	17 20 54
2	10 47 44	10 19 57	6 52 56	20 33 46	11 06 16	22 52 11	20 58 55	17 17 01
3	10 46 14	10 20 37	6 51 20	20 29 42	11 02 47	22 48 07	20 54 55	17 13 08
4	10 45 14	10 21 16	6 49 44	20 25 39	10 59 18	22 44 03	20 50 56	17 09 15
5	10 44 44	10 21 56	6 48 07	20 21 37	10 55 49	22 39 58	20 46 56	17 05 22
6	10 44 39	10 22 34	6 46 29	20 17 36	10 52 20	22 35 54	20 42 57	17 01 29
7	10 44 58	10 23 13	6 44 51	20 13 35	10 48 51	22 31 50	20 38 57	16 57 37
8	10 45 37	10 23 51	6 43 11	20 09 35	10 45 21	22 27 47	20 34 58	16 53 44
9	10 46 34	10 24 30	6 41 30	20 05 36	10 41 52	22 23 43	20 30 59	16 49 52
10	10 47 47	10 25 07	6 39 48	20 01 38	10 38 23	22 19 39	20 27 00	16 46 00
11	10 49 13	10 25 45	6 38 06	19 57 40	10 34 53	22 15 35	20 23 01	16 42 08
12	10 50 50	10 26 23	6 36 22	19 53 43	10 31 24	22 11 32	20 19 02	16 38 16
13	10 52 36	10 27 00	6 34 37	19 49 48	10 27 54	22 07 28	20 15 03	16 34 24
14	10 54 29	10 27 38	6 32 52	19 45 52	10 24 24	22 03 25	20 11 05	16 30 32
15	10 56 29	10 28 15	6 31 05	19 41 58	10 20 54	21 59 21	20 07 06	16 26 41
16	10 58 34	10 28 53	6 29 17	19 38 04	10 17 24	21 55 18	20 03 08	16 22 49
17	11 00 42	10 29 30	6 27 28	19 34 12	10 13 54	21 51 15	19 59 10	16 18 58
18	11 02 54	10 30 08	6 25 38	19 30 20	10 10 24	21 47 12	19 55 12	16 15 07
19	11 05 07	10 30 46	6 23 47	19 26 29	10 06 54	21 43 09	19 51 14	16 11 15
20	11 07 22	10 31 23	6 21 55	19 22 38	10 03 23	21 39 06	19 47 16	16 07 24
21	11 09 39	10 32 01	6 20 01	19 18 49	9 59 53	21 35 04	19 43 18	16 03 34
22	11 11 56	10 32 40	6 18 06	19 15 00	9 56 22	21 31 01	19 39 20	15 59 43
23	11 14 13	10 33 18	6 16 11	19 11 12	9 52 51	21 26 59	19 35 23	15 55 52
24	11 16 31	10 33 57	6 14 14	19 07 24	9 49 20	21 22 56	19 31 25	15 52 02
25	11 18 49	10 34 36	6 12 15	19 03 38	9 45 49	21 18 54	19 27 28	15 48 11
26	11 21 07	10 35 15	6 10 16	18 59 52	9 42 18	21 14 52	19 23 31	15 44 21
27	11 23 26	10 35 55	6 08 15	18 56 07	9 38 46	21 10 50	19 19 34	15 40 31
28	11 25 44	10 36 36	6 06 13	18 52 23	9 35 15	21 06 48	19 15 37	15 36 41
29	11 28 02	10 37 16	6 04 10	18 48 40	9 31 43	21 02 47	19 11 40	15 32 51
30	11 30 20	10 37 58	6 02 06	18 44 57	9 28 11	20 58 45	19 07 44	15 29 01
31	11 32 38	10 38 40	6 00 00	18 41 15	9 24 39	20 54 44	19 03 47	15 25 11
Nov. 1	11 34 56	10 39 22	5 57 53	18 37 34	9 21 07	20 50 43	18 59 51	15 21 21
2	11 37 15	10 40 05	5 55 45	18 33 53	9 17 34	20 46 42	18 55 54	15 17 31
3	11 39 34	10 40 49	5 53 35	18 30 13	9 14 02	20 42 41	18 51 58	15 13 42
4	11 41 53	10 41 34	5 51 24	18 26 34	9 10 29	20 38 40	18 48 02	15 09 53
5	11 44 13	10 42 19	5 49 11	18 22 56	9 06 56	20 34 39	18 44 07	15 06 03
6	11 46 33	10 43 05	5 46 57	18 19 18	9 03 23	20 30 39	18 40 11	15 02 14
7	11 48 54	10 43 52	5 44 42	18 15 42	8 59 49	20 26 39	18 36 15	14 58 25
8	11 51 16	10 44 40	5 42 25	18 12 05	8 56 15	20 22 38	18 32 20	14 54 36
9	11 53 38	10 45 28	5 40 06	18 08 30	8 52 42	20 18 38	18 28 24	14 50 47
10	11 56 01	10 46 18	5 37 47	18 04 55	8 49 08	20 14 39	18 24 29	14 46 58
11	11 58 26	10 47 08	5 35 25	18 01 21	8 45 33	20 10 39	18 20 34	14 43 09
12	12 00 51	10 48 00	5 33 02	17 57 47	8 41 59	20 06 39	18 16 39	14 39 21
13	12 03 18	10 48 52	5 30 37	17 54 15	8 38 24	20 02 40	18 12 44	14 35 32
14	12 05 45	10 49 46	5 28 11	17 50 42	8 34 49	19 58 41	18 08 50	14 31 44
15	12 08 14	10 50 40	5 25 43	17 47 11	8 31 14	19 54 42	18 04 55	14 27 55
16	12 10 44	10 51 36	5 23 13	17 43 40	8 27 39	19 50 43	18 01 01	14 24 07

TIMES OF EPHEMERIS TRANSIT, 2009

Date	Mercury	Venus	Mars	Jupiter	Saturn	Uranus	Neptune	Pluto
	h m s	h m s	h m s	h m s	h m s	h m s	h m s	h m s
Nov. 16	12 10 44	10 51 36	5 23 13	17 43 40	8 27 39	19 50 43	18 01 01	14 24 07
17	12 13 16	10 52 33	5 20 42	17 40 10	8 24 03	19 46 44	17 57 07	14 20 19
18	12 15 48	10 53 31	5 18 08	17 36 40	8 20 27	19 42 46	17 53 12	14 16 30
19	12 18 22	10 54 30	5 15 33	17 33 11	8 16 51	19 38 48	17 49 18	14 12 42
20	12 20 57	10 55 30	5 12 56	17 29 43	8 13 15	19 34 50	17 45 25	14 08 54
21	12 23 33	10 56 31	5 10 18	17 26 15	8 09 38	19 30 52	17 41 31	14 05 06
22	12 26 11	10 57 33	5 07 37	17 22 48	8 06 01	19 26 54	17 37 37	14 01 18
23	12 28 49	10 58 37	5 04 54	17 19 22	8 02 24	19 22 56	17 33 44	13 57 30
24	12 31 29	10 59 42	5 02 10	17 15 56	7 58 46	19 18 59	17 29 50	13 53 43
25	12 34 09	11 00 48	4 59 23	17 12 31	7 55 09	19 15 02	17 25 57	13 49 55
26	12 36 50	11 01 55	4 56 35	17 09 06	7 51 31	19 11 05	17 22 04	13 46 07
27	12 39 32	11 03 03	4 53 44	17 05 42	7 47 52	19 07 08	17 18 11	13 42 20
28	12 42 14	11 04 13	4 50 51	17 02 18	7 44 14	19 03 11	17 14 18	13 38 32
29	12 44 56	11 05 23	4 47 56	16 58 55	7 40 35	18 59 15	17 10 26	13 34 45
30	12 47 38	11 06 35	4 44 59	16 55 32	7 36 56	18 55 19	17 06 33	13 30 57
Dec. 1	12 50 20	11 07 48	4 42 00	16 52 10	7 33 16	18 51 22	17 02 41	13 27 10
2	12 53 01	11 09 03	4 38 59	16 48 49	7 29 37	18 47 27	16 58 48	13 23 22
3	12 55 41	11 10 18	4 35 55	16 45 28	7 25 56	18 43 31	16 54 56	13 19 35
4	12 58 20	11 11 35	4 32 49	16 42 07	7 22 16	18 39 35	16 51 04	13 15 48
5	13 00 57	11 12 53	4 29 41	16 38 47	7 18 35	18 35 40	16 47 12	13 12 01
6	13 03 31	11 14 12	4 26 30	16 35 28	7 14 54	18 31 45	16 43 20	13 08 13
7	13 06 02	11 15 32	4 23 17	16 32 09	7 11 13	18 27 50	16 39 28	13 04 26
8	13 08 29	11 16 53	4 20 01	16 28 50	7 07 31	18 23 55	16 35 37	13 00 39
9	13 10 52	11 18 15	4 16 42	16 25 32	7 03 49	18 20 00	16 31 45	12 56 52
10	13 13 09	11 19 38	4 13 21	16 22 15	7 00 07	18 16 06	16 27 54	12 53 05
11	13 15 19	11 21 02	4 09 58	16 18 58	6 56 25	18 12 12	16 24 03	12 49 18
12	13 17 22	11 22 28	4 06 31	16 15 41	6 52 42	18 08 18	16 20 11	12 45 31
13	13 19 15	11 23 54	4 03 02	16 12 25	6 48 58	18 04 24	16 16 20	12 41 44
14	13 20 58	11 25 21	3 59 30	16 09 09	6 45 15	18 00 30	16 12 29	12 37 57
15	13 22 28	11 26 48	3 55 55	16 05 54	6 41 31	17 56 37	16 08 39	12 34 10
16	13 23 44	11 28 17	3 52 18	16 02 39	6 37 46	17 52 44	16 04 48	12 30 23
17	13 24 44	11 29 46	3 48 37	15 59 24	6 34 01	17 48 51	16 00 57	12 26 37
18	13 25 25	11 31 16	3 44 53	15 56 10	6 30 16	17 44 58	15 57 07	12 22 50
19	13 25 45	11 32 47	3 41 07	15 52 56	6 26 31	17 41 05	15 53 17	12 19 03
20	13 25 40	11 34 18	3 37 17	15 49 43	6 22 45	17 37 12	15 49 26	12 15 16
21	13 25 08	11 35 49	3 33 24	15 46 30	6 18 59	17 33 20	15 45 36	12 11 29
22	13 24 05	11 37 22	3 29 28	15 43 18	6 15 12	17 29 28	15 41 46	12 07 42
23	13 22 28	11 38 54	3 25 29	15 40 05	6 11 26	17 25 36	15 37 56	12 03 56
24	13 20 13	11 40 27	3 21 27	15 36 54	6 07 38	17 21 44	15 34 06	12 00 09
25	13 17 16	11 42 00	3 17 22	15 33 42	6 03 51	17 17 52	15 30 17	11 56 22
26	13 13 34	11 43 33	3 13 13	15 30 31	6 00 03	17 14 01	15 26 27	11 52 35
27	13 09 05	11 45 07	3 09 01	15 27 20	5 56 14	17 10 10	15 22 37	11 48 48
28	13 03 47	11 46 40	3 04 46	15 24 10	5 52 25	17 06 19	15 18 48	11 45 02
29	12 57 40	11 48 14	3 00 28	15 21 00	5 48 36	17 02 28	15 14 58	11 41 15
30	12 50 43	11 49 47	2 56 06	15 17 50	5 44 47	16 58 37	15 11 09	11 37 28
31	12 43 01	11 51 20	2 51 41	15 14 40	5 40 57	16 54 46	15 07 20	11 33 41
32	12 34 38	11 52 54	2 47 13	15 11 31	5 37 06	16 50 56	15 03 31	11 29 54

Explanatory information for data presented in the Ephemeris for Physical Observations of the planets and the Planetary Central Meridians is given here. Additional information is given in the Notes and References section, beginning on page L10.

The tabulated surface brightness is the average visual magnitude of an area of one square arcsecond of the illuminated portion of the apparent disk. For a few days around inferior and superior conjunctions, the tabulated surface brightness and magnitude of Mercury and Venus are unknown; surface brightness values are given for phase angles $2°.1 < \phi < 169°.5$ for Mercury and $2°.2 < \phi < 170°.2$ for Venus. For Saturn the magnitude includes the contribution due to the rings, but the surface brightness applies only to the disk of the planet.

The diagram illustrates many of the quantities tabulated. The primary reference points are the sub-Earth point, e (center of disk); the sub-solar point, s; and the north pole, n. Points e and s are on the line between the center of the planet and the centers of the Earth and Sun, respectively (for an oblate planet, the Sun and Earth are not exactly at the zeniths of these two points). For points e and s, planetographic longitudes, λ_e and λ_s, and planetographic latitudes, β_e and β_s, are given. For points s and n, apparent distances from the center of the disk, d_s and d_n, and apparent position angles, p_s and p_n, are given.

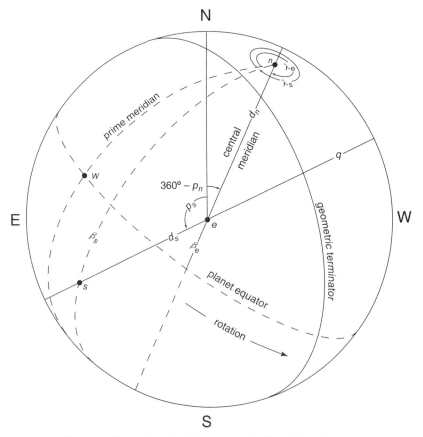

Diagram illustrating the Planetocentric Coordinate System

The phase is the ratio of the apparent illuminated area of the disk to the total area of the disk, as seen from the Earth. The phase angle is the planetocentric elongation of the Earth from the Sun. The defect of illumination, q, is the length of the unilluminated section of the diameter passing through e and s. The position angle of q can be computed by adding 180° to p_s. Phase and q are based on the geometric terminator, defined by the plane crossing through the planet's center of mass, orthogonal to the direction of the Sun.

The angle W of the prime meridian is measured counterclockwise (when viewed from above the planet's north pole) along the planet's equator from the ascending node of the planet's equator on the Earth's mean equator of J2000.0. For a planet with direct rotation (counterclockwise as viewed from the planet's north pole), W increases with time. Values of W and its rate of change are given on page E3.

Position angles are measured east from the north on the celestial sphere, with north defined by the great circle on the celestial sphere passing through the center of the planet's apparent disk and the true celestial pole of date. Planetographic longitude is reckoned from the prime meridian and increases from 0° to 360° in the direction opposite rotation. Planetographic latitude is the angle between the planet's equator and the normal to the reference spheroid at the point. Latitudes north of the equator are positive. For points near the limb, the sign of the distance may change abruptly as distances are positive in the visible hemisphere and negative on the far side of the planet. Distance and position angle vary rapidly at points close to e and may appear to be discontinuous.

The planetocentric orbital longitude of the Sun, L_s, is measured eastward in the planet's orbital plane from the planet's vernal equinox. Instantaneous orbital and equatorial planes are used in computing L_s. Values of L_s of 0°, 90°, 180° and 270° correspond to the beginning of spring, summer, autumn and winter, for the planet's northern hemisphere.

Planetary Central Meridians are sub-Earth planetocentric longitudes; none are given for Uranus and Neptune since their rotational periods are not well known. Jupiter has three longitude systems, corresponding to different apparent rates of rotation: System I applies to the visible cloud layer in the equatorial region; System II applies to the visible cloud layer at higher latitudes; System III, used in the physical ephemeris, applies to the origin of the radio emissions.

MERCURY, 2009
EPHEMERIS FOR PHYSICAL OBSERVATIONS
FOR 0ʰ TERRESTRIAL TIME

Date		Light-time	Magnitude	Surface Brightness	Diameter	Phase	Phase Angle	Defect of Illumination
		m			″		°	″
Jan.	−1	9.34	− 0.7	+2.6	5.99	0.762	58.4	1.42
	1	8.96	− 0.7	+2.6	6.24	0.710	65.2	1.81
	3	8.55	− 0.7	+2.7	6.54	0.648	72.8	2.30
	5	8.13	− 0.6	+2.7	6.89	0.575	81.4	2.93
	7	7.69	− 0.5	+2.8	7.28	0.492	91.0	3.70
	9	7.24	− 0.2	+3.0	7.72	0.400	101.6	4.64
	11	6.81	+ 0.2	+3.2	8.21	0.303	113.2	5.72
	13	6.42	+ 0.8	+3.6	8.72	0.208	125.7	6.90
	15	6.07	+ 1.8	+4.0	9.21	0.123	139.0	8.08
	17	5.80	+ 3.0	+4.6	9.65	0.057	152.5	9.10
	19	5.61	+ 4.5	+4.9	9.97	0.017	165.0	9.80
	21	5.52	−	−	10.14	0.008	169.7	10.05
	23	5.52	+ 4.1	+4.9	10.13	0.028	160.8	9.85
	25	5.61	+ 2.8	+4.7	9.98	0.070	149.2	9.28
	27	5.76	+ 1.9	+4.3	9.72	0.128	138.1	8.47
	29	5.96	+ 1.2	+4.0	9.38	0.193	127.9	7.57
	31	6.21	+ 0.7	+3.8	9.01	0.259	118.8	6.68
Feb.	2	6.48	+ 0.4	+3.6	8.64	0.323	110.7	5.85
	4	6.76	+ 0.2	+3.5	8.28	0.383	103.5	5.11
	6	7.05	+ 0.1	+3.4	7.94	0.438	97.1	4.46
	8	7.33	0.0	+3.4	7.63	0.487	91.4	3.91
	10	7.62	0.0	+3.4	7.34	0.532	86.3	3.44
	12	7.90	0.0	+3.3	7.08	0.572	81.7	3.03
	14	8.17	− 0.1	+3.3	6.85	0.608	77.6	2.69
	16	8.43	− 0.1	+3.3	6.63	0.640	73.7	2.39
	18	8.69	− 0.1	+3.3	6.44	0.669	70.2	2.13
	20	8.93	− 0.1	+3.3	6.27	0.696	67.0	1.91
	22	9.16	− 0.1	+3.2	6.11	0.720	63.9	1.71
	24	9.38	− 0.1	+3.2	5.96	0.743	61.0	1.54
	26	9.59	− 0.1	+3.2	5.83	0.764	58.2	1.38
	28	9.79	− 0.1	+3.1	5.72	0.783	55.5	1.24
Mar.	2	9.98	− 0.2	+3.1	5.61	0.802	52.9	1.11
	4	10.16	− 0.2	+3.0	5.51	0.820	50.3	0.99
	6	10.32	− 0.2	+3.0	5.42	0.837	47.7	0.89
	8	10.48	− 0.3	+2.9	5.34	0.853	45.1	0.78
	10	10.62	− 0.3	+2.8	5.27	0.869	42.4	0.69
	12	10.76	− 0.4	+2.8	5.20	0.885	39.6	0.60
	14	10.88	− 0.5	+2.7	5.14	0.901	36.7	0.51
	16	10.98	− 0.6	+2.6	5.09	0.916	33.7	0.43
	18	11.08	− 0.7	+2.4	5.05	0.931	30.4	0.35
	20	11.15	− 0.9	+2.3	5.02	0.946	26.9	0.27
	22	11.21	− 1.0	+2.1	4.99	0.960	23.2	0.20
	24	11.24	− 1.2	+2.0	4.98	0.973	19.1	0.14
	26	11.26	− 1.5	+1.7	4.97	0.984	14.6	0.08
	28	11.24	− 1.7	+1.5	4.98	0.993	9.8	0.04
	30	11.20	− 2.0	+1.2	5.00	0.998	4.9	0.01
Apr.	1	11.12	− 2.1	+1.1	5.03	0.999	3.9	0.01

MERCURY, 2009

EPHEMERIS FOR PHYSICAL OBSERVATIONS
FOR 0ʰ TERRESTRIAL TIME

Date		Sub-Earth Point		Sub-Solar Point			North Pole	
		Long.	Lat.	Long.	Dist.	P.A.	Dist.	P.A.
		°	°	°	″	°	″	°
Jan.	−1	230.87	− 4.71	172.62	+ 2.55	264.30	−2.98	351.40
	1	240.47	− 5.05	175.40	+ 2.83	262.45	−3.11	350.12
	3	250.29	− 5.43	177.55	+ 3.12	260.66	−3.26	348.98
	5	260.42	− 5.87	179.07	+ 3.40	258.90	−3.42	348.01
	7	270.94	− 6.35	179.98	−3.64	257.14	−3.62	347.25
	9	281.98	− 6.88	180.34	−3.78	255.32	−3.83	346.74
	11	293.65	− 7.46	180.26	−3.77	253.30	−4.07	346.52
	13	306.06	− 8.07	179.93	−3.54	250.76	−4.32	346.62
	15	319.27	− 8.67	179.52	−3.02	246.97	−4.55	347.07
	17	333.22	− 9.22	179.26	−2.23	239.70	−4.76	347.85
	19	347.75	− 9.66	179.33	−1.29	219.59	−4.91	348.90
	21	2.61	− 9.94	179.88	−0.91	154.65	−4.99	350.11
	23	17.47	−10.04	181.01	−1.67	111.87	−4.99	351.34
	25	32.05	− 9.98	182.77	−2.55	99.60	−4.91	352.43
	27	46.13	− 9.79	185.16	−3.25	94.37	−4.79	353.30
	29	59.63	− 9.52	188.16	−3.70	91.38	−4.63	353.89
	31	72.52	− 9.19	191.73	−3.95	89.27	−4.45	354.18
Feb.	2	84.86	− 8.84	195.81	−4.04	87.56	−4.27	354.20
	4	96.70	− 8.50	200.36	−4.03	86.02	−4.09	353.97
	6	108.13	− 8.16	205.32	−3.94	84.55	−3.93	353.54
	8	119.19	− 7.84	210.64	−3.81	83.12	−3.78	352.93
	10	129.96	− 7.54	216.26	+ 3.66	81.68	−3.64	352.18
	12	140.48	− 7.25	222.15	+ 3.50	80.24	−3.51	351.31
	14	150.80	− 6.99	228.26	+ 3.34	78.80	−3.40	350.36
	16	160.93	− 6.74	234.56	+ 3.18	77.34	−3.29	349.33
	18	170.92	− 6.51	241.01	+ 3.03	75.89	−3.20	348.25
	20	180.78	− 6.28	247.58	+ 2.88	74.44	−3.11	347.13
	22	190.52	− 6.07	254.24	+ 2.74	73.00	−3.04	346.00
	24	200.16	− 5.87	260.96	+ 2.61	71.57	−2.97	344.85
	26	209.71	− 5.68	267.72	+ 2.48	70.15	−2.90	343.70
	28	219.17	− 5.50	274.48	+ 2.35	68.76	−2.84	342.56
Mar.	2	228.55	− 5.32	281.23	+ 2.24	67.38	−2.79	341.44
	4	237.85	− 5.15	287.93	+ 2.12	66.04	−2.74	340.34
	6	247.08	− 4.98	294.56	+ 2.00	64.72	−2.70	339.27
	8	256.23	− 4.82	301.09	+ 1.89	63.42	−2.66	338.25
	10	265.31	− 4.66	307.48	+ 1.77	62.14	−2.62	337.27
	12	274.32	− 4.51	313.71	+ 1.66	60.88	−2.59	336.35
	14	283.24	− 4.36	319.74	+ 1.54	59.62	−2.56	335.48
	16	292.09	− 4.21	325.53	+ 1.41	58.34	−2.54	334.68
	18	300.86	− 4.07	331.04	+ 1.28	57.01	−2.52	333.95
	20	309.55	− 3.92	336.23	+ 1.14	55.56	−2.50	333.30
	22	318.15	− 3.79	341.04	+ 0.98	53.86	−2.49	332.73
	24	326.67	− 3.65	345.41	+ 0.81	51.65	−2.48	332.26
	26	335.10	− 3.52	349.31	+ 0.63	48.27	−2.48	331.88
	28	343.45	− 3.40	352.66	+ 0.42	41.59	−2.48	331.61
	30	351.72	− 3.27	355.43	+ 0.21	20.12	−2.49	331.45
Apr.	1	359.93	− 3.16	357.58	+ 0.17	294.60	−2.51	331.41

MERCURY, 2009
EPHEMERIS FOR PHYSICAL OBSERVATIONS
FOR 0ʰ TERRESTRIAL TIME

Date		Light-time	Magnitude	Surface Brightness	Diameter	Phase	Phase Angle	Defect of Illumination
		m			//		°	//
Apr.	1	11.12	−2.1	+1.1	5.03	0.999	3.9	0.01
	3	11.00	−2.0	+1.3	5.09	0.993	9.5	0.03
	5	10.84	−1.8	+1.5	5.16	0.979	16.5	0.11
	7	10.64	−1.6	+1.7	5.26	0.956	24.1	0.23
	9	10.39	−1.5	+1.8	5.38	0.923	32.3	0.42
	11	10.10	−1.3	+2.0	5.54	0.878	40.9	0.68
	13	9.77	−1.2	+2.1	5.73	0.824	49.6	1.01
	15	9.40	−1.0	+2.3	5.95	0.762	58.4	1.42
	17	9.01	−0.9	+2.4	6.21	0.695	67.1	1.90
	19	8.61	−0.7	+2.6	6.50	0.625	75.5	2.44
	21	8.20	−0.5	+2.8	6.83	0.555	83.7	3.04
	23	7.78	−0.3	+3.0	7.19	0.486	91.6	3.69
	25	7.38	0.0	+3.2	7.58	0.421	99.1	4.39
	27	6.99	+ 0.2	+3.4	8.01	0.359	106.4	5.13
	29	6.62	+ 0.6	+3.6	8.46	0.301	113.4	5.91
May	1	6.27	+ 0.9	+3.9	8.93	0.247	120.4	6.72
	3	5.94	+ 1.3	+4.2	9.41	0.198	127.2	7.55
	5	5.65	+ 1.8	+4.5	9.90	0.153	134.0	8.39
	7	5.39	+ 2.3	+4.8	10.38	0.113	140.7	9.21
	9	5.16	+ 3.0	+5.1	10.84	0.078	147.6	10.00
	11	4.97	+ 3.7	+5.4	11.26	0.049	154.4	10.71
	13	4.81	+ 4.5	+5.6	11.63	0.026	161.4	11.32
	15	4.70	+ 5.4	+5.5	11.91	0.010	168.3	11.79
	17	4.62	—	—	12.11	0.002	175.0	12.08
	19	4.59	—	—	12.20	0.001	176.9	12.19
	21	4.59	—	—	12.19	0.007	170.6	12.11
	23	4.63	+ 4.8	+5.7	12.09	0.019	164.0	11.85
	25	4.71	+ 4.0	+5.6	11.89	0.038	157.5	11.44
	27	4.82	+ 3.4	+5.4	11.62	0.061	151.3	10.91
	29	4.96	+ 2.8	+5.2	11.29	0.089	145.3	10.29
	31	5.13	+ 2.3	+5.0	10.92	0.119	139.6	9.61
June	2	5.32	+ 1.9	+4.7	10.52	0.152	134.1	8.92
	4	5.54	+ 1.6	+4.5	10.10	0.187	128.8	8.21
	6	5.78	+ 1.3	+4.3	9.68	0.223	123.6	7.52
	8	6.04	+ 1.0	+4.1	9.26	0.261	118.6	6.85
	10	6.32	+ 0.8	+3.9	8.86	0.299	113.7	6.21
	12	6.61	+ 0.6	+3.8	8.46	0.339	108.8	5.59
	14	6.92	+ 0.4	+3.6	8.09	0.380	103.9	5.01
	16	7.24	+ 0.2	+3.5	7.73	0.423	98.9	4.46
	18	7.57	0.0	+3.3	7.39	0.467	93.7	3.93
	20	7.91	−0.1	+3.2	7.07	0.514	88.4	3.44
	22	8.26	−0.3	+3.0	6.77	0.563	82.8	2.96
	24	8.61	−0.4	+2.8	6.50	0.613	76.9	2.51
	26	8.96	−0.6	+2.7	6.24	0.666	70.6	2.09
	28	9.31	−0.7	+2.5	6.01	0.720	63.9	1.69
	30	9.64	−0.9	+2.4	5.81	0.774	56.8	1.31
July	2	9.95	−1.1	+2.2	5.62	0.826	49.3	0.98

MERCURY, 2009
EPHEMERIS FOR PHYSICAL OBSERVATIONS
FOR 0^h TERRESTRIAL TIME

Date		Sub-Earth Point		Sub-Solar Point			North Pole	
		Long.	Lat.	Long.	Dist.	P.A.	Dist.	P.A.
		°	°	°	″	°	″	°
Apr.	1	359.93	− 3.16	357.58	+ 0.17	294.60	−2.51	331.41
	3	8.08	− 3.05	359.09	+ 0.42	260.00	−2.54	331.50
	5	16.20	− 2.94	359.98	+ 0.73	251.69	−2.58	331.73
	7	24.32	− 2.84	0.34	+ 1.08	248.41	−2.63	332.08
	9	32.48	− 2.74	0.26	+ 1.44	246.89	−2.69	332.56
	11	40.72	− 2.65	359.92	+ 1.81	246.22	−2.77	333.16
	13	49.09	− 2.56	359.51	+ 2.18	246.04	−2.86	333.87
	15	57.63	− 2.46	359.26	+ 2.53	246.17	−2.97	334.65
	17	66.40	− 2.36	359.33	+ 2.86	246.50	−3.10	335.50
	19	75.42	− 2.26	359.89	+ 3.15	246.95	−3.25	336.36
	21	84.73	− 2.14	1.03	+ 3.39	247.47	−3.41	337.23
	23	94.35	− 2.01	2.80	−3.59	248.02	−3.59	338.07
	25	104.30	− 1.86	5.20	−3.74	248.57	−3.79	338.86
	27	114.59	− 1.69	8.21	−3.84	249.08	−4.00	339.57
	29	125.23	− 1.49	11.78	−3.88	249.55	−4.23	340.19
May	1	136.24	− 1.26	15.88	−3.85	249.96	−4.46	340.69
	3	147.62	− 0.99	20.44	−3.75	250.32	−4.71	341.06
	5	159.36	− 0.70	25.40	−3.56	250.65	−4.95	341.31
	7	171.47	− 0.36	30.72	−3.29	250.99	−5.19	341.42
	9	183.92	+ 0.01	36.35	−2.91	251.43	+ 5.42	341.40
	11	196.70	+ 0.40	42.25	−2.43	252.13	+ 5.63	341.26
	13	209.75	+ 0.83	48.36	−1.86	253.51	+ 5.81	341.02
	15	223.02	+ 1.27	54.67	−1.21	256.89	+ 5.95	340.70
	17	236.45	+ 1.72	61.12	−0.52	270.57	+ 6.05	340.34
	19	249.95	+ 2.16	67.69	−0.33	26.20	+ 6.10	339.96
	21	263.44	+ 2.58	74.35	−1.00	53.82	+ 6.09	339.59
	23	276.83	+ 2.97	81.08	−1.67	58.80	+ 6.04	339.25
	25	290.06	+ 3.33	87.83	−2.27	60.86	+ 5.94	338.97
	27	303.07	+ 3.65	94.60	−2.79	62.05	+ 5.80	338.76
	29	315.82	+ 3.93	101.34	−3.21	62.93	+ 5.63	338.64
	31	328.28	+ 4.16	108.04	−3.54	63.70	+ 5.44	338.60
June	2	340.44	+ 4.35	114.67	−3.78	64.43	+ 5.24	338.66
	4	352.29	+ 4.51	121.19	−3.94	65.18	+ 5.03	338.81
	6	3.84	+ 4.63	127.59	−4.03	65.97	+ 4.82	339.06
	8	15.10	+ 4.72	133.81	−4.07	66.83	+ 4.62	339.41
	10	26.07	+ 4.78	139.84	−4.06	67.76	+ 4.41	339.86
	12	36.78	+ 4.82	145.63	−4.01	68.77	+ 4.22	340.41
	14	47.22	+ 4.85	151.13	−3.93	69.88	+ 4.03	341.08
	16	57.42	+ 4.85	156.31	−3.82	71.10	+ 3.85	341.86
	18	67.37	+ 4.85	161.11	−3.69	72.45	+ 3.68	342.75
	20	77.09	+ 4.83	165.48	+ 3.53	73.93	+ 3.52	343.78
	22	86.59	+ 4.81	169.37	+ 3.36	75.56	+ 3.37	344.94
	24	95.86	+ 4.78	172.71	+ 3.16	77.37	+ 3.24	346.24
	26	104.92	+ 4.75	175.47	+ 2.94	79.38	+ 3.11	347.69
	28	113.77	+ 4.72	177.60	+ 2.70	81.61	+ 3.00	349.29
	30	122.43	+ 4.69	179.11	+ 2.43	84.12	+ 2.89	351.03
July	2	130.89	+ 4.67	179.99	+ 2.13	86.96	+ 2.80	352.92

MERCURY, 2009
EPHEMERIS FOR PHYSICAL OBSERVATIONS
FOR 0ʰ TERRESTRIAL TIME

Date		Light-time	Magnitude	Surface Brightness	Diameter	Phase	Phase Angle	Defect of Illumination
		m			″		°	″
July	2	9.95	−1.1	+2.2	5.62	0.826	49.3	0.98
	4	10.24	−1.2	+2.1	5.47	0.875	41.4	0.68
	6	10.49	−1.4	+1.9	5.33	0.918	33.2	0.44
	8	10.71	−1.6	+1.7	5.23	0.953	24.9	0.24
	10	10.88	−1.9	+1.4	5.14	0.979	16.8	0.11
	12	11.00	−2.1	+1.2	5.09	0.994	9.2	0.03
	14	11.08	−2.2	+1.0	5.05	0.998	4.8	0.01
	16	11.11	−2.0	+1.2	5.04	0.994	8.8	0.03
	18	11.10	−1.7	+1.5	5.04	0.983	15.0	0.09
	20	11.05	−1.4	+1.8	5.06	0.966	21.2	0.17
	22	10.97	−1.2	+2.0	5.10	0.946	26.9	0.28
	24	10.87	−1.0	+2.2	5.15	0.923	32.1	0.39
	26	10.74	−0.8	+2.4	5.21	0.900	36.9	0.52
	28	10.60	−0.7	+2.5	5.28	0.875	41.4	0.66
	30	10.44	−0.6	+2.7	5.36	0.851	45.5	0.80
Aug.	1	10.26	−0.4	+2.8	5.45	0.826	49.3	0.95
	3	10.08	−0.4	+2.9	5.55	0.802	52.8	1.10
	5	9.89	−0.3	+3.0	5.66	0.778	56.2	1.25
	7	9.68	−0.2	+3.0	5.78	0.755	59.4	1.42
	9	9.48	−0.1	+3.1	5.90	0.731	62.5	1.59
	11	9.26	−0.1	+3.2	6.04	0.707	65.5	1.77
	13	9.04	0.0	+3.3	6.19	0.683	68.5	1.96
	15	8.82	0.0	+3.3	6.34	0.659	71.5	2.16
	17	8.59	+ 0.1	+3.4	6.51	0.634	74.5	2.38
	19	8.36	+ 0.1	+3.4	6.70	0.608	77.5	2.63
	21	8.12	+ 0.1	+3.5	6.89	0.581	80.7	2.89
	23	7.88	+ 0.2	+3.5	7.10	0.552	84.0	3.18
	25	7.63	+ 0.2	+3.6	7.33	0.521	87.5	3.51
	27	7.39	+ 0.2	+3.6	7.58	0.489	91.3	3.87
	29	7.14	+ 0.3	+3.7	7.84	0.454	95.3	4.28
	31	6.89	+ 0.4	+3.7	8.12	0.416	99.6	4.74
Sept.	2	6.65	+ 0.5	+3.8	8.42	0.376	104.4	5.25
	4	6.41	+ 0.6	+3.9	8.73	0.333	109.6	5.83
	6	6.18	+ 0.8	+4.0	9.05	0.286	115.3	6.46
	8	5.96	+ 1.1	+4.1	9.38	0.238	121.6	7.15
	10	5.77	+ 1.5	+4.3	9.70	0.188	128.6	7.88
	12	5.60	+ 2.0	+4.5	10.00	0.138	136.3	8.61
	14	5.46	+ 2.6	+4.8	10.24	0.091	144.8	9.30
	16	5.38	+ 3.5	+5.1	10.41	0.051	153.9	9.88
	18	5.34	+ 4.6	+5.2	10.47	0.021	163.4	10.25
	20	5.38	—	—	10.41	0.006	171.0	10.34
	22	5.48	+ 5.2	+5.0	10.20	0.011	168.2	10.10
	24	5.67	+ 3.8	+4.9	9.88	0.036	158.0	9.52
	26	5.92	+ 2.6	+4.5	9.45	0.084	146.4	8.66
	28	6.25	+ 1.5	+4.0	8.95	0.150	134.4	7.61
	30	6.63	+ 0.7	+3.5	8.44	0.232	122.4	6.48
Oct.	2	7.06	+ 0.1	+3.1	7.92	0.324	110.6	5.36

MERCURY, 2009

EPHEMERIS FOR PHYSICAL OBSERVATIONS
FOR 0ʰ TERRESTRIAL TIME

Date		Sub-Earth Point		Sub-Solar Point			North Pole	
		Long.	Lat.	Long.	Dist.	P.A.	Dist.	P.A.
		°	°	°	″	°	″	°
July	2	130.89	+ 4.67	179.99	+ 2.13	86.96	+ 2.80	352.92
	4	139.18	+ 4.65	180.34	+ 1.81	90.25	+ 2.72	354.94
	6	147.34	+ 4.65	180.26	+ 1.46	94.22	+ 2.66	357.06
	8	155.38	+ 4.66	179.91	+ 1.10	99.37	+ 2.60	359.27
	10	163.36	+ 4.68	179.51	+ 0.74	107.27	+ 2.56	1.51
	12	171.30	+ 4.72	179.26	+ 0.41	124.25	+ 2.53	3.77
	14	179.25	+ 4.77	179.34	+ 0.21	184.85	+ 2.52	5.98
	16	187.23	+ 4.83	179.91	+ 0.38	244.90	+ 2.51	8.13
	18	195.28	+ 4.91	181.05	+ 0.65	261.55	+ 2.51	10.18
	20	203.42	+ 5.00	182.83	+ 0.91	269.08	+ 2.52	12.11
	22	211.66	+ 5.09	185.24	+ 1.15	273.81	+ 2.54	13.92
	24	220.01	+ 5.20	188.25	+ 1.37	277.29	+ 2.56	15.60
	26	228.46	+ 5.31	191.84	+ 1.57	280.06	+ 2.59	17.15
	28	237.03	+ 5.43	195.94	+ 1.75	282.38	+ 2.63	18.56
	30	245.71	+ 5.55	200.50	+ 1.91	284.38	+ 2.67	19.85
Aug.	1	254.50	+ 5.68	205.47	+ 2.07	286.12	+ 2.71	21.02
	3	263.40	+ 5.82	210.80	+ 2.21	287.66	+ 2.76	22.07
	5	272.41	+ 5.95	216.43	+ 2.35	289.03	+ 2.81	23.02
	7	281.53	+ 6.09	222.33	+ 2.49	290.26	+ 2.87	23.87
	9	290.76	+ 6.23	228.45	+ 2.62	291.38	+ 2.93	24.63
	11	300.10	+ 6.38	234.75	+ 2.75	292.39	+ 3.00	25.30
	13	309.55	+ 6.53	241.21	+ 2.88	293.31	+ 3.07	25.89
	15	319.11	+ 6.68	247.78	+ 3.01	294.16	+ 3.15	26.40
	17	328.80	+ 6.84	254.45	+ 3.14	294.95	+ 3.23	26.85
	19	338.62	+ 7.00	261.17	+ 3.27	295.68	+ 3.32	27.23
	21	348.58	+ 7.17	267.93	+ 3.40	296.38	+ 3.42	27.56
	23	358.69	+ 7.34	274.69	+ 3.53	297.06	+ 3.52	27.83
	25	8.96	+ 7.52	281.44	+ 3.66	297.73	+ 3.63	28.05
	27	19.43	+ 7.70	288.14	− 3.79	298.41	+ 3.75	28.23
	29	30.10	+ 7.88	294.77	− 3.90	299.11	+ 3.88	28.38
	31	41.01	+ 8.07	301.29	− 4.00	299.87	+ 4.02	28.49
Sept.	2	52.20	+ 8.26	307.68	− 4.08	300.70	+ 4.16	28.57
	4	63.69	+ 8.45	313.91	− 4.11	301.65	+ 4.32	28.63
	6	75.52	+ 8.63	319.93	− 4.09	302.77	+ 4.48	28.67
	8	87.75	+ 8.79	325.72	− 4.00	304.14	+ 4.64	28.68
	10	100.40	+ 8.92	331.22	− 3.79	305.86	+ 4.79	28.66
	12	113.49	+ 9.01	336.39	− 3.45	308.17	+ 4.94	28.61
	14	127.03	+ 9.03	341.19	− 2.95	311.54	+ 5.06	28.52
	16	140.98	+ 8.97	345.55	− 2.29	317.20	+ 5.14	28.38
	18	155.26	+ 8.80	349.42	− 1.50	329.37	+ 5.17	28.19
	20	169.70	+ 8.51	352.76	− 0.82	8.04	+ 5.15	27.94
	22	184.12	+ 8.10	355.51	− 1.04	74.76	+ 5.05	27.67
	24	198.31	+ 7.60	357.63	− 1.85	98.12	+ 4.89	27.42
	26	212.07	+ 7.03	359.13	− 2.61	106.52	+ 4.69	27.20
	28	225.24	+ 6.43	0.00	− 3.20	110.75	+ 4.45	27.08
	30	237.75	+ 5.83	0.34	− 3.56	113.35	+ 4.20	27.06
Oct.	2	249.56	+ 5.26	0.25	− 3.71	115.17	+ 3.94	27.14

MERCURY, 2009
EPHEMERIS FOR PHYSICAL OBSERVATIONS
FOR 0ʰ TERRESTRIAL TIME

Date		Light-time	Magnitude	Surface Brightness	Diameter	Phase	Phase Angle	Defect of Illumination
		m			"		°	"
Oct.	2	7.06	+ 0.1	+3.1	7.92	0.324	110.6	5.36
	4	7.52	− 0.3	+2.9	7.44	0.421	99.1	4.31
	6	7.99	− 0.6	+2.7	7.00	0.516	88.2	3.39
	8	8.46	− 0.8	+2.5	6.62	0.605	77.9	2.61
	10	8.91	− 0.9	+2.5	6.28	0.685	68.3	1.98
	12	9.34	− 0.9	+2.4	5.99	0.754	59.5	1.47
	14	9.74	− 1.0	+2.3	5.75	0.812	51.4	1.08
	16	10.10	− 1.0	+2.3	5.54	0.859	44.2	0.78
	18	10.42	− 1.0	+2.3	5.37	0.896	37.6	0.56
	20	10.71	− 1.0	+2.2	5.22	0.925	31.8	0.39
	22	10.97	− 1.1	+2.1	5.10	0.948	26.5	0.27
	24	11.19	− 1.1	+2.1	5.00	0.965	21.7	0.18
	26	11.38	− 1.2	+2.0	4.92	0.977	17.4	0.11
	28	11.55	− 1.2	+1.9	4.85	0.986	13.5	0.07
	30	11.68	− 1.3	+1.8	4.79	0.993	9.9	0.04
Nov.	1	11.79	− 1.4	+1.7	4.74	0.997	6.6	0.02
	3	11.88	− 1.5	+1.7	4.71	0.999	3.5	0.00
	5	11.95	0.0	+1.6	4.68	1.000	0.7	0.00
	7	11.99	− 1.4	+1.7	4.67	1.000	2.2	0.00
	9	12.02	− 1.3	+1.8	4.66	0.998	4.8	0.01
	11	12.02	− 1.1	+1.9	4.65	0.996	7.4	0.02
	13	12.01	− 1.0	+2.0	4.66	0.993	9.8	0.03
	15	11.97	− 0.9	+2.1	4.67	0.989	12.2	0.05
	17	11.92	− 0.8	+2.2	4.69	0.984	14.6	0.08
	19	11.85	− 0.8	+2.3	4.72	0.978	17.0	0.10
	21	11.76	− 0.7	+2.4	4.76	0.971	19.5	0.14
	23	11.65	− 0.7	+2.5	4.80	0.964	22.0	0.17
	25	11.53	− 0.6	+2.5	4.85	0.955	24.6	0.22
	27	11.38	− 0.6	+2.6	4.92	0.944	27.3	0.27
	29	11.21	− 0.6	+2.6	4.99	0.932	30.2	0.34
Dec.	1	11.02	− 0.5	+2.6	5.08	0.918	33.2	0.41
	3	10.82	− 0.5	+2.7	5.17	0.902	36.5	0.51
	5	10.58	− 0.5	+2.7	5.29	0.883	40.0	0.62
	7	10.33	− 0.5	+2.7	5.42	0.860	43.9	0.76
	9	10.05	− 0.5	+2.7	5.57	0.834	48.1	0.93
	11	9.75	− 0.6	+2.7	5.74	0.802	52.8	1.14
	13	9.42	− 0.6	+2.7	5.94	0.765	58.0	1.40
	15	9.06	− 0.6	+2.8	6.17	0.720	63.9	1.73
	17	8.69	− 0.6	+2.8	6.44	0.668	70.4	2.14
	19	8.29	− 0.5	+2.8	6.75	0.606	77.8	2.66
	21	7.88	− 0.5	+2.8	7.10	0.534	86.1	3.31
	23	7.45	− 0.3	+2.9	7.51	0.452	95.5	4.11
	25	7.04	0.0	+3.1	7.95	0.362	106.0	5.07
	27	6.64	+ 0.4	+3.4	8.43	0.268	117.6	6.17
	29	6.27	+ 1.1	+3.7	8.92	0.176	130.4	7.35
	31	5.97	+ 2.2	+4.2	9.38	0.095	144.1	8.48
	33	5.74	+ 3.6	+4.7	9.74	0.036	158.1	9.39

MERCURY, 2009

EPHEMERIS FOR PHYSICAL OBSERVATIONS
FOR 0ʰ TERRESTRIAL TIME

Date		Sub-Earth Point		Sub-Solar Point			North Pole	
		Long.	Lat.	Long.	Dist.	P.A.	Dist.	P.A.
		°	°	°	″	°	″	°
Oct.	2	249.56	+ 5.26	0.25	−3.71	115.17	+ 3.94	27.14
	4	260.73	+ 4.73	359.91	−3.67	116.56	+ 3.71	27.32
	6	271.31	+ 4.24	359.50	+ 3.50	117.69	+ 3.49	27.55
	8	281.40	+ 3.81	359.25	+ 3.23	118.64	+ 3.30	27.82
	10	291.10	+ 3.43	359.34	+ 2.92	119.44	+ 3.13	28.08
	12	300.50	+ 3.08	359.92	+ 2.58	120.12	+ 2.99	28.30
	14	309.69	+ 2.78	1.08	+ 2.25	120.67	+ 2.87	28.46
	16	318.74	+ 2.50	2.86	+ 1.93	121.12	+ 2.77	28.55
	18	327.69	+ 2.24	5.28	+ 1.64	121.46	+ 2.68	28.56
	20	336.59	+ 2.01	8.31	+ 1.37	121.71	+ 2.61	28.48
	22	345.47	+ 1.79	11.90	+ 1.14	121.88	+ 2.55	28.31
	24	354.34	+ 1.58	16.01	+ 0.93	122.00	+ 2.50	28.05
	26	3.23	+ 1.39	20.58	+ 0.73	122.09	+ 2.46	27.69
	28	12.13	+ 1.20	25.55	+ 0.56	122.22	+ 2.42	27.26
	30	21.06	+ 1.02	30.88	+ 0.41	122.52	+ 2.39	26.73
Nov.	1	30.02	+ 0.84	36.52	+ 0.27	123.36	+ 2.37	26.13
	3	39.01	+ 0.66	42.42	+ 0.14	126.28	+ 2.35	25.44
	5	48.02	+ 0.49	48.54	+ 0.03	157.60	+ 2.34	24.68
	7	57.06	+ 0.32	54.85	+ 0.09	285.79	+ 2.33	23.84
	9	66.13	+ 0.15	61.30	+ 0.20	291.20	+ 2.33	22.93
	11	75.23	− 0.01	67.88	+ 0.30	292.11	−2.33	21.94
	13	84.34	− 0.18	74.54	+ 0.40	291.99	−2.33	20.89
	15	93.48	− 0.35	81.27	+ 0.49	291.43	−2.34	19.77
	17	102.64	− 0.52	88.02	+ 0.59	290.62	−2.35	18.59
	19	111.81	− 0.69	94.79	+ 0.69	289.63	−2.36	17.35
	21	121.00	− 0.87	101.53	+ 0.79	288.52	−2.38	16.05
	23	130.20	− 1.05	108.23	+ 0.90	287.30	−2.40	14.70
	25	139.42	− 1.23	114.86	+ 1.01	286.00	−2.43	13.30
	27	148.65	− 1.42	121.38	+ 1.13	284.61	−2.46	11.86
	29	157.89	− 1.61	127.77	+ 1.25	283.16	−2.49	10.38
Dec.	1	167.16	− 1.81	133.99	+ 1.39	281.64	−2.54	8.87
	3	176.45	− 2.02	140.01	+ 1.54	280.08	−2.59	7.35
	5	185.76	− 2.24	145.79	+ 1.70	278.48	−2.64	5.81
	7	195.12	− 2.47	151.29	+ 1.88	276.84	−2.71	4.27
	9	204.52	− 2.72	156.46	+ 2.07	275.19	−2.78	2.76
	11	214.00	− 2.99	161.25	+ 2.29	273.53	−2.87	1.27
	13	223.57	− 3.28	165.61	+ 2.52	271.88	−2.97	359.84
	15	233.28	− 3.59	169.48	+ 2.77	270.24	−3.08	358.49
	17	243.16	− 3.94	172.80	+ 3.03	268.63	−3.21	357.24
	19	253.29	− 4.32	175.54	+ 3.30	267.06	−3.37	356.13
	21	263.75	− 4.75	177.66	+ 3.54	265.52	−3.54	355.21
	23	274.64	− 5.22	179.14	−3.74	264.00	−3.74	354.51
	25	286.06	− 5.74	180.01	−3.82	262.44	−3.96	354.10
	27	298.15	− 6.30	180.34	−3.74	260.71	−4.19	354.03
	29	311.00	− 6.89	180.25	−3.40	258.43	−4.43	354.34
	31	324.65	− 7.46	179.90	−2.75	254.63	−4.65	355.05
	33	339.00	− 7.97	179.50	−1.82	245.74	−4.82	356.11

VENUS, 2009

EPHEMERIS FOR PHYSICAL OBSERVATIONS
FOR 0ʰ TERRESTRIAL TIME

Date		Light-time	Magnitude	Surface Brightness	Diameter	Phase	Phase Angle	Defect of Illumination
		m			″		°	″
Jan.	−3	6.80	−4.4	+ 1.3	20.42	0.595	79.1	8.28
	1	6.55	−4.4	+ 1.4	21.18	0.577	81.1	8.95
	5	6.31	−4.5	+ 1.4	22.00	0.559	83.2	9.69
	9	6.06	−4.5	+ 1.4	22.89	0.541	85.4	10.52
	13	5.82	−4.5	+ 1.4	23.86	0.521	87.6	11.43
	17	5.57	−4.6	+ 1.4	24.92	0.500	90.0	12.46
	21	5.32	−4.6	+ 1.4	26.07	0.478	92.5	13.60
	25	5.08	−4.6	+ 1.4	27.33	0.455	95.1	14.88
	29	4.83	−4.7	+ 1.4	28.72	0.431	97.9	16.33
Feb.	2	4.59	−4.7	+ 1.4	30.24	0.406	100.9	17.97
	6	4.35	−4.8	+ 1.4	31.92	0.379	104.0	19.83
	10	4.11	−4.8	+ 1.4	33.77	0.350	107.4	21.94
	14	3.88	−4.8	+ 1.5	35.79	0.320	111.1	24.35
	18	3.65	−4.8	+ 1.4	38.02	0.288	115.1	27.08
	22	3.43	−4.8	+ 1.4	40.44	0.254	119.5	30.18
	26	3.22	−4.8	+ 1.4	43.05	0.218	124.3	33.66
Mar.	2	3.03	−4.8	+ 1.4	45.83	0.181	129.6	37.51
	6	2.85	−4.8	+ 1.3	48.72	0.144	135.4	41.69
	10	2.69	−4.7	+ 1.2	51.61	0.108	141.7	46.05
	14	2.55	−4.5	+ 1.0	54.33	0.074	148.5	50.32
	18	2.45	−4.4	+ 0.8	56.66	0.045	155.6	54.14
	22	2.38	−4.2	+ 0.3	58.36	0.023	162.6	57.02
	26	2.34	−4.2	− 0.5	59.22	0.011	167.8	58.55
	30	2.35	−4.2	− 0.5	59.10	0.011	167.9	58.44
Apr.	3	2.39	−4.1	+ 0.3	58.01	0.022	162.9	56.72
	7	2.47	−4.3	+ 0.7	56.10	0.043	156.0	53.67
	11	2.59	−4.5	+ 1.0	53.59	0.072	148.9	49.74
	15	2.74	−4.6	+ 1.2	50.73	0.105	142.2	45.40
	19	2.91	−4.7	+ 1.3	47.74	0.141	135.9	41.01
	23	3.10	−4.7	+ 1.4	44.78	0.178	130.2	36.83
	27	3.31	−4.7	+ 1.4	41.95	0.214	124.9	32.98
May	1	3.53	−4.7	+ 1.5	39.30	0.249	120.1	29.52
	5	3.77	−4.7	+ 1.5	36.86	0.283	115.8	26.44
	9	4.01	−4.7	+ 1.5	34.62	0.315	111.8	23.73
	13	4.26	−4.7	+ 1.5	32.58	0.345	108.1	21.35
	17	4.52	−4.6	+ 1.5	30.74	0.374	104.6	19.25
	21	4.78	−4.6	+ 1.5	29.06	0.401	101.4	17.42
	25	5.04	−4.6	+ 1.5	27.55	0.427	98.4	15.80
	29	5.30	−4.5	+ 1.4	26.17	0.451	95.6	14.37
June	2	5.57	−4.5	+ 1.4	24.92	0.474	92.9	13.10
	6	5.84	−4.4	+ 1.4	23.78	0.497	90.4	11.97
	10	6.11	−4.4	+ 1.4	22.73	0.518	87.9	10.96
	14	6.37	−4.4	+ 1.4	21.78	0.539	85.6	10.05
	18	6.64	−4.3	+ 1.4	20.91	0.558	83.3	9.24
	22	6.90	−4.3	+ 1.4	20.11	0.577	81.1	8.50
	26	7.17	−4.2	+ 1.4	19.37	0.595	79.0	7.84
	30	7.43	−4.2	+ 1.3	18.69	0.613	76.9	7.23

VENUS, 2009
EPHEMERIS FOR PHYSICAL OBSERVATIONS
FOR 0^h TERRESTRIAL TIME

Date		L_s	Sub-Earth Point		Sub-Solar Point				North Pole	
			Long.	Lat.	Long.	Lat.	Dist.	P.A.	Dist.	P.A.
		°	°	°	°	°	″	°	″	°
Jan.	−3	164.02	164.06	+ 1.24	243.17	+ 0.73	+ 10.03	252.44	+ 10.21	341.94
	1	170.43	174.40	+ 0.92	255.50	+ 0.44	+ 10.46	251.25	+ 10.59	340.95
	5	176.86	184.66	+ 0.57	267.84	+ 0.14	+ 10.92	250.17	+ 11.00	340.10
	9	183.29	194.85	+ 0.18	280.20	− 0.15	+ 11.41	249.20	+ 11.45	339.36
	13	189.73	204.94	− 0.24	292.56	− 0.45	+ 11.92	248.31	− 11.93	338.75
	17	196.18	214.93	− 0.69	304.93	− 0.74	+ 12.46	247.52	− 12.46	338.25
	21	202.64	224.81	− 1.17	317.31	− 1.02	− 13.02	246.79	− 13.03	337.85
	25	209.11	234.55	− 1.68	329.70	− 1.28	− 13.61	246.11	− 13.66	337.55
	29	215.59	244.13	− 2.23	342.09	− 1.53	− 14.22	245.48	− 14.35	337.34
Feb.	2	222.07	253.54	− 2.80	354.50	− 1.77	− 14.85	244.86	− 15.10	337.20
	6	228.55	262.73	− 3.41	6.91	− 1.98	− 15.48	244.23	− 15.93	337.13
	10	235.04	271.67	− 4.04	19.33	− 2.16	− 16.11	243.56	− 16.84	337.10
	14	241.54	280.33	− 4.69	31.75	− 2.32	− 16.69	242.80	− 17.84	337.12
	18	248.03	288.64	− 5.37	44.18	− 2.45	− 17.21	241.91	− 18.92	337.15
	22	254.53	296.57	− 6.06	56.60	− 2.54	− 17.59	240.80	− 20.11	337.19
	26	261.02	304.04	− 6.76	69.03	− 2.61	− 17.78	239.39	− 21.38	337.22
Mar.	2	267.52	310.98	− 7.44	81.46	− 2.64	− 17.66	237.55	− 22.72	337.23
	6	274.01	317.34	− 8.10	93.88	− 2.63	− 17.12	235.08	− 24.12	337.20
	10	280.50	323.05	− 8.68	106.30	− 2.59	− 16.00	231.66	− 25.51	337.14
	14	286.99	328.09	− 9.16	118.72	− 2.52	− 14.20	226.67	− 26.82	337.05
	18	293.46	332.49	− 9.47	131.13	− 2.42	− 11.69	218.79	− 27.94	336.95
	22	299.94	336.36	− 9.58	143.53	− 2.29	− 8.74	204.63	− 28.77	336.87
	26	306.40	339.88	− 9.45	155.93	− 2.12	− 6.27	175.85	− 29.21	336.84
	30	312.86	343.30	− 9.06	168.31	− 1.93	− 6.18	132.20	− 29.18	336.86
Apr.	3	319.31	346.87	− 8.46	180.69	− 1.72	− 8.54	102.77	− 28.69	336.92
	7	325.75	350.83	− 7.68	193.05	− 1.48	− 11.40	88.56	− 27.80	337.00
	11	332.18	355.34	− 6.80	205.40	− 1.23	− 13.82	80.97	− 26.60	337.08
	15	338.61	0.49	− 5.88	217.74	− 0.96	− 15.55	76.36	− 25.23	337.14
	19	345.02	6.29	− 4.97	230.08	− 0.68	− 16.61	73.30	− 23.78	337.16
	23	351.42	12.72	− 4.11	242.40	− 0.39	− 17.11	71.15	− 22.33	337.16
	27	357.81	19.70	− 3.30	254.71	− 0.10	− 17.20	69.58	− 20.94	337.15
May	1	4.19	27.17	− 2.56	267.01	+ 0.19	− 16.99	68.41	− 19.63	337.14
	5	10.57	35.07	− 1.90	279.30	+ 0.48	− 16.60	67.53	− 18.42	337.15
	9	16.93	43.34	− 1.31	291.59	+ 0.77	− 16.08	66.89	− 17.31	337.19
	13	23.29	51.92	− 0.78	303.86	+ 1.04	− 15.49	66.45	− 16.29	337.29
	17	29.64	60.77	− 0.33	316.13	+ 1.30	− 14.87	66.18	− 15.37	337.44
	21	35.98	69.85	+ 0.07	328.40	+ 1.55	− 14.24	66.08	+ 14.53	337.68
	25	42.32	79.13	+ 0.41	340.66	+ 1.78	− 13.62	66.14	+ 13.77	337.99
	29	48.65	88.57	+ 0.70	352.92	+ 1.98	− 13.02	66.34	+ 13.08	338.40
June	2	54.98	98.14	+ 0.94	5.17	+ 2.16	− 12.44	66.69	+ 12.46	338.91
	6	61.31	107.85	+ 1.14	17.43	+ 2.31	− 11.89	67.19	+ 11.89	339.52
	10	67.63	117.66	+ 1.30	29.68	+ 2.44	+ 11.36	67.84	+ 11.36	340.23
	14	73.95	127.57	+ 1.42	41.93	+ 2.54	+ 10.86	68.63	+ 10.89	341.06
	18	80.27	137.56	+ 1.50	54.18	+ 2.60	+ 10.38	69.56	+ 10.45	342.00
	22	86.60	147.63	+ 1.56	66.44	+ 2.63	+ 9.93	70.63	+ 10.05	343.05
	26	92.92	157.77	+ 1.59	78.70	+ 2.63	+ 9.51	71.83	+ 9.68	344.21
	30	99.25	167.96	+ 1.60	90.96	+ 2.60	+ 9.10	73.18	+ 9.34	345.48

VENUS, 2009
EPHEMERIS FOR PHYSICAL OBSERVATIONS
FOR 0ʰ TERRESTRIAL TIME

Date		Light-time	Magnitude	Surface Brightness	Diameter	Phase	Phase Angle	Defect of Illumination
		m			″		°	″
July	4	7.69	−4.2	+ 1.3	18.06	0.630	74.9	6.68
	8	7.94	−4.2	+ 1.3	17.48	0.647	73.0	6.18
	12	8.19	−4.1	+ 1.3	16.94	0.663	71.0	5.72
	16	8.44	−4.1	+ 1.3	16.44	0.678	69.1	5.29
	20	8.69	−4.1	+ 1.3	15.97	0.693	67.3	4.90
	24	8.93	−4.1	+ 1.3	15.54	0.708	65.4	4.54
	28	9.17	−4.0	+ 1.2	15.14	0.722	63.6	4.21
Aug.	1	9.40	−4.0	+ 1.2	14.76	0.736	61.8	3.90
	5	9.63	−4.0	+ 1.2	14.41	0.749	60.1	3.61
	9	9.86	−4.0	+ 1.2	14.08	0.763	58.3	3.34
	13	10.08	−4.0	+ 1.2	13.77	0.775	56.6	3.09
	17	10.29	−4.0	+ 1.2	13.48	0.788	54.9	2.86
	21	10.51	−3.9	+ 1.2	13.21	0.800	53.2	2.65
	25	10.71	−3.9	+ 1.1	12.96	0.811	51.5	2.44
	29	10.91	−3.9	+ 1.1	12.72	0.823	49.8	2.26
Sept.	2	11.10	−3.9	+ 1.1	12.50	0.834	48.1	2.08
	6	11.29	−3.9	+ 1.1	12.29	0.844	46.5	1.91
	10	11.48	−3.9	+ 1.1	12.09	0.855	44.8	1.76
	14	11.65	−3.9	+ 1.1	11.91	0.864	43.2	1.61
	18	11.83	−3.9	+ 1.1	11.74	0.874	41.6	1.48
	22	11.99	−3.9	+ 1.0	11.57	0.883	40.0	1.35
	26	12.15	−3.9	+ 1.0	11.42	0.892	38.4	1.23
	30	12.30	−3.9	+ 1.0	11.28	0.900	36.8	1.12
Oct.	4	12.45	−3.9	+ 1.0	11.15	0.908	35.2	1.02
	8	12.59	−3.9	+ 1.0	11.02	0.916	33.7	0.92
	12	12.73	−3.9	+ 1.0	10.90	0.924	32.1	0.83
	16	12.86	−3.9	+ 1.0	10.79	0.930	30.6	0.75
	20	12.98	−3.9	+ 0.9	10.69	0.937	29.0	0.67
	24	13.10	−3.9	+ 0.9	10.59	0.943	27.5	0.60
	28	13.21	−3.9	+ 0.9	10.51	0.949	26.0	0.53
Nov.	1	13.32	−3.9	+ 0.9	10.42	0.955	24.5	0.47
	5	13.42	−3.9	+ 0.9	10.35	0.960	23.1	0.41
	9	13.51	−3.9	+ 0.9	10.27	0.965	21.6	0.36
	13	13.60	−3.9	+ 0.9	10.21	0.969	20.2	0.31
	17	13.68	−3.9	+ 0.9	10.15	0.974	18.7	0.27
	21	13.75	−3.9	+ 0.8	10.09	0.977	17.3	0.23
	25	13.82	−3.9	+ 0.8	10.04	0.981	15.9	0.19
	29	13.89	−3.9	+ 0.8	9.99	0.984	14.5	0.16
Dec.	3	13.95	−3.9	+ 0.8	9.95	0.987	13.1	0.13
	7	14.00	−3.9	+ 0.8	9.91	0.989	11.8	0.10
	11	14.05	−3.9	+ 0.8	9.88	0.992	10.4	0.08
	15	14.09	−3.9	+ 0.8	9.85	0.994	9.1	0.06
	19	14.12	−3.9	+ 0.8	9.83	0.995	7.8	0.04
	23	14.16	−3.9	+ 0.8	9.80	0.997	6.4	0.03
	27	14.18	−3.9	+ 0.7	9.79	0.998	5.1	0.02
	31	14.20	−4.0	+ 0.7	9.77	0.999	3.9	0.01
	35	14.22	−4.0	+ 0.7	9.76	0.999	2.6	0.01

VENUS, 2009
EPHEMERIS FOR PHYSICAL OBSERVATIONS
FOR 0^h TERRESTRIAL TIME

Date		L_s	Sub-Earth Point		Sub-Solar Point				North Pole	
			Long.	Lat.	Long.	Lat.	Dist.	P.A.	Dist.	P.A.
		°	°	°	°	°	″	°	″	°
July	4	105.58	178.20	+ 1.58	103.22	+ 2.54	+ 8.72	74.65	+ 9.03	346.86
	8	111.92	188.49	+ 1.54	115.49	+ 2.45	+ 8.35	76.25	+ 8.74	348.34
	12	118.26	198.83	+ 1.48	127.76	+ 2.32	+ 8.01	77.96	+ 8.47	349.91
	16	124.61	209.20	+ 1.41	140.04	+ 2.17	+ 7.68	79.79	+ 8.22	351.57
	20	130.97	219.62	+ 1.32	152.32	+ 1.99	+ 7.37	81.71	+ 7.98	353.32
	24	137.34	230.07	+ 1.23	164.62	+ 1.79	+ 7.07	83.72	+ 7.77	355.13
	28	143.71	240.56	+ 1.12	176.91	+ 1.56	+ 6.78	85.81	+ 7.57	356.99
Aug.	1	150.10	251.07	+ 1.01	189.22	+ 1.31	+ 6.51	87.95	+ 7.38	358.90
	5	156.49	261.61	+ 0.89	201.53	+ 1.05	+ 6.24	90.13	+ 7.20	0.83
	9	162.89	272.18	+ 0.77	213.86	+ 0.78	+ 5.99	92.33	+ 7.04	2.77
	13	169.30	282.78	+ 0.65	226.19	+ 0.49	+ 5.75	94.54	+ 6.88	4.70
	17	175.73	293.40	+ 0.53	238.53	+ 0.20	+ 5.51	96.73	+ 6.74	6.60
	21	182.16	304.05	+ 0.41	250.88	− 0.10	+ 5.29	98.88	+ 6.61	8.45
	25	188.60	314.72	+ 0.29	263.24	− 0.39	+ 5.07	100.98	+ 6.48	10.25
	29	195.05	325.41	+ 0.18	275.61	− 0.68	+ 4.86	103.01	+ 6.36	11.96
Sept.	2	201.51	336.12	+ 0.07	287.99	− 0.97	+ 4.65	104.94	+ 6.25	13.58
	6	207.97	346.85	− 0.03	300.37	− 1.24	+ 4.46	106.78	− 6.15	15.10
	10	214.45	357.60	− 0.12	312.77	− 1.49	+ 4.26	108.50	− 6.05	16.50
	14	220.93	8.37	− 0.20	325.17	− 1.73	+ 4.08	110.09	− 5.95	17.77
	18	227.41	19.15	− 0.27	337.58	− 1.94	+ 3.90	111.54	− 5.87	18.91
	22	233.90	29.95	− 0.32	350.00	− 2.13	+ 3.72	112.85	− 5.79	19.92
	26	240.39	40.77	− 0.37	2.42	− 2.29	+ 3.55	114.00	− 5.71	20.78
	30	246.89	51.60	− 0.41	14.84	− 2.43	+ 3.38	114.99	− 5.64	21.49
Oct.	4	253.38	62.45	− 0.43	27.27	− 2.53	+ 3.21	115.82	− 5.57	22.05
	8	259.88	73.30	− 0.44	39.70	− 2.60	+ 3.05	116.49	− 5.51	22.47
	12	266.38	84.17	− 0.44	52.13	− 2.63	+ 2.90	116.97	− 5.45	22.73
	16	272.87	95.06	− 0.43	64.55	− 2.63	+ 2.74	117.29	− 5.40	22.84
	20	279.36	105.95	− 0.41	76.97	− 2.60	+ 2.60	117.42	− 5.34	22.79
	24	285.84	116.85	− 0.38	89.39	− 2.54	+ 2.45	117.36	− 5.30	22.59
	28	292.32	127.76	− 0.33	101.80	− 2.44	+ 2.31	117.12	− 5.25	22.24
Nov.	1	298.80	138.67	− 0.28	114.20	− 2.31	+ 2.16	116.69	− 5.21	21.74
	5	305.27	149.59	− 0.22	126.60	− 2.15	+ 2.03	116.07	− 5.17	21.08
	9	311.72	160.52	− 0.15	138.99	− 1.97	+ 1.89	115.24	− 5.14	20.27
	13	318.18	171.46	− 0.07	151.36	− 1.76	+ 1.76	114.21	− 5.10	19.30
	17	324.62	182.40	+ 0.01	163.73	− 1.53	+ 1.63	112.97	+ 5.07	18.19
	21	331.05	193.35	+ 0.09	176.08	− 1.28	+ 1.50	111.52	+ 5.05	16.93
	25	337.47	204.30	+ 0.18	188.43	− 1.01	+ 1.38	109.85	+ 5.02	15.53
	29	343.89	215.25	+ 0.27	200.76	− 0.73	+ 1.25	107.96	+ 5.00	13.99
Dec.	3	350.29	226.20	+ 0.36	213.08	− 0.44	+ 1.13	105.83	+ 4.98	12.33
	7	356.68	237.16	+ 0.45	225.40	− 0.15	+ 1.01	103.45	+ 4.96	10.54
	11	3.07	248.12	+ 0.54	237.70	+ 0.14	+ 0.89	100.79	+ 4.94	8.66
	15	9.44	259.08	+ 0.62	249.99	+ 0.43	+ 0.78	97.82	+ 4.93	6.68
	19	15.81	270.04	+ 0.70	262.28	+ 0.72	+ 0.66	94.44	+ 4.91	4.63
	23	22.17	281.00	+ 0.77	274.56	+ 1.00	+ 0.55	90.50	+ 4.90	2.54
	27	28.52	291.96	+ 0.84	286.83	+ 1.26	+ 0.44	85.67	+ 4.89	0.41
	31	34.87	302.92	+ 0.90	299.10	+ 1.51	+ 0.33	79.15	+ 4.89	358.28
	35	41.20	313.89	+ 0.94	311.36	+ 1.74	+ 0.23	68.71	+ 4.88	356.16

MARS, 2009
EPHEMERIS FOR PHYSICAL OBSERVATIONS
FOR 0ʰ TERRESTRIAL TIME

Date		Light-time	Magnitude	Surface Brightness	Diameter		Phase	Phase Angle	Defect of Illumination
					Eq.	Pol.			
		m			"	"		°	"
Jan.	−3	20.27	+ 1.3	+4.0	3.84	3.82	0.999	4.1	0.00
	1	20.20	+ 1.3	+4.0	3.86	3.83	0.998	4.9	0.01
	5	20.12	+ 1.3	+4.0	3.87	3.85	0.998	5.6	0.01
	9	20.05	+ 1.3	+4.0	3.89	3.86	0.997	6.3	0.01
	13	19.97	+ 1.3	+4.0	3.90	3.88	0.996	7.0	0.01
	17	19.88	+ 1.3	+4.0	3.92	3.89	0.995	7.7	0.02
	21	19.80	+ 1.3	+4.0	3.93	3.91	0.995	8.5	0.02
	25	19.71	+ 1.3	+4.0	3.95	3.93	0.994	9.2	0.03
	29	19.63	+ 1.3	+4.0	3.97	3.95	0.993	9.9	0.03
Feb.	2	19.54	+ 1.3	+4.0	3.99	3.96	0.992	10.6	0.03
	6	19.44	+ 1.3	+4.0	4.01	3.98	0.990	11.3	0.04
	10	19.35	+ 1.3	+4.0	4.02	4.00	0.989	11.9	0.04
	14	19.26	+ 1.3	+4.0	4.04	4.02	0.988	12.6	0.05
	18	19.16	+ 1.2	+4.0	4.06	4.04	0.987	13.3	0.05
	22	19.07	+ 1.2	+4.0	4.08	4.06	0.985	14.0	0.06
	26	18.97	+ 1.2	+4.0	4.11	4.08	0.984	14.6	0.07
Mar.	2	18.88	+ 1.2	+4.0	4.13	4.11	0.982	15.3	0.07
	6	18.78	+ 1.2	+4.0	4.15	4.13	0.981	15.9	0.08
	10	18.68	+ 1.2	+4.0	4.17	4.15	0.979	16.6	0.09
	14	18.58	+ 1.2	+4.0	4.19	4.17	0.978	17.2	0.09
	18	18.49	+ 1.2	+4.0	4.21	4.19	0.976	17.8	0.10
	22	18.39	+ 1.2	+4.0	4.24	4.21	0.974	18.4	0.11
	26	18.29	+ 1.2	+4.1	4.26	4.24	0.973	19.1	0.12
	30	18.19	+ 1.2	+4.1	4.28	4.26	0.971	19.7	0.12
Apr.	3	18.09	+ 1.2	+4.1	4.30	4.28	0.969	20.3	0.13
	7	18.00	+ 1.2	+4.1	4.33	4.31	0.967	20.8	0.14
	11	17.90	+ 1.2	+4.1	4.35	4.33	0.965	21.4	0.15
	15	17.80	+ 1.2	+4.1	4.38	4.35	0.964	22.0	0.16
	19	17.70	+ 1.2	+4.1	4.40	4.38	0.962	22.6	0.17
	23	17.60	+ 1.2	+4.1	4.42	4.40	0.960	23.1	0.18
	27	17.51	+ 1.2	+4.1	4.45	4.43	0.958	23.7	0.19
May	1	17.41	+ 1.2	+4.1	4.47	4.45	0.956	24.2	0.20
	5	17.31	+ 1.2	+4.1	4.50	4.48	0.954	24.8	0.21
	9	17.21	+ 1.2	+4.1	4.53	4.50	0.952	25.3	0.22
	13	17.10	+ 1.2	+4.1	4.55	4.53	0.950	25.8	0.23
	17	17.00	+ 1.2	+4.1	4.58	4.56	0.948	26.4	0.24
	21	16.90	+ 1.2	+4.2	4.61	4.59	0.946	26.9	0.25
	25	16.80	+ 1.2	+4.2	4.64	4.61	0.944	27.4	0.26
	29	16.69	+ 1.2	+4.2	4.67	4.64	0.942	27.9	0.27
June	2	16.58	+ 1.2	+4.2	4.70	4.67	0.940	28.4	0.28
	6	16.47	+ 1.2	+4.2	4.73	4.70	0.938	28.9	0.29
	10	16.36	+ 1.1	+4.2	4.76	4.73	0.936	29.4	0.31
	14	16.25	+ 1.1	+4.2	4.79	4.77	0.934	29.8	0.32
	18	16.14	+ 1.1	+4.2	4.83	4.80	0.932	30.3	0.33
	22	16.02	+ 1.1	+4.2	4.86	4.84	0.930	30.8	0.34
	26	15.90	+ 1.1	+4.2	4.90	4.87	0.927	31.2	0.36
	30	15.78	+ 1.1	+4.2	4.94	4.91	0.925	31.7	0.37

MARS, 2009
EPHEMERIS FOR PHYSICAL OBSERVATIONS
FOR 0^h TERRESTRIAL TIME

E69

Date		L_s	Sub-Earth Point		Sub-Solar Point				North Pole	
			Long.	Lat.	Long.	Lat.	Dist.	P.A.	Dist.	P.A.
		°	°	°	°	°	″	°	″	°
Jan.	−3	181.27	277.67	− 2.80	281.13	− 0.55	+ 0.14	83.58	−1.91	26.28
	1	183.54	238.54	− 4.12	242.66	− 1.52	+ 0.16	82.92	−1.91	24.77
	5	185.82	199.39	− 5.44	204.17	− 2.50	+ 0.19	82.10	−1.92	23.20
	9	188.12	160.23	− 6.74	165.67	− 3.49	+ 0.21	81.17	−1.92	21.57
	13	190.44	121.04	− 8.04	127.16	− 4.48	+ 0.24	80.18	−1.92	19.89
	17	192.77	81.82	− 9.32	88.62	− 5.46	+ 0.26	79.15	−1.92	18.15
	21	195.12	42.57	−10.58	50.06	− 6.45	+ 0.29	78.10	−1.92	16.36
	25	197.47	3.29	−11.81	11.49	− 7.43	+ 0.31	77.05	−1.92	14.54
	29	199.85	323.98	−13.02	332.89	− 8.41	+ 0.34	76.01	−1.92	12.67
Feb.	2	202.23	284.64	−14.20	294.27	− 9.38	+ 0.37	74.99	−1.92	10.78
	6	204.63	245.25	−15.34	255.62	−10.34	+ 0.39	73.99	−1.92	8.85
	10	207.05	205.83	−16.44	216.95	−11.29	+ 0.42	73.03	−1.92	6.90
	14	209.47	166.37	−17.51	178.25	−12.23	+ 0.44	72.10	−1.92	4.93
	18	211.91	126.86	−18.52	139.53	−13.15	+ 0.47	71.22	−1.92	2.95
	22	214.36	87.32	−19.48	100.78	−14.06	+ 0.49	70.38	−1.92	0.95
	26	216.82	47.74	−20.39	62.00	−14.95	+ 0.52	69.59	−1.92	358.94
Mar.	2	219.29	8.11	−21.24	23.19	−15.81	+ 0.54	68.86	−1.91	356.94
	6	221.77	328.45	−22.03	344.35	−16.66	+ 0.57	68.18	−1.91	354.93
	10	224.26	288.75	−22.74	305.48	−17.47	+ 0.59	67.56	−1.91	352.93
	14	226.75	249.02	−23.40	266.59	−18.26	+ 0.62	66.99	−1.92	350.94
	18	229.26	209.26	−23.97	227.66	−19.02	+ 0.64	66.49	−1.92	348.96
	22	231.77	169.46	−24.48	188.70	−19.75	+ 0.67	66.05	−1.92	347.01
	26	234.29	129.65	−24.90	149.72	−20.44	+ 0.69	65.67	−1.92	345.08
	30	236.81	89.81	−25.25	110.71	−21.10	+ 0.72	65.35	−1.93	343.19
Apr.	3	239.34	49.96	−25.51	71.67	−21.71	+ 0.74	65.10	−1.94	341.34
	7	241.87	10.11	−25.70	32.60	−22.29	+ 0.77	64.91	−1.94	339.54
	11	244.41	330.25	−25.79	353.51	−22.82	+ 0.79	64.78	−1.95	337.79
	15	246.94	290.39	−25.81	314.40	−23.30	+ 0.82	64.71	−1.96	336.10
	19	249.48	250.53	−25.75	275.27	−23.74	+ 0.84	64.71	−1.97	334.48
	23	252.02	210.70	−25.60	236.12	−24.14	+ 0.87	64.76	−1.99	332.93
	27	254.56	170.88	−25.37	196.96	−24.48	+ 0.89	64.88	−2.00	331.46
May	1	257.10	131.08	−25.06	157.78	−24.77	+ 0.92	65.06	−2.02	330.08
	5	259.64	91.31	−24.68	118.60	−25.01	+ 0.94	65.29	−2.04	328.78
	9	262.17	51.58	−24.23	79.41	−25.20	+ 0.97	65.59	−2.06	327.59
	13	264.70	11.88	−23.70	40.21	−25.34	+ 0.99	65.94	−2.08	326.49
	17	267.22	332.22	−23.10	1.02	−25.42	+ 1.02	66.35	−2.10	325.49
	21	269.74	292.61	−22.44	321.83	−25.45	+ 1.04	66.82	−2.12	324.61
	25	272.25	253.04	−21.72	282.64	−25.43	+ 1.07	67.34	−2.14	323.83
	29	274.76	213.51	−20.95	243.47	−25.36	+ 1.09	67.92	−2.17	323.16
June	2	277.26	174.03	−20.12	204.31	−25.24	+ 1.12	68.55	−2.20	322.60
	6	279.75	134.60	−19.24	165.17	−25.06	+ 1.14	69.23	−2.22	322.16
	10	282.23	95.22	−18.32	126.04	−24.84	+ 1.17	69.95	−2.25	321.82
	14	284.70	55.88	−17.35	86.94	−24.57	+ 1.19	70.73	−2.28	321.60
	18	287.17	16.60	−16.35	47.86	−24.25	+ 1.22	71.55	−2.30	321.49
	22	289.62	337.35	−15.31	8.80	−23.89	+ 1.24	72.42	−2.33	321.48
	26	292.06	298.16	−14.25	329.78	−23.48	+ 1.27	73.33	−2.36	321.58
	30	294.48	259.00	−13.16	290.78	−23.03	+ 1.30	74.27	−2.39	321.78

MARS, 2009
EPHEMERIS FOR PHYSICAL OBSERVATIONS
FOR 0ʰ TERRESTRIAL TIME

Date		Light-time	Magnitude	Surface Brightness	Diameter		Phase	Phase Angle	Defect of Illumination
					Eq.	Pol.			
		m			″	″		°	″
July	4	15.65	+ 1.1	+4.3	4.98	4.95	0.923	32.2	0.38
	8	15.52	+ 1.1	+4.3	5.02	4.99	0.921	32.6	0.39
	12	15.39	+ 1.1	+4.3	5.06	5.03	0.919	33.0	0.41
	16	15.25	+ 1.1	+4.3	5.11	5.08	0.917	33.5	0.42
	20	15.11	+ 1.1	+4.3	5.15	5.12	0.915	33.9	0.44
	24	14.97	+ 1.1	+4.3	5.20	5.17	0.913	34.3	0.45
	28	14.82	+ 1.1	+4.3	5.26	5.22	0.911	34.7	0.47
Aug.	1	14.67	+ 1.1	+4.3	5.31	5.28	0.909	35.1	0.48
	5	14.51	+ 1.1	+4.3	5.37	5.34	0.907	35.5	0.50
	9	14.35	+ 1.1	+4.4	5.43	5.39	0.905	35.9	0.51
	13	14.19	+ 1.0	+4.4	5.49	5.46	0.903	36.3	0.53
	17	14.02	+ 1.0	+4.4	5.56	5.52	0.901	36.6	0.55
	21	13.84	+ 1.0	+4.4	5.63	5.59	0.899	37.0	0.57
	25	13.66	+ 1.0	+4.4	5.70	5.67	0.898	37.3	0.58
	29	13.48	+ 1.0	+4.4	5.78	5.75	0.896	37.7	0.60
Sept.	2	13.28	+ 1.0	+4.4	5.86	5.83	0.894	38.0	0.62
	6	13.09	+ 0.9	+4.4	5.95	5.92	0.893	38.3	0.64
	10	12.89	+ 0.9	+4.4	6.04	6.01	0.891	38.5	0.66
	14	12.68	+ 0.9	+4.4	6.14	6.11	0.890	38.8	0.68
	18	12.47	+ 0.9	+4.5	6.25	6.21	0.888	39.0	0.70
	22	12.26	+ 0.8	+4.5	6.36	6.32	0.887	39.2	0.72
	26	12.03	+ 0.8	+4.5	6.47	6.44	0.886	39.4	0.74
	30	11.81	+ 0.8	+4.5	6.60	6.56	0.885	39.6	0.76
Oct.	4	11.58	+ 0.8	+4.5	6.73	6.69	0.885	39.7	0.78
	8	11.34	+ 0.7	+4.5	6.87	6.83	0.884	39.8	0.79
	12	11.10	+ 0.7	+4.5	7.02	6.98	0.884	39.8	0.81
	16	10.86	+ 0.6	+4.5	7.17	7.14	0.884	39.9	0.83
	20	10.61	+ 0.6	+4.5	7.34	7.30	0.884	39.8	0.85
	24	10.36	+ 0.5	+4.5	7.52	7.48	0.885	39.7	0.87
	28	10.10	+ 0.5	+4.5	7.71	7.67	0.885	39.6	0.88
Nov.	1	9.84	+ 0.4	+4.5	7.91	7.87	0.887	39.4	0.90
	5	9.58	+ 0.4	+4.5	8.13	8.09	0.888	39.1	0.91
	9	9.32	+ 0.3	+4.5	8.36	8.31	0.890	38.7	0.92
	13	9.06	+ 0.3	+4.5	8.60	8.56	0.892	38.3	0.93
	17	8.79	+ 0.2	+4.6	8.86	8.81	0.895	37.8	0.93
	21	8.53	+ 0.1	+4.6	9.13	9.08	0.899	37.1	0.93
	25	8.27	+ 0.1	+4.6	9.42	9.37	0.903	36.4	0.92
	29	8.01	0.0	+4.5	9.73	9.68	0.907	35.5	0.90
Dec.	3	7.75	− 0.1	+4.5	10.05	10.00	0.912	34.5	0.88
	7	7.50	− 0.2	+4.5	10.38	10.33	0.918	33.4	0.86
	11	7.26	− 0.3	+4.5	10.73	10.68	0.924	32.0	0.82
	15	7.02	− 0.4	+4.5	11.10	11.04	0.931	30.6	0.77
	19	6.79	− 0.5	+4.5	11.47	11.41	0.938	28.9	0.71
	23	6.58	− 0.5	+4.5	11.84	11.78	0.945	27.0	0.65
	27	6.37	− 0.6	+4.5	12.22	12.16	0.953	25.0	0.57
	31	6.19	− 0.7	+4.4	12.59	12.52	0.961	22.7	0.49
	35	6.02	− 0.8	+4.4	12.94	12.87	0.969	20.2	0.40

MARS, 2009
EPHEMERIS FOR PHYSICAL OBSERVATIONS
FOR 0^h TERRESTRIAL TIME

E71

Date		L_s	Sub-Earth Point		Sub-Solar Point				North Pole	
			Long.	Lat.	Long.	Lat.	Dist.	P.A.	Dist.	P.A.
		°	°	°	°	°	″	°	″	°
July	4	296.90	219.89	−12.05	251.82	−22.55	+1.32	75.25	−2.42	322.09
	8	299.30	180.82	−10.92	212.89	−22.02	+1.35	76.27	−2.45	322.49
	12	301.69	141.79	− 9.78	173.99	−21.46	+1.38	77.32	−2.48	322.98
	16	304.07	102.79	− 8.62	135.12	−20.87	+1.41	78.39	−2.51	323.56
	20	306.43	63.83	− 7.46	96.29	−20.25	+1.44	79.49	−2.54	324.23
	24	308.78	24.90	− 6.29	57.50	−19.59	+1.47	80.61	−2.57	324.97
	28	311.11	346.01	− 5.12	18.74	−18.91	+1.50	81.74	−2.60	325.79
Aug.	1	313.43	307.14	− 3.95	340.02	−18.21	+1.53	82.89	−2.63	326.68
	5	315.74	268.30	− 2.78	301.33	−17.48	+1.56	84.05	−2.66	327.64
	9	318.02	229.49	− 1.62	262.67	−16.73	+1.59	85.21	−2.70	328.66
	13	320.30	190.71	− 0.47	224.05	−15.96	+1.62	86.37	−2.73	329.73
	17	322.56	151.95	+ 0.66	185.46	−15.17	+1.66	87.54	+2.76	330.86
	21	324.80	113.21	+ 1.79	146.90	−14.36	+1.69	88.69	+2.80	332.03
	25	327.03	74.50	+ 2.89	108.37	−13.55	+1.73	89.84	+2.83	333.23
	29	329.24	35.80	+ 3.98	69.88	−12.72	+1.77	90.97	+2.87	334.48
Sept.	2	331.44	357.13	+ 5.04	31.41	−11.88	+1.80	92.09	+2.90	335.75
	6	333.62	318.49	+ 6.08	352.97	−11.03	+1.84	93.18	+2.94	337.04
	10	335.79	279.86	+ 7.09	314.56	−10.17	+1.88	94.25	+2.98	338.36
	14	337.95	241.25	+ 8.08	276.17	− 9.30	+1.92	95.29	+3.02	339.69
	18	340.08	202.67	+ 9.03	237.81	− 8.44	+1.97	96.30	+3.07	341.03
	22	342.21	164.11	+ 9.96	199.47	− 7.56	+2.01	97.28	+3.11	342.38
	26	344.32	125.58	+10.84	161.16	− 6.69	+2.06	98.23	+3.16	343.73
	30	346.41	87.08	+11.70	122.86	− 5.81	+2.10	99.13	+3.21	345.07
Oct.	4	348.49	48.60	+12.51	84.59	− 4.93	+2.15	100.00	+3.27	346.41
	8	350.56	10.16	+13.29	46.34	− 4.05	+2.20	100.82	+3.32	347.73
	12	352.61	331.76	+14.02	8.10	− 3.18	+2.25	101.60	+3.39	349.04
	16	354.65	293.39	+14.71	329.88	− 2.30	+2.30	102.34	+3.45	350.32
	20	356.67	255.07	+15.36	291.67	− 1.43	+2.35	103.02	+3.52	351.58
	24	358.68	216.80	+15.96	253.48	− 0.57	+2.40	103.66	+3.60	352.80
	28	0.68	178.59	+16.52	215.30	+ 0.29	+2.46	104.25	+3.68	353.99
Nov.	1	2.67	140.44	+17.03	177.13	+ 1.15	+2.51	104.79	+3.77	355.14
	5	4.64	102.36	+17.49	138.98	+ 2.00	+2.56	105.27	+3.86	356.24
	9	6.60	64.36	+17.90	100.83	+ 2.84	+2.61	105.70	+3.96	357.29
	13	8.55	26.44	+18.26	62.69	+ 3.67	+2.67	106.07	+4.06	358.28
	17	10.49	348.62	+18.58	24.56	+ 4.50	+2.71	106.38	+4.18	359.21
	21	12.42	310.91	+18.84	346.44	+ 5.32	+2.76	106.63	+4.30	0.06
	25	14.34	273.32	+19.04	308.32	+ 6.12	+2.79	106.81	+4.43	0.84
	29	16.25	235.86	+19.20	270.20	+ 6.92	+2.82	106.92	+4.57	1.53
Dec.	3	18.14	198.55	+19.30	232.09	+ 7.71	+2.85	106.95	+4.72	2.13
	7	20.03	161.38	+19.35	193.97	+ 8.48	+2.85	106.90	+4.88	2.63
	11	21.91	124.39	+19.35	155.86	+ 9.24	+2.85	106.76	+5.04	3.02
	15	23.77	87.59	+19.29	117.75	+10.00	+2.82	106.51	+5.21	3.29
	19	25.63	50.98	+19.17	79.64	+10.73	+2.77	106.13	+5.39	3.44
	23	27.48	14.57	+19.00	41.52	+11.46	+2.69	105.60	+5.57	3.46
	27	29.33	338.38	+18.77	3.40	+12.17	+2.58	104.90	+5.76	3.34
	31	31.16	302.41	+18.49	325.27	+12.87	+2.43	103.97	+5.94	3.08
	35	32.99	266.66	+18.15	287.14	+13.55	+2.24	102.75	+6.12	2.69

JUPITER, 2009
EPHEMERIS FOR PHYSICAL OBSERVATIONS
FOR 0^h TERRESTRIAL TIME

Date		Light-time	Magnitude	Surface Brightness	Diameter		Phase Angle	Defect of Illumination
					Eq.	Pol.		
		m			''	''	°	''
Jan.	−3	50.06	−1.9	+5.3	32.76	30.63	4.0	0.04
	1	50.22	−1.9	+5.3	32.65	30.53	3.5	0.03
	5	50.36	−1.9	+5.3	32.55	30.44	2.9	0.02
	9	50.48	−1.9	+5.3	32.48	30.38	2.3	0.01
	13	50.56	−1.9	+5.3	32.43	30.32	1.7	0.01
	17	50.62	−1.9	+5.3	32.39	30.29	1.1	0.00
	21	50.65	−1.9	+5.3	32.37	30.27	0.5	0.00
	25	50.65	−1.9	+5.3	32.37	30.27	0.1	0.00
	29	50.62	−1.9	+5.3	32.39	30.29	0.7	0.00
Feb.	2	50.57	−1.9	+5.3	32.42	30.32	1.3	0.00
	6	50.48	−1.9	+5.3	32.48	30.37	1.9	0.01
	10	50.37	−1.9	+5.3	32.55	30.44	2.5	0.02
	14	50.23	−1.9	+5.3	32.64	30.52	3.1	0.02
	18	50.07	−1.9	+5.3	32.75	30.62	3.7	0.03
	22	49.87	−2.0	+5.3	32.88	30.74	4.2	0.04
	26	49.65	−2.0	+5.3	33.02	30.88	4.8	0.06
Mar.	2	49.41	−2.0	+5.3	33.18	31.03	5.3	0.07
	6	49.14	−2.0	+5.3	33.37	31.20	5.9	0.09
	10	48.85	−2.0	+5.3	33.57	31.39	6.4	0.10
	14	48.53	−2.0	+5.3	33.79	31.59	6.9	0.12
	18	48.19	−2.0	+5.3	34.02	31.82	7.4	0.14
	22	47.83	−2.0	+5.3	34.28	32.06	7.9	0.16
	26	47.45	−2.0	+5.3	34.55	32.31	8.3	0.18
	30	47.05	−2.1	+5.3	34.85	32.59	8.7	0.20
Apr.	3	46.63	−2.1	+5.3	35.16	32.88	9.1	0.22
	7	46.20	−2.1	+5.3	35.49	33.19	9.5	0.24
	11	45.75	−2.1	+5.3	35.84	33.52	9.9	0.27
	15	45.28	−2.1	+5.3	36.21	33.86	10.2	0.29
	19	44.80	−2.2	+5.3	36.60	34.22	10.5	0.31
	23	44.31	−2.2	+5.3	37.00	34.60	10.7	0.32
	27	43.81	−2.2	+5.3	37.42	35.00	11.0	0.34
May	1	43.30	−2.2	+5.3	37.86	35.41	11.1	0.36
	5	42.79	−2.3	+5.3	38.32	35.83	11.3	0.37
	9	42.27	−2.3	+5.3	38.79	36.27	11.4	0.38
	13	41.75	−2.3	+5.3	39.28	36.73	11.5	0.39
	17	41.22	−2.3	+5.3	39.78	37.20	11.5	0.40
	21	40.70	−2.4	+5.3	40.29	37.67	11.5	0.40
	25	40.17	−2.4	+5.3	40.81	38.16	11.4	0.40
	29	39.66	−2.4	+5.3	41.34	38.66	11.3	0.40
June	2	39.15	−2.5	+5.3	41.88	39.17	11.2	0.40
	6	38.64	−2.5	+5.3	42.43	39.68	11.0	0.39
	10	38.15	−2.5	+5.3	42.97	40.19	10.7	0.37
	14	37.67	−2.5	+5.3	43.52	40.70	10.4	0.36
	18	37.21	−2.6	+5.3	44.06	41.20	10.0	0.34
	22	36.77	−2.6	+5.3	44.60	41.70	9.6	0.31
	26	36.34	−2.6	+5.3	45.12	42.19	9.2	0.29
	30	35.94	−2.7	+5.3	45.63	42.67	8.6	0.26

JUPITER, 2009
EPHEMERIS FOR PHYSICAL OBSERVATIONS
FOR 0ʰ TERRESTRIAL TIME

Date		L_s	Sub-Earth Point		Sub-Solar Point				North Pole	
			Long.	Lat.	Long.	Lat.	Dist.	P.A.	Dist.	P.A.
		°	°	°	°	°	″	°	″	°
Jan.	−3	344.69	142.10	−1.16	138.07	−0.94	+1.15	259.49	−15.31	346.76
	1	345.03	23.23	−1.13	19.78	−0.92	+0.98	259.37	−15.26	346.40
	5	345.38	264.36	−1.09	261.49	−0.90	+0.82	259.33	−15.22	346.05
	9	345.72	145.51	−1.05	143.23	−0.88	+0.65	259.44	−15.19	345.69
	13	346.06	26.67	−1.01	24.98	−0.86	+0.48	259.86	−15.16	345.34
	17	346.41	267.84	−0.97	266.75	−0.84	+0.31	261.11	−15.14	344.99
	21	346.75	149.02	−0.93	148.53	−0.82	+0.14	266.12	−15.13	344.64
	25	347.10	30.22	−0.89	30.34	−0.80	+0.04	38.05	−15.13	344.30
	29	347.44	271.44	−0.85	272.16	−0.78	+0.20	68.91	−15.14	343.96
Feb.	2	347.79	152.68	−0.80	153.99	−0.75	+0.37	71.71	−15.16	343.63
	6	348.13	33.93	−0.76	35.84	−0.73	+0.54	72.58	−15.18	343.30
	10	348.48	275.21	−0.72	277.71	−0.71	+0.71	72.89	−15.22	342.98
	14	348.82	156.51	−0.67	159.60	−0.69	+0.88	72.98	−15.26	342.67
	18	349.17	37.83	−0.63	41.50	−0.67	+1.05	72.95	−15.31	342.37
	22	349.51	279.18	−0.58	283.42	−0.65	+1.21	72.86	−15.37	342.07
	26	349.86	160.55	−0.54	165.35	−0.63	+1.38	72.73	−15.44	341.78
Mar.	2	350.21	41.95	−0.49	47.30	−0.61	+1.55	72.58	−15.52	341.50
	6	350.55	283.38	−0.45	289.26	−0.59	+1.71	72.42	−15.60	341.23
	10	350.90	164.84	−0.40	171.24	−0.56	+1.87	72.26	−15.69	340.97
	14	351.25	46.32	−0.36	53.23	−0.54	+2.03	72.09	−15.80	340.72
	18	351.59	287.84	−0.31	295.24	−0.52	+2.19	71.92	−15.91	340.48
	22	351.94	169.39	−0.27	177.25	−0.50	+2.35	71.75	−16.03	340.25
	26	352.29	50.97	−0.22	59.28	−0.48	+2.50	71.59	−16.16	340.02
	30	352.64	292.59	−0.18	301.33	−0.46	+2.65	71.43	−16.29	339.81
Apr.	3	352.98	174.24	−0.13	183.38	−0.44	+2.79	71.28	−16.44	339.61
	7	353.33	55.93	−0.09	65.44	−0.41	+2.93	71.14	−16.59	339.42
	11	353.68	297.65	−0.05	307.51	−0.39	+3.07	71.01	−16.76	339.23
	15	354.03	179.41	0.00	189.59	−0.37	+3.20	70.88	−16.93	339.06
	19	354.38	61.21	+0.04	71.68	−0.35	+3.33	70.76	+17.11	338.90
	23	354.73	303.04	+0.08	313.77	−0.33	+3.45	70.66	+17.30	338.75
	27	355.07	184.92	+0.12	195.87	−0.31	+3.56	70.56	+17.50	338.61
May	1	355.42	66.84	+0.16	77.98	−0.28	+3.66	70.48	+17.70	338.48
	5	355.77	308.80	+0.20	320.09	−0.26	+3.75	70.40	+17.92	338.37
	9	356.12	190.80	+0.23	202.20	−0.24	+3.84	70.34	+18.14	338.26
	13	356.47	72.84	+0.27	84.31	−0.22	+3.91	70.29	+18.36	338.16
	17	356.82	314.93	+0.30	326.43	−0.20	+3.97	70.25	+18.60	338.07
	21	357.17	197.06	+0.34	208.54	−0.18	+4.01	70.22	+18.84	338.00
	25	357.52	79.23	+0.37	90.66	−0.15	+4.04	70.21	+19.08	337.93
	29	357.87	321.45	+0.40	332.77	−0.13	+4.06	70.21	+19.33	337.88
June	2	358.22	203.72	+0.43	214.87	−0.11	+4.06	70.22	+19.58	337.84
	6	358.57	86.03	+0.45	96.97	−0.09	+4.03	70.25	+19.84	337.80
	10	358.92	328.38	+0.48	339.06	−0.07	+3.99	70.30	+20.09	337.78
	14	359.28	210.77	+0.50	221.15	−0.05	+3.92	70.37	+20.35	337.77
	18	359.63	93.21	+0.52	103.23	−0.02	+3.84	70.45	+20.60	337.77
	22	359.98	335.68	+0.54	345.29	0.00	+3.73	70.56	+20.85	337.78
	26	0.33	218.20	+0.55	227.34	+0.02	+3.59	70.68	+21.10	337.81
	30	0.68	100.75	+0.56	109.38	+0.04	+3.43	70.84	+21.33	337.84

JUPITER, 2009
EPHEMERIS FOR PHYSICAL OBSERVATIONS
FOR 0ʰ TERRESTRIAL TIME

Date		Light-time	Magnitude	Surface Brightness	Diameter		Phase Angle	Defect of Illumination
					Eq.	Pol.		
		m			″	″	°	″
July	4	35.56	−2.7	+5.3	46.11	43.12	8.1	0.23
	8	35.20	−2.7	+5.3	46.58	43.55	7.5	0.20
	12	34.88	−2.7	+5.3	47.01	43.96	6.8	0.17
	16	34.58	−2.8	+5.3	47.41	44.33	6.1	0.14
	20	34.32	−2.8	+5.3	47.77	44.67	5.4	0.11
	24	34.09	−2.8	+5.3	48.09	44.97	4.6	0.08
	28	33.90	−2.8	+5.3	48.37	45.23	3.8	0.05
Aug.	1	33.74	−2.8	+5.3	48.59	45.44	3.0	0.03
	5	33.62	−2.8	+5.3	48.76	45.60	2.1	0.02
	9	33.54	−2.9	+5.3	48.88	45.71	1.3	0.01
	13	33.50	−2.9	+5.3	48.94	45.76	0.4	0.00
	17	33.50	−2.9	+5.3	48.94	45.76	0.5	0.00
	21	33.54	−2.9	+5.3	48.88	45.71	1.4	0.01
	25	33.62	−2.8	+5.3	48.77	45.61	2.2	0.02
	29	33.74	−2.8	+5.3	48.60	45.45	3.1	0.04
Sept.	2	33.89	−2.8	+5.3	48.38	45.24	3.9	0.06
	6	34.08	−2.8	+5.3	48.11	44.99	4.7	0.08
	10	34.31	−2.8	+5.3	47.79	44.69	5.5	0.11
	14	34.57	−2.8	+5.3	47.43	44.35	6.2	0.14
	18	34.86	−2.7	+5.3	47.03	43.98	6.9	0.17
	22	35.19	−2.7	+5.3	46.59	43.57	7.6	0.20
	26	35.54	−2.7	+5.3	46.13	43.14	8.2	0.23
	30	35.92	−2.7	+5.3	45.64	42.68	8.7	0.26
Oct.	4	36.33	−2.6	+5.3	45.13	42.21	9.2	0.29
	8	36.75	−2.6	+5.3	44.61	41.72	9.7	0.32
	12	37.20	−2.6	+5.3	44.08	41.22	10.1	0.34
	16	37.66	−2.6	+5.3	43.54	40.71	10.4	0.36
	20	38.14	−2.5	+5.3	42.99	40.20	10.7	0.37
	24	38.63	−2.5	+5.3	42.44	39.69	10.9	0.39
	28	39.13	−2.5	+5.3	41.90	39.18	11.1	0.39
Nov.	1	39.64	−2.4	+5.3	41.36	38.68	11.3	0.40
	5	40.15	−2.4	+5.3	40.84	38.19	11.3	0.40
	9	40.67	−2.4	+5.3	40.32	37.70	11.4	0.40
	13	41.19	−2.4	+5.3	39.81	37.23	11.4	0.39
	17	41.70	−2.3	+5.3	39.32	36.77	11.3	0.38
	21	42.22	−2.3	+5.3	38.84	36.32	11.2	0.37
	25	42.73	−2.3	+5.3	38.38	35.89	11.1	0.36
	29	43.23	−2.3	+5.3	37.93	35.47	10.9	0.34
Dec.	3	43.72	−2.2	+5.3	37.50	35.07	10.7	0.32
	7	44.20	−2.2	+5.3	37.09	34.69	10.4	0.31
	11	44.67	−2.2	+5.3	36.70	34.32	10.1	0.29
	15	45.13	−2.2	+5.3	36.33	33.97	9.8	0.27
	19	45.57	−2.2	+5.3	35.98	33.64	9.5	0.24
	23	46.00	−2.1	+5.3	35.65	33.33	9.1	0.22
	27	46.40	−2.1	+5.3	35.33	33.04	8.7	0.20
	31	46.79	−2.1	+5.3	35.04	32.77	8.2	0.18
	35	47.16	−2.1	+5.3	34.77	32.51	7.8	0.16

JUPITER, 2009
EPHEMERIS FOR PHYSICAL OBSERVATIONS
FOR 0ʰ TERRESTRIAL TIME

Date		L_s	Sub-Earth Point		Sub-Solar Point				North Pole	
			Long.	Lat.	Long.	Lat.	Dist.	P.A.	Dist.	P.A.
		°	°	°	°	°	″	°	″	°
July	4	1.03	343.34	+ 0.57	351.41	+ 0.06	+3.24	71.02	+ 21.56	337.88
	8	1.38	225.96	+ 0.58	233.42	+ 0.09	+3.03	71.24	+ 21.78	337.94
	12	1.74	108.60	+ 0.59	115.41	+ 0.11	+2.79	71.51	+ 21.98	338.00
	16	2.09	351.28	+ 0.59	357.38	+ 0.13	+2.53	71.84	+ 22.17	338.08
	20	2.44	233.97	+ 0.59	239.33	+ 0.15	+2.24	72.24	+ 22.34	338.17
	24	2.79	116.67	+ 0.59	121.27	+ 0.17	+1.93	72.77	+ 22.49	338.26
	28	3.15	359.38	+ 0.59	3.18	+ 0.20	+1.61	73.48	+ 22.61	338.36
Aug.	1	3.50	242.10	+ 0.58	245.07	+ 0.22	+1.26	74.54	+ 22.72	338.47
	5	3.85	124.82	+ 0.57	126.93	+ 0.24	+0.91	76.36	+ 22.80	338.59
	9	4.21	7.52	+ 0.56	8.77	+ 0.26	+0.55	80.47	+ 22.85	338.71
	13	4.56	250.21	+ 0.55	250.59	+ 0.28	+0.19	100.23	+ 22.88	338.84
	17	4.91	132.88	+ 0.53	132.39	+ 0.31	+0.23	227.20	+ 22.88	338.97
	21	5.27	15.53	+ 0.52	14.16	+ 0.33	+0.59	242.18	+ 22.86	339.10
	25	5.62	258.14	+ 0.50	255.90	+ 0.35	+0.95	245.83	+ 22.80	339.23
	29	5.98	140.71	+ 0.48	137.62	+ 0.37	+1.31	247.53	+ 22.72	339.36
Sept.	2	6.33	23.24	+ 0.47	19.32	+ 0.39	+1.65	248.55	+ 22.62	339.48
	6	6.69	265.71	+ 0.45	261.00	+ 0.42	+1.98	249.25	+ 22.49	339.60
	10	7.04	148.14	+ 0.43	142.66	+ 0.44	+2.28	249.78	+ 22.34	339.71
	14	7.40	30.50	+ 0.41	24.29	+ 0.46	+2.57	250.20	+ 22.17	339.82
	18	7.75	272.81	+ 0.40	265.90	+ 0.48	+2.83	250.54	+ 21.99	339.91
	22	8.11	155.06	+ 0.38	147.50	+ 0.50	+3.06	250.82	+ 21.78	339.99
	26	8.46	37.24	+ 0.37	29.08	+ 0.52	+3.27	251.06	+ 21.57	340.06
	30	8.82	279.35	+ 0.35	270.64	+ 0.55	+3.46	251.27	+ 21.34	340.11
Oct.	4	9.17	161.40	+ 0.34	152.19	+ 0.57	+3.61	251.44	+ 21.10	340.16
	8	9.53	43.39	+ 0.33	33.72	+ 0.59	+3.75	251.58	+ 20.86	340.18
	12	9.88	285.31	+ 0.32	275.24	+ 0.61	+3.85	251.69	+ 20.61	340.20
	16	10.24	167.16	+ 0.31	156.75	+ 0.63	+3.93	251.79	+ 20.36	340.19
	20	10.60	48.95	+ 0.30	38.26	+ 0.66	+3.99	251.86	+ 20.10	340.18
	24	10.95	290.69	+ 0.30	279.75	+ 0.68	+4.03	251.91	+ 19.85	340.14
	28	11.31	172.36	+ 0.30	161.24	+ 0.70	+4.04	251.94	+ 19.59	340.10
Nov.	1	11.66	53.98	+ 0.30	42.72	+ 0.72	+4.04	251.95	+ 19.34	340.04
	5	12.02	295.54	+ 0.30	284.20	+ 0.74	+4.02	251.95	+ 19.09	339.96
	9	12.38	177.06	+ 0.31	165.68	+ 0.76	+3.98	251.93	+ 18.85	339.87
	13	12.74	58.52	+ 0.31	47.16	+ 0.79	+3.93	251.90	+ 18.61	339.78
	17	13.09	299.94	+ 0.32	288.63	+ 0.81	+3.86	251.86	+ 18.38	339.66
	21	13.45	181.32	+ 0.33	170.11	+ 0.83	+3.78	251.81	+ 18.16	339.54
	25	13.81	62.66	+ 0.35	51.59	+ 0.85	+3.69	251.74	+ 17.94	339.41
	29	14.17	303.96	+ 0.36	293.08	+ 0.87	+3.58	251.67	+ 17.73	339.27
Dec.	3	14.52	185.24	+ 0.38	174.57	+ 0.89	+3.47	251.60	+ 17.53	339.13
	7	14.88	66.48	+ 0.40	56.07	+ 0.92	+3.35	251.51	+ 17.34	338.97
	11	15.24	307.69	+ 0.42	297.57	+ 0.94	+3.23	251.43	+ 17.16	338.81
	15	15.60	188.88	+ 0.44	179.09	+ 0.96	+3.09	251.34	+ 16.99	338.65
	19	15.96	70.05	+ 0.47	60.61	+ 0.98	+2.95	251.25	+ 16.82	338.48
	23	16.32	311.20	+ 0.49	302.14	+ 1.00	+2.81	251.16	+ 16.67	338.30
	27	16.67	192.33	+ 0.52	183.68	+ 1.02	+2.66	251.08	+ 16.52	338.13
	31	17.03	73.46	+ 0.55	65.24	+ 1.04	+2.51	251.00	+ 16.38	337.95
	35	17.39	314.57	+ 0.58	306.80	+ 1.07	+2.35	250.93	+ 16.26	337.78

SATURN, 2009

EPHEMERIS FOR PHYSICAL OBSERVATIONS
FOR 0ʰ TERRESTRIAL TIME

Date		Light-time	Magnitude	Surface Brightness	Diameter		Phase Angle	Defect of Illumination
					Eq.	Pol.		
		m			″	″	°	″
Jan.	−3	75.39	+1.0	+7.0	18.33	16.54	5.8	0.05
	1	74.87	+1.0	+7.0	18.46	16.65	5.7	0.04
	5	74.35	+0.9	+6.9	18.59	16.77	5.5	0.04
	9	73.85	+0.9	+6.9	18.72	16.88	5.4	0.04
	13	73.37	+0.9	+6.9	18.84	16.99	5.1	0.04
	17	72.91	+0.9	+6.9	18.96	17.10	4.9	0.03
	21	72.47	+0.8	+6.9	19.07	17.20	4.6	0.03
	25	72.06	+0.8	+6.9	19.18	17.30	4.3	0.03
	29	71.68	+0.8	+6.9	19.28	17.39	4.0	0.02
Feb.	2	71.33	+0.7	+6.9	19.38	17.48	3.7	0.02
	6	71.01	+0.7	+6.9	19.46	17.56	3.3	0.02
	10	70.73	+0.7	+6.8	19.54	17.63	2.9	0.01
	14	70.48	+0.7	+6.8	19.61	17.69	2.5	0.01
	18	70.27	+0.6	+6.8	19.67	17.75	2.1	0.01
	22	70.09	+0.6	+6.8	19.72	17.79	1.7	0.00
	26	69.96	+0.6	+6.8	19.76	17.82	1.3	0.00
Mar.	2	69.87	+0.5	+6.7	19.78	17.85	0.8	0.00
	6	69.82	+0.5	+6.7	19.80	17.86	0.4	0.00
	10	69.82	+0.5	+6.7	19.80	17.86	0.3	0.00
	14	69.85	+0.5	+6.7	19.79	17.85	0.6	0.00
	18	69.93	+0.5	+6.8	19.77	17.84	1.1	0.00
	22	70.04	+0.5	+6.8	19.73	17.81	1.5	0.00
	26	70.20	+0.6	+6.8	19.69	17.77	1.9	0.01
	30	70.39	+0.6	+6.8	19.64	17.72	2.4	0.01
Apr.	3	70.63	+0.6	+6.8	19.57	17.66	2.8	0.01
	7	70.89	+0.6	+6.9	19.50	17.59	3.2	0.01
	11	71.20	+0.6	+6.9	19.41	17.52	3.5	0.02
	15	71.53	+0.7	+6.9	19.32	17.44	3.9	0.02
	19	71.90	+0.7	+6.9	19.22	17.35	4.2	0.03
	23	72.29	+0.7	+6.9	19.12	17.26	4.5	0.03
	27	72.72	+0.7	+6.9	19.01	17.16	4.8	0.03
May	1	73.16	+0.8	+6.9	18.89	17.05	5.1	0.04
	5	73.63	+0.8	+6.9	18.77	16.94	5.3	0.04
	9	74.12	+0.8	+7.0	18.65	16.83	5.5	0.04
	13	74.62	+0.8	+7.0	18.52	16.72	5.7	0.04
	17	75.14	+0.8	+7.0	18.40	16.60	5.8	0.05
	21	75.67	+0.9	+7.0	18.27	16.49	6.0	0.05
	25	76.21	+0.9	+7.0	18.14	16.37	6.1	0.05
	29	76.75	+0.9	+7.0	18.01	16.25	6.1	0.05
June	2	77.30	+0.9	+7.0	17.88	16.14	6.2	0.05
	6	77.85	+0.9	+7.0	17.75	16.02	6.2	0.05
	10	78.41	+1.0	+7.0	17.63	15.91	6.2	0.05
	14	78.96	+1.0	+7.0	17.51	15.80	6.1	0.05
	18	79.50	+1.0	+7.0	17.39	15.69	6.1	0.05
	22	80.04	+1.0	+7.0	17.27	15.58	6.0	0.05
	26	80.57	+1.0	+7.0	17.15	15.48	5.9	0.04
	30	81.09	+1.0	+7.0	17.04	15.38	5.8	0.04

SATURN, 2009
EPHEMERIS FOR PHYSICAL OBSERVATIONS
FOR 0ʰ TERRESTRIAL TIME

E77

Date		L_s	Sub-Earth Point		Sub-Solar Point				North Pole	
			Long.	Lat.	Long.	Lat.	Dist.	P.A.	Dist.	P.A.
		°	°	°	°	°	″	°	″	°
Jan.	−3	352.22	175.45	−0.99	180.63	−4.28	+0.93	112.75	−8.27	355.25
	1	352.36	178.91	−1.00	183.98	−4.21	+0.92	112.58	−8.33	355.25
	5	352.50	182.38	−1.03	187.32	−4.13	+0.90	112.41	−8.38	355.25
	9	352.64	185.87	−1.08	190.65	−4.06	+0.87	112.21	−8.44	355.25
	13	352.78	189.37	−1.14	193.97	−3.98	+0.85	112.00	−8.50	355.24
	17	352.92	192.89	−1.22	197.29	−3.91	+0.81	111.77	−8.55	355.24
	21	353.06	196.42	−1.31	200.58	−3.83	+0.77	111.50	−8.60	355.23
	25	353.19	199.95	−1.42	203.87	−3.75	+0.73	111.19	−8.65	355.22
	29	353.33	203.50	−1.54	207.13	−3.68	+0.68	110.84	−8.69	355.20
Feb.	2	353.47	207.05	−1.68	210.38	−3.60	+0.62	110.41	−8.74	355.19
	6	353.61	210.60	−1.82	213.61	−3.53	+0.56	109.89	−8.78	355.17
	10	353.75	214.14	−1.98	216.83	−3.45	+0.50	109.24	−8.81	355.16
	14	353.89	217.69	−2.15	220.02	−3.37	+0.43	108.39	−8.84	355.14
	18	354.02	221.22	−2.32	223.19	−3.30	+0.36	107.21	−8.87	355.12
	22	354.16	224.75	−2.50	226.34	−3.22	+0.29	105.44	−8.89	355.10
	26	354.30	228.27	−2.69	229.46	−3.15	+0.22	102.46	−8.90	355.08
Mar.	2	354.44	231.76	−2.87	232.57	−3.07	+0.14	96.30	−8.91	355.06
	6	354.58	235.24	−3.06	235.65	−2.99	+0.07	76.98	−8.92	355.04
	10	354.71	238.70	−3.25	238.70	−2.92	+0.05	354.81	−8.92	355.02
	14	354.85	242.14	−3.44	241.74	−2.84	+0.11	315.34	−8.91	355.00
	18	354.99	245.55	−3.62	244.75	−2.77	+0.18	305.95	−8.90	354.97
	22	355.13	248.93	−3.80	247.73	−2.69	+0.26	302.00	−8.89	354.95
	26	355.26	252.28	−3.97	250.70	−2.61	+0.33	299.81	−8.87	354.93
	30	355.40	255.60	−4.14	253.64	−2.54	+0.40	298.41	−8.84	354.91
Apr.	3	355.54	258.89	−4.29	256.56	−2.46	+0.47	297.43	−8.81	354.90
	7	355.68	262.15	−4.43	259.46	−2.39	+0.54	296.69	−8.78	354.88
	11	355.82	265.36	−4.56	262.34	−2.31	+0.60	296.11	−8.74	354.86
	15	355.95	268.55	−4.68	265.21	−2.24	+0.65	295.64	−8.70	354.85
	19	356.09	271.69	−4.79	268.05	−2.16	+0.71	295.25	−8.65	354.84
	23	356.23	274.80	−4.88	270.88	−2.08	+0.75	294.91	−8.60	354.82
	27	356.37	277.88	−4.95	273.70	−2.01	+0.80	294.62	−8.55	354.81
May	1	356.50	280.92	−5.01	276.50	−1.93	+0.84	294.36	−8.50	354.81
	5	356.64	283.92	−5.06	279.29	−1.86	+0.87	294.13	−8.44	354.80
	9	356.78	286.89	−5.09	282.07	−1.78	+0.90	293.92	−8.39	354.80
	13	356.92	289.82	−5.10	284.84	−1.70	+0.92	293.73	−8.33	354.79
	17	357.05	292.72	−5.10	287.60	−1.63	+0.94	293.55	−8.28	354.79
	21	357.19	295.59	−5.08	290.36	−1.55	+0.95	293.39	−8.22	354.79
	25	357.33	298.44	−5.04	293.11	−1.48	+0.96	293.24	−8.16	354.79
	29	357.46	301.25	−4.99	295.85	−1.40	+0.96	293.10	−8.10	354.80
June	2	357.60	304.04	−4.92	298.59	−1.33	+0.96	292.97	−8.04	354.80
	6	357.74	306.80	−4.84	301.34	−1.25	+0.96	292.84	−7.99	354.81
	10	357.88	309.54	−4.74	304.08	−1.17	+0.95	292.72	−7.93	354.82
	14	358.01	312.25	−4.63	306.82	−1.10	+0.94	292.60	−7.88	354.83
	18	358.15	314.95	−4.50	309.57	−1.02	+0.92	292.48	−7.83	354.84
	22	358.29	317.63	−4.36	312.32	−0.95	+0.90	292.36	−7.77	354.86
	26	358.42	320.29	−4.21	315.07	−0.87	+0.88	292.25	−7.72	354.88
	30	358.56	322.94	−4.04	317.83	−0.80	+0.85	292.13	−7.67	354.89

SATURN, 2009

EPHEMERIS FOR PHYSICAL OBSERVATIONS
FOR 0ʰ TERRESTRIAL TIME

Date		Light-time	Magnitude	Surface Brightness	Diameter		Phase Angle	Defect of Illumination
					Eq.	Pol.		
		m			''	''	°	''
July	4	81.60	+1.1	+7.0	16.94	15.28	5.6	0.04
	8	82.09	+1.1	+7.0	16.84	15.19	5.4	0.04
	12	82.57	+1.1	+6.9	16.74	15.10	5.2	0.03
	16	83.02	+1.1	+6.9	16.65	15.02	5.0	0.03
	20	83.46	+1.1	+6.9	16.56	14.94	4.8	0.03
	24	83.88	+1.1	+6.9	16.48	14.87	4.5	0.03
	28	84.28	+1.1	+6.9	16.40	14.80	4.3	0.02
Aug.	1	84.65	+1.1	+6.9	16.33	14.73	4.0	0.02
	5	84.99	+1.1	+6.9	16.26	14.67	3.7	0.02
	9	85.31	+1.1	+6.9	16.20	14.62	3.4	0.01
	13	85.61	+1.1	+6.9	16.15	14.56	3.1	0.01
	17	85.87	+1.1	+6.8	16.10	14.52	2.8	0.01
	21	86.11	+1.1	+6.8	16.05	14.48	2.5	0.01
	25	86.32	+1.1	+6.8	16.01	14.44	2.1	0.01
	29	86.49	+1.1	+6.8	15.98	14.42	1.8	0.00
Sept.	2	86.64	+1.1	+6.8	15.95	14.39	1.4	0.00
	6	86.75	+1.1	+6.8	15.93	14.37	1.1	0.00
	10	86.83	+1.1	+6.8	15.92	14.36	0.7	0.00
	14	86.88	+1.1	+6.7	15.91	14.35	0.4	0.00
	18	86.89	+1.1	+6.7	15.91	14.35	0.2	0.00
	22	86.87	+1.1	+6.7	15.91	14.35	0.4	0.00
	26	86.82	+1.1	+6.8	15.92	14.36	0.8	0.00
	30	86.74	+1.1	+6.8	15.93	14.37	1.1	0.00
Oct.	4	86.62	+1.1	+6.8	15.96	14.39	1.5	0.00
	8	86.48	+1.1	+6.8	15.98	14.42	1.8	0.00
	12	86.30	+1.1	+6.8	16.02	14.45	2.2	0.01
	16	86.09	+1.1	+6.8	16.06	14.49	2.5	0.01
	20	85.84	+1.1	+6.9	16.10	14.53	2.8	0.01
	24	85.57	+1.1	+6.9	16.15	14.57	3.1	0.01
	28	85.27	+1.1	+6.9	16.21	14.63	3.4	0.01
Nov.	1	84.94	+1.1	+6.9	16.27	14.68	3.7	0.02
	5	84.59	+1.1	+6.9	16.34	14.75	4.0	0.02
	9	84.20	+1.1	+6.9	16.41	14.81	4.3	0.02
	13	83.80	+1.1	+6.9	16.49	14.89	4.5	0.03
	17	83.37	+1.0	+6.9	16.58	14.96	4.8	0.03
	21	82.92	+1.0	+6.9	16.67	15.04	5.0	0.03
	25	82.45	+1.0	+7.0	16.76	15.13	5.2	0.03
	29	81.96	+1.0	+7.0	16.86	15.22	5.4	0.04
Dec.	3	81.45	+1.0	+7.0	16.97	15.32	5.5	0.04
	7	80.94	+1.0	+7.0	17.08	15.41	5.7	0.04
	11	80.41	+1.0	+7.0	17.19	15.52	5.8	0.04
	15	79.87	+1.0	+7.0	17.31	15.62	5.9	0.04
	19	79.32	+1.0	+7.0	17.42	15.73	5.9	0.05
	23	78.77	+0.9	+7.0	17.55	15.84	6.0	0.05
	27	78.22	+0.9	+7.0	17.67	15.95	6.0	0.05
	31	77.67	+0.9	+7.0	17.80	16.06	5.9	0.05
	35	77.12	+0.9	+7.0	17.92	16.18	5.9	0.05

SATURN, 2009
EPHEMERIS FOR PHYSICAL OBSERVATIONS
FOR 0ʰ TERRESTRIAL TIME

Date		L_s	Sub-Earth Point		Sub-Solar Point				North Pole	
			Long.	Lat.	Long.	Lat.	Dist.	P.A.	Dist.	P.A.
		°	°	°	°	°	″	°	″	°
July	4	358.70	325.58	− 3.86	320.60	− 0.72	+ 0.83	292.01	− 7.63	354.91
	8	358.83	328.21	− 3.67	323.38	− 0.64	+ 0.80	291.88	− 7.58	354.93
	12	358.97	330.83	− 3.47	326.16	− 0.57	+ 0.76	291.74	− 7.54	354.95
	16	359.11	333.45	− 3.26	328.96	− 0.49	+ 0.73	291.59	− 7.50	354.98
	20	359.25	336.05	− 3.04	331.76	− 0.42	+ 0.69	291.43	− 7.46	355.00
	24	359.38	338.66	− 2.82	334.58	− 0.34	+ 0.65	291.25	− 7.43	355.03
	28	359.52	341.27	− 2.58	337.41	− 0.27	+ 0.61	291.05	− 7.39	355.05
Aug.	1	359.66	343.87	− 2.34	340.26	− 0.19	+ 0.57	290.82	− 7.36	355.08
	5	359.79	346.48	− 2.08	343.12	− 0.12	+ 0.53	290.56	− 7.33	355.11
	9	359.93	349.09	− 1.83	345.99	− 0.04	+ 0.48	290.24	− 7.30	355.14
	13	0.07	351.71	− 1.56	348.88	+ 0.04	+ 0.44	289.85	− 7.28	355.17
	17	0.20	354.33	− 1.30	351.78	+ 0.11	+ 0.39	289.38	− 7.26	355.20
	21	0.34	356.96	− 1.02	354.70	+ 0.19	+ 0.35	288.77	− 7.24	355.23
	25	0.47	359.60	− 0.75	357.64	+ 0.26	+ 0.30	287.96	− 7.22	355.27
	29	0.61	2.25	− 0.47	0.60	+ 0.34	+ 0.25	286.83	− 7.21	355.30
Sept.	2	0.75	4.92	− 0.19	3.57	+ 0.41	+ 0.20	285.15	− 7.20	355.34
	6	0.88	7.60	+ 0.10	6.56	+ 0.49	+ 0.15	282.38	+ 7.19	355.37
	10	1.02	10.29	+ 0.38	9.57	+ 0.56	+ 0.10	276.96	+ 7.18	355.41
	14	1.16	13.00	+ 0.67	12.59	+ 0.64	+ 0.06	262.26	+ 7.18	355.44
	18	1.29	15.72	+ 0.95	15.64	+ 0.71	+ 0.03	199.17	+ 7.17	355.48
	22	1.43	18.47	+ 1.23	18.70	+ 0.79	+ 0.06	142.42	+ 7.17	355.52
	26	1.57	21.23	+ 1.52	21.78	+ 0.87	+ 0.11	129.18	+ 7.18	355.55
	30	1.70	24.01	+ 1.79	24.89	+ 0.94	+ 0.16	124.10	+ 7.18	355.59
Oct.	4	1.84	26.82	+ 2.07	28.00	+ 1.02	+ 0.20	121.45	+ 7.19	355.63
	8	1.97	29.64	+ 2.34	31.14	+ 1.09	+ 0.25	119.82	+ 7.20	355.66
	12	2.11	32.49	+ 2.61	34.30	+ 1.17	+ 0.30	118.71	+ 7.22	355.70
	16	2.25	35.36	+ 2.87	37.47	+ 1.24	+ 0.35	117.90	+ 7.24	355.73
	20	2.38	38.26	+ 3.13	40.66	+ 1.32	+ 0.40	117.28	+ 7.25	355.77
	24	2.52	41.18	+ 3.38	43.87	+ 1.39	+ 0.44	116.78	+ 7.28	355.80
	28	2.65	44.12	+ 3.62	47.09	+ 1.47	+ 0.49	116.38	+ 7.30	355.84
Nov.	1	2.79	47.10	+ 3.85	50.33	+ 1.54	+ 0.53	116.03	+ 7.33	355.87
	5	2.92	50.09	+ 4.08	53.59	+ 1.62	+ 0.57	115.73	+ 7.36	355.91
	9	3.06	53.12	+ 4.30	56.86	+ 1.69	+ 0.61	115.47	+ 7.39	355.94
	13	3.20	56.17	+ 4.50	60.14	+ 1.77	+ 0.65	115.23	+ 7.42	355.97
	17	3.33	59.25	+ 4.70	63.43	+ 1.84	+ 0.69	115.02	+ 7.46	356.00
	21	3.47	62.36	+ 4.88	66.74	+ 1.92	+ 0.73	114.82	+ 7.50	356.03
	25	3.60	65.50	+ 5.06	70.06	+ 1.99	+ 0.76	114.63	+ 7.54	356.05
	29	3.74	68.66	+ 5.22	73.39	+ 2.07	+ 0.79	114.45	+ 7.59	356.08
Dec.	3	3.87	71.85	+ 5.36	76.73	+ 2.14	+ 0.82	114.29	+ 7.63	356.10
	7	4.01	75.07	+ 5.50	80.07	+ 2.22	+ 0.84	114.12	+ 7.68	356.12
	11	4.15	78.32	+ 5.61	83.43	+ 2.29	+ 0.86	113.96	+ 7.73	356.14
	15	4.28	81.59	+ 5.72	86.78	+ 2.36	+ 0.88	113.80	+ 7.78	356.16
	19	4.42	84.89	+ 5.81	90.15	+ 2.44	+ 0.90	113.65	+ 7.83	356.18
	23	4.55	88.22	+ 5.88	93.51	+ 2.51	+ 0.91	113.49	+ 7.89	356.19
	27	4.69	91.57	+ 5.94	96.88	+ 2.59	+ 0.92	113.33	+ 7.94	356.21
	31	4.82	94.95	+ 5.98	100.24	+ 2.66	+ 0.92	113.17	+ 8.00	356.22
	35	4.96	98.35	+ 6.01	103.60	+ 2.74	+ 0.92	113.00	+ 8.05	356.22

URANUS, 2009

EPHEMERIS FOR PHYSICAL OBSERVATIONS
FOR 0ʰ TERRESTRIAL TIME

Date		Light-time	Magnitude	Equatorial Diameter	Phase Angle	L_s	Sub-Earth Lat.	North Pole Dist.	North Pole P.A.
		m		″	°	°	°	″	°
Jan.	−1	169.71	+5.9	3.45	2.6	4.16	+1.56	+1.69	254.61
	9	171.01	+5.9	3.43	2.4	4.26	+1.88	+1.67	254.59
	19	172.20	+5.9	3.40	2.2	4.37	+2.27	+1.66	254.56
	29	173.24	+5.9	3.38	1.9	4.48	+2.72	+1.65	254.53
Feb.	8	174.10	+5.9	3.37	1.5	4.58	+3.22	+1.64	254.50
	18	174.76	+5.9	3.35	1.1	4.69	+3.77	+1.64	254.47
	28	175.20	+5.9	3.35	0.6	4.80	+4.34	+1.63	254.44
Mar.	10	175.40	+5.9	3.34	0.2	4.90	+4.93	+1.63	254.41
	20	175.38	+5.9	3.34	0.3	5.01	+5.52	+1.63	254.39
	30	175.13	+5.9	3.35	0.8	5.12	+6.11	+1.63	254.36
Apr.	9	174.66	+5.9	3.36	1.2	5.22	+6.67	+1.63	254.34
	19	173.98	+5.9	3.37	1.6	5.33	+7.20	+1.63	254.33
	29	173.11	+5.9	3.39	2.0	5.44	+7.69	+1.64	254.32
May	9	172.07	+5.9	3.41	2.3	5.55	+8.13	+1.65	254.30
	19	170.90	+5.9	3.43	2.6	5.65	+8.51	+1.66	254.30
	29	169.62	+5.9	3.46	2.7	5.76	+8.82	+1.67	254.29
June	8	168.27	+5.9	3.48	2.9	5.87	+9.05	+1.68	254.29
	18	166.89	+5.8	3.51	2.9	5.97	+9.20	+1.70	254.28
	28	165.50	+5.8	3.54	2.9	6.08	+9.27	+1.71	254.28
July	8	164.16	+5.8	3.57	2.7	6.19	+9.26	+1.72	254.28
	18	162.89	+5.8	3.60	2.5	6.29	+9.16	+1.74	254.28
	28	161.74	+5.8	3.62	2.3	6.40	+8.99	+1.75	254.28
Aug.	7	160.74	+5.8	3.65	1.9	6.51	+8.74	+1.76	254.29
	17	159.92	+5.7	3.67	1.5	6.62	+8.44	+1.77	254.29
	27	159.31	+5.7	3.68	1.1	6.72	+8.08	+1.78	254.30
Sept.	6	158.93	+5.7	3.69	0.6	6.83	+7.69	+1.79	254.31
	16	158.79	+5.7	3.69	0.1	6.94	+7.28	+1.79	254.32
	26	158.90	+5.7	3.69	0.4	7.04	+6.87	+1.79	254.33
Oct.	6	159.26	+5.7	3.68	0.9	7.15	+6.47	+1.79	254.34
	16	159.86	+5.7	3.67	1.4	7.26	+6.10	+1.78	254.36
	26	160.68	+5.8	3.65	1.8	7.36	+5.78	+1.77	254.37
Nov.	5	161.70	+5.8	3.63	2.2	7.47	+5.52	+1.76	254.38
	15	162.87	+5.8	3.60	2.4	7.58	+5.33	+1.75	254.39
	25	164.18	+5.8	3.57	2.6	7.69	+5.23	+1.74	254.40
Dec.	5	165.56	+5.8	3.54	2.8	7.79	+5.21	+1.72	254.40
	15	166.99	+5.8	3.51	2.8	7.90	+5.28	+1.71	254.39
	25	168.42	+5.9	3.48	2.8	8.01	+5.44	+1.69	254.39
	35	169.81	+5.9	3.45	2.6	8.11	+5.69	+1.68	254.38

NEPTUNE, 2009

EPHEMERIS FOR PHYSICAL OBSERVATIONS
FOR 0ʰ TERRESTRIAL TIME

Date		Light-time	Magnitude	Equatorial Diameter	Phase Angle	L_s	Sub-Earth Lat.	North Pole Dist.	North Pole P.A.
		m		″	°	°	°	″	°
Jan.	−1	255.63	+8.0	2.22	1.3	277.97	−28.92	−0.96	339.18
	9	256.54	+8.0	2.21	1.0	278.03	−28.91	−0.96	338.93
	19	257.24	+8.0	2.21	0.8	278.09	−28.90	−0.96	338.67
	29	257.71	+8.0	2.20	0.5	278.15	−28.88	−0.96	338.39
Feb.	8	257.96	+8.0	2.20	0.2	278.21	−28.86	−0.96	338.10
	18	257.96	+8.0	2.20	0.2	278.27	−28.84	−0.96	337.81
	28	257.72	+8.0	2.20	0.5	278.33	−28.82	−0.96	337.53
Mar.	10	257.25	+8.0	2.21	0.8	278.39	−28.80	−0.96	337.25
	20	256.57	+8.0	2.21	1.1	278.45	−28.78	−0.96	337.00
	30	255.69	+8.0	2.22	1.3	278.51	−28.75	−0.96	336.76
Apr.	9	254.63	+7.9	2.23	1.5	278.57	−28.73	−0.97	336.55
	19	253.44	+7.9	2.24	1.7	278.63	−28.71	−0.97	336.38
	29	252.14	+7.9	2.25	1.8	278.69	−28.70	−0.98	336.24
May	9	250.77	+7.9	2.26	1.9	278.75	−28.68	−0.98	336.14
	19	249.36	+7.9	2.28	1.9	278.81	−28.67	−0.99	336.08
	29	247.97	+7.9	2.29	1.9	278.87	−28.67	−1.00	336.06
June	8	246.62	+7.9	2.30	1.8	278.93	−28.67	−1.00	336.08
	18	245.35	+7.9	2.31	1.7	278.99	−28.67	−1.01	336.13
	28	244.21	+7.9	2.33	1.5	279.05	−28.67	−1.01	336.23
July	8	243.22	+7.8	2.34	1.3	279.11	−28.68	−1.01	336.36
	18	242.41	+7.8	2.34	1.0	279.16	−28.69	−1.02	336.51
	28	241.82	+7.8	2.35	0.7	279.22	−28.70	−1.02	336.69
Aug.	7	241.45	+7.8	2.35	0.4	279.28	−28.72	−1.02	336.89
	17	241.32	+7.8	2.35	0.0	279.34	−28.73	−1.02	337.09
	27	241.43	+7.8	2.35	0.3	279.40	−28.75	−1.02	337.30
Sept.	6	241.79	+7.8	2.35	0.6	279.46	−28.76	−1.02	337.50
	16	242.38	+7.8	2.34	0.9	279.52	−28.77	−1.02	337.68
	26	243.19	+7.8	2.34	1.2	279.58	−28.78	−1.01	337.85
Oct.	6	244.19	+7.9	2.33	1.4	279.64	−28.79	−1.01	337.98
	16	245.35	+7.9	2.31	1.6	279.70	−28.80	−1.00	338.08
	26	246.64	+7.9	2.30	1.8	279.76	−28.80	−1.00	338.15
Nov.	5	248.02	+7.9	2.29	1.9	279.82	−28.80	−0.99	338.17
	15	249.44	+7.9	2.28	1.9	279.88	−28.80	−0.99	338.14
	25	250.87	+7.9	2.26	1.9	279.94	−28.80	−0.98	338.08
Dec.	5	252.26	+7.9	2.25	1.8	280.00	−28.79	−0.98	337.97
	15	253.58	+7.9	2.24	1.6	280.06	−28.78	−0.97	337.82
	25	254.77	+7.9	2.23	1.5	280.12	−28.77	−0.97	337.64
	35	255.80	+8.0	2.22	1.2	280.18	−28.76	−0.96	337.42

PLUTO, 2009

EPHEMERIS FOR PHYSICAL OBSERVATIONS
FOR 0^h TERRESTRIAL TIME

Date		Light-time	Magnitude	Phase Angle	L_s	Sub-Earth Point		North Pole P.A.
						Long.	Lat.	
		m		°	°	°	°	°
Jan.	−1	270.67	+14.1	0.3	230.45	281.96	−42.24	63.67
	9	270.40	+14.1	0.6	230.51	125.82	−42.55	63.40
	19	269.90	+14.1	0.8	230.58	329.68	−42.86	63.15
	29	269.19	+14.0	1.1	230.64	173.52	−43.15	62.92
Feb.	8	268.28	+14.0	1.3	230.70	17.35	−43.41	62.71
	18	267.21	+14.0	1.5	230.76	221.17	−43.64	62.53
	28	266.00	+14.0	1.6	230.82	64.95	−43.83	62.38
Mar.	10	264.70	+14.0	1.7	230.88	268.71	−43.98	62.27
	20	263.34	+14.0	1.8	230.94	112.44	−44.08	62.20
	30	261.97	+14.0	1.8	231.00	316.14	−44.14	62.17
Apr.	9	260.62	+14.0	1.7	231.06	159.80	−44.15	62.18
	19	259.34	+14.0	1.6	231.12	3.43	−44.11	62.23
	29	258.16	+14.0	1.5	231.18	207.03	−44.03	62.31
May	9	257.12	+14.0	1.3	231.24	50.60	−43.90	62.42
	19	256.26	+13.9	1.1	231.30	254.14	−43.74	62.56
	29	255.60	+13.9	0.8	231.36	97.67	−43.55	62.72
June	8	255.16	+13.9	0.5	231.42	301.17	−43.34	62.89
	18	254.94	+13.9	0.3	231.48	144.67	−43.10	63.06
	28	254.97	+13.9	0.2	231.54	348.16	−42.87	63.23
July	8	255.25	+13.9	0.5	231.60	191.65	−42.63	63.39
	18	255.75	+13.9	0.8	231.66	35.15	−42.40	63.54
	28	256.47	+13.9	1.0	231.72	238.66	−42.20	63.67
Aug.	7	257.40	+14.0	1.3	231.78	82.18	−42.01	63.77
	17	258.49	+14.0	1.5	231.84	285.73	−41.86	63.84
	27	259.73	+14.0	1.6	231.90	129.30	−41.75	63.88
Sept.	6	261.08	+14.0	1.7	231.96	332.89	−41.68	63.89
	16	262.50	+14.0	1.8	232.02	176.51	−41.66	63.85
	26	263.95	+14.0	1.8	232.08	20.17	−41.68	63.78
Oct.	6	265.39	+14.0	1.8	232.14	223.85	−41.75	63.67
	16	266.79	+14.0	1.7	232.20	67.56	−41.87	63.53
	26	268.09	+14.0	1.5	232.26	271.30	−42.03	63.35
Nov.	5	269.26	+14.1	1.4	232.32	115.07	−42.23	63.14
	15	270.28	+14.1	1.1	232.38	318.87	−42.46	62.91
	25	271.11	+14.1	0.9	232.44	162.69	−42.73	62.65
Dec.	5	271.73	+14.1	0.6	232.50	6.53	−43.02	62.38
	15	272.13	+14.1	0.3	232.56	210.38	−43.32	62.10
	25	272.28	+14.1	0.2	232.62	54.25	−43.63	61.81
	35	272.19	+14.1	0.3	232.68	258.12	−43.95	61.52

PLANETARY CENTRAL MERIDIANS, 2009

FOR 0ʰ TERRESTRIAL TIME

Date		Mars	Jupiter			Saturn
			System I	System II	System III	
		°	°	°	°	°
Jan.	0	248.32	94.51	194.98	232.94	88.04
	1	238.54	252.16	345.00	23.23	178.91
	2	228.75	49.81	135.02	173.51	269.77
	3	218.97	207.45	285.03	323.79	0.64
	4	209.18	5.10	75.05	114.08	91.51
	5	199.39	162.75	225.07	264.36	182.38
	6	189.60	320.40	15.09	54.65	273.25
	7	179.81	118.05	165.11	204.94	4.12
	8	170.02	275.70	315.13	355.22	94.99
	9	160.23	73.35	105.15	145.51	185.87
	10	150.43	231.00	255.17	295.80	276.74
	11	140.64	28.65	45.20	86.09	7.62
	12	130.84	186.31	195.22	236.38	98.49
	13	121.04	343.96	345.24	26.67	189.37
	14	111.24	141.61	135.27	176.96	280.25
	15	101.43	299.27	285.29	327.25	11.13
	16	91.63	96.93	75.32	117.55	102.01
	17	81.82	254.58	225.35	267.84	192.89
	18	72.01	52.24	15.38	58.13	283.77
	19	62.20	209.90	165.40	208.43	14.65
	20	52.39	7.56	315.43	358.73	105.53
	21	42.57	165.22	105.47	149.02	196.42
	22	32.76	322.88	255.50	299.32	287.30
	23	22.94	120.55	45.53	89.62	18.18
	24	13.12	278.21	195.56	239.92	109.07
	25	3.29	75.88	345.60	30.22	199.95
	26	353.47	233.54	135.64	180.53	290.84
	27	343.64	31.21	285.67	330.83	21.73
	28	333.81	188.88	75.71	121.14	112.61
	29	323.98	346.55	225.75	271.44	203.50
	30	314.15	144.22	15.79	61.75	294.39
	31	304.31	301.89	165.83	212.06	25.27
Feb.	1	294.48	99.56	315.88	2.37	116.16
	2	284.64	257.24	105.92	152.68	207.05
	3	274.79	54.91	255.97	302.99	297.93
	4	264.95	212.59	46.01	93.30	28.82
	5	255.10	10.27	196.06	243.62	119.71
	6	245.25	167.95	346.11	33.93	210.60
	7	235.40	325.63	136.16	184.25	301.48
	8	225.55	123.31	286.21	334.57	32.37
	9	215.69	280.99	76.27	124.89	123.26
	10	205.83	78.68	226.32	275.21	214.14
	11	195.97	236.36	16.38	65.53	305.03
	12	186.10	34.05	166.43	215.86	35.92
	13	176.24	191.74	316.49	6.18	126.80
	14	166.37	349.43	106.55	156.51	217.69
	15	156.50	147.12	256.61	306.84	308.57

PLANETARY CENTRAL MERIDIANS, 2009
FOR 0ʰ TERRESTRIAL TIME

Date		Mars	Jupiter			Saturn
			System I	System II	System III	
		°	°	°	°	°
Feb.	15	156.50	147.12	256.61	306.84	308.57
	16	146.62	304.82	46.68	97.17	39.46
	17	136.74	102.51	196.74	247.50	130.34
	18	126.86	260.21	346.81	37.83	221.22
	19	116.98	57.91	136.88	188.17	312.11
	20	107.10	215.61	286.95	338.50	42.99
	21	97.21	13.31	77.02	128.84	133.87
	22	87.32	171.01	227.09	279.18	224.75
	23	77.43	328.71	17.16	69.52	315.63
	24	67.53	126.42	167.24	219.86	46.51
	25	57.64	284.13	317.32	10.21	137.39
	26	47.74	81.84	107.40	160.55	228.27
	27	37.83	239.55	257.48	310.90	319.14
	28	27.93	37.26	47.56	101.25	50.02
Mar.	1	18.02	194.98	197.64	251.60	140.89
	2	8.11	352.69	347.73	41.95	231.76
	3	358.20	150.41	137.82	192.31	322.64
	4	348.29	308.13	287.91	342.66	53.51
	5	338.37	105.85	78.00	133.02	144.38
	6	328.45	263.57	228.09	283.38	235.24
	7	318.53	61.30	18.18	73.74	326.11
	8	308.61	219.03	168.28	224.11	56.98
	9	298.68	16.76	318.38	14.47	147.84
	10	288.75	174.49	108.48	164.84	238.70
	11	278.82	332.22	258.58	315.21	329.56
	12	268.89	129.95	48.69	105.58	60.42
	13	258.96	287.69	198.79	255.95	151.28
	14	249.02	85.43	348.90	46.32	242.14
	15	239.08	243.17	139.01	196.70	332.99
	16	229.14	40.91	289.12	347.08	63.85
	17	219.20	198.65	79.24	137.46	154.70
	18	209.26	356.40	229.35	287.84	245.55
	19	199.31	154.15	19.47	78.23	336.40
	20	189.36	311.90	169.59	228.61	67.24
	21	179.41	109.65	319.71	19.00	158.09
	22	169.46	267.40	109.83	169.39	248.93
	23	159.51	65.16	259.96	319.78	339.77
	24	149.56	222.92	50.09	110.18	70.61
	25	139.60	20.68	200.22	260.57	161.45
	26	129.65	178.44	350.35	50.97	252.28
	27	119.69	336.21	140.48	201.37	343.12
	28	109.73	133.97	290.62	351.78	73.95
	29	99.77	291.74	80.76	142.18	164.78
	30	89.81	89.51	230.90	292.59	255.60
	31	79.85	247.29	21.04	83.00	346.43
Apr.	1	69.89	45.06	171.18	233.41	77.25
	2	59.93	202.84	321.33	23.82	168.07

PLANETARY CENTRAL MERIDIANS, 2009
FOR 0ʰ TERRESTRIAL TIME

Date		Mars	Jupiter			Saturn
			System I	System II	System III	
		°	°	°	°	°
Apr.	1	69.89	45.06	171.18	233.41	77.25
	2	59.93	202.84	321.33	23.82	168.07
	3	49.96	0.62	111.48	174.24	258.89
	4	40.00	158.40	261.63	324.66	349.71
	5	30.04	316.19	51.79	115.08	80.52
	6	20.07	113.97	201.94	265.50	171.34
	7	10.11	271.76	352.10	55.93	262.15
	8	0.14	69.55	142.26	206.35	352.95
	9	350.18	227.35	292.42	356.78	83.76
	10	340.21	25.14	82.59	147.21	174.56
	11	330.25	182.94	232.76	297.65	265.36
	12	320.28	340.74	22.93	88.08	356.16
	13	310.32	138.54	173.10	238.52	86.96
	14	300.35	296.35	323.27	28.96	177.75
	15	290.39	94.16	113.45	179.41	268.55
	16	280.42	251.96	263.63	329.85	359.34
	17	270.46	49.78	53.81	120.30	90.12
	18	260.50	207.59	203.99	270.75	180.91
	19	250.53	5.41	354.18	61.21	271.69
	20	240.57	163.23	144.37	211.66	2.47
	21	230.61	321.05	294.56	2.12	93.25
	22	220.65	118.87	84.76	152.58	184.03
	23	210.70	276.70	234.95	303.04	274.80
	24	200.74	74.53	25.15	93.51	5.58
	25	190.78	232.36	175.35	243.98	96.34
	26	180.83	30.20	325.56	34.45	187.11
	27	170.88	188.03	115.76	184.92	277.88
	28	160.92	345.87	265.97	335.40	8.64
	29	150.97	143.72	56.18	125.87	99.40
	30	141.03	301.56	206.40	276.35	190.16
May	1	131.08	99.41	356.61	66.84	280.92
	2	121.14	257.26	146.83	217.32	11.67
	3	111.19	55.11	297.05	7.81	102.42
	4	101.25	212.97	87.28	158.30	193.17
	5	91.31	10.82	237.51	308.80	283.92
	6	81.38	168.68	27.74	99.29	14.66
	7	71.44	326.55	177.97	249.79	105.41
	8	61.51	124.41	328.20	40.29	196.15
	9	51.58	282.28	118.44	190.80	286.89
	10	41.65	80.15	268.68	341.31	17.62
	11	31.73	238.03	58.92	131.81	108.36
	12	21.80	35.90	209.17	282.33	199.09
	13	11.88	193.78	359.42	72.84	289.82
	14	1.96	351.66	149.67	223.36	20.55
	15	352.05	149.55	299.92	13.88	111.28
	16	342.14	307.43	90.18	164.40	202.00
	17	332.22	105.32	240.44	314.93	292.72

PLANETARY CENTRAL MERIDIANS, 2009

FOR 0ʰ TERRESTRIAL TIME

Date		Mars	Jupiter			Saturn
			System I	System II	System III	
		°	°	°	°	°
May	17	332.22	105.32	240.44	314.93	292.72
	18	322.32	263.22	30.70	105.46	23.44
	19	312.41	61.11	180.96	255.99	114.16
	20	302.51	219.01	331.23	46.52	204.88
	21	292.61	16.91	121.50	197.06	295.59
	22	282.71	174.81	271.77	347.60	26.31
	23	272.82	332.72	62.05	138.14	117.02
	24	262.92	130.63	212.33	288.69	207.73
	25	253.04	288.54	2.61	79.23	298.44
	26	243.15	86.46	152.89	229.79	29.14
	27	233.27	244.37	303.18	20.34	119.85
	28	223.39	42.29	93.47	170.89	210.55
	29	213.51	200.22	243.76	321.45	301.25
	30	203.64	358.14	34.06	112.02	31.95
	31	193.77	156.07	184.36	262.58	122.65
June	1	183.90	314.00	334.66	53.15	213.34
	2	174.03	111.94	124.96	203.72	304.04
	3	164.17	269.87	275.27	354.29	34.73
	4	154.31	67.81	65.57	144.87	125.42
	5	144.46	225.76	215.89	295.44	216.11
	6	134.60	23.70	6.20	86.03	306.80
	7	124.75	181.65	156.52	236.61	37.48
	8	114.91	339.60	306.84	27.20	128.17
	9	105.06	137.55	97.16	177.78	218.85
	10	95.22	295.51	247.49	328.38	309.54
	11	85.38	93.47	37.81	118.97	40.22
	12	75.55	251.43	188.14	269.57	130.90
	13	65.71	49.39	338.48	60.17	221.58
	14	55.88	207.36	128.81	210.77	312.25
	15	46.06	5.33	279.15	1.38	42.93
	16	36.23	163.30	69.49	151.98	133.60
	17	26.41	321.27	219.84	302.59	224.28
	18	16.60	119.25	10.18	93.21	314.95
	19	6.78	277.23	160.53	243.82	45.62
	20	356.97	75.21	310.88	34.44	136.29
	21	347.16	233.20	101.24	185.06	226.96
	22	337.35	31.18	251.59	335.68	317.63
	23	327.55	189.17	41.95	126.31	48.30
	24	317.75	347.16	192.31	276.94	138.96
	25	307.95	145.16	342.68	67.57	229.63
	26	298.16	303.15	133.04	218.20	320.29
	27	288.36	101.15	283.41	8.83	50.96
	28	278.57	259.15	73.78	159.47	141.62
	29	268.79	57.16	224.15	310.11	232.28
	30	259.00	215.16	14.53	100.75	322.94
July	1	249.22	13.17	164.91	251.40	53.61
	2	239.44	171.18	315.28	42.04	144.27

PLANETARY CENTRAL MERIDIANS, 2009
FOR 0^h TERRESTRIAL TIME

Date		Mars	Jupiter			Saturn
			System I	System II	System III	
		°	°	°	°	°
July	1	249.22	13.17	164.91	251.40	53.61
	2	239.44	171.18	315.28	42.04	144.27
	3	229.66	329.19	105.67	192.69	234.92
	4	219.89	127.21	256.05	343.34	325.58
	5	210.12	285.22	46.43	133.99	56.24
	6	200.35	83.24	196.82	284.65	146.90
	7	190.58	241.26	347.21	75.30	237.56
	8	180.82	39.28	137.60	225.96	328.21
	9	171.06	197.30	287.99	16.62	58.87
	10	161.30	355.33	78.39	167.28	149.52
	11	151.54	153.35	228.78	317.94	240.18
	12	141.79	311.38	19.18	108.60	330.83
	13	132.03	109.41	169.58	259.27	61.49
	14	122.28	267.44	319.98	49.94	152.14
	15	112.54	65.47	110.38	200.61	242.79
	16	102.79	223.51	260.78	351.28	333.45
	17	93.05	21.54	51.19	141.95	64.10
	18	83.31	179.58	201.59	292.62	154.75
	19	73.57	337.61	352.00	83.29	245.40
	20	63.83	135.65	142.41	233.97	336.05
	21	54.09	293.69	292.82	24.64	66.71
	22	44.36	91.73	83.23	175.32	157.36
	23	34.63	249.77	233.64	325.99	248.01
	24	24.90	47.81	24.05	116.67	338.66
	25	15.17	205.85	174.46	267.35	69.31
	26	5.45	3.89	324.87	58.03	159.96
	27	355.73	161.94	115.28	208.71	250.61
	28	346.01	319.98	265.69	359.38	341.27
	29	336.29	118.02	56.11	150.06	71.92
	30	326.57	276.06	206.52	300.74	162.57
	31	316.85	74.11	356.93	91.42	253.22
Aug.	1	307.14	232.15	147.34	242.10	343.87
	2	297.43	30.19	297.76	32.78	74.52
	3	287.72	188.24	88.17	183.46	165.17
	4	278.01	346.28	238.58	334.14	255.83
	5	268.30	144.32	28.99	124.82	346.48
	6	258.60	302.36	179.40	275.49	77.13
	7	248.90	100.40	329.81	66.17	167.78
	8	239.19	258.44	120.22	216.85	258.44
	9	229.49	56.48	270.63	7.52	349.09
	10	219.79	214.52	61.04	158.20	79.74
	11	210.10	12.55	211.45	308.87	170.40
	12	200.40	170.59	1.85	99.54	261.05
	13	190.71	328.62	152.26	250.21	351.71
	14	181.02	126.66	302.66	40.88	82.36
	15	171.32	284.69	93.06	191.55	173.02
	16	161.64	82.72	243.46	342.22	263.67

PLANETARY CENTRAL MERIDIANS, 2009

FOR 0ʰ TERRESTRIAL TIME

Date		Mars	Jupiter			Saturn
			System I	System II	System III	
		°	°	°	°	°
Aug.	16	161.64	82.72	243.46	342.22	263.67
	17	151.95	240.75	33.86	132.88	354.33
	18	142.26	38.78	184.26	283.55	84.99
	19	132.58	196.80	334.65	74.21	175.64
	20	122.89	354.82	125.05	224.87	266.30
	21	113.21	152.85	275.44	15.53	356.96
	22	103.53	310.86	65.83	166.18	87.62
	23	93.85	108.88	216.21	316.84	178.28
	24	84.17	266.90	6.60	107.49	268.94
	25	74.50	64.91	156.98	258.14	359.60
	26	64.82	222.92	307.36	48.79	90.26
	27	55.15	20.93	97.74	199.43	180.93
	28	45.47	178.93	248.11	350.07	271.59
	29	35.80	336.93	38.49	140.71	2.25
	30	26.13	134.93	188.86	291.35	92.92
	31	16.47	292.93	339.22	81.98	183.59
Sept.	1	6.80	90.92	129.59	232.61	274.25
	2	357.13	248.91	279.95	23.24	4.92
	3	347.47	46.90	70.30	173.86	95.59
	4	337.81	204.88	220.66	324.48	186.26
	5	328.15	2.86	11.01	115.10	276.93
	6	318.49	160.84	161.36	265.71	7.60
	7	308.83	318.82	311.70	56.32	98.27
	8	299.17	116.79	102.04	206.93	188.94
	9	289.51	274.75	252.38	357.54	279.61
	10	279.86	72.72	42.71	148.14	10.29
	11	270.20	230.68	193.04	298.73	100.97
	12	260.55	28.63	343.37	89.33	191.64
	13	250.90	186.59	133.70	239.92	282.32
	14	241.25	344.54	284.01	30.50	13.00
	15	231.60	142.48	74.33	181.09	103.68
	16	221.96	300.42	224.64	331.67	194.36
	17	212.31	98.36	14.95	122.24	285.04
	18	202.67	256.30	165.26	272.81	15.72
	19	193.03	54.23	315.56	63.38	106.41
	20	183.39	212.15	105.85	213.94	197.09
	21	173.75	10.07	256.15	4.50	287.78
	22	164.11	167.99	46.43	155.06	18.47
	23	154.48	325.91	196.72	305.61	109.16
	24	144.84	123.82	347.00	96.15	199.85
	25	135.21	281.72	137.28	246.70	290.54
	26	125.58	79.62	287.55	37.24	21.23
	27	115.95	237.52	77.82	187.77	111.92
	28	106.33	35.42	228.08	338.30	202.62
	29	96.70	193.31	18.34	128.83	293.31
	30	87.08	351.19	168.60	279.35	24.01
Oct.	1	77.46	149.07	318.85	69.87	114.71

PLANETARY CENTRAL MERIDIANS, 2009

FOR 0ʰ TERRESTRIAL TIME

Date		Mars	Jupiter			Saturn
			System I	System II	System III	
		°	°	°	°	°
Oct.	1	77.46	149.07	318.85	69.87	114.71
	2	67.84	306.95	109.10	220.39	205.41
	3	58.22	104.82	259.34	10.90	296.11
	4	48.60	262.69	49.58	161.40	26.82
	5	38.99	60.56	199.82	311.90	117.52
	6	29.38	218.42	350.05	102.40	208.23
	7	19.77	16.27	140.27	252.90	298.93
	8	10.16	174.13	290.50	43.39	29.64
	9	0.56	331.98	80.72	193.87	120.35
	10	350.95	129.82	230.93	344.35	211.06
	11	341.35	287.66	21.14	134.83	301.78
	12	331.76	85.50	171.35	285.31	32.49
	13	322.16	243.33	321.55	75.78	123.21
	14	312.57	41.16	111.75	226.24	213.92
	15	302.98	198.98	261.95	16.70	304.64
	16	293.39	356.81	52.14	167.16	35.36
	17	283.81	154.62	202.33	317.62	126.08
	18	274.23	312.44	352.51	108.07	216.81
	19	264.65	110.24	142.69	258.51	307.53
	20	255.07	268.05	292.87	48.95	38.26
	21	245.50	65.85	83.04	199.39	128.98
	22	235.93	223.65	233.21	349.83	219.71
	23	226.37	21.44	23.37	140.26	310.44
	24	216.80	179.23	173.53	290.69	41.18
	25	207.24	337.02	323.69	81.11	131.91
	26	197.69	134.80	113.84	231.53	222.65
	27	188.14	292.58	263.99	21.95	313.38
	28	178.59	90.36	54.14	172.36	44.12
	29	169.05	248.13	204.28	322.77	134.86
	30	159.51	45.90	354.42	113.18	225.61
	31	149.97	203.66	144.56	263.58	316.35
Nov.	1	140.44	1.43	294.69	53.98	47.10
	2	130.91	159.18	84.82	204.37	137.84
	3	121.39	316.94	234.95	354.77	228.59
	4	111.87	114.69	25.07	145.16	319.34
	5	102.36	272.44	175.19	295.54	50.09
	6	92.85	70.19	325.31	85.93	140.85
	7	83.35	227.93	115.42	236.31	231.60
	8	73.85	25.67	265.53	26.68	322.36
	9	64.36	183.41	55.64	177.06	53.12
	10	54.87	341.14	205.74	327.43	143.88
	11	45.39	138.87	355.84	117.80	234.64
	12	35.91	296.60	145.94	268.16	325.41
	13	26.44	94.32	296.04	58.52	56.17
	14	16.98	252.04	86.13	208.88	146.94
	15	7.52	49.76	236.22	359.24	237.71
	16	358.07	207.48	26.31	149.59	328.48

PLANETARY CENTRAL MERIDIANS, 2009
FOR 0ʰ TERRESTRIAL TIME

Date		Mars	Jupiter			Saturn
			System I	System II	System III	
		°	°	°	°	°
Nov.	16	358.07	207.48	26.31	149.59	328.48
	17	348.62	5.19	176.39	299.94	59.25
	18	339.19	162.90	326.47	90.29	150.03
	19	329.75	320.61	116.55	240.64	240.80
	20	320.33	118.32	266.63	30.98	331.58
	21	310.91	276.02	56.70	181.32	62.36
	22	301.50	73.72	206.77	331.66	153.14
	23	292.10	231.42	356.84	122.00	243.93
	24	282.71	29.12	146.91	272.33	334.71
	25	273.32	186.81	296.97	62.66	65.50
	26	263.95	344.51	87.04	212.99	156.28
	27	254.58	142.19	237.10	3.32	247.08
	28	245.22	299.88	27.16	153.64	337.87
	29	235.86	97.57	177.21	303.96	68.66
	30	226.52	255.25	327.27	94.29	159.46
Dec.	1	217.19	52.93	117.32	244.60	250.25
	2	207.86	210.61	267.37	34.92	341.05
	3	198.55	8.29	57.42	185.24	71.85
	4	189.24	165.97	207.46	335.55	162.65
	5	179.94	323.64	357.51	125.86	253.46
	6	170.66	121.31	147.55	276.17	344.26
	7	161.38	278.98	297.59	66.48	75.07
	8	152.12	76.65	87.63	216.78	165.88
	9	142.87	234.32	237.67	7.09	256.69
	10	133.62	31.98	27.70	157.39	347.50
	11	124.39	189.65	177.74	307.69	78.32
	12	115.17	347.31	327.77	97.99	169.13
	13	105.97	144.97	117.80	248.29	259.95
	14	96.77	302.63	267.83	38.59	350.77
	15	87.59	100.29	57.86	188.88	81.59
	16	78.41	257.95	207.89	339.18	172.41
	17	69.26	55.60	357.92	129.47	263.24
	18	60.11	213.26	147.94	279.76	354.07
	19	50.98	10.91	297.96	70.05	84.89
	20	41.86	168.56	87.99	220.34	175.72
	21	32.75	326.21	238.01	10.63	266.55
	22	23.65	123.86	28.03	160.91	357.39
	23	14.57	281.51	178.05	311.20	88.22
	24	5.51	79.16	328.07	101.48	179.06
	25	356.45	236.80	118.08	251.77	269.89
	26	347.41	34.45	268.10	42.05	0.73
	27	338.38	192.10	58.12	192.33	91.57
	28	329.37	349.74	208.13	342.62	182.41
	29	320.37	147.38	358.14	132.90	273.26
	30	311.39	305.03	148.16	283.18	4.10
	31	302.41	102.67	298.17	73.46	94.95
	32	293.45	260.31	88.18	223.73	185.80

SATELLITES OF THE PLANETS AND PLUTO, 2009

CONTENTS OF SECTION F

Basic orbital data	www, F2
Basic physical and photometric data	www, F3
Satellites of Mars	
Diagram	F6
Times of elongation	www, F6
Satellites of Jupiter	
Diagram	F8
V: times of elongation	F8
VI, VII: differential coordinates	www, F9
VIII, IX, X: differential coordinates	www, F10
XI, XII, XIII: differential coordinates	www, F11
I–IV: superior geocentric conjunctions	F12
I–IV: geocentric phenomena	F14
I–IV: occulting pairs	www, F38
I–IV: eclipsing pairs	www, F39
Rings of Saturn	www, F40
Satellites of Saturn	
Diagram	F42
I–V: times of elongation	www, F43
VI–VIII: conjunctions and elongations	www, F45
VII: differential coordinates	www, F46
VIII: differential coordinates	www, F47
IX: differential coordinates	www, F48
Rings and Satellites of Uranus	
Diagram (satellites)	F49
Rings	F49
Times of elongation (satellites)	www, F50
Satellites of Neptune	
Diagram	F52
II: differential coordinates	www, F52
I: times of elongation	www, F53
Satellite of Pluto	
Diagram	F53
Times of elongation	www, F53

The satellite ephemerides were calculated using $\Delta T = 66$ seconds.

 This symbol indicates that these data or auxiliary material may also be found on *The Astronomical Almanac Online* at **http://asa.usno.navy.mil** and **http://asa.hmnao.com**

SATELLITES: ORBITAL DATA

Satellite		Orbital Period [1] (R = Retrograde)	Max. Elong. at Mean Opposition	Semimajor Axis	Orbital Eccentricity	Inclination of Orbit to Planet's Equator	Motion of Node on Fixed Plane [2]
		d	° ′ ″	×10³ km		°	°/yr
Earth							
	Moon	27.321 661		384.400	0.054 900 489	18.28–28.58	19.34 [7]
Mars							
I	Phobos	0.318 910 203	25	9.380	0.015 1	1.075	158.8
II	Deimos	1.262 440 8	1 02	23.460	0.000 2	1.793	6.260
Jupiter							
I	Io	1.769 137 786	2 18	421.8	0.004 1	0.036	48.6
II	Europa	3.551 181 041	3 40	671.1	0.009 4	0.466	12.0
III	Ganymede	7.154 552 96	5 51	1 070.4	0.001 3	0.177	2.63
IV	Callisto	16.689 018 4	10 18	1 882.7	0.007 4	0.192	0.643
V	Amalthea	0.498 179 05	1 00	181.4	0.003 2	0.380	914.6
VI	Himalia	250.56	1 02 39	11 461	0.162 3	27.496	524.4
VII	Elara	259.64	1 04 11	11 741	0.217 4	26.627	506.1
VIII	Pasiphae	743.63 R	2 09 06	23 624	0.409 0	151.431	185.6
IX	Sinope	758.90 R	2 10 49	23 939	0.249 5	158.109	181.4
X	Lysithea	259.20	1 04 03	11 717	0.112 4	28.302	506.9
XI	Carme	734.17 R	2 07 54	23 404	0.253 3	164.907	187.1
XII	Ananke	629.77 R	1 56 17	21 276	0.243 5	148.889	215.2
XIII	Leda	240.92	1 01 02	11 165	0.163 6	27.457	545.4
XIV	Thebe	0.675	1 13	221.9	0.017 6	1.080	
XV	Adrastea	0.298	42	129.0	0.001 8	0.054	
XVI	Metis	0.295	42	128.0	0.001 2	0.019	
XVII	Callirrhoe	758.77 R	2 11 43	24 103	0.282 9	147.167	
XVIII	Themisto	130.02	39 49	7 284	0.242 8	43.254	
XIX	Megaclite	752.86 R	2 08 23	23 493	0.419 8	152.766	
XX	Taygete	732.41 R	2 07 14	23 280	0.252 5	165.268	
XXI	Chaldene	723.72 R	2 06 15	23 100	0.252 1	165.190	
XXII	Harpalyke	623.32 R	1 54 00	20 858	0.226 9	148.644	
XXIII	Kalyke	742.06 R	2 08 20	23 483	0.247 1	165.179	
XXIV	Iocaste	631.60 R	1 55 06	21 060	0.215 8	149.425	
XXV	Erinome	728.46 R	2 06 46	23 196	0.266 4	164.936	
XXVI	Isonoe	726.23 R	2 06 33	23 155	0.247 1	165.272	
XXVII	Praxidike	625.39 R	1 54 16	20 908	0.231 1	148.975	
XXVIII	Autonoe	760.95 R	2 11 24	24 046	0.316 8	152.416	
XXIX	Thyone	627.21 R	1 54 27	20 939	0.228 6	148.509	
XXX	Hermippe	633.90 R	1 55 29	21 131	0.209 6	150.725	
XXXI	Aitne	730.18 R	2 06 57	23 229	0.264 3	165.091	
XXXII	Eurydome	717.33 R	2 04 58	22 865	0.275 9	150.274	
XXXIII	Euanthe	620.49 R	1 53 40	20 797	0.232 1	148.910	
XXXVI	Sponde	748.34 R	2 08 21	23 487	0.312 1	150.998	
XXXVII	Kale	729.47 R	2 06 53	23 217	0.259 9	164.996	
XXXIX	Hegemone	739.88 R	2 08 51	23 577	0.339 6	154.186	
XLI	Aoede	761.50 R	2 11 03	23 980	0.431 1	158.260	
XLIII	Arche	731.95 R	2 07 38	23 355	0.249 6	165.017	
XLV	Helike	626.32 R	1 55 09	21 069	0.150 6	154.853	
XLVI	Carpo	456.30	1 33 15	17 058	0.431 6	51.628	
XLVII	Eukelade	730.47 R	2 07 29	23 328	0.263 4	165.240	
Saturn							
I	Mimas	0.942 421 813	30	185.54	0.019 6	1.572	365.0
II	Enceladus	1.370 217 855	38	238.04	0.004 7	0.009	156.2 [8]
III	Tethys	1.887 802 160	48	294.67	0.000 1	1.091	72.25
IV	Dione	2.736 914 742	1 01	377.42	0.002 2	0.028	30.85 [8]
V	Rhea	4.517 500 436	1 25	527.07	0.001 0	0.331	10.16
VI	Titan	15.945 420 68	3 17	1 221.87	0.028 8	0.280	0.5213 [8]
VII	Hyperion	21.276 608 8	4 02	1 500.88	0.027 4	0.630	
VIII	Iapetus	79.330 182 5	9 35	3 560.84	0.028 3	7.57	
IX	Phoebe	550.31 R	34 51	12 947.78	0.163 5	174.751 [9]	
X	Janus	0.695	24	151.46	0.006 8	0.165	
XI	Epimetheus	0.694	24	151.41	0.010	0.35	
XII	Helene	2.737	1 01	377.42	0.000 0	0.213	
XIII	Telesto	1.888	48	294.71	0.000 0	1.16	

[1] Sidereal periods, except that tropical periods are given for satellites of Saturn.
[2] Rate of decrease (or increase) in the longitude of the ascending node.
[3] S = Synchronous, rotation period same as orbital period. C = Chaotic.
[4] V(Sun) = −26.75
[5] $V(1, 0)$ is the visual magnitude of the satellite reduced to a distance of 1 au from both the Sun and Earth and with phase angle of zero.
[6] V_0 is the mean opposition magnitude of the satellite.

SATELLITES: PHYSICAL AND PHOTOMETRIC DATA

	Satellite	Mass (1/Planet)	Radius	Sidereal Period of Rotation [3]	Geometric Albedo (V) [4]	$V(1,0)$ [5]	V_0 [6]	$B - V$	$U - B$
			km	d					
Earth									
	Moon	0.012 300 02	1737.4	S	0.11	+ 0.21	−12.74	0.92	0.46
Mars									
I	Phobos	1.672×10^{-8}	13.4 × 11.2 × 9.2	S	0.07	+11.9	+11.4	0.6	
II	Deimos	2.43×10^{-9}	7.5 × 6.1 × 5.2	S	0.068	+13.0	+12.5	0.65	0.18
Jupiter									
I	Io	4.704×10^{-5}	1829×1819×1816	S	0.62	− 1.68	+ 5.0	1.17	1.30
II	Europa	2.528×10^{-5}	1562	S	0.68	− 1.41	+ 5.3	0.87	0.52
III	Ganymede	7.805×10^{-5}	2632	S	0.44	− 2.09	+ 4.6	0.83	0.50
IV	Callisto	5.667×10^{-5}	2409	S	0.19	− 1.05	+ 5.7	0.86	0.55
V	Amalthea	1.10×10^{-9}	125 × 73 × 64	S	0.09	+ 6.3	+14.1	1.50	
VI	Himalia	2.2×10^{-9}	85	0.40	0.03	+ 8.1	+14.8	0.67	0.30
VII	Elara		40		0.03	+10.0	+16.6	0.69	0.28
VIII	Pasiphae		18 :		0.04 :	+ 9.9	+17.2	0.74	0.34
IX	Sinope		14 :	0.548	0.04 :	+11.6	+18.6	0.84	
X	Lysithea		12 :	0.533	0.04 :	+11.1	+18.5	0.72	
XI	Carme		15 :	0.433	0.04 :	+10.9	+18.6	0.76	
XII	Ananke		10 :	0.35	0.04 :	+11.9	+19.5	0.90	
XIII	Leda		5 :		0.04 :	+13.5	+20.2	0.7	
XIV	Thebe		58 × 49 × 42	S	0.047	+ 9.0	+16.0	1.3	
XV	Adrastea		10 × 8 × 7		0.05 :	+12.4	+18.7		
XVI	Metis		22		0.061	+10.8	+17.5		
XVII	Callirrhoe		3.5 :		0.06 :	+13.9	+21.4	0.72	
XVIII	Themisto		2 :		0.06 :	+12.9	+20.3	0.83	
XIX	Megaclite		2 :		0.06 :	+15.1	+22.1	0.94	
XX	Taygete		2 :		0.06 :	+15.6	+22.9	0.56	
XXI	Chaldene		1.5 :		0.06 :	+15.7	+22.5		
XXII	Harpalyke		1.5 :		0.06 :	+15.2	+22.2		
XXIII	Kalyke		2 :		0.06 :	+15.3	+21.8		
XXIV	Iocaste		2 :		0.06 :	+15.3	+22.5	0.63	
XXV	Erinome		1.5 :		0.06 :	+16.0	+22.8		
XXVI	Isonoe		1.5 :		0.06 :	+15.9	+22.5		
XXVII	Praxidike		2.5 :		0.06 :	+15.2	+22.5	0.77	
XXVIII	Autonoe		1.5 :		0.06 :	+15.4	+22.0		
XXIX	Thyone		1.5 :		0.06 :	+15.7	+22.3		
XXX	Hermippe		2 :		0.06 :	+15.5	+22.1		
XXXI	Aitne		1.5 :		0.06 :	+16.1	+22.7		
XXXII	Eurydome		1.5 :		0.06 :	+16.1	+22.7		
XXXIII	Euanthe		1.5 :		0.06 :	+16.2	+22.8		
XXXVI	Sponde		1 :		0.06 :	+16.4	+23.0		
XXXVII	Kale		1 :		0.06 :	+16.4	+23.0		
XXXIX	Hegemone		1.5 :		0.04 :	+15.9	+22.8		
XLI	Aoede		2 :		0.04 :	+15.8	+22.5		
XLIII	Arche		1.5 :		0.04 :	+16.4	+22.8		
XLV	Helike		2 :		0.04 :	+16.0	+22.6		
XLVI	Carpo		1.5 :		0.04 :	+15.6	+23.0		
XLVII	Eukelade		2 :		0.04 :	+15.0	+22.6		
Saturn									
I	Mimas	6.600×10^{-8}	207 × 197 × 191	S	0.6	+ 3.3	+12.8		
II	Enceladus	2.0×10^{-7}	257 × 251 × 248	S	1.0	+ 2.2	+11.8	0.70	0.28
III	Tethys	1.09×10^{-6}	540 × 531 × 528	S	0.8	+ 0.7	+10.3	0.73	0.30
IV	Dione	1.92×10^{-6}	562	S	0.6	+ 0.88	+10.4	0.71	0.31
V	Rhea	4.06×10^{-6}	764	S	0.6	+ 0.16	+ 9.7	0.78	0.38
VI	Titan	2.366×10^{-4}	2575	S	0.2	− 1.20	+ 8.4	1.28	0.75
VII	Hyperion	1.00×10^{-8}	164 × 130 × 107	C	0.25	+ 4.6	+14.4	0.78	0.33
VIII	Iapetus	3.177×10^{-6}	736	S	0.2 [10]	+ 1.6	+11.0	0.72	0.30
IX	Phoebe	1.454×10^{-8}	107	0.4	0.081	+ 6.63	+16.7	0.63	0.34
X	Janus	3.363×10^{-9}	97 × 95 × 77	S	0.6	+ 4 :	+14.4		
XI	Epimetheus	9.33×10^{-10}	69 × 55 × 55	S	0.5	+ 5.4 :	+15.6		
XII	Helene		16		0.6	+ 8.4 :	+18.4		
XIII	Telesto		15 × 12.5 × 7.5		0.7	+ 8.9 :	+18.5		

[7] Motion on the ecliptic plane.
[8] Rate of increase in the longitude of the apse.
[9] Measured from the ecliptic plane.
[10] Bright side, 0.5; faint side, 0.05.
[11] Measured relative to Earth's J2000.0 equator.
: Quantity is uncertain.

SATELLITES: ORBITAL DATA

Satellite		Orbital Period [1] (R = Retrograde)	Max. Elong. at Mean Opposition			Semimajor Axis	Orbital Eccentricity	Inclination of Orbit to Planet's Equator	Motion of Node on Fixed Plane [2]
		d	°	′	″	×10³ km		°	°/yr
Saturn									
XIV	Calypso	1.888			48	294.71	0.000 0	1.47	
XV	Atlas	0.602			22	137.67	0.001 2	0.01	
XVI	Prometheus	0.613			23	139.38	0.002 2	0.006	
XVII	Pandora	0.629			23	141.72	0.004 2	0.052	
XVIII	Pan	0.575			22	133.58	0.000 2	0.007	
XIX	Ymir	1315.14 R	1	02	01	23 040.00	0.334 9	173.125	
XX	Paaliaq	686.95		40	55	15 200.00	0.363 0	45.084	
XXI	Tarvos	926.23		46	24	17 983.00	0.530 5	33.827	
XXII	Ijiraq	451.42		29	57	11 124.00	0.316 4	46.448	
XXIV	Kiviuq	449.22		30	35	11 365.00	0.328 9	45.708	
XXVI	Albiorix	783.45		43	33	16 182.00	0.477 0	34.208	
XXIX	Siarnaq	895.53		47	11	17 531.00	0.296 0	46.002	
Uranus									
I	Ariel	2.520 379 35			14	190.90	0.001 2	0.041	6.8
II	Umbriel	4.144 177 2			20	266.00	0.003 9	0.128	3.6
III	Titania	8.705 871 7			33	436.30	0.001 1	0.079	2.0
IV	Oberon	13.463 238 9			44	583.50	0.001 4	0.068	1.4
V	Miranda	1.413 479 25			10	129.90	0.001 3	4.338	19.8
IX	Cressida	0.463 659 60			5	61.80	0.000 4	0.006	257
X	Desdemona	0.473 649 60			5	62.70	0.000 1	0.113	244
XI	Juliet	0.493 065 49			5	64.40	0.000 7	0.065	222
XII	Portia	0.513 195 92			5	66.10	0.000 1	0.059	203
XIII	Rosalind	0.558 459 53			5	69.90	0.000 1	0.279	166
XIV	Belinda	0.623 527 47			6	75.30	0.000 1	0.031	129
XV	Puck	0.761 832 87			7	86.00	0.000 1	0.319	81
XVI	Caliban	579.73 R		9	08	7 231.00	0.158 7	140.881 [9]	
XVII	Sycorax	1288.30 R		15	23	12 179.00	0.522 4	159.404 [9]	
Neptune									
I	Triton	5.876 854 1 R			17	354.800	0.000 016	156.834	0.5232
II	Nereid	360.135 38		4	22	5 513.400	0.751 2	7.232	0.039
V	Despina	0.334 655			2	52.526	0.000 2	0.064	466
VI	Galatea	0.428 745			3	61.953	0.000 0	0.062	261
VII	Larissa	0.554 654			3	73.548	0.001 4	0.205	143
VIII	Proteus	1.122 316			6	117.647	0.000 5	0.026	28.80
Pluto									
I	Charon	6.387 23			1	19.571	0.000 0	96.145 [11]	

[1] Sidereal periods, except that tropical periods are given for satellites of Saturn.
[2] Rate of decrease (or increase) in the longitude of the ascending node.
[3] S = Synchronous, rotation period same as orbital period. C = Chaotic.
[4] V(Sun) = −26.75
[5] $V(1, 0)$ is the visual magnitude of the satellite reduced to a distance of 1 au from both the Sun and Earth and with phase angle of zero.
[6] V_0 is the mean opposition magnitude of the satellite.

A Note on the Satellite Diagrams

The satellite orbit diagrams have been designed to assist observers in locating many of the shorter period (< 21 days) satellites of the planets. Each diagram depicts a planet and the apparent orbits of its satellites at 0 hours UT on that planet's opposition date, unless no opposition date occurs during the year. In that case, the diagram depicts the planet and orbits at 0 hours UT on January 1 or December 31 depending on which date provides the better view. The diagrams are inverted to reproduce what an observer would normally see through a telescope. Two arrows or text in the diagram indicate the apparent motion of the satellite(s); for most satellites in the solar system, the orbital motion is counterclockwise when viewed from the northern side of the orbital plane. In the case of Jupiter and Uranus, the diagram has an expanded scale in one direction to better clarify the relative positions of the orbits.

SATELLITES: PHYSICAL AND PHOTOMETRIC DATA

Satellite		Mass (1/Planet)	Radius	Sidereal Period of Rotation[3]	Geometric Albedo (V)[4]	$V(1,0)$[5]	V_0[6]	$B - V$	$U - B$
			km	d					
Saturn									
XIV	Calypso		15 × 8 × 8		1.0	+ 9.1 :	+18.7		
XV	Atlas	1.2×10^{-11}	18.5 × 17.2 × 13.5		0.4	+ 8.4 :	+19.0		
XVI	Prometheus	2.75×10^{-10}	74 × 50 × 34	S	0.6	+ 6.4 :	+15.8		
XVII	Pandora	2.39×10^{-10}	55 × 44 × 31	S	0.5	+ 6.4 :	+16.4		
XVIII	Pan	9×10^{-12}	10		0.5 :		+19.4		
XIX	Ymir		8 :		0.06 :	+12.4	+22.4	0.56	
XX	Paaliaq		9.5 :		0.06 :	+11.8	+21.0	0.77	
XXI	Tarvos		6.5 :		0.06 :	+12.6	+22.3	0.77	
XXII	Ijiraq		5 :		0.06 :	+13.6	+22.6		
XXIV	Kiviuq		7 :		0.06 :	+12.7	+22.7	0.87	
XXVI	Albiorix		13 :		0.06 :		+20.5		
XXIX	Siarnaq		16 :		0.06 :	+10.7	+20.4	0.80	
Uranus									
I	Ariel	1.6×10^{-5}	581 × 578 × 578	S	0.39	+ 1.7	+13.2	0.65	
II	Umbriel	1.3×10^{-5}	585	S	0.21	+ 2.6	+14.0	0.68	
III	Titania	4.1×10^{-5}	789	S	0.27	+ 1.3	+13.0	0.70	0.28
IV	Oberon	3.47×10^{-5}	761	S	0.23	+ 1.5	+13.2	0.68	0.20
V	Miranda	7.6×10^{-7}	240 × 234 × 233	S	0.32	+ 3.8	+15.3		
IX	Cressida		31		0.07 :	+ 9.5	+21.1		
X	Desdemona		27		0.07 :	+ 9.8	+21.5		
XI	Juliet		42		0.07 :	+ 8.8	+20.6		
XII	Portia		54		0.07 :	+ 8.3	+19.9		
XIII	Rosalind		27		0.07 :	+ 9.8	+21.3		
XIV	Belinda		33		0.07 :	+ 9.4	+21.0		
XV	Puck		77		0.07 :	+ 7.5	+19.2		
XVI	Caliban		30 :		0.07 :	+ 9.7	+22.4		
XVII	Sycorax		60 :		0.07 :	+ 8.2	+20.8		
Neptune									
I	Triton	2.089×10^{-4}	1353	S	0.756	− 1.2	+13.0	0.72	0.29
II	Nereid		170		0.155	+ 4.0	+19.2	0.65	
V	Despina		74		0.06	+ 7.9	+22.0		
VI	Galatea		79		0.06 :	+ 7.6 :	+22.0		
VII	Larissa		104 × 89		0.06	+ 7.3	+21.5		
VIII	Proteus		218 × 208 × 201	S	0.06	+ 5.6	+20.0		
Pluto									
I	Charon	0.1165	605	S	0.372	+ 0.9	+18.0	0.71	

[7] Motion on the ecliptic plane.
[8] Rate of increase in the longitude of the apse.
[9] Measured from the ecliptic plane.
[10] Bright side, 0.5; faint side, 0.05.
[11] Measured relative to Earth's J2000.0 equator.
: Quantity is uncertain.

A Note on selection criteria for the satellite data tables

Due to the recent proliferation of satellites associated with the gas giant planets, a set of selection criteria has been established under which satellites will be included in the data tables presented on pages F2–F5. These criteria are the following: The value of the visual magnitude of the satellite must not be greater than 23.0 and the satellite must be sanctioned by the IAU with a roman numeral and a name designation. Satellites that have yet to receive IAU approval shall be designated as "works in progress" and shall be included at a later time should such approval be granted, provided their visual magnitudes are not dimmer than 23.0. A more complete version of this table, including satellites with visual magnitude values larger than 23.0, is to be found at *The Astronomical Almanac Online* (**http://asa.usno.navy.mil** and **http://asa.hmnao.com**).

SATELLITES OF MARS, 2009
APPARENT ORBITS OF THE SATELLITES AT 0h UT ON DECEMBER 31, 2009

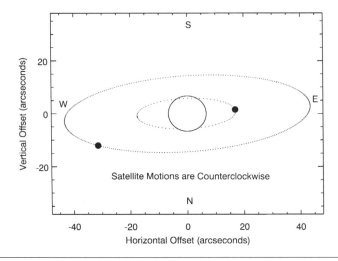

Name	Sidereal Period (d)
I Phobos	0.318 910 203
II Deimos	1.262 440 8

II DEIMOS
UNIVERSAL TIME OF GREATEST EASTERN ELONGATION

Jan.	Feb.	Mar.	Apr.	May	June	July	Aug.	Sept.	Oct.	Nov.	Dec.
d h	d h	d h	d h	d h	d h	d h	d h	d h	d h	d h	d h
1 03.0	1 18.4	1 14.8	1 00.1	1 09.4	2 01.0	1 03.6	1 18.7	1 03.4	1 12.0	2 02.7	1 04.4
2 09.4	3 00.7	2 21.1	2 06.5	2 15.8	3 07.4	2 10.0	3 01.1	2 09.8	2 18.3	3 09.0	2 10.7
3 15.8	4 07.1	4 03.5	3 12.9	3 22.2	4 13.8	3 16.3	4 07.5	3 16.1	4 00.7	4 15.4	3 17.0
4 22.1	5 13.5	5 09.9	4 19.2	5 04.6	5 20.1	4 22.7	5 13.8	4 22.5	5 07.0	5 21.7	4 23.3
6 04.5	6 19.9	6 16.3	6 01.6	6 11.0	7 02.5	6 05.1	6 20.2	6 04.8	6 13.4	7 04.1	6 05.7
7 10.9	8 02.3	7 22.7	7 08.0	7 17.4	8 08.9	7 11.4	8 02.6	7 11.2	7 19.7	8 10.4	7 12.0
8 17.2	9 08.6	9 05.1	8 14.4	8 23.7	9 15.3	8 17.8	9 08.9	8 17.5	9 02.1	9 16.7	8 18.3
9 23.6	10 15.0	10 11.5	9 20.8	10 06.1	10 21.6	10 00.2	10 15.3	9 23.9	10 08.4	10 23.1	10 00.6
11 06.0	11 21.4	11 17.8	11 03.2	11 12.5	12 04.0	11 06.5	11 21.6	11 06.3	11 14.8	12 05.4	11 06.9
12 12.4	13 03.8	13 00.2	12 09.6	12 18.9	13 10.4	12 12.9	13 04.0	12 12.6	12 21.1	13 11.8	12 13.2
13 18.7	14 10.2	14 06.6	13 16.0	14 01.3	14 16.8	13 19.3	14 10.4	13 19.0	14 03.5	14 18.1	13 19.5
15 01.1	15 16.5	15 13.0	14 22.4	15 07.7	15 23.1	15 01.6	15 16.7	15 01.3	15 09.8	16 00.4	15 01.8
16 07.5	16 22.9	16 19.4	16 04.8	16 14.1	17 05.5	16 08.0	16 23.1	16 07.7	16 16.2	17 06.8	16 08.2
17 13.9	18 05.3	18 01.8	17 11.1	17 20.4	18 11.9	17 14.4	18 05.4	17 14.0	17 22.5	18 13.1	17 14.5
18 20.2	19 11.7	19 08.2	18 17.5	19 02.8	19 18.3	18 20.7	19 11.8	18 20.4	19 04.9	19 19.4	18 20.8
20 02.6	20 18.1	20 14.6	19 23.9	20 09.2	21 00.6	20 03.1	20 18.2	20 02.8	20 11.2	21 01.8	20 03.1
21 09.0	22 00.5	21 21.0	21 06.3	21 15.6	22 07.0	21 09.5	22 00.5	21 09.1	21 17.6	22 08.1	21 09.4
22 15.4	23 06.8	23 03.3	22 12.7	22 22.0	23 13.4	22 15.8	23 06.9	22 15.5	22 23.9	23 14.4	22 15.7
23 21.7	24 13.2	24 09.7	23 19.1	24 04.3	24 19.7	23 22.2	24 13.2	23 21.8	24 06.3	24 20.8	23 21.9
25 04.1	25 19.6	25 16.1	25 01.5	25 10.7	26 02.1	25 04.6	25 19.6	25 04.2	25 12.6	26 03.1	25 04.2
26 10.5	27 02.0	26 22.5	26 07.9	26 17.1	27 08.5	26 10.9	27 02.0	26 10.5	26 19.0	27 09.4	26 10.5
27 16.9	28 08.4	28 04.9	27 14.3	27 23.5	28 14.9	27 17.3	28 08.3	27 16.9	28 01.3	28 15.7	27 16.8
28 23.2		29 11.3	28 20.7	29 05.9	29 21.2	28 23.7	29 14.7	28 23.2	29 07.7	29 22.1	28 23.1
30 05.6		30 17.7	30 03.0	30 12.2		30 06.0	30 21.0		30 14.0		30 05.4
31 12.0				31 18.6		31 12.4			31 20.3		31 11.7
											32 18.0

SATELLITES OF MARS, 2009

I PHOBOS

UNIVERSAL TIME OF EVERY THIRD GREATEST EASTERN ELONGATION

Jan.	Feb.	Mar.	Apr.	May	June	July	Aug.	Sept.	Oct.	Nov.	Dec.
d h	d h	d h	d h	d h	d h	d h	d h	d h	d h	d h	d h
0 07.1	1 20.2	1 14.6	1 05.8	1 21.2	1 12.4	1 04.7	1 18.8	1 10.0	1 02.1	1 16.1	1 08.1
1 06.0	2 19.2	2 13.5	2 04.8	2 20.1	2 11.4	2 03.7	2 17.8	2 08.9	2 01.1	2 15.1	2 07.1
2 05.0	3 18.2	3 12.5	3 03.8	3 19.1	3 10.4	3 02.6	3 16.8	3 07.9	3 00.0	3 14.0	3 06.0
3 04.0	4 17.2	4 11.5	4 02.8	4 18.1	4 09.4	4 01.6	4 15.8	4 06.9	3 23.0	4 13.0	4 05.0
4 03.0	5 16.1	5 10.5	5 01.8	5 17.1	5 08.3	5 00.6	5 14.7	5 05.8	4 22.0	5 12.0	5 04.0
5 01.9	6 15.1	6 09.4	6 00.7	6 16.0	6 07.3	5 23.6	6 13.7	6 04.8	5 20.9	6 11.0	6 02.9
6 00.9	7 14.1	7 08.4	6 23.7	7 15.0	7 06.3	6 22.5	7 12.7	7 03.8	6 19.9	7 09.9	7 01.9
6 23.9	8 13.1	8 07.4	7 22.7	8 14.0	8 05.3	7 21.5	8 11.6	8 02.8	7 18.9	8 08.9	8 00.9
7 22.9	9 12.0	9 06.4	8 21.7	9 13.0	9 04.3	8 20.5	9 10.6	9 01.7	8 17.9	9 07.9	8 23.8
8 21.8	10 11.0	10 05.3	9 20.7	10 12.0	10 03.2	9 19.5	10 09.6	10 00.7	9 16.8	10 06.8	9 22.8
9 20.8	11 10.0	11 04.3	10 19.6	11 10.9	11 02.2	10 18.4	11 08.6	10 23.7	10 15.8	11 05.8	10 21.7
10 19.8	12 09.0	12 03.3	11 18.6	12 09.9	12 01.2	11 17.4	12 07.5	11 22.7	11 14.8	12 04.8	11 20.7
11 18.8	13 07.9	13 02.3	12 17.6	13 08.9	13 00.2	12 16.4	13 06.5	12 21.6	12 13.7	13 03.7	12 19.7
12 17.7	14 06.9	14 01.3	13 16.6	14 07.9	13 23.1	13 15.4	14 05.5	13 20.6	13 12.7	14 02.7	13 18.6
13 16.7	15 05.9	15 00.2	14 15.5	15 06.8	14 22.1	14 14.3	15 04.5	14 19.6	14 11.7	15 01.7	14 17.6
14 15.7	16 04.9	15 23.2	15 14.5	16 05.8	15 21.1	15 13.3	16 03.4	15 18.5	15 10.6	16 00.6	15 16.6
15 14.7	17 03.9	16 22.2	16 13.5	17 04.8	16 20.1	16 12.3	17 02.4	16 17.5	16 09.6	16 23.6	16 15.5
16 13.6	18 02.8	17 21.2	17 12.5	18 03.8	17 19.0	17 11.3	18 01.4	17 16.5	17 08.6	17 22.6	17 14.5
17 12.6	19 01.8	18 20.2	18 11.5	19 02.8	18 18.0	18 10.2	19 00.3	18 15.5	18 07.6	18 21.5	18 13.4
18 11.6	20 00.8	19 19.1	19 10.4	20 01.7	19 17.0	19 09.2	19 23.3	19 14.4	19 06.5	19 20.5	19 12.4
19 10.6	20 23.8	20 18.1	20 09.4	21 00.7	20 16.0	20 08.2	20 22.3	20 13.4	20 05.5	20 19.5	20 11.4
20 09.5	21 22.7	21 17.1	21 08.4	21 23.7	21 14.9	21 07.1	21 21.3	21 12.4	21 04.5	21 18.4	21 10.3
21 08.5	22 21.7	22 16.1	22 07.4	22 22.7	22 13.9	22 06.1	22 20.2	22 11.3	22 03.4	22 17.4	22 09.3
22 07.5	23 20.7	23 15.0	23 06.4	23 21.6	23 12.9	23 05.1	23 19.2	23 10.3	23 02.4	23 16.4	23 08.3
23 06.5	24 19.7	24 14.0	24 05.3	24 20.6	24 11.9	24 04.1	24 18.2	24 09.3	24 01.4	24 15.3	24 07.2
24 05.4	25 18.6	25 13.0	25 04.3	25 19.6	25 10.8	25 03.0	25 17.2	25 08.3	25 00.4	25 14.3	25 06.2
25 04.4	26 17.6	26 12.0	26 03.3	26 18.6	26 09.8	26 02.0	26 16.1	26 07.2	25 23.3	26 13.3	26 05.1
26 03.4	27 16.6	27 11.0	27 02.3	27 17.6	27 08.8	27 01.0	27 15.1	27 06.2	26 22.3	27 12.2	27 04.1
27 02.4	28 15.6	28 09.9	28 01.2	28 16.5	28 07.8	28 00.0	28 14.1	28 05.2	27 21.3	28 11.2	28 03.1
28 01.4		29 08.9	29 00.2	29 15.5	29 06.7	28 22.9	29 13.0	29 04.1	28 20.2	29 10.2	29 02.0
29 00.3		30 07.9	29 23.2	30 14.5	30 05.7	29 21.9	30 12.0	30 03.1	29 19.2	30 09.1	30 01.0
29 23.3		31 06.9	30 22.2	31 13.5		30 20.9	31 11.0		30 18.2		30 23.9
30 22.3						31 19.9			31 17.1		31 22.9
31 21.3											32 21.8

SATELLITES OF JUPITER, 2009

APPARENT ORBITS OF SATELLITES I-IV AT 0h UT ON THE DATE OF OPPOSITION, AUGUST 14

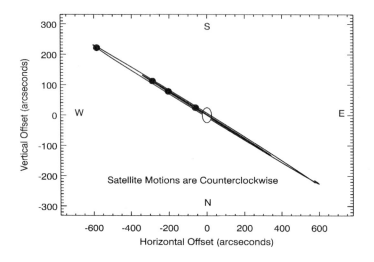

Orbits elongated in ratio of 1.5 to 1 in the North-South direction.

	Name	Mean Synodic Period		Name	Sidereal Period
		d h m s	d		d
V	Amalthea	0 11 57 27.619 =	0.498 236 33	XIII Leda	240.92
I	Io	1 18 28 35.946 =	1.769 860 49	X Lysithea	259.20
II	Europa	3 13 17 53.736 =	3.554 094 17	XII Ananke	629.77 R
III	Ganymede	7 03 59 35.856 =	7.166 387 22	XI Carme	734.17 R
IV	Callisto	16 18 05 06.916 =	16.753 552 27	VIII Pasiphae	743.63 R
VI	Himalia		266.00	IX Sinope	758.90 R
VII	Elara		276.67		

V AMALTHEA

UNIVERSAL TIME OF EVERY TWENTIETH GREATEST EASTERN ELONGATION

	d h		d h		d h		d h		d h
Jan.	0 23.5	Mar.	21 17.1	June	9 10.3	Aug.	28 03.0	Nov.	15 20.1
	10 22.7		31 16.3		19 09.4	Sept.	7 02.1		25 19.3
	20 21.9	Apr.	10 15.4		29 08.5		17 01.2	Dec.	5 18.5
	30 21.1		20 14.6	July	9 07.6		27 00.3		15 17.7
Feb.	9 20.3		30 13.8		19 06.7	Oct.	6 23.4		25 16.9
	19 19.5	May	10 12.9		29 05.7		16 22.6		35 16.1
Mar.	1 18.7		20 12.0	Aug.	8 04.8		26 21.7		
	11 17.9		30 11.2		18 03.9	Nov.	5 20.9		

MULTIPLES OF THE MEAN SYNODIC PERIOD

	d	h		d	h		d	h		d	h		d	h
1...	0	12.0	6...	2	23.7	11..	5	11.5	16..	7	23.3			
2...	0	23.9	7...	3	11.7	12..	5	23.5	17..	8	11.3			
3...	1	11.9	8...	3	23.7	13..	6	11.4	18..	8	23.2			
4...	1	23.8	9...	4	11.6	14..	6	23.4	19..	9	11.2			
5...	2	11.8	10..	4	23.6	15..	7	11.4	20..	9	23.2			

SATELLITES OF JUPITER, 2009
DIFFERENTIAL COORDINATES FOR 0ʰ U.T.

Date		VI Himalia $\Delta\alpha$	VI Himalia $\Delta\delta$	VII Elara $\Delta\alpha$	VII Elara $\Delta\delta$	Date		VI Himalia $\Delta\alpha$	VI Himalia $\Delta\delta$	VII Elara $\Delta\alpha$	VII Elara $\Delta\delta$
		m s	′	m s	′			m s	′	m s	′
Jan.	−3	− 1 59	+ 16.4	+ 1 14	+ 0.7	July	4	+ 3 32	+ 17.4	+ 3 46	− 13.3
	1	− 2 12	+ 15.4	+ 1 03	+ 2.1		8	+ 3 30	+ 20.8	+ 4 05	− 12.1
	5	− 2 24	+ 14.2	+ 0 52	+ 3.5		12	+ 3 25	+ 23.8	+ 4 21	− 10.8
	9	− 2 35	+ 12.9	+ 0 40	+ 4.9		16	+ 3 17	+ 26.5	+ 4 35	− 9.4
	13	− 2 45	+ 11.4	+ 0 29	+ 6.2		20	+ 3 05	+ 28.8	+ 4 47	− 7.9
	17	− 2 54	+ 9.8	+ 0 17	+ 7.4		24	+ 2 49	+ 30.7	+ 4 57	− 6.4
	21	− 3 01	+ 8.1	+ 0 05	+ 8.6		28	+ 2 31	+ 32.1	+ 5 04	− 4.9
	25	− 3 08	+ 6.3	− 0 07	+ 9.6	Aug.	1	+ 2 10	+ 33.1	+ 5 09	− 3.4
	29	− 3 13	+ 4.4	− 0 20	+ 10.6		5	+ 1 46	+ 33.6	+ 5 10	− 1.8
Feb.	2	− 3 18	+ 2.4	− 0 32	+ 11.4		9	+ 1 21	+ 33.7	+ 5 09	− 0.3
	6	− 3 21	+ 0.4	− 0 44	+ 12.2		13	+ 0 53	+ 33.3	+ 5 06	+ 1.2
	10	− 3 23	− 1.6	− 0 56	+ 12.8		17	+ 0 25	+ 32.5	+ 5 00	+ 2.6
	14	− 3 25	− 3.7	− 1 08	+ 13.3		21	− 0 04	+ 31.3	+ 4 51	+ 4.1
	18	− 3 25	− 5.8	− 1 20	+ 13.7		25	− 0 32	+ 29.8	+ 4 40	+ 5.4
	22	− 3 24	− 7.8	− 1 32	+ 13.9		29	− 1 01	+ 27.9	+ 4 26	+ 6.8
	26	− 3 22	− 9.8	− 1 43	+ 14.0	Sept.	2	− 1 28	+ 25.8	+ 4 11	+ 8.0
Mar.	2	− 3 19	− 11.8	− 1 54	+ 13.9		6	− 1 54	+ 23.5	+ 3 53	+ 9.3
	6	− 3 15	− 13.8	− 2 05	+ 13.7		10	− 2 19	+ 21.0	+ 3 35	+ 10.4
	10	− 3 10	− 15.7	− 2 14	+ 13.2		14	− 2 41	+ 18.4	+ 3 14	+ 11.5
	14	− 3 04	− 17.4	− 2 23	+ 12.6		18	− 3 02	+ 15.7	+ 2 53	+ 12.5
	18	− 2 57	− 19.1	− 2 32	+ 11.8		22	− 3 20	+ 12.9	+ 2 31	+ 13.5
	22	− 2 48	− 20.7	− 2 39	+ 10.9		26	− 3 36	+ 10.1	+ 2 09	+ 14.3
	26	− 2 39	− 22.2	− 2 44	+ 9.7		30	− 3 49	+ 7.2	+ 1 46	+ 15.1
	30	− 2 29	− 23.5	− 2 49	+ 8.4	Oct.	4	− 4 00	+ 4.4	+ 1 23	+ 15.8
Apr.	3	− 2 18	− 24.6	− 2 52	+ 6.9		8	− 4 08	+ 1.6	+ 1 00	+ 16.5
	7	− 2 05	− 25.6	− 2 52	+ 5.3		12	− 4 14	− 1.1	+ 0 38	+ 17.0
	11	− 1 52	− 26.3	− 2 51	+ 3.5		16	− 4 18	− 3.8	+ 0 16	+ 17.4
	15	− 1 38	− 26.9	− 2 48	+ 1.7		20	− 4 19	− 6.4	− 0 06	+ 17.7
	19	− 1 22	− 27.2	− 2 42	− 0.3		24	− 4 19	− 8.8	− 0 26	+ 17.9
	23	− 1 06	− 27.2	− 2 34	− 2.3		28	− 4 17	− 11.2	− 0 46	+ 17.9
	27	− 0 49	− 27.0	− 2 24	− 4.3	Nov.	1	− 4 12	− 13.4	− 1 04	+ 17.8
May	1	− 0 31	− 26.5	− 2 11	− 6.3		5	− 4 07	− 15.6	− 1 21	+ 17.6
	5	− 0 12	− 25.6	− 1 56	− 8.2		9	− 3 59	− 17.5	− 1 38	+ 17.2
	9	+ 0 07	− 24.5	− 1 39	− 9.9		13	− 3 51	− 19.4	− 1 53	+ 16.7
	13	+ 0 26	− 23.1	− 1 19	− 11.6		17	− 3 41	− 21.0	− 2 06	+ 16.0
	17	+ 0 46	− 21.3	− 0 58	− 13.0		21	− 3 30	− 22.5	− 2 18	+ 15.2
	21	+ 1 06	− 19.2	− 0 36	− 14.3		25	− 3 18	− 23.8	− 2 29	+ 14.2
	25	+ 1 26	− 16.8	− 0 12	− 15.3		29	− 3 05	− 24.9	− 2 38	+ 13.0
	29	+ 1 46	− 14.2	+ 0 13	− 16.1	Dec.	3	− 2 52	− 25.8	− 2 45	+ 11.8
June	2	+ 2 04	− 11.2	+ 0 38	− 16.7		7	− 2 37	− 26.6	− 2 51	+ 10.3
	6	+ 2 22	− 8.0	+ 1 03	− 17.0		11	− 2 23	− 27.1	− 2 55	+ 8.8
	10	+ 2 39	− 4.5	+ 1 29	− 17.1		15	− 2 07	− 27.4	− 2 57	+ 7.1
	14	+ 2 54	− 0.9	+ 1 54	− 16.9		19	− 1 51	− 27.5	− 2 57	+ 5.4
	18	+ 3 06	+ 2.8	+ 2 19	− 16.6		23	− 1 35	− 27.4	− 2 55	+ 3.6
	22	+ 3 17	+ 6.5	+ 2 42	− 16.0		27	− 1 19	− 27.1	− 2 52	+ 1.7
	26	+ 3 25	+ 10.3	+ 3 05	− 15.3		31	− 1 03	− 26.4	− 2 46	− 0.2
	30	+ 3 30	+ 13.9	+ 3 26	− 14.3		35	− 0 46	− 25.6	− 2 39	− 2.1

Differential coordinates are given in the sense "satellite minus planet."

SATELLITES OF JUPITER, 2009
DIFFERENTIAL COORDINATES FOR 0ʰ U.T.

Date		VIII Pasiphae $\Delta\alpha$	$\Delta\delta$	IX Sinope $\Delta\alpha$	$\Delta\delta$	X Lysithea $\Delta\alpha$	$\Delta\delta$
		m s	′	m s	′	m s	′
Jan.	−1	+ 6 18	− 22.1	+ 5 59	− 17.3	− 1 17	− 26.3
	9	+ 6 25	− 18.2	+ 6 06	− 13.8	− 0 46	− 24.2
	19	+ 6 26	− 14.4	+ 6 07	− 10.4	− 0 16	− 21.0
	29	+ 6 24	− 10.7	+ 6 03	− 7.2	+ 0 14	− 16.8
Feb.	8	+ 6 17	− 7.3	+ 5 54	− 4.3	+ 0 42	− 11.7
	18	+ 6 07	− 4.1	+ 5 40	− 1.6	+ 1 09	− 5.8
	28	+ 5 54	− 1.1	+ 5 21	+ 0.8	+ 1 32	+ 0.8
Mar.	10	+ 5 37	+ 1.6	+ 4 57	+ 2.8	+ 1 52	+ 7.7
	20	+ 5 18	+ 4.0	+ 4 29	+ 4.6	+ 2 07	+ 14.6
	30	+ 4 56	+ 6.3	+ 3 57	+ 6.0	+ 2 17	+ 21.0
Apr.	9	+ 4 32	+ 8.4	+ 3 20	+ 7.1	+ 2 20	+ 26.3
	19	+ 4 07	+ 10.4	+ 2 40	+ 8.0	+ 2 14	+ 30.1
	29	+ 3 40	+ 12.3	+ 1 56	+ 8.6	+ 2 00	+ 31.7
May	9	+ 3 12	+ 14.2	+ 1 10	+ 9.1	+ 1 37	+ 30.6
	19	+ 2 43	+ 16.2	+ 0 21	+ 9.6	+ 1 05	+ 26.8
	29	+ 2 14	+ 18.4	− 0 30	+ 9.9	+ 0 26	+ 20.3
June	8	+ 1 45	+ 20.7	− 1 21	+ 10.3	− 0 18	+ 11.6
	18	+ 1 17	+ 23.3	− 2 12	+ 10.8	− 1 05	+ 1.3
	28	+ 0 50	+ 26.1	− 3 03	+ 11.3	− 1 51	− 9.8
July	8	+ 0 24	+ 29.2	− 3 51	+ 11.9	− 2 34	− 20.9
	18	0 00	+ 32.4	− 4 37	+ 12.5	− 3 10	− 31.2
	28	− 0 22	+ 35.8	− 5 20	+ 13.1	− 3 36	− 39.7
Aug.	7	− 0 42	+ 39.0	− 5 58	+ 13.5	− 3 50	− 46.0
	17	− 1 02	+ 41.9	− 6 31	+ 13.8	− 3 49	− 49.7
	27	− 1 21	+ 44.5	− 6 59	+ 13.7	− 3 35	− 50.7
Sept.	6	− 1 40	+ 46.4	− 7 21	+ 13.3	− 3 08	− 49.1
	16	− 2 00	+ 47.7	− 7 37	+ 12.5	− 2 32	− 45.2
	26	− 2 21	+ 48.3	− 7 48	+ 11.3	− 1 49	− 39.5
Oct.	6	− 2 43	+ 48.3	− 7 53	+ 9.8	− 1 04	− 32.5
	16	− 3 07	+ 47.6	− 7 52	+ 7.9	− 0 18	− 24.4
	26	− 3 31	+ 46.5	− 7 47	+ 6.0	+ 0 24	− 15.7
Nov.	5	− 3 56	+ 44.9	− 7 37	+ 3.9	+ 1 01	− 6.8
	15	− 4 20	+ 42.9	− 7 22	+ 1.8	+ 1 31	+ 1.9
	25	− 4 44	+ 40.6	− 7 03	− 0.1	+ 1 54	+ 10.2
Dec.	5	− 5 07	+ 38.2	− 6 39	− 1.8	+ 2 08	+ 17.5
	15	− 5 29	+ 35.6	− 6 12	− 3.2	+ 2 14	+ 23.4
	25	− 5 49	+ 33.0	− 5 42	− 4.3	+ 2 13	+ 27.7
	35	− 6 07	+ 30.4	− 5 09	− 5.0	+ 2 03	+ 30.0

Differential coordinates are given in the sense "satellite minus planet."

SATELLITES OF JUPITER, 2009
DIFFERENTIAL COORDINATES FOR 0^h U.T.

Date		XI Carme $\Delta\alpha$	XI Carme $\Delta\delta$	XII Ananke $\Delta\alpha$	XII Ananke $\Delta\delta$	XIII Leda $\Delta\alpha$	XIII Leda $\Delta\delta$
		m s	′	m s	′	m s	′
Jan.	−1	+ 4 45	+ 26.2	+ 0 48	+ 35.0	− 2 30	+ 7.8
	9	+ 4 38	+ 25.5	− 0 04	+ 31.6	− 2 11	+ 11.6
	19	+ 4 24	+ 24.3	− 0 54	+ 27.4	− 1 49	+ 14.9
	29	+ 4 06	+ 22.7	− 1 43	+ 22.3	− 1 24	+ 17.6
Feb.	8	+ 3 43	+ 20.5	− 2 28	+ 16.4	− 0 58	+ 19.8
	18	+ 3 16	+ 17.8	− 3 08	+ 10.0	− 0 30	+ 21.4
	28	+ 2 46	+ 14.6	− 3 43	+ 3.2	− 0 01	+ 22.4
Mar.	10	+ 2 14	+ 10.9	− 4 11	− 3.8	+ 0 29	+ 22.8
	20	+ 1 39	+ 6.8	− 4 33	− 10.9	+ 1 00	+ 22.6
	30	+ 1 02	+ 2.3	− 4 49	− 17.9	+ 1 31	+ 21.7
Apr.	9	+ 0 24	− 2.6	− 4 57	− 24.8	+ 2 01	+ 20.1
	19	− 0 15	− 7.8	− 5 00	− 31.5	+ 2 29	+ 17.6
	29	− 0 54	− 13.3	− 4 57	− 37.9	+ 2 53	+ 14.3
May	9	− 1 33	− 19.0	− 4 49	− 44.0	+ 3 10	+ 10.0
	19	− 2 13	− 24.8	− 4 36	− 49.9	+ 3 17	+ 4.8
	29	− 2 52	− 30.6	− 4 18	− 55.4	+ 3 08	− 1.1
June	8	− 3 30	− 36.5	− 3 57	− 60.6	+ 2 40	− 7.4
	18	− 4 07	− 42.1	− 3 33	− 65.4	+ 1 49	− 13.3
	28	− 4 42	− 47.5	− 3 07	− 69.8	+ 0 40	− 17.9
July	8	− 5 15	− 52.4	− 2 39	− 73.6	− 0 41	− 20.3
	18	− 5 45	− 56.8	− 2 10	− 76.8	− 2 01	− 19.9
	28	− 6 12	− 60.5	− 1 41	− 79.3	− 3 09	− 16.8
Aug.	7	− 6 35	− 63.6	− 1 11	− 80.9	− 3 57	− 11.6
	17	− 6 55	− 65.8	− 0 42	− 81.4	− 4 22	− 4.9
	27	− 7 11	− 67.4	− 0 12	− 80.8	− 4 24	+ 2.3
Sept.	6	− 7 24	− 68.4	+ 0 19	− 79.2	− 4 06	+ 9.2
	16	− 7 33	− 68.8	+ 0 50	− 76.5	− 3 33	+ 15.5
	26	− 7 40	− 69.0	+ 1 21	− 73.0	− 2 49	+ 20.5
Oct.	6	− 7 45	− 68.9	+ 1 52	− 68.6	− 2 01	+ 24.2
	16	− 7 48	− 68.7	+ 2 24	− 63.6	− 1 11	+ 26.5
	26	− 7 49	− 68.5	+ 2 55	− 58.2	− 0 23	+ 27.4
Nov.	5	− 7 49	− 68.2	+ 3 26	− 52.4	+ 0 22	+ 27.2
	15	− 7 46	− 67.9	+ 3 55	− 46.4	+ 1 02	+ 25.9
	25	− 7 42	− 67.6	+ 4 23	− 40.2	+ 1 36	+ 23.8
Dec.	5	− 7 36	− 67.3	+ 4 48	− 34.0	+ 2 05	+ 20.9
	15	− 7 27	− 66.8	+ 5 12	− 27.8	+ 2 27	+ 17.4
	25	− 7 17	− 66.3	+ 5 32	− 21.7	+ 2 43	+ 13.4
	35	− 7 05	− 65.5	+ 5 50	− 15.7	+ 2 51	+ 9.1

Differential coordinates are given in the sense "satellite minus planet."

SATELLITES OF JUPITER, 2009

TERRESTRIAL TIME OF SUPERIOR GEOCENTRIC CONJUNCTION

I Io

	d h m		d h m		d h m		d h m
Jan.	.. .. ..	May	9 11 23	July	28 01 48	Oct.	15 15 39
Feb.	20 13 36		11 05 51		29 20 14		17 10 07
	22 08 07		13 00 20		31 14 40		19 04 34
	24 02 37		14 18 49	Aug.	2 09 06		20 23 02
	25 21 08		16 13 17		4 03 32		22 17 31
	27 15 38		18 07 45		5 21 57		24 11 59
Mar.	1 10 08		20 02 14		7 16 23		26 06 27
	3 04 39		21 20 42		9 10 49		28 00 55
	4 23 09		23 15 10		11 05 15		29 19 24
	6 17 39		25 09 38		12 23 41		31 13 52
	8 12 09		27 04 06		14 18 07	Nov.	2 08 21
	10 06 40		28 22 34		16 12 33		4 02 49
	12 01 10		30 17 02		18 06 59		5 21 18
	13 19 40	June	1 11 30		20 01 24		7 15 47
	15 14 10		3 05 58		21 19 50		9 10 15
	17 08 40		5 00 26		23 14 16		11 04 44
	19 03 10		6 18 53		25 08 42		12 23 13
	20 21 40		8 13 21		27 03 08		14 17 42
	22 16 10		10 07 49		28 21 34		16 12 11
	24 10 40		12 02 16		30 16 00		18 06 40
	26 05 10		13 20 43	Sept.	1 10 26		20 01 09
	27 23 40		15 15 11		3 04 53		21 19 39
	29 18 09		17 09 38		4 23 19		23 14 08
	31 12 39		19 04 05		6 17 45		25 08 37
Apr.	2 07 09		20 22 32		8 12 11		27 03 07
	4 01 39		22 16 59		10 06 38		28 21 36
	5 20 08		24 11 26		12 01 04		30 16 06
	7 14 38		26 05 53		13 19 30	Dec.	2 10 35
	9 09 08		28 00 20		15 13 57		4 05 05
	11 03 37		29 18 47		17 08 24		5 23 35
	12 22 07	July	1 13 14		19 02 50		7 18 04
	14 16 36		3 07 40		20 21 17		9 12 34
	16 11 05		5 02 07		22 15 44		11 07 04
	18 05 35		6 20 33		24 10 11		13 01 34
	20 00 04		8 15 00		26 04 37		14 20 04
	21 18 33		10 09 26		27 23 04		16 14 34
	23 13 03		12 03 53		29 17 32		18 09 04
	25 07 32		13 22 19	Oct.	1 11 59		20 03 34
	27 02 01		15 16 45		3 06 26		21 22 04
	28 20 30		17 11 12		5 00 53		23 16 34
	30 14 59		19 05 38		6 19 21		25 11 04
May	2 09 28		21 00 04		8 13 48		27 05 34
	4 03 57		22 18 30		10 08 16		29 00 04
	5 22 25		24 12 56		12 02 43		30 18 35
	7 16 54		26 07 22		13 21 11		32 13 05

SATELLITES OF JUPITER, 2009

TERRESTRIAL TIME OF SUPERIOR GEOCENTRIC CONJUNCTION

II Europa

	d h m		d h m		d h m		d h m
Jan.	.. .. ..	May	10 20 42	July	31 12 42	Oct.	21 03 40
Feb.	21 14 35		14 10 00	Aug.	4 01 49		24 16 57
	25 03 59		17 23 18		7 14 57		28 06 13
	28 17 23		21 12 36		11 04 05		31 19 31
Mar.	4 06 47		25 01 53		14 17 13	Nov.	4 08 49
	7 20 11		28 15 10		18 06 20		7 22 08
	11 09 35	June	1 04 26		21 19 28		11 11 26
	14 22 58		4 17 42		25 08 36		15 00 46
	18 12 22		8 06 56		28 21 44		18 14 06
	22 01 45		11 20 11	Sept.	1 10 52		22 03 27
	25 15 08		15 09 25		5 00 01		25 16 47
	29 04 31		18 22 39		8 13 10		29 06 09
Apr.	1 17 53		22 11 51		12 02 20	Dec.	2 19 30
	5 07 16		26 01 04		15 15 30		6 08 52
	8 20 38		29 14 15		19 04 41		9 22 15
	12 09 59	July	3 03 27		22 17 51		13 11 37
	15 23 21		6 16 38		26 07 03		17 01 00
	19 12 42		10 05 48		29 20 15		20 14 24
	23 02 03		13 18 58	Oct.	3 09 28		24 03 47
	26 15 23		17 08 08		6 22 41		27 17 11
	30 04 44		20 21 16		10 11 55		31 06 35
May	3 18 03		24 10 25		14 01 09		
	7 07 23		27 23 33		17 14 25		

III Ganymede

	d h m		d h m		d h m		d h m
Jan.	.. .. ..	May	15 11 57	Aug.	9 07 00	Nov.	3 01 16
Feb.	25 12 49		22 15 56		16 10 15		10 05 16
Mar.	4 17 17		29 19 50		23 13 31		17 09 19
	11 21 43	June	5 23 41		30 16 49		24 13 27
	19 02 08		13 03 26	Sept.	6 20 09	Dec.	1 17 38
	26 06 31		20 07 06		13 23 33		8 21 53
Apr.	2 10 52		27 10 42		21 02 59		16 02 12
	9 15 10	July	4 14 13		28 06 30		23 06 33
	16 19 27		11 17 41	Oct.	5 10 05		30 10 56
	23 23 40		18 21 05		12 13 45		
May	1 03 49		26 00 26		19 17 30		
	8 07 55	Aug.	2 03 44		26 21 21		

IV Callisto

	d h m		d h m		d h m		d h m
Jan.	.. .. ..	Apr.	22 16 59	July	15 06 38	Oct.	6 08 08
Feb.	.. .. ..	May	9 11 52		31 21 11		23 00 48
Mar.	3 04 54		26 05 57	Aug.	17 11 23	Nov.	8 18 28
	20 01 22	June	11 23 07	Sept.	3 01 40		25 13 04
Apr.	5 21 26		28 15 20		19 16 28	Dec.	12 08 25
							29 04 23

SATELLITES OF JUPITER, 2009

TERRESTRIAL TIME OF GEOCENTRIC PHENOMENA

JANUARY

d	h m		d	h m		d	h m		d	h m	
0	3 41	I.Oc.D.	8	3 17	I.Sh.I.	16	22 16	III.Tr.I.	24	3 51	I.Tr.E.
	6 24	I.Ec.R.		4 16	II.Tr.E.		22 46	III.Sh.I.		3 51	I.Sh.E.
	22 33	II.Tr.I.		4 52	II.Sh.E.		23 04	II.Oc.D.		4 43	II.Ec.R.
	23 22	II.Sh.I.		5 17	I.Tr.E.		23 32	I.Tr.I.		6 19	III.Tr.E.
				5 34	I.Sh.E.		23 40	I.Sh.I.		6 19	III.Sh.E.
1	0 59	I.Tr.I.								22 49	I.Ec.D.
	1 23	I.Sh.I.	9	0 14	I.Oc.D.	17	1 47	III.Tr.E.			
	1 23	II.Tr.E.		2 48	I.Ec.R.		1 49	I.Tr.E.	25	1 08	I.Oc.R.
	2 14	II.Sh.E.		17 45	III.Tr.I.		1 57	I.Sh.E.		20 03	I.Sh.I.
	3 15	I.Tr.E.		18 46	III.Sh.I.		2 08	II.Ec.R.		20 04	I.Tr.I.
	3 40	I.Sh.E.		20 15	II.Oc.D.		2 19	III.Sh.E.		20 34	I.Sh.E.
	22 11	I.Oc.D.		21 15	III.Tr.E.		20 47	I.Oc.D.		20 38	II.Tr.I.
				21 31	I.Tr.I.		23 12	I.Ec.R.		22 20	I.Sh.E.
2	0 53	I.Ec.R.		21 46	I.Sh.I.					22 22	I.Tr.E.
	13 16	III.Tr.I.		22 18	III.Sh.E.	18	17 45	II.Tr.I.		23 26	II.Sh.E.
	14 47	III.Sh.I.		23 33	II.Ec.R.		17 56	II.Sh.I.		23 29	II.Tr.E.
	16 44	III.Tr.E.		23 48	I.Tr.E.		18 03	I.Tr.I.			
	17 26	II.Oc.D.					18 09	I.Sh.I.	26	17 17	I.Ec.D.
	18 18	III.Sh.E.	10	0 03	I.Sh.E.		20 20	I.Tr.E.		19 38	I.Oc.R.
	19 29	I.Tr.I.		18 44	I.Oc.D.		20 26	I.Sh.E.			
	19 51	I.Sh.I.		21 17	I.Ec.R.		20 36	II.Tr.E.	27	14 31	I.Sh.I.
	20 58	II.Ec.R.					20 48	II.Sh.E.		14 35	I.Tr.I.
	21 46	I.Tr.E.	11	12 04	IV.Oc.D.					15 11	II.Ec.D.
	22 08	I.Sh.E.		14 51	II.Tr.I.	19	15 18	I.Oc.D.		16 46	III.Ec.D.
				15 18	II.Sh.I.		17 41	I.Ec.R.		16 48	I.Sh.E.
3	0 03	IV.Tr.I.		16 01	I.Tr.I.		20 57	IV.Tr.I.		16 52	I.Tr.E.
	3 31	IV.Sh.I.		16 14	I.Sh.I.		21 39	IV.Sh.I.		18 07	II.Oc.R.
	4 31	IV.Tr.E.		17 43	II.Tr.E.					20 34	III.Oc.R.
	8 07	IV.Sh.E.		18 10	II.Sh.E.	20	1 34	IV.Tr.E.			
	16 42	I.Oc.D.		18 18	I.Tr.E.		2 18	IV.Sh.E.	28	8 14	IV.Ec.D.
	19 22	I.Ec.R.		18 31	I.Sh.E.		12 29	II.Oc.D.		11 46	I.Ec.D.
				18 45	IV.Ec.R.		12 31	III.Oc.D.		13 36	IV.Oc.R.
4	11 59	II.Tr.I.					12 33	I.Tr.I.		14 09	I.Oc.R.
	12 41	II.Sh.I.	12	13 15	I.Oc.D.		12 37	I.Sh.I.			
	14 00	I.Tr.I.		15 46	I.Ec.R.		14 50	I.Tr.E.	29	9 00	I.Sh.I.
	14 20	I.Sh.I.					14 54	I.Sh.E.		9 05	I.Tr.I.
	14 49	II.Tr.E.	13	8 01	III.Oc.D.		15 25	II.Ec.R.		9 53	II.Sh.I.
	15 32	II.Sh.E.		9 40	II.Oc.D.		16 19	III.Ec.R.		10 05	II.Tr.I.
	16 16	I.Tr.E.		10 32	I.Tr.I.					11 17	I.Sh.E.
	16 37	I.Sh.E.		10 43	I.Sh.I.	21	9 48	I.Oc.D.		11 22	I.Tr.E.
				12 19	III.Ec.R.		12 09	I.Ec.R.		12 45	II.Sh.E.
5	11 13	I.Oc.D.		12 48	I.Tr.E.					12 57	II.Tr.E.
	13 51	I.Ec.R.		12 51	II.Ec.R.	22	7 04	I.Tr.I.			
				13 00	I.Sh.E.		7 06	I.Sh.I.	30	6 15	I.Ec.D.
6	3 31	III.Oc.D.					7 12	II.Tr.I.		8 39	I.Oc.R.
	6 50	II.Oc.D.	14	7 46	I.Oc.D.		7 16	II.Sh.I.			
	8 18	III.Ec.R.		10 14	I.Ec.R.		9 21	I.Tr.E.	31	3 28	I.Sh.I.
	8 30	I.Tr.I.					9 23	I.Sh.E.		3 36	I.Tr.I.
	8 49	I.Sh.I.	15	4 18	II.Tr.I.		10 03	II.Tr.E.		4 28	I.Ec.D.
	10 16	II.Ec.R.		4 38	II.Sh.I.		10 08	II.Sh.E.		5 45	I.Sh.E.
	10 47	I.Tr.E.		5 02	I.Tr.I.					5 53	I.Tr.E.
	11 05	I.Sh.E.		5 12	I.Sh.I.	23	4 19	I.Oc.D.		6 47	III.Sh.I.
				7 10	II.Tr.E.		6 38	I.Ec.R.		7 18	III.Tr.I.
7	5 43	I.Oc.D.		7 19	I.Tr.E.					7 32	II.Oc.R.
	8 19	I.Ec.R.		7 28	I.Sh.E.	24	1 34	I.Tr.I.		10 20	III.Sh.E.
				7 30	II.Sh.E.		1 34	I.Sh.I.		10 51	III.Tr.E.
8	1 25	II.Tr.I.					1 54	II.Oc.D.			
	2 00	II.Sh.I.	16	2 16	I.Oc.D.		2 46	III.Sh.I.			
	3 00	I.Tr.I.		4 43	I.Ec.R.		2 46	III.Tr.I.			

I. Jan. 14	II. Jan. 17	III. Jan. 13	IV. Jan. 11
$x_2 = +1.2$, $y_2 = -0.1$	$x_2 = +1.2$, $y_2 = -0.2$	$x_2 = +1.4$, $y_2 = -0.3$	$x_2 = +1.8$, $y_2 = -0.4$

NOTE.–I. denotes ingress; E., egress; D., disappearance; R., reappearance; Ec., eclipse; Oc., occultation; Tr., transit of the satellite; Sh., transit of the shadow.

SATELLITES OF JUPITER, 2009

CONFIGURATIONS OF SATELLITES I-IV FOR JANUARY

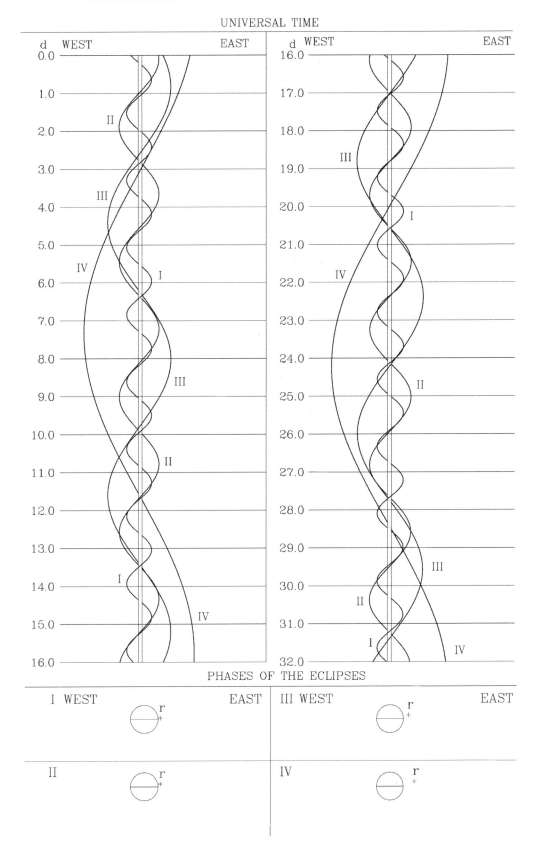

SATELLITES OF JUPITER, 2009

TERRESTRIAL TIME OF GEOCENTRIC PHENOMENA

FEBRUARY

d	h m		d	h m		d	h m		d	h m	
1	0 43	I.Ec.D.	7	15 22	III.Tr.E.	14	19 52	III.Tr.E.	22	6 27	I.Ec.D.
	3 10	I.Oc.R.				15	4 33	I.Ec.D.		9 16	I.Oc.R.
	21 57	I.Sh.I.	8	2 38	I.Ec.D.		7 14	I.Oc.R.		9 55	IV.Sh.I.
	22 06	I.Tr.I.		5 12	I.Oc.R.					14 40	IV.Sh.E.
	23 11	II.Sh.I.		23 51	I.Sh.I.	16	1 45	I.Sh.I.		14 47	IV.Tr.I.
	23 31	II.Tr.I.					2 09	I.Tr.I.		19 35	IV.Tr.E.
			9	0 07	I.Tr.I.		4 02	I.Sh.E.			
2	0 14	I.Sh.E.		1 49	II.Sh.I.		4 26	I.Tr.E.	23	3 39	I.Sh.I.
	0 23	I.Tr.E.		2 08	I.Sh.E.		4 26	II.Sh.I.		4 10	I.Tr.I.
	2 04	II.Sh.E.		2 23	II.Tr.I.		5 16	II.Tr.I.		5 56	I.Sh.E.
	2 23	II.Tr.E.		2 25	I.Tr.E.		7 19	II.Sh.E.		6 27	I.Tr.E.
	19 12	I.Ec.D.		4 41	II.Sh.E.		8 08	II.Tr.E.		7 04	II.Sh.I.
	21 41	I.Oc.R.		5 16	II.Tr.E.		23 01	I.Ec.D.		8 07	II.Tr.I.
				21 07	I.Ec.D.					9 56	II.Sh.E.
3	16 25	I.Sh.I.		23 43	I.Oc.R.	17	1 45	I.Oc.R.		11 00	II.Tr.E.
	16 36	I.Tr.I.					20 13	I.Sh.I.			
	17 45	II.Ec.D.	10	18 19	I.Sh.I.		20 39	I.Tr.I.	24	0 56	I.Ec.D.
	18 42	I.Sh.E.		18 38	I.Tr.I.		22 30	I.Sh.E.		3 47	I.Oc.R.
	18 54	I.Tr.E.		20 20	II.Ec.D.		22 54	II.Ec.D.		22 07	I.Sh.I.
	20 46	III.Ec.D.		20 37	I.Sh.E.		22 56	I.Tr.E.		22 40	I.Tr.I.
	20 57	II.Oc.R.		20 55	I.Tr.E.						
				23 46	II.Oc.R.	18	2 36	II.Oc.R.	25	0 24	I.Sh.E.
4	1 06	III.Oc.R.					4 46	III.Ec.D.		0 57	I.Tr.E.
	13 41	I.Ec.D.	11	0 46	III.Ec.D.		10 08	III.Oc.R.		1 29	II.Ec.D.
	16 11	I.Oc.R.		5 37	III.Oc.R.		17 30	I.Ec.D.		5 24	II.Oc.R.
				15 35	I.Ec.D.		20 15	I.Oc.R.		8 47	III.Ec.D.
5	10 54	I.Sh.I.		18 13	I.Oc.R.					14 38	III.Oc.R.
	11 07	I.Tr.I.				19	14 42	I.Sh.I.		19 24	I.Ec.D.
	12 31	II.Sh.I.	12	12 48	I.Sh.I.		15 09	I.Tr.I.		22 17	I.Oc.R.
	12 57	II.Tr.I.		13 08	I.Tr.I.		16 59	I.Sh.E.			
	13 11	I.Sh.E.		15 05	I.Sh.E.		17 26	I.Tr.E.	26	16 36	I.Sh.I.
	13 24	I.Tr.E.		15 08	II.Sh.I.		17 46	II.Sh.I.		17 10	I.Tr.I.
	15 23	II.Sh.E.		15 25	I.Tr.E.		18 42	II.Tr.I.		18 53	I.Sh.E.
	15 47	IV.Sh.I.		15 50	II.Tr.I.		20 38	II.Sh.E.		19 27	I.Tr.E.
	15 50	II.Tr.E.		18 00	II.Sh.E.		21 35	II.Tr.E.		20 23	II.Sh.I.
	17 54	IV.Tr.I.		18 42	II.Tr.E.					21 33	II.Tr.I.
	20 29	IV.Sh.E.				20	11 59	I.Ec.D.		23 15	II.Sh.E.
	22 37	IV.Tr.E.	13	10 04	I.Ec.D.		14 46	I.Oc.R.			
				12 44	I.Oc.R.				27	0 26	II.Tr.E.
6	8 09	I.Ec.D.				21	9 10	I.Sh.I.		13 53	I.Ec.D.
	10 42	I.Oc.R.	14	2 20	IV.Ec.D.		9 39	I.Tr.I.		16 47	I.Oc.R.
				7 16	I.Sh.I.		11 27	I.Sh.E.			
7	5 22	I.Sh.I.		7 38	I.Tr.I.		11 57	I.Tr.E.	28	11 04	I.Sh.I.
	5 37	I.Tr.I.		9 34	I.Sh.E.		12 11	II.Ec.D.		11 40	I.Tr.I.
	7 03	II.Ec.D.		9 37	II.Ec.D.		16 00	II.Oc.R.		13 21	I.Sh.E.
	7 39	I.Sh.E.		9 56	I.Tr.E.		18 45	III.Sh.I.		13 57	I.Tr.E.
	7 54	I.Tr.E.		10 33	IV.Oc.R.		20 46	III.Tr.I.		14 46	II.Ec.D.
	10 22	II.Oc.R.		13 11	II.Oc.R.		22 20	III.Sh.E.		18 49	II.Oc.R.
	10 47	III.Sh.I.		14 46	III.Sh.I.					22 45	III.Sh.I.
	11 48	III.Tr.I.		16 17	III.Tr.I.	22	0 21	III.Tr.E.			
	14 20	III.Sh.E.		18 20	III.Sh.E.						

I. Feb. 15	II. Feb. 17	III. Feb. 18	IV. Feb. 14
$x_1 = -1.3, y_1 = -0.1$	$x_1 = -1.6, y_1 = -0.2$	$x_1 = -1.9, y_1 = -0.2$	$x_1 = -2.4, y_1 = -0.2$

NOTE.–I. denotes ingress; E., egress; D., disappearance; R., reappearance; Ec., eclipse; Oc., occultation; Tr., transit of the satellite; Sh., transit of the shadow.

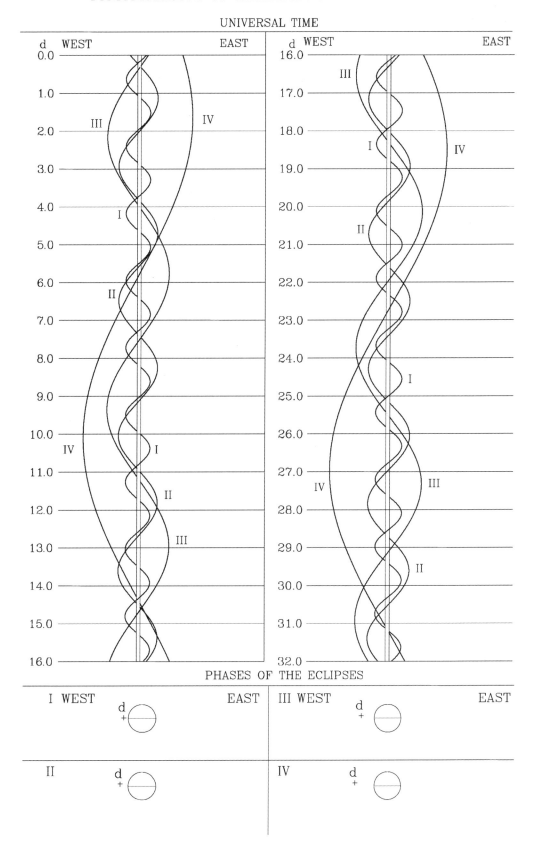

SATELLITES OF JUPITER, 2009
TERRESTRIAL TIME OF GEOCENTRIC PHENOMENA

MARCH

d	h m		d	h m		d	h m		d	h m	
1	1 14	III.Tr.I.	9	7 27	I.Sh.I.	16	16 38	II.Tr.I.	24	11 49	I.Oc.R.
	2 19	III.Sh.E.		8 11	I.Tr.I.		17 47	II.Sh.E.			
	4 50	III.Tr.E.		9 44	I.Sh.E.		19 31	II.Tr.E.	25	5 43	I.Sh.I.
	8 22	I.Ec.D.		10 28	I.Tr.E.					6 40	I.Tr.I.
	11 18	I.Oc.R.		12 18	II.Sh.I.	17	6 39	I.Ec.D.		8 00	I.Sh.E.
				13 49	II.Tr.I.		9 49	I.Oc.R.		8 57	I.Tr.E.
2	5 33	I.Sh.I.		15 10	II.Sh.E.					11 46	II.Ec.D.
	6 10	I.Tr.I.		16 41	II.Tr.E.	18	3 49	I.Sh.I.		16 34	II.Oc.R.
	7 50	I.Sh.E.					4 41	I.Tr.I.			
	8 28	I.Tr.E.	10	4 45	I.Ec.D.		6 06	I.Sh.E.	26	0 44	III.Ec.D.
	9 41	II.Sh.I.		7 49	I.Oc.R.		6 58	I.Tr.E.		3 01	I.Ec.D.
	10 58	II.Tr.I.					9 12	II.Ec.D.		4 20	III.Ec.R.
	12 33	II.Sh.E.	11	1 55	I.Sh.I.		13 48	II.Oc.R.		4 41	III.Oc.D.
	13 51	II.Tr.E.		2 41	I.Tr.I.		20 45	III.Ec.D.		6 19	I.Oc.R.
	20 26	IV.Ec.D.		4 03	IV.Sh.I.					8 20	III.Oc.R.
				4 12	I.Sh.E.	19	1 07	I.Ec.D.			
3	1 11	IV.Ec.R.		4 58	I.Tr.E.		3 57	III.Oc.R.	27	0 11	I.Sh.I.
	2 30	IV.Oc.D.		6 37	II.Ec.D.		4 19	I.Oc.R.		1 10	I.Tr.I.
	2 50	I.Ec.D.		8 49	IV.Sh.E.		14 32	IV.Ec.D.		2 28	I.Sh.E.
	5 48	I.Oc.R.		11 01	II.Oc.R.		19 19	IV.Ec.R.		3 27	I.Tr.E.
	7 19	IV.Oc.R.		11 27	IV.Tr.I.		22 18	I.Sh.I.		6 50	II.Sh.I.
				16 18	IV.Tr.E.		22 57	IV.Oc.D.		8 50	II.Tr.I.
4	0 01	I.Sh.I.		16 46	III.Ec.D.		23 11	I.Tr.I.		9 42	II.Sh.E.
	0 40	I.Tr.I.		23 13	I.Ec.D.					11 43	II.Tr.E.
	2 18	I.Sh.E.		23 32	III.Oc.R.	20	0 34	I.Sh.E.		21 30	I.Ec.D.
	2 58	I.Tr.E.					1 28	I.Tr.E.		22 11	IV.Sh.I.
	4 03	II.Ec.D.	12	2 19	I.Oc.R.		3 48	IV.Oc.R.			
	8 13	II.Oc.R.		20 24	I.Sh.I.		4 14	II.Sh.I.	28	0 49	I.Oc.R.
	12 46	III.Ec.D.		21 11	I.Tr.I.		6 03	II.Tr.I.		2 58	IV.Sh.E.
	19 06	III.Oc.R.		22 41	I.Sh.E.		7 05	II.Sh.E.		7 48	IV.Tr.I.
	21 19	I.Ec.D.		23 28	I.Tr.E.		8 55	II.Tr.E.		12 40	IV.Tr.E.
							19 36	I.Ec.D.		18 40	I.Sh.I.
5	0 18	I.Oc.R.	13	1 37	II.Sh.I.		22 49	I.Oc.R.		19 40	I.Tr.I.
	18 30	I.Sh.I.		3 14	II.Tr.I.					20 56	I.Sh.E.
	19 11	I.Tr.I.		4 29	II.Sh.E.	21	16 46	I.Sh.I.		21 57	I.Tr.E.
	20 47	I.Sh.E.		6 07	II.Tr.E.		17 40	I.Tr.I.			
	21 28	I.Tr.E.		17 42	I.Ec.D.		19 03	I.Sh.E.	29	1 03	II.Ec.D.
	23 00	II.Sh.I.		20 49	I.Oc.R.		19 57	I.Tr.E.		5 57	II.Oc.R.
							22 29	II.Ec.D.		14 44	III.Sh.I.
6	0 24	II.Tr.I.	14	14 52	I.Sh.I.					15 58	I.Ec.D.
	1 52	II.Sh.E.		15 41	I.Tr.I.	22	3 11	II.Oc.R.		18 20	III.Sh.E.
	3 17	II.Tr.E.		17 09	I.Sh.E.		10 45	III.Sh.I.		18 53	III.Tr.I.
	15 47	I.Ec.D.		17 58	I.Tr.E.		14 04	I.Ec.D.		19 19	I.Oc.R.
	18 48	I.Oc.R.		19 54	II.Ec.D.		14 20	III.Sh.E.		22 30	III.Tr.E.
							14 31	III.Tr.I.			
7	12 58	I.Sh.I.	15	0 24	II.Oc.R.		17 19	I.Oc.R.	30	13 08	I.Sh.I.
	13 41	I.Tr.I.		6 44	III.Sh.I.		18 08	III.Tr.E.		14 09	I.Tr.I.
	15 15	I.Sh.E.		10 06	III.Tr.I.					15 25	I.Sh.E.
	15 58	I.Tr.E.		10 19	III.Sh.E.	23	11 14	I.Sh.I.		16 26	I.Tr.E.
	17 20	II.Ec.D.		12 10	I.Ec.D.		12 10	I.Tr.I.		20 08	II.Sh.I.
	21 37	II.Oc.R.		13 44	III.Tr.E.		13 31	I.Sh.E.		22 14	II.Tr.I.
				15 19	I.Oc.R.		14 27	I.Tr.E.		23 00	II.Sh.E.
8	2 45	III.Sh.I.					17 32	II.Sh.I.			
	5 41	III.Tr.I.	16	9 21	I.Sh.I.		19 26	II.Tr.I.	31	1 06	II.Tr.E.
	6 20	III.Sh.E.		10 11	I.Tr.I.		20 23	II.Sh.E.		10 27	I.Ec.D.
	9 18	III.Tr.E.		11 37	I.Sh.E.		22 19	II.Tr.E.		13 49	I.Oc.R.
	10 16	I.Ec.D.		12 28	I.Tr.E.						
	13 19	I.Oc.R.		14 55	II.Sh.I.	24	8 33	I.Ec.D.			

I. Mar. 15	II. Mar. 14	III. Mar. 18	IV. Mar. 19
$x_1 = -1.7, \ y_1 = 0.0$	$x_1 = -2.1, \ y_1 = -0.1$	$x_1 = -2.9, \ y_1 = -0.1$	$x_1 = -4.4, \ y_1 = -0.1$
			$x_2 = -2.5, \ y_2 = -0.1$

NOTE.–I. denotes ingress; E., egress; D., disappearance; R., reappearance; Ec., eclipse; Oc., occultation; Tr., transit of the satellite; Sh., transit of the shadow.

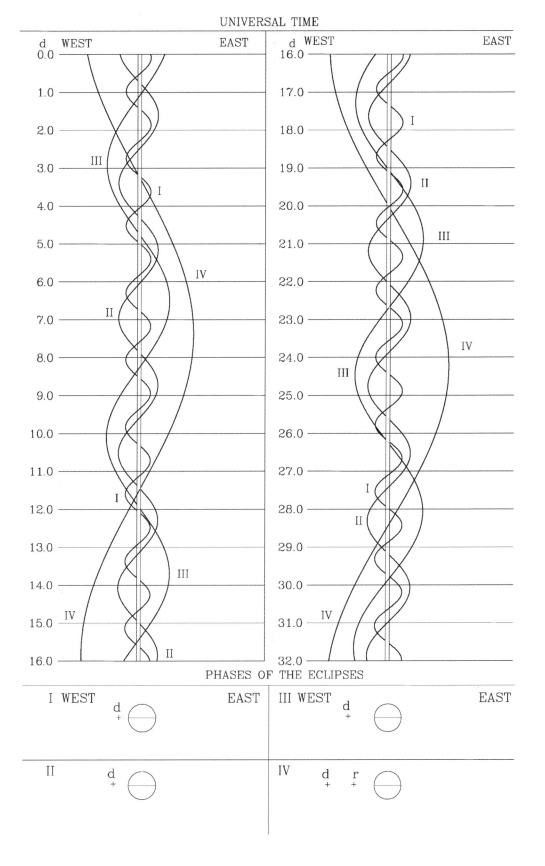

SATELLITES OF JUPITER, 2009
TERRESTRIAL TIME OF GEOCENTRIC PHENOMENA

APRIL

d	h m		d	h m		d	h m		d	h m	
1	7 37	I.Sh.I.	8	12 54	I.Tr.E.	16	0 48	II.Oc.R.	23	16 43	III.Ec.D.
	8 39	I.Tr.I.		16 55	II.Ec.D.		8 43	I.Ec.D.		20 20	III.Ec.R.
	9 53	I.Sh.E.		22 04	II.Oc.R.		12 15	I.Oc.R.		21 50	III.Oc.D.
	10 56	I.Tr.E.					12 43	III.Ec.D.			
	14 21	II.Ec.D.	9	6 49	I.Ec.D.		16 21	III.Ec.R.	24	1 29	III.Oc.R.
	19 20	II.Oc.R.		8 43	III.Ec.D.		17 37	III.Oc.D.		7 46	I.Sh.I.
				10 17	I.Oc.R.		21 17	III.Oc.R.		9 01	I.Tr.I.
2	4 44	III.Ec.D.		12 20	III.Ec.R.					10 03	I.Sh.E.
	4 55	I.Ec.D.		13 21	III.Oc.D.	17	5 53	I.Sh.I.		11 18	I.Tr.E.
	8 18	I.Oc.R.		17 00	III.Oc.R.		7 05	I.Tr.I.		17 15	II.Sh.I.
	8 21	III.Ec.R.					8 09	I.Sh.E.		19 47	II.Tr.I.
	9 03	III.Oc.D.	10	3 59	I.Sh.I.		9 21	I.Tr.E.		20 06	II.Sh.E.
	12 42	III.Oc.R.		5 07	I.Tr.I.		14 39	II.Sh.I.		22 39	II.Tr.E.
				6 15	I.Sh.E.		17 05	II.Tr.I.			
3	2 05	I.Sh.I.		7 24	I.Tr.E.		17 30	II.Sh.E.	25	5 06	I.Ec.D.
	3 09	I.Tr.I.		12 03	II.Sh.I.		19 57	II.Tr.E.		8 41	I.Oc.R.
	4 22	I.Sh.E.		14 22	II.Tr.I.						
	5 26	I.Tr.E.		14 54	II.Sh.E.	18	3 12	I.Ec.D.	26	2 15	I.Sh.I.
	9 27	II.Sh.I.		17 14	II.Tr.E.		6 44	I.Oc.R.		3 31	I.Tr.I.
	11 37	II.Tr.I.								4 31	I.Sh.E.
	12 18	II.Sh.E.	11	1 18	I.Ec.D.	19	0 21	I.Sh.I.		5 47	I.Tr.E.
	14 29	II.Tr.E.		4 46	I.Oc.R.		1 34	I.Tr.I.		11 22	II.Ec.D.
	23 24	I.Ec.D.		22 27	I.Sh.I.		2 38	I.Sh.E.		16 50	II.Oc.R.
				23 36	I.Tr.I.		3 51	I.Tr.E.		23 34	I.Ec.D.
4	2 48	I.Oc.R.					8 47	II.Ec.D.			
	20 34	I.Sh.I.	12	0 44	I.Sh.E.		14 09	II.Oc.R.	27	3 10	I.Oc.R.
	21 38	I.Tr.I.		1 53	I.Tr.E.		21 40	I.Ec.D.		6 42	III.Sh.I.
	22 50	I.Sh.E.		6 13	II.Ec.D.					10 18	III.Sh.E.
	23 55	I.Tr.E.		11 26	II.Oc.R.	20	1 13	I.Oc.R.		11 55	III.Tr.I.
				19 46	I.Ec.D.		2 42	III.Sh.I.		15 33	III.Tr.E.
5	3 38	II.Ec.D.		22 43	III.Sh.I.		6 18	III.Sh.E.		20 43	I.Sh.I.
	8 38	IV.Ec.D.		23 16	I.Oc.R.		7 43	III.Tr.I.		22 00	I.Tr.I.
	8 42	II.Oc.R.					11 21	III.Tr.E.		23 00	I.Sh.E.
	13 27	IV.Ec.R.	13	2 18	III.Sh.E.		18 49	I.Sh.I.			
	17 52	I.Ec.D.		3 29	III.Tr.I.		20 03	I.Tr.I.	28	0 16	I.Tr.E.
	18 44	III.Sh.I.		7 06	III.Tr.E.		21 06	I.Sh.E.		6 32	II.Sh.I.
	19 01	IV.Oc.D.		16 20	IV.Sh.I.		22 20	I.Tr.E.		9 07	II.Tr.I.
	21 18	I.Oc.R.		16 56	I.Sh.I.					9 23	II.Sh.E.
	22 19	III.Sh.E.		18 06	I.Tr.I.	21	3 57	II.Sh.I.		11 59	II.Tr.E.
	23 12	III.Tr.I.		19 12	I.Sh.E.		6 26	II.Tr.I.		18 03	I.Ec.D.
	23 52	IV.Oc.R.		20 23	I.Tr.E.		6 48	II.Sh.E.		21 39	I.Oc.R.
				21 08	IV.Sh.E.		9 18	II.Tr.E.			
6	2 50	III.Tr.E.					16 09	I.Ec.D.	29	15 12	I.Sh.I.
	15 02	I.Sh.I.	14	1 21	II.Sh.I.		19 42	I.Oc.R.		16 29	I.Tr.I.
	16 08	I.Tr.I.		3 42	IV.Tr.I.					17 28	I.Sh.E.
	17 19	I.Sh.E.		3 44	II.Tr.I.	22	2 44	IV.Ec.D.		18 45	I.Tr.E.
	18 25	I.Tr.E.		4 12	II.Sh.E.		7 33	IV.Ec.R.			
	22 45	II.Sh.I.		6 36	II.Tr.E.		13 18	I.Sh.I.	30	0 40	II.Ec.D.
				8 33	IV.Tr.E.		14 32	I.Tr.I.		6 11	II.Oc.R.
7	0 59	II.Tr.I.		14 15	I.Ec.D.		14 34	IV.Oc.D.		10 28	IV.Sh.I.
	1 36	II.Sh.E.		17 45	I.Oc.R.		15 34	I.Sh.E.		12 31	I.Ec.D.
	3 52	II.Tr.E.					16 49	I.Tr.E.		15 17	IV.Sh.E.
	12 21	I.Ec.D.	15	11 24	I.Sh.I.		19 24	IV.Oc.R.		16 08	I.Oc.R.
	15 47	I.Oc.R.		12 35	I.Tr.I.		22 05	II.Ec.D.		20 42	III.Ec.D.
				13 41	I.Sh.E.					23 01	IV.Tr.I.
8	9 30	I.Sh.I.		14 52	I.Tr.E.	23	3 30	II.Oc.R.			
	10 37	I.Tr.I.		19 30	II.Ec.D.		10 37	I.Ec.D.			
	11 47	I.Sh.E.					14 12	I.Oc.R.			

I. Apr. 16	II. Apr. 15	III. Apr. 16	IV. Apr. 22
$x_1 = -2.0,\ y_1 = 0.0$	$x_1 = -2.6,\ y_1 = -0.1$	$x_1 = -3.7,\ y_1 = 0.0$	$x_1 = -5.8,\ y_1 = +0.1$
		$x_2 = -1.7,\ y_2 = 0.0$	$x_2 = -3.9,\ y_2 = +0.1$

NOTE.—I. denotes ingress; E., egress; D., disappearance; R., reappearance; Ec., eclipse; Oc., occultation; Tr., transit of the satellite; Sh., transit of the shadow.

SATELLITES OF JUPITER, 2009

CONFIGURATIONS OF SATELLITES I-IV FOR APRIL

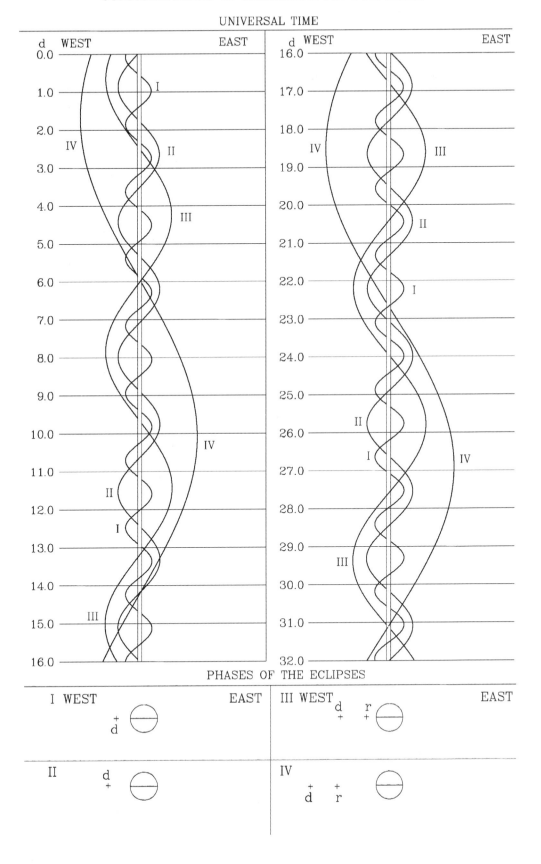

SATELLITES OF JUPITER, 2009
TERRESTRIAL TIME OF GEOCENTRIC PHENOMENA

MAY

d	h m		d	h m		d	h m		d	h m	
1	0 20	III.Ec.R.	8	20 51	IV.Ec.D.	16	6 33	II.Tr.E.	24	9 50	I.Sh.I.
	1 59	III.Oc.D.		22 26	II.Sh.I.		10 47	I.Ec.D.		11 09	I.Tr.I.
	3 49	IV.Tr.E.					14 26	I.Oc.R.		12 06	I.Sh.E.
	5 39	III.Oc.R.	9	1 05	II.Tr.I.					13 26	I.Tr.E.
	9 40	I.Sh.I.		1 16	II.Sh.E.	17	4 36	IV.Sh.I.		21 43	II.Ec.D.
	10 58	I.Tr.I.		1 41	IV.Ec.R.		7 56	I.Sh.I.			
	11 57	I.Sh.E.		3 57	II.Tr.E.		9 16	I.Tr.I.	25	3 20	II.Oc.R.
	13 14	I.Tr.E.		8 53	I.Ec.D.		9 25	IV.Sh.E.		7 09	I.Ec.D.
	19 50	II.Sh.I.		9 28	IV.Oc.D.		10 12	I.Sh.E.		10 47	I.Oc.R.
	22 27	II.Tr.I.		12 32	I.Oc.R.		11 33	I.Tr.E.		14 57	IV.Ec.D.
	22 41	II.Sh.E.		14 16	IV.Oc.R.		17 35	IV.Tr.I.		19 47	IV.Ec.R.
							19 08	II.Ec.D.		22 40	III.Sh.I.
2	1 19	II.Tr.E.	10	6 02	I.Sh.I.		22 20	IV.Tr.E.			
	6 59	I.Ec.D.		7 22	I.Tr.I.				26	2 17	III.Sh.E.
	10 37	I.Oc.R.		8 19	I.Sh.E.	18	0 45	II.Oc.R.		3 35	IV.Oc.D.
				9 38	I.Tr.E.		5 15	I.Ec.D.		4 05	III.Tr.I.
3	4 08	I.Sh.I.		16 32	II.Ec.D.		8 54	I.Oc.R.		4 18	I.Sh.I.
	5 27	I.Tr.I.		22 09	II.Oc.R.		18 41	III.Sh.I.		5 37	I.Tr.I.
	6 25	I.Sh.E.					22 17	III.Sh.E.		6 35	I.Sh.E.
	7 43	I.Tr.E.	11	3 22	I.Ec.D.					7 42	III.Tr.E.
	13 57	II.Ec.D.		7 00	I.Oc.R.	19	0 09	III.Tr.I.		7 54	I.Tr.E.
	19 30	II.Oc.R.		14 42	III.Sh.I.		2 24	I.Sh.I.		8 19	IV.Oc.R.
				18 18	III.Sh.E.		3 44	I.Tr.I.		16 53	II.Sh.I.
4	1 28	I.Ec.D.		20 09	III.Tr.I.		3 46	III.Tr.E.		19 32	II.Tr.I.
	5 06	I.Oc.R.		23 46	III.Tr.E.		4 41	I.Sh.E.		19 44	II.Sh.E.
	10 41	III.Sh.I.					6 01	I.Tr.E.		22 23	II.Tr.E.
	14 17	III.Sh.E.	12	0 31	I.Sh.I.		14 18	II.Sh.I.			
	16 03	III.Tr.I.		1 50	I.Tr.I.		16 59	II.Tr.I.	27	1 37	I.Ec.D.
	19 41	III.Tr.E.		2 47	I.Sh.E.		17 09	II.Sh.E.		5 15	I.Oc.R.
	22 37	I.Sh.I.		4 07	I.Tr.E.		19 50	II.Tr.E.		22 46	I.Sh.I.
	23 55	I.Tr.I.		11 43	II.Sh.I.		23 44	I.Ec.D.			
				14 24	II.Tr.I.				28	0 06	I.Tr.I.
5	0 53	I.Sh.E.		14 34	II.Sh.E.	20	3 23	I.Oc.R.		1 03	I.Sh.E.
	2 12	I.Tr.E.		17 15	II.Tr.E.		20 53	I.Sh.I.		2 22	I.Tr.E.
	9 08	II.Sh.I.		21 50	I.Ec.D.		22 13	I.Tr.I.		11 01	II.Ec.D.
	11 47	II.Tr.I.					23 09	I.Sh.E.		16 37	II.Oc.R.
	11 59	II.Sh.E.	13	1 29	I.Oc.R.					20 06	I.Ec.D.
	14 38	II.Tr.E.		18 59	I.Sh.I.	21	0 29	I.Tr.E.		23 43	I.Oc.R.
	19 56	I.Ec.D.		20 19	I.Tr.I.		8 26	II.Ec.D.			
	23 34	I.Oc.R.		21 16	I.Sh.E.		14 03	II.Oc.R.	29	12 39	III.Ec.D.
				22 36	I.Tr.E.		18 12	I.Ec.D.		16 17	III.Ec.R.
6	17 05	I.Sh.I.					21 51	I.Oc.R.		17 15	I.Sh.I.
	18 24	I.Tr.I.	14	5 50	II.Ec.D.					18 01	III.Oc.D.
	19 22	I.Sh.E.		11 27	II.Oc.R.	22	8 39	III.Ec.D.		18 34	I.Tr.I.
	20 41	I.Tr.E.		16 18	I.Ec.D.		12 18	III.Ec.R.		19 32	I.Sh.E.
				19 58	I.Oc.R.		14 07	III.Oc.D.		20 50	I.Tr.E.
7	3 15	II.Ec.D.					15 21	I.Sh.I.		21 40	III.Oc.R.
	8 50	II.Oc.R.	15	4 40	III.Ec.D.		16 41	I.Tr.I.			
	14 25	I.Ec.D.		8 18	III.Ec.R.		17 38	I.Sh.E.	30	6 11	II.Sh.I.
	18 03	I.Oc.R.		10 08	III.Oc.D.		17 46	III.Oc.R.		8 48	II.Tr.I.
				13 27	I.Sh.I.		18 58	I.Tr.E.		9 01	II.Sh.E.
8	0 41	III.Ec.D.		13 47	III.Oc.R.					11 39	II.Tr.E.
	4 19	III.Ec.R.		14 48	I.Tr.I.	23	3 36	II.Sh.I.		14 34	I.Ec.D.
	6 05	III.Oc.D.		15 44	I.Sh.E.		6 16	II.Tr.I.		18 11	I.Oc.R.
	9 44	III.Oc.R.		17 04	I.Tr.E.		6 26	II.Sh.E.			
	11 34	I.Sh.I.					9 07	II.Tr.E.	31	11 43	I.Sh.I.
	12 53	I.Tr.I.	16	1 01	II.Sh.I.		12 40	I.Ec.D.		13 02	I.Tr.I.
	13 50	I.Sh.E.		3 42	II.Tr.I.		16 19	I.Oc.R.		14 00	I.Sh.E.
	15 10	I.Tr.E.		3 52	II.Sh.E.					15 18	I.Tr.E.

I. May 16	II. May 17	III. May 15	IV. May 8, 9
$x_1 = -2.1$, $y_1 = 0.0$	$x_1 = -2.8$, $y_1 = 0.0$	$x_1 = -4.0$, $y_1 = 0.0$	$x_1 = -6.2$, $y_1 = +0.1$
		$x_2 = -2.0$, $y_2 = 0.0$	$x_2 = -4.2$, $y_2 = +0.1$

NOTE.–I. denotes ingress; E., egress; D., disappearance; R., reappearance; Ec., eclipse; Oc., occultation; Tr., transit of the satellite; Sh., transit of the shadow.

SATELLITES OF JUPITER, 2009

CONFIGURATIONS OF SATELLITES I-IV FOR MAY

UNIVERSAL TIME

PHASES OF THE ECLIPSES

SATELLITES OF JUPITER, 2009

TERRESTRIAL TIME OF GEOCENTRIC PHENOMENA

JUNE

d	h m		d	h m		d	h m		d	h m	
1	0 19	II.Ec.D.	8	14 30	I.Oc.R.	16	10 39	III.Sh.I.	23	15 17	I.Tr.E.
	5 53	II.Oc.R.					11 11	I.Tr.I.		18 16	III.Sh.E.
	9 03	I.Ec.D.	9	6 39	III.Sh.I.		12 16	I.Sh.E.		19 08	III.Tr.I.
	12 39	I.Oc.R.		8 06	I.Sh.I.		13 28	I.Tr.E.		22 44	III.Tr.E.
				9 21	I.Tr.I.		14 16	III.Sh.E.			
2	2 39	III.Sh.I.		10 16	III.Sh.E.		15 29	III.Tr.I.	24	3 12	II.Sh.I.
	6 12	I.Sh.I.		10 22	I.Sh.E.		19 06	III.Tr.E.		5 21	II.Tr.I.
	6 16	III.Sh.E.		11 37	I.Tr.E.					6 02	II.Sh.E.
	7 30	I.Tr.I.		11 45	III.Tr.I.	17	0 37	II.Sh.I.		8 12	II.Tr.E.
	7 57	III.Tr.I.		15 22	III.Tr.E.		2 58	II.Tr.I.		9 12	I.Ec.D.
	8 29	I.Sh.E.		22 03	II.Sh.I.		3 28	II.Sh.E.		12 35	I.Oc.R.
	9 46	I.Tr.E.					5 49	II.Tr.E.			
	11 34	III.Tr.E.	10	0 31	II.Tr.I.		7 18	I.Ec.D.	25	6 22	I.Sh.I.
	19 28	II.Sh.I.		0 53	II.Sh.E.		10 47	I.Oc.R.		7 26	I.Tr.I.
	22 03	II.Tr.I.		3 22	II.Tr.E.					8 39	I.Sh.E.
	22 19	II.Sh.E.		5 25	I.Ec.D.	18	4 28	I.Sh.I.		9 44	I.Tr.E.
	22 45	IV.Sh.I.		8 57	I.Oc.R.		5 38	I.Tr.I.		21 25	II.Ec.D.
							6 45	I.Sh.E.			
3	0 54	II.Tr.E.	11	2 34	I.Sh.I.		7 55	I.Tr.E.	26	2 31	II.Oc.R.
	3 31	I.Ec.D.		3 48	I.Tr.I.		18 49	II.Ec.D.		3 40	I.Ec.D.
	3 35	IV.Sh.E.		4 51	I.Sh.E.					7 02	I.Oc.R.
	7 07	I.Oc.R.		6 05	I.Tr.E.	19	0 06	II.Oc.R.			
	11 17	IV.Tr.I.		9 04	IV.Ec.D.		1 47	I.Ec.D.	27	0 50	I.Sh.I.
	15 59	IV.Tr.E.		13 54	IV.Ec.R.		5 14	I.Oc.R.		1 54	I.Tr.I.
				16 13	II.Ec.D.		16 54	IV.Sh.I.		3 08	I.Sh.E.
4	0 40	I.Sh.I.		20 47	IV.Oc.D.		21 44	IV.Sh.E.		4 11	I.Tr.E.
	1 57	I.Tr.I.		21 39	II.Oc.R.		22 56	I.Sh.I.		4 37	III.Ec.D.
	2 57	I.Sh.E.		23 53	I.Ec.D.					8 15	III.Ec.R.
	4 14	I.Tr.E.				20	0 05	I.Tr.I.		8 53	III.Oc.D.
	13 37	II.Ec.D.	12	1 28	IV.Oc.R.		0 37	III.Ec.D.		12 31	III.Oc.R.
	19 09	II.Oc.R.		3 25	I.Oc.R.		1 14	I.Sh.E.		16 29	II.Sh.I.
	21 59	I.Ec.D.		20 38	III.Ec.D.		2 22	I.Tr.E.		18 33	II.Tr.I.
				21 02	I.Sh.I.		4 01	IV.Tr.I.		19 20	II.Sh.E.
5	1 35	I.Oc.R.		22 16	I.Tr.I.		4 16	III.Ec.R.		21 24	II.Tr.E.
	16 39	III.Ec.D.		23 19	I.Sh.E.		5 17	III.Oc.D.		22 09	I.Ec.D.
	19 09	I.Sh.I.					8 40	IV.Tr.E.			
	20 18	III.Ec.R.	13	0 17	III.Ec.R.		8 55	III.Oc.R.	28	1 29	I.Oc.R.
	20 25	I.Tr.I.		0 33	I.Tr.E.		13 54	II.Sh.I.		3 12	IV.Ec.D.
	21 26	I.Sh.E.		1 37	III.Oc.D.		16 10	II.Tr.I.		8 02	IV.Ec.R.
	21 52	III.Oc.D.		5 15	III.Oc.R.		16 45	II.Sh.E.		13 01	IV.Oc.D.
	22 42	I.Tr.E.		11 20	II.Sh.I.		19 01	II.Tr.E.		17 39	IV.Oc.R.
				13 45	II.Tr.I.		20 15	I.Ec.D.		19 19	I.Sh.I.
6	1 30	III.Oc.R.		14 11	II.Sh.E.		23 41	I.Oc.R.		20 20	I.Tr.I.
	8 45	II.Sh.I.		16 36	II.Tr.E.					21 36	I.Sh.E.
	11 17	II.Tr.I.		18 21	I.Ec.D.	21	17 25	I.Sh.I.		22 38	I.Tr.E.
	11 36	II.Sh.E.		21 52	I.Oc.R.		18 32	I.Tr.I.			
	14 08	II.Tr.E.					19 42	I.Sh.E.	29	10 43	II.Ec.D.
	16 28	I.Ec.D.	14	15 31	I.Sh.I.		20 49	I.Tr.E.		15 43	II.Oc.R.
	20 02	I.Oc.R.		16 43	I.Tr.I.					16 37	I.Ec.D.
				17 48	I.Sh.E.	22	8 07	II.Ec.D.		19 56	I.Oc.R.
7	13 37	I.Sh.I.		19 00	I.Tr.E.		13 19	II.Oc.R.			
	14 53	I.Tr.I.					14 43	I.Ec.D.	30	13 47	I.Sh.I.
	15 54	I.Sh.E.	15	5 31	II.Ec.D.		18 08	I.Oc.R.		14 47	I.Tr.I.
	17 10	I.Tr.E.		10 52	II.Oc.R.					16 05	I.Sh.E.
				12 50	I.Ec.D.	23	11 53	I.Sh.I.		17 05	I.Tr.E.
8	2 55	II.Ec.D.		16 19	I.Oc.R.		12 59	I.Tr.I.		18 39	III.Sh.I.
	8 24	II.Oc.R.					14 11	I.Sh.E.		22 17	III.Sh.E.
	10 56	I.Ec.D.	16	9 59	I.Sh.I.		14 38	III.Sh.I.		22 42	III.Tr.I.

I. June 15	II. June 15	III. June 12, 13	IV. June 11
$x_1 = -2.0,\ y_1 = 0.0$	$x_1 = -2.7,\ y_1 = 0.0$	$x_1 = -3.7,\ y_1 = +0.1$	$x_1 = -5.8,\ y_1 = +0.2$
		$x_2 = -1.7,\ y_2 = +0.1$	$x_2 = -3.8,\ y_2 = +0.2$

NOTE.—I. denotes ingress; E., egress; D., disappearance; R., reappearance; Ec., eclipse; Oc., occultation; Tr., transit of the satellite; Sh., transit of the shadow.

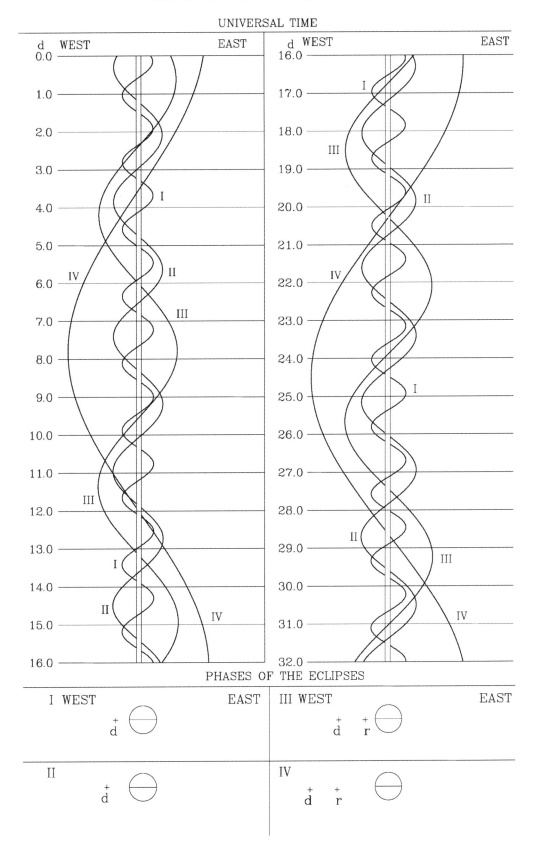

SATELLITES OF JUPITER, 2009

TERRESTRIAL TIME OF GEOCENTRIC PHENOMENA

JULY

d	h m		d	h m		d	h m		d	h m	
1	2 19	III.Tr.E.	8	11 11	II.Sh.E.	16	12 04	I.Sh.I.	24	7 53	II.Ec.D.
	5 46	II.Sh.I.		12 54	II.Tr.E.		12 46	I.Tr.I.		11 16	I.Ec.D.
	7 43	II.Tr.I.		12 59	I.Ec.D.		14 22	I.Sh.E.		11 53	II.Oc.R.
	8 37	II.Sh.E.		16 09	I.Oc.R.		15 04	I.Tr.E.		14 05	I.Oc.R.
	10 34	II.Tr.E.									
	11 06	I.Ec.D.	9	10 10	I.Sh.I.	17	5 16	II.Ec.D.	25	8 27	I.Sh.I.
	14 22	I.Oc.R.		11 01	I.Tr.I.		9 22	I.Ec.D.		8 58	I.Tr.I.
				12 28	I.Sh.E.		9 35	II.Oc.R.		10 45	I.Sh.E.
2	8 16	I.Sh.I.		13 18	I.Tr.E.		12 20	I.Oc.R.		11 16	I.Tr.E.
	9 14	I.Tr.I.								20 37	III.Ec.D.
	10 33	I.Sh.E.	10	2 39	II.Ec.D.	18	6 33	I.Sh.I.			
	11 31	I.Tr.E.		7 16	II.Oc.R.		7 13	I.Tr.I.	26	2 14	III.Oc.R.
				7 28	I.Ec.D.		8 51	I.Sh.E.		2 46	II.Sh.I.
3	0 02	II.Ec.D.		10 35	I.Oc.R.		9 31	I.Tr.E.		3 44	II.Tr.I.
	4 55	II.Oc.R.					16 36	III.Ec.D.		5 37	II.Sh.E.
	5 34	I.Ec.D.	11	4 38	I.Sh.I.		22 53	III.Oc.R.		5 44	I.Ec.D.
	8 49	I.Oc.R.		5 27	I.Tr.I.					6 35	II.Tr.E.
				6 56	I.Sh.E.	19	0 11	II.Sh.I.		8 31	I.Oc.R.
4	2 44	I.Sh.I.		7 45	I.Tr.E.		1 28	II.Tr.I.			
	3 41	I.Tr.I.		12 36	III.Ec.D.		3 03	II.Sh.E.	27	2 56	I.Sh.I.
	5 02	I.Sh.E.		19 30	III.Oc.R.		3 50	I.Ec.D.		3 24	I.Tr.I.
	5 58	I.Tr.E.		21 37	II.Sh.I.		4 20	II.Tr.E.		5 14	I.Sh.E.
	8 36	III.Ec.D.		23 12	II.Tr.I.		6 46	I.Oc.R.		5 42	I.Tr.E.
	12 15	III.Ec.R.								21 11	II.Ec.D.
	12 24	III.Oc.D.	12	0 28	II.Sh.E.	20	1 01	I.Sh.I.			
	16 02	III.Oc.R.		1 56	II.Ec.D.		1 39	I.Tr.I.	28	0 13	I.Ec.D.
	19 03	II.Sh.I.		2 03	II.Tr.E.		3 19	I.Sh.E.		1 01	II.Oc.R.
	20 53	II.Tr.I.		5 01	I.Oc.R.		3 57	I.Tr.E.		2 57	I.Oc.R.
	21 54	II.Sh.E.		23 07	I.Sh.I.		18 34	II.Ec.D.		21 24	I.Sh.I.
	23 44	II.Tr.E.		23 54	I.Tr.I.		22 19	I.Ec.D.		21 50	I.Tr.I.
							22 44	II.Oc.R.		23 43	I.Sh.E.
5	0 02	I.Ec.D.	13	1 25	I.Sh.E.						
	3 16	I.Oc.R.		2 11	I.Tr.E.	21	1 12	I.Oc.R.	29	0 08	I.Tr.E.
	21 13	I.Sh.I.		15 57	II.Ec.D.		19 30	I.Sh.I.		10 38	III.Sh.I.
	22 08	I.Tr.I.		20 25	I.Ec.D.		20 05	I.Tr.I.		12 18	III.Tr.I.
	23 30	I.Sh.E.		20 25	II.Oc.R.		21 48	I.Sh.E.		14 17	III.Sh.E.
				23 28	I.Oc.R.		22 23	I.Tr.E.		15 55	III.Tr.E.
6	0 25	I.Tr.E.								16 03	II.Sh.I.
	11 03	IV.Sh.I.	14	17 35	I.Sh.I.	22	6 38	III.Sh.I.		16 51	II.Tr.I.
	13 20	II.Ec.D.		18 20	I.Tr.I.		8 59	III.Tr.I.		18 41	I.Ec.D.
	15 53	IV.Sh.E.		19 53	I.Sh.E.		10 17	III.Sh.E.		18 55	II.Sh.E.
	18 05	II.Oc.R.		20 38	I.Tr.E.		12 36	III.Tr.E.		19 42	II.Tr.E.
	18 31	I.Ec.D.		21 20	IV.Ec.D.		13 29	II.Sh.I.		21 22	I.Oc.R.
	19 45	IV.Tr.I.					14 36	II.Tr.I.			
	21 42	I.Oc.R.	15	2 09	IV.Ec.R.		16 20	II.Sh.E.	30	15 53	I.Sh.I.
				2 38	III.Sh.I.		16 47	I.Ec.D.		16 16	I.Tr.I.
7	0 22	IV.Tr.E.		4 19	IV.Oc.D.		17 28	II.Tr.E.		18 11	I.Sh.E.
	15 41	I.Sh.I.		5 37	III.Tr.I.		19 38	I.Oc.R.		18 34	I.Tr.E.
	16 34	I.Tr.I.		6 17	III.Sh.E.						
	17 59	I.Sh.E.		8 56	IV.Oc.R.	23	5 14	IV.Sh.I.	31	10 30	II.Ec.D.
	18 52	I.Tr.E.		9 14	III.Tr.E.		10 04	IV.Sh.E.		13 10	I.Ec.D.
	22 38	III.Sh.I.		10 54	II.Sh.I.		10 37	IV.Tr.I.		14 09	II.Oc.R.
				12 20	II.Tr.I.		13 58	I.Sh.I.		15 29	IV.Ec.D.
8	2 12	III.Tr.I.		13 46	II.Sh.E.		14 31	I.Tr.I.		15 48	I.Oc.R.
	2 17	III.Sh.E.		14 53	I.Ec.D.		15 14	IV.Tr.E.		23 29	IV.Oc.R.
	5 49	III.Tr.E.		15 12	II.Tr.E.		16 16	I.Sh.E.			
	8 20	II.Sh.I.		17 54	I.Oc.R.		16 49	I.Tr.E.			
	10 03	II.Tr.I.									

I. July 15	II. July 17	III. July 18	IV. July 14, 15
$x_1 = -1.6$, $y_1 = +0.1$	$x_1 = -2.0$, $y_1 = 0.0$	$x_1 = -2.5$, $y_1 = +0.1$	$x_1 = -3.9$, $y_1 = +0.3$
			$x_2 = -1.9$, $y_2 = +0.3$

NOTE.—I. denotes ingress; E., egress; D., disappearance; R., reappearance; Ec., eclipse; Oc., occultation; Tr., transit of the satellite; Sh., transit of the shadow.

SATELLITES OF JUPITER, 2009

CONFIGURATIONS OF SATELLITES I-IV FOR JULY

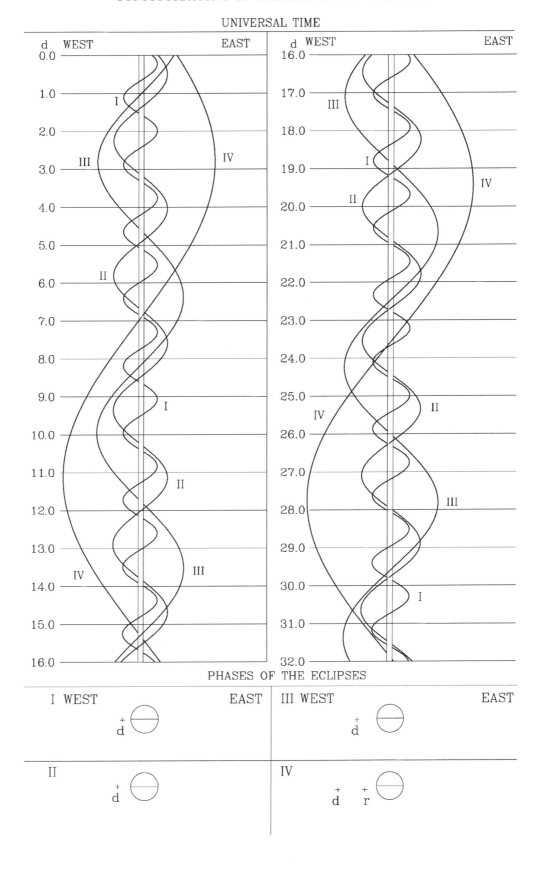

SATELLITES OF JUPITER, 2009
TERRESTRIAL TIME OF GEOCENTRIC PHENOMENA

AUGUST

d	h m		d	h m		d	h m		d	h m	
1	10 22	I.Sh.I.	9	4 14	IV.Sh.E.	16	13 16	II.Tr.E.	24	10 35	I.Sh.I.
	10 42	I.Tr.I.		4 37	III.Ec.D.		13 21	II.Sh.E.		12 38	I.Tr.E.
	12 40	I.Sh.E.		5 31	IV.Tr.E.		13 44	I.Ec.R.		12 53	I.Sh.E.
	13 00	I.Tr.E.		7 55	II.Sh.I.						
				8 11	II.Tr.I.	17	8 36	I.Tr.I.	25	7 08	II.Oc.D.
2	0 37	III.Ec.D.		8 48	III.Oc.R.		8 40	I.Sh.I.		7 34	I.Oc.D.
	5 20	II.Sh.I.		9 32	I.Ec.D.		9 04	IV.Oc.D.		10 07	I.Ec.R.
	5 32	III.Oc.R.		10 47	II.Sh.E.		10 54	I.Tr.E.		10 37	II.Ec.R.
	5 58	II.Tr.I.		11 03	II.Tr.E.		10 58	I.Sh.E.		14 59	IV.Tr.I.
	7 38	I.Ec.D.		11 58	I.Oc.R.		14 26	IV.Ec.R.		17 38	IV.Sh.I.
	8 12	II.Sh.E.								19 39	IV.Tr.E.
	8 49	II.Tr.E.	10	6 45	I.Sh.I.	18	4 52	II.Oc.D.		22 25	IV.Sh.E.
	10 14	I.Oc.R.		6 52	I.Tr.I.		5 50	I.Oc.D.			
				9 03	I.Sh.E.		7 59	II.Ec.R.	26	4 46	I.Tr.I.
3	4 50	I.Sh.I.		9 10	I.Tr.E.		8 13	I.Ec.R.		5 04	I.Sh.I.
	5 08	I.Tr.I.								7 04	I.Tr.E.
	7 09	I.Sh.E.	11	2 26	II.Ec.D.	19	3 02	I.Tr.I.		7 22	I.Sh.E.
	7 26	I.Tr.E.		4 01	I.Ec.D.		3 09	I.Sh.I.			
	23 48	II.Ec.D.		5 32	II.Oc.R.		5 20	I.Tr.E.	27	1 25	III.Tr.I.
				6 24	I.Oc.R.		5 27	I.Sh.E.		1 44	II.Tr.I.
4	2 07	I.Ec.D.					22 09	III.Tr.I.		2 00	I.Oc.D.
	3 17	II.Oc.R.	12	1 14	I.Sh.I.		22 41	III.Sh.I.		2 22	II.Sh.I.
	4 40	I.Oc.R.		1 18	I.Tr.I.		23 31	II.Tr.I.		2 42	III.Sh.I.
	23 19	I.Sh.I.		3 32	I.Sh.E.		23 47	II.Sh.I.		4 36	II.Tr.E.
	23 34	I.Tr.I.		3 36	I.Tr.E.					4 36	I.Ec.R.
				18 40	III.Sh.I.	20	0 16	I.Oc.D.		5 03	III.Tr.E.
5	1 37	I.Sh.E.		18 52	III.Tr.I.		1 46	III.Tr.E.		5 13	II.Sh.E.
	1 52	I.Tr.E.		21 12	II.Sh.I.		2 21	III.Sh.E.		6 21	III.Sh.E.
	14 39	III.Sh.I.		21 17	II.Tr.I.		2 22	II.Tr.E.		23 12	I.Tr.I.
	15 36	III.Tr.I.		22 19	III.Sh.E.		2 39	II.Sh.E.		23 33	I.Sh.I.
	18 18	III.Sh.E.		22 30	I.Ec.D.		2 41	I.Ec.R.			
	18 37	II.Sh.I.		22 30	III.Tr.E.		21 28	I.Tr.I.	28	1 30	I.Tr.E.
	19 04	II.Tr.I.					21 37	I.Sh.I.		1 51	I.Sh.E.
	19 13	III.Tr.E.	13	0 04	II.Sh.E.		23 46	I.Tr.E.		20 17	II.Oc.D.
	20 35	I.Ec.D.		0 09	II.Tr.E.		23 56	I.Sh.E.		20 26	I.Oc.D.
	21 29	II.Sh.E.		0 50	I.Oc.R.					23 04	I.Ec.R.
	21 56	II.Tr.E.		19 42	I.Sh.I.	21	18 01	II.Oc.D.		23 56	II.Ec.R.
	23 06	I.Oc.R.		19 44	I.Tr.I.		18 42	I.Oc.D.			
				22 01	I.Sh.E.		21 10	I.Ec.R.	29	17 38	I.Tr.I.
6	17 48	I.Sh.I.		22 02	I.Tr.E.		21 18	II.Ec.R.		18 02	I.Sh.I.
	18 00	I.Tr.I.								19 57	I.Tr.E.
	20 06	I.Sh.E.	14	15 45	II.Ec.D.	22	15 54	I.Tr.I.		20 20	I.Sh.E.
	20 18	I.Tr.E.		16 58	I.Ec.D.		16 06	I.Sh.I.			
				18 40	II.Ec.R.		18 12	I.Tr.E.	30	14 51	II.Tr.I.
7	13 08	II.Ec.D.		19 16	I.Ec.R.		18 25	I.Sh.E.		14 52	I.Oc.D.
	15 04	I.Ec.D.								15 00	III.Oc.D.
	16 25	II.Oc.R.	15	14 10	I.Tr.I.	23	11 42	III.Oc.D.		15 39	II.Sh.I.
	17 32	I.Oc.R.		14 11	I.Sh.I.		12 37	II.Tr.I.		17 33	I.Ec.R.
				16 28	I.Tr.E.		13 04	II.Sh.I.		17 43	II.Tr.E.
8	12 16	I.Sh.I.		16 30	I.Sh.E.		13 08	I.Oc.D.		18 31	II.Sh.E.
	12 26	I.Tr.I.					15 29	II.Tr.E.		20 17	III.Ec.R.
	14 35	I.Sh.E.	16	8 27	III.Oc.D.		15 39	I.Ec.R.			
	14 44	I.Tr.E.		10 24	II.Tr.I.		15 56	II.Sh.E.	31	12 05	I.Tr.I.
	23 25	IV.Sh.I.		10 29	II.Sh.I.		16 16	III.Ec.R.		12 30	I.Sh.I.
				11 24	I.Oc.D.					14 23	I.Tr.E.
9	0 53	IV.Tr.I.		12 15	III.Ec.R.	24	10 20	I.Tr.I.		14 49	I.Sh.E.

I. Aug. 16	II. Aug. 18	III. Aug. 16	IV. Aug. 17
$x_2 = +1.0,\ y_2 = +0.1$	$x_2 = +1.1,\ y_2 = 0.0$	$x_2 = +1.1,\ y_2 = +0.1$	$x_2 = +1.3,\ y_2 = +0.2$

NOTE.–I. denotes ingress; E., egress; D., disappearance; R., reappearance; Ec., eclipse; Oc., occultation; Tr., transit of the satellite; Sh., transit of the shadow.

SATELLITES OF JUPITER, 2009

CONFIGURATIONS OF SATELLITES I–IV FOR AUGUST

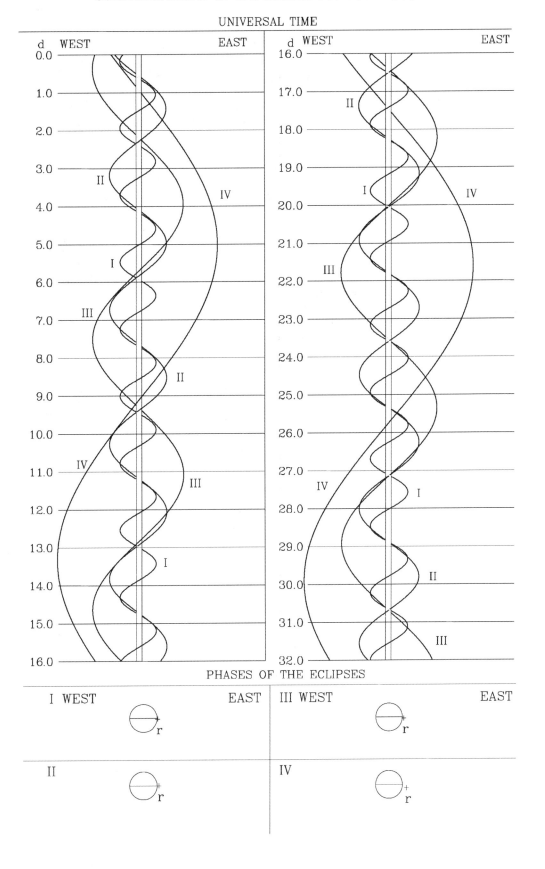

SATELLITES OF JUPITER, 2009

TERRESTRIAL TIME OF GEOCENTRIC PHENOMENA

SEPTEMBER

d	h m		d	h m		d	h m		d	h m	
1	9 18	I.Oc.D.	9	8 17	I.Tr.I.	16	13 08	I.Sh.E.	24	10 52	II.Tr.I.
	9 25	II.Oc.D.		8 55	I.Sh.I.	17	7 15	I.Oc.D.		12 15	I.Ec.R.
	12 02	I.Ec.R.		10 35	I.Tr.E.		8 33	II.Tr.I.		12 43	II.Sh.I.
	13 15	II.Ec.R.		11 13	I.Sh.E.		10 07	II.Sh.I.		13 43	II.Tr.E.
2	6 31	I.Tr.I.	10	5 29	I.Oc.D.		10 20	I.Ec.R.		14 59	III.Tr.I.
	6 59	I.Sh.I.		6 15	II.Tr.I.		11 24	II.Tr.E.		15 34	II.Sh.E.
	8 49	I.Tr.E.		7 32	II.Sh.I.		11 29	III.Tr.I.		18 37	III.Tr.E.
	9 17	I.Sh.E.		8 05	III.Tr.I.		12 59	II.Sh.E.		18 48	III.Sh.I.
	23 20	IV.Oc.D.		8 25	I.Ec.R.		14 45	III.Sh.I.		22 25	III.Sh.E.
				9 06	II.Tr.E.		15 07	III.Tr.E.	25	6 18	I.Tr.I.
3	3 44	I.Oc.D.		10 23	II.Sh.E.		18 24	III.Sh.E.		7 15	I.Sh.I.
	3 59	II.Tr.I.		10 44	III.Sh.I.					8 35	I.Tr.E.
	4 44	III.Tr.I.		11 42	III.Tr.E.	18	4 30	I.Tr.I.		9 32	I.Sh.E.
	4 57	II.Sh.I.		14 23	III.Sh.E.		5 19	I.Sh.I.			
	6 30	I.Ec.R.					6 48	I.Tr.E.	26	3 29	I.Oc.D.
	6 43	III.Sh.I.	11	2 43	I.Tr.I.		7 37	I.Sh.E.		5 36	II.Oc.D.
	6 50	II.Tr.E.		3 23	I.Sh.I.					6 44	I.Ec.R.
	7 48	II.Sh.E.		5 01	I.Tr.E.	19	1 42	I.Oc.D.		10 29	II.Ec.R.
	8 21	III.Tr.E.		5 26	IV.Tr.I.		3 13	II.Oc.D.			
	8 36	IV.Ec.R.		5 41	I.Sh.E.		4 49	I.Ec.R.	27	0 45	I.Tr.I.
	10 22	III.Sh.E.		10 07	IV.Tr.E.		7 51	II.Ec.R.		1 44	I.Sh.I.
				11 53	IV.Sh.I.		14 07	IV.Oc.D.		3 02	I.Tr.E.
4	0 57	I.Tr.I.		16 37	IV.Sh.E.		18 49	IV.Oc.R.		4 01	I.Sh.E.
	1 28	I.Sh.I.		23 55	I.Oc.D.		22 04	IV.Ec.D.		20 36	IV.Tr.I.
	3 15	I.Tr.E.					22 57	I.Tr.I.		21 56	I.Oc.D.
	3 46	I.Sh.E.	12	0 53	II.Oc.D.		23 48	I.Sh.I.			
	22 10	I.Oc.D.		2 54	I.Ec.R.				28	0 03	II.Tr.I.
	22 34	II.Oc.D.		5 13	II.Ec.R.	20	1 14	I.Tr.E.		1 12	I.Ec.R.
				21 10	I.Tr.I.		2 06	I.Sh.E.		1 18	IV.Tr.E.
5	0 59	I.Ec.R.		21 52	I.Sh.I.		2 45	IV.Ec.R.		2 00	II.Sh.I.
	2 34	II.Ec.R.		23 28	I.Tr.E.		20 08	I.Oc.D.		2 54	II.Tr.E.
	19 24	I.Tr.I.					21 42	II.Tr.I.		4 40	III.Oc.D.
	19 57	I.Sh.I.	13	0 10	I.Sh.E.		23 17	I.Ec.R.		4 52	II.Sh.E.
	21 42	I.Tr.E.		18 22	I.Oc.D.		23 25	II.Sh.I.		6 08	IV.Sh.I.
	22 15	I.Sh.E.		19 23	II.Tr.I.					8 19	III.Oc.R.
				20 49	II.Sh.I.	21	0 33	II.Tr.E.		8 42	III.Ec.D.
6	16 36	I.Oc.D.		21 23	I.Ec.R.		1 10	III.Oc.D.		10 48	IV.Sh.E.
	17 07	II.Tr.I.		21 43	III.Oc.D.		2 16	II.Sh.E.		12 21	III.Ec.R.
	18 14	II.Sh.I.		22 15	II.Tr.E.		8 20	III.Ec.R.		19 12	I.Tr.I.
	18 20	III.Oc.D.		23 41	II.Sh.E.		17 24	I.Tr.I.		20 12	I.Sh.I.
	19 28	I.Ec.R.					18 17	I.Sh.I.		21 30	I.Tr.E.
	19 58	II.Tr.E.	14	4 19	III.Ec.R.		19 41	I.Tr.E.		22 30	I.Sh.E.
	21 06	II.Sh.E.		15 36	I.Tr.I.		20 34	I.Sh.E.			
				16 21	I.Sh.I.				29	16 23	I.Oc.D.
7	0 18	III.Ec.R.		17 54	I.Tr.E.	22	14 35	I.Oc.D.		18 47	II.Oc.D.
	13 50	I.Tr.I.		18 39	I.Sh.E.		16 24	II.Oc.D.		19 41	I.Ec.R.
	14 26	I.Sh.I.					17 46	I.Ec.R.		23 48	II.Ec.R.
	16 08	I.Tr.E.	15	12 48	I.Oc.D.		21 10	II.Ec.R.			
	16 44	I.Sh.E.		14 02	II.Oc.D.				30	13 39	I.Tr.I.
				15 51	I.Ec.R.	23	11 51	I.Tr.I.		14 41	I.Sh.I.
8	11 03	I.Oc.D.		18 31	II.Ec.R.		12 46	I.Sh.I.		15 57	I.Tr.E.
	11 43	II.Oc.D.					14 08	I.Tr.E.		16 59	I.Sh.E.
	13 56	I.Ec.R.	16	10 03	I.Tr.I.		15 03	I.Sh.E.			
	15 53	II.Ec.R.		10 50	I.Sh.I.						
				12 21	I.Tr.E.	24	9 02	I.Oc.D.			

I. Sept. 15	II. Sept. 15	III. Sept. 14	IV. Sept. 19, 20
$x_2 = +1.7$, $y_2 = 0.0$	$x_2 = +2.1$, $y_2 = 0.0$	$x_2 = +2.6$, $y_2 = +0.1$	$x_1 = +2.3$, $y_1 = +0.2$ $x_2 = +4.3$, $y_2 = +0.2$

NOTE.—I. denotes ingress; E., egress; D., disappearance; R., reappearance; Ec., eclipse; Oc., occultation; Tr., transit of the satellite; Sh., transit of the shadow.

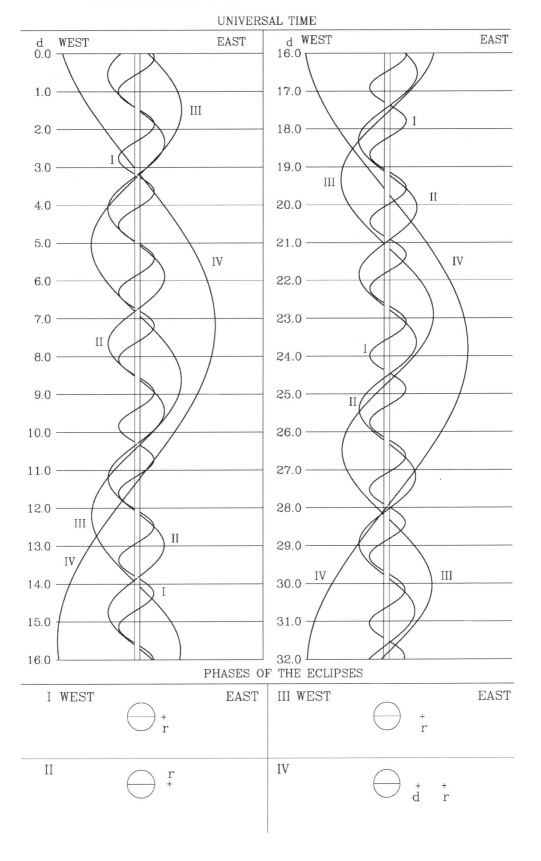

SATELLITES OF JUPITER, 2009

TERRESTRIAL TIME OF GEOCENTRIC PHENOMENA

OCTOBER

d	h m		d	h m		d	h m		d	h m	
1	10 50	I.Oc.D.	8	20 45	II.Sh.E.	16	10 30	III.Sh.E.	24	10 50	I.Oc.D.
	13 14	II.Tr.I.		22 12	III.Tr.I.		11 48	I.Tr.I.		14 25	I.Ec.R.
	14 10	I.Ec.R.					13 02	I.Sh.I.		15 29	II.Oc.D.
	15 18	II.Sh.I.	9	1 49	III.Tr.E.		14 05	I.Tr.E.		21 02	II.Ec.R.
	16 05	II.Tr.E.		2 52	III.Sh.I.		15 19	I.Sh.E.			
	18 09	II.Sh.E.		6 29	III.Sh.E.				25	8 09	I.Tr.I.
	18 33	III.Tr.I.		9 57	I.Tr.I.	17	8 58	I.Oc.D.		9 27	I.Sh.I.
	22 10	III.Tr.E.		11 06	I.Sh.I.		12 29	I.Ec.R.		10 26	I.Tr.E.
	22 50	III.Sh.I.		12 14	I.Tr.E.		12 57	II.Oc.D.		11 43	I.Sh.E.
				13 23	I.Sh.E.		18 24	II.Ec.R.			
2	2 27	III.Sh.E.							26	5 18	I.Oc.D.
	8 07	I.Tr.I.	10	7 07	I.Oc.D.	18	6 16	I.Tr.I.		8 53	I.Ec.R.
	9 10	I.Sh.I.		10 28	II.Oc.D.		7 31	I.Sh.I.		9 50	II.Tr.I.
	10 24	I.Tr.E.		10 34	I.Ec.R.		8 34	I.Tr.E.		12 24	II.Sh.I.
	11 28	I.Sh.E.		15 46	II.Ec.R.		9 48	I.Sh.E.		12 41	II.Tr.E.
										15 15	II.Sh.E.
3	5 17	I.Oc.D.	11	4 25	I.Tr.I.	19	3 26	I.Oc.D.		19 31	III.Oc.D.
	8 00	II.Oc.D.		5 35	I.Sh.I.		6 58	I.Ec.R.		23 10	III.Oc.R.
	8 39	I.Ec.R.		6 42	I.Tr.E.		7 20	II.Tr.I.			
	13 07	II.Ec.R.		7 52	I.Sh.E.		9 48	II.Sh.I.	27	0 48	III.Ec.D.
							10 10	II.Tr.E.		2 38	I.Tr.I.
4	2 34	I.Tr.I.	12	1 34	I.Oc.D.		12 39	II.Sh.E.		3 56	I.Sh.I.
	3 39	I.Sh.I.		4 52	II.Tr.I.		15 41	III.Oc.D.		4 26	III.Ec.R.
	4 52	I.Tr.E.		5 03	I.Ec.R.		19 20	III.Oc.R.		4 55	I.Tr.E.
	5 57	I.Sh.E.		7 12	II.Sh.I.		20 47	III.Ec.D.		6 12	I.Sh.E.
	23 45	I.Oc.D.		7 42	II.Tr.E.					23 46	I.Oc.D.
				10 03	II.Sh.E.	20	0 24	III.Ec.R.			
5	2 26	II.Tr.I.		11 55	III.Oc.D.		0 44	I.Tr.I.	28	3 22	I.Ec.R.
	3 08	I.Ec.R.		15 34	III.Oc.R.		2 00	I.Sh.I.		4 46	II.Oc.D.
	4 36	II.Sh.I.		16 45	III.Ec.D.		3 02	I.Tr.E.		10 21	II.Ec.R.
	5 17	II.Tr.E.		20 23	III.Ec.R.		4 17	I.Sh.E.		21 06	I.Tr.I.
	7 27	II.Sh.E.		22 52	I.Tr.I.		21 54	I.Oc.D.		22 25	I.Sh.I.
	8 15	III.Oc.D.								23 23	I.Tr.E.
	11 54	III.Oc.R.	13	0 04	I.Sh.I.	21	1 27	I.Ec.R.			
	12 43	III.Ec.D.		1 10	I.Tr.E.		2 13	II.Oc.D.	29	0 41	I.Sh.E.
	16 21	III.Ec.R.		2 21	I.Sh.E.		7 43	II.Ec.R.		18 15	I.Oc.D.
	21 02	I.Tr.I.		20 02	I.Oc.D.		19 13	I.Tr.I.		21 51	I.Ec.R.
	22 08	I.Sh.I.		23 32	I.Ec.R.		20 29	I.Sh.I.		23 06	II.Tr.I.
	23 19	I.Tr.E.		23 42	II.Oc.D.		21 30	I.Tr.E.			
							22 46	I.Sh.E.	30	1 42	II.Sh.I.
6	0 25	I.Sh.E.	14	5 04	II.Ec.R.					1 57	II.Tr.E.
	5 46	IV.Oc.D.		12 44	IV.Tr.I.	22	16 22	I.Oc.D.		4 33	II.Sh.E.
	10 30	IV.Oc.R.		17 20	I.Tr.I.		19 56	I.Ec.R.		9 36	III.Tr.I.
	16 18	IV.Ec.D.		17 28	IV.Tr.E.		20 35	II.Tr.I.		13 13	III.Tr.E.
	18 12	I.Oc.D.		18 33	I.Sh.I.		22 25	IV.Oc.D.		14 57	III.Sh.I.
	20 56	IV.Ec.R.		19 38	I.Tr.E.		23 06	II.Sh.I.		15 35	I.Tr.I.
	21 13	II.Oc.D.		20 50	I.Sh.E.		23 25	II.Tr.E.		16 53	I.Sh.I.
	21 36	I.Ec.R.								17 52	I.Tr.E.
			15	0 24	IV.Sh.I.	23	1 57	II.Sh.E.		18 32	III.Sh.E.
7	2 26	II.Ec.R.		5 01	IV.Sh.E.		3 11	IV.Oc.R.		19 10	I.Sh.E.
	15 29	I.Tr.I.		14 30	I.Oc.D.		5 43	III.Tr.I.			
	16 37	I.Sh.I.		18 00	I.Ec.R.		9 20	III.Tr.E.	31	5 55	IV.Tr.I.
	17 47	I.Tr.E.		18 06	II.Tr.I.		10 31	IV.Ec.D.		10 40	IV.Tr.E.
	18 54	I.Sh.E.		20 30	II.Sh.I.		10 55	III.Sh.I.		12 43	I.Oc.D.
				20 56	II.Tr.E.		13 41	I.Tr.I.		16 20	I.Ec.R.
8	12 39	I.Oc.D.		23 21	II.Sh.E.		14 31	III.Sh.E.		18 04	II.Oc.D.
	15 39	II.Tr.I.					14 58	I.Sh.I.		18 41	IV.Sh.I.
	16 05	I.Ec.R.	16	1 55	III.Tr.I.		15 07	IV.Ec.R.		23 14	IV.Sh.E.
	17 54	II.Sh.I.		5 32	III.Tr.E.		15 58	I.Tr.E.		23 40	II.Ec.R.
	18 29	II.Tr.E.		6 54	III.Sh.I.		17 14	I.Sh.E.			

I. Oct. 15	II. Oct. 17	III. Oct. 12	IV. Oct. 23
		$x_1 = +1.6$, $y_1 = 0.0$	$x_1 = +4.0$, $y_1 = +0.2$
$x_2 = +2.0$, $y_2 = 0.0$	$x_2 = +2.7$, $y_2 = 0.0$	$x_2 = +3.6$, $y_2 = 0.0$	$x_2 = +5.9$, $y_2 = +0.1$

NOTE.–I. denotes ingress; E., egress; D., disappearance; R., reappearance; Ec., eclipse; Oc., occultation; Tr., transit of the satellite; Sh., transit of the shadow.

SATELLITES OF JUPITER, 2009

CONFIGURATIONS OF SATELLITES I–IV FOR OCTOBER

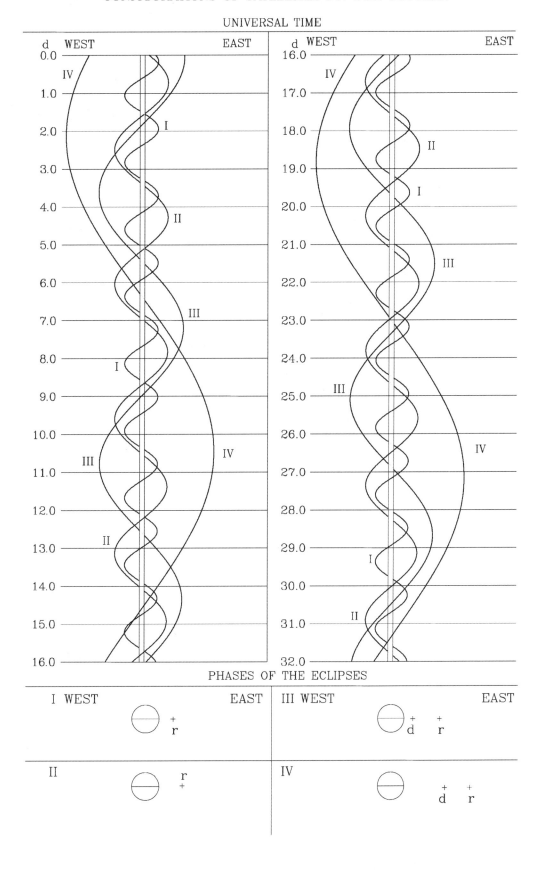

SATELLITES OF JUPITER, 2009
TERRESTRIAL TIME OF GEOCENTRIC PHENOMENA

NOVEMBER

d	h m		d	h m		d	h m		d	h m	
1	10 03	I.Tr.I.	8	20 51	IV.Oc.R.	16	14 40	I.Ec.R.	23	20 15	II.Tr.I.
	11 22	I.Sh.I.					17 35	II.Tr.I.		22 50	II.Sh.I.
	12 20	I.Tr.E.	9	4 46	IV.Ec.D.		20 13	II.Sh.I.		23 06	II.Tr.E.
	13 39	I.Sh.E.		9 07	I.Oc.D.		20 26	II.Tr.E.			
				9 18	IV.Ec.R.		23 05	II.Sh.E.	24	1 42	II.Sh.E.
2	7 12	I.Oc.D.		12 44	I.Ec.R.					10 21	I.Tr.I.
	10 49	I.Ec.R.		14 58	II.Tr.I.	17	0 05	IV.Tr.I.		11 37	III.Oc.D.
	12 23	II.Tr.I.		17 37	II.Sh.I.		4 50	IV.Tr.E.		11 39	I.Sh.I.
	15 00	II.Sh.I.		17 49	II.Tr.E.		7 30	III.Oc.D.		12 38	I.Tr.E.
	15 14	II.Tr.E.		20 28	II.Sh.E.		8 24	I.Tr.I.		13 55	I.Sh.E.
	17 51	II.Sh.E.					9 43	I.Sh.I.		15 16	III.Oc.R.
	23 27	III.Oc.D.	10	3 26	III.Oc.D.		10 41	I.Tr.E.		16 55	III.Ec.D.
				6 27	I.Tr.I.		11 09	III.Oc.R.		20 32	III.Ec.R.
3	3 06	III.Oc.R.		7 05	III.Oc.R.		11 59	I.Sh.E.			
	4 32	I.Tr.I.		7 47	I.Sh.I.		12 54	III.Ec.D.	25	7 29	I.Oc.D.
	4 51	III.Ec.D.		8 44	I.Tr.E.		12 58	IV.Sh.I.		10 41	IV.Oc.D.
	5 51	I.Sh.I.		8 52	III.Ec.D.		16 30	III.Ec.R.		11 04	I.Ec.R.
	6 49	I.Tr.E.		10 04	I.Sh.E.		17 27	IV.Sh.E.		15 20	II.Oc.D.
	8 08	I.Sh.E.		12 29	III.Ec.R.					15 27	IV.Oc.R.
	8 28	III.Ec.R.				18	5 31	I.Oc.D.		20 52	II.Ec.R.
			11	3 35	I.Oc.D.		9 09	I.Ec.R.		23 01	IV.Ec.D.
4	1 40	I.Oc.D.		7 13	I.Ec.R.		12 39	II.Oc.D.			
	5 18	I.Ec.R.		9 59	II.Oc.D.		18 14	II.Ec.R.	26	3 29	IV.Ec.R.
	7 21	II.Oc.D.		15 37	II.Ec.R.					4 51	I.Tr.I.
	12 59	II.Ec.R.				19	2 53	I.Tr.I.		6 08	I.Sh.I.
	23 01	I.Tr.I.	12	0 56	I.Tr.I.		4 12	I.Sh.I.		7 07	I.Tr.E.
				2 16	I.Sh.I.		5 10	I.Tr.E.		8 24	I.Sh.E.
5	0 20	I.Sh.I.		3 13	I.Tr.E.		6 28	I.Sh.E.			
	1 18	I.Tr.E.		4 33	I.Sh.E.				27	1 58	I.Oc.D.
	2 37	I.Sh.E.		22 04	I.Oc.D.	20	0 01	I.Oc.D.		5 33	I.Ec.R.
	20 09	I.Oc.D.					3 38	I.Ec.R.		9 35	II.Tr.I.
	23 47	I.Ec.R.	13	1 42	I.Ec.R.		6 55	II.Tr.I.		12 09	II.Sh.I.
				4 17	II.Tr.I.		9 32	II.Sh.I.		12 27	II.Tr.E.
6	1 40	II.Tr.I.		6 55	II.Sh.I.		9 46	II.Tr.E.		15 00	II.Sh.E.
	4 18	II.Sh.I.		7 07	II.Tr.E.		12 23	II.Sh.E.		23 20	I.Tr.I.
	4 31	II.Tr.E.		9 46	II.Sh.E.		21 22	I.Tr.I.			
	7 10	II.Sh.E.		17 35	III.Tr.I.		21 42	III.Tr.I.	28	0 37	I.Sh.I.
	13 33	III.Tr.I.		19 25	I.Tr.I.		22 41	I.Sh.I.		1 37	I.Tr.E.
	17 10	III.Tr.E.		20 45	I.Sh.I.		23 39	I.Tr.E.		1 52	III.Tr.I.
	17 30	I.Tr.I.		21 13	III.Tr.E.					2 53	I.Sh.E.
	18 49	I.Sh.I.		21 42	I.Tr.E.	21	0 57	I.Sh.E.		5 30	III.Tr.E.
	18 59	III.Sh.I.		23 02	I.Sh.E.		1 19	III.Tr.E.		7 06	III.Sh.I.
	19 46	I.Tr.E.		23 02	III.Sh.I.		3 04	III.Sh.I.		10 41	III.Sh.E.
	21 06	I.Sh.E.					6 38	III.Sh.E.		20 27	I.Oc.D.
	22 34	III.Sh.E.	14	2 36	III.Sh.E.		18 30	I.Oc.D.			
				16 33	I.Oc.D.		22 06	I.Ec.R.	29	0 02	I.Ec.R.
7	14 38	I.Oc.D.		20 11	I.Ec.R.					4 42	II.Oc.D.
	18 15	I.Ec.R.		23 19	II.Oc.D.	22	1 59	II.Oc.D.		10 11	II.Ec.R.
	20 40	II.Oc.D.					7 33	II.Ec.R.		17 50	I.Tr.I.
			15	4 56	II.Ec.R.		15 52	I.Tr.I.		19 06	I.Sh.I.
8	2 18	II.Ec.R.		13 55	I.Tr.I.		17 10	I.Sh.I.		20 06	I.Tr.E.
	11 59	I.Tr.I.		15 14	I.Sh.I.		18 09	I.Tr.E.		21 22	I.Sh.E.
	13 18	I.Sh.I.		16 11	I.Tr.E.		19 26	I.Sh.E.			
	14 15	I.Tr.E.		17 30	I.Sh.E.				30	14 57	I.Oc.D.
	15 35	I.Sh.E.				23	12 59	I.Oc.D.		18 31	I.Ec.R.
	16 05	IV.Oc.D.	16	11 02	I.Oc.D.		16 35	I.Ec.R.		22 56	II.Tr.I.

I. Nov. 16	II. Nov. 15	III. Nov. 17	IV. Nov. 9
		$x_1 = +2.0$, $y_1 = 0.0$	$x_1 = +4.3$, $y_1 = +0.2$
$x_2 = +2.1$, $y_2 = 0.0$	$x_2 = +2.8$, $y_2 = 0.0$	$x_2 = +3.9$, $y_2 = 0.0$	$x_2 = +6.1$, $y_2 = +0.1$

NOTE.–I. denotes ingress; E., egress; D., disappearance; R., reappearance; Ec., eclipse; Oc., occultation; Tr., transit of the satellite; Sh., transit of the shadow.

SATELLITES OF JUPITER, 2009

CONFIGURATIONS OF SATELLITES I–IV FOR NOVEMBER

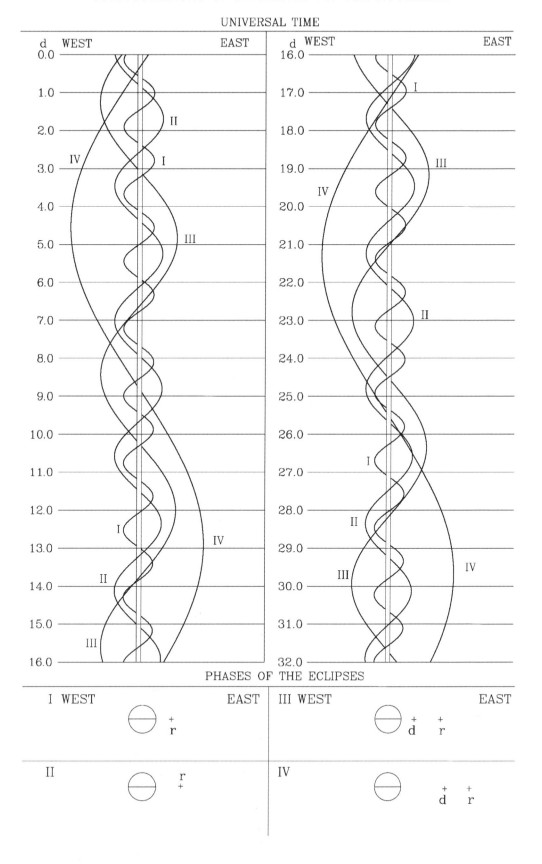

SATELLITES OF JUPITER, 2009

TERRESTRIAL TIME OF GEOCENTRIC PHENOMENA

DECEMBER

d	h m		d	h m		d	h m		d	h m	
1	1 27	II.Sh.I.	8	20 04	III.Oc.D.	16	23 33	II.Oc.D.	25	9 55	I.Oc.D.
	1 47	II.Tr.E.		23 43	III.Oc.R.					13 15	I.Ec.R.
	4 19	II.Sh.E.				17	4 44	II.Ec.R.		20 33	II.Tr.I.
	12 19	I.Tr.I.	9	0 59	III.Ec.D.		10 47	I.Tr.I.		22 37	II.Sh.I.
	13 34	I.Sh.I.		4 35	III.Ec.R.		11 55	I.Sh.I.		23 26	II.Tr.E.
	14 36	I.Tr.E.		11 25	I.Oc.D.		13 04	I.Tr.E.			
	15 49	III.Oc.D.		14 55	I.Ec.R.		14 11	I.Sh.E.	26	1 30	II.Sh.E.
	15 51	I.Sh.E.		20 48	II.Oc.D.					7 18	I.Tr.I.
	19 28	III.Oc.R.				18	7 55	I.Oc.D.		8 19	I.Sh.I.
	20 57	III.Ec.D.	10	2 07	II.Ec.R.		11 20	I.Ec.R.		9 35	I.Tr.E.
2	0 33	III.Ec.R.		8 48	I.Tr.I.		17 46	II.Tr.I.		10 35	I.Sh.E.
	9 26	I.Oc.D.		9 59	I.Sh.I.		20 00	II.Sh.I.		19 03	III.Tr.I.
	13 00	I.Ec.R.		11 05	I.Tr.E.		20 39	II.Tr.E.		22 41	III.Tr.E.
	18 03	II.Oc.D.		12 15	I.Sh.E.		22 52	II.Sh.E.		23 13	III.Sh.I.
	23 29	II.Ec.R.	11	5 55	I.Oc.D.	19	5 17	I.Tr.I.	27	2 46	III.Sh.E.
				9 24	I.Ec.R.		6 23	I.Sh.I.		4 25	I.Oc.D.
3	6 49	I.Tr.I.		15 01	II.Tr.I.		7 34	I.Tr.E.		7 44	I.Ec.R.
	8 03	I.Sh.I.		17 23	II.Sh.I.		8 40	I.Sh.E.		15 44	II.Oc.D.
	9 06	I.Tr.E.		17 53	II.Tr.E.		14 41	III.Tr.I.		20 39	II.Ec.R.
	10 20	I.Sh.E.		20 15	II.Sh.E.		18 19	III.Tr.E.			
	19 08	IV.Tr.I.					19 11	III.Sh.I.	28	1 48	I.Tr.I.
	23 53	IV.Tr.E.	12	3 18	I.Tr.I.		22 45	III.Sh.E.		2 48	I.Sh.I.
				4 28	I.Sh.I.					4 05	I.Tr.E.
4	3 56	I.Oc.D.		5 35	I.Tr.E.	20	2 25	I.Oc.D.		5 04	I.Sh.E.
	7 16	IV.Sh.I.		6 03	IV.Oc.D.		5 49	I.Ec.R.		22 55	I.Oc.D.
	7 29	I.Ec.R.		6 44	I.Sh.E.		12 57	I.Oc.D.			
	11 41	IV.Sh.E.		10 22	III.Tr.I.		14 54	IV.Tr.I.	29	2 03	IV.Oc.D.
	12 17	II.Tr.I.		10 48	IV.Oc.R.		18 02	II.Ec.R.		2 13	I.Ec.R.
	14 46	II.Sh.I.		14 00	III.Tr.E.		19 38	IV.Tr.E.		6 45	IV.Oc.R.
	15 09	II.Tr.E.		15 10	III.Sh.I.		23 47	I.Tr.I.		9 57	II.Tr.I.
	17 37	II.Sh.E.		17 17	IV.Ec.D.					11 32	IV.Ec.D.
				18 44	III.Sh.E.	21	0 52	I.Sh.I.		11 56	II.Sh.I.
5	1 18	I.Tr.I.		21 40	IV.Ec.R.		1 34	IV.Sh.I.		12 50	II.Tr.E.
	2 32	I.Sh.I.					2 04	I.Tr.E.		14 49	II.Sh.E.
	3 35	I.Tr.E.	13	0 25	I.Oc.D.		3 09	I.Sh.E.		15 50	IV.Ec.R.
	4 49	I.Sh.E.		3 53	I.Ec.R.		5 54	IV.Sh.E.		20 18	I.Tr.I.
	6 06	III.Tr.I.		10 11	I.Oc.D.		20 55	I.Oc.D.		21 17	I.Sh.I.
	9 43	III.Tr.E.		15 25	II.Ec.R.					22 35	I.Tr.E.
	11 08	III.Sh.I.		21 48	I.Tr.I.	22	0 17	I.Ec.R.		23 33	I.Sh.E.
	14 42	III.Sh.E.		22 57	I.Sh.I.		7 09	II.Tr.I.			
	22 26	I.Oc.D.					9 19	II.Sh.I.	30	9 07	III.Oc.D.
			14	0 04	I.Tr.E.		10 02	II.Tr.E.		12 45	III.Oc.R.
6	1 58	I.Ec.R.		1 13	I.Sh.E.		12 11	II.Sh.E.		13 05	III.Ec.D.
	7 25	II.Oc.D.		18 55	I.Oc.D.		18 17	I.Tr.I.		16 40	III.Ec.R.
	12 48	II.Ec.R.		22 22	I.Ec.R.		19 21	I.Sh.I.		17 26	I.Oc.D.
	19 48	I.Tr.I.					20 34	I.Tr.E.		20 42	I.Ec.R.
	21 01	I.Sh.I.	15	4 23	II.Tr.I.		21 38	I.Sh.E.			
	22 05	I.Tr.E.		6 41	II.Sh.I.				31	5 08	II.Oc.D.
	23 18	I.Sh.E.		7 16	II.Tr.E.	23	4 44	III.Oc.D.		9 57	II.Ec.R.
				9 33	II.Sh.E.		8 23	III.Oc.R.		14 48	I.Tr.I.
7	16 55	I.Oc.D.		16 17	I.Tr.I.		9 04	III.Ec.D.		15 45	I.Sh.I.
	20 26	I.Ec.R.		17 26	I.Sh.I.		12 39	III.Ec.R.		17 05	I.Tr.E.
				18 34	I.Tr.E.		15 25	I.Oc.D.		18 02	I.Sh.E.
8	1 39	II.Tr.I.		19 42	I.Sh.E.		18 46	I.Ec.R.			
	4 04	II.Sh.I.							32	11 56	I.Oc.D.
	4 31	II.Tr.E.	16	0 22	III.Oc.D.	24	2 20	II.Oc.D.		15 11	I.Ec.R.
	6 56	II.Sh.E.		4 01	III.Oc.R.		7 20	II.Ec.R.		23 21	II.Tr.I.
	14 18	I.Tr.I.		5 01	III.Ec.D.		12 48	I.Tr.I.			
	15 30	I.Sh.I.		8 37	III.Ec.R.		13 50	I.Sh.I.			
	16 35	I.Tr.E.		13 25	I.Oc.D.		15 05	I.Tr.E.			
	17 46	I.Sh.E.		16 51	I.Ec.R.		16 06	I.Sh.E.			

I. Dec. 16	II. Dec. 17	III. Dec. 16	IV. Dec. 12
		$x_1 = +1.6$, $y_1 = +0.1$	$x_1 = +3.6$, $y_1 = +0.2$
$x_2 = +2.0$, $y_2 = 0.0$	$x_2 = +2.5$, $y_2 = 0.0$	$x_2 = +3.5$, $y_2 = +0.1$	$x_2 = +5.4$, $y_2 = +0.2$

NOTE.—I. denotes ingress; E., egress; D., disappearance; R., reappearance; Ec., eclipse; Oc., occultation; Tr., transit of the satellite; Sh., transit of the shadow.

SATELLITES OF JUPITER, 2009

CONFIGURATIONS OF SATELLITES I-IV FOR DECEMBER

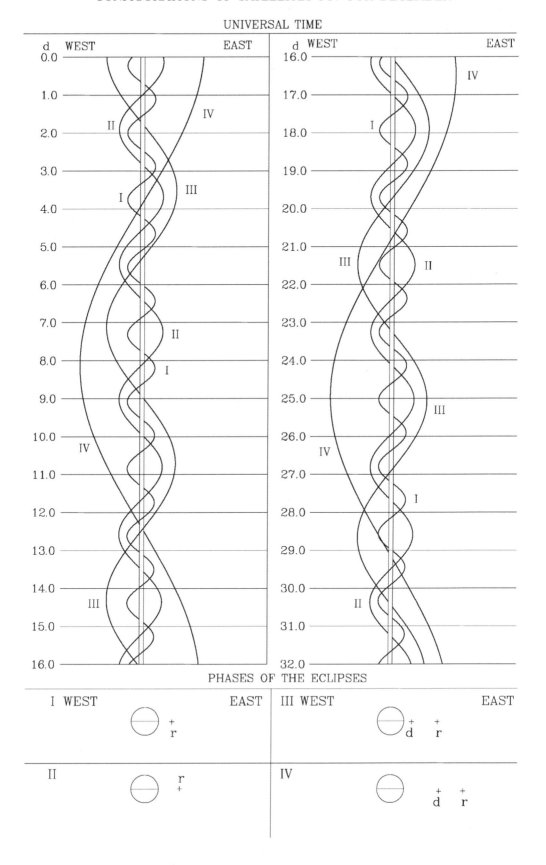

GALILEAN SATELLITES, 2009: OCCULTING PAIRS

Date	Start Time	Satellite Pairs	End Time	Date	Start Time	Satellite Pairs	End Time	Date	Start Time	Satellite Pairs	End Time
	h m		h m		h m		h m		h m		h m
Mar. 27	05 42	IV – III	05 50	June 17	07 15	II – I	07 18	Oct. 21	12 09	I – II	12 16
28	03 04	IV – I	03 09	18	14 19	I – II	14 26	22	23 11	III – I	23 18
Apr. 5	07 23	I – IV	07 35	22	03 25	I – II	03 31	24	00 31	III – II	00 40
6	09 58	I – IV	10 08	23	03 55	III – II	04 01	25	01 18	I – II	01 25
9	23 55	I – III	24 00	25	16 30	I – II	16 37	26	15 39	II – III	15 45
13	00 52	III – I	00 57	29	05 35	I – II	05 42	28	14 27	I – II	14 34
13	06 21	IV – II	06 36	July 2	18 41	I – II	18 47	30	02 03	III – I	02 10
14	13 05	IV – I	13 12	6	07 45	I – II	07 52	31	03 54	III – II	04 03
15	04 47	IV – II	05 01	9	20 50	I – II	20 57	Nov. 1	03 37	I – II	03 43
15	14 56	IV – III	15 09	13	09 55	I – II	10 02	2	18 49	II – III	18 56
17	02 58	I – III	03 05	16	23 00	I – II	23 08	4	16 46	I – II	16 52
20	03 45	III – I	03 51	20	12 04	I – II	12 12	5	23 49	II – I	23 54
21	21 25	II – IV	21 33	24	01 09	I – II	01 18	6	05 05	III – I	05 13
24	05 54	I – III	06 01	27	14 14	I – II	14 23	7	07 19	III – II	07 28
24	11 20	II – III	11 26	31	03 20	I – II	03 30	8	05 56	I – II	06 02
26	09 30	I – II	09 34	Aug. 3	16 26	I – II	16 36	9	12 56	II – I	13 01
27	06 39	III – I	06 46	4	22 48	III – II	22 57	9	22 02	II – III	22 09
29	22 38	I – II	22 43	7	05 33	I – II	05 44	11	19 06	I – II	19 12
May 1	08 46	I – III	08 53	10	18 40	I – II	18 51	13	02 03	II – I	02 08
1	14 43	II – III	14 50	12	02 04	III – II	02 17	13	08 23	III – I	08 34
3	11 47	I – II	11 52	14	07 48	I – II	08 01	13	22 20	III – I	22 47
4	04 57	III – II	05 02	15	00 25	I – II	01 09	14	06 12	III – I	06 30
4	09 35	III – I	09 43	16	16 57	I – III	17 32	14	10 46	III – II	10 55
5	18 12	II – I	18 16	17	20 58	I – II	21 11	15	08 16	I – II	08 22
7	00 55	I – II	01 00	18	14 25	I – II	14 49	16	15 11	II – I	15 16
8	11 35	I – III	11 41	19	05 32	III – II	05 48	17	01 19	II – III	01 26
8	18 03	II – III	18 10	21	10 10	I – II	10 25	18	21 26	I – II	21 32
9	07 19	II – I	07 24	22	03 59	I – II	04 18	20	04 19	II – I	04 24
10	14 03	I – II	14 09	24	23 23	I – II	23 40	20	12 14	III – I	12 31
11	08 19	III – II	08 26	25	17 22	I – II	17 38	21	10 15	III – I	10 24
11	12 35	III – I	12 43	26	09 15	III – II	09 37	21	14 15	III – II	14 23
12	20 26	II – I	20 31	28	12 41	I – II	13 00	22	10 36	I – II	10 42
14	03 11	I – II	03 17	29	06 41	I – II	06 55	23	17 27	II – I	17 32
15	21 20	II – III	21 27	Sept. 1	02 03	I – II	02 25	24	04 39	II – III	04 46
16	09 33	II – I	09 38	1	19 56	I – II	20 09	25	23 46	I – II	23 52
17	16 19	I – II	16 25	2	13 37	III – II	14 10	27	06 36	II – I	06 41
18	11 39	III – II	11 48	4	15 37	I – II	16 06	28	13 43	III – I	13 48
18	15 40	III – I	15 49	5	09 09	I – II	09 21	28	17 45	III – II	17 52
19	22 39	II – I	22 44	6	10 04	I – III	10 56	29	12 57	I – II	13 03
21	05 27	I – II	05 33	6	11 25	I – III	13 30	30	19 45	II – I	19 50
23	00 34	II – III	00 41	8	05 35	I – II	06 36	Dec. 1	08 02	II – III	08 10
23	11 45	II – I	11 50	8	06 58	I – II	07 00	3	02 08	I – II	02 14
24	18 34	I – II	18 40	8	06 59	I – II	07 51	4	08 54	II – I	09 00
25	14 57	III – II	15 07	8	22 21	I – II	22 32	5	21 16	III – II	21 22
25	18 57	III – I	19 07	12	11 32	I – II	11 42	6	15 19	I – II	15 25
26	16 54	III – I	17 06	16	00 42	I – II	00 51	7	22 04	II – I	22 10
27	00 50	II – I	00 56	19	13 51	I – II	14 01	8	11 29	II – III	11 36
28	07 41	I – II	07 47	23	03 00	I – II	03 09	10	04 30	I – II	04 36
30	03 45	II – III	03 50	26	16 09	I – II	16 17	11	11 15	II – I	11 20
30	13 56	II – I	14 00	28	03 36	II – III	03 43	13	00 48	III – II	00 53
31	20 48	I – II	20 54	30	05 17	I – II	05 25	13	17 41	I – II	17 47
June 1	18 14	III – II	18 23	Oct. 2	14 28	III – II	14 36	15	00 25	II – I	00 30
1	22 41	III – I	22 56	3	18 26	I – II	18 34	15	14 59	II – III	15 06
2	06 24	III – I	06 50	5	06 31	II – III	06 38	17	06 52	I – II	06 58
3	03 00	II – I	03 05	7	07 35	I – II	07 42	18	13 36	II – I	13 41
4	09 55	I – II	10 01	8	17 48	III – I	17 52	20	20 04	I – II	20 09
6	16 04	II – I	16 09	9	17 48	III – II	17 57	22	02 48	II – I	02 53
7	23 01	I – II	23 07	10	20 43	I – II	20 50	22	18 33	II – III	18 38
8	21 29	III – II	21 38	12	09 30	II – III	09 37	24	09 15	I – II	09 20
10	05 08	II – I	05 12	14	09 52	I – II	09 59	25	16 00	II – I	16 04
11	12 08	I – II	12 14	15	20 27	III – I	20 32	27	22 27	I – II	22 32
13	18 12	II – I	18 16	16	21 09	III – II	21 18	29	05 12	II – I	05 16
15	01 13	I – II	01 20	17	23 01	I – II	23 07	31	11 39	I – II	11 43
16	00 43	III – II	00 51	19	12 32	II – III	12 39				

GALILEAN SATELLITES, 2009: ECLIPSING PAIRS

Date	Start Time	Satellite Pairs	End Time	Date	Start Time	Satellite Pairs	End Time	Date	Start Time	Satellite Pairs	End Time
	h m		h m		h m		h m		h m		h m
Jan. 13	14 24	II – III	15 05	July 11	09 06	I – III	09 15	Aug. 20	17 41	III – II	18 03
May 8	16 05	I – IV	16 13	13	08 35	I – II	08 43	21	10 35	I – II	10 51
16	04 03	IV – III	04 18	14	10 41	III – II	10 52	22	04 36	I – II	04 51
16	18 37	IV – I	18 50	15	02 18	III – IV	02 30	23	03 15	I – III	03 30
17	21 03	IV – I	21 18	15	11 17	III – I	11 26	24	01 21	I – III	01 36
26	01 18	I – IV	01 27	16	21 47	I – II	21 55	25	00 05	I – II	00 24
June 2	01 39	IV – II	02 15	18	11 53	I – III	12 02	25	18 08	I – II	18 22
3	22 36	IV – II	22 52	19	03 26	II – I	03 30	26	10 54	III – II	11 30
4	11 32	IV – III	11 48	20	10 58	I – II	11 07	27	22 41	III – II	22 56
8	21 26	III – I	21 37	21	14 16	III – II	14 29	28	13 46	I – II	14 11
9	19 24	III – I	19 40	22	14 06	III – I	14 14	29	07 35	I – II	07 48
10	07 21	III – IV	07 38	22	16 31	II – I	16 36	30	07 40	I – III	08 14
10	14 30	II – IV	14 45	23	23 06	IV – II	23 15	30	12 04	I – III	12 51
11	06 08	I – IV	06 17	24	00 11	I – II	00 20	31	04 56	I – III	05 05
16	01 20	III – I	01 39	24	16 59	IV – III	17 17	Sept. 1	03 49	I – II	04 31
16	08 33	III – I	08 58	25	14 44	I – III	14 53	1	20 58	I – II	21 10
16	23 10	III – I	23 22	27	13 24	I – II	13 33	5	10 19	I – II	10 31
19	05 06	IV – II	05 17	28	17 56	III – II	18 11	8	23 37	I – II	23 49
19	08 28	IV – I	08 38	29	16 52	III – I	17 00	12	12 54	I – II	13 06
19	23 14	IV – III	23 29	31	02 38	I – II	02 48	16	02 10	I – II	02 21
20	04 51	IV – I	05 29	Aug. 1	17 38	I – III	17 47	19	15 25	I – II	15 36
20	09 16	IV – I	09 57	3	15 53	I – II	16 04	20	23 17	II – I	23 22
24	02 27	III – I	02 37	4	21 44	III – II	22 02	23	04 39	I – II	04 49
25	14 46	I – II	14 51	5	19 37	III – I	19 44	24	12 24	II – I	12 28
27	03 37	I – III	03 45	7	05 09	I – II	05 21	26	17 53	I – II	18 02
27	22 11	II – IV	22 22	8	20 37	I – III	20 48	28	01 30	II – I	01 35
29	03 55	I – II	04 00	10	18 27	I – II	18 39	30	07 05	I – II	07 15
29	14 50	III – IV	15 10	12	01 42	III – II	02 04	Oct. 3	20 18	I – II	20 27
July 1	05 30	III – I	05 40	14	07 47	I – II	08 00	7	09 29	I – II	09 38
2	17 04	I – II	17 11	15	23 47	I – III	23 59	10	22 41	I – II	22 49
4	06 21	I – III	06 29	16	16 24	I – III	17 10	14	11 52	I – II	12 00
6	06 14	I – II	06 21	16	20 22	I – III	21 09	18	01 03	I – II	01 10
8	08 26	III – I	08 36	17	21 09	I – II	21 23	21	14 14	I – II	14 20
9	19 25	I – II	19 32	19	06 00	III – II	06 26	25	03 24	I – II	03 30

Satellite Identification: I = Io, II = Europa, III = Ganymede, IV = Callisto

All Start Times are in Universal Time (UT).

Start Times are the nearest minute before the event.

End Times are the nearest minute after the event.

Events with a light loss of less than 0.03 magnitude were not included.

Events occurring closer than 1.5 Jupiter radii from the planet were dropped.

RINGS OF SATURN, 2009

FOR 0^h UNIVERSAL TIME

Date		Axes of outer edge of outer ring		U	B	P	U'	B'	P'
		Major	Minor						
		″	″	°	°	°	°	°	°
Jan.	−3	41.61	0.58	42.409	−0.800	−4.771	357.638	−3.486	−28.061
	1	41.90	0.59	42.429	−0.811	−4.770	357.762	−3.424	−28.064
	5	42.19	0.61	42.422	−0.835	−4.770	357.886	−3.362	−28.066
	9	42.48	0.65	42.390	−0.872	−4.773	358.010	−3.300	−28.069
	13	42.75	0.69	42.332	−0.923	−4.778	358.134	−3.238	−28.071
	17	43.02	0.74	42.249	−0.987	−4.784	358.258	−3.176	−28.073
	21	43.28	0.80	42.142	−1.063	−4.793	358.382	−3.115	−28.075
	25	43.53	0.87	42.011	−1.151	−4.804	358.506	−3.053	−28.077
	29	43.76	0.96	41.857	−1.251	−4.816	358.630	−2.991	−28.079
Feb.	2	43.98	1.04	41.683	−1.360	−4.830	358.754	−2.929	−28.081
	6	44.18	1.14	41.488	−1.480	−4.845	358.878	−2.867	−28.082
	10	44.35	1.24	41.276	−1.608	−4.862	359.001	−2.805	−28.083
	14	44.51	1.35	41.047	−1.743	−4.880	359.125	−2.743	−28.084
	18	44.64	1.47	40.804	−1.885	−4.899	359.249	−2.681	−28.085
	22	44.75	1.59	40.549	−2.032	−4.919	359.372	−2.619	−28.086
	26	44.84	1.71	40.284	−2.182	−4.940	359.496	−2.557	−28.087
Mar.	2	44.89	1.83	40.012	−2.335	−4.961	359.619	−2.496	−28.088
	6	44.93	1.95	39.735	−2.490	−4.982	359.743	−2.434	−28.088
	10	44.93	2.07	39.455	−2.643	−5.004	359.866	−2.372	−28.088
	14	44.91	2.19	39.176	−2.796	−5.025	359.989	−2.310	−28.088
	18	44.86	2.30	38.899	−2.945	−5.046	0.113	−2.248	−28.088
	22	44.79	2.41	38.626	−3.090	−5.067	0.236	−2.186	−28.088
	26	44.69	2.52	38.362	−3.230	−5.087	0.359	−2.124	−28.088
	30	44.56	2.61	38.106	−3.364	−5.106	0.482	−2.063	−28.088
Apr.	3	44.42	2.70	37.863	−3.489	−5.124	0.605	−2.001	−28.087
	7	44.25	2.78	37.634	−3.606	−5.141	0.729	−1.939	−28.086
	11	44.06	2.85	37.420	−3.713	−5.157	0.852	−1.877	−28.085
	15	43.85	2.91	37.224	−3.810	−5.171	0.975	−1.815	−28.084
	19	43.63	2.96	37.046	−3.896	−5.184	1.098	−1.754	−28.083
	23	43.39	3.00	36.888	−3.970	−5.196	1.221	−1.692	−28.082
	27	43.14	3.03	36.752	−4.031	−5.206	1.343	−1.630	−28.081
May	1	42.88	3.05	36.638	−4.081	−5.214	1.466	−1.568	−28.079
	5	42.60	3.06	36.548	−4.117	−5.220	1.589	−1.506	−28.077
	9	42.32	3.06	36.481	−4.140	−5.225	1.712	−1.445	−28.076
	13	42.04	3.04	36.438	−4.150	−5.228	1.835	−1.383	−28.074
	17	41.75	3.02	36.420	−4.147	−5.229	1.957	−1.321	−28.072
	21	41.46	2.99	36.425	−4.130	−5.229	2.080	−1.259	−28.069
	25	41.16	2.94	36.456	−4.101	−5.226	2.203	−1.198	−28.067
	29	40.87	2.89	36.511	−4.058	−5.222	2.325	−1.136	−28.064
June	2	40.58	2.83	36.589	−4.003	−5.216	2.448	−1.074	−28.062
	6	40.29	2.76	36.692	−3.935	−5.208	2.570	−1.013	−28.059
	10	40.01	2.69	36.818	−3.855	−5.199	2.693	−0.951	−28.056
	14	39.73	2.61	36.966	−3.763	−5.188	2.815	−0.889	−28.053
	18	39.46	2.52	37.136	−3.660	−5.175	2.938	−0.828	−28.050
	22	39.19	2.42	37.328	−3.546	−5.161	3.060	−0.766	−28.046
	26	38.93	2.32	37.540	−3.421	−5.145	3.182	−0.704	−28.043
	30	38.68	2.22	37.773	−3.285	−5.127	3.305	−0.643	−28.039

Factor by which axes of outer edge of outer ring are to be multiplied to obtain axes of:

    Inner edge of outer ring 0.8932   Inner edge of inner ring 0.6726
    Outer edge of inner ring 0.8596   Inner edge of dusky ring 0.5447

U = The geocentric longitude of Saturn, measured in the plane of the rings eastward from its ascending node on the mean equator of the Earth. The Saturnicentric longitude of the Earth, measured in the same way, is $U+180°$.

B = The Saturnicentric latitude of the Earth, referred to the plane of the rings, positive toward the north. When B is positive the visible surface of the rings is the northern surface.

P = The geocentric position angle of the northern semiminor axis of the apparent ellipse of the rings, measured eastward from north.

RINGS OF SATURN, 2009

FOR 0^h UNIVERSAL TIME

Date		Axes of outer edge of outer ring		U	B	P	U'	B'	P'
		Major	Minor						
		"	"	°	°	°	°	°	°
July	4	38.44	2.11	38.024	−3.141	−5.108	3.427	−0.581	−28.035
	8	38.21	1.99	38.294	−2.987	−5.088	3.549	−0.520	−28.032
	12	37.99	1.87	38.581	−2.824	−5.066	3.671	−0.458	−28.028
	16	37.78	1.75	38.884	−2.653	−5.043	3.793	−0.396	−28.023
	20	37.58	1.62	39.203	−2.474	−5.019	3.916	−0.335	−28.019
	24	37.40	1.49	39.537	−2.288	−4.993	4.038	−0.273	−28.015
	28	37.22	1.36	39.885	−2.095	−4.966	4.160	−0.212	−28.010
Aug.	1	37.06	1.23	40.246	−1.896	−4.938	4.282	−0.150	−28.005
	5	36.91	1.09	40.618	−1.691	−4.910	4.404	−0.089	−28.000
	9	36.77	0.95	41.001	−1.482	−4.880	4.526	−0.027	−27.995
	13	36.64	0.81	41.395	−1.267	−4.849	4.648	+0.034	−27.990
	17	36.53	0.67	41.797	−1.049	−4.817	4.770	+0.095	−27.985
	21	36.43	0.53	42.208	−0.827	−4.785	4.892	+0.157	−27.980
	25	36.34	0.38	42.627	−0.602	−4.751	5.013	+0.218	−27.974
	29	36.27	0.24	43.051	−0.374	−4.717	5.135	+0.280	−27.968
Sept.	2	36.21	0.09	43.480	−0.145	−4.683	5.257	+0.341	−27.962
	6	36.16	0.05	43.914	+0.085	−4.648	5.379	+0.402	−27.956
	10	36.13	0.20	44.351	+0.317	−4.612	5.501	+0.464	−27.950
	14	36.11	0.35	44.791	+0.548	−4.576	5.622	+0.525	−27.944
	18	36.10	0.49	45.232	+0.780	−4.540	5.744	+0.586	−27.938
	22	36.11	0.64	45.674	+1.011	−4.503	5.866	+0.648	−27.931
	26	36.13	0.78	46.115	+1.240	−4.467	5.987	+0.709	−27.925
	30	36.16	0.93	46.554	+1.467	−4.430	6.109	+0.770	−27.918
Oct.	4	36.21	1.07	46.991	+1.691	−4.393	6.230	+0.832	−27.911
	8	36.27	1.21	47.423	+1.913	−4.357	6.352	+0.893	−27.904
	12	36.35	1.35	47.852	+2.131	−4.320	6.473	+0.954	−27.897
	16	36.44	1.49	48.274	+2.345	−4.284	6.595	+1.015	−27.889
	20	36.54	1.63	48.690	+2.553	−4.249	6.716	+1.076	−27.882
	24	36.66	1.76	49.098	+2.757	−4.214	6.838	+1.137	−27.874
	28	36.79	1.90	49.496	+2.954	−4.179	6.959	+1.199	−27.867
Nov.	1	36.93	2.03	49.885	+3.145	−4.145	7.081	+1.260	−27.859
	5	37.09	2.15	50.262	+3.329	−4.113	7.202	+1.321	−27.851
	9	37.25	2.28	50.627	+3.506	−4.081	7.323	+1.382	−27.843
	13	37.43	2.40	50.978	+3.674	−4.050	7.445	+1.443	−27.835
	17	37.63	2.52	51.315	+3.834	−4.020	7.566	+1.504	−27.826
	21	37.83	2.63	51.636	+3.984	−3.992	7.687	+1.565	−27.818
	25	38.05	2.74	51.940	+4.125	−3.965	7.809	+1.626	−27.809
	29	38.27	2.84	52.226	+4.256	−3.939	7.930	+1.687	−27.800
Dec.	3	38.51	2.94	52.493	+4.375	−3.915	8.051	+1.748	−27.791
	7	38.76	3.03	52.740	+4.484	−3.893	8.172	+1.809	−27.782
	11	39.01	3.12	52.967	+4.582	−3.873	8.293	+1.869	−27.773
	15	39.28	3.20	53.171	+4.667	−3.854	8.414	+1.930	−27.764
	19	39.55	3.27	53.353	+4.740	−3.838	8.536	+1.991	−27.754
	23	39.82	3.33	53.511	+4.801	−3.823	8.657	+2.052	−27.745
	27	40.10	3.39	53.645	+4.848	−3.811	8.778	+2.113	−27.735
	31	40.39	3.44	53.754	+4.883	−3.801	8.899	+2.173	−27.725
	35	40.67	3.48	53.838	+4.904	−3.794	9.020	+2.234	−27.715

Factor by which axes of outer edge of outer ring are to be multiplied to obtain axes of:

    Inner edge of outer ring 0.8932   Inner edge of inner ring 0.6726
    Outer edge of inner ring 0.8596   Inner edge of dusky ring 0.5447

U' = The heliocentric longitude of Saturn, measured in the plane of the rings eastward from its ascending node on the ecliptic. The Saturnicentric longitude of the Sun, measured in the same way is $U' + 180°$.

B' = The Saturnicentric latitude of the Sun, referred to the plane of the rings, positive toward the north. When B' is positive the northern surface of the rings is illuminated.

P' = The heliocentric position angle of the northern semiminor axis of the rings on the heliocentric celestial sphere, measured eastward from the great circle that passes through Saturn and the poles of the ecliptic.

APPARENT ORBITS OF SATELLITES I–VII AT 0h UT ON THE DATE OF OPPOSITION, MARCH 8

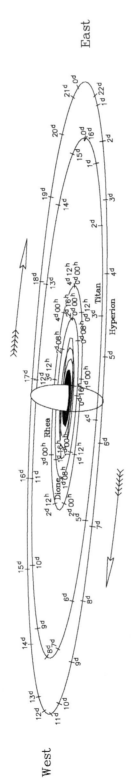

Orbits elongated in ratio of 3 to 1 in direction of minor axes.

Name		Mean Synodic Period	Name		Mean Synodic Period
		d			d
I	Mimas	0.9417	VI	Titan	15.9708
II	Enceladus	1.3708	VII	Hyperion	21.3167
III	Tethys	1.8875	VIII	Iapetus	79.9208
IV	Dione	2.7375	IX	Phoebe	523.6500 R
V	Rhea	4.5208			

SATELLITES OF SATURN, 2009

UNIVERSAL TIME OF GREATEST EASTERN ELONGATION

Jan.	Feb.	Mar.	Apr.	May	June	July	Aug.	Sept.	Oct.	Nov.	Dec.
\multicolumn{12}{c}{I MIMAS}											

Jan.	Feb.	Mar.	Apr.	May	June	July	Aug.	Sept.	Oct.	Nov.	Dec.
d h	d h	d h	d h	d h	d h	d h	d h	d h	d h	d h	d h
0 15.9	1 16.9	1 00.7	1 02.9	1 06.7	1 09.1	1 13.0	1 15.6	1 18.3	1 22.3	1 02.3	1 06.3
1 14.5	2 15.5	1 23.3	2 01.5	2 05.3	2 07.7	2 11.6	2 14.3	2 16.9	2 21.0	2 01.0	2 04.9
2 13.1	3 14.1	2 21.9	3 00.2	3 03.9	3 06.3	3 10.3	3 12.9	3 15.6	3 19.6	2 23.6	3 03.5
3 11.8	4 12.7	3 20.5	3 22.8	4 02.5	4 05.0	4 08.9	4 11.5	4 14.2	4 18.2	3 22.2	4 02.1
4 10.4	5 11.3	4 19.1	4 21.4	5 01.1	5 03.6	5 07.5	5 10.2	5 12.8	5 16.8	4 20.8	5 00.8
5 09.0	6 09.9	5 17.7	5 20.0	5 23.7	6 02.2	6 06.1	6 08.8	6 11.4	6 15.5	5 19.5	5 23.4
6 07.6	7 08.5	6 16.3	6 18.6	6 22.4	7 00.8	7 04.8	7 07.4	7 10.1	7 14.1	6 18.1	6 22.0
7 06.2	8 07.2	7 15.0	7 17.2	7 21.0	7 23.4	8 03.4	8 06.0	8 08.7	8 12.7	7 16.7	7 20.6
8 04.8	9 05.8	8 13.6	8 15.9	8 19.6	8 22.1	9 02.0	9 04.7	9 07.3	9 11.4	8 15.3	8 19.3
9 03.5	10 04.4	9 12.2	9 14.5	9 18.2	9 20.7	10 00.6	10 03.3	10 05.9	10 10.0	9 14.0	9 17.9
10 02.1	11 03.0	10 10.8	10 13.1	10 16.8	10 19.3	10 23.3	11 01.9	11 04.6	11 08.6	10 12.6	10 16.5
11 00.7	12 01.6	11 09.4	11 11.7	11 15.5	11 17.9	11 21.9	12 00.5	12 03.2	12 07.2	11 11.2	11 15.1
11 23.3	13 00.2	12 08.0	12 10.3	12 14.1	12 16.6	12 20.5	12 23.2	13 01.8	13 05.9	12 09.8	12 13.7
12 21.9	13 22.8	13 06.6	13 08.9	13 12.7	13 15.2	13 19.1	13 21.8	14 00.5	14 04.5	13 08.5	13 12.4
13 20.5	14 21.5	14 05.3	14 07.5	14 11.3	14 13.8	14 17.8	14 20.4	14 23.1	15 03.1	14 07.1	14 11.0
14 19.2	15 20.1	15 03.9	15 06.2	15 09.9	15 12.4	15 16.4	15 19.0	15 21.7	16 01.7	15 05.7	15 09.6
15 17.8	16 18.7	16 02.5	16 04.8	16 08.6	16 11.1	16 15.0	16 17.7	16 20.3	17 00.4	16 04.3	16 08.2
16 16.4	17 17.3	17 01.1	17 03.4	17 07.2	17 09.7	17 13.6	17 16.3	17 19.0	17 23.0	17 02.9	17 06.8
17 15.0	18 15.9	17 23.7	18 02.0	18 05.8	18 08.3	18 12.3	18 14.9	18 17.6	18 21.6	18 01.6	18 05.5
18 13.6	19 14.5	18 22.3	19 00.6	19 04.4	19 06.9	19 10.9	19 13.5	19 16.2	19 20.2	19 00.2	19 04.1
19 12.2	20 13.1	19 20.9	19 23.2	20 03.0	20 05.5	20 09.5	20 12.2	20 14.8	20 18.9	19 22.8	20 02.7
20 10.9	21 11.8	20 19.6	20 21.9	21 01.6	21 04.2	21 08.1	21 10.8	21 13.5	21 17.5	20 21.4	21 01.3
21 09.5	22 10.4	21 18.2	21 20.5	22 00.3	22 02.8	22 06.8	22 09.4	22 12.1	22 16.1	21 20.1	21 23.9
22 08.1	23 09.0	22 16.8	22 19.1	22 22.9	23 01.4	23 05.4	23 08.0	23 10.7	23 14.7	22 18.7	22 22.6
23 06.7	24 07.6	23 15.4	23 17.7	23 21.5	24 00.0	24 04.0	24 06.7	24 09.3	24 13.4	23 17.3	23 21.2
24 05.3	25 06.2	24 14.0	24 16.3	24 20.1	24 22.7	25 02.6	25 05.3	25 08.0	25 12.0	24 15.9	24 19.8
25 03.9	26 04.8	25 12.6	25 15.0	25 18.8	25 21.3	26 01.3	26 03.9	26 06.6	26 10.6	25 14.6	25 18.4
26 02.5	27 03.4	26 11.2	26 13.6	26 17.4	26 19.9	26 23.9	27 02.6	27 05.2	27 09.2	26 13.2	26 17.0
27 01.2	28 02.1	27 09.9	27 12.2	27 16.0	27 18.5	27 22.5	28 01.2	28 03.8	28 07.9	27 11.8	27 15.7
27 23.8		28 08.5	28 10.8	28 14.6	28 17.2	28 21.1	28 23.8	29 02.5	29 06.5	28 10.4	28 14.3
28 22.4		29 07.1	29 09.4	29 13.2	29 15.8	29 19.8	29 22.4	30 01.1	30 05.1	29 09.0	29 12.9
29 21.0		30 05.7	30 08.0	30 11.9	30 14.4	30 18.4	30 21.1	30 23.7	31 03.7	30 07.7	30 11.5
30 19.6		31 04.3		31 10.5		31 17.0	31 19.7				31 10.1
31 18.2											32 08.7

Jan.	Feb.	Mar.	Apr.	May	June	July	Aug.	Sept.	Oct.	Nov.	Dec.
\multicolumn{12}{c}{II ENCELADUS}											

Jan.	Feb.	Mar.	Apr.	May	June	July	Aug.	Sept.	Oct.	Nov.	Dec.
d h	d h	d h	d h	d h	d h	d h	d h	d h	d h	d h	d h
0 12.4	1 00.6	1 19.0	2 07.2	1 01.7	1 14.1	1 17.8	2 06.4	1 10.2	1 14.0	2 02.6	2 06.3
1 21.3	2 09.5	3 03.9	3 16.1	2 10.6	2 23.0	3 02.7	3 15.3	2 19.1	2 22.9	3 11.5	3 15.2
3 06.2	3 18.4	4 12.8	5 01.0	3 19.5	4 07.9	4 11.6	5 00.2	4 04.0	4 07.8	4 20.4	5 00.1
4 15.0	5 03.3	5 21.7	6 09.9	5 04.4	5 16.8	5 20.5	6 09.1	5 12.9	5 16.7	6 05.3	6 09.0
5 23.9	6 12.1	7 06.5	7 18.7	6 13.3	7 01.7	7 05.4	7 18.0	6 21.8	7 01.6	7 14.2	7 17.8
7 08.8	7 21.0	8 15.4	9 03.6	7 22.2	8 10.6	8 14.3	9 02.9	8 06.7	8 10.5	8 23.1	9 02.7
8 17.7	9 05.9	10 00.3	10 12.5	9 07.0	9 19.5	9 23.2	10 11.8	9 15.6	9 19.4	10 08.0	10 11.6
10 02.6	10 14.8	11 09.2	11 21.4	10 15.9	11 04.4	11 08.1	11 20.7	11 00.5	11 04.3	11 16.9	11 20.5
11 11.4	11 23.6	12 18.0	13 06.3	12 00.8	12 13.3	12 17.0	13 05.6	12 09.4	12 13.2	13 01.8	13 05.4
12 20.3	13 08.5	14 02.9	14 15.1	13 09.7	13 22.2	14 01.9	14 14.5	13 18.3	13 22.1	14 10.7	14 14.3
14 05.2	14 17.4	15 11.8	16 00.0	14 18.6	15 07.1	15 10.8	15 23.4	15 03.2	15 07.0	15 19.6	15 23.2
15 14.1	16 02.3	16 20.7	17 08.9	16 03.5	16 16.0	16 19.7	17 08.3	16 12.1	16 15.9	17 04.5	17 08.1
16 23.0	17 11.2	18 05.6	18 17.8	17 12.4	18 00.9	18 04.6	18 17.2	17 21.0	18 00.8	18 13.4	18 16.9
18 07.8	18 20.0	19 14.4	20 02.7	18 21.3	19 09.8	19 13.5	20 02.1	19 05.9	19 09.7	19 22.3	20 01.8
19 16.7	20 04.9	20 23.3	21 11.5	20 06.1	20 18.6	20 22.4	21 11.0	20 14.8	20 18.6	21 07.2	21 10.7
21 01.6	21 13.8	22 08.2	22 20.4	21 15.0	22 03.5	22 07.3	22 19.9	21 23.7	22 03.5	22 16.0	22 19.6
22 10.5	22 22.7	23 17.1	24 05.3	22 23.9	23 12.4	23 16.2	24 04.8	23 08.6	23 12.4	24 00.9	24 04.5
23 19.4	24 07.5	25 06.0	25 14.2	24 08.8	24 21.3	25 01.1	25 13.7	24 17.5	24 21.3	25 09.8	25 13.4
25 04.2	25 16.4	26 10.8	26 23.1	25 17.7	26 06.2	26 10.0	26 22.6	26 02.4	26 06.2	26 18.7	26 22.3
26 13.1	27 01.3	27 19.7	28 08.0	27 02.6	27 15.1	27 18.9	28 07.5	27 11.3	27 15.1	28 03.6	28 07.2
27 22.0	28 10.2	29 04.6	29 16.8	28 11.5	29 00.0	29 03.8	29 16.4	28 20.2	29 00.0	29 12.5	29 16.0
29 06.9		30 13.5		29 20.4	30 08.9	30 12.7	31 01.3	30 05.1	30 08.8	30 21.4	31 00.9
30 15.8		31 22.3		31 05.3		31 21.6			31 17.7		32 09.8

F43

SATELLITES OF SATURN, 2009

UNIVERSAL TIME OF GREATEST EASTERN ELONGATION

III TETHYS

Jan.	Feb.	Mar.	Apr.	May	June	July	Aug.	Sept.	Oct.	Nov.	Dec.
d h	d h	d h	d h	d h	d h	d h	d h	d h	d h	d h	d h
1 19.5	1 00.2	1 07.6	2 09.6	2 14.3	1 19.3	2 00.5	1 05.7	2 08.4	2 13.7	1 19.0	2 00.2
3 16.8	2 21.5	3 04.9	4 06.8	4 11.7	3 16.6	3 21.8	3 03.1	4 05.7	4 11.1	3 16.4	3 21.5
5 14.1	4 18.8	5 02.2	6 04.1	6 09.0	5 14.0	5 19.1	5 00.4	6 03.1	6 08.4	5 13.7	5 18.8
7 11.4	6 16.1	6 23.5	8 01.4	8 06.3	7 11.3	7 16.5	6 21.7	8 00.4	8 05.7	7 11.0	7 16.2
9 08.7	8 13.4	8 20.8	9 22.7	10 03.6	9 08.6	9 13.8	8 19.1	9 21.7	10 03.1	9 08.3	9 13.5
11 06.0	10 10.7	10 18.0	11 20.0	12 00.9	11 05.9	11 11.1	10 16.4	11 19.1	12 00.4	11 05.7	11 10.8
13 03.3	12 08.0	12 15.3	13 17.3	13 22.2	13 03.2	13 08.4	12 13.7	13 16.4	13 21.7	13 03.0	13 08.1
15 00.6	14 05.3	14 12.6	15 14.6	15 19.5	15 00.6	15 05.8	14 11.1	15 13.7	15 19.1	15 00.3	15 05.4
16 21.9	16 02.6	16 09.9	17 11.9	17 16.8	16 21.9	17 03.1	16 08.4	17 11.1	17 16.4	16 21.6	17 02.7
18 19.2	17 23.8	18 07.2	19 09.2	19 14.1	18 19.2	19 00.4	18 05.7	19 08.4	19 13.7	18 19.0	19 00.0
20 16.5	19 21.1	20 04.5	21 06.5	21 11.4	20 16.5	20 21.8	20 03.1	21 05.7	21 11.1	20 16.3	20 21.4
22 13.7	21 18.4	22 01.8	23 03.8	23 08.7	22 13.8	22 19.1	22 00.4	23 03.1	23 08.4	22 13.6	22 18.7
24 11.0	23 15.7	23 23.1	25 01.1	25 06.1	24 11.2	24 16.4	23 21.7	25 00.4	25 05.7	24 10.9	24 16.0
26 08.3	25 13.0	25 20.4	26 22.4	27 03.4	26 08.5	26 13.7	25 19.1	26 21.7	27 03.0	26 08.2	26 13.3
28 05.6	27 10.3	27 17.7	28 19.7	29 00.7	28 05.8	28 11.1	27 16.4	28 19.1	29 00.4	28 05.6	28 10.6
30 02.9		29 15.0	30 17.0	30 22.0	30 03.1	30 08.4	29 13.7	30 16.4	30 21.7	30 02.9	30 07.9
		31 12.3					31 11.1				32 05.2

IV DIONE

Jan.	Feb.	Mar.	Apr.	May	June	July	Aug.	Sept.	Oct.	Nov.	Dec.
d h	d h	d h	d h	d h	d h	d h	d h	d h	d h	d h	d h
0 06.0	2 02.1	1 10.6	3 06.5	3 08.8	2 11.4	2 14.3	1 17.3	3 14.2	3 17.4	2 20.4	2 23.4
2 23.7	4 19.7	4 04.3	6 00.1	6 02.5	5 05.1	5 08.0	4 11.1	6 07.9	6 11.1	5 14.2	5 17.1
5 17.4	7 13.4	6 21.9	8 17.8	8 20.2	7 22.8	8 01.7	7 04.8	9 01.7	9 04.8	8 07.9	8 10.8
8 11.1	10 07.0	9 15.6	11 11.4	11 13.9	10 16.5	10 19.5	9 22.5	11 19.4	11 22.6	11 01.6	11 04.5
11 04.8	13 00.7	12 09.2	14 05.1	14 07.6	13 10.3	13 13.2	12 16.3	14 13.2	14 16.3	13 19.3	13 22.2
13 22.4	15 18.4	15 02.9	16 22.8	17 01.2	16 04.0	16 06.9	15 10.0	17 06.9	17 10.0	16 13.1	16 15.9
16 16.1	18 12.0	17 20.5	19 16.4	19 18.9	18 21.7	19 00.7	18 03.8	20 00.7	20 03.8	19 06.8	19 09.6
19 09.8	21 05.7	20 14.2	22 10.1	22 12.6	21 15.4	21 18.4	20 21.5	22 18.4	22 21.5	22 00.5	22 03.3
22 03.4	23 23.3	23 07.8	25 03.8	25 06.3	24 09.1	24 12.1	23 15.2	25 12.1	25 15.2	24 18.2	24 21.0
24 21.1	26 17.0	26 01.5	27 21.5	28 00.0	27 02.8	27 05.9	26 09.0	28 05.9	28 09.0	27 11.9	27 14.7
27 14.8		28 19.1	30 15.1	30 17.7	29 20.6	29 23.6	29 02.7	30 23.6	31 02.7	30 05.7	30 08.4
30 08.4		31 12.8					31 20.5				33 02.1

V RHEA

Jan.	Feb.	Mar.	Apr.	May	June	July	Aug.	Sept.	Oct.	Nov.	Dec.
d h	d h	d h	d h	d h	d h	d h	d h	d h	d h	d h	d h
3 07.3	3 22.0	3 00.0	3 14.3	5 04.9	1 07.4	2 22.9	3 14.6	4 06.6	1 10.0	2 01.9	3 17.6
7 19.8	8 10.3	7 12.3	8 02.6	9 17.3	5 19.9	7 11.4	8 03.2	8 19.2	5 22.6	6 14.5	8 06.1
12 08.1	12 22.7	12 00.6	12 15.0	14 05.7	10 08.4	11 23.9	12 15.8	13 07.8	10 11.2	11 03.0	12 18.6
16 20.5	17 11.0	16 12.9	17 03.3	18 18.1	14 20.9	16 12.5	17 04.3	17 20.3	14 23.7	15 15.6	17 07.1
21 08.9	21 23.3	21 01.3	21 15.7	23 06.5	19 09.4	21 01.0	21 16.9	22 08.9	19 12.3	20 04.1	21 19.5
25 21.3	26 11.6	25 13.6	26 04.1	27 19.0	23 21.9	25 13.5	26 05.5	26 21.5	24 00.8	24 16.6	26 08.0
30 09.6		30 01.9	30 16.5		28 10.4	30 02.1	30 18.0		28 13.4	29 05.1	30 20.4

SATELLITES OF SATURN, 2009

UNIVERSAL TIME OF CONJUNCTIONS AND ELONGATIONS

VI TITAN

Eastern Elongation		Inferior Conjunction		Western Elongation		Superior Conjunction	
	d h		d h		d h		d h
Jan.	3 22.6	Jan.	7 19.4	Jan.	11 18.4	Jan.	15 20.3
	19 21.0		23 17.7		27 16.5		31 18.4
Feb.	4 18.9	Feb.	8 15.7	Feb.	12 14.3	Feb.	16 16.1
	20 16.6		24 13.4		28 11.8	Mar.	4 13.6
Mar.	8 14.0	Mar.	12 11.0	Mar.	16 09.2		20 11.0
	24 11.5		28 08.6	Apr.	1 06.7	Apr.	5 08.6
Apr.	9 09.1	Apr.	13 06.4		17 04.4		21 06.4
	25 07.0		29 04.5	May	3 02.5	May	7 04.7
May	11 05.3	May	15 03.0		19 01.0		23 03.3
	27 04.0		31 01.8	June	4 00.0	June	8 02.4
June	12 03.2	June	16 01.1		19 23.4		24 01.9
	28 02.8	July	2 00.6	July	5 23.2	July	10 01.7
July	14 02.7		18 00.5		21 23.2		26 01.9
	30 02.9	Aug.	3 00.6	Aug.	6 23.5	Aug.	11 02.3
Aug.	15 03.3		19 00.9		23 00.0		27 02.9
	31 03.8	Sept.	4 01.4	Sept.	8 00.6	Sept.	12 03.5
Sept.	16 04.4		20 01.8		24 01.3		28 04.2
Oct.	2 05.0	Oct.	6 02.3	Oct.	10 01.9	Oct.	14 04.8
	18 05.6		22 02.7		26 02.4		30 05.3
Nov.	3 06.0	Nov.	7 02.9	Nov.	11 02.8	Nov.	15 05.6
	19 06.1		23 02.9		27 02.9	Dec.	1 05.6
Dec.	5 06.0	Dec.	9 02.7	Dec.	13 02.6		17 05.3
	21 05.6		25 02.0		29 01.9		33 04.6

VII HYPERION

Eastern Elongation		Inferior Conjunction		Western Elongation		Superior Conjunction	
	d h		d h		d h		d h
Jan.	1 16.6	Jan.	6 22.0	Jan.	12 20.3	Jan.	18 05.0
	23 00.4		28 06.7	Feb.	3 04.8	Feb.	8 13.5
Feb.	13 08.2	Feb.	18 13.9		24 12.0	Mar.	1 21.4
Mar.	6 15.9	Mar.	11 21.6	Mar.	17 18.6		23 03.6
	27 22.4	Apr.	2 04.8	Apr.	8 02.0	Apr.	13 11.4
Apr.	18 05.8		23 12.0		29 09.6	May	4 19.9
May	9 14.5	May	14 21.0	May	20 17.6		26 03.0
	30 22.4	June	5 06.1	June	11 02.7	June	16 11.9
June	21 07.4		26 15.4	July	2 12.4	July	7 21.7
July	12 17.8	July	18 02.3		23 21.8		29 05.4
Aug.	3 02.7	Aug.	8 12.6	Aug.	14 07.6	Aug.	19 14.3
	24 12.0		29 22.3	Sept.	4 17.5	Sept.	9 23.7
Sept.	14 22.2	Sept.	20 08.9		26 02.2	Oct.	1 06.5
Oct.	6 06.3	Oct.	11 18.2	Oct.	17 10.8		22 14.1
	27 14.2	Nov.	2 02.3	Nov.	7 18.7	Nov.	12 21.5
Nov.	17 22.3		23 10.5		29 01.1	Dec.	4 02.4
Dec.	9 04.2	Dec.	14 17.4	Dec.	20 07.2		25 07.7
	30 09.3						

VIII IAPETUS

Eastern Elongation		Inferior Conjunction		Western Elongation		Superior Conjunction	
	d h		d h		d h		d h
				Jan.	15 05.5	Feb.	3 18.9
Feb.	24 00.4	Mar.	15 08.3	Apr.	3 02.5	Apr.	22 22.0
May	13 00.4	June	2 02.9	June	21 04.9	July	11 16.4
Aug.	1 09.6	Aug.	21 18.5	Sept.	10 12.1	Oct.	1 02.3
Oct.	22 03.9	Nov.	11 01.4	Dec.	1 00.9	Dec.	21 03.9

DIFFERENTIAL COORDINATES OF VII HYPERION FOR 0ʰ U.T.

Date		Δα		Δδ	Date		Δα		Δδ	Date		Δα		Δδ
		s		′			s		′			s		′
Jan.	−1	+10	+	0.1	May	1	−15	−	0.4	Sept.	2	−10	−	0.2
	1	+14	+	0.2		3	− 8	−	0.4		4	−13	−	0.2
	3	+13	+	0.2		5	+ 1	−	0.2		6	−12	−	0.2
	5	+ 7	+	0.2		7	+10		0.0		8	− 7	−	0.1
	7	− 1		0.0		9	+15	+	0.2		10	0		0.0
	9	− 9	−	0.1		11	+13	+	0.4		12	+ 8	+	0.1
	11	−14	−	0.2		13	+ 7	+	0.4		14	+12	+	0.2
	13	−16	−	0.3		15	− 1	+	0.3		16	+12	+	0.2
	15	−13	−	0.2		17	− 9	+	0.1		18	+ 8	+	0.1
	17	− 6	−	0.1		19	−14	−	0.1		20	+ 1		0.0
	19	+ 4		0.0		21	−16	−	0.3		22	− 6	−	0.2
	21	+12	+	0.2		23	−12	−	0.4		24	−11	−	0.2
	23	+15	+	0.3		25	− 5	−	0.3		26	−13	−	0.2
	25	+12	+	0.2		27	+ 4	−	0.1		28	−11	−	0.1
	27	+ 5	+	0.2		29	+12	+	0.1		30	− 5		0.0
	29	− 4		0.0		31	+14	+	0.3	Oct.	2	+ 3	+	0.1
	31	−11	−	0.1	June	2	+11	+	0.4		4	+10	+	0.2
Feb.	2	−16	−	0.2		4	+ 5	+	0.3		6	+13	+	0.2
	4	−16	−	0.3		6	− 3	+	0.2		8	+11	+	0.1
	6	−11	−	0.2		8	−10		0.0		10	+ 6		0.0
	8	− 2	−	0.1		10	−15	−	0.2		12	− 1	−	0.2
	10	+ 7		0.0		12	−15	−	0.3		14	− 8	−	0.2
	12	+14	+	0.2		14	−10	−	0.3		16	−12	−	0.2
	14	+15	+	0.3		16	− 2	−	0.2		18	−13	−	0.2
	16	+10	+	0.3		18	+ 7		0.0		20	− 9		0.0
	18	+ 2	+	0.2		20	+13	+	0.2		22	− 2	+	0.1
	20	− 6		0.0		22	+13	+	0.3		24	+ 6	+	0.2
	22	−14	−	0.1		24	+ 9	+	0.3		26	+12	+	0.2
	24	−17	−	0.3		26	+ 2	+	0.2		28	+13	+	0.1
	26	−15	−	0.3		28	− 5	+	0.1		30	+10		0.0
	28	− 9	−	0.3		30	−11	−	0.1	Nov.	1	+ 4	−	0.1
Mar.	2	+ 1	−	0.1	July	2	−14	−	0.2		3	− 3	−	0.2
	4	+10	+	0.1		4	−13	−	0.3		5	−10	−	0.3
	6	+15	+	0.2		6	− 7	−	0.3		7	−13	−	0.2
	8	+14	+	0.3		8	+ 1	−	0.1		9	−12	−	0.1
	10	+ 8	+	0.3		10	+ 9	+	0.1		11	− 7	+	0.1
	12	− 1	+	0.2		12	+13	+	0.2		13	+ 1	+	0.2
	14	− 9		0.0		14	+12	+	0.3		15	+ 9	+	0.3
	16	−15	−	0.2		16	+ 7	+	0.3		17	+13	+	0.2
	18	−17	−	0.3		18	0	+	0.1		19	+13	+	0.1
	20	−14	−	0.3		20	− 7		0.0		21	+ 8	−	0.1
	22	− 6	−	0.3		22	−12	−	0.1		23	+ 1	−	0.2
	24	+ 5	−	0.1		24	−14	−	0.2		25	− 6	−	0.3
	26	+13	+	0.1		26	−11	−	0.3		27	−12	−	0.3
	28	+15	+	0.3		28	− 5	−	0.2		29	−14	−	0.2
	30	+12	+	0.4		30	+ 4		0.0	Dec.	1	−11		0.0
Apr.	1	+ 5	+	0.3	Aug.	1	+10	+	0.1		3	− 5	+	0.2
	3	− 4	+	0.2		3	+13	+	0.2		5	+ 4	+	0.3
	5	−12		0.0		5	+11	+	0.2		7	+11	+	0.3
	7	−16	−	0.2		7	+ 5	+	0.2		9	+14	+	0.2
	9	−16	−	0.3		9	− 2		0.0		11	+12		0.0
	11	−11	−	0.4		11	− 9	−	0.1		13	+ 6	−	0.2
	13	− 2	−	0.3		13	−13	−	0.2		15	− 1	−	0.3
	15	+ 8		0.0		15	−13	−	0.2		17	− 8	−	0.4
	17	+14	+	0.2		17	− 9	−	0.2		19	−13	−	0.3
	19	+15	+	0.3		19	− 2	−	0.1		21	−14	−	0.1
	21	+10	+	0.4		21	+ 6	+	0.1		23	− 9	+	0.1
	23	+ 2	+	0.3		23	+12	+	0.2		25	− 1	+	0.3
	25	− 7	+	0.1		25	+13	+	0.2		27	+ 8	+	0.3
	27	−13	−	0.1		27	+ 9	+	0.2		29	+13	+	0.3
	29	−16	−	0.3		29	+ 3	+	0.1		31	+14	+	0.1
May	1	−15	−	0.4		31	− 4	−	0.1		33	+10	−	0.1

Differential coordinates are given in the sense "satellite minus planet."

DIFFERENTIAL COORDINATES OF VIII IAPETUS FOR 0^h U.T.

Date		$\Delta\alpha$	$\Delta\delta$	Date		$\Delta\alpha$		$\Delta\delta$	Date		$\Delta\alpha$	$\Delta\delta$
		s	′			s		′			s	′
Jan.	−1	−10	− 0.7	May	1	+23		0.0	Sept.	2	−25	+ 0.3
	1	−16	− 0.4		3	+27	−	0.2		4	−27	+ 0.6
	3	−21	− 0.1		5	+30	−	0.4		6	−29	+ 0.8
	5	−25	+ 0.2		7	+33	−	0.6		8	−30	+ 1.0
	7	−29	+ 0.4		9	+35	−	0.8		10	−31	+ 1.2
	9	−32	+ 0.7		11	+37	−	1.0		12	−30	+ 1.4
	11	−35	+ 1.0		13	+37	−	1.1		14	−29	+ 1.5
	13	−36	+ 1.2		15	+36	−	1.2		16	−28	+ 1.6
	15	−37	+ 1.4		17	+35	−	1.3		18	−25	+ 1.7
	17	−36	+ 1.6		19	+33	−	1.4		20	−22	+ 1.7
	19	−35	+ 1.7		21	+30	−	1.4		22	−19	+ 1.7
	21	−32	+ 1.8		23	+26	−	1.4		24	−15	+ 1.6
	23	−29	+ 1.8		25	+21	−	1.3		26	−11	+ 1.5
	25	−25	+ 1.8		27	+16	−	1.2		28	− 6	+ 1.4
	27	−21	+ 1.7		29	+11	−	1.1		30	− 1	+ 1.3
	29	−15	+ 1.6		31	+ 5	−	1.0	Oct.	2	+ 3	+ 1.1
	31	−10	+ 1.5	June	2	0	−	0.8		4	+ 8	+ 0.9
Feb.	2	− 4	+ 1.3		4	− 6	−	0.6		6	+12	+ 0.6
	4	+ 2	+ 1.1		6	−11	−	0.4		8	+16	+ 0.4
	6	+ 8	+ 0.9		8	−17	−	0.2		10	+20	+ 0.1
	8	+13	+ 0.6		10	−21		0.0		12	+23	− 0.2
	10	+19	+ 0.3		12	−25	+	0.2		14	+26	− 0.4
	12	+24	+ 0.1		14	−28	+	0.5		16	+29	− 0.7
	14	+28	− 0.2		16	−31	+	0.7		18	+30	− 0.9
	16	+32	− 0.5		18	−33	+	0.8		20	+31	− 1.2
	18	+35	− 0.7		20	−34	+	1.0		22	+31	− 1.4
	20	+37	− 1.0		22	−34	+	1.1		24	+31	− 1.6
	22	+39	− 1.2		24	−33	+	1.2		26	+30	− 1.7
	24	+39	− 1.4		26	−31	+	1.3		28	+28	− 1.8
	26	+38	− 1.5		28	−29	+	1.4		30	+25	− 1.9
	28	+37	− 1.6		30	−25	+	1.4	Nov.	1	+22	− 1.9
Mar.	2	+34	− 1.7	July	2	−22	+	1.4		3	+18	− 1.9
	4	+31	− 1.7		4	−18	+	1.3		5	+14	− 1.8
	6	+27	− 1.7		6	−13	+	1.2		7	+ 9	− 1.6
	8	+21	− 1.6		8	− 8	+	1.1		9	+ 4	− 1.5
	10	+16	− 1.5		10	− 3	+	1.0		11	− 1	− 1.3
	12	+10	− 1.3		12	+ 2	+	0.9		13	− 6	− 1.0
	14	+ 3	− 1.1		14	+ 7	+	0.7		15	−11	− 0.7
	16	− 3	− 0.9		16	+11	+	0.5		17	−16	− 0.4
	18	− 9	− 0.6		18	+16	+	0.3		19	−20	− 0.1
	20	−15	− 0.4		20	+20	+	0.1		21	−24	+ 0.2
	22	−21	− 0.1		22	+23	−	0.1		23	−27	+ 0.5
	24	−26	+ 0.2		24	+27	−	0.3		25	−30	+ 0.8
	26	−30	+ 0.4		26	+29	−	0.6		27	−31	+ 1.1
	28	−34	+ 0.7		28	+31	−	0.7		29	−32	+ 1.4
	30	−36	+ 0.9		30	+32	−	0.9	Dec.	1	−32	+ 1.6
Apr.	1	−38	+ 1.1	Aug.	1	+32	−	1.1		3	−32	+ 1.8
	3	−38	+ 1.3		3	+32	−	1.2		5	−31	+ 2.0
	5	−37	+ 1.4		5	+31	−	1.3		7	−28	+ 2.1
	7	−36	+ 1.5		7	+29	−	1.4		9	−26	+ 2.2
	9	−33	+ 1.5		9	+27	−	1.5		11	−22	+ 2.2
	11	−30	+ 1.5		11	+23	−	1.5		13	−18	+ 2.1
	13	−26	+ 1.5		13	+20	−	1.5		15	−14	+ 2.0
	15	−21	+ 1.4		15	+15	−	1.4		17	− 9	+ 1.9
	17	−16	+ 1.3		17	+11	−	1.3		19	− 4	+ 1.7
	19	−11	+ 1.2		19	+ 6	−	1.2		21	+ 1	+ 1.5
	21	− 5	+ 1.1		21	+ 1	−	1.0		23	+ 6	+ 1.2
	23	+ 1	+ 0.9		23	− 4	−	0.8		25	+11	+ 0.9
	25	+ 7	+ 0.7		25	− 9	−	0.6		27	+16	+ 0.6
	27	+12	+ 0.5		27	−13	−	0.4		29	+21	+ 0.3
	29	+18	+ 0.2		29	−18	−	0.2		31	+25	0.0
May	1	+23	0.0		31	−21	+	0.1		33	+28	− 0.4

Differential coordinates are given in the sense "satellite minus planet."

SATELLITES OF SATURN, 2009

DIFFERENTIAL COORDINATES OF IX PHOEBE FOR 0^h U.T.

Date		$\Delta\alpha$		$\Delta\delta$	Date		$\Delta\alpha$		$\Delta\delta$	Date		$\Delta\alpha$		$\Delta\delta$
		m s		′			m s		′			m s		′
Jan.	−1	+1 15	−	5.6	May	1	−1 14	+	9.5	Sept.	2	−2 04		+11.9
	1	+1 13	−	5.4		3	−1 16	+	9.7		4	−2 03		+11.8
	3	+1 11	−	5.1		5	−1 18	+	9.8		6	−2 02		+11.7
	5	+1 10	−	4.9		7	−1 20	+	10.0		8	−2 02		+11.6
	7	+1 08	−	4.6		9	−1 22	+	10.1		10	−2 01		+11.5
	9	+1 06	−	4.3		11	−1 24	+	10.3		12	−2 00		+11.4
	11	+1 04	−	4.1		13	−1 26	+	10.4		14	−1 59		+11.2
	13	+1 01	−	3.8		15	−1 27	+	10.6		16	−1 58		+11.1
	15	+0 59	−	3.5		17	−1 29	+	10.7		18	−1 57		+11.0
	17	+0 57	−	3.2		19	−1 31	+	10.8		20	−1 56		+10.8
	19	+0 55	−	3.0		21	−1 33	+	10.9		22	−1 55		+10.7
	21	+0 52	−	2.7		23	−1 35	+	11.1		24	−1 54		+10.5
	23	+0 50	−	2.4		25	−1 36	+	11.2		26	−1 53		+10.4
	25	+0 48	−	2.1		27	−1 38	+	11.3		28	−1 52		+10.2
	27	+0 45	−	1.8		29	−1 40	+	11.4		30	−1 51		+10.1
	29	+0 43	−	1.5		31	−1 41	+	11.5	Oct.	2	−1 49	+	9.9
	31	+0 40	−	1.2	June	2	−1 43	+	11.6		4	−1 48	+	9.7
Feb.	2	+0 38	−	1.0		4	−1 44	+	11.7		6	−1 47	+	9.5
	4	+0 35	−	0.7		6	−1 46	+	11.8		8	−1 45	+	9.4
	6	+0 33	−	0.4		8	−1 47	+	11.9		10	−1 44	+	9.2
	8	+0 30	−	0.1		10	−1 48	+	12.0		12	−1 42	+	9.0
	10	+0 28	+	0.2		12	−1 50	+	12.1		14	−1 41	+	8.8
	12	+0 25	+	0.5		14	−1 51	+	12.2		16	−1 39	+	8.6
	14	+0 22	+	0.8		16	−1 52	+	12.2		18	−1 38	+	8.4
	16	+0 20	+	1.1		18	−1 53	+	12.3		20	−1 36	+	8.2
	18	+0 17	+	1.3		20	−1 54	+	12.4		22	−1 35	+	8.0
	20	+0 14	+	1.6		22	−1 55	+	12.5		24	−1 33	+	7.7
	22	+0 12	+	1.9		24	−1 56	+	12.5		26	−1 31	+	7.5
	24	+0 09	+	2.2		26	−1 57	+	12.6		28	−1 29	+	7.3
	26	+0 06	+	2.5		28	−1 58	+	12.6		30	−1 27	+	7.1
	28	+0 04	+	2.7		30	−1 59	+	12.7	Nov.	1	−1 26	+	6.8
Mar.	2	+0 01	+	3.0	July	2	−2 00	+	12.7		3	−1 24	+	6.6
	4	−0 02	+	3.3		4	−2 01	+	12.8		5	−1 22	+	6.3
	6	−0 04	+	3.5		6	−2 02	+	12.8		7	−1 20	+	6.1
	8	−0 07	+	3.8		8	−2 02	+	12.8		9	−1 18	+	5.9
	10	−0 10	+	4.1		10	−2 03	+	12.9		11	−1 16	+	5.6
	12	−0 13	+	4.3		12	−2 04	+	12.9		13	−1 13	+	5.3
	14	−0 15	+	4.6		14	−2 04	+	12.9		15	−1 11	+	5.1
	16	−0 18	+	4.8		16	−2 05	+	12.9		17	−1 09	+	4.8
	18	−0 20	+	5.1		18	−2 05	+	12.9		19	−1 07	+	4.6
	20	−0 23	+	5.3		20	−2 06	+	12.9		21	−1 05	+	4.3
	22	−0 26	+	5.5		22	−2 06	+	12.9		23	−1 03	+	4.0
	24	−0 28	+	5.8		24	−2 07	+	12.9		25	−1 00	+	3.8
	26	−0 31	+	6.0		26	−2 07	+	12.9		27	−0 58	+	3.5
	28	−0 33	+	6.2		28	−2 07	+	12.9		29	−0 56	+	3.2
	30	−0 36	+	6.5		30	−2 07	+	12.9	Dec.	1	−0 53	+	2.9
Apr.	1	−0 39	+	6.7	Aug.	1	−2 08	+	12.9		3	−0 51	+	2.6
	3	−0 41	+	6.9		3	−2 08	+	12.9		5	−0 48	+	2.4
	5	−0 44	+	7.1		5	−2 08	+	12.8		7	−0 46	+	2.1
	7	−0 46	+	7.3		7	−2 08	+	12.8		9	−0 43	+	1.8
	9	−0 48	+	7.5		9	−2 08	+	12.8		11	−0 41	+	1.5
	11	−0 51	+	7.7		11	−2 08	+	12.7		13	−0 38	+	1.2
	13	−0 53	+	7.9		13	−2 07	+	12.7		15	−0 36	+	0.9
	15	−0 56	+	8.1		15	−2 07	+	12.6		17	−0 33	+	0.6
	17	−0 58	+	8.3		17	−2 07	+	12.6		19	−0 31	+	0.3
	19	−1 00	+	8.5		19	−2 07	+	12.5		21	−0 28		0.0
	21	−1 03	+	8.7		21	−2 07	+	12.4		23	−0 25	−	0.3
	23	−1 05	+	8.8		23	−2 06	+	12.4		25	−0 23	−	0.6
	25	−1 07	+	9.0		25	−2 06	+	12.3		27	−0 20	−	0.9
	27	−1 09	+	9.2		27	−2 05	+	12.2		29	−0 17	−	1.2
	29	−1 11	+	9.4		29	−2 05	+	12.1		31	−0 15	−	1.5
May	1	−1 14	+	9.5		31	−2 04	+	12.0		33	−0 12	−	1.8

Differential coordinates are given in the sense "satellite minus planet."

SATELLITES OF URANUS, 2009

APPARENT ORBITS OF SATELLITES I-V AT 0h UT ON THE DATE OF OPPOSITION, SEPTEMBER 17

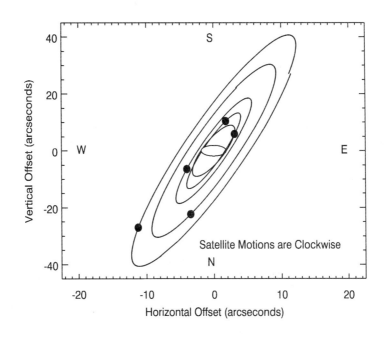

Orbits elongated in ratio of 2.1 to 1 in the East-West direction.

	Name	Sidereal Period d
V	Miranda	1.413 479 25
I	Ariel	2.520 379 35
II	Umbriel	4.144 177 2
III	Titania	8.705 871 7
IV	Oberon	13.463 238 9

RINGS OF URANUS

Ring	Semimajor Axis km	Eccentricity	Azimuth of Periapse °	Precession Rate °/d
6	41870	0.0014	236	2.77
5	42270	0.0018	182	2.66
4	42600	0.0012	120	2.60
α	44750	0.0007	331	2.18
β	45700	0.0005	231	2.03
η	47210	— —	—	—
γ	47660	— —	—	—
δ	48330	0.0005	140	—
ϵ	51180	0.0079	216	1.36

Epoch: 1977 March 10, 20^h UT (JD 244 3213.33)

SATELLITES OF URANUS, 2009

UNIVERSAL TIME OF GREATEST NORTHERN ELONGATION

Jan.	Feb.	Mar.	Apr.	May	June	July	Aug.	Sept.	Oct.	Nov.	Dec.

V MIRANDA

Jan.	Feb.	Mar.	Apr.	May	June	July	Aug.	Sept.	Oct.	Nov.	Dec.
d h	d h	d h	d h	d h	d h	d h	d h	d h	d h	d h	d h
0 11.0	1 23.3	2 05.8	2 08.1	2 00.4	2 02.7	1 19.0	1 21.2	1 23.6	1 16.0	1 18.3	1 10.8
1 20.9	3 09.2	3 15.7	3 18.0	3 10.3	3 12.6	3 04.9	3 07.2	3 09.5	3 01.9	3 04.3	2 20.7
3 06.8	4 19.1	5 01.6	5 03.9	4 20.2	4 22.5	4 14.8	4 17.1	4 19.4	4 11.8	4 14.2	4 06.6
4 16.8	6 05.1	6 11.5	6 13.8	6 06.2	6 08.4	6 00.7	6 03.0	6 05.3	5 21.7	6 00.1	5 16.6
6 02.7	7 15.0	7 21.5	7 23.7	7 16.1	7 18.3	7 10.7	7 12.9	7 15.2	7 07.7	7 10.0	7 02.5
7 12.6	9 00.9	9 07.4	9 09.7	9 02.0	9 04.3	8 20.6	8 22.9	9 01.2	8 17.6	8 20.0	8 12.4
8 22.5	10 10.8	10 17.3	10 19.6	10 11.9	10 14.2	10 06.5	10 08.8	10 11.1	10 03.5	10 05.9	9 22.4
10 08.5	11 20.7	12 03.2	12 05.5	11 21.8	12 00.1	11 16.4	11 18.7	11 21.0	11 13.4	11 15.8	11 08.3
11 18.4	13 06.7	13 13.1	13 15.4	13 07.8	13 10.0	13 02.3	13 04.6	13 06.9	12 23.4	13 01.7	12 18.2
13 04.3	14 16.6	14 23.1	15 01.3	14 17.7	14 19.9	14 12.3	14 14.6	14 16.9	14 09.3	14 11.7	14 04.1
14 14.2	16 02.5	16 09.0	16 11.3	16 03.6	16 05.9	15 22.2	16 00.5	16 02.8	15 19.2	15 21.6	15 14.1
16 00.2	17 12.4	17 18.9	17 21.2	17 13.5	17 15.8	17 08.1	17 10.4	17 12.7	17 05.1	17 07.5	17 00.0
17 10.1	18 22.4	19 04.8	19 07.1	18 23.4	19 01.7	18 18.0	18 20.3	18 22.6	18 15.1	18 17.4	18 09.9
18 20.0	20 08.3	20 14.8	20 17.0	20 09.4	20 11.6	20 04.0	20 06.2	20 08.6	20 01.0	20 03.4	19 19.8
20 05.9	21 18.2	22 00.7	22 03.0	21 19.3	21 21.5	21 13.9	21 16.2	21 18.5	21 10.9	21 13.3	21 05.8
21 15.9	23 04.1	23 10.6	23 12.9	23 05.2	23 07.5	22 23.8	23 02.1	23 04.4	22 20.8	22 23.2	22 15.7
23 01.8	24 14.1	24 20.5	24 22.8	24 15.1	24 17.4	24 09.7	24 12.0	24 14.3	24 06.8	24 09.2	24 01.6
24 11.7	26 00.0	26 06.4	26 08.7	26 01.1	26 03.3	25 19.6	25 21.9	26 00.3	25 16.7	25 19.1	25 11.5
25 21.6	27 09.9	27 16.4	27 18.6	27 11.0	27 13.2	27 05.6	27 07.9	27 10.2	27 02.6	27 05.0	26 21.5
27 07.6	28 19.8	29 02.3	29 04.6	28 20.9	28 23.1	28 15.5	28 17.8	28 20.1	28 12.6	28 14.9	28 07.4
28 17.5		30 12.2	30 14.5	30 06.8	30 09.1	30 01.4	30 03.7	30 06.0	29 22.5	30 00.9	29 17.3
30 03.4		31 22.1		31 16.7		31 11.3	31 13.6		31 08.4		31 03.3
31 13.3											32 13.2

I ARIEL

Jan.	Feb.	Mar.	Apr.	May	June	July	Aug.	Sept.	Oct.	Nov.	Dec.
d h	d h	d h	d h	d h	d h	d h	d h	d h	d h	d h	d h
1 23.0	1 04.9	3 10.8	2 16.6	2 22.4	2 04.2	2 10.0	1 15.8	3 10.1	1 03.5	2 22.0	3 03.9
4 11.5	3 17.4	5 23.3	5 05.1	5 10.9	4 16.7	4 22.5	4 04.3	5 22.6	3 16.0	5 10.5	5 16.4
7 00.0	6 05.9	8 11.7	7 17.6	7 23.4	7 05.1	7 10.9	6 16.8	8 11.1	6 04.5	7 23.0	8 04.9
9 12.5	8 18.4	11 00.2	10 06.0	10 11.8	9 17.6	9 23.4	9 05.3	10 23.6	8 17.0	10 11.4	10 17.4
12 01.0	11 06.9	13 12.7	12 18.5	13 00.3	12 06.1	12 11.9	11 17.7	13 12.1	11 05.5	12 23.9	13 05.9
14 13.5	13 19.4	16 01.2	15 07.0	15 12.8	14 18.6	15 00.4	14 06.2	16 00.6	13 18.0	15 12.4	15 18.4
17 02.0	16 07.8	18 13.7	17 19.5	18 01.3	17 07.1	17 12.9	16 18.7	18 13.1	16 06.5	18 00.9	18 06.9
19 14.5	18 20.3	21 02.2	20 08.0	20 13.8	19 19.6	20 01.4	19 07.2	21 01.6	18 19.0	20 13.4	20 19.4
22 02.9	21 08.8	23 14.7	22 20.5	23 02.3	22 08.0	22 13.9	21 19.7	23 14.1	21 07.5	23 01.9	23 07.9
24 15.4	23 21.3	26 03.1	25 08.9	25 14.7	24 20.5	25 02.3	24 08.2	26 02.6	23 20.0	25 14.4	25 20.3
27 03.9	26 09.8	28 15.6	27 21.4	28 03.2	27 09.0	27 14.8	26 20.7	28 15.1	26 08.5	28 02.9	28 08.8
29 16.4	28 22.3	31 04.1	30 09.9	30 15.7	29 21.5	30 03.3	29 09.2		28 21.0	30 15.4	30 21.3
							31 21.7		31 09.5		33 09.8

SATELLITES OF URANUS, 2009

UNIVERSAL TIME OF GREATEST NORTHERN ELONGATION

Jan.	Feb.	Mar.	Apr.	May	June	July	Aug.	Sept.	Oct.	Nov.	Dec.

II UMBRIEL

d h	d h	d h	d h	d h	d h	d h	d h	d h	d h	d h	d h
−2 03.7	4 10.9	1 07.6	3 11.2	2 11.3	4 14.9	3 15.1	1 15.3	3 18.9	2 19.2	4 23.0	3 23.2
2 07.2	8 14.3	5 11.0	7 14.7	6 14.8	8 18.4	7 18.5	5 18.7	7 22.4	6 22.7	9 02.4	8 02.7
6 10.6	12 17.8	9 14.5	11 18.1	10 18.2	12 21.8	11 22.0	9 22.2	12 01.9	11 02.1	13 05.9	12 06.2
10 14.1	16 21.2	13 17.9	15 21.5	14 21.7	17 01.3	16 01.4	14 01.6	16 05.3	15 05.6	17 09.4	16 09.6
14 17.5	21 00.7	17 21.4	20 01.0	19 01.1	21 04.7	20 04.9	18 05.1	20 08.8	19 09.1	21 12.8	20 13.1
18 21.0	25 04.1	22 00.8	24 04.5	23 04.6	25 08.2	24 08.3	22 08.5	24 12.3	23 12.5	25 16.3	24 16.6
23 00.5		26 04.3	28 07.9	27 08.0	29 11.6	28 11.8	26 12.0	28 15.7	27 16.0	29 19.8	28 20.0
27 03.9		30 07.8		31 11.5			30 15.5		31 19.5		32 23.5
31 07.4											

III TITANIA

d h	d h	d h	d h	d h	d h	d h	d h	d h	d h	d h	d h
−1 22.5	3 18.2	1 21.0	5 16.6	1 19.3	5 14.9	1 17.7	5 13.4	9 09.2	5 12.1	9 07.9	5 10.8
8 15.4	12 11.1	10 13.9	14 09.5	10 12.2	14 07.8	10 10.6	14 06.3	18 02.1	14 05.0	18 00.9	14 03.8
17 08.4	21 04.0	19 06.7	23 02.3	19 05.1	23 00.8	19 03.5	22 23.3	26 19.1	22 22.0	26 17.9	22 20.7
26 01.3		27 23.6		27 22.0		27 20.4	31 16.2		31 15.0		31 13.7

IV OBERON

d h	d h	d h	d h	d h	d h	d h	d h	d h	d h	d h	d h
2 11.9	11 21.2	10 19.3	6 17.4	3 15.4	13 00.6	9 22.8	5 21.0	1 19.3	12 04.8	8 03.1	5 01.4
15 23.0	25 08.2	24 06.3	20 04.5	17 02.5	26 11.6	23 09.9	19 08.2	15 06.5	25 15.9	21 14.2	18 12.5
29 10.1				30 13.5				28 17.6			31 23.6

SATELLITES OF NEPTUNE, 2009

APPARENT ORBIT OF I TRITON AT 0h UT ON THE DATE OF OPPOSITION, AUGUST 17

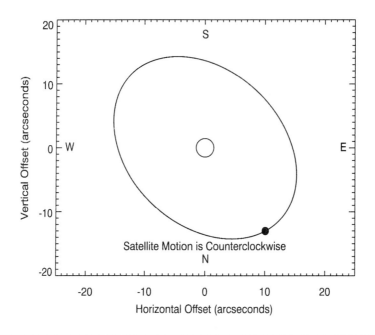

	Name	Sidereal Period
I	Triton	$5^d.876\ 854\ 1$ R
II	Nereid	$360^d.135\ 38$

DIFFERENTIAL COORDINATES OF II NEREID FOR 0^h UT

Date		$\Delta\alpha\cos\delta$	$\Delta\delta$	Date		$\Delta\alpha\cos\delta$	$\Delta\delta$	Date		$\Delta\alpha\cos\delta$	$\Delta\delta$
		′ ″	″			′ ″	″			′ ″	″
Jan.	−1	+4 06.5	+106.9	May	9	+2 23.9	+ 68.6	Sept.	16	+6 33.4	+176.6
	9	+3 42.9	+ 96.7		19	+3 10.4	+ 90.1		26	+6 29.1	+174.0
	19	+3 17.4	+ 85.5		29	+3 50.0	+108.2	Oct.	6	+6 22.1	+170.4
	29	+2 49.8	+ 73.4	June	8	+4 24.1	+123.7		16	+6 12.9	+165.8
Feb.	8	+2 19.8	+ 60.1		18	+4 53.4	+136.8		26	+6 01.5	+160.3
	18	+1 47.1	+ 45.5		28	+5 18.5	+147.9	Nov.	5	+5 48.1	+154.1
	28	+1 11.2	+ 29.5	July	8	+5 39.8	+157.1		15	+5 32.9	+147.1
Mar.	10	+0 31.9	+ 11.9		18	+5 57.4	+164.6		25	+5 15.9	+139.4
	20	−0 10.1	− 6.7		28	+6 11.5	+170.3	Dec.	5	+4 57.2	+131.0
	30	−0 49.3	− 23.7	Aug.	7	+6 22.2	+174.4		15	+4 36.9	+121.9
Apr.	9	−0 47.5	− 21.3		17	+6 29.6	+177.1		25	+4 15.0	+112.1
	19	+0 21.3	+ 11.5		27	+6 33.9	+178.2		35	+3 51.2	+101.5
	29	+1 28.5	+ 42.9	Sept.	6	+6 35.1	+178.0		45	+3 25.5	+ 90.0

SATELLITES OF NEPTUNE, 2009

I TRITON

UNIVERSAL TIME OF GREATEST EASTERN ELONGATION

Jan.	Feb.	Mar.	Apr.	May	June	July	Aug.	Sept.	Oct.	Nov.	Dec.
d h	d h	d h	d h	d h	d h	d h	d h	d h	d h	d h	d h
0 04.3	4 10.0	5 18.6	4 03.3	3 12.1	1 21.2	1 06.5	5 13.1	3 22.8	3 08.4	1 17.8	1 03.0
6 01.3	10 06.9	11 15.5	10 00.2	9 09.1	7 18.2	7 03.6	11 10.3	9 19.9	9 05.5	7 14.9	7 00.0
11 22.2	16 03.8	17 12.4	15 21.2	15 06.1	13 15.3	13 00.7	17 07.4	15 17.0	15 02.6	13 11.9	12 21.0
17 19.1	22 00.7	23 09.4	21 18.2	21 03.1	19 12.3	18 21.8	23 04.5	21 14.2	20 23.7	19 09.0	18 18.0
23 16.1	27 21.7	29 06.3	27 15.1	27 00.1	25 09.4	24 18.9	29 01.7	27 11.3	26 20.8	25 06.0	24 15.0
29 13.0						30 16.0					30 12.0

SATELLITE OF PLUTO, 2009

APPARENT ORBIT OF I CHARON AT 0h UT ON THE DATE OF OPPOSITION, JUNE 23

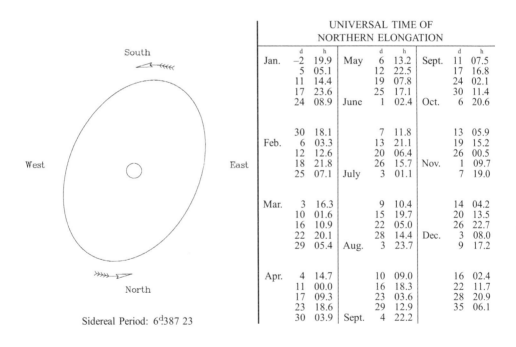

Sidereal Period: 6ᵈ.387 23

UNIVERSAL TIME OF NORTHERN ELONGATION

	d h		d h		d h
Jan. −2	19.9	May 6	13.2	Sept. 11	07.5
5	05.1	12	22.5	17	16.8
11	14.4	19	07.8	24	02.1
17	23.6	25	17.1	30	11.4
24	08.9	June 1	02.4	Oct. 6	20.6
30	18.1	7	11.8	13	05.9
Feb. 6	03.3	13	21.1	19	15.2
12	12.6	20	06.4	26	00.5
18	21.8	26	15.7	Nov. 1	09.7
25	07.1	July 3	01.1	7	19.0
Mar. 3	16.3	9	10.4	14	04.2
10	01.6	15	19.7	20	13.5
16	10.9	22	05.0	26	22.7
22	20.1	28	14.4	Dec. 3	08.0
29	05.4	Aug. 3	23.7	9	17.2
Apr. 4	14.7	10	09.0	16	02.4
11	00.0	16	18.3	22	11.7
17	09.3	23	03.6	28	20.9
23	18.6	29	12.9	35	06.1
30	03.9	Sept. 4	22.2		

MINOR PLANETS AND COMETS, 2009

CONTENTS OF SECTION G

	PAGE
Notes on bright minor planets	G1
Orbital elements and other data for the bright minor planets	G2
Bright minor planets at opposition	G4
Geocentric ephemeris, magnitude, time of ephemeris transit for:	
Ceres	G5
Juno	G6
Hebe	G7
Iris	G8
Flora	G9
Eunomia	G10
Psyche	G11
Europa	G12
Cybele	G13
Davida	G14
Interamnia	G15
Notes on comets	G16
Osculating elements for periodic comets	G16

See also

Phenomena of the principal minor planets	A4
Visual magnitudes of the principal minor planets	A5
Diameters of the bright minor planets with references	WWW

> WWW This symbol indicates that these data or auxiliary material may be found on *The Astronomical Almanac Online* at **http://asa.usno.navy.mil** and **http://asa.hmnao.com**

Notes on bright minor planets

The following pages contains various data on a selection of 93 of the largest and/or brightest minor planets. The first two pages tabulates their osculating orbital elements for epoch 2009 June 18·0 TT (JD 245 5000·5), with respect to the ecliptic and equinox J2000·0.

The opposition dates of all the objects are listed in chronological order together with the visual magnitude and declination. From these, a sub-set of the 15 larger minor planets, consisting of Ceres, Pallas, Juno, Vesta, Hebe, Iris, Flora, Metis, Hygiea, Eunomia, Psyche, Europa, Cybele, Davida and Interamnia are candidates for a daily ephemeris.

A daily geocentric astrometric (see page B29) ephemeris is tabulated for those of the 15 larger minor planets that have an opposition date occurring between January 1 and January 31 of the following year. The daily ephemeris of each object is centered about the opposition date, which is repeated at the bottom of the first column and at the top of the second column. The highlighted dates indicate when the object is stationary in right ascension. It is very occasionally possible for a stationary date to be outside the period tabulated.

Linear interpolation is sufficient for the magnitude and ephemeris transit, but for the right ascension and declination second differences are significant. The tabulations are similar to those for Pluto, and the use of the data is similar to that for major planets.

OSCULATING ELEMENTS
FOR EPOCH 2009 JUNE 18·0 TT, ECLIPTIC AND EQUINOX J2000·0

Name	No.	Magnitude Parameters H	G	Mean Diameter km	Inclination i °	Long. of Asc. Node Ω °	Argument of Perihelion ω °	Mean Distance a	Daily Motion n °	Eccentricity e	Mean Anomaly M °
Ceres	1	3·34	0·12	952	10·586	80·399	72·825	2·7664	0·21421	0·0793	27·449
Pallas	2	4·13	0·11	524	34·839	173·129	310·240	2·7729	0·21345	0·2309	10·682
Juno	3	5·33	0·32	274	12·979	169·912	248·009	2·6716	0·22571	0·2553	301·848
Vesta	4	3·20	0·32	512	7·135	103·916	149·869	2·3616	0·27158	0·0889	199·171
Astraea	5	6·85	0·15	120	5·370	141·662	357·764	2·5755	0·23846	0·1917	144·557
Hebe	6	5·71	0·24	190	14·754	138·740	239·490	2·4245	0·26108	0·2024	227·221
Iris	7	5·51	0·15	211	5·526	259·718	145·218	2·3858	0·26746	0·2312	257·619
Flora	8	6·49	0·28	138	5·889	110·959	285·400	2·2009	0·30185	0·1567	188·389
Metis	9	6·28	0·17	209	5·574	68·960	6·310	2·3865	0·26734	0·1221	34·461
Hygiea	10	5·43	0·15	444	3·842	283·452	313·175	3·1392	0·17721	0·1171	233·418
Parthenope	11	6·55	0·15	153	4·626	125·610	194·788	2·4522	0·25667	0·0996	76·087
Victoria	12	7·24	0·22	113	8·362	235·520	69·715	2·3346	0·27630	0·2203	218·090
Egeria	13	6·74	0·15	208	16·542	43·278	80·705	2·5761	0·23838	0·0858	49·517
Irene	14	6·30	0·15	180	9·107	86·453	96·306	2·5850	0·23714	0·1674	33·443
Eunomia	15	5·28	0·23	320	11·738	293·262	97·814	2·6429	0·22939	0·1879	178·425
Psyche	16	5·90	0·20	239	3·097	150·299	227·136	2·9236	0·19717	0·1390	300·097
Thetis	17	7·76	0·15	90	5·589	125·600	135·701	2·4693	0·25400	0·1349	110·203
Melpomene	18	6·51	0·25	138	10·129	150·514	227·766	2·2961	0·28328	0·2185	327·296
Fortuna	19	7·13	0·10	225	1·573	211·254	182·004	2·4420	0·25827	0·1576	347·612
Massalia	20	6·50	0·25	145	0·707	206·228	256·407	2·4102	0·26341	0·1417	249·010
Lutetia	21	7·35	0·11	98	3·064	80·911	250·085	2·4358	0·25927	0·1629	130·480
Kalliope	22	6·45	0·21	181	13·710	66·228	355·630	2·9078	0·19877	0·1027	202·439
Thalia	23	6·95	0·15	108	10·110	66·975	60·368	2·6287	0·23126	0·2338	221·973
Themis	24	7·08	0·19	175	0·760	35·992	107·766	3·1289	0·17808	0·1314	75·288
Phocaea	25	7·83	0·15	75	21·585	214·241	90·299	2·3995	0·26517	0·2558	298·362
Proserpina	26	7·50	0·15	95	3·562	45·869	193·602	2·6554	0·22778	0·0866	5·569
Euterpe	27	7·00	0·15	118	1·584	94·805	356·772	2·3466	0·27419	0·1729	67·983
Bellona	28	7·09	0·15	121	9·431	144·344	344·062	2·7783	0·21283	0·1497	226·317
Amphitrite	29	5·85	0·20	212	6·097	356·486	63·090	2·5543	0·24144	0·0731	135·552
Urania	30	7·57	0·15	100	2·099	307·743	86·996	2·3656	0·27088	0·1269	134·084
Euphrosyne	31	6·74	0·15	256	26·312	31·224	61·915	3·1491	0·17637	0·2251	173·426
Pomona	32	7·56	0·15	81	5·529	220·557	339·032	2·5870	0·23687	0·0829	259·979
Fides	37	7·29	0·24	108	3·073	7·361	62·515	2·6433	0·22934	0·1753	236·215
Laetitia	39	6·10	0·15	150	10·386	157·164	209·415	2·7670	0·21413	0·1149	251·049
Harmonia	40	7·00	0·15	108	4·256	94·285	269·806	2·2675	0·28866	0·0464	148·103
Daphne	41	7·12	0·10	187	15·777	178·100	46·355	2·7657	0·21429	0·2725	80·317
Isis	42	7·53	0·15	100	8·528	84·390	236·581	2·4420	0·25827	0·2236	354·463
Ariadne	43	7·93	0·11	66	3·468	264·930	15·841	2·2031	0·30142	0·1680	133·487
Nysa	44	7·03	0·46	71	3·706	131·576	343·031	2·4254	0·26093	0·1474	222·527
Eugenia	45	7·46	0·07	215	6·610	147·921	85·650	2·7204	0·21966	0·0815	330·223
Doris	48	6·90	0·15	222	6·556	183·739	256·958	3·1079	0·17989	0·0749	138·591
Nemausa	51	7·35	0·08	158	9·978	176·097	3·157	2·3650	0·27100	0·0676	200·137
Europa	52	6·31	0·18	302	7·482	128·753	344·045	3·0951	0·18100	0·1060	305·293
Alexandra	54	7·66	0·15	166	11·807	313·437	345·780	2·7109	0·22082	0·1968	302·222
Echo	60	8·21	0·27	60	3·601	191·647	271·162	2·3928	0·26628	0·1831	329·913
Ausonia	63	7·55	0·25	103	5·786	337·896	295·869	2·3958	0·26578	0·1257	262·385
Angelina	64	7·67	0·48	56	1·310	309·214	179·550	2·6814	0·22447	0·1257	309·861

OSCULATING ELEMENTS
FOR EPOCH 2009 JUNE 18·0 TT, ECLIPTIC AND EQUINOX J2000·0

Name	No.	Magnitude Parameters H	Magnitude Parameters G	Mean Diameter km	Inclination i °	Long. of Asc. Node Ω °	Argument of Perihelion ω °	Mean Distance a	Daily Motion n °	Eccentricity e	Mean Anomaly M °
Cybele	65	6·62	0·01	230	3·559	155·646	104·724	3·4395	0·15451	0·1079	59·894
Asia	67	8·28	0·15	58	6·028	202·681	106·146	2·4209	0·26166	0·1850	57·823
Leto	68	6·78	0·05	123	7·972	44·154	305·466	2·7821	0·21239	0·1861	215·586
Hesperia	69	7·05	0·19	138	8·583	185·065	289·873	2·9776	0·19183	0·1686	329·494
Niobe	71	7·30	0·40	83	23·264	316·074	267·244	2·7543	0·21562	0·1760	208·193
Eurynome	79	7·96	0·25	66	4·617	206·679	200·890	2·4450	0·25781	0·1905	20·931
Sappho	80	7·98	0·15	79	8·662	218·792	139·290	2·2962	0·28326	0·2001	157·666
Io	85	7·61	0·15	164	11·957	203·395	122·227	2·6541	0·22794	0·1917	120·598
Sylvia	87	6·94	0·15	261	10·858	73·308	266·006	3·4855	0·15146	0·0810	265·213
Thisbe	88	7·04	0·14	232	5·217	276·759	36·447	2·7688	0·21393	0·1657	358·307
Julia	89	6·60	0·15	151	16·144	311·640	44·655	2·5509	0·24191	0·1837	347·321
Undina	92	6·61	0·15	126	9·923	101·826	242·192	3·1875	0·17319	0·1015	273·132
Aurora	94	7·57	0·15	204	7·965	2·694	59·823	3·1605	0·17542	0·0881	37·694
Klotho	97	7·63	0·15	83	11·785	159·761	268·543	2·6684	0·22611	0·2563	218·086
Hera	103	7·66	0·15	91	5·422	136·271	190·405	2·7014	0·22199	0·0803	274·257
Camilla	107	7·08	0·08	223	10·049	173·121	309·787	3·4761	0·15208	0·0774	138·803
Thyra	115	7·51	0·12	80	11·602	308·974	96·862	2·3797	0·26849	0·1921	130·335
Hermione	121	7·31	0·15	209	7·599	73·176	297·759	3·4442	0·15419	0·1354	24·919
Nemesis	128	7·49	0·15	188	6·249	76·428	302·558	2·7496	0·21617	0·1247	15·336
Antigone	129	7·07	0·33	138	12·219	136·416	108·335	2·8687	0·20285	0·2123	293·017
Hertha	135	8·23	0·15	79	2·305	343·839	339·998	2·4290	0·26035	0·2059	120·535
Eunike	185	7·62	0·15	158	23·225	153·928	224·333	2·7398	0·21733	0·1276	121·605
Nausikaa	192	7·13	0·03	95	6·816	343·303	30·122	2·4034	0·26452	0·2459	126·157
Prokne	194	7·68	0·15	169	18·487	159·471	162·998	2·6182	0·23264	0·2358	157·176
Philomela	196	6·54	0·15	136	7·260	72·557	200·305	3·1132	0·17943	0·0213	165·515
Kleopatra	216	7·30	0·29	118	13·096	215·512	179·955	2·7962	0·21080	0·2483	31·572
Athamantis	230	7·35	0·27	109	9·437	239·949	140·064	2·3825	0·26800	0·0613	138·265
Anahita	270	8·75	0·15	51	2·365	254·549	80·340	2·1987	0·30232	0·1503	153·092
Nephthys	287	8·30	0·22	68	10·029	142·450	118·217	2·3524	0·27317	0·0241	138·570
Bamberga	324	6·82	0·09	228	11·108	327·989	43·871	2·6843	0·22411	0·3371	3·588
Hermentaria	346	7·13	0·15	107	8·759	92·134	290·186	2·7956	0·21086	0·0996	2·697
Dembowska	349	5·93	0·37	140	8·256	32·478	347·482	2·9251	0·19701	0·0885	153·060
Eleonora	354	6·44	0·37	155	18·394	140·407	6·680	2·7982	0·21056	0·1143	295·156
Palma	372	7·20	0·15	189	23·864	327·457	115·893	3·1436	0·17683	0·2620	176·681
Aquitania	387	7·41	0·15	101	18·139	128·312	157·638	2·7390	0·21743	0·2378	38·133
Industria	389	7·88	0·15	79	8·133	282·557	264·420	2·6098	0·23377	0·0649	101·018
Aspasia	409	7·62	0·29	162	11·244	242·350	352·991	2·5758	0·23841	0·0703	1·198
Diotima	423	7·24	0·15	209	11·234	69·517	202·919	3·0654	0·18364	0·0399	117·582
Eros	433	11·16	0·46	16	10·830	304·376	178·707	1·4583	0·55966	0·2227	191·791
Patientia	451	6·65	0·19	225	15·222	89·385	339·884	3·0589	0·18422	0·0774	157·842
Papagena	471	6·73	0·37	134	14·984	84·092	314·259	2·8853	0·20110	0·2336	244·312
Davida	511	6·22	0·16	326	15·937	107·663	338·309	3·1677	0·17482	0·1860	62·780
Herculina	532	5·81	0·26	207	16·314	107·600	76·582	2·7716	0·21360	0·1781	295·307
Zelinda	654	8·52	0·15	127	18·128	278·570	213·924	2·2963	0·28324	0·2323	35·772
Alauda	702	7·25	0·15	195	20·613	289·969	353·329	3·1926	0·17277	0·0216	149·624
Interamnia	704	5·94	−0·02	329	17·290	280·379	95·759	3·0620	0·18395	0·1506	156·733

BRIGHT MINOR PLANETS, 2009
AT OPPOSITION

No.	Name	Date	Mag.	Dec. (° ′)	No.	Name	Date	Mag.	Dec. (° ′)
194	Prokne	Jan. 3	12·2	−00 01	471	Papagena	June 11	11·2	−21 55
40	Harmonia	Jan. 12	9·5	+23 52	372	Palma	June 13	13·1	−52 06
654	Zelinda	Jan. 21	9·9	+03 53	31	Euphrosyne	June 17	12·5	−52 45
12	Victoria	Jan. 23	11·2	+07 47	107	Camilla	June 18	12·4	−09 38
185	Eunike	Jan. 25	11·6	+01 32	97	Klotho	June 25	12·4	−07 45
129	Antigone	Jan. 26	11·2	+15 32	**7**	**Iris**	**July 4**	**8·7**	**−19 21**
230	Athamantis	Jan. 26	10·5	+04 28	37	Fides	July 20	11·2	−25 02
63	Ausonia	Jan. 30	10·9	+21 50	5	Astraea	July 23	10·9	−17 08
192	Nausikaa	Jan. 30	10·4	+23 30	389	Industria	July 26	11·3	−14 43
27	Euterpe	Feb. 4	8·8	+18 07	**16**	**Psyche**	**Aug. 6**	**9·3**	**−15 20**
80	Sappho	Feb. 4	11·5	+02 57	88	Thisbe	Aug. 24	9·8	−04 05
511	**Davida**	**Feb. 10**	**10·1**	**+27 26**	433	Eros	Sept. 1	11·9	+06 11
13	Egeria	Feb. 18	10·1	+36 19	44	Nysa	Sept. 6	10·3	−09 07
30	Urania	Feb. 18	10·5	+10 06	**65**	**Cybele**	**Sept. 7**	**11·2**	**−06 36**
1	**Ceres**	**Feb. 25**	**6·9**	**+24 21**	42	Isis	Sept. 8	9·4	−21 22
349	Dembowska	Feb. 27	10·3	+17 22	23	Thalia	Sept. 11	11·3	−17 51
704	**Interamnia**	**Mar. 2**	**11·2**	**−12 56**	41	Daphne	Sept. 14	11·3	−00 46
115	Thyra	Mar. 8	11·0	−06 34	**3**	**Juno**	**Sept. 21**	**7·6**	**−03 51**
45	Eugenia	Mar. 15	10·8	+06 21	28	Bellona	Sept. 23	11·3	−07 27
29	Amphitrite	Mar. 21	9·1	−01 14	20	Massalia	Sept. 24	9·2	+01 04
68	Leto	Mar. 22	11·5	+06 19	387	Aquitania	Oct. 7	11·2	−18 54
25	Phocaea	Apr. 5	11·0	−17 20	89	Julia	Oct. 10	9·3	+31 59
15	**Eunomia**	**Apr. 8**	**9·8**	**−23 04**	18	Melpomene	Oct. 10	7·9	−08 24
54	Alexandra	Apr. 14	11·4	−25 51	51	Nemausa	Nov. 15	10·6	+05 02
8	**Flora**	**Apr. 19**	**9·8**	**−02 16**	17	Thetis	Nov. 20	11·5	+11 52
14	Irene	Apr. 20	8·9	+01 15	423	Diotima	Nov. 24	11·6	+18 22
48	Doris	Apr. 26	11·4	−08 45	346	Hermentaria	Nov. 29	10·5	+15 49
103	Hera	May 1	11·4	−07 11	67	Asia	Dec. 1	11·7	+14 52
6	**Hebe**	**May 2**	**9·9**	**+05 52**	121	Hermione	Dec. 8	11·6	+23 15
451	Patientia	May 4	11·4	−01 01	19	Fortuna	Dec. 9	9·3	+20 47
409	Aspasia	May 5	10·5	−21 58	**52**	**Europa**	**Dec. 18**	**10·1**	**+15 37**
24	Themis	May 6	11·0	−16 55	128	Nemesis	Dec. 18	10·7	+25 13
87	Sylvia	May 10	11·9	−12 02	287	Nephthys	Dec. 22	11·4	+10 05
26	Proserpina	May 18	10·3	−20 58	11	Parthenope	Dec. 26	9·9	+19 30
39	Laetitia	May 21	10·3	−04 55	324	Bamberga	Dec. 27	9·8	+38 40
92	Undina	May 22	11·2	−11 17	71	Niobe	Dec. 30	11·6	+44 44
22	Kalliope	June 9	10·8	−27 18					

AT OPPOSITION IN EARLY 2010

No.	Name	Date	Mag.	Dec. (° ′)	No.	Name	Date	Mag.	Dec. (° ′)
702	Alauda	Jan. 8	11·7	+23 07	4	Vesta	Feb. 18	6·1	+19 45
43	Ariadne	Jan. 13	11·1	+18 55	32	Pomona	Feb. 20	10·6	+02 47
196	Philomela	Jan. 15	11·0	+28 05	94	Aurora	Feb. 23	11·9	+14 58
354	Eleonora	Jan. 25	9·6	+10 52	60	Echo	Feb. 23	10·2	+05 55
64	Angelina	Jan. 29	10·2	+17 51	79	Eurynome	Feb. 23	11·1	+04 04
69	Hesperia	Feb. 3	10·3	+05 54	21	Lutetia	Mar. 4	11·1	+10 32
10	Hygiea	Feb. 7	9·8	+12 21	532	Herculina	Mar. 13	8·8	+26 21
85	Io	Feb. 11	12·2	−00 27	9	Metis	Apr. 11	9·5	−02 03
135	Hertha	Feb. 15	12·1	+13 42	270	Anahita	Apr. 15	11·5	−12 35
216	Kleopatra	Feb. 15	11·4	−04 54	2	Pallas	May 4	8·7	+24 23

Daily ephemerides of minor planets printed in **bold** are given in this section

CERES, 2009
GEOCENTRIC POSITIONS FOR 0^h TERRESTRIAL TIME

Date		Astrometric R.A.	Astrometric Dec.	Vis. Mag.	Ephemeris Transit	Date		Astrometric R.A.	Astrometric Dec.	Vis. Mag.	Ephemeris Transit
		h m s	° ′ ″		h m			h m s	° ′ ″		h m
2008 Dec.	28	11 15 20·2	+17 46 28	7·9	4 47·9	2009 Feb.	25	11 02 06·1	+24 20 22	6·9	0 42·4
	29	11 15 52·2	+17 49 41	7·9	4 44·5		26	11 01 14·1	+24 26 51	6·9	0 37·6
	30	11 16 22·8	+17 53 04	7·9	4 41·0		27	11 00 21·7	+24 33 09	6·9	0 32·8
	31	11 16 52·0	+17 56 37	7·9	4 37·6		28	10 59 29·0	+24 39 15	6·9	0 28·0
2009 Jan.	1	11 17 19·7	+18 00 22	7·9	4 34·1	Mar.	1	10 58 36·1	+24 45 09	6·9	0 23·2
	2	11 17 45·9	+18 04 16	7·8	4 30·6		2	10 57 43·1	+24 50 51	6·9	0 18·4
	3	11 18 10·6	+18 08 21	7·8	4 27·1		3	10 56 49·9	+24 56 20	6·9	0 13·6
	4	11 18 33·7	+18 12 37	7·8	4 23·5		4	10 55 56·8	+25 01 36	6·9	0 08·8
	5	11 18 55·4	+18 17 03	7·8	4 19·9		5	10 55 03·8	+25 06 38	6·9	0 04·0
	6	11 19 15·4	+18 21 39	7·8	4 16·3		6	10 54 10·9	+25 11 26	6·9	23 54·4
	7	11 19 34·0	+18 26 26	7·8	4 12·7		7	10 53 18·2	+25 16 00	7·0	23 49·6
	8	11 19 50·9	+18 31 23	7·7	4 09·0		8	10 52 25·9	+25 20 19	7·0	23 44·8
	9	11 20 06·2	+18 36 30	7·7	4 05·3		9	10 51 33·9	+25 24 24	7·0	23 40·0
	10	11 20 20·0	+18 41 47	7·7	4 01·6		10	10 50 42·4	+25 28 15	7·0	23 35·2
	11	11 20 32·1	+18 47 13	7·7	3 57·9		11	10 49 51·3	+25 31 50	7·0	23 30·4
	12	11 20 42·6	+18 52 50	7·7	3 54·1		12	10 49 00·9	+25 35 10	7·0	23 25·7
	13	11 20 51·4	+18 58 36	7·6	3 50·3		13	10 48 11·0	+25 38 15	7·1	23 20·9
	14	11 20 58·6	+19 04 32	7·6	3 46·5		14	10 47 21·9	+25 41 04	7·1	23 16·2
	15	11 21 04·1	+19 10 37	7·6	3 42·7		15	10 46 33·5	+25 43 38	7·1	23 11·5
	16	11 21 07·9	+19 16 51	7·6	3 38·8		16	10 45 46·0	+25 45 57	7·1	23 06·8
Jan.	17	11 21 10·0	+19 23 15	7·6	3 34·9		17	10 44 59·3	+25 48 00	7·1	23 02·1
	18	11 21 10·3	+19 29 47	7·5	3 31·0		18	10 44 13·6	+25 49 47	7·2	22 57·4
	19	11 21 09·0	+19 36 28	7·5	3 27·0		19	10 43 28·8	+25 51 18	7·2	22 52·8
	20	11 21 06·0	+19 43 17	7·5	3 23·0		20	10 42 45·1	+25 52 34	7·2	22 48·1
	21	11 21 01·2	+19 50 14	7·5	3 19·0		21	10 42 02·5	+25 53 35	7·2	22 43·5
	22	11 20 54·7	+19 57 19	7·4	3 14·9		22	10 41 21·1	+25 54 20	7·2	22 38·9
	23	11 20 46·4	+20 04 32	7·4	3 10·9		23	10 40 40·9	+25 54 49	7·3	22 34·3
	24	11 20 36·4	+20 11 51	7·4	3 06·8		24	10 40 01·9	+25 55 03	7·3	22 29·8
	25	11 20 24·7	+20 19 17	7·4	3 02·6		25	10 39 24·2	+25 55 01	7·3	22 25·3
	26	11 20 11·3	+20 26 50	7·4	2 58·5		26	10 38 47·8	+25 54 44	7·3	22 20·8
	27	11 19 56·1	+20 34 28	7·3	2 54·3		27	10 38 12·9	+25 54 12	7·3	22 16·3
	28	11 19 39·3	+20 42 12	7·3	2 50·1		28	10 37 39·3	+25 53 25	7·4	22 11·8
	29	11 19 20·7	+20 50 01	7·3	2 45·8		29	10 37 07·2	+25 52 24	7·4	22 07·4
	30	11 19 00·5	+20 57 54	7·3	2 41·5		30	10 36 36·6	+25 51 07	7·4	22 03·0
	31	11 18 38·6	+21 05 52	7·3	2 37·2		31	10 36 07·5	+25 49 37	7·4	21 58·6
Feb.	1	11 18 15·1	+21 13 53	7·2	2 32·9	Apr.	1	10 35 39·9	+25 47 52	7·4	21 54·2
	2	11 17 49·9	+21 21 57	7·2	2 28·6		2	10 35 13·8	+25 45 53	7·5	21 49·9
	3	11 17 23·2	+21 30 04	7·2	2 24·2		3	10 34 49·4	+25 43 40	7·5	21 45·6
	4	11 16 54·9	+21 38 12	7·2	2 19·8		4	10 34 26·5	+25 41 14	7·5	21 41·3
	5	11 16 25·1	+21 46 22	7·2	2 15·3		5	10 34 05·3	+25 38 34	7·5	21 37·0
	6	11 15 53·7	+21 54 33	7·1	2 10·9		6	10 33 45·6	+25 35 42	7·5	21 32·8
	7	11 15 20·9	+22 02 45	7·1	2 06·4		7	10 33 27·6	+25 32 37	7·6	21 28·6
	8	11 14 46·6	+22 10 56	7·1	2 01·9		8	10 33 11·2	+25 29 19	7·6	21 24·4
	9	11 14 11·0	+22 19 06	7·1	1 57·4		9	10 32 56·4	+25 25 49	7·6	21 20·3
	10	11 13 33·9	+22 27 15	7·1	1 52·8		10	10 32 43·3	+25 22 07	7·6	21 16·1
	11	11 12 55·6	+22 35 23	7·0	1 48·2		11	10 32 31·7	+25 18 14	7·6	21 12·0
	12	11 12 15·9	+22 43 28	7·0	1 43·7		12	10 32 21·8	+25 14 09	7·7	21 08·0
	13	11 11 35·0	+22 51 30	7·0	1 39·0		13	10 32 13·6	+25 09 53	7·7	21 03·9
	14	11 10 52·9	+22 59 28	7·0	1 34·4		14	10 32 07·0	+25 05 25	7·7	20 59·9
	15	11 10 09·6	+23 07 22	7·0	1 29·8		15	10 32 02·0	+25 00 47	7·7	20 55·9
	16	11 09 25·3	+23 15 12	7·0	1 25·1		16	10 31 58·6	+24 55 58	7·7	20 52·0
	17	11 08 39·9	+23 22 56	6·9	1 20·4	Apr. 17		10 31 56·8	+24 50 59	7·8	20 48·0
	18	11 07 53·4	+23 30 34	6·9	1 15·7		18	10 31 56·6	+24 45 50	7·8	20 44·1
	19	11 07 06·1	+23 38 05	6·9	1 11·0		19	10 31 58·1	+24 40 31	7·8	20 40·2
	20	11 06 17·9	+23 45 29	6·9	1 06·2		20	10 32 01·1	+24 35 02	7·8	20 36·4
	21	11 05 28·9	+23 52 46	6·9	1 01·5		21	10 32 05·8	+24 29 23	7·8	20 32·6
	22	11 04 39·1	+23 59 54	6·9	0 56·7		22	10 32 11·9	+24 23 35	7·9	20 28·8
	23	11 03 48·7	+24 06 53	6·9	0 52·0		23	10 32 19·7	+24 17 38	7·9	20 25·0
	24	11 02 57·7	+24 13 43	6·9	0 47·2		24	10 32 29·0	+24 11 33	7·9	20 21·2
Feb.	25	11 02 06·1	+24 20 22	6·9	0 42·4	Apr.	25	10 32 39·9	+24 05 18	7·9	20 17·5

Second transit for Ceres 2009 March $5^d\ 23^h\ 59^m2$

JUNO, 2009
GEOCENTRIC POSITIONS FOR 0^h TERRESTRIAL TIME

Date	Astrometric R.A. h m s	Astrometric Dec. ° ′ ″	Vis. Mag.	Ephemeris Transit h m	Date	Astrometric R.A. h m s	Astrometric Dec. ° ′ ″	Vis. Mag.	Ephemeris Transit h m
2009 July 24	0 08 14·0	+ 3 56 42	9·2	4 00·9	2009 Sept. 21	23 59 44·3	− 3 50 34	7·6	0 00·1
25	0 08 45·1	+ 3 55 38	9·2	3 57·5	22	23 59 03·0	− 4 03 40	7·6	23 50·9
26	0 09 14·9	+ 3 54 22	9·2	3 54·0	23	23 58 21·6	− 4 16 46	7·6	23 46·2
27	0 09 43·5	+ 3 52 51	9·2	3 50·5	24	23 57 40·0	− 4 29 50	7·7	23 41·6
28	0 10 10·8	+ 3 51 08	9·1	3 47·1	25	23 56 58·4	− 4 42 52	7·7	23 37·0
29	0 10 36·8	+ 3 49 11	9·1	3 43·6	26	23 56 16·9	− 4 55 50	7·7	23 32·4
30	0 11 01·5	+ 3 47 00	9·1	3 40·0	27	23 55 35·5	− 5 08 44	7·7	23 27·8
31	0 11 24·9	+ 3 44 36	9·1	3 36·5	28	23 54 54·3	− 5 21 34	7·7	23 23·2
Aug. 1	0 11 47·0	+ 3 41 57	9·0	3 32·9	29	23 54 13·4	− 5 34 17	7·8	23 18·6
2	0 12 07·7	+ 3 39 04	9·0	3 29·3	30	23 53 32·8	− 5 46 55	7·8	23 14·0
3	0 12 27·0	+ 3 35 57	9·0	3 25·7	Oct. 1	23 52 52·6	− 5 59 25	7·8	23 09·4
4	0 12 45·0	+ 3 32 35	9·0	3 22·0	2	23 52 12·9	− 6 11 47	7·8	23 04·8
5	0 13 01·6	+ 3 28 58	8·9	3 18·4	3	23 51 33·8	− 6 24 00	7·8	23 00·2
6	0 13 16·8	+ 3 25 06	8·9	3 14·7	4	23 50 55·3	− 6 36 04	7·8	22 55·7
7	0 13 30·5	+ 3 21 00	8·9	3 11·0	5	23 50 17·5	− 6 47 58	7·9	22 51·1
8	0 13 42·8	+ 3 16 38	8·9	3 07·2	6	23 49 40·5	− 6 59 41	7·9	22 46·6
9	0 13 53·7	+ 3 12 01	8·8	3 03·5	7	23 49 04·2	− 7 11 13	7·9	22 42·1
10	0 14 03·1	+ 3 07 09	8·8	2 59·7	8	23 48 28·9	− 7 22 33	7·9	22 37·6
11	0 14 11·0	+ 3 02 01	8·8	2 55·9	9	23 47 54·4	− 7 33 40	7·9	22 33·1
12	0 14 17·4	+ 2 56 37	8·8	2 52·1	10	23 47 21·0	− 7 44 34	8·0	22 28·6
13	0 14 22·3	+ 2 50 57	8·7	2 48·2	11	23 46 48·7	− 7 55 14	8·0	22 24·2
14	0 14 25·7	+ 2 45 02	8·7	2 44·3	12	23 46 17·4	− 8 05 40	8·0	22 19·8
Aug. 15	0 14 27·6	+ 2 38 51	8·7	2 40·4	13	23 45 47·4	− 8 15 51	8·0	22 15·4
16	0 14 28·0	+ 2 32 23	8·6	2 36·5	14	23 45 18·6	− 8 25 47	8·0	22 11·0
17	0 14 26·8	+ 2 25 40	8·6	2 32·5	15	23 44 51·1	− 8 35 27	8·1	22 06·6
18	0 14 24·1	+ 2 18 41	8·6	2 28·5	16	23 44 24·9	− 8 44 51	8·1	22 02·3
19	0 14 19·9	+ 2 11 25	8·6	2 24·5	17	23 44 00·1	− 8 53 58	8·1	21 58·0
20	0 14 14·1	+ 2 03 54	8·5	2 20·5	18	23 43 36·8	− 9 02 49	8·1	21 53·7
21	0 14 06·8	+ 1 56 07	8·5	2 16·4	19	23 43 14·9	− 9 11 22	8·1	21 49·4
22	0 13 58·0	+ 1 48 04	8·5	2 12·3	20	23 42 54·6	− 9 19 37	8·1	21 45·2
23	0 13 47·6	+ 1 39 45	8·5	2 08·2	21	23 42 35·9	− 9 27 34	8·2	21 41·0
24	0 13 35·8	+ 1 31 11	8·4	2 04·1	22	23 42 18·7	− 9 35 14	8·2	21 36·8
25	0 13 22·5	+ 1 22 22	8·4	1 59·9	23	23 42 03·2	− 9 42 35	8·2	21 32·6
26	0 13 07·7	+ 1 13 17	8·4	1 55·7	24	23 41 49·4	− 9 49 38	8·2	21 28·5
27	0 12 51·5	+ 1 03 58	8·3	1 51·5	25	23 41 37·2	− 9 56 22	8·2	21 24·4
28	0 12 33·8	+ 0 54 24	8·3	1 47·3	26	23 41 26·8	− 10 02 48	8·3	21 20·3
29	0 12 14·7	+ 0 44 36	8·3	1 43·1	27	23 41 18·1	− 10 08 55	8·3	21 16·3
30	0 11 54·2	+ 0 34 33	8·3	1 38·8	28	23 41 11·2	− 10 14 43	8·3	21 12·3
31	0 11 32·4	+ 0 24 17	8·2	1 34·5	29	23 41 06·0	− 10 20 13	8·3	21 08·3
Sept. 1	0 11 09·3	+ 0 13 48	8·2	1 30·2	30	23 41 02·6	− 10 25 24	8·3	21 04·3
2	0 10 44·8	+ 0 03 05	8·2	1 25·8	Oct. 31	23 41 01·0	− 10 30 16	8·4	21 00·4
3	0 10 19·0	− 0 07 50	8·1	1 21·4	Nov. 1	23 41 01·2	− 10 34 50	8·4	20 56·5
4	0 09 52·0	− 0 18 58	8·1	1 17·1	2	23 41 03·1	− 10 39 05	8·4	20 52·6
5	0 09 23·8	− 0 30 18	8·1	1 12·7	3	23 41 06·9	− 10 43 02	8·4	20 48·8
6	0 08 54·5	− 0 41 49	8·1	1 08·2	4	23 41 12·5	− 10 46 40	8·4	20 45·0
7	0 08 23·9	− 0 53 30	8·0	1 03·8	5	23 41 19·9	− 10 50 00	8·4	20 41·2
8	0 07 52·3	− 1 05 23	8·0	0 59·3	6	23 41 29·0	− 10 53 02	8·5	20 37·5
9	0 07 19·6	− 1 17 25	8·0	0 54·9	7	23 41 40·0	− 10 55 46	8·5	20 33·7
10	0 06 45·9	− 1 29 36	7·9	0 50·4	8	23 41 52·7	− 10 58 12	8·5	20 30·0
11	0 06 11·3	− 1 41 56	7·9	0 45·8	9	23 42 07·3	− 11 00 20	8·5	20 26·4
12	0 05 35·7	− 1 54 24	7·9	0 41·3	10	23 42 23·6	− 11 02 11	8·5	20 22·8
13	0 04 59·3	− 2 06 59	7·8	0 36·8	11	23 42 41·7	− 11 03 44	8·6	20 19·2
14	0 04 22·0	− 2 19 41	7·8	0 32·2	12	23 43 01·6	− 11 04 59	8·6	20 15·6
15	0 03 44·1	− 2 32 29	7·8	0 27·7	13	23 43 23·3	− 11 05 57	8·6	20 12·0
16	0 03 05·4	− 2 45 21	7·8	0 23·1	14	23 43 46·7	− 11 06 39	8·6	20 08·5
17	0 02 26·1	− 2 58 19	7·7	0 18·5	15	23 44 11·9	− 11 07 03	8·6	20 05·0
18	0 01 46·3	− 3 11 19	7·7	0 13·9	16	23 44 38·9	− 11 07 10	8·6	20 01·6
19	0 01 06·0	− 3 24 23	7·7	0 09·3	17	23 45 07·5	− 11 07 01	8·7	19 58·2
20	0 00 25·3	− 3 37 28	7·6	0 04·7	18	23 45 37·9	− 11 06 36	8·7	19 54·8
Sept. 21	23 59 44·3	− 3 50 34	7·6	0 00·1	Nov. 19	23 46 10·0	− 11 05 54	8·7	19 51·4

Second transit for Juno 2009 September 21^d $23^h 55^m5$

HEBE, 2009
GEOCENTRIC POSITIONS FOR 0^h TERRESTRIAL TIME

Date	Astrometric R.A.	Dec.	Vis. Mag.	Ephemeris Transit	Date	Astrometric R.A.	Dec.	Vis. Mag.	Ephemeris Transit
	h m s	° ′ ″		h m		h m s	° ′ ″		h m
2009 Mar. 4	15 28 01.3	− 0 59 56	10.7	4 40.3	2009 May 2	15 06 11.7	+ 5 51 34	9.9	0 26.2
5	15 28 19.0	− 0 54 11	10.7	4 36.7	3	15 05 17.9	+ 5 56 39	9.9	0 21.4
6	15 28 35.4	− 0 48 19	10.7	4 33.0	4	15 04 23.9	+ 6 01 33	9.9	0 16.6
7	15 28 50.4	− 0 42 20	10.7	4 29.3	5	15 03 29.6	+ 6 06 16	9.9	0 11.7
8	15 29 04.1	− 0 36 15	10.7	4 25.6	6	15 02 35.1	+ 6 10 47	9.9	0 06.9
9	15 29 16.4	− 0 30 04	10.7	4 21.9	7	15 01 40.6	+ 6 15 05	9.9	0 02.1
10	15 29 27.3	− 0 23 47	10.6	4 18.1	8	15 00 46.0	+ 6 19 12	9.9	23 52.4
11	15 29 36.8	− 0 17 23	10.6	4 14.3	9	14 59 51.4	+ 6 23 06	9.9	23 47.6
12	15 29 44.9	− 0 10 54	10.6	4 10.5	10	14 58 56.8	+ 6 26 48	9.9	23 42.7
13	15 29 51.5	− 0 04 19	10.6	4 06.7	11	14 58 02.4	+ 6 30 17	9.9	23 37.9
14	15 29 56.7	+ 0 02 22	10.6	4 02.8	12	14 57 08.1	+ 6 33 33	9.9	23 33.1
15	15 30 00.5	+ 0 09 08	10.6	3 58.9	13	14 56 14.0	+ 6 36 36	9.9	23 28.2
16	15 30 02.8	+ 0 15 59	10.5	3 55.0	14	14 55 20.2	+ 6 39 26	9.9	23 23.4
Mar. 17	15 30 03.7	+ 0 22 56	10.5	3 51.1	15	14 54 26.7	+ 6 42 02	9.9	23 18.6
18	15 30 03.0	+ 0 29 58	10.5	3 47.2	16	14 53 33.6	+ 6 44 25	9.9	23 13.8
19	15 30 00.9	+ 0 37 04	10.5	3 43.2	17	14 52 40.9	+ 6 46 34	9.9	23 09.0
20	15 29 57.3	+ 0 44 15	10.5	3 39.2	18	14 51 48.7	+ 6 48 30	9.9	23 04.2
21	15 29 52.2	+ 0 51 30	10.5	3 35.2	19	14 50 57.0	+ 6 50 11	10.0	22 59.5
22	15 29 45.6	+ 0 58 50	10.4	3 31.1	20	14 50 05.9	+ 6 51 39	10.0	22 54.7
23	15 29 37.5	+ 1 06 13	10.4	3 27.0	21	14 49 15.4	+ 6 52 53	10.0	22 49.9
24	15 29 27.9	+ 1 13 40	10.4	3 22.9	22	14 48 25.6	+ 6 53 53	10.0	22 45.2
25	15 29 16.7	+ 1 21 10	10.4	3 18.8	23	14 47 36.6	+ 6 54 39	10.0	22 40.5
26	15 29 04.1	+ 1 28 43	10.4	3 14.7	24	14 46 48.2	+ 6 55 10	10.0	22 35.7
27	15 28 50.0	+ 1 36 19	10.3	3 10.5	25	14 46 00.7	+ 6 55 28	10.0	22 31.0
28	15 28 34.4	+ 1 43 58	10.3	3 06.3	26	14 45 14.1	+ 6 55 32	10.0	22 26.4
29	15 28 17.3	+ 1 51 38	10.3	3 02.1	27	14 44 28.4	+ 6 55 22	10.1	22 21.7
30	15 27 58.7	+ 1 59 21	10.3	2 57.8	28	14 43 43.6	+ 6 54 58	10.1	22 17.0
31	15 27 38.6	+ 2 07 04	10.3	2 53.5	29	14 42 59.8	+ 6 54 21	10.1	22 12.4
Apr. 1	15 27 17.1	+ 2 14 49	10.3	2 49.2	30	14 42 17.1	+ 6 53 30	10.1	22 07.8
2	15 26 54.1	+ 2 22 35	10.2	2 44.9	31	14 41 35.3	+ 6 52 25	10.1	22 03.2
3	15 26 29.7	+ 2 30 22	10.2	2 40.6	June 1	14 40 54.7	+ 6 51 07	10.1	21 58.6
4	15 26 03.9	+ 2 38 08	10.2	2 36.2	2	14 40 15.2	+ 6 49 36	10.1	21 54.0
5	15 25 36.7	+ 2 45 55	10.2	2 31.8	3	14 39 36.8	+ 6 47 53	10.2	21 49.5
6	15 25 08.1	+ 2 53 41	10.2	2 27.4	4	14 38 59.6	+ 6 45 56	10.2	21 45.0
7	15 24 38.2	+ 3 01 26	10.2	2 23.0	5	14 38 23.6	+ 6 43 46	10.2	21 40.5
8	15 24 06.9	+ 3 09 09	10.1	2 18.5	6	14 37 48.8	+ 6 41 24	10.2	21 36.0
9	15 23 34.3	+ 3 16 52	10.1	2 14.0	7	14 37 15.2	+ 6 38 50	10.2	21 31.5
10	15 23 00.4	+ 3 24 32	10.1	2 09.5	8	14 36 42.9	+ 6 36 04	10.2	21 27.1
11	15 22 25.3	+ 3 32 10	10.1	2 05.0	9	14 36 11.9	+ 6 33 05	10.2	21 22.6
12	15 21 48.8	+ 3 39 45	10.1	2 00.5	10	14 35 42.1	+ 6 29 55	10.3	21 18.2
13	15 21 11.2	+ 3 47 17	10.1	1 55.9	11	14 35 13.7	+ 6 26 33	10.3	21 13.9
14	15 20 32.3	+ 3 54 46	10.0	1 51.3	12	14 34 46.5	+ 6 23 00	10.3	21 09.5
15	15 19 52.3	+ 4 02 10	10.0	1 46.7	13	14 34 20.7	+ 6 19 16	10.3	21 05.2
16	15 19 11.2	+ 4 09 31	10.0	1 42.1	14	14 33 56.3	+ 6 15 21	10.3	21 00.9
17	15 18 28.9	+ 4 16 46	10.0	1 37.5	15	14 33 33.1	+ 6 11 15	10.3	20 56.6
18	15 17 45.6	+ 4 23 57	10.0	1 32.8	16	14 33 11.4	+ 6 06 58	10.3	20 52.3
19	15 17 01.3	+ 4 31 02	10.0	1 28.1	17	14 32 51.0	+ 6 02 31	10.4	20 48.1
20	15 16 15.9	+ 4 38 01	10.0	1 23.4	18	14 32 32.0	+ 5 57 54	10.4	20 43.8
21	15 15 29.7	+ 4 44 54	9.9	1 18.7	19	14 32 14.4	+ 5 53 06	10.4	20 39.6
22	15 14 42.5	+ 4 51 40	9.9	1 14.0	20	14 31 58.2	+ 5 48 09	10.4	20 35.5
23	15 13 54.4	+ 4 58 18	9.9	1 09.3	21	14 31 43.4	+ 5 43 02	10.4	20 31.3
24	15 13 05.6	+ 5 04 49	9.9	1 04.5	22	14 31 30.0	+ 5 37 46	10.4	20 27.2
25	15 12 15.9	+ 5 11 12	9.9	0 59.8	23	14 31 18.0	+ 5 32 21	10.4	20 23.1
26	15 11 25.6	+ 5 17 27	9.9	0 55.0	24	14 31 07.4	+ 5 26 47	10.5	20 19.0
27	15 10 34.6	+ 5 23 32	9.9	0 50.2	25	14 30 58.2	+ 5 21 04	10.5	20 14.9
28	15 09 43.0	+ 5 29 28	9.9	0 45.5	26	14 30 50.5	+ 5 15 13	10.5	20 10.9
29	15 08 50.9	+ 5 35 15	9.9	0 40.7	27	14 30 44.1	+ 5 09 13	10.5	20 06.9
30	15 07 58.2	+ 5 40 52	9.9	0 35.9	28	14 30 39.2	+ 5 03 06	10.5	20 02.9
May 1	15 07 05.2	+ 5 46 18	9.9	0 31.0	29	14 30 35.7	+ 4 56 50	10.5	19 58.9
May 2	15 06 11.7	+ 5 51 34	9.9	0 26.2	June 30	14 30 33.5	+ 4 50 27	10.5	19 55.0

Second transit for Hebe 2009 May 7^d 23^h $57^m.2$

IRIS, 2009
GEOCENTRIC POSITIONS FOR 0^h TERRESTRIAL TIME

Date	Astrometric R.A.	Astrometric Dec.	Vis. Mag.	Ephemeris Transit	Date	Astrometric R.A.	Astrometric Dec.	Vis. Mag.	Ephemeris Transit
	h m s	° ′ ″		h m		h m s	° ′ ″		h m
2009 May 6	19 23 19·9	−20 47 51	10·3	4 27·3	2009 July 4	18 52 47·0	−19 21 40	8·7	0 04·6
7	19 23 34·2	−20 45 24	10·2	4 23·6	5	18 51 41·8	−19 20 59	8·7	23 54·5
8	19 23 46·9	−20 43 00	10·2	4 19·9	6	18 50 36·6	−19 20 18	8·7	23 49·5
9	19 23 58·1	−20 40 37	10·2	4 16·1	7	18 49 31·3	−19 19 37	8·8	23 44·5
10	19 24 07·8	−20 38 16	10·2	4 12·4	8	18 48 26·1	−19 18 57	8·8	23 39·5
11	19 24 15·8	−20 35 56	10·2	4 08·6	9	18 47 20·9	−19 18 17	8·8	23 34·5
12	19 24 22·3	−20 33 39	10·1	4 04·7	10	18 46 16·0	−19 17 38	8·8	23 29·5
13	19 24 27·2	−20 31 24	10·1	4 00·9	11	18 45 11·3	−19 17 00	8·8	23 24·5
14	19 24 30·4	−20 29 10	10·1	3 57·0	12	18 44 06·9	−19 16 22	8·9	23 19·5
May 15	19 24 32·1	−20 26 59	10·1	3 53·1	13	18 43 03·0	−19 15 44	8·9	23 14·5
16	19 24 32·0	−20 24 49	10·1	3 49·1	14	18 41 59·5	−19 15 07	8·9	23 09·6
17	19 24 30·4	−20 22 42	10·0	3 45·1	15	18 40 56·5	−19 14 31	8·9	23 04·6
18	19 24 27·0	−20 20 37	10·0	3 41·1	16	18 39 54·2	−19 13 54	9·0	22 59·6
19	19 24 22·0	−20 18 35	10·0	3 37·1	17	18 38 52·5	−19 13 19	9·0	22 54·7
20	19 24 15·2	−20 16 34	10·0	3 33·1	18	18 37 51·6	−19 12 44	9·0	22 49·8
21	19 24 06·8	−20 14 36	9·9	3 29·0	19	18 36 51·5	−19 12 09	9·0	22 44·9
22	19 23 56·7	−20 12 40	9·9	3 24·9	20	18 35 52·4	−19 11 35	9·0	22 40·0
23	19 23 44·8	−20 10 47	9·9	3 20·7	21	18 34 54·2	−19 11 02	9·1	22 35·1
24	19 23 31·2	−20 08 56	9·9	3 16·6	22	18 33 57·0	−19 10 29	9·1	22 30·2
25	19 23 15·9	−20 07 07	9·8	3 12·4	23	18 33 00·9	−19 09 57	9·1	22 25·4
26	19 22 58·9	−20 05 20	9·8	3 08·1	24	18 32 06·0	−19 09 25	9·1	22 20·6
27	19 22 40·2	−20 03 36	9·8	3 03·9	25	18 31 12·3	−19 08 54	9·1	22 15·8
28	19 22 19·7	−20 01 55	9·8	2 59·6	26	18 30 19·8	−19 08 24	9·2	22 11·0
29	19 21 57·6	−20 00 15	9·7	2 55·3	27	18 29 28·7	−19 07 54	9·2	22 06·3
30	19 21 33·7	−19 58 38	9·7	2 51·0	28	18 28 39·0	−19 07 25	9·2	22 01·5
31	19 21 08·2	−19 57 04	9·7	2 46·6	29	18 27 50·7	−19 06 57	9·2	21 56·8
June 1	19 20 41·0	−19 55 31	9·7	2 42·2	30	18 27 03·9	−19 06 29	9·2	21 52·2
2	19 20 12·1	−19 54 01	9·6	2 37·8	31	18 26 18·6	−19 06 02	9·3	21 47·5
3	19 19 41·5	−19 52 33	9·6	2 33·3	Aug. 1	18 25 34·9	−19 05 36	9·3	21 42·9
4	19 19 09·3	−19 51 08	9·6	2 28·9	2	18 24 52·7	−19 05 11	9·3	21 38·3
5	19 18 35·5	−19 49 44	9·6	2 24·4	3	18 24 12·1	−19 04 46	9·3	21 33·7
6	19 18 00·1	−19 48 23	9·5	2 19·8	4	18 23 33·2	−19 04 22	9·3	21 29·2
7	19 17 23·0	−19 47 03	9·5	2 15·3	5	18 22 56·0	−19 04 00	9·4	21 24·6
8	19 16 44·4	−19 45 46	9·5	2 10·7	6	18 22 20·5	−19 03 38	9·4	21 20·1
9	19 16 04·3	−19 44 31	9·5	2 06·1	7	18 21 46·7	−19 03 17	9·4	21 15·7
10	19 15 22·6	−19 43 18	9·4	2 01·5	8	18 21 14·6	−19 02 57	9·4	21 11·3
11	19 14 39·4	−19 42 07	9·4	1 56·8	9	18 20 44·3	−19 02 38	9·4	21 06·9
12	19 13 54·7	−19 40 57	9·4	1 52·1	10	18 20 15·9	−19 02 20	9·5	21 02·5
13	19 13 08·6	−19 39 50	9·3	1 47·4	11	18 19 49·2	−19 02 02	9·5	20 58·1
14	19 12 21·1	−19 38 44	9·3	1 42·7	12	18 19 24·3	−19 01 46	9·5	20 53·8
15	19 11 32·1	−19 37 40	9·3	1 38·0	13	18 19 01·3	−19 01 31	9·5	20 49·6
16	19 10 41·9	−19 36 38	9·3	1 33·2	14	18 18 40·1	−19 01 17	9·5	20 45·3
17	19 09 50·3	−19 35 37	9·2	1 28·4	15	18 18 20·8	−19 01 03	9·5	20 41·1
18	19 08 57·5	−19 34 39	9·2	1 23·6	16	18 18 03·4	−19 00 51	9·6	20 36·9
19	19 08 03·4	−19 33 41	9·2	1 18·8	17	18 17 47·8	−19 00 39	9·6	20 32·7
20	19 07 08·2	−19 32 45	9·1	1 13·9	18	18 17 34·2	−19 00 29	9·6	20 28·6
21	19 06 11·9	−19 31 51	9·1	1 09·0	19	18 17 22·4	−19 00 19	9·6	20 24·5
22	19 05 14·5	−19 30 58	9·1	1 04·2	20	18 17 12·5	−19 00 10	9·6	20 20·5
23	19 04 16·2	−19 30 06	9·1	0 59·3	21	18 17 04·6	−19 00 02	9·6	20 16·4
24	19 03 16·8	−19 29 15	9·0	0 54·3	22	18 16 58·5	−18 59 54	9·7	20 12·4
25	19 02 16·7	−19 28 26	9·0	0 49·4	23	18 16 54·4	−18 59 48	9·7	20 08·5
26	19 01 15·7	−19 27 37	9·0	0 44·5	Aug. 24	18 16 52·2	−18 59 41	9·7	20 04·5
27	19 00 13·9	−19 26 50	8·9	0 39·5	25	18 16 51·8	−18 59 36	9·7	20 00·6
28	18 59 11·5	−19 26 03	8·9	0 34·5	26	18 16 53·4	−18 59 31	9·7	19 56·8
29	18 58 08·5	−19 25 18	8·9	0 29·6	27	18 16 56·8	−18 59 26	9·7	19 52·9
30	18 57 05·0	−19 24 33	8·8	0 24·6	28	18 17 02·1	−18 59 22	9·8	19 49·1
July 1	18 56 01·0	−19 23 49	8·8	0 19·6	29	18 17 09·2	−18 59 18	9·8	19 45·3
2	18 54 56·6	−19 23 05	8·8	0 14·6	30	18 17 18·2	−18 59 14	9·8	19 41·6
3	18 53 51·9	−19 22 22	8·7	0 09·6	31	18 17 29·0	−18 59 11	9·8	19 37·8
July 4	18 52 47·0	−19 21 40	8·7	0 04·6	Sept. 1	18 17 41·6	−18 59 08	9·8	19 34·2

Second transit for Iris 2009 July 4^d 23^h $59^m_{\cdot}6$

FLORA, 2009
GEOCENTRIC POSITIONS FOR 0^h TERRESTRIAL TIME

Date	Astrometric R.A.	Astrometric Dec.	Vis. Mag.	Ephemeris Transit	Date	Astrometric R.A.	Astrometric Dec.	Vis. Mag.	Ephemeris Transit
	h m s	° ′ ″		h m		h m s	° ′ ″		h m
2009 Feb. 19	14 29 01·8	− 6 45 17	10·8	4 32·6	2009 Apr. 19	14 02 51·9	− 2 15 15	9·8	0 14·1
20	14 29 21·2	− 6 43 44	10·8	4 29·0	20	14 01 51·4	− 2 09 57	9·8	0 09·2
21	14 29 39·1	− 6 42 03	10·8	4 25·4	21	14 00 50·7	− 2 04 44	9·8	0 04·3
22	14 29 55·4	− 6 40 13	10·8	4 21·7	22	13 59 50·0	− 1 59 37	9·8	23 54·4
23	14 30 10·1	− 6 38 15	10·8	4 18·0	23	13 58 49·3	− 1 54 36	9·8	23 49·5
24	14 30 23·2	− 6 36 08	10·7	4 14·3	24	13 57 48·8	− 1 49 43	9·8	23 44·5
25	14 30 34·6	− 6 33 53	10·7	4 10·5	25	13 56 48·4	− 1 44 57	9·8	23 39·6
26	14 30 44·4	− 6 31 30	10·7	4 06·7	26	13 55 48·3	− 1 40 19	9·8	23 34·7
27	14 30 52·5	− 6 28 58	10·7	4 02·9	27	13 54 48·5	− 1 35 48	9·8	23 29·8
28	14 30 59·0	− 6 26 18	10·7	3 59·1	28	13 53 49·1	− 1 31 26	9·9	23 24·9
Mar. 1	14 31 03·7	− 6 23 30	10·7	3 55·2	29	13 52 50·2	− 1 27 13	9·9	23 20·0
2	14 31 06·8	− 6 20 34	10·6	3 51·3	30	13 51 51·9	− 1 23 09	9·9	23 15·1
Mar. 3	14 31 08·1	− 6 17 30	10·6	3 47·4	May 1	13 50 54·1	− 1 19 14	9·9	23 10·2
4	14 31 07·7	− 6 14 17	10·6	3 43·5	2	13 49 57·0	− 1 15 28	9·9	23 05·3
5	14 31 05·6	− 6 10 57	10·6	3 39·5	3	13 49 00·7	− 1 11 52	10·0	23 00·5
6	14 31 01·8	− 6 07 29	10·6	3 35·5	4	13 48 05·1	− 1 08 26	10·0	22 55·7
7	14 30 56·3	− 6 03 54	10·5	3 31·4	5	13 47 10·4	− 1 05 10	10·0	22 50·8
8	14 30 49·0	− 6 00 10	10·5	3 27·4	6	13 46 16·6	− 1 02 04	10·0	22 46·0
9	14 30 40·0	− 5 56 20	10·5	3 23·3	7	13 45 23·7	− 0 59 09	10·0	22 41·2
10	14 30 29·3	− 5 52 22	10·5	3 19·2	8	13 44 31·8	− 0 56 24	10·1	22 36·5
11	14 30 16·8	− 5 48 16	10·5	3 15·0	9	13 43 40·9	− 0 53 50	10·1	22 31·7
12	14 30 02·6	− 5 44 04	10·4	3 10·8	10	13 42 51·2	− 0 51 26	10·1	22 27·0
13	14 29 46·6	− 5 39 44	10·4	3 06·6	11	13 42 02·5	− 0 49 14	10·1	22 22·3
14	14 29 28·9	− 5 35 18	10·4	3 02·4	12	13 41 15·0	− 0 47 13	10·1	22 17·6
15	14 29 09·5	− 5 30 44	10·4	2 58·1	13	13 40 28·8	− 0 45 22	10·2	22 12·9
16	14 28 48·3	− 5 26 05	10·4	2 53·8	14	13 39 43·8	− 0 43 43	10·2	22 08·3
17	14 28 25·5	− 5 21 18	10·4	2 49·5	15	13 39 00·0	− 0 42 15	10·2	22 03·6
18	14 28 00·9	− 5 16 26	10·3	2 45·2	16	13 38 17·6	− 0 40 58	10·2	21 59·0
19	14 27 34·6	− 5 11 27	10·3	2 40·8	17	13 37 36·6	− 0 39 53	10·2	21 54·4
20	14 27 06·6	− 5 06 23	10·3	2 36·4	18	13 36 56·9	− 0 38 59	10·3	21 49·9
21	14 26 36·9	− 5 01 13	10·3	2 31·9	19	13 36 18·6	− 0 38 16	10·3	21 45·3
22	14 26 05·6	− 4 55 58	10·2	2 27·5	20	13 35 41·7	− 0 37 45	10·3	21 40·8
23	14 25 32·7	− 4 50 38	10·2	2 23·0	21	13 35 06·3	− 0 37 25	10·3	21 36·3
24	14 24 58·1	− 4 45 13	10·2	2 18·5	22	13 34 32·4	− 0 37 16	10·3	21 31·9
25	14 24 22·0	− 4 39 43	10·2	2 13·9	23	13 34 00·0	− 0 37 19	10·4	21 27·4
26	14 23 44·3	− 4 34 09	10·2	2 09·4	24	13 33 29·1	− 0 37 33	10·4	21 23·0
27	14 23 05·0	− 4 28 32	10·1	2 04·8	25	13 32 59·8	− 0 37 58	10·4	21 18·6
28	14 22 24·3	− 4 22 50	10·1	2 00·2	26	13 32 32·0	− 0 38 34	10·4	21 14·3
29	14 21 42·2	− 4 17 06	10·1	1 55·5	27	13 32 05·8	− 0 39 22	10·4	21 09·9
30	14 20 58·7	− 4 11 19	10·1	1 50·9	28	13 31 41·2	− 0 40 20	10·5	21 05·6
31	14 20 13·7	− 4 05 29	10·1	1 46·2	29	13 31 18·2	− 0 41 30	10·5	21 01·3
Apr. 1	14 19 27·5	− 3 59 37	10·0	1 41·5	30	13 30 56·7	− 0 42 50	10·5	20 57·1
2	14 18 40·0	− 3 53 44	10·0	1 36·8	31	13 30 36·9	− 0 44 20	10·5	20 52·8
3	14 17 51·3	− 3 47 49	10·0	1 32·0	June 1	13 30 18·7	− 0 46 02	10·5	20 48·6
4	14 17 01·4	− 3 41 53	10·0	1 27·2	2	13 30 02·1	− 0 47 53	10·6	20 44·5
5	14 16 10·5	− 3 35 56	10·0	1 22·5	3	13 29 47·0	− 0 49 55	10·6	20 40·3
6	14 15 18·4	− 3 29 59	9·9	1 17·7	4	13 29 33·6	− 0 52 07	10·6	20 36·2
7	14 14 25·4	− 3 24 03	9·9	1 12·8	5	13 29 21·7	− 0 54 28	10·6	20 32·1
8	14 13 31·4	− 3 18 06	9·9	1 08·0	6	13 29 11·5	− 0 57 00	10·6	20 28·0
9	14 12 36·5	− 3 12 11	9·9	1 03·2	7	13 29 02·8	− 0 59 41	10·7	20 24·0
10	14 11 40·7	− 3 06 17	9·9	0 58·3	8	13 28 55·6	− 1 02 32	10·7	20 19·9
11	14 10 44·2	− 3 00 25	9·9	0 53·4	9	13 28 50·1	− 1 05 32	10·7	20 16·0
12	14 09 47·0	− 2 54 34	9·8	0 48·6	10	13 28 46·0	− 1 08 41	10·7	20 12·0
13	14 08 49·2	− 2 48 47	9·8	0 43·7	11	13 28 43·6	− 1 11 59	10·7	20 08·0
14	14 07 50·7	− 2 43 02	9·8	0 38·8	June 12	13 28 42·6	− 1 15 26	10·7	20 04·1
15	14 06 51·7	− 2 37 20	9·8	0 33·8	13	13 28 43·2	− 1 19 02	10·8	20 00·2
16	14 05 52·3	− 2 31 42	9·8	0 28·9	14	13 28 45·3	− 1 22 46	10·8	19 56·4
17	14 04 52·5	− 2 26 09	9·8	0 24·0	15	13 28 48·9	− 1 26 39	10·8	19 52·5
18	14 03 52·3	− 2 20 40	9·8	0 19·1	16	13 28 54·0	− 1 30 40	10·8	19 48·7
Apr. 19	14 02 51·9	− 2 15 15	9·8	0 14·1	June 17	13 29 00·6	− 1 34 49	10·8	19 44·9

Second transit for Flora 2009 April 21^d 23^h $59^m{\cdot}3$

EUNOMIA, 2009
GEOCENTRIC POSITIONS FOR 0^h TERRESTRIAL TIME

Date	Astrometric R.A.	Dec.	Vis. Mag.	Ephemeris Transit	Date	Astrometric R.A.	Dec.	Vis. Mag.	Ephemeris Transit
	h m s	° ′ ″		h m		h m s	° ′ ″		h m
2009 Feb. 8	13 15 32·2	−22 46 41	10·6	4 02·5	2009 Apr. 8	12 40 55·4	−23 03 10	9·8	23 31·0
9	13 15 32·0	−22 51 54	10·6	3 58·5	9	12 40 01·8	−22 57 57	9·8	23 26·2
10	13 15 30·3	−22 56 59	10·6	3 54·5	10	12 39 08·6	−22 52 36	9·8	23 21·3
11	13 15 27·3	−23 01 57	10·6	3 50·6	11	12 38 15·8	−22 47 07	9·8	23 16·5
12	13 15 22·9	−23 06 46	10·5	3 46·5	12	12 37 23·5	−22 41 30	9·8	23 11·8
13	13 15 17·0	−23 11 28	10·5	3 42·5	13	12 36 31·6	−22 35 46	9·8	23 07·0
14	13 15 09·8	−23 16 01	10·5	3 38·4	14	12 35 40·3	−22 29 56	9·8	23 02·2
15	13 15 01·1	−23 20 27	10·5	3 34·4	15	12 34 49·6	−22 23 59	9·8	22 57·4
16	13 14 51·1	−23 24 43	10·5	3 30·3	16	12 33 59·5	−22 17 56	9·9	22 52·7
17	13 14 39·6	−23 28 51	10·5	3 26·1	17	12 33 10·2	−22 11 47	9·9	22 48·0
18	13 14 26·6	−23 32 50	10·5	3 22·0	18	12 32 21·5	−22 05 34	9·9	22 43·2
19	13 14 12·3	−23 36 40	10·4	3 17·8	19	12 31 33·6	−21 59 15	9·9	22 38·5
20	13 13 56·5	−23 40 21	10·4	3 13·6	20	12 30 46·6	−21 52 52	9·9	22 33·8
21	13 13 39·2	−23 43 52	10·4	3 09·4	21	12 30 00·4	−21 46 25	9·9	22 29·2
22	13 13 20·6	−23 47 13	10·4	3 05·1	22	12 29 15·1	−21 39 55	9·9	22 24·5
23	13 13 00·5	−23 50 25	10·4	3 00·8	23	12 28 30·8	−21 33 21	9·9	22 19·8
24	13 12 39·1	−23 53 27	10·4	2 56·5	24	12 27 47·4	−21 26 45	10·0	22 15·2
25	13 12 16·2	−23 56 18	10·4	2 52·2	25	12 27 05·1	−21 20 07	10·0	22 10·6
26	13 11 51·9	−23 58 59	10·3	2 47·9	26	12 26 23·8	−21 13 27	10·0	22 06·0
27	13 11 26·3	−24 01 30	10·3	2 43·5	27	12 25 43·6	−21 06 45	10·0	22 01·4
28	13 10 59·2	−24 03 50	10·3	2 39·1	28	12 25 04·5	−21 00 03	10·0	21 56·9
Mar. 1	13 10 30·9	−24 06 00	10·3	2 34·7	29	12 24 26·5	−20 53 20	10·0	21 52·3
2	13 10 01·2	−24 07 58	10·3	2 30·3	30	12 23 49·8	−20 46 37	10·0	21 47·8
3	13 09 30·1	−24 09 45	10·3	2 25·8	May 1	12 23 14·2	−20 39 54	10·1	21 43·3
4	13 08 57·8	−24 11 21	10·2	2 21·4	2	12 22 39·9	−20 33 12	10·1	21 38·8
5	13 08 24·3	−24 12 46	10·2	2 16·9	3	12 22 06·8	−20 26 31	10·1	21 34·4
6	13 07 49·4	−24 13 59	10·2	2 12·4	4	12 21 34·9	−20 19 52	10·1	21 29·9
7	13 07 13·4	−24 15 01	10·2	2 07·8	5	12 21 04·3	−20 13 14	10·1	21 25·5
8	13 06 36·1	−24 15 51	10·2	2 03·3	6	12 20 35·0	−20 06 39	10·1	21 21·1
9	13 05 57·7	−24 16 30	10·2	1 58·7	7	12 20 07·1	−20 00 06	10·2	21 16·8
10	13 05 18·2	−24 16 56	10·1	1 54·1	8	12 19 40·4	−19 53 35	10·2	21 12·4
11	13 04 37·5	−24 17 11	10·1	1 49·5	9	12 19 15·0	−19 47 08	10·2	21 08·1
12	13 03 55·8	−24 17 13	10·1	1 44·9	10	12 18 51·0	−19 40 45	10·2	21 03·8
13	13 03 13·0	−24 17 04	10·1	1 40·2	11	12 18 28·3	−19 34 25	10·2	20 59·5
14	13 02 29·2	−24 16 42	10·1	1 35·6	12	12 18 07·0	−19 28 09	10·2	20 55·2
15	13 01 44·4	−24 16 08	10·1	1 30·9	13	12 17 47·0	−19 21 57	10·3	20 51·0
16	13 00 58·7	−24 15 21	10·1	1 26·2	14	12 17 28·3	−19 15 50	10·3	20 46·8
17	13 00 12·1	−24 14 23	10·0	1 21·5	15	12 17 11·0	−19 09 47	10·3	20 42·6
18	12 59 24·6	−24 13 12	10·0	1 16·8	16	12 16 55·1	−19 03 50	10·3	20 38·4
19	12 58 36·3	−24 11 48	10·0	1 12·0	17	12 16 40·5	−18 57 58	10·3	20 34·3
20	12 57 47·2	−24 10 12	10·0	1 07·3	18	12 16 27·4	−18 52 11	10·3	20 30·1
21	12 56 57·3	−24 08 24	10·0	1 02·5	19	12 16 15·5	−18 46 30	10·4	20 26·0
22	12 56 06·8	−24 06 24	10·0	0 57·7	20	12 16 05·1	−18 40 55	10·4	20 21·9
23	12 55 15·7	−24 04 11	10·0	0 53·0	21	12 15 56·0	−18 35 26	10·4	20 17·9
24	12 54 23·9	−24 01 47	9·9	0 48·2	22	12 15 48·2	−18 30 04	10·4	20 13·9
25	12 53 31·7	−23 59 10	9·9	0 43·4	23	12 15 41·9	−18 24 48	10·4	20 09·8
26	12 52 38·9	−23 56 21	9·9	0 38·6	24	12 15 36·8	−18 19 39	10·4	20 05·8
27	12 51 45·8	−23 53 20	9·9	0 33·7	25	12 15 33·2	−18 14 37	10·5	20 01·9
28	12 50 52·2	−23 50 08	9·9	0 28·9	26	12 15 30·9	−18 09 41	10·5	19 57·9
29	12 49 58·4	−23 46 45	9·9	0 24·1	May 27	12 15 29·9	−18 04 53	10·5	19 54·0
30	12 49 04·3	−23 43 10	9·9	0 19·3	28	12 15 30·3	−18 00 13	10·5	19 50·1
31	12 48 10·0	−23 39 24	9·9	0 14·4	29	12 15 32·0	−17 55 39	10·5	19 46·2
Apr. 1	12 47 15·6	−23 35 27	9·8	0 09·6	30	12 15 35·0	−17 51 14	10·5	19 42·4
2	12 46 21·0	−23 31 20	9·8	0 04·8	31	12 15 39·3	−17 46 55	10·5	19 38·5
3	12 45 26·5	−23 27 02	9·8	23 55·1	June 1	12 15 44·9	−17 42 45	10·6	19 34·7
4	12 44 32·0	−23 22 35	9·8	23 50·3	2	12 15 51·8	−17 38 42	10·6	19 30·9
5	12 43 37·6	−23 17 58	9·8	23 45·4	3	12 15 59·9	−17 34 47	10·6	19 27·1
6	12 42 43·3	−23 13 11	9·8	23 40·6	4	12 16 09·3	−17 31 00	10·6	19 23·4
7	12 41 49·2	−23 08 15	9·8	23 35·8	5	12 16 20·0	−17 27 21	10·6	19 19·6
Apr. 8	12 40 55·4	−23 03 10	9·8	23 31·0	June 6	12 16 31·8	−17 23 50	10·6	19 15·9

Second transit for Eunomia 2009 April 2^d 23^h $59^m.9$

PSYCHE, 2009
GEOCENTRIC POSITIONS FOR 0ʰ TERRESTRIAL TIME

Date	Astrometric R.A.	Astrometric Dec.	Vis. Mag.	Ephemeris Transit	Date	Astrometric R.A.	Astrometric Dec.	Vis. Mag.	Ephemeris Transit
	h m s	° ′ ″		h m		h m s	° ′ ″		h m
2009 June 8	21 24 21·6	−13 08 38	10·7	4 18·3	2009 Aug. 6	21 02 34·3	−15 22 26	9·3	0 04·3
9	21 24 36·9	−13 07 33	10·7	4 14·6	7	21 01 45·5	−15 27 05	9·3	23 54·8
10	21 24 50·8	−13 06 36	10·7	4 10·9	8	21 00 56·6	−15 31 45	9·3	23 50·0
11	21 25 03·4	−13 05 45	10·6	4 07·1	9	21 00 07·8	−15 36 25	9·4	23 45·3
12	21 25 14·7	−13 05 01	10·6	4 03·4	10	20 59 19·1	−15 41 04	9·4	23 40·6
13	21 25 24·6	−13 04 24	10·6	3 59·6	11	20 58 30·5	−15 45 43	9·4	23 35·8
14	21 25 33·2	−13 03 55	10·6	3 55·8	12	20 57 42·2	−15 50 21	9·5	23 31·1
15	21 25 40·3	−13 03 32	10·6	3 52·0	13	20 56 54·1	−15 54 58	9·5	23 26·4
16	21 25 46·2	−13 03 17	10·5	3 48·1	14	20 56 06·3	−15 59 33	9·5	23 21·7
17	21 25 50·6	−13 03 09	10·5	3 44·3	15	20 55 18·8	−16 04 06	9·5	23 17·0
18	21 25 53·6	−13 03 09	10·5	3 40·4	16	20 54 31·9	−16 08 38	9·5	23 12·3
June 19	21 25 55·3	−13 03 16	10·5	3 36·5	17	20 53 45·4	−16 13 07	9·6	23 07·6
20	21 25 55·5	−13 03 30	10·5	3 32·5	18	20 52 59·5	−16 17 34	9·6	23 02·9
21	21 25 54·3	−13 03 53	10·4	3 28·6	19	20 52 14·2	−16 21 58	9·6	22 58·2
22	21 25 51·7	−13 04 23	10·4	3 24·6	20	20 51 29·6	−16 26 20	9·6	22 53·6
23	21 25 47·6	−13 05 00	10·4	3 20·6	21	20 50 45·7	−16 30 37	9·7	22 48·9
24	21 25 42·2	−13 05 45	10·4	3 16·5	22	20 50 02·6	−16 34 52	9·7	22 44·3
25	21 25 35·3	−13 06 38	10·4	3 12·5	23	20 49 20·4	−16 39 02	9·7	22 39·7
26	21 25 27·0	−13 07 39	10·3	3 08·4	24	20 48 39·1	−16 43 09	9·7	22 35·1
27	21 25 17·2	−13 08 48	10·3	3 04·3	25	20 47 58·7	−16 47 11	9·7	22 30·5
28	21 25 06·1	−13 10 04	10·3	3 00·2	26	20 47 19·3	−16 51 09	9·8	22 26·0
29	21 24 53·5	−13 11 27	10·3	2 56·0	27	20 46 41·0	−16 55 03	9·8	22 21·4
30	21 24 39·6	−13 12 59	10·2	2 51·9	28	20 46 03·7	−16 58 51	9·8	22 16·9
July 1	21 24 24·3	−13 14 38	10·2	2 47·7	29	20 45 27·6	−17 02 35	9·8	22 12·4
2	21 24 07·5	−13 16 24	10·2	2 43·5	30	20 44 52·7	−17 06 14	9·8	22 07·9
3	21 23 49·4	−13 18 18	10·2	2 39·2	31	20 44 19·0	−17 09 48	9·9	22 03·4
4	21 23 30·0	−13 20 20	10·2	2 35·0	Sept. 1	20 43 46·5	−17 13 16	9·9	21 59·0
5	21 23 09·1	−13 22 29	10·1	2 30·7	2	20 43 15·3	−17 16 39	9·9	21 54·6
6	21 22 47·0	−13 24 45	10·1	2 26·4	3	20 42 45·4	−17 19 56	9·9	21 50·2
7	21 22 23·5	−13 27 08	10·1	2 22·0	4	20 42 16·8	−17 23 08	9·9	21 45·8
8	21 21 58·7	−13 29 39	10·1	2 17·7	5	20 41 49·6	−17 26 14	10·0	21 41·4
9	21 21 32·6	−13 32 17	10·0	2 13·3	6	20 41 23·8	−17 29 15	10·0	21 37·1
10	21 21 05·2	−13 35 01	10·0	2 08·9	7	20 40 59·4	−17 32 09	10·0	21 32·8
11	21 20 36·5	−13 37 53	10·0	2 04·5	8	20 40 36·5	−17 34 58	10·0	21 28·5
12	21 20 06·6	−13 40 51	10·0	2 00·1	9	20 40 15·0	−17 37 41	10·0	21 24·2
13	21 19 35·5	−13 43 56	9·9	1 55·6	10	20 39 55·0	−17 40 17	10·1	21 20·0
14	21 19 03·1	−13 47 08	9·9	1 51·1	11	20 39 36·5	−17 42 47	10·1	21 15·8
15	21 18 29·6	−13 50 26	9·9	1 46·7	12	20 39 19·5	−17 45 11	10·1	21 11·6
16	21 17 54·9	−13 53 50	9·9	1 42·1	13	20 39 04·0	−17 47 29	10·1	21 07·4
17	21 17 19·2	−13 57 20	9·9	1 37·6	14	20 38 50·1	−17 49 41	10·1	21 03·3
18	21 16 42·3	−14 00 56	9·8	1 33·1	15	20 38 37·7	−17 51 46	10·1	20 59·2
19	21 16 04·4	−14 04 37	9·8	1 28·5	16	20 38 26·9	−17 53 45	10·2	20 55·1
20	21 15 25·5	−14 08 25	9·8	1 23·9	17	20 38 17·8	−17 55 37	10·2	20 51·1
21	21 14 45·6	−14 12 17	9·8	1 19·3	18	20 38 10·2	−17 57 23	10·2	20 47·0
22	21 14 04·7	−14 16 14	9·7	1 14·7	19	20 38 04·2	−17 59 02	10·2	20 43·0
23	21 13 23·0	−14 20 16	9·7	1 10·1	20	20 37 59·8	−18 00 34	10·2	20 39·1
24	21 12 40·5	−14 24 23	9·7	1 05·4	21	20 37 57·1	−18 02 00	10·2	20 35·1
25	21 11 57·1	−14 28 33	9·7	1 00·8	Sept. 22	20 37 56·0	−18 03 19	10·3	20 31·2
26	21 11 13·0	−14 32 48	9·6	0 56·1	23	20 37 56·4	−18 04 32	10·3	20 27·3
27	21 10 28·2	−14 37 06	9·6	0 51·4	24	20 37 58·6	−18 05 38	10·3	20 23·4
28	21 09 42·8	−14 41 28	9·6	0 46·8	25	20 38 02·3	−18 06 37	10·3	20 19·6
29	21 08 56·8	−14 45 52	9·5	0 42·1	26	20 38 07·6	−18 07 30	10·3	20 15·8
30	21 08 10·3	−14 50 20	9·5	0 37·4	27	20 38 14·6	−18 08 16	10·4	20 12·0
31	21 07 23·3	−14 54 50	9·5	0 32·6	28	20 38 23·1	−18 08 55	10·4	20 08·2
Aug. 1	21 06 35·9	−14 59 22	9·5	0 27·9	29	20 38 33·2	−18 09 28	10·4	20 04·5
2	21 05 48·1	−15 03 56	9·4	0 23·2	30	20 38 44·9	−18 09 55	10·4	20 00·8
3	21 04 59·9	−15 08 32	9·4	0 18·5	Oct. 1	20 38 58·2	−18 10 14	10·4	19 57·1
4	21 04 11·6	−15 13 09	9·3	0 13·7	2	20 39 13·0	−18 10 27	10·4	19 53·4
5	21 03 23·0	−15 17 47	9·3	0 09·0	3	20 39 29·4	−18 10 34	10·4	19 49·8
Aug. 6	21 02 34·3	−15 22 26	9·3	0 04·3	Oct. 4	20 39 47·3	−18 10 34	10·5	19 46·2

Second transit for Psyche 2009 August 6ᵈ 23ʰ 59ᵐ·5

EUROPA, 2009
GEOCENTRIC POSITIONS FOR 0^h TERRESTRIAL TIME

Date	Astrometric R.A.	Dec.	Vis. Mag.	Ephemeris Transit	Date	Astrometric R.A.	Dec.	Vis. Mag.	Ephemeris Transit
	h m s	° ′ ″		h m		h m s	° ′ ″		h m
2009 Oct. 20	6 09 31.8	+15 44 44	11.3	4 15.2	2009 Dec. 18	5 45 48.4	+15 36 10	10.1	23 54.4
21	6 09 49.0	+15 43 23	11.3	4 11.5	19	5 44 55.1	+15 37 47	10.1	23 49.6
22	6 10 04.7	+15 42 02	11.2	4 07.9	20	5 44 01.7	+15 39 28	10.1	23 44.8
23	6 10 19.0	+15 40 43	11.2	4 04.2	21	5 43 08.4	+15 41 12	10.1	23 40.0
24	6 10 31.8	+15 39 24	11.2	4 00.4	22	5 42 15.2	+15 43 00	10.1	23 35.2
25	6 10 43.1	+15 38 07	11.2	3 56.7	23	5 41 22.2	+15 44 52	10.2	23 30.4
26	6 10 52.9	+15 36 51	11.2	3 52.9	24	5 40 29.5	+15 46 48	10.2	23 25.6
27	6 11 01.2	+15 35 37	11.2	3 49.1	25	5 39 37.1	+15 48 47	10.2	23 20.8
28	6 11 08.0	+15 34 24	11.1	3 45.3	26	5 38 45.1	+15 50 49	10.2	23 16.0
29	6 11 13.2	+15 33 13	11.1	3 41.4	27	5 37 53.6	+15 52 55	10.2	23 11.2
30	6 11 17.0	+15 32 03	11.1	3 37.5	28	5 37 02.5	+15 55 04	10.2	23 06.4
Oct. 31	6 11 19.2	+15 30 56	11.1	3 33.6	29	5 36 12.1	+15 57 17	10.3	23 01.7
Nov. 1	6 11 19.8	+15 29 50	11.1	3 29.7	30	5 35 22.3	+15 59 32	10.3	22 56.9
2	6 11 18.9	+15 28 46	11.0	3 25.7	31	5 34 33.1	+16 01 51	10.3	22 52.2
3	6 11 16.5	+15 27 44	11.0	3 21.7	2010 Jan. 1	5 33 44.8	+16 04 14	10.3	22 47.5
4	6 11 12.4	+15 26 45	11.0	3 17.7	2	5 32 57.2	+16 06 39	10.3	22 42.8
5	6 11 06.9	+15 25 47	11.0	3 13.7	3	5 32 10.4	+16 09 08	10.4	22 38.1
6	6 10 59.7	+15 24 52	11.0	3 09.6	4	5 31 24.6	+16 11 39	10.4	22 33.4
7	6 10 51.0	+15 23 59	10.9	3 05.6	5	5 30 39.7	+16 14 14	10.4	22 28.8
8	6 10 40.7	+15 23 09	10.9	3 01.4	6	5 29 55.8	+16 16 51	10.4	22 24.1
9	6 10 28.8	+15 22 22	10.9	2 57.3	7	5 29 13.0	+16 19 32	10.5	22 19.5
10	6 10 15.4	+15 21 37	10.9	2 53.1	8	5 28 31.2	+16 22 15	10.5	22 14.9
11	6 10 00.3	+15 20 55	10.9	2 48.9	9	5 27 50.6	+16 25 01	10.5	22 10.3
12	6 09 43.7	+15 20 16	10.8	2 44.7	10	5 27 11.1	+16 27 50	10.5	22 05.8
13	6 09 25.6	+15 19 40	10.8	2 40.5	11	5 26 32.9	+16 30 42	10.5	22 01.2
14	6 09 05.9	+15 19 07	10.8	2 36.2	12	5 25 56.0	+16 33 36	10.6	21 56.7
15	6 08 44.6	+15 18 37	10.8	2 31.9	13	5 25 20.3	+16 36 33	10.6	21 52.2
16	6 08 21.8	+15 18 10	10.8	2 27.6	14	5 24 46.0	+16 39 33	10.6	21 47.7
17	6 07 57.5	+15 17 46	10.7	2 23.3	15	5 24 13.1	+16 42 34	10.6	21 43.3
18	6 07 31.7	+15 17 26	10.7	2 18.9	16	5 23 41.6	+16 45 39	10.6	21 38.9
19	6 07 04.5	+15 17 09	10.7	2 14.5	17	5 23 11.5	+16 48 45	10.7	21 34.5
20	6 06 35.8	+15 16 56	10.7	2 10.1	18	5 22 42.9	+16 51 54	10.7	21 30.1
21	6 06 05.6	+15 16 46	10.7	2 05.7	19	5 22 15.8	+16 55 06	10.7	21 25.7
22	6 05 34.1	+15 16 40	10.6	2 01.2	20	5 21 50.3	+16 58 19	10.7	21 21.4
23	6 05 01.2	+15 16 37	10.6	1 56.7	21	5 21 26.2	+17 01 34	10.7	21 17.1
24	6 04 27.0	+15 16 38	10.6	1 52.2	22	5 21 03.7	+17 04 51	10.8	21 12.8
25	6 03 51.4	+15 16 43	10.6	1 47.7	23	5 20 42.8	+17 08 11	10.8	21 08.6
26	6 03 14.6	+15 16 51	10.5	1 43.1	24	5 20 23.5	+17 11 32	10.8	21 04.4
27	6 02 36.5	+15 17 03	10.5	1 38.6	25	5 20 05.7	+17 14 55	10.8	21 00.2
28	6 01 57.2	+15 17 19	10.5	1 34.0	26	5 19 49.6	+17 18 19	10.8	20 56.0
29	6 01 16.8	+15 17 39	10.5	1 29.4	27	5 19 35.1	+17 21 45	10.8	20 51.9
30	6 00 35.2	+15 18 02	10.5	1 24.7	28	5 19 22.2	+17 25 13	10.9	20 47.7
Dec. 1	5 59 52.6	+15 18 30	10.4	1 20.1	29	5 19 11.0	+17 28 42	10.9	20 43.7
2	5 59 08.9	+15 19 01	10.4	1 15.4	30	5 19 01.3	+17 32 13	10.9	20 39.6
3	5 58 24.2	+15 19 36	10.4	1 10.8	31	5 18 53.3	+17 35 45	10.9	20 35.6
4	5 57 38.6	+15 20 15	10.4	1 06.1	Feb. 1	5 18 46.9	+17 39 18	10.9	20 31.6
5	5 56 52.0	+15 20 58	10.4	1 01.4	2	5 18 42.2	+17 42 52	11.0	20 27.6
6	5 56 04.6	+15 21 44	10.3	0 56.6	3	5 18 39.1	+17 46 28	11.0	20 23.6
7	5 55 16.3	+15 22 35	10.3	0 51.9	Feb. 4	5 18 37.6	+17 50 05	11.0	20 19.7
8	5 54 27.3	+15 23 29	10.3	0 47.1	5	5 18 37.7	+17 53 42	11.0	20 15.8
9	5 53 37.6	+15 24 28	10.3	0 42.4	6	5 18 39.4	+17 57 21	11.0	20 11.9
10	5 52 47.3	+15 25 30	10.2	0 37.6	7	5 18 42.8	+18 01 00	11.0	20 08.1
11	5 51 56.3	+15 26 37	10.2	0 32.8	8	5 18 47.8	+18 04 40	11.1	20 04.3
12	5 51 04.9	+15 27 47	10.2	0 28.1	9	5 18 54.4	+18 08 21	11.1	20 00.5
13	5 50 12.9	+15 29 01	10.2	0 23.3	10	5 19 02.6	+18 12 02	11.1	19 56.7
14	5 49 20.6	+15 30 19	10.2	0 18.5	11	5 19 12.4	+18 15 44	11.1	19 53.0
15	5 48 27.9	+15 31 41	10.1	0 13.7	12	5 19 23.8	+18 19 26	11.1	19 49.2
16	5 47 34.9	+15 33 07	10.1	0 08.8	13	5 19 36.8	+18 23 09	11.2	19 45.6
17	5 46 41.8	+15 34 36	10.1	0 04.0	14	5 19 51.4	+18 26 52	11.2	19 41.9
Dec. 18	5 45 48.4	+15 36 10	10.1	23 54.4	Feb. 15	5 20 07.5	+18 30 35	11.2	19 38.3

Second transit for Europa 2009 December $17^d\ 23^h\ 59^m.2$

CYBELE, 2009
GEOCENTRIC POSITIONS FOR 0^h TERRESTRIAL TIME

Date	Astrometric R.A. h m s	Dec. ° ′ ″	Vis. Mag.	Ephemeris Transit h m	Date	Astrometric R.A. h m s	Dec. ° ′ ″	Vis. Mag.	Ephemeris Transit h m
2009 July 10	23 28 03·8	− 3 25 18	12·4	4 15·7	2009 Sept. 7	23 06 46·5	− 6 35 27	11·2	0 02·3
11	23 28 10·8	− 3 25 21	12·4	4 11·9	8	23 06 06·4	− 6 40 33	11·2	23 53·1
12	23 28 16·8	− 3 25 32	12·4	4 08·1	9	23 05 26·2	− 6 45 37	11·2	23 48·5
13	23 28 21·7	− 3 25 50	12·4	4 04·2	10	23 04 46·1	− 6 50 40	11·3	23 43·9
14	23 28 25·4	− 3 26 16	12·4	4 00·3	11	23 04 06·1	− 6 55 42	11·3	23 39·3
15	23 28 28·1	− 3 26 50	12·4	3 56·4	12	23 03 26·3	− 7 00 42	11·4	23 34·7
July 16	23 28 29·6	− 3 27 31	12·3	3 52·5	13	23 02 46·6	− 7 05 41	11·4	23 30·2
17	23 28 30·0	− 3 28 19	12·3	3 48·6	14	23 02 07·1	− 7 10 37	11·4	23 25·6
18	23 28 29·3	− 3 29 16	12·3	3 44·6	15	23 01 28·0	− 7 15 30	11·5	23 21·0
19	23 28 27·5	− 3 30 19	12·3	3 40·7	16	23 00 49·1	− 7 20 21	11·5	23 16·4
20	23 28 24·5	− 3 31 31	12·3	3 36·7	17	23 00 10·6	− 7 25 09	11·5	23 11·9
21	23 28 20·4	− 3 32 50	12·3	3 32·7	18	22 59 32·4	− 7 29 53	11·6	23 07·3
22	23 28 15·2	− 3 34 17	12·2	3 28·6	19	22 58 54·7	− 7 34 34	11·6	23 02·8
23	23 28 08·9	− 3 35 51	12·2	3 24·6	20	22 58 17·5	− 7 39 11	11·6	22 58·2
24	23 28 01·4	− 3 37 33	12·2	3 20·5	21	22 57 40·7	− 7 43 44	11·6	22 53·7
25	23 27 52·8	− 3 39 23	12·2	3 16·4	22	22 57 04·5	− 7 48 13	11·7	22 49·2
26	23 27 43·2	− 3 41 19	12·2	3 12·3	23	22 56 28·9	− 7 52 37	11·7	22 44·7
27	23 27 32·4	− 3 43 24	12·2	3 08·2	24	22 55 53·8	− 7 56 57	11·7	22 40·2
28	23 27 20·5	− 3 45 35	12·1	3 04·1	25	22 55 19·4	− 8 01 12	11·7	22 35·7
29	23 27 07·5	− 3 47 54	12·1	2 59·9	26	22 54 45·7	− 8 05 21	11·8	22 31·2
30	23 26 53·4	− 3 50 21	12·1	2 55·8	27	22 54 12·7	− 8 09 26	11·8	22 26·7
31	23 26 38·3	− 3 52 54	12·1	2 51·6	28	22 53 40·5	− 8 13 25	11·8	22 22·3
Aug. 1	23 26 22·1	− 3 55 34	12·1	2 47·4	29	22 53 09·0	− 8 17 18	11·8	22 17·9
2	23 26 04·8	− 3 58 22	12·1	2 43·2	30	22 52 38·2	− 8 21 06	11·9	22 13·4
3	23 25 46·5	− 4 01 16	12·0	2 38·9	Oct. 1	22 52 08·4	− 8 24 48	11·9	22 09·0
4	23 25 27·2	− 4 04 17	12·0	2 34·7	2	22 51 39·3	− 8 28 24	11·9	22 04·6
5	23 25 06·9	− 4 07 25	12·0	2 30·4	3	22 51 11·1	− 8 31 53	11·9	22 00·2
6	23 24 45·5	− 4 10 39	12·0	2 26·1	4	22 50 43·8	− 8 35 17	11·9	21 55·9
7	23 24 23·2	− 4 14 00	12·0	2 21·8	5	22 50 17·4	− 8 38 34	12·0	21 51·5
8	23 23 59·9	− 4 17 27	11·9	2 17·5	6	22 49 51·9	− 8 41 44	12·0	21 47·2
9	23 23 35·6	− 4 21 01	11·9	2 13·1	7	22 49 27·4	− 8 44 49	12·0	21 42·9
10	23 23 10·4	− 4 24 41	11·9	2 08·8	8	22 49 03·8	− 8 47 46	12·0	21 38·6
11	23 22 44·3	− 4 28 26	11·9	2 04·4	9	22 48 41·2	− 8 50 37	12·1	21 34·3
12	23 22 17·2	− 4 32 18	11·9	2 00·0	10	22 48 19·6	− 8 53 20	12·1	21 30·0
13	23 21 49·3	− 4 36 15	11·9	1 55·6	11	22 47 59·0	− 8 55 57	12·1	21 25·8
14	23 21 20·5	− 4 40 18	11·8	1 51·2	12	22 47 39·4	− 8 58 27	12·1	21 21·5
15	23 20 50·8	− 4 44 26	11·8	1 46·8	13	22 47 20·9	− 9 00 50	12·1	21 17·3
16	23 20 20·3	− 4 48 40	11·8	1 42·3	14	22 47 03·5	− 9 03 06	12·2	21 13·1
17	23 19 49·1	− 4 52 58	11·8	1 37·9	15	22 46 47·1	− 9 05 14	12·2	21 08·9
18	23 19 17·0	− 4 57 21	11·8	1 33·4	16	22 46 31·8	− 9 07 16	12·2	21 04·8
19	23 18 44·3	− 5 01 49	11·7	1 28·9	17	22 46 17·6	− 9 09 10	12·2	21 00·6
20	23 18 10·8	− 5 06 21	11·7	1 24·4	18	22 46 04·4	− 9 10 56	12·2	20 56·5
21	23 17 36·6	− 5 10 57	11·7	1 19·9	19	22 45 52·5	− 9 12 35	12·3	20 52·4
22	23 17 01·8	− 5 15 37	11·7	1 15·4	20	22 45 41·6	− 9 14 07	12·3	20 48·3
23	23 16 26·4	− 5 20 21	11·6	1 10·9	21	22 45 31·8	− 9 15 31	12·3	20 44·2
24	23 15 50·4	− 5 25 07	11·6	1 06·4	22	22 45 23·2	− 9 16 48	12·3	20 40·2
25	23 15 13·8	− 5 29 57	11·6	1 01·8	23	22 45 15·8	− 9 17 58	12·3	20 36·1
26	23 14 36·8	− 5 34 50	11·6	0 57·3	24	22 45 09·4	− 9 19 00	12·4	20 32·1
27	23 13 59·3	− 5 39 46	11·5	0 52·7	25	22 45 04·2	− 9 19 54	12·4	20 28·1
28	23 13 21·4	− 5 44 43	11·5	0 48·2	26	22 45 00·2	− 9 20 42	12·4	20 24·1
29	23 12 43·0	− 5 49 43	11·5	0 43·6	27	22 44 57·3	− 9 21 21	12·4	20 20·2
30	23 12 04·3	− 5 54 44	11·5	0 39·0	28	22 44 55·5	− 9 21 54	12·4	20 16·2
31	23 11 25·3	− 5 59 47	11·4	0 34·4	Oct. 29	22 44 54·8	− 9 22 19	12·5	20 12·3
Sept. 1	23 10 46·0	− 6 04 51	11·4	0 29·9	30	22 44 55·3	− 9 22 36	12·5	20 08·4
2	23 10 06·5	− 6 09 57	11·4	0 25·3	31	22 44 56·9	− 9 22 47	12·5	20 04·5
3	23 09 26·8	− 6 15 02	11·4	0 20·7	Nov. 1	22 44 59·7	− 9 22 50	12·5	20 00·7
4	23 08 46·9	− 6 20 09	11·3	0 16·1	2	22 45 03·5	− 9 22 46	12·5	19 56·8
5	23 08 06·8	− 6 25 15	11·3	0 11·5	3	22 45 08·5	− 9 22 35	12·5	19 53·0
6	23 07 26·7	− 6 30 21	11·3	0 06·9	4	22 45 14·5	− 9 22 17	12·6	19 49·2
Sept. 7	23 06 46·5	− 6 35 27	11·2	0 02·3	Nov. 5	22 45 21·7	− 9 21 52	12·6	19 45·4

Second transit for Cybele 2009 September 7^d 23^h 57^m·7

DAVIDA, 2009
GEOCENTRIC POSITIONS FOR 0^h TERRESTRIAL TIME

Date	Astrometric R.A.	Astrometric Dec.	Vis. Mag.	Ephemeris Transit	Date	Astrometric R.A.	Astrometric Dec.	Vis. Mag.	Ephemeris Transit
	h m s	° ′ ″		h m		h m s	° ′ ″		h m
2008 Dec. 13	10 12 25.5	+18 51 56	11.0	4 44.2	2009 Feb. 10	9 58 28.9	+27 22 00	10.1	0 37.9
14	10 12 53.9	+18 56 55	11.0	4 40.7	11	9 57 41.1	+27 30 51	10.1	0 33.2
15	10 13 20.9	+19 02 04	11.0	4 37.2	12	9 56 53.0	+27 39 31	10.1	0 28.4
16	10 13 46.4	+19 07 24	11.0	4 33.7	13	9 56 04.7	+27 48 02	10.2	0 23.7
17	10 14 10.6	+19 12 54	11.0	4 30.1	14	9 55 16.3	+27 56 23	10.2	0 19.0
18	10 14 33.3	+19 18 36	10.9	4 26.6	15	9 54 27.8	+28 04 32	10.2	0 14.2
19	10 14 54.5	+19 24 28	10.9	4 23.0	16	9 53 39.4	+28 12 31	10.2	0 09.5
20	10 15 14.2	+19 30 30	10.9	4 19.4	17	9 52 51.1	+28 20 18	10.2	0 04.8
21	10 15 32.5	+19 36 44	10.9	4 15.7	18	9 52 02.8	+28 27 53	10.2	0 00.0
22	10 15 49.2	+19 43 08	10.9	4 12.1	19	9 51 14.8	+28 35 16	10.2	23 50.6
23	10 16 04.4	+19 49 43	10.9	4 08.4	20	9 50 27.1	+28 42 26	10.3	23 45.9
24	10 16 18.1	+19 56 29	10.8	4 04.7	21	9 49 39.7	+28 49 24	10.3	23 41.2
25	10 16 30.2	+20 03 25	10.8	4 00.9	22	9 48 52.7	+28 56 09	10.3	23 36.5
26	10 16 40.7	+20 10 31	10.8	3 57.2	23	9 48 06.2	+29 02 40	10.3	23 31.8
27	10 16 49.7	+20 17 48	10.8	3 53.4	24	9 47 20.3	+29 08 59	10.3	23 27.1
28	10 16 57.1	+20 25 15	10.8	3 49.5	25	9 46 34.9	+29 15 03	10.4	23 22.4
29	10 17 03.0	+20 32 52	10.8	3 45.7	26	9 45 50.2	+29 20 54	10.4	23 17.8
30	10 17 07.2	+20 40 39	10.7	3 41.8	27	9 45 06.2	+29 26 30	10.4	23 13.1
31	10 17 09.8	+20 48 36	10.7	3 37.9	28	9 44 23.0	+29 31 53	10.4	23 08.5
2009 Jan. 1	10 17 10.9	+20 56 42	10.7	3 34.0	Mar. 1	9 43 40.7	+29 37 02	10.4	23 03.9
2	10 17 10.3	+21 04 57	10.7	3 30.1	2	9 42 59.2	+29 41 56	10.5	22 59.3
3	10 17 08.2	+21 13 22	10.7	3 26.1	3	9 42 18.7	+29 46 36	10.5	22 54.7
4	10 17 04.4	+21 21 55	10.7	3 22.1	4	9 41 39.2	+29 51 02	10.5	22 50.1
5	10 16 59.1	+21 30 37	10.6	3 18.0	5	9 41 00.7	+29 55 14	10.5	22 45.6
6	10 16 52.2	+21 39 27	10.6	3 14.0	6	9 40 23.3	+29 59 11	10.5	22 41.1
7	10 16 43.6	+21 48 25	10.6	3 09.9	7	9 39 47.0	+30 02 54	10.6	22 36.6
8	10 16 33.6	+21 57 31	10.6	3 05.8	8	9 39 11.9	+30 06 24	10.6	22 32.1
9	10 16 21.9	+22 06 44	10.6	3 01.7	9	9 38 38.0	+30 09 39	10.6	22 27.6
10	10 16 08.7	+22 16 04	10.6	2 57.5	10	9 38 05.3	+30 12 41	10.6	22 23.2
11	10 15 53.9	+22 25 31	10.5	2 53.3	11	9 37 33.9	+30 15 28	10.7	22 18.7
12	10 15 37.6	+22 35 04	10.5	2 49.1	12	9 37 03.7	+30 18 02	10.7	22 14.3
13	10 15 19.7	+22 44 43	10.5	2 44.9	13	9 36 34.9	+30 20 23	10.7	22 09.9
14	10 15 00.3	+22 54 28	10.5	2 40.6	14	9 36 07.4	+30 22 30	10.7	22 05.6
15	10 14 39.4	+23 04 17	10.5	2 36.3	15	9 35 41.3	+30 24 24	10.7	22 01.2
16	10 14 17.1	+23 14 12	10.4	2 32.0	16	9 35 16.6	+30 26 05	10.8	21 56.9
17	10 13 53.2	+23 24 11	10.4	2 27.7	17	9 34 53.3	+30 27 33	10.8	21 52.6
18	10 13 27.9	+23 34 13	10.4	2 23.3	18	9 34 31.5	+30 28 48	10.8	21 48.4
19	10 13 01.1	+23 44 19	10.4	2 18.9	19	9 34 11.1	+30 29 51	10.8	21 44.1
20	10 12 33.0	+23 54 28	10.4	2 14.5	20	9 33 52.1	+30 30 41	10.8	21 39.9
21	10 12 03.5	+24 04 39	10.4	2 10.1	21	9 33 34.7	+30 31 19	10.9	21 35.7
22	10 11 32.6	+24 14 52	10.3	2 05.6	22	9 33 18.7	+30 31 44	10.9	21 31.6
23	10 11 00.4	+24 25 07	10.3	2 01.2	23	9 33 04.2	+30 31 58	10.9	21 27.4
24	10 10 26.9	+24 35 21	10.3	1 56.7	24	9 32 51.3	+30 32 00	10.9	21 23.3
25	10 09 52.2	+24 45 36	10.3	1 52.2	25	9 32 39.9	+30 31 50	11.0	21 19.2
26	10 09 16.3	+24 55 51	10.3	1 47.6	26	9 32 30.0	+30 31 29	11.0	21 15.1
27	10 08 39.3	+25 06 04	10.3	1 43.1	27	9 32 21.7	+30 30 56	11.0	21 11.1
28	10 08 01.1	+25 16 16	10.2	1 38.5	28	9 32 14.8	+30 30 13	11.0	21 07.1
29	10 07 21.9	+25 26 26	10.2	1 33.9	29	9 32 09.6	+30 29 19	11.0	21 03.1
30	10 06 41.7	+25 36 33	10.2	1 29.3	30	9 32 05.9	+30 28 14	11.1	20 59.1
31	10 06 00.6	+25 46 36	10.2	1 24.7	Mar. 31	9 32 03.7	+30 26 59	11.1	20 55.2
Feb. 1	10 05 18.5	+25 56 35	10.2	1 20.1	Apr. 1	9 32 03.0	+30 25 34	11.1	20 51.3
2	10 04 35.6	+26 06 30	10.2	1 15.4	2	9 32 03.9	+30 23 59	11.1	20 47.4
3	10 03 51.9	+26 16 20	10.2	1 10.8	3	9 32 06.3	+30 22 14	11.1	20 43.5
4	10 03 07.4	+26 26 04	10.2	1 06.1	4	9 32 10.1	+30 20 19	11.2	20 39.7
5	10 02 22.3	+26 35 42	10.2	1 01.4	5	9 32 15.5	+30 18 16	11.2	20 35.9
6	10 01 36.6	+26 45 13	10.1	0 56.7	6	9 32 22.4	+30 16 03	11.2	20 32.1
7	10 00 50.4	+26 54 37	10.1	0 52.0	7	9 32 30.7	+30 13 41	11.2	20 28.3
8	10 00 03.6	+27 03 53	10.1	0 47.3	8	9 32 40.5	+30 11 11	11.2	20 24.6
9	9 59 16.5	+27 13 01	10.1	0 42.6	9	9 32 51.7	+30 08 32	11.2	20 20.8
Feb. 10	9 58 28.9	+27 22 00	10.1	0 37.9	Apr. 10	9 33 04.4	+30 05 44	11.3	20 17.1

Second transit for Davida 2009 February 18^d 23^h 55^m.3

INTERAMNIA, 2009
GEOCENTRIC POSITIONS FOR 0^h TERRESTRIAL TIME

Date	Astrometric R.A. h m s	Astrometric Dec. ° ′ ″	Vis. Mag.	Ephemeris Transit h m	Date	Astrometric R.A. h m s	Astrometric Dec. ° ′ ″	Vis. Mag.	Ephemeris Transit h m
2009 Jan. 2	10 55 37·8	−10 52 20	12·0	4 08·3	2009 Mar. 2	10 22 49·3	−12 56 29	11·2	23 38·7
3	10 55 33·8	−10 58 57	11·9	4 04·3	3	10 22 00·7	−12 53 23	11·2	23 34·0
4	10 55 28·6	−11 05 27	11·9	4 00·3	4	10 21 12·4	−12 50 08	11·2	23 29·3
5	10 55 22·2	−11 11 50	11·9	3 56·3	5	10 20 24·5	−12 46 45	11·2	23 24·6
6	10 55 14·5	−11 18 06	11·9	3 52·2	6	10 19 36·9	−12 43 14	11·2	23 19·9
7	10 55 05·7	−11 24 15	11·9	3 48·1	7	10 18 49·8	−12 39 35	11·2	23 15·2
8	10 54 55·7	−11 30 16	11·9	3 44·0	8	10 18 03·1	−12 35 49	11·2	23 10·5
9	10 54 44·4	−11 36 10	11·9	3 39·9	9	10 17 16·9	−12 31 55	11·2	23 05·8
10	10 54 32·0	−11 41 57	11·8	3 35·7	10	10 16 31·3	−12 27 55	11·2	23 01·1
11	10 54 18·3	−11 47 35	11·8	3 31·6	11	10 15 46·3	−12 23 47	11·2	22 56·4
12	10 54 03·5	−11 53 06	11·8	3 27·4	12	10 15 01·8	−12 19 34	11·2	22 51·8
13	10 53 47·4	−11 58 28	11·8	3 23·2	13	10 14 18·1	−12 15 14	11·2	22 47·1
14	10 53 30·1	−12 03 42	11·8	3 18·9	14	10 13 35·0	−12 10 49	11·3	22 42·5
15	10 53 11·7	−12 08 48	11·8	3 14·7	15	10 12 52·6	−12 06 19	11·3	22 37·9
16	10 52 52·0	−12 13 45	11·8	3 10·4	16	10 12 11·0	−12 01 43	11·3	22 33·3
17	10 52 31·2	−12 18 33	11·7	3 06·2	17	10 11 30·2	−11 57 02	11·3	22 28·7
18	10 52 09·2	−12 23 12	11·7	3 01·8	18	10 10 50·2	−11 52 17	11·3	22 24·1
19	10 51 45·9	−12 27 42	11·7	2 57·5	19	10 10 11·0	−11 47 28	11·3	22 19·6
20	10 51 21·6	−12 32 02	11·7	2 53·2	20	10 09 32·7	−11 42 35	11·3	22 15·0
21	10 50 56·0	−12 36 13	11·7	2 48·8	21	10 08 55·4	−11 37 38	11·4	22 10·5
22	10 50 29·4	−12 40 15	11·7	2 44·4	22	10 08 19·0	−11 32 39	11·4	22 06·0
23	10 50 01·6	−12 44 06	11·6	2 40·0	23	10 07 43·5	−11 27 36	11·4	22 01·5
24	10 49 32·6	−12 47 47	11·6	2 35·6	24	10 07 09·0	−11 22 31	11·4	21 57·0
25	10 49 02·6	−12 51 18	11·6	2 31·2	25	10 06 35·6	−11 17 24	11·4	21 52·5
26	10 48 31·5	−12 54 39	11·6	2 26·7	26	10 06 03·2	−11 12 15	11·4	21 48·1
27	10 47 59·3	−12 57 50	11·6	2 22·3	27	10 05 31·8	−11 07 04	11·5	21 43·6
28	10 47 26·1	−13 00 50	11·6	2 17·8	28	10 05 01·6	−11 01 53	11·5	21 39·2
29	10 46 51·9	−13 03 39	11·5	2 13·3	29	10 04 32·4	−10 56 40	11·5	21 34·8
30	10 46 16·7	−13 06 18	11·5	2 08·8	30	10 04 04·4	−10 51 27	11·5	21 30·4
31	10 45 40·5	−13 08 45	11·5	2 04·2	31	10 03 37·5	−10 46 14	11·5	21 26·1
Feb. 1	10 45 03·4	−13 11 02	11·5	1 59·7	Apr. 1	10 03 11·7	−10 41 01	11·6	21 21·8
2	10 44 25·3	−13 13 08	11·5	1 55·1	2	10 02 47·1	−10 35 48	11·6	21 17·4
3	10 43 46·4	−13 15 02	11·5	1 50·5	3	10 02 23·7	−10 30 36	11·6	21 13·1
4	10 43 06·6	−13 16 46	11·5	1 45·9	4	10 02 01·5	−10 25 25	11·6	21 08·9
5	10 42 26·0	−13 18 18	11·4	1 41·3	5	10 01 40·4	−10 20 16	11·6	21 04·6
6	10 41 44·6	−13 19 39	11·4	1 36·7	6	10 01 20·6	−10 15 07	11·6	21 00·4
7	10 41 02·4	−13 20 49	11·4	1 32·1	7	10 01 01·9	−10 10 01	11·7	20 56·1
8	10 40 19·5	−13 21 47	11·4	1 27·4	8	10 00 44·5	−10 04 57	11·7	20 51·9
9	10 39 35·9	−13 22 34	11·4	1 22·8	9	10 00 28·2	− 9 59 54	11·7	20 47·8
10	10 38 51·7	−13 23 10	11·4	1 18·1	10	10 00 13·2	− 9 54 54	11·7	20 43·6
11	10 38 06·8	−13 23 34	11·3	1 13·4	11	9 59 59·4	− 9 49 57	11·7	20 39·5
12	10 37 21·3	−13 23 47	11·3	1 08·7	12	9 59 46·8	− 9 45 03	11·7	20 35·4
13	10 36 35·3	−13 23 49	11·3	1 04·0	13	9 59 35·4	− 9 40 12	11·8	20 31·3
14	10 35 48·8	−13 23 39	11·3	0 59·3	14	9 59 25·2	− 9 35 24	11·8	20 27·2
15	10 35 01·8	−13 23 18	11·3	0 54·6	15	9 59 16·2	− 9 30 39	11·8	20 23·1
16	10 34 14·3	−13 22 46	11·3	0 49·9	16	9 59 08·4	− 9 25 58	11·8	20 19·1
17	10 33 26·5	−13 22 03	11·3	0 45·2	17	9 59 01·9	− 9 21 21	11·8	20 15·1
18	10 32 38·3	−13 21 08	11·2	0 40·4	18	9 58 56·6	− 9 16 48	11·8	20 11·1
19	10 31 49·8	−13 20 02	11·2	0 35·7	19	9 58 52·4	− 9 12 20	11·9	20 07·1
20	10 31 01·1	−13 18 46	11·2	0 30·9	20	9 58 49·5	− 9 07 55	11·9	20 03·1
21	10 30 12·1	−13 17 18	11·2	0 26·2	Apr. 21	9 58 47·8	− 9 03 35	11·9	19 59·2
22	10 29 23·0	−13 15 40	11·2	0 21·5	22	9 58 47·2	− 8 59 20	11·9	19 55·3
23	10 28 33·7	−13 13 51	11·2	0 16·7	23	9 58 47·9	− 8 55 10	11·9	19 51·4
24	10 27 44·3	−13 11 52	11·2	0 12·0	24	9 58 49·7	− 8 51 04	11·9	19 47·5
25	10 26 55·0	−13 09 43	11·2	0 07·2	25	9 58 52·7	− 8 47 04	12·0	19 43·6
26	10 26 05·6	−13 07 23	11·2	0 02·5	26	9 58 56·9	− 8 43 09	12·0	19 39·8
27	10 25 16·3	−13 04 54	11·2	23 53·0	27	9 59 02·3	− 8 39 19	12·0	19 36·0
28	10 24 27·1	−13 02 15	11·2	23 48·2	28	9 59 08·8	− 8 35 35	12·0	19 32·2
Mar. 1	10 23 38·1	−12 59 27	11·2	23 43·5	29	9 59 16·4	− 8 31 57	12·0	19 28·4
Mar. 2	10 22 49·3	−12 56 29	11·2	23 38·7	Apr. 30	9 59 25·2	− 8 28 24	12·0	19 24·6

Second transit for Interamnia 2009 February 26^d 23^h $57^m\!\cdot\!7$

Notes on comets

The osculating elements for periodic comets returning to perihelion in 2009 have been supplied by B.G. Marsden, Smithsonian Astrophysical Observatory

The following table of osculating elements is for use in the generation of ephemerides by numerical integration. Typically, an ephemeris may be computed from these unperturbed elements to provide positions accurate to one to two arcminutes within a year of the epoch (Osc. epoch). The innate inaccuracy in some of these elements can be more of a problem, particularly for those comets that have been observed for no more than a few months in the past (i.e. those without a number in front of the P/). It is important to note that elements for numbered comets may be prone to uncertainty due to non-gravitational forces that affect their orbits. In some case these forces have a degree of predictability. However, calculations of these non-gravitational effects can never be absolute and their effects in common with short-arc uncertainties mainly affect the perihelion time T.

Up-to-date elements of the comets currently observable may be found at http://cfa-www.harvard.edu/iau/Ephemerides/Comets/index.html.

OSCULATING ELEMENTS FOR ECLIPTIC AND EQUINOX OF J2000·0

Name	Perihelion Time T	Perihelion Distance q	Eccentricity e	Period P	Arg. of Perihelion ω	Long. of Asc. Node Ω	Inclination i	Osc. Epoch
		au		years	°	°	°	
P/2002 CW$_{134}$ (LINEAR)	Jan. 5·926 20	1·843 7749	0·488 7502	6·85	190·267 20	348·259 62	15·213 93	Jan. 9
P/2003 K2 (Christensen)	Jan. 8·858 52	0·533 9922	0·832 9172	5·71	345·924 62	93·847 11	10·222 17	Jan. 9
68P/Klemola	Jan. 20·979 24	1·759 0282	0·640 6282	10·83	153·979 08	175·329 89	11·144 09	Jan. 9
P/2002 JN$_{16}$ (LINEAR)	Jan. 25·096 37	1·783 6996	0·487 2955	6·49	39·698 81	230·033 64	11·418 66	Jan. 9
144P/Kushida	Jan. 26·877 07	1·438 9655	0·627 8207	7·60	216·095 25	245·564 77	4·109 20	Jan. 9
P/2003 O3 (LINEAR)	Jan. 30·012 08	1·246 7437	0·598 4555	5·47	0·690 70	341·489 60	8·365 57	Feb. 18
47P/Ashbrook-Jackson	Jan. 31·974 72	2·799 0883	0·319 1900	8·34	357·686 45	356·982 67	13·052 74	Feb. 18
P/2001 X2 (Scotti)	Feb. 7·129 29	2·526 9478	0·330 8668	7·34	255·556 00	194·577 09	2·184 91	Feb. 18
14P/Wolf	Feb. 27·252 08	2·724 1189	0·357 9549	8·74	158·988 56	202·119 32	27·943 38	Feb. 18
67P/Churyumov-Gerasimenko	Feb. 28·364 08	1·246 5180	0·640 1740	6·45	12·699 57	50·197 44	7·040 90	Feb. 18
59P/Kearns-Kwee	Mar. 7·653 88	2·355 5522	0·475 0710	9·51	127·532 31	313·036 72	9·340 94	Feb. 18
P/2002 Q1 (Van Ness)	Mar. 20·952 09	1·551 1872	0·563 9210	6·71	185·019 62	173·996 08	36·280 07	Mar. 30
145P/Shoemaker-Levy	Mar. 26·610 74	1·891 3462	0·542 1054	8·39	10·139 27	26·903 22	11·299 38	Mar. 30
P/1994 J3 (Shoemaker)	Apr. 11·541 42	2·935 3228	0·508 1399	14·58	191·930 81	92·947 66	24·763 56	Mar. 30
P/2004 CB (LINEAR)	Apr. 15·817 52	0·913 7061	0·688 9596	5·03	149·729 69	66·449 17	19·147 63	Mar. 30
137P/Shoemaker-Levy	May 13·567 28	1·915 2830	0·574 5104	9·55	140·811 40	233·121 15	4·853 67	May 9
22P/Kopff	May 25·402 02	1·577 5873	0·544 3401	6·44	162·816 13	120·898 50	4·723 89	May 9
143P/Kowal-Mrkos	June 12·198 15	2·538 1994	0·409 8020	8·92	320·760 31	245·368 41	4·689 92	June 18
64P/Swift-Gehrels	June 14·295 58	1·377 0103	0·689 5439	9·34	96·304 56	300·741 40	8·951 44	June 18
P/2003 A1 (LINEAR)	June 16·039 97	1·916 1280	0·499 9223	7·50	340·265 13	54·075 93	44·333 29	June 18
P/2003 H4 (LINEAR)	June 22·413 31	1·701 4502	0·490 2861	6·10	10·603 84	226·743 74	18·151 79	June 18
77P/Longmore	July 7·848 83	2·310 3272	0·358 1126	6·83	196·694 79	14·916 68	24·398 31	June 18
116P/Wild	July 18·961 61	2·174 9217	0·374 5888	6·49	173·599 29	21·031 89	3·612 80	July 28
P/1999 XB$_{69}$ (LINEAR)	July 25·907 78	1·652 1233	0·630 7853	9·47	220·325 72	256·052 88	11·305 83	July 28
74P/Smirnova-Chernykh	July 30·335 45	3·557 6682	0·147 5567	8·53	87·243 05	77·100 39	6·647 40	July 28
24P/Schaumasse	Aug. 9·627 05	1·213 9316	0·703 6148	8·29	57·999 61	79·718 25	11·729 16	July 28
89P/Russell	Aug. 17·162 98	2·279 9326	0·399 5064	7·40	249·324 20	42·384 91	12·031 46	Sept. 6
P/2002 T1 (LINEAR)	Aug. 25·489 76	1·314 7487	0·639 2536	6·96	3·827 07	14·224 90	21·396 43	Sept. 6
P/2004 X1 (LINEAR)	Sept. 3·328 92	0·780 2075	0·727 2896	4·84	345·445 13	7·115 32	5·148 12	Sept. 6
P/2001 MD$_7$ (LINEAR)	Sept. 8·959 93	1·223 9805	0·689 6032	7·83	246·744 46	125·621 96	12·881 45	Sept. 6
88P/Howell	Oct. 12·473 03	1·363 4829	0·562 0015	5·49	235·962 02	56·756 53	4·381 61	Oct. 16
127P/Holt-Olmstead	Oct. 21·370 97	2·195 7053	0·362 4025	6·39	6·540 10	13·684 57	14·321 49	Oct. 16
54P/de Vico-Swift-NEAT	Nov. 28·432 59	2·172 0443	0·426 6756	7·37	1·913 42	358·853 09	6·068 39	Nov. 25
169P/NEAT	Nov. 30·304 41	0·607 7495	0·766 7820	4·21	217·959 03	176·191 02	11·299 83	Nov. 25
100P/Hartley	Dec. 6·147 30	1·982 4075	0·418 6342	6·30	181·707 87	37·844 80	25·654 21	Nov. 25
P/2004 K2 (McNaught)	Dec. 15·515 42	1·548 6297	0·502 6931	5·50	180·757 98	150·118 12	8·132 72	Dec. 35
P/2005 JQ$_5$ (Catalina)	Dec. 28·849 68	0·823 0874	0·694 2348	4·42	222·742 97	95·832 37	5·695 37	Dec. 35

STARS AND STELLAR SYSTEMS, 2009

CONTENTS OF SECTION H

Bright Stars	www, H2
Double Stars	www, H32
Photometric Standards	
UBVRI Standard Stars	www, H34
uvby and Hβ Standard Stars	H41
Radial Velocity Standard Stars	H48
Variable Stars	H50
Bright Galaxies	H54
Open Clusters	H59
Globular Clusters	H66
Radio Sources	
ICRF Radio Source Positions	H69
Radio Flux Calibrators	H74
X-Ray Sources	www, H75
Quasars	H77
Pulsars	H79
Gamma Ray Sources	www, H81

Except for the tables of ICRF radio sources, radio flux calibrators, and pulsars, positions tabulated in Section H are referred to the mean equator and equinox of J2009.5 = 2009 July 2.375 = JD 245 5014.875. The positions of the ICRF radio sources provide a practical realization of the ICRS. The positions of radio flux calibrators and pulsars are referred to the equator and equinox of J2000.0 = JD 245 1545.0.

When present, notes associated with a table are found on the table's last page.

 This symbol indicates that these data or auxiliary material may also be found on *The Astronomical Almanac Online* at **http://asa.usno.navy.mil** and **http://asa.hmnao.com**

Flamsteed/Bayer Designation			BS=HR No.	Right Ascension h m s	Declination ° ′ ″	Notes	V	U−B	B−V	Spectral Type
	ε	Tuc	9076	00 00 24.2	−65 31 28		4.50	−0.28	−0.08	B9 IV
	θ	Oct	9084	00 02 04.3	−77 00 48		4.78	+1.41	+1.27	K2 III
30	YY	Psc	9089	00 02 26.8	−05 57 41		4.41	+1.83	+1.63	M3 III
2		Cet	9098	00 04 13.6	−17 16 59		4.55	−0.12	−0.05	B9 IV
33	BC	Psc	3	00 05 49.3	−05 39 16	6	4.61	+0.89	+1.04	K0 III−IV
21	α	And	15	00 08 52.8	+29 08 34	d6	2.06	−0.46	−0.11	B9p Hg Mn
11	β	Cas	21	00 09 41.4	+59 12 08	svd6	2.27	+0.11	+0.34	F2 III
	ε	Phe	25	00 09 53.4	−45 41 42		3.88	+0.84	+1.03	K0 III
22		And	27	00 10 49.1	+46 07 30		5.03	+0.25	+0.40	F0 II
	κ²	Scl	34	00 12 03.3	−27 44 49	d	5.41	+1.46	+1.34	K5 III
	θ	Scl	35	00 12 12.9	−35 04 48		5.25		+0.44	F3/5 V
88	γ	Peg	39	00 13 43.6	+15 14 11	svd6	2.83	−0.87	−0.23	B2 IV
89	χ	Peg	45	00 15 05.7	+20 15 34	as	4.80	+1.93	+1.57	M2⁺ III
7	AE	Cet	48	00 15 07.3	−18 52 49		4.44	+1.99	+1.66	M1 III
25	σ	And	68	00 18 49.6	+36 50 16	6	4.52	+0.07	+0.05	A2 Va
8	ι	Cet	74	00 19 54.7	−08 46 17	d	3.56	+1.25	+1.22	K1 IIIb
	ζ	Tuc	77	00 20 33.6	−64 49 09		4.23	+0.02	+0.58	F9 V
41		Psc	80	00 21 05.2	+08 14 35		5.37	+1.55	+1.34	K3⁻ III Ca 1 CN 0.5
27	ρ	And	82	00 21 37.5	+38 01 16		5.18	+0.05	+0.42	F6 IV
	R	And	90	00 24 32.2	+38 37 46	svd	7.39	+1.25	+1.97	S5/4.5e
	β	Hyi	98	00 26 14.3	−77 12 03		2.80	+0.11	+0.62	G1 IV
	κ	Phe	100	00 26 40.1	−43 37 38		3.94	+0.11	+0.17	A5 Vn
	α	Phe	99	00 26 45.1	−42 15 16	67	2.39	+0.88	+1.09	K0 IIIb
			118	00 30 51.1	−23 44 07	6	5.19		+0.12	A5 Vn
	λ¹	Phe	125	00 31 52.3	−48 45 04	d6	4.77	+0.04	+0.02	A1 Va
	β¹	Tuc	126	00 31 58.6	−62 54 22	d6	4.37	−0.17	−0.07	B9 V
15	κ	Cas	130	00 33 32.8	+62 59 03	s6	4.16	−0.80	+0.14	B0.7 Ia
29	π	And	154	00 37 23.4	+33 46 17	d6	4.36	−0.55	−0.14	B5 V
17	ζ	Cas	153	00 37 30.3	+53 56 57		3.66	−0.87	−0.20	B2 IV
			157	00 37 51.9	+35 27 06	s	5.42	+0.45	+0.88	G2 Ib−II
30	ε	And	163	00 39 03.6	+29 21 48		4.37	+0.47	+0.87	G6 III Fe−3 CH 1
31	δ	And	165	00 39 50.3	+30 54 46	sd6	3.27	+1.48	+1.28	K3 III
18	α	Cas	168	00 41 03.1	+56 35 21	d	2.23	+1.13	+1.17	K0⁻ IIIa
	μ	Phe	180	00 41 46.4	−46 01 59		4.59	+0.72	+0.97	G8 III
	η	Phe	191	00 43 46.7	−57 24 40	d	4.36	−0.02	0.00	A0.5 IV
16	β	Cet	188	00 44 04.0	−17 56 05		2.04	+0.87	+1.02	G9 III CH−1 CN 0.5 Ca 1
22	o	Cas	193	00 45 15.5	+48 20 10	d6	4.54	−0.51	−0.07	B5 III
34	ζ	And	215	00 47 50.6	+24 19 07	vd6	4.06	+0.90	+1.12	K0 III
	λ	Hyi	236	00 48 55.0	−74 52 19		5.07	+1.68	+1.37	K5 III
63	δ	Psc	224	00 49 10.6	+07 38 12	d	4.43	+1.86	+1.50	K4.5 IIIb
64		Psc	225	00 49 28.7	+16 59 30	d6	5.07	0.00	+0.51	F7 V
24	η	Cas	219	00 49 41.1	+57 51 55	sd6	3.44	+0.01	+0.57	F9 V
35	ν	And	226	00 50 20.5	+41 07 50	6	4.53	−0.58	−0.15	B5 V
19	φ²	Cet	235	00 50 36.1	−10 35 36		5.19	−0.02	+0.50	F8 V
			233	00 51 18.7	+64 17 57	cd6	5.39	+0.14	+0.49	G0 III−IV + B9.5 V
20		Cet	248	00 53 29.7	−01 05 34		4.77	+1.93	+1.57	M0⁻ IIIa
	λ²	Tuc	270	00 55 21.4	−69 28 33		5.45	+1.00	+1.09	K2 III
37	μ	And	269	00 57 17.0	+38 33 03	d	3.87	+0.15	+0.13	A5 IV−V
27	γ	Cas	264	00 57 17.4	+60 46 05	d6	2.47	−1.08	−0.15	B0 IVnpe (shell)
38	η	And	271	00 57 42.9	+23 28 08	d6	4.42	+0.69	+0.94	G8⁻ IIIb

Flamsteed/Bayer Designation			BS=HR No.	Right Ascension	Declination	Notes	V	U−B	B−V	Spectral Type
				h m s	° ′ ″					
68		Psc	274	00 58 21.1	+29 02 36		5.42		+1.08	gG6
	α	Scl	280	00 59 03.8	−29 18 23	s6	4.31	−0.56	−0.16	B4 Vp
	σ	Scl	293	01 02 53.6	−31 30 04		5.50	+0.13	+0.08	A2 V
71	ε	Psc	294	01 03 26.2	+07 56 28		4.28	+0.70	+0.96	G9 III Fe−2
	β	Phe	322	01 06 30.4	−46 40 04	d7	3.31	+0.57	+0.89	G8 III
	ι	Tuc	332	01 07 41.1	−61 43 29		5.37		+0.88	G5 III
	υ	Phe	331	01 08 13.8	−41 26 11	d	5.21	+0.09	+0.16	A3 IV/V
	ζ	Phe	338	01 08 46.9	−55 11 43	vd6	3.92	−0.41	−0.08	B7 V
30	μ	Cas	321	01 08 54.7	+54 58 00	d6	5.17	+0.09	+0.69	G5 Vb
31	η	Cet	334	01 09 04.1	−10 07 56	d	3.45	+1.19	+1.16	K2− III CN 0.5
42	φ	And	335	01 10 03.5	+47 17 32	d7	4.25	−0.34	−0.07	B7 III
			285	01 10 13.2	+86 18 27		4.25	+1.33	+1.21	K2 III
43	β	And	337	01 10 16.0	+35 40 15	ad	2.06	+1.96	+1.58	M0+ IIIa
33	θ	Cas	343	01 11 41.2	+55 12 01	d6	4.33	+0.12	+0.17	A7m
84	χ	Psc	351	01 11 58.0	+21 05 06		4.66	+0.82	+1.03	G8.5 III
83	τ	Psc	352	01 12 11.2	+30 08 23	6	4.51	+1.01	+1.09	K0.5 IIIb
86	ζ	Psc	361	01 14 13.7	+07 37 31	d67	5.24	+0.09	+0.32	F0 Vn
89		Psc	378	01 18 17.4	+03 39 51	6	5.16	+0.08	+0.07	A3 V
90	υ	Psc	383	01 19 59.5	+27 18 49	6	4.76	+0.10	+0.03	A2 IV
34	φ	Cas	382	01 20 41.2	+58 16 53	sd6	4.98	+0.49	+0.68	F0 Ia
46	ξ	And	390	01 22 54.2	+45 34 42	6	4.88	+0.99	+1.08	K0− IIIb
45	θ	Cet	402	01 24 29.9	−08 08 04	d	3.60	+0.93	+1.06	K0 IIIb
37	δ	Cas	403	01 26 26.7	+60 17 04	sd6	2.68	+0.12	+0.13	A5 IV
36	ψ	Cas	399	01 26 37.0	+68 10 45	d	4.74	+0.94	+1.05	K0 III CN 0.5
94		Psc	414	01 27 12.6	+19 17 22		5.50	+1.05	+1.11	gK1
48	ω	And	417	01 28 13.7	+45 27 20	d	4.83	0.00	+0.42	F5 V
	γ	Phe	429	01 28 46.6	−43 16 11	v6	3.41	+1.85	+1.57	M0− IIIa
48		Cet	433	01 30 03.5	−21 34 50	d7	5.12	+0.04	+0.02	A1 Va
	δ	Phe	440	01 31 38.8	−49 01 25		3.95	+0.70	+0.99	G9 III
99	η	Psc	437	01 31 59.6	+15 23 40	d	3.62	+0.75	+0.97	G7 IIIa
50	υ	And	458	01 37 21.5	+41 27 10	d6	4.09	+0.06	+0.54	F8 V
	α	Eri	472	01 38 04.0	−57 11 19		0.46	−0.66	−0.16	B3 Vnp (shell)
51		And	464	01 38 34.8	+48 40 34		3.57	+1.45	+1.28	K3− III
40		Cas	456	01 39 17.5	+73 05 17	d	5.28	+0.72	+0.96	G7 III
106	ν	Psc	489	01 41 55.6	+05 32 07		4.44	+1.57	+1.36	K3 IIIb
	π	Scl	497	01 42 34.3	−32 16 46		5.25	+0.79	+1.05	K1 II/III
			500	01 43 12.4	−03 38 34		4.99	+1.58	+1.38	K3 II−III
	φ	Per	496	01 44 15.7	+50 44 10	6	4.07	−0.93	−0.04	B2 Vep
52	τ	Cet	509	01 44 30.6	−15 53 16	d	3.50	+0.21	+0.72	G8 V
110	ο	Psc	510	01 45 53.8	+09 12 19	s	4.26	+0.71	+0.96	G8 III
	ε	Scl	514	01 46 05.4	−25 00 20	d7	5.31	+0.02	+0.39	F0 V
			513	01 46 27.9	−05 41 10	s	5.34	+1.88	+1.52	K4 III
53	χ	Cet	531	01 50 03.1	−10 38 23	d	4.67	+0.03	+0.33	F2 IV−V
55	ζ	Cet	539	01 51 55.8	−10 17 18	d6	3.73	+1.07	+1.14	K0 III
2	α	Tri	544	01 53 37.6	+29 37 29	dv6	3.41	+0.06	+0.49	F6 IV
	ψ	Phe	555	01 54 01.5	−46 15 23	6	4.41	+1.70	+1.59	M4 III
111	ξ	Psc	549	01 54 02.9	+03 14 03	6	4.62	+0.72	+0.94	G9 IIIb Fe−0.5
	φ	Phe	558	01 54 45.6	−42 27 02	6	5.11	−0.15	−0.06	Ap Hg
45	ε	Cas	542	01 55 05.3	+63 42 59		3.38	−0.60	−0.15	B3 IV:p (shell)
6	β	Ari	553	01 55 10.0	+20 51 15	d6	2.64	+0.10	+0.13	A4 V

Flamsteed	Bayer		BS=HR No.	Right Ascension	Declination	Notes	V	U−B	B−V	Spectral Type
	η^2	Hyi	570	01 55 10.6	−67 36 03		4.69	+0.64	+0.95	G8.5 III
	χ	Eri	566	01 56 19.6	−51 33 43	d7	3.70	+0.46	+0.85	G8 III–IV CN−0.5 Hδ 0.5
	α	Hyi	591	01 59 04.1	−61 31 26		2.86	+0.14	+0.28	F0n III–IV
59	υ	Cet	585	02 00 27.2	−21 01 56		4.00	+1.91	+1.57	M0 IIIb
113	α	Psc	596	02 02 32.4	+02 48 33	vd6	4.18	−0.05	+0.03	A0p Si Sr
4		Per	590	02 02 56.4	+54 31 59	6	5.04	−0.32	−0.08	B8 III
50		Cas	580	02 04 15.9	+72 28 00	6	3.98	+0.03	−0.01	A1 Va
57	γ^1	And	603	02 04 29.2	+42 22 30	d6	2.26	+1.58	+1.37	K3− IIb
	ν	For	612	02 04 55.0	−29 15 06	v	4.69	−0.51	−0.17	B9.5p Si
13	α	Ari	617	02 07 42.7	+23 30 25	a6	2.00	+1.12	+1.15	K2 IIIab
4	β	Tri	622	02 10 06.7	+35 01 55	d6	3.00	+0.10	+0.14	A5 IV
	μ	For	652	02 13 19.6	−30 40 47		5.28	−0.06	−0.02	A0 Va$^+$nn
65	ξ^1	Cet	649	02 13 30.3	+08 53 27	d6	4.37	+0.60	+0.89	G7 II–III Fe−1
			645	02 14 14.6	+51 06 34	d6	5.31	+0.62	+0.93	G8 III CN 1 CH 0.5 Fe−1
			641	02 14 22.3	+58 36 17	s	6.44	+0.23	+0.60	A3 Iab
	ϕ	Eri	674	02 16 50.9	−51 28 06	d	3.56	−0.39	−0.12	B8 V
67		Cet	666	02 17 27.5	−06 22 43		5.51	+0.76	+0.96	G8.5 III
9	γ	Tri	664	02 17 52.9	+33 53 26		4.01	+0.02	+0.02	A0 IV–Vn
68	o	Cet	681	02 19 49.6	−02 56 06	vd	2−10	+1.09	+1.42	M5.5−9e III + pec
62		And	670	02 19 53.8	+47 25 24		5.30	0.00	−0.01	A1 V
	δ	Hyi	705	02 21 55.2	−68 36 59		4.09	+0.05	+0.03	A1 Va
	κ	Hyi	715	02 22 56.1	−73 36 10		5.01	+1.04	+1.09	K1 III
	κ	For	695	02 22 58.6	−23 46 24		5.20	+0.12	+0.60	G0 Va
	λ	Hor	714	02 25 09.9	−60 16 11		5.35	+0.06	+0.39	F2 IV–V
72	ρ	Cet	708	02 26 24.6	−12 14 53		4.89	−0.07	−0.03	A0 III–IVn
	κ	Eri	721	02 27 20.0	−47 39 41	6	4.25	−0.50	−0.14	B5 IV
73	ξ^2	Cet	718	02 28 39.9	+08 30 08	6	4.28	−0.12	−0.06	A0 III−
12		Tri	717	02 28 43.5	+29 42 41		5.30	+0.10	+0.30	F0 III
	ι	Cas	707	02 29 51.6	+67 26 41	vd	4.52	+0.06	+0.12	A5p Sr
	μ	Hyi	776	02 31 29.8	−79 04 04		5.28	+0.73	+0.98	G8 III
76	σ	Cet	740	02 32 32.3	−15 12 12		4.75	−0.02	+0.45	F4 IV
14		Tri	736	02 32 41.1	+36 11 20		5.15	+1.78	+1.47	K5 III
78	ν	Cet	754	02 36 22.5	+05 38 03	d67	4.97	+0.56	+0.87	G8 III
			753	02 36 36.2	+06 55 54	sd6	5.82	+0.81	+0.98	K3− V
			743	02 38 57.4	+72 51 32		5.16	+0.58	+0.88	G8 III
32	ν	Ari	773	02 39 21.5	+22 00 07	6	5.46	+0.16	+0.16	A7 V
	ϵ	Hyi	806	02 39 44.3	−68 13 35		4.11	−0.14	−0.06	B9 V
82	δ	Cet	779	02 39 58.2	+00 22 09	v6	4.07	−0.87	−0.22	B2 IV
	ζ	Hor	802	02 40 57.4	−54 30 34	6	5.21	−0.01	+0.40	F4 IV
	ι	Eri	794	02 41 02.5	−39 48 54		4.11	+0.74	+1.02	K0.5 IIIb Fe−0.5
1	α	UMi	424	02 43 05.2	+89 18 18	vd6	2.02	+0.38	+0.60	F5−8 Ib
86	γ	Cet	804	02 43 47.6	+03 16 31	d7	3.47	+0.07	+0.09	A2 Va
35		Ari	801	02 44 00.7	+27 44 49	6	4.66	−0.62	−0.13	B3 V
89	π	Cet	811	02 44 34.5	−13 49 08	6	4.25	−0.45	−0.14	B7 V
14		Per	800	02 44 42.5	+44 20 13		5.43	+0.65	+0.90	G0 Ib Ca 1
13	θ	Per	799	02 44 51.2	+49 16 05	d	4.12	0.00	+0.49	F7 V
87	μ	Cet	813	02 45 27.4	+10 09 14	d6	4.27	+0.08	+0.31	F0m F2 V$^+$
1	τ^1	Eri	818	02 45 32.8	−18 31 58	6	4.47	0.00	+0.48	F5 V
	β	For	841	02 49 29.3	−32 21 59	d	4.46	+0.69	+0.99	G8.5 III Fe−0.5
41		Ari	838	02 50 32.7	+27 17 57	d6	3.63	−0.37	−0.10	B8 Vn

Flamsteed/Bayer Designation			BS=HR No.	Right Ascension	Declination	Notes	V	U−B	B−V	Spectral Type
				h m s	° ′ ″					
16		Per	840	02 51 11.2	+38 21 26	d	4.23	+0.08	+0.34	F1 V+
15	η	Per	834	02 51 23.8	+55 56 03	d6	3.76	+1.89	+1.68	K3− Ib−IIa
2	τ²	Eri	850	02 51 28.2	−20 57 55	d	4.75	+0.63	+0.91	K0 III
43	σ	Ari	847	02 52 01.2	+15 07 15		5.49	−0.43	−0.09	B7 V
	R	Hor	868	02 54 11.7	−49 51 04	v	5−14	+0.43	+2.11	gM6.5e:
18	τ	Per	854	02 54 56.2	+52 48 03	cd6	3.95	+0.46	+0.74	G5 III + A4 V
3	η	Eri	874	02 56 53.5	−08 51 39		3.89	+1.00	+1.11	K1 IIIb
			875	02 57 06.0	−03 40 28	6	5.17	+0.05	+0.08	A3 Vn
	θ¹	Eri	897	02 58 37.3	−40 16 01	d6	3.24	+0.14	+0.14	A5 IV
24		Per	882	02 59 39.2	+35 13 14		4.93	+1.29	+1.23	K2 III
91	λ	Cet	896	03 00 13.5	+08 56 41		4.70	−0.45	−0.12	B6 III
	θ	Hyi	939	03 02 17.0	−71 51 55	d7	5.53	−0.51	−0.14	B9 IVp
92	α	Cet	911	03 02 46.6	+04 07 35		2.53	+1.94	+1.64	M1.5 IIIa
11	τ³	Eri	919	03 02 48.6	−23 35 16		4.09	+0.08	+0.16	A4 V
	μ	Hor	934	03 03 50.3	−59 42 04		5.11	−0.03	+0.34	F0 IV−V
23	γ	Per	915	03 05 29.4	+53 32 35	cd6	2.93	+0.45	+0.70	G5 III + A2 V
25	ρ	Per	921	03 05 47.3	+38 52 35		3.39	+1.79	+1.65	M4 II
			881	03 07 26.5	+79 27 17	d6	5.49		+1.57	M2 IIIab
26	β	Per	936	03 08 47.4	+40 59 30	cvd6	2.12	−0.37	−0.05	B8 V + F:
	ι	Per	937	03 09 45.4	+49 38 56	d	4.05	+0.12	+0.59	G0 V
27	κ	Per	941	03 10 08.4	+44 53 35	d6	3.80	+0.83	+0.98	K0 III
57	δ	Ari	951	03 12 10.5	+19 45 43		4.35	+0.87	+1.03	K0 III
	α	For	963	03 12 28.8	−28 57 02	d7	3.87	+0.02	+0.52	F6 V
	TW	Hor	977	03 12 47.7	−57 17 10	s	5.74	+2.83	+2.28	C6:,2.5 Ba2 Y4
94		Cet	962	03 13 15.6	−01 09 40	d7	5.06	+0.12	+0.57	G0 IV
58	ζ	Ari	972	03 15 27.0	+21 04 45		4.89	−0.01	−0.01	A0.5 Va+
13	ζ	Eri	984	03 16 17.8	−08 47 06	6	4.80	+0.09	+0.23	A5m:
29		Per	987	03 19 18.6	+50 15 23	s6	5.15	−0.06	−0.05	B3 V
96	κ	Cet	996	03 19 51.7	+03 24 16	dasv	4.83	+0.19	+0.68	G5 V
16	τ⁴	Eri	1003	03 19 56.4	−21 43 25	d	3.69	+1.81	+1.62	M3+ IIIa Ca−1
			1008	03 20 18.4	−43 02 02		4.27	+0.22	+0.71	G8 V
			999	03 20 55.0	+29 04 56		4.47	+1.79	+1.55	K3 IIIa Ba 0.5
			961	03 21 34.1	+77 46 06	d	5.45	+0.11	+0.19	A5 III:
61	τ	Ari	1005	03 21 46.6	+21 10 51	dv	5.28	−0.52	−0.07	B5 IV
33	α	Per	1017	03 25 00.3	+49 53 39	das	1.79	+0.37	+0.48	F5 Ib
1	o	Tau	1030	03 25 19.5	+09 03 42	6	3.60	+0.61	+0.89	G6 IIIa Fe−1
			1009	03 25 30.6	+64 37 09		5.23	+2.06	+2.08	M0 II
			1029	03 26 38.1	+49 09 13	sv	6.09	−0.49	−0.07	B7 V
2	ξ	Tau	1038	03 27 41.1	+09 45 55	d6	3.74	−0.33	−0.09	B9 Vn
	κ	Ret	1083	03 29 32.8	−62 54 15	d	4.72	−0.04	+0.40	F5 IV−V
			1035	03 29 50.7	+59 58 21	vd	4.21	−0.24	+0.41	B9 Ia
			1040	03 30 40.7	+58 54 39	as6	4.54	−0.11	+0.56	A0 Ia
17		Eri	1070	03 31 05.4	−05 02 35		4.73	−0.27	−0.09	B9 Vs
35	σ	Per	1052	03 31 14.9	+48 01 38		4.36	+1.54	+1.35	K3 III
5		Tau	1066	03 31 23.9	+12 58 07	6	4.11	+1.02	+1.12	K0− II−III Fe−0.5
18	ε	Eri	1084	03 33 22.7	−09 25 36	das	3.73	+0.59	+0.88	K2 V
19	τ⁵	Eri	1088	03 34 12.5	−21 36 05	6	4.27	−0.35	−0.11	B8 V
20	EG	Eri	1100	03 36 43.4	−17 26 10	dv	5.23	−0.49	−0.13	B9p Si
37	ψ	Per	1087	03 37 10.1	+48 13 25		4.23	−0.57	−0.06	B5 Ve
10		Tau	1101	03 37 21.5	+00 25 53		4.28	+0.07	+0.58	F9 IV−V

Flamsteed/Bayer Designation			BS=HR No.	Right Ascension	Declination	Notes	V	U−B	B−V	Spectral Type
				h m s	° ′ ″					
			1106	03 37 26.2	−40 14 37		4.58	+0.77	+1.04	K1 III
	δ	For	1134	03 42 37.6	−31 54 30	6	5.00	−0.60	−0.16	B5 IV
	BD	Cam	1105	03 42 59.3	+63 14 48	6	5.10	+1.82	+1.63	S3.5/2
39	δ	Per	1122	03 43 36.3	+47 49 02	d6	3.01	−0.51	−0.13	B5 III
23	δ	Eri	1136	03 43 42.3	−09 43 54		3.54	+0.69	+0.92	K0⁺ IV
	β	Ret	1175	03 44 19.3	−64 46 38	d6	3.85	+1.10	+1.13	K2 III
38	o	Per	1131	03 44 55.0	+32 19 04	vd6	3.83	−0.75	+0.05	B1 III
24		Eri	1146	03 44 59.5	−01 08 01	6	5.25	−0.39	−0.10	B7 V
17		Tau	1142	03 45 26.5	+24 08 33	6	3.70	−0.40	−0.11	B6 III
19		Tau	1145	03 45 46.5	+24 29 47	d6	4.30	−0.46	−0.11	B6 IV
41	ν	Per	1135	03 45 50.5	+42 36 28	d	3.77	+0.31	+0.42	F5 II
29		Tau	1153	03 46 10.8	+06 04 45	d6	5.35	−0.61	−0.12	B3 V
20		Tau	1149	03 46 23.6	+24 23 48	s6	3.87	−0.40	−0.07	B7 IIIp
26	π	Eri	1162	03 46 35.5	−12 04 20		4.42	+2.01	+1.63	M2⁻ IIIab
23	v971	Tau	1156	03 46 53.5	+23 58 38		4.18	−0.42	−0.06	B6 IV
	γ	Hyi	1208	03 47 06.1	−74 12 35		3.24	+1.99	+1.62	M2 III
27	τ⁶	Eri	1173	03 47 15.4	−23 13 20		4.23	0.00	+0.42	F3 III
25	η	Tau	1165	03 48 03.1	+24 08 02	d	2.87	−0.34	−0.09	B7 IIIn
27		Tau	1178	03 49 43.7	+24 04 55	d6	3.63	−0.36	−0.09	B8 III
			1195	03 49 48.6	−36 10 19		4.17	+0.69	+0.95	G7 IIIa
	BE	Cam	1155	03 50 24.0	+65 33 16		4.47	+2.13	+1.88	M2⁺ IIab
	γ	Cam	1148	03 51 22.5	+71 21 37	d	4.63	+0.07	+0.03	A1 IIIn
44	ζ	Per	1203	03 54 43.9	+31 54 40	sd67	2.85	−0.77	+0.12	B1 Ib
34	γ	Eri	1231	03 58 28.4	−13 28 55	d	2.95	+1.96	+1.59	M0.5 IIIb Ca−1
45	ε	Per	1220	03 58 29.6	+40 02 13	sd67	2.89	−0.95	−0.20	B0.5 IV
	δ	Ret	1247	03 58 53.9	−61 22 25		4.56	+1.96	+1.62	M1 III
46	ξ	Per	1228	03 59 35.0	+35 49 03	6	4.04	−0.92	+0.01	O7.5 IIIf
35	λ	Tau	1239	04 01 12.5	+12 31 00	v6	3.47	−0.62	−0.12	B3 V
35		Eri	1244	04 02 01.0	−01 31 25		5.28	−0.55	−0.15	B5 V
38	ν	Tau	1251	04 03 39.8	+06 00 54		3.91	+0.07	+0.03	A1 Va
37		Tau	1256	04 05 15.5	+22 06 26	d	4.36	+0.95	+1.07	K0 III
47	λ	Per	1261	04 07 17.7	+50 22 34		4.29	−0.04	−0.02	A0 IIIn
			1279	04 08 14.3	+15 11 15	sd6	6.01	+0.02	+0.40	F3 V
48	MX	Per	1273	04 09 21.3	+47 44 13		4.04	−0.55	−0.03	B3 Ve
43		Tau	1283	04 09 43.3	+19 38 01		5.50		+1.07	K1 III
			1270	04 10 16.2	+59 55 57	s	6.32	+0.92	+1.16	G8 IIa
44	IM	Tau	1287	04 11 24.7	+26 30 18	v	5.41	+0.06	+0.34	F2 IV−V
38	o¹	Eri	1298	04 12 19.8	−06 48 48		4.04	+0.13	+0.33	F1 IV
	α	Hor	1326	04 14 19.0	−42 16 17		3.86	+1.00	+1.10	K2 III
	α	Ret	1336	04 14 32.9	−62 27 01	d6	3.35	+0.63	+0.91	G8 II−III
51	μ	Per	1303	04 15 35.9	+48 25 57	d67	4.14	+0.64	+0.95	G0 Ib
40	o²	Eri	1325	04 15 42.6	−07 38 19	d	4.43	+0.45	+0.82	K0.5 V
49	μ	Tau	1320	04 16 03.1	+08 54 56	6	4.29	−0.53	−0.06	B3 IV
	γ	Dor	1338	04 16 16.6	−51 27 47	v	4.25	+0.03	+0.30	F1 V⁺
48		Tau	1319	04 16 18.7	+15 25 26	sd	6.32	+0.02	+0.40	F3 V
	ε	Ret	1355	04 16 39.0	−59 16 46	d	4.44	+1.07	+1.08	K2 IV
41		Eri	1347	04 18 15.3	−33 46 32	d67	3.56	−0.37	−0.12	B9p Mn
54	γ	Tau	1346	04 20 20.1	+15 39 00	d6	3.63	+0.82	+0.99	G9.5 IIIab CN 0.5
57	v483	Tau	1351	04 20 29.9	+14 03 27	sd6	5.59	+0.08	+0.28	F0 IV
54		Per	1343	04 21 01.8	+34 35 20	d	4.93	+0.69	+0.94	G8 III Fe 0.5

Flamsteed/Bayer Designation			BS=HR No.	Right Ascension	Declination	Notes	V	$U-B$	$B-V$	Spectral Type
				h m s	° ′ ″					
			1367	04 21 03.9	−20 37 03		5.38		−0.02	A1 V
			1327	04 21 34.4	+65 09 45	s	5.27	+0.47	+0.81	G5 IIb
	η	Ret	1395	04 21 59.6	−63 21 50		5.24	+0.69	+0.96	G8 III
61	δ	Tau	1373	04 23 29.0	+17 33 51	d6	3.76	+0.82	+0.98	G9.5 III CN 0.5
63		Tau	1376	04 23 57.8	+16 47 56	cs6	5.64	+0.13	+0.30	F0m
42	ξ	Eri	1383	04 24 09.3	−03 43 27	6	5.17	+0.08	+0.08	A2 V
43		Eri	1393	04 24 23.7	−33 59 43		3.96	+1.80	+1.49	K3.5$^-$ IIIb
65	κ^1	Tau	1387	04 25 56.2	+22 18 54	d6	4.22	+0.13	+0.13	A5 IV−V
68	v776	Tau	1389	04 26 02.4	+17 56 56	d6	4.29	+0.08	+0.05	A2 IV−Vs
69	υ	Tau	1392	04 26 52.7	+22 50 04	d6	4.28	+0.14	+0.26	A9 IV$^-$ n
71	v777	Tau	1394	04 26 53.3	+15 38 21	d6	4.49	+0.14	+0.25	F0n IV−V
77	θ^1	Tau	1411	04 29 07.1	+15 58 57	d6	3.84	+0.73	+0.95	G9 III Fe−0.5
74	ϵ	Tau	1409	04 29 10.4	+19 12 03	d	3.53	+0.88	+1.01	G9.5 III CN 0.5
78	θ^2	Tau	1412	04 29 12.4	+15 53 29	sd6	3.40	+0.13	+0.18	A7 III
	δ	Cae	1443	04 31 07.6	−44 56 01		5.07	−0.78	−0.19	B2 IV−V
50	υ^1	Eri	1453	04 33 52.9	−29 44 52		4.51	+0.72	+0.98	K0$^+$ III Fe−0.5
	α	Dor	1465	04 34 12.2	−55 01 32	vd7	3.27	−0.35	−0.10	A0p Si
86	ρ	Tau	1444	04 34 23.3	+14 51 49	6	4.65	+0.08	+0.25	A9 V
52	υ^2	Eri	1464	04 35 55.2	−30 32 36		3.82	+0.72	+0.98	G8.5 IIIa
88		Tau	1458	04 36 10.6	+10 10 47	d6	4.25	+0.11	+0.18	A5m
87	α	Tau	1457	04 36 28.0	+16 31 40	sd6	0.85	+1.90	+1.54	K5$^+$ III
48	ν	Eri	1463	04 36 47.7	−03 20 01	vd6	3.93	−0.89	−0.21	B2 III
	R	Dor	1492	04 36 52.3	−62 03 31	sd	5.40	+0.86	+1.58	M8e III:
58		Per	1454	04 37 21.1	+41 17 01	c6	4.25	+0.82	+1.22	K0 II−III + B9 V
53		Eri	1481	04 38 37.0	−14 17 10	d67	3.87	+1.01	+1.09	K1.5 IIIb
90		Tau	1473	04 38 41.4	+12 31 45	d6	4.27	+0.13	+0.12	A5 IV−V
54	DM	Eri	1496	04 40 51.5	−19 39 14	d	4.32	+1.81	+1.61	M3 II−III
	α	Cae	1502	04 40 52.1	−41 50 46	d	4.45	+0.01	+0.34	F1 V
	β	Cae	1503	04 42 23.7	−37 07 34		5.05	+0.04	+0.37	F2 V
94	τ	Tau	1497	04 42 49.0	+22 58 28	d67	4.28	−0.57	−0.13	B3 V
57	μ	Eri	1520	04 45 58.7	−03 14 16	6	4.02	−0.60	−0.15	B4 IV
4		Cam	1511	04 48 48.0	+56 46 23	d	5.30	+0.15	+0.25	Am
1	π^3	Ori	1543	04 50 21.4	+06 58 38	ad6	3.19	−0.01	+0.45	F6 V
			1533	04 50 33.1	+37 30 15		4.88	+1.70	+1.44	K3.5 III
2	π^2	Ori	1544	04 51 07.8	+08 54 57	6	4.36	0.00	+0.01	A0.5 IVn
3	π^4	Ori	1552	04 51 42.8	+05 37 14	s6	3.69	−0.81	−0.17	B2 III
97	v480	Tau	1547	04 51 55.9	+18 51 19	d	5.10	+0.12	+0.21	A9 V$^+$
4	o^1	Ori	1556	04 53 04.3	+14 15 57	cv	4.74	+2.03	+1.84	S3.5/1$^-$
61	ω	Eri	1560	04 53 21.7	−05 26 15	6	4.39	+0.16	+0.25	A9 IV
8	π^5	Ori	1567	04 54 44.8	+02 27 20	v6	3.72	−0.83	−0.18	B2 III
	η	Men	1629	04 54 55.2	−74 55 19		5.47	+1.83	+1.52	K4 III
9	α	Cam	1542	04 55 00.0	+66 21 27		4.29	−0.88	+0.03	O9.5 Ia
9	o^2	Ori	1580	04 56 54.4	+13 31 44	d	4.07	+1.11	+1.15	K2$^-$ III Fe−1
3	ι	Aur	1577	04 57 36.8	+33 10 49	a	2.69	+1.78	+1.53	K3 II
7		Cam	1568	04 58 03.1	+53 45 59	d67	4.47	−0.01	−0.02	A0m A1 III
10	π^6	Ori	1601	04 59 02.5	+01 43 41		4.47	+1.55	+1.40	K2$^-$ II
7	ϵ	Aur	1605	05 02 39.1	+43 50 11	vd6	2.99	+0.33	+0.54	A9 Ia
8	ζ	Aur	1612	05 03 08.6	+41 05 20	cdv6	3.75	+0.38	+1.22	K5 II + B5 V
102	ι	Tau	1620	05 03 39.9	+21 36 10		4.64	+0.15	+0.16	A7 IV
10	β	Cam	1603	05 04 16.0	+60 27 18	d	4.03	+0.63	+0.92	G1 Ib−IIa

BRIGHT STARS, J2009.5

Flamsteed/Bayer Designation			BS=HR No.	Right Ascension	Declination	Notes	V	U−B	B−V	Spectral Type
				h m s	° ′ ″					
11	v1032	Ori	1638	05 05 06.8	+15 25 00	v	4.68	−0.09	−0.06	A0p Si
	η²	Pic	1663	05 05 12.8	−49 33 55		5.03	+1.88	+1.49	K5 III
	ζ	Dor	1674	05 05 40.5	−57 27 36		4.72	−0.04	+0.52	F7 V
2	ε	Lep	1654	05 05 51.8	−22 21 32		3.19	+1.78	+1.46	K4 III
10	η	Aur	1641	05 07 11.0	+41 14 47	a	3.17	−0.67	−0.18	B3 V
67	β	Eri	1666	05 08 19.0	−05 04 29	d	2.79	+0.10	+0.13	A3 IVn
69	λ	Eri	1679	05 09 36.1	−08 44 33		4.27	−0.90	−0.19	B2 IVn
16		Ori	1672	05 09 51.0	+09 50 28	d6	5.43	+0.16	+0.24	A9m
3	ι	Lep	1696	05 12 44.5	−11 51 30	d	4.45	−0.40	−0.10	B9 V:
5	μ	Lep	1702	05 13 21.5	−16 11 41	s	3.31	−0.39	−0.11	B9p Hg Mn
4	κ	Lep	1705	05 13 40.2	−12 55 50	d7	4.36	−0.37	−0.10	B7 V
	θ	Dor	1744	05 13 45.1	−67 10 28		4.83	+1.39	+1.28	K2.5 IIIa
17	ρ	Ori	1698	05 13 47.3	+02 52 19	d67	4.46	+1.16	+1.19	K1 III CN 0.5
11	μ	Aur	1689	05 14 04.8	+38 29 42		4.86	+0.09	+0.18	A7m
19	β	Ori	1713	05 14 59.7	−08 11 29	vdas6	0.12	−0.66	−0.03	B8 Ia
13	α	Aur	1708	05 17 23.6	+46 00 24	cd67	0.08	+0.44	+0.80	G6 III + G2 III
	o	Col	1743	05 17 49.7	−34 53 11		4.83	+0.80	+1.00	K0/1 III/IV
20	τ	Ori	1735	05 18 04.1	−06 50 05	sd6	3.60	−0.47	−0.11	B5 III
	ζ	Pic	1767	05 19 36.2	−50 35 46		5.45	+0.01	+0.51	F7 III−IV
15	λ	Aur	1729	05 19 48.6	+40 06 24	d	4.71	+0.12	+0.63	G1.5 IV−V Fe−1
6	λ	Lep	1756	05 20 00.8	−13 10 03		4.29	−1.03	−0.26	B0.5 IV
22		Ori	1765	05 22 14.9	−00 22 25	6	4.73	−0.79	−0.17	B2 IV−V
			1686	05 24 08.4	+79 14 24	d	5.05	−0.13	+0.47	F7 Vs
29		Ori	1784	05 24 24.3	−07 48 00		4.14	+0.69	+0.96	G8 III Fe−0.5
28	η	Ori	1788	05 24 57.3	−02 23 21	cdv6	3.36	−0.92	−0.17	B1 IV + B
24	γ	Ori	1790	05 25 38.5	+06 21 27	d6	1.64	−0.87	−0.22	B2 III
112	β	Tau	1791	05 26 53.6	+28 36 53	sd	1.65	−0.49	−0.13	B7 III
115		Tau	1808	05 27 43.4	+17 58 11	d	5.42	−0.53	−0.10	B5 V
9	β	Lep	1829	05 28 39.2	−20 45 09	d	2.84	+0.46	+0.82	G5 II
			1856	05 30 25.2	−47 04 16	d7	5.46	+0.21	+0.62	G3 IV
17		Cam	1802	05 31 04.2	+63 04 26		5.42	+2.00	+1.71	M1 IIIa
32		Ori	1839	05 31 17.6	+05 57 17	d7	4.20	−0.55	−0.14	B5 V
	γ	Men	1953	05 31 30.8	−76 20 01	d	5.19	+1.19	+1.13	K2 III
	ε	Col	1862	05 31 33.0	−35 27 50		3.87	+1.08	+1.14	K1 II/III
34	δ	Ori	1852	05 32 29.5	−00 17 34	dv6	2.23	−1.05	−0.22	O9.5 II
119	CE	Tau	1845	05 32 46.2	+18 36 02		4.38	+2.21	+2.07	M2 Iab−Ib
11	α	Lep	1865	05 33 09.0	−17 48 58	das	2.58	+0.23	+0.21	F0 Ib
25	χ	Aur	1843	05 33 20.8	+32 11 54	6	4.76	−0.46	+0.34	B5 Iab
	β	Dor	1922	05 33 42.5	−62 29 01	v	3.76	+0.55	+0.82	F7−G2 Ib
37	φ¹	Ori	1876	05 35 20.6	+09 29 43	d6	4.41	−0.97	−0.16	B0.5 IV−V
39	λ	Ori	1879	05 35 39.7	+09 56 23	d	3.54	−1.03	−0.18	O8 IIIf
	v1046	Ori	1890	05 35 50.1	−04 29 19	sdv6	6.55	−0.77	−0.13	B2 Vh
			1891	05 35 50.6	−04 25 07	ds	6.24	−0.70	−0.15	B2.5 V
44	ι	Ori	1899	05 35 53.9	−05 54 15	ds6	2.77	−1.08	−0.24	O9 III
46	ε	Ori	1903	05 36 41.8	−01 11 47	das6	1.70	−1.04	−0.19	B0 Ia
40	φ²	Ori	1907	05 37 25.7	+09 17 42	s	4.09	+0.64	+0.95	K0 IIIb Fe−2
123	ζ	Tau	1910	05 38 12.8	+21 08 51	s6	3.00	−0.67	−0.19	B2 IIIpe (shell)
48	σ	Ori	1931	05 39 13.4	−02 35 43	d6	3.81	−1.01	−0.24	O9.5 V
	α	Col	1956	05 39 59.6	−34 04 10	d	2.64	−0.46	−0.12	B7 IV
50	ζ	Ori	1948	05 41 14.3	−01 56 17	d6	2.03	−1.04	−0.21	O9.5 Ib

Flamsteed/Bayer Designation			BS=HR No.	Right Ascension	Declination	Notes	V	U−B	B−V	Spectral Type
	δ	Dor	2015	h m s 05 44 47.5	° ′ ″ −65 43 55		4.35	+0.12	+0.21	A7 V⁺n
13	γ	Lep	1983	05 44 51.6	−22 26 45	d	3.60	0.00	+0.47	F7 V
27	ο	Aur	1971	05 46 38.2	+49 49 46		5.47	+0.07	+0.03	A0p Cr
14	ζ	Lep	1998	05 47 23.2	−14 49 08	6	3.55	+0.07	+0.10	A2 Van
	β	Pic	2020	05 47 30.6	−51 03 48		3.85	+0.10	+0.17	A6 V
130		Tau	1990	05 47 59.5	+17 43 55		5.49	+0.27	+0.30	F0 III
53	κ	Ori	2004	05 48 12.4	−09 40 01		2.06	−1.03	−0.17	B0.5 Ia
	γ	Pic	2042	05 50 00.1	−56 09 52		4.51	+0.98	+1.10	K1 III
			2049	05 51 06.1	−52 06 25		5.17	+0.72	+0.99	G8 III
	β	Col	2040	05 51 17.7	−35 45 55		3.12	+1.21	+1.16	K1.5 III
15	δ	Lep	2035	05 51 43.8	−20 52 44		3.81	+0.68	+0.99	K0 III Fe−1.5 CH 0.5
32	ν	Aur	2012	05 52 08.9	+39 09 01	d	3.97	+1.09	+1.13	K0 III CN 0.5
136		Tau	2034	05 53 55.5	+27 36 49	6	4.58	+0.03	−0.02	A0 IV
54	χ¹	Ori	2047	05 54 56.8	+20 16 38	6	4.41	+0.07	+0.59	G0⁻ V Ca 0.5
30	ξ	Aur	2029	05 55 38.6	+55 42 29		4.99	+0.12	+0.05	A1 Va
58	α	Ori	2061	05 55 41.2	+07 24 29	ad6	0.50	+2.06	+1.85	M1−M2 Ia−Iab
16	η	Lep	2085	05 56 50.3	−14 10 00		3.71	+0.01	+0.33	F1 V
	γ	Col	2106	05 57 52.4	−35 16 58	d	4.36	−0.66	−0.18	B2.5 IV
60		Ori	2103	05 59 18.9	+00 33 12	d6	5.22	+0.01	+0.01	A1 Vs
	η	Col	2120	05 59 26.3	−42 48 54		3.96	+1.08	+1.14	G8/K1 II
34	β	Aur	2088	06 00 13.6	+44 56 51	vd6	1.90	+0.05	+0.03	A1 IV
33	δ	Aur	2077	06 00 18.6	+54 17 04	d	3.72	+0.87	+1.00	K0⁻ III
37	θ	Aur	2095	06 00 22.2	+37 12 45	vd67	2.62	−0.18	−0.08	A0p Si
35	π	Aur	2091	06 00 38.4	+45 56 12		4.26	+1.83	+1.72	M3 II
61	μ	Ori	2124	06 02 54.4	+09 38 48	d6	4.12	+0.11	+0.16	A5m:
62	χ²	Ori	2135	06 04 29.1	+20 08 15	asv	4.63	−0.68	+0.28	B2 Ia
1		Gem	2134	06 04 41.9	+23 15 43	d67	4.16	+0.53	+0.84	G5 III−IV
17	SS	Lep	2148	06 05 24.6	−16 29 08	s6	4.93	+0.12	+0.24	Ap (shell)
67	ν	Ori	2159	06 08 06.9	+14 46 00	d6	4.42	−0.66	−0.17	B3 IV
	ν	Dor	2221	06 08 40.6	−68 50 43		5.06	−0.21	−0.08	B8 V
			2180	06 09 21.8	−22 25 47		5.50		−0.01	A0 V
	α	Men	2261	06 09 57.5	−74 45 21		5.09	+0.33	+0.72	G5 V
	δ	Pic	2212	06 10 29.0	−54 58 16	v6	4.81	−1.03	−0.23	B0.5 IV
70	ξ	Ori	2199	06 12 28.8	+14 12 21	d6	4.48	−0.65	−0.18	B3 IV
36		Cam	2165	06 13 48.4	+65 42 55	6	5.38	+1.47	+1.34	K2 II−III
5	γ	Mon	2227	06 15 19.1	−06 16 42	d	3.98	+1.41	+1.32	K1 III Ba 0.5
7	η	Gem	2216	06 15 27.1	+22 30 12	vd6	3.28	+1.66	+1.60	M2.5 III
44	κ	Aur	2219	06 15 59.0	+29 29 38		4.35	+0.80	+1.02	G9 IIIb
	κ	Col	2256	06 16 53.4	−35 08 39		4.37	+0.83	+1.00	K0.5 IIIa
74		Ori	2241	06 16 58.6	+12 16 08	d	5.04	−0.02	+0.42	F4 IV
			2209	06 19 53.5	+69 18 54	6	4.80	0.00	+0.03	A0 IV⁺nn
7		Mon	2273	06 20 10.3	−07 49 39	d6	5.27	−0.75	−0.19	B2.5 V
2	UZ	Lyn	2238	06 20 27.6	+59 00 23		4.48	+0.03	+0.01	A1 Va
1	ζ	CMa	2282	06 20 40.7	−30 04 05	d6	3.02	−0.72	−0.19	B2.5 V
	δ	Col	2296	06 22 27.7	−33 26 30	6	3.85	+0.52	+0.88	G7 II
2	β	CMa	2294	06 23 07.1	−17 57 40	svd6	1.98	−0.98	−0.23	B1 II−III
13	μ	Gem	2286	06 23 32.1	+22 30 29	sd	2.88	+1.85	+1.64	M3 IIIab
	α	Car	2326	06 24 09.8	−52 42 04		−0.72	+0.10	+0.15	A9 II
8		Mon	2298	06 24 16.3	+04 35 14	d6	4.44	+0.13	+0.20	A6 IV
			2305	06 24 36.9	−11 32 09		5.22	+1.20	+1.24	K3 III

Flamsteed/Bayer Designation			BS=HR No.	Right Ascension	Declination	Notes	V	U−B	B−V	Spectral Type
				h m s	° ′ ″					
46	ψ¹	Aur	2289	06 25 37.8	+49 16 55	6	4.91	+2.29	+1.97	K5−M0 Iab−Ib
10		Mon	2344	06 28 25.7	−04 46 07	d	5.06	−0.76	−0.17	B2 V
	λ	CMa	2361	06 28 31.4	−32 35 12		4.48	−0.61	−0.17	B4 V
18	ν	Gem	2343	06 29 31.6	+20 12 19	d6	4.15	−0.48	−0.13	B6 III
4	ξ¹	CMa	2387	06 32 15.1	−23 25 33	vd6	4.33	−0.99	−0.24	B1 III
			2392	06 33 13.6	−11 10 26	ds6	6.24	+0.78	+1.11	G9.5 III: Ba 3
13		Mon	2385	06 33 25.1	+07 19 31		4.50	−0.18	0.00	A0 Ib−II
			2395	06 34 06.9	−01 13 41		5.10	−0.56	−0.14	B5 Vn
			2435	06 35 11.2	−52 59 01		4.39	−0.15	−0.02	A0 II
5	ξ²	CMa	2414	06 35 27.3	−22 58 22		4.54	−0.03	−0.05	A0 III
7	ν²	CMa	2429	06 37 05.9	−19 15 52		3.95	+1.01	+1.06	K1.5 III−IV Fe 1
	ν	Pup	2451	06 38 03.1	−43 12 17	6	3.17	−0.41	−0.11	B8 IIIn
24	γ	Gem	2421	06 38 15.6	+16 23 25	d6	1.93	+0.04	0.00	A1 IVs
8	ν³	CMa	2443	06 38 18.5	−18 14 47	d	4.43	+1.04	+1.15	K0.5 III
15	S	Mon	2456	06 41 30.1	+09 53 11	das6	4.66	−1.07	−0.25	O7 Vf
27	ε	Gem	2473	06 44 31.0	+25 07 15	das6	2.98	+1.46	+1.40	G8 Ib
30		Gem	2478	06 44 31.4	+13 13 04	d	4.49	+1.16	+1.16	K0.5 III CN 0.5
9	α	CMa	2491	06 45 33.8	−16 43 47	od6	−1.46	−0.05	0.00	A0m A1 Va
			2513	06 45 39.2	−52 12 41	s	6.57		+1.08	G5 Iab
31	ξ	Gem	2484	06 45 49.3	+12 53 05		3.36	+0.06	+0.43	F5 IV
56	ψ⁵	Aur	2483	06 47 25.4	+43 34 01	d	5.25	+0.05	+0.56	G0 V
			2518	06 47 40.9	−37 56 26	d	5.26	−0.25	−0.08	B8/9 V
			2401	06 47 50.4	+79 33 09	6	5.45	−0.02	+0.50	F8 V
	α	Pic	2550	06 48 17.3	−61 57 06		3.27	+0.13	+0.21	A6 Vn
18		Mon	2506	06 48 21.4	+02 24 04	6	4.47	+1.04	+1.11	K0⁺ IIIa
57	ψ⁶	Aur	2487	06 48 23.0	+48 46 43		5.22	+1.04	+1.12	K0 III
	v415	Car	2554	06 50 03.7	−53 38 02	6	4.40	+0.61	+0.92	G4 II
	τ	Pup	2553	06 50 10.3	−50 37 34	6	2.93	+1.21	+1.20	K1 III
13	κ	CMa	2538	06 50 11.8	−32 31 12		3.96	−0.92	−0.23	B1.5 IVne
	v592	Mon	2534	06 51 09.8	−08 03 10	sv	6.29	+0.02	0.00	A2p Sr Cr Eu
	ι	Vol	2602	06 51 20.3	−70 58 30		5.40	−0.38	−0.11	B7 IV
34	θ	Gem	2540	06 53 24.9	+33 56 56	d6	3.60	+0.14	+0.10	A3 III−IV
16	o¹	CMa	2580	06 54 31.6	−24 11 48	s	3.87	+1.99	+1.73	K2 Iab
14	θ	CMa	2574	06 54 37.9	−12 03 04		4.07	+1.70	+1.43	K4 III
43		Cam	2511	06 54 43.4	+68 52 33		5.12	−0.43	−0.13	B7 III
	NP	Pup	2591	06 54 44.6	−42 22 41	s	6.32	+2.79	+2.24	C5,2.5
20	ι	CMa	2596	06 56 33.7	−17 04 02		4.37	−0.70	−0.07	B3 II
15		Lyn	2560	06 58 05.8	+58 24 33	d7	4.35	+0.52	+0.85	G5 III−IV
21	ε	CMa	2618	06 59 00.0	−28 59 08	d	1.50	−0.93	−0.21	B2 II
			2527	07 01 26.4	+76 57 49	6	4.55	+1.66	+1.36	K4 III
22	σ	CMa	2646	07 02 05.9	−27 56 56	d	3.47	+1.88	+1.73	K7 Ib
42	ω	Gem	2630	07 02 59.5	+24 12 04	s	5.18	+0.68	+0.94	G5 IIa
24	o²	CMa	2653	07 03 25.3	−23 50 52	vas6	3.02	−0.80	−0.08	B3 Ia
23	γ	CMa	2657	07 04 11.3	−15 38 52		4.12	−0.48	−0.12	B8 II
			2666	07 04 20.9	−42 21 06	d6	5.20	+0.15	+0.20	A9m
	v386	Car	2683	07 04 29.0	−56 45 52	v	5.17		−0.04	Ap Si
43	ζ	Gem	2650	07 04 40.3	+20 33 20	vd6	3.79	+0.62	+0.79	F9 Ib (var)
	γ²	Vol	2736	07 08 39.9	−70 30 51	d	3.78	+0.88	+1.04	G9 III
25	δ	CMa	2693	07 08 46.7	−26 24 32	das6	1.84	+0.54	+0.68	F8 Ia
20		Mon	2701	07 10 42.0	−04 15 09	d	4.92	+0.78	+1.03	K0 III

BRIGHT STARS, J2009.5

Flamsteed/Bayer Designation			BS=HR No.	Right Ascension	Declination	Notes	V	U−B	B−V	Spectral Type
				h m s	° ′ ″					
46	τ	Gem	2697	07 11 44.6	+30 13 44	d7	4.41	+1.41	+1.26	K2 III
63		Aur	2696	07 12 18.5	+39 18 15	6	4.90	+1.74	+1.45	K3.5 III
22	δ	Mon	2714	07 12 21.0	−00 30 33	d	4.15	+0.02	−0.01	A1 III⁺
	QW	Pup	2740	07 12 49.9	−46 46 32		4.49	−0.01	+0.32	F0 IVs
48		Gem	2706	07 13 01.0	+24 06 43	s	5.85	+0.09	+0.36	F5 III−IV
	L₂	Pup	2748	07 13 49.7	−44 39 20	vd	5.10		+1.56	M5 IIIe
51	BQ	Gem	2717	07 13 55.0	+16 08 32	d	5.00	+1.82	+1.66	M4 IIIab
27	EW	CMa	2745	07 14 38.5	−26 22 10	d6	4.66	−0.71	−0.19	B3 IIIep
28	ω	CMa	2749	07 15 11.8	−26 47 23		3.85	−0.73	−0.17	B2 IV−Ve
	δ	Vol	2803	07 16 49.4	−67 58 28		3.98	+0.45	+0.79	F9 Ib
	π	Pup	2773	07 17 28.7	−37 06 54	d	2.70	+1.24	+1.62	K3 Ib
54	λ	Gem	2763	07 18 38.3	+16 31 21	d67	3.58	+0.10	+0.11	A4 IV
30	τ	CMa	2782	07 19 06.1	−24 58 20	vd6	4.40	−0.99	−0.15	O9 II
55	δ	Gem	2777	07 20 41.4	+21 57 51	d67	3.53	+0.04	+0.34	F0 V⁺
31	η	CMa	2827	07 24 28.3	−29 19 20	das	2.45	−0.72	−0.08	B5 Ia
66		Aur	2805	07 24 47.8	+40 39 12	6	5.23	+1.25	+1.25	K1 IIIa Fe−1
60	ι	Gem	2821	07 26 18.9	+27 46 42		3.79	+0.85	+1.03	G9 IIIb
3	β	CMi	2845	07 27 39.7	+08 16 10	d6	2.90	−0.28	−0.09	B8 V
4	γ	CMi	2854	07 28 40.8	+08 54 20	d6	4.32	+1.54	+1.43	K3 III Fe−1
	σ	Pup	2878	07 29 31.9	−43 19 16	vd6	3.25	+1.78	+1.51	K5 III
62	ρ	Gem	2852	07 29 43.3	+31 45 54	d6	4.18	−0.03	+0.32	F0 V⁺
6		CMi	2864	07 30 19.5	+11 59 11		4.54	+1.37	+1.28	K1 III
			2906	07 34 27.6	−22 19 02		4.45	+0.06	+0.51	F6 IV
66	α¹	Gem	2891	07 35 12.2	+31 52 00	od6	1.98	+0.01	+0.03	A1m A2 Va
66	α²	Gem	2890	07 35 12.5	+31 52 02	od6	2.88	+0.02	+0.04	A2m A5 V:
			2934	07 35 53.8	−52 33 19	6	4.94	+1.63	+1.40	K3 III
69	υ	Gem	2905	07 36 30.4	+26 52 26	d	4.06	+1.94	+1.54	M0 III−IIIb
			2937	07 37 43.2	−34 59 25	d7	4.53	−0.31	−0.09	B8 V
25		Mon	2927	07 37 45.0	−04 07 58	d	5.13	+0.12	+0.44	F6 III
10	α	CMi	2943	07 39 47.9	+05 12 01	osd67	0.38	+0.02	+0.42	F5 IV−V
	R	Pup	2974	07 41 14.7	−31 41 01	s	6.56	+0.85	+1.18	G2 0−Ia
	ζ	Vol	3024	07 41 41.9	−72 37 44	d7	3.95	+0.83	+1.04	G9 III
26	α	Mon	2970	07 41 42.1	−09 34 26		3.93	+0.88	+1.02	G9 III Fe−1
24		Lyn	2946	07 43 48.4	+58 41 14	d	4.99	+0.08	+0.08	A2 IVn
75	σ	Gem	2973	07 43 54.3	+28 51 35	d6	4.28	+0.97	+1.12	K1 III
3		Pup	2996	07 44 11.4	−28 58 41	6	3.96	−0.09	+0.18	A2 Ib
	OV	Cep	2609	07 44 38.0	+86 59 50		5.07	+1.97	+1.63	M2⁻ IIIab
77	κ	Gem	2985	07 45 01.2	+24 22 28	ad7	3.57	+0.69	+0.93	G8 III
			3017	07 45 35.6	−37 59 31		3.61	+1.72	+1.73	K5 IIa
78	β	Gem	2990	07 45 53.8	+28 00 09	ad	1.14	+0.85	+1.00	K0 IIIb
4		Pup	3015	07 46 23.1	−14 35 15		5.04	+0.09	+0.33	F2 V
81		Gem	3003	07 46 40.4	+18 29 10	6	4.88	+1.75	+1.45	K4 III
11		CMi	3008	07 46 47.5	+10 44 40	6	5.30	−0.02	+0.01	A0.5 IV⁻nn
			2999	07 47 17.2	+37 29 37		5.18	+1.94	+1.58	M2⁺ IIIb
			3037	07 47 48.7	−46 37 57	6	5.23	−0.85	−0.14	B1.5 IV
80	π	Gem	3013	07 48 07.0	+33 23 30	d7	5.14	+1.95	+1.60	M1⁺ IIIa
	o	Pup	3034	07 48 28.9	−25 57 40	d	4.50	−1.02	−0.05	B1 IV:nne
			3055	07 49 31.7	−46 23 51	d	4.11	−1.01	−0.18	B0 III
7	ξ	Pup	3045	07 49 41.6	−24 53 03	d6	3.34	+1.16	+1.24	G6 Iab−Ib
13	ζ	CMi	3059	07 52 11.5	+01 44 31		5.14	−0.49	−0.12	B8 II

Flamsteed/Bayer Designation			BS=HR No.	Right Ascension	Declination	Notes	V	U−B	B−V	Spectral Type
				h m s	° ′ ″					
			3080	07 52 32.6	−40 36 02	c6	3.73	+0.78	+1.04	K1/2 II + A
	QZ	Pup	3084	07 52 58.8	−38 53 16	v6	4.49	−0.69	−0.19	B2.5 V
			3090	07 53 34.9	−48 07 41		4.24	−1.00	−0.14	B0.5 Ib
83	φ	Gem	3067	07 54 04.6	+26 44 26	6	4.97	+0.10	+0.09	A3 IV−V
26		Lyn	3066	07 55 24.0	+47 32 21		5.45	+1.73	+1.46	K3 III
	χ	Car	3117	07 57 01.2	−53 00 29		3.47	−0.67	−0.18	B3p Si
11		Pup	3102	07 57 16.1	−22 54 21		4.20	+0.42	+0.72	F8 II
			3113	07 58 02.8	−30 21 38		4.79	+0.18	+0.15	A6 II
	V	Pup	3129	07 58 30.8	−49 16 16	cvd6	4.41	−0.96	−0.17	B1 Vp + B2:
			3153	07 59 47.2	−60 36 48	s	5.17	+1.91	+1.74	M1.5 II
27		Mon	3122	08 00 12.6	−03 42 22		4.93	+1.21	+1.21	K2 III
			3131	08 00 17.6	−18 25 33		4.61	+0.08	+0.08	A2 IVn
			3075	08 01 18.9	+73 53 28		5.41	+1.64	+1.42	K3 III
			3145	08 02 45.6	+02 18 28	d	4.39	+1.28	+1.25	K2 IIIb Fe−0.5
	ζ	Pup	3165	08 03 55.1	−40 01 49	s	2.25	−1.11	−0.26	O5 Iafn
	χ	Gem	3149	08 04 06.0	+27 46 01	d6	4.94	+1.09	+1.12	K1 III
15	ρ	Pup	3185	08 07 56.9	−24 19 56	vd6	2.81	+0.19	+0.43	F5 (Ib−II)p
	ε	Vol	3223	08 07 57.4	−68 38 42	d67	4.35	−0.46	−0.11	B6 IV
29	ζ	Mon	3188	08 09 04.3	−03 00 43	d	4.34	+0.69	+0.97	G2 Ib
27		Lyn	3173	08 09 10.1	+51 28 43	d	4.84	0.00	+0.05	A1 Va
16		Pup	3192	08 09 27.1	−19 16 24	6	4.40	−0.60	−0.15	B5 IV
	γ²	Vel	3207	08 09 49.5	−47 21 54	cd6	1.78	−0.99	−0.22	WC8 + O9I:
	NS	Pup	3225	08 11 41.9	−39 38 50	6	4.45	+1.86	+1.62	K4.5 Ib
			3182	08 13 44.9	+68 26 42		5.45	+0.80	+1.05	G7 II
20		Pup	3229	08 13 46.2	−15 49 02		4.99	+0.78	+1.07	G5 IIa
			3243	08 14 23.2	−40 22 38	d6	4.44	+1.09	+1.17	K1 II/III
17	β	Cnc	3249	08 17 01.8	+09 09 21	d	3.52	+1.77	+1.48	K4 III Ba 0.5
	α	Cha	3318	08 18 16.1	−76 56 58		4.07	−0.02	+0.39	F4 IV
			3270	08 18 54.7	−36 41 21		4.45	+0.11	+0.22	A7 IV
	θ	Cha	3340	08 20 20.6	−77 30 53	d	4.35	+1.20	+1.16	K2 III CN 0.5
18	χ	Cnc	3262	08 20 38.4	+27 11 11		5.14	−0.06	+0.47	F6 V
			3282	08 21 45.5	−33 05 06		4.83	+1.60	+1.45	K2.5 II−III
	ε	Car	3307	08 22 42.5	−59 32 25	dc	1.86	+0.19	+1.28	K3: III + B2: V
31		Lyn	3275	08 23 29.0	+43 09 25		4.25	+1.90	+1.55	K4.5 III
			3315	08 25 28.4	−24 04 39	d6	5.28	+1.83	+1.48	K4.5 III CN 1
	β	Vol	3347	08 25 50.3	−66 10 07		3.77	+1.14	+1.13	K2 III
			3314	08 26 08.1	−03 56 17		3.90	−0.02	−0.02	A0 Va
1	o	UMa	3323	08 31 02.8	+60 41 08	sd	3.37	+0.52	+0.85	G5 III
33	η	Cnc	3366	08 33 15.4	+20 24 30		5.33	+1.39	+1.25	K3 III
			3426	08 37 58.7	−43 01 22		4.14	+0.16	+0.11	A6 II
4	δ	Hya	3410	08 38 09.5	+05 40 13	d6	4.16	+0.01	0.00	A1 IVnn
5	σ	Hya	3418	08 39 15.2	+03 18 27		4.44	+1.28	+1.21	K1 III
6		Hya	3431	08 40 28.5	−12 30 34		4.98	+1.62	+1.42	K4 III
	β	Pyx	3438	08 40 28.5	−35 20 33	d6	3.97	+0.65	+0.94	G4 III
	o	Vel	3447	08 40 33.9	−52 57 21	v6	3.62	−0.64	−0.18	B3 IV
	v343	Car	3457	08 40 49.6	−59 47 42	d6	4.33	−0.80	−0.11	B1.5 III
			3445	08 40 56.5	−46 40 58	d	3.82	+0.33	+0.70	F0 Ia
	η	Cha	3502	08 40 58.9	−78 59 51		5.47	−0.35	−0.10	B8 V
34		Lyn	3422	08 41 40.3	+45 48 00		5.37	+0.75	+0.99	G8 IV
7	η	Hya	3454	08 43 43.2	+03 21 51	6	4.30	−0.74	−0.20	B4 V

Flamsteed/Bayer Designation			BS=HR No.	Right Ascension	Declination	Notes	V	U−B	B−V	Spectral Type
				h m s	° ′ ″					
43	γ	Cnc	3449	08 43 50.1	+21 26 02	d6	4.66	+0.01	+0.02	A1 Va
	α	Pyx	3468	08 43 58.5	−33 13 16		3.68	−0.88	−0.18	B1.5 III
			3477	08 44 44.3	−42 41 02	d	4.07	+0.52	+0.87	G6 II−III
	δ	Vel	3485	08 44 58.0	−54 44 38	d7	1.96	+0.07	+0.04	A1 Va
47	δ	Cnc	3461	08 45 13.4	+18 07 08	d	3.94	+0.99	+1.08	K0 IIIb
			3487	08 46 21.0	−46 04 36		3.91	−0.05	0.00	A1 II
12		Hya	3484	08 46 49.5	−13 34 58	d6	4.32	+0.62	+0.90	G8 III Fe−1
	v344	Car	3498	08 46 57.3	−56 48 18		4.49	−0.73	−0.17	B3 Vne
48	ι	Cnc	3475	08 47 16.2	+28 43 28	d	4.02	+0.78	+1.01	G8 II−III
11	ε	Hya	3482	08 47 16.6	+06 23 01	cd67	3.38	+0.36	+0.68	G5: III + A:
13	ρ	Hya	3492	08 48 56.1	+05 48 08	d6	4.36	−0.04	−0.04	A0 Vn
14	KX	Hya	3500	08 49 50.4	−03 28 43		5.31	−0.35	−0.09	B9p Hg Mn
	γ	Pyx	3518	08 50 56.1	−27 44 44		4.01	+1.40	+1.27	K2.5 III
	ζ	Oct	3678	08 55 08.3	−85 41 59		5.42	+0.07	+0.31	F0 III
			3571	08 55 15.7	−60 40 52	d	3.84	−0.45	−0.10	B7 II−III
16	ζ	Hya	3547	08 55 53.7	+05 54 32		3.11	+0.80	+1.00	G9 IIIa
	v376	Car	3582	08 57 12.3	−59 15 58	d	4.92	−0.77	−0.19	B2 IV−V
65	α	Cnc	3572	08 59 00.4	+11 49 14	d6	4.25	+0.15	+0.14	A5m
9	ι	UMa	3569	08 59 51.2	+48 00 14	d6	3.14	+0.07	+0.19	A7 IVn
64	σ³	Cnc	3575	09 00 07.5	+32 22 52	d	5.22	+0.64	+0.92	G8 III
			3591	09 00 26.7	−41 17 27	c6	4.45	+0.38	+0.65	G8/K1 III + A
			3579	09 01 15.2	+41 44 40	od67	3.97	+0.04	+0.43	F7 V
	α	Vol	3615	09 02 35.7	−66 26 03	6	4.00	+0.13	+0.14	A5m
8	ρ	UMa	3576	09 03 23.4	+67 35 30		4.76	+1.88	+1.53	M3 IIIb Ca 1
12	κ	UMa	3594	09 04 16.2	+47 07 06	d7	3.60	+0.01	0.00	A0 IIIn
			3614	09 04 29.0	−47 08 09		3.75	+1.22	+1.20	K2 III
			3643	09 05 10.0	−72 38 27		4.48	+0.22	+0.61	F8 II
			3612	09 07 07.9	+38 24 49		4.56	+0.82	+1.04	G7 Ib−II
76	κ	Cnc	3623	09 08 15.6	+10 37 46	d6	5.24	−0.43	−0.11	B8p Hg Mn
	λ	Vel	3634	09 08 20.8	−43 28 17	d	2.21	+1.81	+1.66	K4.5 Ib
15		UMa	3619	09 09 32.2	+51 33 57		4.48	+0.12	+0.27	F0m
77	ξ	Cnc	3627	09 09 54.2	+22 00 23	d6	5.14	+0.80	+0.97	G9 IIIa Fe−0.5 CH−1
	v357	Car	3659	09 11 13.1	−59 00 22	6	3.44	−0.70	−0.19	B2 IV−V
			3663	09 11 29.6	−62 21 22		3.97	−0.67	−0.18	B3 III
	β	Car	3685	09 13 18.0	−69 45 23		1.68	+0.03	0.00	A1 III
36		Lyn	3652	09 14 25.3	+43 10 41		5.32	−0.48	−0.14	B8p Mn
22	θ	Hya	3665	09 14 51.5	+02 16 26	d6	3.88	−0.12	−0.06	B9.5 IV (C II)
			3696	09 16 28.2	−57 34 53		4.34	+1.98	+1.63	M0.5 III Ba 0.3
	ι	Car	3699	09 17 20.7	−59 18 55		2.25	+0.16	+0.18	A7 Ib
38		Lyn	3690	09 19 26.0	+36 45 43	d67	3.82	+0.06	+0.06	A2 IV⁻
40	α	Lyn	3705	09 21 37.9	+34 21 07		3.13	+1.94	+1.55	K7 IIIab
	θ	Pyx	3718	09 21 54.9	−26 00 22		4.72	+2.02	+1.63	M0.5 III
	κ	Vel	3734	09 22 24.5	−55 03 05	6	2.50	−0.75	−0.18	B2 IV−V
1	κ	Leo	3731	09 25 12.4	+26 08 27	d7	4.46	+1.31	+1.23	K2 III
30	α	Hya	3748	09 28 03.3	−08 42 01	d	1.98	+1.72	+1.44	K3 II−III
	ε	Ant	3765	09 29 38.3	−35 59 36	6	4.51	+1.68	+1.44	K3 III
	ψ	Vel	3786	09 31 04.5	−40 30 31	d7	3.60	−0.03	+0.36	F0 V⁺
			3803	09 31 30.7	−57 04 35		3.13	+1.89	+1.55	K5 III
			3821	09 31 40.2	−73 07 23		5.47	+1.75	+1.56	K4 III
4	λ	Leo	3773	09 32 15.7	+22 55 32		4.31	+1.89	+1.54	K4.5 IIIb

Flamsteed/Bayer Designation			BS=HR No.	Right Ascension	Declination	Notes	V	U−B	B−V	Spectral Type
				h m s	° ′ ″					
23		UMa	3757	09 32 16.1	+63 01 11	d	3.67	+0.10	+0.33	F0 IV
5	ξ	Leo	3782	09 32 27.4	+11 15 26		4.97	+0.86	+1.05	G9.5 III
	R	Car	3816	09 32 28.9	−62 49 52	vd	4−10	+0.23	+1.43	gM5e
25	θ	UMa	3775	09 33 29.3	+51 38 01	d6	3.17	+0.02	+0.46	F6 IV
			3808	09 33 38.7	−21 09 29		5.01	+0.87	+1.02	K0 III
			3825	09 34 43.2	−59 16 20		4.08	−0.56	+0.01	B5 II
10	SU	LMi	3800	09 34 48.1	+36 21 18		4.55	+0.62	+0.92	G7.5 III Fe−0.5
24	DK	UMa	3771	09 35 18.4	+69 47 16		4.56	+0.34	+0.77	G5 III−IV
26		UMa	3799	09 35 28.2	+52 00 31		4.50	+0.04	+0.01	A1 Va
			3836	09 37 10.0	−49 23 52	d	4.35	+0.13	+0.17	A5 IV−V
			3751	09 38 22.7	+81 17 00		4.29	+1.72	+1.48	K3 IIIa
			3834	09 38 57.0	+04 36 22		4.68	+1.46	+1.32	K3 III
35	ι	Hya	3845	09 40 20.5	−01 11 11		3.91	+1.46	+1.32	K2.5 III
38	κ	Hya	3849	09 40 45.7	−14 22 33		5.06	−0.57	−0.15	B5 V
14	o	Leo	3852	09 41 39.4	+09 50 55	cd6	3.52	+0.21	+0.49	F5 II + A5?
16	ψ	Leo	3866	09 44 14.9	+13 58 40	d	5.35	+1.95	+1.63	M24+ IIIab
	θ	Ant	3871	09 44 37.5	−27 48 48	cd7	4.79	+0.35	+0.51	F7 II−III + A8 V
	λ	Car	3884	09 45 30.5	−62 33 07	v	3.69	+0.85	+1.22	F9−G5 Ib
17	ε	Leo	3873	09 46 23.3	+23 43 48		2.98	+0.47	+0.80	G1 II
	υ	Car	3890	09 47 20.4	−65 06 58	d	3.01	+0.13	+0.27	A6 II
	R	Leo	3882	09 48 04.1	+11 23 04	v	4−11	−0.20	+1.30	gM7e
			3881	09 49 11.9	+45 58 35		5.09	+0.10	+0.62	G0.5 Va
29	υ	UMa	3888	09 51 39.5	+58 59 37	vd	3.80	+0.18	+0.28	F0 IV
39	υ¹	Hya	3903	09 51 56.1	−14 53 29		4.12	+0.65	+0.92	G8.5 IIIa
24	μ	Leo	3905	09 53 18.1	+25 57 43	s	3.88	+1.39	+1.22	K2 III CN 1 Ca 1
			3923	09 55 19.1	−19 03 17	6	4.94	+1.93	+1.57	K5 III
	φ	Vel	3940	09 57 11.8	−54 36 48	d	3.54	−0.62	−0.08	B5 Ib
19		LMi	3928	09 58 15.8	+41 00 36	6	5.14	0.00	+0.46	F5 V
	η	Ant	3947	09 59 16.8	−35 56 12	d	5.23	+0.08	+0.31	F1 III−IV
29	π	Leo	3950	10 00 42.9	+07 59 54		4.70	+1.93	+1.60	M2− IIIab
20		LMi	3951	10 01 33.4	+31 52 36		5.36	+0.27	+0.66	G3 Va Hδ 1
40	υ²	Hya	3970	10 05 35.2	−13 06 40	6	4.60	−0.27	−0.09	B8 V
30	η	Leo	3975	10 07 51.0	+16 42 58	asd	3.52	−0.21	−0.03	A0 Ib
21		LMi	3974	10 07 59.2	+35 11 53		4.48	+0.08	+0.18	A7 V
31		Leo	3980	10 08 24.5	+09 57 02	d	4.37	+1.75	+1.45	K3.5 IIIb Fe−1:
15	α	Sex	3981	10 08 25.4	−00 25 06		4.49	−0.07	−0.04	A0 III
32	α	Leo	3982	10 08 52.6	+11 55 14	d6	1.35	−0.36	−0.11	B7 Vn
41	λ	Hya	3994	10 11 03.1	−12 24 05	d6	3.61	+0.92	+1.01	K0 III CN 0.5
	ω	Car	4037	10 13 57.7	−70 05 07		3.32	−0.33	−0.08	B8 IIIn
			4023	10 15 08.2	−42 10 09	6	3.85	+0.06	+0.05	A2 Va
36	ζ	Leo	4031	10 17 13.0	+23 22 11	das6	3.44	+0.20	+0.31	F0 III
	v337	Car	4050	10 17 24.1	−61 22 48	d	3.40	+1.72	+1.54	K2.5 II
33	λ	UMa	4033	10 17 40.0	+42 52 00	s	3.45	+0.06	+0.03	A1 IV
22	ε	Sex	4042	10 18 06.1	−08 07 00		5.24	+0.13	+0.31	F1 IV−
	AG	Ant	4049	10 18 33.8	−29 02 23		5.34		+0.24	A0p Ib−II
41	γ¹	Leo	4057	10 20 29.7	+19 47 35	d6	2.61	+1.00	+1.15	K1− IIIb Fe−0.5
			4080	10 22 44.1	−41 41 53		4.83	+1.08	+1.12	K1 III
34	μ	UMa	4069	10 22 53.5	+41 27 05	6	3.05	+1.89	+1.59	M0 III
			4086	10 23 54.3	−38 03 30		5.33		+0.25	A8 V
			4102	10 24 34.9	−74 04 48	6	4.00	−0.01	+0.35	F2 V

BRIGHT STARS, J2009.5

Flamsteed/Bayer Designation			BS=HR No.	Right Ascension	Declination	Notes	V	U−B	B−V	Spectral Type
				h m s	° ′ ″					
			4072	10 24 48.3	+65 31 05	6	4.97	−0.13	−0.06	A0p Hg
42	μ	Hya	4094	10 26 33.0	−16 53 06		3.81	+1.82	+1.48	K4+ III
	α	Ant	4104	10 27 35.2	−31 06 59	6	4.25	+1.63	+1.45	K4.5 III
			4114	10 28 13.8	−58 47 17		3.82	+0.24	+0.31	F0 Ib
31	β	LMi	4100	10 28 25.8	+36 39 30	d67	4.21	+0.64	+0.90	G9 IIIab
29	δ	Sex	4116	10 29 57.6	−02 47 17		5.21	−0.12	−0.06	B9.5 V
36		UMa	4112	10 31 13.7	+55 55 53	d	4.83	−0.01	+0.52	F8 V
			4084	10 32 09.9	+82 30 35		5.26	−0.05	+0.37	F4 V
	PP	Car	4140	10 32 21.8	−61 44 04		3.32	−0.72	−0.09	B4 Vne
46		Leo	4127	10 32 42.1	+14 05 18		5.46	+2.04	+1.68	M1 IIIb
47	ρ	Leo	4133	10 33 18.6	+09 15 27	vd6	3.85	−0.96	−0.14	B1 Iab
			4143	10 33 21.0	−47 03 09	d7	5.02	+0.59	+1.04	K1/2 III
44		Hya	4145	10 34 28.0	−23 47 40	d	5.08	+1.82	+1.60	K5 III
	γ	Cha	4174	10 35 34.5	−78 39 26		4.11	+1.95	+1.58	M0 III
37		UMa	4141	10 35 46.0	+57 02 00		5.16	−0.02	+0.34	F1 V
			4126	10 35 52.5	+75 39 49		4.84	+0.72	+0.96	G8 III
			4159	10 35 57.3	−57 36 25	6	4.45	+1.79	+1.62	K5 II
			4167	10 37 42.2	−48 16 30	d67	3.84	+0.07	+0.30	F0m
37		LMi	4166	10 39 15.2	+31 55 36		4.71	+0.54	+0.81	G2.5 IIa
			4180	10 39 41.2	−55 39 10	d	4.28	+0.75	+1.04	G2 II
	θ	Car	4199	10 43 17.9	−64 26 40	6	2.76	−1.01	−0.22	B0.5 Vp
			4181	10 43 44.1	+69 01 34		5.00	+1.54	+1.38	K3 III
41		LMi	4192	10 43 55.9	+23 08 18		5.08	+0.05	+0.04	A2 IV
			4191	10 44 06.2	+46 09 13	d6	5.18	+0.01	+0.33	F5 III
	δ²	Cha	4234	10 45 51.8	−80 35 25		4.45	−0.70	−0.19	B2.5 IV
42		LMi	4203	10 46 23.5	+30 37 55	d6	5.24	−0.14	−0.06	A1 Vn
51		Leo	4208	10 46 55.2	+18 50 28		5.50	+1.15	+1.13	gK3
	μ	Vel	4216	10 47 10.8	−49 28 14	cd67	2.69	+0.57	+0.90	G5 III + F8: V
53		Leo	4227	10 49 45.4	+10 29 41	6	5.34	+0.02	+0.03	A2 V
	ν	Hya	4232	10 50 05.6	−16 14 37		3.11	+1.30	+1.25	K1.5 IIIb Hδ−0.5
46		LMi	4247	10 53 50.5	+34 09 48		3.83	+0.91	+1.04	K0+ III−IV
			4257	10 53 53.0	−58 54 14	d6	3.78	+0.65	+0.95	K0 IIIb
54		Leo	4259	10 56 07.6	+24 41 56	cd	4.50	+0.01	+0.01	A1 IIIn + A1 IVn
	ι	Ant	4273	10 57 09.7	−37 11 20		4.60	+0.84	+1.03	K0 III
47		UMa	4277	10 59 59.7	+40 22 46		5.05	+0.13	+0.61	G1− V Fe−0.5
7	α	Crt	4287	11 00 14.3	−18 20 58		4.08	+1.00	+1.09	K0+ III
			4293	11 00 35.5	−42 16 37		4.39	+0.12	+0.11	A3 IV
58		Leo	4291	11 01 03.1	+03 33 59	d	4.84	+1.12	+1.16	K0.5 III Fe−0.5
48	β	UMa	4295	11 02 24.5	+56 19 53	6	2.37	+0.01	−0.02	A0m A1 IV−V
60		Leo	4300	11 02 50.1	+20 07 43		4.42	+0.05	+0.05	A0.5m A3 V
50	α	UMa	4301	11 04 18.4	+61 41 59	d6	1.80	+0.90	+1.07	K0− IIIa
63	χ	Leo	4310	11 05 30.4	+07 17 04	d7	4.63	+0.08	+0.33	F1 IV
	χ¹	Hya	4314	11 05 47.4	−27 20 42	d7	4.94	+0.04	+0.36	F3 IV
	v382	Car	4337	11 08 59.9	−59 01 36	c6	3.91	+0.94	+1.23	G4 0−Ia
52	ψ	UMa	4335	11 10 11.7	+44 26 48		3.01	+1.11	+1.14	K1 III
11	β	Crt	4343	11 12 07.6	−22 52 40	6	4.48	+0.06	+0.03	A2 IV
			4350	11 12 59.2	−49 09 10	6	5.36		+0.18	A3 IV/V
68	δ	Leo	4357	11 14 36.7	+20 28 18	d	2.56	+0.12	+0.12	A4 IV
70	θ	Leo	4359	11 14 44.3	+15 22 39		3.34	+0.06	−0.01	A2 IV (Kvar)
74	φ	Leo	4368	11 17 08.7	−03 42 13	d	4.47	+0.14	+0.21	A7 V+n

Flamsteed/Bayer Designation			BS=HR No.	Right Ascension	Declination	Notes	V	U−B	B−V	Spectral Type
				h m s	° ′ ″					
	SV	Crt	4369	11 17 27.1	−07 11 12	sd67	6.14	+0.15	+0.20	A8p Sr Cr
54	ν	UMa	4377	11 18 59.4	+33 02 32	d6	3.48	+1.55	+1.40	K3⁻ III
55		UMa	4380	11 19 38.8	+38 08 00	d6	4.78	+0.03	+0.12	A1 Va
12	δ	Crt	4382	11 19 49.0	−14 49 48	6	3.56	+0.97	+1.12	G9 IIIb CH 0.2
	π	Cen	4390	11 21 26.6	−54 32 35	d7	3.89	−0.59	−0.15	B5 Vn
77	σ	Leo	4386	11 21 37.6	+05 58 38	6	4.05	−0.12	−0.06	A0 III⁺
78	ι	Leo	4399	11 24 25.1	+10 28 37	d67	3.94	+0.07	+0.41	F2 IV
15	γ	Crt	4405	11 25 21.5	−17 44 11	d	4.08	+0.11	+0.21	A7 V
84	τ	Leo	4418	11 28 25.6	+02 48 14	d	4.95	+0.79	+1.00	G7.5 IIIa
1	λ	Dra	4434	11 31 57.5	+69 16 43		3.84	+1.97	+1.62	M0 III Ca−1
	ξ	Hya	4450	11 33 28.3	−31 54 37	d	3.54	+0.71	+0.94	G7 III
	λ	Cen	4467	11 36 13.4	−63 04 21	d	3.13	−0.17	−0.04	B9.5 IIn
			4466	11 36 23.4	−47 41 40		5.25	+0.12	+0.25	A7m
21	θ	Crt	4468	11 37 09.9	−09 51 17	6	4.70	−0.18	−0.08	B9.5 Vn
91	υ	Leo	4471	11 37 26.1	−00 52 35		4.30	+0.75	+1.00	G8⁺ IIIb
	ο	Hya	4494	11 40 41.2	−34 47 50		4.70	−0.22	−0.07	B9 V
61		UMa	4496	11 41 32.9	+34 08 53	das	5.33	+0.25	+0.72	G8 V
3		Dra	4504	11 42 59.7	+66 41 32		5.30	+1.24	+1.28	K3 III
	v810	Cen	4511	11 43 58.7	−62 32 32	s	5.03	+0.35	+0.80	G0 0−Ia Fe 1
27	ζ	Crt	4514	11 45 14.7	−18 24 13	d	4.73	+0.74	+0.97	G8 IIIa
	λ	Mus	4520	11 46 03.6	−66 46 53	d	3.64	+0.15	+0.16	A7 IV
3	ν	Vir	4517	11 46 20.8	+06 28 34		4.03	+1.79	+1.51	M1 III
63	χ	UMa	4518	11 46 32.9	+47 43 36		3.71	+1.16	+1.18	K0.5 IIIb
			4522	11 46 58.7	−61 13 52	d	4.11	+0.58	+0.90	G3 II
93	DQ	Leo	4527	11 48 28.5	+20 09 58	cd6	4.53	+0.28	+0.55	G4 III−IV + A7 V
	II	Hya	4532	11 49 14.0	−26 48 09		5.11	+1.67	+1.60	M4⁺ III
94	β	Leo	4534	11 49 32.6	+14 31 08	d	2.14	+0.07	+0.09	A3 Va
			4537	11 50 09.1	−63 50 29		4.32	−0.59	−0.15	B3 V
5	β	Vir	4540	11 51 11.4	+01 42 40	d	3.61	+0.11	+0.55	F9 V
			4546	11 51 37.4	−45 13 35		4.46	+1.46	+1.30	K3 III
	β	Hya	4552	11 53 23.4	−33 57 40	vd7	4.28	−0.33	−0.10	Ap Si
64	γ	UMa	4554	11 54 19.6	+53 38 31	a6	2.44	+0.02	0.00	A0 Van
95		Leo	4564	11 56 09.8	+15 35 38	d6	5.53	+0.12	+0.11	A3 V
30	η	Crt	4567	11 56 30.1	−17 12 13		5.18	0.00	−0.02	A0 Va
8	π	Vir	4589	12 01 21.6	+06 33 41	6	4.66	+0.11	+0.13	A5 IV
	θ¹	Cru	4599	12 03 30.9	−63 21 57	d6	4.33	+0.04	+0.27	A8m
			4600	12 04 09.3	−42 29 14		5.15	−0.03	+0.41	F6 V
9	ο	Vir	4608	12 05 41.6	+08 40 49	s	4.12	+0.63	+0.98	G8 IIIa CN−1 Ba 1 CH 1
	η	Cru	4616	12 07 23.0	−64 40 00	d6	4.15	+0.03	+0.34	F2 V⁺
			4618	12 08 35.0	−50 42 51	v	4.47	−0.67	−0.15	B2 IIIne
	δ	Cen	4621	12 08 51.2	−50 46 31	d	2.60	−0.90	−0.12	B2 IVne
1	α	Crv	4623	12 08 54.3	−24 46 55		4.02	−0.02	+0.32	F0 IV−V
2	ε	Crv	4630	12 10 36.9	−22 40 21		3.00	+1.47	+1.33	K2.5 IIIa
	ρ	Cen	4638	12 12 09.1	−52 25 17		3.96	−0.62	−0.15	B3 V
			4646	12 12 38.1	+77 33 49	v6	5.14	+0.10	+0.33	F2m
	δ	Cru	4656	12 15 39.3	−58 48 06		2.80	−0.91	−0.23	B2 IV
69	δ	UMa	4660	12 15 53.6	+56 58 48	d	3.31	+0.07	+0.08	A2 Van
4	γ	Crv	4662	12 16 17.8	−17 35 41	6	2.59	−0.34	−0.11	B8p Hg Mn
	ε	Mus	4671	12 18 05.5	−68 00 49	6	4.11	+1.55	+1.58	M5 III
	β	Cha	4674	12 18 55.4	−79 21 54		4.26	−0.51	−0.12	B5 Vn

Flamsteed/Bayer Designation		BS=HR No.	Right Ascension	Declination	Notes	V	U−B	B−V	Spectral Type
	ζ Cru	4679	12 18 57.5	−64 03 21	d	4.04	−0.69	−0.17	B2.5 V
3	CVn	4690	12 20 16.6	+48 55 53		5.29	+1.97	+1.66	M1⁺ IIIab
15	η Vir	4689	12 20 23.5	−00 43 10	d6	3.89	+0.06	+0.02	A1 IV⁺
16	Vir	4695	12 20 49.9	+03 15 35	d	4.96	+1.15	+1.16	K0.5 IIIb Fe−0.5
	ε Cru	4700	12 21 52.7	−60 27 13		3.59	+1.63	+1.42	K3 III
12	Com	4707	12 22 58.9	+25 47 37	cd6	4.81	+0.26	+0.49	G5 III + A5
6	CVn	4728	12 26 18.9	+38 57 58		5.02	+0.73	+0.96	G9 III
	α¹ Cru	4730	12 27 08.0	−63 09 06	cd6	1.33	−1.03	−0.24	B0.5 IV
15	γ Com	4737	12 27 24.6	+28 12 57		4.36	+1.15	+1.13	K1 III Fe 0.5
	σ Cen	4743	12 28 33.4	−50 16 59		3.91	−0.78	−0.19	B2 V
		4748	12 28 52.9	−39 05 37		5.44		−0.08	B8/9 V
7	δ Crv	4757	12 30 21.4	−16 34 06	d7	2.95	−0.08	−0.05	B9.5 IV⁻n
74	UMa	4760	12 30 23.7	+58 21 13		5.35	+0.14	+0.20	δ Del
	γ Cru	4763	12 31 41.9	−57 09 59	d	1.63	+1.78	+1.59	M3.5 III
8	η Crv	4775	12 32 33.7	−16 14 55	6	4.31	+0.01	+0.38	F2 V
	γ Mus	4773	12 33 02.7	−72 11 07		3.87	−0.62	−0.15	B5 V
5	κ Dra	4787	12 33 53.0	+69 44 09	v6	3.87	−0.57	−0.13	B6 IIIpe
		4783	12 34 06.9	+33 11 43		5.42	+0.83	+1.00	K0 III CN−1
8	β CVn	4785	12 34 11.5	+41 18 21	ads6	4.26	+0.05	+0.59	G0 V
9	β Crv	4786	12 34 53.3	−23 26 57		2.65	+0.60	+0.89	G5 IIb
23	Com	4789	12 35 19.4	+22 34 37	d6	4.81	−0.01	0.00	A0m A1 IV
24	Com	4792	12 35 36.3	+18 19 30	d	5.02	+1.11	+1.15	K2 III
	α Mus	4798	12 37 45.6	−69 11 16	d	2.69	−0.83	−0.20	B2 IV−V
	τ Cen	4802	12 38 13.6	−48 35 37		3.86	+0.03	+0.05	A1 IVnn
26	χ Vir	4813	12 39 44.2	−08 02 52	d	4.66	+1.39	+1.23	K2 III CN 1.5
	γ Cen	4819	12 42 02.7	−49 00 43	d67	2.17	−0.01	−0.01	A1 IV
29	γ¹ Vir	4825	12 42 08.5	−01 30 05	ocd6	3.48	−0.03	+0.36	F1 V
29	γ² Vir	4826	12 42 08.5	−01 30 04	ocd	3.50	−0.03	+0.36	F0m F2 V
30	ρ Vir	4828	12 42 21.9	+10 11 00	6	4.88	+0.03	+0.09	A0 Va (λ Boo)
		4839	12 44 31.0	−28 22 33		5.48	+1.50	+1.34	K3 III
	Y CVn	4846	12 45 34.5	+45 23 18		4.99	+6.33	+2.54	C5,5
32	FM Vir	4847	12 46 05.9	+07 37 17	6	5.22	+0.15	+0.33	F2m
	β Mus	4844	12 46 52.3	−68 09 36	cd7	3.05	−0.74	−0.18	B2 V + B2.5 V
	β Cru	4853	12 48 16.9	−59 44 26	vd6	1.25	−1.00	−0.23	B0.5 III
		4874	12 51 12.2	−34 03 03	d	4.91	−0.11	−0.04	A0 IV
31	Com	4883	12 52 09.6	+27 29 21	s	4.94	+0.20	+0.67	G0 IIIp
		4888	12 53 39.4	−48 59 41	6	4.33	+1.58	+1.37	K3/4 III
		4889	12 53 58.0	−40 13 49		4.27	+0.12	+0.21	A7 V
77	ε UMa	4905	12 54 26.7	+55 54 30	dv6	1.77	+0.02	−0.02	A0p Cr
40	ψ Vir	4902	12 54 50.9	−09 35 26		4.79	+1.53	+1.60	M3⁻ III Ca−1
	μ¹ Cru	4898	12 55 09.5	−57 13 46	d	4.03	−0.76	−0.17	B2 IV−V
8	Dra	4916	12 55 51.1	+65 23 13	v	5.24	+0.02	+0.28	F0 IV−V
	ι Oct	4870	12 56 04.4	−85 10 29	d	5.46	+0.79	+1.02	K0 III
43	δ Vir	4910	12 56 04.9	+03 20 46	d	3.38	+1.78	+1.58	M3⁺ III
12	α² CVn	4915	12 56 28.3	+38 16 02	vd	2.90	−0.32	−0.12	A0p Si Eu
78	UMa	4931	13 01 08.0	+56 18 55	asd7	4.93	+0.01	+0.36	F2 V
47	ε Vir	4932	13 02 39.0	+10 54 30	asd	2.83	+0.73	+0.94	G8 IIIab
	δ Mus	4923	13 02 56.3	−71 35 59	6	3.62	+1.26	+1.18	K2 III
14	CVn	4943	13 06 11.0	+35 44 54		5.25	−0.20	−0.08	B9 V
	ξ² Cen	4942	13 07 28.2	−49 57 25	d6	4.27	−0.79	−0.19	B1.5 V

Flamsteed/Bayer Designation			BS=HR No.	Right Ascension	Declination	Notes	V	U−B	B−V	Spectral Type
				h m s	° ′ ″					
51	θ	Vir	4963	13 10 26.6	−05 35 22	d6	4.38	−0.01	−0.01	A1 IV
43	β	Com	4983	13 12 19.0	+27 49 49	d6	4.26	+0.07	+0.57	F9.5 V
	η	Mus	4993	13 15 54.2	−67 56 41	vd6	4.80	−0.35	−0.08	B7 V
			5006	13 17 24.9	−31 33 22		5.10	+0.61	+0.96	K0 III
20	AO	CVn	5017	13 17 58.0	+40 31 22	sv	4.73	+0.21	+0.30	F2 III (str. met.)
60	σ	Vir	5015	13 18 05.1	+05 25 12		4.80	+1.95	+1.67	M1 III
61		Vir	5019	13 18 54.2	−18 21 50	d	4.74	+0.26	+0.71	G6.5 V
46	γ	Hya	5020	13 19 26.4	−23 13 17	d	3.00	+0.66	+0.92	G8 IIIa
	ι	Cen	5028	13 21 08.0	−36 45 44		2.75	+0.03	+0.04	A2 Va
			5035	13 23 15.2	−61 02 16	d	4.53	−0.60	−0.13	B3 V
79	ζ	UMa	5054	13 24 18.4	+54 52 33	d6	2.27	+0.03	+0.02	A1 Va⁺ (Si)
80		UMa	5062	13 25 36.3	+54 56 19	6	4.01	+0.08	+0.16	A5 Vn
67	α	Vir	5056	13 25 41.7	−11 12 38	vd6	0.98	−0.93	−0.23	B1 V
68		Vir	5064	13 27 13.4	−12 45 25		5.25	+1.75	+1.52	M0 III
			5085	13 28 47.9	+59 53 49	d	5.40	−0.02	−0.01	A1 Vn
70		Vir	5072	13 28 53.7	+13 43 42	d	4.98	+0.26	+0.71	G4 V
			5089	13 31 35.9	−39 27 22	d67	3.88	+1.03	+1.17	G8 III
78	CW	Vir	5105	13 34 36.8	+03 36 38	v6	4.94	0.00	+0.03	A1p Cr Eu
79	ζ	Vir	5107	13 35 10.7	−00 38 39		3.37	+0.10	+0.11	A2 IV⁻
	BH	CVn	5110	13 35 13.2	+37 08 02	6	4.98	+0.06	+0.40	F1 V⁺
			5139	13 37 24.8	+71 11 39		5.50		+1.20	gK2
	ε	Cen	5132	13 40 29.7	−53 30 52	d	2.30	−0.92	−0.22	B1 III
	v744	Cen	5134	13 40 35.3	−49 59 52	s	6.00	+1.15	+1.50	M6 III
82		Vir	5150	13 42 06.8	−08 45 02		5.01	+1.95	+1.63	M1.5 III
1		Cen	5168	13 46 13.8	−33 05 29	6	4.23	0.00	+0.38	F2 V⁺
4	τ	Boo	5185	13 47 42.8	+17 24 36	d7	4.50	+0.04	+0.48	F7 V
	v766	Cen	5171	13 47 51.1	−62 38 13	sd	6.51	+1.19	+1.98	K0 0−Ia
85	η	UMa	5191	13 47 54.9	+49 15 58	a6	1.86	−0.67	−0.19	B3 V
5	υ	Boo	5200	13 49 56.1	+15 45 04		4.07	+1.87	+1.52	K5.5 III
2	v806	Cen	5192	13 49 59.9	−34 29 52		4.19	+1.45	+1.50	M4.5 III
	ν	Cen	5190	13 50 04.7	−41 44 05	v6	3.41	−0.84	−0.22	B2 IV
	μ	Cen	5193	13 50 11.5	−42 31 15	sd6	3.04	−0.72	−0.17	B2 IV−Vpne (shell)
89		Vir	5196	13 50 23.4	−18 10 52		4.97	+0.92	+1.06	K0.5 III
10	CU	Dra	5226	13 51 42.6	+64 40 35	d	4.65	+1.89	+1.58	M3.5 III
8	η	Boo	5235	13 55 08.2	+18 21 01	asd6	2.68	+0.20	+0.58	G0 IV
	ζ	Cen	5231	13 56 08.2	−47 20 05	6	2.55	−0.92	−0.22	B2.5 IV
			5241	13 58 20.7	−63 43 58		4.71	+1.04	+1.11	K1.5 III
	φ	Cen	5248	13 58 51.1	−42 08 48		3.83	−0.83	−0.21	B2 IV
47		Hya	5250	13 59 03.3	−25 01 06	6	5.15	−0.40	−0.10	B8 V
	υ¹	Cen	5249	13 59 16.2	−44 50 58		3.87	−0.80	−0.20	B2 IV−V
93	τ	Vir	5264	14 02 07.8	+01 29 56	d6	4.26	+0.12	+0.10	A3 IV
	υ²	Cen	5260	14 02 19.3	−45 38 57	6	4.34	+0.27	+0.60	F6 II
			5270	14 02 59.8	+09 38 26	s	6.20	+0.38	+0.90	G8: II: Fe−5
	β	Cen	5267	14 04 30.1	−60 25 06	d6	0.61	−0.98	−0.23	B1 III
11	α	Dra	5291	14 04 38.8	+64 19 50	s6	3.65	−0.08	−0.05	A0 III
	θ	Aps	5261	14 06 17.1	−76 50 31	s	5.50	+1.05	+1.55	M6.5 III:
	χ	Cen	5285	14 06 37.8	−41 13 29		4.36	−0.77	−0.19	B2 V
49	π	Hya	5287	14 06 54.9	−26 43 40		3.27	+1.04	+1.12	K2⁻ III Fe−0.5
5	θ	Cen	5288	14 07 14.7	−36 24 59	d	2.06	+0.87	+1.01	K0⁻ IIIb
	BY	Boo	5299	14 08 18.5	+43 48 34		5.27	+1.66	+1.59	M4.5 III

BRIGHT STARS, J2009.5

Flamsteed/Bayer Designation		BS=HR No.	Right Ascension	Declination	Notes	V	U−B	B−V	Spectral Type
			h m s	° ′ ″					
4	UMi	5321	14 08 49.5	+77 30 10	d6	4.82	+1.39	+1.36	K3⁻ IIIb Fe−0.5
12	Boo	5304	14 10 49.9	+25 02 49	d6	4.83	+0.07	+0.54	F8 IV
98	κ Vir	5315	14 13 24.2	−10 19 03		4.19	+1.47	+1.33	K2.5 III Fe−0.5
16	α Boo	5340	14 16 05.7	+19 08 00	d	−0.04	+1.27	+1.23	K1.5 III Fe−0.5
21	ι Boo	5350	14 16 30.1	+51 19 25	d6	4.75	+0.06	+0.20	A7 IV
99	ι Vir	5338	14 16 30.8	−06 02 44		4.08	+0.04	+0.52	F7 III–IV
19	λ Boo	5351	14 16 44.7	+46 02 42		4.18	+0.05	+0.08	A0 Va (λ Boo)
		5361	14 18 23.9	+35 27 58	6	4.81	+0.92	+1.06	K0 III
100	λ Vir	5359	14 19 37.5	−13 24 52	6	4.52	+0.12	+0.13	A5m:
18	Boo	5365	14 19 43.9	+12 57 39	d	5.41	−0.03	+0.38	F3 V
	ι Lup	5354	14 20 01.0	−46 06 05		3.55	−0.72	−0.18	B2.5 IVn
		5358	14 20 59.8	−56 25 47		4.33	−0.43	+0.12	B6 Ib
	ψ Cen	5367	14 21 08.3	−37 55 43	d	4.05	−0.11	−0.03	A0 III
	v761 Cen	5378	14 23 37.6	−39 33 17	v	4.42	−0.75	−0.18	B7 IIIp (var)
		5392	14 24 39.7	+05 46 39	6	5.10	+0.10	+0.12	A5 V
		5390	14 25 21.3	−24 50 56		5.32	+0.71	+0.96	K0 III
23	θ Boo	5404	14 25 31.2	+51 48 26	d	4.05	+0.01	+0.50	F7 V
	τ¹ Lup	5395	14 26 45.1	−45 15 50	vd	4.56	−0.79	−0.15	B2 IV
	τ² Lup	5396	14 26 47.7	−45 25 18	cd67	4.35	+0.19	+0.43	F4 IV + A7:
22	Boo	5405	14 26 53.9	+19 11 04		5.39	+0.23	+0.23	F0m
5	UMi	5430	14 27 30.9	+75 39 14	d	4.25	+1.70	+1.44	K4⁻ III
	δ Oct	5339	14 28 32.9	−83 42 37		4.32	+1.45	+1.31	K2 III
105	φ Vir	5409	14 28 41.6	−02 16 12	sd67	4.81	+0.21	+0.70	G2 IV
52	Hya	5407	14 28 44.0	−29 32 02	d	4.97	−0.41	−0.07	B8 IV
25	ρ Boo	5429	14 32 14.4	+30 19 48	ad	3.58	+1.44	+1.30	K3 III
27	γ Boo	5435	14 32 27.6	+38 16 01	d	3.03	+0.12	+0.19	A7 IV⁺
	σ Lup	5425	14 33 15.8	−50 29 55		4.42	−0.84	−0.19	B2 III
28	σ Boo	5447	14 35 05.6	+29 42 15	d	4.46	−0.08	+0.36	F2 V
	η Cen	5440	14 36 06.8	−42 11 57	v7	2.31	−0.83	−0.19	B1.5 IVpne (shell)
	ρ Lup	5453	14 38 31.9	−49 28 00		4.05	−0.56	−0.15	B5 V
33	Boo	5468	14 39 11.4	+44 21 50	6	5.39	−0.04	0.00	A1 V
	α² Cen	5460	14 40 14.5	−60 52 28	od	1.33	+0.68	+0.88	K1 V
	α¹ Cen	5459	14 40 15.4	−60 52 25	od6	−0.01	+0.24	+0.71	G2 V
30	ζ Boo	5478	14 41 36.2	+13 41 17	od6	4.52	+0.05	+0.05	A2 Va
		5471	14 42 33.2	−37 50 02		4.00	−0.70	−0.17	B3 V
	α Lup	5469	14 42 33.9	−47 25 42	vd6	2.30	−0.89	−0.20	B1.5 III
	α Cir	5463	14 43 17.1	−65 00 57	d6	3.19	+0.12	+0.24	A7p Sr Eu
107	μ Vir	5487	14 43 33.7	−05 41 57	6	3.88	−0.02	+0.38	F2 V
34	W Boo	5490	14 43 50.4	+26 29 16	v	4.81	+1.94	+1.66	M3⁻ III
		5485	14 44 14.5	−35 12 51		4.05	+1.53	+1.35	K3 IIIb
36	ε Boo	5506	14 45 24.1	+27 02 04	d	2.70	+0.73	+0.97	K0⁻ II–III
109	Vir	5511	14 46 43.8	+01 51 12		3.72	−0.03	−0.01	A0 IVnn
		5495	14 47 41.5	−52 25 23	d	5.21		+0.98	G8 III
56	Hya	5516	14 48 18.2	−26 07 37		5.24	+0.65	+0.94	G8/K0 III
	α Aps	5470	14 49 05.0	−79 05 02		3.83	+1.68	+1.43	K3 III CN 0.5
7	β UMi	5563	14 50 41.2	+74 07 00	d	2.08	+1.78	+1.47	K4⁻ III
58	Hya	5526	14 50 50.9	−27 59 58		4.41	+1.49	+1.40	K2.5 IIIb Fe−1:
8	α¹ Lib	5530	14 51 12.8	−16 02 10		5.15	−0.03	+0.41	F3 V
9	α² Lib	5531	14 51 24.3	−16 04 51	d6	2.75	+0.09	+0.15	A3 III–IV
		5552	14 51 41.0	+59 15 20		5.46	+1.60	+1.36	K4 III

Flamsteed/Bayer Designation			BS=HR No.	Right Ascension	Declination	Notes	V	U−B	B−V	Spectral Type
	o	Lup	5528	h m s 14 52 15.7	° ′ ″ −43 36 51	d67	4.32	−0.61	−0.15	B5 IV
			5558	14 56 19.9	−33 53 38	d6	5.32		+0.04	A0 V
15	ξ²	Lib	5564	14 57 17.1	−11 26 51		5.46	+1.70	+1.49	gK4
16		Lib	5570	14 57 40.8	−04 23 05		4.49	+0.05	+0.32	F0 IV⁻
	RR	UMi	5589	14 57 44.2	+65 53 41	6	4.60	+1.59	+1.59	M4.5 III
	β	Lup	5571	14 59 09.5	−43 10 18		2.68	−0.87	−0.22	B2 IV
	κ	Cen	5576	14 59 47.0	−42 08 30	d	3.13	−0.79	−0.20	B2 V
19	δ	Lib	5586	15 01 28.9	−08 33 22	vd6	4.92	−0.10	0.00	B9.5 V
42	β	Boo	5602	15 02 18.2	+40 21 12		3.50	+0.72	+0.97	G8 IIIa Fe−0.5
110		Vir	5601	15 03 22.9	+02 03 16		4.40	+0.88	+1.04	K0⁺ IIIb Fe−0.5
20	σ	Lib	5603	15 04 37.7	−25 19 08		3.29	+1.94	+1.70	M2.5 III
43	ψ	Boo	5616	15 04 51.2	+26 54 40		4.54	+1.33	+1.24	K2 III
			5635	15 06 33.0	+54 31 12		5.25	+0.64	+0.96	G8 III Fe−1
45		Boo	5634	15 07 43.1	+24 49 57	d	4.93	−0.02	+0.43	F5 V
	λ	Lup	5626	15 09 29.2	−45 18 57	d67	4.05	−0.68	−0.18	B3 V
	κ¹	Lup	5646	15 12 36.0	−48 46 24	d	3.87	−0.13	−0.05	B9.5 IVnn
24	ι	Lib	5652	15 12 45.9	−19 49 38	d6	4.54	−0.35	−0.08	B9p Si
	ζ	Lup	5649	15 12 58.3	−52 08 05	d	3.41	+0.66	+0.92	G8 III
			5691	15 14 45.1	+67 18 39		5.13	+0.08	+0.53	F8 V
1		Lup	5660	15 15 12.4	−31 33 14		4.91	+0.28	+0.37	F0 Ib−II
3		Ser	5675	15 15 39.7	+04 54 16	d	5.33	+0.91	+1.09	gK0
49	δ	Boo	5681	15 15 53.2	+33 16 47	d6	3.47	+0.66	+0.95	G8 III Fe−1
27	β	Lib	5685	15 17 31.2	−09 25 03	6	2.61	−0.36	−0.11	B8 IIIn
	β	Cir	5670	15 18 15.9	−58 50 09		4.07	+0.09	+0.09	A3 Vb
2		Lup	5686	15 18 24.7	−30 10 59		4.34	+1.07	+1.10	K0⁻ IIIa CH−1
	μ	Lup	5683	15 19 11.9	−47 54 34	d7	4.27	−0.37	−0.08	B8 V
	γ	TrA	5671	15 19 48.6	−68 42 49		2.89	−0.02	0.00	A1 III
13	γ	UMi	5735	15 20 43.2	+71 48 01		3.05	+0.12	+0.05	A3 III
	δ	Lup	5695	15 21 59.9	−40 40 53		3.22	−0.89	−0.22	B1.5 IVn
	φ¹	Lup	5705	15 22 24.7	−36 17 43	d	3.56	+1.88	+1.54	K4 III
	ε	Lup	5708	15 23 19.8	−44 43 23	d67	3.37	−0.75	−0.18	B2 IV−V
	φ²	Lup	5712	15 23 45.9	−36 53 31		4.54	−0.63	−0.15	B4 V
	γ	Cir	5704	15 24 08.5	−59 21 15	cd7	4.51	−0.35	+0.19	B5 IV
51	μ¹	Boo	5733	15 24 51.0	+37 20 39	d6	4.31	+0.07	+0.31	F0 IV
12	ι	Dra	5744	15 25 08.5	+58 55 59	d	3.29	+1.22	+1.16	K2 III
9	τ¹	Ser	5739	15 26 13.9	+15 23 42		5.17	+1.95	+1.66	M1 IIIa
3	β	CrB	5747	15 28 13.2	+29 04 24	vd6	3.68	+0.11	+0.28	F0p Cr Eu
52	ν¹	Boo	5763	15 31 16.3	+40 48 04		5.02	+1.90	+1.59	K4.5 IIIb Ba 0.5
	κ¹	Aps	5730	15 32 34.1	−73 25 17	d	5.49	−0.77	−0.12	B1pne
4	θ	CrB	5778	15 33 18.8	+31 19 39	d	4.14	−0.54	−0.13	B6 Vnn
37		Lib	5777	15 34 41.9	−10 05 47		4.62	+0.86	+1.01	K1 III−IV
5	α	CrB	5793	15 35 05.4	+26 40 59	6	2.23	−0.02	−0.02	A0 IV
13	δ	Ser	5789	15 35 15.4	+10 30 27	cd	4.23	+0.12	+0.26	F0 III−IV + F0 IIIb
	γ	Lup	5776	15 35 46.6	−41 11 53	dv67	2.78	−0.82	−0.20	B2 IVn
38	γ	Lib	5787	15 36 03.5	−14 49 14	d	3.91	+0.74	+1.01	G8.5 III
			5784	15 36 51.3	−44 25 41		5.43	+1.82	+1.50	K4/5 III
	ε	TrA	5771	15 37 36.0	−66 20 53	d	4.11	+1.16	+1.17	K1/2 III
39	υ	Lib	5794	15 37 36.2	−28 09 57	d	3.58	+1.58	+1.38	K3.5 III
54	φ	Boo	5823	15 38 10.1	+40 19 22		5.24	+0.53	+0.88	G7 III−IV Fe−2
	ω	Lup	5797	15 38 41.8	−42 35 52	d6	4.33	+1.72	+1.42	K4.5 III

Flamsteed/Bayer Designation			BS=HR No.	Right Ascension h m s	Declination ° ′ ″	Notes	V	U−B	B−V	Spectral Type
40	τ	Lib	5812	15 39 14.5	−29 48 30	6	3.66	−0.70	−0.17	B2.5 V
			5798	15 39 32.1	−52 24 12	d	5.44	0.00	0.00	B9 V
43	κ	Lib	5838	15 42 29.7	−19 42 32	d6	4.74	+1.95	+1.57	M0⁻ IIIb
8	γ	CrB	5849	15 43 08.5	+26 15 58	d7	3.84	−0.04	0.00	A0 IV comp.?
16	ζ	UMi	5903	15 43 44.2	+77 45 54		4.32	+0.05	+0.04	A2 III−IVn
24	α	Ser	5854	15 44 44.2	+06 23 47	d	2.65	+1.24	+1.17	K2 IIIb CN 1
28	β	Ser	5867	15 46 37.6	+15 23 33	d	3.67	+0.08	+0.06	A2 IV
			5886	15 46 48.8	+62 34 13		5.19	−0.10	+0.04	A2 IV
27	λ	Ser	5868	15 46 54.3	+07 19 26	6	4.43	+0.11	+0.60	G0⁻ V
35	κ	Ser	5879	15 49 10.1	+18 06 46		4.09	+1.95	+1.62	M0.5 IIIab
10	δ	CrB	5889	15 49 59.6	+26 02 23	s	4.62	+0.36	+0.80	G5 III−IV Fe−1
32	μ	Ser	5881	15 50 07.0	−03 27 31	d6	3.53	−0.10	−0.04	A0 III
37	ε	Ser	5892	15 51 17.4	+04 26 59		3.71	+0.11	+0.15	A5m
5	χ	Lup	5883	15 51 33.9	−33 39 19	6	3.95	−0.13	−0.04	B9p Hg
11	κ	CrB	5901	15 51 35.4	+35 37 42	sd	4.82	+0.87	+1.00	K1 IVa
1	χ	Her	5914	15 53 00.3	+42 25 31		4.62	0.00	+0.56	F8 V Fe−2 Hδ−1
45	λ	Lib	5902	15 53 53.2	−20 11 41	6	5.03	−0.56	−0.01	B2.5 V
46	θ	Lib	5908	15 54 22.1	−16 45 24		4.15	+0.81	+1.02	G9 IIIb
	β	TrA	5897	15 55 59.3	−63 27 33	d	2.85	+0.05	+0.29	F0 IV
41	γ	Ser	5933	15 56 53.5	+15 37 52	d	3.85	−0.03	+0.48	F6 V
5	ρ	Sco	5928	15 57 28.4	−29 14 28	d6	3.88	−0.82	−0.20	B2 IV−V
13	ε	CrB	5947	15 57 58.9	+26 51 03	sd	4.15	+1.28	+1.23	K2 IIIab
	CL	Dra	5960	15 58 01.0	+54 43 23	6	4.95	+0.05	+0.26	F0 IV
48	FX	Lib	5941	15 58 43.4	−14 18 22	6	4.88	−0.20	−0.10	B5 IIIpe (shell)
6	π	Sco	5944	15 59 25.7	−26 08 27	cvd6	2.89	−0.91	−0.19	B1 V + B2 V
	T	CrB	5958	15 59 54.0	+25 53 37	vd6	2−11	+0.59	+1.40	gM3: + Bep
			5943	16 00 09.3	−41 46 15		4.99		+1.00	K0 II/III
	η	Lup	5948	16 00 45.3	−38 25 23	d	3.41	−0.83	−0.22	B2.5 IVn
49		Lib	5954	16 00 51.7	−16 33 39	d6	5.47	+0.03	+0.52	F8 V
7	δ	Sco	5953	16 00 53.8	−22 38 53	d6	2.32	−0.91	−0.12	B0.3 IV
13	θ	Dra	5986	16 02 04.1	+58 32 24	6	4.01	+0.10	+0.52	F8 IV−V
8	β¹	Sco	5984	16 05 59.5	−19 49 51	d6	2.62	−0.87	−0.07	B0.5 V
8	β²	Sco	5985	16 05 59.8	−19 49 38	sd	4.92	−0.70	−0.02	B2 V
	δ	Nor	5980	16 07 09.9	−45 11 53		4.72	+0.15	+0.23	A7m
	θ	Lup	5987	16 07 13.1	−36 49 39		4.23	−0.70	−0.17	B2.5 Vn
9	ω¹	Sco	5993	16 07 21.9	−20 41 39	s	3.96	−0.81	−0.04	B1 V
10	ω²	Sco	5997	16 07 57.8	−20 53 38		4.32	+0.50	+0.84	G4 II−III
7	κ	Her	6008	16 08 30.3	+17 01 20	d	5.00	+0.61	+0.95	G5 III
11	φ	Her	6023	16 09 04.2	+44 54 37	v6	4.26	−0.28	−0.07	B9p Hg Mn
16	τ	CrB	6018	16 09 19.2	+36 28 02	d6	4.76	+0.86	+1.01	K1⁻ III−IV
19		UMi	6079	16 10 34.0	+75 51 12		5.48	−0.36	−0.11	B8 V
14	ν	Sco	6027	16 12 32.9	−19 29 05	d6	4.01	−0.65	+0.04	B2 IVp
	κ	Nor	6024	16 14 13.9	−54 39 15	d	4.94	+0.78	+1.04	G8 III
1	δ	Oph	6056	16 14 50.7	−03 43 05	d	2.74	+1.96	+1.58	M0.5 III
	δ	TrA	6030	16 16 18.6	−63 42 32	d	3.85	+0.86	+1.11	G2 Ib−IIa
21	η	UMi	6116	16 17 14.2	+75 43 59	d	4.95	+0.08	+0.37	F5 V
2	ε	Oph	6075	16 18 49.5	−04 42 54	d	3.24	+0.75	+0.96	G9.5 IIIb Fe−0.5
22	τ	Her	6092	16 20 01.6	+46 17 28	vd	3.89	−0.56	−0.15	B5 IV
			6077	16 20 08.9	−30 55 45	d6	5.49	−0.01	+0.47	F6 III
	γ²	Nor	6072	16 20 33.3	−50 10 41	d	4.02	+1.16	+1.08	K1⁺ III

BRIGHT STARS, J2009.5

Flamsteed/Bayer Designation			BS=HR No.	Right Ascension	Declination	Notes	V	U−B	B−V	Spectral Type
				h m s	° ′ ″					
20	σ	Sco	6084	16 21 46.1	−25 36 54	vd6	2.89	−0.70	+0.13	B1 III
	δ¹	Aps	6020	16 21 47.7	−78 43 05	d	4.68	+1.69	+1.69	M4 IIIa
20	γ	Her	6095	16 22 20.4	+19 07 53	d6	3.75	+0.18	+0.27	A9 IIIbn
50	σ	Ser	6093	16 22 33.3	+01 00 26		4.82	+0.04	+0.34	F1 IV−V
14	η	Dra	6132	16 24 07.3	+61 29 34	d67	2.74	+0.70	+0.91	G8⁻ IIIab
4	ψ	Oph	6104	16 24 39.6	−20 03 32		4.50	+0.82	+1.01	K0⁻ II−III
24	ω	Her	6117	16 25 51.3	+14 00 43	vd	4.57	−0.04	0.00	B9p Cr
7	χ	Oph	6118	16 27 34.5	−18 28 38	6	4.42	−0.75	+0.28	B1.5 Ve
	ε	Nor	6115	16 27 53.0	−47 34 32	d67	4.46	−0.53	−0.07	B4 V
15		Dra	6161	16 27 58.1	+68 44 51		5.00	−0.12	−0.06	B9.5 III
	ζ	TrA	6098	16 29 30.1	−70 06 16	6	4.91	+0.04	+0.55	F9 V
21	α	Sco	6134	16 29 59.5	−26 27 09	d6	0.96	+1.34	+1.83	M1.5 Iab−Ib
27	β	Her	6148	16 30 37.7	+21 28 10	d6	2.77	+0.69	+0.94	G7 IIIa Fe−0.5
10	λ	Oph	6149	16 31 23.6	+01 57 49	d67	3.82	+0.01	+0.01	A1 IV
8	φ	Oph	6147	16 31 41.1	−16 37 58	d	4.28	+0.72	+0.92	G8⁺ IIIa
			6143	16 32 00.3	−34 43 27		4.23	−0.80	−0.16	B2 III−IV
9	ω	Oph	6153	16 32 42.1	−21 29 10		4.45	+0.13	+0.13	Ap Sr Cr
35	σ	Her	6168	16 34 24.6	+42 25 04	d6	4.20	−0.10	−0.01	A0 IIIn
	γ	Aps	6102	16 34 56.1	−78 55 00	6	3.89	+0.62	+0.91	G8/K0 III
23	τ	Sco	6165	16 36 28.5	−28 14 06	s	2.82	−1.03	−0.25	B0 V
			6166	16 37 00.1	−35 16 27	6	4.16	+1.94	+1.57	K7 III
13	ζ	Oph	6175	16 37 41.0	−10 35 08		2.56	−0.86	+0.02	O9.5 Vn
42		Her	6200	16 39 00.4	+48 54 36	d	4.90	+1.76	+1.55	M3⁻ IIIab
40	ζ	Her	6212	16 41 38.7	+31 35 09	d67	2.81	+0.21	+0.65	G0 IV
			6196	16 42 07.4	−17 45 35		4.96	+0.87	+1.11	G7.5 II−III CN 1 Ba 0.5
44	η	Her	6220	16 43 13.3	+38 54 17	d	3.53	+0.60	+0.92	G7 III Fe−1
	β	Aps	6163	16 44 27.3	−77 32 08	d	4.24	+0.95	+1.06	K0 III
22	ε	UMi	6322	16 45 01.7	+82 01 13	vd6	4.23	+0.55	+0.89	G5 III
			6237	16 45 28.7	+56 45 54	d6	4.85	−0.06	+0.38	F2 V⁺
	α	TrA	6217	16 49 40.7	−69 02 38		1.92	+1.56	+1.44	K2 IIb−IIIa
20		Oph	6243	16 50 21.6	−10 47 57	6	4.65	+0.07	+0.47	F7 III
	η	Ara	6229	16 50 36.6	−59 03 26	d	3.76	+1.94	+1.57	K5 III
26	ε	Sco	6241	16 50 46.8	−34 18 35		2.29	+1.27	+1.15	K2 III
51		Her	6270	16 52 08.9	+24 38 28		5.04	+1.29	+1.25	K0.5 IIIa Ca 0.5
	μ¹	Sco	6247	16 52 30.9	−38 03 46	v6	3.08	−0.87	−0.20	B1.5 IVn
	μ²	Sco	6252	16 52 58.8	−38 01 58		3.57	−0.85	−0.21	B2 IV
53		Her	6279	16 53 19.7	+31 41 11	d	5.32	−0.02	+0.29	F2 V
25	ι	Oph	6281	16 54 27.5	+10 09 01	6	4.38	−0.32	−0.08	B8 V
	ζ²	Sco	6271	16 55 15.2	−42 22 36		3.62	+1.65	+1.37	K3.5 IIIb
27	κ	Oph	6299	16 58 07.1	+09 21 39	as	3.20	+1.18	+1.15	K2 III
	ζ	Ara	6285	16 59 24.6	−56 00 15		3.13	+1.97	+1.60	K4 III
	ε¹	Ara	6295	17 00 20.6	−53 10 27		4.06	+1.71	+1.45	K4 IIIab
58	ε	Her	6324	17 00 39.2	+30 54 46	d6	3.92	−0.10	−0.01	A0 IV⁺
30		Oph	6318	17 01 33.7	−04 14 10	d	4.82	+1.83	+1.48	K4 III
59		Her	6332	17 01 57.4	+33 33 18		5.25	+0.02	+0.02	A3 IV−Vs
60		Her	6355	17 05 49.1	+12 43 42	d	4.91	+0.05	+0.12	A4 IV
22	ζ	Dra	6396	17 08 49.0	+65 42 11	d	3.17	−0.43	−0.12	B6 III
35	η	Oph	6378	17 10 55.4	−15 44 09	d67	2.43	+0.09	+0.06	A2 Va⁺ (Sr)
	η	Sco	6380	17 12 50.1	−43 15 03		3.33	+0.09	+0.41	F2 V:p (Cr)
64	α¹	Her	6406	17 15 04.9	+14 22 48	sd	3.48	+1.01	+1.44	M5 Ib−II

Flamsteed/Bayer Designation			BS=HR No.	Right Ascension	Declination	Notes	V	U−B	B−V	Spectral Type
				h m s	° ′ ″					
67	π	Her	6418	17 15 22.7	+36 47 56		3.16	+1.66	+1.44	K3 II
65	δ	Her	6410	17 15 25.3	+24 49 43	d6	3.14	+0.08	+0.08	A1 Vann
	v656	Her	6452	17 20 44.0	+18 02 52		5.00	+2.06	+1.62	M1⁺ IIIab
72		Her	6458	17 21 00.9	+32 27 22	d	5.39	+0.07	+0.62	G0 V
53	ν	Ser	6446	17 21 21.8	−12 51 21	d7	4.33	+0.05	+0.03	A1.5 IV
40	ξ	Oph	6445	17 21 34.6	−21 07 20	d7	4.39	−0.05	+0.39	F2 V
42	θ	Oph	6453	17 22 35.6	−25 00 30	dv6	3.27	−0.86	−0.22	B2 IV
	ι	Aps	6411	17 23 09.7	−70 07 55	d7	5.41	−0.23	−0.04	B8/9 Vn
	β	Ara	6461	17 26 05.5	−55 32 16		2.85	+1.56	+1.46	K3 Ib–IIa
	γ	Ara	6462	17 26 11.7	−56 23 08	d	3.34	−0.96	−0.13	B1 Ib
44		Oph	6486	17 26 57.1	−24 11 00		4.17	+0.12	+0.28	A9m:
49	σ	Oph	6498	17 26 59.2	+04 07 58	s	4.34	+1.62	+1.50	K2 II
			6493	17 27 08.2	−05 05 40	6	4.54	−0.03	+0.39	F2 V
45		Oph	6492	17 27 57.7	−29 52 29		4.29	+0.09	+0.40	δ Del
23	δ	UMi	6789	17 29 11.5	+86 34 48		4.36	+0.03	+0.02	A1 Van
23	β	Dra	6536	17 30 38.9	+52 17 41	sd	2.79	+0.64	+0.98	G2 Ib–IIa
76	λ	Her	6526	17 31 07.4	+26 06 14		4.41	+1.68	+1.44	K3.5 III
34	υ	Sco	6508	17 31 24.6	−37 18 09	6	2.69	−0.82	−0.22	B2 IV
27		Dra	6566	17 31 55.7	+68 07 44	d6	5.05	+0.92	+1.08	G9 IIIb
	δ	Ara	6500	17 31 57.5	−60 41 26	d	3.62	−0.31	−0.10	B8 Vn
24	ν¹	Dra	6554	17 32 21.8	+55 10 41	6	4.88	+0.04	+0.26	A7m
25	ν²	Dra	6555	17 32 27.3	+55 10 00	d6	4.87	+0.06	+0.28	A7m
	α	Ara	6510	17 32 34.6	−49 52 58	d6	2.95	−0.69	−0.17	B2 Vne
35	λ	Sco	6527	17 34 15.3	−37 06 36	vd6	1.63	−0.89	−0.22	B1.5 IV
55	α	Oph	6556	17 35 22.5	+12 33 13	6	2.08	+0.10	+0.15	A5 Vnn
28	ω	Dra	6596	17 36 53.8	+68 45 13	d6	4.80	−0.01	+0.43	F4 V
			6546	17 37 12.1	−38 38 28		4.29	+0.90	+1.09	G8/K0 III/IV
	θ	Sco	6553	17 38 00.1	−43 00 11		1.87	+0.22	+0.40	F1 III
55	ξ	Ser	6561	17 38 07.9	−15 24 14	d6	3.54	+0.14	+0.26	F0 IIIb
85	ι	Her	6588	17 39 44.0	+46 00 06	svd6	3.80	−0.69	−0.18	B3 IV
31	ψ	Dra	6636	17 41 46.3	+72 08 38	d	4.58	+0.01	+0.42	F5 V
56	o	Ser	6581	17 41 56.9	−12 52 47	6	4.26	+0.10	+0.08	A2 Va
	κ	Sco	6580	17 43 08.7	−39 02 02	v6	2.41	−0.89	−0.22	B1.5 III
84		Her	6608	17 43 45.0	+24 19 27	s	5.71	+0.27	+0.65	G2 IIIb
60	β	Oph	6603	17 43 56.5	+04 33 50		2.77	+1.24	+1.16	K2 III CN 0.5
58		Oph	6595	17 44 00.0	−21 41 13		4.87	−0.03	+0.47	F7 V:
	μ	Ara	6585	17 44 54.0	−51 50 17		5.15	+0.24	+0.70	G5 V
	η	Pav	6582	17 46 40.0	−64 43 38		3.62	+1.17	+1.19	K1 IIIa CN 1
86	μ	Her	6623	17 46 49.9	+27 42 56	asd	3.42	+0.39	+0.75	G5 IV
3	X	Sgr	6616	17 48 09.5	−27 50 01	v	4.54	+0.50	+0.80	F3 II
	ι¹	Sco	6615	17 48 15.0	−40 07 47	sd6	3.03	+0.27	+0.51	F2 Ia
62	γ	Oph	6629	17 48 22.2	+02 42 16	6	3.75	+0.04	+0.04	A0 Van
35		Dra	6701	17 49 01.6	+76 57 40		5.04	+0.08	+0.49	F7 IV
			6630	17 50 30.3	−37 02 44	d	3.21	+1.19	+1.17	K2 III
32	ξ	Dra	6688	17 53 41.6	+56 52 17	d	3.75	+1.21	+1.18	K2 III
89	v441	Her	6685	17 55 48.2	+26 02 56	sv6	5.45	+0.26	+0.34	F2 Ibp
91	θ	Her	6695	17 56 34.7	+37 14 59		3.86	+1.46	+1.35	K1 IIa CN 2
33	γ	Dra	6705	17 56 49.6	+51 29 17	asd	2.23	+1.87	+1.52	K5 III
92	ξ	Her	6703	17 58 08.1	+29 14 50	v	3.70	+0.70	+0.94	G8.5 III
94	ν	Her	6707	17 58 52.0	+30 11 20	d	4.41	+0.15	+0.39	F2m

Flamsteed/Bayer Designation			BS=HR No.	Right Ascension	Declination	Notes	V	U−B	B−V	Spectral Type
				h m s	° ′ ″					
64	ν	Oph	6698	17 59 33.0	−09 46 27		3.34	+0.88	+0.99	G9 IIIa
93		Her	6713	18 00 28.8	+16 45 03		4.67	+1.22	+1.26	K0.5 IIb
67		Oph	6714	18 01 07.3	+02 55 54	sd	3.97	−0.62	+0.02	B5 Ib
68		Oph	6723	18 02 14.1	+01 18 20	d67	4.45	0.00	+0.02	A0.5 Van
	W	Sgr	6742	18 05 37.6	−29 34 44	vd6	4.69	+0.52	+0.78	G0 Ib/II
70		Oph	6752	18 05 56.0	+02 29 56	dv67	4.03	+0.54	+0.86	K0⁻ V
10	γ	Sgr	6746	18 06 25.1	−30 25 23	6	2.99	+0.77	+1.00	K0⁺ III
	θ	Ara	6743	18 07 22.2	−50 05 24		3.66	−0.85	−0.08	B2 Ib
			6791	18 07 45.9	+43 27 49	s6	5.00	+0.71	+0.91	G8 III CN−1 CH−3
72		Oph	6771	18 07 48.0	+09 33 57	d6	3.73	+0.10	+0.12	A5 IV−V
103	o	Her	6779	18 07 54.8	+28 45 51	d6	3.83	−0.07	−0.03	A0 II−III
102		Her	6787	18 09 09.9	+20 49 00	d	4.36	−0.81	−0.16	B2 IV
	π	Pav	6745	18 09 29.7	−63 40 01	6	4.35	+0.18	+0.22	A7p Sr
	ε	Tel	6783	18 11 56.1	−45 57 07	d	4.53	+0.78	+1.01	K0 III
36		Dra	6850	18 13 57.1	+64 24 02	d	5.02	−0.06	+0.41	F5 V
13	μ	Sgr	6812	18 14 19.9	−21 03 20	d6	3.86	−0.49	+0.23	B9 Ia
			6819	18 17 55.5	−56 01 10	6	5.33	−0.69	−0.05	B3 IIIpe
	η	Sgr	6832	18 18 16.2	−36 45 29	d7	3.11	+1.71	+1.56	M3.5 IIIab
1	κ	Lyr	6872	18 20 11.7	+36 04 09		4.33	+1.19	+1.17	K2⁻ IIIab CN 0.5
43	φ	Dra	6920	18 20 37.2	+71 20 34	vd67	4.22	−0.33	−0.10	A0p Si
44	χ	Dra	6927	18 20 53.1	+72 44 12	d6	3.57	−0.06	+0.49	F7 V
74		Oph	6866	18 21 20.5	+03 22 55	d	4.86	+0.62	+0.91	G8 III
19	δ	Sgr	6859	18 21 36.1	−29 49 24	d	2.70	+1.55	+1.38	K2.5 IIIa CN 0.5
58	η	Ser	6869	18 21 48.1	−02 53 45	d	3.26	+0.66	+0.94	K0 III−IV
	ξ	Pav	6855	18 24 06.1	−61 29 18	d67	4.36	+1.55	+1.48	K4 III
109		Her	6895	18 24 06.2	+21 46 29	sd	3.84	+1.17	+1.18	K2 IIIab
20	ε	Sgr	6879	18 24 48.1	−34 22 45	d	1.85	−0.13	−0.03	A0 II⁻n (shell)
	α	Tel	6897	18 27 40.6	−45 57 44		3.51	−0.64	−0.17	B3 IV
22	λ	Sgr	6913	18 28 33.4	−25 24 56		2.81	+0.89	+1.04	K1 IIIb
	ζ	Tel	6905	18 29 33.7	−49 03 52		4.13	+0.82	+1.02	G8/K0 III
	γ	Sct	6930	18 29 44.3	−14 33 33		4.70	+0.06	+0.06	A2 III⁻
60		Ser	6935	18 30 10.6	−01 58 43	6	5.39	+0.76	+0.96	K0 III
	θ	Cra	6951	18 34 10.9	−42 18 17		4.64	+0.76	+1.01	G8 III
	α	Sct	6973	18 35 43.4	−08 14 12		3.85	+1.54	+1.33	K3 III
			6985	18 36 55.0	+09 07 50	6	5.39	−0.02	+0.37	F5 IIIs
3	α	Lyr	7001	18 37 15.6	+38 47 35	asd	0.03	−0.01	0.00	A0 Va
	δ	Sct	7020	18 42 47.6	−09 02 34	vd6	4.72	+0.14	+0.35	F2 III (str. met.)
	ε	Sct	7032	18 44 02.3	−08 15 55	d	4.90	+0.87	+1.12	G8 IIb
	ζ	Pav	6982	18 44 08.4	−71 25 07	d	4.01	+1.02	+1.14	K0 III
6	ζ¹	Lyr	7056	18 45 06.0	+37 36 56	d6	4.36	+0.16	+0.19	A5m
50		Dra	7124	18 46 03.5	+75 26 41	6	5.35	+0.04	+0.05	A1 Vn
110		Her	7061	18 46 04.3	+20 33 21	d	4.19	+0.01	+0.46	F6 V
27	φ	Sgr	7039	18 46 15.0	−26 58 49	6	3.17	−0.36	−0.11	B8 III
			7064	18 46 27.5	+26 40 22		4.83	+1.23	+1.20	K2 III
111		Her	7069	18 47 26.5	+18 11 34	d6	4.36	+0.07	+0.13	A3 Va⁺
	β	Sct	7063	18 47 40.7	−04 44 13	6	4.22	+0.81	+1.10	G4 IIa
	R	Sct	7066	18 47 59.4	−05 41 39	s	5.20	+1.64	+1.47	K0 Ib:p Ca−1
	η¹	CrA	7062	18 49 31.6	−43 40 08		5.49		+0.13	A2 Vn
10	β	Lyr	7106	18 50 25.8	+33 22 27	cvd6	3.45	−0.56	0.00	B7 Vpe (shell)
47	o	Dra	7125	18 51 20.5	+59 24 01	dv6	4.66	+1.04	+1.19	G9 III Fe−0.5

BRIGHT STARS, J2009.5

Flamsteed/Bayer Designation			BS=HR No.	Right Ascension	Declination	Notes	V	U−B	B−V	Spectral Type
	λ	Pav	7074	h m s 18 53 05.7	° ′ ″ −62 10 32	d	4.22	−0.89	−0.14	B2 II–III
52	υ	Dra	7180	18 54 16.7	+71 18 35	6	4.82	+1.10	+1.15	K0 III CN 0.5
12	δ²	Lyr	7139	18 54 50.2	+36 54 40	d	4.30	+1.65	+1.68	M4 II
13	R	Lyr	7157	18 55 37.5	+43 57 32	s6	4.04	+1.41	+1.59	M5 III (var)
34	σ	Sgr	7121	18 55 51.2	−26 17 03	d	2.02	−0.75	−0.22	B3 IV
63	θ¹	Ser	7141	18 56 41.5	+04 13 00	d	4.61	+0.11	+0.16	A5 V
	κ	Pav	7107	18 57 55.5	−67 13 13	v	4.44	+0.71	+0.60	F5 I–II
37	ξ²	Sgr	7150	18 58 17.8	−21 05 36		3.51	+1.13	+1.18	K1 III
	λ	Tel	7134	18 59 13.2	−52 55 31	6	4.87		−0.05	A0 III⁺
14	γ	Lyr	7178	18 59 18.0	+32 42 11	d	3.24	−0.09	−0.05	B9 II
13	ε	Aql	7176	19 00 03.2	+15 04 54	d6	4.02	+1.04	+1.08	K1⁻ III CN 0.5
	χ	Oct	6721	19 00 09.1	−87 35 35		5.28	+1.60	+1.28	K3 III
12		Aql	7193	19 02 11.3	−05 43 30		4.02	+1.04	+1.09	K1 III
38	ζ	Sgr	7194	19 03 12.9	−29 51 57	d67	2.60	+0.06	+0.08	A2 IV–V
39	o	Sgr	7217	19 05 15.1	−21 43 37	d	3.77	+0.85	+1.01	G9 IIIb
17	ζ	Aql	7235	19 05 50.8	+13 52 41	d6	2.99	−0.01	+0.01	A0 Vann
16	λ	Aql	7236	19 06 45.2	−04 52 04		3.44	−0.27	−0.09	A0 IVp (wk 4481)
40	τ	Sgr	7234	19 07 32.0	−27 39 21	6	3.32	+1.15	+1.19	K1.5 IIIb
18	ι	Lyr	7262	19 07 38.5	+36 06 56	d	5.28	−0.51	−0.11	B6 IV
	α	CrA	7254	19 10 07.0	−37 53 20		4.11	+0.08	+0.04	A2 IVn
41	π	Sgr	7264	19 10 19.7	−21 00 28	d7	2.89	+0.22	+0.35	F2 II–III
	β	CrA	7259	19 10 40.9	−39 19 30		4.11	+1.07	+1.20	K0 II
57	δ	Dra	7310	19 12 33.3	+67 40 42	d	3.07	+0.78	+1.00	G9 III
20		Aql	7279	19 13 11.6	−07 55 23		5.34	−0.44	+0.13	B3 V
20	η	Lyr	7298	19 14 04.9	+39 09 46	d6	4.39	−0.65	−0.15	B2.5 IV
60	τ	Dra	7352	19 15 21.8	+73 22 22	6	4.45	+1.45	+1.25	K2⁺ IIIb CN 1
21	θ	Lyr	7314	19 16 41.9	+38 09 04	d	4.36	+1.23	+1.26	K0 II
1	κ	Cyg	7328	19 17 19.3	+53 23 11	6	3.77	+0.74	+0.96	G9 III
43		Sgr	7304	19 18 11.4	−18 56 07		4.96	+0.80	+1.02	G8 II–III
25	ω¹	Aql	7315	19 18 15.8	+11 36 47		5.28	+0.22	+0.20	F0 IV
44	ρ¹	Sgr	7340	19 22 13.4	−17 49 43		3.93	+0.13	+0.22	F0 III–IV
46	υ	Sgr	7342	19 22 16.2	−15 56 11	6	4.61	−0.53	+0.10	Apep
	β¹	Sgr	7337	19 23 19.2	−44 26 25	d	4.01	−0.39	−0.10	B8 V
	β²	Sgr	7343	19 23 54.2	−44 46 52		4.29	+0.07	+0.34	F0 IV
	α	Sgr	7348	19 24 32.6	−40 35 50	6	3.97	−0.33	−0.10	B8 V
31		Aql	7373	19 25 25.4	+11 57 55	d	5.16	+0.42	+0.77	G7 IV Hδ 1
30	δ	Aql	7377	19 25 58.6	+03 08 04	d6	3.36	+0.04	+0.32	F2 IV–V
6	α	Vul	7405	19 29 06.1	+24 41 05	d	4.44	+1.81	+1.50	M0.5 IIIb
10	ι²	Cyg	7420	19 29 56.7	+51 45 01		3.79	+0.11	+0.14	A4 V
6	β	Cyg	7417	19 31 06.3	+27 58 48	cd	3.08	+0.62	+1.13	K3 II + B9.5 V
36		Aql	7414	19 31 09.6	−02 46 07		5.03	+2.05	+1.75	M1 IIIab
8		Cyg	7426	19 32 07.5	+34 28 25		4.74	−0.65	−0.14	B3 IV
61	σ	Dra	7462	19 32 20.4	+69 40 38	asd	4.68	+0.38	+0.79	K0 V
38	μ	Aql	7429	19 34 33.2	+07 23 59	d	4.45	+1.26	+1.17	K3⁻ IIIb Fe 0.5
	ι	Tel	7424	19 35 55.1	−48 04 40		4.90		+1.09	K0 III
13	θ	Cyg	7469	19 36 41.8	+50 14 36	d	4.48	−0.03	+0.38	F4 V
41	ι	Aql	7447	19 37 12.7	−01 15 54	d	4.36	−0.44	−0.08	B5 III
52		Sgr	7440	19 37 17.1	−24 51 43	d	4.60	−0.15	−0.07	B8/9 V
39	κ	Aql	7446	19 37 24.1	−07 00 21		4.95	−0.87	0.00	B0.5 IIIn
5	α	Sge	7479	19 40 31.3	+18 02 11	d	4.37	+0.43	+0.78	G1 II

Flamsteed/Bayer Designation			BS=HR No.	Right Ascension	Declination	Notes	V	U−B	B−V	Spectral Type
				h m s	° ′ ″					
			7495	19 41 07.8	+45 32 52	sd	5.06	+0.15	+0.40	F5 II−III
54		Sgr	7476	19 41 16.0	−16 16 15	d	5.30	+1.06	+1.13	K2 III
6	β	Sge	7488	19 41 28.5	+17 29 55		4.37	+0.89	+1.05	G8 IIIa CN 0.5
16		Cyg	7503	19 42 04.1	+50 32 51	sd	5.96	+0.19	+0.64	G1.5 Vb
16		Cyg	7504	19 42 07.1	+50 32 23	s	6.20	+0.20	+0.66	G3 V
55		Sgr	7489	19 43 03.7	−16 06 04	6	5.06	+0.09	+0.33	F0 IVn:
10		Vul	7506	19 44 06.6	+25 47 43		5.49	+0.67	+0.93	G8 III
15		Cyg	7517	19 44 37.2	+37 22 40		4.89	+0.69	+0.95	G8 III
18	δ	Cyg	7528	19 45 16.3	+45 09 16	d67	2.87	−0.10	−0.03	B9.5 III
50	γ	Aql	7525	19 46 42.7	+10 38 13	d	2.72	+1.68	+1.52	K3 II
56		Sgr	7515	19 46 54.9	−19 44 15		4.86	+0.96	+0.93	K0⁺ III
7	δ	Sge	7536	19 47 48.7	+18 33 30	cd6	3.82	+0.96	+1.41	M2 II +A0 V
63	ε	Dra	7582	19 48 08.2	+70 17 31	d67	3.83	+0.52	+0.89	G7 IIIb Fe−1
	ν	Tel	7510	19 48 47.5	−56 20 20		5.35		+0.20	A9 Vn
	χ	Cyg	7564	19 50 55.8	+32 56 19	vd	4.23	+0.96	+1.82	S6+/1e
53	α	Aql	7557	19 51 14.8	+08 53 38	dv	0.77	+0.08	+0.22	A7 Vnn
51		Aql	7553	19 51 18.1	−10 44 20	d	5.39		+0.38	F0 V
			7589	19 52 16.2	+47 03 08	s	5.62	−0.97	−0.07	O9.5 Iab
	v3961	Sgr	7552	19 52 29.2	−39 50 58	sv6	5.33	−0.22	−0.06	A0p Si Cr Eu
9		Sge	7574	19 52 47.2	+18 41 48	s6	6.23	−0.92	+0.01	O8 If
55	η	Aql	7570	19 52 57.4	+01 01 50	v6	3.90	+0.51	+0.89	F6−G1 Ib
	v1291	Aql	7575	19 53 48.6	−03 05 21	s	5.65	+0.10	+0.20	A5p Sr Cr Eu
60	β	Aql	7602	19 55 46.8	+06 25 52	ad	3.71	+0.48	+0.86	G8 IV
	ι	Sgr	7581	19 55 54.9	−41 50 33		4.13	+0.90	+1.08	G8 III
21	η	Cyg	7615	19 56 39.8	+35 06 33	d	3.89	+0.89	+1.02	K0 III
61		Sgr	7614	19 58 29.3	−15 27 56		5.02	+0.07	+0.05	A3 Va
12	γ	Sge	7635	19 59 10.8	+19 31 06	s	3.47	+1.93	+1.57	M0⁻ III
	θ¹	Sgr	7623	20 00 21.2	−35 15 00	d6	4.37	−0.67	−0.15	B2.5 IV
15	NT	Vul	7653	20 01 29.5	+27 46 49	6	4.64	+0.16	+0.18	A7m
	ε	Pav	7590	20 01 40.6	−72 53 03		3.96	−0.05	−0.03	A0 Va
62	v3872	Sgr	7650	20 03 14.4	−27 40 58		4.58	+1.80	+1.65	M4.5 III
	ξ	Tel	7673	20 08 06.6	−52 51 10	6	4.94	+1.84	+1.62	M1 IIab
1	κ	Cep	7750	20 08 33.2	+77 44 23	d7	4.39	−0.11	−0.05	B9 III
	δ	Pav	7665	20 09 39.0	−66 09 24		3.56	+0.45	+0.76	G6/8 IV
28	v1624	Cyg	7708	20 09 46.8	+36 52 05	6	4.93	−0.77	−0.13	B2.5 V
65	θ	Aql	7710	20 11 47.7	−00 47 34	d6	3.23	−0.14	−0.07	B9.5 III⁺
33		Cyg	7740	20 13 37.1	+56 35 49	6	4.30	+0.08	+0.11	A3 IVn
31	o¹	Cyg	7735	20 13 55.9	+46 46 14	cvd6	3.79	+0.42	+1.28	K2 II + B4 V
67	ρ	Aql	7724	20 14 43.0	+15 13 37	6	4.95	+0.01	+0.08	A1 Va
32	o²	Cyg	7751	20 15 45.9	+47 44 37	cvd6	3.98	+1.03	+1.52	K3 II + B9: V
24		Vul	7753	20 17 11.5	+24 42 03		5.32	+0.67	+0.95	G8 III
34	P	Cyg	7763	20 18 08.2	+38 03 46	s	4.81	−0.58	+0.42	B1pe
5	α¹	Cap	7747	20 18 10.4	−12 28 42	d6	4.24	+0.78	+1.07	G3 Ib
6	α²	Cap	7754	20 18 34.8	−12 30 53	d6	3.57	+0.69	+0.94	G9 III
9	β	Cap	7776	20 21 32.6	−14 45 03	cd67	3.08	+0.28	+0.79	K0 II: + A5n: V:
37	γ	Cyg	7796	20 22 34.2	+40 17 15	asd	2.20	+0.53	+0.68	F8 Ib
			7794	20 23 38.9	+05 22 26		5.31	+0.77	+0.97	G8 III−IV
39		Cyg	7806	20 24 14.4	+32 13 17	s	4.43	+1.50	+1.33	K2.5 III Fe−0.5
	α	Pav	7790	20 26 23.6	−56 42 14	d6	1.94	−0.71	−0.20	B2.5 V
2	θ	Cep	7850	20 29 44.4	+63 01 34	6	4.22	+0.16	+0.20	A7m

Flamsteed/Bayer Designation			BS=HR No.	Right Ascension	Declination	Notes	V	U−B	B−V	Spectral Type
				h m s	° ′ ″					
41		Cyg	7834	20 29 47.0	+30 24 02		4.01	+0.27	+0.40	F5 II
69		Aql	7831	20 30 08.8	−02 51 12		4.91	+1.22	+1.15	K2 III
73	AF	Dra	7879	20 31 22.3	+74 59 13	6	5.20	+0.11	+0.07	A0p Sr Cr Eu
2	ϵ	Del	7852	20 33 40.0	+11 20 10		4.03	−0.47	−0.13	B6 III
6	β	Del	7882	20 37 59.7	+14 37 43	d6	3.63	+0.08	+0.44	F5 IV
	α	Ind	7869	20 38 13.9	−47 15 28	d	3.11	+0.79	+1.00	K0 III CN−1
71		Aql	7884	20 38 49.7	−01 04 17	d6	4.32	+0.69	+0.95	G7.5 IIIa
29		Vul	7891	20 38 56.8	+21 14 06		4.82	−0.08	−0.02	A0 Va (shell)
7	κ	Del	7896	20 39 35.5	+10 07 13	d	5.05	+0.21	+0.72	G2 IV
9	α	Del	7906	20 40 04.8	+15 56 46	d6	3.77	−0.21	−0.06	B9 IV
15	υ	Cap	7900	20 40 35.3	−18 06 17		5.10	+1.99	+1.66	M1 III
49		Cyg	7921	20 41 25.6	+32 20 29	sd6	5.51		+0.88	G8 IIb
50	α	Cyg	7924	20 41 45.4	+45 18 53	asd6	1.25	−0.24	+0.09	A2 Ia
11	δ	Del	7928	20 43 54.1	+15 06 33	v6	4.43	+0.10	+0.32	F0m
	η	Ind	7920	20 44 43.9	−51 53 11		4.51	+0.09	+0.27	A9 IV
3	η	Cep	7957	20 45 28.9	+61 52 33	d	3.43	+0.62	+0.92	K0 IV
			7955	20 45 35.3	+57 36 51	d6	4.51	+0.10	+0.54	F8 IV−V
	β	Pav	7913	20 45 48.2	−66 10 06		3.42	+0.12	+0.16	A6 IV−
52		Cyg	7942	20 46 03.3	+30 45 17	d	4.22	+0.89	+1.05	K0 IIIa
53	ϵ	Cyg	7949	20 46 35.8	+34 00 22	ad6	2.46	+0.87	+1.03	K0 III
16	ψ	Cap	7936	20 46 39.4	−25 14 10		4.14	+0.02	+0.43	F4 V
12	γ²	Del	7948	20 47 06.0	+16 09 32	d	4.27	+0.97	+1.04	K1 IV
54	λ	Cyg	7963	20 47 46.8	+36 31 34	d67	4.53	−0.49	−0.11	B6 IV
2	ϵ	Aqr	7950	20 48 11.4	−09 27 38		3.77	+0.02	0.00	A1 III−
3	EN	Aqr	7951	20 48 14.3	−04 59 33		4.42	+1.92	+1.65	M3 III
	ι	Mic	7943	20 49 07.6	−43 57 12	d7	5.11	+0.06	+0.35	F1 IV
55	v1661	Cyg	7977	20 49 15.7	+46 08 59	sd	4.84	−0.45	+0.41	B2.5 Ia
18	ω	Cap	7980	20 52 23.2	−26 52 59		4.11	+1.93	+1.64	M0 III Ba 0.5
6	μ	Aqr	7990	20 53 09.9	−08 56 50	d6	4.73	+0.11	+0.32	F2m
32		Vul	8008	20 54 58.0	+28 05 39		5.01	+1.79	+1.48	K4 III
	β	Ind	7986	20 55 32.8	−58 25 03	d	3.65	+1.23	+1.25	K1 II
			8023	20 56 54.9	+44 57 42	s6	5.96	−0.85	+0.05	O6 V
58	ν	Cyg	8028	20 57 31.7	+41 12 15	d6	3.94	0.00	+0.02	A0.5 IIIn
33		Vul	8032	20 58 41.8	+22 21 47		5.31		+1.40	K3.5 III
20	AO	Cap	8033	21 00 08.5	−18 59 53	sv	6.25		−0.13	B9psi
59	v832	Cyg	8047	21 00 09.0	+47 33 30	d6	4.70	−0.93	−0.04	B1.5 Vnne
	γ	Mic	8039	21 01 52.3	−32 13 12	d	4.67	+0.54	+0.89	G8 III
	ζ	Mic	8048	21 03 34.2	−38 35 38		5.30		+0.41	F3 V
62	ξ	Cyg	8079	21 05 16.6	+43 57 58	s6	3.72	+1.83	+1.65	K4.5 Ib−II
	α	Oct	8021	21 05 50.3	−76 59 11	cv6	5.15	+0.13	+0.49	G2 III + A7 III
23	θ	Cap	8075	21 06 28.8	−17 11 41	6	4.07	+0.01	−0.01	A1 Va+
61	v1803	Cyg	8085	21 07 19.5	+38 47 48	asd	5.21	+1.11	+1.18	K5 V
61		Cyg	8086	21 07 20.8	+38 47 20	sd	6.03	+1.23	+1.37	K7 V
24		Cap	8080	21 07 40.9	−24 58 03	d	4.50	+1.93	+1.61	M1− III
13	ν	Aqr	8093	21 10 06.6	−11 19 58		4.51	+0.70	+0.94	G8+ III
5	γ	Equ	8097	21 10 48.2	+10 10 13	d	4.69	+0.10	+0.26	F0p Sr Eu
64	ζ	Cyg	8115	21 13 20.5	+30 15 58	sd6	3.20	+0.76	+0.99	G8+ III−IIIa Ba 0.5
			8110	21 13 51.0	−27 34 48		5.42	+1.69	+1.42	K5 III
	ο	Pav	8092	21 14 13.1	−70 05 12	6	5.02	+1.56	+1.58	M1/2 III
7	δ	Equ	8123	21 14 56.6	+10 02 45	d67	4.49	−0.01	+0.50	F8 V

Flamsteed/Bayer Designation			BS=HR No.	Right Ascension	Declination	Notes	V	U−B	B−V	Spectral Type
				h m s	° ′ ″					
65	τ	Cyg	8130	21 15 10.3	+38 05 10	d67	3.72	+0.02	+0.39	F2 V
8	α	Equ	8131	21 16 17.9	+05 17 15	cd6	3.92	+0.29	+0.53	G2 II−III + A4 V
	σ	Oct	7228	21 16 52.7	−88 55 01	v	5.47	+0.13	+0.27	F0 III
67	σ	Cyg	8143	21 17 47.4	+39 26 05	6	4.23	−0.39	+0.12	B9 Iab
66	υ	Cyg	8146	21 18 18.5	+34 56 14	d6	4.43	−0.82	−0.11	B2 Ve
	ε	Mic	8135	21 18 30.7	−32 07 56		4.71	+0.02	+0.06	A1m A2 Va+
5	α	Cep	8162	21 18 48.3	+62 37 34	d	2.44	+0.11	+0.22	A7 V+n
	θ	Ind	8140	21 20 32.3	−53 24 33	d7	4.39	+0.12	+0.19	A5 IV−V
	θ¹	Mic	8151	21 21 21.9	−40 46 08	dv	4.82	−0.07	+0.02	Ap Cr Eu
1		Peg	8173	21 22 31.6	+19 50 44	d6	4.08	+1.06	+1.11	K1 III
32	ι	Cap	8167	21 22 46.5	−16 47 37		4.28	+0.58	+0.90	G7 III Fe−1.5
18		Aqr	8187	21 24 42.6	−12 50 13	d	5.49		+0.29	F0 V+
69		Cyg	8209	21 26 10.4	+36 42 31	sd	5.94	−0.94	−0.08	B0 Ib
34	ζ	Cap	8204	21 27 12.5	−22 22 11	d6	3.74	+0.59	+1.00	G4 Ib: Ba 2
	γ	Pav	8181	21 27 13.1	−65 19 21		4.22	−0.12	+0.49	F6 Vp
8	β	Cep	8238	21 28 46.8	+70 36 09	vd6	3.23	−0.95	−0.22	B1 III
36		Cap	8213	21 29 15.8	−21 45 55		4.51	+0.60	+0.91	G7 IIIb Fe−1
71		Cyg	8228	21 29 48.0	+46 34 58		5.24	+0.80	+0.97	K0⁻ III
2		Peg	8225	21 30 22.7	+23 40 51	d	4.57	+1.93	+1.62	M1+ III
22	β	Aqr	8232	21 32 03.5	−05 31 44	asd	2.91	+0.56	+0.83	G0 Ib
73	ρ	Cyg	8252	21 34 20.3	+45 38 03		4.02	+0.56	+0.89	G8 III Fe−0.5
74		Cyg	8266	21 37 19.9	+40 27 23		5.01	+0.10	+0.18	A5 V
9	v337	Cep	8279	21 38 10.5	+62 07 30	as	4.73	−0.53	+0.30	B2 Ib
5		Peg	8267	21 38 12.1	+19 21 42		5.45	+0.14	+0.30	F0 V+
23	ξ	Aqr	8264	21 38 15.4	−07 48 40	d6	4.69	+0.13	+0.17	A5 Vn
75		Cyg	8284	21 40 33.5	+43 19 02	sd	5.11	+1.90	+1.60	M1 IIIab
40	γ	Cap	8278	21 40 37.0	−16 37 08	6	3.68	+0.20	+0.32	A7m:
11		Cep	8317	21 42 03.5	+71 21 19		4.56	+1.10	+1.10	K0.5 III
	ν	Oct	8254	21 42 30.1	−77 20 50	6	3.76	+0.89	+1.00	K0 III
	μ	Cep	8316	21 43 47.9	+58 49 26	asd	4.08	+2.42	+2.35	M2⁻ Ia
8	ε	Peg	8308	21 44 39.2	+09 55 08	sd	2.39	+1.70	+1.53	K2 Ib−II
9		Peg	8313	21 44 57.7	+17 23 38	as	4.34	+1.00	+1.17	G5 Ib
10	κ	Peg	8315	21 45 04.6	+25 41 20	d67	4.13	+0.03	+0.43	F5 IV
9	ι	PsA	8305	21 45 30.6	−32 58 55	d6	4.34	−0.11	−0.05	A0 IV
10	ν	Cep	8334	21 45 43.4	+61 09 53		4.29	+0.13	+0.52	A2 Ia
81	π²	Cyg	8335	21 47 08.7	+49 21 14	d6	4.23	−0.71	−0.12	B2.5 III
49	δ	Cap	8322	21 47 33.8	−16 05 02	vd6	2.87	+0.09	+0.29	F2m
14		Peg	8343	21 50 16.0	+30 13 08	6	5.04	+0.03	−0.03	A1 Vs
	o	Ind	8333	21 51 34.5	−69 35 05		5.53	+1.63	+1.37	K2/3 III
16		Peg	8356	21 53 29.7	+25 58 13	6	5.08	−0.67	−0.17	B3 V
51	μ	Cap	8351	21 53 48.8	−13 30 24		5.08	−0.01	+0.37	F2 V
	γ	Gru	8353	21 54 30.1	−37 19 11		3.01	−0.37	−0.12	B8 IV−Vs
13		Cep	8371	21 55 12.4	+56 39 23	s	5.80	−0.02	+0.73	B8 Ib
	δ	Ind	8368	21 58 33.5	−54 56 49	d7	4.40	+0.10	+0.28	F0 III−IVn
17	ξ	Cep	8417	22 04 04.0	+64 40 28	d6	4.29	+0.09	+0.34	A7m:
	ε	Ind	8387	22 04 04.9	−56 44 47		4.69	+0.99	+1.06	K4/5 V
20		Cep	8426	22 05 17.9	+62 49 56		5.27	+1.78	+1.41	K4 III
19		Cep	8428	22 05 26.4	+62 19 34	sd	5.11	−0.84	+0.08	O9.5 Ib
34	α	Aqr	8414	22 06 16.3	−00 16 24	sd	2.96	+0.74	+0.98	G2 Ib
	λ	Gru	8411	22 06 41.1	−39 29 50		4.46	+1.66	+1.37	K3 III

Flamsteed/Bayer Designation			BS=HR No.	Right Ascension	Declination	Notes	V	U−B	B−V	Spectral Type
				h m s	° ′ ″					
33	ι	Aqr	8418	22 06 57.0	−13 49 24	6	4.27	−0.29	−0.07	B9 IV−V
24	ι	Peg	8430	22 07 27.2	+25 23 30	d6	3.76	−0.04	+0.44	F5 V
	α	Gru	8425	22 08 49.7	−46 54 53	d	1.74	−0.47	−0.13	B7 Vn
14	μ	PsA	8431	22 08 56.1	−32 56 30		4.50	+0.05	+0.05	A1 IVnn
24		Cep	8468	22 09 59.3	+72 23 17		4.79	+0.61	+0.92	G7 II−III
29	π	Peg	8454	22 10 24.6	+33 13 30		4.29	+0.18	+0.46	F3 III
26	θ	Peg	8450	22 10 40.7	+06 14 42	6	3.53	+0.10	+0.08	A2m A1 IV−V
21	ζ	Cep	8465	22 11 11.1	+58 14 54	6	3.35	+1.71	+1.57	K1.5 Ib
22	λ	Cep	8469	22 11 50.0	+59 27 42	s	5.04	−0.74	+0.25	O6 If
			8546	22 12 15.6	+86 09 19	6	5.27	−0.11	−0.03	B9.5 Vn
			8485	22 14 17.3	+39 45 44	d6	4.49	+1.45	+1.39	K2.5 III
16	λ	PsA	8478	22 14 50.9	−27 43 10		5.43	−0.55	−0.16	B8 III
23	ε	Cep	8494	22 15 23.3	+57 05 28	d6	4.19	+0.04	+0.28	A9 IV
1		Lac	8498	22 16 23.1	+37 47 47		4.13	+1.63	+1.46	K3⁻ II−III
43	θ	Aqr	8499	22 17 20.1	−07 44 09		4.16	+0.81	+0.98	G9 III
	α	Tuc	8502	22 19 08.7	−60 12 43	6	2.86	+1.54	+1.39	K3 III
	ε	Oct	8481	22 21 02.7	−80 23 31		5.10	+1.09	+1.47	M6 III
31	IN	Peg	8520	22 21 59.1	+12 15 12		5.01	−0.81	−0.13	B2 IV−V
47		Aqr	8516	22 22 06.9	−21 33 01		5.13	+0.92	+1.07	K0 III
48	γ	Aqr	8518	22 22 08.8	−01 20 21	d6	3.84	−0.12	−0.05	B9.5 III−IV
3	β	Lac	8538	22 23 56.1	+52 16 37	d	4.43	+0.77	+1.02	G9 IIIb Ca 1
52	π	Aqr	8539	22 25 45.7	+01 25 33		4.66	−0.98	−0.03	B1 Ve
	δ	Tuc	8540	22 27 59.9	−64 55 04	d7	4.48	−0.07	−0.03	B9.5 IVn
	ν	Gru	8552	22 29 12.4	−39 05 00	d	5.47		+0.95	G8 III
55	ζ²	Aqr	8559	22 29 19.2	+00 01 44	cd	4.49	0.00	+0.37	F2.5 IV−V
27	δ	Cep	8571	22 29 31.5	+58 27 50	vd6	3.75		+0.60	F5−G2 Ib
	δ¹	Gru	8556	22 29 50.0	−43 26 48	d	3.97	+0.80	+1.03	G6/8 III
5		Lac	8572	22 29 55.7	+47 45 21	cd6	4.36	+1.11	+1.68	M0 II + B8 V
29	ρ²	Cep	8591	22 29 57.5	+78 52 23	6	5.50	+0.08	+0.07	A3 V
	δ²	Gru	8560	22 30 19.3	−43 42 01	d	4.11	+1.71	+1.57	M4.5 IIIa
6		Lac	8579	22 30 54.0	+43 10 20	6	4.51	−0.74	−0.09	B2 IV
57	σ	Aqr	8573	22 31 08.9	−10 37 45	d6	4.82	−0.11	−0.06	A0 IV
7	α	Lac	8585	22 31 41.1	+50 19 53	d	3.77	0.00	+0.01	A1 Va
17	β	PsA	8576	22 32 02.6	−32 17 50	d7	4.29	+0.02	+0.01	A1 Va
59	υ	Aqr	8592	22 35 12.7	−20 39 34		5.20	0.00	+0.44	F5 V
62	η	Aqr	8597	22 35 50.7	−00 04 06		4.02	−0.26	−0.09	B9 IV−V:n
31		Cep	8615	22 36 00.2	+73 41 33		5.08	+0.16	+0.39	F3 III−IV
63	κ	Aqr	8610	22 38 14.9	−04 10 44	d	5.03	+1.16	+1.14	K1.5 IIIb CN 0.5
30		Cep	8627	22 38 59.4	+63 38 02	6	5.19	0.00	+0.06	A3 IV
10		Lac	8622	22 39 41.3	+39 06 00	ad	4.88	−1.04	−0.20	O9 V
			8626	22 40 00.2	+37 38 33	sd	6.03		+0.86	G3 Ib−II: CN−1 CH 2 Fe−1
11		Lac	8632	22 40 56.0	+44 19 34		4.46	+1.36	+1.33	K2.5 III
18	ε	PsA	8628	22 41 10.8	−26 59 38		4.17	−0.37	−0.11	B8 Ve
42	ζ	Peg	8634	22 41 56.2	+10 52 52	d	3.40	−0.25	−0.09	B8.5 III
	β	Gru	8636	22 43 13.9	−46 50 05		2.10	+1.67	+1.60	M4.5 III
44	η	Peg	8650	22 43 26.9	+30 16 16	cd6	2.94	+0.55	+0.86	G8 II + F0 V
13		Lac	8656	22 44 31.0	+41 52 09	d	5.08	+0.78	+0.96	K0 III
	β	Oct	8630	22 46 58.8	−81 19 53	6	4.15	+0.11	+0.20	A7 III−IV
47	λ	Peg	8667	22 46 59.4	+23 36 57		3.95	+0.91	+1.07	G8 IIIa CN 0.5
46	ξ	Peg	8665	22 47 10.1	+12 13 19	d	4.19	−0.03	+0.50	F6 V

Flamsteed/Bayer Designation			BS=HR No.	Right Ascension	Declination	Notes	V	U−B	B−V	Spectral Type
				h m s	° ′ ″					
68		Aqr	8670	22 48 03.7	−19 33 49		5.26	+0.59	+0.94	G8 III
	ε	Gru	8675	22 49 07.5	−51 16 00		3.49	+0.10	+0.08	A2 Va
32	ι	Cep	8694	22 50 01.2	+66 15 02	s	3.52	+0.90	+1.05	K0− III
71	τ	Aqr	8679	22 50 05.6	−13 32 32	d	4.01	+1.95	+1.57	M0 III
48	μ	Peg	8684	22 50 27.8	+24 39 07	s	3.48	+0.68	+0.93	G8+ III
			8685	22 51 34.4	−39 06 23		5.42	+1.69	+1.43	K3 III
22	γ	PsA	8695	22 53 03.1	−32 49 30	d7	4.46	−0.14	−0.04	A0m A1 III−IV
73	λ	Aqr	8698	22 53 06.6	−07 31 44		3.74	+1.74	+1.64	M2.5 III Fe−0.5
			8748	22 54 18.4	+84 23 49		4.71	+1.69	+1.43	K4 III
76	δ	Aqr	8709	22 55 09.2	−15 46 12		3.27	+0.08	+0.05	A3 IV−V
23	δ	PsA	8720	22 56 28.3	−32 29 19	d	4.21	+0.69	+0.97	G8 III
			8726	22 56 51.1	+49 47 04	s	4.95	+1.96	+1.78	K5 Ib
24	α	PsA	8728	22 58 10.4	−29 34 18	a	1.16	+0.08	+0.09	A3 Va
			8732	22 59 06.6	−35 28 21	s	6.13		+0.58	F8 III−IV
	v509	Cas	8752	23 00 29.3	+56 59 47	s	5.00	+1.16	+1.42	G4v 0
	ζ	Gru	8747	23 01 26.2	−52 42 11	6	4.12	+0.70	+0.98	G8/K0 III
1	o	And	8762	23 02 21.6	+42 22 38	d6	3.62	−0.53	−0.09	B6pe (shell)
	π	PsA	8767	23 04 01.2	−34 41 52	6	5.11	+0.02	+0.29	F0 V:
53	β	Peg	8775	23 04 14.2	+28 08 04	d	2.42	+1.96	+1.67	M2.5 II−III
4	β	Psc	8773	23 04 21.6	+03 52 17		4.53	−0.49	−0.12	B6 Ve
54	α	Peg	8781	23 05 14.1	+15 15 23	6	2.49	−0.05	−0.04	A0 III−IV
86		Aqr	8789	23 07 11.4	−23 41 30	d	4.47	+0.58	+0.90	G6 IIIb
	θ	Gru	8787	23 07 24.7	−43 28 08	d7	4.28	+0.16	+0.42	F5 (II−III)m
55		Peg	8795	23 07 29.0	+09 27 39		4.52	+1.90	+1.57	M1 IIIab
33	π	Cep	8819	23 08 12.1	+75 26 20	d67	4.41	+0.46	+0.80	G2 III
88		Aqr	8812	23 09 57.1	−21 07 15		3.66	+1.24	+1.22	K1.5 III
	ι	Gru	8820	23 10 53.6	−45 11 42	6	3.90	+0.86	+1.02	K1 III
59		Peg	8826	23 12 13.0	+08 46 19		5.16	+0.08	+0.13	A3 Van
90	φ	Aqr	8834	23 14 48.9	−05 59 52		4.22	+1.90	+1.56	M1.5 III
91	ψ¹	Aqr	8841	23 16 23.3	−09 02 09	d	4.21	+0.99	+1.11	K1− III Fe−0.5
6	γ	Psc	8852	23 17 39.5	+03 20 04	s	3.69	+0.58	+0.92	G9 III: Fe−2
	γ	Tuc	8848	23 17 58.7	−58 11 01		3.99	−0.02	+0.40	F2 V
93	ψ²	Aqr	8858	23 18 23.8	−09 07 50		4.39	−0.56	−0.15	B5 Vn
	γ	Scl	8863	23 19 20.1	−32 28 49		4.41	+1.06	+1.13	K1 III
95	ψ³	Aqr	8865	23 19 27.3	−09 33 31	d	4.98	−0.02	−0.02	A0 Va
62	τ	Peg	8880	23 21 06.5	+23 47 33	v	4.60	+0.10	+0.17	A5 V
98		Aqr	8892	23 23 28.1	−20 02 55		3.97	+0.95	+1.10	K1 III
4		Cas	8904	23 25 15.8	+62 20 06	d	4.98	+2.07	+1.68	M2− IIIab
68	υ	Peg	8905	23 25 51.3	+23 27 23	s	4.40	+0.14	+0.61	F8 III
99		Aqr	8906	23 26 32.7	−20 35 24		4.39	+1.81	+1.47	K4.5 III
8	κ	Psc	8911	23 27 25.2	+01 18 28	d	4.94	−0.02	+0.03	A0p Cr Sr
10	θ	Psc	8916	23 28 27.0	+06 25 53		4.28	+1.01	+1.07	K0.5 III
	τ	Oct	8862	23 29 12.2	−87 25 47		5.49	+1.43	+1.27	K2 III
70		Peg	8923	23 29 38.2	+12 48 47		4.55	+0.73	+0.94	G8 IIIa
			8924	23 30 01.5	−04 28 51	s	6.25	+1.16	+1.09	K3− IIIb Fe 2
	β	Scl	8937	23 33 28.7	−37 45 56		4.37	−0.36	−0.09	B9.5p Hg Mn
			8952	23 35 24.1	+71 41 41	s	5.84	+1.73	+1.80	G9 Ib
	ι	Phe	8949	23 35 35.1	−42 33 45	d	4.71	+0.07	+0.08	Ap Sr
16	λ	And	8961	23 38 01.9	+46 30 35	vd6	3.82	+0.69	+1.01	G8 III−IV
			8959	23 38 21.5	−45 26 23	6	4.74	+0.09	+0.08	A1/2 V

BRIGHT STARS, J2009.5

Flamsteed/Bayer Designation			BS=HR No.	Right Ascension	Declination	Notes	V	U−B	B−V	Spectral Type
				h m s	° ′ ″					
17	ι	And	8965	23 38 36.3	+43 19 15	6	4.29	−0.29	−0.10	B8 V
35	γ	Cep	8974	23 39 44.7	+77 41 07	as	3.21	+0.94	+1.03	K1 III–IV CN 1
17	ι	Psc	8969	23 40 26.4	+05 40 40	d	4.13	0.00	+0.51	F7 V
19	κ	And	8976	23 40 52.7	+44 23 12	d	4.15	−0.21	−0.08	B8 IVn
	μ	Scl	8975	23 41 08.0	−32 01 14		5.31	+0.66	+0.97	K0 III
18	λ	Psc	8984	23 42 31.9	+01 49 56	6	4.50	+0.08	+0.20	A6 IV−
105	ω²	Aqr	8988	23 43 12.9	−14 29 32	d6	4.49	−0.12	−0.04	B9.5 IV
106		Aqr	8998	23 44 41.6	−18 13 27		5.24	−0.27	−0.08	B9 Vn
20	ψ	And	9003	23 46 30.5	+46 28 23	d	4.99	+0.81	+1.11	G3 Ib–II
			9013	23 48 22.4	+67 51 35	6	5.04	−0.04	−0.01	A1 Vn
20		Psc	9012	23 48 25.8	−02 42 32	d	5.49	+0.70	+0.94	gG8
	δ	Scl	9016	23 49 25.2	−28 04 40	d	4.57	−0.03	+0.01	A0 Va⁺n
81	φ	Peg	9036	23 52 58.4	+19 10 23		5.08	+1.86	+1.60	M3⁻ IIIb
82	HT	Peg	9039	23 53 06.2	+11 00 01		5.31	+0.10	+0.18	A4 Vn
7	ρ	Cas	9045	23 54 51.8	+57 33 08		4.54	+1.12	+1.22	G2 0 (var)
84	ψ	Peg	9064	23 58 14.7	+25 11 39	d	4.66	+1.68	+1.59	M3 III
27		Psc	9067	23 59 09.6	−03 30 12	d6	4.86	+0.70	+0.93	G9 III
	π	Phe	9069	23 59 25.1	−52 41 34		5.13	+1.03	+1.13	K0 III
28	ω	Psc	9072	23 59 48.0	+06 54 57	6	4.01	+0.06	+0.42	F3 V

Notes to Table

- a anchor point for the MK system
- c composite or combined spectrum
- d double star given in Washington Double Star Catalog
- o orbital position generated using FK5 center−of−mass position and proper motion
- s MK standard star
- v star given in Hipparcos Periodic Variables list
- 6 spectroscopic binary
- 7 magnitude and color refer to combined light of two or more stars

 A searchable version of this table appears on *The Astronomical Almanac Online*.

 This symbol indicates that these data or auxiliary material may also be found on *The Astronomical Almanac Online* at **http://asa.usno.navy.mil** and **http://asa.hmnao.com**

SELECTED DOUBLE STARS, J2009.5

BS=HR No.	WDS No.	Right Ascension	Declination	Discoverer Designation	Epoch[1]	P.A.	Separation	V of primary[2]	Δm_V
		h m s	° ′ ″			°	″		
126	00315−6257	00 31 58.6	−62 54 22	LCL 119 AC	2002	168	26.6	4.28	0.23
154	00369+3343	00 37 23.4	+33 46 17	H 5 17 Aa−B	2006	175	35.7	4.32	2.76
361	01137+0735	01 14 13.7	+07 37 31	STF 100 AB	2006	63	22.7	5.22	0.93
382	01201+5814	01 20 41.2	+58 16 53	H 3 23 AC	2001	233	135.3	5.07	1.97
531	01496−1041	01 50 03.1	−10 38 23	ENG 8	2001	251	184.7	4.69	2.12
596	02020+0246	02 02 32.4	+02 48 33	STF 202 AB	2009.5	265	1.8	4.10	1.07
603	02039+4220	02 04 29.2	+42 22 30	STF 205 A−BC	2004	63	9.5	2.31	2.71
681	02193−0259	02 19 49.6	−02 56 06	H 6 1 Aa−C	2009.5	69	122.9	6.65	2.94
681	02193−0259	02 19 49.6	−02 56 06	STG 1 Aa−D	1921	319	148.5	6.65	2.65
897	02583−4018	02 58 37.3	−40 16 01	PZ 2	2002	90	8.4	3.20	0.92
1279	04077+1510	04 08 14.3	+15 11 15	STF 495	2006	223	3.8	6.11	2.66
1412	04287+1552	04 29 12.4	+15 53 29	STFA 10	2002	348	336.7	3.41	0.53
1497	04422+2257	04 42 49.0	+22 58 28	S 455 Aa−B	1999	214	63.0	4.24	2.78
1856	05302−4705	05 30 25.2	−47 04 16	DUN 21 AD	2000	271	197.7	5.52	1.16
1879	05351+0956	05 35 39.7	+09 56 23	STF 738 AB	2006	44	4.4	3.51	1.94
1931	05387−0236	05 39 13.4	−02 35 43	STF3135	1998	324	207.8	3.76	4.10
1931	05387−0236	05 39 13.4	−02 35 43	STF 762 AB−D	2002	84	12.7	3.76	2.80
1931	05387−0236	05 39 13.4	−02 35 43	STF 762 AB−E	2003	62	41.5	3.76	2.58
1983	05445−2227	05 44 51.6	−22 26 45	H 6 40 AB	2002	350	97.1	3.64	2.64
2298	06238+0436	06 24 16.3	+04 35 14	STF 900 AB	2004	29	12.1	4.42	2.22
2736	07087−7030	07 08 39.9	−70 30 51	DUN 42	2002	296	14.4	3.86	1.57
2891	07346+3153	07 35 12.2	+31 52 00	STF1110 AB	2009.5	57	4.6	1.93	1.04
3223	08079−6837	08 07 57.4	−68 38 42	RMK 7	1999	24	6.0	4.38	2.93
3207	08095−4720	08 09 49.5	−47 21 54	DUN 65 AB	2002	219	41.0	1.79	2.35
3315	08252−2403	08 25 28.4	−24 04 39	S 568	2001	90	42.2	5.48	2.95
3475	08467+2846	08 47 16.2	+28 43 28	STF1268	2003	308	30.7	4.13	1.86
3582	08570−5914	08 57 12.3	−59 15 58	DUN 74	1991	76	40.1	4.87	1.71
3890	09471−6504	09 47 20.4	−65 06 58	RMK 11	2000	129	5.0	3.02	2.98
4031	10167+2325	10 17 13.0	+23 22 11	STFA 18	2002	338	333.8	3.46	2.57
4057	10200+1950	10 20 29.7	+19 47 35	STF1424 AB	2009.5	126	4.6	2.37	1.30
4180	10393−5536	10 39 41.2	−55 39 10	DUN 95 AB	2000	105	51.7	4.38	1.68
4191	10435+4612	10 44 06.2	+46 09 13	SMA 75 AB	2002	88	288.4	5.21	2.14
4203	10459+3041	10 46 23.5	+30 37 55	S 612	2002	174	196.5	5.34	2.44
4257	10535−5851	10 53 53.0	−58 54 14	DUN 102 AB	2000	204	159.4	3.88	2.35
4259	10556+2445	10 56 07.6	+24 41 56	STF1487	2006	112	6.5	4.48	1.82
4314	11053−2718	11 05 47.4	−27 20 42	LDS6238 AC	1960	46	18.0	4.92*	0.20
4369	11170−0708	11 17 27.1	−07 11 12	BU 600 AC	2009.5	99	53.7	6.15	2.07
4418	11279+0251	11 28 25.6	+02 48 14	STFA 19 AB	2009.5	181	88.8	5.05	2.42
4621	12084−5043	12 08 51.2	−50 46 31	JC 2 AB	1999	325	269.1	2.51	1.91
4730	12266−6306	12 27 08.0	−63 09 06	DUN 252 AB	2002	114	4.0	1.25	0.30
4792	12351+1823	12 35 36.3	+18 19 30	STF1657	2006	271	20.2	5.11	1.22
4898	12546−5711	12 55 09.5	−57 13 46	DUN 126 AB	2002	18	34.8	3.94	1.01
4915	12560+3819	12 56 28.3	+38 16 02	STF1692	2004	229	19.3	2.85	2.67
4993	13152−6754	13 15 54.2	−67 56 41	DUN 131 AC	2002	332	58.4	4.76	2.48
5035	13226−6059	13 23 15.2	−61 02 16	DUN 133 AB−C	2000	346	60.7	4.51*	1.66
5054	13239+5456	13 24 18.4	+54 52 33	STF1744 AB	2006	153	14.3	2.23	1.65
5054	13239+5456	13 24 18.4	+54 52 33	STF1744 AC	1991	71	708.5	2.23	1.78
5171	13472−6235	13 47 51.1	−62 38 13	COO 157 AB	1991	321	7.1	7.19	2.71
5350	14162+5122	14 16 30.1	+51 19 25	STFA 26 AB	2004	34	39.7	4.76	2.63
5460	14396−6050	14 40 14.5	−60 52 28	RHD 1 AB	2009.5	243	7.2	−0.01*	1.36

SELECTED DOUBLE STARS, J2009.5

BS=HR No.	WDS No.	Right Ascension (h m s)	Declination (° ′ ″)	Discoverer Designation	Epoch[1]	P.A. (°)	Separation (″)	V of primary[2]	Δm_V
5459	14396−6050	14 40 15.4	−60 52 25	RHD 1 BA	2009.5	63	7.2	1.35*	1.36
5506	14450+2704	14 45 24.1	+27 02 04	STF1877 AB	2006	342	2.8	2.58	2.23
5531	14509−1603	14 51 24.3	−16 04 51	SHJ 186 AB	2002	315	231.1	2.74	2.45
5646	15119−4844	15 12 36.0	−48 46 24	DUN 177	2002	143	26.1	3.83	1.69
5683	15185−4753	15 19 11.9	−47 54 34	DUN 180 AC	2002	127	22.7	4.99	1.35
5733	15245+3723	15 24 51.0	+37 20 39	STFA 28 Aa−BC	2002	170	107.1	4.33	2.76
5789	15348+1032	15 35 15.4	+10 30 27	STF1954 AB	2009.5	173	4.0	4.17	0.99
5984	16054−1948	16 05 59.5	−19 49 51	H 3 7 AC	2005	24	13.1	2.59	1.93
5985	16054−1948	16 05 59.8	−19 49 38	H 3 7 CA	2005	204	13.1	4.52	1.93
6008	16081+1703	16 08 30.3	+17 01 20	STF2010 AB	2009.5	13	27.0	5.10	1.11
6027	16120−1928	16 12 32.9	−19 29 05	H 5 6 Aa−C	2005	336	41.2	4.21	2.39
6077	16195−3054	16 20 08.9	−30 55 45	BSO 12	2006	318	23.4	5.55	1.33
6020	16203−7842	16 21 47.7	−78 43 05	BSO 22 AB	2000	10	103.3	4.90	0.51
6115	16272−4733	16 27 53.0	−47 34 32	HJ 4853	2002	335	22.8	4.51	1.61
6406	17146+1423	17 15 04.9	+14 22 48	STF2140 Aa−B	2009.5	104	4.6	3.48	1.92
6555	17322+5511	17 32 27.3	+55 10 00	STFA 35	2006	311	62.5	4.87	0.03
6636	17419+7209	17 41 46.3	+72 08 38	STF2241 AB	2009.5	16	30.3	4.60	0.99
6714	18006+0256	18 01 07.3	+02 55 54	H 6 2 AC	2003	142	54.3	3.96	4.10
6752	18055+0230	18 05 56.0	+02 29 56	STF2272 AB	2009.5	132	5.7	4.22	1.95
7056	18448+3736	18 45 06.0	+37 36 56	STFA 38 AD	2005	150	43.6	4.34	1.28
7141	18562+0412	18 56 41.5	+04 13 00	STF2417 AB	2006	104	22.4	4.59	0.34
7405	19287+2440	19 29 06.1	+24 41 05	STFA 42	2009.5	28	426.7	4.61	1.32
7417	19307+2758	19 31 06.3	+27 58 48	STFA 43 Aa−B	2006	54	34.4	3.19	1.49
7476	19407−1618	19 41 16.0	−16 16 15	HJ 599 AC	2003	42	44.7	5.42	2.23
7503	19418+5032	19 42 04.1	+50 32 51	STFA 46 Aa−B	2009.5	133	39.7	6.00	0.23
7582	19482+7016	19 48 08.2	+70 17 31	STF2603	2005	20	3.2	4.01	2.86
7735	20136+4644	20 13 55.9	+46 46 14	STFA 50 Aa−D	1999	323	336.4	3.93	0.90
7754	20181−1233	20 18 34.8	−12 30 53	STFA 51 AE	2002	292	381.2	3.67	0.67
7776	20210−1447	20 21 32.6	−14 45 03	STFA 52 Aa−Ba	2002	267	206.0	3.15	2.93
7948	20467+1607	20 47 06.0	+16 09 32	STF2727	2009.5	265	9.1	4.36	0.67
8085	21069+3845	21 07 19.5	+38 47 48	STF2758 AB	2009.5	151	31.2	5.35	0.75
8086	21069+3845	21 07 20.8	+38 47 20	STF2758 BA	2009.5	331	31.2	6.10	0.75
8097	21103+1008	21 10 48.2	+10 10 13	STFA 54 AD	2001	152	337.7	4.70	1.36
8140	21199−5327	21 20 32.3	−53 24 33	HJ 5258	2009.5	269	7.1	4.50	2.43
8417	22038+6438	22 04 04.0	+64 40 28	STF2863 Aa−B	2009.5	274	8.3	4.45	1.95
8559	22288−0001	22 29 19.2	+00 01 44	STF2909	2009.5	174	2.2	4.34	0.15
8571	22292+5825	22 29 31.5	+58 27 50	STFA 58 AC	2004	191	40.5	4.21	1.90
8576	22315−3221	22 32 02.6	−32 17 50	PZ 7	2006	173	30.0	4.28	2.84
8695	22525−3253	22 53 03.1	−32 49 30	HJ 5367	1992	258	4.0	4.50	3.70

Notes to Table

[1] Epoch represents the date of position angle and separation data. Data for Epoch 2009.5 are calculated; data for all other epochs represent the most recent measurement. In the latter cases, the system configuration at 2009.5 is not expected to be significantly different.

[2] Visual magnitudes are Tycho V except where indicated by '*'; in those cases, the magnitudes are Hipparcos V. 'Primary' is not necessarily the brighter object, but is the object used as the origin of the measurements for the pair.

Name	Right Ascension	Declination	V	B−V	U−B	V−R	R−I	V−I
	h m s	° ′ ″						
TPHE A	00 30 37	−46 28 20	14.651	+0.793	+0.380	+0.435	+0.405	+0.841
TPHE C	00 30 44	−46 29 13	14.376	−0.298	−1.217	−0.148	−0.211	−0.360
TPHE D	00 30 46	−46 28 11	13.118	+1.551	+1.871	+0.849	+0.810	+1.663
TPHE E	00 30 47	−46 21 27	11.630	+0.443	−0.103	+0.276	+0.283	+0.564
92 245	00 54 45	+00 43 00	13.818	+1.418	+1.189	+0.929	+0.907	+1.836
92 249	00 55 03	+00 44 10	14.325	+0.699	+0.240	+0.399	+0.370	+0.770
92 250	00 55 06	+00 42 02	13.178	+0.814	+0.480	+0.446	+0.394	+0.840
92 252	00 55 16	+00 42 29	14.932	+0.517	−0.140	+0.326	+0.332	+0.666
92 253	00 55 21	+00 43 24	14.085	+1.131	+0.955	+0.719	+0.616	+1.337
92 342	00 55 39	+00 46 18	11.613	+0.436	−0.042	+0.266	+0.270	+0.538
92 410	00 55 44	+01 04 56	14.984	+0.398	−0.134	+0.239	+0.242	+0.484
92 412	00 55 45	+01 04 59	15.036	+0.457	−0.152	+0.285	+0.304	+0.589
92 260	00 55 58	+00 40 12	15.071	+1.162	+1.115	+0.719	+0.608	+1.328
92 263	00 56 09	+00 39 24	11.782	+1.048	+0.843	+0.563	+0.522	+1.087
92 425	00 56 27	+00 56 03	13.941	+1.191	+1.173	+0.755	+0.627	+1.384
92 426	00 56 29	+00 55 59	14.466	+0.729	+0.184	+0.412	+0.396	+0.809
92 355	00 56 35	+00 53 51	14.965	+1.164	+1.201	+0.759	+0.645	+1.406
92 430	00 56 44	+00 56 23	14.440	+0.567	−0.040	+0.338	+0.338	+0.676
92 276	00 56 56	+00 44 55	12.036	+0.629	+0.067	+0.368	+0.357	+0.726
92 282	00 57 16	+00 41 34	12.969	+0.318	−0.038	+0.201	+0.221	+0.422
92 288	00 57 46	+00 39 53	11.630	+0.855	+0.472	+0.489	+0.441	+0.931
F 11	01 04 51	+04 16 40	12.065	−0.240	−0.978	−0.120	−0.142	−0.261
F 16	01 54 37	−06 40 07	12.406	−0.012	+0.009	−0.003	+0.002	−0.001
93 317	01 55 07	+00 45 47	11.546	+0.488	−0.055	+0.293	+0.298	+0.592
93 333	01 55 35	+00 48 29	12.011	+0.832	+0.436	+0.469	+0.422	+0.892
93 424	01 55 56	+00 59 29	11.620	+1.083	+0.943	+0.554	+0.502	+1.058
G3 33	02 00 38	+13 06 04	12.298	+1.804	+1.316	+1.355	+1.751	+3.099
F 22	02 30 47	+05 18 21	12.799	−0.054	−0.806	−0.103	−0.105	−0.207
PG0231+051A	02 34 10	+05 20 09	12.772	+0.710	+0.270	+0.405	+0.394	+0.799
PG0231+051	02 34 11	+05 21 13	16.105	−0.329	−1.192	−0.162	−0.371	−0.534
PG0231+051B	02 34 15	+05 20 02	14.735	+1.448	+1.342	+0.954	+0.998	+1.951
F 24	02 35 37	+03 46 25	12.411	−0.203	−1.169	+0.090	+0.364	+0.451
94 171	02 54 08	+00 19 37	12.659	+0.817	+0.304	+0.480	+0.483	+0.964
94 242	02 57 50	+00 20 55	11.728	+0.301	+0.107	+0.178	+0.184	+0.362
94 251	02 58 16	+00 18 18	11.204	+1.219	+1.281	+0.659	+0.587	+1.247
94 702	02 58 43	+01 13 10	11.594	+1.418	+1.621	+0.756	+0.673	+1.430
GD 50	03 49 19	−00 56 51	14.063	−0.276	−1.191	−0.145	−0.180	−0.325
95 301	03 53 10	+00 33 02	11.216	+1.290	+1.296	+0.692	+0.620	+1.311
95 302	03 53 12	+00 32 58	11.694	+0.825	+0.447	+0.471	+0.420	+0.891
95 96	03 53 23	+00 01 59	10.010	+0.147	+0.072	+0.079	+0.095	+0.174
95 190	03 53 43	+00 18 02	12.627	+0.287	+0.236	+0.195	+0.220	+0.415
95 193	03 53 50	+00 18 14	14.338	+1.211	+1.239	+0.748	+0.616	+1.366
95 317	03 54 13	+00 31 29	13.449	+1.320	+1.120	+0.768	+0.708	+1.476
95 42	03 54 13	−00 02 55	15.606	−0.215	−1.111	−0.119	−0.180	−0.300
95 263	03 54 16	+00 28 20	12.679	+1.500	+1.559	+0.801	+0.711	+1.513

UBVRI STANDARD STARS, J2009.5

Name	Right Ascension	Declination	V	B−V	U−B	V−R	R−I	V−I
	h m s	° ′ ″						
95 43	03 54 18	−00 01 22	10.803	+0.510	−0.016	+0.308	+0.316	+0.624
95 271	03 54 46	+00 20 31	13.669	+1.287	+0.916	+0.734	+0.717	+1.453
95 328	03 54 49	+00 38 11	13.525	+1.532	+1.298	+0.908	+0.868	+1.776
95 329	03 54 53	+00 38 46	14.617	+1.184	+1.093	+0.766	+0.642	+1.410
95 330	03 55 00	+00 30 44	12.174	+1.999	+2.233	+1.166	+1.100	+2.268
95 275	03 55 14	+00 28 59	13.479	+1.763	+1.740	+1.011	+0.931	+1.944
95 276	03 55 15	+00 27 33	14.118	+1.225	+1.218	+0.748	+0.646	+1.395
95 60	03 55 19	−00 05 25	13.429	+0.776	+0.197	+0.464	+0.449	+0.914
95 218	03 55 19	+00 11 47	12.095	+0.708	+0.208	+0.397	+0.370	+0.767
95 132	03 55 21	+00 07 00	12.064	+0.448	+0.300	+0.259	+0.287	+0.545
95 62	03 55 30	−00 01 16	13.538	+1.355	+1.181	+0.742	+0.685	+1.428
95 227	03 55 38	+00 16 13	15.779	+0.771	+0.034	+0.515	+0.552	+1.067
95 142	03 55 39	+00 02 59	12.927	+0.588	+0.097	+0.371	+0.375	+0.745
95 74	03 56 00	−00 07 35	11.531	+1.126	+0.686	+0.600	+0.567	+1.165
95 231	03 56 08	+00 12 21	14.216	+0.452	+0.297	+0.270	+0.290	+0.560
95 284	03 56 11	+00 28 16	13.669	+1.398	+1.073	+0.818	+0.766	+1.586
95 149	03 56 14	+00 08 41	10.938	+1.593	+1.564	+0.874	+0.811	+1.685
95 236	03 56 43	+00 10 25	11.491	+0.736	+0.162	+0.420	+0.411	+0.831
96 36	04 52 12	−00 09 14	10.591	+0.247	+0.118	+0.134	+0.136	+0.271
96 737	04 53 05	+00 23 25	11.716	+1.334	+1.160	+0.733	+0.695	+1.428
96 83	04 53 28	−00 13 47	11.719	+0.179	+0.202	+0.093	+0.097	+0.190
96 235	04 53 48	−00 04 07	11.140	+1.074	+0.898	+0.559	+0.510	+1.068
G97 42	05 28 32	+09 39 39	12.443	+1.639	+1.259	+1.171	+1.485	+2.655
G102 22	05 42 43	+12 29 21	11.509	+1.621	+1.134	+1.211	+1.590	+2.800
GD 71	05 53 00	+15 53 18	13.032	−0.249	−1.107	−0.137	−0.164	−0.302
97 249	05 57 37	+00 01 14	11.733	+0.648	+0.100	+0.369	+0.353	+0.723
97 345	05 58 02	+00 21 18	11.608	+1.655	+1.680	+0.928	+0.844	+1.771
97 351	05 58 07	+00 13 46	9.781	+0.202	+0.096	+0.124	+0.141	+0.264
97 75	05 58 24	−00 09 27	11.483	+1.872	+2.100	+1.047	+0.952	+1.999
97 284	05 58 54	+00 05 15	10.788	+1.363	+1.087	+0.774	+0.725	+1.500
98 563	06 52 01	−00 27 08	14.162	+0.416	−0.190	+0.294	+0.317	+0.610
98 978	06 52 03	−00 12 14	10.572	+0.609	+0.094	+0.349	+0.322	+0.671
98 581	06 52 09	−00 26 25	14.556	+0.238	+0.161	+0.118	+0.244	+0.361
98 618	06 52 19	−00 21 59	12.723	+2.192	+2.144	+1.254	+1.151	+2.407
98 185	06 52 31	−00 28 05	10.536	+0.202	+0.113	+0.109	+0.124	+0.231
98 193	06 52 32	−00 28 02	10.030	+1.180	+1.152	+0.615	+0.537	+1.153
98 650	06 52 34	−00 20 21	12.271	+0.157	+0.110	+0.080	+0.086	+0.166
98 653	06 52 34	−00 19 01	9.539	−0.004	−0.099	+0.009	+0.008	+0.017
98 666	06 52 39	−00 24 15	12.732	+0.164	−0.004	+0.091	+0.108	+0.200
98 671	06 52 41	−00 19 09	13.385	+0.968	+0.719	+0.575	+0.494	+1.071
98 670	06 52 41	−00 20 00	11.930	+1.356	+1.313	+0.723	+0.653	+1.375
98 675	06 52 42	−00 20 24	13.398	+1.909	+1.936	+1.082	+1.002	+2.085
98 676	06 52 43	−00 20 03	13.068	+1.146	+0.666	+0.683	+0.673	+1.352
98 682	06 52 46	−00 20 24	13.749	+0.632	+0.098	+0.366	+0.352	+0.717
98 688	06 52 48	−00 24 16	12.754	+0.293	+0.245	+0.158	+0.180	+0.337

Name	Right Ascension	Declination	V	B−V	U−B	V−R	R−I	V−I
	h m s	° ′ ″						
98 685	06 52 48	−00 21 03	11.954	+0.463	+0.096	+0.290	+0.280	+0.570
98 1087	06 52 50	−00 16 34	14.439	+1.595	+1.284	+0.928	+0.882	+1.812
98 1102	06 52 57	−00 14 27	12.113	+0.314	+0.089	+0.193	+0.195	+0.388
98 1119	06 53 06	−00 15 15	11.878	+0.551	+0.069	+0.312	+0.299	+0.611
98 724	06 53 06	−00 20 04	11.118	+1.104	+0.904	+0.575	+0.527	+1.103
98 1124	06 53 07	−00 17 17	13.707	+0.315	+0.258	+0.173	+0.201	+0.373
98 1122	06 53 07	−00 17 47	14.090	+0.595	−0.297	+0.376	+0.442	+0.816
98 733	06 53 09	−00 17 58	12.238	+1.285	+1.087	+0.698	+0.650	+1.347
RU 149G	07 24 41	−00 33 07	12.829	+0.541	+0.033	+0.322	+0.322	+0.645
RU 149A	07 24 42	−00 34 02	14.495	+0.298	+0.118	+0.196	+0.196	+0.391
RU 149F	07 24 43	−00 32 47	13.471	+1.115	+1.025	+0.594	+0.538	+1.132
RU 149	07 24 43	−00 34 13	13.866	−0.129	−0.779	−0.040	−0.068	−0.108
RU 149D	07 24 44	−00 33 56	11.480	−0.037	−0.287	+0.021	+0.008	+0.029
RU 149C	07 24 46	−00 33 34	14.425	+0.195	+0.141	+0.093	+0.127	+0.222
RU 149B	07 24 47	−00 34 15	12.642	+0.662	+0.151	+0.374	+0.354	+0.728
RU 149E	07 24 48	−00 32 27	13.718	+0.522	−0.007	+0.321	+0.314	+0.637
RU 152E	07 30 23	−02 06 44	12.362	+0.042	−0.086	+0.030	+0.034	+0.065
RU 152F	07 30 23	−02 06 05	14.564	+0.635	+0.069	+0.382	+0.315	+0.689
RU 152	07 30 27	−02 07 51	13.014	−0.190	−1.073	−0.057	−0.087	−0.145
RU 152B	07 30 28	−02 07 11	15.019	+0.500	+0.022	+0.290	+0.309	+0.600
RU 152A	07 30 29	−02 07 36	14.341	+0.543	−0.085	+0.325	+0.329	+0.654
RU 152C	07 30 31	−02 06 52	12.222	+0.573	−0.013	+0.342	+0.340	+0.683
RU 152D	07 30 35	−02 05 51	11.076	+0.875	+0.491	+0.473	+0.449	+0.921
99 438	07 56 23	−00 18 21	9.398	−0.155	−0.725	−0.059	−0.081	−0.141
99 447	07 56 36	−00 22 15	9.417	−0.067	−0.225	−0.032	−0.041	−0.074
100 241	08 53 03	−00 41 59	10.139	+0.157	+0.101	+0.078	+0.085	+0.163
100 162	08 53 44	−00 45 41	9.150	+1.276	+1.497	+0.649	+0.553	+1.203
100 280	08 54 05	−00 38 52	11.799	+0.494	−0.002	+0.295	+0.291	+0.588
100 394	08 54 24	−00 34 33	11.384	+1.317	+1.457	+0.705	+0.636	+1.341
PG0918+029D	09 21 52	+02 45 01	12.272	+1.044	+0.821	+0.575	+0.535	+1.108
PG0918+029	09 21 58	+02 43 35	13.327	−0.271	−1.081	−0.129	−0.159	−0.288
PG0918+029B	09 22 03	+02 45 32	13.963	+0.765	+0.366	+0.417	+0.370	+0.787
PG0918+029A	09 22 05	+02 43 53	14.490	+0.536	−0.032	+0.325	+0.336	+0.661
PG0918+029C	09 22 12	+02 44 10	13.537	+0.631	+0.087	+0.367	+0.357	+0.722
−12 2918	09 31 47	−13 31 51	10.067	+1.501	+1.166	+1.067	+1.318	+2.385
PG0942−029	09 45 41	−03 12 00	14.004	−0.294	−1.175	−0.130	−0.149	−0.280
101 315	09 55 20	−00 30 14	11.249	+1.153	+1.056	+0.612	+0.559	+1.172
101 316	09 55 21	−00 21 17	11.552	+0.493	+0.032	+0.293	+0.291	+0.584
101 320	09 56 02	−00 25 16	13.823	+1.052	+0.690	+0.581	+0.561	+1.141
101 404	09 56 10	−00 21 05	13.459	+0.996	+0.697	+0.530	+0.500	+1.029
101 324	09 56 26	−00 25 58	9.742	+1.161	+1.148	+0.591	+0.519	+1.110
101 326	09 56 37	−00 29 54	14.923	+0.729	+0.227	+0.406	+0.375	+0.780
101 327	09 56 38	−00 28 37	13.441	+1.155	+1.139	+0.717	+0.574	+1.290
101 413	09 56 43	−00 14 38	12.583	+0.983	+0.716	+0.529	+0.497	+1.025
101 268	09 56 46	−00 34 40	14.380	+1.531	+1.381	+1.040	+1.200	+2.237

Name	Right Ascension	Declination	V	B−V	U−B	V−R	R−I	V−I
	h m s	° ′ ″						
101 330	09 56 50	−00 30 06	13.723	+0.577	−0.026	+0.346	+0.338	+0.684
101 281	09 57 34	−00 34 27	11.575	+0.812	+0.419	+0.452	+0.412	+0.864
101 429	09 58 01	−00 20 59	13.496	+0.980	+0.782	+0.617	+0.526	+1.143
101 431	09 58 07	−00 20 37	13.684	+1.246	+1.144	+0.808	+0.708	+1.517
101 207	09 58 22	−00 50 20	12.419	+0.515	−0.078	+0.321	+0.320	+0.641
101 363	09 58 48	−00 28 21	9.874	+0.261	+0.129	+0.146	+0.151	+0.297
GD 108	10 01 16	−07 36 16	13.561	−0.215	−0.942	−0.098	−0.122	−0.220
G162 66	10 34 11	−11 44 36	13.012	−0.165	−0.996	−0.126	−0.141	−0.266
G44 27	10 36 31	+05 04 14	12.636	+1.586	+1.088	+1.185	+1.526	+2.714
PG1034+001	10 37 33	−00 11 17	13.228	−0.365	−1.274	−0.155	−0.203	−0.359
PG1047+003	10 50 32	−00 03 39	13.474	−0.290	−1.121	−0.132	−0.162	−0.295
PG1047+003A	10 50 35	−00 04 13	13.512	+0.688	+0.168	+0.422	+0.418	+0.840
PG1047+003B	10 50 37	−00 05 06	14.751	+0.679	+0.172	+0.391	+0.371	+0.764
PG1047+003C	10 50 43	−00 03 34	12.453	+0.607	−0.019	+0.378	+0.358	+0.737
G44 40	10 51 21	+06 45 20	11.675	+1.644	+1.213	+1.216	+1.568	+2.786
102 620	10 55 33	−00 51 22	10.069	+1.083	+1.020	+0.642	+0.524	+1.167
G45 20	10 57 10	+06 59 39	13.507	+2.034	+1.165	+1.823	+2.174	+4.000
102 1081	10 57 33	−00 16 17	9.903	+0.664	+0.255	+0.366	+0.333	+0.698
G163 27	10 58 03	−07 34 26	14.338	+0.288	−0.548	+0.206	+0.210	+0.417
G163 50	11 08 29	−05 12 36	13.059	+0.035	−0.688	−0.085	−0.072	−0.159
G163 51	11 08 35	−05 16 57	12.576	+1.506	+1.228	+1.084	+1.359	+2.441
G10 50	11 48 14	+00 45 46	11.153	+1.752	+1.318	+1.294	+1.673	+2.969
103 302	11 56 35	−00 51 05	9.861	+0.368	−0.056	+0.228	+0.237	+0.465
103 626	11 57 15	−00 26 25	11.836	+0.413	−0.057	+0.262	+0.274	+0.535
G12 43	12 33 45	+08 58 10	12.467	+1.846	+1.085	+1.530	+1.944	+3.479
104 428	12 42 11	−00 29 33	12.630	+0.985	+0.748	+0.534	+0.497	+1.032
104 430	12 42 19	−00 29 00	13.858	+0.652	+0.131	+0.364	+0.363	+0.727
104 330	12 42 41	−00 43 49	15.296	+0.594	−0.028	+0.369	+0.371	+0.739
104 440	12 42 44	−00 27 53	15.114	+0.440	−0.227	+0.289	+0.317	+0.605
104 334	12 42 50	−00 43 36	13.484	+0.518	−0.067	+0.323	+0.331	+0.653
104 239	12 42 52	−00 49 43	13.936	+1.356	+1.291	+0.868	+0.805	+1.675
104 336	12 42 54	−00 43 05	14.404	+0.830	+0.495	+0.461	+0.403	+0.865
104 338	12 42 59	−00 41 39	16.059	+0.591	−0.082	+0.348	+0.372	+0.719
104 455	12 43 21	−00 27 24	15.105	+0.581	−0.024	+0.360	+0.357	+0.716
104 457	12 43 23	−00 31 56	16.048	+0.753	+0.522	+0.484	+0.490	+0.974
104 460	12 43 32	−00 31 26	12.886	+1.287	+1.243	+0.813	+0.693	+1.507
104 461	12 43 35	−00 35 25	9.705	+0.476	−0.030	+0.289	+0.290	+0.580
104 350	12 43 43	−00 36 28	13.634	+0.673	+0.165	+0.383	+0.353	+0.736
104 490	12 45 03	−00 28 59	12.572	+0.535	+0.048	+0.318	+0.312	+0.630
104 598	12 45 46	−00 19 48	11.479	+1.106	+1.050	+0.670	+0.546	+1.215
PG1323−086	13 26 09	−08 52 16	13.481	−0.140	−0.681	−0.048	−0.078	−0.127
PG1323−086C	13 26 20	−08 51 36	14.003	+0.707	+0.245	+0.395	+0.363	+0.759
PG1323−086B	13 26 21	−08 53 52	13.406	+0.761	+0.265	+0.426	+0.407	+0.833
PG1323−086D	13 26 35	−08 53 33	12.080	+0.587	+0.005	+0.346	+0.335	+0.684
105 437	13 37 46	−00 40 50	12.535	+0.248	+0.067	+0.136	+0.143	+0.279

Name	Right Ascension	Declination	V	B−V	U−B	V−R	R−I	V−I
	h m s	° ′ ″						
105 815	13 40 32	−00 05 12	11.453	+0.385	−0.237	+0.267	+0.291	+0.560
+2 2711	13 42 48	+01 27 27	10.367	−0.166	−0.697	−0.072	−0.095	−0.167
121968	13 59 21	−02 57 37	10.254	−0.186	−0.908	−0.073	−0.098	−0.172
106 700	14 41 20	−00 26 02	9.785	+1.362	+1.582	+0.728	+0.641	+1.370
107 568	15 38 22	−00 19 08	13.054	+1.149	+0.862	+0.625	+0.595	+1.217
107 1006	15 39 03	+00 12 29	11.712	+0.766	+0.279	+0.442	+0.421	+0.863
107 456	15 39 12	−00 21 37	12.919	+0.921	+0.589	+0.537	+0.478	+1.015
107 351	15 39 15	−00 33 56	12.342	+0.562	−0.005	+0.351	+0.358	+0.708
107 592	15 39 20	−00 18 59	11.847	+1.318	+1.380	+0.709	+0.647	+1.357
107 599	15 39 39	−00 16 18	14.675	+0.698	+0.243	+0.433	+0.438	+0.869
107 601	15 39 43	−00 15 16	14.646	+1.412	+1.265	+0.923	+0.835	+1.761
107 602	15 39 48	−00 17 20	12.116	+0.991	+0.585	+0.545	+0.531	+1.074
107 626	15 40 35	−00 19 18	13.468	+1.000	+0.728	+0.600	+0.527	+1.126
107 627	15 40 37	−00 19 12	13.349	+0.779	+0.226	+0.465	+0.454	+0.918
107 484	15 40 46	−00 23 04	11.311	+1.237	+1.291	+0.664	+0.577	+1.240
107 639	15 41 14	−00 18 59	14.197	+0.640	−0.026	+0.399	+0.404	+0.803
G153 41	16 18 28	−15 37 15	13.422	−0.205	−1.133	−0.135	−0.154	−0.290
−12 4523	16 30 49	−12 40 27	10.069	+1.568	+1.192	+1.152	+1.498	+2.649
PG1633+099	16 35 51	+09 46 41	14.397	−0.192	−0.974	−0.093	−0.116	−0.212
PG1633+099A	16 35 53	+09 46 45	15.256	+0.873	+0.320	+0.505	+0.511	+1.015
PG1633+099B	16 36 00	+09 45 12	12.969	+1.081	+1.007	+0.590	+0.502	+1.090
PG1633+099C	16 36 04	+09 45 07	13.229	+1.134	+1.138	+0.618	+0.523	+1.138
PG1633+099D	16 36 07	+09 45 33	13.691	+0.535	−0.025	+0.324	+0.327	+0.650
108 475	16 37 30	−00 35 46	11.309	+1.380	+1.462	+0.744	+0.665	+1.409
108 551	16 38 17	−00 34 12	10.703	+0.179	+0.178	+0.099	+0.110	+0.208
PG1647+056	16 50 46	+05 31 59	14.773	−0.173	−1.064	−0.058	−0.022	−0.082
PG1657+078	17 00 00	+07 42 42	15.015	−0.149	−0.940	−0.063	−0.033	−0.100
109 71	17 44 36	−00 25 11	11.493	+0.323	+0.153	+0.186	+0.223	+0.410
109 381	17 44 42	−00 20 46	11.730	+0.704	+0.225	+0.428	+0.435	+0.861
109 954	17 44 45	−00 02 29	12.436	+1.296	+0.956	+0.764	+0.731	+1.496
109 231	17 45 49	−00 26 04	9.332	+1.462	+1.593	+0.785	+0.704	+1.492
109 537	17 46 12	−00 21 47	10.353	+0.609	+0.227	+0.376	+0.392	+0.768
G21 15	18 27 42	+04 03 32	13.889	+0.092	−0.598	−0.039	−0.030	−0.069
110 229	18 41 15	+00 02 24	13.649	+1.910	+1.391	+1.198	+1.155	+2.356
110 230	18 41 21	+00 02 57	14.281	+1.084	+0.728	+0.624	+0.596	+1.218
110 233	18 41 22	+00 01 25	12.771	+1.281	+0.812	+0.773	+0.818	+1.593
110 232	18 41 22	+00 02 29	12.516	+0.729	+0.147	+0.439	+0.450	+0.889
110 340	18 41 58	+00 15 57	10.025	+0.303	+0.127	+0.170	+0.182	+0.353
110 477	18 42 12	+00 27 17	13.988	+1.345	+0.715	+0.850	+0.857	+1.707
110 355	18 42 48	+00 08 59	11.944	+1.023	+0.504	+0.652	+0.727	+1.378
110 361	18 43 14	+00 08 40	12.425	+0.632	+0.035	+0.361	+0.348	+0.709
110 266	18 43 18	+00 05 42	12.018	+0.889	+0.411	+0.538	+0.577	+1.111
110 364	18 43 22	+00 08 30	13.615	+1.133	+1.095	+0.697	+0.585	+1.281
110 157	18 43 26	−00 08 23	13.491	+2.123	+1.679	+1.257	+1.139	+2.395
110 365	18 43 27	+00 07 59	13.470	+2.261	+1.895	+1.360	+1.270	+2.631

Name	Right Ascension	Declination	V	B−V	U−B	V−R	R−I	V−I
	h m s	° ′ ″						
110 496	18 43 28	+00 31 45	13.004	+1.040	+0.737	+0.607	+0.681	+1.287
110 280	18 43 36	−00 03 06	12.996	+2.151	+2.133	+1.235	+1.148	+2.384
110 499	18 43 37	+00 28 37	11.737	+0.987	+0.639	+0.600	+0.674	+1.273
110 502	18 43 39	+00 28 18	12.330	+2.326	+2.326	+1.373	+1.250	+2.625
110 503	18 43 41	+00 30 19	11.773	+0.671	+0.506	+0.373	+0.436	+0.808
110 441	18 44 03	+00 20 17	11.121	+0.555	+0.112	+0.324	+0.336	+0.660
110 315	18 44 21	+00 01 26	13.637	+2.069	+2.256	+1.206	+1.133	+2.338
110 450	18 44 21	+00 23 35	11.585	+0.944	+0.691	+0.552	+0.625	+1.177
111 773	19 37 45	+00 12 17	8.963	+0.206	−0.210	+0.119	+0.144	+0.262
111 775	19 37 46	+00 13 24	10.744	+1.738	+2.029	+0.965	+0.896	+1.862
111 1925	19 37 58	+00 26 21	12.388	+0.395	+0.262	+0.221	+0.253	+0.474
111 1965	19 38 11	+00 28 10	11.419	+1.710	+1.865	+0.951	+0.877	+1.830
111 1969	19 38 12	+00 27 07	10.382	+1.959	+2.306	+1.177	+1.222	+2.400
111 2039	19 38 34	+00 33 32	12.395	+1.369	+1.237	+0.739	+0.689	+1.430
111 2088	19 38 50	+00 32 20	13.193	+1.610	+1.678	+0.888	+0.818	+1.708
111 2093	19 38 53	+00 32 45	12.538	+0.637	+0.283	+0.370	+0.397	+0.766
112 595	20 41 48	+00 18 31	11.352	+1.601	+1.993	+0.899	+0.901	+1.801
112 704	20 42 31	+00 21 12	11.452	+1.536	+1.742	+0.822	+0.746	+1.570
112 223	20 42 44	+00 11 04	11.424	+0.454	+0.010	+0.273	+0.274	+0.547
112 250	20 42 56	+00 09 46	12.095	+0.532	−0.025	+0.317	+0.323	+0.639
112 275	20 43 05	+00 09 24	9.905	+1.210	+1.299	+0.647	+0.569	+1.217
112 805	20 43 16	+00 18 12	12.086	+0.152	+0.150	+0.063	+0.075	+0.138
112 822	20 43 24	+00 17 06	11.549	+1.031	+0.883	+0.558	+0.502	+1.060
MARK A2	20 44 26	−10 43 26	14.540	+0.666	+0.096	+0.379	+0.371	+0.751
MARK A1	20 44 29	−10 45 07	15.911	+0.609	−0.014	+0.367	+0.373	+0.740
MARK A	20 44 30	−10 45 37	13.258	−0.242	−1.162	−0.115	−0.125	−0.241
MARK A3	20 44 35	−10 43 33	14.818	+0.938	+0.651	+0.587	+0.510	+1.098
WOLF 918	21 09 49	−13 16 08	10.868	+1.494	+1.146	+0.981	+1.088	+2.065
113 221	21 41 06	+00 23 40	12.071	+1.031	+0.874	+0.550	+0.490	+1.041
113 339	21 41 25	+00 30 35	12.250	+0.568	−0.034	+0.340	+0.347	+0.687
113 342	21 41 29	+00 30 13	10.878	+1.015	+0.696	+0.537	+0.513	+1.050
113 241	21 41 38	+00 28 24	14.352	+1.344	+1.452	+0.897	+0.797	+1.683
113 466	21 41 57	+00 42 52	10.004	+0.454	−0.001	+0.281	+0.282	+0.563
113 259	21 42 14	+00 20 17	11.742	+1.194	+1.221	+0.621	+0.543	+1.166
113 260	21 42 17	+00 26 30	12.406	+0.514	+0.069	+0.308	+0.298	+0.606
113 475	21 42 20	+00 41 58	10.306	+1.058	+0.844	+0.570	+0.527	+1.098
113 492	21 42 57	+00 40 59	12.174	+0.553	+0.005	+0.342	+0.341	+0.684
113 493	21 42 58	+00 40 49	11.767	+0.786	+0.392	+0.430	+0.393	+0.824
113 163	21 43 05	+00 19 23	14.540	+0.658	+0.106	+0.380	+0.355	+0.735
113 177	21 43 26	+00 17 21	13.560	+0.789	+0.318	+0.456	+0.436	+0.890
113 182	21 43 38	+00 17 28	14.370	+0.659	+0.065	+0.402	+0.422	+0.824
113 187	21 43 50	+00 19 32	15.080	+1.063	+0.969	+0.638	+0.535	+1.174
113 189	21 43 57	+00 19 58	15.421	+1.118	+0.958	+0.713	+0.605	+1.319
113 191	21 44 03	+00 18 32	12.337	+0.799	+0.223	+0.471	+0.466	+0.937
113 195	21 44 10	+00 20 00	13.692	+0.730	+0.201	+0.418	+0.413	+0.832

UBVRI STANDARD STARS, J2009.5

Name	Right Ascension	Declination	V	B−V	U−B	V−R	R−I	V−I
	h m s	° ′ ″						
G93 48	21 52 54	+02 25 58	12.739	−0.008	−0.792	−0.097	−0.094	−0.191
PG2213−006C	22 16 47	−00 19 23	15.109	+0.721	+0.177	+0.426	+0.404	+0.830
PG2213−006B	22 16 51	−00 18 57	12.706	+0.749	+0.297	+0.427	+0.402	+0.829
PG2213−006A	22 16 52	−00 18 36	14.178	+0.673	+0.100	+0.406	+0.403	+0.808
PG2213−006	22 16 58	−00 18 22	14.124	−0.217	−1.125	−0.092	−0.110	−0.203
G156 31	22 39 04	−15 14 59	12.361	+1.993	+1.408	+1.648	+2.042	+3.684
114 531	22 41 06	+00 54 54	12.094	+0.733	+0.186	+0.422	+0.403	+0.825
114 637	22 41 12	+01 06 10	12.070	+0.801	+0.307	+0.456	+0.415	+0.872
114 548	22 42 06	+01 02 05	11.601	+1.362	+1.573	+0.738	+0.651	+1.387
114 750	22 42 14	+01 15 36	11.916	−0.041	−0.354	+0.027	−0.015	+0.011
114 670	22 42 38	+01 13 16	11.101	+1.206	+1.223	+0.645	+0.561	+1.208
114 176	22 43 39	+00 24 15	9.239	+1.485	+1.853	+0.800	+0.717	+1.521
G156 57	22 53 47	−14 12 53	10.180	+1.556	+1.182	+1.174	+1.542	+2.713
GD 246	23 13 04	+10 53 32	13.094	−0.318	−1.187	−0.148	−0.183	−0.332
F 108	23 16 42	−01 47 28	12.958	−0.235	−1.052	−0.103	−0.135	−0.239
PG2317+046	23 20 24	+04 55 42	12.876	−0.246	−1.137	−0.074	−0.035	−0.118
115 486	23 42 02	+01 19 55	12.482	+0.493	−0.049	+0.298	+0.308	+0.607
115 420	23 43 06	+01 09 09	11.161	+0.468	−0.027	+0.286	+0.293	+0.580
115 271	23 43 11	+00 48 23	9.695	+0.615	+0.101	+0.353	+0.349	+0.701
115 516	23 44 45	+01 17 22	10.434	+1.028	+0.759	+0.563	+0.534	+1.098
PG2349+002	23 52 22	+00 31 28	13.277	−0.191	−0.921	−0.103	−0.116	−0.219

 A searchable version of this table appears on *The Astronomical Almanac Online*.
The table of bright Johnson *UBVRI* standards listed in editions prior to 2003 is available online as well.

> This symbol indicates that these data or auxiliary material may also be found on *The Astronomical Almanac Online* at **http://asa.usno.navy.mil** and **http://asa.hmnao.com**

BS=HR No.	Name			Right Ascension	Declination	Spectral Type	V	$b-y$	m_1	c_1	β
				h m s	° ′ ″						
9076		ϵ	Tuc	00 00 24.2	−65 31 28	B9 IV	4.50	−0.023	+0.098	+0.881	2.722
9088	85		Peg	00 02 40.0	+27 07 58	G2 V	5.75	+0.430	+0.187	+0.214	2.558
9091		ζ	Scl	00 02 49.1	−29 40 03	B4 III	5.04	−0.063	+0.106	+0.450	2.712
9107				00 05 23.8	+34 42 47	G2 V	6.10	+0.412	+0.169	+0.312	
15	21	α	And	00 08 52.8	+29 08 34	B9p Hg Mn	2.06*	−0.046	+0.120	+0.520	2.743
21	11	β	Cas	00 09 41.4	+59 12 08	F2 III	2.27*	+0.216	+0.177	+0.785	
27	22		And	00 10 49.1	+46 07 30	F0 II	5.04	+0.273	+0.123	+1.082	2.666
63	24	θ	And	00 17 35.4	+38 44 04	A2 V	4.62	+0.026	+0.180	+1.049	2.880
100		κ	Phe	00 26 40.1	−43 37 38	A5 Vn	3.95	+0.098	+0.194	+0.918	2.846
114	28		And	00 30 37.6	+29 48 14	Am	5.23*	+0.169	+0.165	+0.869	
184	20	π	Cas	00 43 59.8	+47 04 35	A5 V	4.96	+0.086	+0.226	+0.901	
193	22	o	Cas	00 45 15.5	+48 20 10	B5 III	4.62*	+0.007	+0.076	+0.479	2.667
233				00 51 18.7	+64 17 57	G0 III−IV + B9.5 V	5.39	+0.355	+0.127	+0.696	
269	37	μ	And	00 57 17.0	+38 33 03	A5 IV−V	3.87	+0.068	+0.194	+1.056	2.865
343	33	θ	Cas	01 11 41.2	+55 12 01	A7m	4.34*	+0.087	+0.213	+0.997	
373	39		Cet	01 17 05.3	−02 27 02	G5 IIIe	5.41*	+0.554	+0.285	+0.335	
413	93	ρ	Psc	01 26 46.1	+19 13 18	F2 V:	5.35	+0.259	+0.146	+0.481	
458	50	υ	And	01 37 21.5	+41 27 10	F8 V	4.10	+0.344	+0.179	+0.409	2.629
493	107		Psc	01 43 00.8	+20 18 52	K1 V	5.24	+0.493	+0.364	+0.298	
531	53	χ	Cet	01 50 03.1	−10 38 23	F2 IV−V	4.66	+0.209	+0.188	+0.649	2.737
617	13	α	Ari	02 07 42.7	+23 30 25	K2 IIIab	2.00	+0.696	+0.526	+0.395	
623	14		Ari	02 09 57.9	+25 59 04	F2 III	4.98	+0.210	+0.185	+0.874	2.723
635	64		Cet	02 11 51.2	+08 36 50	G0 IV	5.64	+0.361	+0.180	+0.469	2.627
660	8	δ	Tri	02 17 38.2	+34 16 02	G0 V	4.86	+0.390	+0.187	+0.259	
672				02 18 31.1	+01 48 08	G0.5 IVb	5.60	+0.370	+0.188	+0.405	2.619
675	10		Tri	02 19 30.2	+28 41 10	A2 V	5.03	+0.011	+0.161	+1.145	
685	9		Per	02 23 01.6	+55 53 19	A2 IA	5.17*	+0.321	−0.038	+0.753	
717	12		Tri	02 28 43.5	+29 42 41	F0 III	5.29	+0.178	+0.211	+0.780	
773	32	ν	Ari	02 39 21.5	+22 00 07	A7 V	5.30	+0.092	+0.182	+1.095	2.829
784				02 40 40.2	−09 24 45	F6 V	5.79	+0.330	+0.168	+0.362	2.627
801	35		Ari	02 44 00.7	+27 44 49	B3 V	4.65	−0.052	+0.097	+0.333	2.684
811	89	π	Cet	02 44 34.5	−13 49 08	B7 V	4.25	−0.052	+0.105	+0.599	2.718
813	87	μ	Cet	02 45 27.4	+10 09 14	F0m F2 V$^+$	4.27*	+0.189	+0.188	+0.756	2.751
812	38		Ari	02 45 28.7	+12 29 07	A7 III−IV	5.18*	+0.136	+0.186	+0.842	2.798
870				02 56 44.3	+08 25 09	F7 IV	5.97	+0.306	+0.175	+0.505	2.662
913				03 02 37.5	−06 27 29	G0 IV−V	6.20	+0.373	+0.205	+0.394	2.621
937		ι	Per	03 09 45.4	+49 38 56	G0 V	4.05	+0.376	+0.201	+0.376	
962	94		Cet	03 13 15.6	−01 09 40	G0 IV	5.06	+0.363	+0.186	+0.425	
1006		ζ^1	Ret	03 17 58.6	−62 32 21	G3−5 V	5.51	+0.403	+0.204	+0.284	
1010		ζ^2	Ret	03 18 25.3	−62 28 13	G2 V	5.23	+0.381	+0.183	+0.297	
1024				03 23 45.6	−07 45 41	G2 V	6.20	+0.449	+0.198	+0.295	
1017	33	α	Per	03 25 00.3	+49 53 39	F5 Ib	1.79	+0.302	+0.195	+1.074	2.677
1030	1	o	Tau	03 25 19.5	+09 03 42	G6 IIIa Fe−1	3.61	+0.547	+0.333	+0.426	
1089				03 35 19.4	+06 26 56	G0	6.49	+0.408	+0.183	+0.452	2.613
1140	16		Tau	03 45 22.2	+24 19 07	B7 IV	5.46	+0.005	+0.097	+0.650	2.750
1144	18		Tau	03 45 43.9	+24 52 06	B8 V	5.67	−0.021	+0.107	+0.638	2.750
1178	27		Tau	03 49 43.7	+24 04 55	B8 III	3.62	−0.019	+0.092	+0.708	2.696
1201				03 53 42.7	+17 21 17	F4 V	5.97	+0.221	+0.166	+0.610	2.712
1269	42	ψ	Tau	04 07 35.8	+29 01 35	F1 V	5.23	+0.226	+0.159	+0.588	
1292	45		Tau	04 11 50.7	+05 32 50	F4 V	5.71	+0.231	+0.164	+0.597	2.710

BS=HR No.	Name		Right Ascension	Declination	Spectral Type	V	b−y	m_1	c_1	β
			h m s	° ′ ″						
1303	51	μ Per	04 15 35.9	+48 25 57	G0 Ib	4.15*	+0.614	+0.268	+0.551	
1321			04 15 56.2	+06 13 21	G5 IV	6.94	+0.425	+0.240	+0.297	2.580
1322			04 15 59.2	+06 12 35	G0 IV	6.32	+0.369	+0.185	+0.331	2.606
1329	50	ω Tau	04 17 49.1	+20 36 05	A3m	4.94	+0.146	+0.235	+0.745	
1331	51	Tau	04 18 57.0	+21 36 07	F0 V	5.64	+0.171	+0.191	+0.784	
1341	56	Tau	04 20 10.5	+21 47 45	A0p	5.38	−0.094	+0.197	+0.536	2.768
1346	54	γ Tau	04 20 20.1	+15 39 00	G9.5 IIIab CN 0.5	3.64*	+0.596	+0.422	+0.385	
1327			04 21 34.4	+65 09 45	G5 IIb	5.26	+0.513	+0.286	+0.402	
1373	61	δ Tau	04 23 29.0	+17 33 51	G9.5 III CN 0.5	3.76*	+0.597	+0.424	+0.405	
1376	63	Tau	04 23 57.8	+16 47 56	F0m	5.63	+0.179	+0.244	+0.731	2.785
1387	65	κ Tau	04 25 56.2	+22 18 54	A5 IV−V	4.22*	+0.070	+0.200	+1.054	2.864
1388	67	Tau	04 25 59.1	+22 13 16	A7 V	5.28*	+0.149	+0.193	+0.840	
1394	71	v777 Tau	04 26 53.3	+15 38 21	F0n IV−V	4.49	+0.153	+0.183	+0.933	
1411	77	θ¹ Tau	04 29 07.1	+15 58 57	G9 III Fe−0.5	3.85	+0.584	+0.394	+0.393	
1409	74	ε Tau	04 29 10.4	+19 12 03	G9.5 III CN 0.5	3.53	+0.616	+0.449	+0.417	
1412	78	θ² Tau	04 29 12.4	+15 53 29	A7 III	3.41*	+0.101	+0.199	+1.014	2.831
1414	79	Tau	04 29 22.2	+13 04 05	A7 V	5.02	+0.116	+0.225	+0.907	2.836
1430	83	Tau	04 31 09.5	+13 44 40	F0 V	5.40	+0.154	+0.200	+0.813	
1444	86	ρ Tau	04 34 23.3	+14 51 49	A9 V	4.65	+0.146	+0.199	+0.829	2.797
1457	87	α Tau	04 36 28.0	+16 31 40	K5⁺ III	0.86*	+0.955	+0.814	+0.373	
1543	1	π³ Ori	04 50 21.4	+06 58 38	F6 V	3.18*	+0.299	+0.162	+0.416	2.652
1552	3	π⁴ Ori	04 51 42.8	+05 37 14	B2 III	3.68	−0.056	+0.073	+0.135	2.606
1577	3	ι Aur	04 57 36.8	+33 10 49	K3 II	2.69*	+0.937	+0.775	+0.307	
1620	102	ι Tau	05 03 39.9	+21 36 10	A7 IV	4.63	+0.078	+0.203	+1.034	2.847
1641	10	η Aur	05 07 11.0	+41 14 47	B3 V	3.16*	−0.085	+0.104	+0.318	2.685
1656	104	Tau	05 08 00.7	+18 39 25	G4 V	4.91	+0.410	+0.201	+0.328	
1662	13	Ori	05 08 09.6	+09 28 58	G1 IV	6.17	+0.398	+0.185	+0.350	2.590
1672	16	Ori	05 09 51.0	+09 50 28	A9m	5.42	+0.136	+0.251	+0.835	2.828
1729	15	λ Aur	05 19 48.6	+40 06 24	G1.5 IV−V Fe−1	4.71	+0.389	+0.206	+0.363	2.598
1865	11	α Lep	05 33 09.0	−17 48 58	F0 Ib	2.57	+0.142	+0.150	+1.496	
1861			05 33 10.2	−01 35 08	B1 IV	5.34*	−0.074	+0.073	+0.002	2.615
1905	122	Tau	05 37 36.8	+17 02 44	F0 V	5.53	+0.132	+0.203	+0.856	
2056		λ Col	05 53 27.6	−33 47 59	B5 V	4.89*	−0.070	+0.115	+0.413	2.718
2034	136	Tau	05 53 55.5	+27 36 49	A0 IV	4.56	+0.001	+0.133	+1.152	
2047	54	χ¹ Ori	05 54 56.8	+20 16 38	G0⁻ V Ca 0.5	4.41	+0.378	+0.194	+0.307	2.599
2106		γ Col	05 57 52.4	−35 16 58	B2.5 IV	4.36	−0.073	+0.093	+0.362	2.644
2143	40	Aur	06 07 14.4	+38 28 51	A4m	5.35*	+0.139	+0.222	+0.923	
2233			06 16 03.3	−00 30 59	F6 V	5.62	+0.325	+0.154	+0.446	2.633
2236			06 16 23.4	+01 09 56	F5 IV:	6.36	+0.299	+0.148	+0.476	2.645
2264	45	Aur	06 22 32.4	+53 26 49	F5 III	5.33	+0.285	+0.170	+0.627	
2313			06 25 45.7	−00 57 08	F8 V	5.88	+0.361	+0.170	+0.395	2.613
2473	27	ε Gem	06 44 31.0	+25 07 15	G8 Ib	3.00	+0.868	+0.656	+0.282	
2484	31	ξ Gem	06 45 49.3	+12 53 05	F5 IV	3.36*	+0.288	+0.167	+0.552	
2483	56	ψ⁵ Aur	06 47 25.4	+43 34 01	G0 V	5.25	+0.359	+0.184	+0.376	
2585	16	Lyn	06 58 18.6	+45 04 51	A2 Vn	4.91	+0.014	+0.159	+1.109	
2622			07 00 46.0	−05 22 51	G0 III−IV	6.29	+0.359	+0.192	+0.402	
2657	23	γ CMa	07 04 11.3	−15 38 52	B8 II	4.11	−0.046	+0.099	+0.556	2.689
2707	21	Mon	07 11 52.7	−00 19 06	A8 Vn−F3 Vn	5.44*	+0.185	+0.184	+0.875	
2763	54	λ Gem	07 18 38.3	+16 31 21	A4 IV	3.58*	+0.048	+0.198	+1.055	
2779			07 20 18.4	+07 07 29	F8 V	5.92	+0.339	+0.169	+0.469	2.628

BS=HR No.	Name			Right Ascension	Declination	Spectral Type	V	$b-y$	m_1	c_1	β
				h m s	° ′ ″						
2777	55	δ	Gem	07 20 41.4	+21 57 51	F0 V+	3.53	+0.221	+0.156	+0.696	2.712
2798				07 21 44.2	−08 53 48	F5	6.55	+0.343	+0.174	+0.390	
2807				07 22 47.2	−02 59 52	F5	6.24	+0.432	+0.216	+0.588	
2845	3	β	CMi	07 27 39.9	+08 16 10	B8 V	2.89*	−0.038	+0.113	+0.799	2.731
2852	62	ρ	Gem	07 29 43.3	+31 45 54	F0 V+	4.18	+0.214	+0.155	+0.613	2.713
2866				07 29 53.3	−07 34 16	F8 V	5.86	+0.311	+0.155	+0.392	
2857	64		Gem	07 29 55.9	+28 05 53	A4 V	5.05	+0.062	+0.202	+1.013	
2883				07 32 33.1	−08 54 09	F5 V	5.93	+0.355	+0.124	+0.335	2.595
2880	7	δ^1	CMi	07 32 35.5	+01 53 37	F0 III	5.25	+0.128	+0.173	+1.198	
2886	68		Gem	07 34 09.0	+15 48 20	A1 Vn	5.28	+0.037	+0.143	+1.178	
2918				07 37 05.0	+05 50 26	G0 V	5.90	+0.375	+0.188	+0.387	2.610
2927	25		Mon	07 37 45.0	−04 07 58	F6 III	5.14	+0.283	+0.180	+0.643	
2948/9				07 39 12.8	−26 49 26	B6 V + B5 IVn	3.83	−0.076	+0.121	+0.400	
2930	71	o	Gem	07 39 47.1	+34 33 42	F3 III	4.89	+0.270	+0.173	+0.654	
2961				07 39 47.4	−38 19 49	B2.5 V	4.84	−0.084	+0.103	+0.303	
2985	77	κ	Gem	07 45 01.2	+24 22 28	G8 III	3.57	+0.573	+0.379	+0.398	
3003	81		Gem	07 46 40.4	+18 29 10	K4 III	4.85	+0.895	+0.735	+0.451	
3084		QZ	Pup	07 52 58.8	−38 53 16	B2.5 V	4.50*	−0.083	+0.104	+0.244	
3131				08 00 17.6	−18 25 33	A2 IVn	4.61	+0.048	+0.161	+1.122	2.837
3173	27		Lyn	08 09 10.1	+51 28 43	A1 Va	4.81	+0.017	+0.151	+1.105	
3249	17	β	Cnc	08 17 01.8	+09 09 21	K4 III Ba 0.5	3.52	+0.914	+0.758	+0.371	
3262	18	χ	Cnc	08 20 38.4	+27 11 11	F6 V	5.14	+0.314	+0.146	+0.384	
3271				08 20 42.1	−00 56 24	F9 V	6.17	+0.385	+0.193	+0.414	2.612
3297	1		Hya	08 25 03.4	−03 46 57	F3 V	5.60	+0.311	+0.138	+0.400	2.631
3314				08 26 08.1	−03 56 17	A0 Va	3.90	−0.006	+0.156	+1.024	2.898
3410	4	δ	Hya	08 38 09.5	+05 40 13	A1 IVnn	4.15	+0.009	+0.152	+1.091	2.855
3454	7	η	Hya	08 43 43.2	+03 21 51	B4 V	4.30*	−0.087	+0.093	+0.241	2.653
3459				08 44 08.4	−07 16 06	G1 Ib	4.63	+0.517	+0.294	+0.472	
3538				08 54 46.0	−05 28 15	G3 V	6.01	+0.410	+0.239	+0.325	2.597
3555	59	σ^2	Cnc	08 57 31.6	+32 52 24	A7 IV	5.45	+0.084	+0.205	+0.972	
3619	15		UMa	09 09 32.2	+51 33 57	F0m	4.46	+0.165	+0.248	+0.762	
3624	14	τ	UMa	09 11 41.5	+63 28 27	Am	4.65	+0.214	+0.253	+0.711	
3657				09 14 09.7	+21 14 37	A2 V	6.48	+0.017	+0.164	+1.094	
3665	22	θ	Hya	09 14 51.5	+02 16 26	B9.5 IV (C II)	3.88	−0.028	+0.145	+0.944	
3662	18		UMa	09 16 52.0	+53 58 55	A5 V	4.84*	+0.113	+0.196	+0.892	
3759	31	τ^1	Hya	09 29 37.8	−02 48 39	F6 V	4.60	+0.295	+0.164	+0.453	
3757	23		UMa	09 32 16.1	+63 01 11	F0 IV	3.67*	+0.211	+0.180	+0.752	
3775	25	θ	UMa	09 33 29.3	+51 38 01	F6 IV	3.18	+0.314	+0.153	+0.463	
3800	10	SU	LMi	09 34 48.1	+36 21 18	G7.5 III Fe−0.5	4.55	+0.561	+0.349	+0.375	
3815	11		LMi	09 36 13.5	+35 46 00	G8 IIIv	5.41	+0.473	+0.304	+0.372	
3856				09 39 36.8	−61 22 17	B9 IV−V	4.51*	−0.034	+0.140	+0.821	
3849	38	κ	Hya	09 40 45.7	−14 22 33	B5 V	5.07	−0.070	+0.110	+0.407	2.704
3852	14	o	Leo	09 41 39.4	+09 50 55	F5 II + A5?	3.52	+0.306	+0.234	+0.615	
3881				09 49 11.9	+45 58 35	G0.5 Va	5.10	+0.390	+0.203	+0.382	
3893	4		Sex	09 50 59.7	+04 17 56	F7 Vn	6.24	+0.306	+0.161	+0.419	2.646
3901				09 51 50.0	−06 13 36	F8 V	6.43	+0.363	+0.185	+0.412	
3906	7		Sex	09 52 41.5	+02 24 34	A0 Vs	6.03	−0.015	+0.136	+1.040	
3928	19		LMi	09 58 15.8	+41 00 36	F5 V	5.14	+0.300	+0.165	+0.457	
3951	20		LMi	10 01 33.4	+31 52 36	G3 Va Hδ 1	5.35	+0.416	+0.234	+0.388	2.599
3975	30	η	Leo	10 07 51.0	+16 42 58	A0 Ib	3.53	+0.030	+0.068	+0.966	

BS=HR No.	Name		Right Ascension	Declination	Spectral Type	V	$b-y$	m_1	c_1	β
			h m s	° ′ ″						
3974	21	LMi	10 07 59.2	+35 11 53	A7 V	4.49*	+0.106	+0.201	+0.876	2.837
4031	36	ζ Leo	10 17 13.0	+23 22 11	F0 III	3.44	+0.196	+0.169	+0.986	2.722
4054	40	Leo	10 20 15.1	+19 25 21	F6 IV	4.79*	+0.299	+0.166	+0.462	
4057/8	41	γ^1 Leo	10 20 29.8	+19 47 34	K1$^-$ IIIb Fe$-$0.5	1.98*	+0.689	+0.457	+0.373	
4090	30	LMi	10 26 27.3	+33 44 51	F0 V	4.73	+0.150	+0.196	+0.959	
4101	45	Leo	10 28 09.1	+09 42 49	A0p	6.04	-0.036	+0.180	+0.956	
4119	30	β Sex	10 30 46.6	-00 41 10	B6 V	5.08	-0.061	+0.113	+0.479	2.730
4133	47	ρ Leo	10 33 18.6	+09 15 27	B1 Iab	3.86*	-0.027	+0.040	-0.040	2.552
4166	37	LMi	10 39 15.2	+31 55 36	G2.5 IIa	4.72	+0.512	+0.297	+0.477	2.595
4277	47	UMa	10 59 59.7	+40 22 46	G1$^-$ V Fe$-$0.5	5.05	+0.392	+0.203	+0.337	
4293			11 00 35.5	-42 16 37	A3 IV	4.38	+0.059	+0.179	+1.116	
4288	49	UMa	11 01 22.2	+39 09 39	F0 Vs	5.07	+0.142	+0.198	+1.012	
4300	60	Leo	11 02 50.1	+20 07 43	A0.5m A3 V	4.42	+0.022	+0.194	+1.019	
4343	11	β Crt	11 12 07.6	-22 52 40	A2 IV	4.47	+0.011	+0.164	+1.190	2.877
4378			11 18 50.7	+11 55 57	A2 V	6.66	+0.024	+0.190	+1.052	
4386	77	σ Leo	11 21 37.6	+05 58 38	A0 III$^+$	4.05	-0.020	+0.127	+1.014	
4392	56	UMa	11 23 20.7	+43 25 50	G7.5 IIIa	4.99	+0.610	+0.416	+0.396	
4405	15	γ Crt	11 25 21.5	-17 44 11	A7 V	4.07	+0.118	+0.195	+0.895	2.823
4456	90	Leo	11 35 12.1	+16 44 40	B4 V	5.95	-0.066	+0.095	+0.323	2.687
4501	62	UMa	11 42 03.8	+31 41 36	F4 V	5.74	+0.312	+0.118	+0.401	
4515	2	ξ Vir	11 45 46.4	+08 12 19	A4 V	4.85	+0.090	+0.196	+0.928	2.855
4527	93	DQ Leo	11 48 28.5	+20 09 58	G4 III$-$IV + A7 V	4.53*	+0.352	+0.186	+0.725	
4534	94	β Leo	11 49 32.6	+14 31 08	A3 Va	2.14*	+0.044	+0.210	+0.975	2.900
4540	5	β Vir	11 51 11.4	+01 42 40	F9 V	3.60	+0.354	+0.186	+0.415	2.629
4550			11 53 31.5	+37 39 02	G8 V P	6.43	+0.483	+0.225	+0.153	
4554	64	γ UMa	11 54 19.6	+53 38 31	A0 Van	2.44	+0.006	+0.153	+1.113	2.884
4618			12 08 35.0	-50 42 51	B2 IIIne	4.47	-0.076	+0.108	+0.254	2.682
4689	15	η Vir	12 20 23.5	-00 43 10	A1 IV$^+$	3.90*	+0.017	+0.163	+1.130	
4695	16	Vir	12 20 49.9	+03 15 35	K0.5 IIIb Fe$-$0.5	4.97	+0.717	+0.485	+0.516	
4705			12 22 39.4	+24 43 16	A0 V	6.20	-0.002	+0.169	+1.034	
4707	12	Com	12 22 58.9	+25 47 37	G5 III + A5	4.81	+0.322	+0.175	+0.779	2.701
4753	18	Com	12 29 55.5	+24 03 23	F5 III	5.48	+0.289	+0.170	+0.609	
4775	8	η Crv	12 32 33.7	-16 14 55	F2 V	4.30*	+0.245	+0.167	+0.543	2.700
4789	23	Com	12 35 19.4	+22 34 37	A0m A1 IV	4.81	+0.008	+0.144	+1.090	
4802		τ Cen	12 38 13.6	-48 35 37	A1 IVnn	3.86	+0.026	+0.159	+1.086	2.870
4861	28	Com	12 48 42.9	+13 30 04	A1 V	6.56	+0.012	+0.167	+1.052	
4865	29	Com	12 49 22.8	+14 04 15	A1 V	5.70	+0.020	+0.156	+1.130	
4869	30	Com	12 49 45.2	+27 30 03	A2 V	5.78	+0.025	+0.169	+1.074	
4883	31	Com	12 52 09.6	+27 29 21	G0 IIIp	4.93	+0.437	+0.186	+0.416	2.592
4889			12 53 58.0	-40 13 49	A7 V	4.26	+0.125	+0.185	+0.971	2.816
4914	12	α^1 CVn	12 56 27.2	+38 15 49	F0 V	5.60	+0.230	+0.152	+0.578	
4931	78	UMa	13 01 08.0	+56 18 55	F2 V	4.92*	+0.244	+0.170	+0.575	2.707
4983	43	β Com	13 12 19.0	+27 49 49	F9.5 V	4.26	+0.370	+0.191	+0.337	2.608
5011	59	Vir	13 17 14.8	+09 22 29	G0 Vs	5.19	+0.372	+0.191	+0.385	2.614
5017	20	AO CVn	13 17 58.0	+40 31 22	F3 III(str. met.)	4.72*	+0.174	+0.238	+0.915	
5062	80	UMa	13 25 36.3	+54 56 19	A5 Vn	4.02*	+0.097	+0.192	+0.928	2.847
5072	70	Vir	13 28 53.7	+13 43 42	G4 V	4.97	+0.446	+0.232	+0.350	
5163			13 44 24.0	-05 32 47	A1 V	6.53	+0.028	+0.172	+0.980	
5168	1	Cen	13 46 13.8	-33 05 29	F2 V$^+$	4.23*	+0.247	+0.164	+0.548	2.700
5235	8	η Boo	13 55 08.2	+18 21 01	G0 IV	2.68	+0.376	+0.203	+0.476	2.627

BS=HR No.	Name			Right Ascension	Declination	Spectral Type	V	$b-y$	m_1	c_1	β
				h m s	° ′ ″						
5270				14 02 59.8	+09 38 26	G8: II: Fe−5	6.21	+0.638	+0.087	+0.541	2.533
5280				14 03 20.9	+50 55 35	A2 V	6.15	+0.020	+0.181	+1.016	
5285		χ	Cen	14 06 37.8	−41 13 29	B2 V	4.36*	−0.094	+0.102	+0.161	2.661
5304	12		Boo	14 10 49.9	+25 02 49	F8 IV	4.82	+0.347	+0.172	+0.443	
5414				14 28 56.5	+28 14 50	A1 V	7.62	+0.014	+0.168	+1.018	
5415				14 28 58.4	+28 14 54	A1 V	7.12	+0.008	+0.146	+1.020	
5447	28	σ	Boo	14 35 05.6	+29 42 15	F2 V	4.47*	+0.253	+0.135	+0.484	2.675
5511	109		Vir	14 46 43.8	+01 51 12	A0 IVnn	3.74	+0.006	+0.137	+1.078	2.846
5522				14 49 23.4	−00 53 12	B9 Vp:v	6.16	−0.007	+0.132	+0.996	
5530	8	α^1	Lib	14 51 12.8	−16 02 10	F3 V	5.16	+0.265	+0.156	+0.494	2.681
5531	9	α^2	Lib	14 51 24.3	−16 04 51	A3 III−IV	2.75	+0.074	+0.192	+0.996	2.860
5634	45		Boo	15 07 43.1	+24 49 57	F5 V	4.93	+0.287	+0.161	+0.448	
5633				15 07 46.5	+18 24 20	A3 V	6.02	+0.032	+0.190	+1.017	
5626		λ	Lup	15 09 29.2	−45 18 57	B3 V	4.06	−0.077	+0.105	+0.265	2.687
5660	1		Lup	15 15 12.4	−31 33 14	F0 Ib−II	4.92	+0.246	+0.132	+1.367	2.741
5681	49	δ	Boo	15 15 53.2	+33 16 47	G8 III Fe−1	3.49	+0.587	+0.346	+0.410	
5685	27	β	Lib	15 17 31.2	−09 25 03	B8 IIIn	2.61	−0.040	+0.100	+0.750	2.706
5717	7		Ser	15 22 50.3	+12 32 02	A0 V	6.28	+0.008	+0.136	+1.044	
5754				15 27 51.1	+62 14 35	A5 IV	6.40	+0.062	+0.210	+0.982	
5752				15 29 02.8	+47 10 09	Am	6.15	+0.046	+0.194	+1.142	
5793	5	α	CrB	15 35 05.4	+26 40 59	A0 IV	2.24*	0.000	+0.144	+1.060	
5825				15 41 50.8	−44 41 31	F5 IV−V	4.64	+0.270	+0.152	+0.458	2.678
5854	24	α	Ser	15 44 44.2	+06 23 47	K2 IIIb CN 1	2.64	+0.715	+0.572	+0.445	
5868	27	λ	Ser	15 46 54.3	+07 19 26	G0− V	4.43	+0.383	+0.193	+0.366	2.605
5885	1		Sco	15 51 33.1	−25 46 46	B3 V	4.65	+0.006	+0.070	+0.122	2.639
5936	12	λ	CrB	15 56 08.3	+37 55 12	F0 IV	5.44	+0.230	+0.161	+0.654	
5933	41	γ	Ser	15 56 53.5	+15 37 52	F6 V	3.86	+0.319	+0.151	+0.401	2.632
5947	13	ε	CrB	15 57 58.9	+26 51 03	K2 IIIab	4.15	+0.751	+0.570	+0.414	
5968	15	ρ	CrB	16 01 24.5	+33 16 31	G2 V	5.40	+0.396	+0.176	+0.331	
5993	9	ω^1	Sco	16 07 21.9	−20 41 39	B1 V	3.94	+0.037	+0.042	+0.009	2.617
5997	10	ω^2	Sco	16 07 57.8	−20 53 38	G4 II−III	4.32	+0.522	+0.285	+0.448	2.577
6027	14	ν	Sco	16 12 32.9	−19 29 05	B2 IVp	3.99	+0.080	+0.051	+0.137	2.663
6092	22	τ	Her	16 20 01.6	+46 17 28	B5 IV	3.88*	−0.056	+0.089	+0.440	2.702
6141	22		Sco	16 30 47.2	−25 08 08	B2 V	4.79	−0.047	+0.092	+0.191	2.665
6175	13	ζ	Oph	16 37 41.0	−10 35 08	O9.5 Vn	2.56	+0.088	+0.014	−0.069	2.583
6243	20		Oph	16 50 21.6	−10 47 57	F7 III	4.64	+0.311	+0.164	+0.532	2.647
6332	59		Her	17 01 57.4	+33 33 18	A3 IV−Vs	5.28	+0.001	+0.172	+1.102	2.885
6355	60		Her	17 05 49.1	+12 43 42	A4 IV	4.90	+0.064	+0.207	+0.992	2.877
6378	35	η	Oph	17 10 55.3	−15 44 12	A2 Va$^+$ (Sr)	2.42	+0.029	+0.186	+1.076	2.894
6458	72		Her	17 21 00.9	+32 27 22	G0 V	5.39*	+0.405	+0.178	+0.312	2.588
6536	23	β	Dra	17 30 38.9	+52 17 41	G2 Ib−IIa	2.78	+0.610	+0.323	+0.423	2.599
6588	85	ι	Her	17 39 44.0	+46 00 06	B3 IV	3.80	−0.064	+0.078	+0.294	2.661
6581	56	o	Ser	17 41 56.9	−12 52 47	A2 Va	4.25*	+0.049	+0.168	+1.108	2.874
6603	60	β	Oph	17 43 56.5	+04 33 50	K2 III CN 0.5	2.76	+0.719	+0.553	+0.451	
6595	58		Oph	17 44 00.0	−21 41 13	F7 V:	4.87	+0.304	+0.150	+0.408	2.645
6629	62	γ	Oph	17 48 22.2	+02 42 16	A0 Van	3.75	+0.024	+0.165	+1.055	2.905
6714	67		Oph	18 01 07.3	+02 55 54	B5 Ib	3.97	+0.081	+0.020	+0.302	2.585
6723	68		Oph	18 02 14.1	+01 18 20	A0.5 Van	4.44*	+0.029	+0.137	+1.087	2.842
6743		θ	Ara	18 07 22.2	−50 05 24	B2 Ib	3.67	+0.007	+0.037	+0.006	2.582
6775	99		Her	18 07 23.3	+30 33 50	F7 V	5.06	+0.356	+0.136	+0.321	

BS=HR No.	Name			Right Ascension	Declination	Spectral Type	V	$b-y$	m_1	c_1	β
				h m s	° ′ ″						
6930			γ Sct	18 29 44.3	−14 33 33	A2 III⁻	4.69	+0.045	+0.147	+1.208	2.846
7069	111		Her	18 47 26.5	+18 11 34	A3 Va⁺	4.36	+0.061	+0.216	+0.942	2.895
7119				18 55 15.8	−15 35 26	B5 II	5.09	+0.175	+0.026	+0.468	2.626
7178	14	γ	Lyr	18 59 18.0	+32 42 11	B9 II	3.24	+0.001	+0.093	+1.219	2.751
7152		ε	CrA	18 59 21.8	−37 05 39	F0 V	4.85*	+0.253	+0.161	+0.617	
7235	17	ζ	Aql	19 05 50.8	+13 52 41	A0 Vann	2.99	+0.012	+0.147	+1.080	2.873
7253				19 07 00.4	+28 38 38	F0 III	5.53	+0.176	+0.189	+0.747	2.756
7254		α	CrA	19 10 07.0	−37 53 20	A2 IVn	4.11	+0.024	+0.181	+1.057	2.890
7328	1	κ	Cyg	19 17 19.3	+53 23 11	G9 III	3.76	+0.579	+0.390	+0.430	
7340	44	ρ¹	Sgr	19 22 13.4	−17 49 43	F0 III–IV	3.93*	+0.130	+0.194	+0.950	2.809
7377	30	δ	Aql	19 25 58.6	+03 08 04	F2 IV–V	3.37*	+0.203	+0.170	+0.711	2.733
7462	61	σ	Dra	19 32 20.4	+69 40 38	K0 V	4.67	+0.472	+0.324	+0.266	
7469	13	θ	Cyg	19 36 41.8	+50 14 36	F4 V	4.49	+0.262	+0.157	+0.502	2.689
7447	41	ι	Aql	19 37 12.7	−01 15 54	B5 III	4.36	−0.017	+0.087	+0.574	2.704
7446	39	κ	Aql	19 37 24.1	−07 00 21	B0.5 IIIn	4.95	+0.085	−0.024	−0.031	2.563
7479	5	α	Sge	19 40 31.3	+18 02 11	G1 II	4.39	+0.489	+0.259	+0.471	
7503	16		Cyg	19 42 04.1	+50 32 51	G1.5 Vb	5.98	+0.410	+0.212	+0.368	
7504				19 42 07.1	+50 32 23	G3 V	6.23	+0.417	+0.223	+0.349	
7525	50	γ	Aql	19 46 42.7	+10 38 13	K3 II	2.71	+0.936	+0.762	+0.292	
7534	17		Cyg	19 46 47.3	+33 45 00	F7 V	5.01	+0.312	+0.155	+0.436	
7557	53	α	Aql	19 51 14.8	+08 53 38	A7 Vnn	0.76	+0.137	+0.178	+0.880	
7560	54	o	Aql	19 51 28.9	+10 26 24	F8 V	5.13	+0.356	+0.182	+0.415	
7602	60	β	Aql	19 55 46.8	+06 25 52	G8 IV	3.72*	+0.522	+0.303	+0.345	
7610	61	φ	Aql	19 56 41.2	+11 26 58	A1 IV	5.29	−0.006	+0.178	+1.021	
7773	8	ν	Cap	20 21 11.4	−12 43 43	B9.5 V	4.76	−0.020	+0.135	+1.011	2.853
7796	37	γ	Cyg	20 22 34.2	+40 17 15	F8 Ib	2.23	+0.396	+0.296	+0.885	2.641
7858	3	η	Del	20 34 24.0	+13 03 37	A3 IV	5.40	+0.023	+0.207	+0.983	2.918
7906	9	α	Del	20 40 04.8	+15 56 46	B9 IV	3.77	−0.019	+0.125	+0.893	2.799
7949	53	ε	Cyg	20 46 35.8	+34 00 22	K0 III	2.46	+0.627	+0.415	+0.425	
7936	16	ψ	Cap	20 46 39.4	−25 14 10	F4 V	4.14	+0.278	+0.161	+0.465	2.673
7977	55	v1661	Cyg	20 49 15.7	+46 08 59	B2.5 Ia	4.86*	+0.356	−0.067	+0.153	2.530
7984	56		Cyg	20 50 25.2	+44 05 44	A4m	5.04	+0.108	+0.209	+0.897	2.844
8060	22	η	Cap	21 04 56.7	−19 49 01	A5 V	4.86	+0.090	+0.191	+0.946	2.861
8085	61	v1803	CygA	21 07 19.5	+38 47 48	K5 V	5.21	+0.656	+0.677	+0.136	
8086	61		CygB	21 07 20.8	+38 47 20	K7 V	6.04	+0.792	+0.673	+0.063	
8143	67	σ	Cyg	21 17 47.4	+39 26 05	B9 Iab	4.23	+0.138	+0.027	+0.571	2.583
8162	5	α	Cep	21 18 48.3	+62 37 34	A7 V⁺n	2.45*	+0.125	+0.190	+0.936	2.808
8181		γ	Pav	21 27 13.1	−65 19 21	F6 Vp	4.23	+0.333	+0.118	+0.315	2.613
8279	9	v337	Cep	21 38 10.5	+62 07 30	B2 Ib	4.73*	+0.275	−0.051	+0.135	2.558
8267	5		Peg	21 38 12.1	+19 21 42	F0 V⁺	5.47*	+0.199	+0.172	+0.890	2.734
8313	9		Peg	21 44 57.7	+17 23 38	G5 Ib	4.34	+0.706	+0.479	+0.346	
8344	13		Peg	21 50 35.9	+17 19 49	F2 III–IV	5.29*	+0.263	+0.156	+0.545	2.688
8353		γ	Gru	21 54 30.1	−37 19 11	B8 IV–Vs	3.01	−0.045	+0.106	+0.726	
8425		α	Gru	22 08 49.7	−46 54 53	B7 Vn	1.74	−0.058	+0.107	+0.568	2.729
8431	14	μ	PsA	22 08 56.1	−32 56 30	A1 IVnn	4.50	+0.032	+0.167	+1.070	2.872
8454	29	π	Peg	22 10 24.6	+33 13 30	F3 III	4.29	+0.304	+0.177	+0.778	
8494	23	ε	Cep	22 15 23.3	+57 05 28	A9 IV	4.19*	+0.169	+0.192	+0.787	2.758
8551	35		Peg	22 28 20.4	+04 44 37	K0 III	4.79	+0.640	+0.420	+0.418	
8585	7	α	Lac	22 31 41.1	+50 19 53	A1 Va	3.77	+0.001	+0.173	+1.030	2.906
8613	9		Lac	22 37 45.9	+51 35 40	A8 IV	4.65	+0.149	+0.172	+0.935	2.784

BS=HR No.	Name			Right Ascension	Declination	Spectral Type	V	b−y	m_1	c_1	β
				h m s	° ′ ″						
8622	10		Lac	22 39 41.3	+39 06 00	O9 V	4.89	−0.066	+0.037	−0.117	2.587
8634	42	ζ	Peg	22 41 56.2	+10 52 52	B8.5 III	3.40	−0.035	+0.114	+0.867	2.768
8630		β	Oct	22 46 58.8	−81 19 53	A7 III−IV	4.14	+0.124	+0.191	+0.915	2.817
8665	46	ξ	Peg	22 47 10.1	+12 13 19	F6 V	4.19	+0.330	+0.147	+0.407	
8675		ε	Gru	22 49 07.5	−51 16 00	A2 Va	3.49	+0.051	+0.161	+1.143	2.856
8709	76	δ	Aqr	22 55 09.2	−15 46 12	A3 IV−V	3.28	+0.036	+0.167	+1.157	2.890
8729	51		Peg	22 57 56.0	+20 49 12	G2.5 IVa	5.45	+0.415	+0.233	+0.372	
8728	24	α	PsA	22 58 10.4	−29 34 18	A3 Va	1.16	+0.039	+0.208	+0.985	2.906
8781	54	α	Peg	23 05 14.1	+15 15 23	A0 III−IV	2.48	−0.012	+0.130	+1.128	2.840
8826	59		Peg	23 12 13.0	+08 46 19	A3 Van	5.16	+0.076	+0.164	+1.091	2.820
8830	7		And	23 12 59.3	+49 27 30	F0 V	4.53	+0.188	+0.169	+0.713	
8848		γ	Tuc	23 17 58.7	−58 11 01	F2 V	3.99	+0.271	+0.143	+0.564	2.665
8880	62	τ	Peg	23 21 06.5	+23 47 33	A5 V	4.60*	+0.105	+0.166	+1.009	
8899				23 24 15.7	+32 35 01	F4 Vw	6.69	+0.321	+0.121	+0.404	
8954	16		PsC	23 36 52.4	+02 09 18	F6 Vbvw	5.69	+0.306	+0.122	+0.386	
8965	17	ι	And	23 38 36.3	+43 19 15	B8 V	4.29	−0.031	+0.100	+0.784	2.728
8969	17	ι	Psc	23 40 26.4	+05 40 40	F7 V	4.13	+0.331	+0.161	+0.398	2.621
8976	19	κ	And	23 40 52.7	+44 23 12	B8 IVn	4.14	−0.035	+0.131	+0.831	2.833
9072	28	ω	Psc	23 59 48.0	+06 54 57	F3 V	4.03	+0.271	+0.154	+0.631	2.667

Notes to Table

* V magnitude may be or is variable.

STANDARD RADIAL VELOCITY STARS, J2009.5

HD No.	BS=HR No.	Name		Right Ascension	Declination	V	Spectral Type	v_r	
				h m s	° ′ ″			km/s	
693	33	6	Cet	00 11 44.8	−15 24 57	4.89	F5 V	+ 14.7	±0.2
3712	168	18	α Cas	00 41 03.1	+56 35 21	2.23	K0⁻ IIIa	− 3.9	0.1
3765				00 41 20.7	+40 14 15	7.36	K2 V	− 63.0	0.2
4128	188	16	β Cet	00 44 04.0	−17 56 05	2.04	G9 III CH−1 CN 0.5 Ca 1	+ 13.1	0.1
4388				00 46 57.8	+31 00 12	7.34	K3 III	− 28.3	0.6
6655				01 05 36.2	−72 30 13	8.06	F8 V	+ 15.5	±0.5
8779	416			01 26 56.6	−00 21 00	6.41	K0 IV	− 5.0	0.6
9138	434	98	μ Psc	01 30 41.0	+06 11 33	4.84	K4 III	+ 35.4	0.5
12029				01 59 14.7	+29 25 33	7.44	K2 III	+ 38.6	0.5
12929	617	13	α Ari	02 07 42.7	+23 30 25	2.00	K2 IIIab	− 14.3	0.2
18884	911	92	α Cet	03 02 46.6	+04 07 35	2.53	M1.5 IIIa	− 25.8	±0.1
22484	1101	10	Tau	03 37 21.5	+00 25 53	4.28	F9 IV−V	+ 27.9	0.1
23169				03 44 27.5	+25 45 17	8.50	G2 V	+ 13.3	0.2
24331				03 50 55.0	−42 32 08	8.61	K2 V	+ 22.4	0.5
26162	1283	43	Tau	04 09 43.3	+19 38 01	5.50	K1 III	+ 23.9	0.6
29139	1457	87	α Tau	04 36 28.0	+16 31 40	0.85	K5⁺III	+ 54.1	±0.1
32963				05 08 31.1	+26 20 23	7.60	G5 IV	− 63.1	0.4
36079	1829	9	β Lep	05 28 39.2	−20 45 09	2.84	G5 II	− 13.5	0.1
39194				05 44 25.5	−70 08 12	8.09	K0 V	+ 14.2	0.4
		CD	−43° 2527	06 32 32.5	−43 31 41	8.65	K1 III	+ 13.1	0.5
48381				06 42 03.9	−33 28 46	8.49	K0 IV	+ 39.5	±0.5
51250	2593	18	μ CMa	06 56 32.8	−14 03 23	5.00	K2 III +B9 V:	+ 19.6	0.5
62509	2990	78	β Gem	07 45 53.8	+28 00 09	1.14	K0 IIIb	+ 3.3	0.1
65583				08 01 07.3	+29 10 58	6.97	G8 V	+ 12.5	0.4
66141	3145			08 02 45.6	+02 18 28	4.39	K2 IIIb Fe−0.5	+ 70.9	±0.3
65934				08 02 45.8	+26 36 39	7.70	G8 III	+ 35.0	0.3
75935				08 54 23.8	+26 52 36	8.46	G8 V	− 18.9	0.3
80170	3694			09 17 19.5	−39 26 30	5.33	K5 III−IV	0.0	0.2
81797	3748	30	α Hya	09 28 03.3	−08 42 01	1.98	K3 II−III	− 4.4	0.2
83443				09 37 34.1	−43 18 56	8.23	K0 V	+ 27.6	0.5
83516				09 38 26.5	−35 07 11	8.63	G8 IV	+ 42.0	±0.5
84441	3873	17	ε Leo	09 46 23.3	+23 43 48	2.98	G1 II	+ 4.8	0.1
90861				10 30 25.5	+28 31 56	6.88	K2 III	+ 36.3	0.4
92588	4182	33	Sex	10 41 53.2	−01 47 30	6.26	K1 IV	+ 42.8	0.1
101266				11 39 18.8	−45 24 56	9.30	G5 IV	+ 20.6	0.5
102494				11 48 25.9	+27 17 16	7.48	G9 IVw...	− 22.9	±0.3
102870	4540	5	β Vir	11 51 11.4	+01 42 40	3.61	F9 V	+ 5.0	0.2
103095	4550			11 53 31.5	+37 39 02	6.45	G8 Vp	− 99.1	0.3
107328	4695	16	Vir	12 20 49.9	+03 15 35	4.96	K0.5 IIIb Fe−0.5	+ 35.7	0.3
109379	4786	9	β Crv	12 34 53.3	−23 26 57	2.65	G5 IIb	− 7.0	0.0
111417				12 50 03.8	−45 52 39	8.30	K3 IV	− 16.0	±0.5
112299				12 55 56.0	+25 41 11	8.39	F8 V	+ 3.4	0.5
120223				13 49 41.4	−43 46 49	8.96	G8 IV−V	− 24.1	0.6
122693				14 03 18.3	+24 30 57	8.11	F8 V	− 6.3	0.2
124897	5340	16	α Boo	14 16 05.7	+19 08 00	−0.04	K1.5 III Fe−0.5	− 5.3	0.1

STANDARD RADIAL VELOCITY STARS, J2009.5

HD No.	BS=HR No.	Name		Right Ascension	Declination	V	Spectral Type	v_r	
				h m s	° ′ ″			km/s	
126053	5384			14 23 44.5	+01 11 51	6.27	G1 V	− 18.5	±0.4
132737				15 00 17.0	+27 07 23	7.64	K0 III	− 24.1	0.3
136202	5694	5	Ser	15 19 48.0	+01 43 48	5.06	F8 III−IV	+ 53.5	0.2
144579				16 05 16.5	+39 07 52	6.66	G8 IV	− 60.0	0.3
145001	6008	7	κ Her	16 08 30.3	+17 01 20	5.00	G5 III	− 9.5	0.2
146051	6056	1	δ Oph	16 14 50.7	−03 43 05	2.74	M0.5 III	− 19.8	±0.0
150798	6217		α TrA	16 49 40.7	−69 02 38	1.92	K2 IIb−IIIa	− 3.7	0.2
154417	6349			17 05 45.9	+00 41 21	6.01	F8.5 IV−V	− 17.4	0.3
157457	6468		κ Ara	17 26 44.6	−50 38 28	5.23	G8 III	+ 17.4	0.2
161096	6603	60	β Oph	17 43 56.5	+04 33 50	2.77	K2 III CN 0.5	− 12.0	0.1
168454	6859	19	δ Sgr	18 21 36.1	−29 49 24	2.70	K2.5 IIIa CN 0.5	− 20.0	±0.0
171391	6970			18 35 34.1	−10 58 09	5.14	G8 III	+ 6.9	0.2
176047				19 00 22.3	−34 27 27	8.10	K1 III	− 40.7	0.5
182572	7373	31	Aql	19 25 25.4	+11 57 55	5.16	G7 IV Hδ 1	−100.5	0.4
		BD	28° 3402	19 35 23.1	+29 06 31	8.88	F7 V	− 36.6	0.5
187691	7560	54	o Aql	19 51 28.9	+10 26 24	5.11	F8 V	+ 0.1	±0.3
193231				20 22 22.0	−54 46 56	8.39	G5 V	− 29.1	0.6
194071				20 23 01.3	+28 16 38	7.80	G8 III	− 9.8	0.1
196983				20 42 26.2	−33 51 13	9.08	K2 III	− 8.0	0.6
203638	8183	33	Cap	21 24 41.8	−20 48 40	5.41	K0 III	+ 21.9	0.1
204867	8232	22	β Aqr	21 32 03.5	−05 31 44	2.91	G0 Ib	+ 6.7	±0.1
212943	8551	35	Peg	22 28 20.4	+04 44 37	4.79	K0 III	+ 54.3	0.3
213014				22 28 39.2	+17 18 43	7.45	G9 III	− 39.7	0.0
213947				22 35 03.4	+26 38 51	6.88	K2	+ 16.7	0.3
219509				23 17 56.1	−66 52 06	8.71	K5 V	+ 62.3	0.5
222368	8969	17	ι Psc	23 40 26.4	+05 40 40	4.13	F7 V	+ 5.3	±0.2
223311	9014			23 49 01.8	−06 19 40	6.07	K4 III	− 20.4	0.1

SELECTED VARIABLE STARS, J2009.5

Name		HD No.	Right Ascension	Declination	Type	Magnitude Max.	Magnitude Min.	Mag. Type	Epoch (2400000+)	Period	Spectral Type
			h m s	° ′ ″						d	
WW	Cet		00 11 53.9	−11 25 33	UGz:	9.3	16.0	p		31.2:	pec(UG)
S	Scl	1115	00 15 51.0	−31 59 33	M	5.5	13.6	v	42345	362.57	M3e−M9e(TC)
T	Cet	1760	00 22 15.1	−20 00 20	SRc	5.0	6.9	v	40562	158.9	M5−6SIIe
R	And	1967	00 24 32.2	+38 37 46	M	5.8	14.9	v	43135	409.33	S3,5e−S8,8e(M7e)
TV	Psc	2411	00 28 32.7	+17 56 44	SR	4.65	5.42	V	31387	49.1	M3III−M4IIIb
EG	And	4174	00 45 08.5	+40 43 52	Z And	7.08	7.8	V			M2IIIep
U	Cep	5679	01 03 11.9	+81 55 35	EA	6.75	9.24	V	51492.323	2.493	B7Ve + G8III−IV
RX	And		01 05 07.9	+41 21 00	UGz	10.3	15.4	v		14:	pec(UG)
ζ	Phe	6882	01 08 46.9	−55 11 43	EA	3.91	4.42	V	41957.6058	1.670	B6V + B9V
WX	Hyi		02 10 06.5	−63 15 59	UGsu	9.6	14.85	V		13.7:	pec(UG)
KK	Per	13136	02 10 55.4	+56 36 13	Lc	6.6	7.89	V			M1.0Iab−M3.5Iab
o	Cet	14386	02 19 49.6	−02 56 06	M	2.0	10.1	v	44839	331.96	M5e−M9e
VW	Ari	15165	02 27 16.3	+10 36 28	SX Phe:	6.64	6.76	V		0.149	F0IV
U	Cet	15971	02 34 11.1	−13 06 26	M	6.8	13.4	v	42137	234.76	M2e−M6e
R	Tri	16210	02 37 37.1	+34 18 19	M	5.4	12.6	v	45215	266.9	M4IIIe−M8e
RZ	Cas	17138	02 49 47.8	+69 40 25	EA	6.18	7.72	V	48960.2122	1.195	A2.8V
R	Hor	18242	02 54 11.7	−49 51 04	M	4.7	14.3	v	41494	407.6	M5e−M8eII−III
ρ	Per	19058	03 05 47.3	+38 52 35	SRb	3.30	4.0	V		50:	M4IIb−IIIb
β	Per	19356	03 08 47.4	+40 59 30	EA	2.12	3.39	V	52207.684	2.867	B8V
λ	Tau	25204	04 01 12.5	+12 31 00	EA	3.37	3.91	V	47185.265	3.953	B3V + A4IV
VW	Hyi		04 09 07.5	−71 16 13	UGsu	8.4	14.4	v		27.3:	pec(UG)
R	Dor	29712	04 36 52.3	−62 03 31	SRb	4.8	6.6	v		338:	M8IIIe
HU	Tau	29365	04 38 49.5	+20 42 11	EA	5.85	6.68	V	42412.456	2.056	B8V
R	Cae	29844	04 40 49.9	−38 13 02	M	6.7	13.7	v	40645	390.95	M6e
R	Pic	30551	04 46 24.8	−49 13 45	SR	6.35	10.1	V	44922	170.9	M1IIe−M4IIe
R	Lep	31996	05 00 02.3	−14 47 33	M	5.5	11.7	v	42506	427.07	C7,6e(N6e)
ε	Aur	31964	05 02 39.1	+43 50 11	EA	2.92	3.83	V	35629	9892	A8Ia−F2epIa + BV
RX	Lep	33664	05 11 49.5	−11 50 16	SRb	5.0	7.4	v		60:	M6.2III
AR	Aur	34364	05 18 56.5	+33 46 36	EA	6.15	6.82	V	49706.3615	4.135	Ap(Hg−Mn) + B9V
TZ	Men	39780	05 28 25.3	−84 46 41	EA	6.19	6.87	V	39190.34	8.569	A1III + B9V:
β	Dor	37350	05 33 42.5	−62 29 01	δ Cep	3.46	4.08	V	40905.30	9.843	F4−G4Ia−II
SU	Tau	247925	05 49 38.5	+19 04 05	RCB	9.1	16.86	V			G0−1Iep(C1,0Hd)
α	Ori	39801	05 55 41.2	+07 24 29	SRc	0.0	1.3	v		2335	M1−M2Ia−Ibe
U	Ori	39816	05 56 23.0	+20 10 34	M	4.8	13.0	v	45254	368.3	M6e−M9.5e
SS	Aur		06 14 05.6	+47 44 14	UGss	10.3	15.8	v		55.5:	pec(UG)
η	Gem	42995	06 15 27.0	+22 30 12	SRa+EA	3.15	3.9	V	37725	232.9	M3IIIab
T	Mon	44990	06 25 43.8	+07 04 47	δ Cep	5.58	6.62	V	43784.615	27.025	F7Iab−K1Iab +...
RT	Aur	45412	06 29 10.7	+30 29 11	δ Cep	5.00	5.82	V	42361.155	3.728	F4Ib−G1Ib
WW	Aur	46052	06 33 04.4	+32 26 50	EA	5.79	6.54	V	41399.305	2.525	A3m: + A3m:
IR	Gem		06 48 15.5	+28 04 04	UGsu	11.2	17.0	V		75:	pec(UG)
IS	Gem	49380	06 50 18.4	+32 35 43	SRc	6.6	7.3	p		47:	K3II
ζ	Gem	52973	07 04 40.3	+20 33 20	δ Cep	3.62	4.18	V	43805.927	10.151	F7Ib−G3Ib
L₂	Pup	56096	07 13 49.7	−44 39 20	SRb	2.6	6.2	v		140.6	M5IIIe−M6IIIe
R	CMa	57167	07 19 54.0	−16 24 49	EA	5.70	6.34	V	50015.6841	1.136	F1V
U	Mon	59693	07 31 14.7	−09 47 50	RVb	6.1	8.8	p	38496	91.32	F8eVIb−K0pIb(M2)
U	Gem	64511	07 55 38.9	+21 58 33	UGss+E	8.6	15.5	v		105.2:	pec(UG) + M4.5V
V	Pup	65818	07 58 30.8	−49 16 16	EB	4.35	4.92	V	45367.6063	1.454	B1Vp + B3:
AR	Pup		08 03 22.8	−36 37 25	RVb	8.7	10.9	p		74.58	F0I−II−F8I−II
AI	Vel	69213	08 14 24.0	−44 36 18	δ Sct	6.15	6.76	V		0.116	A2p−F2pIV/V
Z	Cam		08 26 16.0	+73 04 46	UGz	10.0	14.5	v		22:	pec(UG) + G1

SELECTED VARIABLE STARS, J2009.5

Name		HD No.	Right Ascension	Declination	Type	Magnitude Max.	Magnitude Min.	Mag. Type	Epoch (2400000+)	Period	Spectral Type
			h m s	° ′ ″						d	
SW	UMa		08 37 25.2	+53 26 38	UGsu	9.3	18.49	V		460:	pec(UG)
AK	Hya	73844	08 40 19.7	−17 20 15	SRb	6.33	6.91	V		75:	M4III
VZ	Cnc	73857	08 41 23.0	+09 47 24	δ Sct	7.18	7.91	V	39897.4246	0.178	A7III−F2III
BZ	UMa		08 54 28.0	+57 46 29	UGsu	10.5	17.5	v		97:	pec(UG)
CU	Vel		08 58 54.2	−41 50 06	UGsu	10.0	16.83	V		164.7:	
TY	Pyx	77137	09 00 07.2	−27 51 14	EA/RS	6.85	7.50	V	43187.2304	3.199	G5 + G5
CV	Vel	77464	09 00 55.9	−51 35 35	EA	6.69	7.19	V	42048.6689	6.889	B2.5V + B2.5V
SY	Cnc		09 01 35.4	+17 51 40	UGz	10.5	14.1	V		27:	pec(UG) + G
T	Pyx		09 05 05.1	−32 25 05	Nr	7.0	15.77	B	39501	7000:	pec(NOVA)
WY	Vel	81137	09 22 17.8	−52 36 19	Z And	8.8	10.2	p			M3epIb: + B
IW	Car	82085	09 27 06.7	−63 40 18	RVb	7.9	9.6	p	29401	67.5	F7−F8
R	Car	82901	09 32 28.9	−62 49 52	M	3.9	10.5	v	42000	308.71	M4e−M8e
S	Ant	82610	09 32 43.4	−28 40 12	EW	6.4	6.92	V	46516.428	0.648	A9Vn
W	UMa	83950	09 44 25.2	+55 54 31	EW	7.75	8.48	V	51276.3967	0.334	F8Vp + F8Vp
R	Leo	84748	09 48 04.1	+11 23 04	M	4.4	11.3	v	44164	309.95	M6e−M8IIIe−...
CH	UMa		10 07 44.4	+67 30 00	UG	10.4	15.5	v		204:	pec(UG) + K
S	Car	88366	10 09 40.1	−61 35 44	M	4.5	9.9	v	42112	149.49	K5e−M6e
η	Car	93309	10 45 25.8	−59 44 04	S Dor	−0.80	7.9	v			pec(E)
VY	UMa	92839	10 45 43.0	+67 21 41	Lb	5.87	7.0	V			C6,3(N0)
U	Car	95109	10 58 11.6	−59 46 59	δ Cep	5.72	7.02	V	37320.055	38.768	F6−G7Iab
VW	UMa	94902	10 59 40.2	+69 56 17	SR	6.85	7.71	V		610	M2
T	Leo		11 38 56.1	+03 18 57	UGsu	9.6	16.2	v			pec(UG)
BC	UMa		11 52 45.5	+49 11 32	UGsu	10.9	19.37	V			
RU	Cen	105578	12 09 53.6	−45 28 45	RV	8.7	10.7	p	28015.51	64.727	A7Ib−G2pe
S	Mus	106111	12 13 18.2	−70 12 17	δ Cep	5.89	6.49	V	40299.42	9.660	F6Ib−G0
RY	UMa	107397	12 20 54.4	+61 15 25	SRb	6.68	8.3	V		310:	M2−M3IIIe
SS	Vir	108105	12 25 43.6	+00 43 02	SRa	6.0	9.6	v	45361	364.14	C6,3e(Ne)
BO	Mus	109372	12 35 28.4	−67 48 33	Lb	5.85	6.56	V			M6II−III
R	Vir	109914	12 38 58.9	+06 56 11	M	6.1	12.1	v	45872	145.63	M3.5IIIe−M8.5e
R	Mus	110311	12 42 40.5	−69 27 34	δ Cep	5.93	6.73	V	26496.288	7.510	F7Ib−G2
UW	Cen		12 43 49.8	−54 34 48	RCB	9.1	<14.5	v			K
TX	CVn		12 45 09.4	+36 42 44	Z And	9.2	11.8	p			B1−B9Veq +...
SW	Vir	114961	13 14 33.8	−02 51 26	SRb	6.40	7.90	V		150:	M7III
FH	Vir	115322	13 16 52.7	+06 27 16	SRb	6.92	7.45	V	40740	70:	M6III
V	CVn	115898	13 19 52.5	+45 28 39	SRa	6.52	8.56	V	43929	191.89	M4e−M6eIIIa:
R	Hya	117287	13 30 14.0	−23 19 49	M	3.5	10.9	v	43596	388.87	M6e−M9eS(TC)
BV	Cen		13 31 55.8	−55 01 29	UGss+E	10.7	13.6	v	40264.780	0.610	pec(UG)
T	Cen	119090	13 42 18.4	−33 38 42	SRa	5.5	9.0	v	43242	90.44	K0:e−M4II:e
V412	Cen	121518	13 58 07.2	−57 45 26	Lb	7.1	9.6	B			M3Iab/b−M7
θ	Aps	122250	14 06 17.1	−76 50 31	SRb	6.4	8.6	p		119	M7III
Z	Aps		14 07 43.9	−71 24 59	UGz	10.7	12.7	v		19:	
R	Cen	124601	14 17 15.9	−59 57 27	M	5.3	11.8	v	41942	505	M4e−M8IIe
δ	Lib	132742	15 01 28.9	−08 33 22	EA	4.91	5.90	V	48788.426	2.327	A0IV−V
i	Boo	133640	15 04 06.1	+47 37 03	EW	5.8	6.40	V	50945.4898	0.268	G2V + G2V
S	Aps		15 10 22.7	−72 05 54	RCB	9.6	15.2	v			C(R3)
GG	Lup	135876	15 19 33.9	−40 49 21	EB	5.49	6.0	B	47676.6274	1.850	B7V
τ⁴	Ser	139216	15 36 54.6	+15 04 14	SRb	5.89	7.07	V		100:	M5IIb−IIIa
R	CrB	141527	15 48 57.9	+28 07 41	RCB	5.71	14.8	V			C0,0(F8pep)
R	Ser	141850	15 51 08.0	+15 06 19	M	5.16	14.4	V	45521	356.41	M5IIIe−M9e
T	CrB	143454	15 59 54.0	+25 53 37	Nr	2.0	10.8	v	31860	29000:	M3III + pec(NOVA)

SELECTED VARIABLE STARS, J2009.5

Name		HD No.	Right Ascension h m s	Declination ° ′ ″	Type	Magnitude Max.	Magnitude Min.	Mag. Type	Epoch (2400000+)	Period d	Spectral Type
AG	Dra		16 01 44.5	+66 46 36	Z And	8.9	11.8	p	38900	554	K3IIIep
AT	Dra	147232	16 17 25.0	+59 43 56	Lb	6.8	7.5	p			M4IIIa
U	Sco		16 23 03.7	−17 54 01	Nr	8.7	19.3	v	44049		pec(E)
g	Her	148783	16 28 57.3	+41 51 40	SRb	4.3	6.3	v		89.2	M6III
α	Sco	148478	16 29 59.5	−26 27 09	Lc	0.88	1.16	V			M1.5Iab−Ib
R	Ara	149730	16 40 32.3	−57 00 45	EA	6.0	6.9	p	25818.028	4.425	B9IV−V
AH	Her		16 44 33.6	+25 14 00	UGz	10.6	15.2	v		19.8:	pec(UG)
V1010	Oph	151676	16 50 00.3	−15 41 02	EB	6.1	7.00	V	50963.757	0.661	A5V
ζ¹	Sco	152236	16 54 40.0	−42 22 37	S Dor:	4.66	4.86	V			B1Iape
RS	Sco	152476	16 56 19.3	−45 07 04	M	6.2	13.0	v	44676	319.91	M5e−M9
V861	Sco	152667	16 57 15.7	−40 50 16	EB	6.07	6.40	V	43704.21	7.848	B0.5Iae
α¹	Her	156014	17 15 04.9	+14 22 48	SRc	2.74	4.0	V			M5Ib−II
VW	Dra	156947	17 16 36.4	+60 39 38	SRd:	6.0	7.0	v		170:	K1.5IIIb
U	Oph	156247	17 17 00.7	+01 12 02	EA	5.84	6.56	V	52066.758	1.677	B5V + B5V
u	Her	156633	17 17 40.6	+33 05 25	EA	4.69	5.37	V	48852.367	2.051	B1.5Vp + B5III
RY	Ara		17 21 49.3	−51 07 46	RV	9.2	12.1	p	30220	143.5	G5−K0
BM	Sco	160371	17 41 35.7	−32 13 08	SRd	6.8	8.7	p		815:	K2.5Ib
V703	Sco	160589	17 42 54.1	−32 31 38	δ Sct	7.58	8.04	V	42979.3923	0.115	A9−G0
X	Sgr	161592	17 48 09.5	−27 50 01	δ Cep	4.20	4.90	V	40741.70	7.013	F5−G2II
RS	Oph	162214	17 50 43.9	−06 42 36	Nr	4.3	12.5	v	39791		Ob + M2ep
V539	Ara	161783	17 51 14.8	−53 36 52	EA	5.66	6.18	V	48016.7171	3.169	B2V + B3V
OP	Her	163990	17 57 04.9	+45 21 00	SRb	5.85	6.73	V	41196	120.5	M5IIb−IIIa(S)
W	Sgr	164975	18 05 37.6	−29 34 44	δ Cep	4.29	5.14	V	43374.77	7.595	F4−G2Ib
VX	Sgr	165674	18 08 38.4	−22 13 20	SRc	6.52	14.0	V	36493	732	M4eIa−M10eIa
RS	Sgr	167647	18 18 14.0	−34 06 11	EA	6.01	6.97	V	20586.387	2.416	B3IV−V + A
RS	Tel		18 19 33.8	−46 32 38	RCB	9.0	<14.0	v			C(R0)
Y	Sgr	168608	18 21 56.5	−18 51 18	δ Cep	5.25	6.24	V	40762.38	5.773	F5−G0Ib−II
AC	Her	170756	18 30 40.4	+21 52 26	RVa	6.85	9.0	V	35097.8	75.01	F2PIb−K4e(C0.0)
T	Lyr		18 32 39.8	+37 00 23	Lb	7.84	9.6	V			C6,5(R6)
XY	Lyr	172380	18 38 25.3	+39 40 38	Lc	5.80	6.35	V			M4−5Ib−II
X	Oph	172171	18 38 48.4	+08 50 35	M	5.9	9.2	v	44729	328.85	M5e−M9e
R	Sct	173819	18 47 59.4	−05 41 39	RVa	4.2	8.6	v	44872	146.5	G0Iae−K2p(M3)Ibe
V	CrA	173539	18 48 11.3	−38 08 53	RCB	8.3	<16.5	v			C(r0)
β	Lyr	174638	18 50 25.8	+33 22 27	EB	3.25	4.36	V	52652.486	12.940	B8II−IIIep
FN	Sgr		18 54 28.2	−18 58 56	Z And	9	13.9	p			pec(E)
R	Lyr	175865	18 55 37.5	+43 57 32	SRb	3.88	5.0	V		46:	M5III
κ	Pav	174694	18 57 55.5	−67 13 13	CWa	3.91	4.78	V	40140.167	9.094	F5−G5I−II
FF	Aql	176155	18 58 40.1	+17 22 27	δ Cep	5.18	5.68	V	41576.428	4.471	F5Ia−F8Ia
MT	Tel	176387	19 02 54.3	−46 38 22	RRc	8.68	9.28	V	42206.350	0.317	A0W
R	Aql	177940	19 06 49.7	+08 14 42	M	5.5	12.0	v	43458	270	M5e−M9e
RY	Sgr	180093	19 17 09.9	−33 30 18	RCB	5.8	14.0	v			G0Iaep(C1,0)
RS	Vul	180939	19 18 04.3	+22 27 32	EA	6.79	7.83	V	32808.257	4.478	B4V + A2IV
U	Sge	181182	19 19 13.4	+19 37 42	EA	6.45	9.28	V	17130.4114	3.381	B8V + G2III−IV
UX	Dra	183556	19 21 14.9	+76 34 41	SRa:	5.94	7.1	V		168	C7,3(N0)
BF	Cyg		19 24 16.0	+29 41 37	Z And	9.3	13.4	p			Bep + M5III
CH	Cyg	182917	19 24 48.0	+50 15 38	Z And+SR	5.3	10.6	v			M7IIIab + Be
RR	Lyr	182989	19 25 46.1	+42 48 11	RRab	7.06	8.12	V	50238.499	0.567	A5.0−F7.0
CI	Cyg		19 50 33.0	+35 42 31	Z And+EA	9.9	13.1	p	11902	855.25	Bep + M5III
χ	Cyg	187796	19 50 55.8	+32 56 19	M	3.3	14.2	v	42140	408.05	S6,2e−S10,4e(MSe)
η	Aql	187929	19 52 57.4	+01 01 50	δ Cep	3.48	4.39	V	36084.656	7.177	F6Ib−G4Ib

SELECTED VARIABLE STARS, J2009.5

Name		HD No.	Right Ascension	Declination	Type	Magnitude Max.	Magnitude Min.	Mag. Type	Epoch (2400000+)	Period	Spectral Type
			h m s	° ′ ″						d	
V505	Sgr	187949	19 53 38.5	−14 34 42	EA	6.46	7.51	V	50999.3118	1.183	A2V + F6:
V449	Cyg	188344	19 53 42.6	+33 58 32	Lb	7.4	9.07	B			M1−M4
S	Sge	188727	19 56 27.2	+16 39 38	δ Cep	5.24	6.04	V	42678.792	8.382	F6Ib−G5Ib
RR	Sgr	188378	19 56 31.8	−29 09 52	M	5.4	14.0	v	40809	336.33	M4e−M9e
RR	Tel		20 05 03.7	−55 41 55	Nc	6.5	16.5	p			pec
WZ	Sge		20 08 01.5	+17 43 58	UGwz/DQ	7.8	15.8	v		11900:	DAep(UG)
P	Cyg	193237	20 18 08.2	+38 03 46	S Dor	3	6	v			B1IApeq
V	Sge		20 20 39.3	+21 07 59	E+NL	8.6	13.9	v	37889.9154	0.514	pec(CONT + e)
EU	Del	196610	20 38 20.7	+18 18 09	SRb	5.79	6.9	V	41156	59.7	M6.4III
AE	Aqr		20 40 38.6	−00 50 12	NL/DQ	10.4	12.2	v			K2Ve +...
X	Cyg	197572	20 43 46.5	+35 37 21	δ Cep	5.85	6.91	V	43830.387	16.386	F7Ib−G8Ib
T	Vul	198726	20 51 52.5	+28 17 11	δ Cep	5.41	6.09	V	41705.121	4.435	F5Ib−G0Ib
T	Cep	202012	21 09 39.1	+68 31 47	M	5.2	11.3	v	44177	388.14	M5.5e−M8.8e
VY	Aqr		21 12 39.8	−08 47 15	UGwz	10.0	17.38	V	17796		
W	Cyg	205730	21 36 24.2	+45 25 03	SRb	6.80	8.9	B		131.1	M4e−M6e(TC:)III
EE	Peg	206155	21 40 29.9	+09 13 41	EA	6.93	7.51	V	45563.8916	2.628	A3MV + F5
V460	Cyg	206570	21 42 25.2	+35 33 14	SRb	5.57	7.0	V		180:	C6,4(N1)
SS	Cyg	206697	21 43 05.3	+43 37 47	UGss	7.7	12.4	v		49.5:	K5V + pec(UG)
RS	Gru	206379	21 43 41.3	−48 08 45	δ Sct	7.92	8.51	V	34325.2931	0.147	A6−A9IV−F0
μ	Cep	206936	21 43 47.9	+58 49 26	SRc	3.43	5.1	V		730	M2eIa
AG	Peg	207757	21 51 29.7	+12 40 13	Nc	6.0	9.4	v			WN6 + M3III
VV	Cep	208816	21 56 55.2	+63 40 15	EA+SRc	4.80	5.36	V	43360	7430	M2epIa−...
AR	Lac	210334	22 09 03.9	+45 47 21	EA/RS	6.08	6.77	V	49292.3444	1.983	G2IV−V + K0IV
RU	Peg		22 14 30.6	+12 45 06	UGss	9.5	13.6	v		74.3:	pec(UG) + G8IVn
π¹	Gru	212087	22 23 18.8	−45 53 59	SRb	5.41	6.70	V		150:	S5,7e
δ	Cep	213306	22 29 31.5	+58 27 50	δ Cep	3.48	4.37	V	36075.445	5.366	F5Ib−G1Ib
ER	Aqr	218074	23 05 56.0	−22 26 08	Lb	7.14	7.81	V			M3
Z	And	221650	23 34 07.5	+48 52 15	Z And	8.0	12.4	p			M2III + B1eq
R	Aqr	222800	23 44 18.9	−15 13 55	M	5.8	12.4	v	42398	386.96	M5e−M8.5e + pec
TX	Psc	223075	23 46 52.7	+03 32 22	Lb	4.79	5.20	V			C7,2(N0)(TC)
SX	Phe	223065	23 47 03.0	−41 31 53	SX Phe	6.76	7.53	V	38636.6170	0.055	A5−F4

Notes to Table

E	eclipsing	δ Sct	δ Scuti type
EA	eclipsing, Algol type	SR	semi-regular long period variable
EB	eclipsing, β Lyrae type	SRa	semi-regular, late spectral class, strong periodicities
EW	eclipsing, W Ursae Maj type	SRb	semi-regular, late spectral class, weak periodicities
δ Cep	cepheid, classical type	SRc	semi-regular supergiant of late spectral class
CWa	cepheid, W Vir type (period > 8 days)	SRd	semi-regular giant or supergiant, spectrum F, G, or K
DQ	DQ Herculis type	UG	U Gem type dwarf nova
Lb	slow irregular variable	UGss	U Gem type dwarf nova (SS Cygni subtype)
Lc	irregular supergiant (late spectral type)	UGsu	U Gem type dwarf nova (SU Ursae Majoris subtype)
M	Mira type long period variable	UGwz	U Gem type dwarf nova (WZ Sagittae subtype)
Nc	very slow nova	UGz	U Gem type dwarf nova (Z Camelopardalis subtype)
NL	nova-like variable	Z And	Z And type symbiotic star
Nr	recurrent nova	RRab	RR Lyrae variable (asymmetric light curves)
RS	RS Canum Venaticorum type	RRc	RR Lyrae variable (symmetric sinusoidal light curves)
RV	RV Tauri type	RCB	R Coronae Borealis variable
RVa	RV Tauri type (constant mean brightness)	S Dor	S Doradus variable
RVb	RV Tauri type (varying mean brightness)	SX Phe	SX Phoenicis variable
p	photographic magnitude	V	photoelectric magnitude, visual filter
v	visual magnitude	B	photoelectric magnitude, blue filter
:	uncertainty in period or spectral type	<	fainter than the magnitude indicated
...	full spectral type given in Section L		

SELECTED BRIGHT GALAXIES, J2009.5

Name	Right Ascension	Declination	Type	L	Log (D_{25})	Log (R_{25})	P.A.	B_T^w	$B-V$	$U-B$	v_r
	h m s	° ′ ″					°				km/s
WLM	00 02 26	−15 23.9	IB(s)m	9.0	2.06	0.46	4	11.03	0.44	−0.21	− 118
NGC 0045	00 14 32.5	−23 07 42	SA(s)dm	7.3	1.93	0.16	142	11.32	0.71	−0.05	+ 468
NGC 0055	00 15 23	−39 08.7	SB(s)m: sp	5.6	2.51	0.76	108	8.42	0.55	+0.12	+ 124
NGC 0134	00 30 50.1	−33 11 30	SAB(s)bc	3.7	1.93	0.62	50	11.23	0.84	+0.23	+1579
NGC 0147	00 33 43.4	+48 33 39	dE5 pec		2.12	0.23	25	10.47	0.95		− 160
NGC 0185	00 39 29.3	+48 23 21	dE3 pec		2.07	0.07	35	10.10	0.92	+0.39	− 251
NGC 0205	00 40 53.2	+41 44 14	dE5 pec		2.34	0.30	170	8.92	0.85	+0.22	− 239
NGC 0221	00 43 13.1	+40 55 01	cE2		1.94	0.13	170	9.03	0.95	+0.48	− 205
NGC 0224	00 43 15.59	+41 19 15.3	SA(s)b	2.2	3.28	0.49	35	4.36	0.92	+0.50	− 298
NGC 0247	00 47 36.6	−20 42 30	SAB(s)d	6.8	2.33	0.49	174	9.67	0.56	−0.09	+ 159
NGC 0253	00 48 01.12	−25 14 11.1	SAB(s)c	3.3	2.44	0.61	52	8.04	0.85	+0.38	+ 250
SMC	00 52 58	−72 44.9	SB(s)m pec	7.0	3.50	0.23	45	2.70	0.45	−0.20	+ 175
NGC 0300	00 55 20.4	−37 37 58	SA(s)d	6.2	2.34	0.15	111	8.72	0.59	+0.11	+ 141
Sculptor	01 00 36	−33 39.4	dSph		[2.06]	0.17	99	9.5:	0.7		+ 107
IC 1613	01 05 17	+02 10.2	IB(s)m	9.5	2.21	0.05	50	9.88	0.67		− 230
NGC 0488	01 22 16.4	+05 18 23	SA(r)b	1.1	1.72	0.13	15	11.15	0.87	+0.35	+2267
NGC 0598	01 34 23.10	+30 42 30.9	SA(s)cd	4.3	2.85	0.23	23	6.27	0.55	−0.10	− 179
NGC 0613	01 34 44.53	−29 22 12.6	SB(rs)bc	3.0	1.74	0.12	120	10.73	0.68	+0.06	+1478
NGC 0628	01 37 12.5	+15 49 55	SA(s)c	1.1	2.02	0.04	25	9.95	0.56		+ 655
NGC 0672	01 48 26.4	+27 28 48	SB(s)cd	5.4	1.86	0.45	65	11.47	0.58	−0.10	+ 420
NGC 0772	01 59 51.0	+19 03 13	SA(s)b	1.2	1.86	0.23	130	11.09	0.78	+0.26	+2457
NGC 0891	02 23 09.2	+42 23 32	SA(s)b? sp	4.5	2.13	0.73	22	10.81	0.88	+0.27	+ 528
NGC 0908	02 23 30.9	−21 11 28	SA(s)c	1.5	1.78	0.36	75	10.83	0.65	0.00	+1499
NGC 0925	02 27 51.2	+33 37 16	SAB(s)d	4.3	2.02	0.25	102	10.69	0.57		+ 553
Fornax	02 40 23	−34 24.6	dSph		[2.26]	0.18	82	8.4:	0.62	+0.04	+ 53
NGC 1023	02 40 59.9	+39 06 12	SB(rs)0⁻		1.94	0.47	87	10.35	1.00	+0.56	+ 632
NGC 1055	02 42 14.5	+00 29 01	SBb: sp	3.9	1.88	0.45	105	11.40	0.81	+0.19	+ 995
NGC 1068	02 43 09.93	+00 01 36.8	(R)SA(rs)b	2.3	1.85	0.07	70	9.61	0.74	+0.09	+1135
NGC 1097	02 46 43.27	−30 14 06.7	SB(s)b	2.2	1.97	0.17	130	10.23	0.75	+0.23	+1274
NGC 1187	03 03 03.0	−22 49 49	SB(r)c	2.1	1.74	0.13	130	11.34	0.56	−0.05	+1397
NGC 1232	03 10 11.1	−20 32 36	SAB(rs)c	2.0	1.87	0.06	108	10.52	0.63	0.00	+1683
NGC 1291	03 17 39.3	−41 04 24	(R)SB(s)0/a		1.99	0.08		9.39	0.93	+0.46	+ 836
NGC 1313	03 18 22.9	−66 27 51	SB(s)d	7.0	1.96	0.12		9.2	0.49	−0.24	+ 456
NGC 1300	03 20 06.9	−19 22 38	SB(rs)bc	1.1	1.79	0.18	106	11.11	0.68	+0.11	+1568
NGC 1316	03 23 03.48	−37 10 28.5	SAB(s)0⁰ pec		2.08	0.15	50	9.42	0.89	+0.39	+1793
NGC 1344	03 28 42.9	−31 02 08	E5		1.78	0.24	165	11.27	0.88	+0.44	+1169
NGC 1350	03 31 30.6	−33 35 47	(R′)SB(r)ab	3.0	1.72	0.27	0	11.16	0.87	+0.34	+1883
NGC 1365	03 33 58.2	−36 06 32	SB(s)b	1.3	2.05	0.26	32	10.32	0.69	+0.16	+1663
NGC 1399	03 38 50.9	−35 25 13	E1 pec		1.84	0.03		10.55	0.96	+0.50	+1447
NGC 1395	03 38 54.5	−22 59 49	E2		1.77	0.12		10.55	0.96	+0.58	+1699
NGC 1398	03 39 16.2	−26 18 26	(R′)SB(r)ab	1.1	1.85	0.12	100	10.57	0.90	+0.43	+1407
NGC 1433	03 42 19.4	−47 11 31	(R′)SB(r)ab	2.7	1.81	0.04		10.70	0.79	+0.21	+1067
NGC 1425	03 42 34.7	−29 51 48	SA(s)b	3.2	1.76	0.35	129	11.29	0.68	+0.11	+1508
NGC 1448	03 44 50.7	−44 36 55	SAcd: sp	4.4	1.88	0.65	41	11.40	0.72	+0.01	+1165
IC 342	03 47 44.1	+68 07 31	SAB(rs)cd	2.0	2.33	0.01		9.10			+ 32

SELECTED BRIGHT GALAXIES, J2009.5

Name	Right Ascension	Declination	Type	L	Log (D_{25})	Log (R_{25})	P.A.	B_T^w	$B-V$	$U-B$	v_r
	h m s	° ′ ″					°				km/s
NGC 1512	04 04 12.9	−43 19 24	SB(r)a	1.1	1.95	0.20	90	11.13	0.81	+0.17	+ 889
IC 356	04 08 46.5	+69 50 14	SA(s)ab pec		1.72	0.13	90	11.39	1.32	+0.76	+ 888
NGC 1532	04 12 26.2	−32 51 01	SB(s)b pec sp	1.9	2.10	0.58	33	10.65	0.80	+0.15	+1187
NGC 1566	04 20 13.3	−54 54 57	SAB(s)bc	1.7	1.92	0.10	60	10.33	0.60	−0.04	+1492
NGC 1672	04 45 51.8	−59 13 50	SB(s)b	3.1	1.82	0.08	170	10.28	0.60	+0.01	+1339
NGC 1792	05 05 34.0	−37 58 05	SA(rs)bc	4.0	1.72	0.30	137	10.87	0.68	+0.08	+1224
NGC 1808	05 08 02.05	−37 30 03.3	(R)SAB(s)a		1.81	0.22	133	10.76	0.82	+0.29	+1006
LMC	05 23.5	−69 44	SB(s)m	5.8	3.81	0.07	170	0.91	0.51	0.00	+ 313
NGC 2146	06 20 08.6	+78 21 08	SB(s)ab pec	3.4	1.78	0.25	56	11.38	0.79	+0.29	+ 890
Carina	06 41 51	−50 58.6	dSph		[2.25]	0.17	65	11.5:	0.7:		+ 223
NGC 2280	06 45 11.8	−27 38 56	SA(s)cd	2.2	1.80	0.31	163	10.9	0.60	+0.15	+1906
NGC 2336	07 28 40.9	+80 09 30	SAB(r)bc	1.1	1.85	0.26	178	11.05	0.62	+0.06	+2200
NGC 2366	07 29 55.4	+69 11 49	IB(s)m	8.7	1.91	0.39	25	11.43	0.58		+ 99
NGC 2442	07 36 22.0	−69 33 08	SAB(s)bc pec	2.5	1.74	0.05		11.24	0.82	+0.23	+1448
NGC 2403	07 37 45.2	+65 34 47	SAB(s)cd	5.4	2.34	0.25	127	8.93	0.47		+ 130
Holmberg II	08 20 05	+70 41.1	Im	8.0	1.90	0.10	15	11.10	0.44		+ 157
NGC 2613	08 33 47.8	−23 00 22	SA(s)b	3.0	1.86	0.61	113	11.16	0.91	+0.38	+1677
NGC 2683	08 53 16.7	+33 23 06	SA(rs)b	4.0	1.97	0.63	44	10.64	0.89	+0.27	+ 405
NGC 2768	09 12 21.4	+59 59 54	E6:		1.91	0.28	95	10.84	0.97	+0.46	+1335
NGC 2784	09 12 44.8	−24 12 42	SA(s)0⁰:		1.74	0.39	73	11.30	1.14	+0.72	+ 691
NGC 2835	09 18 18.7	−22 23 42	SB(rs)c	1.8	1.82	0.18	8	11.01	0.49	−0.12	+ 887
NGC 2841	09 22 41.83	+50 56 08.6	SA(r)b:	.5	1.91	0.36	147	10.09	0.87	+0.34	+ 637
NGC 2903	09 32 42.3	+21 27 32	SAB(rs)bc	2.3	2.10	0.32	17	9.68	0.67	+0.06	+ 556
NGC 2997	09 46 03.7	−31 14 06	SAB(rs)c	1.6	1.95	0.12	110	10.06	0.7	+0.3	+1087
NGC 2976	09 48 01.6	+67 52 19	SAc pec	6.8	1.77	0.34	143	10.82	0.66	0.00	+ 3
NGC 3031	09 56 19.458	+69 01 11.90	SA(s)ab	2.2	2.43	0.28	157	7.89	0.95	+0.48	− 36
NGC 3034	09 56 39.3	+69 38 04	I0		2.05	0.42	65	9.30	0.89	+0.31	+ 216
NGC 3109	10 03 38.4	−26 12 15	SB(s)m	8.2	2.28	0.71	93	10.39			+ 404
NGC 3077	10 04 04.1	+68 41 16	I0 pec		1.73	0.08	45	10.61	0.76	+0.14	+ 13
NGC 3115	10 05 42.4	−07 45 54	S0⁻		1.86	0.47	43	9.87	0.97	+0.54	+ 661
Leo I	10 08 58.0	+12 15 39	dSph		[1.82]	0.10	79	10.7	0.6	+0.1:	+ 285
Sextans	10 13.5	−01 40	dSph		[2.52]	0.91	56	11.0:			+ 224
NGC 3184	10 18 50.9	+41 22 35	SAB(rs)cd	3.5	1.87	0.03	135	10.36	0.58	−0.03	+ 591
NGC 3198	10 20 29.7	+45 30 07	SB(rs)c	2.6	1.93	0.41	35	10.87	0.54	−0.04	+ 663
NGC 3227	10 24 01.66	+19 49 00.4	SAB(s)a pec	3.5	1.73	0.17	155	11.1	0.82	+0.27	+1156
IC 2574	10 29 03.0	+68 21 48	SAB(s)m	8.0	2.12	0.39	50	10.80	0.44		+ 46
NGC 3319	10 39 42.6	+41 38 13	SB(rs)cd	3.8	1.79	0.26	37	11.48	0.41		+ 746
NGC 3344	10 44 02.2	+24 52 20	(R)SAB(r)bc	1.9	1.85	0.04		10.45	0.59	−0.07	+ 585
NGC 3351	10 44 27.8	+11 39 13	SB(r)b	3.3	1.87	0.17	13	10.53	0.80	+0.18	+ 777
NGC 3359	10 47 13.9	+63 10 26	SB(rs)c	3.0	1.86	0.22	170	11.03	0.46	−0.20	+1012
NGC 3368	10 47 15.74	+11 46 11.3	SAB(rs)ab	3.4	1.88	0.16	5	10.11	0.86	+0.31	+ 897
NGC 3377	10 48 12.5	+13 56 07	E5−6		1.72	0.24	35	11.24	0.86	+0.31	+ 692
NGC 3379	10 48 19.7	+12 31 53	E1		1.73	0.05		10.24	0.96	+0.53	+ 889
NGC 3384	10 48 47.0	+12 34 44	SB(s)0⁻:		1.74	0.34	53	10.85	0.93	+0.44	+ 735
NGC 3486	11 00 54.9	+28 55 26	SAB(r)c	2.6	1.85	0.13	80	11.05	0.52	−0.16	+ 681

SELECTED BRIGHT GALAXIES, J2009.5

Name	Right Ascension	Declination	Type	L	Log (D_{25})	Log (R_{25})	P.A.	B_T^w	$B-V$	$U-B$	v_r
	h m s	° ′ ″					°				km/s
NGC 3521	11 06 17.79	−00 05 14.2	SAB(rs)bc	3.6	2.04	0.33	163	9.83	0.81	+0.23	+ 804
NGC 3556	11 12 04.0	+55 37 22	SB(s)cd	5.7	1.94	0.59	80	10.69	0.66	+0.07	+ 694
NGC 3621	11 18 44.2	−32 51 57	SA(s)d	5.8	2.09	0.24	159	10.28	0.62	−0.08	+ 725
NGC 3623	11 19 25.6	+13 02 25	SAB(rs)a	3.3	1.99	0.53	174	10.25	0.92	+0.45	+ 806
NGC 3627	11 20 44.71	+12 56 21.8	SAB(s)b	3.0	1.96	0.34	173	9.65	0.73	+0.20	+ 726
NGC 3628	11 20 46.7	+13 32 12	Sb pec sp	4.5	2.17	0.70	104	10.28	0.80		+ 846
NGC 3631	11 21 35.0	+53 07 02	SA(s)c	1.8	1.70	0.02		11.01	0.58		+1157
NGC 3675	11 26 39.5	+43 32 00	SA(s)b	3.3	1.77	0.28	178	11.00			+ 766
NGC 3726	11 33 51.9	+46 58 36	SAB(r)c	2.2	1.79	0.16	10	10.91	0.49		+ 849
NGC 3923	11 51 30.7	−28 51 32	E4−5		1.77	0.18	50	10.8	1.00	+0.61	+1668
NGC 3938	11 53 19.0	+44 04 05	SA(s)c	1.1	1.73	0.04		10.90	0.52	−0.10	+ 808
NGC 3953	11 54 18.5	+52 16 26	SB(r)bc	1.8	1.84	0.30	13	10.84	0.77	+0.20	+1053
NGC 3992	11 58 05.4	+53 19 19	SB(rs)bc	1.1	1.88	0.21	68	10.60	0.77	+0.20	+1048
NGC 4038	12 02 22.2	−18 55 17	SB(s)m pec	4.2	1.72	0.23	80	10.91	0.65	−0.19	+1626
NGC 4039	12 02 22.9	−18 56 20	SB(s)m pec	5.3	1.72	0.29	171	11.10			+1655
NGC 4051	12 03 38.65	+44 28 42.3	SAB(rs)bc	3.3	1.72	0.13	135	10.83	0.65	−0.04	+ 720
NGC 4088	12 06 03.0	+50 29 12	SAB(rs)bc	3.9	1.76	0.41	43	11.15	0.59	−0.05	+ 758
NGC 4096	12 06 29.9	+47 25 31	SAB(rs)c	4.2	1.82	0.57	20	11.48	0.63	+0.01	+ 564
NGC 4125	12 08 34.2	+65 07 17	E6 pec		1.76	0.26	95	10.65	0.93	+0.49	+1356
NGC 4151	12 11 01.30	+39 21 10.6	(R′)SAB(rs)ab:		1.80	0.15	50	11.28	0.73	−0.17	+ 992
NGC 4192	12 14 17.3	+14 50 52	SAB(s)ab	2.9	1.99	0.55	155	10.95	0.81	+0.30	− 141
NGC 4214	12 16 08.0	+36 16 26	IAB(s)m	5.8	1.93	0.11		10.24	0.46	−0.31	+ 291
NGC 4216	12 16 23.4	+13 05 48	SAB(s)b:	3.0	1.91	0.66	19	10.99	0.98	+0.52	+ 129
NGC 4236	12 17 11	+69 24.3	SB(s)dm	7.6	2.34	0.48	162	10.05	0.42		0
NGC 4244	12 17 58.2	+37 45 17	SA(s)cd: sp	7.0	2.22	0.94	48	10.88	0.50		+ 242
NGC 4242	12 17 58.3	+45 33 59	SAB(s)dm	6.2	1.70	0.12	25	11.37	0.54		+ 517
NGC 4254	12 19 18.5	+14 21 50	SA(s)c	1.5	1.73	0.06		10.44	0.57	+0.01	+2407
NGC 4258	12 19 25.58	+47 15 04.5	SAB(s)bc	3.5	2.27	0.41	150	9.10	0.69		+ 449
NGC 4274	12 20 19.19	+29 33 42.9	(R)SB(r)ab	4.0	1.83	0.43	102	11.34	0.93	+0.44	+ 929
NGC 4293	12 21 41.63	+18 19 48.0	(R)SB(s)0/a		1.75	0.34	72	11.26	0.90		+ 943
NGC 4303	12 22 24.02	+04 25 15.6	SAB(rs)bc	2.0	1.81	0.05		10.18	0.53	−0.11	+1569
NGC 4321	12 23 23.7	+15 46 11	SAB(s)bc	1.1	1.87	0.07	30	10.05	0.70	−0.01	+1585
NGC 4365	12 24 57.3	+07 15 55	E3		1.84	0.14	40	10.52	0.96	+0.50	+1227
NGC 4374	12 25 32.636	+12 50 03.92	E1		1.81	0.06	135	10.09	0.98	+0.53	+ 951
NGC 4382	12 25 52.8	+18 08 19	SA(s)0⁺ pec		1.85	0.11		10.00	0.89	+0.42	+ 722
NGC 4395	12 26 17.2	+33 29 40	SA(s)m:	7.3	2.12	0.08	147	10.64	0.46		+ 319
NGC 4406	12 26 40.65	+12 53 37.2	E3		1.95	0.19	130	9.83	0.93	+0.49	− 248
NGC 4429	12 27 55.5	+11 03 18	SA(r)0⁺		1.75	0.34	99	11.02	0.98	+0.55	+1137
NGC 4438	12 28 14.43	+12 57 23.3	SA(s)0/a pec:		1.93	0.43	27	11.02	0.85	+0.35	+ 64
NGC 4449	12 28 38.8	+44 02 28	IBm	6.7	1.79	0.15	45	9.99	0.41	−0.35	+ 202
NGC 4450	12 28 58.30	+17 01 57.2	SA(s)ab	1.5	1.72	0.13	175	10.90	0.82		+1956
NGC 4472	12 30 15.73	+07 56 52.7	E2		2.01	0.09	155	9.37	0.96	+0.55	+ 912
NGC 4490	12 31 03.9	+41 35 26	SB(s)d pec	5.4	1.80	0.31	125	10.22	0.43	−0.19	+ 578
NGC 4486	12 31 18.259	+12 20 19.41	E+0−1 pec		1.92	0.10		9.59	0.96	+0.57	+1282
NGC 4501	12 32 27.91	+14 22 05.0	SA(rs)b	2.4	1.84	0.27	140	10.36	0.73	+0.24	+2279

SELECTED BRIGHT GALAXIES, J2009.5

Name	Right Ascension	Declination	Type	L	Log (D_{25})	Log (R_{25})	P.A.	B_T^w	$B-V$	$U-B$	v_r
	h m s	° ′ ″					°				km/s
NGC 4517	12 33 14.8	+00 03 45	SA(s)cd: sp	5.6	2.02	0.83	83	11.10	0.71		+1121
NGC 4526	12 34 31.96	+07 38 49.4	SAB(s)0⁰:		1.86	0.48	113	10.66	0.96	+0.53	+ 460
NGC 4527	12 34 37.58	+02 36 06.1	SAB(s)bc	3.3	1.79	0.47	67	11.38	0.86	+0.21	+1733
NGC 4535	12 34 49.23	+08 08 43.8	SAB(s)c	1.6	1.85	0.15	0	10.59	0.63	−0.01	+1957
NGC 4536	12 34 56.2	+02 08 08	SAB(rs)bc	2.0	1.88	0.37	130	11.16	0.61	−0.02	+1804
NGC 4548	12 35 55.1	+14 26 39	SB(rs)b	2.3	1.73	0.10	150	10.96	0.81	+0.29	+ 486
NGC 4552	12 36 08.7	+12 30 14	E0−1		1.71	0.04		10.73	0.98	+0.56	+ 311
NGC 4559	12 36 25.9	+27 54 28	SAB(rs)cd	4.3	2.03	0.39	150	10.46	0.45		+ 814
NGC 4565	12 36 49.02	+25 56 07.5	SA(s)b? sp	1.0	2.20	0.87	136	10.42	0.84		+1225
NGC 4569	12 37 18.53	+13 06 38.7	SAB(rs)ab	2.4	1.98	0.34	23	10.26	0.72	+0.30	− 236
NGC 4579	12 38 12.31	+11 45 57.9	SAB(rs)b	3.1	1.77	0.10	95	10.48	0.82	+0.32	+1521
NGC 4605	12 40 24.4	+61 33 26	SB(s)c pec	5.7	1.76	0.42	125	10.89	0.56	−0.08	+ 143
NGC 4594	12 40 29.099	−11 40 30.43	SA(s)a		1.94	0.39	89	8.98	0.98	+0.53	+1089
NGC 4621	12 42 31.0	+11 35 42	E5		1.73	0.16	165	10.57	0.94	+0.48	+ 430
NGC 4631	12 42 35.7	+32 29 22	SB(s)d	5.0	2.19	0.76	86	9.75	0.56		+ 608
NGC 4636	12 43 18.9	+02 38 09	E0−1		1.78	0.11	150	10.43	0.94	+0.44	+1017
NGC 4649	12 44 08.7	+11 30 02	E2		1.87	0.09	105	9.81	0.97	+0.60	+1114
NGC 4656	12 44 26.2	+32 07 12	SB(s)m pec	7.0	2.18	0.71	33	10.96	0.44		+ 640
NGC 4697	12 49 05.3	−05 51 08	E6		1.86	0.19	70	10.14	0.91	+0.39	+1236
NGC 4725	12 50 54.5	+25 26 58	SAB(r)ab pec	2.4	2.03	0.15	35	10.11	0.72	+0.34	+1205
NGC 4736	12 51 19.81	+41 04 07.3	(R)SA(r)ab	3.0	2.05	0.09	105	8.99	0.75	+0.16	+ 308
NGC 4753	12 52 51.4	−01 15 03	I0		1.78	0.33	80	10.85	0.90	+0.41	+1237
NGC 4762	12 53 24.6	+11 10 45	SB(r)0⁰? sp		1.94	0.72	32	11.12	0.86	+0.40	+ 979
NGC 4826	12 57 11.6	+21 37 54	(R)SA(rs)ab	3.5	2.00	0.27	115	9.36	0.84	+0.32	+ 411
NGC 4945	13 06 00.9	−49 31 09	SB(s)cd: sp	6.7	2.30	0.72	43	9.3			+ 560
NGC 4976	13 09 11.1	−49 33 23	E4 pec:		1.75	0.28	161	11.04	1.01	+0.44	+1453
NGC 5005	13 11 22.54	+37 00 31.4	SAB(rs)bc	3.3	1.76	0.32	65	10.61	0.80	+0.31	+ 948
NGC 5033	13 13 53.73	+36 32 37.4	SA(s)c	2.2	2.03	0.33	170	10.75	0.55		+ 877
NGC 5055	13 16 14.8	+41 58 46	SA(rs)bc	3.9	2.10	0.24	105	9.31	0.72		+ 504
NGC 5068	13 19 25.6	−21 05 19	SAB(rs)cd	4.7	1.86	0.06	110	10.7	0.67		+ 671
NGC 5102	13 22 30.1	−36 40 47	SA0⁻		1.94	0.49	48	10.35	0.72	+0.23	+ 468
NGC 5128	13 26 01.159	−43 04 06.02	E1/S0 + S pec		2.41	0.11	35	7.84	1.00		+ 559
NGC 5194	13 30 16.69	+47 08 46.7	SA(s)bc pec	1.8	2.05	0.21	163	8.96	0.60	−0.06	+ 463
NGC 5195	13 30 23.5	+47 13 02	I0 pec		1.76	0.10	79	10.45	0.90	+0.31	+ 484
NGC 5236	13 37 32.6	−29 54 46	SAB(s)c	2.8	2.11	0.05		8.20	0.66	+0.03	+ 514
NGC 5248	13 38 00.43	+08 50 14.6	SAB(rs)bc	1.8	1.79	0.14	110	10.97	0.65	+0.05	+1153
NGC 5247	13 38 33.97	−17 55 55.3	SA(s)bc	1.8	1.75	0.06	20	10.5	0.54	−0.11	+1357
NGC 5253	13 40 28.50	−31 41 17.0	Pec		1.70	0.41	45	10.87	0.43	−0.24	+ 404
NGC 5322	13 49 34.29	+60 08 36.7	E3−4		1.77	0.18	95	11.14	0.91	+0.47	+1915
NGC 5364	13 56 40.7	+04 58 07	SA(rs)bc pec	1.1	1.83	0.19	30	11.17	0.64	+0.07	+1241
NGC 5457	14 03 32.6	+54 18 12	SAB(rs)cd	1.1	2.46	0.03		8.31	0.45		+ 240
NGC 5585	14 20 06.2	+56 41 09	SAB(s)d	7.6	1.76	0.19	30	11.20	0.46	−0.22	+ 304
NGC 5566	14 20 48.7	+03 53 26	SB(r)ab	3.6	1.82	0.48	35	11.46	0.91	+0.45	+1505
NGC 5746	14 45 24.8	+01 54 54	SAB(rs)b? sp	4.5	1.87	0.75	170	11.29	0.97	+0.42	+1722
Ursa Minor	15 09 07	+67 11.4	dSph		[2.50]	0.35	53	11.5:	0.9?		− 250

SELECTED BRIGHT GALAXIES, J2009.5

Name	Right Ascension	Declination	Type	L	Log (D_{25})	Log (R_{25})	P.A.	B_T^w	$B-V$	$U-B$	v_r
	h m s	° ′ ″					°				km/s
NGC 5907	15 16 08.4	+56 17 39	SA(s)c: sp	3.0	2.10	0.96	155	11.12	0.78	+0.15	+ 666
NGC 6384	17 32 52.0	+07 03 14	SAB(r)bc	1.1	1.79	0.18	30	11.14	0.72	+0.23	+1667
NGC 6503	17 49 20.5	+70 08 31	SA(s)cd	5.2	1.85	0.47	123	10.91	0.68	+0.03	+ 43
Sgr Dw Sph	18 55.8	−30 29	dSph		[4.26]	0.42	104	4.3:	0.7?		+ 140
NGC 6744	19 10 40.0	−63 50 29	SAB(r)bc	3.3	2.30	0.19	15	9.14			+ 838
NGC 6822	19 45 29	−14 46.9	IB(s)m	8.5	2.19	0.06	5	9.0	0.79	+0.04:	− 54
NGC 6946	20 35 04.29	+60 11 13.5	SAB(rs)cd	2.3	2.06	0.07		9.61	0.80		+ 50
NGC 7090	21 37 08.2	−54 30 50	SBc? sp		1.87	0.77	127	11.33	0.61	−0.02	+ 854
IC 5152	22 03 18.5	−51 14 59	IA(s)m	8.4	1.72	0.21	100	11.06			+ 120
IC 5201	22 21 32.1	−45 59 15	SB(rs)cd	5.1	1.93	0.34	33	11.3			+ 914
NGC 7331	22 37 30.21	+34 27 54.8	SA(s)b	2.2	2.02	0.45	171	10.35	0.87	+0.30	+ 821
NGC 7410	22 55 33.0	−39 36 38	SB(s)a		1.72	0.51	45	11.24	0.93	+0.45	+1751
IC 1459	22 57 42.33	−36 24 40.7	E3−4		1.72	0.14	40	10.97	0.98	+0.51	+1691
IC 5267	22 57 45.9	−43 20 43	SA(rs)0/a		1.72	0.13	140	11.43	0.89	+0.37	+1713
NGC 7424	22 57 50.6	−41 01 11	SAB(rs)cd	4.0	1.98	0.07		10.96	0.48	−0.15	+ 941
NGC 7582	23 18 55.0	−42 19 08	(R′)SB(s)ab		1.70	0.38	157	11.37	0.75	+0.25	+1573
IC 5332	23 34 57.6	−36 02 55	SA(s)d	3.9	1.89	0.10		11.09			+ 706
NGC 7793	23 58 19.1	−32 32 18	SA(s)d	6.9	1.97	0.17	98	9.63	0.54	−0.09	+ 228

Alternate Names for Some Galaxies

Leo I	Regulus Dwarf
LMC	Large Magellanic Cloud
NGC 224	Andromeda Galaxy, M31
NGC 598	Triangulum Galaxy, M33
NGC 1068	M77, 3C 71
NGC 1316	Fornax A
NGC 3034	M82, 3C 231
NGC 4038/9	The Antennae
NGC 4374	M84, 3C 272.1
NGC 4486	Virgo A, M87, 3C 274
NGC 4594	Sombrero Galaxy, M104
NGC 4826	Black Eye Galaxy, M64
NGC 5055	Sunflower Galaxy, M63
NGC 5128	Centaurus A
NGC 5194	Whirlpool Galaxy, M51
NGC 5457	Pinwheel Galaxy, M101/2
NGC 6822	Barnard's Galaxy
Sgr Dw Sph	Sagittarius Dwarf Spheroidal Galaxy
SMC	Small Magellanic Cloud, NGC 292
WLM	Wolf-Lundmark-Melotte Galaxy

SELECTED OPEN CLUSTERS, J2009.5

IAU Designation	Name	RA	Dec.	Appt. Diam.	Dist.	Log (age)	Mag. Mem.[1]	$E_{(B-V)}$	Metal- licity	Trumpler Class
		h m s	° ′ ″	′	pc	yr				
C0001−302	Blanco 1	00 04 36	−29 46 50	70.0	269	7.796	8	0.010	+0.04	IV 3 m
C0022+610	NGC 103	00 25 48	+61 22 33	4.0	3026	8.126	11	0.406		II 1 m
C0027+599	NGC 129	00 30 32	+60 16 15	19.0	1625	7.886	11	0.548		III 2 m
C0029+628	King 14	00 32 27	+63 13 09	8.0	2960	7.9	10	0.34		III 1 p
C0030+630	NGC 146	00 33 36	+63 21 14	7.0	3470	7.11		0.55		II 2 p
C0036+608	NGC 189	00 40 08	+61 08 50	5.0	752	7.00		0.42		III 1 p
C0040+615	NGC 225	00 44 13	+61 49 37	12.0	657	8.114		0.274		III 1 pn
C0039+850	NGC 188	00 48 29	+85 18 24	17.0	2047	9.632	10	0.082	−0.010	I 2 r
C0048+579	King 2	00 51 34	+58 14 06	5.0	5750	9.78	17	0.31		II 2 m
	IC 1590	00 53 23	+56 40 47	4.0	2940	6.54		0.32		
C0112+598	NGC 433	01 15 47	+60 10 36	2.0	2323	7.50	9	0.86		III 2 p
C0112+585	NGC 436	01 16 34	+58 51 42	5.0	3014	7.926	10	0.460		I 2 m
C0115+580	NGC 457	01 20 11	+58 20 11	20.0	2429	7.324	6	0.472		II 3 r
C0126+630	NGC 559	01 30 10	+63 21 20	6.0	1258	7.748	9	0.790		I 1 m
C0129+604	NGC 581	01 34 01	+60 41 55	5.0	2194	7.336	9	0.382		II 2 m
C0132+610	Trumpler 1	01 36 21	+61 19 54	3.0	2563	7.60	10	0.582		II 2 p
C0139+637	NGC 637	01 43 45	+64 05 15	3.0	2160	6.980	8	0.634		I 2 m
C0140+616	NGC 654	01 44 40	+61 55 57	5.0	2410	7.0	10	0.82		II 2 r
C0140+604	NGC 659	01 45 03	+60 43 15	5.0	1938	7.548	10	0.652		I 2 m
C0144+717	Collinder 463	01 46 31	+71 51 26	57.0	702	8.373		0.259		III 2 m
C0142+610	NGC 663	01 46 49	+61 16 56	14.0	2420	7.4	9	0.80		II 3 r
C0149+615	IC 166	01 53 10	+61 52 48	7.0	3970	8.629	17	1.050	−0.178	II 1 r
C0154+374	NGC 752	01 58 15	+37 49 52	75.0	457	9.050	8	0.034	−0.088	II 2 r
C0155+552	NGC 744	01 59 11	+55 31 09	5.0	1207	8.248	10	0.384		III 1 p
C0211+590	Stock 2	02 15 24	+59 31 44	60.0	303	8.23		0.38		I 2 m
C0215+569	NGC 869	02 19 40	+57 10 18	18.0	2079	7.069	7	0.575		I 3 r
C0218+568	NGC 884	02 22 59	+57 10 47	18.0	2345	7.032	7	0.560		I 3 r
C0225+604	Markarian 6	02 30 23	+60 44 55	6.0	698	7.214	8	0.606		III 1 P
C0228+612	IC 1805	02 33 26	+61 29 29	20.0	2344	6.48	9	0.87		II 3 mn
C0233+557	Trumpler 2	02 37 34	+55 57 21	17.0	725	7.95		0.40		II 2 p
C0238+425	NGC 1039	02 42 42	+42 48 06	35.0	499	8.249	9	0.070	−0.30	II 3 r
C0238+613	NGC 1027	02 43 25	+61 38 06	20.0	772	8.203	9	0.325		II 3 mn
C0247+602	IC 1848	02 51 56	+60 28 19	18.0	2002	6.840		0.598		I 3 pn
C0302+441	NGC 1193	03 06 34	+44 25 11	3.0	4300	9.90	14	0.12	−0.293	I 2 m
	NGC 1252	03 11 03	−57 43 52	14.0	640	9.48		0.02		
C0311+470	NGC 1245	03 15 22	+47 16 17	40.0	2800	9.02	12	0.68	+0.10	II 2 r
C0318+484	Melotte 20	03 25 00	+49 53 41	300.0	185	7.854	3	0.090		III 3 m
C0328+371	NGC 1342	03 32 15	+37 24 31	15.0	665	8.655	8	0.319	−0.16	III 2 m
C0341+321	IC 348	03 45 10	+32 11 34	8.0	385	7.641		0.929		
C0344+239	Melotte 22	03 47 34	+24 08 44	120.0	133	8.131	3	0.030	−0.03	I 3 rn
C0400+524	NGC 1496	04 05 16	+52 41 14	4.0	1230	8.80	12	0.45		III 2 p
C0403+622	NGC 1502	04 08 41	+62 21 23	8.0	1080	6.90	7	0.75		I 3 m
C0406+493	NGC 1513	04 10 39	+49 32 22	10.0	1320	8.11	11	0.67		II 1 m
C0411+511	NGC 1528	04 16 06	+51 14 18	16.0	1090	8.6	10	0.26		II 2 m
C0417+448	Berkeley 11	04 21 17	+44 56 20	5.0	2200	8.041	15	0.95		II 2 m
C0417+501	NGC 1545	04 21 40	+50 16 31	18.0	711	8.448	9	0.303	−0.060	IV 2 p
C0424+157	Melotte 25	04 27 27	+15 53 15	330.0	45	8.896	4	0.010	+0.13	
C0443+189	NGC 1647	04 46 28	+19 07 54	40.0	540	8.158	9	0.370		II 2 r
C0445+108	NGC 1662	04 48 59	+10 57 10	20.0	437	8.625	9	0.304	−0.095	II 3 m
C0447+436	NGC 1664	04 51 47	+43 41 26	9.0	1199	8.465	10	0.254		

SELECTED OPEN CLUSTERS, J2009.5

IAU Designation	Name	RA (h m s)	Dec. (° ′ ″)	Appt. Diam. (′)	Dist. (pc)	Log (age) (yr)	Mag. Mem.[1]	$E_{(B-V)}$	Metal-licity	Trumpler Class
C0504+369	NGC 1778	05 08 43	+37 02 06	8.0	1469	8.155		0.336		III 2 p
C0509+166	NGC 1817	05 12 48	+16 42 03	16.0	1972	8.612	9	0.334	−0.14	IV 2 r
C0518−685	NGC 1901	05 18 13	−68 25 37	40.0	415	8.92		0.06		III 3 m
C0519+333	NGC 1893	05 23 21	+33 25 13	25.0	6000	6.48		0.45		II 3 rn
C0520+295	Berkeley 19	05 24 42	+29 36 29	4.0	4831	9.49	15	0.40	−0.50	II 1 m
C0524+352	NGC 1907	05 28 43	+35 19 56	7.0	1800	8.5	11	0.52		I 1 mn
C0524+343	Stock 8	05 28 45	+34 25 50	15.0	1821	7.056		0.445		
C0525+358	NGC 1912	05 29 18	+35 51 20	20.0	1400	8.5	8	0.25		II 2 r
C0532+099	Collinder 69	05 35 37	+09 56 20	70.0	400	6.70		0.12		
C0532−059	NGC 1980	05 35 52	−05 54 34	20.0	500			0.00		III 3 mn
C0532+341	NGC 1960	05 36 56	+34 08 43	10.0	1330	7.4	9	0.22		I 3 r
C0536−026	Sigma Orionis	05 39 11	−02 35 43	10.0	399	7.11		0.05		III 1 p
C0535+379	Stock 10	05 39 39	+37 56 17	25.0	380	8.35		0.065		IV 2 p
C0546+336	King 8	05 50 02	+33 38 08	4.0	6403	8.618	15	0.580	−0.460	II 2 m
C0548+217	Berkeley 21	05 52 16	+21 47 07	5.0	5000	9.34	6	0.76	−0.835	I 2
C0549+325	NGC 2099	05 52 55	+32 33 18	14.0	1383	8.540	11	0.302	+0.089	I 2 r
C0600+104	NGC 2141	06 03 27	+10 26 45	10.0	4033	9.231	15	0.250	−0.262	I 2 r
C0601+240	IC 2157	06 05 25	+24 03 17	5.0	2040	7.800	12	0.548		II 1 p
C0604+241	NGC 2158	06 08 00	+24 05 42	5.0	5071	9.023	15	0.360	−0.25	
C0605+139	NGC 2169	06 08 56	+13 57 47	5.0	1052	7.067		0.199		III 3 m
C0605+243	NGC 2168	06 09 35	+24 20 52	25.0	912	8.25	8	0.20	−0.160	III 3 r
C0606+203	NGC 2175	06 10 13	+20 29 04	22.0	1627	6.953	8	0.598		III 3 rn
C0609+054	NGC 2186	06 12 37	+05 27 20	5.0	1445	7.738	12	0.272		II 2 m
C0611+128	NGC 2194	06 14 17	+12 48 12	9.0	3781	8.515	13	0.383		II 2 r
C0613−186	NGC 2204	06 15 58	−18 40 07	10.0	2629	8.896	13	0.085	−0.32	II 2 r
C0618−072	NGC 2215	06 21 17	−07 17 18	7.0	1293	8.369	11	0.300		II 2 m
C0624−047	NGC 2232	06 27 43	−04 45 53	53.0	359	7.727		0.030		III 2 p
C0627−312	NGC 2243	06 29 56	−31 17 25	5.0	4458	9.032		0.051	−0.49	I 2 r
C0629+049	NGC 2244	06 32 25	+04 56 03	29.0	1445	6.896	7	0.463		II 3 rn
C0632+084	NGC 2251	06 35 09	+08 21 31	10.0	1329	8.427		0.186	+0.25	III 2 m
C0634+094	Trumpler 5	06 37 13	+09 25 29	15.4	2400	9.70	17	0.60	−0.30	III 1 rn
C0635+020	Collinder 110	06 38 54	+02 00 28	18.0	1950	9.15		0.50		
C0638+099	NGC 2264	06 41 29	+09 53 08	39.0	667	6.954	5	0.051	−0.15	III 3 mn
C0640+270	NGC 2266	06 43 55	+26 57 36	5.0	3400	8.80	11	0.10		II 2 m
C0644−206	NGC 2287	06 46 25	−20 46 02	39.0	710	8.4	8	0.01	+0.040	I 3 r
C0645+411	NGC 2281	06 48 57	+41 04 02	25.0	558	8.554	8	0.063	+0.13	I 3 m
C0649+005	NGC 2301	06 52 14	+00 26 53	14.0	870	8.2	8	0.03	+0.060	I 3 r
C0649−070	NGC 2302	06 52 23	−07 05 43	5.0	1500	7.08	12	0.23		III 2 m
C0649+030	Berkeley 28	06 52 42	+02 55 17	3.0	2557	7.846	15	0.761		I 1 p
C0655+065	Berkeley 32	06 58 37	+06 25 12	6.0	3100	9.53	14	0.16	−0.29	II 2 r
C0700−082	NGC 2323	07 03 09	−08 23 52	14.0	950	8.0	9	0.20		II 3 r
C0701+011	NGC 2324	07 04 36	+01 01 49	10.6	3800	8.65	12	0.25	−0.31	II 2 r
C0704−100	NGC 2335	07 07 16	−10 02 37	6.0	1417	8.210	10	0.393	−0.030	III 2 mn
C0705−105	NGC 2343	07 08 33	−10 37 56	5.0	1056	7.104	8	0.118	−0.30	II 2 pn
C0706−130	NGC 2345	07 08 44	−13 12 32	12.0	2251	7.853	9	0.616		II 3 r
C0712−256	NGC 2354	07 14 33	−25 42 25	18.0	4085	8.126		0.307		III 2 r
C0712−102	NGC 2353	07 14 57	−10 17 01	18.0	1119	7.974	9	0.072		III 3 p
C0712−310	Collinder 132	07 15 42	−30 42 02	80.0	472	7.080		0.037		III 3 p
C0714+138	NGC 2355	07 17 31	+13 43 57	7.0	2200	8.85	13	0.12	−0.07	II 2 m
C0715−367	Collinder 135	07 17 37	−36 50 03	50.0	316	7.407		0.032		

SELECTED OPEN CLUSTERS, J2009.5

IAU Designation	Name	RA	Dec.	Appt. Diam.	Dist.	Log (age)	Mag. Mem.[1]	$E_{(B-V)}$	Metal-licity	Trumpler Class
		h m s	° ′ ″	′	pc	yr				
C0715−155	NGC 2360	07 18 09	−15 39 33	13.0	1887	8.749		0.111	−0.150	I 3 r
C0716−248	NGC 2362	07 19 05	−24 58 22	5.0	1480	6.70	8	0.10		I 3 r
C0717−130	Haffner 6	07 20 32	−13 09 05	6.0	3054	8.826	16	0.450		IV 2 rn
C0721−131	NGC 2374	07 24 22	−13 16 56	12.0	1468	8.463		0.090		IV 2 p
C0722−321	Collinder 140	07 24 49	−31 52 09	60.0	405	7.548		0.030	−0.10	III 3 m
C0722−261	Ruprecht 18	07 25 02	−26 14 09	7.0	1056	7.648		0.700	−0.010	
C0722−209	NGC 2384	07 25 35	−21 02 27	5.0	2900	7.08		0.29		IV 3 p
C0724−476	Melotte 66	07 26 39	−47 41 10	14.0	4313	9.445		0.143	−0.354	II 1 r
C0731−153	NGC 2414	07 33 38	−15 28 27	5.0	3455	6.976		0.508		I 3 m
C0734−205	NGC 2421	07 36 38	−20 38 00	6.0	2200	7.90	11	0.42		I 2 r
C0734−143	NGC 2422	07 37 01	−14 30 18	25.0	490	7.861	5	0.070		I 3 m
C0734−137	NGC 2423	07 37 32	−13 53 36	12.0	766	8.867		0.097	+0.143	II 2 m
C0735−119	Melotte 71	07 37 57	−12 05 19	7.0	3154	8.371		0.113	−0.30	II 2 r
C0735+216	NGC 2420	07 38 57	+21 33 05	5.0	2480	9.3	11	0.04	−0.38	I 1 r
C0738−334	Bochum 15	07 40 28	−33 33 21	3.0	2806	6.742		0.576		IV 2 pn
C0738−315	NGC 2439	07 41 07	−31 42 57	9.0	1300	7.00	9	0.37		II 3 r
C0739−147	NGC 2437	07 42 12	−14 49 58	20.0	1510	8.4	10	0.10	+0.059	II 2 r
C0742−237	NGC 2447	07 44 54	−23 52 48	10.0	1037	8.588	9	0.046		I 3 r
C0744−044	Berkeley 39	07 47 10	−04 37 26	7.0	4780	9.90	16	0.12	−0.26	II 2 r
C0745−271	NGC 2453	07 47 58	−27 13 08	4.0	2150	7.187		0.446		I 3 m
C0746−261	Ruprecht 36	07 48 47	−26 19 27	5.0	1681	7.606	12	0.166		IV 1 m
C0750−384	NGC 2477	07 52 30	−38 33 18	15.0	1300	8.78	12	0.24	−0.13	I 2 r
C0752−241	NGC 2482	07 55 36	−24 17 02	10.0	1343	8.604		0.093	+0.120	IV 1 m
C0754−299	NGC 2489	07 56 38	−30 05 21	6.0	3957	7.264	11	0.374	+0.080	I 2 m
C0757−607	NGC 2516	07 58 13	−60 46 46	30.0	409	8.052	7	0.101	+0.060	I 3 r
C0757−284	Ruprecht 44	07 59 14	−28 36 34	10.0	4730	6.941	12	0.619		IV 2 m
C0757−106	NGC 2506	08 00 28	−10 47 47	12.0	3460	9.045	11	0.081	−0.376	I 2 r
C0803−280	NGC 2527	08 05 21	−28 10 27	10.0	601	8.649		0.038	−0.09	II 2 m
C0805−297	NGC 2533	08 07 27	−29 54 40	5.0	1700	8.84		0.14		II 2 r
C0809−491	NGC 2547	08 10 26	−49 14 36	25.0	455	7.557	7	0.041	−0.160	I 3 rn
C0808−126	NGC 2539	08 11 04	−12 50 49	9.0	1363	8.570	9	0.082	+0.137	III 2 m
C0810−374	NGC 2546	08 12 36	−37 37 26	70.0	919	7.874	7	0.134	+0.120	III 2 m
C0811−056	NGC 2548	08 14 11	−05 46 45	30.0	770	8.6	8	0.03	+0.080	I 3 r
C0816−304	NGC 2567	08 18 55	−30 40 12	7.0	1677	8.469	11	0.128	−0.09	II 2 m
C0816−295	NGC 2571	08 19 19	−29 46 49	8.0	1342	7.488		0.137	+0.05	II 3 m
C0835−394	Pismis 5	08 37 59	−39 37 01	2.0	869	7.197		0.421		
C0837−460	NGC 2645	08 39 22	−46 16 02	3.0	1668	7.283	9	0.380		II 3 p
C0838−459	Waterloo 6	08 40 43	−46 10 03	2.0	1578	7.671		0.243		II 3 p
C0838−528	IC 2391	08 40 48	−53 04 03	60.0	175	7.661	4	0.008	−0.09	II 3 m
C0837+201	NGC 2632	08 40 57	+19 37 57	70.0	187	8.863	6	0.009	+0.142	II 3 m
	Mamajek 1	08 41 45	−79 03 41	40.0	97	6.9		0.00		
C0839−461	Pismis 8	08 41 55	−46 18 03	3.0	1312	7.427	10	0.706		II 2 p
C0839−480	IC 2395	08 42 48	−48 08 52	18.6	800	6.80		0.09	+0.02	II 3 m
C0840−469	NGC 2660	08 42 57	−47 14 04	3.5	2826	9.033	13	0.313	+0.04	I 1 r
C0843−486	NGC 2670	08 45 48	−48 50 06	7.0	1188	7.690	13	0.430		III 2 m
C0843−527	NGC 2669	08 46 39	−52 59 00	20.0	1046	7.927		0.180		III 3 m
C0846−423	Trumpler 10	08 48 15	−42 29 07	29.0	424	7.542		0.034		II 3 m
C0847+120	NGC 2682	08 51 49	+11 45 50	25.0	908	9.409	9	0.059	−0.15	II 3 r
C0914−364	NGC 2818	09 16 24	−36 39 54	9.0	1855	8.626		0.121	−0.17	III 1 m
	NGC 2866	09 22 26	−51 08 27	2.0	2600	8.30		0.66		

SELECTED OPEN CLUSTERS, J2009.5

IAU Designation	Name	RA	Dec.	Appt. Diam.	Dist.	Log (age)	Mag. Mem.[1]	$E_{(B-V)}$	Metal-licity	Trumpler Class
		h m s	° ′ ″	′	pc	yr				
C0922−515	Ruprecht 76	09 24 32	−51 42 28	5.0	1262	7.734	13	0.376		IV 2 p
C0925−549	Ruprecht 77	09 27 22	−55 09 30	5.0	4129	7.501	14	0.622		II 1 m
C0926−567	IC 2488	09 27 55	−57 02 30	18.0	1134	8.113	10	0.231	+0.10	II 3 r
C0927−534	Ruprecht 78	09 29 29	−53 44 31	3.0	1641	7.987	15	0.350		II 2 m
C0939−536	Ruprecht 79	09 41 18	−53 53 36	5.0	1979	7.093	11	0.717		III 2 p
C1001−598	NGC 3114	10 02 54	−60 09 58	35.0	911	8.093	9	0.069	+0.022	
C1019−514	NGC 3228	10 21 44	−51 46 35	5.0	544	7.932		0.028		
C1022−575	Westerlund 2	10 24 23	−57 48 54	2.0	6400	6.30		1.67		IV 1 pn
C1025−573	IC 2581	10 27 50	−57 39 55	5.0	2446	7.142		0.415	−0.34	II 2 pn
C1028−595	Collinder 223	10 32 37	−60 04 09	18.0	2820	8.0		0.25		II 2 m
C1033−579	NGC 3293	10 36 13	−58 16 46	6.0	2327	7.014	8	0.263		
C1035−583	NGC 3324	10 37 42	−58 41 28	12.0	2317	6.754		0.438		
C1036−538	NGC 3330	10 39 09	−54 10 23	4.0	894	8.229		0.050		III 2 m
C1040−588	Bochum 10	10 42 34	−59 11 00	20.0	2027	6.857		0.306		II 3 mn
C1041−641	IC 2602	10 43 18	−64 27 00	100.0	161	7.507	3	0.024	−0.09	I 3 r
C1041−593	Trumpler 14	10 44 18	−59 36 00	5.0	2500	6.30		0.57		
C1041−597	Collinder 228	10 44 22	−60 08 12	14.0	2201	6.830		0.342		
C1042−591	Trumpler 15	10 45 05	−59 25 00	14.0	1853	6.926		0.434		III 2 pn
C1043−594	Trumpler 16	10 45 32	−59 46 00	10.0	3900	6.70		0.61		
C1045−598	Bochum 11	10 47 37	−60 08 01	21.0	2412	6.764		0.576		IV 3 pn
C1054−589	Trumpler 17	10 56 47	−59 15 03	5.0	2189	7.706		0.605		
C1055−614	Bochum 12	10 57 47	−61 46 03	10.0	2218	7.61		0.24		III 3 p
C1057−600	NGC 3496	10 59 59	−60 23 16	8.0	990	8.471		0.469		II 1 r
	Sher 1	11 01 28	−60 17 04	1.0	5875	6.713		1.374		
C1059−595	Pismis 17	11 01 30	−59 52 04	6.0	3504	7.023	9	0.471		
C1104−584	NGC 3532	11 06 03	−58 48 17	50.0	486	8.492	8	0.037	−0.022	II 3 r
C1108−599	NGC 3572	11 10 47	−60 18 00	5.0	1995	6.891	7	0.389		II 3 mn
C1108−601	Hogg 10	11 11 06	−60 27 06	3.0	1776	6.784		0.460		
C1109−604	Trumpler 18	11 11 52	−60 43 06	5.0	1358	7.194		0.315		II 3 m
C1109−600	Collinder 240	11 12 05	−60 21 41	32.0	1577	7.160		0.310		III 2 mn
C1110−605	NGC 3590	11 13 24	−60 50 24	3.0	1651	7.231		0.449		I 2 p
C1110−586	Stock 13	11 13 30	−58 56 06	5.0	1577	7.222	10	0.218		I 3 pn
C1112−609	NGC 3603	11 15 32	−61 18 43	4.0	6900	6.00		1.338		II 3 mn
C1115−624	IC 2714	11 17 52	−62 47 07	14.0	1238	8.542	10	0.341	−0.011	II 2 r
C1117−632	Melotte 105	11 20 07	−63 32 08	5.0	2208	8.316		0.482		I 2 r
C1123−429	NGC 3680	11 26 05	−43 17 44	5.0	938	9.077	10	0.066	−0.19	I 2 m
C1133−613	NGC 3766	11 36 41	−61 39 39	9.3	2218	7.32	8	0.20		I 3 r
C1134−627	IC 2944	11 38 47	−63 25 32	65.0	1794	6.818		0.320		III 3 mn
C1141−622	Stock 14	11 44 16	−62 34 10	6.0	2146	7.058	10	0.225		III 3 p
C1148−554	NGC 3960	11 51 01	−55 43 34	5.0	1850	9.1		0.29	+0.025	I 2 m
C1154−623	Ruprecht 97	11 57 57	−62 46 10	5.0	1357	8.343	12	0.229		IV 1 p
C1204−609	NGC 4103	12 07 10	−61 18 10	6.0	1632	7.393	10	0.294		I 2 m
C1221−616	NGC 4349	12 24 40	−61 55 27	5.0	2176	8.315	11	0.384	−0.12	II 2 m
C1222+263	Melotte 111	12 25 35	+26 02 51	120.0	96	8.652	5	0.013	−0.05	III 3 r
C1226−604	Harvard 5	12 27 48	−60 49 53	5.0	1184	8.032		0.160		
C1225−598	NGC 4439	12 28 59	−60 09 27	4.0	1785	7.909		0.348		
C1239−627	NGC 4609	12 42 52	−63 02 49	4.0	1223	7.892	10	0.328		II 2 m
C1250−600	NGC 4755	12 54 13	−60 24 47	10.0	1976	7.216	7	0.388		
C1315−623	Stock 16	13 20 07	−62 40 59	3.0	1810	6.90	10	0.52		III 3 pn
C1317−646	Ruprecht 107	13 20 25	−64 59 59	3.0	1442	7.478	12	0.458		III 2 p

SELECTED OPEN CLUSTERS, J2009.5

IAU Designation	Name	RA	Dec.	Appt. Diam.	Dist.	Log (age)	Mag. Mem.[1]	$E_{(B-V)}$	Metal-licity	Trumpler Class
		h m s	° ′ ″	′	pc	yr				
C1324−587	NGC 5138	13 27 53	−59 04 57	7.0	1986	7.986		0.262	+0.120	II 2 m
C1326−609	Hogg 16	13 29 56	−61 14 56	6.0	1585	7.047		0.411		II 2 p
C1327−606	NGC 5168	13 31 44	−60 59 19	4.0	1777	8.001		0.431		I 2 m
C1328−625	Trumpler 21	13 32 53	−62 50 55	5.0	1263	7.696		0.197		I 2 p
C1343−626	NGC 5281	13 47 15	−62 57 50	7.0	1108	7.146	10	0.225		I 3 m
C1350−616	NGC 5316	13 54 38	−61 54 53	14.0	1215	8.202	11	0.267	−0.02	II 2 r
C1356−619	Lynga 1	14 00 43	−62 11 45	3.0	1900	8.00		0.45		II 2 p
C1404−480	NGC 5460	14 08 04	−48 23 18	35.0	678	8.207	9	0.092		I 3 m
C1420−611	Lynga 2	14 25 18	−61 22 24	13.0	900	7.95		0.22		II 3 m
C1424−594	NGC 5606	14 28 29	−59 40 26	3.0	1805	7.075		0.474		I 3 p
C1426−605	NGC 5617	14 30 27	−60 45 13	10.0	2000	7.90	10	0.48		I 3 r
C1427−609	Trumpler 22	14 31 45	−61 12 30	10.0	1516	7.950	12	0.521		III 2 m
C1431−563	NGC 5662	14 36 18	−56 39 34	29.0	666	7.968	10	0.311		II 3 r
C1440+697	Collinder 285	14 41 13	+69 31 35	1400.0	25	8.30	2	0.00		
C1445−543	NGC 5749	14 49 34	−54 32 15	10.0	1031	7.728		0.376		II 2 m
C1501−541	NGC 5822	15 05 03	−54 26 00	35.0	917	8.821	10	0.150	−0.028	II 2 r
C1502−554	NGC 5823	15 06 13	−55 38 23	12.0	1192	8.900	13	0.090		II 2 r
C1511−588	Pismis 20	15 16 08	−59 06 05	4.0	2018	6.864		1.179		
C1559−603	NGC 6025	16 04 06	−60 27 27	14.0	756	7.889	7	0.159	+0.19	II 3 r
C1601−517	Lynga 6	16 05 35	−51 57 31	5.0	1600	7.430		1.250		
C1603−539	NGC 6031	16 08 20	−54 02 23	3.0	1823	8.069		0.371		I 3 p
C1609−540	NGC 6067	16 13 56	−54 14 31	14.0	1417	8.076	10	0.380	+0.138	I 3 r
C1614−577	NGC 6087	16 19 38	−57 57 27	14.0	891	7.976	8	0.175	−0.01	II 2 m
C1622−405	NGC 6124	16 25 59	−40 40 28	39.0	512	8.147	9	0.750		I 3 r
C1623−261	Collinder 302	16 26 43	−26 16 16	500.0						III 3 p
C1624−490	NGC 6134	16 28 29	−49 10 20	6.0	913	8.968	11	0.395	+0.182	
C1632−455	NGC 6178	16 36 28	−45 39 44	5.0	1014	7.248		0.219		III 3 p
C1637−486	NGC 6193	16 42 03	−48 46 52	14.0	1155	6.775		0.475		
C1642−469	NGC 6204	16 46 51	−47 02 00	5.0	1200	7.90		0.46		I 3 m
C1645−537	NGC 6208	16 50 14	−53 44 39	18.0	939	9.069		0.210	−0.03	III 2 r
C1650−417	NGC 6231	16 54 50	−41 50 24	14.0	1243	6.843	6	0.439		
C1652−394	NGC 6242	16 56 12	−39 28 35	9.0	1131	7.608		0.377		
C1653−405	Trumpler 24	16 57 40	−40 40 51	60.0	1138	6.919		0.418		
C1654−447	NGC 6249	16 58 22	−44 49 33	5.0	981	7.386		0.443		II 2 m
C1654−457	NGC 6250	16 58 38	−45 57 03	10.0	865	7.415		0.350		II 3 r
C1657−446	NGC 6259	17 01 26	−44 40 06	14.0	1031	8.336	11	0.498	+0.020	II 2 r
C1714−355	Bochum 13	17 18 02	−35 33 35	14.0	1077	6.823		0.854		III 3 m
C1714−429	NGC 6322	17 19 06	−42 56 34	5.0	996	7.058		0.590		I 3 m
C1720−499	IC 4651	17 25 33	−49 56 29	10.0	888	9.057	10	0.116	+0.095	II 2 r
C1731−325	NGC 6383	17 35 25	−32 34 21	20.0	985	6.962		0.298		II 3 mn
C1732−334	Trumpler 27	17 36 58	−33 31 19	6.0	1211	7.063		1.194		III 3 m
C1733−324	Trumpler 28	17 37 37	−32 29 19	5.0	1343	7.290		0.733		III 2 mn
C1734−362	Ruprecht 127	17 38 29	−36 18 18	5.0	1466	7.351	11	0.990		II 2 p
C1736−321	NGC 6405	17 40 57	−32 15 28	20.0	487	7.974	7	0.144	+0.06	II 3 r
C1741−323	NGC 6416	17 44 56	−32 21 55	14.0	741	8.087		0.251		III 2 m
C1743+057	IC 4665	17 46 46	+05 42 49	70.0	352	7.634	6	0.174		III 2 m
C1747−302	NGC 6451	17 51 18	−30 12 43	7.0	2080	8.134	12	0.672	−0.34	I 2 rn
C1750−348	NGC 6475	17 54 29	−34 47 41	80.0	301	8.475	7	0.103	+0.03	I 3 r
C1753−190	NGC 6494	17 57 38	−18 59 08	29.0	628	8.477	10	0.356	+0.090	II 2 r
C1758−237	Bochum 14	18 02 35	−23 40 58	2.0	578	6.996		1.508		III 1 pn

SELECTED OPEN CLUSTERS, J2009.5

IAU Designation	Name	RA	Dec.	Appt. Diam.	Dist.	Log (age)	Mag. Mem.[1]	$E_{(B-V)}$	Metal-licity	Trumpler Class
		h m s	° ′ ″	′	pc	yr				
C1800−279	NGC 6520	18 04 00	−27 53 15	2.0	1900	8.18	9	0.42		I 2 rn
C1801−225	NGC 6531	18 04 47	−22 29 20	14.0	1205	7.070	8	0.281		I 3 r
C1801−243	NGC 6530	18 05 06	−24 21 26	14.0	1330	6.867	6	0.333		
C1804−233	NGC 6546	18 07 57	−23 17 42	14.0	938	7.849		0.491		II 1 r
C1815−122	NGC 6604	18 18 35	−12 14 15	5.0	1696	6.810		0.970		I 3 mn
C1816−138	NGC 6611	18 19 20	−13 48 08	6.0	1800	6.11	11	0.80		
C1817−171	NGC 6613	18 20 31	−17 05 49	5.0	1296	7.223		0.450		II 3 pn
C1825+065	NGC 6633	18 27 43	+06 30 53	20.0	376	8.629	8	0.182	+0.000	III 2 m
C1828−192	IC 4725	18 32 21	−19 06 33	29.0	620	7.965	8	0.476	+0.17	I 3 m
C1830−104	NGC 6649	18 33 59	−10 23 44	5.0	1369	7.566	13	1.201		I 3 m
C1834−082	NGC 6664	18 37 08	−07 48 18	12.0	1164	7.162	9	0.709		III 2 m
C1836+054	IC 4756	18 39 28	+05 27 32	39.0	484	8.699	8	0.192	−0.060	II 3 r
C1840−041	Trumpler 35	18 43 24	−04 07 24	5.0	1206	7.862		1.218		I 2 m
C1842−094	NGC 6694	18 45 49	−09 22 22	7.0	1600	7.931	11	0.589		II 3 m
C1848−052	NGC 6704	18 51 15	−05 11 36	5.0	2974	7.863	12	0.717		I 2 m
C1848−063	NGC 6705	18 51 36	−06 15 30	32.0	1877	8.4	11	0.428	+0.136	
C1850−204	Collinder 394	18 52 50	−20 11 29	22.0	690	7.803		0.235		
C1851+368	Stephenson 1	18 53 50	+36 55 44	20.0	390	7.731		0.040		IV 3 p
C1851−199	NGC 6716	18 55 08	−19 53 21	10.0	789	7.961		0.220	−0.31	IV 1 p
C1905+041	NGC 6755	19 08 17	+04 16 56	14.0	1421	7.719	11	0.826		II 2 r
C1906+046	NGC 6756	19 09 10	+04 43 14	4.0	1507	7.79	13	1.18		I 1 m
C1919+377	NGC 6791	19 21 13	+37 47 24	10.0	5853	9.643	15	0.117	+0.11	I 2 r
C1936+464	NGC 6811	19 37 34	+46 24 36	14.0	1215	8.799	11	0.160		III 1 r
C1939+400	NGC 6819	19 41 38	+40 12 34	5.0	2360	9.174	11	0.238	+0.074	
C1941+231	NGC 6823	19 43 33	+23 19 23	6.0	3176	6.5		0.854		I 3 mn
C1948+229	NGC 6830	19 51 23	+23 07 29	5.0	1639	7.572	10	0.501		II 2 p
C1950+292	NGC 6834	19 52 35	+29 26 00	5.0	2067	7.883	11	0.708		II 2 m
C1950+182	Harvard 20	19 53 32	+18 21 30	7.0	1540	7.476		0.247		IV 2 p
C2002+438	NGC 6866	20 04 14	+44 11 08	14.0	1450	8.576	10	0.169		II 2 r
C2002+290	Roslund 4	20 05 17	+29 14 39	5.0	2000	6.6		0.91		II 3 mn
C2004+356	NGC 6871	20 06 20	+35 48 16	29.0	1574	6.958		0.443		II 2 pn
C2007+353	Biurakan 2	20 09 34	+35 30 42	20.0	1106	7.011	16	0.360		III 2 p
C2008+410	IC 1311	20 10 38	+41 14 43	5.0	5333	8.625		0.760		I 1 r
C2009+263	NGC 6885	20 12 25	+26 30 26	20.0	597	9.16	6	0.08		III 2 m
C2014+374	IC 4996	20 16 51	+37 39 47	6.0	1732	6.948	8	0.673		II 3 pn
C2018+385	Berkeley 86	20 20 45	+38 43 50	6.0	1112	7.116	13	0.898		IV 2 mn
C2019+372	Berkeley 87	20 22 03	+37 23 50	10.0	633	7.152	13	1.369		III 2 m
C2021+406	NGC 6910	20 23 32	+40 48 33	10.0	1139	7.127		0.971		I 3 mn
C2022+383	NGC 6913	20 24 18	+38 32 22	10.0	1148	7.111	9	0.744		II 3 mn
C2030+604	NGC 6939	20 31 41	+60 41 39	10.0	1800	9.20		0.33	+0.026	II 1 r
C2032+281	NGC 6940	20 34 50	+28 18 59	25.0	770	8.858	11	0.214	+0.013	III 2 r
C2054+444	NGC 6996	20 56 50	+44 40 13	14.0	760	8.54		0.52		III 2 m
C2109+454	NGC 7039	21 11 08	+45 39 21	14.0	951	7.820		0.131		IV 2 m
C2121+461	NGC 7062	21 23 48	+46 25 10	5.0	1480	8.465		0.452		II 2 m
C2122+478	NGC 7067	21 24 43	+48 03 04	6.0	3600	8.00		0.75		II 1 p
C2122+362	NGC 7063	21 24 44	+36 31 40	9.0	689	7.977		0.091		III 1 p
C2127+468	NGC 7082	21 29 38	+47 10 07	25.0	1442	8.233		0.237	−0.01	
C2130+482	NGC 7092	21 32 09	+48 28 32	29.0	326	8.445	7	0.013		III 2 m
C2137+572	Trumpler 37	21 39 24	+57 32 36	89.0	835	7.054		0.470		IV 3 m
C2144+655	NGC 7142	21 45 23	+65 49 08	12.0	1686	9.276	11	0.397	+0.040	I 2 r

SELECTED OPEN CLUSTERS, J2009.5

IAU Designation	Name	RA	Dec.	Appt. Diam.	Dist.	Log (age)	Mag. Mem.[1]	$E_{(B-V)}$	Metal-licity	Trumpler Class
		h m s	° ′ ″	′	pc	yr				
C2151+470	IC 5146	21 53 46	+47 18 42	20.0	852	8.023		0.593		III 2 pn
C2152+623	NGC 7160	21 53 56	+62 38 54	5.0	789	7.278		0.375		I 3 p
C2203+462	NGC 7209	22 05 30	+46 31 47	14.0	1168	8.617	9	0.168	−0.12	III 1 m
C2208+551	NGC 7226	22 10 47	+55 26 43	2.0	2616	8.436		0.536		I 2 m
C2210+570	NGC 7235	22 12 45	+57 19 02	5.0	3330	6.90		0.90		II 3 m
C2213+496	NGC 7243	22 15 31	+49 56 45	29.0	808	8.058	8	0.220		II 2 m
C2213+540	NGC 7245	22 15 32	+54 23 27	5.0	2106	8.246		0.473		II 2 m
C2218+578	NGC 7261	22 20 32	+58 10 11	5.0	1681	7.670		0.969		II 3 m
C2227+551	Berkeley 96	22 29 46	+55 26 56	2.0	3087	6.822	13	0.630		I 2 p
C2245+578	NGC 7380	22 47 44	+58 10 55	20.0	2222	7.077	10	0.602		III 2 mn
C2306+602	King 19	23 08 42	+60 34 06	5.0	1967	8.557	12	0.547		III 2 p
C2309+603	NGC 7510	23 11 27	+60 37 18	6.0	3480	7.35	10	0.90		II 3 rn
C2313+602	Markarian 50	23 15 43	+60 31 07	2.0	2114	7.095		0.810		III 1 pn
C2322+613	NGC 7654	23 25 14	+61 38 44	15.0	1400	8.2	11	0.57		II 2 r
C2345+683	King 11	23 48 16	+68 41 10	5.0	2892	9.048	17	1.270	−0.27	I 2 m
C2350+616	King 12	23 53 29	+62 01 10	3.0	2378	7.037	10	0.590		II 1 p
C2354+611	NGC 7788	23 57 14	+61 27 04	4.0	2374	7.593		0.283		I 2 p
C2354+564	NGC 7789	23 57 53	+56 45 40	25.0	2337	9.235	10	0.217	−0.24	II 2 r
C2355+609	NGC 7790	23 58 53	+61 15 40	5.0	2944	7.749	10	0.531		II 2 m

Notes to Table

[1] The Mag. Mem. column gives the visual magnitude of the brightest cluster member.

Alternate Names for Some Clusters

C0001−302	ζ Scl Cluster	C0837+201	M44
C0129+604	M103	C0838−528	o Vel Cluster
C0215+569	h Per	C0847+120	M67
C0218+568	χ Per	C1041−641	θ Car Cluster
C0238+425	M34	C1043−594	η Car Cluster
C0344+239	M45	C1239−627	Coal-Sack Cluster
C0525+358	M38	C1250−600	Jewel Box Cluster
C0532+341	M36	C1736−321	M6
C0549+325	M37	C1750−348	M7
C0605+243	M35	C1753−190	M23
C0629+049	Rosette Cluster	C1801−225	M21
C0638+099	S Mon Cluster	C1816−138	M16
C0644−206	M41	C1817−171	M18
C0700−082	M50	C1828−192	M25
C0716−248	τ CMa Cluster	C1842−094	M26
C0734−143	M47	C1848−063	M11
C0739−147	M46	C2022+383	M29
C0742−237	M93	C2130+482	M39
C0811−056	M48	C2322+613	M52

SELECTED GLOBULAR CLUSTERS, J2009.5

Name	RA	Dec.	V_t	B–V	$E_{(B-V)}$	$(m-M)_V$	[Fe/H]	v_r	c	r_c	Alternate Name
	h m s	° ′ ″						km/s		′	
NGC 104	00 24 30.3	−72 01 42	3.95	0.88	0.04	13.37	−0.76	− 18.7	2.03	0.40	47 Tuc
NGC 288	00 53 15.3	−26 32 19	8.09	0.65	0.03	14.83	−1.24	− 46.6	0.96	1.42	
NGC 362	01 03 33.5	−70 47 51	6.40	0.77	0.05	14.81	−1.16	+223.5	1.94c:	0.19	
NGC 1261	03 12 30.9	−55 10 54	8.29	0.72	0.01	16.10	−1.35	+ 68.2	1.27	0.39	
Pal 1	03 34 47.8	+79 36 43	13.18	0.96	0.15	15.65	−0.60	− 82.8	1.60	0.22	
AM 1	03 55 19.2	−49 35 13	15.72	0.72	0.00	20.43	−1.80	+116.0	1.12	0.15	E 1
Eridanus	04 25 09.2	−21 09 56	14.70	0.79	0.02	19.84	−1.46	− 23.6	1.10	0.25	
Pal 2	04 46 42.5	+31 23 51	13.04	2.08	1.24	21.05	−1.30	−133.0	1.45	0.24	
NGC 1851	05 14 25.1	−40 02 12	7.14	0.76	0.02	15.47	−1.22	+320.5	2.32	0.06	
NGC 1904	05 24 34.1	−24 30 58	7.73	0.65	0.01	15.59	−1.57	+206.0	1.72	0.16	M 79
NGC 2298	06 49 19.4	−36 01 00	9.29	0.75	0.14	15.59	−1.85	+148.9	1.28	0.34	
NGC 2419	07 38 47.0	+38 51 36	10.39	0.66	0.11	19.97	−2.12	− 20.0	1.40	0.35	
Pyxis	09 08 20.4	−37 15 36	12.90		0.21	18.65	−1.30	+ 34.3	0.65	1.38	
NGC 2808	09 12 13.7	−64 54 09	6.20	0.92	0.22	15.59	−1.15	+ 93.6	1.77	0.26	
E 3	09 20 52.5	−77 19 23	11.35		0.30	14.12	−0.80		0.75	1.87	
Pal 3	10 06 00.6	+00 01 30	14.26		0.04	19.96	−1.66	+ 83.4	1.00	0.48	
NGC 3201	10 18 00.3	−46 27 32	6.75	0.96	0.23	14.21	−1.58	+494.0	1.30	1.43	
Pal 4	11 29 46.9	+28 55 16	14.20		0.01	20.22	−1.48	+ 74.5	0.78	0.55	
NGC 4147	12 10 35.2	+18 29 21	10.32	0.59	0.02	16.48	−1.83	+183.2	1.80	0.10	
NGC 4372	12 26 19.2	−72 42 42	7.24	1.10	0.39	15.01	−2.09	+ 72.3	1.30	1.75	
Rup 106	12 39 12.1	−51 12 09	10.90		0.20	17.25	−1.67	− 44.0	0.70	1.00	
NGC 4590	12 39 58.3	−26 47 42	7.84	0.63	0.05	15.19	−2.06	− 94.3	1.64	0.69	M 68
NGC 4833	13 00 13.7	−70 55 33	6.91	0.93	0.32	15.07	−1.80	+200.2	1.25	1.00	
NGC 5024	13 13 23.2	+18 07 08	7.61	0.64	0.02	16.31	−1.99	− 79.1	1.78	0.36	M 53
NGC 5053	13 16 54.9	+17 38 53	9.47	0.65	0.04	16.19	−2.29	+ 44.0	0.84	1.98	
NGC 5139	13 27 20.2	−47 31 34	3.68	0.78	0.12	13.97	−1.62	+232.3	1.61	1.40	ω Cen
NGC 5272	13 42 37.5	+28 19 40	6.19	0.69	0.01	15.12	−1.57	−147.6	1.84	0.55	M 3
NGC 5286	13 47 02.9	−51 25 14	7.34	0.88	0.24	15.95	−1.67	+ 57.4	1.46	0.29	
AM 4	13 56 22.5	−27 13 08	15.90		0.04	17.50	−2.00		0.50	0.42	
NGC 5466	14 05 52.9	+28 29 22	9.04	0.67	0.00	16.00	−2.22	+107.7	1.32	1.64	
NGC 5634	14 30 07.3	−06 01 06	9.47	0.67	0.05	17.16	−1.88	− 45.1	1.60	0.21	
NGC 5694	14 40 09.8	−26 34 44	10.17	0.69	0.09	17.98	−1.86	−144.1	1.84	0.06	
IC 4499	15 01 53.8	−82 15 03	9.76	0.91	0.23	17.09	−1.60		1.11	0.96	
NGC 5824	15 04 33.7	−33 06 16	9.09	0.75	0.13	17.93	−1.85	− 27.5	2.45	0.05	
Pal 5	15 16 34.5	−00 08 46	11.75		0.03	16.92	−1.41	− 58.7	0.70	3.25	
NGC 5897	15 17 57.4	−21 02 41	8.53	0.74	0.09	15.74	−1.80	+101.5	0.79	1.96	
NGC 5904	15 19 02.7	+02 02 55	5.65	0.72	0.03	14.46	−1.27	+ 52.6	1.83	0.42	M 5
NGC 5927	15 28 41.9	−50 42 19	8.01	1.31	0.45	15.81	−0.37	−107.5	1.60	0.42	
NGC 5946	15 36 10.2	−50 41 26	9.61	1.29	0.54	16.81	−1.38	+128.4	2.50c	0.08	
BH 176	15 39 48.9	−50 04 52	14.00		0.77	18.35					
NGC 5986	15 46 40.9	−37 48 55	7.52	0.90	0.28	15.96	−1.58	+ 88.9	1.22	0.63	
Pal 14	16 11 31.1	+14 56 02	14.74		0.04	19.47	−1.52	+ 76.6	0.75	0.94	AvdB
Lynga 7	16 11 48.5	−55 20 19			0.73	16.54	−0.62	+ 8.0			
NGC 6093	16 17 36.6	−22 59 52	7.33	0.84	0.18	15.56	−1.75	+ 8.2	1.95	0.15	M 80
NGC 6121	16 24 10.5	−26 32 49	5.63	1.03	0.36	12.83	−1.20	+ 70.4	1.59	0.83	M 4
NGC 6101	16 26 54.1	−72 13 22	9.16	0.68	0.05	16.07	−1.82	+361.4	0.80	1.15	
NGC 6144	16 27 49.0	−26 02 44	9.01	0.96	0.36	15.76	−1.75	+188.9	1.55	0.94	
NGC 6139	16 28 19.0	−38 52 10	8.99	1.40	0.75	17.35	−1.68	+ 6.7	1.80	0.14	
Terzan 3	16 29 17.6	−35 22 27	12.00		0.72	16.61	−0.73	−136.3	0.70	1.18	
NGC 6171	16 33 03.8	−13 04 24	7.93	1.10	0.33	15.06	−1.04	− 33.6	1.51	0.54	M 107

SELECTED GLOBULAR CLUSTERS, J2009.5

Name	RA	Dec.	V_t	B–V	$E_{(B-V)}$	$(m-M)_V$	[Fe/H]	v_r	c	r_c	Alternate Name
	h m s	° ′ ″						km/s		′	
1636−283	16 40 01.2	−28 24 57	12.00		0.49	15.97	−1.50				ESO452−SC11
NGC 6205	16 42 01.9	+36 26 33	5.78	0.68	0.02	14.48	−1.54	−245.6	1.51	0.78	M 13
NGC 6229	16 47 14.9	+47 30 40	9.39	0.70	0.01	17.44	−1.43	−154.2	1.61	0.13	
NGC 6218	16 47 44.1	−01 57 51	6.70	0.83	0.19	14.02	−1.48	− 42.2	1.39	0.72	M 12
NGC 6235	16 53 59.6	−22 11 32	9.97	1.05	0.36	16.41	−1.40	+ 87.3	1.33	0.36	
NGC 6254	16 57 39.0	−04 06 49	6.60	0.90	0.28	14.08	−1.52	+ 75.8	1.40	0.86	M 10
NGC 6256	17 00 11.1	−37 08 06	11.29	1.69	1.03	17.81	−0.70	−101.4	2.50c	0.02	
Pal 15	17 00 31.7	−00 33 20	14.00		0.40	19.49	−1.90	+ 68.9	0.60	1.25	
NGC 6266	17 01 49.1	−30 07 37	6.45	1.19	0.47	15.64	−1.29	− 70.0	1.70c:	0.18	M 62
NGC 6273	17 03 13.1	−26 16 52	6.77	1.03	0.41	15.95	−1.68	+135.0	1.53	0.43	M 19
NGC 6284	17 05 03.7	−24 46 38	8.83	0.99	0.28	16.80	−1.32	+ 27.6	2.50c	0.07	
NGC 6287	17 05 43.8	−22 43 14	9.35	1.20	0.60	16.71	−2.05	−288.7	1.60	0.26	
NGC 6293	17 10 45.6	−26 35 36	8.22	0.96	0.41	15.99	−1.92	−146.2	2.50c	0.05	
NGC 6304	17 15 08.3	−29 28 21	8.22	1.31	0.53	15.54	−0.59	−107.3	1.80	0.21	
NGC 6316	17 17 13.2	−28 09 00	8.43	1.39	0.51	16.78	−0.55	+ 71.5	1.55	0.17	
NGC 6341	17 17 24.8	+43 07 36	6.44	0.63	0.02	14.64	−2.28	−120.3	1.81	0.23	M 92
NGC 6325	17 18 33.9	−23 46 31	10.33	1.66	0.89	17.28	−1.17	+ 29.8	2.50c	0.03	
NGC 6333	17 19 45.2	−18 31 32	7.72	0.97	0.38	15.66	−1.75	+229.1	1.15	0.58	M 9
NGC 6342	17 21 43.9	−19 35 46	9.66	1.26	0.46	16.10	−0.65	+116.2	2.50c	0.05	
NGC 6356	17 24 08.2	−17 49 17	8.25	1.13	0.28	16.77	−0.50	+ 27.0	1.54	0.23	
NGC 6355	17 24 34.0	−26 21 43	9.14	1.48	0.75	17.22	−1.50	−176.9	2.50c	0.05	
NGC 6352	17 26 12.6	−48 25 50	7.96	1.06	0.21	14.44	−0.70	−120.9	1.10	0.83	
IC 1257	17 27 39.3	−07 06 02	13.10	1.38	0.73	19.25	−1.70	−140.2			
Terzan 2	17 28 09.8	−30 48 35	14.29		1.57	19.56	−0.40	+109.0	2.50c	0.03	HP 3
NGC 6366	17 28 14.6	−05 05 03	9.20	1.44	0.71	14.97	−0.82	−122.3	0.92	1.83	
Terzan 4	17 31 16.0	−31 36 08	16.00		2.35	22.09	−1.60	− 50.0			HP 4
HP 1	17 31 41.7	−29 59 18	11.59		0.74	18.03	−1.55	+ 53.1	2.50c	0.03	BH 229
NGC 6362	17 32 53.8	−67 03 16	7.73	0.85	0.09	14.67	−0.95	− 13.1	1.10	1.32	
Liller 1	17 34 02.0	−33 23 42	16.77		3.06	24.40	+0.22	+ 52.0	2.30c:	0.06	
NGC 6380	17 35 07.5	−39 04 30	11.31	2.01	1.17	18.77	−0.50	− 3.6	1.55c:	0.34	Ton 1
Terzan 1	17 36 23.8	−30 29 14	15.90		2.28	20.80	−1.30	+114.0	2.50c	0.04	HP 2
Ton 2	17 36 49.8	−38 33 31	12.24		1.24	18.38	−0.50	−184.4	1.30	0.54	Pismis 26
NGC 6388	17 36 58.7	−44 44 25	6.72	1.17	0.37	16.14	−0.60	+ 81.2	1.70	0.12	
NGC 6402	17 38 06.0	−03 15 03	7.59	1.25	0.60	16.71	−1.39	− 66.1	1.60	0.83	M 14
NGC 6401	17 39 11.4	−23 54 52	9.45	1.58	0.72	17.35	−0.98	− 65.0	1.69	0.25	
NGC 6397	17 41 27.7	−53 40 41	5.73	0.73	0.18	12.36	−1.95	+ 18.9	2.50c	0.05	
Pal 6	17 44 17.6	−26 13 34	11.55	2.83	1.46	18.36	−1.09	+182.5	1.10	0.66	
NGC 6426	17 45 23.2	+03 10 01	11.01	1.02	0.36	17.70	−2.26	−162.0	1.70	0.26	
Djorg 1	17 48 05.8	−33 04 06	13.60		1.44	19.86	−2.00	−362.4	1.50	0.32	
Terzan 5	17 48 40.0	−24 46 55	13.85	2.77	2.15	21.72	0.00	− 94.0	1.87	0.18	Terzan 11
NGC 6440	17 49 26.6	−20 21 46	9.20	1.97	1.07	17.95	−0.34	− 78.7	1.70	0.13	
NGC 6441	17 50 51.7	−37 03 13	7.15	1.27	0.47	16.79	−0.53	+ 16.4	1.85	0.11	
Terzan 6	17 51 23.3	−31 16 38	13.85		2.14	21.52	−0.50	+126.0	2.50c	0.05	HP 5
NGC 6453	17 51 29.7	−34 36 04	10.08	1.31	0.66	16.96	−1.53	− 83.7	2.50c	0.07	
UKS 1	17 55 02.1	−24 08 47	17.29		3.09	24.17	−0.50		2.10c:	0.15	
NGC 6496	17 59 43.6	−44 15 55	8.54	0.98	0.15	15.77	−0.64	−112.7	0.70	1.05	
Terzan 9	18 02 14.4	−26 50 21	16.00		1.87	19.85	−2.00	+ 59.0	2.50c	0.03	
NGC 6517	18 02 21.8	−08 57 30	10.23	1.75	1.08	18.51	−1.37	− 39.6	1.82	0.06	
Djorg 2	18 02 25.0	−27 49 31	9.90		0.89	16.88	−0.50		1.50	0.33	ESO456−SC38
Terzan10	18 03 32.8	−26 03 57	14.90		2.40	21.20	−0.70				

SELECTED GLOBULAR CLUSTERS, J2009.5

Name	RA	Dec.	V_t	$B-V$	$E_{(B-V)}$	$(m-M)_V$	[Fe/H]	v_r	c	r_c	Alternate Name
	h m s	° ′ ″						km/s		′	
NGC 6522	18 04 10.6	−30 01 59	8.27	1.21	0.48	15.94	−1.44	− 21.1	2.50c	0.05	
NGC 6535	18 04 20.0	−00 17 46	10.47	0.94	0.34	15.22	−1.80	−215.1	1.30	0.42	
NGC 6539	18 05 20.7	−07 35 05	9.33	1.83	0.97	17.63	−0.66	− 45.6	1.60	0.54	
NGC 6528	18 05 26.2	−30 03 17	9.60	1.53	0.54	16.16	−0.04	+206.2	2.29	0.09	
NGC 6540	18 06 44.5	−27 45 50	9.30		0.60	14.68	−1.20	− 17.7	2.50c	0.03	Djorg 3
NGC 6544	18 07 55.7	−24 59 45	7.77	1.46	0.73	14.43	−1.56	− 27.3	1.63c:	0.05	
NGC 6541	18 08 43.4	−43 29 53	6.30	0.76	0.14	14.67	−1.83	−158.7	2.00c:	0.30	
2MS−GC01	18 08 55.6	−19 49 40			6.80	33.88	−1.20				2MASS−GC01
ESO−SC06	18 09 48.5	−46 25 15			0.07	16.90	−2.00				ESO280−SC06
NGC 6553	18 09 53.0	−25 54 23	8.06	1.73	0.63	15.83	−0.21	− 6.5	1.17	0.55	
2MS−GC02	18 10 10.5	−20 46 36			5.56	30.25					2MASS−GC02
NGC 6558	18 10 54.7	−31 45 41	9.26	1.11	0.44	15.72	−1.44	−197.2	2.50c	0.03	
IC 1276	18 11 15.0	−07 12 18	10.34	1.76	1.08	17.01	−0.73	+155.7	1.29	1.08	Pal 7
Terzan 12	18 12 50.3	−22 44 21	15.63		2.06	19.77	−0.50	+ 94.1	0.57	0.83	
NGC 6569	18 14 15.9	−31 49 25	8.55	1.34	0.55	16.85	−0.86	− 28.1	1.27	0.37	
NGC 6584	18 19 23.2	−52 12 38	8.27	0.76	0.10	15.95	−1.49	+222.9	1.20	0.59	
NGC 6624	18 24 17.1	−30 21 20	7.87	1.11	0.28	15.36	−0.44	+ 53.9	2.50c	0.06	
NGC 6626	18 25 08.0	−24 51 51	6.79	1.08	0.40	14.97	−1.45	+ 17.0	1.67	0.24	M 28
NGC 6638	18 31 31.3	−25 29 25	9.02	1.15	0.40	16.15	−0.99	+ 18.1	1.40	0.26	
NGC 6637	18 32 00.4	−32 20 27	7.64	1.01	0.16	15.28	−0.70	+ 39.9	1.39	0.34	M 69
NGC 6642	18 32 28.8	−23 28 04	9.13	1.11	0.41	15.90	−1.35	− 57.2	1.99	0.10	
NGC 6652	18 36 23.0	−32 58 55	8.62	0.94	0.09	15.30	−0.96	−111.7	1.80	0.07	
NGC 6656	18 36 59.0	−23 53 42	5.10	0.98	0.34	13.60	−1.64	−148.9	1.31	1.42	M 22
Pal 8	18 42 03.6	−19 48 58	11.02	1.22	0.32	16.54	−0.48	− 43.0	1.53	0.40	
NGC 6681	18 43 49.8	−32 16 55	7.87	0.72	0.07	14.98	−1.51	+220.3	2.50c	0.03	M 70
NGC 6712	18 53 35.4	−08 41 38	8.10	1.17	0.45	15.60	−1.01	−107.5	0.90	0.94	
NGC 6715	18 55 39.8	−30 27 56	7.60	0.85	0.15	17.61	−1.58	+141.9	1.84	0.11	M 54
NGC 6717	18 55 40.6	−22 41 17	9.28	1.00	0.22	14.94	−1.29	+ 22.8	2.07c:	0.08	Pal 9
NGC 6723	19 00 11.5	−36 37 05	7.01	0.75	0.05	14.85	−1.12	− 94.5	1.05	0.94	
NGC 6749	19 05 44.1	+01 54 57	12.44	2.14	1.50	19.14	−1.60	− 61.7	0.83	0.77	
NGC 6760	19 11 41.1	+01 02 48	8.88	1.66	0.77	16.74	−0.52	− 27.5	1.59	0.33	
NGC 6752	19 11 42.1	−59 58 07	5.40	0.66	0.04	13.13	−1.56	− 27.9	2.50c	0.17	
NGC 6779	19 16 57.7	+30 12 08	8.27	0.86	0.20	15.65	−1.94	−135.7	1.37	0.37	M 56
Terzan 7	19 18 21.2	−34 38 23	12.00		0.07	17.05	−0.58	+166.0	1.08	0.61	
Pal 10	19 18 27.3	+18 35 22	13.22		1.66	19.01	−0.10	− 31.7	0.58	0.81	
Arp 2	19 29 20.2	−30 20 02	12.30	0.86	0.10	17.59	−1.76	+115.0	0.90	1.59	
NGC 6809	19 40 35.5	−30 56 23	6.32	0.72	0.08	13.87	−1.81	+174.8	0.76	2.83	M 55
Terzan 8	19 42 21.9	−33 58 39	12.40		0.12	17.45	−2.00	+130.0	0.60	1.00	
Pal 11	19 45 45.2	−07 59 01	9.80	1.27	0.35	16.66	−0.39	− 68.0	0.69	2.00	
NGC 6838	19 54 11.5	+18 48 13	8.19	1.09	0.25	13.79	−0.73	− 22.8	1.15	0.63	M 71
NGC 6864	20 06 38.4	−21 53 37	8.52	0.87	0.16	17.07	−1.16	−189.3	1.88	0.10	M 75
NGC 6934	20 34 39.5	+07 26 14	8.83	0.77	0.10	16.29	−1.54	−411.4	1.53	0.25	
NGC 6981	20 53 59.2	−12 30 02	9.27	0.72	0.05	16.31	−1.40	−345.1	1.23	0.54	M 72
NGC 7006	21 01 56.1	+16 13 31	10.56	0.75	0.05	18.24	−1.63	−384.1	1.42	0.24	
NGC 7078	21 30 25.8	+12 12 32	6.20	0.68	0.10	15.37	−2.26	−107.0	2.50c	0.07	M 15
NGC 7089	21 33 58.6	−00 46 50	6.47	0.66	0.06	15.49	−1.62	− 5.3	1.80	0.34	M 2
NGC 7099	21 40 54.3	−23 08 09	7.19	0.60	0.03	14.62	−2.12	−181.9	2.50c	0.06	M 30
Pal 12	21 47 10.7	−21 12 24	11.99	1.07	0.02	16.47	−0.94	+ 27.8	1.94	0.20	
Pal 13	23 07 13.0	+12 49 24	13.47	0.76	0.05	17.21	−1.74	+ 24.1	0.68	0.65	
NGC 7492	23 08 56.7	−15 33 35	11.29	0.42	0.00	17.06	−1.51	−207.6	1.00	0.83	

ICRF RADIO SOURCE POSITIONS

IERS Designation	Name	Right Ascension	Declination	Type	V	z^1	S 5 GHz
		h m s	° ′ ″				Jy
0003+380		00 05 57.175 409	+38 20 15.148 57	G	19.4	0.229	0.50
0007+106	III ZW 2	00 10 31.005 888	+10 58 29.504 12	G	15.4	0.090	0.42
0007+171		00 10 33.990 619	+17 24 18.761 35	Q	18.0	1.601	1.19
0010+405	4C 40.01	00 13 31.130 213	+40 51 37.144 07	G	17.9	0.256	1.05
0014+813		00 17 08.474 953	+81 35 08.136 33	Q	16.5	3.387	0.55
0039+230		00 42 04.545 183	+23 20 01.061 29				
0047−579		00 49 59.473 091	−57 38 27.339 92	Q	18.5	1.797	2.19
0109+224		01 12 05.824 718	+22 44 38.786 19	L	15.7		0.78
0123+257	4C 25.05	01 26 42.792 631	+25 59 01.300 79	Q	17.5	2.353	0.97
0131−522		01 33 05.762 585	−52 00 03.946 93	Q	20.0	0.020	
0133+476	OC 457	01 36 58.594 810	+47 51 29.100 06	Q	19.0	0.859	3.26
0135−247	OC−259	01 37 38.346 378	−24 30 53.885 26	Q	17.3	0.831	1.65
0138−097		01 41 25.832 025	−09 28 43.673 81	L	16.6	>0.501	1.19
0148+274		01 51 27.146 149	+27 44 41.793 65	G	20.0	1.260	
0149+218		01 52 18.059 047	+22 07 07.700 04	Q	18.0	1.320	1.08
0153+744		01 57 34.964 908	+74 42 43.229 98	Q	16.0	2.338	1.51
0159+723		02 03 33.385 004	+72 32 53.667 41	L	19.2		0.33
0202+319		02 05 04.925 371	+32 12 30.095 60	Q	18.0	1.466	1.02
0215+015	OD 026	02 17 48.954 740	+01 44 49.699 09	Q	18.8	1.715	0.36
0219+428	3C 66A	02 22 39.611 500	+43 02 07.798 84	L	15.2	0.444	1.04
0220−349		02 22 56.401 625	−34 41 28.730 11	Q	22.0	1.490	
0224+671	4C 67.05	02 28 50.051 459	+67 21 03.029 26	Q	19.5		
0230−790		02 29 34.946 647	−78 47 45.601 29	Q	18.9	1.070	0.77
0235+164	OD 160	02 38 38.930 108	+16 36 59.274 71	L	15.5	0.940	2.79
0239+108	OD 166	02 42 29.170 847	+11 01 00.728 23	Q	20.0		
0248+430		02 51 34.536 779	+43 15 15.828 58	Q	17.6	1.310	1.21
0256+075	OD 094.7	02 59 27.076 633	+07 47 39.643 23	Q	18.0	0.893	0.98
0302−623		03 03 50.631 333	−62 11 25.549 83	Q	18.0		
0306+102	OE 110	03 09 03.623 523	+10 29 16.340 82	Q	18.4	0.863	0.70
0308−611		03 09 56.099 167	−60 58 39.056 28	Q	18.5		
0309+411	NRAO 128	03 13 01.962 129	+41 20 01.183 53	G	18.0	0.136	0.46
0342+147		03 45 06.416 546	+14 53 49.558 18				
0400+258	CTD 26	04 03 05.586 048	+26 00 01.502 74	Q	18.0	2.109	1.79
0406+121		04 09 22.008 740	+12 17 39.847 50	L	20.2	1.020	1.62
0414−189		04 16 36.544 466	−18 51 08.340 12	Q	18.5	1.536	0.77
0422−380		04 24 42.243 727	−37 56 20.784 23	Q	18.1	0.782	0.81
0422+004	OF 038	04 24 46.842 052	+00 36 06.329 83	L	17.0		1.60
0423+051		04 26 36.604 102	+05 18 19.872 04	Q	19.5	1.333	
0426−380		04 28 40.424 306	−37 56 19.580 31	L	19.0	>1.030	1.13
0437−454		04 39 00.854 714	−45 22 22.562 60	Q	20.6		
0440−003	NRAO 190	04 42 38.660 762	−00 17 43.419 10	Q	19.2	0.844	2.39
0446+112		04 49 07.671 119	+11 21 28.596 62	G	20.0		
0454−810		04 50 05.440 195	−81 01 02.231 46	G	19.2	0.444	1.36
0457+024	OF 097	04 59 52.050 664	+02 29 31.176 31	Q	18.5	2.384	1.21
0458+138		05 01 45.270 840	+13 56 07.220 63				
0502+049		05 05 23.184 723	+04 59 42.724 48	Q	19.0	0.954	
0506−612		05 06 43.988 739	−61 09 40.993 28	Q	16.9	1.093	2.05
0454+844		05 08 42.363 503	+84 32 04.544 02	L	16.5	0.112	1.40
0507+179		05 10 02.369 122	+18 00 41.581 71				
0516−621		05 16 44.926 178	−62 07 05.389 30				

IERS Designation	Name	Right Ascension	Declination	Type	V	z^1	S 5 GHz
		h m s	° ′ ″				Jy
0518+165	3C 138	05 21 09.886 021	+16 38 22.051 22	Q	18.8	0.759	4.16
0521−365		05 22 57.984 651	−36 27 30.850 92	L	14.6	0.055	8.89
0530−727		05 29 30.042 235	−72 45 28.507 31				
0537−286	OG−263	05 39 54.281 429	−28 39 55.947 45	Q	20.0	3.104	1.23
0539−057		05 41 38.083 384	−05 41 49.428 39	Q	20.4	0.839	1.51
0538+498	3C 147	05 42 36.137 916	+49 51 07.233 56	Q	17.8	0.545	8.18
0544+273		05 47 34.148 941	+27 21 56.842 40				
0556+238		05 59 32.033 133	+23 53 53.926 90				
0609+607	OH 617	06 14 23.866 195	+60 46 21.755 38	Q	19.1	2.690	1.10
0615+820		06 26 03.006 188	+82 02 25.567 64	Q	17.5	0.710	1.00
0629−418		06 31 11.998 059	−41 54 26.946 11	Q	19.3	1.416	0.74
0637−752		06 35 46.507 934	−75 16 16.815 33	G	15.8	0.654	6.19
0636+680		06 42 04.257 418	+67 58 35.620 85	Q	16.6	3.177	0.54
0642+449	OH 471	06 46 32.025 985	+44 51 16.590 13	Q	18.5	3.408	0.78
0648−165		06 50 24.581 852	−16 37 39.725 00				
0707+476		07 10 46.104 900	+47 32 11.142 67	Q	18.2	1.292	1.00
0716+714		07 21 53.448 459	+71 20 36.363 39	L	15.5		1.12
0722+145	4C 14.23	07 25 16.807 752	+14 25 13.746 84				
0723−008	OI 039	07 25 50.639 953	−00 54 56.544 38	L	18.0	0.127	2.25
0718+792		07 26 11.735 177	+79 11 31.016 24				
0733−174		07 35 45.812 508	−17 35 48.501 31				
0738−674		07 38 56.496 292	−67 35 50.825 83	Q	19.8	1.663	0.56
0738+313	OI 363	07 41 10.703 308	+31 12 00.228 62	G	16.1	0.630	2.48
0743+259		07 46 25.874 166	+25 49 02.134 88				
0745+241	OI 275	07 48 36.109 278	+24 00 24.110 18	Q	19.0	0.409	0.84
0749+540	4C 54.15	07 53 01.384 573	+53 52 59.637 16	L	18.5	0.200	0.56
0754+100	OI 090.4	07 57 06.642 936	+09 56 34.852 10	L	15.0	0.660	1.48
0804+499	OJ 508	08 08 39.666 274	+49 50 36.530 46	Q	18.9	1.433	2.07
0805+410		08 08 56.652 038	+40 52 44.888 89	Q	19.0	1.420	0.77
0812+367	OJ 320	08 15 25.944 824	+36 35 15.148 30	Q	20.0	1.025	1.01
0818−128	OJ 131	08 20 57.447 616	−12 58 59.169 49	L	15.0		0.86
0820+560	4C 56.16A	08 24 47.236 351	+55 52 42.669 38	Q	18.0	1.417	0.92
0821+394	4C 39.23	08 24 55.483 865	+39 16 41.904 30	Q	18.5	1.216	0.99
0826−373		08 28 04.780 268	−37 31 06.280 64				
0829+046	OJ 049	08 31 48.876 955	+04 29 39.085 34	L	16.4	0.180	0.70
0828+493	OJ 448	08 32 23.216 688	+49 13 21.038 23	L	18.8	0.548	1.02
0831+557	4C 55.16	08 34 54.903 997	+55 34 21.070 80	G	18.5	0.242	
0834−201		08 36 39.215 215	−20 16 59.503 50	Q	19.4	2.752	3.42
0833+585		08 37 22.409 733	+58 25 01.845 21	Q	18.0	2.101	1.11
0839+187		08 42 05.094 180	+18 35 40.990 61	Q	16.4	1.272	1.20
0850+581	4C 58.17	08 54 41.996 385	+57 57 29.939 28	Q	18.0	1.322	1.41
0859+470	OJ 499	09 03 03.990 103	+46 51 04.137 53	Q	18.7	1.462	1.78
0912+297	OK 222	09 15 52.401 620	+29 33 24.042 74	L	16.4		0.20
0917+449		09 20 58.458 480	+44 41 53.985 02	Q	19.0	2.180	0.80
0917+624	OK 630	09 21 36.231 054	+62 15 52.180 35	Q	19.5	1.446	1.24
0945+408	4C 40.24	09 48 55.338 145	+40 39 44.587 19	Q	17.5	1.252	1.38
0952+179	VRO 17.09.04	09 54 56.823 626	+17 43 31.222 42	Q	17.2	1.478	0.74
0955+476	OK 492	09 58 19.671 648	+47 25 07.842 50	Q	18.7	1.873	0.74
0955+326	3C 232	09 58 20.949 621	+32 24 02.209 29	Q	15.8	0.530	0.85
0954+658		09 58 47.245 101	+65 33 54.818 06	L	16.7	0.367	1.46

ICRF RADIO SOURCE POSITIONS

IERS Designation	Name	Right Ascension	Declination	Type	V	z^1	S 5 GHz
		h m s	° ′ ″				Jy
1012+232	4C 23.24	10 14 47.065 445	+23 01 16.570 91	Q	17.5	0.565	0.81
1020+400		10 23 11.565 623	+39 48 15.385 39	Q	17.5	1.254	0.87
1030+415	VRO 10.41.03	10 33 03.707 841	+41 16 06.232 97	Q	18.2	1.120	1.13
1032−199		10 35 02.155 274	−20 11 34.359 75	Q	19.0	2.198	1.02
1038+064	OL 064.5	10 41 17.162 504	+06 10 16.923 78	Q	16.7	1.265	1.32
1038+528	OL 564	10 41 46.781 639	+52 33 28.231 27	Q	17.6	0.677	0.42
1038+529		10 41 48.897 638	+52 33 55.607 90	Q	18.6	2.296	0.14
1040+123	3C 245	10 42 44.605 212	+12 03 31.264 07	Q	17.3	1.028	1.39
1039+811		10 44 23.062 554	+80 54 39.443 03	Q	16.5	1.260	1.14
1049+215	4C 21.28	10 51 48.789 073	+21 19 52.314 11	Q	18.5	1.300	1.25
1053+815		10 58 11.535 365	+81 14 32.675 21	Q	20.0	0.706	0.77
1057−797		10 58 43.309 786	−80 03 54.159 49	Q	19.3		
1111+149	OM 118	11 13 58.695 097	+14 42 26.952 62	Q	18.0	0.869	0.60
1116+128	4C 12.39	11 18 57.301 443	+12 34 41.718 06	Q	19.3	2.118	1.48
1128+385		11 30 53.282 612	+38 15 18.547 07	Q	16.0	1.733	0.77
1130+009		11 33 20.055 797	+00 40 52.837 20	Q	19.0		
1143−245	OM 272	11 46 08.103 374	−24 47 32.896 81	Q	18.0	1.950	1.49
1147+245	OM 280	11 50 19.212 173	+24 17 53.835 03	L	15.7		1.00
1148−671		11 51 13.426 591	−67 28 11.094 23				
1150+812		11 53 12.499 130	+80 58 29.154 51	Q	18.5	1.250	1.18
1150+497	4C 49.22	11 53 24.466 626	+49 31 08.830 14	Q	17.1	0.334	1.12
1155+251		11 58 25.787 505	+24 50 17.963 69	G	17.5		
1213+350	4C 35.28	12 15 55.601 049	+34 48 15.220 53	Q	20.0	0.857	1.01
1215+303	ON 325	12 17 52.081 987	+30 07 00.636 25	L	15.6	0.237	0.42
1216+487	ON 428	12 19 06.414 733	+48 29 56.164 97	Q	18.5	1.076	1.08
1219+044	4C 04.42	12 22 22.549 618	+04 13 15.776 30	Q	18.0	0.965	0.93
1221+809		12 23 40.493 698	+80 40 04.340 31	L	19.0		0.52
1226+373		12 28 47.423 662	+37 06 12.095 78			1.515	
1228+126	3C 274	12 30 49.423 381	+12 23 28.043 90	G	12.9	0.004	71.90
1236+077		12 39 24.588 312	+07 30 17.189 09	Q	18.5	0.400	0.67
1236−684		12 39 46.651 396	−68 45 30.892 60	Q	18.5		
1252+119	ON 187	12 54 38.255 601	+11 41 05.895 07	Q	16.6	0.870	1.00
1251−713		12 54 59.921 421	−71 38 18.436 64	Q	21.5		
1257+145		13 00 20.918 799	+14 17 18.531 07	A	18.0		
1308+326	OP 313	13 10 28.663 845	+32 20 43.782 95	Q	15.2	0.997	1.59
1324+224		13 27 00.861 311	+22 10 50.163 06			1.400	
1342+662		13 43 45.959 534	+66 02 25.745 03	Q	20.0	0.766	0.54
1342+663		13 44 08.679 674	+66 06 11.643 81	Q	18.6	1.351	0.82
1347+539	4C 53.28	13 49 34.656 623	+53 41 17.040 28	Q	17.5	0.976	0.96
1416+067	3C 298	14 19 08.180 173	+06 28 34.803 49	Q	16.8	1.439	1.46
1418+546	OQ 530	14 19 46.597 401	+54 23 14.787 21	L	15.7	0.152	1.09
1435+638		14 36 45.802 138	+63 36 37.866 58	Q	16.6	2.062	1.24
1442+101	OQ 172	14 45 16.465 213	+09 58 36.072 44	Q	17.8	3.535	1.15
1445−161		14 48 15.054 162	−16 20 24.548 88	Q	18.9	2.417	0.80
1448+762		14 48 28.778 877	+76 01 11.597 17	G	22.3	0.899	0.68
1459+480		15 00 48.654 199	+47 51 15.538 26		17.1		
1504+377	OR 306	15 06 09.529 958	+37 30 51.132 41	G	21.2	0.674	1.10
1514+197		15 16 56.796 194	+19 32 12.991 87	L	18.7		0.50
1532+016		15 34 52.453 675	+01 31 04.206 57	Q	18.0	1.435	0.92
1538+149	4C 14.60	15 40 49.491 511	+14 47 45.884 85	L	17.3	0.605	1.95

ICRF RADIO SOURCE POSITIONS

IERS Designation	Name	Right Ascension	Declination	Type	V	z^1	S 5 GHz
		h m s	° ′ ″				Jy
1547+507	OR 580	15 49 17.468 534	+50 38 05.788 20	Q	18.5	2.169	0.74
1549−790		15 56 58.869 899	−79 14 04.281 34	G	18.5	0.149	3.54
1600+335		16 02 07.263 468	+33 26 53.072 67		23.2		
1604−333		16 07 34.762 344	−33 31 08.913 13	Q	20.5		
1606+106	4C 10.45	16 08 46.203 179	+10 29 07.775 85	Q	18.0	1.226	1.05
1616+063		16 19 03.687 684	+06 13 02.243 57	Q	19.0	2.086	0.89
1619−680		16 24 18.437 150	−68 09 12.498 11	Q	18.0	1.354	1.81
1624+416	4C 41.32	16 25 57.669 700	+41 34 40.629 22	Q	22.0	2.550	1.58
1637+574	OS 562	16 38 13.456 293	+57 20 23.979 18	Q	17.0	0.751	1.44
1642+690	4C 69.21	16 42 07.848 514	+68 56 39.756 40	G	20.5	0.751	1.43
1656+348	OS 392	16 58 01.419 204	+34 43 28.402 40	Q	18.5	1.936	0.60
1705+018		17 07 34.415 277	+01 48 45.699 23	Q	18.8	2.576	0.54
1706−174	OT−111	17 09 34.345 380	−17 28 53.364 80	A	17.5		
1718−649		17 23 41.029 765	−65 00 36.615 18	G	15.5	0.014	3.70
1726+455		17 27 27.650 808	+45 30 39.731 39	Q	19.0	0.714	0.63
1727+502	OT 546	17 28 18.623 853	+50 13 10.470 01	L	16.0	0.055	0.17
1725+044		17 28 24.952 716	+04 27 04.914 01	G	17.0	0.293	1.21
1743+173		17 45 35.208 181	+17 20 01.423 41	Q	19.5	1.702	0.94
1745+624	4C 62.29	17 46 14.034 146	+62 26 54.738 42	Q	18.8	3.889	0.57
1749+701		17 48 32.840 231	+70 05 50.768 82	L	17.0	0.770	1.09
1751+441	OT 486	17 53 22.647 901	+44 09 45.686 08	Q	19.5	0.871	1.04
1800+440	OU 401	18 01 32.314 854	+44 04 21.900 31	Q	16.8	0.663	1.02
1758−651		18 03 23.496 605	−65 07 36.761 77	G	15.4		
1823+568	4C 56.27	18 24 07.068 372	+56 51 01.490 88	L	18.4	0.664	1.67
1830+285	4C 28.45	18 32 50.185 631	+28 33 35.955 30	Q	17.2	0.594	1.07
1845+797	3C 390.3	18 42 08.989 953	+79 46 17.128 01	G	15.4	0.057	4.48
1842+681		18 42 33.641 636	+68 09 25.227 88	Q	17.9	0.475	0.81
1849+670	4C 66.20	18 49 16.072 300	+67 05 41.679 93	Q	18.0	0.657	0.59
1856+737		18 54 57.299 946	+73 51 19.907 47	G	17.5	0.460	0.41
1903−802		19 12 40.019 176	−80 10 05.946 27	Q	19.0	1.758	1.79
1954+513	OV 591	19 55 42.738 273	+51 31 48.546 23	Q	18.5	1.230	1.61
1954−388		19 57 59.819 271	−38 45 06.356 26	Q	17.1	0.630	2.02
2000−330		20 03 24.116 306	−32 51 45.132 31	Q	17.3	3.783	1.03
2008−068	OW−015	20 11 14.215 847	−06 44 03.555 19				
2017+745	4C 74.25	20 17 13.079 311	+74 40 47.999 91	Q	18.1	2.191	0.37
2021+317	4C 31.56	20 23 19.017 351	+31 53 02.305 95				
2030+547	OW 551	20 31 47.958 562	+54 55 03.140 60				
2029+121		20 31 54.994 279	+12 19 41.340 43	L	20.3	1.215	1.29
2037+511	3C 418	20 38 37.034 755	+51 19 12.662 69	Q	21.0	1.687	3.79
2048+312	CL 4	20 50 51.131 502	+31 27 27.373 68	Q	20.0	3.198	0.70
2051+745		20 51 33.734 576	+74 41 40.498 23	L	20.4		0.53
2052−474		20 56 16.359 851	−47 14 47.627 68	Q	19.1	1.489	2.45
2059+034	OW 098	21 01 38.834 187	+03 41 31.321 59	Q	17.8	1.015	0.77
2059−786		21 05 44.961 453	−78 25 34.546 64				
2106−413		21 09 33.188 582	−41 10 20.605 30	Q	21.0	1.055	2.28
2113+293		21 15 29.413 455	+29 33 38.366 94	Q	19.5	1.514	1.45
2109−811		21 16 30.845 958	−80 53 55.223 39	G	20.0		
2136+141	OX 161	21 39 01.309 267	+14 23 35.991 99	Q	18.9	2.427	1.11
2143−156	OX−173	21 46 22.979 340	−15 25 43.885 26	Q	17.3	0.700	0.51
2145+067	4C 06.69	21 48 05.458 679	+06 57 38.604 22	Q	16.5	0.999	4.41

ICRF RADIO SOURCE POSITIONS

IERS Designation	Name	Right Ascension	Declination	Type	V	z^1	S 5 GHz
		h m s	° ′ ″				Jy
2146−783		21 52 03.154 504	−78 07 06.639 62				
2150+173		21 52 24.819 405	+17 34 37.794 82	L	17.9		1.02
2204−540		22 07 43.733 296	−53 46 33.820 04	Q	18.0	1.206	2.82
2209+236		22 12 05.966 318	+23 55 40.543 88	A	19.0		
2229+695		22 30 36.469 725	+69 46 28.076 98	?L	19.6		0.81
2232−488		22 35 13.236 524	−48 35 58.794 55	Q	17.2	0.510	0.87
2254+074	OY 091	22 57 17.303 120	+07 43 12.302 84	L	16.4	0.190	0.48
2312−319		23 14 48.500 631	−31 38 39.526 51	G	18.5	0.284	0.58
2319+272	4C 27.50	23 21 59.862 235	+27 32 46.443 43	Q	19.0	1.253	1.07
2320+506	OZ 533	23 22 25.982 159	+50 57 51.963 71				
2326−477		23 29 17.704 369	−47 30 19.115 19	Q	16.8	1.306	2.06
2329−162		23 31 38.652 436	−15 56 57.009 52	Q	20.0	1.153	1.88
2329−384		23 31 59.476 115	−38 11 47.650 53	Q	17.0	1.195	0.67

Notes to Table

[1] ">" indicates value is a lower limit
Q Quasar
G Galaxy
L BL Lac object
?L BL Lac candidate
A Other

RADIO FLUX CALIBRATORS, J2000.0

Name	Right Ascension	Declination	S_{400}	S_{750}	S_{1400}	S_{1665}	S_{2700}	S_{5000}	S_{8000}
	h m s	° ′ ″	Jy	Jy	Jy	Jy	Jy	Jy	Jy
3C 48[e]	01 37 41.299	+33 09 35.13	42.3	26.7	16.30	14.12	9.33	5.33	3.39
3C 123	04 37 04.4	+29 40 15	119.2	77.7	48.70	42.40	28.50	16.5	10.60
3C 147[e,g]	05 42 36.138	+49 51 07.23	48.2	33.9	22.42	19.43	12.96	7.66	5.10
3C 161	06 27 10.0	−05 53 07	40.5	28.4	18.64	16.38	11.13	6.42	4.03
3C 218	09 18 06.0	−12 05 45	134.6	76.0	43.10	36.80	23.70	13.5	8.81
3C 227	09 47 46.4	+07 25 12	20.3	12.1	7.21	6.25	4.19	2.52	1.71
3C 249.1	11 04 11.5	+76 59 01	6.1	4.0	2.48	2.14	1.40	0.77	0.47
3C 274[e,f]	12 30 49.423	+12 23 28.04	625.0	365.0	214.00	184.00	122.00	71.9	48.10
3C 286[e]	13 31 08.288	+30 30 32.96	23.8	19.2	14.71	13.55	10.55	7.34	5.39
3C 295	14 11 20.7	+52 12 09	55.7	36.8	22.40	19.24	12.19	6.35	3.66
3C 348	16 51 08.3	+04 59 26	168.1	86.8	45.00	37.50	22.60	11.8	7.19
3C 353	17 20 29.5	−00 58 52	131.1	88.2	57.30	50.50	35.00	21.2	14.20
DR 21	20 39 01.2	+42 19 45							21.60
NGC 7027[d]	21 07 01.6	+42 14 10			1.43	1.93	3.69	5.43	5.90

Name	S_{10700}	S_{15000}	S_{22235}	S_{32000}	S_{43200}	Spec.	Type	Polarization (at 5 GHz)	Angular Size (at 1.4 GHz)
	Jy	Jy	Jy	Jy	Jy			%	″
3C 48[e]	2.54	1.80	1.18	0.80	0.57	C$^-$	QSS	4.2	<1
3C 123	7.94	5.63	3.71			C$^-$	GAL	2	20
3C 147[e,g]	3.95	2.92	2.05	1.47	1.12	C$^-$	QSS	0.3	<1
3C 161	2.97	2.04	1.29	0.82	0.56	C$^-$	GAL	4.8	<3
3C 218	6.77					S	GAL	1	core 25, halo 220
3C 227	1.34	1.02	0.73			S	GAL	7	180
3C 249.1	0.34	0.23				S	QSS		15
3C 274[e,f]	37.50	28.10				S	GAL	1	halo 400[a]
3C 286[e]	4.38	3.40	2.49	1.83	1.40	C$^-$	QSS	11.0	<5
3C 295	2.54	1.63	0.94	0.55	0.35	C$^-$	GAL	0.1	4
3C 348	5.30					S	GAL	8	115[b]
3C 353	10.90					C$^-$	GAL	5	150
DR 21	20.80	20.00	19.00			Th	HII		20[c]
NGC 7027[d]	5.93	5.84	5.65	5.43	5.23	Th	PN	<0.1	10

Notes to Table

- a Halo has steep spectral index, so for λ ≤ 6 cm, more than 90% of the flux is in the core. The slope of the spectrum is positive above 20 GHz.
- b Angular distance between the two components
- c Angular size at 2 cm, but consists of 5 smaller components
- d All data are calculated from a fit to the thermal spectrum. Mean epoch is 1995.5.
- e Suitable for calibration of interferometers and synthesis telescopes.
- f Virgo A
- g Indications of time variability above 5 GHz
- GAL Galaxy
- HII HII region
- PN Planetary Nebula
- QSS Quasar

SELECTED X-RAY SOURCES, J2009.5

Name	Right Ascension	Declination	Flux[1]	Mag.[2]	Identified Counterpart	Type of Source
	h m s	° ′ ″	µJy			
Tycho's SNR	00 25 52.1	+64 11 28	8.08		Tycho's SNR	SNR
4U 0037−10	00 42 03.5	−09 17 53	3.19	15.7	Abell 85	C
4U 0053+60	00 57 17.4	+60 46 05	5.00 − 11.0	1.6V	Gamma Cas	Be Star
SMC X−1	01 17 20.3	−73 23 36	0.50 − 57.0	13.3	Sanduleak 160	HMXB
2S 0114+650	01 18 41.2	+65 20 29	4.00	11.0	LSI + 65 010	HMXB
4U 0115+634	01 19 09.8	+63 47 32	2.00 − 350.0	14.5V	V 635 Cas	HMXB
4U 0316+41	03 20 25.8	+41 32 46	52.1	12.7	Abell 426	C
4U 0352+309	03 55 58.8	+31 04 23	9.00 − 37.0	6.0V	X Per	HMXB
4U 0431−12	04 34 02.6	−13 13 33	2.79	15.3	Abell 496	C
4U 0513−40	05 14 25.4	−40 01 59	6.00	8.1	NGC 1851	LMXB
LMC X−2	05 20 19.6	−71 57 04	9.00 − 44.0	18.0V		BHC
LMC X−4	05 32 50.0	−66 21 51	3.00 − 60.0	14.0	OB star	HMXB
Crab Nebula	05 35 05.6	+22 01 13	1041.7	8.4	Crab Nebula	SNR+P
A 0538−66	05 35 44.6	−66 50 05	0.01 − 180.0	13V	Be star	HMXB
LMC X−3	05 38 59.9	−64 04 46	1.70 − 44.0	16.7V	B3V star	BHC
A 0535+262	05 39 30.0	+26 19 14	3.00 − 2800.0	8.9V	HD 245770	HMXB
LMC X−1	05 39 35.0	−69 44 17	3.00 − 25.0	14.5	O7III star	BHC
4U 0614+091	06 17 39.3	+09 08 23	50.0	11.2	V 1055 Ori	BHC
IC 443	06 18 35.9	+22 33 33	3.78		IC 443	SNR
A 0620−00	06 23 13.7	−00 21 03	0.02 − 50000	16.4V	V 616 Mon	BHC
4U 0726−260	07 29 17.0	−26 07 41	1.20 − 4.70	11.6	LS 437	HMXB
EXO 0748−676	07 48 35.3	−67 46 35	0.10 − 60.0	16.9V	UY Vol	B
Pup A	08 24 26.8	−43 01 47	8.25		Pup A	SNR
Vela SNR	08 34 30.4	−45 47 09	10.01	20.0	Vela SNR	SNR
GRS 0834−430	08 37 11.4	−43 17 00	30.0 − 300.0	20.4		HMXB
Vela X−1	09 02 28.5	−40 35 33	2.00 − 1100.0	6.9	HD 77581	HMXB
3A 1102+385	11 04 58.9	+38 09 27	2.73	13.5*	MRK 421	Q
Cen X−3	11 21 40.6	−60 40 35	10.0 − 312.0	13.3	V 779 Cen	HMXB
4U 1145−619	11 48 28.0	−62 15 35	4.00 − 1000.0	9.3	HD 102567	HMXB
4U 1206+39	12 11 01.3	+39 21 11	4.73	11.2*	NGC 4151	AGN
GX 301−2	12 27 09.7	−62 49 22	9.00 − 1000.0	10.8	Wray 977	HMXB
3C 273	12 29 35.8	+02 00 00	2.96	13.0	3C 273	Q
4U 1228+12	12 31 18.3	+12 20 19	23.9	9.2	M 87	AGN
4U 1246−41	12 49 20.9	−41 21 45	5.24	12.4*	Centaurus Cluster	C
4U 1254−690	12 58 15.3	−69 20 19	25.0	19.1	GR Mus	B
4U 1257+28	13 00 03.3	+27 54 40	16.3	10.7	Coma Cluster	C
GX 304−1	13 01 52.5	−61 39 10	0.30 − 200.0	13.5V	V 850 Cen	HMXB
Cen A	13 26 01.2	−43 04 06	9.24	6.98	QSO 1322−428	Q
Cen X−4	14 58 57.2	−32 03 22	0.10 − 20000	12.8	V 822 Cen	B
SN 1006	15 02 59.6	−41 56 00	2.65	19.9	SN 1006	SNR
Cir X−1	15 21 25.2	−57 12 01	5.00 − 3000.0	21.4	BR Cir	LMXB
4U 1538−522	15 43 06.2	−52 24 57	3.00 − 30.0	14.4	QV Nor	HMXB
4U 1556−605	16 01 50.4	−60 46 00	16.0	18.6V	LU TrA	LMXB
4U 1608−522	16 13 26.8	−52 26 46	1.00 − 110.0	21V	QX Nor	LMXB
Sco X−1	16 20 27.5	−15 39 45	14000.0	12.2	V 818 Sco	LMXB
4U 1627+39	16 28 57.9	+39 31 51	4.22	13.9	Abell 2199	C
4U 1626−673	16 33 14.4	−67 28 51	25.0	18.5	KZ TrA	LMXB
4U 1636−536	16 41 41.1	−53 46 09	220.0	17.5	V 801 Ara	B
GX 340+0	16 46 29.4	−45 37 42	500.0			LMXB
GRO J1655−40	16 54 39.6	−39 51 39	1600.0	14.2V	V 1033 Sco	BHC

SELECTED X-RAY SOURCES, J2009.5

Name	Right Ascension	Declination	Flux[1]	Mag.[2]	Identified Counterpart	Type of Source
	h m s	° ′ ″	μJy			
Her X−1	16 58 10.4	+35 19 42	15.0 − 50.0	13.0V	HZ Her	LMXB
4U 1704−30	17 02 42.6	−29 57 32	3.45	18.3V	V 2131 Oph	B
GX 339−4	17 03 32.7	−48 48 10	1.50 − 900.0	15.5	V 821 Ara	BHC
4U 1700−377	17 04 35.6	−37 51 25	11.0 − 110.0	6.6	V 884 Sco	HMXB
GX 349+2	17 06 22.8	−36 26 07	825.0	18.6	V 1101 Sco	LMXB
4U 1708−23	17 12 35.5	−23 21 56	33.0	21*		
4U 1722−30	17 28 10.0	−30 48 32	7.56	17	Terzan 2	LMXB
Kepler's SNR	17 31 10.0	−21 29 19	2.95	19	Kepler's SNR	SNR
GX 9+9	17 32 17.0	−16 58 06	300.0	16.8	V 2216 Oph	LMXB
GX 354−0	17 32 35.0	−33 50 21	150.0			B
GX 1+4	17 32 37.2	−24 45 07	100.0	19.0	V 2116 Oph	LMXB
Rapid Burster	17 34 01.1	−33 23 47	0.10 − 200.0	17.5	Liller 1	B
4U 1735−444	17 39 39.9	−44 27 18	160.0	17.5	V 926 Sco	LMXB
1E 1740.7−2942	17 44 39.1	−29 43 38	4.00 − 30.0			BHC
GX 3+1	17 48 32.0	−26 34 00	400.0		V 3893 Sgr	B
4U 1746−37	17 50 51.5	−37 03 16	32.0	8.4*	NGC 6441	LMXB
4U 1755−338	17 59 17.9	−33 48 26	100.0	18.5	V 4134 Sgr	BHC
GX 5−1	18 01 43.1	−25 04 53	1250.0			LMXB
GX 9+1	18 02 05.1	−20 31 38	700.0			LMXB
GX 13+1	18 15 03.4	−17 09 16	350.0			LMXB
GX 17+2	18 16 33.8	−14 01 58	700.0	17.5	NP Ser	LMXB
4U 1820−30	18 24 17.1	−30 21 22	250.0	8.6*	NGC 6624	LMXB
4U 1822−37	18 26 25.6	−37 05 57	10.0 − 25.0	15.9V	V 691 CrA	B
Ser X−1	18 40 25.7	+05 02 44	225.0	19.2*	MM Ser	B
4U 1850−08	18 53 36.2	−08 41 39	7.00	8.9	NGC 6712	LMXB
Aql X−1	19 11 44.7	+00 36 12	0.10 − 1300.0	14.8	V 1333 Aql	LMXB
SS 433	19 12 17.7	+04 59 57	1.11	14.2	SS 433	BHC
GRS 1915+105	19 15 38.6	+10 57 47	300.0		V 1487 Aql	BHC
4U 1916−053	19 19 18.3	−05 13 05	25.0	21V	V 1405 Aql	B
Cyg X−1	19 58 43.1	+35 13 40	235.0 − 1320.0	8.9	V 1357 Cyg	BHC
4U 1957+11	19 59 50.9	+11 44 05	30.0	18.7V	V 1408 Aql	LMXB
Cyg X−3	20 32 46.7	+40 59 18	90.0 − 430.0		V 1521 Cyg	BHC
4U 2127+119	21 30 25.8	+12 12 34	6.00	15.8V	M 15	LMXB
4U 2129+47	21 31 47.1	+47 19 56	9.00	16.9	V1727 Cyg	B
SS Cyg	21 43 05.3	+43 37 47	2.27	12.1V	SS Cyg	T
Cyg X−2	21 45 04.8	+38 21 55	450.0	14.7	V 1341 Cyg	LMXB
Cas A	23 23 47.3	+58 51 53	58.7	19.6	Cassiopeia A	SNR

Notes to Table

[1] (2−10) keV flux
[2] "*" indicates B magnitude, otherwise V magnitude
"V" indicates variable magnitude

AGN	active galactic nuclei	LMXB	low mass X−ray binary
B	X−ray burster	P	pulsar
BHC	black hole candidate	Q	quasar
C	cluster of galaxies	SNR	supernova remnant
HMXB	high mass X−ray binary	T	transient (nova−like optically)

SELECTED QUASARS, J2009.5

Name	Right Ascension	Declination	V	z	Flux 6 cm	Flux 20 cm	B−V	M(abs)
	h m s	° ′ ″			mJy	mJy		
SDSS J00172−1000	00 17 43.6	−09 57 45	23.58	5.010			+4.46	−24.3
NPM1G−22.0017	00 42 00.4	−22 35 31	13.24	0.063				−24.7
M 31	00 43 15.6	+41 19 17	10.57	0.000	2460		+1.08	
I Zw 1	00 54 04.8	+12 44 41	14.03	0.061	3	8	+0.38	−23.4
TON S180	00 57 48.1	−22 19 52	14.41	0.062			+0.19	−23.3
F 9	01 24 07.5	−58 45 23	13.83	0.046			+0.43	−23.0
NGC 612	01 34 23.3	−36 26 41	13.20	0.030				−23.1
3C 48.0	01 38 14.0	+33 12 28	16.20	0.367	5370	15651	+0.42	−25.2
87GB 01540+4105	01 57 39.7	+41 23 16	13.80	0.081	30	45		−24.7
SDSS J02316−0728	02 32 05.8	−07 26 24	23.17	5.421			+3.18	−26.2
4U 0241+61	02 45 42.9	+62 30 29	12.19	0.045	376	356	−0.04	−25.0
Q 0302−0019	03 05 19.1	−00 06 01	17.83	3.290			+0.42	−29.8
NGC 1266	03 16 29.5	−02 23 33		0.007		113		
SDSSp J03384+0021	03 38 58.6	+00 23 46	23.26	5.010			+2.82	−26.3
IRAS 03575−6132	03 58 27.8	−61 22 31	14.20	0.047				−23.1
PKS 0438−43	04 40 35.1	−43 32 04	19.50	2.852	7580			−27.2
RXS J05345−6016	05 34 38.1	−60 15 54	14.46	0.057				−23.2
RXS J05373−4443	05 37 35.4	−44 42 46	14.19	0.099				−24.7
3C 147.0	05 43 20.5	+49 51 21	17.80	0.545	8180	22511	+0.65	−24.2
IRAS 06115−3240	06 13 41.9	−32 42 05	14.10	0.050		5		−23.3
HS 0624+6907	06 31 04.7	+69 04 38	14.16	0.370			+0.48	−27.2
PKS 0637−75	06 35 28.0	−75 16 46	15.75	0.651	6190		+0.33	−27.0
SDSSp J07563+4104	07 56 57.0	+41 02 35	23.32	5.090		0	+3.02	−26.1
B3 0754+394	07 58 38.4	+39 18 55	14.36	0.096	3	12	+0.38	−24.1
SDSS J08464+0800	08 46 58.3	+07 58 44	23.03	5.030			+2.97	−26.4
SDSS J09027+0851	09 03 16.3	+08 48 59	23.43	5.226			+2.58	−26.5
Q J0906+6930	09 07 23.2	+69 28 12		5.470	106	91		
SDSSp J09132+5919	09 13 59.9	+59 16 59	23.32	5.110	8	18	+2.51	−26.6
SDSS J09157+4924	09 16 22.6	+49 21 53	22.88	5.196			+3.67	−25.9
IRAS 09149−6206	09 16 22.8	−62 21 53	13.55	0.057	16		+0.52	−23.6
B2 0923+39	09 27 38.6	+38 59 51	17.03	0.698	7570	2959	+0.24	−26.0
NGC 3031	09 56 19.5	+69 01 12	11.63	0.000	93	624	+1.12	
SDSS J09571+0610	09 57 37.6	+06 08 16	23.08	5.157			+4.76	−24.6
Q J10107−0131	10 11 15.4	−01 33 53	19.89	5.090				−32.5
SDSS J10136+4240	10 14 10.7	+42 37 36	23.09	5.038			+3.50	−25.8
RXS J10279−0647	10 28 27.3	−06 50 51	14.35	0.116		13		−24.9
RXS J10292+2729	10 29 44.8	+27 27 01		0.038				
HE 1029−1401	10 32 22.4	−14 19 49	13.86	0.086		13	+0.22	−24.5
7C 1029+2813	10 32 45.8	+27 53 03	14.30	0.085	37			−24.3
RXS J10374−1111	10 37 52.6	−11 14 54	14.42	0.053				−23.1
SDSS J10506+5804	10 51 11.8	+58 01 22	22.90	5.132			+2.69	−26.8
SDSS J10533+5804	10 53 58.0	+58 01 09	23.62	5.215			+4.11	−24.7
NGC 3607	11 17 24.8	+17 59 57	12.76	0.000		7	+1.08	
CG 825	11 21 39.1	+34 52 13	13.19	0.040		3		−23.7
PKS 1127−14	11 30 35.8	−14 52 36	16.90	1.187	7310	5295	+0.27	−27.5
SDSS J11327+1209	11 33 16.0	+12 05 52	23.94	5.167			+4.65	−23.9
SDSS J11502+0520	11 50 42.5	+05 17 02	24.36	5.855			+0.32	−28.2
4C 29.45	12 00 01.1	+29 11 35	14.41	0.729	1461	1953	+0.39	−28.6
SDSSp J12046−0021	12 05 11.0	−00 24 59	22.93	5.030			+3.78	−25.7
PG 1211+143	12 14 46.7	+14 00 03	14.19	0.082	1	2	+0.27	−24.0

SELECTED QUASARS, J2009.5

Name	Right Ascension	Declination	V	z	Flux 6 cm	Flux 20 cm	B−V	M(abs)
	h m s	° ′ ″			mJy	mJy		
SDSS J12217+4445	12 22 14.4	+44 42 17	23.26	5.206			+2.73	−26.5
3C 273.0	12 29 35.9	+01 59 59	12.85	0.158	43410	36983	+0.20	−26.9
RX J12308+0115	12 31 19.2	+01 12 12	14.42	0.117			+0.02	−24.8
SDSS J12427+5213	12 43 14.1	+52 10 00	22.90	5.017			+2.14	−27.3
NPM1G+78.0053	12 55 22.0	+78 34 10	12.90	0.043				−24.2
3C 279	12 56 40.6	−05 50 26	17.75	0.538	15340	10708	+0.26	−24.6
3C 286.0	13 31 34.6	+30 27 37	17.25	0.846	7480	15024	+0.26	−26.4
SDSS J13374+4155	13 37 53.3	+41 52 47	23.37	5.015			+3.89	−25.1
PG 1351+64	13 53 32.7	+63 42 58	14.28	0.087	32	27	+0.26	−24.1
PG 1411+442	14 14 10.8	+43 57 35	14.01	0.089	1	2		−24.7
RXS J14183−2111	14 18 51.4	−21 13 49	14.13	0.108				−25.0
SBS 1425+606	14 27 11.9	+60 23 17	16.57	3.164			+0.41	−30.9
SDSS J14438+3623	14 44 13.8	+36 20 51	24.02	5.273			+2.75	−25.7
CSO 1061	14 45 18.2	+29 16 42	16.20	2.669				−30.8
SDSS J15105+5148	15 10 52.6	+51 46 33	24.16	5.031			+3.86	−24.3
MCG +11.19.005	15 19 29.5	+65 32 37	13.90	0.044				−23.2
TEX 1601+160	16 04 04.1	+15 52 31	13.97	0.109	251	94		−25.1
HS 1603+3820	16 05 15.9	+38 10 29	15.90	2.510				−30.8
SDSS J16144+4640	16 14 42.3	+46 39 04	23.41	5.313		2	+2.97	−26.2
SDSS J16170+4435	16 17 23.6	+44 33 59	18.98	5.490			+0.38	−33.3
SDSS J16264+2751	16 26 49.6	+27 50 17	23.37	5.275			+3.12	−26.0
HS 1626+6433	16 26 50.4	+64 25 40	15.80	2.320				−30.7
SDSS J16264+2858	16 26 52.0	+28 57 43	23.35	5.022			+3.22	−25.8
3C 345.0	16 43 18.0	+39 47 34	16.62	0.594	5650	6599	+0.32	−25.9
TEX 1653+198	16 56 08.4	+19 47 54	16.60	3.260	187	151		−31.4
HS 1700+6416	17 01 04.4	+64 11 20	16.20	2.736			+0.32	−30.6
PDS 456	17 28 52.3	−14 16 22	14.03	0.184	8	22	+0.66	−25.6
RXS J17366+7205	17 36 27.4	+72 05 13	14.30	0.094				−24.5
KUV 18217+6419	18 22 00.1	+64 20 54	14.24	0.297	70		−0.01	−27.1
3C 380.0	18 29 46.7	+48 45 11	16.81	0.692	5519	13451	+0.24	−26.2
MC 1830−211	18 34 13.9	−21 03 12	18.70	2.507	7920	10698		−28.0
OV−236	19 25 26.9	−29 13 22	18.21	0.352	14332	13180	+0.42	−23.1
MARK 509	20 44 40.7	−10 41 19	13.12	0.035	5	16	+0.23	−23.3
SDSS J20567−0059	20 57 13.9	−00 56 51	21.72	5.989			+1.97	−29.2
ESO 235−IG26	20 59 53.9	−51 58 06	13.60	0.051				−23.8
RXS J20593−3147	20 59 55.6	−31 45 21	14.20	0.074		9		−24.1
RXS J21015−4059	21 02 12.9	−40 57 35	14.35	0.084				−24.2
RXS J21079−3754	21 08 35.7	−37 51 50	14.26	0.049				−23.1
PKS 2134+004	21 37 07.8	+00 44 29	17.11	1.932	11490	3712	+0.33	−28.4
FIRST J21398−0804	21 40 21.2	−08 02 18	13.39	0.051		11		−24.1
PHL 1811	21 55 31.7	−09 19 41	13.90	0.192		1		−26.5
PHL 5200	22 29 00.1	−05 16 00	17.70	1.980			+0.75	−27.4
SDSS J22287−0757	22 29 15.0	−07 54 59	23.85	5.142			+3.62	−25.0
3C 454.3	22 54 25.9	+16 11 56	16.10	0.859	10030	12634	+0.47	−27.3
MR 2251−178	22 54 36.2	−17 31 52	14.36	0.064	3	15	+0.63	−23.0
RXS J22593−5035	22 59 55.9	−50 32 27	14.17	0.096				−24.7
3C 465.0	23 38 58.0	+27 05 02	13.30	0.030	2800	7460		−23.0
RXS J23529+0320	23 53 27.2	+03 23 26	14.30	0.086				−24.3

SELECTED PULSARS, J2000.0

Name		Right Ascension	Declination	Period	$\dot{P}$	Epoch	DM	S_{400}
		h m s	° ′ ″	s	$10^{-15}\,\mathrm{s\,s^{-1}}$	MJD	$\mathrm{cm^{-3}\,pc}$	mJy
B0021−72C		00 23 50.4	−72 04 31.5	0.005 756 780	0.0000	51600	24.6	1.5
J0034−0534	*	00 34 21.8	−05 34 36.6	0.001 877 182	0.0000	50690	13.8	17
J0045−7319	*	00 45 35.2	−73 19 03.0	0.926 275 905	4.4632	49144	105.4	1
J0218+4232	*	02 18 06.4	+42 32 17.4	0.002 323 090	0.0001	50864	61.3	35
B0329+54		03 32 59.4	+54 34 43.6	0.714 519 700	2.0483	46473	26.8	1500
J0437−4715	*	04 37 15.8	−47 15 08.5	0.005 757 452	0.0001	53019	2.6	550
B0450−18		04 52 34.1	−17 59 23.4	0.548 939 223	5.7531	49289	39.9	82
B0531+21		05 34 31.9	+22 00 52.1	0.033 403 347	420.95	48743	56.8	646
B0540−69		05 40 11.2	−69 19 55.0	0.050 567 546	478.91	52858	146.5	
J0613−0200	*	06 13 44.0	−02 00 47.2	0.003 061 844	0.0000	53012	38.8	21
B0628−28		06 30 49.5	−28 34 43.1	1.244 418 596	7.123	46603	34.5	206
B0655+64	*	07 00 37.8	+64 18 11.2	0.195 670 945	0.0007	48806	8.8	5
J0737−3039	*	07 37 51.2	−30 39 40.7	0.022 699 378	0.0017	53016	48.9	
J0737−3039	*	07 37 51.2	−30 39 40.7	2.773 460 770	0.892	53016	48.9	
B0736−40		07 38 32.3	−40 42 40.9	0.374 919 985	1.6161	51700	160.8	190
B0740−28		07 42 49.1	−28 22 43.8	0.166 762 292	16.821	49326	73.8	296
J0751+1807	*	07 51 09.2	+18 07 38.6	0.003 478 771	0.0000	51800	30.2	10
B0818−13		08 20 26.4	−13 50 55.5	1.238 129 544	2.1052	48904	40.9	102
B0820+02	*	08 23 09.8	+01 59 12.4	0.864 872 805	0.1046	49281	23.7	30
B0833−45		08 35 20.6	−45 10 34.9	0.089 328 385	125.01	51559	68.0	5000
B0834+06		08 37 05.6	+06 10 14.6	1.273 768 292	6.7992	48721	12.9	89
B0835−41		08 37 21.3	−41 35 15.0	0.751 623 618	3.5393	51700	147.3	197
B0950+08		09 53 09.3	+07 55 35.8	0.253 065 165	0.2298	46375	3.0	400
B0959−54		10 01 38.0	−55 07 06.7	1.436 582 629	51.396	46800	130.3	80
J1012+5307	*	10 12 33.4	+53 07 02.6	0.005 255 749	0.0000	50700	9.0	30
J1022+1001	*	10 22 58.0	+10 01 52.5	0.016 452 930	0.0000	53100	10.2	20
J1045−4509	*	10 45 50.2	−45 09 54.1	0.007 474 224	0.0000	53050	58.2	15
B1055−52		10 57 58.8	−52 26 56.3	0.197 107 608	5.8335	43556	30.1	80
B1133+16		11 36 03.2	+15 51 04.5	1.187 913 066	3.7338	46407	4.9	257
J1141−6545	*	11 41 07.0	−65 45 19.1	0.393 897 834	4.2946	51370	116.0	
J1157−5112	*	11 57 08.2	−51 12 56.1	0.043 589 227	0.0001	51400	39.7	
B1154−62		11 57 15.2	−62 24 50.9	0.400 522 048	3.9313	46800	325.2	145
B1237+25		12 39 40.5	+24 53 49.3	1.382 449 103	0.9600	46531	9.2	110
B1240−64		12 43 17.2	−64 23 23.8	0.388 480 921	4.5006	46800	297.2	110
B1257+12	*	13 00 03.0	+12 40 56.7	0.006 218 532	0.0001	48700	10.2	20
B1259−63	*	13 02 47.7	−63 50 08.7	0.047 762 507	2.2765	50357	146.7	
B1323−58		13 26 58.3	−58 59 29.1	0.477 990 867	3.238	47782	287.3	120
B1323−62		13 27 17.4	−62 22 44.6	0.529 913 192	18.8787	47781	318.8	135
B1356−60		13 59 58.2	−60 38 08.0	0.127 500 777	6.3385	43556	293.7	105
B1426−66		14 30 40.9	−66 23 05.0	0.785 440 757	2.7695	46800	65.3	130
B1449−64		14 53 32.7	−64 13 15.6	0.179 484 754	2.7461	46800	71.1	230
J1455−3330	*	14 55 48.0	−33 30 46.4	0.007 987 205	0.0000	50598	13.6	9
B1451−68		14 56 00.2	−68 43 39.2	0.263 376 815	0.0983	46800	8.6	350
B1508+55		15 09 25.6	+55 31 32.3	0.739 681 923	4.9982	49904	19.6	114
J1518+4904	*	15 18 16.8	+49 04 34.3	0.040 934 988	0.0000	51203	11.6	8
B1534+12	*	15 37 10.0	+11 55 55.6	0.037 904 441	0.0024	50300	11.6	36
B1556−44		15 59 41.5	−44 38 46.1	0.257 056 098	1.0192	46800	56.1	110
B1620−26	*	16 23 38.2	−26 31 53.8	0.011 075 751	0.0007	48725	62.9	15
J1643−1224	*	16 43 38.2	−12 24 58.7	0.004 621 641	0.0000	50288	62.4	75
B1641−45		16 44 49.3	−45 59 09.5	0.455 059 775	20.090	46800	478.8	375

SELECTED PULSARS, J2000.0

Name		Right Ascension	Declination	Period	$\dot{P}$	Epoch	DM	S_{400}
		h m s	° ′ ″	s	10^{-15} s s^{-1}	MJD	cm^{-3} pc	mJy
B1642−03		16 45 02.0	−03 17 58.3	0.387 689 698	1.7804	46515	35.7	393
B1648−42		16 51 48.8	−42 46 11	0.844 080 666	4.812	46800	482	100
J1713+0747	*	17 13 49.5	+07 47 37.5	0.004 570 136	0.0000	52000	16.0	36
J1730−2304		17 30 21.6	−23 04 31.4	0.008 122 798	0.0000	50320	9.6	43
B1727−47		17 31 42.1	−47 44 34.6	0.829 828 785	163.63	50939	123.3	190
B1744−24A	*	17 48 02.2	−24 46 36.9	0.011 563 148	0.0000	48270	242.2	
J1748−2446ad	*	17 48 04.9	−24 46 45	0.001 395 955	0.0000	53500	235.6	
B1749−28		17 52 58.7	−28 06 37.3	0.562 557 636	8.1291	46483	50.4	1100
B1800−27	*	18 03 31.7	−27 12 06	0.334 415 426	0.0171	50261	165.5	3.4
J1804−2717	*	18 04 21.1	−27 17 31.2	0.009 343 031	0.0000	51041	24.7	15
B1802−07	*	18 04 49.9	−07 35 24.7	0.023 100 855	0.0005	50337	186.3	3.1
B1818−04		18 20 52.6	−04 27 38.1	0.598 075 930	6.3314	46634	84.4	157
B1820−11	*	18 23 40.3	−11 15 11	0.279 828 697	1.379	49465	428.6	11
B1820−30A		18 23 40.5	−30 21 39.9	0.005 440 003	0.0034	50319	86.8	16
B1821−24		18 24 32.0	−24 52 11.1	0.003 054 315	0.0016	49858	119.8	40
B1830−08		18 33 40.3	−08 27 31.2	0.085 284 251	9.1707	50483	411	
B1831−03		18 33 41.9	−03 39 04.3	0.686 704 444	41.565	49698	234.5	89
B1831−00	*	18 34 17.2	−00 10 53.3	0.520 954 311	0.0105	49123	88.6	5.1
B1855+09	*	18 57 36.4	+09 43 17.2	0.005 362 100	0.0000	53186	13.3	31
B1857−26		19 00 47.6	−26 00 43.8	0.612 209 204	0.2045	48891	38.0	131
B1859+03		19 01 31.8	+03 31 05.9	0.655 450 239	7.459	50027	402.1	165
J1906+0746	*	19 06 48.7	+07 46 28.6	0.144 071 930	20.280	53590	217.8	0.9
J1911−1114	*	19 11 49.3	−11 14 22.3	0.003 625 746	0.0000	50458	31.0	31
B1911−04		19 13 54.2	−04 40 47.7	0.825 935 803	4.0680	46634	89.4	118
B1913+16	*	19 15 28.0	+16 06 27.4	0.059 029 998	0.0086	46444	168.8	4
B1929+10		19 32 13.9	+10 59 32.4	0.226 517 635	1.1574	46523	3.2	303
B1933+16		19 35 47.8	+16 16 40.2	0.358 738 411	6.0025	46434	158.5	242
B1937+21		19 39 38.6	+21 34 59.1	0.001 557 806	0.0001	47900	71.0	240
B1946+35		19 48 25.0	+35 40 11.1	0.717 311 174	7.0612	49449	129.1	145
B1951+32		19 52 58.2	+32 52 40.5	0.039 531 193	5.8448	49845	45.0	7
B1953+29	*	19 55 27.9	+29 08 43.5	0.006 133 166	0.0000	49718	104.6	15
B1957+20	*	19 59 36.8	+20 48 15.1	0.001 607 402	0.0000	48196	29.1	20
B2016+28		20 18 03.8	+28 39 54.2	0.557 953 480	0.1481	46384	14.2	314
J2019+2425	*	20 19 31.9	+24 25 15.3	0.003 934 524	0.0000	50000	17.2	
J2043+2740		20 43 43.5	+27 40 56	0.096 130 563	1.27	49773	21.0	
B2045−16		20 48 35.4	−16 16 43.0	1.961 572 304	10.958	46423	11.5	116
J2051−0827	*	20 51 07.5	−08 27 37.8	0.004 508 642	0.0000	51000	20.7	22
B2111+46		21 13 24.3	+46 44 08.7	1.014 684 793	0.7146	46614	141.3	230
J2124−3358		21 24 43.8	−33 58 44.7	0.004 931 115	0.0000	53174	4.6	17
B2127+11B		21 29 58.6	+12 10 00.3	0.056 133 036	0.0095	50000	67.7	1.0
J2145−0750	*	21 45 50.5	−07 50 18.4	0.016 052 424	0.0000	50800	9.0	100
B2154+40		21 57 01.8	+40 17 45.9	1.525 265 634	3.4326	49277	70.9	105
B2217+47		22 19 48.1	+47 54 53.9	0.538 468 822	2.7652	46599	43.5	111
J2229+2643	*	22 29 50.9	+26 43 57.8	0.002 977 819	0.0000	49718	23.0	13
J2235+1506		22 35 43.7	+15 06 49.1	0.059 767 358	0.0002	49250	18.1	3
B2303+46	*	23 05 55.8	+47 07 45.3	1.066 371 072	0.5691	46107	62.1	1.9
B2310+42		23 13 08.6	+42 53 13.0	0.349 433 682	0.1124	48241	17.3	89
J2317+1439	*	23 17 09.2	+14 39 31.2	0.003 445 251	0.0000	49300	21.9	19
J2322+2057		23 22 22.4	+20 57 02.9	0.004 808 428	0.0000	48900	13.4	

"*" indicates pulsar is a member of a binary system

SELECTED GAMMA RAY SOURCES, J2009.5

Name	Alternate Name	Right Ascension	Declination	Flux[1]	Flux Error	E_{low}[2]	E_{high}	Type
		h m s	° ′ ″	photons cm^{-2}s^{-1}	photons cm^{-2}s^{-1}	MeV	MeV	
3EG J0010+7309	2EG J0008+7307	00 10 45	+73 13 22	5.68 × 10^{-7}	8.2 × 10^{-8}	>100		U
QSO 0208−512	3EG J0210−5055	02 11 06	−50 58 32	2.06 × 10^{-6}	9.00 × 10^{-8}	30	4000	Q
PKS 0235+164	3EG J0237+1635	02 39 10	+16 39 01	8.0 × 10^{-7}	1.2 × 10^{-7}	100	10000	Q
2CG 135+01	3EG J0241+6103	02 42 22	+61 06 37	1.06 × 10^{-6}	8.8 × 10^{-8}	>100		U
NGC 1275	Per A	03 20 26	+41 32 37	6.44 × 10^{-3}	1.43 × 10^{-3}	0.02	0.08	Q
CTA 26	3EG J0340−0201	03 40 38	−01 59 23	1.19 × 10^{-6}	2.20 × 10^{-7}	>100		Q
X Per	4U 0352+30	03 55 59	+31 04 23	8.72 × 10^{-3}	1.28 × 10^{-3}	0.04	0.1	T
3EG J0416+3650	QSO 0415+379	04 16 47	+36 51 47	1.28 × 10^{-7}	2.60 × 10^{-8}	>100		Q
3C 111	1H 0414+380	04 18 59	+38 03 09	2.81 × 10^{-4}	4.90 × 10^{-5}	0.05	0.15	Q
GRO J0422+32	Nova Per 1992	04 22 20	+32 55 54	9.00 × 10^{-4}	3.10 × 10^{-4}	0.75	2	P
QSO 0420−014	3EG J0422−0102	04 23 45	+01 21 42	5.0 × 10^{-7}	1.4 × 10^{-7}	50	2000	Q
3C 120	1H 0426+051	04 33 41	+05 22 09	2.64 × 10^{-4}	3.80 × 10^{-5}	0.05	0.15	Q
3EG J0433+2908	EF B0430+2859	04 34 12	+29 09 34	2.15 × 10^{-7}	3.3 × 10^{-8}	>100		Q
NRAO 190	3EG J0442−0033	04 43 07	+00 18 26	8.40 × 10^{-7}	1.2 × 10^{-7}	>100		Q
PKS 0446+112	3EG J0450+1105	04 49 39	+11 22 33	2.28 × 10^{-7}	3.5 × 10^{-8}	>100		Q
QSO 0458−020	3EG J0500−0159	05 01 40	−01 58 35	3.11 × 10^{-7}	9.3 × 10^{-8}	>100		Q
LMC	3EG J0533−6916	05 23 31	−69 44 30			>100		G
PKS 0528+134	3EG J0530+1323	05 31 27	+13 32 11	6.60 × 10^{-6}	4.80 × 10^{-7}	30	1000	Q
Crab	3EG J0534+2200	05 34 38	+22 11 45	6.91 × 10^{-6}	2.7 × 10^{-7}	50	10000	P
SN 1987A		05 35 24	−69 15 51	6.50 × 10^{-3}	1.40 × 10^{-3}	0.85	line[3]	R
QSO 0537−441	3EG J0540−4402	05 39 07	−44 05 07	2.90 × 10^{-7}	7 × 10^{-8}	100	1000	Q
3EG J0542−0655	QSO 0539−057	05 42 44	−06 55 32	6.65 × 10^{-7}	1.95 × 10^{-7}	>100		Q
Geminga	1E 0630+17.8	06 34 28	+17 45 43	6.14 × 10^{-6}	3.80 × 10^{-7}	30	2000	P
PSR B0656+14	PSR J0659+1414	06 58 53	+14 13 36	4.1 × 10^{-8}	1.4 × 10^{-8}	>100		P
QSO 0827+243	3EG J0829+2413	08 31 26	+24 08 50	2.59 × 10^{-7}	6.2 × 10^{-8}	>100		Q
Vela Pulsar	3EG J0834−4511	08 35 39	−45 12 36	1.86 × 10^{-5}	3.00 × 10^{-7}	30	2000	P
4U 0836−429		08 37 45	−42 56 31	6.21 × 10^{-3}	1.71 × 10^{-5}	0.04	0.1	T
Vela X−1	4U 0900−40	09 02 28	−40 35 32	8.23 × 10^{-3}	3.42 × 10^{-5}	0.04	0.1	T
2CG 284−00	3EG J1027−5817	10 27 57	−58 19 07	8.77 × 10^{-7}	8.6 × 10^{-8}	>100		U
2CG 288−00	3EG J1048−5840	10 48 56	−58 43 48	5.97 × 10^{-7}	8.7 × 10^{-8}	>100		U
PSR B1055−52	3EG J1058−5234	10 58 23	−52 30 00	6.95 × 10^{-7}	9.10 × 10^{-8}	100	4000	P
MRK 421	3EG 1104+3809	11 04 58	+38 09 31	1.70 × 10^{-7}		>100		Q
NGC 3783	1H 1135−372	11 39 30	−37 47 34	3.86 × 10^{-4}	1.38 × 10^{-4}	0.05	0.15	Q
QSO 1156+295	4C 29.45	12 00 00	+29 11 50	2.29 × 10^{-6}	5.48 × 10^{-7}	>100		Q
NGC 4151	H 1208+396	12 11 02	+39 21 25	2.33 × 10^{-6}	3.50 × 10^{-8}	0.07	0.3	Q
NGC 4388	MCG+02−32−041	12 26 16	+12 35 51	6.35 × 10^{-4}	5.80 × 10^{-5}	0.05	0.15	Q
3C 273	3EG J1229+0210	12 29 36	+01 59 50	3.0 × 10^{-7}	5 × 10^{-8}	>100		Q
3C 279	QSO 1253−055	12 56 42	−05 50 29	2.8 × 10^{-6}	4 × 10^{-7}	>100		Q
Cen A	3EG J1324−4314	13 26 01	−43 04 05			1.0	3.0	Q
IC 4329A	1H 1345−300	13 49 52	−30 21 24	5.98 × 10^{-4}	3.70 × 10^{-5}	0.05	0.15	Q
QSO 1406−076	3EG J1409−0745	14 09 27	−07 54 53	1.15 × 10^{-6}	1.20 × 10^{-7}	>30		Q
2CG 311−01	3EG J1410−6147	14 11 37	−62 14 03	9.05 × 10^{-7}	1.34 × 10^{-7}	>100		U
NGC 5548	H 1415+253	14 18 26	+25 05 10	3.78 × 10^{-4}	7.40 × 10^{-5}	0.05	0.15	Q
H 1426+428	RGB J1428+426	14 28 55	+42 37 53	2.04 × 10^{-11}	3.5 × 10^{-12}	>280000		Q
QSO 1424−418	3EG J1429−4217	14 29 52	−42 26 30	2.95 × 10^{-7}	7.4 × 10^{-8}	>100		Q

SELECTED GAMMA RAY SOURCES, J2009.5

Name	Alternate Name	Right Ascension	Declination	Flux[1]	Flux Error	E_{low}[2]	E_{high}	Type
		h m s	° ′ ″	photons cm^{-2}s^{-1}	photons cm^{-2}s^{-1}	MeV	MeV	
SN 1006	H 1506−42	15 02 58	−41 56 12	4.60×10^{-12}	0	>1700000		R
PSR 1509−58		15 14 40	−59 10 30	9.41×10^{-4}	4.80×10^{-5}	0.05	5	P
XTE J1550−564	V381 Nor	15 51 43	−56 30 17	3.02×10^{-2}	6.84×10^{-5}	0.04	0.1	T
QSO 1611+343	3EG J1614+3424	16 14 01	+34 11 11	4.06×10^{-7}	7.70×10^{-8}	100	10000	Q
HESS J1614−518		16 15 03	−51 50 36	5.78×10^{-11}	7.7×10^{-12}	>200000		U
HESS J1616−508		16 17 07	−50 55 23	4.33×10^{-11}	2.0×10^{-12}	>200000		U
QSO 1622−253	3EG J1626−2519	16 26 22	−25 28 52	4.34×10^{-7}	6.7×10^{-8}	>100		Q
PKS 1622−297	3EG J1625−2955	16 26 43	−29 52 51	1.70×10^{-5}	3.0×10^{-6}	>100		Q
HESS J1632−478		16 32 52	−47 17 23	2.87×10^{-11}	5.3×10^{-12}	>200000		U
4U 1630−47		16 34 42	−47 24 49	7.68×10^{-3}	5.13×10^{-5}	0.04	0.1	T
QSO 1633+382	3EG J1635+3813	16 35 34	+38 06 39	9.6×10^{-7}	8×10^{-8}	>100		Q
HESS J1640−465		16 41 25	−46 32 52	2.09×10^{-11}	2.2×10^{-12}	>200000		U
MRK 501	H 1652+398	16 54 11	+39 44 41	8.10×10^{-12}	1.40×10^{-12}	>300000		Q
Her X−1	4U 1656+35	16 58 11	+35 19 33			0.03	0.06	T
OAO 1657−415	H 1657−415	17 01 27	−41 41 11	7.83×10^{-3}	5.13×10^{-5}	0.04	0.1	T
GX 339−4	1H 1659−487	17 03 33	−48 48 10	9.81×10^{-2}	8.20×10^{-3}	0.01	0.2	T
4U 1700−377	V884 Sco	17 04 35	−37 51 24	2.13×10^{-2}	5.13×10^{-5}	0.04	0.1	T
PSR B1706−44	3EG J1710−4439	17 10 41	−44 31 42	1.30×10^{-6}	1.20×10^{-7}	50	10000	P
G 347.3−0.5	RX J1713.7−3946	17 14 13	−39 46 22	5.3×10^{-12}	9×10^{-13}	>1800000		R
GX 1+4	4U 1728−24	17 32 37	−24 45 07	5.31×10^{-3}	3.42×10^{-5}	0.04	0.1	T
QSO 1730−130	3EG J1733−1313	17 33 34	−13 05 10	2.72×10^{-7}	4.3×10^{-8}	>100		Q
1E 1740.7−2942	Great Annihilator	17 44 38	−29 43 39	1.73×10^{-2}	1.70×10^{-3}	0.04	0.2	T
Galactic Center	3EG J1746−2851	17 45 09	−28 44 32	1.20×10^{-5}	7×10^{-7}	>100		U
IGR J17464−3213	H 1743−32	17 45 39	−32 13 48	6.93×10^{-3}	3.42×10^{-5}	0.04	0.1	T
3EG J1746−2851	2EG J1746−2852	17 46 38	−28 51 46	1.11×10^{-6}	9.4×10^{-8}	>100		U
2CG 359−00	2EG J1747−3039	17 48 24	−30 39 46	4.09×10^{-7}	8.1×10^{-8}	>100		U
GRO J1753+57		17 51 50	+57 10 40	5.80×10^{-4}	1.00×10^{-4}	0.75	8	U
3EG J1800−3955	PMN J1802−3940	18 01 32	−39 55 46	8.50×10^{-7}	2.02×10^{-7}	>100		Q
GRS 1758−258	INTEGRAL1 79	18 01 47	−25 44 35	8.23×10^{-3}	6.84×10^{-5}	0.04	0.1	T
2CG 006−00	3EG J1800−2338	18 01 56	−23 12 35	7.00×10^{-7}	9×10^{-8}	>100		U
HESS J1804−216		18 05 05	−21 41 56	5.32×10^{-11}	2.0×10^{-12}	>200000		U
3EG J1806−5005	PMN J1808−5011	18 06 53	−50 05 55	6.21×10^{-7}	1.97×10^{-7}	>100		Q
HESS J1813−178	IGR J18135−1751	18 14 00	−17 50 45	1.4×10^{-11}	1.1×10^{-12}	>200000		U
M 1812−12	4U 1812−12	18 15 44	−12 04 47	4.36×10^{-3}	5.13×10^{-5}	0.04	0.1	T
HESS J1825−137		18 26 34	−13 45 14	3.94×10^{-11}	2.2×10^{-12}	>200000		U
GS 1826−24		18 30 03	−24 47 35	1.00×10^{-2}	5.13×10^{-5}	0.04	0.1	T
3EG J1832−2110	PKS 1830−21	18 32 58	−21 10 20	2.10×10^{-7}	4.4×10^{-8}	>100		Q
HESS J1834−087		18 35 17	−08 45 07	1.87×10^{-11}	2.0×10^{-12}	>200000		U
HESS J1837−069		18 38 09	−06 56 29	3.04×10^{-11}	1.6×10^{-12}	>200000		U
3C 390.3	1H 1858+797	18 41 34	+79 46 11	2.68×10^{-4}	3.90×10^{-5}	0.05	0.15	Q
GRS 1915+105	Nova Aql 1992	19 15 38	+10 57 47	8.00×10^{-2}		0.02	0.1	T
QSO 1933−400	3EG J1935−4022	19 37 55	−39 56 52	2.04×10^{-7}	4.9×10^{-8}	>100		Q
QSO 1936−155	3EG J1937−1529	19 38 24	−15 28 05	5.50×10^{-7}	1.86×10^{-7}	>100		Q
NGC 6814	QSO 1939−104	19 43 11	−10 17 49	3.19×10^{-4}	8.30×10^{-5}	0.05	0.15	Q
PSR B1951+32	PSR J1952+3252	19 53 19	+32 54 18	1.60×10^{-7}	2×10^{-8}	>100		P

SELECTED GAMMA RAY SOURCES, J2009.5

Name	Alternate Name	Right Ascension	Declination	Flux[1]	Flux Error	E_{low}[2]	E_{high}	Type
		h m s	° ′ ″	photons cm^{-2}s^{-1}	photons cm^{-2}s^{-1}	MeV	MeV	
Cyg X−1	4U 1956+35	19 58 42	+35 13 34	6.64 x 10^{-4}	7.40 x 10^{-5}	0.75	2	T
1ES 1959+650	QSO B1959+650	20 00 05	+65 10 30	3.50 x 10^{-11}	4 x 10^{-12}	>1000000		Q
2CG 078+01	3EG J2020+4017	20 21 20	+40 19 49	1.27 x 10^{-6}	8.3 x 10^{-8}	>100		U
2CG 075+00	3EG J2021+3716	20 21 33	+37 18 02	8.23 x 10^{-7}	7.9 x 10^{-8}	>100		U
QSO 2022−077	3EG J2025−0744	20 26 11	−07 33 30	2.34 x 10^{-7}	3.9 x 10^{-8}	>100		Q
TEV J2032+4130		20 32 20	+41 31 57	4.5 x 10^{-13}	1.3 x 10^{-13}	>1000000		U
TEV J2032+4130		20 32 27	+41 32 27	5.9 x 10^{-13}	3.1 x 10^{-13}	>1000000		U
Cyg X−3		20 32 47	+40 59 34	8.2 x 10^{-7}	9 x 10^{-8}	>100		T
3C 454.3	3EG J2254+1601	22 54 25	+16 10 50	1.40 x 10^{-7}	2 x 10^{-8}	100	10000	Q
Cas A	1H 2321+585	23 23 38	+58 51 44	2.80 x 10^{-4}	6.60 x 10^{-5}	0.04	0.25	R
1ES 2344+514	QSO B2344+514	23 47 33	+51 45 27	6.6 x 10^{-11}	1.9 x 10^{-11}	>350000		Q

Notes to Table

[1] integrated flux over the specified energy range if one is given; if only E_{low} is specified, the flux is the peak observed flux.

[2] '>' indicates a lower limit energy value; no upper energy limit has been recorded.

[3] For SN1987A, flux is only for single observed spectral line.

G   Galaxy
P   Pulsar
Q   Quasar
R   Supernova Remnant
T   Transient
U   Unknown

OBSERVATORIES, 2009

CONTENTS OF SECTION J

Explanatory notes J1
Index List J2
General List .... www, J8

NOTES

Beginning with the 1997 edition of *The Astronomical Almanac*, observatories in the General List are alphabetical first by country and then by observatory name within the country. If you do not know the country of an observatory, you can find it in the Index List. Taking Ebro Observatory as an example, the Index List refers you to Spain where Ebro is listed.

Observatories in England, Northern Ireland, Scotland and Wales will be found under United Kingdom. Observatories in the United States will be found under the appropriate state, under United States of America (USA). Thus, the W.M. Keck Observatory is under USA, Hawaii. In the Index List it is listed under Keck, W.M. and W.M. Keck, with referrals to Hawaii (USA) in the General List.

The "Location" column in the General List gives the city or town associated with the observatory, sometimes with the name of the mountain on which the observatory is actually located. Since some institutions have observatories located outside of their native countries, the "Location" column indicates the locale of the observatory, but not necessarily the ownership by that country. In the "Observatory Name" column of the General List, observatories with radio instruments, infrared instruments, or laser instruments are designated with an 'R', 'I', or 'L', respectively.

Finally, readers interested in only a subset of the observatories—for example, those from a certain country (or few countries) or those with radio (or infrared or laser) instruments—may wish to use the new Observatory Search feature on *The Astronomical Almanac Online* (see below).

 This symbol indicates that these data or auxiliary material may also be found on *The Astronomical Almanac Online* at **http://asa.usno.navy.mil** and **http://asa.hmnao.com**

OBSERVATORIES, 2009

INDEX LIST

Observatory Name	Location
Abastumani	Georgia
Abrahão de Moraes	Brazil
Agassiz Station, George R.	Texas (USA)
Aguilar, Félix	Argentina
Alabama, Univ. of	Alabama (USA)
Alger	Algeria
Algonquin	Canada
Allegheny	Pennsylvania (USA)
Aller, Ramon Maria	Spain
Anderson Mesa Station	Arizona (USA)
Anglo–Australian	Australia
Ankara, Univ. of	Turkey
Antares	Brazil
Apache Point	New Mexico (USA)
Arcetri	Italy
Archenhold	Germany
Arecibo	Puerto Rico
Argentine Radio Astronomy Institute	Argentina
ARIES (Aryabhatta)	India
Arizona University, Northern	Arizona (USA)
Armagh	United Kingdom
Arosa	Switzerland
Arthur J. Dyer	Tennessee (USA)
Aryabhatta (ARIES)	India
Asiago	Italy
Ast. and Astrophysical Institute	Belgium
Astronomical Latitude	Poland
Auckland	New Zealand
Australia Tel. National Facility	Australia
Australian National	Australia
Bappu, Vainu	India
Barros, Prof. Manuel de	Portugal
Basle Univ. Ast. Institute	Switzerland
Behlen	Nebraska (USA)
Beijing (Branch)	China
Beijing Normal University	China
Belgrade	Yugoslavia
Belogradchik	Bulgaria
Besançon	France
Bialkow Station	Poland
Big Bear	California (USA)
Black Moshannon	Pennsylvania (USA)
Blue Mesa Station	New Mexico (USA)
Bochum	Germany
Bohyunsan	Korea
Bologna University (Branch)	Italy
Bordeaux University	France
Bosscha	Indonesia
Boyden	South Africa
Bradley	Georgia (USA)
Brera–Milan	Italy
Brevard Community College	Florida (USA)
Brooks	Michigan (USA)
Bucharest	Romania
Bucknell University	Pennsylvania (USA)
Byurakan	Armenia
C.E. Kenneth Mees	New York (USA)
C.E.K. Mees	Hawaii (USA)
Cagigal	Venezuela
Cagliari	Italy
Caltech Submillimeter	Hawaii (USA)
Cambridge University	United Kingdom
Canada–France–Hawaii Tel. Corp.	Hawaii (USA)
Cantonal	Switzerland
Capilla Peak	New Mexico (USA)
Capodimonte	Italy
Carlos U. Cesco Station, Dr.	Argentina
Carter	New Zealand
Catalina Station	Arizona (USA)
Catania	Italy
Catholic University Ast. Institute	Netherlands
Central Inst. for Earth Physics	Germany
Central Michigan University	Michigan (USA)
Cerro Calán National	Chile
Cerro El Roble	Chile
Cerro La Silla	Chile
Cerro Las Campanas	Chile
Cerro Pachón	Chile
Cerro Paranal	Chile
Cerro San Cristobal	Chile
Cerro Tololo Inter–American	Chile
Cesco Station, Dr. Carlos U.	Argentina
CFH Telescope Corp.	Hawaii (USA)
Chabot Space & Science Center	California (USA)
Chamberlin	Colorado (USA)
Chaonis	Italy
Charles Univ. Ast. Institute	Czech Republic
Chews Ridge	California (USA)
Chilbolton	United Kingdom
Cincinnati	Ohio (USA)
City	United Kingdom
Clay Center, The	Massachusetts (USA)
Climenhaga	Canada
Cluj–Napoca	Romania
Clyde W. Tombaugh	Kansas (USA)
Coimbra	Portugal
Cointe	Belgium
Coit, Judson B.	Massachusetts (USA)
Collurania	Italy
Connecticut State Univ., Western	Connecticut (USA)
Copenhagen University	Denmark
Copernicus, Nicholas	Czech Republic
Córdoba	Argentina
Corralitos	New Mexico (USA)
Côte d'Azur	France
Crane, Zenas	Kansas (USA)

OBSERVATORIES, 2009

INDEX LIST

Observatory Name	Location
Crawford Hill	New Jersey (USA)
Crimean	Ukraine
Daeduk	Korea
Damecuta	Italy
Dark Sky	North Carolina (USA)
David Dunlap	Canada
Dearborn	Illinois (USA)
Deep Space Station	Australia
Deep Space Station	Spain
Devon	Canada
Dick Mountain Station	Colorado (USA)
Dodaira	Japan
Dominion	Canada
Dr. Carlos U. Cesco Sta.	Argentina
Dunlap, David	Canada
Dunsink	Ireland
Dwingeloo	Netherlands
Dyer, Arthur J.	Tennessee (USA)
Ebro	Spain
Ege University	Turkey
Einstein Tower	Germany
El Leoncito Ast. Complex	Argentina
Elginfield	Canada
Engelhardt	Russia
Erwin W. Fick	Iowa (USA)
European Incoherent Scatter Facility	Finland
European Incoherent Scatter Facility	Norway
European Incoherent Scatter Facility	Sweden
European Southern	Chile
Fan Mountain Station	Virginia (USA)
Félix Aguilar	Argentina
Fernbank	Georgia (USA)
Fick, Erwin W.	Iowa (USA)
Figl, L.	Austria
FitzRandolph	New Jersey (USA)
Five College	Massachusetts (USA)
Fleurs	Australia
Florence and George Wise	Israel
Florida, Univ. of	Florida (USA)
Flower and Cook	Pennsylvania (USA)
Foerster, Wilhelm	Germany
Fort Skala Station	Poland
Foster, Manuel	Chile
Franklin Institute, The	Pennsylvania (USA)
Fred L. Whipple	Arizona (USA)
Friedrich Schiller University	Germany
Fujigane Station	Japan
Gale, Grant O.	Iowa (USA)
Gauribidanur	India
Gemini North	Hawaii (USA)
Gemini South	Chile
Geneva	Switzerland
Geodetical Faculty	Croatia
George R. Agassiz Station	Texas (USA)
George R. Wallace Jr.	Massachusetts (USA)
George Wise, Florence and	Israel
German Spanish Ast. Center	Spain
Glasgow, Univ. of	United Kingdom
Goddard Space Flight Center	Maryland (USA)
Godlee	United Kingdom
Goethe Link	Indiana (USA)
Goldstone Complex	California (USA)
Gornergrat North and South	Switzerland
Göttingen University	Germany
Grant O. Gale	Iowa (USA)
Graz, Univ. of	Austria
Grenoble	France
Griffith	California (USA)
GSFC Optical Test Site	Maryland (USA)
Guillermo Haro	Mexico
Gurushikhar	India
Haleakala	Hawaii (USA)
Hamburg	Germany
Hard Labor Creek	Georgia (USA)
Haro, Guillermo	Mexico
Hartebeeshoek	South Africa
Hartung–Boothroyd	New York (USA)
Harvard–Smith. Ctr. for Astrophys.	Massachusetts (USA)
Hat Creek	California (USA)
Haute–Provence, Obs. of	France
Haystack	Massachusetts (USA)
Heidelberg	Germany
Heliophysical	Hungary
Helsinki, Univ. of	Finland
Helwân	Egypt
Hida	Japan
High Alpine	Switzerland
Hiraiso Solar Terr. Rsch. Center	Japan
Hoher List	Germany
Hopkins	Massachusetts (USA)
Hvar	Croatia
Hydrographic	Japan
Incoherent Scatter Facility	Greenland
Incoherent Scatter Facility, European	Finland
Incoherent Scatter Facility, European	Norway
Incoherent Scatter Facility, European	Sweden
Indian	India
Institute of Astrophysics	Tadzhikistan
Institute of Geodesy	Germany
Institute of Radio Astronomy	Ukraine
Institute of Solar Research (IRSOL)	Switzerland
International Latitude	Italy

OBSERVATORIES, 2009
INDEX LIST

Observatory Name	Location
Iowa, Univ. of	Iowa (USA)
Irkutsk	Russia
IRSOL (Institute of Solar Research)	Switzerland
Istanbul University	Turkey
Itapetinga	Brazil
Jagellonian University	Poland
Japal–Rangapur	India
Jävan Station	Sweden
Jelm Mountain	Wyoming (USA)
Jodrell Bank	United Kingdom
John J. McCarthy	Connecticut (USA)
Joint Astronomy Centre	Hawaii (USA)
Joint Obs. for Cometary Research	New Mexico (USA)
Judson B. Coit	Massachusetts (USA)
Jungfraujoch	Switzerland
Kagoshima Space Center	Japan
Kaliningrad University	Russia
Kandilli	Turkey
Kanzelhöhe	Austria
Kapteyn	Netherlands
Karl Schwarzschild	Germany
Kashima Space Research Center	Japan
Kazan University	Russia
Keck, W.M.	Hawaii (USA)
Kenneth Mees, C.E.	New York (USA)
Kharkov University	Ukraine
Kiev University	Ukraine
Kiso	Japan
Kitt Peak National	Arizona (USA)
Kitt Peak Station	Arizona (USA)
Kodaikanal	India
Königstuhl	Germany
Konkoly	Hungary
Korea	Korea
Kottamia	Egypt
Kryonerion	Greece
Kuffner	Austria
Kutztown University	Pennsylvania (USA)
Kvistaberg	Sweden
Kwasan	Japan
Kyoto University	Japan
L. Figl	Austria
La Mariquita Mountain	Mexico
La Plata	Argentina
La Silla Station	Chile
Ladd	Rhode Island (USA)
Large Millimeter Telescope (LMT)	Mexico
Las Campanas	Chile
Latitude	Poland
Latvian State University	Latvia
Lausanne, Univ. of	Switzerland
Leander McCormick	Virginia (USA)
Leiden	Netherlands
Leiden (Branch)	South Africa
Leuschner	California (USA)
Lick	California (USA)
Link, Goethe	Indiana (USA)
Lisbon	Portugal
Llano del Hato	Venezuela
LMT (Large Millimeter Telescope)	Mexico
Lohrmann	Germany
Lomnický Štít	Slovakia
London, Univ. of	United Kingdom
Los Molinos	Uruguay
Lowell	Arizona (USA)
Lund	Sweden
LURE	Hawaii (USA)
Lustbühel	Austria
Lvov University	Ukraine
Lyon University	France
MacLean	Nevada (USA)
Maidanak	Uzbekistan
Main	Ukraine
Maipu	Chile
Manastash Ridge	Washington (USA)
Manila	Philippine Islands
Manora Peak	India
Manuel de Barros, Prof.	Portugal
Manuel Foster	Chile
Maria Mitchell	Massachusetts (USA)
Maryland Point	Maryland (USA)
Maryland, Univ. of	Maryland (USA)
Mauna Kea	Hawaii (USA)
Mauna Loa	Hawaii (USA)
Max Planck Institute	Germany
McCarthy, John J.	Connecticut (USA)
McCormick, Leander	Virginia (USA)
McDonald	Texas (USA)
McGraw–Hill	Arizona (USA)
Medicina	Italy
Mees, C.E. Kenneth	New York (USA)
Mees, C.E.K.	Hawaii (USA)
Melton Memorial	South Carolina (USA)
Metsähovi	Finland
Meudon	France
Meyer–Womble	Colorado (USA)
Michigan State University	Michigan (USA)
Michigan University, Central	Michigan (USA)
Michigan, Univ. of	Michigan (USA)
Millimeter Radio Ast. Institute	France
Millimeter Radio Ast. Institute	Spain
Millimeter Wave	Texas (USA)
Mills	United Kingdom
Millstone Hill Atmos. Sci. Fac.	Massachusetts (USA)

INDEX LIST

Observatory Name	Location
Millstone Hill Radar	Massachusetts (USA)
MIRA Oliver Station	California (USA)
Mitchell, Maria	Massachusetts (USA)
Mizusawa	Japan
MMT (Multiple–Mirror Telescope)	Arizona (USA)
Moletai	Lithuania
Molonglo	Australia
Mont Mégantic	Canada
Monte Mario	Italy
Montevideo	Uruguay
Moore	Kentucky (USA)
Moraes, Abrahão de	Brazil
Morehead	North Carolina (USA)
Morrison	Missouri (USA)
Morro Santana	Brazil
Mount Aragatz	Armenia
Mount Bakirlitepe	Turkey
Mount Bigelow Station	Arizona (USA)
Mount Bohyun	Korea
Mount Chikurin	Japan
Mount Cuba	Delaware (USA)
Mount Dodaira	Japan
Mount Ekar	Italy
Mount Evans	Colorado (USA)
Mount Graham	Arizona (USA)
Mount Hamilton	California (USA)
Mount Hopkins	Arizona (USA)
Mount John University	New Zealand
Mount Kanobili	Georgia
Mount Killini	Greece
Mount Laguna	California (USA)
Mount Lemmon	Arizona (USA)
Mount Locke	Texas (USA)
Mount Maidanak	Uzbekistan
Mount Norikura	Japan
Mount Pleasant	Australia
Mount Saraswati	India
Mount Stromlo	Australia
Mount Suhora	Poland
Mount Valongo	Brazil
Mount Wilson	California (USA)
Mount Zin	Israel
Mountain	Kazakhstan
Mullard	United Kingdom
Multiple–Mirror Telescope (MMT)	Arizona (USA)
Munich University	Germany
Nagoya University	Japan
Nassau	Ohio (USA)
National	Brazil
National	Chile
National	Colombia
National	Japan
National	Mexico
National	Spain
National	Turkey
National Central University	Taiwan (Republic of China)
National Centre for Radio Aph.	India
National Facility	Australia
National Obs. of Athens	Greece
National Obs. of Cosmic Physics	Argentina
National Radio	Arizona (USA)
National Radio	New Mexico (USA)
National Radio	West Virginia (USA)
National Radio, Australian	Australia
National Solar	New Mexico (USA)
Naval	Argentina
Naval	Spain
Naval Research Lab. (Branch)	West Virginia (USA)
Naval Research Laboratory	District of Columbia (USA)
Naval, U.S.	District of Columbia (USA)
Naval, U.S. (Branch)	Arizona (USA)
New Mexico State Univ. (Branch)	New Mexico (USA)
Nicholas Copernicus	Czech Republic
Nikolaev	Ukraine
Nizamiah	India
Nobeyama	Japan
Norikura	Japan
North Gornergrat	Switzerland
North Liberty	Iowa (USA)
Northern Arizona University	Arizona (USA)
O'Brien	Minnesota (USA)
Oak Ridge	Massachusetts (USA)
Odessa	Ukraine
Okayama	Japan
Ole Rømer	Denmark
Oliver Station, MIRA	California (USA)
Ondřejov	Czech Republic
Onsala Space	Sweden
Ooty (Ootacamund)	India
Ottawa River	Canada
Owens Valley	California (USA)
Padua	Italy
Pagasa	Philippine Islands
Palermo University	Italy
Palomar	California (USA)
Paranal	Chile
PARI (Pisgah Ast. Research Inst.)	North Carolina (USA)
Paris	France
Pasterkhov Mountain	Russia
Perkins	Ohio (USA)
Perth	Australia
Pic du Midi	France
Pico dos Dias	Brazil
Pico Valeta	Spain
Piedade	Brazil

INDEX LIST

Observatory Name	Location
Pine Bluff	Wisconsin (USA)
Pisgah Ast. Research. Inst. (PARI)	North Carolina (USA)
Piwnice	Poland
Plateau de Bure	France
Potsdam	Germany
Poznań University	Poland
Prof. Manuel de Barros	Portugal
Prostějov	Czech Republic
Pulkovo	Russia
Purgathofer	Austria
Purple Mountain	China
Quito	Ecuador
Radio Astronomy Center	India
Radio Astronomy Institute	California (USA)
Radio Astronomy Institute, Argentine	Argentina
Ramon Maria Aller	Spain
Rattlesnake Mountain	Pennsylvania (USA)
Remeis	Germany
Riga	Latvia
Ritter	Ohio (USA)
Riverview College	Australia
Rome	Italy
Rømer, Ole	Denmark
Roque de los Muchachos	Spain
Rosemary Hill	Florida (USA)
Rothney	Canada
Royal Obs.	Belgium
Royal Obs., Edinburgh	United Kingdom
Rozhen National	Bulgaria
Rutherfurd	New York (USA)
Sagamore Hill	Massachusetts (USA)
Saint Andrews, Univ. of	United Kingdom
Saint Michel	France
Saint Petersburg University	Russia
SALT (Southern African Large Telescope)	South Africa
San Fernando	California (USA)
San Vittore	Italy
Satellite Laser Ranger Group	United Kingdom
Sayan Mtns. Radiophysical	Russia
Schauinsland Mountain	Germany
Schiller University, Friedrich	Germany
Schwarzschild, Karl	Germany
Sendai	Japan
Serra la Nave Station	Italy
Shaanxi	China
Shanghai (Branch)	China
Shat Jat Mass Mountain	Russia
Shattuck	New Hampshire (USA)
Siding Spring	Australia
Simon Stevin	Netherlands
Simosato Hydrographic	Japan
Sirahama Hydrographic	Japan
Skalnaté Pleso	Slovakia
Skibotn	Norway
Slovak Technical University	Slovakia
SMA (Submillimeter Array)	Hawaii (USA)
Sobaeksan	Korea
Sommers–Bausch	Colorado (USA)
Sonneberg	Germany
Sonnenborgh	Netherlands
South African	South Africa
South Baldy Peak	New Mexico (USA)
South Carolina, Univ. of	South Carolina (USA)
South Gornergrat	Switzerland
Southern African Large Telescope (SALT)	South Africa
Special	Russia
Specola Solar Observatory	Switzerland
Sproul	Pennsylvania (USA)
SRI (Stanford Research Institute)	California (USA)
St. Andrews, Univ. of	United Kingdom
St. Michel	France
St. Petersburg University	Russia
Stanford Center for Radar Ast.	California (USA)
State	Germany
Stephanion	Greece
Sternberg State Ast. Institute	Russia
Stevin, Simon	Netherlands
Steward	Arizona (USA)
Stockert	Germany
Stockholm	Sweden
Strasbourg	France
Strawbridge	Pennsylvania (USA)
Struve, Wilhelm	Estonia
Stuttgart	Germany
Subaru	Hawaii (USA)
Submillimeter Array (SMA)	Hawaii (USA)
Submillimeter Telescope	Arizona (USA)
Sugadaira Station	Japan
Swabian	Germany
Swiss Federal	Switzerland
Syracuse University	New York (USA)
Table Mountain	California (USA)
Taipei	Taiwan (Republic of China)
Tashkent	Uzbekistan
Teide	Spain
The Clay Center	Massachusetts (USA)
The Franklin Institute	Pennsylvania (USA)
Thessaloníki, Univ. of	Greece
Thompson	Wisconsin (USA)
Three College	North Carolina (USA)
Tiara	Colorado (USA)
Tohoku University	Japan
Tokyo Hydrographic	Japan
Tombaugh, Clyde W.	Kansas (USA)

OBSERVATORIES, 2009

INDEX LIST

Observatory Name	Location
Tomsk University	Russia
Tortugas Mountain Station	New Mexico (USA)
Toulouse University	France
Toyokawa	Japan
Tremsdorf	Germany
Trieste	Italy
Tübingen University	Germany
Tübitak National	Turkey
Tumamoc Hill Station	Arizona (USA)
Tuorla	Finland
Turin	Italy
U.S. Air Force Academy	Colorado (USA)
U.S. Naval	District of Columbia (USA)
U.S. Naval (Branch)	Arizona (USA)
Uluk–Bek Station	Uzbekistan
University of Alabama	Alabama (USA)
University of Ankara	Turkey
University of Florida	Florida (USA)
University of Glasgow	United Kingdom
University of Graz	Austria
University of Helsinki	Finland
University of Iowa	Iowa (USA)
University of Lausanne	Switzerland
University of London	United Kingdom
University of Maryland	Maryland (USA)
University of Michigan	Michigan (USA)
University of South Carolina	South Carolina (USA)
University of St. Andrews	United Kingdom
University of Thessaloníki	Greece
Urania	Austria
Urania	Hungary
Vainu Bappu	India
Valašské Meziříčí	Czech Republic
Valongo	Brazil
Van Vleck	Connecticut (USA)
Vatican	Vatican City State
Vatican (Branch)	Arizona (USA)
Vienna University	Austria
Villanova University	Pennsylvania (USA)
Vilnius	Lithuania
W.M. Keck	Hawaii (USA)
Wallace Jr., George R.	Massachusetts (USA)
Warner and Swasey (Branch)	Arizona (USA)
Warsaw University	Poland
Washburn	Wisconsin (USA)
Wendelstein	Germany
Westerbork	Netherlands
Western Connecticut State Univ.	Connecticut (USA)
Westford Antenna Facility	Massachusetts (USA)
Whipple, Fred L.	Arizona (USA)
Whitin	Massachusetts (USA)
Wilhelm Foerster	Germany
Wilhelm Struve	Estonia
Wise, Florence and George	Israel
Wroclaw University	Poland
Wuchang	China
Wyoming	Wyoming (USA)
Yerkes	Wisconsin (USA)
Yunnan	China
Zenas Crane	Kansas (USA)
Zimmerwald	Switzerland

Observatory Name		Location	East Longitude	Latitude	Height (m.s.l.)
			° ′	° ′	m
Algeria					
Alger Obs.		Bouzaréa	+ 3 02.1	+ 36 48.1	345
Argentina					
Argentine Radio Ast. Inst.	R	Villa Elisa	− 58 08.2	− 34 52.1	11
Córdoba Ast. Obs.		Córdoba	− 64 11.8	− 31 25.3	434
Córdoba Obs. Astrophys. Sta.		Bosque Alegre	− 64 32.8	− 31 35.9	1250
Dr. Carlos U. Cesco Sta.		San Juan/El Leoncito	− 69 19.8	− 31 48.1	2348
El Leoncito Ast. Complex		San Juan/El Leoncito	− 69 18.0	− 31 48.0	2552
Félix Aguilar Obs.		San Juan	− 68 37.2	− 31 30.6	700
La Plata Ast. Obs.		La Plata	− 57 55.9	− 34 54.5	17
National Obs. of Cosmic Physics		San Miguel	− 58 43.9	− 34 33.4	37
Naval Obs.		Buenos Aires	− 58 21.3	− 34 37.3	6
Armenia					
Byurakan Astrophysical Obs.	R	Yerevan/Mt. Aragatz	+ 44 17.5	+ 40 20.1	1500
Australia					
Anglo–Australian Obs.	I	Coonabarabran/Siding Spring, N.S.W.	+ 149 04.0	− 31 16.6	1164
Australia Tel. Natl. Facility	R	Culgoora, New South Wales	+ 149 33.7	− 30 18.9	217
Australian Natl. Radio Ast. Obs.	R	Parkes, New South Wales	+ 148 15.7	− 33 00.0	392
Deep Space Sta.	R	Tidbinbilla, Austl. Cap. Ter.	+ 148 58.8	− 35 24.1	656
Fleurs Radio Obs.	R	Kemps Creek, New South Wales	+ 150 46.5	− 33 51.8	45
Molonglo Radio Obs.	R	Hoskinstown, New South Wales	+ 149 25.4	− 35 22.3	732
Mount Pleasant Radio Ast. Obs.	R	Hobart, Tasmania	+ 147 26.4	− 42 48.3	43
Mount Stromlo Obs.		Canberra/Mt. Stromlo, Austl. Cap. Ter.	+ 149 00.5	− 35 19.2	767
Perth Obs.		Bickley, Western Australia	+ 116 08.1	− 32 00.5	391
Riverview College Obs.		Lane Cove, New South Wales	+ 151 09.5	− 33 49.8	25
Siding Spring Obs.		Coonabarabran/Siding Spring, N.S.W.	+ 149 03.7	− 31 16.4	1149
Austria					
Kanzelhöhe Solar Obs.		Klagenfurt/Kanzelhöhe	+ 13 54.4	+ 46 40.7	1526
Kuffner Obs.		Vienna	+ 16 17.8	+ 48 12.8	302
L. Figl Astrophysical Obs.		St. Corona at Schöpfl	+ 15 55.4	+ 48 05.0	890
Lustbühel Obs.		Graz	+ 15 29.7	+ 47 03.9	480
Purgathofer Obs.		Klosterneuburg	+ 16 17.2	+ 48 17.8	399
Univ. of Graz Obs.		Graz	+ 15 27.1	+ 47 04.7	375
Urania Obs.		Vienna	+ 16 23.1	+ 48 12.7	193
Vienna Univ. Obs.		Vienna	+ 16 20.2	+ 48 13.9	241
Belgium					
Ast. and Astrophys. Inst.		Brussels	+ 4 23.0	+ 50 48.8	147
Cointe Obs.		Liège	+ 5 33.9	+ 50 37.1	127
Royal Obs. of Belgium	R	Uccle	+ 4 21.5	+ 50 47.9	105
Royal Obs. Radio Ast. Sta.	R	Humain	+ 5 15.3	+ 50 11.5	293
Brazil					
Abrahão de Moraes Obs.	R	Valinhos	− 46 58.0	− 23 00.1	850
Antares Ast. Obs.		Feira de Santana	− 38 57.9	− 12 15.4	256
Itapetinga Radio Obs.	R	Atibaia	− 46 33.5	− 23 11.1	806
Morro Santana Obs.		Porto Alegre	− 51 07.6	− 30 03.2	300
National Obs.		Rio de Janeiro	− 43 13.4	− 22 53.7	33
Pico dos Dias Obs.		Itajubá/Pico dos Dias	− 45 35.0	− 22 32.1	1870
Piedade Obs.		Belo Horizonte	− 43 30.7	− 19 49.3	1746
Valongo Obs.		Rio de Janeiro/Mt. Valongo	− 43 11.2	− 22 53.9	52

Observatory Name		Location	East Longitude	Latitude	Height (m.s.l.)
			° ′	° ′	m
Bulgaria					
Belogradchik Ast. Obs.		Belogradchik	+ 22 40.5	+ 43 37.4	650
Rozhen National Ast. Obs.		Rozhen	+ 24 44.6	+ 41 41.6	1759
Canada					
Algonquin Radio Obs.	R	Lake Traverse, Ontario	− 78 04.4	+ 45 57.3	260
Climenhaga Obs.		Victoria, British Columbia	− 123 18.5	+ 48 27.8	74
David Dunlap Obs.		Richmond Hill, Ontario	− 79 25.3	+ 43 51.8	244
Devon Ast. Obs.		Devon, Alberta	− 113 45.5	+ 53 23.4	708
Dominion Astrophysical Obs.		Victoria, British Columbia	− 123 25.0	+ 48 31.2	238
Dominion Radio Astrophys. Obs.	R	Penticton, British Columbia	− 119 37.2	+ 49 19.2	545
Elginfield Obs.		London, Ontario	− 81 18.9	+ 43 11.5	323
Mont Mégantic Ast. Obs.		Mégantic/Mont Mégantic, Quebec	− 71 09.2	+ 45 27.3	1114
Ottawa River Solar Obs.		Ottawa, Ontario	− 75 53.6	+ 45 23.2	58
Rothney Astrophysical Obs.	I	Priddis, Alberta	− 114 17.3	+ 50 52.1	1272
Chile					
Cerro Calán National Ast. Obs.		Santiago/Cerro Calán	− 70 32.8	− 33 23.8	860
Cerro El Roble Ast. Obs.		Santiago/Cerro El Roble	− 71 01.2	− 32 58.9	2220
Cerro Tololo Inter–Amer. Obs.	R,I	La Serena/Cerro Tololo	− 70 48.9	− 30 09.9	2215
European Southern Obs.	R	La Serena/Cerro La Silla	− 70 43.8	− 29 15.4	2347
Gemini South Obs.		La Serena/Cerro Pachón	− 70 43.4	− 30 13.7	2725
Las Campanas Obs.		Vallenar/Cerro Las Campanas	− 70 42.0	− 29 00.5	2282
Maipu Radio Ast. Obs.	R	Maipu	− 70 51.5	− 33 30.1	446
Manuel Foster Astrophys. Obs.		Santiago/Cerro San Cristobal	− 70 37.8	− 33 25.1	840
Paranal Obs.		Antofagasta/Cerro Paranal	− 70 24.2	− 24 37.5	2635
China, People's Republic of					
Beijing Normal Univ. Obs.	R	Beijing	+ 116 21.6	+ 39 57.4	70
Beijing Obs. Sta.	R	Miyun	+ 116 45.9	+ 40 33.4	160
Beijing Obs. Sta.	R,L	Shahe	+ 116 19.7	+ 40 06.1	40
Beijing Obs. Sta.		Tianjing	+ 117 03.5	+ 39 08.0	5
Beijing Obs. Sta.	I	Xinglong	+ 117 34.5	+ 40 23.7	870
Purple Mountain Obs.	R	Nanjing/Purple Mtn.	+ 118 49.3	+ 32 04.0	267
Shaanxi Ast. Obs.	R	Lintong	+ 109 33.1	+ 34 56.7	468
Shanghai Obs. Sta.	R,L	Sheshan	+ 121 11.2	+ 31 05.8	100
Shanghai Obs. Sta.	R	Urumqui	+ 87 10.7	+ 43 28.3	2080
Shanghai Obs. Sta.		Xujiahui	+ 121 25.6	+ 31 11.4	5
Wuchang Time Obs.	L	Wuhan	+ 114 20.7	+ 30 32.5	28
Yunnan Obs.	R	Kunming	+ 102 47.3	+ 25 01.5	1940
Colombia					
National Ast. Obs.		Bogotá	− 74 04.9	+ 4 35.9	2640
Croatia, Republic of					
Geodetical Faculty Obs.		Zagreb	+ 16 01.3	+ 45 49.5	146
Hvar Obs.		Hvar	+ 16 26.9	+ 43 10.7	238
Czech Republic					
Charles Univ. Ast. Inst.		Prague	+ 14 23.7	+ 50 04.6	267
Nicholas Copernicus Obs.		Brno	+ 16 35.0	+ 49 12.2	304
Ondřejov Obs.	R	Ondřejov	+ 14 47.0	+ 49 54.6	533
Prostějov Obs.		Prostějov	+ 17 09.8	+ 49 29.2	225
Valašské Meziříčí Obs.		Valašské Meziříčí	+ 17 58.5	+ 49 27.8	338

Observatory Name		Location	East Longitude	Latitude	Height (m.s.l.)
			° ′	° ′	m
Denmark					
Copenhagen Univ. Obs.		Brorfelde	+ 11 40.0	+ 55 37.5	90
Copenhagen Univ. Obs.		Copenhagen	+ 12 34.6	+ 55 41.2	—
Ole Rømer Obs.		Århus	+ 10 11.8	+ 56 07.7	50
Ecuador					
Quito Ast. Obs.		Quito	− 78 29.9	− 0 13.0	2818
Egypt					
Helwân Obs.		Helwân	+ 31 22.8	+ 29 51.5	116
Kottamia Obs.		Kottamia	+ 31 49.5	+ 29 55.9	476
Estonia					
Wilhelm Struve Astrophys. Obs.		Tartu	+ 26 28.0	+ 58 16.0	—
Finland					
European Incoh. Scatter Facility	R	Sodankylä	+ 26 37.6	+ 67 21.8	197
Metsähovi Obs.		Kirkkonummi	+ 24 23.8	+ 60 13.2	60
Metsähovi Obs. Radio Rsch. Sta.	R	Kirkkonummi	+ 24 23.6	+ 60 13.1	61
Tuorla Obs.		Piikkiö	+ 22 26.8	+ 60 25.0	40
Univ. of Helsinki Obs.		Helsinki	+ 24 57.3	+ 60 09.7	33
France					
Besançon Obs.		Besançon	+ 5 59.2	+ 47 15.0	312
Bordeaux Univ. Obs.	R	Floirac	− 0 31.7	+ 44 50.1	73
Côte d'Azur Obs.		Nice/Mont Gros	+ 7 18.1	+ 43 43.4	372
Côte d'Azur Obs. Calern Sta.	I,L	St. Vallier–de–Thiey	+ 6 55.6	+ 43 44.9	1270
Grenoble Obs.	R	Gap/Plateau de Bure	+ 5 54.5	+ 44 38.0	2552
Lyon Univ. Obs.		St. Genis Laval	+ 4 47.1	+ 45 41.7	299
Meudon Obs.		Meudon	+ 2 13.9	+ 48 48.3	162
Millimeter Radio Ast. Inst.	R	Gap/Plateau de Bure	+ 5 54.4	+ 44 38.0	2552
Obs. of Haute–Provence		Forcalquier/St. Michel	+ 5 42.8	+ 43 55.9	665
Paris Obs.		Paris	+ 2 20.2	+ 48 50.2	67
Paris Obs. Radio Ast. Sta.	R	Nançay	+ 2 11.8	+ 47 22.8	150
Pic du Midi Obs.		Bagnères–de–Bigorre	+ 0 08.7	+ 42 56.2	2861
Strasbourg Obs.		Strasbourg	+ 7 46.2	+ 48 35.0	142
Toulouse Univ. Obs.		Toulouse	+ 1 27.8	+ 43 36.7	195
Georgia					
Abastumani Astrophysical Obs.	R	Abastumani/Mt. Kanobili	+ 42 49.3	+ 41 45.3	1583
Germany					
Archenhold Obs.		Berlin	+ 13 28.7	+ 52 29.2	41
Bochum Obs.		Bochum	+ 7 13.4	+ 51 27.9	132
Central Inst. for Earth Physics		Potsdam	+ 13 04.0	+ 52 22.9	91
Einstein Tower Solar Obs.	R	Potsdam	+ 13 03.9	+ 52 22.8	100
Friedrich Schiller Univ. Obs.		Jena	+ 11 29.2	+ 50 55.8	356
Göttingen Univ. Obs.		Göttingen	+ 9 56.6	+ 51 31.8	159
Hamburg Obs.		Bergedorf	+ 10 14.5	+ 53 28.9	45
Hoher List Obs.		Daun/Hoher List	+ 6 51.0	+ 50 09.8	533
Inst. of Geodesy Ast. Obs.		Hannover	+ 9 42.8	+ 52 23.3	71
Karl Schwarzschild Obs.		Tautenburg	+ 11 42.8	+ 50 58.9	331
Lohrmann Obs.		Dresden	+ 13 52.3	+ 51 03.0	324
Max Planck Inst. for Radio Ast.	R	Effelsberg	+ 6 53.1	+ 50 31.6	369
Munich Univ. Obs.		Munich	+ 11 36.5	+ 48 08.7	529
Potsdam Astrophysical Obs.		Potsdam	+ 13 04.0	+ 52 22.9	107

Observatory Name		Location	East Longitude	Latitude	Height (m.s.l.)
			° ′	° ′	m
Germany, cont.					
Remeis Obs.		Bamberg	+ 10 53.4	+ 49 53.1	288
Schauinsland Obs.		Freiburg/Schauinsland Mtn.	+ 7 54.4	+ 47 54.9	1240
Sonneberg Obs.		Sonneberg	+ 11 11.5	+ 50 22.7	640
State Obs.		Heidelberg/Königstuhl	+ 8 43.3	+ 49 23.9	570
Stockert Radio Obs.	R	Eschweiler	+ 6 43.4	+ 50 34.2	435
Stuttgart Obs.		Welzheim	+ 9 35.8	+ 48 52.5	547
Swabian Obs.		Stuttgart	+ 9 11.8	+ 48 47.0	354
Tremsdorf Radio Ast. Obs.	R	Tremsdorf	+ 13 08.2	+ 52 17.1	35
Tübingen Univ. Ast. Obs.		Tübingen	+ 9 03.5	+ 48 32.3	470
Wendelstein Solar Obs.		Brannenburg	+ 12 00.8	+ 47 42.5	1838
Wilhelm Foerster Obs.		Berlin	+ 13 21.2	+ 52 27.5	78
Greece					
Kryonerion Ast. Obs.		Kiáton/Mt. Killini	+ 22 37.3	+ 37 58.4	905
National Obs. of Athens		Athens	+ 23 43.2	+ 37 58.4	110
National Obs. Sta.	R	Pentele	+ 23 51.8	+ 38 02.9	509
Stephanion Obs.		Stephanion	+ 22 49.7	+ 37 45.3	800
Univ. of Thessaloníki Obs.		Thessaloníki	+ 22 57.5	+ 40 37.0	28
Greenland					
Incoherent Scatter Facility	R	Søndre Strømfjord	− 50 57.0	+ 66 59.2	180
Hungary					
Heliophysical Obs.		Debrecen	+ 21 37.4	+ 47 33.6	132
Heliophysical Obs. Sta.		Gyula	+ 21 16.2	+ 46 39.2	135
Konkoly Obs.		Budapest	+ 18 57.9	+ 47 30.0	474
Konkoly Obs. Sta.		Piszkéstetö	+ 19 53.7	+ 47 55.1	958
Urania Obs.		Budapest	+ 19 03.9	+ 47 29.1	166
India					
Aryabhatta Res. Inst. of Obs. Sci.		Naini Tal/Manora Peak	+ 79 27.4	+ 29 21.7	1927
Gauribidanur Radio Obs.	R	Gauribidanur	+ 77 26.1	+ 13 36.2	686
Gurushikhar Infrared Obs.	I	Abu	+ 72 46.8	+ 24 39.1	1700
Indian Ast. Obs.		Hanle/Mt. Saraswati	+ 78 57.9	+ 32 46.8	4467
Japal–Rangapur Obs.	R	Japal	+ 78 43.7	+ 17 05.9	695
Kodaikanal Solar Obs.		Kodaikanal	+ 77 28.1	+ 10 13.8	2343
National Centre for Radio Aph.		Khodad	+ 74 03.0	+ 19 06.0	650
Nizamiah Obs.		Hyderabad	+ 78 27.2	+ 17 25.9	554
Radio Ast. Center	R	Udhagamandalam (Ooty)	+ 76 40.0	+ 11 22.9	2150
Vainu Bappu Obs.		Kavalur	+ 78 49.6	+ 12 34.6	725
Indonesia					
Bosscha Obs.		Lembang (Java)	+ 107 37.0	− 6 49.5	1300
Ireland					
Dunsink Obs.		Castleknock	− 6 20.2	+ 53 23.3	85
Israel					
Florence and George Wise Obs.		Mitzpe Ramon/Mt. Zin	+ 34 45.8	+ 30 35.8	874
Italy					
Arcetri Astrophysical Obs.		Arcetri	+ 11 15.3	+ 43 45.2	184
Asiago Astrophysical Obs.		Asiago	+ 11 31.7	+ 45 51.7	1045
Bologna Univ. Obs.		Loiano	+ 11 20.2	+ 44 15.5	785
Brera–Milan Ast. Obs.		Merate	+ 9 25.7	+ 45 42.0	340

Observatory Name		Location	East Longitude	Latitude	Height (m.s.l.)
			° ′	° ′	m
Italy, cont.					
Brera–Milan Ast. Obs.		Milan	+ 9 11.5	+ 45 28.0	146
Cagliari Ast. Obs.	L	Capoterra	+ 8 58.6	+ 39 08.2	205
Capodimonte Ast. Obs.		Naples	+ 14 15.3	+ 40 51.8	150
Catania Astrophysical Obs.		Catania	+ 15 05.2	+ 37 30.2	47
Catania Obs. Stellar Sta.		Catania/Serra la Nave	+ 14 58.4	+ 37 41.5	1735
Chaonis Obs.		Chions	+ 12 42.7	+ 45 50.6	15
Collurania Ast. Obs.		Teramo	+ 13 44.0	+ 42 39.5	388
Damecuta Obs.		Anacapri	+ 14 11.8	+ 40 33.5	137
International Latitude Obs.		Carloforte	+ 8 18.7	+ 39 08.2	22
Medicina Radio Ast. Sta.	R	Medicina	+ 11 38.7	+ 44 31.2	44
Mount Ekar Obs.		Asiago/Mt. Ekar	+ 11 34.3	+ 45 50.6	1350
Padua Ast. Obs.		Padua	+ 11 52.3	+ 45 24.0	38
Palermo Univ. Ast. Obs.		Palermo	+ 13 21.5	+ 38 06.7	72
Rome Obs.		Rome/Monte Mario	+ 12 27.1	+ 41 55.3	152
San Vittore Obs.		Bologna	+ 11 20.5	+ 44 28.1	280
Trieste Ast. Obs.	R	Trieste	+ 13 52.5	+ 45 38.5	400
Turin Ast. Obs.		Pino Torinese	+ 7 46.5	+ 45 02.3	622
Japan					
Dodaira Obs.	L	Tokyo/Mt. Dodaira	+ 139 11.8	+ 36 00.2	879
Hida Obs.		Kamitakara	+ 137 18.5	+ 36 14.9	1276
Hiraiso Solar Terr. Rsch. Center	R	Nakaminato	+ 140 37.5	+ 36 22.0	27
Kagoshima Space Center	R	Uchinoura	+ 131 04.0	+ 31 13.7	228
Kashima Space Research Center	R	Kashima	+ 140 39.8	+ 35 57.3	32
Kiso Obs.		Kiso	+ 137 37.7	+ 35 47.6	1130
Kwasan Obs.		Kyoto	+ 135 47.6	+ 34 59.7	221
Kyoto Univ. Ast. Dept. Obs.		Kyoto	+ 135 47.2	+ 35 01.7	86
Kyoto Univ. Physics Dept. Obs.		Kyoto	+ 135 47.2	+ 35 01.7	80
Mizusawa Astrogeodynamics Obs.		Mizusawa	+ 141 07.9	+ 39 08.1	61
Nagoya Univ. Fujigane Sta.	R	Kamiku Isshiki	+ 138 36.7	+ 35 25.6	1015
Nagoya Univ. Radio Ast. Lab.	R	Nagoya	+ 136 58.4	+ 35 08.9	75
Nagoya Univ. Sugadaira Sta.	R	Toyokawa	+ 138 19.3	+ 36 31.2	1280
Nagoya Univ. Toyokawa Sta.	R	Toyokawa	+ 137 22.2	+ 34 50.1	25
National Ast. Obs.	R	Mitaka	+ 139 32.5	+ 35 40.3	58
Nobeyama Cosmic Radio Obs.	R	Nobeyama	+ 138 29.0	+ 35 56.0	1350
Nobeyama Solar Radio Obs.	R	Nobeyama	+ 138 28.8	+ 35 56.3	1350
Norikura Solar Obs.	I	Matsumoto/Mt. Norikura	+ 137 33.3	+ 36 06.8	2876
Okayama Astrophysical Obs.		Kurashiki/Mt. Chikurin	+ 133 35.8	+ 34 34.4	372
Sendai Ast. Obs.		Sendai	+ 140 51.9	+ 38 15.4	45
Simosato Hydrographic Obs.	R,L	Simosato	+ 135 56.4	+ 33 34.5	63
Sirahama Hydrographic Obs.		Sirahama	+ 138 59.3	+ 34 42.8	172
Tohoku Univ. Obs.		Sendai	+ 140 50.6	+ 38 15.4	153
Tokyo Hydrographic Obs.		Tokyo	+ 139 46.2	+ 35 39.7	41
Toyokawa Obs.	R	Toyokawa	+ 137 22.3	+ 34 50.2	18
Kazakhstan					
Mountain Obs.		Alma–Ata	+ 76 57.4	+ 43 11.3	1450
Korea, Republic of					
Bohyunsan Optical Ast. Obs.		Youngchun/Mt. Bohyun	+ 128 58.6	+ 36 10.0	1127
Daeduk Radio Ast. Obs.	R	Taejeon	+ 127 22.3	+ 36 23.9	120
Korea Ast. Obs.		Taejeon	+ 127 22.3	+ 36 23.9	120
Sobaeksan Ast. Obs.		Danyang	+ 128 27.4	+ 36 56.0	1390

Observatory Name		Location	East Longitude	Latitude	Height (m.s.l.)
			° ′	° ′	m
Latvia					
Latvian State Univ. Ast. Obs.	L	Riga	+ 24 07.0	+ 56 57.1	39
Riga Radio–Astrophysical Obs.	R	Riga	+ 24 24.0	+ 56 47.0	75
Lithuania					
Moletai Ast. Obs.		Moletai	+ 25 33.8	+ 55 19.0	220
Vilnius Ast. Obs.		Vilnius	+ 25 17.2	+ 54 41.0	122
Mexico					
Guillermo Haro Astrophys. Obs.		Cananea/La Mariquita Mtn.	− 110 23.0	+ 31 03.2	2480
Large Millimeter Telescope (LMT)	R	Sierra Negra	− 97 18.9	+ 18 59.1	4600
National Ast. Obs.		San Felipe (Baja)	− 115 27.8	+ 31 02.6	2830
National Ast. Obs.	R	Tonantzintla	− 98 18.8	+ 19 02.0	2150
Netherlands					
Catholic Univ. Ast. Inst.		Nijmegen	+ 5 52.1	+ 51 49.5	62
Dwingeloo Radio Obs.	R	Dwingeloo	+ 6 23.8	+ 52 48.8	25
Kapteyn Obs.		Roden	+ 6 26.6	+ 53 07.7	12
Leiden Obs.		Leiden	+ 4 29.1	+ 52 09.3	12
Simon Stevin Obs.	R	Hoeven	+ 4 33.8	+ 51 34.0	9
Sonnenborgh Obs.		Utrecht	+ 5 07.8	+ 52 05.2	14
Westerbork Radio Ast. Obs.	R	Westerbork	+ 6 36.3	+ 52 55.0	16
New Zealand					
Auckland Obs.		Auckland	+ 174 46.7	− 36 54.4	80
Carter Obs.		Wellington	+ 174 46.0	− 41 17.2	129
Carter Obs. Sta.		Blenheim/Black Birch	+ 173 48.2	− 41 44.9	1396
Mount John Univ. Obs.		Lake Tekapo/Mt. John	+ 170 27.9	− 43 59.2	1027
Norway					
European Incoh. Scatter Facility	R	Tromsø	+ 19 31.2	+ 69 35.2	85
Skibotn Ast. Obs.		Skibotn	+ 20 21.9	+ 69 20.9	157
Philippine Islands					
Manila Obs.	R	Quezon City	+ 121 04.6	+ 14 38.2	58
Pagasa Ast. Obs.		Quezon City	+ 121 04.3	+ 14 39.2	70
Poland					
Astronomical Latitude Obs.	L	Borowiec	+ 17 04.5	+ 52 16.6	80
Jagellonian Obs. Ft. Skala Sta.	R	Cracow	+ 19 49.6	+ 50 03.3	314
Jagellonian Univ. Ast. Obs.		Cracow	+ 19 57.6	+ 50 03.9	225
Mount Suhora Obs.		Koninki/Mt. Suhora	+ 20 04.0	+ 49 34.2	1000
Piwnice Ast. Obs.	R	Piwnice	+ 18 33.4	+ 53 05.7	100
Poznań Univ. Ast. Obs.	L	Poznań	+ 16 52.7	+ 52 23.8	85
Warsaw Univ. Ast. Obs.		Ostrowik	+ 21 25.2	+ 52 05.4	138
Wroclaw Univ. Ast. Obs.		Wroclaw	+ 17 05.3	+ 51 06.7	115
Wroclaw Univ. Bialkow Sta.		Wasosz	+ 16 39.6	+ 51 28.5	140
Portugal					
Coimbra Ast. Obs.		Coimbra	− 8 25.8	+ 40 12.4	99
Lisbon Ast. Obs.		Lisbon	− 9 11.2	+ 38 42.7	111
Prof. Manuel de Barros Obs.	R	Vila Nova de Gaia	− 8 35.3	+ 41 06.5	232
Puerto Rico					
Arecibo Obs.	R	Arecibo	− 66 45.2	+ 18 20.6	496

Observatory Name		Location	East Longitude	Latitude	Height (m.s.l.)
			° ′	° ′	m
Romania					
Bucharest Ast. Obs.		Bucharest	+ 26 05.8	+ 44 24.8	81
Cluj–Napoca Ast. Obs.		Cluj–Napoca	+ 23 35.9	+ 46 42.8	750
Russia					
Engelhardt Ast. Obs.		Kazan	+ 48 48.9	+ 55 50.3	98
Irkutsk Ast. Obs.		Irkutsk	+ 104 20.7	+ 52 16.7	468
Kaliningrad Univ. Obs.		Kaliningrad	+ 20 29.7	+ 54 42.8	24
Kazan Univ. Obs.		Kazan	+ 49 07.3	+ 55 47.4	79
Pulkovo Obs.	R	Pulkovo	+ 30 19.6	+ 59 46.4	75
Pulkovo Obs. Sta.		Kislovodsk/Shat Jat Mass Mtn.	+ 42 31.8	+ 43 44.0	2130
Sayan Mtns. Radiophys. Obs.		Sayan Mountains	+ 102 12.5	+ 51 45.5	832
Special Astrophysical Obs.	R	Zelenchukskaya/Pasterkhov Mtn.	+ 41 26.5	+ 43 39.2	2100
St. Petersburg Univ. Obs.		St. Petersburg	+ 30 17.7	+ 59 56.5	3
Sternberg State Ast. Inst.		Moscow	+ 37 32.7	+ 55 42.0	195
Tomsk Univ. Obs.		Tomsk	+ 84 56.8	+ 56 28.1	130
Slovakia					
Lomnický Štít Coronal Obs.		Poprad/Mt. Lomnický Štít	+ 20 13.2	+ 49 11.8	2632
Skalnaté Pleso Obs.		Poprad	+ 20 14.7	+ 49 11.3	1783
Slovak Technical Univ. Obs.		Bratislava	+ 17 07.2	+ 48 09.3	171
South Africa, Republic of					
Boyden Obs.		Mazelspoort	+ 26 24.3	− 29 02.3	1387
Hartebeeshoek Radio Ast. Obs.	R	Hartebeeshoek	+ 27 41.1	− 25 53.4	1391
Leiden Obs. Southern Sta.		Hartebeespoort	+ 27 52.6	− 25 46.4	1220
South African Ast. Obs.		Cape Town	+ 18 28.7	− 33 56.1	18
South African Ast. Obs. Sta.		Sutherland	+ 20 48.7	− 32 22.7	1771
Southern African Large Telescope		Sutherland	+ 20 48.6	− 32 22.8	1798
Spain					
Deep Space Sta.	R	Cebreros	− 4 22.0	+ 40 27.3	789
Deep Space Sta.	R	Robledo	− 4 14.9	+ 40 25.8	774
Ebro Obs.	R	Roquetas	+ 0 29.6	+ 40 49.2	50
German Spanish Ast. Center		Gérgal/Calar Alto Mtn.	− 2 32.2	+ 37 13.8	2168
Millimeter Radio Ast. Inst.	R	Granada/Pico Veleta	− 3 24.0	+ 37 04.1	2870
National Ast. Obs.		Madrid	− 3 41.1	+ 40 24.6	670
National Obs. Ast. Center	R	Yebes	− 3 06.0	+ 40 31.5	914
Naval Obs.	L	San Fernando	− 6 12.2	+ 36 28.0	27
Ramon Maria Aller Obs.		Santiago de Compostela	− 8 33.6	+ 42 52.5	240
Roque de los Muchachos Obs.		La Palma Island (Canaries)	− 17 52.9	+ 28 45.6	2326
Teide Obs.	R,I	Tenerife Island (Canaries)	− 16 29.8	+ 28 17.5	2395
Sweden					
European Incoh. Scatter Facility	R	Kiruna	+ 20 26.1	+ 67 51.6	418
Kvistaberg Obs.		Bro	+ 17 36.4	+ 59 30.1	33
Lund Obs.		Lund	+ 13 11.2	+ 55 41.9	34
Lund Obs. Jävan Sta.		Björnstorp	+ 13 26.0	+ 55 37.4	145
Onsala Space Obs.	R	Onsala	+ 11 55.1	+ 57 23.6	24
Stockholm Obs.		Saltsjöbaden	+ 18 18.5	+ 59 16.3	60
Switzerland					
Arosa Astrophysical Obs.		Arosa	+ 9 40.1	+ 46 47.0	2050
Basle Univ. Ast. Inst.		Binningen	+ 7 35.0	+ 47 32.5	318
Cantonal Obs.		Neuchâtel	+ 6 57.5	+ 46 59.9	488
Geneva Obs.		Sauverny	+ 6 08.2	+ 46 18.4	465

Observatory Name		Location	East Longitude	Latitude	Height (m.s.l.)
			° ′	° ′	m
Switzerland, cont.					
Gornergrat North & South Obs.	R,I	Zermatt/Gornergrat	+ 7 47.1	+ 45 59.1	3135
High Alpine Research Obs.		Mürren/Jungfraujoch	+ 7 59.1	+ 46 32.9	3576
Inst. of Solar Research (IRSOL)		Locarno	+ 8 47.4	+ 46 10.7	500
Specola Solar Observatory		Locarno	+ 8 47.4	+ 46 10.4	365
Swiss Federal Obs.		Zürich	+ 8 33.1	+ 47 22.6	469
Univ. of Lausanne Obs.		Chavannes–des–Bois	+ 6 08.2	+ 46 18.4	465
Zimmerwald Obs.		Zimmerwald	+ 7 27.9	+ 46 52.6	929
Tadzhikistan					
Inst. of Astrophysics		Dushanbe	+ 68 46.9	+ 38 33.7	820
Taiwan (Republic of China)					
National Central Univ. Obs.		Chung–li	+ 121 11.2	+ 24 58.2	152
Taipei Obs.		Taipei	+ 121 31.6	+ 25 04.7	31
Turkey					
Ege Univ. Obs.		Bornova	+ 27 16.5	+ 38 23.9	795
Istanbul Univ. Obs.		Istanbul	+ 28 57.9	+ 41 00.7	65
Kandilli Obs.		Istanbul	+ 29 03.7	+ 41 03.8	120
Tübitak National Obs.		Antalya/Mt. Bakirlitepe	+ 30 20.1	+ 36 49.5	2515
Univ. of Ankara Obs.	R	Ankara	+ 32 46.8	+ 39 50.6	1266
Ukraine					
Crimean Astrophysical Obs.		Partizanskoye	+ 34 01.0	+ 44 43.7	550
Crimean Astrophysical Obs.	R	Simeis	+ 34 01.0	+ 44 32.1	676
Inst. of Radio Ast.	R	Kharkov	+ 36 56.0	+ 49 38.0	150
Kharkov Univ. Ast. Obs.		Kharkov	+ 36 13.9	+ 50 00.2	138
Kiev Univ. Obs.		Kiev	+ 30 29.9	+ 50 27.2	184
Lvov Univ. Obs.		Lvov	+ 24 01.8	+ 49 50.0	330
Main Ast. Obs.		Kiev	+ 30 30.4	+ 50 21.9	188
Nikolaev Ast. Obs.		Nikolaev	+ 31 58.5	+ 46 58.3	54
Odessa Obs.		Odessa	+ 30 45.5	+ 46 28.6	60
United Kingdom					
Armagh Obs.		Armagh, Northern Ireland	− 6 38.9	+ 54 21.2	64
Cambridge Univ. Obs.		Cambridge, England	+ 0 05.7	+ 52 12.8	30
Chilbolton Obs.	R	Chilbolton, England	− 1 26.2	+ 51 08.7	92
City Obs.		Edinburgh, Scotland	− 3 10.8	+ 55 57.4	107
Godlee Obs.		Manchester, England	− 2 14.0	+ 53 28.6	77
Jodrell Bank Obs.	R	Macclesfield, England	− 2 18.4	+ 53 14.2	78
Mills Obs.		Dundee, Scotland	− 3 00.7	+ 56 27.9	152
Mullard Radio Ast. Obs.	R	Cambridge, England	+ 0 02.6	+ 52 10.2	17
Royal Obs. Edinburgh		Edinburgh, Scotland	− 3 11.0	+ 55 55.5	146
Satellite Laser Ranger Group	L	Herstmonceux, England	+ 0 20.3	+ 50 52.0	31
Univ. of Glasgow Obs.		Glasgow, Scotland	− 4 18.3	+ 55 54.1	53
Univ. of London Obs.		Mill Hill, England	− 0 14.4	+ 51 36.8	81
Univ. of St. Andrews Obs.		St. Andrews, Scotland	− 2 48.9	+ 56 20.2	30
United States of America					
Alabama					
Univ. of Alabama Obs.		Tuscaloosa	− 87 32.5	+ 33 12.6	87
Arizona					
Fred L. Whipple Obs.		Amado/Mt. Hopkins	− 110 52.6	+ 31 40.9	2344
Kitt Peak National Obs.		Tucson/Kitt Peak	− 111 36.0	+ 31 57.8	2120
Lowell Obs.		Flagstaff	− 111 39.9	+ 35 12.2	2219

OBSERVATORIES, 2009

Observatory Name		Location	East Longitude	Latitude	Height (m.s.l.)
			° ′	° ′	m
USA, cont.					
Arizona, cont.					
Lowell Obs. Sta.		Flagstaff/Anderson Mesa	− 111 32.2	+ 35 05.8	2200
McGraw–Hill Obs.		Tucson/Kitt Peak	− 111 37.0	+ 31 57.0	1925
MMT Obs.		Amado/Mt. Hopkins	− 110 53.1	+ 31 41.3	2608
Mount Lemmon Infrared Obs.	I	Tucson/Mt. Lemmon	− 110 47.5	+ 32 26.5	2776
National Radio Ast. Obs.	R	Tucson/Kitt Peak	− 111 36.9	+ 31 57.2	1939
Northern Arizona Univ. Obs.		Flagstaff	− 111 39.2	+ 35 11.1	2110
Steward Obs.		Tucson	− 110 56.9	+ 32 14.0	757
Steward Obs. Catalina Sta.		Tucson/Mt. Bigelow	− 110 43.9	+ 32 25.0	2510
Steward Obs. Catalina Sta.		Tucson/Mt. Lemmon	− 110 47.3	+ 32 26.6	2790
Steward Obs. Catalina Sta.		Tucson/Tumamoc Hill	− 111 00.3	+ 32 12.8	950
Steward Obs. Sta.		Tucson/Kitt Peak	− 111 36.0	+ 31 57.8	2071
Submillimeter Telescope Obs.	R	Safford/Mt. Graham	− 109 53.5	+ 32 42.1	3190
U.S. Naval Obs. Sta.		Flagstaff	− 111 44.4	+ 35 11.0	2316
Vatican Obs. Research Group	I	Safford/Mt. Graham	− 109 53.5	+ 32 42.1	3181
Warner and Swasey Obs. Sta.		Tucson/Kitt Peak	− 111 35.9	+ 31 57.6	2084
California					
Big Bear Solar Obs.		Big Bear City	− 116 54.9	+ 34 15.2	2067
Chabot Space & Science Center		Oakland	− 122 10.9	+ 37 49.1	476
Goldstone Complex	R	Fort Irwin	− 116 50.9	+ 35 23.4	1036
Griffith Obs.		Los Angeles	− 118 17.9	+ 34 07.1	357
Hat Creek Radio Ast. Obs.	R	Cassel	− 121 28.4	+ 40 49.1	1043
Leuschner Obs.		Lafayette	− 122 09.4	+ 37 55.1	304
Lick Obs.		San Jose/Mt. Hamilton	− 121 38.2	+ 37 20.6	1290
MIRA Oliver Observing Sta.		Monterey/Chews Ridge	− 121 34.2	+ 36 18.3	1525
Mount Laguna Obs.	L	Mount Laguna	− 116 25.6	+ 32 50.4	1859
Mount Wilson Obs.	R	Pasadena/Mt. Wilson	− 118 03.6	+ 34 13.0	1742
Owens Valley Radio Obs.	R	Big Pine	− 118 16.9	+ 37 13.9	1236
Palomar Obs.		Palomar Mtn.	− 116 51.8	+ 33 21.4	1706
Radio Ast. Inst.	R	Stanford	− 122 11.3	+ 37 23.9	80
San Fernando Obs.	R	San Fernando	− 118 29.5	+ 34 18.5	371
SRI Radio Ast. Obs.	R	Stanford	− 122 10.6	+ 37 24.3	168
Stanford Center for Radar Ast.	R	Palo Alto	− 122 10.7	+ 37 27.5	172
Table Mountain Obs.		Wrightwood	− 117 40.9	+ 34 22.9	2285
Colorado					
Chamberlin Obs.		Denver	− 104 57.2	+ 39 40.6	1644
Chamberlin Obs. Sta.		Bailey/Dick Mtn.	− 105 26.2	+ 39 25.6	2675
Meyer–Womble Obs.		Georgetown/Mt. Evans	− 105 38.4	+ 39 35.2	4305
Sommers–Bausch Obs.		Boulder	− 105 15.8	+ 40 00.2	1653
Tiara Obs.		South Park	− 105 31.0	+ 38 58.2	2679
U.S. Air Force Academy Obs.		Colorado Springs	− 104 52.5	+ 39 00.4	2187
Connecticut					
John J. McCarthy Obs.		New Milford	− 73 25.6	+ 41 31.6	79
Van Vleck Obs.		Middletown	− 72 39.6	+ 41 33.3	65
Western Conn. State Univ. Obs.		Danbury	− 73 26.7	+ 41 24.0	128
Delaware					
Mount Cuba Ast. Obs.		Greenville	− 75 38.0	+ 39 47.1	92
District of Columbia					
Naval Rsch. Lab. Radio Ast. Obs.	R	Washington	− 77 01.6	+ 38 49.3	30
U.S. Naval Obs.		Washington	− 77 04.0	+ 38 55.3	92
Florida					
Brevard Community College Obs.		Cocoa	− 80 45.7	+ 28 23.1	17
Rosemary Hill Obs.		Bronson	− 82 35.2	+ 29 24.0	44
Univ. of Florida Radio Obs.	R	Old Town	− 83 02.1	+ 29 31.7	8

Observatory Name		Location	East Longitude	Latitude	Height (m.s.l.)
			° ′	° ′	m
USA, cont.					
Georgia					
Bradley Obs.		Decatur	− 84 17.6	+ 33 45.9	316
Fernbank Obs.		Atlanta	− 84 19.1	+ 33 46.7	320
Hard Labor Creek Obs.		Rutledge	− 83 35.6	+ 33 40.2	223
Hawaii					
C.E.K. Mees Solar Obs.		Kahului/Haleakala, Maui	− 156 15.4	+ 20 42.4	3054
Caltech Submillimeter Obs.	R	Hilo/Mauna Kea, Hawaii	− 155 28.5	+ 19 49.3	4072
Canada–France–Hawaii Tel. Corp.	I	Hilo/Mauna Kea, Hawaii	− 155 28.1	+ 19 49.5	4204
Gemini North Obs.		Hilo/Mauna Kea, Hawaii	− 155 28.1	+ 19 49.4	4213
Joint Astronomy Centre	R,I	Hilo/Mauna Kea, Hawaii	− 155 28.2	+ 19 49.3	4198
LURE Obs.	L	Kahului/Haleakala, Maui	− 156 15.5	+ 20 42.6	3049
Mauna Kea Obs.	I	Hilo/Mauna Kea, Hawaii	− 155 28.2	+ 19 49.4	4214
Mauna Loa Solar Obs.		Hilo/Mauna Loa, Hawaii	− 155 34.6	+ 19 32.1	3440
Subaru Tel.		Hilo/Mauna Kea, Hawaii	− 155 28.6	+ 19 49.5	4163
Submillimeter Array (SMA)	R	Hilo/Mauna Kea, Hawaii	− 155 28.7	+ 19 49.5	4080
W.M. Keck Obs.		Hilo/Mauna Kea, Hawaii	− 155 28.5	+ 19 49.6	4160
Illinois					
Dearborn Obs.		Evanston	− 87 40.5	+ 42 03.4	195
Indiana					
Goethe Link Obs.		Brooklyn	− 86 23.7	+ 39 33.0	300
Iowa					
Erwin W. Fick Obs.		Boone	− 93 56.5	+ 42 00.3	332
Grant O. Gale Obs.		Grinnell	− 92 43.2	+ 41 45.4	318
North Liberty Radio Obs.	R	North Liberty	− 91 34.5	+ 41 46.3	241
Univ. of Iowa Obs.		Riverside	− 91 33.6	+ 41 30.9	221
Kansas					
Clyde W. Tombaugh Obs.		Lawrence	− 95 15.0	+ 38 57.6	323
Zenas Crane Obs.		Topeka	− 95 41.8	+ 39 02.2	306
Kentucky					
Moore Obs.		Brownsboro	− 85 31.8	+ 38 20.1	216
Maryland					
GSFC Optical Test Site		Greenbelt	− 76 49.6	+ 39 01.3	53
Maryland Point Obs.	R	Riverside	− 77 13.9	+ 38 22.4	20
Univ. of Maryland Obs.	R	College Park	− 76 57.4	+ 39 00.1	53
Massachusetts					
Five College Radio Ast. Obs.	R	New Salem	− 72 20.7	+ 42 23.5	314
George R. Wallace Jr. Aph. Obs.		Westford	− 71 29.1	+ 42 36.6	107
Harvard–Smithsonian Ctr. for Aph.	R	Cambridge	− 71 07.8	+ 42 22.8	24
Haystack Obs.	R	Westford	− 71 29.3	+ 42 37.4	146
Hopkins Obs.	R	Williamstown	− 73 12.1	+ 42 42.7	215
Judson B. Coit Obs.		Boston	− 71 06.3	+ 42 21.0	—
Maria Mitchell Obs.		Nantucket	− 70 06.3	+ 41 16.8	20
Millstone Hill Atm. Sci. Fac.	R	Westford	− 71 29.7	+ 42 36.6	146
Millstone Hill Radar Obs.	R	Westford	− 71 29.5	+ 42 37.0	156
Oak Ridge Obs.	R	Harvard	− 71 33.5	+ 42 30.3	185
Sagamore Hill Radio Obs.	R	Hamilton	− 70 49.3	+ 42 37.9	53
The Clay Center		Brookline	− 71 08.0	+ 42 20.0	47
Westford Antenna Facility	R	Westford	− 71 29.7	+ 42 36.8	115
Whitin Obs.		Wellesley	− 71 18.2	+ 42 17.7	32
Michigan					
Brooks Obs.		Mount Pleasant	− 84 46.5	+ 43 35.3	258
Michigan State Univ. Obs.		East Lansing	− 84 29.0	+ 42 42.4	274
Univ. of Mich. Radio Ast. Obs.	R	Dexter	− 83 56.2	+ 42 23.9	345
Minnesota					
O'Brien Obs.		Marine–on–St. Croix	− 92 46.6	+ 45 10.9	308

OBSERVATORIES, 2009

Observatory Name		Location	East Longitude	Latitude	Height (m.s.l.)
			° ′	° ′	m
USA, cont.					
Missouri					
Morrison Obs.		Fayette	− 92 41.8	+ 39 09.1	228
Nebraska					
Behlen Obs.		Mead	− 96 26.8	+ 41 10.3	362
Nevada					
MacLean Obs.		Incline Village	− 119 55.7	+ 39 17.7	2546
New Hampshire					
Shattuck Obs.		Hanover	− 72 17.0	+ 43 42.3	183
New Jersey					
Crawford Hill Obs.	R	Holmdel	− 74 11.2	+ 40 23.5	114
FitzRandolph Obs.		Princeton	− 74 38.8	+ 40 20.7	43
New Mexico					
Apache Point Obs.		Sunspot	− 105 49.2	+ 32 46.8	2781
Capilla Peak Obs.		Albuquerque/Capilla Peak	− 106 24.3	+ 34 41.8	2842
Corralitos Obs.		Las Cruces	− 107 02.6	+ 32 22.8	1453
Joint Obs. for Cometary Research		Socorro/South Baldy Peak	− 107 11.3	+ 33 59.1	3235
National Radio Ast. Obs.	R	Socorro	− 107 37.1	+ 34 04.7	2124
National Solar Obs.		Sunspot	− 105 49.2	+ 32 47.2	2811
New Mexico State Univ. Obs. Sta.		Las Cruces/Blue Mesa	− 107 09.9	+ 32 29.5	2025
New Mexico State Univ. Obs. Sta.		Las Cruces/Tortugas Mtn.	− 106 41.8	+ 32 17.6	1505
New York					
C.E. Kenneth Mees Obs.		Bristol Springs	− 77 24.5	+ 42 42.0	701
Hartung–Boothroyd Obs.		Ithaca	− 76 23.1	+ 42 27.5	534
Rutherfurd Obs.		26	− 73 57.5	+ 40 48.6	25
Syracuse Univ. Obs.		Syracuse	− 76 08.3	+ 43 02.2	160
North Carolina					
Dark Sky Obs.		Boone	− 81 24.7	+ 36 15.1	926
Morehead Obs.		Chapel Hill	− 79 03.0	+ 35 54.8	161
Pisgah Ast. Rsch. Inst. (PARI)		Rosman	− 82 52.3	+ 35 12.0	892
Three College Obs.		Saxapahaw	− 79 24.4	+ 35 56.7	183
Ohio					
Cincinnati Obs.		Cincinnati	− 84 25.4	+ 39 08.3	247
Nassau Ast. Obs.		Montville	− 81 04.5	+ 41 35.5	390
Perkins Obs.		Delaware	− 83 03.3	+ 40 15.1	280
Ritter Obs.		Toledo	− 83 36.8	+ 41 39.7	201
Pennsylvania					
Allegheny Obs.		Pittsburgh	− 80 01.3	+ 40 29.0	380
Black Moshannon Obs.		State College/Rattlesnake Mtn.	− 78 00.3	+ 40 55.3	738
Bucknell Univ. Obs.		Lewisburg	− 76 52.9	+ 40 57.1	170
Flower and Cook Obs.		Malvern	− 75 29.6	+ 40 00.0	155
Kutztown Univ. Obs.		Kutztown	− 75 47.1	+ 40 30.9	158
Sproul Obs.		Swarthmore	− 75 21.4	+ 39 54.3	63
Strawbridge Obs.		Haverford	− 75 18.2	+ 40 00.7	116
The Franklin Inst. Obs.		Philadelphia	− 75 10.4	+ 39 57.5	30
Villanova Univ. Obs.	R	Villanova	− 75 20.5	+ 40 02.4	—
Rhode Island					
Ladd Obs.		Providence	− 71 24.0	+ 41 50.3	69
South Carolina					
Melton Memorial Obs.		Columbia	− 81 01.6	+ 33 59.8	98
Univ. of S.C. Radio Obs.	R	Columbia	− 81 01.9	+ 33 59.8	127
Tennessee					
Arthur J. Dyer Obs.		Nashville	− 86 48.3	+ 36 03.1	345

Observatory Name		Location	East Longitude	Latitude	Height (m.s.l.)
			° ′	° ′	m
USA, cont.					
Texas					
George R. Agassiz Sta.	R	Fort Davis	− 103 56.8	+ 30 38.1	1603
McDonald Obs.	L	Fort Davis/Mt. Locke	− 104 01.3	+ 30 40.3	2075
Millimeter Wave Obs.	R	Fort Davis/Mt. Locke	− 104 01.7	+ 30 40.3	2031
Virginia					
Leander McCormick Obs.		Charlottesville	− 78 31.4	+ 38 02.0	264
Leander McCormick Obs. Sta.		Charlottesville/Fan Mtn.	− 78 41.6	+ 37 52.7	566
Washington					
Manastash Ridge Obs.		Ellensburg/Manastash Ridge	− 120 43.4	+ 46 57.1	1198
West Virginia					
National Radio Ast. Obs.	R	Green Bank	− 79 50.5	+ 38 25.8	836
Naval Research Lab. Radio Sta.	R	Sugar Grove	− 79 16.4	+ 38 31.2	705
Wisconsin					
Pine Bluff Obs.		Pine Bluff	− 89 41.1	+ 43 04.7	366
Thompson Obs.		Beloit	− 89 01.9	+ 42 30.3	255
Washburn Obs.		Madison	− 89 24.5	+ 43 04.6	292
Yerkes Obs.		Williams Bay	− 88 33.4	+ 42 34.2	334
Wyoming					
Wyoming Infrared Obs.	I	Jelm/Jelm Mtn.	− 105 58.6	+ 41 05.9	2943
Uruguay					
Los Molinos Ast. Obs.		Montevideo	− 56 11.4	− 34 45.3	110
Montevideo Obs.		Montevideo	− 56 12.8	− 34 54.6	24
Uzbekistan					
Maidanak Ast. Obs.		Kitab/Mt. Maidanak	+ 66 54.0	+ 38 41.1	2500
Tashkent Obs.		Tashkent	+ 69 17.6	+ 41 19.5	477
Uluk–Bek Latitude Sta.		Kitab	+ 66 52.9	+ 39 08.0	658
Vatican City State					
Vatican Obs.		Castel Gandolfo	+ 12 39.1	+ 41 44.8	450
Venezuela					
Cagigal Obs.		Caracas	− 66 55.7	+ 10 30.4	1026
Llano del Hato Obs.		Mérida	− 70 52.0	+ 8 47.4	3610
Yugoslavia					
Belgrade Ast. Obs.		Belgrade, Serbia	+ 20 30.8	+ 44 48.2	253

m.s.l. = mean sea level

TABLES AND DATA

CONTENTS OF SECTION K

	PAGE
Conversion for pre-January and post-December dates	K1
Julian Day Numbers	
A.D. 1950–2000	K2
A.D. 2000–2050	K3
A.D. 2050–2100	K4
Julian Dates of Gregorian Calendar Dates	K5
Selected Astronomical Constants	wwW, K6
Reduction of Time Scales	
1620–1889	K8
From 1890	K9
Coordinates of the celestial pole (ITRS)	K10
Reduction of terrestrial coordinates	K11
Reduction from geodetic to geocentric coordinates	K11
Other geodetic reference systems	K12
Astronomical coordinates	K13
Interpolation methods	K14
Bessel's interpolation formula	K14
Inverse interpolation	K15
Coefficients for Bessel's interpolation formula	K15
Examples of interpolation methods	K16
Subtabulation	K17
Vectors and matrices	K18

wwW This symbol indicates that these data or auxiliary material may be found on *The Astronomical Almanac Online* at **http://asa.usno.navy.mil** and **http://asa.hmnao.com**

CONVERSION FOR PRE–JANUARY AND POST–DECEMBER DATES

Tabulated Date	Equivalent Date in Previous Year	Tabulated Date	Equivalent Date in Previous Year	Tabulated Date	Equivalent Date in Subsequent Year	Tabulated Date	Equivalent Date in Subsequent Year
Jan. −39	Nov. 22	Jan. −19	Dec. 12	Dec. 32	Jan. 1	Dec. 52	Jan. 21
−38	23	−18	13	33	2	53	22
−37	24	−17	14	34	3	54	23
−36	25	−16	15	35	4	55	24
−35	26	−15	16	36	5	56	25
Jan. −34	Nov. 27	Jan. −14	Dec. 17	Dec. 37	Jan. 6	Dec. 57	Jan. 26
−33	28	−13	18	38	7	58	27
−32	29	−12	19	39	8	59	28
−31	30	−11	20	40	9	60	29
−30	1	−10	21	41	10	61	30
Jan. −29	Dec. 2	Jan. −9	Dec. 22	Dec. 42	Jan. 11	Dec. 62	Jan. 31
−28	3	−8	23	43	12	63	Feb. 1
−27	4	−7	24	44	13	64	2
−26	5	−6	25	45	14	65	3
−25	6	−5	26	46	15	66	4
Jan. −24	Dec. 7	Jan. −4	Dec. 27	Dec. 47	Jan. 16	Dec. 67	Feb. 5
−23	8	−3	28	48	17	68	6
−22	9	−2	29	49	18	69	7
−21	10	−1	30	50	19	70	8
−20	11	Jan. 0	Dec. 31	51	20	71	9

JULIAN DAY NUMBER, 1950–2000

OF DAY COMMENCING AT GREENWICH NOON ON:

Year	Jan. 0	Feb. 0	Mar. 0	Apr. 0	May 0	June 0	July 0	Aug. 0	Sept. 0	Oct. 0	Nov. 0	Dec. 0
1950	243 3282	3313	3341	3372	3402	3433	3463	3494	3525	3555	3586	3616
1951	3647	3678	3706	3737	3767	3798	3828	3859	3890	3920	3951	3981
1952	4012	4043	4072	4103	4133	4164	4194	4225	4256	4286	4317	4347
1953	4378	4409	4437	4468	4498	4529	4559	4590	4621	4651	4682	4712
1954	4743	4774	4802	4833	4863	4894	4924	4955	4986	5016	5047	5077
1955	243 5108	5139	5167	5198	5228	5259	5289	5320	5351	5381	5412	5442
1956	5473	5504	5533	5564	5594	5625	5655	5686	5717	5747	5778	5808
1957	5839	5870	5898	5929	5959	5990	6020	6051	6082	6112	6143	6173
1958	6204	6235	6263	6294	6324	6355	6385	6416	6447	6477	6508	6538
1959	6569	6600	6628	6659	6689	6720	6750	6781	6812	6842	6873	6903
1960	243 6934	6965	6994	7025	7055	7086	7116	7147	7178	7208	7239	7269
1961	7300	7331	7359	7390	7420	7451	7481	7512	7543	7573	7604	7634
1962	7665	7696	7724	7755	7785	7816	7846	7877	7908	7938	7969	7999
1963	8030	8061	8089	8120	8150	8181	8211	8242	8273	8303	8334	8364
1964	8395	8426	8455	8486	8516	8547	8577	8608	8639	8669	8700	8730
1965	243 8761	8792	8820	8851	8881	8912	8942	8973	9004	9034	9065	9095
1966	9126	9157	9185	9216	9246	9277	9307	9338	9369	9399	9430	9460
1967	9491	9522	9550	9581	9611	9642	9672	9703	9734	9764	9795	9825
1968	243 9856	9887	9916	9947	9977	*0008	*0038	*0069	*0100	*0130	*0161	*0191
1969	244 0222	0253	0281	0312	0342	0373	0403	0434	0465	0495	0526	0556
1970	244 0587	0618	0646	0677	0707	0738	0768	0799	0830	0860	0891	0921
1971	0952	0983	1011	1042	1072	1103	1133	1164	1195	1225	1256	1286
1972	1317	1348	1377	1408	1438	1469	1499	1530	1561	1591	1622	1652
1973	1683	1714	1742	1773	1803	1834	1864	1895	1926	1956	1987	2017
1974	2048	2079	2107	2138	2168	2199	2229	2260	2291	2321	2352	2382
1975	244 2413	2444	2472	2503	2533	2564	2594	2625	2656	2686	2717	2747
1976	2778	2809	2838	2869	2899	2930	2960	2991	3022	3052	3083	3113
1977	3144	3175	3203	3234	3264	3295	3325	3356	3387	3417	3448	3478
1978	3509	3540	3568	3599	3629	3660	3690	3721	3752	3782	3813	3843
1979	3874	3905	3933	3964	3994	4025	4055	4086	4117	4147	4178	4208
1980	244 4239	4270	4299	4330	4360	4391	4421	4452	4483	4513	4544	4574
1981	4605	4636	4664	4695	4725	4756	4786	4817	4848	4878	4909	4939
1982	4970	5001	5029	5060	5090	5121	5151	5182	5213	5243	5274	5304
1983	5335	5366	5394	5425	5455	5486	5516	5547	5578	5608	5639	5669
1984	5700	5731	5760	5791	5821	5852	5882	5913	5944	5974	6005	6035
1985	244 6066	6097	6125	6156	6186	6217	6247	6278	6309	6339	6370	6400
1986	6431	6462	6490	6521	6551	6582	6612	6643	6674	6704	6735	6765
1987	6796	6827	6855	6886	6916	6947	6977	7008	7039	7069	7100	7130
1988	7161	7192	7221	7252	7282	7313	7343	7374	7405	7435	7466	7496
1989	7527	7558	7586	7617	7647	7678	7708	7739	7770	7800	7831	7861
1990	244 7892	7923	7951	7982	8012	8043	8073	8104	8135	8165	8196	8226
1991	8257	8288	8316	8347	8377	8408	8438	8469	8500	8530	8561	8591
1992	8622	8653	8682	8713	8743	8774	8804	8835	8866	8896	8927	8957
1993	8988	9019	9047	9078	9108	9139	9169	9200	9231	9261	9292	9322
1994	9353	9384	9412	9443	9473	9504	9534	9565	9596	9626	9657	9687
1995	244 9718	9749	9777	9808	9838	9869	9899	9930	9961	9991	*0022	*0052
1996	245 0083	0114	0143	0174	0204	0235	0265	0296	0327	0357	0388	0418
1997	0449	0480	0508	0539	0569	0600	0630	0661	0692	0722	0753	0783
1998	0814	0845	0873	0904	0934	0965	0995	1026	1057	1087	1118	1148
1999	1179	1210	1238	1269	1299	1330	1360	1391	1422	1452	1483	1513
2000	245 1544	1575	1604	1635	1665	1696	1726	1757	1788	1818	1849	1879

JULIAN DAY NUMBER, 2000–2050

OF DAY COMMENCING AT GREENWICH NOON ON:

Year	Jan. 0	Feb. 0	Mar. 0	Apr. 0	May 0	June 0	July 0	Aug. 0	Sept. 0	Oct. 0	Nov. 0	Dec. 0
2000	245 1544	1575	1604	1635	1665	1696	1726	1757	1788	1818	1849	1879
2001	1910	1941	1969	2000	2030	2061	2091	2122	2153	2183	2214	2244
2002	2275	2306	2334	2365	2395	2426	2456	2487	2518	2548	2579	2609
2003	2640	2671	2699	2730	2760	2791	2821	2852	2883	2913	2944	2974
2004	3005	3036	3065	3096	3126	3157	3187	3218	3249	3279	3310	3340
2005	245 3371	3402	3430	3461	3491	3522	3552	3583	3614	3644	3675	3705
2006	3736	3767	3795	3826	3856	3887	3917	3948	3979	4009	4040	4070
2007	4101	4132	4160	4191	4221	4252	4282	4313	4344	4374	4405	4435
2008	4466	4497	4526	4557	4587	4618	4648	4679	4710	4740	4771	4801
2009	4832	4863	4891	4922	4952	4983	5013	5044	5075	5105	5136	5166
2010	245 5197	5228	5256	5287	5317	5348	5378	5409	5440	5470	5501	5531
2011	5562	5593	5621	5652	5682	5713	5743	5774	5805	5835	5866	5896
2012	5927	5958	5987	6018	6048	6079	6109	6140	6171	6201	6232	6262
2013	6293	6324	6352	6383	6413	6444	6474	6505	6536	6566	6597	6627
2014	6658	6689	6717	6748	6778	6809	6839	6870	6901	6931	6962	6992
2015	245 7023	7054	7082	7113	7143	7174	7204	7235	7266	7296	7327	7357
2016	7388	7419	7448	7479	7509	7540	7570	7601	7632	7662	7693	7723
2017	7754	7785	7813	7844	7874	7905	7935	7966	7997	8027	8058	8088
2018	8119	8150	8178	8209	8239	8270	8300	8331	8362	8392	8423	8453
2019	8484	8515	8543	8574	8604	8635	8665	8696	8727	8757	8788	8818
2020	245 8849	8880	8909	8940	8970	9001	9031	9062	9093	9123	9154	9184
2021	9215	9246	9274	9305	9335	9366	9396	9427	9458	9488	9519	9549
2022	9580	9611	9639	9670	9700	9731	9761	9792	9823	9853	9884	9914
2023	245 9945	9976	*0004	*0035	*0065	*0096	*0126	*0157	*0188	*0218	*0249	*0279
2024	246 0310	0341	0370	0401	0431	0462	0492	0523	0554	0584	0615	0645
2025	246 0676	0707	0735	0766	0796	0827	0857	0888	0919	0949	0980	1010
2026	1041	1072	1100	1131	1161	1192	1222	1253	1284	1314	1345	1375
2027	1406	1437	1465	1496	1526	1557	1587	1618	1649	1679	1710	1740
2028	1771	1802	1831	1862	1892	1923	1953	1984	2015	2045	2076	2106
2029	2137	2168	2196	2227	2257	2288	2318	2349	2380	2410	2441	2471
2030	246 2502	2533	2561	2592	2622	2653	2683	2714	2745	2775	2806	2836
2031	2867	2898	2926	2957	2987	3018	3048	3079	3110	3140	3171	3201
2032	3232	3263	3292	3323	3353	3384	3414	3445	3476	3506	3537	3567
2033	3598	3629	3657	3688	3718	3749	3779	3810	3841	3871	3902	3932
2034	3963	3994	4022	4053	4083	4114	4144	4175	4206	4236	4267	4297
2035	246 4328	4359	4387	4418	4448	4479	4509	4540	4571	4601	4632	4662
2036	4693	4724	4753	4784	4814	4845	4875	4906	4937	4967	4998	5028
2037	5059	5090	5118	5149	5179	5210	5240	5271	5302	5332	5363	5393
2038	5424	5455	5483	5514	5544	5575	5605	5636	5667	5697	5728	5758
2039	5789	5820	5848	5879	5909	5940	5970	6001	6032	6062	6093	6123
2040	246 6154	6185	6214	6245	6275	6306	6336	6367	6398	6428	6459	6489
2041	6520	6551	6579	6610	6640	6671	6701	6732	6763	6793	6824	6854
2042	6885	6916	6944	6975	7005	7036	7066	7097	7128	7158	7189	7219
2043	7250	7281	7309	7340	7370	7401	7431	7462	7493	7523	7554	7584
2044	7615	7646	7675	7706	7736	7767	7797	7828	7859	7889	7920	7950
2045	246 7981	8012	8040	8071	8101	8132	8162	8193	8224	8254	8285	8315
2046	8346	8377	8405	8436	8466	8497	8527	8558	8589	8619	8650	8680
2047	8711	8742	8770	8801	8831	8862	8892	8923	8954	8984	9015	9045
2048	9076	9107	9136	9167	9197	9228	9258	9289	9320	9350	9381	9411
2049	9442	9473	9501	9532	9562	9593	9623	9654	9685	9715	9746	9776
2050	246 9807	9838	9866	9897	9927	9958	9988	*0019	*0050	*0080	*0111	*0141

JULIAN DAY NUMBER, 2050–2100

OF DAY COMMENCING AT GREENWICH NOON ON:

Year	Jan. 0	Feb. 0	Mar. 0	Apr. 0	May 0	June 0	July 0	Aug. 0	Sept. 0	Oct. 0	Nov. 0	Dec. 0
2050	246 9807	9838	9866	9897	9927	9958	9988	*0019	*0050	*0080	*0111	*0141
2051	247 0172	0203	0231	0262	0292	0323	0353	0384	0415	0445	0476	0506
2051	0172	0203	0231	0262	0292	0323	0353	0384	0415	0445	0476	0506
2052	0537	0568	0597	0628	0658	0689	0719	0750	0781	0811	0842	0872
2053	0903	0934	0962	0993	1023	1054	1084	1115	1146	1176	1207	1237
2054	1268	1299	1327	1358	1388	1419	1449	1480	1511	1541	1572	1602
2055	247 1633	1664	1692	1723	1753	1784	1814	1845	1876	1906	1937	1967
2056	1998	2029	2058	2089	2119	2150	2180	2211	2242	2272	2303	2333
2057	2364	2395	2423	2454	2484	2515	2545	2576	2607	2637	2668	2698
2058	2729	2760	2788	2819	2849	2880	2910	2941	2972	3002	3033	3063
2059	3094	3125	3153	3184	3214	3245	3275	3306	3337	3367	3398	3428
2060	247 3459	3490	3519	3550	3580	3611	3641	3672	3703	3733	3764	3794
2061	3825	3856	3884	3915	3945	3976	4006	4037	4068	4098	4129	4159
2062	4190	4221	4249	4280	4310	4341	4371	4402	4433	4463	4494	4524
2063	4555	4586	4614	4645	4675	4706	4736	4767	4798	4828	4859	4889
2064	4920	4951	4980	5011	5041	5072	5102	5133	5164	5194	5225	5255
2065	247 5286	5317	5345	5376	5406	5437	5467	5498	5529	5559	5590	5620
2066	5651	5682	5710	5741	5771	5802	5832	5863	5894	5924	5955	5985
2067	6016	6047	6075	6106	6136	6167	6197	6228	6259	6289	6320	6350
2068	6381	6412	6441	6472	6502	6533	6563	6594	6625	6655	6686	6716
2069	6747	6778	6806	6837	6867	6898	6928	6959	6990	7020	7051	7081
2070	247 7112	7143	7171	7202	7232	7263	7293	7324	7355	7385	7416	7446
2071	7477	7508	7536	7567	7597	7628	7658	7689	7720	7750	7781	7811
2072	7842	7873	7902	7933	7963	7994	8024	8055	8086	8116	8147	8177
2073	8208	8239	8267	8298	8328	8359	8389	8420	8451	8481	8512	8542
2074	8573	8604	8632	8663	8693	8724	8754	8785	8816	8846	8877	8907
2075	247 8938	8969	8997	9028	9058	9089	9119	9150	9181	9211	9242	9272
2076	9303	9334	9363	9394	9424	9455	9485	9516	9547	9577	9608	9638
2077	247 9669	9700	9728	9759	9789	9820	9850	9881	9912	9942	9973	*0003
2078	248 0034	0065	0093	0124	0154	0185	0215	0246	0277	0307	0338	0368
2078	0034	0065	0093	0124	0154	0185	0215	0246	0277	0307	0338	0368
2079	0399	0430	0458	0489	0519	0550	0580	0611	0642	0672	0703	0733
2080	248 0764	0795	0824	0855	0885	0916	0946	0977	1008	1038	1069	1099
2081	1130	1161	1189	1220	1250	1281	1311	1342	1373	1403	1434	1464
2082	1495	1526	1554	1585	1615	1646	1676	1707	1738	1768	1799	1829
2083	1860	1891	1919	1950	1980	2011	2041	2072	2103	2133	2164	2194
2084	2225	2256	2285	2316	2346	2377	2407	2438	2469	2499	2530	2560
2085	248 2591	2622	2650	2681	2711	2742	2772	2803	2834	2864	2895	2925
2086	2956	2987	3015	3046	3076	3107	3137	3168	3199	3229	3260	3290
2087	3321	3352	3380	3411	3441	3472	3502	3533	3564	3594	3625	3655
2088	3686	3717	3746	3777	3807	3838	3868	3899	3930	3960	3991	4021
2089	4052	4083	4111	4142	4172	4203	4233	4264	4295	4325	4356	4386
2090	248 4417	4448	4476	4507	4537	4568	4598	4629	4660	4690	4721	4751
2091	4782	4813	4841	4872	4902	4933	4963	4994	5025	5055	5086	5116
2092	5147	5178	5207	5238	5268	5299	5329	5360	5391	5421	5452	5482
2093	5513	5544	5572	5603	5633	5664	5694	5725	5756	5786	5817	5847
2094	5878	5909	5937	5968	5998	6029	6059	6090	6121	6151	6182	6212
2095	248 6243	6274	6302	6333	6363	6394	6424	6455	6486	6516	6547	6577
2096	6608	6639	6668	6699	6729	6760	6790	6821	6852	6882	6913	6943
2097	6974	7005	7033	7064	7094	7125	7155	7186	7217	7247	7278	7308
2098	7339	7370	7398	7429	7459	7490	7520	7551	7582	7612	7643	7673
2099	7704	7735	7763	7794	7824	7855	7885	7916	7947	7977	8008	8038
2100	248 8069	8100	8128	8159	8189	8220	8250	8281	8312	8342	8373	8403

JULIAN DATES OF GREGORIAN CALENDAR DATES

The Julian date (JD) corresponding to any instant is the interval in mean solar days elapsed since 4713 BC January 1 at Greenwich mean noon (12^h UT). To determine the JD at 0^h UT for a given Gregorian calendar date, sum the values from Table A for century, Table B for year and Table C for month; then add the day of the month. Julian dates for the current year are given on page B3.

A. Julian date at January 0^d 0^h UT of centurial year

Year	1600†	1700	1800	1900	2000†	2100
Julian date	230 5447·5	234 1971·5	237 8495·5	241 5019·5	245 1544·5	248 8068·5

† Centurial years that are exactly divisible by 400 are leap years in the Gregorian calendar. To determine the JD for any date in such a year, subtract 1 from the JD in Table A and use the leap year portion of Table C. (For 1600 and 2000 the JDs tabulated in Table A are actually for January 1^d 0^h.)

B. Addition to give Julian date for January 0^d 0^h UT of year

Year	Add	Year	Add	Year	Add	Year	Add
0	0	25	9131	50	18262	75	27393
1	365	26	9496	51	18627	76*	27758
2	730	27	9861	52*	18992	77	28124
3	1095	28*	10226	53	19358	78	28489
4*	1460	29	10592	54	19723	79	28854
5	1826	30	10957	55	20088	80*	29219
6	2191	31	11322	56*	20453	81	29585
7	2556	32*	11687	57	20819	82	29950
8*	2921	33	12053	58	21184	83	30315
9	3287	34	12418	59	21549	84*	30680
10	3652	35	12783	60*	21914	85	31046
11	4017	36*	13148	61	22280	86	31411
12*	4382	37	13514	62	22645	87	31776
13	4748	38	13879	63	23010	88*	32141
14	5113	39	14244	64*	23375	89	32507
15	5478	40*	14609	65	23741	90	32872
16*	5843	41	14975	66	24106	91	33237
17	6209	42	15340	67	24471	92*	33602
18	6574	43	15705	68*	24836	93	33968
19	6939	44*	16070	69	25202	94	34333
20*	7304	45	16436	70	25567	95	34698
21	7670	46	16801	71	25932	96*	35063
22	8035	47	17166	72*	26297	97	35429
23	8400	48*	17531	73	26663	98	35794
24*	8765	49	17897	74	27028	99	36159

Examples

a. 1981 November 14

Table A	
1900 Jan. 0	241 5019·5
+ Table B	+ 2 9585
1981 Jan. 0	244 4604·5
+ Table C (n.y.)	+ 304
1981 Nov. 0	244 4908·5
+ Day of Month	+ 14
1981 Nov. 14	244 4922·5

b. 2000 September 24

Table A	
2000 Jan. 1	245 1544·5
− 1 (for 2000)	− 1
2000 Jan. 0	245 1543·5
+ Table B	+ 0
2000 Jan. 0	245 1543·5
+ Table C (l.y.)	+ 244
2000 Sept. 0	245 1787·5
+ Day of Month	+ 24
2000 Sept. 24	245 1811·5

c. 2006 June 21

Table A	
2000 Jan. 1	245 1544·5
+ Table B	+ 2191
2006 Jan. 0	245 3735·5
+ Table C (n.y.)	+ 151
2006 June 0	245 3886·5
+ Day of Month	+ 21
2006 June 21	245 3907·5

* Leap years

C. Addition to give Julian date for beginning of month (0^d 0^h UT)

	Jan.	Feb.	Mar.	Apr.	May	June	July	Aug.	Sept.	Oct.	Nov.	Dec.
Normal year	0	31	59	90	120	151	181	212	243	273	304	334
Leap year	0	31	60	91	121	152	182	213	244	274	305	335

WARNING: prior to 1925 Greenwich mean noon (i.e. 12^h UT) was usually denoted by 0^h GMT in astronomical publications.

Conversions between Calendar dates and Julian dates may be performed using the USNO utility which is located under "Data Services" on their website (see AsA-Online for the link).

ASTRONOMICAL CONSTANTS

Selected Astronomical Constants

Units:

The units meter (m), kilogram (kg), and SI second (s) are the units of length, mass and time in the International System of Units (SI).

The astronomical unit of time is a time interval of one day (D) of 86400 seconds. An interval of 36525 days is one Julian century. The astronomical unit of mass is the mass of the Sun (S). The astronomical unit of length is that length (A) for which the Gaussian gravitational constant (k) takes the value 0·017 202 098 95 when the units of measurement are the astronomical units of length, mass and time. The dimensions of k^2 are those of the constant of gravitation (G), i.e., $A^3 S^{-1} D^{-2}$.

Some constants from the JPL DE405 ephemeris are consistent with TDB seconds (see page L2). For these quantities both TDB and SI compatible values are given, which are indicated in brackets.

		Quantity	Symbol, Value(s), [Uncertainty]	Refs.
Defining constants:				
	1	Gaussian gravitational constant	$k = 0.017\ 202\ 098\ 95$	I*
	2	Speed of light	$c = 299\ 792\ 458\ \text{m s}^{-1}$	C E J A
	3	L_G	$L_G = 6.969\ 290\ 134 \times 10^{-10}$	I E
	4	L_B	$L_B = 1.550\ 519\ 767\ 72 \times 10^{-8}$	I06 E
Other consants and quantities:				
	5	L_C	$L_C = 1.480\ 826\ 867\ 41 \times 10^{-8}$ $[2 \times 10^{-17}]$	I E
	6	Light-time for unit distance	$\tau_A = 499^s\!.004\ 783\ 806\ 1$ (TDB) $= 499^s\!.004\ 786\ 385\ 2$ (SI) $[2 \times 10^{-8}]$ $1/\tau_A = 173.144\ 632\ 684\ 7$ au/d (TDB)	J E A
	7	Unit distance, astronomical unit in metres	$A = c\tau_A$ $= 149\ 597\ 870\ 691$ m (TDB) $= 149\ 597\ 871\ 464$ m (SI) $[6]$	J E
	8	Equatorial radius for Earth	$a_e = 6\ 378\ 136.6$ m $[0.10]$	G E A
	9	Flattening factor for Earth	$f = 0.003\ 352\ 8197 = 1/298.256\ 42$ $[1/0.00001]$	G E A
	10	Dynamical form-factor for the Earth	$J_2 = 0.001\ 082\ 635\ 9$ $[1 \times 10^{-10}]$	G E
	11	Nominal mean angular velocity of Earth rotation	$\omega = 7.292\ 115 \times 10^{-5}\ \text{rad s}^{-1}$ [variable]	I E G
	12	Potential of the geoid	$W_0 = 6.263\ 685\ 60 \times 10^7\ \text{m}^2\ \text{s}^{-2}$ $[0.5]$	G E
	13	Geocentric gravitational constant	$GE = 3.986\ 004\ 329 \times 10^{14}\ \text{m}^3\ \text{s}^{-2}$ (TDB) $= 3.986\ 004\ 391 \times 10^{14}\ \text{m}^3\ \text{s}^{-2}$ (SI) $= 3.986\ 004\ 418 \times 10^{14}\ \text{m}^3\ \text{s}^{-2}$ $[8 \times 10^5]$	J A G E
	14	Heliocentric gravitational constant	$GS = A^3 k^2 / D^2$ $= 1.327\ 124\ 400\ 179\ 87 \times 10^{20}\ \text{m}^3\ \text{s}^{-2}$ (TDB) $= 1.327\ 124\ 420\ 76 \times 10^{20}\ \text{m}^3\ \text{s}^{-2}$ (SI) $[5 \times 10^{10}]$	J A E
	15	Constant of gravitation	$G = 6.674\ 28 \times 10^{-11}\ \text{m}^3\ \text{kg}^{-1}\ \text{s}^{-2}$ $= 6.673 \times 10^{-11}\ \text{m}^3\ \text{kg}^{-1}\ \text{s}^{-2}$ $[0.067 \times 10^{-13}]$ and $[1.0 \times 10^{-13}]$, respectively	C E

Selected Astronomical Constants (continued)

	Quantity	Symbol, Value(s), [Uncertainty]	Refs.
Other constants (continued):			
16	General precession in longitude at J2000·0	$p_A = 5028\rlap{.}''796\,195$ per Julian century $= 5028\rlap{.}''796\,95$ per Julian century	I_{06} A P P I E
17	Mean obliquity of the ecliptic at J2000·0	$\epsilon_0 = 23°\,26'\,21\rlap{.}''406 = 84\,381\rlap{.}''406$ $[0\rlap{.}''0001]$ $= 23°\,26'\,21\rlap{.}''4059 = 84\,381\rlap{.}''4059$ $= 23°\,26'\,21\rlap{.}''448 = 84\,381\rlap{.}''448$	I_{06} A E I* I
18	Ratio: mass of Moon to that of the Earth	$\mu = 1/81\cdot300\,56 = 0\cdot012\,300\,0383$ $[5 \times 10^{-10}]$	E J
19	Ratio: mass of Sun to that of the Earth	$S/E = GS/GE = 332\,946\cdot050\,895$	J
20	Ratio: mass of Sun to that of the Earth + Moon	$(S/E)/(1+\mu)$ $= 328\,900\cdot561\,400$	J
21	Mass of the Sun	$S = (GS)/G = 1\cdot9884 \times 10^{30}$ kg	
22	Constant of nutation	$N = 9\rlap{.}''2052\,331$ at epoch J2000·0	I
23	Solar parallax	$\pi_\odot = \sin^{-1}(a_e/A) = 8\rlap{.}''794\,143$	
24	Constant of aberration	$\kappa = 20\rlap{.}''495\,51$ at epoch J2000·0	
25	Ratios of mass of Sun to masses of the planets: JPL DE405 Ephemeris (J)		
	Mercury 6 023 600 Jupiter 1 047·3486 Pluto 135 200 000 Venus 408 523·71 Saturn 3 497·898 Earth + Moon 328 900·561 400 Uranus 22 902·98 Mars 3 098 708 Neptune 19 412·24		
26	Minor planet masses: mass in solar mass		
	Hilton (H) JPL DE405 (J) 1 Ceres $4\cdot39 \times 10^{-10}$ ±0·04 $4\cdot7 \times 10^{-10}$ 2 Pallas $1\cdot59 \times 10^{-10}$ ±0·05 $1\cdot0 \times 10^{-10}$ 4 Vesta $1\cdot69 \times 10^{-10}$ ±0·11 $1\cdot3 \times 10^{-10}$		
27	Masses of the larger natural satellites: mass satellite/mass of the planet (see pages F3, F5)		
	Jupiter Io $4\cdot70 \times 10^{-5}$ **Saturn** Titan $2\cdot37 \times 10^{-4}$ Europa $2\cdot53 \times 10^{-5}$ **Uranus** Titania $4\cdot06 \times 10^{-5}$ Ganymede $7\cdot80 \times 10^{-5}$ Oberon $3\cdot47 \times 10^{-5}$ Callisto $5\cdot67 \times 10^{-5}$ **Neptune** Triton $2\cdot09 \times 10^{-4}$		
28	Equatorial radii in km: *Cartographic Coordinates* (CC) and JPL DE405 Ephemeris (J)		
	CC A JPL CC A CC A Mercury 2 439·7 ±1·0 2 439·76 Jupiter 71 492 ± 4 Pluto 1 195 ±5 Venus 6 051·8 ±1·0 6 052·3 Saturn 60 268 ± 4 Earth 6 378·14 ±0·01 6 378·137 Uranus 25 559 ± 4 Moon (mean) 1 737·4 ± 1 Mars 3 396·19 ±0·1 3 397·515 Neptune 24 764 ± 15 Sun (I*) 696 000		

The list below gives the references (Refs.) which indicate where the constants has been used, quoted or derived from. The full references may be found at the end of Section L *Notes and References*, as well as on AsA-Online.

A	Constants used in this publication.		
C	CODATA 2006.	I_{06}	IAU XXV GA 2006.
CC	IAU/IAG WGCCRE 2007.	I	IAU XXIV GA 2000.
E	IERS Conventions 2003 (IAU 2000).	I*	IAU 1976.
G	IAG XXII GA 1999, SC3.	J	JPL DE405/LE405 Ephemeris.
H	Hilton, ApJ., 1999.	P	Capitaine, A&A 2003.

REDUCTION OF TIME-SCALES, 1620–1889

$$\Delta T = ET - UT$$

Year	ΔT (s)	Year	ΔT (s)	Year	ΔT (s)	Year	ΔT (s)	Year	ΔT (s)	Year	ΔT (s)
1620.0	+124	1665.0	+32	1710.0	+10	1755.0	+14	1800.0	+13.7	1845.0	+6.3
1621	+119	1666	+31	1711	+10	1756	+14	1801	+13.4	1846	+6.5
1622	+115	1667	+30	1712	+10	1757	+14	1802	+13.1	1847	+6.6
1623	+110	1668	+28	1713	+10	1758	+15	1803	+12.9	1848	+6.8
1624	+106	1669	+27	1714	+10	1759	+15	1804	+12.7	1849	+6.9
1625.0	+102	1670.0	+26	1715.0	+10	1760.0	+15	1805.0	+12.6	1850.0	+7.1
1626	+98	1671	+25	1716	+10	1761	+15	1806	+12.5	1851	+7.2
1627	+95	1672	+24	1717	+11	1762	+15	1807	+12.5	1852	+7.3
1628	+91	1673	+23	1718	+11	1763	+15	1808	+12.5	1853	+7.4
1629	+88	1674	+22	1719	+11	1764	+15	1809	+12.5	1854	+7.5
1630.0	+85	1675.0	+21	1720.0	+11	1765.0	+16	1810.0	+12.5	1855.0	+7.6
1631	+82	1676	+20	1721	+11	1766	+16	1811	+12.5	1856	+7.7
1632	+79	1677	+19	1722	+11	1767	+16	1812	+12.5	1857	+7.7
1633	+77	1678	+18	1723	+11	1768	+16	1813	+12.5	1858	+7.8
1634	+74	1679	+17	1724	+11	1769	+16	1814	+12.5	1859	+7.8
1635.0	+72	1680.0	+16	1725.0	+11	1770.0	+16	1815.0	+12.5	1860.0	+7.88
1636	+70	1681	+15	1726	+11	1771	+16	1816	+12.5	1861	+7.82
1637	+67	1682	+14	1727	+11	1772	+16	1817	+12.4	1862	+7.54
1638	+65	1683	+14	1728	+11	1773	+16	1818	+12.3	1863	+6.97
1639	+63	1684	+13	1729	+11	1774	+16	1819	+12.2	1864	+6.40
1640.0	+62	1685.0	+12	1730.0	+11	1775.0	+17	1820.0	+12.0	1865.0	+6.02
1641	+60	1686	+12	1731	+11	1776	+17	1821	+11.7	1866	+5.41
1642	+58	1687	+11	1732	+11	1777	+17	1822	+11.4	1867	+4.10
1643	+57	1688	+11	1733	+11	1778	+17	1823	+11.1	1868	+2.92
1644	+55	1689	+10	1734	+12	1779	+17	1824	+10.6	1869	+1.82
1645.0	+54	1690.0	+10	1735.0	+12	1780.0	+17	1825.0	+10.2	1870.0	+1.61
1646	+53	1691	+10	1736	+12	1781	+17	1826	+9.6	1871	+0.10
1647	+51	1692	+9	1737	+12	1782	+17	1827	+9.1	1872	−1.02
1648	+50	1693	+9	1738	+12	1783	+17	1828	+8.6	1873	−1.28
1649	+49	1694	+9	1739	+12	1784	+17	1829	+8.0	1874	−2.69
1650.0	+48	1695.0	+9	1740.0	+12	1785.0	+17	1830.0	+7.5	1875.0	−3.24
1651	+47	1696	+9	1741	+12	1786	+17	1831	+7.0	1876	−3.64
1652	+46	1697	+9	1742	+12	1787	+17	1832	+6.6	1877	−4.54
1653	+45	1698	+9	1743	+12	1788	+17	1833	+6.3	1878	−4.71
1654	+44	1699	+9	1744	+13	1789	+17	1834	+6.0	1879	−5.11
1655.0	+43	1700.0	+9	1745.0	+13	1790.0	+17	1835.0	+5.8	1880.0	−5.40
1656	+42	1701	+9	1746	+13	1791	+17	1836	+5.7	1881	−5.42
1657	+41	1702	+9	1747	+13	1792	+16	1837	+5.6	1882	−5.20
1658	+40	1703	+9	1748	+13	1793	+16	1838	+5.6	1883	−5.46
1659	+38	1704	+9	1749	+13	1794	+16	1839	+5.6	1884	−5.46
1660.0	+37	1705.0	+9	1750.0	+13	1795.0	+16	1840.0	+5.7	1885.0	−5.79
1661	+36	1706	+9	1751	+14	1796	+15	1841	+5.8	1886	−5.63
1662	+35	1707	+9	1752	+14	1797	+15	1842	+5.9	1887	−5.64
1663	+34	1708	+10	1753	+14	1798	+14	1843	+6.1	1888	−5.80
1664.0	+33	1709.0	+10	1754.0	+14	1799.0	+14	1844.0	+6.2	1889.0	−5.66

For years 1620 to 1955 the table is based on an adopted value of $-26''/\text{cy}^2$ for the tidal term ($\dot{n}$) in the mean motion of the Moon from the results of analyses of observations of lunar occultations of stars, eclipses of the Sun, and transits of Mercury (see F. R. Stephenson and L. V. Morrison, *Phil. Trans. R. Soc. London*, 1984, A **313**, 47-70)

To calculate the values of ΔT for a different value of the tidal term ($\dot{n}'$), add

$$-0.000\,091\,(\dot{n}' + 26)\,(\text{year} - 1955)^2 \text{ seconds}$$

to the tabulated value of ΔT

REDUCTION OF TIME-SCALES FROM 1890

1890–1983, $\Delta T = $ ET $-$ UT
1984–2000, $\Delta T = $ TDT $-$ UT
From 2001, $\Delta T = $ TT $-$ UT

Extrapolated Values

TAI $-$ UTC

Year	ΔT (s)	Year	ΔT (s)	Year	ΔT (s)	Year	ΔT (s)	Date	ΔAT (s)
1890·0	$-$5·87	1935·0	+23·93	1980·0	+50·54	2008	+65·5	1972 Jan. 1	+10·00
1891	$-$6·01	1936	+23·73	1981	+51·38	2009	+66·1	1972 July 1	+11·00
1892	$-$6·19	1937	+23·92	1982	+52·17	2010	+66·7	1973 Jan. 1	+12·00
1893	$-$6·64	1938	+23·96	1983	+52·96	2011	+67	1974 Jan. 1	+13·00
1894	$-$6·44	1939	+24·02	1984	+53·79	2012	+68	1975 Jan. 1	+14·00
1895·0	$-$6·47	1940·0	+24·33	1985·0	+54·34			1976 Jan. 1	+15·00
1896	$-$6·09	1941	+24·83	1986	+54·87			1977 Jan. 1	+16·00
1897	$-$5·76	1942	+25·30	1987	+55·32			1978 Jan. 1	+17·00
1898	$-$4·66	1943	+25·70	1988	+55·82			1979 Jan. 1	+18·00
1899	$-$3·74	1944	+26·24	1989	+56·30			1980 Jan. 1	+19·00
1900·0	$-$2·72	1945·0	+26·77	1990·0	+56·86			1981 July 1	+20·00
1901	$-$1·54	1946	+27·28	1991	+57·57			1982 July 1	+21·00
1902	$-$0·02	1947	+27·78	1992	+58·31			1983 July 1	+22·00
1903	+1·24	1948	+28·25	1993	+59·12			1985 July 1	+23·00
1904	+2·64	1949	+28·71	1994	+59·98			1988 Jan. 1	+24·00
1905·0	+3·86	1950·0	+29·15	1995·0	+60·78			1990 Jan. 1	+25·00
1906	+5·37	1951	+29·57	1996	+61·63			1991 Jan. 1	+26·00
1907	+6·14	1952	+29·97	1997	+62·29			1992 July 1	+27·00
1908	+7·75	1953	+30·36	1998	+62·97			1993 July 1	+28·00
1909	+9·13	1954	+30·72	1999	+63·47			1994 July 1	+29·00
1910·0	+10·46	1955·0	+31·07	2000·0	+63·83			1996 Jan. 1	+30·00
1911	+11·53	1956	+31·35	2001	+64·09			1997 July 1	+31·00
1912	+13·36	1957	+31·68	2002	+64·30			1999 Jan. 1	+32·00
1913	+14·65	1958	+32·18	2003	+64·47			2006 Jan. 1	+33·00
1914	+16·01	1959	+32·68	2004	+64·57				
1915·0	+17·20	1960·0	+33·15	2005·0	+64·69				
1916	+18·24	1961	+33·59	2006	+64·85				
1917	+19·06	1962	+34·00	2007	+65·15				
1918	+20·25	1963	+34·47						
1919	+20·95	1964	+35·03						
1920·0	+21·16	1965·0	+35·73						
1921	+22·25	1966	+36·54						
1922	+22·41	1967	+37·43						
1923	+23·03	1968	+38·29						
1924	+23·49	1969	+39·20						
1925·0	+23·62	1970·0	+40·18						
1926	+23·86	1971	+41·17						
1927	+24·49	1972	+42·23						
1928	+24·34	1973	+43·37						
1929	+24·08	1974	+44·49						
1930·0	+24·02	1975·0	+45·48						
1931	+24·00	1976	+46·46						
1932	+23·87	1977	+47·52						
1933	+23·95	1978	+48·53						
1934·0	+23·86	1979·0	+49·59						

In critical cases descend

ΔET
ΔTT $= \Delta$AT $+ 32^s\!\cdot\!184$

From 1990 onwards, ΔT is for January 1 0^h UTC.

See page B6 for a summary of the notation for time-scales.

COORDINATES OF THE CELESTIAL POLE

WITH RESPECT TO THE INTERNATIONAL TERRESTRIAL REFERENCE SYSTEM (ITRS)

Date	x 1970 "	y "	x 1980 "	y "	x 1990 "	y "	x 2000 "	y "
Jan. 1	−0·140	+0·144	+0·129	+0·251	−0·132	+0·165	+0·043	+0·378
Apr. 1	−0·097	+0·397	+0·014	+0·189	−0·154	+0·469	+0·075	+0·346
July 1	+0·139	+0·405	−0·044	+0·280	+0·161	+0·542	+0·110	+0·280
Oct. 1	+0·174	+0·125	−0·006	+0·338	+0·297	+0·243	−0·006	+0·247
	1971		**1981**		**1991**		**2001**	
Jan. 1	−0·081	+0·026	+0·056	+0·361	+0·023	+0·069	−0·073	+0·400
Apr. 1	−0·199	+0·313	+0·088	+0·285	−0·217	+0·281	+0·091	+0·490
July 1	+0·050	+0·523	+0·075	+0·209	−0·033	+0·560	+0·254	+0·308
Oct. 1	+0·249	+0·263	−0·045	+0·210	+0·250	+0·436	+0·065	+0·118
	1972		**1982**		**1992**		**2002**	
Jan. 1	+0·045	+0·050	−0·091	+0·378	+0·182	+0·168	−0·177	+0·294
Apr. 1	−0·180	+0·174	+0·093	+0·431	−0·083	+0·162	−0·031	+0·541
July 1	−0·031	+0·409	+0·231	+0·239	−0·142	+0·378	+0·228	+0·462
Oct. 1	+0·142	+0·344	+0·036	+0·060	+0·055	+0·503	+0·199	+0·200
	1973		**1983**		**1993**		**2003**	
Jan. 1	+0·129	+0·139	−0·211	+0·249	+0·208	+0·359	−0·088	+0·188
Apr. 1	−0·035	+0·129	−0·069	+0·538	+0·115	+0·170	−0·133	+0·436
July 1	−0·075	+0·286	+0·269	+0·436	−0·062	+0·209	+0·131	+0·539
Oct. 1	+0·035	+0·347	+0·235	+0·069	−0·095	+0·370	+0·259	+0·304
	1974		**1984**		**1994**		**2004**	
Jan. 1	+0·115	+0·252	−0·125	+0·089	+0·010	+0·476	+0·031	+0·154
Apr. 1	+0·037	+0·185	−0·211	+0·410	+0·174	+0·391	−0·140	+0·321
July 1	+0·014	+0·216	+0·119	+0·543	+0·137	+0·212	−0·008	+0·510
Oct. 1	+0·002	+0·225	+0·313	+0·246	−0·066	+0·199	+0·199	+0·432
	1975		**1985**		**1995**		**2005**	
Jan. 1	−0·055	+0·281	+0·051	+0·025	−0·154	+0·418	+0·149	+0·238
Apr. 1	+0·027	+0·344	−0·196	+0·220	+0·032	+0·558	−0·029	+0·243
July 1	+0·151	+0·249	−0·044	+0·482	+0·280	+0·384	−0·040	+0·397
Oct. 1	+0·063	+0·115	+0·214	+0·404	+0·138	+0·106	+0·059	+0·417
	1976		**1986**		**1996**		**2006**	
Jan. 1	−0·145	+0·204	+0·187	+0·072	−0·176	+0·191	+0·053	+0·383
Apr. 1	−0·091	+0·399	−0·041	+0·139	−0·152	+0·506	+0·103	+0·374
July 1	+0·159	+0·390	−0·075	+0·324	+0·179	+0·546	+0·128	+0·300
Oct. 1	+0·227	+0·158	+0·062	+0·395	+0·267	+0·227	+0·033	+0·252
	1977		**1987**		**1997**		**2007**	
Jan. 1	−0·065	+0·076	+0·146	+0·315	−0·023	+0·095	−0·049	+0·347
Apr. 1	−0·226	+0·362	+0·096	+0·212	−0·191	+0·329	+0·023	+0·479
July 1	+0·085	+0·500	−0·003	+0·208	+0·019	+0·536	+0·209	+0·412
Oct. 1	+0·281	+0·230	−0·053	+0·295	+0·221	+0·379		
	1978		**1988**		**1998**			
Jan. 1	+0·007	+0·015	−0·023	+0·414	+0·103	+0·175		
Apr. 1	−0·231	+0·240	+0·134	+0·407	−0·110	+0·252		
July 1	−0·042	+0·483	+0·171	+0·253	−0·068	+0·439		
Oct. 1	+0·236	+0·353	+0·011	+0·132	+0·125	+0·445		
	1979		**1989**		**1999**			
Jan. 1	+0·140	+0·076	−0·159	+0·316	+0·139	+0·296		
Apr. 1	−0·107	+0·133	+0·028	+0·482	+0·026	+0·241		
July 1	−0·117	+0·351	+0·238	+0·369	−0·032	+0·310		
Oct. 1	+0·092	+0·408	+0·167	+0·106	+0·006	+0·379		

The orientation of the ITRS is consistent with the former BIH system (and the previous IPMS and ILS systems). The angles, x y, are defined on page B84. From 1988 their values have been taken from the IERS Bulletin B, published by the IERS Central Bureau, Bundesamt für Kartographie und Geodäsie, Richard-Strauss-Allee 11, 60598 Frankfurt am Main, Germany. Further information about IERS products may be found via AsA-Online.

REDUCTION OF TERRESTRIAL COORDINATES

Introduction

In the reduction of astrometric observations of high precision it is necessary to distinguish between several different systems of terrestrial coordinates that are used to specify the positions of points on or near the surface of the Earth. The formulae on page B84 for the reduction for polar motion give the relationships between the representations of a geocentric vector referred to either the equinox-based celestial reference system of the true equator and equinox of date, or the Celestial Intermediate Reference System, and the current terrestrial reference system, which is realized by the International Terrestrial Reference Frame, ITRF2000 (Altamimi, Sillard and Boucher, *J. Geophys. Res.*, 107(B10), 2214, 2002). Realizations of the ITRF have been published at intervals since 1989 in the form of the geocentric rectangular coordinates and velocities of observing sites around the world. ITRF2000 is a rigorous combination of space geodesy solutions from the techniques of VLBI, SLR, LLR, GPS and DORIS from some 800 stations located at about 500 sites with better global distribution compared to previous ITRF versions. The ITRF2000 origin is defined by the Earth centre of mass sensed by SLR and its scale by SLR and VLBI solutions. The ITRF axes are consistent with the axes of the former BIH Terrestrial System (BTS) to within $\pm 0''\!.005$, and the BTS was consistent with the earlier Conventional International Origin to within $\pm 0''\!.03$ The use of rectangular coordinates is precise and unambiguous, but for some purposes it is more convenient to represent the position by its longitude, latitude and height referred to a reference spheroid (the term "spheroid" is used here in the sense of an ellipsoid whose equatorial section is a circle and for which each meridional section is an ellipse). The precise transformation between these coordinate systems is given below. The spheroid is defined by two parameters, its equatorial radius and flattening (usually the reciprocal of the flattening is given). The values used should always be stated with any tabulation of spheroidal positions, but in case they should be omitted a list of the parameters of some commonly used spheroids is given in the table on page K13. For work such as mapping gravity anomalies it is convenient that the reference spheroid should also be an equipotential surface of a reference body that is in hydrostatic equilibrium, and has the equatorial radius, gravitational constant, dynamical form factor and angular velocity of the Earth. This is referred to as a Geodetic Reference System (rather than just a reference spheroid). It provides a suitable approximation to mean sea level (i.e. to the geoid), but may differ from it by up to 100m in some regions.

Reduction from geodetic to geocentric coordinates

The position of a point relative to a terrestrial reference frame may be expressed in three ways:

(i) geocentric equatorial rectangular coordinates, x, y, z;

(ii) geocentric longitude, latitude and radius, λ, ϕ', ρ;

(iii) geodetic longitude, latitude and height, λ, ϕ, h.

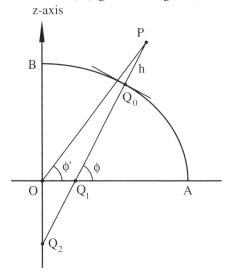

O is centre of Earth
OA = equatorial radius, a
OB = polar radius, b
    = $a(1 - f)$
OP = geocentric radius, $a\rho$
PQ_0 is normal to the reference spheroid
$Q_0Q_1 = aS$
$Q_0Q_2 = aC$
ϕ = geodetic latitude
ϕ' = geocentric latitude

K12 REDUCTION OF TERRESTRIAL COORDINATES

The geodetic and geocentric longitudes of a point are the same, while the relationship between the geodetic and geocentric latitudes of a point is illustrated in the figure on page K11, which represents a meridional section through the reference spheroid. The geocentric radius ρ is usually expressed in units of the equatorial radius of the reference spheroid. The following relationships hold between the geocentric and geodetic coordinates:

$$x = a\rho \cos\phi' \cos\lambda = (aC + h) \cos\phi \cos\lambda$$
$$y = a\rho \cos\phi' \sin\lambda = (aC + h) \cos\phi \sin\lambda$$
$$z = a\rho \sin\phi' = (aS + h) \sin\phi$$

where a is the equatorial radius of the spheroid and C and S are auxiliary functions that depend on the geodetic latitude and on the flattening f of the reference spheroid. The polar radius b and the eccentricity e of the ellipse are given by:

$$b = a(1 - f) \qquad e^2 = 2f - f^2 \quad \text{or} \quad 1 - e^2 = (1 - f)^2$$

It follows from the geometrical properties of the ellipse that:

$$C = \{\cos^2\phi + (1 - f)^2 \sin^2\phi\}^{-1/2} \qquad S = (1 - f)^2 C$$

Geocentric coordinates may be calculated directly from geodetic coordinates. The reverse calculation of geodetic coordinates from geocentric coordinates can be done in closed form (see for example, Borkowski, *Bull. Geod.* **63**, 50-56, 1989), but it is usually done using an iterative procedure.

An iterative procedure for calculating λ, ϕ, h from x, y, z is as follows:

Calculate: $\qquad \lambda = \tan^{-1}(y/x) \qquad r = (x^2 + y^2)^{1/2} \qquad e^2 = 2f - f^2$

Calculate the first approximation to ϕ from: $\qquad \phi = \tan^{-1}(z/r)$

Then perform the following iteration until ϕ is unchanged to the required precision:

$$\phi_1 = \phi \qquad C = (1 - e^2 \sin^2\phi_1)^{-1/2} \qquad \phi = \tan^{-1}((z + aCe^2 \sin\phi_1)/r)$$

Then: $\qquad h = r/\cos\phi - aC$

Series expressions and tables are available for certain values of f for the calculation of C and S and also of ρ and $\phi - \phi'$ for points on the spheroid ($h = 0$). The quantity $\phi - \phi'$ is sometimes known as the "reduction of the latitude" or the "angle of the vertical", and it is of the order of $10'$ in mid-latitudes. To a first approximation when h is small the geocentric radius is increased by h/a and the angle of the vertical is unchanged. The height h refers to a height above the reference spheroid and differs from the height above mean sea level (i.e. above the geoid) by the "undulation of the geoid" at the point.

Other geodetic reference systems

In practice most geodetic positions are referred either (a) to a regional geodetic datum that is represented by a spheroid that approximates to the geoid in the region considered or (b) to a global reference system, ideally the ITRF2000 or earlier versions. Data for the reduction of regional geodetic coordinates or those in earlier versions of the ITRF to ITRF2000 are available in the relevant geodetic publications, but it is hoped that the following notes and formulae and data will be useful.

(a) Each regional geodetic datum is specified by the size and shape of an adopted spheroid and by the coordinates of an "origin point". The principal axis of the spheroid is generally close to the mean axis of rotation of the Earth, but the centre of the spheroid may not coincide with the centre of mass of the Earth, The offset is usually represented by the geocentric rectangular coordinates (x_0, y_0, z_0) of the centre of the regional spheroid. The reduction from the regional geodetic coordinates (λ, ϕ, h) to the geocentric rectangular coordinates referred to the ITRF (and hence to the geodetic coordinates relative to a reference spheroid) may then be made by using the expressions:

$$x = x_0 + (aC + h) \cos\phi \cos\lambda$$
$$y = y_0 + (aC + h) \cos\phi \sin\lambda$$
$$z = z_0 + (aS + h) \sin\phi$$

(b) The global reference systems defined by the various versions of ITRF differ slightly due to an evolution in the multi-technique combination and constraints philosophy as well as through observational and modelling improvements, although all versions give good approximations to the ITRF2000 reference frame. The transformations from one ITRF system to ITRF2000 involve coordinate and velocity translations, rotations and scaling (i.e. 14 parameters in all) and all of these are given in *IERS Conventions (2003)*, IERS Technical Note 32, International Earth Rotation and Reference Systems Service, Central Bureau, Bundesamt fur Kartographie und Geodäsie, Frankfurt, Germany. For example, translation parameters T_1, T_2 and T_3 from ITRF2000 to ITRF97 are (+0·67, +0·61, −1·85) centimetres, with scale difference 1·6 parts per billion.

The space technique GPS is now widely used for position determination. Since January 1987 the broadcast orbits of the GPS satellites have been referred to the WGS84 terrestrial frame, and so positions determined directly using these orbits will also be referred to this frame, which at the level of a few centimetres is close to the ITRF. The parameters of the spheroid used are listed below, and the frame is defined to agree with the BIH frame. However, with the ready availability of data from a large number of geodetic sites whose coordinates and velocities are rigorously defined within ITRF2000, and with GPS orbital solutions also being referred by the International GPS Service analysis centres to the same frame, it is straightforward to determine directly new sites' coordinates within ITRF2000.

GEODETIC REFERENCE SPHEROIDS

Name and Date	Equatorial Radius, a m	Reciprocal of Flattening, $1/f$	Gravitational Constant, GM $10^{14} \text{m}^3 \text{s}^{-2}$	Dynamical Form Factor, J_2	Ang. Velocity of earth, ω $10^{-5} \text{rad s}^{-1}$
WGS 84	6378137	298·257 223 563	3·986 005	0·001 082 63	7·292 115
MERIT 1983	8137	298·257	—	—	—
GRS 80 (IUGG, 1980)†	8137	298·257 222	3·986 005	0·001 082 63	7·292 115
IAU 1976	8140	298·257	3·986 005	0·001 082 63	—
South American 1969	8160	298·25	—	—	—
GRS 67 (IUGG, 1967)	8160	298·247 167	3·986 03	0·001 082 7	7·292 115 146 7
Australian National 1965	8160	298·25	—	—	—
IAU 1964	8160	298·25	3·986 03	0·001 082 7	7·292 1
Krassovski 1942	8245	298·3	—	—	—
International 1924 (Hayford)	8388	297	—	—	—
Clarke 1880 mod.	8249·145	293·466 3	—	—	—
Clarke 1866	8206·4	294·978 698	—	—	—
Bessel 1841	7397·155	299·152 813	—	—	—
Everest 1830	7276·345	300·801 7	—	—	—
Airy 1830	6377563·396	299·324 964	—	—	—

†H. Moritz, Geodetic Reference System 1980, *Bull. Géodésique*, **58**(3), 388-398, 1984.

Astronomical coordinates

Many astrometric observations that are used in the determination of the terrestrial coordinates of the point of observation use the local vertical, which defines the zenith, as a principal reference axis; the coordinates so obtained are called "astronomical coordinates". The local vertical is in the direction of the vector sum of the acceleration due to the gravitational field of the Earth and of the apparent acceleration due to the rotation of the Earth on its axis. The vertical is normal to the equipotential (or level) surface at the point, but it is inclined to the normal to the geodetic reference spheroid; the angle of inclination is known as the "deflection of the vertical".

The astronomical coordinates of an observatory may differ significantly (e.g. by as much as 1′) from its geodetic coordinates, which are required for the determination of the geocentric coordinates of the observatory for use in computing, for example, parallax corrections for solar system observations. The size and direction of the deflection may be estimated by studying the gravity field in the region concerned. The deflection may affect both the latitude and longitude, and hence local time. Astronomical coordinates also vary with time because they are affected by polar motion (see page B84).

INTERPOLATION METHODS

INTRODUCTION AND NOTATION

The interpolation methods described in this section, together with the accompanying tables, are usually sufficient to interpolate to full precision the ephemerides in this volume. Additional notes, formulae and tables are given in the booklets *Interpolation and Allied Tables* and *Subtabulation* and in many textbooks on numerical analysis. It is recommended that interpolated values of the Moon's right ascension, declination and horizontal parallax are derived from the daily polynomial coefficients that are provided for this purpose on AsA-Online (see page D1).

f_p denotes the value of the function $f(t)$ at the time $t = t_0 + ph$, where h is the interval of tabulation, t_0 is a tabular argument, and $p = (t - t_0)/h$ is known as the interpolating factor. The notation for the differences of the tabular values is shown in the following table; it is derived from the use of the central-difference operator δ, which is defined by:

$$\delta f_p = f_{p+1/2} - f_{p-1/2}$$

The symbol for the function is usually omitted in the notation for the differences. Tables are given for use with Bessel's interpolation formula for p in the range 0 to +1. The differences may be expressed in terms of function values for convenience in the use of programmable calculators or computers.

Arg.	Function	Differences				Differences in terms of Function Values
		1st	2nd	3rd	4th	
t_{-2}	f_{-2}		δ^2_{-2}			$\delta_{1/2} = f_1 - f_0$
		$\delta_{-3/2}$		$\delta^3_{-3/2}$		$\delta^2_0 = \delta_{1/2} - \delta_{-1/2}$
t_{-1}	f_{-1}		δ^2_{-1}		δ^4_{-1}	$= f_1 - 2f_0 + f_{-1}$
		$\delta_{-1/2}$		$\delta^3_{-1/2}$		$\delta^2_0 + \delta^2_1 = f_2 - f_1 - f_0 + f_{-1}$
t_0	f_0		δ^2_0		δ^4_0	$\delta^3_{1/2} = \delta^2_1 - \delta^2_0$
		$\delta_{1/2}$		$\delta^3_{1/2}$		$= f_2 - 3f_1 + 3f_0 - f_{-1}$
t_{+1}	f_{+1}		δ^2_1		δ^4_1	$\delta^4_0 = \delta^3_{1/2} - \delta^3_{-1/2}$
		$\delta_{3/2}$		$\delta^3_{3/2}$		$= f_2 - 4f_1 + 6f_0 - 4f_{-1} + f_{-2}$
t_{+2}	f_{+2}		δ^2_2			$\delta^4_0 + \delta^4_1 = f_3 - 3f_2 + 2f_1 + 2f_0 - 3f_{-1} + f_{-2}$

$$p \equiv \text{the interpolating factor} = (t - t_0)/(t_1 - t_0) = (t - t_0)/h$$

BESSEL'S INTERPOLATION FORMULA

In this notation Bessel's interpolation formula is:

$$f_p = f_0 + p\,\delta_{1/2} + B_2\,(\delta^2_0 + \delta^2_1) + B_3\,\delta^3_{1/2} + B_4\,(\delta^4_0 + \delta^4_1) + \cdots$$

where
$$B_2 = p\,(p-1)/4 \qquad B_3 = p\,(p-1)\,(p-\tfrac{1}{2})/6$$
$$B_4 = (p+1)\,p\,(p-1)\,(p-2)/48$$

The maximum contribution to the truncation error of f_p, for $0 < p < 1$, from neglecting each order of difference is less than 0·5 in the unit of the end figure of the tabular function if

$$\delta^2 < 4 \qquad \delta^3 < 60 \qquad \delta^4 < 20 \qquad \delta^5 < 500.$$

The critical table of B_2 opposite provides a rapid means of interpolating when δ^2 is less than 500 and higher-order differences are negligible or when full precision is not required. The interpolating factor p should be rounded to 4 decimals, and the required value of B_2 is then the tabular value opposite the interval in which p lies, or it is the value above and to the right of p if p exactly equals a tabular argument. B_2 is always negative. The effects of the third and fourth differences can be estimated from the values of B_3 and B_4, given in the last column.

INTERPOLATION METHODS

INVERSE INTERPOLATION

Inverse interpolation to derive the interpolating factor p, and hence the time, for which the function takes a specified value f_p is carried out by successive approximations. The first estimate p_1 is obtained from:

$$p_1 = (f_p - f_0)/\delta_{1/2}$$

This value of p is used to obtain an estimate of B_2, from the critical table or otherwise, and hence an improved estimate of p from:

$$p = p_1 - B_2\,(\delta_0^2 + \delta_1^2)/\delta_{1/2}$$

This last step is repeated until there is no further change in B_2 or p; the effects of higher-order differences may be taken into account in this step.

CRITICAL TABLE FOR B_2

p	B_2	p	B_2	p	B_2	p	B_2	p	B_2	p	B_3
0·0000	—	0·1101	—	0·2719	—	0·7280	—	0·8898	—	0·0	0·000
0·0020	·000	0·1152	·025	0·2809	·050	0·7366	·049	0·8949	·024	0·1	+0·006
0·0060	·001	0·1205	·026	0·2902	·051	0·7449	·048	0·9000	·023	0·2	+0·008
0·0101	·002	0·1258	·027	0·3000	·052	0·7529	·047	0·9049	·022	0·3	+0·007
0·0142	·003	0·1312	·028	0·3102	·053	0·7607	·046	0·9098	·021	0·4	+0·004
0·0183	·004	0·1366	·029	0·3211	·054	0·7683	·045	0·9147	·020		
0·0225	·005	0·1422	·030	0·3326	·055	0·7756	·044	0·9195	·019	0·5	0·000
0·0267	·006	0·1478	·031	0·3450	·056	0·7828	·043	0·9242	·018		
0·0309	·007	0·1535	·032	0·3585	·057	0·7898	·042	0·9289	·017	0·6	−0·004
0·0352	·008	0·1594	·033	0·3735	·058	0·7966	·041	0·9335	·016	0·7	−0·007
0·0395	·009	0·1653	·034	0·3904	·059	0·8033	·040	0·9381	·015	0·8	−0·008
0·0439	·010	0·1713	·035	0·4105	·060	0·8098	·039	0·9427	·014	0·9	−0·006
0·0483	·011	0·1775	·036	0·4367	·061	0·8162	·038	0·9472	·013	1·0	0·000
0·0527	·012	0·1837	·037	0·5632	·062	0·8224	·037	0·9516	·012	p	B_4
0·0572	·013	0·1901	·038	0·5894	·061	0·8286	·036	0·9560	·011	0·0	0·000
0·0618	·014	0·1966	·039	0·6095	·060	0·8346	·035	0·9604	·010	0·1	+0·004
0·0664	·015	0·2033	·040	0·6264	·059	0·8405	·034	0·9647	·009	0·2	+0·007
0·0710	·016	0·2101	·041	0·6414	·058	0·8464	·033	0·9690	·008	0·3	+0·010
0·0757	·017	0·2171	·042	0·6549	·057	0·8521	·032	0·9732	·007	0·4	+0·011
0·0804	·018	0·2243	·043	0·6673	·056	0·8577	·031	0·9774	·006		
0·0852	·019	0·2316	·044	0·6788	·055	0·8633	·030	0·9816	·005	0·5	+0·012
0·0901	·020	0·2392	·045	0·6897	·054	0·8687	·029	0·9857	·004	0·6	+0·011
0·0950	·021	0·2470	·046	0·7000	·053	0·8741	·028	0·9898	·003	0·7	+0·010
0·1000	·022	0·2550	·047	0·7097	·052	0·8794	·027	0·9939	·002	0·8	+0·007
0·1050	·023	0·2633	·048	0·7190	·051	0·8847	·026	0·9979	·001	0·9	+0·004
0·1101	·024	0·2719	·049	0·7280	·050	0·8898	·025	1·0000	·000	1·0	0·000

In critical cases ascend. B_2 is always negative.

POLYNOMIAL REPRESENTATIONS

It is sometimes convenient to construct a simple polynomial representation of the form

$$f_p = a_0 + a_1\,p + a_2\,p^2 + a_3\,p^3 + a_4\,p^4 + \cdots$$

which may be evaluated in the nested form

$$f_p = (((a_4\,p + a_3)\,p + a_2)\,p + a_1)\,p + a_0$$

Expressions for the coefficients $a_0, a_1, \ldots$ may be obtained from Stirling's interpolation formula, neglecting fifth-order differences:

$$a_4 = \delta_0^4/24 \qquad a_2 = \delta_0^2/2 - a_4 \qquad a_0 = f_0$$
$$a_3 = (\delta_{1/2}^3 + \delta_{-1/2}^3)/12 \qquad a_1 = (\delta_{1/2} + \delta_{-1/2})/2 - a_3$$

This is suitable for use in the range $-\frac{1}{2} \leq p \leq +\frac{1}{2}$, and it may be adequate in the range $-2 \leq p \leq 2$, but it should not normally be used outside this range. Techniques are available in the literature for obtaining polynomial representations which give smaller errors over similar or larger intervals. The coefficients may be expressed in terms of function values rather than differences.

INTERPOLATION METHODS

EXAMPLES

To find (a) the declination of the Sun at $16^h\ 23^m\ 14\overset{s}{\cdot}8$ TT on 1984 January 19, (b) the right ascension of Mercury at $17^h\ 21^m\ 16\overset{s}{\cdot}8$ TT on 1984 January 8, and (c) the time on 1984 January 8 when Mercury's right ascension is exactly $18^h\ 04^m$.

Difference tables for the Sun and Mercury are constructed as shown below, where the differences are in units of the end figures of the function. Second-order differences are sufficient for the Sun, but fourth-order differences are required for Mercury.

1984 Jan.	Sun Dec.	δ	δ^2		1984 Jan.	Mercury R.A.	δ	δ^2	δ^3	δ^4
	° ′ ″					h m s				
18	−20 44 48·3				6	18 10 10·12				
		+7212					−18709			
19	−20 32 47·1		+233		7	18 07 03·03		+4299		
		+7445					−14410		−16	
20	−20 20 22·6		+230		8	18 04 38·93		+4283		−104
		+7675					−10127		−120	
21	−20 07 35·1				9	18 02 57·66		+4163		−76
							−5964		−196	
					10	18 01 58·02		+3967		
							−1997			
					11	18 01 38·05				

(a) *Use of Bessel's formula*

The tabular interval is one day, hence the interpolating factor is 0·68281. From the critical table, $B_2 = -0·054$, and

$$f_p = -20° 32' 47\rlap{.}''1 + 0·68281\,(+744\rlap{.}''5) - 0·054\,(+23\rlap{.}''3 + 23\rlap{.}''0)$$
$$= -20° 24' 21\rlap{.}''2$$

(b) *Use of polynomial formula*

Using the polynomial method, the coefficients are:

$a_4 = -1\overset{s}{\cdot}04/24 = -0\overset{s}{\cdot}043$ $\qquad a_1 = (-101\overset{s}{\cdot}27 - 144\overset{s}{\cdot}10)/2 + 0\overset{s}{\cdot}113 = -122\overset{s}{\cdot}572$

$a_3 = (-1\overset{s}{\cdot}20 - 0\overset{s}{\cdot}16)/12 = -0\overset{s}{\cdot}113$ $\qquad a_0 = 18^h + 278\overset{s}{\cdot}93$

$a_2 = +42\overset{s}{\cdot}83/2 + 0\overset{s}{\cdot}043 = +21\overset{s}{\cdot}458$

where an extra decimal place has been kept as a guarding figure. Then with interpolating factor $p = 0·72311$

$$f_p = 18^h + 278\overset{s}{\cdot}93 - 122\overset{s}{\cdot}572\,p + 21\overset{s}{\cdot}458\,p^2 - 0\overset{s}{\cdot}113\,p^3 - 0\overset{s}{\cdot}043\,p^4$$
$$= 18^h\ 03^m\ 21\overset{s}{\cdot}46$$

(c) *Inverse interpolation*

Since $f_p = 18^h\ 04^m$ the first estimate for p is:

$$p_1 = (18^h\ 04^m - 18^h\ 04^m\ 38\overset{s}{\cdot}93)/(-101\overset{s}{\cdot}27) = 0·38442$$

From the critical table, with $p = 0·3844$, $B_2 = -0·059$. Also

$$(\delta_0^2 + \delta_1^2)/\delta_{1/2} = (+42·83 + 41·63)/(-101·27) = -0·834$$

The second approximation to p is:

$$p = 0·38442 + 0·059\,(-0·834) = 0·33521 \quad \text{which gives } t = 8^h\ 02^m\ 42^s;$$

as a check, using the polynomial found in (b) with $p = 0·33521$ gives

$$f_p = 18^h\ 04^m\ 00\overset{s}{\cdot}25.$$

The next approximation is $B_2 = -0·056$ and $p = 0·38442 + 0·056(-0·834) = 0·33772$ which gives $t = 8^h\ 06^m\ 19^s$: using the polynomial in (b) with $p = 0·33772$ gives

$$f_p = 18^h\ 03^m\ 59\overset{s}{\cdot}98.$$

INTERPOLATION METHODS

SUBTABULATION

Coefficients for use in the systematic interpolation of an ephemeris to a smaller interval are given in the following table for certain values of the ratio of the two intervals. The table is entered for each of the appropriate multiples of this ratio to give the corresponding decimal value of the interpolating factor p and the Bessel coefficients. The values of p are exact or recurring decimal numbers. The values of the coefficients may be rounded to suit the maximum number of figures in the differences.

BESSEL COEFFICIENTS FOR SUBTABULATION

Ratio of intervals												Bessel Coefficients		
$\tfrac{1}{2}$	$\tfrac{1}{3}$	$\tfrac{1}{4}$	$\tfrac{1}{5}$	$\tfrac{1}{6}$	$\tfrac{1}{8}$	$\tfrac{1}{10}$	$\tfrac{1}{12}$	$\tfrac{1}{20}$	$\tfrac{1}{24}$	$\tfrac{1}{40}$	p	B_2	B_3	B_4
										1	0·025	−0·006094	0·00193	0·0010
									1		0·0416	−0·009983	0·00305	0·0017
								1		2	0·050	−0·011875	0·00356	0·0020
										3	0·075	−0·017344	0·00491	0·0030
							1		2		0·0833	−0·019097	0·00530	0·0033
						1		2		4	0·100	−0·022500	0·00600	0·0039
					1				3	5	0·125	−0·027344	0·00684	0·0048
								3		6	0·150	−0·031875	0·00744	0·0057
				1			2		4		0·1666	−0·034722	0·00772	0·0062
										7	0·175	−0·036094	0·00782	0·0064
			1			2		4		8	0·200	−0·040000	0·00800	0·0072
									5		0·2083	−0·041233	0·00802	0·0074
										9	0·225	−0·043594	0·00799	0·0079
		1			2		3	5	6	10	0·250	−0·046875	0·00781	0·0085
										11	0·275	−0·049844	0·00748	0·0091
									7		0·2916	−0·051649	0·00717	0·0095
						3		6		12	0·300	−0·052500	0·00700	0·0097
										13	0·325	−0·054844	0·00640	0·0101
	1			2			4		8		0·3333	−0·055556	0·00617	0·0103
								7		14	0·350	−0·056875	0·00569	0·0106
					3				9	15	0·375	−0·058594	0·00488	0·0109
			2			4		8		16	0·400	−0·060000	0·00400	0·0112
							5		10		0·4166	−0·060764	0·00338	0·0114
										17	0·425	−0·061094	0·00305	0·0114
								9		18	0·450	−0·061875	0·00206	0·0116
									11		0·4583	−0·062066	0·00172	0·0116
										19	0·475	−0·062344	0·00104	0·0117
1		2		3	4	5	6	10	12	20	0·500	−0·062500	0·00000	0·0117
										21	0·525	−0·062344	−0·00104	0·0117
									13		0·5416	−0·062066	−0·00172	0·0116
								11		22	0·550	−0·061875	−0·00206	0·0116
										23	0·575	−0·061094	−0·00305	0·0114
							7		14		0·5833	−0·060764	−0·00338	0·0114
			3			6		12		24	0·600	−0·060000	−0·00400	0·0112
					5				15	25	0·625	−0·058594	−0·00488	0·0109
								13		26	0·650	−0·056875	−0·00569	0·0106
	2			4			8		16		0·6666	−0·055556	−0·00617	0·0103
										27	0·675	−0·054844	−0·00640	0·0101
						7		14		28	0·700	−0·052500	−0·00700	0·0097
									17		0·7083	−0·051649	−0·00717	0·0095
										29	0·725	−0·049844	−0·00748	0·0091
		3			6		9	15	18	30	0·750	−0·046875	−0·00781	0·0085
										31	0·775	−0·043594	−0·00799	0·0079
									19		0·7916	−0·041233	−0·00802	0·0074
			4			8		16		32	0·800	−0·040000	−0·00800	0·0072
										33	0·825	−0·036094	−0·00782	0·0064
				5			10		20		0·8333	−0·034722	−0·00772	0·0062
								17		34	0·850	−0·031875	−0·00744	0·0057
					7				21	35	0·875	−0·027344	−0·00684	0·0048
						9		18		36	0·900	−0·022500	−0·00600	0·0039
							11		22		0·9166	−0·019097	−0·00530	0·0033
										37	0·925	−0·017344	−0·00491	0·0030
								19		38	0·950	−0·011875	−0·00356	0·0020
									23		0·9583	−0·009983	−0·00305	0·0017
										39	0·975	−0·006094	−0·00193	0·0010

K17

VECTORS AND MATRICES

The following are some useful formulae involving vectors and matrices.

Position vectors

Positions or directions on the sky can be represented as column vectors in a specific celestial coordinate system with components that are Cartesian (rectangular) coordinates. The relationship between a position vector $\mathbf{r}$ its three components r_x, r_y, r_z, and its right ascension (α), declination (δ) and distance (d) from the specified origin have the general form

$$\mathbf{r} = \begin{pmatrix} r_x \\ r_y \\ r_z \end{pmatrix} = \begin{pmatrix} d \cos\alpha \cos\delta \\ d \sin\alpha \cos\delta \\ d \sin\delta \end{pmatrix} \quad \text{and} \quad \begin{aligned} \alpha &= \tan^{-1}(r_y/r_x) \\ \delta &= \tan^{-1} r_z/\sqrt{(r_x^2 + r_y^2)} \\ d &= |\mathbf{r}| = \sqrt{(r_x^2 + r_y^2 + r_z^2)} \end{aligned}$$

where α is measured counterclockwise as viewed from the positive side of the z-axis. A two-argument arctangent function (e.g., atan2) will return the correct quadrant for α if r_y and r_x are provided separately. The above is written in terms of equatorial coordinates (α, δ), however they are also valid, for example, for ecliptic longitude and latitude (λ, β) and geocentric (not geodetic) longitude and latitude (λ, ϕ).

Unit vectors are often used; the unit vector $\hat{\mathbf{r}}$ is a vector with distance (magnitude) equal to one, and may be calculated thus;

$$\hat{\mathbf{r}} = \frac{\mathbf{r}}{|\mathbf{r}|}$$

For stars and other objects "at infinity" (beyond the solar system), d is often set to 1.

Vector dot and cross products

The dot or scalar product ($\mathbf{r}_1 \cdot \mathbf{r}_2$) of two vectors $\mathbf{r}_1$ and $\mathbf{r}_2$ is the sum of the products of their corresponding components in the same reference frame, thus

$$\mathbf{r}_1 \cdot \mathbf{r}_2 = x_1 x_2 + y_1 y_2 + z_1 z_2$$

The angle (θ) between two unit vectors $\hat{\mathbf{r}}_1$ and $\hat{\mathbf{r}}_2$ is given by

$$\hat{\mathbf{r}}_1 \cdot \hat{\mathbf{r}}_2 = \cos\theta$$

Note, also, that the magnitude (d) of $\mathbf{r}$ is given by

$$d = |\mathbf{r}| = \sqrt{(\mathbf{r} \cdot \mathbf{r})} = \sqrt{r_x^2 + r_y^2 + r_z^2}$$

The cross or vector product ($\mathbf{r}_1 \times \mathbf{r}_2$) of two vectors $\mathbf{r}_1$ and $\mathbf{r}_2$ is a vector that is perpendicular to plane containing both $\mathbf{r}_1$ and $\mathbf{r}_2$ in the direction given by a right-handed screw, and

$$\mathbf{r}_1 \times \mathbf{r}_2 = \begin{bmatrix} y_1 z_2 - y_2 z_1 \\ x_2 z_1 - x_1 z_2 \\ x_1 y_2 - x_2 y_1 \end{bmatrix}$$

where $\mathbf{r}_1$ and $\mathbf{r}_2$ have column vectors (x_1, y_1, z_1) and (x_2, y_2, z_2), respectively. A cross product is not commutative since

$$\mathbf{r}_1 \times \mathbf{r}_2 = -\mathbf{r}_2 \times \mathbf{r}_1$$

The magnitude of the cross product of two unit vectors is the sine of the angle between them

$$|\hat{\mathbf{r}}_1 \times \hat{\mathbf{r}}_2| = \sin\theta$$

The vector triple product

$$(\mathbf{r}_1 \times \mathbf{r}_2) \times \mathbf{r}_3 = (\mathbf{r}_1 \cdot \mathbf{r}_3)\mathbf{r}_2 - (\mathbf{r}_2 \cdot \mathbf{r}_3)\mathbf{r}_1$$

is a vector in the same plane as $\mathbf{r}_1$ and $\mathbf{r}_2$. Note the position of the brackets. The latter is used on page B67 in step 3 where $\mathbf{r}_1 = \mathbf{q}$, $\mathbf{r}_2 = \mathbf{e}$ and $\mathbf{r}_3 = \mathbf{p}$.

Matrices and matrix multiplication

The general form of a 3 × 3 matrix **M** used with 3-vectors is usually specified

$$\mathbf{M} = \begin{bmatrix} m_{11} & m_{12} & m_{13} \\ m_{21} & m_{22} & m_{23} \\ m_{31} & m_{32} & m_{33} \end{bmatrix}$$

If each element of **M** (m_{ij}) is the result of multiplying matrices **A** and **B**, i.e. **M** = **A B**, then **M** is calculated from

$$m_{ij} = \sum_{k=1}^{3} a_{ik} b_{kj} \quad \text{thus} \quad \mathbf{M} = \begin{bmatrix} \sum a_{1k} b_{k1} & \sum a_{1k} b_{k2} & \sum a_{1k} b_{k3} \\ \sum a_{2k} b_{k1} & \sum a_{2k} b_{k2} & \sum a_{2k} b_{k3} \\ \sum a_{3k} b_{k1} & \sum a_{3k} b_{k2} & \sum a_{3k} b_{k3} \end{bmatrix}$$

where $i = 1, 2, 3$, $j = 1, 2, 3$ and k is summed from 1 to 3. Note that matrix multiplication is associative, i.e. **A** (**B C**) = (**A B**) **C**, but it is **not** commutative i.e. **A B** ≠ **B A**.

Rotation matrices

The rotation matrix $\mathbf{R}_n(\phi)$, for $n = 1, 2$ and 3 transforms column 3-vectors from one Cartesian coordinate system to another. The final system is formed by rotating the original system about its own n^{th}-axis (i.e. the x, y, or z-axis) by the angle ϕ, counterclockwise as viewed from the $+x$, $+y$ or $+z$ direction, respectively.

The two columns below give $\mathbf{R}_n(\phi)$ and its inverse $\mathbf{R}_n^{-1}(\phi)$ (see below), respectively,

$$\mathbf{R}_1(\phi) = \begin{bmatrix} 1 & 0 & 0 \\ 0 & \cos\phi & \sin\phi \\ 0 & -\sin\phi & \cos\phi \end{bmatrix} \qquad \mathbf{R}_1^{-1}(\phi) = \begin{bmatrix} 1 & 0 & 0 \\ 0 & \cos\phi & -\sin\phi \\ 0 & \sin\phi & \cos\phi \end{bmatrix}$$

$$\mathbf{R}_2(\phi) = \begin{bmatrix} \cos\phi & 0 & -\sin\phi \\ 0 & 1 & 0 \\ \sin\phi & 0 & \cos\phi \end{bmatrix} \qquad \mathbf{R}_2^{-1}(\phi) = \begin{bmatrix} \cos\phi & 0 & \sin\phi \\ 0 & 1 & 0 \\ -\sin\phi & 0 & \cos\phi \end{bmatrix}$$

$$\mathbf{R}_3(\phi) = \begin{bmatrix} \cos\phi & \sin\phi & 0 \\ -\sin\phi & \cos\phi & 0 \\ 0 & 0 & 1 \end{bmatrix} \qquad \mathbf{R}_3^{-1}(\phi) = \begin{bmatrix} \cos\phi & -\sin\phi & 0 \\ \sin\phi & \cos\phi & 0 \\ 0 & 0 & 1 \end{bmatrix}$$

Inverse rotation matrix: Matrices and any transformations such as precession, that are formed from products of rotational matrices are orthogonal; that is, the transpose $\mathbf{R}^{\text{T}}$ (where rows are replaced by columns) equals the inverse, $\mathbf{R}^{-1}$. Therefore

$$\mathbf{R}^{\text{T}} \mathbf{R} = \mathbf{R}^{-1} \mathbf{R} = \mathbf{I}$$

where **I** is the unit (identity) matrix. It is also worth noting the following relationships

$$\mathbf{R}_n^{-1}(\theta) = \mathbf{R}_n^{\text{T}}(\theta) = \mathbf{R}_n(-\theta)$$

which is shown in the right-hand column above. Sometimes $\mathbf{R}^{\text{T}}$ is denoted $\mathbf{R}'$.

Example: The transformation between a geocentric position with respect to the Geocentric Celestial Reference System $\mathbf{r}_{\text{GCRS}}$ and a position with respect to the true equator and equinox of date $\mathbf{r}_t$, and vice versa, is given by:

$$\mathbf{r}_t = \mathbf{N} \mathbf{P} \mathbf{B} \, \mathbf{r}_{\text{GCRS}}$$
$$\mathbf{B}^{-1} \mathbf{P}^{-1} \mathbf{N}^{-1} \mathbf{r}_t = \mathbf{B}^{-1} \left[\mathbf{P}^{-1} \left(\mathbf{N}^{-1} \mathbf{N} \right) \mathbf{P} \right] \mathbf{B} \, \mathbf{r}_{\text{GCRS}}$$

Rearranging gives

$$\mathbf{r}_{\text{GCRS}} = \mathbf{B}^{-1} \mathbf{P}^{-1} \mathbf{N}^{-1} \, \mathbf{r}_t = \mathbf{B}^{\text{T}} \mathbf{P}^{\text{T}} \mathbf{N}^{\text{T}} \, \mathbf{r}_t$$

where **B**, **P** and **N** are the frame bias, precession and nutation matrices, respectively. Note that the order the transformations are applied is crucial.

NOTES AND REFERENCES

This section specifies the sources for the theories and data used to construct the ephemerides in this volume, explains the basic concepts required to use the ephemerides, and where appropriate states the precise meaning of tabulated quantities. Definitions of individual terms appear in the Glossary (Section M). The *Explanatory Supplement to the Astronomical Almanac*, 1992, published by University Science Books, contains additional information about the theories and data used.

The companion website *The Astronomical Almanac Online* provides, in machine-readable form, some of the information printed in this volume as well as closely related data. Two mirrored sites are maintained. The URL for the website in the United States is http://asa.usno.navy.mil and in the United Kingdom is http://asa.hmnao.com. The symbol ^{www} is used throughout this edition to indicate that additional material can be found on *The Astronomical Almanac Online*.

To the greatest extent possible, *The Astronomical Almanac* is prepared using standard data sources and models recommended by the International Astronomical Union (IAU). The data prepared in the United States rely heavily on the US Naval Observatory's NOVAS software package (http://aa.usno.navy.mil/software/novas/). Data prepared in the United Kingdom utilize the IAU Standards of Fundamental Astronomy (SOFA) libraries (http://iau-sofa.hmnao.com/). Although NOVAS and SOFA were written independently, the underlying scientific bases are the same. Resulting computations typically are in agreement at the microarcsecond level.

Fundamental Reference System

The fundamental reference system for astronomical applications is the International Celestial Reference System (ICRS), as adopted by the IAU General Assembly in 1997 (Resolution B2, *Trans. IAU*, **XXIIIB**, 1997). At the same time, the IAU specified that the practical realization of the ICRS in the radio regime is the International Celestial Reference Frame (ICRF), a space-fixed frame based on high accuracy radio positions of extragalactic sources measured by Very Long Baseline Interferometry (VLBI). (See Ma, C. *et al.*, *Astron. Jour.*, **116**, 516-546, 1998.) The ICRS is realized in the optical regime by the Hipparcos Celestial Reference Frame (HCRF), consisting of the *Hipparcos Catalogue* (ESA, 1997) with certain exclusions (Resolution B1.2, *Trans. IAU*, **XXIVB**, 2000). Although the directions of the ICRS coordinate axes are not defined by the kinematics of the Earth, the ICRS axes (as implemented by the ICRF and HCRF) closely approximate the axes that would be defined by the mean Earth equator and equinox of J2000.0 (to within 0.1 arcsecond).

In 2000, the IAU defined a system of space-time coordinates for (1) the solar system, and (2) the Earth, within the framework of General Relativity, by specifying the form of the metric tensors for each and the 4-dimensional space-time transformation between them. The former is called the Barycentric Celestial Reference System (BCRS), and the latter, the Geocentric Celestial Reference System (GCRS) (Resolution B1.3, *op. cit.*). The ICRS can be considered a specific implementation of the BCRS; the ICRS defines the spatial axis directions of the BCRS. The GCRS axis directions are derived from those of the BCRS (ICRS); the GCRS can be considered to be the "geocentric ICRS," and the coordinates of stars and planets in the GCRS are obtained from basic ICRS reference data by applying the algorithms for proper place (*e.g.*, for stars, correcting the ICRS-based catalog position for proper motion, parallax, gravitational deflection of light, and aberration).

NOTES AND REFERENCES

Precession-nutation Models

The rotations from the GCRS to the "of date" system are described in Section B. For the 2006, 2007 and 2008 volumes, the expressions used for precession and nutation were based on the IAU 2000A Precession-Nutation Model, and are specifically those recommended by the IERS (*IERS Conventions (2003)*, IERS Tech. Note No. 32, ed. D. D. McCarthy & G. Petit). The offsets of the ICRS axes from those of the dynamical system (mean equator and equinox of J2000.0) assumed by the precession-nutation models were also accounted for. Beginning with the 2009 volume, the precession theory is that recommended by the IAU in 2006, which is from Capitaine *et al.*, 2003 (*Astron. Astrophys.*, **412**, 567-586). No further change has been made in the nutation theory or in the values of the offsets of the ICRS axes. Practically, for current epochs, there is little difference between the precession used in the 2006-2008 volumes (which was an interim theory) and that being introduced in this volume, except in the value of the obliquity.

The introduction of the new precession-nutation models in *The Astronomical Almanac* beginning in the 2006 edition represents the first change in these algorithms since 1984. The new rate of precession in longitude is approximately 3 milliarcseconds per year less than the IAU (1976) value, some of the larger nutation components differ in amplitude by several milliarcseconds from those in the 1980 IAU Theory of Nutation (Seidelmann, P. K., *Celest. Mech.*, **27**, 79, 1982) and – starting with the 2009 volume – the mean obliquity of the ecliptic at J2000.0 has decreased by 42 milliarcseconds. These changes in the basis of the calculations should be reflected in improvements to the tabulated apparent geocentric positions of celestial bodies, but mainly only in the end digits. For a more detailed discussion of the precession and nutation theories, see Hilton *et al.* 2006 (*Celest. Mech.*, **94**, 351-367) and *USNO Circular 179* (Kaplan, G. H., 2005), the latter available online at http://aa.usno.navy.mil/publications.

Time Scales

Two fundamentally different groups of time scales are used in astronomy. The first group of time scales is based on the SI second and the second group is based on the (variable) rotation of the Earth. The first group can be further subdivided into time scales that are implemented in (or closely approximated by) actual clock systems and those that are theoretical. In many astronomical applications, several time scales must be used. In the astronomical system of units, the unit of time is the day of 86400 seconds. For long periods, however, the Julian century of 36525 days is used. (Use of the tropical year and Besselian epochs was discontinued in 1984.)

The SI second is defined as 9 192 631 770 cycles of the radiation corresponding to the ground state hyperfine transition of Cesium 133. As a simple count of cycles of an observable phenomenon, the SI second can be implemented, at least in principle, by an observer anywhere. Thus, SI-based time scales can be constructed or hypothesized on the surface of the Earth, on other celestial bodies, on spacecraft, or at theoretically interesting locations in space, such as the solar system barycenter. According to relativity theory, clocks advancing by SI seconds may not, in general, appear to advance by SI seconds to an observer on a different space-time trajectory from that of the clock. Thus, an SI-based time scale defined for use in a specific reference system may be related to an SI-based time scale defined for a different reference system by a rather complex formula, depending on the relative space-time trajectories of the two reference systems. On the other hand, the universal use of SI units allows the values of fundamental physical constants determined in one reference system to be used in another reference system without scaling.

International Atomic Time (TAI) is a commonly used time scale based on the SI second on the Earth's surface (the rotating geoid). TAI is the most precisely determined time scale that is now available for astronomical use. This scale results from analyses by the Bureau International des Poids et Mesures in Sèvres, France, of data from atomic time standards of many countries. Although TAI was not officially introduced until 1972, atomic time scales have been available since 1956, and TAI may be extrapolated backwards to the period 1956–1971 (for a history of TAI, see Nelson, R.A. *et al.*, *Metrologia*, **38**, 509-529, 2001). TAI is readily available as an integral number of seconds offset from UTC, which is extensively disseminated; UTC is discussed at the end of this section.

The astronomical time scale called Terrestrial Time (TT), used widely in this volume, is an idealized form of TAI with an epoch offset. In practice it is TT = TAI + $32^{s}.184$. TT was so defined to preserve continuity with previously-used (now obsolete) "dynamical" time scales, Terrestrial Dynamical Time (TDT) and Ephemeris Time (ET). The standard epoch for astrometric reference data designated J2000.0 is 2000 January 1, 12^{h} TT (JD 245 1545.0 TT).

The IAU has recommended coordinate time scales (in the terminology of General Relativity) based on the SI second for theoretical developments using the Barycentric Celestial Reference System (BCRS) or the Geocentric Celestial Reference System (GCRS). These time scales are, respectively, Barycentric Coordinate Time (TCB) and Geocentric Coordinate Time (TCG). Neither TCB nor TCG appear explicitly in this volume (except here and in the Glossary), but may underlie the physical theories that contribute to the data, and are likely to be more widely used in the future.

The fundamental solar system ephemerides from the Jet Propulsion Laboratory that are the basis for many of the tabulations in this volume (see the Ephemerides Section on L4) were computed in a barycentric reference system with the independent argument being a coordinate time scale called T_{eph}. T_{eph} differs in rate (by about 10^{-8}) from that of TCB, the IAU recommended time scale for barycentric developments; the rate of T_{eph} has been adjusted so that on average it matches that of TT over the time span of the ephemerides (Standish, E.M., *Astron. Astrophys.*, **336**, 381-384, 1998). T_{eph} is treated as functionally equivalent to Barycentric Dynamical Time (TDB, defined by the IAU in 1976 and 1979 and modified in 2006). Although defined differently, T_{eph} and TDB advance at the same rate, and space coordinates obtained from the ephemerides are consistent with TDB. Barycentric and heliocentric data are therefore tabulated with TDB shown as the time argument. Because T_{eph} ($\approx$TDB) is not based on the SI second in the barycentric reference system, the values of parameters determined from or consistent with the JPL ephemerides will, in general, require scaling to convert them to SI-based values (dimensionless quantities such as mass ratios are unaffected).

Time scales that are based on the rotation of the Earth are also used in this volume. Greenwich sidereal time is the hour angle of the equinox measured with respect to the Greenwich meridian. Local sidereal time is the local hour angle of the equinox, or the Greenwich sidereal time plus the longitude (east positive) of the observer, expressed in time units. Sidereal time appears in two forms, apparent and mean, the difference being the *equation of the equinoxes*; apparent sidereal time includes the effect of nutation on the location of the equinox. Greenwich (or local) sidereal time can be observationally obtained from the right ascensions of celestial objects transiting the Greenwich (or local) meridian.

Universal Time (UT) is also widely used in astronomy, and in this volume always means UT1. Historically, Universal Time (formerly, Greenwich Mean Time) has been obtained from Greenwich mean sidereal time using a standard expression (the most recent given in Resolution C5, *Trans. IAU*, **XVIIIB**, 1982, adopted from Aoki, S. *et al.*, *Astron.*

Astrophys., **105**, 359-361, 1982). In 2000, the IAU redefined UT1 to be linearly proportional to the Earth Rotation Angle, θ, which is the geocentric angle between two directions in the equatorial plane called, respectively, the Celestial Intermediate Origin (CIO) and the Terrestrial Intermediate Origin (TIO)[1] (Resolution B1.8, *Trans. IAU*, **XXIVB**, 2000). The TIO rotates with the Earth, while the CIO has no instantaneous rotation around the Earth's axis (as defined by the precession-nutation theory), so that θ is a direct measure of the Earth's rotation. The definition of UT1 based on θ is assumed in this volume. One practical consequence is that the expression for Greenwich mean sidereal time now contains θ as the rapidly varying term. No discontinuities in any time scale result from the change to the new definition of UT1, which was introduced in *The Astronomical Almanac* for 2006.

Both sidereal time and UT1 are affected by variations in the Earth's rate of rotation (length of day), which are unpredictable. The lengths of the sidereal and UT1 seconds are therefore not constant when expressed in a uniform time scale such as TT. The accumulated difference in time measured by a clock keeping SI seconds on the geoid from that measured by the rotation of the Earth is $\Delta T = $ TT–UT1. In preparing this volume, an assumption had to be made about the value(s) of ΔT during the tabular year; a table of observed and extrapolated values of ΔT is given on page K9. Calculations of topocentric data, such as precise transit times and hour angles, are often referred to the *ephemeris meridian*, which is 1.002 738 ΔT east of the Greenwich meridian, and thus independent of the Earth's actual rotation. Only when ΔT is specified can such predictions be referred to the Greenwich meridian. Essentially, the ephemeris meridian rotates at a uniform rate corresponding to the SI second on the geoid, rather than at the variable (and generally slower) rate of the real Earth.

The worldwide system of civil time is based on Coordinated Universal Time (UTC), which is now ubiquitous and tightly synchronized. UTC is a hybrid time scale, using the SI second on the geoid as its fundamental unit, but subject to occasional 1-second adjustments to keep it within $0\overset{s}{.}9$ of UT1. Such adjustments, called "leap seconds," are normally introduced at the end of June or December, when necessary, by international agreement. Tables of the differences UT1–UTC, called ΔUT, for various dates are published by the International Earth Rotation and Reference System Service (IERS), at http://www.iers.org/iers/products/eop/. DUT, an approximation to UT1–UTC, is transmitted in code with some radio time signals, such as those from WWV. As previously noted, UTC and TAI differ by an integral number of seconds, which increases by 1 whenever a (positive) leap second is introduced into UTC. The TAI–UTC difference is referred to as ΔAT, tabulated on page K9. Therefore TAI = UTC + ΔAT and TT = UTC + ΔAT + $32\overset{s}{.}184$.

Other information on time scales and the relationships between them can be found on pages B6–B12.

Ephemerides

The fundamental ephemerides of the Sun, Moon, and major planets were calculated by numerical integration at the Jet Propulsion Laboratory (JPL). These ephemerides, designated DE405/LE405, provide barycentric equatorial rectangular coordinates for the period 1600 to 2201 (Standish, E. M., "JPL Planetary and Lunar Ephemerides, DE405/LE405," *JPL Interoffice Memorandum, IOM 312.F-98-048*, 1998). *The Astronomical Almanac* for 2003 was the first edition that used the DE405/LE405 ephemerides; the volumes for 1984 through 2002 used the ephemerides designated DE200/LE200. Optical, radar, laser, and

---

[1] the names and abbreviations have been changed from those in the original resolution and now reflect those of subsequent IAU resolutions adopted in 2006.

spacecraft observations were analyzed to determine starting conditions for the numerical integration and values of fundamental constants such as the planetary masses and the length of the astronomical unit in meters. The reference frame for the basic ephemerides is the ICRF; the alignment onto this frame has an estimated accuracy of 1-2 milliarcseconds. As described above, the JPL DE405/LE405 ephemerides have been developed in a barycentric reference system using a barycentric coordinate time scale T_{eph}, which is considered to be a practical implementation of the IAU time scale TDB. Astronomical constants obtained from DE405/LE405 are listed on pages K6–K7 (those marked as from ref. J). As noted above, some of the values are in TDB-consistent units and must be scaled for use with TCB or other SI-based time scales. For these quantities, both the TDB and the equivalent SI values are given.

The geocentric ephemerides of the Sun, Moon, and planets tabulated in this volume have been computed from the basic JPL ephemerides in a manner consistent with the rigorous reduction methods presented in Section B. For each planet, the ephemerides represent the position of the center of mass, which includes any satellites, not the center of figure or center of light. The precession-nutation model used in the computation of geocentric positions follows the IAU resolutions adopted in 2000 and 2006; see the Precession-nutation Models section above.

Section A: Summary of Principal Phenomena

The lunations given on page A1 are numbered in continuation of E.W. Brown's series, of which No. 1 commenced on 1923 January 16 (*Mon. Not. Roy. Astron. Soc.*, **93**, 603, 1933).

The list of occultations of planets and bright stars by the Moon starting on page A2 gives the approximate times and areas of visibility for the major planets, except Neptune, and the bright stars *Aldebaran*, *Antares*, *Regulus*, *Pollux* and *Spica*. Maps of the area of visibility of these occultation and for those of the minor planets published in Section G are available on *The Astronomical Almanac Online* www.

More detailed information about these events and of other occultations by the Moon may be obtained from the International Lunar Occultation Center (ILOC) at http://www1.kaiho.mlit.go.jp/KOHO/iloc/docs/iloc_e.html.

Times tabulated on page A3 for the stationary points of the planets are the instants at which the planet is stationary in apparent geocentric right ascension; but for elongations of the planets from the Sun, the tabular times are for the geometric configurations. From inferior conjunction to superior conjunction for Mercury or Venus, or from conjunction to opposition for a superior planet, the elongation from the Sun is west; from superior to inferior conjunction, or from opposition to conjunction, the elongation is east. Because planetary orbits do not lie exactly in the ecliptic plane, elongation passages from west to east or from east to west do not in general coincide with oppositions and conjunctions.

Dates of heliocentric phenomena are given on page A3. Since they are determined from the actual perturbed motion, these dates generally differ from dates obtained by using the elements of the mean orbit. The date on which the radius vector is a minimum may differ considerably from the date on which the heliocentric longitude of a planet is equal to the longitude of perihelion of the mean orbit. Similarly, when the heliocentric latitude of a planet is zero, the heliocentric longitude may not equal the longitude of the mean node. On page A4, the magnitudes for Mercury and Venus may not be provided for a few dates around inferior and superior conjunction.

Configurations of the Sun, Moon and planets (pages A9–A11) are a chronological listing, with times to the nearest hour, of geocentric phenomena. Included are eclipses; lunar perigees, apogees and phases; phenomena in apparent geocentric longitude of the planets and of the minor planets Ceres, Pallas, Juno and Vesta; times when the planets and minor planets are stationary in right ascension and when the geocentric distance to Mars is a minimum; and geocentric conjunctions in apparent right ascension of the planets with the Moon, with each other, and with the bright stars *Aldebaran, Regulus, Spica, Pollux* and *Antares*, provided these conjunctions are considered to occur sufficiently far from the Sun to permit observation. Thus conjunctions in right ascension are excluded if they occur within 15° of the Sun for the Moon, Mars and Saturn; within 10° for Venus and Jupiter; and within approximately 10° for Mercury, depending on Mercury's brightness. The occurrence of occultations of planets and bright stars is indicated by "Occn."; the areas of visibility are given in the list on page A2. Geocentric phenomena differ from the actually observed configurations by the effects of the geocentric parallax at the place of observation, which for configurations with the Moon may be quite large.

The explanation for the tables of sunrise and sunset, twilight, moonrise and moonset is given on page A12; examples are given on page A13.

Eclipses

The elements and circumstances are computed according to Bessel's method from apparent right ascensions and declinations of the Sun and Moon. Semidiameters of the Sun and Moon used in the calculation of eclipses do not include irradiation. The adopted semidiameter of the Sun at unit distance is $15'59''.64$ from the IAU (1976) Astronomical Constants. The apparent semidiameter of the Moon is equal to $\arcsin(k \sin \pi)$, where π is the Moon's horizontal parallax and k is an adopted constant. In 1982, the IAU adopted $k = 0.272\ 5076$, corresponding to the mean radius of Watts' data (Watts, C. B., *APAE*, **XVII**, 1963) as determined by observations of occultations and to the adopted radius of the Earth. Corrections to the ephemerides, if any, are noted in the beginning of the eclipse section.

In calculating lunar eclipses the radius of the geocentric shadow of the Earth is increased by one-fiftieth part to allow for the effect of the atmosphere. Refraction is neglected in calculating solar and lunar eclipses. Because the circumstances of eclipses are calculated for the surface of the ellipsoid, refraction is not included in Besselian elements. For local predictions, corrections for refraction are unnecessary; they are required only in precise comparisons of theory with observation in which many other refinements are also necessary.

Descriptions of the maps and use of Besselian elements are given on pages A78–A83.

Section B: Time Scales and Coordinate Systems

Calendar

Over extended intervals, civil time is ordinarily reckoned according to conventional calendar years and adopted historical eras; in constructing and regulating civil calendars and fixing ecclesiastical calendars, a number of auxiliary cycles and periods are used. In particular the Islamic calendar printed is determined from an algorithm that approximates the lunar cycle and is independent of location. In practice the dates of Islamic fasts and festivals are determined by an actual sighting of the appropriate new crescent moon.

To facilitate chronological reckoning, the system of Julian day (JD) numbers maintains a continuous count of astronomical days, beginning with JD 0 on 1 January 4713 B.C., Julian proleptic calendar. Julian day numbers for the current year are given on page B3 and in the Universal and Sidereal Times table, pages B13–B20, and the Universal Time and Earth rotation angle table on pages B21–B24. To determine JD numbers for other years on the Gregorian calendar, consult the Julian Day Number tables, pages K2–K5.

Note that the Julian day begins at noon, whereas the calendar day begins at the preceding midnight. Thus the Julian day system is consistent with astronomical practice before 1925, with the astronomical day being reckoned from noon. For critical applications, the Julian date should include a specification as to whether UT, TT or TDB is used.

Following the general practice of this volume, UT implies UT1.

IAU XXIV General Assembly, 2006

The resolutions of the IAU 2006 GA that impacted on this section were a result of the IAU Division I Working Groups "Nomenclature for Fundamental Astronomy" (WGNFA) and Working Group on Precession and the Ecliptic (WGPE).

Beginning with the 2006 edition, this almanac followed the recommendations of the WGNFA which were adopted in 2006. This included replacing the terms Celestial Ephemeris Origin and Terrestrial Ephemeris Origin, the "non-rotating" origins of the Celestial and Terrestrial Intermediate Reference Systems of IAU 2000 resolution B1.8, with the terms Celestial Intermediate Origin (CIO), and the Terrestrial Intermediate Origin (TIO), respectively.

Beginning with this edition for 2009 the resolution relating to the report of the WGPE (see Hilton, J., *et al.*, *Celest. Mech.*, **94**, 351-367, 2006) has been implemented. Table 1 of this report gives a useful list of "The polynomial coefficients for the precession angles". The WGPE adopted the precession theory of Capitaine *et al.* that was designated P03 (see Capitaine, N., Wallace, P.T., and Chapront, J., *Astron. & Astrophys.*, **412**, 567-586, 2003).

The following two papers, "High precision methods for locating the celestial intermediate pole and origin", Capitaine, N., and Wallace, P.T., *Astron. Astrophys.*, **450**, 855-872, 2006, and "Precession-nutation procedures consistent with IAU 2006 resolutions", Wallace, P.T., and Capitaine, N., *Astron. Astrophys.* **459**, 981-985, 2006 have also been used. Also, the fourth issue of the IAU SOFA library at http://iau-sofa.hmnao.com/) has been used in the software that has generated these data.

Universal and Sidereal Times and Earth Rotation Angle

The tabulation of Greenwich mean sidereal time (GMST) at 0h UT1 is calculated from the defining relation (see page B8) between Earth rotation angle (ERA) and universal time and is a function of the P03 precession theory (see reference above).

The tabulations of Greenwich apparent sidereal time (GAST, or GST as it is designated in the papers above), is calculated from ERA and equation of the origins. The latter is a function of the CIO locator s and precession and nutation (see the 2006 papers of Capitaine and Wallace given above). This formulation ensures that whichever paradigm is used, equinox or CIO based, the resulting hour angles will be identical. Greenwich mean and apparent sidereal times and the equation of the equinoxes are tabulated on pages B13–B20, while ERA and equation of the origins are tabulated on pages B21–B24.

Bias, Precession and Nutation

The WGPE stated that the choice of the precession parameters should be left to the user. It should be noted that the effect of the frame bias (see page B50), the offset of the ICRS from the J2000.0 system, is not related to precession. However, the Fukishma-Williams angles (see page B56), which are used by SOFA, and the series method (see page B46) of calculating the ICRS-to-date matrix, have the offset for the frame bias already included.

NOTES AND REFERENCES

Reduction of Astronomical Coordinates

Formulae and methods are given showing the various stages of the reduction from an International Celestial Reference System (ICRS) position to an "of date" position. This reduction may be achieved either by using the long-standing equinox approach or the CIO-based method, generating apparent and intermediate places. The examples also show the calculation of Greenwich hour angle using GAST or ERA as appropriate. The matrices for the transformation from the GCRS to the "of date" position for each method are tabulated on pages B30–B45. The Earth's position and velocity components (tabulated on pages B76–B83) are derived from the numerical integration DE405/LE405 described on page L4.

The determination of latitude using the position of Polaris or σ Octantis may be performed using the methods and tables on pages B87–B92.

Section C: The Sun

The formulas for the Sun's orbital elements found on page C1 – specifically the geometric mean longitude (λ), the mean longitude of perigee (ϖ), the mean anomaly (l') and the eccentricity (e) – are computed using the values from Simon *et al.* (*Astron. Astrophys.*, **282**, 663, 1994). For λ, the expression $\lambda = F + \Omega - D$ is used where F and D are the Delaunay arguments found in Sec 3.5b and Ω is the longitude of the Moon's node found in Sec 3.4 3.b. For ϖ, the expression $\varpi = \lambda - l'$ is used, where l' is taken from Sec. 3.5b. Eccentricity, e, is taken directly from Sec. 5.8.3. Mean obliquity, ε, is from Capitaine *et al.*, *Astron. Astrophys.* **412**, 567-586 Eq. 39 with ε_0 from Eq. 37. Rates for all of the mean orbital elements are the time derivatives of the above expressions.

The lengths of the principle years are computed using the rates of the orbital elements. Tropical year is $360°/\dot\lambda$. Sidereal year is $360°/(\dot\lambda - \dot P)$ where $\dot P$ is the precession rate found in Simon *et al.* (*op. cit.*), Eq. 5. The anomalistic year is $360°/\dot l'$ and the eclipse year is $360°/(\dot\lambda - \dot\Omega)$.

The coefficients for the equation of time formula are computed using W.M. Smart's "Textbook on Spherical Astronomy", Sec. 90; in that formula the value for L is the same as λ (explained above) but corrected for aberration and rounded for ease of computation.

The rotation elements listed on page C3 are due to R.C. Carrington (*Observations of the Spots on the Sun*, 1863). The synodic rotation numbers tabulated on page C4 are in continuation of Carrington's Greenwich photoheliographic series of which Number 1 commenced on November 9, 1853.

Daily tabular values found on are pages C6–C25 are computed based on the numerical integration DE405/LE405 described on page L4.

Daily geocentric coordinates of the Sun are given on the even pages of C6–C20; the tabular argument is Terrestrial Time. The ecliptic longitudes and latitudes are referred to the mean equinox and ecliptic of date. These values are geometric, that is they are not antedated for light-time, aberration, etc. The apparent equatorial coordinates, right ascension and declination, are referred to the true equator and equinox of date and are antedated for light-time and have aberration applied. The true geocentric distance is given in astronomical units and is the value at the tabular time; that is, the values are not antedated.

Daily physical ephemeris data are found on the odd pages of C7–C21 and are computed using the techniques outlined in *The Explanatory Supplement to the Astronomical Almanac* (1992); the tabular argument is Terrestrial Time. The solar rotation parameters are from *Report of the IAU/IAG Group on Cartographic Coordinates and Rotational Elements: 2006* (Seidelmann *et. al*, *Celest. Mech.*, **98**, 155, 2007); the data are based on

R.C. Carrington (*Observations of the Spots on the Sun*, 1863). Prior to *The Astronomical Almanac* for 2009, neither light-time correction nor aberration were applied to the solar rotation because they were presumably already in Carrington's meridian. Since the Earth-Sun distance is relatively constant, this is possible only for the Sun. At the 2006 IAU General Assembly, the Working Group on Cartographic Coordinates and Rotational Elements decided to make the physical ephemeris computations for the Sun consistent with the other major solar system bodies. The W_0 value for the Sun was "foredated" by about 499s; using the new value, the computation must take into account the light travel time. To further unify the process with other solar system objects, aberration is now explicitly corrected. Differences between the pre-2009 technique and the current recommendation are negligible at the Earth; for *The Astronomical Almanac*, differences of one in the least significant digit are occasionally seen in P, B_0 and L_0 with no other values being affected. Further explanation is found on the *The Astronomical Almanac Online* ʷᵂʷ in the Notes and References area.

The Sun's daily ephemeris transit times are given on the odd pages of C7–C21. An ephemeris transit is the passage of the Sun across the *ephemeris meridian*, defined as a fictitious meridian that rotates independently of the Earth at the uniform rate. The ephemeris meridian is $1.002738 \times \Delta T$ east of the Greenwich meridian.

Geocentric rectangular coordinates, in AUs, are given on pages C22–C25. These are referred to the ICRS axes, which are within a few tens of milliarcseconds of the mean equator and equinox of J2000.0. The time argument is TT and the coordinates are geometric, that is there is no correction for light-time, aberration, etc.

Section D: The Moon

The geocentric ephemerides of the Moon are based on the JPL DE405/LE405 numerical integration described on page L4, with the tabular argument being TT.

For high precision calculations a polynomial ephemeris (ASCII or PDF) is available on *The Astronomical Almanac Online* ʷᵂʷ along with the necessary procedures for evaluating the polynomials. A daily geocentric ephemeris to lower precision is given on the even numbered pages D6–D20. Although the tabular apparent right ascension and declination are antedated for light-time, the horizontal parallax is the geometric value for the tabular time. It is derived from $\arcsin(1/r)$, where r is the true distance in units of the Earth's equatorial radius. The semidiameter s is computed from $s = \arcsin(k \sin \pi)$, where $k = 0.272\,399$ is the ratio of the equatorial radius of the Moon to the equatorial radius of the Earth and π is the horizontal parallax. No correction is made for irradiation.

Beginning in 1985 the physical ephemeris (odd pages D7–D21) is based on the formulae and constants for physical librations given by D. Eckhardt (*The Moon and the Planets*, **25**, 3, 1981; *High Precision Earth Rotation and Earth-Moon Dynamics*, ed. O. Calame, pages 193–198, 1982), but with the IAU value of $1°32'32\rlap{.}''7$ for the inclination of the mean lunar equator to the ecliptic. Although values of Eckhardt's constants differ slightly from those of the IAU, this is of no consequence to the precision of the tabulation. Optical librations are first calculated from rigorous formulae; then the total librations (optical and physical) are calculated from the rigorous formulae by replacing I with $I + \rho$, Ω with $\Omega + \sigma$ and ☾ with ☾ $+ \tau$. Included in the calculations are perturbations for all terms greater than $0\rlap{.}°0001$ in solution 500 of the first Eckhardt reference and in Table I of the second reference. Since apparent coordinates of the Sun and Moon are used in the calculations, aberration is fully included, except for the inappreciable difference between the light-time from the Sun to the Moon and from the Sun to the Earth.

The selenographic coordinates of the Earth and Sun specify the points on the lunar surface where the Earth and Sun, respectively, are in the selenographic zenith. The selenographic longitude and latitude of the Earth are the total geocentric, optical and physical librations with respect to the coordinate system in which the x-axis is the mean direction towards the Earth and the z-axis is the mean pole of lunar rotation. When the longitude is positive, the mean central point is displaced eastward on the celestial sphere, exposing to view a region on the west limb. When the latitude is positive, the mean central point is displaced toward the south, exposing to view the north limb. If the principal moment of inertia axis toward the Earth is used as the origin for measuring librations, rather than the traditional origin in the mean direction of the Earth from the Moon, there is a constant offset of $214''.2$ in τ, or equivalently a correction of $-0°.059$ to the Earth's selenographic longitude.

The tabulated selenographic colongitude of the Sun is the east selenographic longitude of the morning terminator. It is calculated by subtracting the selenographic longitude of the Sun from 90° or 450°. Colongitudes of 270°, 0°, 90° and 180° correspond to New Moon, First Quarter, Full Moon and Last Quarter, respectively.

The position angles of the axis of rotation and the midpoint of the bright limb are measured counterclockwise around the disk from the north point. The position angle of the terminator may be obtained by adding 90° to the position angle of the bright limb before Full Moon and by subtracting 90° after Full Moon.

For precise reductions of observations, the tabular librations and position angle of the axis should be reduced to topocentric values. Formulae for this purpose by R. d'E. Atkinson (*Mon. Not. Roy. Astron. Soc.*, **111**, 448, 1951) are given on page D5.

Additional formulae and data pertaining to the Moon are given on pages D1–D5 and D22.

Section E: Planets and Pluto

The heliocentric and geocentric ephemerides of the planets and Pluto are based on the numerical integration DE405/LE405 described on page L4. The longitude of perihelion for both Venus and Neptune is given to a lower degree of precision due to the fact that they have nearly circular orbits and the point of perihelion is nearly undefined.

Although the apparent right ascension and declination are antedated for light-time, the true geocentric distance in astronomical units is the geometric distance for the tabular time. For Pluto the astrometric ephemeris is comparable with observations referred to catalog places of comparison stars (corrected for proper motion and annual parallax, if significant, to the epoch of observation), provided the catalog is referred to the ICRS and the observations are corrected for geocentric parallax.

The physical ephemerides of the planets and Pluto depend upon the fundamental solar system ephemerides DE405/LE405 described on page L4. Physical data are based on the "Report of the IAU/IAG Working Group on Cartographic Coordinates and Rotational Elements: 2006" (Seidelmann, P. K. *et al.*, *Celest. Mech.*, **98**, 155, 2007, hereafter the WGCCRE Report). This report contains tables giving the dimensions, directions of the north poles of rotation and the prime meridians of the planets, Pluto, some of the satellites, and asteroids.

All tabulated quantities in the physical ephemeris tables are corrected for light-time, so the given values apply to the disk that is visible at the tabular time. Except for planetographic longitudes, all tabulated quantities vary so slowly that they remain unchanged if the time argument is considered to be UT rather than TT. Conversion from TT to UT affects the tabulated planetographic longitudes by several tenths of a degree for all but Mercury, Venus, and Pluto.

Expressions for the visual magnitudes of the planets and Pluto are due to D.L. Harris (*Planets and Satellites*, ed. G.P. Kuiper and B.L. Middlehurst, p. 272, 1961), with the exception of those for Mercury and Venus which are given by J. Hilton (*Astron. Jour.*, **129**, 2902, 2005; *Astron. Jour.*, **130**, 2928, 2005). The apparent magnitudes of the planets do not include variations from albedo markings or atmospheric disturbances. For example, the albedo markings on Mars may cause variations of approximately 0.05 magnitudes. If there is a major dust storm, the apparent magnitude can be highly variable and be as much as 0.2 magnitudes brighter than the predicted value.

The apparent disk of an oblate planet is always an ellipse, with an oblateness less than or equal to the oblateness of the planet itself, depending on the apparent tilt of the planet's axis. For planets with significant oblateness, the apparent equatorial and polar diameters are separately tabulated. The WGCCRE Report gives two values for the polar radii of Mars because there is a location difference between the center of figure and the center of mass for the planet. For the purposes of the physical ephemerides, the calculations use the mean value of the polar radii for Mars which produces the same result as using either radii at the precision of the printed table.

The orientation of the pole of a planet is specified by the right ascension α_0 and declination δ_0 of the north pole, with respect to the Earth's mean equator and equinox of J2000.0. According to the IAU definition, the north pole is the pole that lies on the north side of the invariable plane of the solar system. Because of precession of a planet's axis, α_0 and δ_0 may vary slowly with time; values for the current year are given on page E3.

Recent observations by Cassini spacecraft have cast doubt on the reliability of the current methods to predict Saturn's rotation parameters (Gurnett *et al.*, *Science*, **316**, 442, 2007). For gas planets, the outer layers rotate at a different speed than the interior layers. Therefore, the periodicity of radio emissions, presumably modulated by the planet's internal magnetic field, is measured to model the planetary rotation rate. Observations suggest that external forces originating from Saturn's moon Enceladus are influencing the modulation of the planet's magnetic field.

Useful data and formulae are given on pages E3, E4, E45 and E54-E55.

Section F: Satellites of the Planets and Pluto

The ephemerides of the satellites are intended only for search and identification, not for the exact comparison of theory with observation; they are calculated only to an accuracy sufficient for the purpose of facilitating observations. These ephemerides are based on the numerical integration DE405/LE405 described on page L4, and corrected for light-time. The value of ΔT used in preparing the ephemerides is given on page F1. Reference planes for the satellite orbits are defined by the individual theories used to compute their ephemerides. Those theories are cited below.

Beginning with the 2006 edition of *The Astronomical Almanac*, a set of selection criteria has been instituted to determine which satellites are included in the table; those criteria appear on page F5. As a result, many newer satellites of Jupiter, Saturn, and Uranus have been included. However, some satellites that were included in previous editions have now been excluded. A more complete table containing all of the data from this edition as well as many of the previously included satellites is available on *The Astronomical Almanac Online* www. The following sources were used to update the data presented in this table: Jacobson, R. A., Synnott, S. P., & Campbell, J. K., *Astron. Astrophys.*, **225**, 548, 1989; Sheppard, S. S., at *The Giant Planet Satellite Page* (http://www.dtm.ciw.edu/sheppard/satellites); Jacobson, R. A., at *JPL Solar System Dynamics*, http://ssd.jpl.nasa.gov/?sat_elem, and references therein; Nicholson, P. D., "Natural Satellites of the Planets," in *The Observer's Handbook 2007*, Patrick Kelly, ed., (Toronto: University of Toronto Press), 21–26, 2006; Jacobson, R. A., *Astron. Jour.*, **120**, 2679, 2000; Jacobson, R. A., *Astron. Jour.*, **115**, 1195, 1998; Owen, Jr., W. M., Vaughan, R. M., & Synnott, S. P., *Astron. Jour.*, **101**, 1511, 1991.

Ephemerides and phenomena for planetary satellites are computed using data from a mixed function solution for twenty short-period planetary satellite orbits provided by D. B. Taylor (*NAO Technical Note*, **68**, 1995). Starting with the 2007 edition, the offset data generated are used to produced satellite diagrams for Mars, Jupiter, Uranus, and Neptune. The paths of the satellites are computed at six minute intervals for the diagrams. As a consequence of this choice and their short orbital periods, the paths of Phobos and Deimos appear as dotted lines in the satellite diagram for Mars. The new diagrams give a scale (in arcseconds) of the orbit of the satellites as seen from Earth. Approximate formulae for calculating differential coordinates of satellites are given with the relevant tables.

The tables of apparent distance and position angle have been discontinued in *The Astronomical Almanac* starting with the 2005 edition. These tables are available on *The Astronomical Almanac Online* ʷʷʷ along with the offsets of the satellites from the planets.

Satellites of Mars

The ephemerides of the satellites of Mars are computed from the orbital elements given by A.T. Sinclair (*Astron. Astrophys.*, **220**, 321, 1989). The orbital elements of H. Struve (*Sitzungsberichte der Königlich Preuss. Akad. der Wiss.*, p. 1073, 1911) are used in editions prior to 2004.

Satellites of Jupiter

The ephemerides of Satellites I–IV are based on the theory of J.H. Lieske (*Astron. Astrophys.*, **56**, 333, 1977), with constants due to J.-E. Arlot (*Astron. Astrophys.*, **107**, 305, 1982).

Elongations of Satellite V are computed from circular orbital elements determined by P.V. Sudbury (*Icarus*, **10**, 116, 1969). The differential coordinates of Satellites VI–XIII are computed from numerical integrations, using starting coordinates and velocities calculated at the U.S. Naval Observatory (*Explanatory Supplement to the Astronomical Almanac*, 353, 1992).

The use of ".. .. .." for the Terrestrial Time of Superior Geocentric Conjunction data for satellites I-IV indicate times of the year when Jupiter is too close to the Sun for any conjunctions to be observed.

The actual geocentric phenomena of Satellites I–IV are not instantaneous. Since the tabulated times are for the middle of the phenomena, a satellite is usually observable after the tabulated time of eclipse disappearance (EcD) and before the time of eclipse reappearance (EcR). In the case of Satellite IV the difference is sometimes quite large. Light curves of eclipse phenomena are discussed by D.L. Harris (*Planets and Satellites*, ed. G.P. Kuiper and B.M. Middlehurst, pages 327–340, 1961).

To facilitate identification, approximate configurations of Satellites I–IV are shown in graphical form on pages facing the tabular ephemerides of the geocentric phenomena. Time is shown by the vertical scale, with horizontal lines denoting 0^h UT. For any time the curves specify the relative positions of the satellites in the equatorial plane of Jupiter. The width of the central band, which represents the disk of Jupiter, is scaled to the planet's equatorial diameter.

For eclipses the points d of immersion into the shadow and points r of emersion from the shadow are shown pictorially at the foot of the right-hand pages for the superior conjunctions nearest the middle of each month. At the foot of the left-hand pages, rectangular coordinates of these points are given in units of the equatorial radius of Jupiter. The x-axis lies in Jupiter's equatorial plane, positive toward the east; the y-axis is positive toward the north pole of Jupiter. The subscript 1 refers to the beginning of an eclipse, subscript 2 to the end of an eclipse.

Galilean Satellites

About every six years the Earth's orbit crosses the orbital planes of the four Galilean satellites. This results in a significant number of observable occultations and eclipses involving these satellites. These phenomena are tabluted on pages F38–F39. These data were provided by Dr. Kaare Aksnes of the Institute for Theoretical Astrophysics in Oslo, Norway. The IMCCE/Observatorie de Paris in France also has a table of occultations and eclipses at http://www.imcce.fr/en/ephemerides/phenomenes/ ephesat/phenomena.php.

Satellites and Rings of Saturn

The apparent dimensions of the outer ring and factors for computing relative dimensions of the rings are from L.W. Esposito *et al.* (*Saturn*, eds. T. Gehrels and M.S. Matthews, 468–478, 1984). The appearance of the rings depends upon the Saturnicentric positions of the Earth and Sun. The ephemeris of the rings is corrected for light-time.

The positions of Mimas, Enceladus, Tethys and Dione are based upon orbital theories by Y. Kozai (*Ann. Toyko Obs. Ser. 2*, **5**, 73, 1957), elements from D.B. Taylor and K.X. Shen (*Astron. Astrophys.*, **200**, 269, 1988), with mean motions and secular rates from Kozai (*op. cit.*) or H.A. Garcia (*Astron. Jour.*, 77, 684, 1972). The positions of Rhea and Titan are based upon orbital theories by A.T. Sinclair (*Mon. Not. Roy. Astr. Soc.*,**180**, 447, 1977) with elements by Taylor and Shen (*op. cit.*), mean motions and secular rates by Garcia (*op. cit.*). The theory and elements for Hyperion are from D.B. Taylor (*Astron. Astrophys.*, **141**, 151, 1984). The theory for Iapetus is from A.T. Sinclair (*Mon. Not. Roy. Astr. Soc.*, **169**, 591, 1974) with additional terms from D. Harper *et al.* (*Astron. Astrophys.*, **191**, 381, 1988) and elements from Taylor and Shen (*op. cit*). The orbital elements used for Phoebe are from P.E. Zadunaisky (*Astron. Jour.*, **59**, 1, 1954).

For Satellites I–V times of eastern elongation are tabulated; for Satellites VI–VIII times of all elongations and conjunctions are tabulated. On the diagram of the orbits of Satellites I–VII, points of eastern elongation are marked "0^d". From the tabular times of these elongations the apparent position of a satellite at any other time can be marked on the diagram by setting off on the orbit the elapsed interval since last eastern elongation. For Hyperion, Iapetus, and Phoebe, ephemerides of differential coordinates are also included.

Solar perturbations are not included in calculating the tables of elongations and conjunctions, distances and position angles for Satellites I–VIII. For Satellites I–IV, the orbital eccentricity e is neglected.

Satellites and Rings of Uranus

Data for the Uranian rings are from the analysis of J.L. Elliot *et al.* (*Astron. Jour.*, **86**, 444, 1981). Ephemerides of the satellites are calculated from orbital elements determined by J. Laskar and R.A. Jacobson (*Astron. Astrophys.*, **188**, 212, 1987).

NOTES AND REFERENCES

Satellites of Neptune

The ephemerides of Triton and Nereid are calculated from elements by R.A. Jacobson (*Astron. Astrophys.*, **231**, 241, 1990). The differential coordinates of Nereid are apparent positions with respect to the true equator and equinox of date.

Satellite of Pluto

The ephemeris of Charon is calculated from the elements of D.J. Tholen (*Astron. Jour.*, **90**, 2353, 1985).

Section G: Minor Planets and Comets

This section contains data on a selection of 93 minor planets. These minor planets are divided into two sets. The main set of the fifteen largest asteroids are 1 Ceres, 2 Pallas, 3 Juno, 4 Vesta, 6 Hebe, 7 Iris, 8 Flora, 9 Metis, 10 Hygiea, 15 Eunomia, 16 Psyche, 52 Europa, 65 Cybele, 511 Davida, and 704 Interamnia. Their ephemerides are based on the USNO/AE98 minor planets of J.L. Hilton (*Astron. Jour.*, **117**, 1077, 1999). These particular asteroids were chosen because they are large (> 300 km in diameter), have well observed histories, and/or are the largest member of their taxonomic class. The remaining 78 minor planets constitute the set with opposition magnitudes < 11, or < 12 if the diameter ≥ 200 km. Their positions are based on the USNO/AE2001 ephemerides of J.L. Hilton (in preparation). The absolute visual magnitude at zero phase angle (H) and the slope parameter (G), which depends on the albedo, are from the *Minor Planet Ephemerides* produced by the Institute of Applied Astronomy, St. Petersburg. The change in content of this section (starting with the 2003 edition) and the purpose of the selection of objects is to encourage observation of the most massive, largest and brightest of the minor planets.

Astrometric positions for the main set of minor planets are given daily at 0^hTT for sixty days on either side of an opposition occurring between January 1 of the current year and January 31 of the following year. Also given are the apparent visual magnitude and the time of ephemeris transit over the ephemeris meridian. The dates when the object is stationary in apparent right ascension are indicated by shading. It is occasionally possible for a stationary date to be outside the period tabulated. The astrometric ephemeris is comparable with observations referred to catalog places of comparison stars (corrected for proper motion and annual parallax, if significant, to the epoch of observation), provided the catalog is referred to the ICRS (or the mean equator and equinox of J2000.0) and the observations are corrected for geocentric parallax. Linear interpolation is sufficient for the magnitude and ephemeris transit, but for the astrometric right ascension and declination second differences are significant.

A chronological list of the opposition dates of all the objects is given together with their visual magnitude and apparent declination. Those oppositions printed in bold also have a sixty-day ephemeris around opposition. All phenomena (dates of opposition and dates of stationary points) are calculated to the nearest hour UT. It must be noted, as with phenomena for all objects, that opposition dates are determined from the apparent longitude of the Sun and the object, with respect to the mean ecliptic of date. Stationary points, on the other hand, are defined to occur when the rate of change of the apparent right ascension is zero.

Osculating orbital elements for all the minor planets are tabulated with respect to the ecliptic and equinox J2000.0 for, usually, a 400-day epoch. Also tabulated are the H and G parameters for magnitude and the diameters. The masses of most of the objects have been set to an arbitrary value of $1 \times 10^{-12} M_\odot$. However, the masses of 13 minor planets tabulated by J. Hilton ("Asteroid Masses and Densities," in *Asteroids III*, eds. Bottke, Cellino, Paolicchi and Binzel, Univ. of Arizona Press, 103 – 112, 2003), have been used. The values for the diameters of the minor planets were taken from a number of sources which are referenced on *The Astronomical Almanac Online* ᵂᵂᵂ.

B.G. Marsden, Smithsonian Astrophysical Observatory, supplied the osculating elements of the periodic comets returning to perihelion during the year. Up-to-date elements of the comets currently observable may be found at http://cfa-www.harvard.edu/iau/Ephemerides/Comets/index.html.

Section H: Stars and Stellar Systems

Except for the tables of ICRF radio sources, radio flux calibrators, and pulsars, positions tabulated in Section H are referred to the mean equator and equinox of J2009.5 = 2009 July 2.375 = JD 245 5014.875. The positions of the ICRF radio sources provide a practical realization of the ICRS. The positions of radio flux calibrators and pulsars are referred to the mean equator and equinox of J2000.0 = JD 245 1545.0.

Bright Stars

Included in the list of bright stars are 1469 stars chosen according to the following criteria:

a. all stars of visual magnitude 4.5 or brighter, as listed in the fifth revised edition of the *Yale Bright Star Catalogue* (BSC);
b. all FK5 stars brighter than 5.5;
c. all MK atlas standards in the BSC (Morgan, W.W. *et al.*, *Revised MK Spectral Atlas for Stars Earlier Than the Sun*, 1978; and Keenan, P.C. and McNeil, R.C., *Atlas of Spectra of the Cooler Stars: Types G, K, M, S, and C*, 1976).
d. all stars selected according to the criteria in a, b, or c above and also listed in the *Hipparcos Catalogue*.

Flamsteed and Bayer designations are given with the constellation name and the BSC number.

Positions and proper motions for all stars are taken from the *Hipparcos Catalogue* and converted to epoch J2000.0, then precessed to the equator and equinox of the middle of the current year. Orbital positions are given for several wide binary stars noted in the table. Orbital elements are taken from the *Sixth Catalog of Orbits of Visual Binary Stars* (Hartkopf, W.I. and Mason, B.D. 2002, http://ad.usno.navy.mil/wds/orb6.html; see also the *Fifth Catalog of Orbits of Visual Binary Stars*, Hartkopf, W.I., Mason, B.D., and Worley, C.E., *Astron. Jour.*, **122**, 3472, 2001).

The V magnitudes and color indices $U-B$ and $B-V$ are homogenized magnitudes taken from the BSC. Spectral types were provided by W.P. Bidelman and updated by R.F. Garrison. Codes in the Notes column are explained at the end of the table (page H31). Stars marked as MK Standards are from either of the two spectral atlases listed above. Stars marked as anchor points to the MK System are a subset of standard stars that represent the most stable points in the system (in *The MK Process at 50 Years*, eds. Corbally, Gray, and Garrison, ASP Conf. Series, **60**, 3–14, 1994). Further details about the stars marked as double stars may be found at http://ad.usno.navy.mil/wds/wdstext.html.

Tables of bright star data for several years are available in both PDF and ASCII formats on *The Astronomical Almanac Online* ᵂᵂᵂ as is a searchable database from current epochs.

NOTES AND REFERENCES

Double Stars

The table of Selected Double Stars contains recent orbital data for 89 double star systems in the Bright Star table where the pair contains the primary star and the components have a separation $> 3\rlap{.}''0$ and differential visual magnitude < 3 magnitudes. A few other systems of interest are present. Data given are the most recent measures except for 21 systems, where predicted positions are given based on orbit or rectilinear motion calculations. The list was provided by Brian Mason and taken from the *Washington Double Star Catalog* (WDS, Mason, B.D. et al., *Astron. Jour.*, **122**, 3466, 2001; also available at http://ad.usno.navy.mil/wds/wds.html).

The positions are for those of the primary stars and taken directly from the list of bright stars. The Discoverer Designation contains the reference for the measurement from the WDS and the Epoch column gives the year of the measurement. The column headed Δm_v gives the relative magnitude difference in the visual band between the two components.

The term "primary" used in this section is not necessarily the brighter object, but designates which object is the origin of measurements.

Tables of double star data for several years are available in both PDF and ASCII formats on *The Astronomical Almanac Online* ^{WW}W.

Photometric Standards

The table of *UBVRI* Photometric Standards are selected from Table 2 in Landolt, *Astron. Jour.*, **104**, 340, 1992. Finding charts for stars are given in the paper. This subset of 291 stars reviewed by A. Landolt represents those sources which are observed seven times or more and are non-variable. They provide internally consistent homogeneous broadband standards for the Johnson-Kron-Cousins photometric system for telescopes of intermediate and large size in both hemispheres. The filter bands have the following effective wavelengths: U, 3600 Å; B, 4400 Å; V, 5500 Å; R, 6400 Å; I 7900 Å.

The positions are taken from the Naval Observatory Merged Astronomical Database (NOMAD) which provides the optimum ICRF positions and proper motions for stars taken from the following catalogs in the order given: *Hipparcos*, *Tycho-2*, *UCAC2*, or *USNO-B*. Positions are precessed to the equator and equinox of the middle of the current year.

The list of bright Johnson standards which appeared in editions prior to 2003 is given for J2000 on *The Astronomical Almanac Online* ^{WW}W. Also available is a searchable database of Landolt Standards for current epochs.

The selection and photometric data for standards on the Strömgren four-color and Hβ systems are those of C.L. Perry, E.H. Olsen and D.L. Crawford (*Pub. Astron. Soc. Pac.*, **99**, 1184, 1987). Only the 319 stars which have four-color data are included. The u band is centered at 3500 Å; v at 4100 Å; b at 4700 Å; and y at 5500 Å. Four indices are tabulated: $b-y$, $m_1 = (v-b) - (b-y)$, $c_1 = (u-v) - (v-b)$ and Hβ.

Star names and numbers are taken from the BSC. Positions and proper motions are taken from NOMAD as described above. Spectral types are taken from the list of bright stars (pages H2–H31) or from the original reference cited above. Visual magnitudes given in the column headed V are taken from the original reference and therefore may disagree with those given in the list of bright stars.

Radial Velocity Standards

The selection of radial velocity standard stars is based on a list of bright standards taken from the report of IAU Commission 30 Working Group on Radial Velocity Standard Stars (*Trans. IAU*, **IX**, 442, 1957) and a list of faint standards (*Trans. IAU*, **XVA**, 409,

1973). The combined list represents the IAU radial velocity standard stars with late spectral types. Also included in the table at the recommendation of IAU Commission 30 are 14 faint stars with reliable radial velocity data useful for observers in the Southern Hemisphere (*Trans. IAU*, **XIIIB**, 170, 1968). Variable stars (orbital and intrinsic) in the lists of standards have been removed. (See Udry, S. *et al.*, "20 years of CORAVEL Monitoring of Radial-Velocity Standard Stars", in *Precise Stellar Radial Velocities, Victoria*, IAU Coll. 170, ed. J. Hearnshaw and C. Scarfe, 383, 1999). The resulting table of stars is sufficient to serve as a group of moderate-precision radial velocity standards.

These stars have been extensively observed for more than a decade at the Center for Astrophysics, Geneva Observatory, and the Dominion Astrophysical Observatory. A discussion of velocity standards and the mean velocities from these three monitoring programs can be found in the report of IAU Commission 30, Reports on Astronomy (*Trans. IAU*, **XXIB**, 1992).

Positions are taken from the *Hipparcos Catalogue* processed by the procedures used for the table of bright stars. *V* magnitudes are taken from the BSC, the *Hipparcos Catalogue* or SIMBAD. The spectral types are taken primarily from the list of bright stars. Otherwise, the spectral types originate from the BSC, the *Hipparcos Catalogue*, or the original IAU list.

Variable Stars

The list of variable stars was compiled by J.A. Mattei using as reference the fourth edition of the *General Catalogue of Variable Stars*, the *Sky Catalog 2000.0, Volume 2, A Catalog and Atlas of Cataclysmic Variables—2nd Edition*, and the data files of the American Association of Variable Star Observers (AAVSO). The brightest stars for each class with amplitude of 0.5 magnitude or more have been selected. The following magnitude criteria at maximum brightness are used:

a. eclipsing variables brighter than magnitude 7.0;
b. pulsating variables:
    RR Lyrae stars brighter than magnitude 9.0;
    Cepheids brighter than 6.0;
    Mira variables brighter than 7.0;
    Semiregular variables brighter than 7.0;
    Irregular variables brighter than 8.0;
c. eruptive variables:
    U Geminorum, Z Camelopardalis, SS Cygni, SU Ursae Majoris,
    WZ Sagittae, recurrent novae, very slow novae, nova-like and
    DQ Herculis variables brighter than magnitude 11.0;
d. other types:
    RV Tauri variables brighter than magnitude 9.0;
    R Coronae Borealis variables brighter than 10.0;
    Symbiotic stars (Z Andromedae) brighter than 10.0;
    δ Scuti variables brighter than 9.0;
    S Doradus variables brighter than 6.0;
    SX Phoenicis variables brighter than 7.0.

The epoch for eclipsing variables is for time of minimum. The epoch for pulsating, eruptive, and other types of variables is for time of maximum.

Positions and proper motions are taken from NOMAD as described in the photometric standards section.

Several spectral types were too long to be listed in the table and are given here:
T Mon: F7Iab-K1Iab + A0V
R Leo: M6e-M8IIIe-M9.5e
TX CVn: B1-B9Veq + K0III-M4
AE Aqr: K2Ve + pec(e+CONT)
VV Cep: M2epIa-Iab + B8:eV

Bright Galaxies

This is a list of 198 galaxies brighter than $B_T^w = 11.50$ and larger than $D_{25} = 5'$, drawn primarily from *The Third Reference Catalogue of Bright Galaxies* (de Vaucouleurs, G. *et al.*, 1991), hereafter referred to as RC3. The data have been reviewed and corrected where necessary, or supplemented by H.G. Corwin, R.J. Buta, and G. de Vaucouleurs.

Two recently recognized dwarf spheroidal galaxies (in Sextans and Sagittarius) that are not included in RC3 are added to the list (see Irwin, M. and Hatzidimitriou, D., *Mon. Not. Roy. Astron. Soc.*, **277**, 1354, 1995; Ibata, R.A. *et al.*, *Astron. Jour.*, **113**, 634, 1997).

Catalog designations are from the *New General Catalog* (NGC) or from the *Index Catalog* (IC). A few galaxies with no NGC or IC number are identified by common names. The Small Magellanic Cloud is designated "SMC" rather than NGC 292. Cross-identifications for these common names are given in Appendix 8 of RC3 or at the end of the table (page H58).

In most cases, the RC3 position is replaced with a more accurate weighted mean position based on measurements from many different sources, some unpublished. Where positions for unresolved nuclear radio sources from high-resolution interferometry (usually at 6- or 20-cm) are known to coincide with the position of the optical nucleus, the radio positions are adopted. Similarly, positions have been adopted from the Two Micron All-Sky Survey (2MASS, *e.g.* Jarrett, T.H. *et al.*, *Astron. Jour.*, **119**, 2498, 2000) where these coincide with the optical nucleus. Positions for Magellanic irregular galaxies without nuclei (*e.g.* LMC, NGC 6822, IC 1613) are for the centers of the bars in these galaxies. Positions for the dwarf spheroidal galaxies (*e.g.* Fornax, Sculptor, Carina) refer to the peaks of the luminosity distributions. The precision with which the position is listed reflects the accuracy with which it is known. The mean errors in the listed positions are 2–3 digits in the last place given.

Morphological types are based on the revised Hubble system (see de Vaucouleurs, G., *Handbuch der Physik*, **53**, 275, 1959; *Astrophys. Jour. Supp.*, **8**, 31, 1963).

The mean numerical van den Bergh luminosity classification, L, refers to the numerical scale adopted in RC3 corresponding to van den Bergh classes as follows:

L	1	2	3	4	5	6	7	8	9	(10)	(11)
class	I	I–II	II	II–III	III	III–IV	IV	IV–V	V	(V–VI)	(VI)

Classes V–VI and VI (10 and 11 in the numerical scale) are an extension of van den Bergh's original system, which stopped at class V.

The column headed Log (D_{25}) gives the logarithm to base 10 of the diameter (in tenths of arcmin.) of the major axis at the 25.0 blue mag/arcsec^2 isophote. Diameters with larger than usual standard deviations are noted with brackets. With the exception of the Fornax and Sagittarius Systems, the diameters for the highly resolved Local Group dwarf spheroidal galaxies are core diameters from fitting of King models to radial profiles derived from star counts (Irwin and Hatzidimitriou, *op. cit.*). The relationship of these core diameters to the 25.0 blue mag/arcsec^2 isophote is unknown. The diameter for the Fornax System is a mean of measured values given by de Vaucouleurs and Ables (*Astrophys.*

Jour., **151**, 105, 1968) and Hodge and Smith (*Astrophys. Jour.*, **188**, 19, 1974), while that of Sagittarius is taken from Ibata *et al.* (*op. cit.*) and references therein.

The heading Log (R_{25}) gives the logarithm to base 10 of the ratio of the major to the minor axes (D/d) at the 25.0 blue mag/arcsec^2 isophote. For the dwarf spheroidal galaxies, the ratio is a mean value derived from isopleths.

The position angle of the major axis is for the equinox 1950.0, measured from north through east.

The heading B_T^w gives the total blue magnitude derived from surface or aperture photometry, or from photographic photometry reduced to the system of surface and aperture photometry, uncorrected for extinction or redshift. Because of very low surface brightnesses, the magnitudes for the dwarf spheroidal galaxies (see Irwin and Hatzidimitriou, *op. cit.*) are very uncertain. The total magnitude for NGC 6822 is from P.W. Hodge (*Astron. Astrophys. Supp.*, **33**, 69, 1977). A colon indicates a larger than normal standard deviation associated with the magnitude.

The total colors, $B-V$ and $U-B$, are uncorrected for extinction or redshift. RC3 gives total colors only when there are aperture photometry data at apertures larger than the effective (half-light) aperture. However, a few of these galaxies have a considerable amount of data at smaller apertures, and also have small color gradients with aperture. Thus, total colors for these objects have been determined by further extrapolation along standard color curves. The colors for the Fornax System are taken from de Vaucouleurs and Ables (*op. cit.*), while those for the other dwarf spheroidal systems are from the recent literature, or from unpublished aperture photometry. The colors for NGC 6822 are from Hodge (*op. cit.*). A colon indicates a larger than normal standard deviation associated with the color.

The weighted mean heliocentric radial velocity is derived from neutral hydrogen and/or optical redshifts, expressed as $v = cz = c(\Delta\lambda/\lambda)$, following the optical convention.

In maintaining this list, extensive use is made of these services: The NASA/IPAC Extragalactic Database (NED), operated by the Jet Propulsion Laboratory, California Institute of Technology, under contract with the National Aeronautics and Space Administration (NASA); the Digitized Sky Surveys made available by the Space Telescope Science Institute, operated by NASA; and the Two Micron All Sky Survey, a joint project of the University of Massachusetts and the Infrared Processing and Analysis Center/California Institute of Technology, funded by NASA and the National Science Foundation.

Star Clusters

The list of open clusters comprises a selection of 319 open clusters which have been studied in some detail so that a reasonable set of data is available for each. With the exception of the magnitude and Trumpler class data, all data are taken from the *New Catalog of Optically Visible Open Clusters and Candidates* (Dias, W.S. et al., *Astron. Astrophys.*, **389**, 871, 2002) supplied by Wilton Dias and updated current to 2007 (version 2.7 of the catalog). The catalog is available at http://www.astro.iag.usp.br/˜wilton. The "Trumpler Class" and "Mag. Mem." columns are taken from fifth (1987) edition of the Lund-Strasbourg catalog (original edition described by G. Lyngå, *Astron. Data Cen. Bul.*, **2**, 1981), with updates and corrections to the data current to 1992.

For each cluster, two identifications are given. First is the designation adopted by the IAU, while the second is the traditional name. Alternate names for some clusters are given on page H65.

NOTES AND REFERENCES

Positions are for the central coordinates of the clusters, referred to the mean equator and equinox of the middle of the Julian year. Cluster mean absolute proper motion and radial velocity are used in the calculation when available.

Apparent angular diameters of the clusters are given in arcminutes and distances between the clusters and the Sun are given in parsecs. The logarithm to the base 10 of the cluster age in years is determined from the turnoff point on the main sequence. Under the heading "Mag. Mem." is the visual magnitude of the brightest cluster member. $E_{(B-V)}$ is the color excess. Metallicity is mostly determined from photometric narrow band or intermediate band studies. Trumpler classification is defined by R.S. Trumpler (*Lick Obs. Bul.*, **XIV**, 154, 1930).

The list of 150 Milky Way globular clusters is compiled from the February 2003 revision of a *Catalog of Parameters for Milky Way Globular Clusters* supplied by William E. Harris. The complete catalog containing basic parameters on distances, velocities, metallicities, luminosities, colors, and dynamical parameters, a list of source references, an explanation of the quantities, and calibration information are accessible at http://physwww.physics.mcmaster.ca/%7Eharris/mwgc.dat. The catalog is also briefly described in Harris, W.E., *Astron. Jour.*, **112**, 1487, 1996.

The present catalog contains objects adopted as certain or highly probable Milky Way globular clusters. Objects with virtually no data entries in the catalog still have somewhat uncertain identities. The adoption of a final candidate list continues to be a matter of some arbitrary judgment for certain objects. The bibliographic references should be consulted for excellent discussions of these individually troublesome objects, as well as lists of other less likely candidates.

The adopted integrated V magnitudes of clusters, V_t, are the straight averages of the data from all sources. The integrated $B-V$ colors of clusters are on the standard Johnson system.

Measurements of the foreground reddening, $E_{(B-V)}$, are the averages of the given sources (up to 4 per cluster), with double weight given to the reddening from well calibrated (120 clusters) color-magnitude diagrams. The typical uncertainty in the reddening for any cluster is on the order of 10 percent, i.e. $\Delta[E_{(B-V)}] = 0.1 E_{(B-V)}$.

The primary distance indicator used in the calculation of the apparent visual distance modulus, $(m-M)_V$, is the mean V magnitude of the horizontal branch (or RR Lyrae stars), V_{HB}. The absolute calibration of V_{HB} adopted here uses a modest dependence of absolute V magnitude on metallicity, $M_V(HB) = 0.15[Fe/H] + 0.80$. The $V(HB)$ here denotes the mean magnitude of the HB stars, without further adjustments to any predicted zero age HB level. Wherever possible, it denotes the mean magnitude of the RR Lyrae stars directly. No adjustments are made to the mean V magnitude of the horizontal branch before using it to estimate the distance of the cluster. For a few clusters (mostly ones in the Galactic bulge region with very heavy reddening), no good [Fe/H] estimate is currently available; for these cases, a value $[Fe/H] = -1$ is assumed.

The heavy-element abundance scale, [Fe/H], adopted here is the one established by Zinn and West (*Astrophys. Jour. Supp.*, **55**, 45, 1984). This scale has recently been reinvestigated as being nonlinear when calibrated against the best modern measurements of [Fe/H] from high-dispersion spectra (see Carretta and Gratton, *Astron. Astrophys. Supp.*, **121**, 95, 1997 and Rutledge, Hesser, and Stetson, *Pub. Astron. Soc. Pac.*, **109**, 907, 1997). In particular, these authors suggest that the Zinn–West scale overestimates the metallicities of the most metal-rich clusters. However, the present catalog maintains the older (Zinn–West) scale until a new consensus is reached in the primary literature.

The adopted heliocentric radial velocity, v_r, for each cluster is the average of the available measurements, each one weighted inversely as the published uncertainty.

A 'c' following the value for the central concentration index denotes a core-collapsed cluster. The listed values of r_c and c should not be used to calculate a value of tidal radius r_t for core-collapsed clusters. Trager, Djorgovski, and King (in *Structure and Dynamics of Globular Clusters*, eds. Djorgovski and Meylan, ASP Conf. Series, **50**, 347, 1993) arbitrarily adopt $c = 2.50$ for such clusters, and these have been carried over to the present catalog. The 'c:' symbol denotes an uncertain identification of the cluster as being core-collapsed.

The cluster core radii, r_c, and the central concentration $c = \log(r_t/r_c)$, where r_t is the tidal radius, are taken primarily from the comprehensive discussion of Trager, Djorgovski, and King (*op. cit.*). Updates for a few clusters (Pal 2, N6144, N6352, Ter 5, N6544, Pal 8, Pal 10, Pal 12, Pal 13) are taken from Trager, King, and Djorgovski, *Astron. Jour.*, **109**, 218, 1995.

Radio Sources

The list of radio source positions gives the 212 defining sources of the ICRF. Based upon the varying quality of the VLBI data analysis, the objects in the ICRF are classified in three categories: defining, candidate and other sources. Data for all the 608 ICRF extragalactic radio sources can be obtained at http://hpiers.obspm.fr/icrs-pc/. The candidate source 3C 274 is included in the list due to its popularity.

The data presented here are taken from C. Ma and M. Feissel (eds), *Definition and Realization of the International Celestial Reference System by VLBI Astrometry of Extragalactic Objects*, International Earth Rotation Service (IERS) Technical Note **23**, Observatoire de Paris, 1997. The positions provide a practical realization of the ICRS. The column headed V gives apparent visual magnitude, the column headed z gives redshift, and the column headed S_{5GHz} gives the flux density in Janskys at 5 GHz. The codes listed under Type are given at the end of the table (page H73).

Data for the list of radio flux standards are due to Baars, J.W.M. *et al.*, *Astron. Astrophys.*, **61**, 99, 1977, as updated by Kraus, Krichbaum, Pauliny-Toth, and Witzel (current to 2007). Flux densities S, measured in Janskys, are given for twelve frequencies ranging from 400 to 43200 MHz. Positions are referred to the mean equinox and equator of J2000.0. Positions of 3C 48, 3C 147, 3C 274 and 3C 286 are taken from the ICRF database found at the website listed above. Positions of the other sources are due to Baars *et al.*, (*op. cit.*).

The codes listed under the column headed "Spec." describe the spectrum: "Th" indicates thermal; "S" indicates that a straight line has been fitted to the data; "C-" indicates that a concave parabola has been fitted to the data.

X-Ray Sources

The primary criterion for the selection of X-ray sources is having an identified optical counterpart. However, well-studied sources lacking optical counterparts are also included. The most commonly known name of the X-ray source appears in the column headed Name. Positions are for those of the optical counterparts, except when none is listed in the column headed Identified Counterpart. Positions and proper motions are taken from NOMAD described on page L16. The X-ray flux in the 2 – 10 keV energy range is given in micro-Janskys (μJy) in the column headed Flux. In some cases, a range of flux values is presented, representing the variability of these sources. The identified optical counterpart (or companion in the case of an X-ray binary system) is listed in the column headed Identified Counterpart. The type of X-ray source is listed in the column headed Type. Neutron stars in binary systems that are known to exhibit many X-ray bursts are designated "B" for "Burster." X-ray sources that are suspected of being Black Holes have the "BHC" designation for "Black Hole Candidate." Supernova remnants have the "SNR" designation. Other neutron stars in binaries which do not burst and are not known as X-ray pulsars have been given the "NS" designation. All codes in the Type column are explained at the end of the table (page H76).

The data in this table are courtesy of M. Stollberg (USNO). He drew from several current source catalogs to compile the table. For the X-ray binary sources, the catalogs of van Paradijs (*X-Ray Binaries*, ed. W.H.G. Lewin, J. van Paradijs, and E.P.J. van den Heuvel, 536, 1995) and Liu, van Paradijs, and van den Heuvel (*Astron. Astrophys.*, **147**, 25, 2000) are used. Other sources are selected from the *Fourth Uhuru Catalog* (Forman *et al.*, *Astrophys. Jour. Supp.*, **38**, 357, 1978), hereafter referred to as 4U. Fluxes in μJy in the 2 – 10 keV range for X-ray binary sources were readily given by the van Paradijs and Liu, van Paradijs, and van den Heuvel papers. Other fluxes were obtained by converting the 4U count rates. The conversion factor can be found in the paper "The Optical Counterparts of Compact Galactic X-ray Sources" by H.V.D. Bradt and J.E. McClintock (*Ann. Rev. Astron. Astrophys.*, **21**, 13, 1983).

The tabulated magnitudes are the optical magnitude of the counterpart in the V filter, unless marked by an asterisk, in which case the B magnitude is given. Variable magnitude objects are denoted by "V"; for these objects the tabulated magnitude pertains to maximum brightness.

Tables of X-Ray source data for several years are available in both PDF and ASCII formats on *The Astronomical Almanac Online* ᵂᵂw.

Quasars

A set of quasars is selected from *A Catalogue of Quasars and Active Nuclei, 12th Edition* (M.-P. Véron-Cetty and P. Véron, *Astron. Astrophys.*, **455**, 773, 2006). This edition of the catalog contains quasars with measured redshift known prior to January 1st, 2006 and was motivated by the release of the last three installments of the Sloan Digital Sky Survey. Gravitationally lensed quasars and quasar pairs are excluded from the catalog.

The data are compiled by S. Stewart (USNO) based on the selection criteria suggested by W. Keel (Univ. of Alabama). The following selection criteria, that are not mutually exclusive, are used:

$V < 14.5$ (48 quasars);
$M(\text{abs}) \leq -30.6$ (8 quasars);
z (redshift) ≥ 5.0 (28 quasars);
6 cm flux density ≥ 5.3 Janskys (15 quasars).

The sources PHL 5200, a bright quasar with with an interesting absorption system, and QSO 0302-003, a high-redshift quasar suitable for He II Gunn-Peterson observations, are also included. No objects classified as BL Lac or AGN (active galactic nuclei) are included.

Positions are either optical or radio and have accuracies better than 1 arcsecond; sources with approximate positions were excluded from the table. Apparent magnitudes are visual.

Pulsars

Data for the 99 pulsars presented in this table are provided by Z. Arzoumanian (NASA/GSFC). Tabulated information is derived from the pulsar catalog described by Manchester,

R.N. et al., (Astron. Jour., **129**, 1993; http://www.atnf.csiro.au/research/pulsar/psrcat). Data for B0540-69 are derived from Johnston, S. et al., (Mon. Not. Roy. Astron. Soc., **355**, 31, 2004).

Pulsars chosen are either bright, with S_{400}, the mean flux density at 400 MHz, greater than 80 milli-Janskys; fast, with spin period less than 100 milli-seconds; or have binary companions. Pulsars without measured spin-down rates and very weak pulsars (with measured 400 MHz flux density below 0.9 milli-Jansky) are excluded. A few other interesting systems are also included.

Positions are referred to the equator and equinox of J2000.0. For each pulsar the period P in seconds and the time rate of change $\dot{P}$ in 10^{-15} s s^{-1} are given for the specified epoch. The group velocity of radio waves is reduced from the speed of light in a vacuum by the dispersive effect of the interstellar medium. The dispersion measure DM is the integrated column density of free electrons along the line of sight to the pulsar; it is expressed in units cm^{-3} pc. The epoch of the period is in Modified Julian Date (MJD), where MJD = JD − 2400000.5.

Gamma Ray Sources

The table of Gamma Ray Sources contains a selection of historically important sources, well known sources, and extremely bright sources. Bright, INTEGRAL detected transients and new unidentified TeV sources were added to the table in the 2008 edition. The table is a subset from a catalog of gamma ray sources (Macomb and Gehrels, *Astrophys. Jour. Supp.*, **120**, 335, 1999).

The table gives two designations for most sources: the most common source name in the column headed Name and an alternate name in the column headed Alternate Name. The Large Magellanic Cloud (LMC) is included in the table because it is an important gamma ray source for diffuse emission studies. The position given for the LMC is the centroid of detection for the EGRET instrument from the *Compton Gamma Ray Observatory* (CGRO). EGRET detected an integrated flux from the LMC thought to be due to cosmic ray interactions with the interstellar medium. The observed flux of the source is given with the upper and lower limits on the energy range (in MeV) over which it has been observed. The flux, in photons cm^{-2}s^{-1}, is an integrated flux over this energy range. In many cases, no upper limit energy is given. For those cases, the flux is the peak observed flux. For SN1987A, the flux given is only for a single observed spectral line; hence the designation "line" is given. The column headed Type uses a single letter code to identify the type of source; codes are defined at the end of the table on page H83.

Tables of Gamma Ray source data for several years are available in both PDF and ASCII formats on *The Astronomical Almanac Online* www.

Section J: Observatories

The list of observatories is intended to serve as a finder list for planning observations or other purposes not requiring precise coordinates. Members of the list are chosen on the basis of instrumentation, and being active in astronomical research, the results of which are published in the current scientific literature. Most of the observatories provided their own information, and the coordinates listed are for one of the instruments on their grounds. Thus the coordinates may be astronomical, geodetic, or other, and should not be used for rigorous reduction of observations. A searchable list of observatories is available on *The Astronomical Almanac Online* www.

Section K: Tables and Data

Selected astronomical constants are given on pages K6–K7, along with a short reference that indicates where the constants have been used, quoted or derived from. The following is the full reference list, together with the reference code used.

C: CODATA 2006, http://physics.nist.gov/constants.

CC: Report 10 of the IAU/IAG Working Group on Cartographic Coordinates & Rotational Elements: 2006, Seidelmann, P.K., *et al.*, *Celest. Mech.*, **98**, 155–180, 2007.

E: *IERS Conventions 2003*, Technical Note 32, McCarthy, D.D. & Petit, G., Chapter 1.

G: IAG XXII GA, 1999, Special Commission SC3, Fundamental Constants, Groten, E., *Geodesists Handbook 2000*, "Parameters of Common Relevance of Astronomy, Geodesy, and Geodynamics", *J. Geod.*, **74**, 134–140.

H: Hilton, J., *Astrophys. Journ.*, **117**, 1077–1086, 1999.

I_{06}: IAU XXVI General Assembly (2006) resolutions, including the Report of the IAU Division I Working Group on Precession and the Ecliptic, *Celest. Mech.*, **94**, 351–367, 2006.

I: IAU XXIV General Assembly (2000), resolutions B1.5, B1.6, B1.9, and IAU2000A precession-nutation.

I*: IAU (1976) System of Astronomical Constants.

J: JPL IOM 312.F-98-048, Standish, E.M., 1998 (DE405/LE405 Ephemeris).

P: Capitaine, N., Wallace, P.T., & Chapront, J., *Astron. & Astrophys.*, **412**, 567–586, 2003.

Both ASCII and PDF versions of K6–K7 are available from *The Astronomical Online* www as are the IAU (1976) constants.

Constants are a topic that is under scrutiny of the IAU Working Group on Numerical Standards for Fundamental Astronomy (NFSA) and IAU Commission 52 on Relativity in Fundamental Astronomy (RIFA). NFSA is developing a list of "Current Best Estimates" to be presented at the 2009 IAU. This list may be found at http://maia.usno.navy.mil/NSFA.html, while RIFA (see http://astro.geo.tu-dresden.de/RIFA) is discussing issues related to the relativistic aspects of the astronomical constants and their units.

The ΔT values provided on pages K8–K9 are not necessarily those used in the production of *The Astronomical Almanac* or its predecessors. They are tabulated primarily for those involved in historical research. Estimates of ΔT are derived from data published in Bulletins B and C of the International Earth Rotation and Reference Systems Service (IERS) (see http://www.iers.org/MainDisp.csl?pid=36-9). Coordinates of the celestial pole (from 2003, the Celestial Intermediate Pole) on page K10 are also taken from section 2 of IERS Bulletin B.

Section M: Glossary

The definitions provided in the glossary have been composed by staff members of Her Majesty's Nautical Almanac Office and the US Naval Observatory's Astronomical Applications Department. Various astronomical dictionaries and encyclopedia are used to ensure correctness and to develop particular phrasing. E. M. Standish (Jet Propulsion Laboratory, California Institute of Technology) and S. Klioner (Technischen Universitat Dresden) were also consulted in updating the content of the definitions in recent editions.

NOTES AND REFERENCES

The glossary is not intended to be a complete astronomical reference, but instead clarify terms used within *The Astronomical Almanac* and *The Astronomical Almanac Online*. A PDF version and an HTML version are found on *The Astronomical Almanac Online* .

 This symbol indicates that these data or auxiliary material may also be found on *The Astronomical Almanac Online* at **http://asa.usno.navy.mil** and **http://asa.hmnao.com**

GLOSSARY

ΔT: the difference between **Terrestrial Time (TT)** and **Universal Time (UT)**: $\Delta T = TT - UT1$.

ΔUT1 (or ΔUT): the value of the difference between **Universal Time (UT)** and **Coordinated Universal Time (UTC)**: $\Delta UT1 = UT1 - UTC$.

aberration (of light): the relativistic apparent angular displacement of the observed position of a celestial object from its **geometric position**, caused by the motion of the observer in the reference system in which the trajectories of the observed object and the observer are described. (See **aberration, planetary**.)

   aberration, annual: the component of **stellar aberration** resulting from the motion of the Earth about the Sun. (See **aberration, stellar**.)

   aberration, diurnal: the component of **stellar aberration** resulting from the observer's **diurnal motion** about the center of the Earth due to Earth's rotation. (See **aberration, stellar**.)

   aberration, E-terms of: the terms of **annual aberration** which depend on the **eccentricity** and longitude of **perihelion** of the Earth. (See **aberration, annual; perihelion**.)

   aberration, elliptic: see **aberration, E-terms of**.

   aberration, planetary: the apparent angular displacement of the observed position of a solar system body from its instantaneous geometric direction as would be seen by an observer at the geocenter. This displacement is produced by the combination of **aberration of light** and **light-time displacement**.

   aberration, secular: the component of **stellar aberration** resulting from the essentially uniform and almost rectilinear motion of the entire solar system in space. Secular **aberration** is usually disregarded. (See **aberration, stellar**.)

   aberration, stellar: the apparent angular displacement of the observed position of a celestial body resulting from the motion of the observer. Stellar **aberration** is divided into diurnal, annual, and secular components. (See **aberration, annual; aberration, diurnal; aberration, stellar**.)

altitude: the angular distance of a celestial body above or below the **horizon**, measured along the great circle passing through the body and the **zenith**. Altitude is 90° minus the **zenith distance**.

annual parallax: see **parallax, heliocentric**.

anomaly: the angular separation of a body in its **orbit** from its **pericenter**.

   anomaly, eccentric: in undisturbed elliptic motion, the angle measured at the center of the **orbit** ellipse from **pericenter** to the point on the circumscribing auxiliary circle from which a perpendicular to the major axis would intersect the orbiting body. (See **anomaly, mean; anomaly, true**.)

   anomaly, mean: the product of the **mean motion** of an orbiting body and the interval of time since the body passed the **pericenter**. Thus, the mean **anomaly** is the angle from the pericenter of a hypothetical body moving with a constant angular speed that is equal to the mean motion. In realistic computations, with disturbances taken into account, the mean anomaly is equal to its initial value at an **epoch** plus an integral of the mean motion over the time elapsed since the epoch. (See **anomaly, eccentric; anomaly, mean at epoch; anomaly, true**.)

   anomaly, mean at epoch: the value of the **mean anomaly** at a specific **epoch**, i.e., at some fiducial moment of time. It is one of the six **Keplerian elements** that specify an **orbit**. (See **Keplerian Elements; orbital elements**.)

   anomaly, true: the angle, measured at the focus nearest the **pericenter** of an **elliptical orbit**, between the pericenter and the radius vector from the focus to the orbiting body; one of the standard **orbital elements**. (See **anomaly, eccentric; anomaly, mean; orbital elements**.)

aphelion: the point in an **orbit** that is the most distant from the Sun.

apocenter: the point in an **orbit** that is farthest from the origin of the reference system. (See **aphelion; apogee.**)

apogee: the point in an **orbit** that is the most distant from the Earth. Apogee is sometimes used with reference to the apparent orbit of the Sun around the Earth.

apparent place: coordinates of a celestial object, referred to the **true equator and equinox** at a specific date, obtained by removing from the directly observed position of the object the effects that depend on the **topocentric** location of the observer, i.e., **refraction, diurnal aberration,** and **geocentric (diurnal) parallax**. Thus, the position at which the object would actually be seen from the center of the Earth — if the Earth were transparent, nonrefracting, and massless — referred to the **true equator** and **equinox**. (See **aberration, diurnal.**)

apparent solar time: the measure of time based on the **diurnal motion** of the true Sun. The rate of diurnal motion undergoes seasonal variation caused by the **obliquity** of the **ecliptic** and by the **eccentricity** of the Earth's **orbit**. Additional small variations result from irregularities in the rotation of the Earth on its axis.

appulse: the least apparent distance between one celestial object and another, as viewed from a third body. For objects moving along the **ecliptic** and viewed from the Earth, the time of appulse is close to that of **conjunction** in **ecliptic longitude**.

Aries, First point of: another name for the **vernal equinox**.

aspect: the position of any of the planets or the Moon relative to the Sun, as seen from the Earth.

astrometric ephemeris: an **ephemeris** of a solar system body in which the tabulated positions are **astrometric places**. Values in an astrometric ephemeris are essentially comparable to catalog **mean places** of stars after the star positions have been updated for **proper motion** and **parallax**.

astrometric place: direction of a solar system body formed by applying the correction for **light-time displacement** to the **geometric position**. Such a position is directly comparable with the astrometric positions of stars after the star positions have been updated for **proper motion** and **parallax**.

astronomical coordinates: the longitude and latitude of the point on Earth relative to the **geoid**. These coordinates are influenced by local gravity anomalies. (See **latitude, terrestrial; longitude, terrestrial; zenith.**)

astronomical refraction: see **refraction, astronomical.**

astronomical unit (AU): the radius of a circular **orbit** in which a body of negligible mass, and free of **perturbations**, would revolve around the Sun in $2\pi/k$ **days,** k being the **Gaussian gravitational constant**. This is slightly less than the **semimajor axis** of the Earth's orbit.

astronomical zenith: see **zenith, astronomical.**

atomic second: see **second, Système International (SI).**

augmentation: the amount by which the apparent **semidiameter** of a celestial body, as observed from the surface of the Earth, is greater than the semidiameter that would be observed from the center of the Earth.

autumnal equinox: see **equinox, autumnal.**

azimuth: the angular distance measured eastward along the **horizon** from a specified reference point (usually north). Azimuth is measured to the point where the great circle determining the **altitude** of an object meets the horizon.

barycenter: the center of mass of a system of bodies; e.g., the center of mass of the solar system or the Earth-Moon system.

barycentric: with reference to, or pertaining to, the **barycenter** (usually of the solar system).

Barycentric Celestial Reference System (BCRS): a system of **barycentric** space-time coordinates for the solar system within the framework of General Relativity. The metric tensor to be used in the system is specified by the **IAU 2000 resolution B1.3**. For all practical applications, unless otherwise stated, the BCRS is assumed to be oriented according to the **ICRS** axes. (See **Barycentric Coordinate Time (TCB).**)

GLOSSARY

Barycentric Coordinate Time (TCB): the coordinate time of the **Barycentric Celestial Reference System (BCRS)**, which advances by **SI seconds** within that system. TCB is related to **Geocentric Coordinate Time (TCG)** and **Terrestrial Time (TT)** by relativistic transformations that include a secular term. (See **second, Système International (SI)**.)

Barycentric Dynamical Time (TDB): A time scale defined by the **IAU** (originally in 1976; named in 1979; revised in 2006) for use as an independent argument of **barycentric ephemerides** and equations of motion. TDB is a linear function of **Barycentric Coordinate Time (TCB)** that on average tracks **TT** over long **periods** of time; differences between TDB and TT evaluated at the Earth's surface remain under 2 ms for several thousand **years** around the current **epoch**. TDB is functionally equivalent to T_{eph}, the independent argument of the JPL planetary and lunar ephemerides DE405/LE405. (See **second, Système International (SI)**.)

Besselian elements: quantities tabulated for the calculation of accurate predictions of an **eclipse** or **occultation** for any point on or above the surface of the Earth.

calendar: a system of reckoning time in units of solar **days**. The days are enumerated according to their position in cyclic patterns usually involving the motions of the Sun and/or the Moon.

catalog equinox: see **equinox, catalog.**

Celestial Ephemeris Origin (CEO): the original name for the **Celestial Intermediate Origin (CIO)** given in the **IAU** 2000 resolutions. Obsolete.

celestial equator: the plane perpendicular to the **Celestial Intermediate Pole (CIP)**. Colloquially, the projection onto the **celestial sphere** of the Earth's **equator**. (See **mean equator and equinox; true equator and equinox**.)

Celestial Intermediate Origin (CIO): the non-rotating origin of the **Celestial Intermediate Reference System**. Formerly referred to as the **Celestial Ephemeris Origin (CEO)**.

Celestial Intermediate Origin Locator (CIO Locator): denoted by s, is the difference between the **Geocentric Celestial Reference System (GCRS) right ascension** and the intermediate right ascension of the intersection of the **GCRS** and intermediate **equators**.

Celestial Intermediate Pole (CIP): the reference pole of the **IAU 2000A precession nutation** model. The motions of the CIP are those of the Tisserand mean axis of the Earth with **periods** greater than two **days**. (See **nutation; precession**.)

Celestial Intermediate Reference System: a **geocentric** reference system related to the **Geocentric Celestial Reference System (GCRS)** by a time-dependent rotation taking into account **precession-nutation**. It is defined by the intermediate **equator** of the **Celestial Intermediate Pole (CIP)** and the **Celestial Intermediate Origin (CIO)** on a specific date.

celestial pole: see **pole, celestial.**

celestial sphere: an imaginary sphere of arbitrary radius upon which celestial bodies may be considered to be located. As circumstances require, the celestial sphere may be centered at the observer, at the Earth's center, or at any other location.

center of figure: that point so situated relative to the apparent figure of a body that any line drawn through it divides the figure into two parts having equal apparent areas. If the body is oddly shaped, the center of figure may lie outside the figure itself.

center of light: same as **center of figure** except referring only to the illuminated portion.

conjunction: the phenomenon in which two bodies have the same apparent **ecliptic longitude** or **right ascension** as viewed from a third body. Conjunctions are usually tabulated as **geocentric** phenomena. For Mercury and Venus, geocentric inferior conjunctions occur when the planet is between the Earth and Sun, and superior conjunctions occur when the Sun is between the planet and Earth. (See **longitude, ecliptic**.)

constellation: 1. A grouping of stars, usually with pictorial or mythical associations, that serves to identify an area of the **celestial sphere**. 2. One of the precisely defined areas of the celestial sphere, associated with a grouping of stars, that the **International Astronomical Union (IAU)** has designated as a constellation.

Coordinated Universal Time (UTC): the time scale available from broadcast time signals. UTC differs from **International Atomic Time (TAI)** by an integral number of **seconds**;

it is maintained within ±0ˢ.9 seconds of **UT1** by the introduction of **leap seconds**. (See **International Atomic Time (TAI); Universal Time (UT); leap second.**)

culmination: the passage of a celestial object across the observer's **meridian**; also called "meridian passage".

    culmination, lower: (also called "**culmination** below pole" for circumpolar stars and the Moon) is the crossing farther from the observer's **zenith**.

    culmination, upper: (also called "**culmination** above pole" for circumpolar stars and the Moon) or **transit** is the crossing closer to the observer's **zenith**.

day: an interval of 86 400 **SI seconds**, unless otherwise indicated. (See **second, Système International (SI).**)

declination: angular distance on the **celestial sphere** north or south of the **celestial equator**. It is measured along the **hour circle** passing through the celestial object. Declination is usually given in combination with **right ascension** or **hour angle**.

defect of illumination: (sometimes, greatest defect of illumination): the maximum angular width of the unilluminated portion of the apparent disk of a solar system body measured along a radius.

deflection of light: the angle by which the direction of a light ray is altered from a straight line by the gravitational field of the Sun or other massive object. As seen from the Earth, objects appear to be deflected radially away from the Sun by up to $1''.75$ at the Sun's **limb**. Correction for this effect, which is independent of wavelength, is included in the transformation from **mean place** to **apparent place**.

deflection of the vertical: the angle between the astronomical **vertical** and the geodetic vertical. (See **astronomical coordinates; geodetic coordinates; zenith.**)

delta T: see ΔT.

delta UT1: see $\Delta UT1$ (or ΔUT).

direct motion: for orbital motion in the solar system, motion that is counterclockwise in the **orbit** as seen from the north pole of the **ecliptic**; for an object observed on the **celestial sphere**, motion that is from west to east, resulting from the relative motion of the object and the Earth.

diurnal motion: the apparent daily motion, caused by the Earth's rotation, of celestial bodies across the sky from east to west.

diurnal parallax: see **parallax, geocentric.**

dynamical equinox: the ascending **node** of the Earth's mean **orbit** on the Earth's **true equator**; i.e., the intersection of the **ecliptic** with the **celestial equator** at which the Sun's **declination** changes from south to north. (See **catalog equinox; equinox; true equator and equinox.**)

dynamical time: the family of time scales introduced in 1984 to replace **ephemeris time (ET)** as the independent argument of dynamical theories and **ephemerides**. (See **Barycentric Dynamical Time (TDB); Terrestrial Time (TT).**)

Earth Rotation Angle (ERA): the angle, θ, measured along the **equator** of the **Celestial Intermediate Pole (CIP)** between the direction of he **Celestial Intermediate Origin (CIO)** and the **Terrestrial Intermediate Origin (TIO)**. It is a linear function of **UT1**; its time derivative is the Earth's angular velocity.

eccentricity: 1. A parameter that specifies the shape of a conic secton. **2.** One of the standard **elements** used to describe an elliptic or **hyperbolic orbit**. For an **elliptical orbit**, the quantity $e = \sqrt{1 - (b^2/a^2)}$, where a and b are the lengths of the semimajor and semiminor axes, respectively. (See **orbital elements.**)

eclipse: the obscuration of a celestial body caused by its passage through the shadow cast by another body.

    eclipse, annular: a **solar eclipse** in which the solar disk is not completely covered but is seen as an annulus or ring at maximum **eclipse**. An annular eclipse occurs when the apparent disk of the Moon is smaller than that of the Sun. (See **eclipse, solar.**)

    eclipse, lunar: an **eclipse** in which the Moon passes through the shadow cast by the Earth. The eclipse may be total (the Moon passing completely through the Earth's **umbra**), partial (the Moon passing partially through the Earth's umbra at maximum eclipse), or penumbral (the Moon passing only through the Earth's **penumbra**).

eclipse, solar: actually an **occultation** of the Sun by the Moon in which the Earth passes through the shadow cast by the Moon. It may be total (observer in the Moon's **umbra**), partial (observer in the Moon's **penumbra**), annular, or annular-total. (See **eclipse, annular.**)

ecliptic: 1. The mean plane of the **orbit** of the Earth-Moon **barycenter** around the solar system barycenter. **2.** The apparent path of the Sun around the **celestial sphere**.

ecliptic latitude: see **latitude, ecliptic**.

ecliptic longitude: see **longitude, ecliptic**.

elements: a set of parameters used to describe the position and/or motion of an astronomical object.

    elements, Besselian: see **Besselian elements**.

    elements, Keplerian: see **Keplerian Elements**.

    elements, mean: see **mean elements**.

    elements, orbital: see **orbital elements**.

    elements, osculating: see **osculating elements**.

elongation, greatest: the maximum value of the **geocentric** angular distance of a solar system body interior to the Earth's **orbit** from the Sun.

elongation, planetary: the **geocentric** angle between a planet and the Sun. Planetary elongations are measured from 0° to 180°, east or west of the Sun.

elongation, satellite: the **geocentric** angle between a satellite and its primary. Satellite elongations are measured from 0° east or west of the planet.

epact: 1. The age of the Moon. **2.** The number of **days** since new moon, diminished by one day, on January 1 in the Gregorian ecclesiastical lunar cycle. (See **Gregorian calendar; lunar phases.**)

ephemeris: a tabulation of the positions of a celestial object in an orderly sequence for a number of dates.

ephemeris hour angle: an **hour angle** referred to the **ephemeris meridian**.

ephemeris longitude: longitude measured eastward from the **ephemeris meridian**. (See **longitude, terrestrial.**)

ephemeris meridian: a fictitious **meridian** that rotates independently of the Earth at the uniform rate implicitly defined by **Terrestrial Time (TT)**. The **ephemeris** meridian is $1.002\,738\,\Delta T$ east of the Greenwich meridian, where $\Delta T = TT - UT1$.

ephemeris time (ET): the time scale used prior to 1984 as the independent variable in gravitational theories of the solar system. In 1984, ET was replaced by **dynamical time**.

ephemeris transit: the passage of a celestial body or point across the **ephemeris meridian**.

epoch: an arbitrary fixed instant of time or date used as a chronological reference datum for **calendars**, celestial reference systems, star catalogs, or orbital motions. (See **calendar; orbit.**)

equation of the equinoxes: the difference apparent **sidereal time** minus mean sidereal time, due to the effect of **nutation** in longitude on the location of the **equinox**. Equivalently, the difference between the **right ascensions** of the true and **mean equinoxes**, expressed in time units. (See **sidereal time.**)

equation of the origins: the arc length, measured positively eastward, from the **Celestial Intermediate Origin (CIO)** to the **equinox** along the intermediate **equator**; alternatively the difference between the **Earth Rotation Angle (ERA)** and **Greenwich Apparent Sidereal Time (ERA − GAST)**.

equation of time: the difference **apparent solar time** minus **mean solar time**.

equator: the great circle on the surface of a body formed by the intersection of the surface with the plane passing through the center of the body perpendicular to the axis of rotation. (See **celestial equator.**)

equinox: 1. Either of the two points on the **celestial sphere** at which the **ecliptic** intersects the **celestial equator**. 2. The time at which the Sun passes through either of these intersection points; i.e., when the apparent **ecliptic longitude** of the Sun is 0° or 180°. 3. The **vernal equinox**. (See **mean equator and equinox**; **true equator and equinox**.)

    equinox, autumnal: 1. The decending **node** of the **ecliptic** on the **celestial sphere**. 2. The time which the apparent **ecliptic longitude** of the Sun is 180°.

    equinox, catalog: the intersection of the **hour angle** of zero right ascension of a star catalog with the **celestial equator**. Obsolete.

    equinox, dynamical: the ascending **node** of the **ecliptic** on the Earth's **true equator**.

    equinox, vernal: 1. The ascending **node** of the **ecliptic** on the **celestial equator**. 2. The time at which the apparent **ecliptic longitude** of the Sun is 0°.

era: a system of chronological notation reckoned from a specific event.

ERA: see **Earth Rotation Angle (ERA)**.

flattening: a parameter that specifies the degree by which a planet's figure differs from that of a sphere; the ratio $f = (a - b)/a$, where a is the equatorial radius and b is the polar radius.

frame bias: the orientation of the **mean equator and equinox** of J2000.0 with respect to the **Geocentric Celestial Reference System (GCRS)**. It is defined by three small and constant angles, two of which describe the offset of the mean pole at J2000.0 and the other is the **GCRS right ascension** of the mean inertial **equinox** of J2000.0.

frequency: the number of **periods** of a regular, cyclic phenomenon in a given measure of time, such as a **second** or a **year**. (See **period**; **second, Système International (SI)**; **year**.)

frequency standard: a generator whose output is used as a precise **frequency** reference; a primary frequency standard is one whose frequency corresponds to the adopted definition of the **second**, with its specified accuracy achieved without calibration of the device. (See **second, Système International (SI)**.)

GAST: see **Greenwich Apparent Sidereal Time (GAST)**.

Gaussian gravitational constant: k = 0.017 202 098 95: the constant defining the astronomical system of units of length (**astronomical unit (AU)**), mass (solar mass) and time (**day**), by means of Kepler's third law. The dimensions of k^2 are those of Newton's constant of gravitation: $L^3 M^{-1} T^{-2}$.

geocentric: with reference to, or pertaining to, the center of the Earth.

Geocentric Celestial Reference System (GCRS): a system of **geocentric** space-time coordinates within the framework of General Relativity. The metric tensor used in the system is specified by the **IAU 2000 resolutions**. The GCRS is defined such that its spatial coordinates are kinematically non-rotating with respect to those of the **Barycentric Celestial Reference System (BCRS)**. (See **Geocentric Coordinate Time (TCG)**.)

Geocentric Coordinate Time (TCG): the coordinate time of the **Geocentric Celestial Reference System (GCRS)**, which advances by **SI seconds** within that system. TCG is related to **Barycentric Coordinate Time (TCB)** and **Terrestrial Time (TT)**, by relativistic transformations that include a secular term. (See **second, Système International (SI)**.)

geocentric coordinates: 1. The latitude and longitude of a point on the Earth's surface relative to the center of the Earth. 2. Celestial coordinates given with respect to the center of the Earth. (See **latitude, terrestrial**; **longitude, terrestrial**; **zenith**.)

geocentric zenith: see **zenith, geocentric**.

geodetic coordinates: the latitude and longitude of a point on the Earth's surface determined from the geodetic **vertical** (normal to the reference ellipsoid). (See **latitude, terrestrial**; **longitude, terrestrial**; **zenith**.)

geodetic zenith: see **zenith, geodetic**.

geoid: an equipotential surface that coincides with mean sea level in the open ocean. On land it is the level surface that would be assumed by water in an imaginary network of frictionless channels connected to the ocean.

geometric position: the position of an object defined by a straight line (vector) between the center of the Earth (or the observer) and the object at a given time, without any corrections for **light-time**, aberration, etc.

GMST: see **Greenwich Mean Sidereal Time (GMST).**

greatest defect of illumination: see **defect of illumination.**

Greenwich Apparent Sidereal Time (GAST): the Greenwich **hour angle** of the **true equinox** of date.

Greenwich Mean Sidereal Time (GMST): the Greenwich **hour angle** of the **mean equinox** of date.

Greenwich sidereal date (GSD): the number of **sidereal days** elapsed at Greenwich since the beginning of the Greenwich sidereal **day** that was in progress at the **Julian date (JD)** 0.0.

Greenwich sidereal day number: the integral part of the **Greenwich sidereal date (GSD)**.

Gregorian calendar: The **calendar** introduced by Pope Gregory XIII in 1582 to replace the **Julian calendar**. This calendar is now used as the civil calendar in most countries. In the Gregorian calendar, every **year** that is exactly divisible by four is a leap year, except for centurial years, which must be exactly divisible by 400 to be leap years. Thus 2000 was a leap year, but 1900 and 2100 are not leap years.

height: the distance above or below a reference surface such as mean sea level on the Earth or a planetographic reference surface on another solar system planet.

heliocentric: with reference to, or pertaining to, the center of the Sun.

heliocentric parallax: see **parallax, heliocentric.**

horizon: **1.** A plane perpendicular to the line from an observer through the **zenith**. **2.** The observed border between Earth and the sky.

    horizon, astronomical: the plane perpendicular to the line from an observer to the **astronomical zenith** that passes through the point of observation.

    horizon, geocentric: the plane perpendicular to the line from an observer to the **geocentric zenith** that passes through the center of the Earth.

    horizon, natural: the border between the sky and the Earth as seen from an observation point.

horizontal parallax: see **parallax, horizontal.**

horizontal refraction: see **refraction, horizontal.**

hour angle: angular distance on the **celestial sphere** measured westward along the **celestial equator** from the **meridian** to the **hour circle** that passes through a celestial object.

hour circle: a great circle on the **celestial sphere** that passes through the **celestial poles** and is therefore perpendicular to the **celestial equator**.

IAU: see **International Astronomical Union (IAU).**

illuminated extent: the illuminated area of an apparent planetary disk, expressed as a solid angle.

inclination: **1.** The angle between two planes or their poles. **2.** Usually, the angle between an orbital plane and a reference plane. **3.** One of the standard **orbital elements** that specifies the orientation of the **orbit**. (See **orbital elements**.)

instantaneous orbit: see **orbit, instantaneous.**

International Astronomical Union (IAU): an international non-governmental organization that promotes the science of astronomy in all its **aspects**. The IAU is composed of both national and individual members. In the field of positional astronomy, the IAU, among other activities, recommends standards for data analysis and modeling, usually in the form of resolutions passed at General Assemblies held every three **years**.

International Atomic Time (TAI): the continuous time scale resulting from analysis by the Bureau International des Poids et Mesures of atomic time standards in many countries. The fundamental unit of TAI is the **SI second** on the **geoid**, and the **epoch** is 1958 January 1. (See **second, Système International (SI).**)

International Celestial Reference Frame (ICRF): 1. A set of extragalactic objects whose adopted positions and uncertainties realize the **International Celestial Reference System (ICRS)** axes and give the uncertainties of those axes. **2.** The name of the radio catalog whose 212 defining sources serve as fiducial points to fix the axes of the **ICRS**, recommended by the **International Astronomical Union (IAU)** in 1997.

International Celestial Reference System (ICRS): a time-independent, kinematically non-rotating **barycentric** reference system recommended by the **International Astronomical Union (IAU)** in 1997. Its axes are those of the **International Celestial Reference Frame (ICRF)**.

International Terrestrial Reference Frame (ITRF): a set of reference points on the surface of the Earth whose adopted positions and velocities fix the rotating axes of the **International Terrestrial Reference System (ITRS)**.

International Terrestrial Reference System (ITRS): a time-dependent, non-inertial reference system co-moving with the geocenter and rotating with the Earth. The ITRS is the recommended system in which to express positions on the Earth.

invariable plane: the plane through the center of mass of the solar system perpendicular to the angular momentum vector of the solar system.

irradiation: an optical effect of contrast that makes bright objects viewed against a dark background appear to be larger than they really are.

Julian calendar: the **calendar** introduced by Julius Caesar in 46 B.C. to replace the Roman calendar. In the Julian calendar a common **year** is defined to comprise 365 **days**, and every fourth year is a leap year comprising 366 days. The Julian calendar was superseded by the **Gregorian calendar**.

Julian date (JD): the interval of time in **days** and fractions of a day, since 4713 B.C. January 1, Greenwich noon, **Julian proleptic calendar**. In precise work, the timescale, e.g., **Terrestrial Time (TT)** or **Universal Time (UT)**, should be specified.

Julian date, modified (MJD): the **Julian date (JD)** minus 2400000.5.

Julian day number: the integral part of the **Julian date (JD)**.

Julian proleptic calendar: the calendric system employing the rules of the **Julian calendar**, but extended and applied to dates preceding its introduction.

Julian year: see **year, Julian.**

Keplerian Elements: a certain set of six **orbital elements**, sometimes referred to as the Keplerian set. Historically, this set included the **mean anomaly** at the **epoch**, the **semimajor axis**, the **eccentricity** and three Euler angles: the **longitude of the ascending node**, the **inclination**, and the **argument of pericenter**. The time of **pericenter** passage is often used as part of the Keplerian set instead of the mean **anomaly** at the epoch. Sometimes the longitude of pericenter (which is the sum of the longitude of the ascending **node** and the argument of pericenter) is used instead of either the longitude of the ascending node or the argument of pericenter.

Laplacian plane: 1. For planets see **invariable plane. 2.** For a system of satellites, the fixed plane relative to which the vector sum of the disturbing forces has no orthogonal component.

latitude, celestial: see **latitude, ecliptic.**

latitude, ecliptic: angular distance on the **celestial sphere** measured north or south of the **ecliptic** along the great circle passing through the poles of the ecliptic and the celestial object. Also referred to as **celestial latitude**.

latitude, terrestrial: angular distance on the Earth measured north or south of the **equator** along the **meridian** of a geographic location.

leap second: a **second** inserted as the 61st second of a minute at announced times to keep **UTC** within $0\overset{s}{.}9$ of **UT1**. Generally, leap seconds are added at the end of June or December as necessary, but may be inserted at the end of any **month**. Although it has never been utilized, it is possible to have a negative leap second in which case the 60th second of a minute would be removed. (See **Coordinated Universal Time (UTC); Universal Time (UT); second,**

Système International (SI).)

librations: the real or apparent oscillations of a body around a reference point. When referring to the Moon, librations are variations in the orientation of the Moon's surface with respect to an observer on the Earth. Physical librations are due to variations in the orientation of the Moon's rotational axis in inertial space. The much larger optical librations are due to variations in the rate of the Moon's orbital motion, the **obliquity** of the Moon's **equator** to its orbital plane, and the diurnal changes of geometric perspective of an observer on the Earth's surface.

light-time: the interval of time required for light to travel from a celestial body to the Earth.

light-time displacement: the difference between the geometric and **astrometric place** of a solar system body. It is caused by the motion of the body during the interval it takes light to travel from the body to Earth.

light-year: the distance that light traverses in a vacuum during one **year**. A light-year is approximately 9.46×10^{12} km, 5.88×10^{12} statute miles, 63240 **au**, and 0.31 **parsecs**. Often distances beyond the solar system are given in parsecs. (See **parsec**.)

light, deflection of: see **deflection of light**.

limb: the apparent edge of the Sun, Moon, or a planet or any other celestial body with a detectable disk.

limb correction: generally, a small angle (positive or negative) that is added to the tabulated apparent **semidiameter** of a body to compensate for local topography at a specific point along the **limb**. Specifically for the Moon, the angle taken from the Watts lunar limb data (Watts, C. B., APAE XVII, 1963) that is used to correct the semidiameter of the Watts mean limb. The correction is a function of position along the limb and the apparent **librations**. The Watts mean limb is a circle whose center is offset by about 0″.6 from the direction of the Moon's center of mass and whose radius is about 0″.4 greater than the semidiameter of the Moon that is computed based on its **IAU** adopted radius in kilometers.

local sidereal time: the **hour angle** of the **vernal equinox** with respect to the local **meridian**.

longitude of the ascending node: given an **orbit** and a reference plane through the primary body (or center of mass): the angle, Ω, at the primary, between a fiducial direction in the reference plane and the point at which the orbit crosses the reference plane from south to north. Equivalently, Ω is one of the angles in the reference plane between the fiducial direction and the line of **nodes**. It is one of the six **Keplerian elements** that specify an orbit. For planetary orbits, the primary is the Sun, the reference plane is usually the **ecliptic**, and the fiducial direction is usually toward the **equinox**. (See **node; orbital elements**.)

longitude, celestial: see **longitude, ecliptic**.

longitude, ecliptic: angular distance on the **celestial sphere** measured eastward along the **ecliptic** from the **dynamical equinox** to the great circle passing through the poles of the ecliptic and the celestial object. Also referred to as **celestial longitude**.

longitude, terrestrial: angular distance measured along the Earth's **equator** from the Greenwich **meridian** to the meridian of a geographic location.

luminosity class: distinctions in intrinsic brightness among stars of the same **spectral type**, typically given as a Roman numeral. It denotes if a star is a supergiant (Ia or Ib), giant (II or III), subgiant (IV), or main sequence — also called dwarf (V). Sometimes subdwarfs (VI) and white dwarfs (VII) are regarded as luminosity classes. (See **spectral types or classes**.)

lunar phases: cyclically recurring apparent forms of the Moon. New moon, first quarter, full moon and last quarter are defined as the times at which the excess of the apparent **ecliptic longitude** of the Moon over that of the Sun is 0°, 90°, 180° and 270°, respectively. (See **longitude, ecliptic**.)

lunation: the **period** of time between two consecutive new moons.

magnitude of a lunar eclipse: the fraction of the lunar diameter obscured by the shadow of the Earth at the greatest **phase** of a **lunar eclipse**, measured along the common diameter. (See **eclipse, lunar.**)

magnitude of a solar eclipse: the fraction of the solar diameter obscured by the Moon at the greatest **phase** of a **solar eclipse**, measured along the common diameter. (See **eclipse, solar.**)

magnitude, stellar: a measure on a logarithmic scale of the brightness of a celestial object. Since brightness varies with wavelength, often a wavelength band is specified. A factor of 100 in brightness is equivalent to a change of 5 in stellar magnitude, and brighter sources have lower magnitudes. For example, the bright star Sirius has a visual-band magnitude of -1.46 whereas the faintest stars detectable with an unaided eye under ideal conditions have visual-band magnitudes of about 6.0.

mean distance: an average distance between the primary and the secondary gravitating body. The meaning of the mean distance depends upon the chosen method of averaging (i.e., averaging over the time, or over the **true anomaly**, or the **mean anomaly**. It is also important what power of the distance is subject to averaging.) In this volume the mean distance is defined as the inverse of the time-averaged reciprocal distance: $(\int r^{-1} dt)^{-1}$. In the two body setting, when the disturbances are neglected and the **orbit** is elliptic, this formula yields the **semimajor axis**, a, which plays the role of mean distance.

mean elements: average values of the **orbital elements** over some section of the **orbit** or over some interval of time. They are interpreted as the **elements** of some reference (mean) orbit that approximates the actual one and, thus, may serve as the basis for calculating orbit **perturbations**. The values of mean elements depend upon the chosen method of averaging and upon the length of time over which the averaging is made.

mean equator and equinox: the celestial coordinate system defined by the orientation of the Earth's equatorial plane on some specified date together with the direction of the **dynamical equinox** on that date, neglecting **nutation**. Thus, the mean **equator** and **equinox** moves in response only to **precession**. Positions in a star catalog have traditionally been referred to a catalog equator and equinox that approximate the mean equator and equinox of a **standard epoch**. (See **catalog equinox; true equator and equinox.**)

mean motion: in undisturbed elliptic motion, the constant angular speed required for a body to complete one revolution in an **orbit** of a specified **semimajor axis**.

mean place: coordinates of a star or other celestial object (outside the solar system) at a specific date, in the **Barycentric Celestial Reference System (BCRS)**. Conceptually, the coordinates represent the direction of the object as it would hypothetically be observed from the solar system **barycenter** at the specified date, with respect to a fixed coordinate system (e.g., the axes of the **International Celestial Reference Frame (ICRF)**), if the masses of the Sun and other solar system bodies were negligible.

mean solar time: a measure of time based conceptually on the **diurnal motion** of a fiducial point, called the fictitious mean Sun, with uniform motion along the **celestial equator**.

meridian: a great circle passing through the **celestial poles** and through the **zenith** of any location on Earth. For planetary observations a meridian is half the great circle passing through the planet's poles and through any location on the planet.

month: a calendrical unit that approximates the **period** of revolution of the Moon. Also, the period of time between the same dates in successive **calendar** months.

  month, sidereal: the **period** of revolution of the Moon about the Earth (or Earth-Moon barycenter) in a fixed reference frame. It is the mean period of revolution with respect to the background stars. The mean length of the sidereal **month** is approximately 27.322 **days**.

  month, synodic: the **period** between successive new Moons (as seen from the geocenter). The mean length of the synodic **month** is approximately 29.531 **days**.

moonrise, moonset: the times at which the apparent upper **limb** of the Moon is on the **astronomical horizon**. In *The Astronomical Almanac*, they are computed as the times when the true **zenith distance**, referred to the center of the Earth, of the central point of the Moon's disk is $90°34' + s - \pi$, where s is the Moon's **semidiameter**, π is the **horizontal parallax**, and $34'$ is the adopted value of **horizontal refraction**.

GLOSSARY

nadir: the point on the **celestial sphere** diametrically opposite to the **zenith**.

node: either of the points on the **celestial sphere** at which the plane of an **orbit** intersects a reference plane. The position of one of the nodes (the **longitude of the ascending node**) is traditionally used as one of the standard **orbital elements**.

nutation: oscillations in the motion of the rotation pole of a freely rotating body that is undergoing torque from external gravitational forces. Nutation of the Earth's pole is specified in terms of components in **obliquity** and longitude.

obliquity: in general, the angle between the equatorial and orbital planes of a body or, equivalently, between the rotational and orbital poles. For the Earth the obliquity of the **ecliptic** is the angle between the planes of the **equator** and the ecliptic; its value is approximately $23°.44$.

occultation: the obscuration of one celestial body by another of greater apparent diameter; especially the passage of the Moon in front of a star or planet, or the disappearance of a satellite behind the disk of its primary. If the primary source of illumination of a reflecting body is cut off by the occultation, the phenomenon is also called an **eclipse**. The occultation of the Sun by the Moon is a **solar eclipse**. (See **eclipse, solar**.)

opposition: the phenomenon whereby two bodies have apparent **ecliptic longitudes** or **right ascensions** that differ by 180° as viewed by a third body. Oppositions are usually tabulated as **geocentric** phenomena.

orbit: the path in space followed by a celestial body as a function of time. (See **orbital elements**.)

> **orbit, elliptical:** a closed **orbit** with an **eccentricity** less than 1.
>
> **orbit, hyperbolic:** an open **orbit** with an **eccentricity** greater than 1.
>
> **orbit, instantaneous:** the unperturbed two-body **orbit** that a body would follow if **perturbations** were to cease instantaneously. Each orbit in the solar system (and, more generally, in the many-body setting) can be represented as a sequence of instantaneous ellipses or hyperbolae whose parameters are called **orbital elements**. If these **elements** are chosen to be osculating, each instantaneous orbit is tangential to the physical orbit. (See **orbital elements; osculating elements**.)
>
> **orbit, parabolic:** an open **orbit** with an **eccentricity** of 1.

orbital elements: a set of six independent parameters that specifies an **instantaneous orbit**. Every real **orbit** can be represented as a sequence of instantaneous ellipses or hyperbolae sharing one of their foci. At each instant of time, the position and velocity of the body is characterised by its place on one such instantaneous curve. The evolution of this representation is mathematically described by evolution of the values of orbital **elements**. Different sets of geometric parameters may be chosen to play the role of orbital elements. The set of **Keplerian elements** is one of many such sets. When the Lagrange constraint (the requirement that the instantaneous orbit is tangential to the actual orbit) is imposed upon the orbital elements, they are called **osculating elements**.

osculating elements: a set of parameters that specifies the instantaneous position and velocity of a celestial body in its perturbed **orbit**. Osculating **elements** describe the unperturbed (two-body) orbit that the body would follow if **perturbations** were to cease instantaneously. (See **orbit, instantaneous; orbital elements**.)

parallax: the difference in apparent direction of an object as seen from two different locations; conversely, the angle at the object that is subtended by the line joining two designated points. (See **parallax, horizontal**.)

> **parallax, annual:** see **parallax, heliocentric**.
>
> **parallax, diurnal:** see **parallax, geocentric**.
>
> **parallax, geocentric:** the angular difference between the **topocentric** and **geocentric** directions toward an object.
>
> **parallax, heliocentric:** the angular difference between the **geocentric** and **heliocentric** directions toward an object; it is the angle subtended at the observed object.

parallax, horizontal: the angular difference between the **topocentric** and a **geocentric** direction toward an object when the object is on the **astronomical horizon**.

parallax in altitude: the angular difference between the **topocentric** and **geocentric** direction toward an object when the object is at a given **altitude**.

parsec: the distance at which one **astronomical unit (AU)** subtends an angle of one **second** of arc; equivalently the distance to an object having an **annual parallax** of one second of arc. One parsec is $1/\sin(1'') = 206264.806$ **AU**, or about 3.26 **light-years**.

penumbra: 1. The portion of a shadow in which light from an extended source is partially but not completely cut off by an intervening body. **2.** The area of partial shadow surrounding the **umbra**.

pericenter: the point in an **orbit** that is nearest to the origin of the reference system. (See **perigee; perihelion**.)

pericenter, argument of: one of the **Keplerian elements**. It is the angle measured in the **orbit** plane from the ascending **node** of a reference plane (usually the **ecliptic**) to the **pericenter**.

perigee: the point in an **orbit** that is nearest to the Earth. Perigee is sometimes used with reference to the apparent orbit of the Sun around the Earth.

perihelion: the point in an **orbit** that is nearest to the Sun.

period: the interval of time required to complete one revolution in an **orbit** or one cycle of a periodic phenomenon, such as a cycle of **phases**. (See **phase**.)

perturbations: 1. Deviations between the actual **orbit** of a celestial body and an assumed reference orbit. **2.** The forces that cause deviations between the actual and reference orbits. Perturbations, according to the first meaning, are usually calculated as quantities to be added to the coordinates of the reference orbit to obtain the precise coordinates.

phase: 1. The name applied to the apparent degree of illumination of the disk of the Moon or a planet as seen from Earth (cresent, gibbous, full, etc.). **2.** The ratio of the illuminated area of the apparent disk of a celestial body to the entire area of the apparent disk; i.e., the fraction illuminated. **3.** Used loosely to refer to one **aspect** of an **eclipse** (partial phase, annular phase, etc.). (See **lunar phases**.)

phase angle: the angle measured at the center of an illuminated body between the light source and the observer.

photometry: a measurement of the intensity of light, usually specified for a specific wavelength range.

planetocentric coordinates: coordinates for general use, where the z-axis is the mean axis of rotation, the x-axis is the intersection of the planetary **equator** (normal to the z-axis through the center of mass) and an arbitrary prime **meridian**, and the y-axis completes a right-hand coordinate system. Longitude of a point is measured positive to the prime meridian as defined by rotational **elements**. Latitude of a point is the angle between the planetary equator and a line to the center of mass. The radius is measured from the center of mass to the surface point.

planetographic coordinates: coordinates for cartographic purposes dependent on an equipotential surface as a reference surface. Longitude of a point is measured in the direction opposite to the rotation (positive to the west for direct rotation) from the cartographic position of the prime **meridian** defined by a clearly observable surface feature. Latitude of a point is the angle between the planetary **equator** (normal to the z-axis and through the center of mass) and normal to the reference surface at the point. The **height** of a point is specified as the distance above a point with the same longitude and latitude on the reference surface.

polar motion: the quasi-periodic motion of the Earth's pole of rotation with respect to the Earth's solid body. More precisely, the angular excursion of the **CIP** from the **ITRS** z-axis. (See **Celestial Intermediate Pole (CIP); International Terrestrial Reference System (ITRS)**.)

polar wobble: see **wobble, polar**.

pole, celestial: either of the two points projected onto the **celestial sphere** by the Earth's axis. Usually, this is the axis of the **Celestial Intermediate Pole (CIP)**, but it may also refer to the instantaneous axis of rotation, or the angular momentum vector. All of these axes are within 0″.1 of each other. If greater accuracy is desired, the specific axis should be designated.

pole, Tisserand mean: the angular momentum pole for the Earth about which the total internal angular momentum of the Earth is zero. The motions of the **Celestial Intermediate Pole (CIP)** (described by the conventional theories of **precession** and **nutation**) are those of the Tisserand mean pole with **periods** greater than two **days** in a celestial reference system (specifically, the **Geocentric Celestial Reference System (GCRS)**).

precession: the smoothly changing orientation (secular motion) of an orbital plane or the **equator** of a rotating body. Applied to rotational dynamics, precession may be excited by a singular event, such as a collision, a progenitor's disruption, or a tidal interaction at a close approach (free precession); or caused by continuous torques from other solar system bodies, or jetting, in the case of comets (forced precession). For the Earth's rotation, the main sources of forced precession are the torques caused by the attraction of the Sun and Moon on the Earth's equatorial bulge, called precession of the equator (formerly known as lunisolar precession). The slow change in the orientation of the Earth's orbital plane is called precession of the **ecliptic** (formerly known as planetary precession). The combination of both motions — that is, the motion of the equator with respect to the ecliptic — is called general precession.

proper motion: the projection onto the **celestial sphere** of the space motion of a star relative to the solar system; thus the transverse component of the space motion of a star with respect to the solar system. Proper motion is usually tabulated in star catalogs as changes in **right ascension** and **declination** per **year** or century.

quadrature: a configuration in which two celestial bodies have apparent longitudes that differ by 90° as viewed from a third body. Quadratures are usually tabulated with respect to the Sun as viewed from the center of the Earth. (See **longitude, ecliptic**.)

radial velocity: the rate of change of the distance to an object, usually corrected for the Earth's motion with respect to the solar system **barycenter**.

refraction: the change in direction of travel (bending) of a light ray as it passes obliquely from a medium of lesser/greater density to a medium of greater/lesser density.

   refraction, astronomical: the change in direction of travel (bending) of a light ray as it passes obliquely through the atmosphere. As a result of **refraction** the observed **altitude** of a celestial object is greater than its geometric altitude. The amount of refraction depends on the altitude of the object and on atmospheric conditions.

   refraction, horizontal: the **astronomical refraction** at the **astronomical horizon**; often, an adopted value of 34′ is used in computations for sea level observations.

retrograde motion: for orbital motion in the solar system, motion that is clockwise in the **orbit** as seen from the north pole of the **ecliptic**; for an object observed on the **celestial sphere**, motion that is from east to west, resulting from the relative motion of the object and the Earth. (See **direct motion**.)

right ascension: angular distance on the **celestial sphere** measured eastward along the **celestial equator** from the **equinox** to the **hour circle** passing through the celestial object. Right ascension is usually given in combination with **declination**.

second, Système International (SI): the duration of 9 192 631 770 cycles of radiation corresponding to the transition between two hyperfine levels of the ground state of cesium 133.

selenocentric: with reference to, or pertaining to, the center of the Moon.

semidiameter: the angle at the observer subtended by the equatorial radius of the Sun, Moon or a planet.

semimajor axis: 1. Half the length of the major axis of an ellipse. **2.** A standard element used to describe an **elliptical orbit**. (See **orbital elements**.)

SI second: see **second, Système International (SI)**.

sidereal day: the **period** between successive **transits** of the **equinox**. The mean sidereal **day** is approximately 23 hours, 56 minutes, 4 **seconds**. (See **sidereal time**.)

sidereal hour angle: angular distance on the **celestial sphere** measured westward along the

celestial equator from the **equinox** to the **hour circle** passing through the celestial object. It is equal to 360° minus **right ascension** in degrees.

sidereal month: see **month, sidereal.**

sidereal time: the **hour angle** of the **equinox**. If the **mean equinox** is used, the result is mean sidereal time; if the **true equinox** is used, the result is apparent sidereal time. The hour angle can be measured with respect to the local **meridian** or the Greenwich meridian, yielding, respectively, local or Greenwich (mean or apparent) sidereal times.

solstice: either of the two points on the **ecliptic** at which the apparent longitude of the Sun is 90° or 270°; also the time at which the Sun is at either point. (See **longitude, ecliptic.**)

spectral types or classes: categorization of stars according to their spectra, primarily due to differing temperatures of the stellar atmosphere. From hottest to coolest, the commonly used Morgan-Keenan spectral types are O, B, A, F, G, K and M. Some other extended spectral types include W, L, T, S, D and C.

standard epoch: a date and time that specifies the reference system to which celestial coordinates are referred. (See **mean equator and equinox.**)

stationary point: the time or position at which the rate of change of the apparent **right ascension** of a planet is momentarily zero. (See **apparent place.**)

sunrise, sunset: the times at which the apparent upper **limb** of the Sun is on the **astronomical horizon**. In *The Astronomical Almanac* they are computed as the times when the true **zenith distance**, referred to the center of the Earth, of the central point of the disk is 90°50′, based on adopted values of 34′ for **horizontal refraction** and 16′ for the Sun's **semidiameter**.

surface brightness: the visual **magnitude** of an average square arcsecond area of the illuminated portion of the apparent disk of the Moon or a planet.

synodic month: see **month, synodic.**

synodic period: the mean interval of time between successive **conjunctions** of a pair of planets, as observed from the Sun; or the mean interval between successive conjunctions of a satellite with the Sun, as observed from the satellite's primary.

synodic time: pertaining to successive **conjunctions**; successive returns of a planet to the same **aspect** as determined by Earth.

syzygy: 1. A configuration where three or more celestial bodies are positioned approximately in a straight line in space. Often the bodies involved are the Earth, Sun and either the Moon or a planet. **2.** The times of the New Moon and Full Moon.

TAI: see **International Atomic Time (TAI).**

TCB: see **Barycentric Coordinate Time (TCB).**

TCG: see **Geocentric Coordinate Time (TCG).**

TDB: see **Barycentric Dynamical Time (TDB).**

T_{eph}: the independent argument of the JPL planetary and lunar ephermerides DE405/LE405; in the terminology of General Relativity, a **barycentric coordinate time** scale. T_{eph} is a linear function of **Barycentric Coordinate Time (TCB)** and has the same rate as **Terrestrial Time (TT)** over the time span of the **ephemeris**. T_{eph} is regarded as functionally equivalent to **Barycentric Dynamical Time (TDB)**. (See **Barycentric Coordinate Time (TCB); Barycentric Dynamical Time (TDB); Terrestrial Time (TT).**)

terminator: the boundary between the illuminated and dark areas of a celestial body.

Terrestrial Ephemeris Origin (TEO): the original name for the **Terrestrial Intermediate Origin (TIO)**. Obsolete.

Terrestrial Intermediate Origin (TIO): the non-rotating origin of the **Terrestrial Intermediate Reference System (TIRS)**, established by the **International Astronomical Union (IAU)** in 2000. The TIO was originally set at the **International Terrestrial Reference Frame (ITRF)** origin of longitude and throughout 1900-2100 stays within 0.1 mas of the **ITRF** zero-**meridian**. Formerly referred to as the **Terrestrial Ephemeris Origin (TEO)**.

Terrestrial Intermediate Reference System (TIRS): a **geocentric** reference system defined by the intermediate **equator** of the **Celestial Intermediate Pole (CIP)** and the **Terrestrial**

Intermediate Origin (TIO) on a specific date. It is related to the **Celestial Intermediate Reference System** by a rotation of the **Earth Rotation Angle**, θ, around the **Celestial Intermediate Pole**.

Terrestrial Time (TT): an idealized form of **International Atomic Time (TAI)** with an **epoch** offset; in practice TT = TAI + $32^s.184$. TT thus advances by **SI seconds** on the **geoid**. Used as an independent argument for apparent **geocentric ephemerides**. (See **second, Système International (SI).**)

topocentric: with reference to, or pertaining to, a point on the surface of the Earth.

transit: 1. The passage of the apparent center of the disk of a celestial object across a **meridian**. **2.** The passage of one celestial body in front of another of greater apparent diameter (e.g., the passage of Mercury or Venus across the Sun or Jupiter's satellites across its disk); however, the passage of the Moon in front of the larger apparent Sun is called an **annular eclipse**. (See **eclipse, annular; eclipse, solar.**)

   transit, shadow: The passage of a body's shadow across another body; however, the passage of the Moon's shadow across the Earth is called a **solar eclipse**.

true equator and equinox: the celestial coordinate system defined by the orientation of the Earth's equatorial plane on some specified date together with the direction of the **dynamical equinox** on that date. The true **equator** and **equinox** are affected by both **precession** and **nutation**. (See **mean equator and equinox; nutation; precession.**)

TT: see **Terrestrial Time (TT)**.

twilight: the interval of time preceding **sunrise** and following **sunset** during which the sky is partially illuminated. Civil twilight comprises the interval when the **zenith distance**, referred to the center of the Earth, of the central point of the Sun's disk is between $90°50'$ and $96°$, nautical twilight comprises the interval from $96°$ to $102°$, astronomical twilight comprises the interval from $102°$ to $108°$. (See **sunrise, sunset.**)

umbra: the portion of a shadow cone in which none of the light from an extended light source (ignoring **refraction**) can be observed.

Universal Time (UT): a generic reference to one of several time scales that approximate the mean **diurnal motion** of the Sun; loosely, **mean solar time** on the Greenwich **meridian** (previously referred to as Greenwich Mean Time). In current usage, UT refers either to a time scale called UT1 or to **Coordinated Universal Time (UTC)**; in this volume, UT always refers to UT1. UT1 is formally defined by a mathematical expression that relates it to **sidereal time**. Thus, UT1 is observationally determined by the apparent diurnal motions of celestial bodies, and is affected by irregularities in the Earth's rate of rotation. UTC is an atomic time scale but is maintained within $0^s.9$ of UT1 by the introduction of 1-**second** steps when necessary. (See **leap second.**)

UT1: see **Universal Time (UT)**.

UTC: see **Coordinated Universal Time (UTC)**.

vernal equinox: see **equinox, vernal**.

vertical: the apparent direction of gravity at the point of observation (normal to the plane of a free level surface).

week: an arbitrary **period** of **days**, usually seven days; approximately equal to the number of days counted between the four **phases of the Moon**. (See **lunar phases.**)

wobble, polar: 1. In current practice including the phraseology used in *The Astronomical Almanac*, it is identical to **polar motion**. **2.** In certain contexts it can refer to specific components of polar motion, *e.g.* Chandler wobble or annual wobble. (See **polar motion.**)

year: a **period** of time based on the revolution of the Earth around the Sun, or the period of the Sun's apparent motion around the **celestial sphere**. The length of a given year depends on the choice of the reference point used to measure this motion.

   year, anomalistic: the **period** between successive passages of the Earth through **perihelion**. The anomalistic **year** is approximately 25 minutes longer than the **tropical year**.

   year, Besselian: the **period** of one complete revolution in **right ascension** of the fictitious mean Sun, as defined by Newcomb. Its length is shorter than a **tropical year** by $0.148 \times T$ **seconds**, where T is centuries since 1900.0. The beginning of the Besselian **year** occurs when the fictitious mean Sun is at **ecliptic longitude** 280°. Now obsolete.

year, calendar: the **period** between two dates with the same name in a **calendar**, either 365 or 366 **days**. The **Gregorian calendar**, now universally used for civil purposes, is based on the **tropical year**.

year, eclipse: the **period** between successive passages of the Sun (as seen from the geocenter) through the same lunar **node** (one of two points where the Moon's **orbit** intersects the **ecliptic**). It is approximately 346.62 **days**.

year, Julian: a **period** of 365.25 **days**. It served as the basis for the **Julian calendar**.

year, sidereal: the **period** of revolution of the Earth around the Sun in a fixed reference frame. It is the mean period of the Earth's revolution with respect to the background stars. The sidereal **year** is approximately 20 minutes longer than the **tropical year**.

year, tropical: the **period** of revolution of the Earth around the Sun with respect to the **dynamical equinox**. The tropical **year** comprises a complete cycle of seasons, and its length is approximated in the long term by the civil **(Gregorian) calendar**. It is approximately 365 **days**, 5 hours, 48 minutes, 45 **seconds**.

zenith: in general, the point directly overhead on the **celestial sphere**.

zenith, astronomical: the extension to infinity of a plumb line from an observer's location.

zenith, geocentric: The point projected onto the **celestial sphere** by a line that passes through the geocenter and an observer.

zenith, geodetic: the point projected onto the **celestial sphere** by the line normal to the Earth's geodetic ellipsoid at an observer's location.

zenith distance: angular distance on the **celestial sphere** measured along the great circle from the **zenith** to the celestial object. Zenith distance is 90° minus **altitude**.

INDEX

ΔT, definition B3, B6, L4
    table K8

Aberration, annual B28
    constant of K7
    differential B29
    diurnal B85
    planetary B29
    reduction B28, B67, B72, B85
Altitude & azimuth formulas B75, B86
Anomalistic year, length C2
Ariel (Uranus I) F49, L11, L13
    elongations F50
    mass F5
    orbital elements F4
    physical & photometric data F5
Ascending node, major planets A3, E5, E6
    minor planets G2
    Moon D2
Astrometric position B29
Astronomical constants K6, L5, L23
Astronomical twilight A12, A38
Astronomical unit K6
Atomic time L2

Barycentric Celestial Reference System (BCRS) B25, L1
Barycentric Dynamical Time (TDB) B6, B7, L3
Besselian elements A79, A80, A84, A91

Calendar B4, K1, K2, K5, L6
    religious B5, L6
Callisto (Jupiter IV) F8, L11
    conjunctions F13
    eclipses & occultations F38, F39, L13
    mass F3, K7
    orbital elements F2
    phenomena F14
    physical & photometric data F3, K7
Celestial Intermediate Origin (CIO) B2, B9, B25, B47, B48, B58, L7
Celestial Intermediate Pole (CIP) B2, B11, B25, B30, B31, B46, B48, B58
Celestial Intermediate Reference System B2, B11, B25, B46, B48, B49, K11
Celestial to intermediate reduction B48, B49, B66
    examples B70, B74
Celestial to true equinox equator of date reduction B48, B50, B66
    examples B68, B72
Ceres, geocentric ephemeris G5, L14
    geocentric phenomena A4, A9
    magnitude A5, G2, G4, G5
    mass K7

Definitions of astronomical terms are provided in the Glossary, Section M. Entries in the Glossary are not cited in the Index.

Ceres
    opposition A4, A9, G4
    orbital elements G2
Charon (Pluto I) F53, L11, L14
    elongations F53
    mass F5
    orbital elements F4
    physical & photometric data F5
Chronological cycles & eras B4
CIO locator (s) B47, B48, B49, B58, B66
CIO method (techniques) B2, B11, B27, B48, B49, B66, B68, B70, B74, B85
Civil twilight A12, A22
Color indices, major planets E4
    galaxies H54, L19
    globular clusters H66, L20
    Moon E4
    planetary satellites F3, F5
    stars H2, H34, H41, L15
Comets, orbital elements G16
    perihelion passage G16
Complimentary terms B47
Conjunctions, major planets A3, A9
    minor planets A4
Constants, astronomical K6, L5, L23
Coordinates, astronomical K13, L7
    geocentric D3, D6, D22, K11, L5, L8, L9
    geodetic A80, K11
    intermediate B26
    planetocentric E3, E55
    planetographic E3, E54, L11
    reductions between apparent & mean places B25, L8
    reference frame L1
    selenographic D4, D7, L9
    topocentric D3, D22
Cybele, geocentric ephemeris G13, L14
    magnitude G3, G4, G13
    opposition G4
    orbital elements G3

Davida, geocentric ephemeris G14, L14
    magnitude G3, G4, G14
    opposition G4
    orbital elements G3
Day numbers, Julian K2, L6
Deimos (Mars II) F6, L11
    elongations F6
    mass F3
    orbital elements F2
    physical & photometric data F3

Definitions of astronomical terms are provided in the Glossary, Section M. Entries in the Glossary are not cited in the Index.

INDEX

Differential aberration	B29
Differential nutation	B57
Differential precession	B57
Dione (Saturn IV)	F42, L11, L13
elongations	F44
mass	F3
orbital elements	F2
physical & photometric data	F3
Double stars	H32, L15
Dynamical time	B6, L3
Earth, aphelion & perihelion	A1, A9, A10
barycentric coordinates	B28, B76
ephemeris, basis of	L4
equinoxes & solstices	A1, A9
heliocentric coordinates	E7
mass	E4, K7
orbital elements	E5
physical & photometric data	E4, K6, K7
rotation angle (ERA)	B7, B8, B9, B21, B48, B66, B68, B70, B75, B85, L7
selenographic coordinates	D4, D7, L9
Eclipse year, length	C2
Eclipses, lunar and solar	A1, A9, A78, L6
satellites of Jupiter	F12, F39, L12, L13
Ecliptic, obliquity of	B10, B50, B52, B55, B58, C1, C5, K7
precession	B53
Enceladus (Saturn II)	F42, L11, L13
elongations	F43
mass	F3
orbital elements	F2
physical & photometric data	F3
Ephemerides, fundamental	L4
Ephemeris meridian	L4
Ephemeris time	K8, L3
reduction to universal time	K8
relation to other time scales	B6
Ephemeris transit, major planets	E45, E46
minor planets	G5
Moon	D3, D6
Sun	C2, C7
Equation of the equinoxes	B7, B9, B10, B12, B13, L3
Equation of the origins	B7, B9, B10, B21, B48, B74
Equation of time	C2, C5
Equator, and CIO of date	B27, B31, B46
and equinox of date	B25, B30, B50
GCRS, and origin	B9, B48
true of date, intermediate	B9, B26
Equinox method (techniques)	B2, B11, B27, B48, B50, B66, B68, B72, B79, B85
Equinoxes, dates of	A1

Definitions of astronomical terms are provided in the Glossary, Section M. Entries in the Glossary are not cited in the Index.

Eras, chronological	B4
Eunomia, geocentric ephemeris	G10, L14
magnitude	G2, G4, G10
opposition	G4
orbital elements	G2
Europa (Jupiter II)	F8, L11
conjunctions	F13
eclipses & occultations	F38, F39, L13
mass	F3, K7
orbital elements	F2
phenomena	F14
physical & photometric data	F3, K7
Europa (minor planet), geocentric ephemeris	G12, L14
magnitude	G2, G4, G12
opposition	G4
orbital elements	G2
Flattening factor for the Earth	K6
Flattening, major planets & Moon	E4
Flora, geocentric ephemeris	G9, L14
magnitude	G2, G4, G9
opposition	G4
orbital elements	G2
Flux standards, radio telescope	H74, L21
Frame bias	B50, B56, L7
Fundamental arguments	B47
Galaxies, bright	H54, L18
Galaxies, radio sources	H69, H74
Gamma ray sources	H81
X–ray sources	H75
Galilean satellites, mutual phenomena	F38, F39, L13
Gamma ray sources	H81, L23
Ganymede (Jupiter III)	F8, L11
conjunctions	F13
eclipses & occultations	F38, F39, L13
mass	F3, K7
orbital elements	F2
phenomena	F14
physical & photometric data	F3, K7
Gaussian gravitational constant	K6
General precession in longitude, constant of	K7
General precession, annual rate	B55
Geocentric Celestial Reference System (GCRS)	B25, B29, B46, B48, B66
Geocentric planetary phenomena	A3, A9, L5
Globular star clusters	H66, L19
Gravitational constant	K6
Greenwich Apparent Sidereal Time (GAST)	B7, B9, B10, B11, B12, B13, B26, B68, B70, B85, L7
Greenwich Mean Sidereal Time (GMST)	B7, B8, B9, B10, B11, B12, B13, L7

Definitions of astronomical terms are provided in the Glossary, Section M. Entries in the Glossary are not cited in the Index.

INDEX

Greenwich meridian	L3
Greenwich sidereal date	B13
Hebe, geocentric ephemeris	G7, L14
magnitude	G2, G4, G7
opposition	G4
orbital elements	G2
Heliocentric coordinates, calculation of	E2, E5
major planets	E7, E8, E44, L10
Heliocentric planetary phenomena	A3, L5
Heliographic coordinates	C3, C7
Horizontal parallax, major planets	E45
Moon	D3, D6, D22, L6, L9
Sun	C5, C7
Hour angle	B9, B11, B66, B70, B75, B85, B86
topocentric, Moon	D3
Hubble system	L18
Hygiea, geocentric ephemeris	L14
magnitude	G2, G4
opposition	G4
orbital elements	G2
Hyperion (Saturn VII)	F42, L11, L13
conjunctions & elongations	F45
differential coordinates	F46
orbital elements	F2
physical & photometric data	F3
Iapetus (Saturn VIII)	F42, L11, L13
conjunctions & elongations	F45
differential coordinates	F47
mass	F3
orbital elements	F2
physical & photometric data	F3
Interamnia, geocentric ephemeris	G15, L14
magnitude	G3, G4, G15
opposition	G4
orbital elements	G3
International Atomic Time (TAI)	B6, K9, L2
International Celestial Reference System (ICRS)	B25, B29, B66, B71, L1
International Terrestrial Reference Frame (ITRF)	B26, B66, K11
International Terrestrial Reference System (ITRS)	B11, B26, B48, B66, B84, K10
Io (Jupiter I)	F8, L11
conjunctions	F12
eclipses & occultations	F38, F39, L13
mass	F3, K7
orbital element	F2
phenomena	F14
physical & photometric data	F3, K7
Iris, geocentric ephemeris	G8, L14

Definitions of astronomical terms are provided in the Glossary, Section M. Entries in the Glossary are not cited in the Index.

Iris
- magnitude G2, G4, G8
- opposition G4
- orbital elements G2

Julian date (JD) B3, B6, B12, K2, K5, L6
- modified B3

Julian day numbers K2, L6
Juno, geocentric ephemeris G6, L14
- geocentric phenomena A4, A9
- magnitude A5, G2, G4, G6
- opposition A4, A9, G4
- orbital elements G2

Jupiter, central meridian E3, E83
- elongations A5
- ephemeris, basis of L4
- geocentric coordinates E28, L10
- geocentric phenomena A3, A9, L5
- heliocentric coordinates E7, E15, L10
- heliocentric phenomena A3, L5
- longitude systems E55
- magnitude A5, E4, E72, L11
- mass E4, K7
- opposition A3, A9
- orbital elements E6
- physical & photometric data E4, K7
- physical ephemeris E72, L10
- rotation elements E3
- satellites F2, F3, F8, L11
- semidiameter E45
- transit times A7, E45, E46
- visibility A6, A8

Latitude, terrestrial, from observations of Polaris B87, B88, B92
Leap second B7, K9, L4
Librations, Moon D5, D7, L9
Light, deflection of B28, B67, B69, B72, B73
- speed K6

Local hour angle B11, B75, B85, B86, B92
Local mean solar time B11, C2
Local sidereal time B11, B12, B87, B88
Luminosity class, bright galaxies H54, L18
Lunar eclipses A1, A9, A78, A82, L6
Lunar phases A1, A9, D1
Lunar phenomena A2, A9, L5
Lunations A1, D1, L5

Magnitude, bright galaxies H54
- bright stars H2, L15

Definitions of astronomical terms are provided in the Glossary, Section M. Entries in the Glossary are not cited in the Index.

Magnitude
 globular clusters H66, L20
 major planets (see individual planets) A4, A5, L11
 minor planets A5, G2, G4, G5
 open clusters H59
 photometric standard stars H34, H41, L16
 radial velocity standard stars H48, L16
 variable stars H50, L17
Mars, central meridian E3, E83
 elongations A5
 ephemeris, basis of L4
 geocentric coordinates E24, L10
 geocentric phenomena A3, A9, L5
 heliocentric coordinates E7, E14, L10
 heliocentric phenomena A3, L5
 magnitude A5, E4, E68, L11
 mass E4, K7
 opposition A3, A9
 orbital elements E6
 physical & photometric data E4, K7
 physical ephemeris E68, L10
 rotation elements E3
 satellites F2, F3, F6, L11
 transit times A7, E45, E46
 visibility A6, A8
Matrices and vectors B26, K18, K19
Mean distance, major planets E5, E6
 minor planets G2
Mean solar time B11, C2
Mercury, central meridian E3
 elongations A3, A4
 ephemeris, basis of L4
 geocentric coordinates E16, L10
 geocentric phenomena A3, A9, L5
 heliocentric coordinates E7, E8, L10
 heliocentric phenomena A3, L5
 magnitude A4, E4, E56, L11
 mass E4, K7
 orbital elements E5
 physical & photometric data E4, K7
 physical ephemeris E56, L10
 rotation elements E3
 semidiameter E45
 transit times A7, A9, E45, E46
 visibility A6, A8
Metis, geocentric ephemeris L14
 magnitude G2, G4
 opposition G4
 orbital elements G2

Definitions of astronomical terms are provided in the Glossary, Section M. Entries in the Glossary are not cited in the Index.

INDEX

Mimas (Saturn I)	F42, L11, L13
elongations	F43
mass	F3
orbital elements	F2
physical & photometric data	F3
Minor planets	L14
geocentric coordinates	G5
geocentric phenomena	A4, A9
occultations	A2, A3
opposition dates	A4, A9, G4
orbital elements	G2
osculating elements	G2
positions	L14
Miranda (Uranus V)	F49, L11, L13
elongations	F50
mass	F5
orbital elements	F4
physical & photometric data	F5
Modified Julian date (MJD)	B3
Month, lengths	D2
Moon, apogee & perigee	A2, A9, D1
appearance	D4
eclipses	A1, A9, A78, A82, L6
ephemeris, basis of	L4, L9
latitude & longitude	D3, D6, D22
librations	D5, D7, L9
lunations	A1, D1, L5
mass	E4, F3, K7
occultations	A2, A9
orbital elements	D2, F2
phases	A1, A9, D1
phenomena	A2, A9, L5
physical & photometric data	E4, F3, K7
physical ephemeris	D4, D7, L9
polynomial ephemeris	L9
rise & set	A12, A46
selenographic coordinates	D4, D7, L9
semidiameter	D3, D6, L6, L9
topocentric coordinates	D3, L10
transit times	D3, D6
Moonrise & moonset	A12, A46
example	A12
Nautical twilight	A12, A30
Neptune, central meridian	E3
elongations	A5
ephemeris, basis of	L4
geocentric coordinates	E40, L10
geocentric phenomena	A3, A9, L5

Definitions of astronomical terms are provided in the Glossary, Section M. Entries in the Glossary are not cited in the Index.

INDEX

Neptune
    heliocentric coordinates E7, E15, L10
    heliocentric phenomena A3, L5
    magnitude A5, E4, E81, L11
    mass... E4, K7
    opposition A3, A9
    orbital elements...E6
    physical & photometric data E4, K7
    physical ephemeris...E81, L10
    rotation elements...E3
    satellites F4, F5, F52, L11, L13
    semidiameter..E45
    transit times E45, E46
    visibility...A8
Nereid (Neptune II)...F52, L11, L13
    differential coordinates.. F52
    orbital elements.. F4
    physical & photometric data F5
Nutation, constant of..K7
    differential B57
    longitude & obliquity...B10, B50, B55, B58
    reduction approximate B55
    reduction rigorous B50, B55
    rotation matrix B27, B50, B55, B56

Oberon (Uranus IV)..F49, L11, L13
    elongations... F51
    mass... F5, K7
    orbital elements.. F4
    physical & photometric data F5, K7
Obliquity of the ecliptic B10, B50, B52, B55, B58, C1, C5, K7
Observatories J1, J8, L23
    index J2
Occultations.. A2, A3, A9
    satellites of Jupiter F38, L13
Open star clusters.. H59, L19
Opposition, major planets A3, A9
    minor planets A4, A9, G4

Pallas, geocentric ephemeris L14
    geocentric phenomena A4, A9
    magnitude A5, G2, G4
    mass..K7
    opposition A4, A9, G4
    orbital elements..G2
Parallax, annual B28
    diurnal..B85
    equatorial horizontal, Moon D6, L6
    equatorial horizontal, planets E45

Definitions of astronomical terms are provided in the Glossary, Section M. Entries in the Glossary are not cited in the Index.

INDEX

Phobos (Mars I) F6, L11
    elongations F7
    mass F3
    orbital elements F2
    physical & photometric data F3
Phoebe (Saturn IX) F42, L11, L13
    differential coordinates F48
    orbital elements F2
    physical & photometric data F3
Photometric standards, stars H34, L16
    UVBRI H34
    uvby & Hβ H41
Planetary apparent place, equinox method B66, B68
Planetary intermediate place, CIO method B66, B70
Planetographic coordinates E3, E54, L11
Planets L10
    central meridian E3, E83
    elongations A3, A4
    ephemeris, basis of L4
    geocentric coordinates E44, L10
    geocentric phenomena A3, A9, L5
    heliocentric coordinates E7, E44, L10
    heliocentric phenomena A3, L5
    magnitude A4, A5, L11
    orbital elements E2, E5, E6
    physical & photometric data E4, K7
    rise & set E45
    rotation elements E3
    satellites F2, F4, L11
    transit times A7, A9, E45, E46
    visibility A6, A8
Pluto, central meridian E3
    elongations A5
    ephemeris, basis of L4
    geocentric coordinates E44, L10
    geocentric phenomena A3, A9, L5
    heliocentric coordinates E7, E44, L10
    heliocentric phenomena A3, L5
    magnitude A5, E4, E82, L11
    mass E4, K7
    opposition A3, A9
    orbital elements E6
    physical & photometric data E4, K7
    physical ephemeris E82, L10
    rotation elements E3
    satellite F4, F5, F53, L11, L14
    semidiameter E45
    transit times E45, E46
Polar motion B26, B84, K10

Definitions of astronomical terms are provided in the Glossary, Section M. Entries in the Glossary are not cited in the Index.

Polaris	B87, B88, B92
Precession	B51
accumulated angles	B52
annual rates	B55
approximate	B54, B57
combined with frame bias and nutation	B27, B30, B48, B50, B56, L7
differential	B57
ecliptic	B53
general constant of precession in longitude	K7
reduction, rigorous formulas	B51, B68
rotation matrices	B27, B51, B52, B53
Proper motion reduction	B27, B72
Psyche, geocentric ephemeris	G11, L14
magnitude	G2, G4, G11
opposition	G4
orbital elements	G2
Pulsars	H79, L22
Gamma ray sources	H81
X–ray sources	H75
Quasars	H77, L22
Gamma ray sources	H81
Radio sources	H69, H74
X–ray sources	H75
Radial velocity standard stars	H48, L16
Radio sources	L21
flux standards	H74
ICRF positions	H69
Reduction of coordinates, astrometric	B29
celestial	B25
from GCRS	B29, B30, B31, B46, B48, B66, L8
from geodetic to geocentric	K11
GCRS to J2000.0 (frame bias)	B50
J2000.0 to date (precession)	B51
mean of date to true of date (nutation)	B55
planetary	B66
solar	B71
stellar	B71
terrestrial	B84, K11
Reference systems, BCRS	B25, L1
Celestial Intermediate Reference System	B25, B46, K11, L7
GCRS	B25, B29, B46, B48, B66, L1
Geodetic	K12
International Terrestrial Reference System (ITRS)	B11, B26, B48, B66, B84, K10, L4
Terrestrial Intermediate Reference System	B11, B26, B48, B84, L4
Refraction, correction formula	B87
rising & setting phenomena	A12
Relationships between, CIO and the true equinox of date	B9, B48

Definitions of astronomical terms are provided in the Glossary, Section M. Entries in the Glossary are not cited in the Index.

Relationships between
    ERA, GMST, and GST B7
    origins B7, B9, B48
    UT and ERA B7, B8, B21
    UT and sidereal time B7, B8, B9, B12
Rhea (Saturn V) F42, L11, L13
    elongations F44
    mass F3
    orbital elements F2
    physical & photometric data F3
Rising & setting phenomena A12
    major planets E45
    Moon A12, A46
    Sun A12, A14
Rotation matrices B26, B27, K19

s (CIO locator) B47, B48, B49, B58, B66
s' (TIO locator) B84, B85
Saturn, central meridian E3, E83
    elongations A5
    ephemeris, basis of L4
    geocentric coordinates E32, L10
    geocentric phenomena A3, A9, L5
    heliocentric coordinates E7, E15, L10
    heliocentric phenomena A3, L5
    magnitude A5, E4, E76, L11
    mass E4, K7
    opposition A3, A9
    orbital elements E6
    physical & photometric data E4, K7
    physical ephemeris E76, L10
    rotation elements E3
    satellites F2, F3, F42, L11, L13
    semidiameter E45
    transit times A7, E45, E46
    visibility A6, A8
SI second L2
Sidereal time, definition B7
    Greenwich apparent (GAST) B7, B9, B10, B11, B12, B13, B26, B68, B70, B85, L7
    Greenwich mean (GMST) B7, B8, B9, B10, B11, B12, B13, L7
    local B11, B12, B87, B88
    relation to ERA, GMST, and GAST B7
    relation to UT B7, B8, B9, B13, L4
Sidereal year, length C2
Solar eclipses A1, A78, A79, L6
Solstices A1, A9
Space motion B72, B73
Star clusters, globular H66, L19
    open H59, L19

Definitions of astronomical terms are provided in the Glossary, Section M. Entries in the Glossary are not cited in the Index.

INDEX

Stars, bright	H2, L15
double	H32
occultations of	A2
photometric standards	H34, H41, L16
radial velocity standards	H48, L16
reduction of coordinates	B71, L8
variable	H50, L17
Stellar apparent place, equinox method	B71
Stellar intermediate place, CIO method	B72, B74
Sun, apogee & perigee	A1
coordinates	C5, C6, L8
eclipses	A1, A9, A78, L6
ephemeris, basis of	L4, L8
equation of time	C2, C5
equinoxes & solstices	A1
geocentric distance	C5, C6
geocentric rectangular coordinates	C3, C22
heliographic coordinates	C3, C7
latitude & longitude, apparent	C2, C5
latitude & longitude, ecliptic	C2, C5, C6
latitude & longitude, geometric	C2, C6
mass	K7
orbital elements	C1
phenomena	A1, A9
physical ephemeris	C3, C4, C7, L8
position angle	C7
rise & set	A12, A14
rotation elements	C3
semidiameter	C4, C5, C7
synodic rotation numbers	C4, L8
transit times	C2, C7
twilight	A12, A22, A30, A38
Sunrise & sunset	A12, A14
example	A13
Supernova remnants	H75, H81, L21
Surface brightness, planets	L11
TAI (International Atomic Time)	B6, K9, L2
T_{eph}	B6, B7, L3, L5
Terrestrial Intermediate Origin (TIO)	B9, B11, B26, B48, B66, B84
Terrestrial Intermediate Reference System	B11, B26, B48, B66, B84, L7
Terrestrial Time (TT)	B6, B7, L3
Tethys (Saturn III)	F42, L11, L13
elongations	F44
mass	F3
orbital elements	F2
physical & photometric data	F3
Time scales	B6, L2, L6
reduction tables	B6, K8

Definitions of astronomical terms are provided in the Glossary, Section M. Entries in the Glossary are not cited in the Index.

TIO locator (s')	B84, B85
Titan (Saturn VI)	F42, L11, L13
conjunctions & elongations	F45
mass	F3, K7
orbital elements	F2
physical & photometric data	F3, K7
Titania (Uranus III)	F49, L11, L13
elongations	F51
mass	F5, K7
orbital elements	F4
physical & photometric data	F5, K7
Topocentric coordinates, Moon	D3, D22
Transit, Moon	D3, D6
planets	A7, A9, E45, E46
Sun	C2, C7
Triton (Neptune I)	F51, L11, L13
elongations	F53
mass	F5, K7
orbital elements	F4
physical & photometric data	F5, K7
Tropical year, length	C2
Twilight, astronomical	A12, A38
civil	A12, A22
nautical	A12, A30
UVBRI photometric standards	H34, L16
Umbriel (Uranus II)	F49, L11, L13
elongations	F51
mass	F5
orbital elements	F4
physical & photometric data	F5
Universal Time (UT, UT1)	B3, K8, K9, L3, L7
conversion of ephemerides	L3
definition	B6, L3
relation to	
dynamical time	B7
Earth rotation angle	B8
ephemeris time	K8
local mean time	B11
sidereal time	B8, L3, L7
Uranus, central meridian	E3
elongations	A5
ephemeris, basis of	L4
geocentric coordinates	E36, L10
heliocentric coordinates	E7, E15, L10
heliocentric phenomena	A3, L5
magnitude	A5, E4, E80, L11
mass	E4, K7
opposition	A3, A9

Definitions of astronomical terms are provided in the Glossary, Section M. Entries in the Glossary are not cited in the Index.

INDEX

Uranus
    orbital elements E6
    physical & photometric data E4, K7
    physical ephemeris E80, L10
    rings F49, L13
    rotation elements E3
    satellites F4, F5, F49, L11, L13
    semidiameter E45
    transit times E45, E46
    visibility A8
UTC B6, B7, K9, L4
uvby & Hβ photometric standards H41, L16

Variable stars H50, L17
Vectors and matrices B26, K18, K19
Venus, central meridian E3
    elongations A4
    ephemeris, basis of L4
    geocentric coordinates E20, L10
    geocentric phenomena A3, A9, L5
    heliocentric coordinates E7, E12, L10
    heliocentric phenomena A3, L5
    magnitude A4, E4, E64, L11
    mass E4, K7
    orbital elements E5
    physical & photometric data E4, K7
    physical ephemeris E64, L10
    rotation elements E3
    transit times A7, A9, E45, E46
    visibility A6, A8
Vesta, geocentric ephemeris L14
    geocentric phenomena A4, A9
    magnitude A5, G2, G4
    mass K7
    opposition A4, A9, G4
    orbital elements G2

Watts data A79, L6

X–ray sources H75, L21
    occultations of A2

Year, length C2

Definitions of astronomical terms are provided in the Glossary, Section M. Entries in the Glossary are not cited in the Index.